Gesamtverzeichnis des deutschsprachigen Schrifttums (GV) 1700 – 1910

Bearbeitet unter der Leitung von
Hilmar Schmuck und Willi Gorzny

Bibliographische und redaktionelle Beratung:
Hans Popst und Rainer Schöller

75

Ki - Kis

K · G · Saur München · New York · London · Paris 1983

CIP-Kurztitelaufnahme der Deutschen Bibliothek

Gesamtverzeichnis des deutschsprachigen Schrifttums :
(GV). – München, New York, London, Paris : Saur.
Bd. 1 – 6 bearb. unter d. Leitung von Peter Geils
u. Willi Gorzny.
ISBN 3-598-30000-X

1700 – 1910 / bearb. unter d. Leitung von Hilmar
Schmuck u. Willi Gorzny. Bibliograph. u. red.
Beratung: Hans Popst u. Rainer Schöller

NE: Schmuck, Hilmar [Bearb.]

75. Ki - Kis. - 1983.

Techn. Realisierung und Druck: Norbert Gärtner, Mainz-Kastel
Binden: Karl Schaumann, Darmstadt
Printed in the Federal Republic of Germany
ISBN 3-598-30000-X (Gesamtwerk)

Statistische Beiträge zur Beleuchtung der ehelichen Fruchtbarkeit. Von A[nders] N[icolai] Kiær. Mit graph. Beil. Abschn. 1–3. Christiania: J. Dybwad in Comm. 1903–05. 4°(8°)
1. 2. 1903. 3. 1905.
= Skrifter udg. af Videnskabsselskabet i Christiania. Hist.-filos. Kl. 1903, No 1. 1904, No 4. [05. 8911

Kiær, A. N., statistische Beiträge zur Beleuchtung der ehelichen Fruchtbarkeit. 3 Abschnitte. Lex.-8. Christiania. (J. Dybwad.) n.n. 13. 55
1. 2. Mit 3 graph. Beilagen. (Videnskaks-Selskabets Skrifter. II. Historisk-filosofisk Klasse. 1903. Nr. 1.) (VII, 164 S.) 903. n. 4. 80
3. Mit 4 graph. Beilagen. (Videnskabs-Selskabets Skrifter. II. Historisk-filosofisk Klasse. 1904. Nr. 4.) (VII, 225 S. m. 4 graph. Beilagen.) 905. n.n. 8. 75

Kiaer, F. C., Genera muscorum Macrohymenium et Rhegmatodon revisa specieque nova aucta exposuit. gr. 8. (54 S. mit 3 Lichtdr.) Christiania 882, (Dybwad.) **
Aus: Christiania Videnskabselskabs Forhandlingar, besonders abgedruckt.

Kiär, Joh., die Korallenfaunen der Etage 5 des norwegischen Silursystems. gr. 4. (59 S. m. Fig., 7 Taf. u. 7 Bl. Erklärgn.) Stuttgart 899, E. Schweizerbart. n. 16. —
Sonderabdruck aus: „Palaeontographica".

Das Obersilur im Kristianiagebiete. Eine stratigr.-faunist. Untersuchung von Johan Kiær. Mit 102 Abb., 2 Profiltaf. u. 6 geol. Karten. Christiania: J. Dybwad i. Komm. 1908. (XV, 595 S.) 4°(8°)
= Skrifter udg. af Videnskabs-Selskabet i Christiania 1906. 1. Math.-Naturw. Klasse. Bd 2. [08. 15925

Revision der mittelsilurischen Heliolitiden und neue Beiträge zur Stammesgeschichte derselben von Johan Kiær. Mit 14 Abb. Christiania: J. Dybwad in Comm. 1903. (58 S.) 4°(8°)
= Skrifter udg. af Videnskabs-Selskabet i Christiania. 1903. Math.-nat. Kl. No 10. [05. 7027

Kiær, Johan: Faunistische Uebersicht der Etage 5 des norwegischen Silursystems. *o. O. (1897).* (76 S.) 8° ¶ (Aus: Skrifter udg. af Videnskabsselskabet i Christiania, Mathem.-naturvidensk. Kl. 1897 Nr 3.)
München, Phil. Diss. v. 1897

Kjaer, Ludw. O., Sermonem D. Junii Juvenalis certis legibus astrictum ex accurata inquisitione locorum atque interpretatione demonstrare conatus est. gr. 8. (241 S.) Kopenhagen 875, Höst und Sohn. *

Kjaer, Nils, Capriccio! Empfindsame Schlendereepisteln. (Einzige autoris. Übersetzg. aus dem Norweg. v. Emilie Stein.) (154 S.) 8. Leipzig 910. G. Merseburger. 2.—; geb. 2. 75

— Der Tag der Rechenschaft. Schauspiel in 3 Akten. (Autoris. Übertragg. aus dem Norweg. v. Emilie Stein.) (118 S.) 8. Berlin 909. S. Fischer, Verl. 2.—; geb. n 3. —

Sserbske Duchowne KJARLIŽE. Bogu k'zesczi a sserbskemu ludoju k'hužytku. Zewety s'pilnosczu pscheglědany a pořezony hudawk. W Choschobusu 1882. Schischežane a k'dostaschu pla Wilhelm Rieschena. 8°.

Sserbske duchowne KJARLIŽE, Bogu k zesczi a sserbskemu ludoju k hužytku. Jadnasty s'pilnosczu pscheglědany a pořezony hudawk. W Choschebusu 1884 wot „Maschize sserbskeje" hudane. kl. 8°.

Kiaerskou, Hjalmar, enumeratio Myrtacearum brasiliensium, quas collegerunt Glaziou, Lund, Mendonça, Raben, Reinhardt, Schenck, Warming aliique. Edita sumptibus instituti Carlsbergici. Partic. XXXIX. symbolarum ad floram Brasiliae centralis cognoscendam ed. Eug. Warming. gr. 8. (199 S. m. 24 Taf.) Hauniae 893. (Leipzig, K. F. Koehler's Sort.) n. 10. —
Particula I—XXXVIII der Warming'schen symbolae sind Verlag v. Jul. Gjellerup in Kopenhagen. (Christiania, A. Cammermeyer.)

Kias, Bruno: Ein Beitrag zur Lehre von der Erblichkeit der Katarakt. Leipzig 1908: B. Georgi. (45 S.) 8°
Leipzig, Med. Fak., Ref. Sattler, Diss. v. 6. Juni 1908
[Geb. 1. April 84 Küstrin; Wohnort: Frankfurt a. O.; Staatsangeh.: Preußen; Vorbildung: Gymn. Küstrin Reife O. 02; Studium: Berlin 2, Freiburg i. B. 1, Breslau 7 S.; Coll. 23. Juni 08; Approb. 4. Juli 08.]

Kiase u. Kassidi, die beiden Aussätzigen, s.: Missionsbilder, ostafrikanische. 1.

Kiaso und Kassidi, die beiden Aussätzigen. *Berlin: M. Warneck [1900].* (24 S.) 8° [F.]
= Missionsbilder, Ostafrikanische. 1. [00. 10860

Kiasbuta, der Wilde, vom Stamme der Mohawks; e. Gesch. aus dem letzten amerikanischen Kriege. 8. Riga, (Hartknoch in Leipz.) 790.

Kiautschau-Bucht [Schlagwort]

— s. a.: China. — Kolonialkarten.

Kiautschau-Bucht. Karte der Kiau-Tschou-Bucht u. Umgebung. 1 : 750,000. [Aus: „Petermann's geograph. Mitteilgn."] 19 × 23 cm. Farbdr. Mit Text. gr. 8. (1 Bl.) Gotha 898. J. Perthes. — 40

— Richthofen, v., Karte der Kiau-Tshau-Bucht, Ost-Shantung. Situationszeichnung nach d. Originalen des Verf. u. and. Quellen v. Rich. Kiepert, Schrift u. Gebirge vom Verf. [Aus: „R., China".] 1 : 750,000. 36 × 44 cm. Farbdr. Berlin 897. D. Reimer. n. 1. —

Kiautschou [Schlagwort]

Kiautschou, s.: Seekarten.

Gouvernement Kiautschou und Hinterland. 1898. 1 : 200 000. Hrsg. vom Reichs-Marine-amt, Nautische Abth. Berlin 1899. 1 Bl. c. L.

Kiautschou-Gebiet, das deutsche, u. seine Bevölkerung. Kartenkrokis u. statist. Tabellen, entworfen u. zusammengestellt v. Offizieren des Gouvernements. Veröffentlicht auf Veranlassg. des Reichs-Marine-Amts. gr. 4. (68 S. m. 8 farb. Karten.) Berlin 899. D. Reimer. n. 12. —

Kiazim Zia, H. [licencié en droit, candidat au doctorat]: Exposé du droit de succession musulman ab intestat en Turquie. Lausanne 1902. 166 p. 8°.
Lausanne. Thèse dr. 1901 1902.

[Russ.] T. V. **Kibal'čič**. Južno-russkija gemmy. (Neizdannye materialy dlja istorii gravirovaľnago iskusstva drevnich narodov, živšich v Južnoj Rossii). Izd. N. Budkovskoj. Berlin 1910: Rejnke & Grunvaľd. 66 S., 20 Taf. 4°
[Südruss. Gemmen. Unedierte Materialien z. Geschichte d. Gravierkunst d. alten in Südrußland lebenden Völker. Hrsg. von N. Budkovskaja.] [10. 6911

Kibaltchitch, T.W., Gemmes de la Russie méridionale. Documents inédits sur l'histoire de l'art de la gravure chez les anciens peuples ayant habité la Russie méridionale. (69 S. m. 21 [1 farb.] Taf.) 31×25 cm. Berlin 910. (Leipzig, K. W. Hiersemann.) Kart. nn 60. —

Kibat, Artur: Die Behandlung des Langdiphthongs āu im Nom. Acc. Voc. Dualis einerseits und im Locativ. Singular. andrerseits im Rigveda. Königsberg i. Pr. 1905: R. Leupold. (62 S.) 8°
Königsberg, Phil. Fak., Ref. Bezzenberger, Diss. v. 30. Jan. 1905
[Geb. 8. Okt. 78 Lyck; Wohnort: Königsberg i. Pr.; Staatsangeh.: Preußen; Vorbildung: Friedrichskollegium Königsberg i. Pr. Reife O. 97; Studium: Königsberg 13 S.; Rig. 30. Juli 04.]

Kibbel jun., Fr., und H. Lehfeldt, Tabelle zur Ermittelung des Lebend- und Schlacht-Gewichts der Schweine, s. Lehfeldt, H.

Kibellus, Johann Christoph (Grosschönau/Zittau), De Auffgaba Zittauiensi. Diss. jur. Rector Christoph Ignaz v. Guden. Präs. Joh. Heinrich Meier. Erfurt (Grosch) 29. V. 1726. 36 S., tlws. dtsch. (6.80) 17917

Kibizregeln, Neue. 16. Graz, Verlag „Leykam-Josefsthal". 10 kr. 1883

Kibort, Eugenie von, aus Wilno, Russland, Litthauen: Beitrag zur Lehre vom hereditären Nystagmus. (Neurologische Arbeiten unter Leitung von Dr. Veraguth, Zürich.) [Mit einer Tafel im Text.] Zürich 1910. 26 S. 8°. [11. VIII. 10.]
Zürich. Univ. Med. Diss. 1909/10.

Kibrizli-Mehemet-Pasha, Mad. H. H., thirty years in the Harem, s. Asher's Collection of English Authors.

Kibrizdli-Zade, s.: Osman-Bey.

Kiburg, Die Grafen von, aus dem Hause Dillingen. [Zürich 1900.] V: *Diener, Ernst.* (Zuwachsverz. d. Bibliotheken in Zürich 1898 ff.)

Kiburg, Ida v., oder das Verhängniß, v. A. Lafontaine. 8. Berl. Sander. 816.

Kiby, Wilhelm [aus Karlsruhe Assist. am chem.-techn. Laborat. d. Techn. Hochschule zu Karlsruhe]: Ueber das β-Methyl-Pyridylketon. . . . Karlsruhe, Druck d. G. Braun'schen Hofbuchdr., 1890; 58 S. 8°
Rostock, Phil. Fak., Inaug.-Diss. v. 18. März 1890

Kichen ampt, teutsch, mit lobgsengen, s. Enchiridion.

Kichler, Heinrich, Geschichte d. Turngemeinde Darmstadt z. Feier d. 25. Best. ßgest., Darmstadt 1871, 72 S., 8°.

Kichora Komara. Trauersp. (Von Robe.) 8. (8 B.) Meißen 836, Goedsche.

Kick, A., Ernst Haeckel u. die Schule. Darlegung der pädagog. Ideen Haeckels u. Versuch ihrer Verwertg. f. die Volksschule. (48 S.) gr. 8. Stuttgart 907. Leipzig, A. Kröner. 1.—

Kick, Dalmatius, († . . .) theologia universa dogmatico-scholastica, s. A. *Reiffenstuhl.*

Kick, Carl, s. Kick, Karl

Kick, Frdr., Alt-Prager Architektur-Detaile. Attika-Aufbauten, Dachlucken, Dächer, Giebel, Balkone etc. I. Serie. (40 Lichtdr.-Taf. m. III S. Text.) Fol. Wien (906.) A. Schroll & Co. In Mappe n. 25.—

Kick, Frdr., Alt-Prager Architektur-Detaile. Attika-Aufbauten, Dachlucken, Dächer, Giebel, Balkone etc. II. Serie. (40 Lichtdr.-Taf. m. VII S. Text u. Titelbl.) 42,5×32 cm. Wien (909). A. Schroll & Co. In Mappe 25.—
I. Serie. Ebd. 906. In Mappe 25.—

— die Baukunst in Sizilien. 1. Tl. Die griech., röm., byzantin., arab. u. normann. Baukunst sowie der Entwurf e. grossstädt. Volks- u. Luxusbades in modernisiert arabisch-normann. Bauweise (V, 104 S. m. Abbildgn. u. 9 [4 farb.] Taf.) gr. Fol. Ebd. (903). n. 20.—

—— und Eman. Rusch, Beiträge zum Studium der neuesten Fortschritte der Spinnerei-Mechanik, der Spinnerei, Weberei und deren Nebenerfordernissen, bearb. für Spinner und Spinnerei-Techniker mit vorwiegender Berücksicht. der internationalen Ausstellung zu Paris. gr. 8. (VI, 83 S. mit 43 eingedr. Holzschn.) Wien 868, Hölder. (*ℳ 3.) *

—— s. Bericht über Gruppe 22 der schweizerischen Landesausstellung Zürich 1883: Maschinen-Industrie.

Kick, Friedr., die Entwicklung der Werkzeuge, s. a. Sammlung gemeinnütziger Vorträge.

Kick, Friedr. Die Entwicklung der Werkzeuge . . [Prag 1877.]
20 S. m. 53 Holzschn. 8°.
(Sammlung Gemeinnutziger Vorträge. Herausgegeben vom Deutschen Vereine zur Verbreitung gemeinnutziger Kenntnisse in Prag No 33.)

Kick, Friedr., über die Fixirung der Arbeitszeit. Mit einem Anh.: die Behandlung dieser Frage in einem Vereine. gr. 8. (24 S.) Prag 869, Calve'sche Universitäts-Buchh. *

Kick, Friedr., die neuesten Fortschritte in der Mehlfabrikation. Suppl. zum Lehrbuch des Mühlenbetriebes. gr. 8. (VI, 82 S. mit 4 lithogr. Taf. und 54 eingedr. Holzschn.) Leipzig 883, Felix. *

Kick, Fr., Zur Frage der einheitlichen Mittelschule. Eine kritisch-pädagogische Studie. Leipzig 1880. 8°. brosch. (64 S.)

—— Führer für die Weltausstellung 1873 in Wien bearb. für Architekten, Baumeister, Ingenieure, Hüttenmänner, Mechaniker, Chemiker, Fabrikanten etc. unter Mitwirkung des Herrn Ingen. Camill. Ludwik für Dampfmaschinen und Dampfkessel, des Herrn Zdenko Skraup, techn. Chemikers für Thon- und Glaswaaren und Section 3 der Gruppe 1, und Anderer. gr. 16. (112 S. mit 1 lithogr. Karte in Fol.) (Ebendas.) 873. **

—— dass. — 2. Aufl. 8. (112 S. mit 1 Stnt. in Fol.) (Ebendas.) 873. **

Kick, Friedr., das Gesetz der proportionalen Widerstände und seine Anwendungen. Nebst Versuchen über das Verhalten verschiedener Materialien bei gleichen Formänderungen, sowohl unter der Presse als dem Schlagwerk. gr. 8. (X, 118 S. mit 44 Holzschn. und 3 lithogr. Taf.) Leipzig 885, Felix. *

—— s. Karmarsch und Heeren's technisches Wörterbuch.

Kick, Friedr. Leitfaden f. den Unterricht in der mechanischen Technologie u. Physik an gewerblichen Fortbildungsschulen. Hrsg. vom k. k. technolog. Gewerbe-Museum in Wien. gr. 8. (41 S. m. 28 Fig.) Wien 890, Graeser. * — 80

—— Mehl, Mehlfabrikate und die Maschinen und Apparate der Müllerei und Bäckerei, s. Ausstellungs-Bericht, officieller.

—— die Mehlfabrikation. Ein Lehrbuch des Mühlenbetriebes. gr. 8. (XII, 283 S. mit 20 lithogr. Taf. in qu. Fol. und vielen eingedr. Holzschn.) Leipzig 871, Felix. *

—— die Mehlfabrikation. Ein Lehrbuch des Mühlenbetriebes. 2. ergänzte und revid. Aufl. Lex.-8. (XII, 392 S. mit 24 lithogr. Taf. und 139 eingedr. Holzschn.) Leipzig 878, Felix. *

— die Mehlfabrikation. Ein Lehrbuch d. Mühlenbetriebes. Mit 273 Holzschn. u. e. (in 4. kart.) Atlas v. 34 Taf. (in Fol.). 3., umgearb. Aufl. gr. 8. (XV, 503 S.) Leipzig 894. A. Felix. n. 25. —

Kick, Friedr., Studien über Galvanoplastik. (Sep.-Abdr. aus dem 3. u. 4. Heft der techn. Blätter. 1874.) Prag 1875. gr. 8°. brosch.

— — Ueber ein System der ... nden Technologie. Prag 1877. 8°. brosch. (1…

Kick, F., Verbesserungen über mechanische Technologie der Metalle, des Holzes, der Steine und anderer formbarer Materialien. 2. Aufl. Gr.-8°. (ill. X, 594 S.) K 12.—
Wien: Deuticke 1908.

Kick, Frdr., Vorlesgn. üb. mechan. Technologie d. Metalle, d. Holzes, d. Steine u. and. formbarer Materialien. M. 689 Abb. gr. 8. (VIII, 664 S.) Wien 898. F. Deuticke. n. 14. —

— Vorlesungen üb. mechanische Technologie der Metalle, des Holzes, der Steine u. anderer formbarer Materialien. 2. Aufl. (X, 594 S. m. 708 Abb.) Lex. 8. Wien 908. F. Deuticke. 10. —

— Wann kann Reibung an den Druckflächen auf die Art der Formändergn. Einfluss üben? (3 S. m. 6 Fig.) 32,5×23,5 cm. Stuttgart 900. (Freiburg i/B., J. Bielefeld.) — 75
Sonderabdruck aus: „Baumaterialienkde."

Kick, Friedr., Was heißt, und zu welchem Zwecke studirt man mechanische Technologie? Antrittsrede gehalten am Beginne des Studienjahres 1866/67. Lex.-8. (12 S.) Wien 866, Beck'sche Universitäts-Buchh. *

Kick, Karl

Kick, Carl: Aus dem pathologischen Institut zu Giessen. Ueber das Harnblasencarcinom der Pferde. *Giessen 1897: v. Münchow.* (43 S.) 8°
Giessen, Med. Diss. v. 1897

Kick, Paul, Gebäude f. Banken u. andere Geldinstitute, s.: Handbuch der Architektur. IV. 2.

Kick, W., Lehrbuch der Rindviehzucht in ihrem ganzen Umfange, nebst Berechnungen nach dem neuesten Stande der Wissenschaft und Erfahrung bearb. 4. vollständig umgearb. Aufl. der Sammlung von Rechnungsbeispielen. gr. 8. (XVI, 400 S. mit in den Text gedr. Abbild.) [Stuttgart 878, Schickhardt und Ebner.] Berlin, Parey.

Kick, Wilh., Architekturen. Festgabe zur Feier d. XXVjähr. Bestehens d. Architekten-Vereins der techn. Hochschule zu Stuttgart. Eine Sammlg. v. Entwürfen u. ausgeführten Bauten v. Mitgliedern d. Vereins. gr. Fol. (42 Lichtdr.-Taf. m. 2 Bl. Text.) Stuttgart 894. O. Arndt. In Mappe. n. 25. —

Kick W, Moderne Architekturen. Ser. I, 1-6. fol Stuttgart 1905-07

Kick, Wilh., Barock, Rokoko u. Louis XVI. aus Schwaben u. der Schweiz. Text v. Bertold Pfeiffer. gr. Fol. (88 Lichtdr.-Taf. m. 18 S. Text.) Stuttgart (897. 898). C. Ebner. In Mappe 50. —

Barock, Rokoko und Louis XVI. aus Schwaben und der Schweiz. Hrsg. von Wilhelm Kick, Architekt in Stuttgart. Text von Dr. Bertold Pfeiffer, Stuttgart. 80 Naturaufnahmen, 8 Taf. mit Grundrissen u. Durchschnitten. *Stuttgart: W. Kick [1903].* (15 S., 88 Taf.) gr. 2° (o). 7984

Kick, Wilh., Barock, Rokoko u. Louis XVI. aus Schwaben u. der Schweiz. 80 Naturaufnahmen in Lichtdr. nebst 8 Taf. Grundrisse u. Durchschnitte. Mit Text v. Berth. Pfeiffer. 2. neu durchgeseh. Aufl. (19 S. m. 2 Abbildgn.) 48×35 cm. Leipzig 907. Baumgärtner. In Mappe 40. —

Kick, Wilh., und Otto Seubert, der Bautischler. Eine Sammlung meist ausgeführter Entwürfe und Zeichnungen von Bautischler- und Glaserarbeiten mit den zugehör. Details. (In 10 Lfn.) 1.—5. Lfg. Fol. (à Lfg. 4 Stnt. mit 2 Bog. Details.) Ravensburg 888,89, Dorn'sche Buchh. à Lfg. *ℳ 2.50. *

— u. Otto Seubert. Der Bautischler. Eine Sammlg. meist ausgeführter Entwürfe u. Zeichngn. v. Bautischler- u. Glaserarbeiten m. d. zugehör. Details. 6.—10. (Schluss-) Lfg. Fol. (à Lfg. 4 Steintaf. m. 2 B. Details.) Ravensburg 889,90, Dorn. à Lfg. 2 50; 12 50
1.—5. Lfg. Ebd. 1888.89. à Lfg. * 2 50; * 12 50; compl. in Mappe ** 26 —.

— — s.a. Bautischler, der praktische.

— und O Seubert, der praktische Bautischler. I. Serie. (60 T) fol Stuttgart (1885)

Kick W, ausgef. Bautischlerarbeiten. Hausthüren u Thore. (48 T) fol Stuttgart 1900

— u. Otto Seubert, der Dekorateur. Eine Mustersammlg. v. Entwürfen u. teilweise ausgeführten Zeichngn. v. eleganten u. modernen Dekorationen. [Aus: „K. u. S., der Tapezier".] Fol. (21 farb. Taf.) Ravensburg 891. O. Maier. In Mappe. n. 18. —

Kick, Wilh. Dekorationen u. Möbel v. der deutsch-nationalen Kunstgewerbe-Ausstellung in München 1888. 5 Lfgn. Fol. (25 Lichtdruck-Taf.) Stuttg. 889—91, Engelhorn. à Lfg. * 3 50; * 17 50
Die Vorräthe gingen an Griesbach in Gera über.

— Preisgekrönte u. andere decorative Holzarbeiten aus der Konkurrenz-Ausstellung d. württembergischen Kunstgewerbe-Vereins in Stuttgart. Nach der Natur aufgen. u. in Lichtdr. hrsg. 1. u. 2. Aufl. 15 Lfgn. Fol. (à Lfg. 4 Taf.) Stuttg. 889,90, Zimmer. à Lfg. [* 2 —] * 2 50; compl. in Mappe * 38 —

— dasselbe. 3. Aufl. 15 Lfgn. Fol. (à 4 Taf.) Ebd. 893. à n. 2. —

Kick, W., Journal für Möbel-Tischler. Eine Sammlung ausgeführter und projektirter Arbeiten zum prakt. Gebrauch. 1. Jahrg. 6 Hefte. (à Heft 3 Stnt. mit 8 Bog. Details.) Fol. St. Gallen 881, Altwegg-Weber. à Heft *ℳ 2,50. *
Nicht weiter erschienen.

Kick, Wilh., Konkurrenz-Entwürfe f. e. Rathaus in Stuttgart. Zusammengestellt v. K. 40 Taf. meist Lichtdr. m. einleit. Text. gr. 4. (8 S.) Stuttgart 895. C. Ebner's Kunstanst. In Mappe n.n. 10. —

— — Einfache Möbel. Eine Sammlg. ausgeführter Entwürfe u. Zeichngn. v. einfachen Möbeln aller Art. Mit Details in natürl. Grösse u. m. genauen Preisberechngn. 12 Lfgn. Fol. (à Lfg. 4 color. Steintaf. m. 2 Bl. Details.) Ebd. 889,90. à Lfg. * 2 —; * 24 —

Kick, Wilh., moderne Möbel. Einfache zumeist ausgeführte Musterblätter f. bürgerl. Zimmer-Einrichtgn. 1.—5. Lfg. Fol. (à 4 farb. Taf. m. 1 Detailbog. u. 2 S. Text in gr. 8.) Ravensburg 894. O. Maier. à n. 2. —

— moderne Möbel. Einfache zumeist ausgef. Musterblätter f. bürgerl. Zimmer-Einrichtgn. 6.—10. (Schluss-) Lfg. Fol. (à 4 farb. Taf. m. 1 Detailbog. u. 2 S. Text in gr. 8.) Ravensburg 895. O. Maier. à n. 2. —

—— —— der Möbel- und Bautischler. Eine Sammlung meist ausgeführter Entwürfe und Zeichnungen von Möbel- und Bauarbeiten aller Art. Mit Details in natürl. Grösse und mit Preisberechnungen. (In 10 Lfgn.) 1.—6. Lfg. Fol. (à Lfg. 4 Chromolithogr. und 2 Details-Bogen.) Ravensburg 887,88, Dorn'sche Buchh. à Lfg. *M 2.—. * 12 —

—— —— Der Möbel- u. Bautischler. Eine Sammlg. meist ausgeführter Entwürfe u. Zeichngn. v. Möbel u. Bauarbeiten aller Art. Mit Details in natürl. Grösse u. m. Preisberechngn. 7.—10. (Schluss-) Lfg. Fol. (à Lfg. 4 Chromolithogr. m. 2 Details-Bogen.) Ebd. 889. à Lfg. * 2 —; 8 —
1.—6. Lfg. Ebd. 1887,88. à Lfg. * 2 —; * 12 —.

— und O Seubert, der praktische Möbeltischler. 3 Serien. (75 T 133 Det.) in 3 Bdn und 3 Mappen. fol Stuttgart (1883-85)

—— Der praktische Möbel- u. Bautischler. Entwürfe u. Zeichnungen zu Möbel- u. Bautischler-Arbeiten jeder Art in Renaissance, Rococo, Englisch-Gotik u. s. w. Mit Details in natürl. Grösse u. Preisberechng. der einzelnen Möbelstücke. 10 Lfgn. Fol. (40 Taf. in Lichtdr. u. 20 Bog. Details in qu. gr. Fol. u. 4 S. Text.) Stuttg. 891,92, Nitzschke. à Lfg. * 2 —; compl. in Mappe * 22 50

— Motive f. Holzbildhauer. Eine Sammlg. v. grösstenteils ausgeführten Holzbildhauer-Arbeiten in den am häufigsten vorkomm. Stilarten. Zum prakt. Gebrauch f. Holzbildhauer, Modelleure, Stuccateure, gewerbl. Zeichner, sowie als Vorbilder f. den Modellier-Unterricht nach Originalen photographiert u. in feinsten Lichtdr.-Reproduktionen unter Mitwirkg. bedeut. Fachmänner hrsg. 10 Lfgn. Fol. (à 4 Taf.) Stuttgart 893. 894. O. Arndt. à n. 2. 50

Kick, Wilh. Mustergiltige plastische Motive für das Studium u. die kunstgewerbliche Praxis d. Bildhauers, s. Rösch, Wilh.

— Musterbuch f. Möbel- u. Bautischler. Eine Sammlg. ausgeführter Entwürfe u. Zeichngn. v. einfachen Möbel- u. Bautischler-Arbeiten aller Art. Mit Details in natürl. Grösse u. m. Preisberechngn. 10 Lfgn. Fol. (30 Taf. in Licht- u. farb. Steindr. m. 13 Detailbog. u. 10 Bl. Text.) Ebd. 892. 893. à 1. 80
(kplt. in Mappe: n. 20. —)

— Musterbuch f. Schlosser. Eine Sammlg. v. Entwürfen u. ausgeführten Schlosser- u. Schmiede-Arbeiten jeder Art. Mit Details in vergrössertem Massstabe u. Schablonen in natürlicher Grösse. Zum Gebrauch f. Schlosser, Schmiede, Architekten, Werkmeister, Zeichner u. als Vorlagen f. gewerbl. Fortbildungsschulen hrsg. unter Mitwirkg. bedeut. Fachmänner. 1. Serie. Ausgeführte Arbeiten v. C. Schwickert jun., Kunstschlosserei in Pforzheim. (In 10 Lfgn.) 1. u. 2. Lfg. Fol. (12 Taf. m. je 1 Detailbog.) Stuttgart 890. Nitzschke. à n. 2. —

— Musterbuch f. Schlosser. Eine Sammlg. v. Entwürfen u. ausgeführten Schlosser- u. Schmiede-Arbeiten jeder Art. Mit Details in vergrössertem Massstabe u. Schablonen in natürl. Grösse. Zum Gebrauch f. Schlosser, Schmiede, Architekten, Werkmeister, Zeichner, u. als Vorlagen f. gewerbl. Fortbildungsschulen hrsg. unter Mitwirkg. bedeut. Fachmänner. 1. Serie. Ausgeführte Arbeiten v. C. Schwickert jun., Kunstschlosserei in Pforzheim. 3.—10. Lfg. Fol. (55 Taf. m. 1 Bl. Text. Stuttgart 891. 892. [W. Nitzschke.] K. Wittwer's Verl. à n. 2. —
(kplt. in Mappe: 22. 50)

Kick, Wilh., und Otto Seubert, Mustersammlung für Möbeltischler. Eine Sammlung meist ausgeführter Entwürfe und Zeichnungen von Möbeln aller Art. Mit Details in natürl. Grösse und mit Preisberechnungen. 10 Lfgn. Fol. (à Lfg. 4 Stnt. mit 2 Bog. Details.) Ebendas. 886,87. à Lfg. *M 2.—. * 20 —
compl. in Mappe * 21 —

—— —— Mustersammlung für Schlosser. Eine Sammlung von Entwürfen und grossenteils ausgeführten Zeichnungen von Geländern, Füllungen, Thorabschlüssen und sonstigen Schlosser- und Schmiede-Arbeiten jeder Art. (In 15 Lfgn.) 1.—11. Lfg. Fol. (à Lfg. 5 Stnt.) Ebendas. 887,88. à Lfg. *M 1.50. * 16 50

—— —— Mustersammlung f. Schlosser. Eine Sammlg. v. Entwürfen u. grossentheils ausgeführten Zeichngn. v. Geländern, Füllungen, Thorabschlüssen u. sonst. Schlosser- u. Schmiede-Arbeiten jeder Art. 12.—15. (Schluss-) Lfg. Fol. (à Lfg. 5 Lichtdr.-Taf.) Ebd. 889,90. à Lfg. * 1 50; * 6 —
1.—11. Lfg. Ebd. 1887,88. à Lfg. * 1 50; * 16 50; compl. in Mappe ** 23 50.

— moderne Neubauten. Fortlaufend erschein. illustr. Blätter f. Architektur. Dieselben enthalten in feinstem Lichtdr. vervielfältigt: Naturaufnahmen von ganzen Façaden m. den wichtigsten Details derselben in vergrössertem Massstabe, Innenansichten, sowie die erforderl. Grundrisse, Durchschnitte u. Text v. einfachen u. reichen ausgeführten Bauten der bekanntesten Architekten in Deutschland, Oesterreich-Ungarn, Böhmen u. der Schweiz. 3. Jahrg. gr. Fol. (100 Taf. m. 20 S. Text.) Ebd. (898. 899). In Mappe n. 30. —
Fortsetzung s.: Charakterbilder, architekt.

Neubauten, Moderne. Herausg. v. W Kick. 4° (100 T) fol Stuttgart (1902)

— der praktische Schlosser. Eine Mustersammlg. ausgeführter Entwürfe u. Zeichngn. v. einfachen Schlosser- u. Schmiede-Arbeiten aller Art. Zum prakt. Gebrauch f. Schlosser, Schmiede, Architekten, Werkmeister, gewerbl. Zeichner u. als Vorlagen f. gewerbl. Fortbildungsschulen hrsg. 10 Lfgn. Fol. (47 Taf. in Photolith. u. Steindr.) Stuttgart 892. 893. O. Arndt. à n. 1. 50 (kplt. in Mappe: n. 16. 50)

— — feine Sitzmöbel. Eine Mustersammlg. v. Entwürfen u. teilweise ausgeführten Zeichngn. v. Sitzmöbeln aller Art. [Aus: „K. u. S., der Tapezier".] Fol. (19 Taf. in Farben- u. Lichtdr.) Ebd. 891. In Mappe. n. 18. —

Kick W, alte Städtebilder aus Schwaben. I. (60 T) 4° Stuttgart (1909)

Kick W, Stickereiarbeiten der württembergischen Frauenarbeitsschulen aus der Landesschulausstellung. (60 T) fol Stuttgart 1892

—— Preisgekrönte Stickerei-Arbeiten der württembergischen Frauenarbeitsschulen aus der zum 25jährigen Regierungs-Jubiläum Sr. Maj. d. Königs Karl v. Württemberg veranstalteten Landes-Schulausstellung. Mit Genehmigg. der beteiligten Frauenarbeitsschulen nach den Orig.-Arbeiten in Lichtdr. hrsg. 15 Lfgn. Fol. (60 Taf. u. 1 Bl. Text.) Stuttg. 890—92, Nitzschke. à Lfg. * 2 —; compl. in Mappe * 30 —

—— —— der Tapezier. Eine Mustersammlung von Entwürfen und teilweise ausgeführten Zeichnungen von Zimmerdekorationen und Möbeln aller Art. 10 Lfgn. Fol. (à Lfg. 4 Taf. in Chromolithogr. und Lichtdr.) Ebendas. 887,88. à Lfg. *M 3.—. * 30 —

—— —— dass. — 1. Suppl.-Heft, enth. Detailzeichnungen, Preisberechnungen, sowie Grössen und Massangaben. Fol. (6 Detailbog. mit 14 S. Text in 8.) Ebendas. 888. * 2 —

Kick W und O Seubert, der Tapezier. (40 T) fol Ravensburg (1889)

— einfachste Zuschneide-Schule f. Tapeziere u. Decorateure, s. a. Schwinghammer, Eug.

— u W Kick, einf. Zuschneideschule f. Tapez. u Dekorat. (52 S) 8° (40 T) fol Stuttgart 1893

Kickeberg [Schlagwort]

Kickeberg, s.: Forstkarten.

Kickeberg, s.: Harburg, Umgebg.

Kickebusch, Herr, u. sein Kätzchen Schnurr. (Kleinkinderbuch.) qu. 16. (16 ill. Kpfrt. u. 1½ B. Text.) Leipzig 840, Baumgärtner.

Kickebusch

— s. a. **Kikebusch.**

Kickebusch, Johann Daniel (Eibenstock), De invisibili Christi ascensu in verbis Joh. XX. comm. XVII. frustra quaesito. — Qua simul novam de duplici ascensu Christi hypothesin modeste examinat. Commentat. theol. Schneeberg (Fulden) 1751. 20 S. (6.—) 17918

Kickelhayn, Friedrich Moritz [aus Neuzörnewitz, Königr. Sachsben [sic!]]: Beiträge zur Kenntniss der Chinolin-γ-Carbonsäure und einiger ihrer Derivate .... Freiburg i. B., Buchdr. v. Chr. Ströcker, 1887; 78 S. + 1 Bl. 8°
Freiburg i. B., Phil. Fak., Inaug.-Diss. v. 1887

Kickelhayn, H[ermann], Architekt: **Beschreibung des Neubaues** (der Lehr- und Erziehungs-Anstalt für Knaben — Freimaurer-Institut — zu Dresden-Striesen). [Mit 12 Taf.] *(Dresden 1899: C. C. Meinhold & Söhne.)* (S. 15—21.) 4° [F.]
Dresden-Striesen, öff. R ⟨Freimaurer-Inst.⟩, Lehr- u. Erz.-Anst. f. Knaben, Festschr. 1899 (1900 No 603)

Kickelhayn, Herm., und Dan. Walluf, Stadt- Land- und Gartenhäuser, s. **Walluf, Dan.**

Der Kicker : 1895?-?
German humoristic weekly listed in Milwaukee City Directory for 1895. Identity of editor & publisher not revealed, and no further information.
Milwaukee, WI

Kickeriki : Jan. 1856-?
Humorous weekly. Edited by August Timpe, & published by Magnus Müller & August Timpe.
Baltimore, MD

Kickh, Klemens

Kickh, Kl.: Ansichten der Kirchenväter der ersten Jahrhunderte über das griechische und römische Altertum und die klassischen Studien. 47 S. 8°.– Wien Sch., Progr. 1863.

Kickh, Clem., Gott, Mensch, Tod u. Unsterblichkeit. Blütenlese aus den Schriften des L. Annäus Seneca. Wien 1874, Programm d. Schottengymn.

Kickh, Klem., christlicher Krankenbesuch. Ansprache in der Generalversammlg. d. Wiener St. Vinzenz-Vereins vom 1. Fastensonntag 1904. (16 S.) 8. Wien 904. H. Kirsch. n. —20

Kickh, Clem., Predigten auf alle Sonntage eines Kirchenjahres. Gehalten in der k. k. Hofburg-Pfarrkirche in Wien. gr. 8. (III, 252 S.) Wien 883, Kirsch. *

KICKH, Clemens: Status monasteriorum regni carolingici eorumque reformatio sub Carolo Magno et Ludovico Pio. — (1859) 80 S. 8° (Handschr.) Diss. 191
Diss. Wien, Univ.

Kickh, P. Clemens, Trauerrede nach dem Hinscheiden weiland Ihrer Majestät der Kaiserin und Königin Elisabeth, gesprochen in der k. k. Hofburg-Pfarrkirche vor dem Trauergottesdienste (20. September 1898). 8. (10 S.) —.20
Wien: Kirsch 1898.

Kickh, P. Clem., Trauerrede nach dem Ableben weil. Sr. k. und k. Hoh. des durchlauchtigsten Herrn Erzherzogs Franz Carl, vorgetragen in der k. k. Hofburg-Pfarrkirche vor dem feierl. Trauergottesdienste [14. März 1878]. gr. 8. (8 S.) Wien 878, Kirsch. *

Kickhefel, Baupolizeiordnung f. das platte Land der Prov. Pommern vom 25. IV. 1899. Text-Ausg. m. Anmerkgn. Cammin 899.

Kickhefel, Baupolizeiordnung f. das platte Land der Prov. Pommern vom 25. IV. 1899 nebst e. Anh., enth. Auszüge aus dem bürgerl. Gesetzbuche, dem allgem. Landrecht, dem Strafgesetzbuche u. dem Landesverwaltungsgesetze, m. Anmerkgn. 2. verm. u. verb. Aufl. 8. (40 u. 41 S.) Cammin 902. Formazin & Knauff. n. 1.—
1. Aufl. (24 S.) 899. n. —50.

— — f. die Städte der Prov. Pommern vom 25. IV. 1899. Text-Ausg. m. Anmerkgn. Cammin 899.

Kickhefel, Baupolizeiordnung f. die Städte der Prov. Pommern vom 25. IV. 1899, nebst e. Anh., enth. Auszüge aus dem bürgerl. Gesetzbuche, dem allgem. Landrecht, dem Strafgesetzbuche u. dem Landesverwaltungsgesetze, m. Anmerkgn. 2. verm. u. verb. Aufl. 8. (42 S.) Cammin 902. Formazin & Knauff. n. 1.30
1. Aufl. (41 S.) 899. n. —80.

Kickhefel, Ewald: **Die Eigentumsaufgabe auf Grund des internationalen Vertrages vom 14. März 1884 zum Schutze der Unterseekabel.** *Greifswald 1898: J. Abel.* (48 S.) 8° [F.]
Greifswald, Jur. Diss. v. 1898

Kickhefel, Gustav [aus Greifswald]: Ueber Thoracoplastik. . . . Greifswald, Druck v. J. Abel, 1890; 30 S. 8°
Greifswald, Med. Fak., Inaug.-Diss. v. 20. Dez. 1890

Kickhefel, Jul., die erfolgreiche Rennwette. Ausführl. Lehrbuch zur systemat. Ermittelg. der Sieger in allen Pferderennen (ohne Trabrennen). Mit 77 commentierten Rennen, vielen statist. Tabellen, Verzeichnissen der Herren-Reiter, Jockey's u. Lehrlinge etc. etc. (V, 269 S.) 8. Rostock i/M. (909). Jul. Kickhefel (Selbstverlag.) Geb. in Leinw. nn 20. —

Kickton, A., s.: **Bericht** usw. über die Nahrungsmittelkontrolle in Hamburg.

Kickton, Hans, Oberarzt i. d. Kais. Schutztruppe f. Südwestafrika: Aus d. Chir. Univ.-Klinik, Halle a. S. Über Magengeschwürs-Perforationen und ihre Behandlung. Halle a. S. 1910: Kaemmerer. 47 S. 8°
Halle, Med. Diss. v. 4. Aug. 1910, Ref. v. Bramann
[Geb. 30. April 80 Erfurt; Wohnort: Namutoni, S.-W.-Afrika; Staatsangeh.: Preußen; Vorbildung: Gymn. Erfurt Reife O. 98; Studium: Halle 4, Greifswald 2, Halle 5 S.; Coll. 2. Aug. 10; Approb. 16. Mai 04.] [U 10. 1698

Kiczka, Gust., pharmaceutisches Manuale. Sammlung von Vorschriften zur vortheilhaften Darstellung der gangbaren officinellen und nichtofficinellen pharmaceut. Präparate und Handverkaufsartikel, nebst einigen Behelfen für die pharmaceut. Praxis. Mit einem Verzeichniss der volksthüml. böhm. und poln. Benennungen. Auf Grundlage eigener Erfahrungen zusammengestellt. 8. (V, 369 S.) Wien 885, Perles. *ℳ 4.50.; geb. * 5 60

Kidd, Benj., soziale Evolution. Aus d. Engl. übers. v. E. Pfleiderer. M. e. Vorwort v. Aug. Weismann. Autor. Übersetzg. gr. 8. (VII, 321 S.) Jena 895. G. Fischer. n. 5. —; geb. n. 6. —

Kidd, George. The Role of the Council in Execution of Functions Assigned to the League of Nations by the Treaty of Versailles. Thèse Sc. polit. Genève. 218 p. 24 16cm. Chambéry ⟨Savoie⟩, Impr. Réunies, 1935. En vente: Libr. Payot & Cie, Genève. fr. 5.— V GenfDr

Kidd, John, der menschliche Körper in seinem Verhältnisse zur äußeren Natur. Nach d. Engl. von Plieninger, s. Natur, die, ihre Wunder u. Geheimnisse.

Kidd, Will. u. Fritz Fink, Bäh, Schäfchen, bäh! Bilder von K., Verse von F. (26 S. m. 12 farb. Vollbildern.) qu. gr. 8. Köln (906). F. C. W. Frank. Geb. 3. 50

(B) **Kidd,** W., u. F. **Fink,** Bäh, Schäfchen. 906.
Jetzt: Basel. E. Finckh. Ern. Pr. 2. -

Harald Kidde. Luftschlösser. Autor. Übers. aus d. Dän. von Hermann Kiy. Minden i. W.: J. C. C. Bruns [1906]. (VIII, 196 S.) 8° [F.] [illegible]

Kiddel, J., Abhandl. v. Eingeb. d. heil. Schr. m. Zus. v. Semler. gr. 8. Halle, Gebauer. 783.

Kidder, Rich., (†...) überzeug. Beweis, daß Jesus d. wahre Messias sey; aus d. Engl. u. verm. von F. E. Rambach l. 4. Rostock 756. Stiller. 1 ₰ 8 ℊ

Kidder, Rich., überzeug. Erweis, daß Jesus d. wahre Messias sey, a. d. Engl. 4. Rost. Stiller. 756.

KIDERLE, Johann Michael (Ebersbach): Über den Zustand der Heilkunde im Mittelalter und die Bedeutung des Th. B. Paracelsus in der Geschichte der Medicin.- München: [illegible] 1849. 21 S. 9.12.1848 – Urk (Titel: De Theophrasto Bombasto Paracelso.); F 67
Diss. Ingolst.-Landsh.-Mchn.

Kiderlen, F., ein Fall von Uterus bicornis. Inaugural-Abhandlung. gr. 8. (32 S.) Tübingen 884, (Fues.) *

Kiderlen, Franz [aus Ravensburg]: Über Pneumonie bei syphilitischen Neugeborenen ... Würzburg, Etlinger's Buchdr., 1893; 39 S. 8.
Würzburg, Med. Fak., Inaug.-Diss. v. 1893

Vom Glück und von der Liebe. Gedanken in Versform u. Prosa von Georg Wilhelm Kiderlen. *London: Selbstverl.; A. Sieglein Comm. 1903.* (VII, 160 S.) 8° [F.] [illegible]

Kiderlen, W. L. J., s. 1) Curtis, die Pflege d. Augen. 2) Saunders Anweis. z. Pflege der Zähne.

Kiderlen, Wilhelm (ed). Gesch d VS v Na, vom Jahre 1492-1837. Aus d Eng übers u hrsg v W. Kiderlen. Phila, 1838.

--Wörter z ernstigen Beherzigung f d dten Bürger v P-ien. Phila, 1838.

Kiderlin, Georg, Rechtsprakt.: Das gesetzliche Vorkaufsrecht des Miterben nach dem Bürgerlichen Gesetzbuch. Borna-Leipzig 1909: Noske. VIII, 60 S. 8°
Erlangen, Jur. Diss. v. 13. Jan. 1910, Ref. Binder
[Geb. 23. Juni 85 München; Wohnort: München; Staatsangeh.: Bayern; Vorbildung: Maximilians-Gymn. München Reife 04; Studium: München 7, Berlin 1 S.; Rig. 26. Nov. 09.] [U 10. 714

Kiderlin, Moritz: Beiträge zur Kritik und Erklärung von Quintilian. Buch I. S. 3–36. Augsburg, St. Anna, Progr. 1877

— Kritische Bemerkungen zu Quintilianus. S.-A. 1891. 18 S.

Kidrič Franz: Geschichte der ersten Reform glagolitischer Kirchenbücher nach dem Tridentiner Konzil. H. 1906 PN 2130 **Diss.** Wien, Univ.

Kieback, Paul [pr. Arzt in Drossen]: Aus d. Hygien. Institut zu Rostock. Die Sterblichkeitsverhältnisse der Stadt Malchin i. M. seit 1788 u. d. Abminderg d. Sterbeziffer daselbst im 19. Jh. ... Rostock, C. Hinstorffs Buchdr., 1897; 37 S., 2 Taf. 8.
Rostock, Med. Fak., Inaug.-Diss. v. [8. Juni] 1897

Kiebel, Aurel

—: Die Abhängigkeit des Luftdrucks von der Seehöhe. Ein Beitrag zum Unterricht im Freien. (Umschlagtitel: [II. Teil].) S. 18—19. 8. (Schluß.) S. 5—8. 8. **Progr.** K. k. Staats-Ober-Gymn. *Mies* 1903. 1904.

Kiebel, A., mathemat. Aufgaben, hauptsächlich a. d. Heimatskunde. Progr. Lex.-8. (42 S.) Czernowitz 895. (H. Pardini.) n.n. — 60

Kiebel, Aurel: Ein Jahr astronomischen Unterrichts im Freien. 8 S. 8. Astronomischer Unterricht im Freien. II. Bericht, die Schuljahre 1902/03 und 1903/04 betreffend. (Umschlagtitel: ... Bericht.) S. 9—24. 8. **Progr.** K. k. Staats-Ober-Gymn. *Mies* 1902. 1904.

Kiebel Aurel: Der leere Raum. 17. Mies 93.
Progr.

Kiebel, Aurel, Galilei's Untersuchung der Fallbewegung. Progr. gr. 8. (29 S. m. Fig.) Czernowitz 894. (H. Pardini.) n. — 50

Kiebel, Herm., d. Steuerpolitik d. Besitzlosen. gr. 8. (50 S.) Wien 898. M. Breitenstein. n. — 70

Kiebitz, Franz, aus Bautzen: Über die elektrischen Schwingungen eines stabförmigen Leiters. *Leipzig: J. A. Barth 1901.* (46 S.) 8°
Giessen, Phil. Diss. v. 1901

Kiebitz, G. The influence of Percy's „Reliques of Ancient English Poetry" on the development of English poetry. Bautzen, R., 1874. 11 S. 4. Progr.

Kiebitzmart, Heinr. Ohne Bügel. Ein Ritt in Australien. 8. (15 S.) Lpz. 891, Möller. * — 30

Kiebler, Ulrich. Aus Berg und Tal. Charakterbilder aus dem schweizer. Bauernleben. [Mit Vignetten.] IV + 103 S. 8. Chur, Manatschal Ebner & Cie., (1903). [fr. 1. 20]

Kiebler, Ulrich. Erfahrungen und Gedanken eines Gärtners. Ansichten und Vorschläge zur Hebung des Gärtnerstandes. IV + 54 S. 8. Aarau, Emil Wirz, 1902.

Kiebler, Ulrich. Die Krankheiten und Schädlinge unserer Obstbäume und die Mittel zu deren Bekämpfung. Sonderdruck aus J[oseph] Werck, Die Kultur der Zwergobstbäume ⟨5. Aufl.⟩. II + 64 S. 8. Aarau, Emil Wirz, 1905. [fr. —. 80]

— die Kultur der Zwergobstbäume, s.: Werck, Jos.

Kiebsch, Alfred, appr. Arzt a. Berlin: Aus der Kgl. Universitäts-Frauenklinik zu Berlin. ⟨Direktor: Geh. Med.-Rat Prof. Dr. Olshausen.⟩ Kaiserschnitt bei Myom. Berlin (1906): E. Ebering. (45 S.) 8°
Berlin, Med. Fak., Ref. Rubner, Diss. v. 26. Mai 1906
[Geb. 6. März 78 Berlin; Wohnort: Berlin; Staatsangeh.: Preußen; Vorbildung: Sophien-Gymn. Berlin Reife O. 97; Studium: Berlin 5, Tübingen 1, Berlin 10 S.; Coll. 23. Mai 06; Approb. 26. Juli 03.]

Kiechel, Erhard Julius (Ulm), De concubinatu. Diss. jur. Präs. Christian Thomasius. Halle (Joh. Christian Zahn) 8. IV. 1713. 52 Seiten. (6.80) 17919

— — Dasselbe. Halle (Johann Christian Zahn). 68 S. (6.80) 17920

— — Dasselbe. i. e. Von dem unehlichen Beyschlaff. o. O. 1713. 68 S. (6.80) 17921

— — Dasselbe. (De concubinatu.) o. O. 1732. 58 Seiten. (6.80) 17922

Kiechel, Johann Fr.

— Einl. z. franz. Schonschreibekunst nach ihr. Anfangsgründ. durch Vorschr. erl., n. d. engl., röm. u. deutsch. Currentschr. m. K. gr. 4. Strasburg, König. 799.

Kiechel, Jh. Fr., (†...) deutsche Current-, Canzlei- u. Fraktur-Schrift in e. theoret.-prakt. Anweis. ꝛc. Mit 31 Kpft. qu. Fol. Straßb. 788. König. 3 ℳ

— deutsche Currentschrift n. e. n. Methode. m. K. Fol. Strasb. Academ. Handl. 788.

— s. a. Schneider mit d. Zaubergerte.

Schneider mit der Zaubergerte oder Geschichte des Geister-Beschwörers und falschen Propheten Georg Schneiders, von Höhnheim. Verf. von Joh. Friedr. Kiechel. Eine wahre Geschichte. Strassburg 1804: Silbermann. XII, 223 S. 8°
Den Frmrn gewidmet.

Kiechel, Samuel, Reisen, s. Bibliothek des litterarischen Vereins in Stuttgart, Bd. 86.

Kiechl (Ernst), Vorarlberg . . . Innsbruck.
[T. 1. Vorarlberg in orographischer u. hydrographischer Hinsicht. 1908.
„ 2.] Vorarlberg in klimatologischer, ethnographischer u. kulturgeographischer Hinsicht. 1909.
Innsbruck, Mädchen-Lyz. d. Frauen Ursulinen. P 1907/08 u. 1908/09

Kiechl, Franz

Kiechl, Fr.: Kravogl's zweiter Elektromotor. 15 S. 4° – Innsbruck, OG., Progr. 1870.

Kiechl, Frz., Versuche zur Bestimmung des calorischen Aequivalentes der Elektricität. Lex.-8. (19 S. mit 1 eingedr. Holzschn.) Wien 869, (Gerold's Sohn.) *
Aus: Sitzungsberichte der k. Akademie der Wissenschaften, besonders abgedruckt.

Kiechl, Frz. Über den für Mittelschulen abgeänderten Crova'schen Wellenapparat. 20 S. u. 1 Taf. 8. Progr. *Feldkirch* 1876.

Kiechl, Josef: Weitere Beiträge zur Beurteilung des Klimas von Feldkirch. Mit einem Anhange aus Pruggers Chronik über außergewöhnliche Naturerscheinungen. S. 3–23. 8.
Progr. K. k. Staatsgymn. *Feldkirch* 1901.

Kiechl, Josef: Klimatische Elemente von Feldkirch. 8 (S. 3—28). Progr. K. k. Real- u. Oberg. *Feldkirch* 1897.

Kiechl, Jos. Analytische Entwickelung von Gleichungen über 3 in demselben Punkte sich schneidende Transversalen eines Dreiecks. 20 S. u. Taf. 8. Progr. *Feldkirch* 1881.

Kiechl, Josef Analytische Entwickelung von Gleichungen über zwei Transversalen eines Dreieckes. 8 (S. 3–12, 1 Taf.)
Progr. K. k. R.- u. Oberg. *Feldkirch* 1895.

Kiechle, Karl

— Leitfaden in Fragen u. Antworten z. Unterr. d. Schuljugend, die beichten u. communiciren soll. 5te Aufl. 12. Kempten 825, Kösel.

— Leitfaden z. Unterr. in d. Glaubenslehre f. d. 2te u. 3te Klasse d. kathol. Schuljugend. 5te Aufl. 12. Kempten, Kösel.

Kiechle, Karl, Lese- u. Lehrbuch christl. Sitten- u. Tugendlehre für d. 2e u. 3e Klasse. 12. Kempten 806. 4e A. 826. Kösel. 2 K

Kieckbusch, Ernst, mit Fangnetz u. Sammelschachtel. Ein Wegweiser f. junge Schmetterlingssammler. Unter besond. Berücksicht. biolog. Verhältnisse bearb. unter Mitwirkg. v. Erich. Kähler. Mit 149 nach der Natur aufgenommenen Abbildgn. in Farbendr. auf 10 Taf. u. 1 Abbildg. im Text. (110 S.) 8. Bielefeld 908. Verlagshandlg. der Anstalt Bethel. Geb. in Leinw. 3. 60

Kieckebusch, Alfred, Referendar: Die Haftung des Erben für die Handelsschulden des Erblassers. *Greifswald 1900: J. Abel.* (36 S.) 8° [F.]
Greifswald, Jur. Diss. v. [19. Okt.] 1900

Kieckebusch, Emil, Gedichte. 8. (21¾ B.) Berlin 845, Rücker u. Püchler.

Kieckebusch, Emil, Imma. Trauerspiel in 5 Akten. (Den Bühnen gegenüber Mscr.) 12. (III und 144 S.) Berlin 862, Rücker und Püchler.

Kieckebusch, Emil, Leid und Lust. Gedichte. 2. Aufl. 16. (VI und 131 S.) Berlin 859, Rücker und Püchler. *
geb. *

Kieckers, Friedrich Ernst, a. Marburg: Die lokalen Verschiedenheiten im Dialekte Kretas. Marburg 1908: R. Friedrich. (110 S., 12 Karten.) 8°
Marburg, Phil. Fak., Ref. Thumb, Diss. v. 28. April 1908
[Geb. 27. Sept. 82 Barmen; Wohnort: Marburg; Staatsangeh.: Preußen; Vorbildung: Oberrealsch. Barmen, Gymn. Barmen Reife O. 01; Studium: Marburg 1, Bonn 1, München 2, Marburg 9 S.; Rig. 31. Juli 07.]

Kieckers, Frdr. Ernst, die lokalen Verschiedenheiten im Dialekte Kretas. Diss. (110 S. m. 12 Taf.) 8. Marburg 908. (N. G. Elwert's Verl.) 3. —

Kieckhäfer, J., Käthe Hochberg. Roman. 8. (278 S.) Leipzig 896. W. Friedrich. n. 3. —; geb. n.n. 4. —

Kieckhöfel, Willy, der moderne Tapezierer u. Dekorateur, s.: Bergerhoff, H.

Kieckhoefer, Fritz, Referendar in Liegnitz: Die Unterschiede zwischen der Verwaltung und Nutznießung des Ehemannes und der des Vaters. Nach d. B.G.B., mit kurzem Rückblick auf d. geschichtl. Entwicklung. *Liegnitz 1904: C. Seyffarth.* (VIII, 74 S.) 8° [F.]
Rostock, Jur. Diss. v. [14. Juni] 1904

Kiedaisch, Chrn. und Friedr., dramatische Versuche. 1. Bd. 8. (195 S.) Stuttgart 862, Aue. *

Kiedrich, F., unsere Haustiere. Ein Bilderbuch f. die Kleinen. gr. 4. (16 farb. S. auf Pappe ohne Text u. 1 S. Text.) Duisburg (900). F. A. Steinkamp. Geb. 3. 50

Kiedrowski, Tadeus Edmundus de (*geb. Klein-Galunski bei Ostrowo in Pos. 24. 10. 1835*): De quibusdam experimentis, quibus quantam vim habeat acidum hydrocyanicum in nervorum systema cerebro-spinale atque in musculos systematis vertebralis probatur. Vratislaviae (1858). (26 S.) 8°
Breslau, Med. Diss. v. 4. Aug. 1858

Kiefe, Adolf, Justizref. in Stuttgart: Das Verhältnis der 'unerlaubten Handlungen' des BGB. §§ 823—853 zum Strafrecht. *Stuttgart 1899: A. Bonz' Erben.* (48 S.) 8°
Tübingen, Jur. Diss. v. 1899

KIEFE, Max (Baising): Zwei Fälle von kongenitalem Defekt der linken Niere. (Titel nach der Urkunde) 26.7.1894 – Urk: Chr 1894/95,20
Diss. Ingolst. Landsh.-Münch.

Kiefe, Wilhelm, Justizref. in Stuttgart: **Zur Lehre von der Klageänderung nach der alten und der neuen Civilprozessordnung.** *Stuttgart 1899: A. Bonz' Erben.* (94 S.) 8°
Tübingen, Jur. Diss. v. 1899

Kiefe, W., Zur Lehre von der Klageänderung nach der alten und der neuen Civilprozessordnung. Inaugural-Dissertation. gr. 8. (94 S.) Stuttgart 1899. Druck von A. Bontz' Erben. Nicht im Handel. 4260

(**Kiefeker,** Joh.:) Sammlung der Hamburgischen Gesetze und Verfassungen in Bürger- u. Kirchlichen, auch Cammer-Handlungs- und übrigen Policey-Angelegenheiten u. Geschäften samt histor. Einl. Th. 1—12. [Nebst] Reg. Hamburg 1765—74. 13 Bde

Kiesel, Carl. Exempla ad illustrandam concludendi doctrinam ex Platonis libris collegit. 14 S.
Düsseldorf, Progr. 1857

Kiesel, Carl. De primis artis logicae praeceptis Platone duce tradendis. 19 S.
Düsseldorf, Progr. 1851

Kiesel, W., der letzte Tag auf meiner Station Singhani. Erzählt f. unsere Kinder. gr. 8. (12 S.) Friedenau-Berlin 898. Buchh. der Goßner'schen Mission. n. — 10

Kiefer, Federico, *Künstler*, (geb. 16. März 1821. gest. 30. Juli 1857). Nekrolog. *Treviso* 1857. *Longo*. 1 Bl. 4°. Nicht ber.

Kiefer, Conrad, oder Anweisung zu einer vernünftigen Erziehung der Kinder, ein Buch fürs Volk, von C. G. Salzmann, 8. Schnepfenthal, 796. Erziehungsanstalt. 15 sgl.

Kiefer, Die, zu Wiemersdorf; Fragment eines Gesprächs . . . [Altona 1791.] V: *Niemann, August Chn. Hnr.* (MGT)

Kiefer, ..., (Exjesuit), s. Frater Hermann, von d. Schicksalen d. Mark Brandenburg.

o. N., wahrsch. **A. Kiefer,** Der Steffelbauer von Feldmoching und die Sozialdemokraten. Das Ganze erzählt vom Steffelbauer selbst.
Werbeschrift des Reichstags-Kandidaten der Sozialdemokratischen Partei für München.
1878 München

Kiefer, A., J. B. Biot's Tafeln zur Berechnung barometrischer Höhenmessungen. Neu berechnet und erweitert. Tiflis 1874.

Kiefer, A. (II.), 200,000 Vagabunden, s. Zeit- und Streitfragen, sozialpolitische.

Kiefer, A., 200,000 Vagabunden. Eine Streitschrift zur Begründung der Forderung des Normalarbeitstages. 8. (22 S.) München 888, (Pollner.)

Kiefer, Adolf

Kiefer, A. Über zwei spezielle Brennlinien des Kreises. Frauenfeld 1892. 4.

Kiefer, A. (I.), über die geraden Kegel und Cylinder, welche durch gegebene Punkte des Raumes gehen, oder gegebene gerade Linien des Raumes berühren. gr. 4. (30 S.) Frauenfeld 888, (Huber.) * 1 60

Kiefer, Ad[olf], [von] Selzach '([Kt.] Solothurn)': Der Contact höherer Ordnungen bei algebraischen Flæchen. Aussersihl Fritschi-Zinggeler Dr. 1882. 35 S. 8°.
Zürich, Phil. Diss. [v. 24. Febr. 1882].

Kiefer, A. Der Contact höherer Ordnungen bei algebraischen Flächen. Zürich 1882.

Kiefer, A. Geometrische Lösung einer einfachen Aufgabe aus der Optik. Frauenf. 1888.

Kiefer, Albert: Die Einführung der homogenen Koordinaten durch K. W. Feuerbach. Straßburg i. E. 1910: Du Mont Schauberg. 55 S. 8°
Straßburg, Math.-naturwiss. Diss. v. 21. Febr. 1910, Ref. Schur
[Geb. 21. Jan. 84 Landau, Pfalz; Wohnort: Landau; Staatsangeh.: Bayern; Vorbildung: Gymn. Landau Reife Sommer 04; Studium: Straßburg 3, Berlin 2, München 1, Straßburg 5 S.] [U 10. 4117

Kiefer, Albert, aus Karlsruhe i. B.: **Die Veränderungen der Volksdichtigkeit im Königreich Bayern von 1840 bis 1895.** *Leipzig 1903: Günther & Müller.* (96 S.) 8° [F.]
Erlangen, Phil. Diss. v. 19. Juni 1901

Kiefer, Albrecht, aus Saarbrücken: **Die Thee-Industrie Indiens und Ceylons ⟨Entwickelung und heutiger Stand⟩.** *Essen 1901: C. W. Haarfeld.* (2 Bl.) 4° ¶[Nur Titelblatt, Vita u. Thesen.]
Bonn, Phil. Diss. v. [27. Juli] 1901
(Nicht für den Austausch)

Kiefer, A(lbrecht): **Die Theeindustrie Indiens und Ceylons. ⟨Entwickelung u. heutiger Stand.⟩ Mit 3 Skizzen u. 1 Karte.** *Wien: R. Lechner 1902.* (66 S.) 4° ¶ — Abhandl. d. k. k. Geogr. Gesellsch. in Wien, Bd 4, 1902, No 3. — [Vgl. 1900 1901 Bonn No 70.]
Bonn, Phil. Diss. v. [27. Juli] 1901

Die Theeindustrie Indiens und Ceylons ⟨Entwickelung u. heutiger Stand⟩. Von Dr. A. **Kiefer.** Mit 3 Skizzen u. 1 Karte. *Wien: R. Lechner 1903.* (66 S.) 4°(8°)
— Abhandlungen d. k. k. geograph. Gesellschaft in Wien. Bd 4, No 3.
1903. 1934

Kiefer, Alfred [cand. med. aus Breisach]: Über einen Fall von progressiver spinaler Muskelatrophie . . . Zell i. W., Buchdr. v. H. Specht, 1894; 26 S., 1 Bl. 8.
Freiburg i. B., Med. Fak., Inaug.-Diss. v. 1894

Kiefer, Arthur, Das Hausiergewerbe in Fürth. Schriften d. Vereins f. Sozialpolitik, Bd. 80. gr. 8°. Leipzig 1899.

Kiefer, Aug., u. Ferd. Beck, Kämpfe um Liebe, s.: Dilettantenbühne, katholische, 171. Heft.

Kiefer, C., Versuch eines Maaß-, Gewicht- und Münz-Systems für Deutschland. Im Octbr. 1855. gr. 8. (12 S.) Saarlouis 856, Stein.

Kiefer, Ch., **Aquarell-Studien. Vorlegeblätter zur Erlernung des Aquarellmalens (in Farbendr.). 4. und 5. Heft. qu. Fol. (à Heft 4 Chromolithogr.) Carlsruhe 864,65, Veith. à Heft * 1 Thlr. 10 Ngr.** *
Vgl. XIII. Bd. 2. Abthl. S. 87.: Meichelt, H.

Kiefer, Ch., Führer durch die Ruinen v. Limburg, s. Führer.

Kiefer, Ch., landschaftliche Studien nach der Natur gezeichnet. 6 Hefte, leicht schattirte Motive aus dem Schwarzwald enth. 4. (à 4 Stnt.) Carlsruhe 871, Veith. à Heft 60 Pf.

Kiefer, Carl ..., s. Kiefer, Karl ...

Kiefer, D., Verwaltungs- und Geschäfts-Adress-Buch des Ober-Elsass 1873—1874. Enth. die Adressen sämmtl. Beamten, der Geschäfts-, Handel- und Gewerbetreibenden Personen des Bezirks, sowie einer geograph., statist. und histor. Uebersicht des Ober-Elsass. 8. (396 S.) Colmar 873, Lang und Rasch. *

—— Verwaltungs- und Geschäfts-Adress-Buch des Unter-Elsass 1874. Enth. die Adressen sämmtl. Beamten, der Geschäfts-, Handels- und Gewerbetreibenden Personen des Bezirks, sowie eine geograph., statist. und histor. Uebersicht des Unter-Elsass. 8. (128 S.) Ebendas. *
cart. * ℳ 6,60.; geb. *

Kiefer, D. G., s. J. M. v. Rein, d. oriental. Cholera.

Kiefer, D. G., Das Wartburgsfest am 18. 10. 1817 in seiner Entstehung, Ausführung u. Folgen, n. einer Apologie d. akademischen Freiheit u. 15 Beil., Jena 1818, VI u. 146 S., 8°.

Kiefer, Ernst [aus Breslau Assistenzarzt an d. Dr. Kahlbaumschen Heil- u. Pflegeanst. f. Nerven-, Gemüts- u. Geisteskranke, vormals Assistenzarzt an d. k. psychiatr. Klinik zu Breslau]: Über einige Fälle von chronischem Alkohol-Delirium. (Aus d. k. psychiatr. Klinik zu Breslau.) . . . Görlitz, 1890; 8 Bl. + 43 + 1 S. + 1 Bl. 8°
Breslau, Med. Fak., Inaug.-Diss. v. 21. Mai 1890

Gassebuwe. Pfälzer Mundartgedichte von Ernst Kiefer. Kaiserslautern: H. Kayser 1905. (II, 146 S.) 8° [J.]

Kiefer, Ernst, Gassebuwe. Pfälzer Mundartgedichte. 2. Doppelaufl. (IV, 163 S.) kl. 8. Kaiserslautern 910. H. Kayser.
2.—; geb. in Leinw. 2. 50

Kiefer, F. Tannin als Gegengift. Kiel 1892.

Kiefer, F. J., neueste vollständige Beschreibung d. Stadt Köln. 16. (4½ B. u. 8 Stahlst.) Köln 842, Eisen. *

— s. Description, nouvelle, de Cologne et de ses environs.

— description nouvelle et complète de la Ville de Cologne. Avec 8 grav. in-8. le même 841. n. ⅚ ℳ

Kiefer, F. J., légendes et traditions du Rhin traduites d'après le texte allemand par J. M. Dautzenberg. gr. 16. (VII und 303 S. mit 1 Stahlst.) Cologne 817, [libr. Eisen.]
Mit 20 Stahlst.

Kiefer, F. J., Légendes et traditions du Rhin de Bâle à Rotterdam. 2. édit., revue et augmentée. 8. (VI und 319 S. mit 1 Stahlst.) Mainz 867, Kapp. 1 Thlr.; geb.

—— Légendes et traditions du Rhin de Bâle à Rotterdam. 3e édit. revue et augmentée. 8. (IV, 316 S. mit 1 Stahlst.) Ebendas. 872. 3 —

Kiefer, F. J., Légendes et traditions du Rhin de Bâle à Rotterdam. 4e édit., revue et augmentée. 8. (IV, 316 S. mit 1 Holzschntaf.) Mainz 883, Kapp. ℳ 3.; geb.

—— the legends of the Rhine from Basil to Rotterdam. Translated by L. W. Garnham. 8. (VI und 313 S. mit 1 Stahlst.) Mainz 867, Kapp. 1 Thlr.; geb.

Kiefer, F. J., the Legends of the Rhine from Basle to Rotterdam. Translated by L. W. Garnham. 2d edit. 1869, and 3d edit. gr. 16. (VI, 313 S. mit 2 Stahlst.) Mainz 875, Kapp. ℳ 3.; geb. 4 50

Kiefer, F. J. The legends of the Rhine from Basle to Rotterdam, Translat. by L. M. Garnham. 4. Ed. In-8°. Mainz, Kapp. 1880 4 —

Kiefer, F. J., the legends of the Rhine from Basle to Rotterdam. Translated by L. W. Garnham. 5th edit. 8. (VI, 314 S. mit 1 Taf.) Mainz 886, Kapp. 3 —
geb. mit Goldschn. 4 50

—— The legends of the Rhine from Basle to Rotterdam. Translated by L. W. Garnham. 6th edit. 12. (VI, 313 S. m. 3 Stahlst.) Ebd. 891. * 3 —; geb. in Leinw. m. Goldschn. * 4 50

Kiefer, F. J., the legends of the Rhine from Basle to Rotterdam. Translated by L. W. Garnham, B. A. 7. ed. 12. (VI, 313 S. m. 8 Abb.) Mainz 896. D. Kapp (durch V. v. Zabern). 3. —; geb. 4. 50

Kiefer's Rheinsagen von Basel bis Rotterdam. In beregten 3 Sprachen. Mainz, D. Kapp. 4 —
geb. 6 —

—— die Sagen des Rheinlandes. 8. (19 B. u. Titkpfr.) Köln 845, Eisen. *

—— die Sagen des Rheinlandes von Basel bis Rotterdam. 2. Aufl. 8. (VI und 313 S. mit 1 Stahlst.) Mainz 866, Kapp. 1 Thlr.; geb.

Kiefer, F. J., die Sagen des Rheinlands von Basel bis Rotterdam. 3. und 4. Aufl. 8. (IV, 314 S. mit 2 Stahlst.) Mainz 869,76, Kapp. *

Kiefer, F. J. *Die Sagen des Rheinlandes* von Basel bis Rotterdam. 3. Aufl. Mainz, Kapp. 1870. VI, 314 S. und 3 Stahlstiche von E. Schuler u. a. nach Retzsch u. a. Kl.-8°. Goldgepr. Orlwd. Rücken leicht läd. Die Tafeln etwas fleckig. 8.—

Kiefer, F. J. Die Sagen d. Rheinlandes v. Basel bis Rotterdam. 6. Aufl. 8. (VI, 314 S. m. Bildern.) Mainz 892, D. Kapp. * 3 —

Kiefer, Fr., Gemeinderecht und Kirchensteuer. Vortrag, gehalten auf dem 10. deutschen Protestantentag zu Heidelberg am 29. Aug. 1876. Hrsg. im Auftrage des geschäftsführ. Ausschusses des deutschen Protestantenvereins. gr. 8. (23 S.) Berlin 876, Haack.

Friedrich Kiefer. Grundsätze für den deutschen Sprachunterricht in einfachen und erweiterten Volksschulen im Anschluss an das Lesebuch für Volksschulen. Lahr bei Geiger. S. 25—43. Karlsruhe, P 1869

Kiefer, Friedr., über die Colonisation Algeriens durch deutsche Colonisten. Eine Belehrung für Auswanderungslustige. 8. (20 S.) Freiburg im Br. 853, Wangler.

Kiefer, Fritz [app. Arzt aus Karlsruhe i. Bd.]: Aus d. Laboratorium d. pharmakognost. Sammlung in Kiel. Tannin als Gegengift ... Kiel, Druck v. A. F. Jensen, 1892; 30 S., 1 Bl. 8.
Kiel, Med. Fak., Inaug.-Diss. v. [13. Juli] 1892

Kiefer, H., Erdbeben in Kaukasien im Jahre 1868. Tiflis 1869.

Kiefer, H., Gang der meteorologischen Elemente in Tiflis vom 1. Dec. 1851 bis 1. Dec. 1861. (Repert. für Meteorol. B. I, 1870.)

Kiefer, H., Magnetische Inklinationen in Tiflis. 1870—76. Tiflis 1876.

Kiefer, H. Magnetische Inclinationen in Tiflis 1870—76. Tiflis 1877.

Kiefer, H.: S a m m l u n g von Hilfstafeln ..., s. M o r i t z, A.

Kiefer, (H. J.) das Demantkreuz. Eine romant. Erzählung. — A. u. d. T.: Dichtung in Prosa u. Reimen. gr. 8. Essen 826, Bädeker.

Kiefer, (H. J.) Dichtung in Prosa u. Reimen. 8. Bonn 826, Habicht.

Kiefer, Heinrich: Der Ersatz des adnominalen Genitivs im Deutschen. Leipzig 1910: Hoffmann. 89 S. 8°
Gießen, Phil. Diss. v. 23. März 1910, Ref. Behaghel
[Geb. 3. Okt. 83 Gießen; Wohnort: Alsfeld; Staatsangeh.: Hessen; Vorbildung: Gymn. Gießen Reife O. 02; Studium: Gießen 7 S.; Rig. 7. Nov. 08.] [U 10. 1288

Kiefer, Heinr. Jos., Vom Rhein. Poetisches Zeitbild aus dem Spätsommer 1850. Saarbrücken 865. Möllinger. 8. (301 S. mit 1 Stahlst.) 1 ₰; geb. mit Goldschn. n. 1 ₰ 15 ngr.

Kiefer, Herm., das Aufsichtsrecht des Reiches üb. die Einzelstaaten, s. a. Abhandlungen aus dem Staats- u. Verwaltungsrecht. 18. Heft.

Kiefer, Hermann, Referendar: Das Aufsichtsrecht des Reiches über die Einzelstaaten. Breslau: Marcus 1908. IV, 34 S. 8° ¶(Ersch. vollst. als: Abhandlungen aus d. Staats- u. Verwaltungsrecht. H. 18.)
Breslau, Jur. Diss. v. 23. Nov. 1908, Ref. Brie-Dahn
[Geb. 3. Dez. 80 Festenberg; Wohnort: Breslau; Staatsangeh.: Preußen; Vorbildung: Elisabeth-Gymn. Breslau Reife O. 01; Studium: Bonn 2, München 1, Breslau 4 S.; Rig. 20. Dez. 07.] [U 09. 492

Das Aufsichtsrecht des Reiches über die Einzelstaaten von Dr. Hermann **Kiefer**. Breslau: Marcus 1909. VIII, 167 S. 8°
(Abhandlungen aus d. Staats- u. Verwaltungsrecht. H. 18.) [09. 10431

Der Bezirksrat, seine Ernennung u. Thätigkeit. System. dargest. von Dr. H[ermann] Kiefer, Bad. Oberamtmann. *Karlsruhe: G. Braun 1902.* (68 S.) 8° [S.] [02. 6791

Kiefer, J. N., de Gnosticis in N. T. tactis. Hal. 1772. 4.

Kiefer, J. N., errettete Vermuthung. üb. d. Complutens. N. Test. m. Semmlers Zus. geg. Götze. 8. Halle, Hendel. 770. Rthlr.

Kiefer, Josef, Lehramtspraktikant aus Schönau i. W. (Baden): Die deputierten Bischöfe der französischen Nationalversammlung und die constitution civile du clergé in den Jahren 1790—1792. *Freiburg i. B. 1903: E. Kuttruff.* (97 S.) 8°
Freiburg i. B., Phil. Diss. v. 1903

Kiefer, Jos., das patriotische Buch. Auslese ernster u. heiterer vaterländ. Deklamationen, Kaiserprologe, Trinksprüche u. Soldatenlieder. Gesammelt u. hrsg. (256 S.) 8. Mühlhausen i/Th. (910). G. Danner. 1. 50

KIEFER, Karl: St. Thomae doctrina de Christo tanquam ecclesiae capite. (Titel nach der Urkunde) 30.6.1894 - Urk: Chr 1894/95,18
Diss. Ingolst.-Landsh.-Mchn.

Kiefer, Carl [app. Arzt aus Kaiserslautern]: Zwei Fälle von Caries der basalen Schädelknochen . . . Erlangen, Druck d. Univ.-Buchdr. v. E. Th. Jacob, 1890; 20 S. 8°
Erlangen, Med. Fak., Inaug.-Diss. v. 4. Jul. 1889

Herborner Familienwappen. Nach d. Samml. d. Herborner Altertums- u. Geschichtsvereins zsgest., gezeichnet u. hrsg. von Karl **Kiefer**. Frankfurt a. M. 1910. 5 Bl. 4° [Autogr.] [11. 1377 3

Herborner Familienwappen. Nach d. Samml. d. Herborner Altertums- u. Geschichtsvereins zsgest., gez. u. hrsg. von Karl **Kiefer**. Frankfurt a. M. 1910. 5 Bl. 4° [Autogr.]
(Frankfurter Blätter f. Familiengeschichte. 1910, Beil.) [11. 168

Homöopathie, ein Wort zur Aufklärung und Abwehr. Von Dr. Karl **Kiefer**, Nürnberg. Leipzig: Homöopath. Centralver. Deutschlands (1905). (40 S.) 8° [06. 9143

Pfarrer-Buch der Grafschaft Hanau-Lichtenberg. Ein selbständiges Register z. Pfarrbuch d. Grafschaft Hanau-Lichtenberg von Pfarrer Ludwig Albert Kiefer, bearb. von Karl **Kiefer**, Frankfurt a. M. Limburg 1907: Gebr. Goerlach. (48 S.) 8° [07. 7994

Kiefer, Karl: Körperlicher Schmerz auf der attischen Bühne. Heidelberg: Winter 1908. 43 S. 8° ¶(Ersch. vollst. u. d. T.: Körp. Schmerz u. Tod auf d. att. Bühne ebd. 1909.)
Heidelberg, Phil. Diss. v. 29. Okt. 1908, Ref. Dieterich
[Geb. 10. Okt. 84 Karlsruhe i. B.; Wohnort: Karlsruhe; Staatsangeh.: Baden; Vorbildung: Gymn. Karlsruhe Reife M. 03; Studium: Heidelberg 2, München 2, Freiburg i. B. 2, Heidelberg 3 S.; Rig. 25. Febr. 08.] [U 09. 2001

Kiefer, Karl, körperl. Schmerz u. Tod auf der attischen Bühne. (112 S.) gr. 8. Heidelberg 909. C. Winter, Verl. 2. 80

Kiefer, Karl, Stammbaum der Familie Goethe. (4 S.) 32,5×23,5 cm. Frankfurt a/M. (Schulstr. 10) (910). Frankfurter Blätter f. Familiengeschichte. 3. —
Sonderabdr. aus: „Frankf. Blätter f. Familiengesch."

Kiefer, Karl, die Tugend der ausgleichenden Gerechtigkeit unter besond. Berücksicht. des bürgerl. Gesetzbuches für Deutschland. Ein Leitfaden f. moraltheolog. Vorlesungen sowie zum Selbststudium des b. Gesetzbuchs. (VIII, 152 S.) gr. 8. Eichstätt 905. (Ph. Brönner.) n. 8. —

Kiefer, Karl, die Tugend der ausgleichenden Gerechtigkeit mit besond. Berücksicht. des bürgerlichen Gesetzbuches f. Deutschland. Ein Leitfaden f. moraltheolog. Vorlesgn. u. Einführg. in das bürgerl. Gesetzbuch. 2., neubearb. u. verm. Aufl. (VIII, 168 S.) gr. 8. Eichstätt 908. (Ph. Brönner.) 3. —

Kiefer, Carl Ludwig, a. Speyer: Über Strahlenkongruenzen zweiter Klasse fünfter und niedrigerer Ordnung. Straßburg i. E. 1905: C. Müh. (40 S.) 8°
Straßburg, Math.-naturwiss. Fak., Ref. Reye, Diss. v. 1905
[Geb. 16. Juli 79 Speyer; Wohnort: Straßburg i. E.; Staatsangeh.: Bayern; Vorbildung: Gymn. Speyer Reife M. 98; Studium: München 4, Straßburg 2, München 2 S.]

Kiefer, Konr., die Natur des Kindes hinsichtlich seiner sittlichen und intellektuellen Anlage. 8. (73 S.) Leipzig 888, Kust. * — 60

Kiefer, Konr. Die Natur d. Kindes hinsichtlich seiner sittlichen u. intellektuellen Anlage. Ein Leitfaden f. Eltern, Erzieher u. Lehrer. 2. (Titel-)Aufl. 8. (73 S.) Lpz. 890, Reinboth. * — 60

Kiefer, Ludwig Albert

Kiefer, L. A., Geschichte der Gemeinde Balbronn. Ein Beitrag zur vaterländ. Geschichte nach Urkunden. gr. 8. (IX, 360 S. m. 1 Taf.) Straßburg 894. J. Noiriel. n. 5. —

Kiefer, Ludw. Alb. Geschichtliche Notizen üb. Elbersforst u. seine Gemarkung. (Ein verschwundenes Dorf bei Balbronn, Unter-Elsaß.) gr. 8. (44 S. m. 1 Lichtdr.-Taf.) Straßb. i. E. 888, Noiriel. * 1 25

—— Pfarrbuch der Grafsch. Hanau-Lichtenberg. Nach Urkunden. gr. 8. (XII, 445 S.) Straßb. i. E. 890, Heitz. * 8 —

—— Steuern, Abgaben u. Gefälle in der ehemal. Grafsch. Hanau-Lichtenberg. Eine Zusammenstellg. der herrschaftl. hanauischen u. der königl. französ. Lasten u. Abgaben, sowie der Kirchengefälle in den elsäss. Aemtern m. urkundl. Beilagen. gr. 8. (83 S.) Strassb. i. E. 891, (Noiriel). * 1 —

Kiefer, *Richard* Otto [aus Homburg i. d. Pfalz]: Aus d. chirurg. Klinik zu Bonn. Ueber einen Fall von Lymphangioma cavernosum congenitum des Oberarmes ... Bonn, Druck v. J. F. Carthaus, 1892; 29 S. 8.
Bonn, Med. Fak., Inaug.-Diss. v. [12.] Aug. 1892

Kiefer (Otto), zur Frage der körperlichen Züchtigung bei Kindern. Studien f. prakt. Erzieher. (54 S.) gr. 8. Leipzig (907). Leipziger Verlag. 1. 50

Kiefer, Otto. Hadrian u. Antinous. Studie. (S. 565–582 m. 2 Taf.) 8. Leipzig 906. M. Spohr. n. — 60
Sonderabdruck aus: „Jahrb. f. sex. Zwischenstufen".

— Liebesgedichte aus der griech. Anthologie, s.: Fruchtschale, die.

Kiefer, Otto (Hrsg.), s. Liebesgedichte aus der Griechischen Anthologie.

— Die Prügelstrafe in der Erziehg., s.a. Beiträge zur Kinderforschung u. Heilerziehung.

Kiefer, Otto: Die Prügelstrafe in der Erziehung. Von Dr. –. Langensalza: Beyer 1908. 42 S. 8°
(Beiträge z. Kinderforschung u. Heilerziehung. H. 49.)

— Platos Stellung zur Homosexualität. (S. 109–127.) 8. Leipzig 905. M. Spohr. n. — 80
Sonderabdruck aus: „Jahrb. f. sex. Zwischenstufen".

— die körperliche Züchtigung bei der Kindererziehung in Geschichte u. Beurteilung. Ein Buch für Eltern u. Erzieher. (V, 196 S.) 8. Berlin 904. Wilmersdorf. A. Kohler. n. 4. —

(G) — Die körperl. Züchtigung. 904. Jetzt: Baden-Baden, F. Spies. Erm. Pr. 2. —

Kiefer, P. W., Blüten u. Blätter. Erzählungen u. Skizzen. (183 S.) 8. Würzburg 909. Memminger. 2. —; geb. n 2.50

Kiefer, W., Unkaufmännisches im Kaufmännischen. Skizze aus d. Geschäftsleben. 8. (32 S.) Zittau 895. Leipzig, Pahl. n. — 50

Kiefer, Wendel

Kiefer, Wendelin, am 1. April, s. Dilettanten-Bühne, katholische.

—— die lebendige Bildsäule oder auf den Leim gegangen. Ein lustig Schwänklein voll List und Ränklein in 1 Aufzuge. 12. (36 S.) Paderborn 888, Bonifacius-Druckerei. — 45

Kiefer, Wendelin, die lebendige Bildsäule od. Auf den Leim gegangen. Ein lust. Schwänklein voll List u. Ränklein in 1 Aufz. 3. Aufl. 12. (36 S.) Paderborn 898. Bonifacius-Druckerei. — 45

Die lebendige Bildsäule oder Auf d. Leim gegangen. Ein lustig Schwänklein Voll List u. Ränklein in 1 Aufz. von Wendel **Kiefer**. 4. Aufl. Paderborn: Bonifacius-Dr. [1905]. (36 S.) 8° [F.] [06. 10437

— Durchlaucht Assessor, s.: Theater-Bibliothek. 81. Bdchn.

— der Herr Baron, s.a. Theater, kleines.

Der Herr Baron. Schwank in 1 Aufz. von Wendel Kiefer. *Paderborn: B. Kleine [1901].* (22 S.) 8° [F.]
— Theater, Kleines. H. 296. [03. 9034

Kiefer, Wendel, die Bergsteiger, s.: Theater-Bibliothek. 82.

[F.] Ein anonymer Brief. Schwank in 1 Aufz. v. Wendel Kiefer. *Paderborn: Bonifacius-Dr. 1898.* (19 S.) 1 Bd 8. [99. 1446

Unsere modernen Commis und Prinzipale! Krit.-soz. Skizze von W[endel] Kiefer. Leipzig: W. Friedrich [1894]. (32 S.) 8° [F.] [07. 7040 2

Kiefer, Wend., e. fideles Duell. Schwank in 1 Aufzuge. 12. (28 S.) Paderborn 894. Bonifacius-Druckerei. — 30

— Edelmann u. Bandit, s.a. Dilettanten-Theater, N. F. 5.

Edelmann und Bandit. Romant. Drama in 5 Aufz. Von Wendel Kiefer. *Paderborn: F. Schöningh [1903].* (48 S.) 8° [F.]
= Dilettanten-Theater. N. F. 5.

– Blinder Eifer schadet nur, s. Dilettanten-Bühne, Katholische.

— der Erfinder. Schwank in 3 Aufzügen f. gesell. Vereine, Jugend- u. Familienkreise. (35 S.) kl. 8. München (905). Volks- u. Jugendschriften-Verlag. n. — 90

—— die Excellenz im Forsthaus, s. Dilettanten-Bühne, katholische.

—— der verhängnisvolle Frack. Schwank in 1 Aufzuge und 1 Nachspiel. 12. (36 S.) Paderborn 888, Bonifacius-Druckerei. — 45

Kiefer, Wendel, der verhängnisvolle Frack. Schwank in 2 Aufzügen. 4. Aufl. (32 S.) kl. 8. Paderborn 907. Bonifacius-Druckerei. — 45

— faule Früchte am Baume der heutigen Gesellschaft, s.a. Moser's Sammlg. zeitgem. Broschüren.

Kiefer, Wendel., Faule Früchte am Baume der heutigen Gesellschaft. Kritisch-soziale Skizze. (Moser's Sammlung zeitgemässer Broschüren, Heft 4.) gr. 16°. Graz 1896.

— die „hohle Gasse" od.: Ein kleines Mißverständnis, s.a. Dilettanten-Theater.

Die 'hohle Gasse' oder: Ein kleines Missverständnis. Schwank in 2 Aufz. von Wendel Kiefer. 2. Aufl. *Paderborn: F. Schöningh [1902].* (22 S.) 8° [F.]
— Dilettanten-Theater. H. 31.

— verdächtige Gäste od.: Wie du mir, so ich dir! Herbergsposse in 1 Aufzuge. (30 S.) kl. 8. Ebd. (905). n. — 90

— d. Geprellten, s.a. Dilettanten-Theater.

Die Geprellten. Schwank in 1 Aufz. von Wendel Kiefer. *(Paderborn: F. Schöningh 1896.)* (19 S.) 8° [F.]
= Dilettanten-Theater. H. 37

—— ein Herzfehler, s. Theater, kleines.

— an der Himmelspforte, s.a. Vereinstheater, neues.

An der Himmelspforte. Dramat. Phantasie in 1 Aufz. von Wendel Kiefer. *Essen (Ruhr): Fredebeul & Koenen 1900.* (19 S.) 8° [F.]
= Vereinstheater, Neues. No 30. [01. 3818 5

— Jägerlatein oder: Der bekehrte Mammonsknecht. Schwank in 1 Aufzuge für gesell. Vereine, Jugend- u. Familienkreise. (30 S.) kl. 8. Ebd. (905). n. — 90

— feucht-fröhlicher Kling-Klang! Lieder vom Weine, vom Minnen u. Wandern, Klänge vom Rheine, v. Mosel u. andern — sowie sonst. heitere Dichtgn. (VIII, 150 S.) 8. Magdeburg (906). R. Zacharias. n. 1. —

Feucht-fröhlicher Kling-Klang ... von Wendel **Kiefer**. Magdeburg: R. Zacharias [1907]. (VIII. 150 S.) 8° [F.] [07. 6188 3

Kiefer, W.: Lackirt, s. Theater, Kleines.

— d. blamierte Lakai, s.: Theater, kleines.

— im Lande d. Apfelsinen u. Maccaroni od.: E. Reise m. Hindernissen. Schwank in 4 Aufzgn. 12. (39 S.) Paderborn 895. Bonifacius-Druckerei. —45

– Getheiltes Leid, halbes Leid, s. Dilettanten-Bühne, Katholische.

– Das große Loos, s. Theater, Kleines.

— Michel, der neue Bursche des Herrn Leutnant. Schwank in 1 Aufzuge f. gesell. Vereine, Jugend- u. Familienkreise. (30 S.) kl. 8. München (905). Volks- u. Jugendschriften-Verl. n. — 90

— e. kleines Mißverständnis, s.: Dilettanten-Theater.

[F.] Der Nachtwächter von Bunzelwitz. Schwank in 2 Aufz. v. Wendel Kiefer. *Paderborn: Bonifacius-Dr. 1898.* (31 S.) 1 Bd 8. [98. 1.67]

Der Nachtwächter von Bunzelwitz. Schwank in 2 Aufz. von Wendel **Kiefer.** 2. Aufl. Paderborn: Bonifacius-Dr. 1905. (31 S.) 8° [F.] [06. 16638]

— die beiden Nero, s.a. Dilettanten-Theater.

Die beiden Nero. Schwank in 1 Aufz. von Wendel Kiefer. *(Paderborn: F. Schöningh 1898.)* (16 S.) 8° [F.]
— Dilettanten-Theater. H. 18. [98. 17556]

— nichts als Ärger u. Verdruß! Schwank in 1 Aufz. 12. (23 S.) Paderborn 895. Bonifacius-Druckerei. — 30

[F.] Nichts als Ärger und Verdruss! Schwank in 1 Aufz. v. Wendel Kiefer. *Paderborn: Bonifacius-Dr. 1896.* (23 S.) 1 Bd 8. [96. 1113]

— o, diese Pennäler. Allerlei Heiteres v. der Schulbank. 8. (64 S.) Köln 894. (Kölner Verlags-Anstalt u. Druckerei, A.-G.) n. — 60

— Peter in der Fremde. s.: Theater-Bibliothek. 8.

—— die Prozeßlustigen. Schwank in 1 Aufzuge. 12. (20 S.) Paderborn 888, Bonifacius-Druckerei. — 30

— die Prozeßlustigen. Schwank in 1 Aufz. 2. Aufl. 12. (20 S.) Ebd. 895. — 30

Die Prozeßlustigen. Schwank in 1 Aufz. von Wendel **Kiefer.** 3. Aufl. Paderborn: Bonifacius-Dr. [1906]. (20 S.) 8° [F.] [07. 11632]

[F.] Puffke vor Gericht. Schwank in 1 Aufz. v. Wendel **Kiefer.** *Paderborn: Bonifacius-Dr. (1895).* (23 S.) 1 Bd 8. [96. 1.24]

– Im Reiche der Kunst, s.a. Vereinstheater, Neues.

Im Reiche der Kunst. Musikantenschwank in 1 Aufz. von Wendel **Kiefer.** *Essen (Ruhr): Fredebeul & Koenen 1899.* (31 S.) 8° [F.]
— Vereinstheater, Neues. No 20. [00. 3197 B]

— der Schein trügt, s.a. Dilettanten-Theater.

Der Schein trügt. Schwank in 1 Aufz. von Wendel Kiefer. *(Paderborn: F. Schöningh 1895.)* (28 S.) 8° [F.]
— Dilettanten-Theater. H. 30. [96. 17514]

— das geplagte Schneiderlein, s.o. Dilettanten-Theater.

Das geplagte Schneiderlein. Zauberposse in 5 Aufz. von Wendel Kiefer. 3. Aufl. *Paderborn: F. Schöningh [1903].* (32 S.) 8° [F.]
— Dilettanten-Theater. H. 29. [04 31.9]

Das geplagte Schneiderlein. Märchenschwank in 5 Aufz. von Wendel **Kiefer.** 4. Aufl. Paderborn: F. Schöningh [1907]. (32 S.) 8° [F.]
— **Dilettanten-Theater.** H. 29. [07. 14263]

– Hans Schnuckelmeyer der Freiwillige, s.a. Vereinstheater, Neues.

Hans Schnuckelmeyer der Freiwillige. Militär. Schwank in 2 Aufz. von Wendel Kiefer. *Essen (Ruhr): Fredebeul & Koenen 1902.* (31 S.) 8° [F.]
— Vereinstheater, Neues. No 38. [02. 4811 5]

— Herr Schwamm in tausend Ängsten. Schwank in 1 Aufzuge. 12. (20 S.) Paderborn 898. Bonifacius-Druckerei. — 30

Kiefer, Wendel, auf Amors Schwingen, s.: Barthel's, Karl, Theater-Bühne. Nr. 8.

– Stippke in der Klemme, s. Theater, Kleines.

— der Sturz vom Pegasus, s.: Dilettanten-Theater.

— der Vetter aus Amerika, s.: Dilettanten-Bühne, katholische.

— wilder Wein, s.: Volks-Bibliothek, kathol. 3.

— der kurirte Weinfälscher oder Studentenrache, s.: Dilettantenbühne, katholische.

— der Wunderdoktor, s.: Theater, kleines.

— der Ziegenheimer, s.a. Dilettanten-Theater.

Die Ziegenheimer. Schwank in 1 Aufz. von Wendel Kiefer. 2. Aufl. *Paderborn: F. Schöningh [1903].* (19 S.) 8° [F.]
— Dilettanten-Theater. H. 28. [04. 71.4]

Kiefer-Baer, G., Kurzwaaren, s. Weltausstellung, internationale, 1878, in Paris.

Kiefer-Baer, G., Kurzwaaren-Industrie, s. Welt-Ausstellung, Wiener.

Kiefer-Bär, G: Maroquinerie, Tablettorie und Vannerie (Schweiz). Zürich 1879

Kiefer-Korst, L., über die Protestanten-Verfolgungen im Elsaß am Ende des 17. Jahrh., s. Für die Feste und Freunde des Gustav-Adolf-Vereins.

Kieffel. Von den Vorzügen der alten nordischen Seekunst vor der Griechen und Römer ihrer. 4. Kiel 1751.

Kieferle, M. Lebensdauer der Bierbrauer. Waldsee 1883. 24 S. 8°. Mk. —.20.

Kiefern im Schnee. Baltische Dichtgn., m. e. Titelbild v. G. Baron Rosen u. Buchschmuck v. Selma Plawneek. (IV, 89 S.) gr. 8. Riga 906. (G. Löffler.) 3. 50

Kieferndorf, Phpp. Der Eid. Vortrag, geh. zu Ludwigshafen a/Rh. am 17. Novbr. 1891. gr. 8. (III, 73 S.) Worms 892, (Reiß). * — 80

Kiefert, Karl, 10 patriotische Lieder zur Erinnerung an die Großthaten der preuß. Armee im J. 1866. Für Schule und Haus, sowie zur Feier vaterländ. Gedenktage. 32. (18 S.) Striegau 867, Hoffmann.

Kiefert, K., Dr. Martin Luther, ein Vorbild der Lehrer: in sein. Streben nach Licht u. Wahrheit, in Hinsicht seines Glaubensmuthes u. seiner Glaubensfreudigkeit ꝛc. gr. 8. (1 B.) Striegau 845. (Hoffmann.) *

Kieffer, Frz. Xav., Aufgaben zum Kopfrechnen in streng stufenmäßiger Ordnung für deutsche Volksschulen. Nach der amtl. abgekürzten Maß- und Gewichtsordnung bearb. 4 Hefte. 8. (40; 35; 40; 54 S.) Mainz 879, Kirchheim. à Heft * 20 Pf. *

Kieffer, Frz. Xav., Aufgaben zum Kopf- und Tafelrechnen in streng stufenmäßiger Ordnung für deutsche Volksschulen. 7 Hefte. 2.—7. nach der neuen Orthogr. und der amtl. abgekürzten Maß- und Gewichtsbezeichnung bearb. und verb. Aufl. 8. Mainz 880—83, Kirchheim. [1.—4. Heft. (39; 36; 32; 36 S.) à * 30 Pf.; 5. und 6. Heft. (55; 46 S.) à * 40 Pf.; 7. Heft. (80 S.) * 45 Pf.] cart. *

Kieffer, Frz. Xav., Aufgaben z. Kopf- u. Tafelrechnen in streng stufenmäß. Ordng. f. deutsche Volksschulen. 3. Hft. D. Rechnen im Zahlenraume bis 1000. 10., nach d. neuen Orthographie u. d. amtl. abgekürzten Maß- u. Gewichtsbezeichng. bearb. u. verb. Aufl. 8. (32 S.) Mainz 898. F. Kirchheim. Kart. n. — 30

Kieffer, Frz. Xav., Fibel oder erstes Lesebuch für die Unterklasse. 7.—12., unveränd. Aufl. 8. (VIII und 68 S. mit in den Text gedr. Vignetten und Abbild. in Holzschn.) Mainz 863—68, Kirchheim. **

Kieffer, Frz. Xav., Fibel oder erstes Lesebuch für die Unterklasse. 13.—18. Aufl. 1868—71. ** 25 Pf., und 19. unveränderte Aufl. gr. 8. (VIII, 68 S. mit in den Text gedr. Vignetten und Abbild. in Holzschn.) Mainz 872, Kirchheim. * — 35

—— Fibel oder erstes Lesebuch für die Unterklasse der deutschen Volksschulen. 20.—28. unveränd. Aufl. 8. (VIII, 68 S. mit in den Text gedr. Abbild. in Holzschn.) Ebendas. 873—79. * geb. *

—— Fibel oder erstes Lesebuch für die Unterklasse der deutschen Volksschulen. 29.—31. unveränd. Aufl. 8. (VIII, 68 S. mit in den Text gedr. Abbild. in Holzschn.) Ebendas. 880,81. * geb. *

Kieffer, Frz. Xav., Fibel oder erstes Lesebuch für die Unterklasse der deutschen Volksschulen. 32.—40. unveränd. Aufl. 8. (VIII, 68 S. mit in den Text gedr. Abbild. in Holzschn.) Mainz 882—87, Kirchheim. * — 30 geb. * — 40

— erweiterte Fibel f. die Unterklassen der deutschen Volksschulen. 48. Aufl. Neue Ausg., bearb. v. A. Heiß u. J. Schorn. gr. 8. (96 S. m. Abbildgn.) Ebd. 899. n. — 40; geb. n.n. — 52

Kieffer, Frz. Xav., Fibel f. deutsche Volksschulen. 45. Aufl. Neue Ausg., bearb. v. A. Heiß u. J. Schorn. gr. 8. (69 S. m. Abbildgn.) Mainz 892. F. Kirchheim. n. — 30

— Fibel f. deutsche Volksschulen. 53. Aufl. Neue Ausg., bearb. v. A. Heiß u. J. Schorn. gr. 8. (IV, 69 S. m. Bild.) Ebd. 897. n. — 30; geb. n.n. — 40

Kieffer, Frz. Xav., Fibel f. deutsche Volksschulen. 58. Aufl. Neue Ausg., bearb. v. A. Heiß u. J. Schorn. gr. 8. (69 S. m. Abbildgn.) Mainz 900. F. Kirchheim. n. — 30; geb. n.n. — 40

Kieffer, Frz. Xav., biblische Geschichte des alten und neuen Testamentes für die kathol. Schuljugend. Mit Rücksicht auf die Deharb'schen Katechismen ausgewählt und bearb., sowie mit Notizen und Aufgaben versehen. gr. 12. (X und 871 S.) Mainz 857, Kirchheim. Thlr. *

Kieffer, Frz. Xav., Lehr-, Lese- und Aufgaben-Buch für die drei ersten Schuljahre der kathol. Volksschulen. gr. 8. (VI und 172 S.) Mainz 855, Fr. Schott. *

—— dass. — für die Mittelklassen der katholischen Volksschulen. 2 Thle. (Sprachbuch. — Lesebuch.) gr. 8. (288 S.) Ebds. 856. *

—— Lehr-, Lese- und Aufgaben-Buch für die Mittelklassen der katholischen Volksschulen. 2. Aufl. gr. 8. (284 S.) Mainz 859(61), F. Schott. *

—— dass. — für die Unterklassen der katholischen Volksschulen. 1. und 2. Abthl. 2., verb. und verm. Aufl. 8. (VIII und 55; 64 S.) Ebds. 856. [1. Abthl. * 3 Ngr., 2. Abthl. 3½ Ngr.] *

—— Lehr-, Lese- und Aufgaben-Buch für die Unterklassen der kathol. Volksschulen. 1. Abthl. 4. Aufl. 1859. 3 Ngr. und 5. Aufl. gr. 16. (56 S.) Mainz 860, F. Schott. geb. *

—— dass. — 1. Abthl. 4., unveränd. Aufl. Erweiterte Ausg. 8. (75 S.) Ebendas. 861. geb.

—— dass. — 2. Abthl. 3. Aufl. Nichterweiterte Ausg. 8. (64 S.) Ebendas. 861. *

— Lesebuch f. die Mittelklassen der deutschen Volksschulen. 17. Aufl. Neue Ausg., bearb. v. A. Heiß u. J. Schorn. gr. 8. (XII, 240 S. m. Abbildgn.) Ebd. 899. n. 1. —; geb. n.n. 1. 20

— dasselbe f. die Oberklassen. 16. Aufl. gr. 8. (XI, 448 S.) Ebd. 896. n. 1. 80; geb. n.n. 2. 20

— 2. Lesebuch f. d. unt. Mittelklassen d. deutschen Volksschulen. 27. Aufl. Neue Ausg., bearb. v. A. Heiß u. J. Schorn. gr. 8. (XI, 182 S. m. Abb.) Ebd. 898. n. — 75; geb. n.n. 1. —

—— zweites Lesebuch für untere Schulklassen. 5.—7., unveränd. Aufl. 8. (X und 90 S. mit in den Text gedr. Abbild. in Holzschn.) Mainz 863—68, Kirchheim. **

—— zweites Lesebuch für untere Schulklassen. 8.—10. Aufl. 1868—71. * 33 Pf., und 11. unveränd. Aufl. gr. 8. (X, 90 S. mit in den Text gedr. Abbild. in Holzschn.) Ebendas. 872. * — 38

— zweites Lesebuch f. untere Schulklassen. Mit in den Text gedr. Abbildgn. (in Holzschn.) 11. unveränd. Aufl. gr. 8. (X, 90 S.) Ebend. 872. n. — 37

—— Zweites Lesebuch für untere Schulklassen der deutschen Volksschulen. 12.—16. unveränd. Aufl. 8. (X, 90 S. mit in den Text gedr. Holzschn.-Abbild.) Ebendas. 873—77. * geb. *

—— Zweites Lesebuch für untere Schulklassen der deutschen Volksschulen. 17.—19. unveränd. Aufl. 8. (X, 90 S. mit in den Text gedr. Holzschn.-Abbild.) Ebendas. 878—81. * geb. *

—— zweites Lesebuch für untere Schulklassen der deutschen Volksschulen. 20.—27. unveränd. Aufl. 8. (X, 90 S. mit in den Text gedr. Holzschn.-Abbild.) Ebendas. 882—88. * — 35 geb. * — 45

—— drittes Lesebuch. Ein Lese- und Bildungsbuch. 3.—5., verb. Aufl. 8. (XII und 238 S. mit in den Text gedr. Abbild. in Holzschn.) Mainz 863—68, Kirchheim. *

—— Drittes Lesebuch. Ein Lese- und Bildungsbuch für die mittleren Klassen der deutschen Volksschulen. 6.—12. unveränd. Aufl. 8. (XVI, 240 S.) Ebendas. 877—79. *
geb. *

—— Drittes Lesebuch. Ein Lese- und Bildungsbuch für die mittleren Klassen der deutschen Volksschulen. 13. unveränd. Aufl. 8. (XVI, 240 S.) Ebendas. 881. *
geb. *

—— drittes Lesebuch. Ein Lese- und Bildungsbuch für die mittleren Klassen der deutschen Volksschulen. 14.—19. unveränd. Aufl. 8. (XVI, 240 S.) Ebendas. 882—89. * 1 —
geb. * 1 20

—— viertes Lesebuch. Ein Lese- und Bildungsbuch für obere Schulklassen. 2 Thle. 2., umgearb. Aufl. 8. Mainz 864, Kirchheim. [1. Thl. (XII und 280 S.) * 9 Ngr., 2. Thl. (VIII und 368 S.) * 10 Ngr.] *

—— Viertes Lesebuch. Ein Lese- und Bildungsbuch für die oberen Klassen der deutschen Volksschulen. 5.—7. gekürzte Aufl. 8. (XVI, 400 S.) Ebendas. 877,79. * ℳ 1,50.; geb. *

— 1.—4. Lesebuch f. die deutschen Volksschulen. Neue Ausg., bearb. v. A. Heiß u. J. Schorn. gr. 8. (Mit Abbildgn.) Ebd. 892. n. 3. 95
1. Für untere Schulklassen. 29. Aufl. (VII, 116 S.) n. — 50
2. Für die unteren Mittelklassen. 20. Aufl. (VIII, 182 S.) n. — 75
3. Für die oberen Mittelklassen. 15. Aufl. (XI, 268 S.) n. 1. —
4. Für die oberen Klassen. 15. Aufl. (XI, 448 S.) n. 1. 70

— Lesebuch f. die deutschen Volksschulen. 4 Tle. Neue Ausg., bearb. v. A. Heiß u. J. Schorn. gr. 8. (Mit Abbildgn.) Ebd. n. 4. 05; geb. n.n. 5. 15
1. Für untere Schulklassen. 36. Aufl. (VII, 116 S.) 900. n. — 50; geb. n.n. — 65
2. Für die unteren Mittelklassen. 28. Aufl. (XI, 182 S.) 899. n. — 75; geb. in Leinw. n.n. 1. —
3. Für die oberen Mittelklassen. 20. Aufl. (XI, 268 S.) 899. n. 1. —; geb. in Leinw. n.n. 1. 30
4. Für die oberen Klassen. 18. Aufl. (XI, 448 S.) 895. n. 1. 80; geb. in Leinw. n.n. 2. 20

—— Uebungsbüchlein zum praktischen Rechnen. 1.—6. Heft. 8. Mainz, Kirchheim. à Heft ** $2\frac{1}{2}$ Ngr. **
Inhalt:
Heft 1. Thl. 1. Allseitige Behandlung der Zahlen von 1—20. 1. Aufl. 1863. und 2. Aufl. (43 S.) 867.
" 1. " 2. Allseitige Behandlung der Zahlen von 20—100. 1. Aufl. 1863. und 2. Aufl. (52 S.) 867.
" 2. " 1. Rechnen im Zahlenraum bis 1000. (40 S.) 863.
" 2. " 2. Rechnen in beliebigem Zahlenraum. (47 S.) 863.
" 3. Anschauliches Rechnen mit Brüchen. (54 S.) 864.
" 4. Systematisches Rechnen mit Brüchen. (48 S.) 864.
" 5. Die verschiedenen Rechnungsarten des bürgerl. Lebens. (68 S.) 866.
" 6. Decimalbrüche; Ausziehen der Quadrat- und Cubikwurzel Längen-, Winkel-, Flächen- und Körperberechnungen Reduktionen. (20 S.) 868.

—— Uebungsbüchlein zum praktischen Rechnen. 3 Hefte in 5 Thln. 4., nach der neuen Münz-, Maß- und Gewichtsordnung umgearb. Aufl. 8. Ebendas. 874. à Thl. * 20 Pf. * 1 —
Inhalt:
Heft 1. 1. Thl.: Allseitige Behandlung der Zahlen von 1—20. 1. Schuljahr. (47 S.) — 2. Thl.: Allseitige Behandlung der Zahlen von 20—100. 2. Schuljahr. (59 S.)
" 2. 1. Thl.: Rechnen im Zahlenraume von 1—1000. 3. Schuljahr. (46 S.) — 2. Thl.: Rechnen in beliebigem Zahlenraume. 4. Schuljahr. (44 S.)
" 3. Anschauliches Rechnen mit Brüchen. (36 S.)

—— Uebungsbüchlein zum prakt. Rechnen. 4. und 5. Heft. 3., nach der neuen Münz-, Maß- und Gewichtsordnung umgearb. Aufl. 8. Ebendas. 875. à Heft * 20 Pf. *
Inhalt:
Heft 4. Systematisches Rechnen mit gemeinen und Decimalbrüchen. (48 S.)
" 5. Die verschiedenen Rechnungsarten des bürgerlichen Lebens. (62 S.)
1.—3. und 6. Heft. Ebendas. 1874. * ℳ 1,20.

—— vierzehn Wandtafeln zur Fibel. gr. Fol. Ebendas. 868. In Couvert * 3 —

Kieffer, Georg Peter

Darlegung des Gedankenzusammenhanges in der Aul. Iphigenia des Euripides. Von G. P. Kieffer, P. — 1837. Ebend. — S. 2—24.
Progr. Nürnberg.

Kieffer, G. P., Darlegung d. Gedankenzusammenhangs in d. Aul. Iphigenia d. Euripides. Herbstprogr. d. k. Studienanst. in Nürnberg f. J. $18^{36}/_{37}$ u. $18^{37}/_{38}$. Abthl. I. u. II. gr. 4. (6 B.) Nürnberg 838, (Recknagel.) Thlr. *

Kieffer, Geo. Pet., griechische Formen-Lehre nach Buttmann bearb. 1. Heft: Gewöhnlicher Dialect. — Regelmäßiger Theil. (IV und 112 S.) München 851. Leipzig, (Thomas.) *

Kieffer, Geo. Pet., griechische Formen-Lehre. 1. Thl.: Gewöhnlicher Dialect. 2., viel verb. Aufl. gr. 8. (IV und 128 S.) München 863, (Gummi.) *

Kieffer, G. P., Gebrauch d. Tempora u. d. Reflexivs in d. latein. Sprache. gr. 8. ($4\frac{1}{2}$ B.) Zweibrücken 832. (Nürnberg, Raw.)

Kieffer, Geo. Pet., griechische Grammatik. 2. Heft, enthaltend: Lehre der Dialekte. Wortbildungslehre. Syntax. gr. 8. (IV und 180 S.) München 860. (Augsburg, Jaquet.)
1. Heft. München 1851. (Leipzig, Thomas.) * 12 Ngr.

Kieffer, G. P., Herbstprogramm der Königl. Studienanstalt in Nürnberg für das Jahr $18^{36}/_{37}$ u. $18^{37}/_{38}$. — Darlegung des Gedankenzusammenhangs in der Aul. Iphigenia des Euripides. Abthl. I u. II. gr. 4. Nürnberg 838. (Recknagel.) n. $^{1}/_{2}$ ℛ

—— Syntax d. latein. Sprache nach d. Grammatik v. C. G. Zumpt bearb. 1. Abthl. Casuslehre. gr. 8. ... Bayreuth 829. (Nürnberg, Raw.)

Grammatische Untersuchungen in Beziehung auf den Conjunctiv der lat. Sprache von Georg Pet. Kieffer, G. P. — 1838, B., Foreth. — S. 3—32.
Progr. Bayreuth

Kieffer, Geo. Pet., Verba anomala der attischen Prosa. gr. 8. (20 S.) München 852. (Leipzig, Thomas.) *

—— Verba anomala der attischen Prosa. 2. Aufl. gr. 8. (18 S.) Augsburg 860, (Jaquet.)

Kieffer, J.

Kieffer, J., St. Aloysius. Leben, Geist, Nachfolge u. Verehrg. d. hl. Jugend-Patrons. Lehr- u. Gebetbuch f. die christl. Jugend. gr. 16. (VII, 464 S. m. 1 Bildnis.) Dülmen 891. A. Laumann. n. 1. —; geb. n. 1. 50

— dasselbe. 2.—4., verb. u. verm. Aufl. 16. (XV, 523 S. m. 1 Farbendr. u. farb. Titelbl.) Ebd. 892. 893. n. 1. —; geb. n. 1. 50

Kieffer, J., St. Aloysius. Leben, Geist, Nachfolge u. Verehrg. d. hl. Jugend-Patrons. Lehr- u. Gebetbuch f. d. reif. christl. Jugend. 5., verb. Aufl. 16. (XV, 540 S. m. farb. Titel u. 1 Farbdr.) Dülmen 897. A. Laumann. Geb. in Leinw. n. 1. 50

Kieffer, J., St. Aloysius. Leben, Geist, Nachfolge u. Verehrg. des hl. Jugend-Patrons. Lehr- u. Gebetbuch f. die reifere christl. Jugend. 6. verb. Aufl. (XV, 544 S. m. farb. Titel u. 1 Farbdr.) 16. Dülmen 903. A. Laumann. Geb. in Leinw. n. 1. 50

Kieffer, J., Betrachtungen u. Gebete f. die sechs aloysianischen Sonntage u. neuntägige Andacht zu Ehren d. hl. Aloysius. Auszug aus dem größeren Buche „Sanct Aloysius". 16. (IV, 127 S.) Dülmen 892. A. Laumann. — 30

[F.] Betrachtungen und Gebete für die Aloysianischen Sonntage u. neuntägige Andacht zu Ehren d. hl. Aloysius. Auszug a. d. grösseren Buche 'St. Aloysius' v. J. Kieffer, Priester. 2. Aufl. ... *Dülmen i. W.: A. Laumann 1897* (IV, 127 S.) 1 Bd 8. [98. 11853 M

— Sanct Elisabeth. Vorbild u. Patronin der deutschen Frauen u. Jungfrauen. Lehr- u. Gebetbuch als Blumenstrauß u. Festesgabe f. die christl. Frauenwelt. 16. (XVI, 536 S. m. e. Titelbild.) Ebd. 890. n. 1. —; geb. n. 1. 50

— Sanct Elisabeth. Vorbild u. Patronin der deutschen Frauen u. Jungfrauen. Lehr- u. Gebetbuch als Blumenstrauß u. Festesgabe f. die christl. Frauenwelt. 2. u. 3. Aufl. 16. (XVI, 540 S. m. e. Farbendr. u. farb. Titelbild.) Ebd. 891. 893. n. 1. —; geb. in Leinw. n. 1. 50

Sanct Elisabeth. Vorbild u. Patronin d. deutschen Frauen u. Jungfrauen. Lehr- u. Gebetbuch ... von J. Kieffer. 4. Aufl. Dülmen: A. Laumann [1896]. (XV, 538 S.) 8° [F.] [cs. 11540 6

— Sankt Elisabeth. Vorbild u. Patronin der deutschen Frauen u. Jungfrauen. Lehr- u. Gebetbuch als Blumenstrauß u. Festesgabe f. die christliche Frauenwelt. 5. Aufl. (XVII, 588 S. m. farb. Titel u. 1 Farbdr.) Ebd. (908). Geb. in Leinw. n. 1. 50

— St.-Elisabeth-Büchlein. Andachtsbüchlein zur Verehrg. u. Anrufg. der hl. Elisabeth. 16. (212 S. m. farb. Titel u. 1 Farbendr.) Ebd. 891. n. — 50; geb. n. — 75

— St. Elisabeth-Büchlein. Andachtsbüchlein z. Verehrg. u. Anrufg. d. hl. Elisabeth. 16. (212 S. m. farb. Titel u. 1 Farbendr.) Ebd. 896. n. — 50; geb. in Leinw. n. — 75

St. Elisabeth-Büchlein. Andachtsbüchlein z. Verehrung u. Anrufung d. hl. Elisabeth. Von J. Kieffer, Rektor. 3. Aufl. Dülmen: A. Laumann 1905. (212 S.) 8° [F.] [06. 11572 6

Kieffer, J. Die Gnadenschätze der heil. Messe f. Lebende u. Abgestorbene. Lesungen, Beispiele, Gebete, nebst 20 Meß-Andachten u. e. vollständ. Gebetbuche. 1.—3. Aufl. 16. (XV, 576 S. m. 1 Stahlst.) Dülmen 890,91, Laumann. * 1 —; geb. * 1 50

— dasselbe. Nebst 18 Meß-Andachten u. e. vollständ. Gebetbuche. Verkürzte Ausg. in großem Druck. gr. 16. (VIII, 574 S. m. 1 Titelbild.) Ebd. 891. n. 1. 50

— die Gnadenschätze der hl. Messe f. Lebende u. Abgestorbene. Lesungen u. Beispiele, nebst 20 Meß-Andachten u. e. vollständ. Gebetbuche. 3. u. 4. Aufl. 16. (XVI, 528 S. m. 1 Stahlst. u. 1 farb. Titel.) Ebd. 891. 893. n. 1. —; geb. in Leinw. n. 1. 50

Kieffer, J., die Gnadenschätze d. hl. Messe f. Lebende u. Abgestorbene. Lesgn. u. Beispiele, nebst 20 Meß-Andachten u. e. vollst. Gebetbuche. 6. Aufl. 16. (IV, 515 S. m. farb. Titel u. 1 Stahlst.) Dülmen 898. A. Laumann. Geb. in Leinw. n. 1. 50

Die Gnadenschätze der hl. Messe für Lebende und Abgestorbene. Lesungen u. Beispiele nebst 20 Meß-Andachten u. e. vollstäud. Gebetbuche. Von J. Kieffer, Priester. 7. Aufl. Dülmen: A. Laumann 1906. (IV, 515 S.) 8° [F.] [07. 11053

— Leben der Heiligen, nebst prakt. Lehren f. das christkathol. Volk m. besond. Berücksicht. der bekannteren, der deutschen u. der neueren Heiligen. 10 Lfgn. gr. 8. (1. Bd. VII, 732 S. m. farb. Titelbild u. 1 Farbendr.; 2. Bd. 564 S.) Ebd. 893. 894. à n. — 60 (kplt.: 6. —; in 2 Halbfrz.-Bdn. 8. —)

— die heiligen 14 Nothhelfer. Lehr- u. Gebetbuch in Kreuz u. Leid. 16. (XVI, 326 S. m. 1 Abbildg.) Ebd. 892. — 90

[F.] Die heil. vierzehn Nothelfer. Lehr- u. Gebetb. in Kreuz u. Leid. Von J. Kieffer, Priester. 2. Aufl. ... *Dülmen i. W.: A. Laumann 1898.* (1 Bl., VII, 276 S., 1 Taf.) 1 Bd 8. [99 5323

— die hl. vierzehn Nothhelfer. Lehr- u. Gebetbuch in Kreuz u. Leid. 4. Aufl. 16. (VII, 276 S. m. farb. Titel u. 1 Farbdr.) Ebd. 898. Geb. in Leinw. n. — 75

Kieffer, J. J., Beschreibung neuer Proctotrypiden u. Evaniiden. (S. 525—562.) 8. Stockholm 904. (Berlin, R. Friedländer & Sohn.) n. 1. 20
Sonderabdruck aus: „Arkiv f. zoologi".

Kieffer, J. J., Cynipidae, s.: Tierreich, das. 24. Lfg. (Dalla Torre, K. W.)

— Serphidae, Cynipidae, Chalcididae, Evaniidae u. Stephanidae aus Aquatorialafrika, s.: Ergebnisse, wissenschaftliche, der deutschen Zentral-Afrika-Expedition. III. Bd. 2. Lfg.

— Serphiden u. Cynipiden v. Madagaskar, s.: Reise in Ostafrika. II, 5.

Kieffer J. J.: Eine neue Weidengallmücke. 1906. [Rostr. Saml.].

Kieffer, Joseph, approb. Arzt aus Willgottheim (U.-E.): Über primäre funktionelle Amenorrhoe. *Strassburg i. E. 1900: Ch. Müh & Co.* (41 S.) 8°
Strassburg, Med. Diss. v. 1900

Kieffer, Jos. Ekkehardi IV. Sangallensis versus ad picturas domus domini Mogontinę. Aus dem codex sangallensis 393 mit Ekkeharts eigenen Glossen herausgegeben. 22 S. Progr. G. *Mainz* 1881

Kieffer, Karl [aus Frankenthal '(Pfalz)']: Beitrag zu den Reaktionen der Säurechloride ... Erlangen, Druck d. Univ.-Buchdr. v. E. Th. Jacob, 1894; 30 S., 1 Bl. 8.
Erlangen, Phil. Fak., Inaug.-Diss. v. [2. Mai] 1894

KIEFFER, Max Joseph (München): Ueber Irren-Heilanstalten.- München:Rösl 1847. 15 S. 4.8.1847 - Urk (Titel: De morodochio.); F 66
Diss. Ingolst.-Landsh.-Mchn.

Kieffer, Willy, Referendar: Schenkung unter Auflage nach B.G.B. Straßburger Druckerei und Verlagsanstalt, Filiale Colmar 1908. (51 S.) 8°
Heidelberg, Jur. Fak., Ref. Bekker, Diss. v. 1908
[Geb. 22. März 85 Mühlhausen (Elsaß); Wohnort: Colmar (Elsaß); Staatsangeh.: Bayern; Vorbildung: Gymn. Metz Reife Juni 03; Studium: München 1, Genf 1, Berlin 1, Heidelberg 1, Straßburg 3 S.; Rig. 21. Febr. 08.]

Kiefhaber, Frz., der Elementar- u. Fach-Zeichenunterricht nach e. neuen bewährten Methode. (19 S. m. 6 Taf.) Lex. 8. Goslar 905. J. Brumby Verl. n. 2. —

Kiefhaber, Frz., Leitfaden f. den Zeichenunterricht an Fachschulen f. Tischler. Auf Beschluss des Verbandes deutscher Tischlerinngn. ausgearb. u. v. diesem gelegentlich des XI. deutschen Tischlertages in Cöln a/Rh. einstimmig als Bundes-Leitfaden angenommen. Nebst e. Vorwort, die Entstehg. des Leitfadens in Verbindg. m. der Errichtg. der Tischler-Innungsfachschule zu Magdeburg. Ein Beitrag zur geschichtl. Entwickelg. des modernen Handwerks. gr. Fol. (III, 32 S. m. 9 Taf.) Halle 894. W. Knapp. n. 5. —

Kiefhaber, F. (Hrsg.), s. Skizzen-Hefte.

Kiefhaber, F., Vorbilder für Bau- u. Möbel-Tischler, Holz-Bildhauer etc., s.: Albrecht, R.

Kiefhaber, Jh. Karl Siegm., dem Andenken Kaiser Leopold II. geheiliget, am Tage sr. Todesfeier, nebst Beschreib. d. Trauerceremonien rc. in Nürnberg. gr. 8. Nürnb. 792.

Kiefhaber, Joh. Karl Siegm. (Hrsg.), s. Anzeigen, Monatliche historisch-literarisch-artistische.

— monatl. histor.-literar.-artist. Anzeigen zur ältern u. neuern Geschichte von Nürnberg. 1r Jahrg. v. Sept. 1796 bis Dec. 1797. 2r–5r Jahrg. 1798—1801. 8. Nürnb.

— Beschreib. der Nürnberg. Kloster-Siegel. Mit 2 Kpft. 4. Nürnb. 797. Zeh. 12 gr

JOHANN CARL SIGMUND KIEFHABER, Denkmahl der Freundschaft dem verewigten Herrn Carl Alexander Kiener, Rektor der Schule zu St. Sebald in Nürnberg und Mitglied des Pegnesischen Blumenordens daselbst, errichtet im Namen der Gesellschaft. Nürnberg, im Jänner 1801. 4°.

JOHANN CARL SIGMUND KIEFHABER, Denkmal der Freundschaft dem verewigten Herrn Adam Michael Spranger Diakon an der Stadtkirche zu Herspruck errichtet im Namen des Pegnesischen Blumenordens. Nürnberg 1806. 4°.

Kiefhaber, (K. S.,) histor.-diplomat. Erörterung d. Frage: Was ist v. d. von Waldeckischen Erbtheilungsbrief v. J. 1170 als d. ältesten Privaturkunde in deutscher Sprache zu halten? Mit e. v. d. Original genomm. lithograph. Abbild. gr. 8. Sulzbach 827, v. Seidel.

Kiefhaber, Jh. Karl Siegm., Fragmente aus d. Geschichte des Patriziats in d. Reichsst. Nürnberg. 4. Nürnb. 799.

— Leben u. Verdienste G. A. Wills. 8. Nürnb. 799. Zeh. 12 gr

— Nachricht von d. 50jähr. Amtsjubelfeier d. Hrn. Leonh. Schenk. gr. 4. Nürnb. 809. Wittwer. 6 gr

Kiefhaber, J. C. F. Nachricht von der älteren u. neueren Geschichte der Reichsstadt Nürnberg. 3 Bde. 8. Nürnberg 1803 4. 7,00.

— Nachricht zur ältern u. neuern Geschichte d. freien Reichsstadt Nürnberg. 3 Bde zu 4 Quart. 8. Nürnb. 803, 4. Lechner. (v. Ebner). 2 Rthlr. 8 gr Schrbp. 2 Rthlr. 22 gr

— s. a. Ordnung d. Nürnberg. Zeidelgerichts.

KIEFHABER, J. K. Siegm.: Ordnung des Nürnberg.-Zeidelgerichts zu Feucht v. J. 1478 ein Beitr. zu d. deutsch. Rechtsalterthümern. *Nürnberg*, v. Ebner. 807. gr. 8. (8 Gr.)

Kiefhaber, J. K. Sgm.: „Ordnung des Nürnberger Zeidelgerichts zu Feucht vom Jahre 1478; ein Beitrag zu den deutschen Rechtsalterthümern", Nürnberg 1807 (Lechner).

— Rede von dem Nutzen u. d. zweckmäß. Einrichtung e. öffentl. Bibliothek. 8. Nürnb. 800. (v. Ebner). 2 gr

— Repertorium d. Nürnberg. Gesch. u. Münzkunde, in e. Hauptregister über (G. A. Will's) Nürnberg. Münzbelustigungen. 8. Nürnb. 800. Riegel u. W. 18 gr

Kiefhaber, Jh. Karl Sigm., († d. 6. März 1837,) s. Sprüche d. sieben Weisen Griechenlands.

— über d. Todesjahr Kaiser Otto I. gr. 8. Münch. 817. Fleischmann. 3 gr

— s. Turnier-Buch.

Joh. Karl Siegmund Kiefhaber kurze Uebersicht aller Veränderungen, welche sich seit 50 Jahren bei den Nürnbergischen Medicinalanstalten ereignet. Nürnberg 1796. 4.

— Untersuchung d. Frage: Ist denn d. Diplomatik blos e. histor. Hülfswissenschaft, oder behauptet sie ihren Einfluß auch noch auf andere Wissenschaften? Eine Antrittsrede, gehalt. im Sitzungssaale d. kön. baier. Acad. d. Wissenschaften. gr. 8. Sulzb. 827. v. Seidel. 3 gr

— über den Ursprung d. Gewohnheit, einander am neuen Jahre Geschenke mitzutheilen. 4. Altorf 783.

Kiefhaber, J. K. S., Chronol. Verzeichniss derjenigen Herren von Stromer, welche seit dem 13. Jahrh. in der Reichsstadt Nürnberg bis auf gegenwärtige Zeit zu Rath gingen. Nürnberg 1787. 4.

— — Historisch-chronologisches Verzeichniss der mit dem Anfang dieses Jahrhunderts bis jetzt in der Reichsstadt Nürnberg und deren Gebiet herrschend gewesenen Epidemicen unter den Menschen und Thieren. Nürnberg 1796. 8.

Kiefl, Augustin

— d. Bogenberg, geschichtlich nachgewiesen. 8. Landsh. 819. (Weber in Münch.) 10 gr

— — der Bogenberg, berühmt als Grafschaft und Wallfahrt, geschichtlich nachgewiesen. 8. Ebend. 819.

Kiefl, Augustin, der Bogenberg, berühmt als Grafschaft u. Wallfahrt, geschichtl. nachgewiesen, neu hrsg., ergänzt u. m. e. geschichtl. Anh. üb. Oberalteich vermehrt. 8. (6 B., 2 lith. Ans. u. 1 Stammtaf.) Straubing 846, 47, Schorner'sche Bh.

— d. schönste Vorbild für christl. Hausmütter. gr. 8. Landsh. 818. (Weber in Münch.) 2 gr

Kiefl, A., d. Vorzug u. d. Pflichten d. Hausvaters. 8. Landsh. 817. (Weber in Münch.) 2 gr

Kiefl, Franz Xaver

Kiefl, F. X., die wissenschaftliche Berechtigung der katholischen Dogmatik gegenüber den Methoden u. Ergebnissen der religionsgeschichtlichen Forschung. Akademische Antrittsrede. (60 S.) 8. Berlin 906. (Würzburg, F. Schöningh.) n. — 40

Kiefl, Franz Xaver, Dr. phil. et theol., o. ö. Prof. d. Dogm. u. christl. Symbolik, z. Z. Rektor d. Univ.: Charles Darwin und die Theologie. (Enthält außerdem: Chronik.) Würzburg 1909: Stürtz. 60 S. 4°(8°)

Würzburg, Festrede zur Feier d. 327j. Bestehens d. Univ. 1909 [U 09. 4185

Kiefl, Franz Xaver [Dr.]: Pierre Gassendi's Erkenntnisstheorie und seine Stellung zum Materialismus ... *Fulda*, Druck d. Fuldaer Actiendr., 1893; 3 Bl., 104 S. 8.
München, Phil. Fak., Inaug.-Diss. v. 1893

Der Friedensplan des Leibniz zur Wiedervereinigung der getrennten christlichen Kirchen, aus s. Verhandlungen mit d. Hofe Ludwigs XIV., Leopolds I. u. Peters d. Großen dargest. von D. Dr. F[ranz] X[aver] Kiefl, Lyzealprof. in Passau. *Paderborn: F. Schöningh 1903.* (LXXXXIII, 256 S.) 8° [J.]

Kiefl, Frz. X., Herman Schell, s. a. Kultur u. Katholizismus.

Herman Schell von Franz X[aver] **Kiefl**. Mainz & München: Kirchheim [1907]. (139 S.) 8°
— **Kultur** u. Katholizismus. Bd 7.

— **Hermann Schell u. die Ewigkeit der Höllenstrafe. Eine Kritik der Darstellung der Lehre Schells in Johann Stuflers Schrift: „Die Heiligkeit Gottes u. der ewige Tod".** (26 S.) gr. 8. Passau 904. (G. Kleiter.) n.n. — 60
Sonderabdruck aus: „Theol.-prakt. Monatsschr."

Die Stellung der Kirche zur Theologie von Herman Schell auf Grund d. kirchl. Akten u. d. literar. Quellen erl. Ein theol. Kommentar z. päpstl. Schreiben an Prof. Ernst Commer in Wien v. 14. Juni 1907. Von Dr. F[ranz] X[aver] **Kiefl**, Prof. Paderborn: F. Schöningh 1908. (XVIII, 241 S.) 8° [J.]

Neben der Arbeit. Gedichte von Joseph **Kiefl**, Arbeiter. München: Selbstverl. [um 1900]. (105 S.) 8° [J.]

Kiefner, E., drei Schulmänner vom alten Schlag, s.: Baun, Frdr.

Kiefner, Erhard, d. öffentl. Feste d. deutschen Volkes, s. a. Zeitfragen d. christl. Volkslebens.

[J.] Die öffentlichen Feste des deutschen Volkes. Wie sind sie zeitgemäss umzugestalten und zu wahren Volksfesten zu machen? Von Erhard **Kiefner**. *Stuttgart: Ch. Belser 1895.* (47 S.) 8.
— Zeitfragen des christlichen Volkslebens. Bd 20. H. 8.

Kiefner, Erh., und G. Kötzle, deutsches Rechtschreibbuch. Uebungssätze und zusammenhängende Diktate, stufenmäßig geordnet. 2 Thle. 8. Eßlingen 884, Weismann's Verlag. *
Inhalt:
Thl. 1. Für die Unterklassen. (100 S.) *ℳ 1,40.
" 2. Für Mittel- und Oberklassen. (247 S.) *ℳ 3.

Kiefner, Erhard, Wilhelm Friedrich Thumm in Wilhelmsdorf, s. a. Baun, Fr., christliche Charakterbilder.

Wilhelm Friedrich Thumm in Wilhelmsdorf. (1818–1880.) Ein schwäbischer Lehrer u. Ortsvorsteher. Von Erhard **Kiefner**, Lehrer. Stuttgart: Evang. Gesellsch. 1904. (117 S.) 8° [J.]

Kiegerl, Jos., d. Mutter Kleinod. Rathschläge zur Erziehg. d. lieben Kleinen, nebst e. Anh.: Einführg. in d. Schulleben. gr. 8. (VIII, 47 S.) Graz 895. F. Pechel. n. 1. —

Kiehaupt, A. Die Brennstoff-Frage in Kärnten. Klgft., Leon, 1860. 24 S.

Kiehl

— s. a. **Kiel.**

Kiehl: Der Eintritt des sachlich Berechtigten in einen Prozeß, den ein Anderer kraft der ihm zustehenden Verfügungsmacht geführt hat. [Berlin 1902.]
(S.-A. a.: Zeitschrift f. dt. Civilprozeß. Bd 30.)

Kiehl: Die Exmissionsklausel und das Aufrechnungsrecht des Miethers. §§ 389. 357. 554 BGB. Nach e. prakt. Falle erörtert. (Berlin) [1901].
(Abschn. a.: Beiträge zur Erl. des Deutschen Rechts. Jg. 45, H. 6.)

[Lied?] Zum St. Joh. Feste in der L. zur Bundeskette in Soest, den 2. Juli 5840 vom Br. Kiehl. Arnsberg 1840.
Kl. 1276 b.

Kiehl: Die Rechtskraft des Konkursfeststellungsurtheils. Freiburg i. B. u. Leipzig 1899.
(S.-A. a.: Archiv f. d. civilist. Praxis. Bd 89.)

[Rede.] Zum St. Johannisfeste in der g. u. v. □ zur Bundeskette in Soest, den 3. Juli 5840 vom Br. **Kiehl**. Arnsberg 1840: Grote. 15 S. 8° [Umschlagtit.]
Üb. die Mrliebe; zugleich Denkrede auf Friedrich Wilhelm III.

Kiehl: [Trauerrede auf Friedrich Wilhelm III.] Zum Joh. Feste in der L. zur Bundeskette in Soest, den 3. Juli 1840. Arnsberg 1840. 8°
Kl. 1492b.

Kiehl, A. F., einige Beobachtungen beim Anbau v. Zuckerrüben auf Herrschaft Reindörfel, Kreis Münsterberg. gr. 8. (46 S.) Reindörfel 889. (Münsterberg i/Schles., Blühm.) n. 1. —

Kiehl, A. F., einige Beobachtungen beim Anbau v. Zuckerrüben auf Herrschaft Reindörfel, Kreis Münsterberg. 2., verm. Aufl. gr. 8. (92 S.) Reindörfel 891. (Münsterberg i/Schl.. Blühm.) n.n. 1. 75

Kiehl, A. F., ertragreicher Zuckerrübenbau. Langjährige Erfahrgn. u. Beobachtgn. gr. 8. (VI, 60 S.) Berlin 900. P. Parey. n. 1. 20

Kiehl, A. F., ertragreicher Zuckerrübenbau. Langjährige Erfahrgn. u. Beobachtgn. 2. Heft. Früh- u. spätreif. Zuckerrüben. (56 S.) gr. 8. Berlin 904. P. Parey. n. 1. 20

Kiehl, A. H., s. Familien-Blätter.

Kiehl, Aug. Heinr., die allgem. preuß. Gesinde-Ordnung mit ihren wesentl. Ergänzungen u. Erläuterungen. gr. 8. (1¾ B.) Soest 844, Nasse'sche Buchh.

Kiehl, Aug. Heinr., was wir bringen! Festworte aus d. Herzen d. zur Huldigungs- u. Ersten Geburtstagsfeier d. geliebt. Königs, Sr. Maj. Friedrich Wilhelm IV. am 15. Oct. 1840 zu Soest versammelten u. aller übrigen treuen Markaner. 2. Aufl. gr. 8. (1½ B.) Soest, Nasse'sche Buchh.

Kiehl, Bruno, aus Carthaus: Wiederkehrende Begebenheiten und Verhältnisse in Shakespeares Dramen. Ein Beitrag zur Shakespeare-Psychologie. *(Berlin 1904: H. John, Halle a. S.)* (III, 89 S.) 8°
Berlin, Phil. Diss. v. 13. Febr. 1904

Kiehl, Bruno, wiederkehrende Begebenheiten u. Verhältnisse in Shakespeares Dramen. Ein Beitrag zur Shakespeare-Psychologie. Diss. (III, 89 S.) gr. 8. Berlin 904. Mayer & Müller. n. 1.60

Kiehl, E. J., Anfangsgründe der Volkswirthschaft. 1. Ausg. 1869. *ℳ 3., und 2. Ausg. gr. 8. (V, 169 S.) Berlin 875, Puttkammer und Mühlbrecht. 1 50

Kiehl, E. J., Anfangsgründe der Volkswirtschaft. 3. Aufl. Neu bearb. von Frz. Richter. gr. 8. (VII, 123 S.) Berlin 884. Puttkammer und Mühlbrecht. *

Kiehl, Ernst Julius

Kiehl, E. J., Aeschylea. Specimen I. (Inaugurale.) 8maj. (VIII und 121 S.) Lugduni Batav. 850, Brill. *

Kiehl, Ernest. Jul., Oratio de litteris antiquis ad instituendam juventutem retinendis, quam habuit cum in athenaeo Daventriensi litterarum antiquarum professionem solenni ritu auspicaretur. 8maj. (62 S.) Lugduni Bat. 855, Brill. *

Kiehl, E. J., Caesars veldtogten in Galliё. 1854. 72 S. u. 1 Karte. 4°.

Kiehl, Frz., der weiße Adler. Schauspiel in 5 Aufzügen. (78 S.) 8. Bunzlau 910. G. Kreuschmer. 1.50

Kiehl, Georg Friedr. Wilhelm (Potsdam), De cassiae speciebus officinalibus. Disp. med.-chir. Präs. Jo. Christian Reil. Halle (Bathe) 4. XII. 1801. 30 S. (5.50) 17924
Gew.: Schack, Jo. Gottfried Braun.

Kiehl, H.: De f u n c t i o n i b u s Hermitianis $U_n^{(x)}$. 8° Greifswald, Diss. von 1866

Kiehl, H. A. (Hrsg.), s. V o l k s b ü c h e r, Rheinische.

[Ant. u. J.] **Kiehl**, Heinrich [Dir. Dr.]: *Bericht über seine Einführung als Direktor der Anstalt.* Rawitsch, Druck v. R. F. Frank, 1897; 34—35 S. 4.
Rawitsch, k. RG, OP 1897 (178)

[J.] **Kiehl**, *Heinrich* [Dir. Dr.]: *Bericht über die Einweihung der neuen Turnhalle.* Bromberg, Gruenauersche Buchdr., 1893; 32—33 S. 4.
Bromberg, k. RG, OP 1893 (171)

Kiehl, Heinrich: Bericht über den Goethe-Abend am 25. Januar 1908 (mit Lichtbildern und Gesangsvorträgen). Berlin 1908: Hayn. S. 10—13. 4°
Berlin, k. Kaiser Wilhelms-RG OP 1908 (109) [S 08. 222

—: Bericht über den Goethe-Abend am 25. Januar 1908. S. 10 bis 13. 4. **Progr.** Kgl. Kaiser Wilhelms-Realgymn. *Berlin* 1908 (109).
Zur Geschichte des Königstädtischen Realgymnasiums. Gedächtnisreden auf die verstorbenen Lehrer der Anstalt Professor Dr. Schwannecke, Professor Dr. Steuer, Professor Dr. Hinze und Professor Dr. Mögelin. 20 S. 4.
Progr. Königstädtisches Realgymn. *Berlin* 1902 (109).
I. Gedächtnisrede auf Professor Dr. [Heinrich Edmund] Schwannecke gehalten am 1. Februar 1899 von G[ustav] Bellermann. II. Gedächtnisrede auf Professor Dr. [Gustav] Steuer gehalten am 7. Mai 1900 von F[erdinand] Hirsch. III. Gedächtnisrede auf Professor Dr. [Wilhelm] Hinze gehalten am 30. Mai 1900 von O[tto] Breitkreuz. IV. Gedächtnisrede auf Professor Dr. Max Mögelin gehalten am 21. Februar 1901 von O[swald] Gerhardt.

Kiehl, Heinrich Die durch drei ähnliche Punktreihen erzeugten Dreiecke und Kegelschnitte (Umschlagtitel: . . ., eine Verallgemeinerung der Sätze von Brocard, Artzt u. A.). 4 (S. 3—14).
Progr. Rg. *Bromberg* 1888 (157).

Kiehl, Heinrich: [Die Enthüllungsfeier des Denkmals des verstorbenen Direktors Dr. Karl Heinrich Liersemann.] *Rawitsch 1898: R. F. Frank.* (20—22 S.) 4° [Ant. u. J.]
Rawitsch, k. RG, OP 1898 (181)

Kiehl, Heinrich: Johann Julius Hecker. Zur 200. Wiederkehr seines Geburtstages. Berlin 1908: Hayn. S. 3—9. 4°
Berlin, k. Kaiser Wilhelms-RG OP 1908 (109) [S 08. 223

Kiehl, [Heinrich]: [Hoch auf Seine Majestät den Kaiser.] S. 21. 4.
Progr. Kgl. Gymn. *Demmin* 1901 (144).

Kiehl, Heinrich: [Zeichenlehrer Julius Langer † 16. Juli 1904.] S. 20. 4. **Progr.** Kgl. Kaiser Wilhelms-Realgymn. *Berlin* 1905 (102).

Kiehl, Heinr. Zur Theorie der Dreieckstransversalen. 12 S. u. Taf.
Progr. Rg. *Bromberg* 1881.

Kiehl, *Heinrich Aus der Weihrede zur Einweihung der neuen Turnhalle.* 4 (S. 32). **Progr.** Kgl. Rg. *Bromberg* 1893 (171).

Kiehl, (Johs.), s.: Gesetzbuch, das bürgerliche, m. besond. Berücksicht. der Rechtsprechung des Reichsgerichts.

Kiehl. Karl Wilhelm Heinrich:
Bericht über die Einweihungsfeier des für den verstorbenen Direktor Dr. Karl Heinrich Liersemann errichteten Denkmals am 15. September 1897. 4 (S. 20—22).
In d. Umwandlung zu ein. G. begriff. Kgl. Rg. *Rawitsch* 1898
Progr.

Kiehl, W., die Liebe u. d. Leben. (Gedichte.) gr. 8. Haag 831. Gebr. Hartmann. 1 ₰ 12 K

— s. auch Kühl.

Kiehl, W. F. P., über den Ursprung und die Verhütung der Seuchen. Erläutert durch das Beispiel der ansteck. Cholera. Zugleich ein Handbuch zur Erkenntniss des Wesens, zur Heilung und Verhütung dieser Seuche. gr. 8. (XVI und 588 S.) Berlin 865, Nicolai's Verlag. *

Kiehl, Guil. Frid. Petr. (geb. Hamptoncourt 15. 10. 1798): In theoriam quae de sensu viget argumentationes. (Berolini 1822.) (80 S.) 8°
Berlin, Med. Diss. v. 7 Juni 1822

1859—1909. R o b e r t K i e h l e, Leipzig. — (Leipzig 1909: Richter.) 29 Bl. 4° 38 A.

Kiehle, Robert: Katalog über Schuhmaschinen. Jubil. Ausg. Leipzig 1909

Kiehle, Robert: Rückblick [auf die Geschichte der Firma] 1859—1909. Leipzig 1909

Kiehle, Robert: Spezial-Katalog der Schuhmaschinen für das Kleingewerbe. Leipzig (1907)

Kießling, Franz, Dr., Denkmäler germanischer Vorzeit im niederösterreichischen Waldviertel. Gr.-8. (46 S.) * —.60
Wien: Kubasta & Voigt 1897.

Kiehn, Eduard (Hamburg), Quaeritur, num ad communis juris normam artificiali adhibita probatione condemnatio statui possit. Diss. jur. Götting. (Friedrich Ernst Huth) 1834. 48 S. (5.50) 17925

Kiehn, M. Günther. Das Hamburger Waisenhaus, geschichtlich und beschreibend dargestellt. 1ter Th. mit einem Kupfer und 4 lithographirten Zeichnungen. gr. 8. *Hamburg, Perthes u. Besser.* 1821

Kiehn, Meno Gtth., d. Hamburg. Waisenhaus, geschichtlich u. beschreibend dargestellt. 1r Thl. Mit 1 Kpf. u. 4 lithograph. Zeichnungen. gr. 8. Hamb. 821. Perthes u. B. 4 ℳ 12 ½

Kiehne, Hans Adolph, von 1871—1883 Missionar in Indien, s.: Missionsschriften, kleine Hermannsburger.

Kiehne, H., Der zweite Zahn, Humoristische … Musik v. M. Legov, op. 40, Mühlhausen i. Thür., 5 S., 4°

Kiehne, Herm., die … prinzeß. Volksstück in 1 Akt. Diamant-Ausg. 32. (36 S.) Nordhausen 894. Selbstverlag. 1. —

Kiehne, Herm., König Hilbich. Erzählende Dichtung. 16. (48 S.) Norden 886, Fischer Nachf. * 1 20
geb. mit Goldschn. * 2 —

König Hübich. Erzählende Dichtung von Hermann Kiehne. *Nordhausen: Symposion-Verl. [1902].* (48 S. 8° [F.] [02. 9916 3

[Ant. u. F.] J'y pense. Neue Gedichte v. Hermann Kiehne. Diamant-Ausg. *Nordhausen: Selbstv. d. Vfs [1896].* (40 S.) 1 Bd 8. [96. 8939

— s. Kunst des Liedes.

Kunst des Liedes. Unter Mitw. d. hervorragendsten deutschen Dichter u. Dichterinnen hrsg. von Hermann Kiehne. [1—3.] *Nordhausen: Verl. d. Kunst d. Liedes (1898 1900).* 3 Bde 8° [F.]
[1.] (1—9. 1. Okt. 1898—18. März 1899.) [2.] (1899/1900.)
[3.] (1899/1900.) [00. 10829 3

— fahrende Leut'. Dramat.-lyr. Dichtg. 16. (39 S.) Ebd. 895. n. — 50

Lied und Leben. Einblattdrucke deutscher Lyrik. Hrsg.: Hermann Kiehne. [Bl. 1.] Brautlieder. [Nordhausen 1910.] 8° [10. 9044 3

— kleine Lieder. Gedichte. Diamant-Ausg. 32. (86 u. IV S.) Ebd. 894. 1. —; geb. m. Goldschn. 1. 50

Neue Lieder. Gedichte von Hermann Kiehne. Nordhausen: [Selbstverl. 1908]. (40 S.) 8° [F.] [08. 4288 3

Deutscher Liederfrühling im Mittelalter. Literar. Essay von Hermann Kiehne. Miniaturausg. Nordhausen: Selbstverl. 1905. (36 S.) 8° [Umschlagt. F.] [07. 6627 3

— deutsche Lyriker. Oktbr. 1896—Septbr. 1897. 16 Nrn. (à ca. 8 S.) 32. Ebd. n. 2. —

— dasselbe. Unt. Mitwirkg. d. hervorragendsten Dichter hrsg. Diamant-Ausg. Jahrg. 1897. 2 Bdchn. (à ca. 50 S.) 32. Ebd. n. 2. —; kplt. geb. m. Goldschn. n. 2. 50

— dasselbe. 12. Jahrg. Oktbr. 1897 - Septbr. 1898. 8 Nrn. (à ca. 14 S.) od. 2 Hfte. 32. Ebd. n. 2. —

— die deutschen Lyriker der Gegenwart. Eine Sammlg. m. Quellenangaben u. litterarisch-krit. Begleitwort, hrsg. v. K. 1. Bd. Diamant-Ausg. 32. (72 S.) Ebd. 894. 2. —; geb. m. Goldschn. 2. 50

— die deutschen Lyriker d. Gegenwart. Ein Sammelwerk m. Quellenangaben u. litterar.-krit. Begleitwort, hrsg. v. K. 2. Bd. 2. Hfte. (à ca. 50 S.) Diamant-Ausg. 32. Ebd. 895. 2. —

— dasselbe. 3. Bd. Oktbr. 1895—Septbr. 1896. 8 Nrn. (à ca. 8 S.) 32. Ebd. 2. —

— (Hrsg.), s. Miniaturen Deutscher Dichtung.

Kiehne, Herm., aus Bodo's Reich. Novelle aus dem Harz. 3. Aufl. 16. (85 S.) Berlin (899). Nordhausen, Selbstverlag. Kart. n. — 60; geb. in Leinw. m. Goldschn. n. 1. —

Aus Bodo's Reich. Novelle aus d. Harz von Hermann Kiehne. 3. Aufl. *Berlin: H. Friedrich in Komm. [1900].* (34 S.) 8° [F.] [00. 6100 3

Aus Bodo's Reich. Novelle aus d. Harz von Hermann Kiehne. 3. Aufl. Berlin: H. Friedrich in Komm. [1908]. (34 S.) 8° [F.] [08. 3938

— s.: Symposion.

— Vergangenheit, Gegenwart, Zukunft. Vaterländische Dichtg. schmal 12. (15 S.) Ebd. 894. — 40

[F.] Wanderndes Volk. Dramat. Dichtung v. Hermann Kiehne. *Nordhausen: Selbstv. d. Vfs; (Dr. v. Th. Müller) 1895.* (55 S.) 1 Bd 8. [96. 9158

Wandern und Weilen. Neue Gedichte von Hermann Kiehne. Nordhausen: Selbstverl. [1903]. (48 S.) 8° [F.]
(Miniaturwerke Deutscher Dichtung.) [08. 5403

Kiehne, Wilh., die Liebesprobe, s.: Lustspiele. Nr. 6.

— die Verlobten, s.: Lustspiele. Nr. 9.

Kiehne's Führer durch Bremens nähere u. weitere Umgebung. Ein Handbuch f. Fussgänger, Radfahrer u. Vereine. 12. (55 S.) Bremen (901). C. Kiehne. — 50

Kiehr, [Julius] Fredericus [Emilius], Theodonevillanus: Lesbonactis sophistae quae supersunt ad fidem librorum manuscriptorum edita et commentariis instructa. Straßburg i. E. 1906: M. DuMont Schauberg. (52 S.) 8°
Straßburg, Phil. Fak., Ref. Keil, Diss. v. 1. Aug. 1905
[Geb. 24. Mai 82 Diedenhofen (Lothringen); Wohnort: Straßburg i. E.; Staatsangeb.: Elsaß-Lothringen; Vorbildung: Progymn. Diedenhofen, Realsch. b. St. Johann Straßburg, Gymn. Altkirch, Lyzeum Colmar Reife 01; Studium: Straßburg 9 S.]

Kiekebusch, Alb., der Einfluss der römischen Kultur auf die germanische im Spiegel der Hügelgräber des Niederrheins. Nebst e. Anh.: Die absolute Chronologie der Augenfibel, s. Studien u. Forschungen z. Menschen u. Völkerkunde. III.

Kiekebusch, Albert, a. Wassmannsdorf, Kr. Teltow: Der Einfluss der römischen Kultur auf die germanische im Spiegel der Hügelgräber des Niederrheins. Nebst e. Anhang: Die absolute Chronologie der Augenfibel. (Stuttgart: Strecker & Schröder 1908.) (92 S.) 8°
Berlin, Phil. Fak., Ref. Kossinna, Diss. v. 29. Febr. 1908
[Geb. 8. März 70 Waßmannsdorf; Wohnort: Karlshorst; Staatsangeb.: Preußen; Vorbildung: Bismarck-Gymn. Wilmersdorf-Berlin Reife O. 04; Studium: Berlin 10 S.; Rig. 5. Dez. 07.]

Der Einfluss der römischen Kultur auf die germanische im Spiegel der Hügelgräber des Niederrheins. Nebst e. Anh.: Die absolute Chronologie d. Augenfibel. Von Dr. Albert Kiekebusch. Stuttgart: Strecker & Schröder 1908. (92 S.) 8°
— Studien u. Forschungen z. Menschen- u. Völkerkunde. 3. [08. 5464

Kiekebusch, Alb., launige Knackmandeln. Oder: Anweisung: mittelst zweier Würfel eine beliebige Anzahl scherzhafter Räthselfragen zu finden. Ein unterhaltendes, sinnreiches und überraschendes Räthselspiel für die gebildete Jugend und deren Freunde. gr. 16. (15 S. mit 3 Tab.) Berlin 858, Plahn'sche Buchh.

Kiekebusch, Alb., Oedipus, Charaden-Springquell. Eine Anweisung f. Jedermann, mit Hülfe zweier Würfel so viel Charaden zusammenzufügen, als es nur immer beliebt. Ein sinnig unterhaltendes u. überraschendes Silbenräthsel-Spiel f. die gebildete Jugend u. deren Freunde. 1. u. 2. Aufl. Berlin (857.) Plahn. 16. (31 S. u. 4 Tab.) 7½ ngr.

Kiekebusch, Albert, Sphinx, Räthsel-Strauss. Anweisung für Jedermann, mit Hülfe zweier Würfel so viel Räthsel zu fertigen, als es nur irgend beliebt. Ein Würfel- und Räthsel-Spiel für die gebildete Jugend und deren Freunde. gr. 16. (31 S. mit 1 Tab. in hoch 4.) Berlin 855(56,) Plahn'sche Buchh.

Kiekebusch, Albr., Gedichte. 8. (10 B.) Berlin 828, (Nauck.)

Kiekebusch, Hans. Frankfurth jeht aus'n Leim! Eene unpolitesche Epistel. (Mit einem Holzschnitt.) Berlin, L. Lassar (1849). 8 S. 8.

Kiekert, E., nach Afrika, s. Kühling's, A., Theater-Specialität.

Kjekjawus, d. Pers. Königs, d. Buch Kabus, s. H. F. v. Diez.

Kiekindiewelts, Hans, Reise in alle 4 Welttheile, (v. A. G. J. Rebmann). 8. Gera 794. 2e A. 796. Heinsius. 1 ℛ 8 gℛ

Kieckindiewelts, Hans, Reisen in alle vier Welttheile, mit Kupf. zweyte Aufl. 8. Gera, 796. Heinsius. 1 Rthl. 10 sgl.

Kiel [Sachliches OW]

Kiel, ein Führer durch die Stadt und ihre nähere Umgebung. Kiel 187? V: *Heinrich, Claus.* (A)

Kiel. Ein Führer durch die Stadt und ihre nähere Umgebung. 1. Aufl. (48 S.) 1873. *ℳ 1., und 2. verm. und verb. Aufl. gr. 16. (60 S.) Kiel 874, Haeseler. — 1 20

Kiel. Ein Führer durch die Stadt und ihre nähere Umgebung. 3. verm. und verb. Aufl. 8. (71 S. mit 3 lithogr. und chromolithogr. Plänen.) Kiel 878, Haeseler. *

Kiel. Ein Führer durch die Stadt und ihre nähere Umgebung. Mit grossem (lithogr.) Stadtplan. 4. verm. und verb. Aufl. 8. (94 S.) Kiel 883, Haeseler. geb. *

Kiel. Ein Führer durch die Stadt und ihre nähere Umgebung. 5. Aufl. kl. 8. (107 S. mit 1 Stadtplan.) Kiel 886, Haeseler'sche Buchh. 1 —

Kiel, Kaiserl. Direktion des Bildungswesens der Marine (Meuss, Korvetten-Kapitän), Leitfaden für den Unterricht in der Navigation. Theil 1, 2, 3 und Anhang. Berlin 1893. (15825—27)

Kiel and – et ses – Environs. The little Guide 1903 – Petit guide 1003 – with 2 Maps – avec 1 plan et 1 carte. (Kiel 1903: L. Handorff). (40 S.) 8° [illegible] 8

Kiel und die Kieler Föhrde mit 2 Pl. u. zahlr. Abb. Hrsg. u. den Fremden gewidmet vom Verkehrs-Verein in Kiel. *(Kiel) 1899: L. Handorff.* (84 S.) 8°
[Umschlagt.:] Kiel u. Umgebung. [illegible] 8

Kiel und die Kieler Föhrde. Hrgg. und den Fremden gewidmet vom Verkehrs-Verein in Kiel. (Kiel.) 1901. 8°
[Umschlagt.:] Kiel und Umgebung.

Kiel, Friedrich, Gedächtnisrede auf ihn, s. Frommel, E.

Die Städt. Gas-, Wasser- u. Elektrizitätswerke Kiel. — Kiel 1904: Handorff. 104 S. 4° 1.

Kiel u. d. Kaiser-Wilhelm-Kanal. 12 Lichtdr. m. begleit. Text. Von P. Heims. qu. Fol. (9 Bl.) Kiel 896. H. Eckardt. Geb. in Leinw. n. 20. —; erm. Preis 9.—

Kiel und Lübeck. Eine Entgegnung auf zwei Stimmen aus Kiel . . . Lübeck 1845. V: *Evers.* (CBII)

Kiel u. Lübeck. Eine Entgegnung auf zwei Stimmen aus Kiel über die Broschüre: Lübeck's Bedrückung durch die dänische Politik. gr. 8. (5 B.) Lübeck 845, v. Rohden'sche Buchh.

Kiel ni plibeligos la vivon, originale verkita de „Sagulo". (20 S.) kl. 8. Berlin 908. Esperanto-Verlag Möller & Borel. — 50

Kiel u. Ostholstein, s. a. Städtebilder u. Landschaften aus aller Welt.

Kiel und Ostholstein. Eine Wanderung durch Kiel, Eutin und die Holsteinische Schweiz bis Lübeck. Mit 39 Originalzeichnungen u. 1 Plane. Zürich. Kiel. [1893.] 8°

Pharus-Plan Kiel. Maßst. 1:8,500. [Mit 1 Nebenkarte.] [Nebst] Wissenswerte Angaben f. Einheimische u. Fremde ... Berlin: Pharus-Verl. [1904]. (1 Kartenbl. 70×64 cm, 13 S.) 8° [gestochen] [kol.] [illegible]

Kiel u. Rendsburg. qu. gr. 8. Lith. Kiel 848, Akad. Buchhandlg. n. 3 ngℛ

Die Herzogl: Holstein Gottorp: Residenz- See- und Handelstadt Kiel. (1 : 3500.) Sambt dessen Hafen in einem accuraten Plan und Prospect entw. (1 : 20000.)
Sereniss. Ducis Holsato-Gottorpiensis Sedes et celebre Emporium Kilonium una cum ejus Portu ichno- et scenographice accurate delineatum. Prostat in Officina Homanniana. (Nürnberg.) o. J. Kupferstich. 1 Bl. Imp.-Fol., 70 59 cm.
Zwischen Grundriss und Karte des Hafens befinden sich 2 Ansichten von Kiel, 1 vom Sandkrug, 1 vom kleinen Kiel aus.

Kiel von der Südseite. Göttingen bey Wiederhold. o. J. Kupferst. 1 Bl. 8°.

Kiel and Surroundings. The little Guide 1902 with 2 Maps. Published by the Association of Intercourse ⟨Verkehrsverein⟩. Kiel. 1902. 8°.

—— und seine Umgebung. Ein Führer durch die Stadt und nächste Umgebung für Fremde und Freunde der schönen Natur. Neue Ausg. 1878. 16. (96 S. mit 1 lithogr. Karte und 1 lithogr. Stadtplan.) Kiel 878, Universitäts-Buchh. cart. *

Kiel und Umgebung. Der kleine Führer 1902 mit 2 Plänen. (Kiel. 1902.) 8° [Umschlagt.]

Kiel und Umgebung, der Kriegshafen, die Kriegsmarine und die Kieler Woche. Prakt. Reiseführer von Heinrich Lühr. Mit 2 Kt. Berlin: Goldschmidt 1909–10. 48 S. 8°
(Griebens Reiseführer. Bd. 122.)

Kiel, Die Universität. Gegenwart und Zukunft. Kiel 1871. V: *Usinger, Rudolph.* (Erman & Horn, Bibliogr. d. dtsch. Univ. 2. Leipz. u. Berl. 1904.)

(——) Die Universität Kiel. Gegenwart und Zukunft. gr. 8. (19 S.) Kiel 871, Homann. — 30

Kiel, Unsere Landes-Universität. Erstes [— drittes] Sendschreiben. Kiel 1872—76. V: *Thaulow, Gustav.* (Erman & Horn, Bibiogr. d. dtsch. Univ. 2. Leipz. u. Berl. 1904.)

Kiel [Schlagwort]

— s. a.: Deutschland. Uebersichtskarte.

Kiel, s.a. Europa. Liebenow.

— s. a.: Europa. Übersichtskarte.

— s. a. Pharus-Städte-Atlas.

— s.a. Radfahrerkarten.

Kiel-Berlin, s.a. Automobilkarten. Automobil-Tourenkarte. Mittelbach.

Kiel-Hamburg, s.a. Automobilkarten. Pharus-Auto-Strecke.

Kiel's Einrichtungen f. Gesundheitspflege u. Unterricht. Fest-Schrift, gewidmet d. XXI. Versammlg. d. deutschen Vereins f. öffentl. Gesundheitspflege v. d. Stadt Kiel. Lex.-8. (IV, 224 S. m. 2 Zeichngn., 17 Taf. u. 5 Plänen.) Kiel 896. (Lipsius & Tischer.) Geb. in Leinw. n. 15. —

Kiel's Handel und Industrie in den J. 1801—57. gr. 4. (III und 164 S.) Kiel 860, Akademische Buchh. *

Kiel. Jahn, H. B., Karte v. Kiel m. weiterer Umgebung. 1 : 100,000. Farbendr. qu. gr. Fol. Kiel 890. Haeseler's Sort. n. 1. 20

Kiel. Jahn, H. B., Karte v. dem Stadtkreise Kiel u. den Gemeindebezirken Gaarden u. Wik aus dem Landkreise Kiel, sowie Ellerbek u. Gaarden aus dem Kreise Plön. 1 : 10,000. Lith. u. kolor. 101 × 78,5 cm. Kiel 891. H. Eckardt. n.n. 6. —; auf Leinw., lackiert u. m. Stäben n.n. 10. —

— — Karte v. dem Stadtkreise Kiel u. den Gemeindebezirken Gaarden aus dem Landkreise Kiel, sowie Ellerbek u. Gaarden aus dem Kreise Plön. 1 : 20,000. Ausg. 1893. 57 × 46 cm. Farbendr. Ebd. 893. n. 1. 80

Kiel. Jahn, H. B., Karte v. dem Stadtkreise Kiel u. den Gemeindebezirken Gaarden aus d. Landkreise Kiel, sowie Ellerbek u. Gaarden aus dem Kreise Plön. 1 : 10,000. 101 × 78,5 cm. Lith. Kiel 894. H. Eckardt. n. 6. —

— — Plan v. Kiel m. Ellerbek u. Gaarden aus dem Kreise Plön. 1 : 10,000. Mit Erklärgn. am Rande. Lith. u. kolor. 55 × 38 cm. Ebd. 891. n. — 80

— Karte der Stadt Kiel. 1 : 10,000. Chromolith. qu. Fol. Kiel 888. Universitäts-Buchhandlg. n. 1. —; auf Leinw. n. 1. 50

— Lipsius u. Tischer's neuer Plan der Sadt Kiel, einschliesslich Gaarden, Ellerbeck, Wellingdorf, Neumühlen u. Dietrichsdorf. 1 : 10,000. 3., neu rev. Ausg. 1888. gr. Fol. Kiel, Lipsius & Tischer. n. 1. —

— Lipsius & Tischer's neuer Plan der Stadt Kiel, einschliesslich Gaarden, Ellerbek, Wellingdorf, Neumühlen u. Dietrichsdorf. 1 : 10,000. Mit e. Nebenkarte: Umgegend v. Kiel. 1 : 100,000. 4., erweit. u. verb. Aufl. 1895. 48,5 × 59 cm. Farbendr. Mit Strassen- u. Ortsverzeichnis am Rande. Kiel 894. Lipsius & Tischer. n. 1. —

Kiel. Pharus-Plan. Kiel. 1 : 8,500. 66 × 78 cm Farbdr. Nebst Text. (13 S.) 8. Berlin (904). Pharus-Verlag. n. 1. —.

Kiel — Plan von —. Kiel 1858. 1 Bl.

— Plan der Stadt Kiel, 1 : 10,000, u. Karte vom Kieler Hafen u. Umgebung, 1 : 100,000. Farbendr. Mit Text am Rande. qu. gr. Fol. Kiel 890. Gnevkow & v. Gellhorn. n. 1. 50

— Plan, neuester, der Stadt Kiel (1 : 10,000) u. Karte vom Kieler Hafen u. Umgebung (1 : 100,000), nebst Strassenverzeichniss etc. an den Seiten. (2., verb. Aufl.) Farbendr. 45 × 54,5 cm. Kiel 891. Gnevkow & v. Gellhorn. n.n. 1. 50

— Plan, neuester, der Stadt Kiel u. Karte v. Kieler Hafen u. Umgebung. 1 : 10,000. 34 × 49,5 cm. Lith. u. Farbendr. Mit Strassenverzeichnis am Rande. Kiel 895. Gnevkow & v. Gellhorn. n. 1. 50

— Plan neuester, v. Kiel, nebst den Vororten Hassee, Wik, Gaarden, Ellerbek, Wellingdorf, Neumühlen u. Dietrichsdorf. 1 : 11,000. 57 × 68 cm. Farbdr. Nebst: Verzeichnis der Strassen, Plätze, öffentl. Gebäude, Hotels usw. (15 S.) 8. Kiel (901). W. G. Mühlau. n. — 60

Kiel. Universal-Verkehrskarte v. Kiel u. weiterer Umgebg. 1 : 300,000. 32,5 × 41 cm. Farbdr. Kiel (910). Lipsius & Tischer. — 75

Kiel [Verfasser]

Kiel, der Umbau der Bahnanlagen in Köln a. Rhein. Nach amtl. Quellen bearb. gr. Fol. (80 S. m. Abbildgn. u. 6 Taf.) Berlin 899. W. Ernst & Sohn. Kart. n. 10. — Sonderabdruck aus: „Zeitschrift f. Bauwesen".

Kiel, A.: Berechnung der Lichtmenge, die von einem gegeb. leuchtenden Punkt auf ein gegeb. Ellipsoid fällt. 8° Marburg, Diss. von 1882

Kiel, A., welche Aufgaben stellt die Einheitlichkeit des Unterrichtsverfahrens dem Leiter einer Lehranstalt m. e. größ. Anzahl v. Lehrkräften, s.a. Abhandlungen, pädagogische. N. F. XI. 2.

Welche Aufgaben stellt die Einheitlichkeit des Unterrichtsverfahrens dem Leiter einer Lehranstalt mit einer größeren Zahl von Lehrkraften. (Vortrag.) Von A. Kiel, Rektor zu Kamen. Bielefeld: A. Helmich [1905]. (17 S.) 8° [F.]

Kiel, Ad. Jos., „Dein Reich komme zu uns!" 1. Bdchen. Eine protest Pfarrersfamilie auf dem Wege zur kath. Kirche. Konvertitenbilder, den Katholiken zur Erbauung, den redlich suchenden Protestanten als Leitstern treuherzig erzählt. Heiligenstadt, Cordier, 1890, 16°, 63 S., 15 Pf.

—— 2 Bdchen. In Sturm u. Not, oder: Prof. Dr. Ernst Koch u. seine Rückkehr zur kath. Kirche Dai 1891, 16, 61 S., 15 Pf

Kiel, Ad. Jos., der Gesalbte d. Herrn. Denkschrift zur Wahl u. Weihe d. neuerwählten Bischofs v. Paderborn Hubertus Theophilus Simar. Dem kathol. Volke zur Belehrg. u. Erbaug. gewidmet. gr. 8. (58 S. m. Bildern.) Heiligenstadt 891. F. W. Cordier. n. — 40

Kiel, Adam Joseph [aus Geisa]: Ueber die Einwirkungsproducte von Phosphorpentachlorid auf Phtalid ... Bonn, Buch- u. Steindr. J. Bach Wwe, 1896; 54 S., 1 Bl. 8.
Bonn, Phil. Fak., Inaug.-Diss. v. 29. Febr. 1896

Kiel, Adolf (Pseud.), s. Goldbeck, Adolf

Kiel, Adf., eine Jugendthorheit. Novelle. 8. (III, 121 S.) Leipzig 900. E. Avenarius. n. 1. —; geb. 1. 50

— „In des Königs Rock". Schwank in 4 Aufzügen. 8. (79 S.) Ebd. 900. Kart. n. 1. 20

Kiel, August [Dr.]: Geschichte der absoluten Masseinheiten. Bonn, Univ.-Buchdr. v. C. Georgi, 1890; S. 1—24; 4°
Bonn, k. G, P 1890

Kiel, *August* [Dr.]: Geschichte der absoluten Maſseinheiten. Tl 2. (Forts. d. P-Beil. 1890.) Bonn, Univ.-Buchdr. v. C. Georgi, 1895; 1—18 S. 4.
Bonn, k. G, P 1895 (437)

Kiel, *August* [Dr.]: Geschichte der absoluten Maſseinheiten. Tl 3. [Forts. d. P-Beil. 1890. 95.] Bonn, Univ.-Buchdr. v. C. Georgi, 1896; 1—20 S. 4.
Bonn, k. G, P 1896 (435)

Kiel, Cuno, s. Kiel, Kuno

Kiel, Ed., das katholische Kirchenjahr, s.: Handbibliothek, katechetische. 29. Bdchn.

Kiel, F., Kinderschatz, s.: Schulze, H.

Kiel, Friedr., Quo tempore Thucydides priorem operis sui partem composuerit. Dissertatio inauguralis. gr. 8. (52 S.) Hannoverae 880. (Göttingen, Vandenhoeck und Ruprecht's Verlag.) *

—— die Venus von Milo. Ein neuer Versuch ihrer Ergänzung, Erklärung und Würdigung. gr. 8. (VII, 62 S. mit 1 Holzschntaf.) Hannover 882, Hahn'sche Buchh. *

Kiel, Friedrich Wilhelm: Die Philippinen und ihre wirthschaftliche Bedeutung für den Weltmarkt. ([S.-A.] Export. 1899. No. 17—20.) Berlin 1899. 19 S. 8°.

Kiel, Friedrich Wilhelm: Schilderungen von den Philippinen. ([S.-A.] Westermann's Illustrierte Deutsche Monatshefte. Bd 86. 1899.) Braunschweig 1899. 19 S. 8°.

Kiel, Kuno

Kiel, Cuno [pr. Arzt in Groſscamsdorf bei Unterwellenborn]: Totalexstirpation des Uterus wegen Prolaps ... Jena, Frommannsche Hof-Buchdr., 1893; 21 S. 8.
Jena, Med. Fak., Inaug.-Diss. v. [15. Sept.] 1893

Kiel, L. [Die Uniformen der kaiserlich russischen Armee. Gezeichnet von L. Kiel. St. Petersburg 1815—20.]
73 Taf. in Aquatinta; 12 Taf. in kol. Aquatinta; 11 Taf. davon Dubletten, 1 Taf. Ersatz für die fehlende Taf. 48. 4°.
Stecher: Le Vaches u. Paul.
S. auch **Duplessi-Bertaux,** Recueil des principaux costumes militaires ... 1816.

Kiel, Rob. Das Aloysius-Kind. Anleitg. zur frommen Feier der sechs aloysian. Sonntage. 16. (VIII, 207 S. m. farb. Titelbild.) Heiligenst. 891, Cordier. geb. in Leinw. * — 80

— dasselbe. 2., verb. u. verm. Aufl. 16. (VIII, 223 S. m. 1. Stahlst.) Ebd. 893. Geb. in Leinw. n. — 80

Kiel, Rob., das Aloysius-Kind. Anleitung zur frommen Feier der . aloysian. Sonntage. Jünglingen u. Jungfrauen gewidmet. 3. Ster.-Aufl. (VIII, 223 S. m. 1 Stahlstich.) 16. Heiligenstadt (904). F. W. Cordier. Geb. in Leinw. n. — 80

—— Schwester Maria Ardalion aus der Genossenschaft der barmherzigen Schwestern vom allerh. Heiland zu Niederbronn. Frommen Ordensfrauen u. Jungfrauen, die Neigg. zum Ordensstande in sich fühlen, zur Erbaug. u. Aufmunterg. treuherz. erzählt. 16. (88 S.) Ebd. 890. — 30

—— Kirche u. Schule. Eine Beleuchtg. d. Kampfes um die Volksschule. gr. 8. (96 S.) Donauwörth 890, Auer. * — 50

Kiel, Rob., St. Notburga-Büchlein oder die christl. Dienstmagd in ihrem frommen Wandel und Gebete. 12. (VIII, 232 S. mit Portr. in Holzschn.) Donauwörth 884, Auer. *

— St. Notburga-Büchlein, od.: Die dienende Jungfrau in ihrem frommen Wandel u. Gebete. 3., sehr verm. u. verb. Aufl. (550 S. m. 1 Farbdr.) gr. 16. Donauwörth 904. L. Auer. Geb. in Leinw. n. 2. —

Kiel, Rob., s.: Schulkunde, katholische.

— „Siehe, dein König kommt!" Lehr- u. Betbüchlein f. fromme Erstkommunikanten. 16. (IV, 239 S.) Ebd. 892. Geb. in Leinw. n. — 80

— siehe, dein König kommt! Lehr- u. Betbüchlein f. fromme Erstkommunikanten. 2. verm. Aufl. gr. 16. (402 S. m. Titelbild.) Heiligenstadt 899. F. W. Cordier. Geb. in Leinw. n. 1. —

— siehe, dein König kommt! Lehr- u. Betbüchlein für fromme Erstkommunikanten. 3., unveränd. Aufl. (403 S. m. Titelbild.) gr. 16. Heiligenstadt (904). F. W. Cordier. Geb. in Leinw. n. 1. —; m. Goldschn. n. 1. 50

Kiel, W. Üb. d. Ursprung u. Verhütung d. Seuchen. Berlin 1865.

Kiel, W.: Verbesserung der Rübenschnitzel. Brakel 1898

Kielau [Schlagwort]

Kielau, s.: Preussen. Messtischblätter.

Kielbasin [Schlagwort]

Kielbasin, s.: **Preussen.** Messtischblätter.

KIELBASINSKI, WLADISLAUS FRANZ. Ueber einige Naphtalinsubstitutionsprodukte. (Bern) Karlsruhe, 1894.

Kielblock, Fr., Handbuch für Kaufleute oder Zusammenstellung der für jeden Geschäftsmann nothwend. Kenntnisse in Betreff der fremden Münzen, Maaße u. Gewichte, Erklärung der Course rc. 8. Güstrow 846. (Schwerin, Kürschner.) 1/6 ℔

Kielborg, A., irdisches Glück. Roman. 8. (226 S.) Dresden 887, Pierson. * 2 25

—— Papa's Pelz. Erzählung. 8. (48 S.) Ebendas. 887. * — 75

Kielborg, A., Vineta. Schausp. in 4 Akten. gr. 8. (77 S.) Hamburg 898. G. W. Seitz Nachf. n. 2. —

—— um ein Weib. Geschichte e. Lebendig-Todten. 8. (141 S.) Ebendas. 887. * 1 50

Kielce [Schlagwort]

Kielce, s.: Europa. Liebenow. Uebersichtskarte.

Kielczewski, A., Grundriß der Geographie von Deutschland. br. 8. (15 S.) Posen 862, Merzbach. *

Kielczewski, A., 27 der gebräuchlichsten Melodien zu 33 katholischen Kirchenliedern. 2. Aufl. 8. (16 S.) Posen 877, Merzbach.

Kjeldahl, J., üb. d. Bestimmg. d. Zuckerarten. [Aus: „Zeitschr. f. analyt. Chemie".] gr. 8. (27 S.) Wiesbaden 896. C. W. Kreidel. n. — 80

Kieler, Laura, André v. Kautokejno. Eine Erzählg. aus dem hohen Norden. Rechtmäßige Uebersetzung v. E. J. (290 S.) 8. Berlin (904). D. Dreyer & Co. 2. —
Ladenpreis aufgehoben.

Kieler, Laura, Laurelas Korhoinen, s.: Bibliothek nordischer Meister-Erzähler. Nr. 2.

Kieler, Laura. Mein Volk sei dein Volk. Nach dem Dänischen von L' K'. Einzig autorisierte Uebersetzung von Orton Beg. IV + 240 S. 8. Bern, Neukomm & Zimmermann, [1904]. [fr. 3. —]

Kieler, Laura. Mein Volk sei dein Volk. Nach dem Dänischen von L' K'. Einzig autorisierte Uebersetzung von Orton Beg. 2. [Titel-] Aufl. IV + 240 S. 8. Zürich, Rascher & Cie., [1906]. [fr. 3. —, geb. 4. 50]

— auf Posten, s.: Roman- u. Novellen-Schatz.

Kieler Förde [Schlagwort]

Kieler Föhrde, s.: Seekarten.

Kieler Hafen [Schlagwort]

Kieler Hafen, s.: Seekarten.

Kielhauser, Ernst A.

— Beiträge zur Kenntnis der atmosphärischen Elektrizität. 42. Luftelektrische Beobachtungen in Triest am 19. Mai 1910. S. 119. IIa. 1910 . . . . —.20
Separatabdruck

Kielhauser, Ernst A., luftelektrische Beobachtungen in Triest am 19. V. 1910, s.: Beiträge zur Kenntnis d. atmosphären Elektrizität. Nr. 42.

— Der tägliche und jährliche Gang der Sonnenscheindauer in Triest. S. 120. IIa. 1907 . —.50
Separatabdruck

— Notiz üb. das Leuchten v. Aluminiumelektroden in verschiedenen Elektrolyten. (3 S.) gr. 8. Wien 906. A. Hölder. — 20
Sonderabdruck aus: „Sitzungsber. d. k. Akad. d. Wiss."

— Die tägliche und jährliche Periode des Niederschlages in Triest. S. 119. IIa. 1905 . . . . 1.20
Separatabdruck

— Die Stimmgabel, ihre Schwingungsgesetze u. Anwendungen in der Physik. Eine auf fremden Untersuchgn. fuss. Monographie. (VIII, 188 S. m. 94 Fig.) gr. 8. Leipzig 907. B. G. Teubner. Geb. in Leinw. 6. —

Kielhauser, Hub., d. Bedeutg. d. Metalltechnik in ihrer heut. Gestaltg. Vortrag am ungar. zahnärztl. Landes-Congress in Budapest am 29. Aug. 1896. gr. 8. (14 S. m. 4 Abb. u. 1 farb. Taf.) Graz 896. Leuschner & Lubensky. n. 1. —

Kielholz, Arthur, med. pract. von Aarau, Assistenzarzt in Rheinau: Die Alkoholiker der Pflegeanstalt Rheinau. Andelfingen 1905. 91 S. 8°. [14. IV. 05.]
Zürich. Med. Diss. 1904/1905.

Kielholz, Arthur. Die Alkoholiker der Pflegeanstalt Rheinau. Diss. Med. Univ. Zürich. 91 S. 8. Andelfingen, W. Hepting, 1905.

Bruchstücke Indischer Schauspiele in Inschriften zu Ajmere. Von F[ranz] Kielhorn. Mit 4 Taf. *Berlin: Weidmann 1901.* (VI, 30 S.) 4°
Aus: Festschrift z. Feier d. 150j. Bestehens d. Kgl. Ges. d. Wiss. zu Göttingen 1901.
[01. 13007

Kielhorn, F., a Grammar of the Sanskrit Language. 2d edit., revised. gr. 8. (XIV, 266 S.) Bombay 880. (Göttingen, Akadem. Buchhandlung.) geb. **

—— Grammatik der Sanskrit-Sprache. Aus dem Engl. übers. von W. Solf. gr. 8. (XIII, 238 S.) Berlin 888, Dümmler's Verlagsh. * 8 —

Kielhorn, F., s.: Grundriss der indo-arischen Philologie u. Altertumskunde.

– (Hrsg.), s. Sāntanava.

Kielhorn, F. Tafeln zur Berechnung der Jupiter-Jahre nach den Regeln d. Sûrya-Siddhânta u. d. Jyotistattva. 4. (18 S.) Gött. 889, Dieterich's Verlag. * 1 40
Aus: Abhandlungen d. k. Gesellsch. d. Wissenschaften, besonders abgedr.

Kielhorn, Franz, scheinbare Citate von Autoritäten in grammatischen Werken, s. Festgruss an Otto v. Böhtlingk.

Kielhorn, George Francis, Referendar: Die **Kaufmannseigenschaft** des Kommanditisten. *Göttingen 1902: Dieterich.* (57 S.) 8°
Göttingen, Jur. Diss. v. [19. Juni] 1902

Kielhorn, George Francis, die Kaufmannseigenschaft des Kommanditisten. Diss. gr. 8. (V, 57 S.) Göttingen 902. (Vandenhoeck & Ruprecht.) n. 1, 40

[F.] Die Erziehung geistig zurückgebliebener Kinder in Hilfsschulen. Z. Besten d. Weihnachtsfeier d. Braunschweiger Hilfsschule v. Heinrich Kielhorn ... *Osterwieck/Harz: A. W. Zickfeldt 1897.* (34 S.) 1 Bd 8.
[98. 5561 IIa

Kielhorn, Heinr., Erziehung u. Unterricht schwachbefähigter Kinder. Hilfsschul-Lehrplan. (114 S.) gr. 8. Halle 909. C. Marhold. 2. —

Kielhorn, Heinr., der Konfirmandenunterricht in der Hilfsschule, s. Beiträge zur Kinderforschung u. Heilerziehung. 9. Heft.

Der Konfirmandenunterricht in der Hilfsschule. Von Heinrich Kielhorn. Braunschweig. Langensalza: H. Beyer & Söhne 1905. (35 S.) 8°
— Beiträge z. Kinderforschung. H. 9.
[.4. 6… 8

Kielhorn, Otto, approb. Arzt: Ueber die **Prognose** der Sehnennähte. *Bonn 1901: J. Trapp.* (33 S.) 8°
Bonn, Med. Diss. v. [26. Okt.] 1901

Kielkowski Rudolf: Quid Romani de Aristophane poeta indicaverint.
II. 1908 PN 2444 Diss. Wien. Univ.

Kielland, Alexander Lange

Kielland, Alex. L., Arbeiter. Roman. Autoris. Uebersetzung aus dem Norweg. von C. v. Sarauw. 8. (268 S.) [Berlin 881, Auerbach.] Leipzig, Unflad. *

Kielland, Alex. L., „Arbeiter". Aus d. Norweg. übers. v. Leo Bloch. 8. (212 S.) Zürich 897. K. Henckell & Co. n. 1.50; geb. in Leinw. n. 2.—

— Arbeiter. Roman. Übers. v. Frdr. Leskien u. Marie Leskien-Lie. (Buchzeichnungen v. R. Carl.) (207 S.) 8. Ebd. 908. 2.75; geb. in Leinw. 3.50

— Welke Blätter, s.: Gedenkblatt f. Alexander L. Kielland.

—— Else. Eine Weihnachtsgeschichte. Autoris. Uebersetzung aus dem Norweg. von C. v. Sarauw. 8. (110 S.) Ebendas. 882. *ℳ 1,80.; geb. *

Kielland, Alex. L., Else. Aus dem Norweg. v. Leo Bloch. 8. (102 S.) Berlin 900. Harmonie. n. 1.50; geb. n. 2.50

Kielland, Alex. L.: Fortuna, s. Engelhorn's allgemeine Roman-Bibliothek.

—— Garman und Worse. Roman. Autoris. Uebersetzung aus dem Norweg. von C. v. Sarauw. 8. (309 S.) Ebendas. 881. *

—— dass. — s. Universal-Bibliothek Nr. 1528—1530.

— s.: Gefunden.

– Gift, s. Engelhorn's allgemeine Roman-Bibliothek.

Kielland, Alex. L., auf dem Heimweg. Proverbe. Einzig autoris. Uebersetzung aus dem Norweg. von Jos. Cal. Poestion. 12. (37 S.) Wien 884, [Wallishausser'sche Hofbuchh.] Künast. *

Kielland, Alex., Humoresken, s. a. Sammlung v. besten Werken der Literatur der Gegenwart.

* HUMORESKEN, (von *Alexander Kielland*). Berlin 1893.
Anon.-Lex. V, p. 159 (nach dem Berliner Cataloge)

— Jakob. Roman. Autoris. Übersetzg. aus dem Norweg. v. Leo Bloch. 8. (205 S.) Berlin 899. Harmonie. n. 3.—; geb. n. 4.—

Kjelland, Alex. L. Johannisfest, s. a. Bibliothek, nordische.

— Johannisfest. Roman. Übers. v. Frdr. Leskien u. Marie Leskien-Lie. (Nordischer Buchschmuck v. Alb. Andresen.) (105 S.) 8. Leipzig 907. G. Merseburger. 1.50; geb. 2.25

— Abraham Lövdahl. 1. u. 2. Bd. Übers. v. Frdr. Leskien u. Marie Leskien-Lie. (Nordischer Buchschmuck v. Alb. Andresen.) 8. Ebd. 907. à 2.—; geb. in Leinw. à n 2.75
1. Gift. Roman. (169 S.) — 2. Fortuna. Roman. (182 S.)

— Menschen u. Tiere u. andere Studien u. Skizzen. Uebers. von Frdr. Leskien u. Marie Leskien-Lie. Buchschmuck u. Einbandzeichng. v. M. Andresen. (196 S.) 8. Ebd. 906. n. 3.—; geb. in Leinw. n. 4.—

— Novellen u. Novelletten. Deutsch von Wilh. Lange. (III, 362 S.) 8. Berlin 904. F. Wunder. n. 3.—; geb. n. 4.—

—– Novelletten, s. Universal-Bibliothek Nr. 1888.

—– ausgewählte Novelletten. Aus dem Norweg. übers. von Jos. Cal. Poestion. 12. (176 S.) Wien 881, Hartleben's Verlag. ℳ 2.; geb. *

—— neue Novelletten, s. Universal-Bibliothek Nr. 2134.

— Novelletten u. Neue Novelletten, s.: Reclam's Unterhaltungs-Bibliothek.

— zwei Novelletten. Treuherz — Karen. Aus d. Norweg. übers. v. Leo Bloch. M. d. Portr. Kiellands u. e. einleit. Studie d. Uebersetzers. gr. 16. (80 S.) Berlin 898. Harmonie. n. 1.—

— ringsum Napoleon. Unter Mitarbeit des Verf. übers. v. Frdr. Leskien u. Marie Leskien-Lie. Einbandzeichng. u. Buchschmuck v. Max Loose. 2. Aufl. 2 Tle in 1 Bde. (227 u. 219 S. m. Bildnis.) 8. Ebd. 906. n. 6.—; geb. in Leinw. n. 7.—

Kielland, Alex. L., Rings um Napoleon. Unter Mitarb. d. Verf. übers. von Friedr. *Leskien* u. Marie *Leskien-Lie*. 3. Aufl. Leipzig 1907. 8°.

— Rings um Napoleon. 5. Aufl. 11. u. 12. Taus. (Unter Mitarbeit des Verf. übers. v. Frdr. Leskien u. Marie Leskien-Lie.) 2 Tle. in 1 Bde. (227 u. 230 S.) 8. Ebd. 911. p 6.—; geb. in Leinw. 7.—; in 2 Bdn. à 3.25; geb. in Leinw. à 4.—

— Schnee, s.: Engelhorn's allgem. Roman-Bibliothek.

— Schnee, s. a. Kürschner's, Jos., Bücherschatz.

Schnee. Erzählung von Alexander L. Kielland Übers. von Otto Hauser. Mit Ill. von Braune. *Berlin, Eisenach, Leipzig: H. Hillger [1901].* (124 S.) 8° [J.]
— Bücherschatz, Kurschners. No 250.

Kielland, Alex. L., gesammelte Werke. 1. Bd. 2 Tle. u. 2. Bd. 8. Leipzig, G. Merseburger. n. 10.25; geb n. 12.75
1, I. Garman & Worse. 1. Buch. Schiffer Worse. Erzählung. Unter Mitarbeit des Verf. übers. von Frdr. Leskien. (VI, 183 S.) 905. n. 2.25; geb. in Leinw. n. 3.—
II. Dasselbe. 2. Buch. Garman & Worse. Erzählung. Unter Mitarbeit des Verf. übers. von Frau Marie Leskien-Lie. (236 S.) 905. n. 3.—; geb. in Leinw. n. 3.75
2. Sämtliche Novellen. Noch unter Mitarbeit des inzwischen †Verf. übers. v. Frdr. Leskin u. Marie Leskien-Lie. Buchschmuck v. H. Schittenhelm. (379 S.) 906. n. 5.—; geb. in Leinw. n. 6.—; in Geschenkbd. n. 6.—

Kielland's, Alex. L., gesammelte Werke. 3.—5. Bd. u. Nachlese. 8. Leipzig, G. Merseburger. Geb. in Leinw. 23.—
3. Abraham Lövdahl. (Gift. Roman. — Fortuna. Roman. — Johannisfest. Roman.) Übers. v. Frdr. Leskien u. Marie Leskien-Lie. (Nordischer Buchschmuck v. Alb. Andresen.) (3 Tle. in 1 Bde.) (169, 182 u. 106 S.) 907. 5.—; geb. 6.—
4. Arbeiter. Roman. Übers. v. Frdr. Leskien u. Marie Leskien-Lie. 1. Bd. Arbeiter. — 2. Bd. Jakob. (207 u. 159 S.) 908. 5.—; geb. 6.—
5. Ringsum Napoleon. Unter Mitarbeit des Verf. übers. v. Frdr. Leskien u. Marie Leskien-Lie. (2 Tle. in 1 Bde.) (227 u. 219 S.) 905. Geb. 7.—
Nachlese. Menschen u. Tiere u. andere Studien u. Skizzen. Übers. v. Frdr. Leskien u. Marie Leskien-Lie. Buchschmuck u. Einbandzeichng. v. M. Andresen. (196 S.) 906. Geb. n 4.—

—— Schiffer Worse. Roman. Uebersetzung aus dem Norweg. von Mary Ottesen. 8. (228 S.) [Berlin 882, Auerbach.] Leipzig, Unflad. *ℳ 3.; geb. *

—— Schiffer Worse. Roman. Uebersetzung aus dem Norweg. von Mary Ottesen. Neue bill. (Titel-)Ausg. 8. (228 S.) Leipzig (882)885. [Unflad.] * 2 —
—— dass. — s. Engelhorn's allgemeine Romanbibliothek.

Kielland, Jens Z., zwei Brüder. Roman. Uebers. v. Frdr. Leskien u. Marie Leskien-Lie. Einbandzeichnung v. A. Andresen. (231 S.) 8. Leipzig 907. G. Merseburger. n. 3. —; geb. in Leinw. n. 4. —

Kielland, Jens Z., der große Diebstahl in der Münze. Erzählung. (Übersetzer: Frdr. Leskien.) (116 S.) 8. Ebd. 908. 1.25; geb. in Leinw. 2. —

Kjellberg, **Axel, die industriellen Etablissements von Europa und Amerika. Ein Buch für die gesammte Industrie, ihre Vertreter, Förderer und Freunde. (In 3 Bdn. à 20 Lfgn.) 1. Bd. 1. Lfg. Fol. (4 Chromolithogr. mit 8 S. Text.)** Berlin 879, (Hohorst.)
Nicht weiter erschienen.

Kjellberg, L., Klazomenische Tonsarkophage. S.-A. 1905. 18 S. m. 4 Abb. 4°.

Ueber die Heimat des Asklepioskultes. Eine Antikritik. Von L[ennart] **Kjellberg**. Upsaliae 1898: Almquist & Wicksell soc. (S. 110–128.) 8° [Umschlagt.]
Aus: Eranos. Vol. 3. (os. 6603 9

Kjellberg, P., Schweden, Norwegen u. Dänemark, s.: Grieben's Reiseführer 12. Bd.

Kjellberg, P., Stockholm, s.: Grieben's Reiseführer.

Kjellbom, Carl H(enrik): **Beiträge zur Kenntnis der Friedel-Crafts'schen Reaktion.** *Heidelberg 1897: J. Hörning.* **(34 S.) 8°**
Heidelberg, Naturw.-math. Diss. v. [18. Jan.] 1898

Kielleuthner, Ludwig, approb. Arzt aus München: **Ein Fall** von Leber-Adenom. *München 1901: C. Wolf & Sohn.* **(23 S.) 8°**
München, Med. Diss. v. 1901

KJELLIN, C. O. Beiträge zur Kenntniss der Aldoxime. (Basel) Zürich, 1892.

Kjellin, C. O. Beiträge zur Kenntniss der Aldoxime. Ueber 1892.

Ueber einige aliphatische Abkömmlinge des Oxythioharnstoffs. Von Carl **Kjellin** u. K. G. Kuylenstjerna ... *Stockholm: Kgl. Boktr. P. A. Norstedt & söner 1897.* (19 S.) 8.
= **Bihang** till K. Svenska Vet.-Akad. Handlingar. Bd 23. Afd. II. No 1.
(09 4101

Ueber Bisnitrosylbenzyle. Von Carl **Kjellin** u. K. G. Kuylenstjerna ... *Stockholm: Kgl. Boktr. P. A. Norstedt & söner 1897.* (14 S.) 8.
= **Bihang** till K. Svenska Vet.-Akad. Handlingar. Bd 23. Afd. II. No 2.
(09 4102

Zur Kenntniss der β-substituirten Hydroxylamine. Von Carl **Kjellin** ... *Stockholm: Kgl. Bogtr. P. A. Norstedt & söner 1897.* (10 S.) 8.
= **Bihang** till K. Svenska Vet.-Akad. Handlingar. Bd 23. Afd. II. No 3.
(09 4103

Kjellman, Franz Reinhold

KJELLMAN (F. R.). Ueb. die Algenvegetation des Murman'schen Meeres . . . Upsala, 1877. 4°.

Kjellmann, F. R., **Phaeophyceae Dictyotales**, s.: Engler, A., u. K. Prantl, d. natürl. Pflanzenfamilien.

Kjellman, F. R., zur Kenntnis der marinen Algen-flora v. Jan Mayen. (80 S. m. 3 Taf.) 8. Uppsala 906. (Berlin, R. Friedländer & Sohn.) n.n. 2. —

— über die Meeresalgen-Vegetation v. Beeren-Eiland. (6 S.) gr. 8. Stockholm 903. (Berlin, R. Friedländer & Sohn.) n. — 50
2 Sonderabdrucke aus: „Arkiv f. botanik".

Zur Organographie und Systematik der Aegagropilen von F[rans] R[einhold] Kjellman. Mit 3 Fig. u. 4 Taf. *Upsala 1898: E. Berling.* (20 S.) 4°
= Acta, Nova, Reg. Societatis Scient. Upsaliensis. Ser. 3, Vol. 17, Fasc. 2, 2, . (os. 2986

Kielmaier, Karl Fr.

— über Kinder- u. Jugendschriften, an Eltern u. Jugendfreunde, v. e. Jugenderzieher. 8. Tübing. 798. Osiander. 4 gr.

— physisch-chem. Untersuchung d. Schwefelwassers vom Stachenberg im Kanton Glarus. Mit e. Anh. 8. Stuttg. 816. (Sattler). 16 gr.

v. Kielmaier, Karl Fr., Rede über d. Verhältnisse d. organ. Kräfte untereinander. 8. Tübing. 793. Heerbrand. 4 gr. Neuer Abdruck. 8. Ebd. 814. Osiander. 5 gr.

Kielmann, C. E., die Drainage nach eigenen Beobachtungen bei prakt. Anwendung. Mit 76 in den Text gedr. Holzschn. Cassel 857. Bohné. 12. (VIII, 134 S.) 15 ngr.

Kielmann, C. E., die Drainage nach eigenen Beobachtungen bei prakt. Anwendung. 12. (VIII und 134 S. mit 76 in den Text gedr. Holzschn.) Cassel 857, [Freyschmidt.]

Kielmann, C. E., das Ganze des Futterbaues nach den Anforderungen der jetzigen Zeit, od.: Der Anbau sämmtl. Futterpflanzen, sowohl Kräuter als Gräser, deren Düngung u. Samengewinn, ingl. das Heuen derselben, nach dem heut. Standpunkte der Wissenschaft, u. mit besond. Berücksicht. der Mark Brandenburg nach eigenen Erfahrungen dargestellt. gr. 8. (13⅓ B., 2 Kpfrt. u. 2 Holzschn.) Leipzig 843, Baumgärtners Buchh. Thlr.

Kielmann, C. E., das Ganze d. Rübsenbaues, vorzügl. d. breitwürfigen Saat; od. vollständ. Anleit. d. Rübsen am zweckmäß. zu bestellen, zu säen, zu erndten, zu reinigen u. aufzubewahren ꝛc. Mit besond. Berücksichtig. d. Mark Brandenburg nach eigenen Erfahrungen dargestellt. 8. (12 B. u. 2 Holzschn.) Berlin 811, Crantz.

Kielmann, C. E., populäre Landwirthschaftslehre. Ein Leitfaden zu den Vorträgen in Ackerbauschulen und zum Selbstunterricht. 1. Abthl.: Ackerbau. gr. 8. (VIII und 380 S.) Frankfurt a/O. 850, Koscky und Comp.

—— dass. — 2. Abthl.: Wiesenbau, Viehzucht, Seidenbau, Bienenzucht. gr. 8. (VI und 254 S. mit 5 Stnt. in qu. 4.) Ebds. 850.

Kielmann, C. E., die Lupine, ihr Anbau und ihr Nutzen. gr. 8. (28 S.) Frankfurt a. O. 856, **Koscky's Verlag.** *

KIELMANN, C. E.: Über die Waldstreu in land- und forstwirthschaftlicher Beziehung. Nebst einem Beitrag zur Monographie der Bergkiefer. - Leipzig 1843. 81 S.

— über die Waldstreu in land- u. forstwirthschaftl. Beziehung. Nebst einem Beitrag zur Monographie der Bergkiefer. 8. Leipzig 843, Peter. (Kößling.) 3/8 ₰

— s. Zeitschrift des landwirthschaftl. Provinzial-Vereins für die Mark Brandenburg.

Kielmann, Carl ..., s. Kielmann, Karl ...

Kielmann, Chr. Fr., († d. 12. März 1821.), s. a. Versuch kurz. Lebensbeschreibb. ber. Würtemberger.

[Kielmann, Chr. Frdr., Gymn.Prof.:] Versuch kurzer Lebensbeschreibungen berühmter Wirtemberger. Stuttgart: Ehrhard & L. 1791.

Kielmann, Heinr. Adf., der ἄρτος ἐπιούσιος in der Brodbitte des Herrngebets. Eine sprachwissenschaftl. Untersuchung. gr. 8. (42 S.) Kreuznach 883, Schmithals.

Kielmann, J.

Kielmann, ..., Handfibel zur Erlernung des mechan. Lesens, mit Berücksichtigung der Rechtschreibung. 1e Abthl. ... Meurs ... Dolle. (Wesel, Prinz.) n. 1/12 ₰ — 2e Abthl. Ebd. n. 1/8 ₰

K(ielmann,) J., Handfibel z. Erlernung d. mechan. Lesens mit besonderer Berücksichtigung d. Rechtschreibung. I. Abthl. A. (Schreibschrift.) 1. u. 2., umgearb. Aufl. 8. (à 1 lith. B.) Meurs ..., 842, Dolle. à *

—— dass. — I. Abthl. B. 1. u. 2., umgearb. Aufl. 8. (à 1 B. Druck- u. 1/4 B. Schreibschrift.) Ebds. ..., 841. à *

—— dass. — 2. Abthl. 1. u. 2., umgearb. Aufl. 8. (à 3 B.) Ebds. ..., 841. à *

— Hülfsbuch zum Gebrauch derselben rc. Ebd. (Ebd.) n. 1/12 ₰

— Hülfsbüchlein zum Gebr. der Tabelle, enthaltend Aufgaben für d. Resol. u. Reduction rc. Ebd. (Ebd.) n. 1/6 ₰

—— Hülfsbüchlein hierzu. 8. (2 1/4 B.) Ebds. 839.

—— die Rechtschreibung als Unterrichtsgegenstand f. d. Unterklasse ein. Elementarschule. Eine Anleit. zu d. Handfibel. 8. (1 3/4 B.) Meurs 840, Dolle.

— Tabelle, enthaltend Aufgaben für die vier Spec. in den. ganzen Zahlen. 2e Aufl. Ebd. (Ebd.) n. 1 ℊ

— Tabelle, enthaltend Aufgaben für die Resolution, Reduction u. die vier Species in benannten ganzen Zahlen. 4. Ebend. 839. Auf Pappe pr. Dutzend 1/4 ₰

—— Vorlegeblätter zum Schönschreiben. ... Meurs, Dolle. *

Kielmann, Karl Albert

Kielmann, Carl Albert (Stuttgart), Observata quaedam de vegetatione in regionibus alpinis. Diss. med. Präs. Carl Friedrich Kielmeyer. Tübing. (Schramm) Dez. 1804. 31 S. mit Widm. v. Präs. (5.50) 17929

Kielmann, Karl Albr., systemat. Darstellung aller Erfahrungen über d. einzelnen Metalle, s.a. Jh. Rud. Meyer, systemat. Darstellung aller Erfahrungen.

Kielmann, K. A. Systematische Darstellung aller Erfahrungen über die einzelnen Metalle. Auch unter dem Titel: Systematische Darstellung aller Entstehungen in der Naturlehre. Entworfen von Joh. Rud. Meyer dem Jüngeren, bearbeitet von mehreren Gelehrten. 3. Theiles 1., Vol. Aarau. 1807. 4.

— **Carl Friedrich** (Löbau/Laus.), De empyemate. Diss. med.-chir. Präs. D. Georg Rudolph Boehmer. Wittbg. (Adam Christian Charisius) 8. XII. 1800. 20 S. (6.—) 17930

Kielmannsegg, Erich Graf von, s.a. Kielmansegg, Erich Graf von

Kielmannsegg, Erich Graf, s.: Ernst August, Herzog zu Braunschweig-Lüneburg, Briefe an Johann Franz Diedrich v. Wendt

Kielmannsegg, Walter Graf von

Kielmansegg, Graf v., über Entstehung u. Bedeutung der unter Friedrich d. Gr. abgehalt. Manöver, s.a. Militär-Wochenblatt. 1906. Beiheft 1.

Über Entstehung und Bedeutung der unter Friedrich dem Großen abgehaltenen Manöver. Vortrag geh. zu Berlin 1905 von Graf [Walther] v. **Kielmannsegg**, Hauptm. Mit 2 Skizzen. Berlin: E.S. Mittler & Sohn (1906). (38 S.) 8° [Umschlagt. F.]
= **Militär-Wochenblatt**. 1906, Beiheft 1. [06. 5978]

Kielmannsegge, Gräfin Charlotte v., Lebensbild, s.: Wilsdorf, O.

Diary of a journey to England in the years 1761–1762. By Count Frederick Kielmansegge. Transl. by Countess (Philippa) Kielmansegg. With ill. London: Longmans, Green, & Co. 1902. (VI, 287 S.) 8°

Kielmansegg, B. K. H. Th. Graf von

Kielmansegg, Graf, Herzog Eugen v. Württemberg u. der Feldzug 1813, s.a. Beiheft zum Militär-Wochenblatt. 1902. Hft. 5.

Kielmansegg, B. K. H. Th. Grf v. Herzog Eugen von Württemberg u. der Feldzug 1813. Mit 1 Text-Skz. Berlin 1902. 19 S.

Kielmansegg, Erich Graf von, s.a. Kielmannsegg, Erich Graf von

Kielmansegg, Erich Graf, die Bauordnung vom 17. Jänner 1883 (Nr. 36 L. G. Bl.) f. das Land Niederösterreich (außer Wien). Hilfsbuch zu deren Handhabg. u. zur Anwendg. der darauf Bezug hab. Gesetze u. Vorschriften. 3., ergänzte u. verb. Aufl. 12. (XI, 422 S.) Wien 894 Manz. n. 3. 60

Kielmansegg, Erich Graf, die neue Bauordnung für das Land Niederösterreich [außer Wien]. Hilfsbuch zu deren Durchführung, Handhabung und Anwendung. 8. (VII, 159 S.) Wien 883, Manz'sche Hofverlagsb.
—— dass. — 2. verb. Aufl. 8. (VI, 156 S.) Ebendas. 884. geb.

(F) Kielmansegg, E., Die Bauordnung für das Land Niederösterreich und für Wien. 5. Aufl. [Manz'sche Gesetzausgabe. Nr. 18a.] 8° (XVI, 763 S.) K 4.80, geb. K 5.80
Wien: Manz 1904.

Kielmansegg, Erich Graf, die Bauordnungen f. das Land Niederösterreich u. f. Wien, s.a. Gesetz-Ausgabe, Manz'sche. Nr. 18a.

Kielmannsegg, Erich Graf, die Bauordnungen f. d. Land Niederösterreich u. f. Wien. Hilfsbuch zu deren Handhabg. u. z. Anwendg. d. darauf Bezug hab. Gesetze u. Vorschriften. 4., ergänzte u. verb. Aufl. 12. (XV, 676 S.) Wien 898. Manz. n. 4. —; geb. n. 5. —

Familien-Chronik der Herren, Freiherren und Grafen von Kielmansegg. 2., erg. u. verb. Aufl. mit 46 Ill. hrsg. von Erich Grafen v. **Kielmansegg**. Wien: Manz 1910. XXII, 834 S. 8°
1. Aufl. von den Grafen Eduard u. Erich v. Kielmansegg. [11. 1395 8]

Geschäftsvereinfachung und Kanzleireform bei öffentlichen Ämtern und Behörden. Ein Informationskurs in 6 Vortr. abgeh. von Erich Graf **Kielmansegg**. Wien: Manz 1906. (IV, 176 S.) 8° [F.] [08. 1038]

Kielmansegg, Ed. Geo. Ludw. Will. Howe Graf v., und Erich Friedr. Christ. Ludw. Graf v. Kielmansegg, Familien-Chronik der Herren, Freiherren und Grafen v. Kielmansegg. Lex.-8. (XII, 431 S. mit eingedr. Holzschn., 3 Stammtaf. in qu. gr. Fol. und 1 Chromolithogr.) Leipzig 872, (Brockhaus.) ℳ 12.: geb. 15 —

Kielmansegg, Eduard Graf v.: Familien-Chronik d. Herren ... v. Kielmansegg. 2. Aufl. 1910
s. **Kielmansegg**, Erich Graf v.: Familien-Chronik ... [11. 1396 8

Kielmansegg, Matilde Baronin, geb. Grimmer v. Adelsbach, Elisabeth. Gedichte. (63 S. m. Abbildgn.) 12. Wien 902. W. Braumüller. n.n. 2.20; geb. n.n. 3.60

(Kielmansegg, Oswald Graf, Oberst etc.) Schwarzenberg-Uhlanen(-Regiment Nr. 2) 1790—1887. gr. 8. (Tarnow 1887) 1899

Kielmayer, s.a. Kielmeyer, A.

Kielmayer, die Entwicklg der Färberei, Druckerei u Bleicherei. Augsburg 1879

Kielmayer, Karl Friedrich, s.a. Kielmeyer, Karl Friedrich

Examen experimentorum quorundam effectus magnetis chemicos spectantium. Tubingæ, 1813.

Examen mineralogico-chemicum strontianitarum in monte Jura juxta Aroviam obviarum. Tubingæ, 1813. 8vo.

KIELMAYER, CARL FRIEDRICH.
De reductione metallorum via humida ope combustilium stricte sic dictorum perficienda. Tubingæ, 1804. 4to.

Physisch-chemische Untersuchungen des Schwefelwassers von Stachelberg im Canton Glarus. Tubingæ, 1816.

Kielmeyer, A., s.a. Kielmayer

Kielmeyer, A., die Entwickelung des Anilinschwarz in der Druckerei u. Färberei. Für Theoretiker u. Praktiker geschrieben. Mit 10 Abbildgn. u. e. ausführl. Sach- u. Namenregister. gr. 8. (VII, 73 S.) Leipzig 893. Th. Martin's Textil-Verl. n. 3. —

Der Färberlehrling im Chemie-Examen. Von Dr. A[dolf] **Kielmeyer.** Wittenberg: A. Ziemsen 1905. (x, 270 S.) 8° [F.]
Aus: Deutsche Färberzeitung. 1904. 1905. [05. 9550 8

Der Färberlehrling im Chemie-Examen. Von Dr. A[dolf] **Kielmeyer.** 2., verm. u. verb. Aufl. Wittenberg: Ziemsen 1910. VIII, 289 S. 4°(8°) [10. 11908

Kielmeyer, C. v., amtl. Bericht üb. d. Versamml. deutscher Naturforscher u. Aerzte zu Stuttgart etc., Bericht.

C. v. Kielmeyer u. G. Jäger amtl. Bericht über die Vers. deutscher N. F. u. A. zu Stuttgart im Sept. 1834. Stuttgart 1835. 4.

Kielmeyer, Karl Friedrich, s.a. Kielmayer, Karl Friedrich

— Plan zu einer Zoologie u. Anatomie d. Thiere. 8. Ebend. 815.

Kielmeyer, C. Fr. v., Plan zu einer vergl. Zoologie. Tübingen 14. Osiander.

Kielmeyer, physisch-chem. Untersuchung des Schwefelwassers vom Stachenberg im Kanton Glarus. Mit 1 Anh. 8. Stuttgart, Sattler (in Comm.) 816.

Kielmeyer, K. F., üb. Verhältn. d. organ. Kräfte untereinander. 8. Tüb. Heerbrand. 793.

Kielmeyer, K. F., üb. die Verhältnisse d. organischen Kräfte untereinander in d. Reihe d. verschied. Organisationen, die Gesetze u. Folgen dies. Verhältnisse, neuer unveränd. Abdruck. 8. Tübing. Osiander. 814.

Kiel National Zeitung: Dec. 30, 1893–Sept. 1918.
Circulation: 1900, 1000; 1903, 1864; 1910, 2116; 1915, 2350; 1918, 2125. Edited by Richard Laudon and published by Haebnel and Laudon, 1893–1898. Edited and published by H. A. Kuehne and J. N. Ellenbecker, 1898–1900; N. A. Kuehne, 1900–18.
Kiel, WI

Kielsen, C. F., kl. naturhistor. Kabinett. 3 Bde. Mit Kpf. 12. Kopenh. 810. Bonnier. 1 ℛ 16 ℊ

Kielsen, F. C., Icones Amphibiorum,
— id. Avium,
— id. Mammalium,
— id. Piscium,
— id. Vermium,
} s. Icones.

Kielwagen. Die Besteuerung des Branntweines. 8°. Berlin 1887.

Kiel Wochenblatt: 1892–1893.
Weekly. Edited by Emil Fromme. In March 1894 sold to Baron von Laudon, a Russian, who was forced to leave country. Fred Haebnel was his partner. Changed to NATIONAL ZEITUNG, which see.
Kiel, WI

[Kiem, P. Martin.] Bengalische Beleuchtung von Siegfried Abt's „Aufruhr im Freiamt vom Januar 1841". [Unter Mitwirkung verschiedener Mitarbeiter hrg. von P. M' K'.] 8. Schwyz 1874 (*Umschlag:* 1875).

— Die Bruderschaften in der Pfarrei Sarnen und Ablässe. Sarnen 1872.
Progr.

Kiem, Martin: J. Baptist Dillier, Stifter des Kollegiums in Sarnen. Sarnen, Progr. 1864.

— Die Erstellung des Pensionates des sel. Nikolaus von Flüe. Sarnen 1873.
Progr.

Kiem, Mart., Geschichte der Benedictiner-Abtei Muri-Gries [ad S. Martinum — ad B. V. Mariam]. 1. Bd.: Muri's älteste und mittlere Geschichte. gr. 8. (LX, 420 S. mit 1 Lichtdr.-Illustr.) Stans 888, v. Matt. * 5 —

Kiem, Mart. Geschichte der Benedictiner-Abtei Muri-Gries [ad S. Martinum — ad B. V. Mariam]. 2. Bd.: Geschichte Muri's in der Neuzeit. gr. 8. (LXI, 527 S. m. 3 Lichtdr.-Bildern.) Stans 891, v. Matt. * 5 —
1. Bd. Ebd. 1888. * 5 —.

— Geschichte Sarnens im 17. und 18. Jahrhundert. Sarnen 1874.
Progr.

Kiem, Mart., O. S. B., Leben d. hl. Martinus, nebst Erwäggn. u. Gebetbuch. 16. (296 S.) Brixen 898. Buchh. d. kath.-polit. Preßvereins. Geb. in Leinw. n. 1,20

— kirchlich-profane Mittheilungen, s.: Tirolensien.

KIEM, Martin
(F) Augustin Vigil Nagele, letzter Prälat des Augustiner-Chorherrenstiftes zu Gries bei Bozen (1790—1815) und seine Zeit. Von P. Martin Kiem O. S. B. Innsbruck. 1899. Vereinsbuchhandlung. 8°. VI, 197 S. mit Portrait. fl. 1.—

Kiem, Mart., der selige Nikolaus v. Flüe, ein Vorbild für alle Christen. Nebst einem Gebetsanhange. 24. (352 S. mit 1 Stahlst.) Einsiedeln 881, Gebr. Benziger.

Kiem, P. M., Historische Skizze über das Kollegium in Sarnen. Sarnen 1865.
Progr.

Kiem, P. M., Versuch einer urkundlichen Darstellung der ältesten Geschichte der Pfarrei Sarnen, I. bis 1300, II. 1300—1400, III. 1400—1500, IV. 1500—1600, V. Kulturhistorisches aus dem XVI. Jahrh., VI. 1600—1700. Sarnen 1866, 1867, 1868, 1869, 1870 und 1871.
Progr.

Kieme, *Albert* Max [aus Heygendorf (Sachsen-W.)]: Bericht über die von Mai 1887 bis März 1894 in der Halleschen Frauenklinik ausgeführten Prolapsoperationen ... Halle a. S., Hofbuchdr. v. C. A. Kaemmerer & C., 1895; 97 S. 8.
Halle, Med. Fak., Inaug.-Diss. v. 3. Apr. 1895

Kiemle, Wilh.: Zwei Fälle aus der Masernepidemie in Tübingen und Lustnau im Jahr 1897/98. Beobachtungen aus der Universitätspoliklinik in Tübingen. *Esslingen 1898: W. Langguth.* (12 S.) 8°
Tübingen, Med. Diss. v. 1898

Kien, Georg, approb. Arzt aus Strassburg i. E.: **Involutions- und Degenerations-Erscheinungen des Milzbrand-Bacillus bei 42,5° C. (Plasmolytisches Verhalten dieses Mikrobions.)** *Strassburg 1900: 'Elsässer'.* (29 S.) 8°
Strassburg, Med. Diss. v. 1900

Kien, Gust., Hafeb. Trauerspiel in 5 Aufzügen. Bremen 839. Geisler. n. 2/3 ß

Kien, Peter, a. Udern in Lothr.: Über das Flammenspektrum des Kupferchlorids. Leipzig: J. A. Barth 1908. (24 S., 1 Taf.) 8°
Bonn, Phil. Fak., Ref. Kayser, Diss. v. 12. Aug. 1908
[Geb. 7. Aug. 77 Udern; Wohnort: Montigny-Metz; Staatsangeh.: Elsaß-Lothringen; Vorbildung: Gymn. Montigny Reife 97; Studium: Freiburg i. B. 1, München 2, Bonn 6 S.; Rig. 8. Juli 08.]

Kien, Rob., älles onteranand'. Gedichte im Ulmer Landdialekt. 8. (X, 176 S.) Ulm 894. (L. Frey.) 1. 50

Kien, Rob., Auh, hairet Se! Gedichte in Ulmer Landdialekt. 8. (XIII, 176 S.) Ulm 902. L. Frey. 1.60; geb. in Leinw. 2.50

Kien, Rob., humoristische Einfälle. Kurze Anekdoten, Scherze, Schnurren, Schwänke, Späße, Witze, kom. Monologe, Zwiegespräche u. s. w. teils in Hochdeutsch, teils in schwäb. (Ulmer Stadt- u. Land-) Dialekt. gr. 8. (IV, 96 S.) Ulm 896. (J. Ebner.) n. 1. —

Kien, Rob., kleine Episoden aus meiner Franzosenzeit. (VIII, 237 S. m. 6 Vollbildern.) 8. Stuttgart 905. Strecker & Schröder. n. 4. —; geb. n. 5. —

— Fescht üb. Fescht. Poetische Beschreibg. v. 6 verschiedenen Festlichkeiten in schwäb. Mundart. (89 S. m. 6 Abbildgn.) 8. Ulm 904. (J. Ebner.) Kart. n. — 70

[J.] Kraut und Rüaba. Gedichte im Ulmer Landdialekt v. Robert Kien ... *Ulm: J. Ebner 1896.* (XI, 162 S., 1 Portr.) 1 Bd 8. [96. 8,10]

Kienast, Alfred, diplomierter Mathematiker aus Horgen: Über die Darstellung der analytischen Funktionen durch Reihen, die nach Potenzen eines Polynoms fortschreiten und Polynome eines niedereren Grades zu Koeffizienten haben. Zürich 1906. IV + 62 S. 8°. [30. IV. 06.]
Zürich. Phil. Diss. II. S. 1905/1906.

Kienast, Alfred. Über die Darstellung der analytischen Funktionen durch Reihen, die nach Potenzen eines Polynoms fortschreiten und Polynome eines niedereren Grades zu Koeffizienten haben. Diss. Phil. [II.] Univ. Zürich. [Mit Figuren.] IV + 62 S. 8. Zürich, Zürcher & Furrer, 1906.

Benedek. — **Kienast,** Andreas, (k. u. k. Hauptmann.) Feldzeugmeister ... und das Februar-Patent. Sonderabdruck aus den „Mittheilungen des Institutes für österreichische Geschichtsforschung". Ergänzungsband VI. 8. (Innsbruck 1900.)

A. K. (**Kienast,** Andr.), Hauptmann. Zur Duellfrage. Ein Blick in die Vergangenheit und Zukunft. Separatabdruck aus „Streffleurs Österreichischen militärischen Zeitschrift". 72. Jahrg. 1. Heft. 8. Wien 1897.

Kienast, Andr., s.: Erbfolge-Krieg, österreichischer, 1740—1748.

Kienast, Andreas, k. u. k. Hauptmann. Die Friedens-Verhandlungen zwischen Oesterreich und Preussen im Juni und Juli 1742. Separat-Abdruck aus dem III. Bande des Werkes „Oesterreichischer Erbfolgekrieg 1740—1748" herausgegeben von der Direction des k. und k. Kriegs-Archivs. 8. Wien 1898.

Kienast, Oberlieutenant. König Friedrich II. von Preussen und die Ungarn bis zum Hubertsburger Frieden 1763. Separat-Abdruck aus: „Mittheilungen des k. u. k. Kriegs-Archivs." Neue Folge IX. Band. 8. Wien 1895.

KIENAST, A.
Die Legion Klapka. Eine Episode aus dem Jahre 1866 und ihre Vorgeschichte. Von A. Kienast. Wien. 1900. Seidel & Sohn. Gr.-8°. XI, 386 S. mit 7 Tafeln. K 10.—

— — Andreas, k. u. k. Hauptmann. Der ungarische Landtag des Jahres 1741 zu Pressburg und seine militärischen Ergebnisse. Separat-Abdruck aus dem 3. Bande des Werkes „Der oesterreichische Erbfolgekrieg 1740—1748" herausgegeben von der Direction des k. u. k. Kriegs-Archivs. 8. Wien 1898.

Kienast, Andreas, k. und k. Hauptmann. Das Wehrwesen in Oesterreich um das Jahr 1740. Separat-Abdruck aus dem I. Bande des Werkes „Der oesterreichische Erbfolgekrieg 1740—1748". Herausgegeben von der Direction des k. und k. Kriegs-Archivs. (Mit den Nummern IX—XIII des Anhangs.) 8. Wien 1896.

KIENAST, Anton (Dachau): Darstellung der Lehre vom Constitutum possessorium nach römischen und baierischen Gesetzen.- Ingolstadt: Attenkover 1819. 110 S.
2.5.1815 - Pe 346; F 48
Diss.Ingolst.-Landsh.-Mchn.

Kienast, Ant., Freundes-Worte für die erwachsene Jugend und ihre Wohlfahrt. Mit Gesellschaftsliedern nebst deren Melodien. 8. (XII und 291 S.) München 853, (Finsterlin.) Thlr. *

— Gespräche über Thiere, oder Edmund und Emma, das mitleidige Geschwister-Paar. qu. 8. (IV und 94 S.) München 855, (Finsterlin.) *

Kienast, Ant., Handbuch über gemeinnützige Kenntnisse f. Volksschulen. Im Auszuge. 2e Aufl. 8. Passau 834. Winkler. (Pustets Buchh.) 5/12 ß

Kienast, Ant., Handbuch über gemeinnützige Kenntnisse für Volksschulen. Im Auszuge. 3. Aufl. 8. Passau 840, Pustet'sche Buchh. 1/2 ß

Kienast, C., s.: Vorbereitungen u. Entwürfe aus dem gesamten Unterrichtsgebiete der deutschen Volksschule.

Kienast, Franz [pr. Arzt aus Aichach]: Die Irideremie ... München, k. Hof- u. Univ.-Buchdr. v. Dr. C. Wolf & Sohn, 1889; 23 S. 8.
München, Med. Fak., Inaug.-Diss. v. 1891

Kienast, Friedrich A., Dichtungen in obersteirischer Mundart. 16. (79 S.) * —.60
Salzburg: Kerber 1898.

Kienast, Friedr. A., Mit Gott. Poetisches Andachts- und Erbauungsbuch. 8. (XVI, 180 S.) Würzburg 882, (Woerl.) * geb. *

Kienast, Friedr. Aug., Admont im unter. Ennsthal u. s. Umgeb. 8. (44 S.) Graz, Verl. v. Styria. Mit 12 Illustr. u. 1 Karte. 40 kr.
1883

Kienast, Friedr. Aug., Admont im unt. Ennsthale u. s. Umgeb. 2. Aufl. m. 12 Illustr. u. 1 Karte. Graz, Verlagshdl. „Styria." 40 kr.
1885

Kienast, Frdr. Aug., Admont u. s. Umgebungen, s. Städtebilder u. Landschaften aus aller Welt.

Kienast, Frdr. Aug., durch Kampf zum Sieg! Gedichte aus der Jugendzeit bis zur Wende des Jahrhunderts. (80 S.) 12. Steyr (903). E. Brietzel. (Nur direkt.) n. 1. 25

— Gedichte in obersteir. Mundart. 12. (80 S.) St. Johann 898. (Salzburg, H. Kerber.) n. 1. 20

Quellenkritische Beiträge zur Geschichte der ger. und vollk. Johannis-Loge „Zu den drei Kronen" [vormals „Zu den drei Ankern"] im Or. zu Königsberg i. Pr. Von Herm. **Kienast.** Johannis 1896. T. 1. Königsberg [1896]: Hartung. 112 S. 2 Taf. 8^0
Recens: Bh. 39 (1896) S. 256 (C. Gotthold); Bbl. 10 (1896) S. 515 (A. W. Sellin); FZ. 50 (1896) S. 295—296 (K. Pilz): R. 23 (1896) S. 56; BZC. 26 (1897) S. 147—150 (F. Dittmar).
Als Anh. 1: eine Abhandlung üb. die Beziehungen der Hohenzollern zur Loge; Anh. 2: die numerische Entwicklung der Mrei in Königsberg, auch der Logen zum Totenkopf, Phönix u. Immanuel.

Kienast, Herm., über die Entwickelung der Oelbehälter in den Blättern von Hypericum und Ruta. Inaugural-Dissertation. gr. 8. (49 S. mit 5 Stnt.) Elbing 885. (Königsberg, Nürmberger's Buchh.) * 1 —

Der jährliche Gang der Lufttemperatur, dargest. auf Grund d. Beobachtungen aus d. Jahren 1848–1906. Von Prof. Dr. Hermann **Kienast.** Königsberg 1907: Hartung. (45 S.) 4°
= **Klima,** Das, von Königsberg i. Pr. T. 3. [07. 16782 10

Kienast, H., Grundzüge f. den Unterricht in der Botanik bezw. Zoologie, s.: Baenitz, C.

— Lehrbuch der Zoologie, s.: Baenitz, C.

— Leitfaden f. d. Unterricht in der Botanik bezw. Zoologie, s.: Baenitz, C.

Das Klima von Königsberg i. Pr. Von Dr. Hermann **Kienast.** T. 1. 2. Königsberg 1898–1904: Hartung. 1 Bd 4°, 1 Bd 8°
1. Die Niederschlagsverhältnisse d. Jahre 1848–1897. 1898.
2. Der Gang d. Lufttemperatur nach Stundenwerten d. Jahre 1890–1903. 1904.
T. 1 erschien als Beilage z. Osterprogr. d. Städt. Höh. Mädchenschule zu Königsberg i. Pr. 1898. [c5. 3718 10

Kienbaum, E., Sammlung v. 500 stufenmäßig geord. algebr. Aufgaben, nebst e. Anleit. z. Auflös. ders. 8. (10 B.) Berlin 834, Logier.

Lieder für vierstimmigen gemischten Chor von Rudolf **Kienbaum.** 1. *Berlin: Freie Musikal. Vereinig. 1896.* 4° [o6. 6101

Lieder und Gesänge für 1 Singstimme mit Klavierbegl. von Rudolf **Kienbaum.** No 1–9. *Berlin: Freie Musikal. Vereinig. 1896.* 9 Bde 4°
1. An den Mond. (Goethe.) 2. Abreise. (Uhland.)
3. Geflüster bei Nacht. (Storm.) 4. Abendlich schon rauscht d. Wald. (Eichendorff.
5. Früh, wenn die Hähne krähn. (Mörike.) 6. Gedicht. (Walling.)
7. Schlummerlied. (Körner.) 8. In der Fremde. (Eichendorff.)
9. Nacht auf der Haide. (Ziel.) [o6. 5617

Kienbergklamm [Schlagwort]

Kienbergklamm, s.: Kufstein.

Kienböck, Rob., die gonorrhoische Neuritis u. ihre Beziehungen zur gonorrhoischen Myositis u. Arthritis, s.a. Sammlung klinischer Vorträge.

Die gonorrhoische Neuritis und ihre Beziehungen zur gonorrhoischen Myositis und Arthritis von Robert **Kienböck,** (Wien). *Leipzig: Breitkopf & Härtel 1901.* (S. 533–576.) 4°(8°)
= Sammlung klinischer Vorträge. N. F. No 315. [01. 10342

Kienböck, Rob., Radiotherapie, s.a. Therapie, physikal. 6. Heft.

Radiotherapie. Ihre biolog. Grundlagen, Anwendungsmethoden u. Indikationen. Mit e. Anh.: Radiumtherapie. Bearb. von Dr. Robert **Kienböck,** Privatd. Mit 178 Textabb. Stuttgart: F. Enke 1907. (190 S.) 8°
= **Therapie,** Physikalische, in Einzeldarstellungen. H. 6. [07. 14356

Kienböck, Dr. Victor, Die Gürtler und Broncearbeiter in Wien. Schriften d. Vereins f. Socialpolitik, Bd. 11. gr. 8^0. Leipzig 1896.

Kienböck, Vict., d. Terminhandel in Getreide, insbes. an d. Wiener Börse f. landwirtschaftliche Producte, s.a. Vorträge u. Abhandlungen, hrsg. v. d. Leo-Gesellschaft.

Kienböck, Terminhandel in Getreide insbesondere an der Wiener Börse. Wien 897.

Kienbusch, G. v., das gottgefällige Aerntedankopfer. Predigt gehalten am Aerntedankfeste 1865 über Jerem. 5, v. 24. gr. 8. (15 S.) Neu-Ruppin 865, (Oehmigke.) *

Kienbusch, Otto G. v., Bericht über die deutsche Colonie Wartburg in Ost-Tennessee in Nord-Amerika in Betreff ihres Klima's, Landes und dessen Bestellung 2c. Hrsg. von Joh. Ernst Weigel. 16. (16 S.) Leipzig 848, (Klinkhardt.)

Kiendl, Max, Formenkreis d. Möbelschreinerei vom Mittelalter bis zur Neuzeit. E. Lehrmittel f. gewerbl. Fach- u. Fortbildungsschulen, z. Einführg. in d. Möbelzeichnen, sow. z. Selbstunterr. gr. Fol. (24 Farbdr. m. 1 Bl. Text.) München 898. Piloty & Loehle.
In Mappe n.n. 25. —

KIENDL, Wilhelm (Straubing): Zirkuläre Karies der Milchzähne und Tuberkulin-Reaktion.- München: Wolf 1910. 15 S., 3 Taf.
2.1.1911 - Chr 1910/11,24; U 11.3664
Diss. Ingolst.-Landsh.-Mchn.

Kiene: Commentar zum Briefe an die Philipper. 37 S. – Stade, Progr. 1872.

Kiene: Der Römerbrief und das Evangelium Johannis. 73 S. 8^0–Stade, Progr. 1868.

Kiene, Adolph, der römische Bundesgenossenkrieg. Nach d. Quellen bearb. gr. 8. (22½ B.) Leipzig 845, Weidmann'sche Bh.

Tante Brigitte. Humorist. Roman von Adolf **Kiene.** T. 1. 2 (in 1 Bd.). *Berlin: O. Janke (1901).* 8° [F.] [c2. 3223

Kiene, Adf., die Epen des Homer. gr. 8. (III, 123 S.) Hannover 881, Helwing'sche Verlagsh. *

Kiene, Adf., die Komposition der Ilias des Homer. gr. 8. (XI und 402 S. mit 1 Stnt. in qu. Fol.) Göttingen 864, Vandenhoeck und Ruprecht's Verlag. *

Kiene, Adf., Macht u. Recht. Eine Geschichte aus dem Anfange des XVII. Jahrh. Buchschmuck v. Karl Hildebrandt. (325 S.) 8. Wolfenbüttel 908. J. Zwißler. 3.—; geb. in Leinw. 4. 50

Kiene, Adf., der Senator. Komischer Roman. 8. (307 S.) Berlin 898. O. Janke. n. 4. —

Kiene, A., Homerische Studien. S.-A. 1882. 8 S. —.60

—— die unregelmäßigen Zeitwörter der franz. Sprache. In tabellar. Uebersicht nach ein. neuen Methode f. d. Unterr. bearb. (Vorwort 1 B. Text 1 B.) Stade 843, Schaumburg. 7½ Ngr. — ohne Vorwort

Kiene, *Hermann* [cand. med. aus Burgdorf, Regbz. Hildesh.]: Ueber Fingerverletzungen ... Bonn, Univ.-Buchdr. v. C. Georgi, 1897; 32 S. 8.
Bonn, Med. Fak., Inaug.-Diss. v. [31.] Juli 1897

Kiene, J[hs.] v.: Alkohol und Zurechnungsfähigkeit im Strafrecht und Zivilrecht Stuttgart: Hess 1909 [1908].

Alkohol und Zurechnungsfähigkeit im Strafrecht und Zivilrecht von Oberl.Ger.R. Dr. J[ohannes] v. Kiene. Stuttgart: J. Heß 1909. (63 S.) 8° [F.] [08. 18323

Kiene, J., Katholisches Pfarrgemeindegesetz vom 14. VI. 1887/22. VII. 1906. Mit e. Einleitg. u. Erläutergn. auf der Grundlage des Landauer'schen Kommentars, nebst e. Anh. üb. verschiedene kirchenrechtl. Materien u. a. die Konfession der Kinder nach württ. Recht. (238 S.) 8. Stuttgart, J. Hess. 1906 Geb. in Leinw. 3. 60.

Kiene, die Volksschulfrage. Vortrag, geh. in d. Versammlg. kathol. Männer im Gesellenhaussaal zu Ravensburg am 17. I. 1897. gr. 8. (43 S.) Ravensburg 897. H. Kitz. n. — 40

Kiene, die Zwangserziehung Minderjähriger. Gesetz vom 29. XII. 1899. Mit e. Einleitg. u. Erläutergn. nebst den Ausführungsbestimmgn. gr. 8. (137 S.) Stuttgart 900. [J. Roth.] Muth. n. 1. 70; kart. n. 1. 86

Kiene, Zwangserziehung Minderjähriger. (137 S.) Strassburg 1900. Roth.

Kiene, Dr. Josef. Festgedicht zur Namensfeier des Vorstandes der Innsbrucker Liedertafel Sr. Hochgeboren des Herrn Ernst Grafen v. Wolkenstein ꝛc. ꝛc. von — —. Vorgetragen in der Festliedertafel am Abend des 12. Jänner 1856 von Josef Bumhart. r. Wagner'sche Buchdr. (4 Bl. 8.)

Kiene, Jos., die warmen Quellen zu Gastein. Ein Beitrag zur näheren Kenntniss der Heilkräfte dieses Alpenbades. gr. 8. (19 B. u. 2 Ans.) Salzburg 844, Duyle'sche Buchh. *

Kiene, Jos., die warmen Quellen zu Gastein. Ein Beitrag zur näheren Kenntniss der Heilkräfte dieses Alpenbades. 2., verm. und verb. Aufl. gr. 8. (XIII und 330 S. mit 2 Ansichten.) Salzburg 847, (Glonner.) *

Der unheilvolle Konflikt. Zur Reform d. franz. Sprachunterrichts. Von Dr. Paul Kiene, Gymn.Prof. München: Gmelin 1910. 73 S. 8° [10. 2353

Kiene, Paul, der unheilvolle Konflikt. Zur Reform des französ. Sprachunterrichts. (73 S.) gr. 8. München 910. Verlag der ärztl. Rundschau. 1. 40

Kiene, Paul „William Forrest's Leben und Werke". 1 Bl. und pg. 1—72. 8°. J. Kösel.
Kempten, Progr. 1884/85

Kiene, Thdr. Aug., Stefan Linköln. Wahrheit und Dichtung. Aus den Papieren eines Deutschen in Westindien. 12. (III und 297 S.) Braunschweig 858, Grüneberg. *

Kienel, Tobias

Kienel, T.: Zur Geschichte der Lehrerbildungsanstalt in Troppau 1775 bis 1872. 29 S. 8° Troppau LBA., Progr. 1873.

Kienel, Tob., Skizze über die geologischen Verhältnisse unseres Heimatlandes Schlesiens. Ein Beitrag zur österreich.-schles. Heimatkunde. gr. 8. (23 S.) Troppau 877, (Buchholz und Diebel.) *

Kienemund, Heinrich August

Kienemund, H. A., Erdbeschreibung für die obern Klassen und Abtheilungen der Volksschulen im Königr. Preußen. 7., verb. und verm. Aufl. 8. (36 S.) Heiligenstadt 869, Dunkelberg. * — 20

Kienemund, Heinr. Aug., kleine Erdbeschreibung in Fragen und Antworten für die Elementarschulen besonders im Königr. Preußen. 1. Aufl.? und 2., verb. und verm. Aufl. 8. (40 S.) Heiligenstadt 850, Delion. **

Kienemund, Heinr. Aug., kleine Erdbeschreibung für die Elementarschulen. 3., verb. Aufl. 8. (40 S.) Heiligenstadt 854, Dunkelberg. *

Kienemund, Heinr. Aug., kurze Geschichte des kathol. Kirchengesanges. Geistlichen, Schullehrern, Seminaristen und allen Freunden des Kirchengesanges gewidmet. 1. Aufl. gr. 16. (86 S.) 1849. * 8 Ngr. und 2., verb. und verm. Aufl. 8. (XV und 171 S.) Mainz 850, Schott's Söhne. Thlr.

—— Palästina, oder das heilige Land. Ein Handbuch für Lehrer und zum Hausgebrauch. Mit einer Vorrede von C. Smeddinck. 8. (124 S.) Heiligenstadt 853, Dunkelberg.

—— Palästina in geographischer und historischer Hinsicht. Zum Verständniß der bibl. Geschichte. 8. (43 S.) Heiligenstadt 852, Dunkelberg.

—— gedrängte Satzlehre für die Hand der Kinder in Elementarschulen. 2., verb. und verm. Aufl. 8. (16 S.) Heiligenstadt 851, Dunkelberg. *

Dr. F[riedrich] Kiener. Die elsässische Bourgeoisie. Strassburg: Ill. Els. Rundschau 1909. 36 S. 8°
Aus: Ill. Els. Rundschau 11, H. 2 u. 3 A 12. 3105

Dr. F[riedrich] Kiener, Privatd. Die elsässische Bourgeoisie. 2. Aufl. Strassburg: Elsäss. Rundschau 1910. 36 S. 8° [11. 13365

Kiener, Fritz, aus Sulz unterm Wald ⟨Unter-Elsass⟩: Verfassungsgeschichte der Provence seit der Ostgothenherrschaft bis zur Errichtung der Konsulate. ⟨510—1200.⟩ (Kap. 2, Abschn. 4:) Das Ämterwesen der merowingischen Provincia. *(Altenburg 1899: O. Bonde.)* (VI, 27 S.) 8° ¶ (Erscheint vollst. bei Dyk in Leipzig.)
Berlin, Phil. Diss. v. 20. Juli 1899

Kiener, Fritz, Verfassungsgeschichte der Provence seit der Ostgothenherrschaft bis zur Errichtung der Konsulate. (510—1200.) gr. 8. (XII, 295 S. m. 1 Karte.) Leipzig 900. Dyk. n. 10. —

(Kiener, Joh.) Leben des englischen Admirals Thomas Matthews. 8. Nürnberg 1745.

Kiener, Johann (Nürnberg), Propositiones historicae. Präs. Christian Gottlieb Schwarz. Altdorf (Jod. Wilh. Kohles) 13. II. 1737. 16 S. (6.—) 17931

[Kiener, Joh., Herausgeber]. Sammlung verschiedener Poëtischen, Moralischen und Politischen Schrifften, in welchen theils Die merkwürdigen Zufälle dieser Zeit vernünfftig beurtheilet, und Der Ruhm höchster Personen und berühmter Helden in etlichen Gedichten vorgestellet, theils Die Sitten und Fehler der Menschen abgeschildert werden, mit Kupfern gezieret. Frankfurt & Leipzig 1745—46. 4°. 2 Teile in 1 Band. 3 Bl. 408 S.; 176 S. *Mit 1 Frontispiz Berndt fec., 1 (statt 2) gefalt. teilw. kolor. Karte (Unterelsaß), 1 gestoch. Porträt und 2 Kupfertafeln.* Leicht bestoß. und läd. Pbd. d. Z. mit Rsch.

Selten! Mit Nebentitel (Haupttitel zum 2. Teil: „Sammlung der Nachrichten von den ausserordentlichen und merckwürdigen Zufällen dieser Zeit, und denen darüber gehegten curieusen Gedanken und Reflexions . . ."). Der 1. Teil enthält Stück 1—50, der 2. Teil Stück 1—21. Die Vorrede ist mit „Die Verlegerin" unterzeichnet; darin wird das wöchentliche Erscheinen der „Stücke" angekündigt.

Kienert, A[ugustus]: *De carmine in Sophoclis Antigona v. 100 sqq. metrice tractato. 15 S. 8° (4°)

Halle-Wittenberg, Phil. Diss. v. 6. Aug. 1821

Geb. [Stargard (Pomm.) 1797]

Kienert: Zur Kritik der attischen Dichter. 12 S. – Cöslin, Progr. 1856.

Kienert Über V. 556 im Ajax des Sophokles. 8 S.

Cöslin, Progr. 1847

Kienert, Rud., s.: Schaufenster-Plakat, d. mod.

Kienesperger, F., s.: **Bremsen, die, der Eisenbahn-Fahrzeuge.**

— s.: Encyklopädie des gesamten Eisenbahnwesens.

Kienhard, A., Belehrungen üb. d. Gebrauch der Klystiere u. deren großen Werth in unzähligen Krankheiten. 12. (4 B.) Nordhausen 842, Fürst.

Kienholz, C., s. Kinderfreund, poetischer.

—— und W. Riehl, poetischer Kinderfreund, s. Riehl.

Kienholz, C., und R. Lindemann, deutscher Liederhain. Auswahl der schönsten deutschen Volksweisen mit Original- und untergelegten Texten für Schule und Leben. gr. 12. (48 S.) Potsdam 850, Riegel'sche Buchh. **

Kienholz, C., und R. Lindemann, deutscher Liederhain. Auswahl der schönsten deutschen Volksweisen mit Original- und untergelegten Texten für Schule und Leben. 2., verb. und verm. Aufl. 8. (48 S.) Potsdam 853, Riegel'sche Buchh. **

Kienholz, C., und R. Lindemann, deutscher Liederhain. Auswahl der schönsten deutschen Volksweisen mit Orig.- und untergelegten Texten für Schule und Leben. 3—6., verb. und verm. (Ster.-)Aufl. 8. (48 S.) Potsdam 857—61, Riegel'sche Buchh. **

—— —— dass. — Anhang dazu. 8. (20 S.) Ebendas. 857. **

Kienholz, C., und R. Lindemann, deutscher Liederhain. Auswahl der schönsten deutschen Volksweisen mit Original- und untergelegten Texten für Schule und Leben. 7.—11., verb. und verm. (Ster.-)Aufl. 8. (48 S.) Potsdam 863—68, Riegel'sche Buchh. **

—— und R. Lindemann, deutscher Liederhain. Auswahl von 134 der schönsten deutschen Volksweisen mit Orig.- und untergelegten Texten für Schule und Leben. 14. und 15. verb. und verm. (Ster.-)Aufl. 8. (96 S.) Potsdam 871,73, Stein's Verlag. * — 50

Kienholz, C., und R. Lindemann, deutscher Liederhain. Auswahl von 136 der schönsten deutschen Volksweisen mit Orig.- und untergelegten Texten für Schule und Leben. 16.—18. [Ster.-] Aufl. 8. (96 S.) Potsdam 875—77, Stein's Verlagsb. *

Kienholz, C., und R. Lindemann, deutscher Liederhain. Auswahl von 136 der schönsten deutschen Volksweisen mit Orig.- und untergelegten Texten für Schule und Leben. 19. und 20. [Ster.-]Aufl. 8. (96 S.) Potsdam 881,84, Stein's Verlagsb. *

Kienholz, C., u. R. Lindemann, deutscher Liederhain. Auswahl v. 136 der schönsten deutschen Volksweisen m. Orig.- u. untergelegten Texten f. Schule u. Leben. 21. (Ster.-) Aufl. 8. (IV, 96 S.) Potsdam 894. A. Stein. Kart. n. — 50

Kienholz, C., Sammlung deutscher Gedichte, s. Riehl, W.

Kienholz, E., der Branntwein und das Volkswohl. gr. 8. (15 S.) Berlin 886, Feldmann's Verlagsanstalt. — 30

Kieninger, Karl, das Buch v. der vollkommenen Erlösung. Die rein enthüllte Wahrheit, nach der Pilatus frug. 2 Tle. in 1 Bde. (VIII, 892 S.) Lex.-8. Lorch 906. K. Rohm. n.n. 4.—; geb. n.n. 5.—

Kieninger, Karl. Vide: Einheits-Staat (Der kommende).

— giebt es wirklich sogenannte: „Vater-Medien?!" Zeitgemäße Aufklärg. üb. den sogenannten „Vater-Medien-Kultus". Eine freie Aeußerg. e. freien Bruders zu freien Brüdern. Mit e. Anh.: „Wie wird der Mensch Gott gleich?!" (36 S.) gr. 8. Ebd. 905. n. — 40

— Glauben u. Werke od. Wissenschaften u. Künste. Eine religiöse Beleuchtg. der Frage: „Kann u. darf der Mensch fliegen?!" (58 S.) gr. 8. Ebd. 903. n.n. — 50

Kieninger, Karl, ein Kampfes-Ruf zur Sammlung vor die Schranken der ewigen Wahrheit „zum Gottes-Gericht" durch den Allerhöchsten Richter Selbst! (51 S.) gr. 8. Bitterfeld (901). Schmiedeberg, F. E. Baumann. — 50

Kieninger, Karl, das positive u. d. negative Leben. Ein helles Licht allen Kranken u. e. Untersuchg. zu d. Fragen: 1) Lebt d. Mensch nach d. Leibestode fort? 2) Können Aerzte Krankheiten d. menschl. Körpers heilen? [Aus: „Das Wort".] gr. 8. (30 S.) Bitterfeld 895. F. E. Baumann. n. — 50

— Der vorher bestimmte, geistig endlich ausgereifte u. darum mündige „Sohn u. Erbe" des „Neuen Testaments Gottes" ist m. seinen „Miterben" gegenwärtig u. zum Antritt seines väterlichen „Erbes" u. zur Hochzeit bereit. Eine „Frohe Botschaft" des „Ende- od. Hochzeits-Christ's" an seine Braut: die „Wissenden" der Gegenwart, speziell die Liebhaber des „Evangeliums!" (Umschlag: Der „Königl. Erbe" des Neuen Testaments Gottes u. seine evangel. Haushaltg. u. Regierg.) (176 S.) Lex. 8. Leipzig 906. (O. Mutze.) 3. —

[F.] An das ganze deutsch sprechende Volk! Der kommende 'Einheits-Staat' genannt: Reich Gottes auf Erden u. dessen (ger-) echter Sozialismus. Zeitgemässe Reform- und Friedens-Vorschläge z. Lösg soc. Fragen! E. neueste Kundgabe! (Vf.: Karl **Kieninger.**) *Münster: F. C. Mickl 1898.* (XXXII, 402 S.) 1 Bd 8. [98. 11576 M.

— Wieder-Aufgang der geistigen Sonne! „Wahrheit" heißt ihr Licht am Tage der wiederhergestellten Gottes-Herrschaft! I. u. II. Bd. (XIV, 256, 8 u. IV, 168 S.) gr. 8. Bitterfeld 900. Schmiedeberg, F. E. Baumann. à nn — 65

Kienitz, Gustav Adolf: Über die Synthese stickstoffhaltiger Ringsysteme aus m-Aminophenol und p, p'-Diaminodiphenylmethan. Göttingen 1910: Dieterich. 52 S. 8°

Göttingen, Phil. Diss. v. 5. Okt. 1910, Ref. Wallach

[Geb. 2. Nov. 83 Hann.-Münden; Wohnort: Hann.-Münden; Staatsangeh.: Preußen; Vorbildung: Gymn. Eberswalde Reife O. 02; Studium: Berlin Techn. Hochsch. 2, Göttingen 2, Berlin Techn. Hochsch. 4, Göttingen 8 S.; Rig. 13. Juli 10.] [U 11. 1510

Kienitz, Hans, Rechtsprakt.: Der § 286 des Reichsstrafgesetzbuches. Borna-Leipzig 1909: Noske. 42 S. 8°
Heidelberg, Jur. Diss. v. 24. Sept. 1909, Ref. v. Lilienthal
[Geb. 1. Febr. 79 Karlsruhe i. B.; Wohnort: Heidelberg; Staatsangeh.: Baden; Vorbildung: Gymn. Karlsruhe Reife M. 99; Studium: Tübingen 4, Berlin 2, Heidelberg 4 S.; Rig. 8. Juli 09.] [U 10. 1907

Kienitz, Max

Kienitz, M., über Formen und Abarten heimischer Waldbäume. gr. 8. (V, 50 S. mit 4 lithogr. Taf.) Berlin 879. Springer. *

KIENITZ, Max: Vergleichende Keimversuche mit Waldbaum-Samen aus klimatisch verschieden gelegenen Orten Mitteleuropas. - Darmstadt 1879. 55 S., m. Tab., 10 Taf. - Diss. Univ. Göttingen 1879

Maßregeln zur Verhütung von Waldbränden von Dr. M[ax] **Kienitz**, Forstmeister. Mit Textfig. Berlin: J. Springer 1904. (17 S.) 8° [05. 8317

—— Schlüssel zum Bestimmen der wichtigsten in Deutschland cultivirten Hölzer nach mit unbewaffnetem Auge erkennbaren Merkmalen. Für Vorlesungszwecke zusammengestellt. Imp.-Fol. Münden 879, Augustin.

Kienitz (M.). Schuessel zum Bestimmen der wichtigsten in Deutschland cultivirten Hoelzer . . . Muenden, 1880. 8°.

Kienitz, O., s.: Pfeifer's Lehrb. der Geschichte f. höh. Lehranstalten.

Kienitz, O. (Hrsg.), s. Verhandlungen des Deutschen Geographentages.

Kienitz O: Emil Holub. (S.-A.) Augsburger Allgemeine Zeitung vom 2., 3. und 4. September 1882.) (Augsburg 1882.) 18 S. 8°.

Kienitz, Oskar, die Braut von Korinth. Tragödie in 3 Acten. 8. (7 B.) Mitau 843. Dorpat [Gläser's Verl.] *

Kienitz, Osk., vierundzwanzig Bücher der Geschichte Livlands. I. Bd. (2 Lfgn.) gr. 8. (XIV und 317 S.) Dorpat 847. (Riga, Kymmel.) *

Kienitz, Osc., Prolegomena zur Geschichte der Menschheit. I. Lfg. (Gratulationsschrift zur Jubelfeier der kaiserl. Universität Dorpat am 12. Decbr. 1852.) gr. 4. (VIII und 52 S.) Dorpat 852, (Glaeser' Verlag.) *

—— die Schlachten bei Mahòlm und Pleskow. Ein Denkmal Plettenbergs. gr. 8. (VI und 90 S. mit einer lithogr. Büste Plettenbergs.) Riga 819, Kymmel.

Kienitz, Otto, Landeskunde des Großherzogl. Baden. [a. Sammlung Göschen. 199. Bdchn.

Kienitz, Otto. Landeskunde des Grossherzogtums Baden. Mit 13 Abbildungen und einer Karte. 124 S. 8. Leipzig, G. J. Göschen, 1904. (geb. M. —. 80)
Sammlung Göschen. (Nr. 199.)

Kienitz, Otto, u. Karl Wagner, Litteratur der Landes- u. Volkskunde des Grossherzogt. Baden, s. a. Bibliothek, badische. II.

Kienitz, Otto, und Wagner, Carl. Litteratur der Landes- und Volkskunde des Grossherzogtums Baden. (Abgeschlossen am 1. Januar 1900.) Bearb. von Dr. Otto Kienitz und Karl Wagner. X + 715 S. 8. Karlsruhe, A. Bielefeld, 1901. [M. 24. —]
Badische Bibliothek. [Band] 2.

Kienitz, Otto: **Nachwirkungen** aus der territorialen Vergangenheit des Großherzogtums Baden. *Karlsruhe 1902: F. Gutsch.* (S. 20—39.) 4°
Karlsruhe, großh. G, Festschr. 1902 (681)**

Kienitz, O[tto]: [Professor Eduard John tritt in den Ruhestand.] S. 3—5. 4.
Progr. Grossherz. Gymn. *Wertheim a. M.* 1910 (835 statt 851).

— De qui localis modalis apud priscos scriptores latinos usu. Diss. 1879. 48 S.

Kienitz, Otto, de qui localis modalis apud priscos scriptores latinos usu. gr. 8. (48 S.) Leipzig 879, Teubner. *
Aus: Jahrbücher für classische Philologie, besonders abgedruckt.

Kienitz, Otto [Gorlicensis]: De Qvi localis modalis apud priscos scriptores latinos vsv. Lipsiae, typis B. G. Tevbneri, 1879. 8. S. 527—574. (Paginarum numeri sunt supplementi decimi annalium philologicorum.) (48 S.)

Kienitz, Otto De quin particulae apud priscos scriptores latinos usu. 24 S. **Progr.** G. *Karlsruhe* 1878.

Kienitz, Roderich v [wirkl. Name] 1908
s. a. Wilhelm [Pseud.]

[Kienitz, Roderich v.], Landlose Polen. E. Wort zur Enteignungs-Vorlage. Von *Wilhelm* [d. i. Roderich v. Kienitz.] Hrsg. von Hans *Delbrück*. Berlin 1908. 8°.

Zur Verstaatlichung des Kohlenbergbaues. Vortrag, geh. in d. staatswiss. Gesellschaft zu Posen von R[oderich] v. **Kienitz**, Reg.R. Berlin: G. Stilke 1905. (28 S.) 8° [F.] [05. 19059

Bakterien und Hefen insbesondere in ihren Beziehungen zur Haus- u. Landwirtschaft, zu d. Gewerben, sowie z. Gesundheitspflege, nach d. gegenwärt. Stande d. Wissenschaft gemeinverständl. dargest. von Dr. **Felix Kienitz**-Gerloff, Prof. zu Weilburg. Mit 65 Abb. *Berlin: O. Salle 1901.* (100 S.) 8° [F.]

Kienitz-Gerloff, Felix (geb. Berlin 15. 1. 1851): Beiträge zur Entwickelungsgeschichte des Lebermoossporogoniums. Berlin (1873). (41 S.) 8°
Berlin, Phil. Diss. v. 19. Dez. 1873

Kienitz-Gerloff, F., Botanik für Landwirte. Zum Gebrauche an landwirtschaftl. Lehranstalten, sowie zum Selbstunterricht bearb. gr. 8. (VII, 552 S. mit 532 Textabbild. und 1 Farbendr.-Taf.) Berlin 886, Parey. * 12 —

Kienitz-Gerloff (F.). Vergl. . . . Entw. der Lebermoos-Sporagoniums. Halle, 1874. 4°.

Kienitz-Gerloff, F., methodischer Leitfaden für den Unterricht in der Botanik an Landwirtschaftsschulen. 8. (XVI, 224 S.) Berlin 881, Winckelmann und Söhne.

Kienitz-Gerloff, F., Leitfaden für den Unterricht in der Botanik, s.: Vogel, O.

—— Leitfaden für den Unterricht in der Zoologie, s. Vogel, O.

Methodik des Botanischen Unterrichts. Von Dr. **Felix Kienitz**-Gerloff, Prof., Weilburg. Mit 114 Abb. *Berlin: O. Salle 1904.* (VIII, 290 S.) 8° [04. 18964

Kienitz-Gerloff, Felix [Dr.]: Zur Methodik des pflanzenphysiologischen Unterrichts. Weilburg, Druck v. A. Cramer, 1894; 1—10 S. 4.
Weilburg a. d. L., Landwirtschafts-S, OP 1894

— Physiologie u. Anatomie des Menschen m. Ausblicken auf den ganzen Kreis der Wirbeltiere, s. a. Sammlung naturwissenschaftlich-pädagogischer Abhandlungen. II, 8.

Physiologie und Anatomie des Menschen mit Ausblicken auf d. ganzen Kreis d. Wirbeltiere, in method. Behandlung von Dr. Felix **Kienitz-Gerloff**, Prof. Mit 111 Abb. Leipzig & Berlin: B. G. Teubner 1907. (VI, 130 S.) 8°
— Sammlung naturwissenschaftl.-pädag. Abhandlungen. Bd 2, H. 8. [07. 9437

Kienitz-Gerloff, Fel., botanisch-mikroskop. Praktikum. Mit Berücksicht. der biolog. Gesichtspunkte u. Anleitg. zu physiolog. Versuchen bearb. Mit 14 Abbild. im Text u. 317 Fig. in besonderem Heft. (VII, 189 u. 78 S.) gr. 8. Leipzig 910. Quelle & Meyer. 4.80; geb. in Leinw. 5.60

Kienle, Ambrosius, Choralschule. Ein Handbuch zur Erlernung des Choralgesanges. gr. 8. (IV, 144 S.) Freiburg i. Br. 884, Herder'sche Verlagsh. *

Kienle, Ambros. Choralschule. Ein Handbuch zur Erlerng. d. Choralgesanges. 2. verb. Aufl. gr. 8. (VIII, 144 S.; Singübgn. 27 S.) Freib. i. Br. 890, Herder. * 2 —; Singübgn. allein * — 40

Kienle, A., Choralschule. Ein Handbuch zur Erlerng. d. Choralgesanges. 8., verb. Aufl. gr. 8. (VIII, 144 u. Singübungen 27 S.) Freiburg i/Br. 890. Herder. n. 2. —; Singübungen allein n. — 40

Choralschule. Ein Handbuch z. Erlernung d. Chorgesanges. Bearb. von P. Ambrosius **Kienle**, Benediktiner. 3., verb. Aufl. Freiburg im Br.: Herder 1899. (VIII, 156, 27 S.) 8° [J.] 07. 4977

Kienle, Ambros., kleines kirchenmusikalisches Handbuch. Zur Einführg. d. neuen Diöcesan-Gesangbuches Magnificat im Auftrage d. hochwürdigsten Herrn Erzbischofs v. Freiburg Johs. Chrn. Roos verf. gr. 8. (VIII, 206 S.) Freiburg i/B. 893. Herder. n. 1. 60

Maß und Milde in kirchenmusikalischen Dingen. Gedanken über unsere liturg. Musikreform. Von P. Ambrosius **Kienle** O. S. B. Freiburg im Br.: Herder 1901. (XII, 224 S.) 8° [J.] 07. 4978

— Singübungen zum Choralgesange. [Aus: „Choralschule".] 3. Aufl. gr. 8. (27 S.) Ebd. 893. n. — 40

Kienle, Ambr., O. S. B., Singübungen z. Choralgesange. [Aus: „Choralschule".] E. Handbuch z. Erlerng. d. Choralgesanges. 4. Aufl. gr. 8. (27 S.) Freiburg i/B. 898. Herder. n. — 40

— Singübungen zum Choralgesange. [Aus: „Choralschule. Ein Handbuch zur Erlerng. des Choralgesanges".] 5. Aufl. gr. 8. (27 S.) Ebd. 902. n. — 40

Kienle, Franz Karl

Kienle, Fr. K., Erklärung des heil. Evangeliums Jesu Christi. Augsburg, Rieger, 1781, 8°, 6 Teile.

Kienle, Frz. Karl, vollständ. Erklär. d. Evangeliums Jesu Christi. 6 Theile. 8. Augsb. 778—87. M. Rieger. 3 Thlr 16 gr

Kienle, Franz Karl, Lexikon der christlichen Glaubens- und Sittenlehre. Augsburg, Rieger, 1786, gr. 8°, 2 Bde, 2. Aufl., 6 Mk.
1. Aufl. 1784.

— s. Psalmen Davids.

Kienle, F. K., Die Psalmen Davids und die biblischen Gesänge der Kirche in ihren Tagzeiten in deutsche Verse übersetzt (mit latein. Text). Augsburg, 1787, Rieger.
Recens. Auserlesene Litteratur d. kath. Deutschl., Bd. I (1788), S. 82—92.

— kurzgefaßte Sittenreden auf alle Feiertage d. Jahres. 3 Bde. gr. 8. Augsb. 793. M. Rieger. 3 Thlr

— kurzgefaßte Sittenreden auf alle Sonntage, bewegl. Feste ꝛc. 3 Bde. 8. Augsb. 790, 91. M. Rieger. 3 Thlr

Kienle, Frz. Karl, kurzgefaßte Sitten-Reden auf alle Sonntage, beweglichen Feste und etliche Werktage des Kirchenjahres. Neu hrsg. von Joh. Evang. Göser. gr. 8. (IV, 724 S.) Freiburg i. Br. 878, Herder'sche Verlagsh.

Kienlein, J. G. M., Noten üb. d. verbotn. Bücher. 8. Wien, Wucherer. 790.

Kienlen, H. W., Encyklopädie der Wissenschaften der protest. Theologie zum Behufe akadem. Vorlesungen dargestellt. 8. (Mit 1 Tab.) Darmstadt 845, Leske. 1/4 Thlr

— 17 Fest-Homilien üb. Lehrtexte. gr. 8. (14 1/2 B.) Basel 844, Schweighauser'sche Buchh.

Kienli, Walter. Die Grundzüge im Zwergobstbau. Den zürcherischen Landwirten gewidmet. Mit 20 Abbildungen. IV + 40 S. 8. Aarau, Emil Wirz, 1904. [cart. fr. —. 80]

Kienlin

— **Tobias Ludwig** (Ulm), De austraegis generatim nec non de jure austraegarum S. R. I. lib. civit. Ulmanae speciatim. Diss. jur. publ. Präs. Franz Dominicus Haeberlin. Helmstedt (Drimborn) 28. IV. 1759. 70 S. mit Widm. v. Präs. (7.—) 17933

Kienmann E.: Über die wichtigsten Anwendungen der Invarianten und Covarianten auf die Theorie der ebenen algebraischen Curven. (29.) 34. (22) (26.) (16.) Waidhofen a. Y. R. 83—87. Prog.

Kienmann, E. Das Schulturnwesen in Oesterreich. Denkschrift, verfaßt im Auftrage d. deutsch-österreich. Kreisturnrathes. gr. 8. (25 S.) Wien 889, Pichler's Wwe. u. Sohn. * — 50

Kiennast, Frz. v. Paula (gest. 1783), altbairische Possenspiele, f. die Dachauer Bühne bearb. Zum erstenmale hrsg. u. erklärt v. Osc. Brenner. gr. 8. (XVI, 40 S.) München 893. Ch. Kaiser. n. 1. 20

Kienningers, Max, eine Liebe. Aus Natur u. Leben. Gedichte. (V, 76 S.) 8. Dresden 903. E. Pierson. n. 1. 50; geb. n. 2, 50

— Menschenherz. Kleine Gedichte. (VII, 75 S.) 8. Ebd. 904 n. 1. 50; geb. n. 2. 50

KIENNINGERS, Nicolaus (Edelstetten): Werth der Chloroformnarkose.- München 1881. 14.6.1881 - Urk (Titel: De vi narcosis chloroformio effectae.); Chr 1880/81,15 (= Kieningers)
Diss.Ingolst.-Landsh.Mchn.

Kienold, Paul, kommt, seht u. hört! Kinder lieb u. werth. Ill. v. Emily J. Harding. Mit Versen v. K. gr. 4. (16 S. m. farb. Abb.) Reutlingen (900). Enßlin & Laiblin. Kart. 1.50

Kienreich's Führer durch Graz u. Umgebung. Mit 2 Beilagen: Einem Ausschnitt der Freytagschen (farb.) Wanderkarte ‚Grazer Bergland' u. e. Stadtplan. Zusammengestellt von E. v. Coelln. 2., verb. Aufl. (122 S. m. Titelbild.) kl. 8. Graz (909). J. A. Kienreich. — 85

Kienreich's Führer durch das ganze Semmering-Gebiet m. vollständigem Wohnungs-Verzeichnis. Von A. Möller. Mit Freytags Touristenkarte vom Semmering-Gebiet. (XI, 134 S.) kl. 8. Graz 906. J. A. Kienreich. n. — 85

Kienreich's Taschen-Fahrplan. Sommer-Fahrordng. 1898 m. d. neuesten Führer v. Graz. 2. Aufl. 64. (318 S. m. Plan.) Graz 898. J. Kienreich. n. —20

— dasselbe. Winter-Fahrordng. 1898/99 m. dem neuesten Führer v. Graz. 64. (286 S. m. Plan.) Ebd. 898. n. —20

Kienreich's Taschen-Fahrplan. 1899. Mit dem neuesten Führer von Graz. Graz. 1899. Kienreich. 32°. Mit 1 Karte. erscheint jährlich zweimal à fl. —.20

Kienreich's Taschen-Fahrplan. Winter-Fahrordnung 1899 mit dem neuesten Führer von Graz. Graz. [1899.] Kienreich. 32°. 207 S. fl. —.10

Kienreich's Taschen-Fahrplan. Mai-Fahrordnung 1900 mit dem neuesten Führer von Graz. Graz. [1900.] Kienreich. 32°. 159 S. K —.20

Kienreich's Taschen-Fahrplan. Sommer-Fahrordnung 1900. Mit dem neuesten Führer von Graz. Graz. [1900.] Kienreich 32°. 157 S. mit einer Karte. K —.20

Kienreich's Taschen-Fahrplan. Winter-Fahrordnung 1900,01 giltig ab 1. October mit dem neuesten Führer von Graz. Graz. Kienreich. 16°. 159 S. K —.20

Kienreich's Taschen-Fahrplan. Sommer-Fahrordnung, 1901 giltig ab 1. V. m. dem neuesten Führer v. Graz. 16. (218 S. m. farb. Plan u. Eisenbahnkarte.) Graz, J. A. Kienreich. n.n. —20

— Taschen-Fahrplan. Winter-Fahrordng. (rev. nach ämtl. Daten) 1905/6, giltig ab 1. X. m. dem neuesten Führer v. Graz. (260 S. m. farb. Plan u. Karte auf der Rückseite.) 16. Ebd. n.n. —20

— Taschen-Fahrplan. Sommer-Fahrordnung (rev. nach ämtl. Daten) 1910/11, gültig ab 1. X. mit dem neuesten Führer v. Graz. (159 S. m. 1 farb. Plan u. 1 Karte.) 16. Ebd. —30

Fibel-Fragen. Von W[ilhelm] **Kienscherf**. Hildesheim: Helmke 1910. 52 S. 8° [11. 10273 7

Kiens, Jh. Jul, († d... Mai 1825.) Diss. de hydrocephalo chronico. 8. Riga 824.

Kientopf (Mitarb.), s. Errichtung, Die, von Schulzahnkliniken ...

Kientzle, Frz. Xaver, das Fuhrwesen in seiner Vervollkommnung u. Gefahrlosigkeit; oder vier neue an Fuhrwerken jeder Art, namentlich an Last-, Post-, Kriegs-, Herrschafts- u. Landwirthschafts-Wagen mit geringen Kosten leicht anzubringende wichtige Vorrichtungen 2c., mit color. Abbild. (auf 1 Blatt) leicht faßlich dargestellt. Lex.-8. München 843, Palm's Hofbuchh. n. ½ ℳ

Kienzheims wohlgeb. Himmelsstraße. 2 Thlr. gr. 8. Straßburg, Levrault. 775.

Kienzl, Herm., s.: Blaubuch, das.

Brautnacht. Schauspiel in 3 Akten von Hermann **Kienzl**. Berlin: Concordia [1908]. 144 S. 8° [11. 3167 11

— Die Bühne e. Echo der Zeit. (1905—1907.) (VIII, 383 S.) gr. 8. Berlin (907). Concordia. 6.50; geb. 7.80

Kienzl, Herm., Dramen der Gegenwart. Betrachtet u. besprochen. (XXXI, 452 S.) gr. 8. Graz 905. Leuschner & Lubensky. n. 5.—

— Kaiser Franz Josef I., s.: Persönlichkeiten.

Kaiser Franz Josef I. von Hermann **Kienzl**. Charlottenburg: Virgil-Verl. [1908]. (41 S.) 8°
— **Persönlichkeiten**. Illustr. Essays. 11. 17/18. [08. 13310

— Der rote Leutnant, s.: Goldbeck, Eduard.

— **Rautendelein**. Die Geschichte e. Leidenschaft in Gedichten. (216 S.) 8. Breslau 906. Berlin, S. Schottlaender's schles. Verlagsanstalt. n. 3.—; geb. n. 4.—

Rautendelein. Die Geschichte e. Leidenschaft in Gedichten von Hermann **Kienzl**. Breslau: Schles. Verlags-Anst. 1906. (IV, 215 S.) 8° [F.] [06. 838

Kienzl, Josef

(F) **Kienzl**, J., Anleitung zur rationellen Bienenzucht für angehende Imker. Gr.-8°. (ill. 49 S. mit 2 Plänen) K 1.— Budweis: Moldavia 1904.

Kienzl, Jos., Anleitung zur rationellen Bienenzucht f. angehende Imker. 2., verm. u. verb. Aufl. (56 S. m. 22 Abbildgn. u. 2 Plänen.) gr. 8. Budweis 906. Verlagsanstalt „Moldavia" (Nur direkt.) 1.—

Kienzl, Jos., Anleitung zur rationellen Bienenzucht f. angehende Imker. Mit 22 Illustr. u. 2 Plänen. 4., verb. u. verm. Aufl. (56 S.) gr. 8. Budweis 908. Verlagsanstalt „Moldavia". 1.—

Betrachtungen und Erinnerungen. Gesammelte Aufsätze von Dr. Wilhelm **Kienzl**. Berlin: Allg. Verein f. Deutsche Lit. 1909. IX, 333 S. 8° [11. 16560 11

Kienzl Wilhelm: Die musikalische Deklamation dargestellt an der Hand der Entwicklungsgeschichte des deutschen Gesanges. Diss. Wien, Univ.
D: Leipzig, 1880.
1878 PN 120

Kienzl, Wilh., die musikalische Declamation, dargestellt an der Hand der Entwickelungsgeschichte des deutschen Gesanges. Musikalisch-philolog. Studie. gr. 8. (VIII, 172 S.) Leipzig 880, Matthes.

Der Evangelimann. Musikal. Schausp. in 2 Aufz. Dichtung u. Musik von Wilhelm **Kienzl**. Op. 45. [Textbuch.] *Berlin: E. Bote & G. Bock [1895].* (38 S.) 8° [F.] [00. 3618

Heilmar. Oper in 3 Aufz. u. 1 Vorspiele von Wilhelm **Kienzl**. Op. 40. Neue Fassung d. Werkes. (1900.) [Textbuch.] Berlin: Ries & Erler (1909). 55 S. 8° A 12. 7279

— Im Konzert. Von Tonwerken u. nachschaff. Tonkünstlern empfangene Eindrücke. (XVI, 312 S. m. 1 Fksm.) gr. 8. Ebd. 908. 5.—; geb. in Leinw. 6.50

Im Konzert. Von Tonwerken u. nachschaffenden Tonkünstlern empfangene Eindrücke. Von Dr. Wilhelm **Kienzl**. 2. Aufl. Berlin: Allgem. Ver. f. Deutsche Lit. 1908. XVI, 312 S. 8°
(Allgem. Verein f. Deutsche Literatur. Abt [31, 1]) [illegible]

Aus Kunst und Leben. Gesammelte Aufsätze von Dr. Wilhelm **Kienzl**. 2. Aufl. Berlin: Allgem. Ver. f. Deutsche Litt. 1904. (IX, 329 S.) 8° [F.]
— **Verein**, Allgemeiner, f. Deutsche Litteratur. Bd 30, [4.] [03. 6481

Kienzl, Wilh., Miscellen. Gesammelte Feuilletons und Aufsätze über Musik, Musiker und musikalische Erlebnisse. gr. 8. (VIII, 335 S.) Leipzig 886, Matthes. * 4 —

Don Quixote. E. musikal. Tragikomödie in 3 Aufz. Dichtg u. Mus. v. Wilhelm **Kienzl**. Op. 50. Vollst. Klavier-Ausg. m. deutschem Text. Nach d. Partitur bearb. v. Comp. ... *Berlin: E. Bote & Bock 1897.* (3 Bl., 360 S.) 1 Bd 4. [58 11446

Don Quixote. Eine musikal. Tragikomödie in 3 Aufz. Dichtung u. Musik von Wilhelm **Kienzl**. Op. 50. (Textbuch.) Berlin: Bote & Bock [1898]. 63 S. 8° [11. 11341

— Richard Wagner, s. Weltgeschichte in Karakterbildern. V.

Kienzl, Wilhelm. Richard Wagner. Mit einer Beilage [Facsimile] und 91 Abbildungen. *Kopftitel:* Die Gesamtkunst des XIX. Jahrhunderts. IV + 144 S. 8. München, Kirchheim, 1904. [geb. M. 4. —]

Weltgeschichte in Karakterbildern, hrg. von Franz Kampers, Sebastian Merkle und Martin Spahn. Abteilung 5: Die neueste Zeit....

Darin S. 43. 51. 53/7. 64. 68. 72/4. 77. 140 etc. die Schweiz *betr., mit 4 Abbildungen und Facsimile-Beilage.*

Die Gesamtkunst d. 19. Jhs. Richard Wagner. Von Wilhelm **Kienzl**. Durchges. u. verm. Aufl. Mit 1 Beil. u. 93 Abb. München: Kirchheim 1908. 147 S. 4°(8°)
(Weltgeschichte in Charakterbildern. Abt. 5. [4.]) [10. 18368 2

In Knecht Ruprechts Werkstatt. Ein Weihnachtsmärchenspiel von Hildegard Voigt. Musik von Wilhelm **Kienzl**. Gr.-Lichterfelde: Musikwelt [um 1907]. (19 S.) 8° [F. u. Ant.] [08. 1259

Kienzle, H., s.: Leben, deutsches, der Vergangenheit in Bildern.

Kienzle, Hermann [aus Basel]: Ovidius qua ratione compendium mythologicum ad metamorphoseis componendas adhibuerit. Basileae 1903. 68+1 S. 8°.
Basel. Phil. Diss. 1902 1903.

Kienzle, Hermann. Ovidius qua ratione compendium mythologicum ad Metamorphoseis componendas adhibuerit. Diss. Phil. Basil. ... scripsit Hermannus Kienzle Basiliensis. 69 p. 8. Basileae, Basler Berichthaus A.-G., 1903.

Kienzle, Leonhard, a. Ehingen a. D.: Die Kopulativpartikeln et que atque bei Tacitus Plinius Seneka. Tübingen: J. J. Heckenhauer 1906. (VIII, 78 S.) 8°
Tübingen, Phil. Fak., Ref. Gundermann, Diss. v. 9. März 1907
[Geb. 10. Jan. 84 Donaustetten, O.-A. Laupheim; Wohnort: Dettingen, O.-A. Ebingen; Staatsangeh.: Württemberg; Vorbildung: Gymn. Ebingen Reife M. 02; Studium: Tübingen 8 S.; Coll. 26. Juli 06.]

Kienzle, O., siehe: *Der Raucher.*

Kienzle, O., s.: Zuchtbuch f. deutsche Schäferhunde.

Der Geflügelhof des Städters. Eine praktische Anleitung z. Geflügelzucht auf beschränktem Raum. Von Otto **Kienzle**. Mit e. Anh.: Der Hühnerstall f. d. städt. Züchter. Von Baumeister Prof. Schubert (Kassel). *Leipzig-R[eudnitz]: A. Michaelis [1900].* (64 S.) 8° [F.] 22. 37

Kienzler, A., Notentafeln f. d. Gesangunterricht in Volksschulen. 6 Blatt à 65,5 × 90 cm. Lith. Bonndorf 895. J. A. Binder's Nachf. Auf Leinw.-Stoff m. Oesen n.n. 7. 80; in 3 Blatt m. Druck auf Vor- u. Rückseite n.n. 5. 80; auf Papier-Stoff z. Aufziehen n.n. 3. —

— dasselbe. Anleitg. dazu. gr. 8. (16 S.) Ebd. 895. n.n. — 60

Deutschland vor dreißig Jahren und heute. Vortrag geh. in d. 'Edinburgh German Society' 1903 von J. N. **Kiep**, Konsul in Glasgow. *Edinburgh: O. Schulze & Co. (1903).* (20 S.) 8° [04. 1161

Kiepenheuer, Fritz

Kiepenheuer, F: Statistik über die Dauer der Schienen auf den Bahnen des Vereins Deutscher Eisenbahnverwaltungen. Berlin 1877

Kiepenheuer, F., Statistik über die Dauer der Schienen auf den Bahnen des Vereins deutscher Eisenbahn-Verwaltungen. Im Auftrage der geschäftsführ. Direction des Vereins bearb. Imp.-4. (IV, 98 S.) Wiesbaden 879, Kreidel's Verlag. 4.

Kiepenheuer, Ludw., Kalk u. Mörtel. Wissenschaftl., techn. u. kaufmänn. Ratgeber f. alle, welche m. Kalk u. Mörtel zu tun haben. (XI, 390 S. m. Abbildgn., 3 Bildnissen u. 4 Taf.) Lex. 8. Köln 907. (W. Hassel.) 6. 80

Kiepenheuer, Ludwig ⟨geb. am 12 Dez. 1859 in Köln⟩: Untersuchungen über Verbindungen aus der Familie des Oxyazobenzols ... Bonn, Univ.-Buchdr. v. C. Georgi 1881. 49 S., 1 Bl. 8.
Bonn, Phil. Fak., Diss. v. 30 Juli 1881

'De **Kiepenkerl**'. Westf. Volkskalender. Jg. 1. Für 1909. Essen-Ruhr: Fredebeul & Koenen [1908]. 8° [F.] [08. 16781

Kiepenkerl, de. Westfälischer Volkskalender f. 1911. Von Augustin Wibbelt. 3. Jahrg. (109 u. 16 S. m. Abbild., 1 Taf. u. Wandkalender.) gr. 8. Essen, Fredebeul & Koenen. p — 50

Rudolf von Bennigsen. Rückblick auf d. Leben e. Parlamentariers von Adolf **Kiepert**. Mit 1 Brustbilde. 2. verm. Aufl. *Hannover & Berlin: C. Meyer 1903.* (271 S.) 8° [F.] [03. 7149 7

Kiepert, Adf., die Bennigsen-Feier in Hannover am 9., 10. u. 11. Juli 1894. Im Auftrage des Wahlcomités der nationalliberalen Partei der Prov. Hannover unter Benutzg. der Berichte des Hannov. Couriers, der Magdeburger Zeitung u. anderer Blätter zusammengestellt. gr. 8. (91 S.) Hannover 894. C. Meyer. n. — 75

— Bismarck. Festspiel. 2. Aufl. gr. 8. (16 S.) Hannover 901. A. Kiepert. n. — 60

— Bismarckfeier zur Sonnenwende. Festspiel. gr. 8. (16 S.) Ebd. 899. n. — 60

Kiepert, Adf., Festspiel zur Feier des 50jährigen Bestehens des königl. Schauspielhauses in Hannover. (11 S.) 8. Hannover 902. A. Kiepert. n. — 40

— Festspiel zur Feier der Wiedererstehung des Deutschen Reiches. gr. 8. (16 S.) Ebd. 896. n. — 40

Kiepert, Adf., Festspiel zur 100jähr. Geburtstagsfeier Kaiser Wilhelm d. Großen am 22. III. 1897. gr. 8. (14 S.) Hannover 897. A. Kiepert. n. — 60

Kiepert, A., Freiburg in Wort u. Bild. Lose Blätter. Mit 10 Ansichten (in Lichtdr.) nach Orig.-Aufnahmen v. C. Ruf. Fol. (24 S.) Freiburg i/Br. 889. Kiepert. n. 10. —; geb. m. Goldschn. n. 15. —

Kiepert, Adf. Freiburg in Wort u. Bild. Lose Blätter. Mit 10 Ansichten nach Orig.-Aufnahmen v. C. Ruf. gr. 8. (55 S.) Freib. i. Br. 889. Kiepert. geb. * 5 —

— Freiburg in Wort u. Bild. Lose Blätter. Grosse Ausg. m. 14 Orig.-Aufnahmen v. C. Ruf u. e. Gesammtbild der Universitätsgebäude der Alberto-Ludoviciana nach Orig.-Aufnahmen v. C. Clare u. Hase. gr. Fol. (Text IV Bl. u. S. V—XVI, XVI, 1—6, XVII—XX, XXI 1—4 u. XXII—XXIV.) Freiburg i/B. 890. Hannover, A. Kiepert. Geb. in Leinw. m. Goldschn. n. 20. —

— zum 70. Geburtstage Rudolf v. Bennigsen's. Rückblicke auf das Leben e. Parlamentariers. Mit e. Brustbilde. gr. 8. (144 S.) Ebd. 894. n. 1. 25; geb. n. 2. —

— Für Gott u. Volk. Historisches Schauspiel in 5 Acten. 8. (IV, 120 S.) Hannover 901. A. Kiepert. n. 2. —

Kiepert, Adf., s. Hannover in Wort u. Bild.

Hannover in Wort und Bild. Hrsg. vom Verein z. Förderung d. Fremdenverkehrs in Hannover. Text von Adolf **Kiepert.** Mit 286 Ill. ... von [Georg] Dieckmann [u. a.]. (In 0 Lfgen.) Hannover: Kiepert [1910]. 156 S. 4° 10. 13174

Kiepert, Adolf (geb. Königsberg i. Pr. 28. 3. 1827): Historia exponatur sententiarum diversarum, quae de functionibus nervi sympathici allatae sunt inde a Soemmerringii et Bichatii tempore usque ad exortam novissimis temporibus controversiam de peculiari hujus nervi natura. Berolini (1849). (31 S.) 8°
Berlin, Med. Diss. v. 28. Aug. 1849

— das deutsche Lied. Festspiel zum 50jähr. Stiftungsfeste des hannov. Männer-Gesangvereins. gr. 8. (15 S.) Ebd. 901. n. — 50

— Liederbuch f. patriot. Feste. 8. (III, 68 S.) Hannover 895. Göhmann'sche Buchdr. n. — 30

— dasselbe. Ausg. A. 8. (II, 68 S.) Ebd. 897. n. — 30

— der südliche Schwarzwald in Wort u. Bild. Mit 29 Vollbildern (in Photogr.), Orig.-Aufnahmen v. G. Wolf, C. Clare, Spreng u. A. u. 57 Text-Illustr. gr. 4. (X, 129 S.) Freiburg i/B. 891. (Stuttgart, F. Frommann.) Geb. in Leinw. m. Goldschn. n. 25. —

Kiepert, Heinrich

Kiepert, H., Africa. Imp. Fol. Kpfrst. u. color. Weimar 849, Landes-Industrie-Comptoir. — (Neue Ausg.) Imp. Fol. Ebd. 852. 1/3 ₰

— America. Gest. v. C. Jungmann. Imp. Fol. Color. Ebd. 849. — Ebd. 851. 1/3 ₰

Kiepert, Heinrich: Ueber die geographische Anordnung der Namen arischer Landschaften im ersten Fargard des Vendidad. (Auszug a. d. Monatsbericht der Königl. Akademie der Wissenschaften zu Berlin. Philos.-histor. Classe. Dezember 1856. S. 621–647.) Berlin 1856. 27 S. 8°.

— — Arabien zu C. Ritter's Erdkunde, Buch III, West-Asien, Theil XII u. XIII. Neue berichtigte Ausgabe, die Orthographie revidirt von Th. Nöldeke, mit Nachträgen aus den neuesten Berichten von Guarmani und Palgrave. Berlin 1867.

Arabien zu C. Ritter's Erdkunde ... bearb. von H[einrich] **Kiepert.** Neue bericht. Ausg., die Orthographie rev. von Th[eodor] Nöldeke, mit Nachtr. aus d. neuesten Berichten von Guarmani u. Palgrave. Maßst. in 1:6,000,000. [Mit 1 Nebenkarte.] Berlin: D. Reimer [1905]. (1 Kartenbl. 48×30 cm.) [lith.] [kol.] 05. 7374

— allgemeiner Atlas der Erde und des Himmels in 26 Blatt (in Kpfrst. und ill.) (Enthaltend Blatt 9 bis 33 der grössern Ausg.) 14. Aufl. Für den Gebrauch in den Schulen der k. k. österreich. Staaten neu bearb. von Wilh. Vogel und Ad. Gräf. Mit Text. qu. gr. 4. (13 S.) Weimar 861, [Geographisches Institut.] *

— dass. — In 34 Karten (in Kpfrst. und ill.) 14. Aufl. Mit Erläuterungen zu den physikal. Karten von Richter. Mit Text. qu. gr. 4. (17 S.) Ebendas. 861. *

— Asien. Fol. Kpfrst. u. color. Ebd. 847. 1/3 ₰

Kiepert, Heinrich, Atlas antiquus. Zehn Karten zur alten Geschichte entworfen und bearb. 2., verb. und durch 2 neue Karten vervollständ. Aufl. Lithogr. und ill. gr. Fol. Berlin 861, D. Reimer. *

Kiepert, Heinr., Atlas antiquus. 10 Karten zur alten Geschichte entw. und bearb. 3. Aufl. 1863. und 4., vollständig umgearb. Aufl. Lithogr. und ill. Fol. Berlin 867, D. Reimer. * 1 Thlr. 15 Ngr.; geb. *
Einzelne Karten *

— — 5. neu bearb. u. verm. Aufl. 12 Karten zur alten Geschichte entworfen u. bearb. Lith. u. color. Ebend. 869. Fol. n. 1 ₰ 15 ngr.; geb. n. 2 ₰
einzelne Karten n. 6 ngr.

— Atlas antiquus. 12 (lith. u. color.) Karten z. alten Geschichte. 6. neu bearb. Aufl. qu. gr. Fol. Berlin 876. D. Reimer. n. 5. —; einzelne Karten à n. — 60

— dass. — gr. Fol. Mit Namen-Verzeichniss. Fol. (24 S.) Ebendas. 877. *
Namen-Verzeichniss allein *

Kiepert, Heinr., Atlas antiquus. 12 (lith. u. color.) Karten zur alten Geschichte. 7., vollständig neu bearb. Aufl. Fol. Berlin 882. D. Reimer. n. 5. —; m. Namen-Verzeichnis (27 S.) n. 6. —; Namen-Verzeichnis apart n. 1. 20

Kiepert, Heinr., Atlas antiquus. 12 (chromolith.) Karten zur alten Geschichte. 8. neu rev. Aufl. qu. gr. Fol. Berlin 885. D. Reimer. n. 5. —; Ausg. m. Namen-Verzeichniss (26 S.) n. 6. —; Namen-Verzeichniss ap. n. 1.20

Atlas antiquus. Zwölf Karten z. alten Geschichte entworfen u. bearb. von Heinrich **Kiepert.** Mit Namen-Verzeichnis. (12. bericht. Aufl.) Berlin: D. Reimer (1902). 12 Taf., 27 S. 2° A 12. 3097

Kiepert, Dr. H. Atlas von Asien, zu C. Ritter's allgemeiner Erdkunde, 3. u. 4. Lieferung, enthaltend die Karten von Arabien, Iran, Turan, West-Persien, Armenien, Kurdistan und Mesopotamien. Berlin 1852 und 1854. 10 Bl. c. L. Ff. nebst Erläuterungen.

Kiepert, H., historisch-geographischer Atlas der alten Welt, zum Schulgebrauch bearb. und mit erläut. Bemerkungen begleitet. 8. Aufl. 1848. und 9., verb. Aufl. qu. gr. 4. (IV und 44 S. mit 16 in Kpfr. gest. und ill. Karten.) Weimar 851, Landes-Industrie-Comptoir.

— historisch-geographischer Atlas der alten Welt, zum Schulgebrauch bearb. und mit erläut. Bemerkungen begleitet. 10. verb. Aufl. 854. — 11. verb. Aufl. Ebend. 857. qu. gr. 4. (16 color. Karten in Kpfrst. u. 34 S. Text.) n. 1 ₰ 7½ ngr.

— historisch-geographischer Atlas der alten Welt, zum Schulgebrauch bearb. und mit erläut. Bemerkungen begleitet. 10. Aufl. 1855. und 11., verb. Aufl. qu. gr. 4. (16 in Kpfr. gest. und ill. Karten mit 34 S. Text.) Weimar 856, Landes-Industrie-Comptoir.

— historisch-geographischer Atlas der alten Welt. Zum Schulgebrauche bearb. u. mit (27 S.) erläuternden Bemerkungen begleitet. 12—15. verb. Aufl. Weimar 858—64. Geographisches Institut. qu. Fol. (16 color. Karten in Kpfrst.) n. 1 ₰ 7½ ngr.

— historisch-geographischer Atlas der alten Welt. Zum Schulgebrauche bearb. und mit erläut. Bemerkungen begleitet. 18. verb. Aufl. Lex.-8. (52 S. mit 26 chromolithogr. Karten.) Weimar 878, Geographisches Institut. *
geb. *

Kiepert, Heinr., kleiner Atlas der neueren Geographie für Schule und Haus. 15 Blatt. Lithogr. und ill. Fol. Berlin 863, D. Reimer. * 2 Thlr.; in Futteral geb. * 2 Thlr. 20 Ngr.; einzelne Blatt *

— kleiner Atlas der neueren Geographie für Schule u. Haus. 2. verm. u. verb. Aufl. Ebend. 868. Fol. (16 Karten in Stahlst. u. color.) n. 2 ℛ

—— kleiner physikalisch-geographischer Atlas. Supplementheft von 5 (in Kpfr. gest. und ill.) Karten über physikal. Geographie zur 9. Aufl. des compendiösen allgem. Atlas der Erde und des Himmels von C. F. Weiland und H. Kiepert. Auch als Suppl. zu jedem andern geograph. Schulatlas brauchbar. qu. gr. 4. (9 S. Text.) Weimar 850, Landes-Industrie-Comptoir.

—— compendiöser allgemeiner Atlas der Erde und des Himmels. Nach den besten Hülfsmitteln entworfen und zum Unterrichte bei allen Lehrbüchern brauchbar eingerichtet. 10., verb. und verm. Aufl. qu. gr. 4. (35 in Kpfr. gest. und ill. Karten und 10 S. Text.) Weimar 850, Landes-Industrie-Comptoir.

Kiepert, Heinr., compendiöser allgemeiner Atlas der Erde und des Himmels. 11. Aufl. 1853. und 12., verb. und verm. Aufl. qu. gr. 4. (36 in Kpfr. gest. und ill. Karten und 12 S. Text.) Weimar 856, Landes-Industrie-Comptoir.*

—— compendiöser allgemeiner Atlas der Erde und des Himmels. 13. Aufl. Neu bearb. von Richter und Ad. Gräf. qu. gr. 4. (36 Blatt in Kpfrst., wovon 32 ill. und 2 in Buntdr. mit 11 S. Text.) Weimar 860, [Geographisches Institut.] *

Kiepert's, H., compendioser allgemeiner Atlas der Erde und des Himmels. In 36 Karten. 15. Aufl. Nach Richter und Adf. Graef neu bearb. qu. gr. 4. Mit 12 S. Text. Weimar 874, Geograph. Institut. *

—— neuer Atlas von Hellas und den hellenischen Colonien in 15 (lithogr. und ill.) Blättern bearb. (In 3 Lfgn.) 1. Lfg. Imp.-Fol. (5 Blatt.) Berlin 868, Nicolai's Verlag. *

- — 2. Liefg. Ebend. 870. Imp.-Fol. (5 Blatt.) n. 3 ℛ

Kiepert's, Heinr., neuer Atlas v. Hellas u. den hellenischen Colonien in 15 (lith. u. color.) Blättern bearb. 3. (Schluss-)Lfg. Imp.-Fol. (5 Bl.) Berlin 871. Nicolai's Verl. n. 9. — (cplt.: n. 26. —)

— — Neuer Atlas von Hellas u. den hellen. Colonieen in 15 Blättern. Berlin 1872. q. Fol.

Kiepert, H., topograph.-histor. Atlas v. Hellas u. d. hellen. Colonien in 24 (lith. u. ill.) Blättern; unt. Mitwirk. v. Carl Ritter bearbeitet. 1. Hft. enth. Bl. 7—10, 13, 14, 19, 21. gr. Fol. Berlin 841, Nicolaische Buchh. *

Kiepert, H., topograph.-histor. Atlas von Hellas u. d. Hellenischen Colonien in 24 Blättern unter Mitwirkung v. Carl Ritter bearb. 2. u. 3. Hft. (Schluss.) gr. Fol. (17 lith. u. ill. Bl. u. Ttlbl.) Berlin 846, Nicolaische Buchh. [2. Hft. * 2 Thlr. 10 Ngr., 3. * 2 Thlr. 25 Ngr.] *
1. Hft. Ebendas. 1841. * 2 Thlr. 10 Ngr.

—— topographisch-historischer Atlas von Hellas und den hellenischen Colonien in 24 (lithogr. und ill.) Bl. unter Mitwirkung von Carl Ritter bearb. 2., bericht. Ausg. gr. Fol. (3 Bl. Text.) Berlin 851, Nicolaische Buchh. *

—— Supplementheft zum Atlas von Hellas und den hellenischen Colonien. Enthaltend neue Ausgg. der Bl. IV. V. XV. XX., nebst Erläuterungen und Berichtigungen zur 1. Ausg. des Atlas. gr. Fol. (4 lithogr. und ill. Bl. und 2 Bl. Text.) Berlin 851, Nicolaische Buchh. *

— Australien. Imp. Fol. Kpfrst. u. color. Ebd. 849. 1/3 ℛ

— Auswahl aus d. neuen Handatlas üb. alle Theile der Erde. 3. bericht. Aufl. gr. Fol. (18 Bl. Kpfrst. u. color. in qu. Imp.-Fol.) Berlin 871. D. Reimer. geb. n. 20. —

— dasselbe. Neue Ausg. f. Oesterreich in 21 (chromolith.) Karten. gr. Fol. Ebend. 872. geb. n. 23. —

—— Auswahl aus dem neuen Handatlas über alle Theile der Erde. 3. bericht. Aufl. 1871, und Neue Ausg. Fol. (18 Bl.) Ebendas. 874. geb. *

—— dass. — Neue Ausg. für Oesterreich in 21 Karten. Fol. Ebendas. 872. geb. *

—— Auswahl von 18 Karten aus dem neuen Handatlas (des Verf.) Kpfrst. und ill. Imp.-Fol. Berlin 860, D. Reimer. *

—— Auswahl von 18 Karten aus dem neuen Hand-Atlas. (Neue bericht. Ausg.) Kpfrst. und ill. Imp.-Fol. Berlin 864, D. Reimer. geb. *

Kiepert, Heinr. Begleitworte zur Karte der Ruinenfelder von Babylon. Mit 1 Karte. Berlin 1883. 8.

Kiepert, Heinrich: Beitrag zur alten Ethnographie der iberischen Halbinsel. ([S.-A.] Monatsberichte der Königl. Akademie der Wissenschaften zu Berlin. 3. März 1864. S. 143—165.) Berlin 1864. 23 S., 1 Krt. 8°.

Kiepert, Heinr., s. Beiträge zur Entdeckungsgeschichte Afrika's.

— Beiträge zur geogr. Erklärung des Rückzuges der Zehntausend, s. Strecker, W.

—— Bemerkungen über die Geographie von Alt-Griechenland als Vorbericht zum neuen Atlas von Hellas und den hellen. Colonien. gr. 8. (22 S.) Berlin 871, Nicolai's Verlag. * — 60

Kiepert, Heinrich: Topographische Beobachtung und Zeichnung. (Flying survey. Levée à coup d'oeil.) 10 S., 1 Krt.
in: Anleitung zu wissenschaftlichen Beobachtungen auf Reisen, herausg. v. G. Neumayer. Aufl. 1. S. 39—48. Berlin 1875. 8°.

—— Bibel-Atlas nach den neuesten Hülfsquellen gezeichnet. Mit Erläuterungen, die sich an das Liscosche Bibelwerk anschließen, u. ein bibl.-geograph. Register. gr. Lex.-8. (1½ B. u. 10 Kart.) Berlin 846, G. W. F. Müller's Verl. *

— Bibel-Atlas. Mit Erläuterungen, die sich an d. Lisco'sche Bibelwerk anschließen ꝛc. gr. Lex.-8. Berlin 847, Müller. n. 1 ℛ — Vergl. Biblia oder die ganze heilige Schrift A. u. N. Testaments.

—— Bibel-Atlas nach den neuesten und besten Hülfsquellen gezeichnet. Mit Erläuterungen, die sich an das Liscosche Bibelwerk anschließen, und einem biblisch-geograph. Register. 2., unveränd. Ausg. 4. (8 lithogr. und ill. Karten in 4. und Fol., 3 Stnt. mit Abbildungen und 23 S. Text.) Berlin 851, G. W. F. Müller. *

—— Bibel-Atlas nach den neuesten und besten Hülfsquellen gezeichnet. Mit Erläuterungen, die sich an das Lisco'sche Bibelwerk anschließen, und einem biblisch-geograph. Register. 3., unveränd. Abdr. Beigegeben ist: Peters, Uebersichtskarten der Reisen Jesu nach den vier Evangelisten ꝛc. 4. (9 lithogr. und ill. Karten in 4. und Fol., 3 Stnt. Abbildungen und 24 S. Text.) Berlin 854, G. W. F. Müller. *

— Bibel-Atlas nach den neuesten und besten Hülfsquellen. 2. Ausg. In seiner 1. Ausg. 1847 u. den drei 1861—1855 erschienenen unveränderten Abdrücken derselben gezeichnet von H. Kiepert, in der vorliegenden 2. Ausgabe in Karten u. Text völlig neu bearb. von A. Lionnet, 858. — 2. Ausg. 1858. 3. Abzug der Karten etc. Berlin 1864. G. W. F. Müller. gr. 4⁰ (3 Bll., 52 S. Text, 6 lith. u. color. Karten u. 1 lith. Taf.) n. 2 ℳ

—— Bibel-Atlas nach den neuesten und besten Hülfsquellen gezeichnet. Mit Erläuterungen, die sich an das Lisco'sche Bibelwerk anschließen und einem biblisch-geograph. Register. 3., wiederholter unveränd. Abdr. Beigegeben ist: Peters, Uebersichtskarten der Reisen Jesu nach den vier Evangelisten ꝛc. 4. (9 lithogr. und ill. Karten in 4. und Fol., 3 Stnt. Abbild. und III und 19 S. Text.) Berlin 858, G. W. F. Müller. *

—— Bibel-Atlas nach den neuesten und besten Hülfsquellen. 2. Ausg. In seiner 1. Ausg. 1847 und den drei 1851—55 erschienenen unveränd. Abdrücken derselben gez. von (dem Verf.), in der vorliegenden 2. Ausg. in Karten und Text völlig neu bearb. von A. Lionnet. gr. 4. (6 lithogr., theilweise ill., Karten und 1 Stnt. Abbild. in gr. 4. und Fol. und Text VI und 52 S.) Berlin 859, G. W. F. Müller. *

—— Bibel-Atlas nach den neuesten und besten Hülfsquellen. 2. Ausg. 1858. 3. Abzug der Karten. In 2. Ausg. neu bearb. von A. Lionnet. gr. 4. (IV und 52 S. mit 7 lithogr. Karten und Plänen, ausführl. Kartentexte und umfangreichem biblisch-geograph. Namenregister.) Berlin 864, G. W. F. Müller. *

— Bosnien u. Dalmatien, vorzüglich nach Oesterreich. Aufnahmen, mit Benutzung v. A. Boués Reisen. [Montenegro nach Karaczay, Kowalewsky u. Wilkinson, das untere Narenta-Thal nach Wilkinsons Reise.] Imp. Fol. Kpfrst. u. color. Weimar 851, Landes-Industrie-Comptoir. ⅓ ℳ

Kiepert, H., Carte de l'Epire et de la Thessalie. 2 feuilles. 1:500,000. Fol. Berlin 871, D. Reimer. *
aufgez. in Mappe *

[Umschlagt.:] Carte de l'Épire et de la Thessalie. Specialkarte der griechisch-türkischen Grenzgebiete m. Ang. d. griech. Sprachgrenze. Bearb. v. Heinrich Kiepert. Massst. 1:500,000. Neue Ausg. *Berlin: D. Reimer 1897.* (1 Ktnbl. ?) 1 Bd 4. [97. 3376

Kiepert, H. Carte générale des provinces européennes et asiatiques de l'empire ottoman. 2. Ausgabe. 1 : 3 000 000. Berlin 1892. 8 Sectionen (1 Bl.) c. L. Ff. und 1 Namensverzeichniss.

Carte générale des provinces européennes et asiatiques de l'Empire Ottoman (sans l'Arabie) dressée par Heinrich Kiepert. Le trait et la lettre gravés chez L. Kraatz. Le figuré du terrain gravé par J. Sulzer. Échelles au 1:3,000,000. 2. éd. entièrement corr. 1892. Chemins de fer d'après l'état de 1902. (4. éd. de la 'Carte générale de l'Empire Ottoman en Europe et en Asie' [von Kiepert].) [Nebst] Index alphab. des noms. *Berlin: D. Reimer 1902.* (4 Kartenbl. je 60 × 43 cm, 40 S.) quer-2° u. 8° [kol.] [02. 14077

Kiepert, H. Nouvelle carte générale des provinces asiatiques de l'Empire Ottoman (sans l'Arabie). 1 : 1 500 000. Berlin 1884. 6 Bl. c. L. Sch. und 1 Uebersichtskarte.

Kiepert, H. Nouvelle carte de la regence de Tunis. 1 : 800 000. Berlin 1881. 1 Bl. c. L. NC.

— Henri. Carte de la Syrie méridionale comprenant les montagnes du Liban et de l'Anti-Liban et les territoires des Drouzes et des Maronites jusqu'à l'est de Damas. Berlin 1860. 2.

— Deutschland. Gez. von C. Ohmann. gr. Fol. Kpfrst. u. color. Ebd. 848. ⅙ ℳ

Ohmann, C., Deutschland. Revidirt von H. Kiepert. Kpfrst. u. kolor. Weimar. geogr. Institut. 1866. 4. (2 ?)

Nordwestliches Deutschland. Von Heinrich Kiepert. Berichtigt 1866. 1 : 1000000. Berlin. Farbendruck. 1 Bl. Fol., 45.5.57 cm (beschn.). Aufgez. a. Carton.
aus: H. Kiepert's Neuer Handatlas.

—— Elementar-Atlas für preussische Volksschulen. No. 1, Ausg. für die Provinz Brandenburg. gr. Fol. (6 lithogr. und ill. Karten.) Berlin 864, D. Reimer. *

Kiepert, H. Elsass und Lothringen nach ihrer gegenwärtigen Eintheilung seit der deutschen Besitzergreifung. 1 : 666 666. Berlin 1870. 1 Bl. c. L. Ff.

—— Entdeckungen im arktischen Polarmeere in Folge der Aufsuchung der Franklinischen Expedition, bis 1854. Nach der von der brit. Admiralität 20. Jan. 1855 hrsg. Karte (Discoveries in the arctic sea) auf ⅓ des Längenmassstabs verkleinert. Lithogr. qu. Fol. Mit: Erläuterungen dazu. (4 S. in gr. 8.) Berlin 855, D. Reimer.

— s.: Erdglobus, physikalischer.

Kiepert, Dr Heinrich. Erdglobus für den Weltverkehr. 1 : 16 500 000. (Korrekturen und Nachträge bis 1892). Verkehrs- und Telegraphenlinien etc. von K. Langenbucher. Berlin 1892. 13 Bl. c. L. Sch.

— Erdkarte in Mercators Projection. Imp. Fol. Kpfrst. u. color. Ebd. 850. ⅓ ℳ

Kiepert, H. Erdkarte in Mercator's Projection in 8 Blättern. Berlin. 1856. Fol.

— Erläuterungen zu 2 den Fortschritt der Afrikanischen Entdeckungen seit dem Alterthum darstell. Karten, s.a. Beiträge zur Entdeckungsgeschichte Afrikas.

Kiepert, Heinrich: Erläuterung zu zwei den Fortschritt der afrikanischen Entdeckungen seit dem Alterthum darstellenden Karten. ([S.-A.] Zeitschrift der Gesellschaft für Erdkunde zu Berlin. Bd. 8. 1873.) Berlin 1873. 16 S., 2 Krt.
= Beiträge zur Entdeckungsgeschichte Afrika's. Heft 1. 8⁰.

Kiepert, Heinrich: Erläuterungen zu der die Entdeckungen des 19. Jahrhunderts darstellenden Karte von Afrika. ([S.-A.] Zeitschrift der Gesellschaft für Erdkunde zu Berlin. Bd. 8. 1873.) Berlin 1874. 9 S. 8⁰.
in: Beiträge zur Entdeckungsgeschichte Afrika's. Heft 2.

Kiepert, Heinrich, Festschrift.
s. Beiträge zur alten Geschichte und Geographie.

Kiepert, Heinrich. Formae orbis antiqui. 36 Karten c. L. mit kritischem Text und Quellenangabe zu jeder Karte. Ergänzt und hrsg. von Richard Kiepert. Berlin 1893 —. (Im Erscheinen).

— Fluss-Netze zu den Karten zur alten Geographie [Atlas antiquus]. Neue verm. Ausg. gr. Fol. (10 lith. Bl.) Berlin 882. D. Reimer. 1. 50

Kiepert, Heinrich: Gegenbemerkungen zu der Abhandlung des Herrn G. Hirschfeld über die Lage von Tavium. (Sitzungsberichte der Königl. Preussischen Akademie der Wissenschaften zu Berlin. 1884. V. Sitzung der philos.-histor. Classe vom 31. Januar.) Berlin 1884. 11 S. 8⁰.

Kiepert, Hnr., General-Karte von Deutschland nebst der Schweiz. Nach C. F. Weilands Zeichnung vervollständigt und theilweise berichtigt. 5 in Kupfer gest. u. illum. Bll. Weimar, L.-Ind.-Compt. 1857. Imp.-Fol.

General-Karte von Europa in 9 Blättern entworfen u. bearb. von H[einrich] Kiepert. Eisenbahnen erg. bis 1906. Situat. u. Schrift gest. v. H. Mahlmann. Terrain gest. i. d. lith. Anst. v. L. Kraatz. (Massst. in 1:4,000,000.) [Mit 1 Nebenkarte.] Sect. 1–9. Berlin: D. Reimer (1906). (1 Kartenbl. in 9 Bl.) [lith.] [kol.] [06. 10409

[Umschlagt.:] Generalkarte der Südost-Europäischen Halbinsel '(Unter-Donau- u. Balkan-Länder, Kgr. Hellas u. Creta)'. Bearb. v. Heinrich Kiepert, Prof. ... Massst. 1:1,500,000. 2. bericht. Ausg. m. Eisenbahnnachtr. bis 1897. Administrat. Eintheilg nach d. Salnáme 1894 95. *Berlin: D. Reimer 1897.* (1 Ktnbl. ?) 1 Bd 4. [97. 3375

Kiepert, H. Neue General-Karte der Unter-Donau- und Balkan-Länder. Mit den neuen Grenzen von Serbien, Bulgarien und Ost-Rumelien nach den im Jahre 1879 ausgeführten officiellen Aufnahmen. 1 : 1 500 000. Berlin 1880. 2 Bl. c. L. Ff.

Kiepert, H., General-Karte des osmanischen Reiches in Asien neu bearb. 1 : 2,500,000. 2 Bl. Fol. Berlin 868, Schropp'sche Landkartenh. *

Kiepert, H. General-Karte des Russischen Reiches in Europa. 1 : 3000000. Berlin 1865. Desgl. 6. Auflage. Berlin 1892.
Je 6 Bl. c. L. Ff.

Kiepert, H. General-Karte des Türkischen Reiches in Europa und Asien nebst Ungarn, Südrussland, den kaukasischen Ländern und West-Persien. 1 : 3000000. Berlin 1855. 4 Bl. c. L. Ff.

Kiepert, H. Generalkarte von der Europäischen Türkei. Nach allen vorhandenen Originalkarten und itinerarischen Hülfsmitteln. 1 : 1000000. Berlin 1853 und 1871. Je 4 Bl. c. K. Ff.

— General-Karte von der europäischen Türkei. Nach allen vorhandenen Originalkarten und itinerar. Hülfsmitteln bearb. und gezeichnet. 2. vollständig bericht. Aufl. 1:100,000. Fol. (4 Bl.) (Ebendas.) 870. *ℳ 9.; aufgez. *

[Heinrich] Kiepert's Grosser Handatlas. No 34. Ost-Asien. Neubearb. v. Richard Kiepert u. Paul Sprigade. Maassst. 1:20,000,000. Ausg. 1897. (Text v. Dr. Lippert u. M. Busemann.) *Berlin: D. Reimer (1897).* 1 Ktnbl. gr. 2. (?), 5 Bl. gr. 2. (c9. 4609

— kleiner Hand-Atlas der neueren Geographie für Schule und Haus. 2. verm. und verb. Aufl. 1868, und Neue Ausg. Fol. (16 Karten.) Berlin 875, D. Reimer.
à Karte * 60 Pf. *
geb. *

Kiepert, H. Neuer Handatlas über alle Theile der Erde. Berlin 1855—59. fol.

— neuer Hand-Atlas über alle Theile der Erde. 1—8. Liefg. Berlin 856—58. D. Reimer. qu. gr. Fol. Jede Liefg. von 4 lith. u. color. Karten n. 1 ℛ. 18 ngr.; einzelne Bl. à n. 15 ngr.

— neuer Hand-Atlas über alle Theile der Erde. 8—10. (letzte) Liefg. Ebend. 859, 60. gr. Fol. Jede Liefg. von 4 lith. u. color. Karten mit Erlauterungen. n. 1 ℛ 18 ngr.; einzelne Bl. à n. 15 ngr.

Kiepert, Dr. H. Neuer Hand-Atlas über alle Theile der Erde. Berlin 1860 und 1873. Je 1 Bd. mit 40 Karten c. L.

— neuer Hand-Atlas über alle Theile der Erde. (Neue bericht. Ausg.) Imp.-Fol. (40 Karten in Kpfrst. und ill., und 17 S. Text in gr. Fol.) Berlin 864, D. Reimer. *
geb. * 18 Thlr. 15 Ngr.; einzelne Karten *

— neuer Hand-Atlas über alle Theile der Erde. 2. vollständig bericht. Aufl. 11 Lfgn. 1866—71, und Neue Ausg. Fol. (45 Karten.) Ebendas. 874.
à Bl. *ℳ 1,20.; à Lfg. *ℳ 3,50.; in Mappe *
geb. mit gebrochenen Karten *
geb. *

— Ergänzungsblätter zur 1. Aufl. des Handatlas über alle Theile der Erde. 1—4. Liefg. Berlin 868—70. D. Reimer. qu. Imp.-Fol. Jede Liefg. (4 lith. u. color. Blatt) n. 1 ℛ 5 ngr.; einzelne Blätter n. 10 ngr.

— Ergänzungsblätter zur 1. Aufl. des Handatlas üb. alle Theile der Erde. 5. Lfg. qu. Imp.-Fol. (4 color. Bl., wovon 2 lith. u. 2. in Stahlst.) Berlin 871. D. Reimer. n. 3. 50; einzelne Blätter. n. 1. —

— 20 Ergänzungsblätter zur 1. Aufl. des Handatlas über alle Theile der Erde. (In 5 Lfgn.) Fol. (à Lfg. 4 Bl.) Ebendas. 874. *

— u. C. Ohmann, Hannover, Braunschweig, Oldenburg u. die Hansestädte. Imp. Fol. Kpfrst. u. color. Ebd. 849. — Gezeichnet nach Papens Atlas v. Hannover [die Preuss. Provinzen nach d. neuen Generalstabs-Aufnahmen.] Maasstab 1 : 600,000. Imp. Fol. Kpfrst. u. color. Ebd. 851. 1/3 ℛ

Kiepert, H., und C. Ohmann, Hannover, Braunschweig, Oldenburg und die Hansestädte. Gezeichnet von H. Kiepert u. C. Ohmann. Revidirt von C. Gräf. 1858. Fol.

— das Königreich Hellas oder Griechenland u. die Republik der sieben ionischen Inseln [Ephtánisos.] Imp. Fol. Kpfrst. u. color. (Mit 1 Bl. Text in Fol.) Ebd. 849. 1/2 ℛ

— sieben Jahre preussischer Verfassungsgeschichte erläutert durch vergleichende graphische Darstellung der Parteien des Abgeordneten-Hauses von 1855—1862. gr. 8. (16 S. mit 1 chromolithogr. Karte in Imp.-Fol.) Berlin 863, Th. C. F. Enslin. *

— die Indusländer nebst Afghanistan u. Süd-Turkistan zur Uebersicht der Kriegsbegebenheiten nach engl. u. russ. Karten u. Reiseberichten bearb. Imp. Fol. Kpfrst. u. color. Ebd. 848. 1/3 ℛ

— Italia antiqua, in usum scholarum descripta. 1 : 800,000. 6 Blatt. 3. vollständig umgearb. Aufl. Chromolith. Imp.-Fol. Ebend. 883. n. 9. —

— Italien. Imp. Fol. Kpfrst. u. color. Ebd. 850. 1/3 ℛ

Kiepert, Heinrich: Über Pegolotti's vorderasiatisches Itinerar. (Auszug a. d. Monatsbericht der Königlichen Akademie der Wissenschaften zu Berlin. 1881. S. 901—913.) Berlin 1881. 13 S., 1 Krt. 8°.

Kiepert, Heinr. u. Rob. Koldewey. Itinerare auf der Insel Lesbos. Hierzu 2 Karten: 1. Insel Lesbos. Gez. v. H. Kiepert. 1 : 120,000. 2. Vertheilg. der Vegetationsverhältnisse u. d. Bodenbaus der Insel Lesbos, nach den Beobachtgn. v. Rob. Koldewey u. Heinr. Kiepert. 1 : 210,000. gr. 8. (66 S.) Berl. 890, D. Reimer. cart. * 4 —
Aus: Koldewey's Lesbos, besonders abgedruckt.

Kiepert, H. Karte des nördlichen tropischen America. Berlin 1858. 6 Bl. c. L. Ff.

Kiepert, Dr. H. Karte von Armenien, Kurdistan und Azerbeidschan, im Anschluss an die 4 westlichen und mittleren Blätter der Karte von Klein-Asien, entworfen und gezeichnet in den Jahren 1852—1855. 1 : 1000000. Berlin 1858. 4 Bl. c. K. Ff.

— Karte der indochinesischen Reiche Birma, Siam, Kambodja und Annam, nebst Bemerkungen dazu. Maassstab 1 : 4,000,000. Chromolithogr. gr. Fol. (16 S. Text in gr. 8.) Jena 867, Costenoble. *

Kiepert, H. Karte von Bosnien, Dalmatien. 1 : 800000. Weimar 1851. 1 Bl. c. L. Sch.

Kiepert, H. Neue Karte von Bulgarien. Nach den neuesten österreichischen und russischen Recognoscirungen. 1 : 540000. Berlin 1877. 1 Bl. c. L. Sch.

Kiepert, Hnr., Karte von Deutschland. (Auch zum kleinen Handatlas in 61 Karten gehörig.) Weimar, Landes-Industrie-Comptoir, 1848. Kpfrst. u. kolor. Roy.-Fol. (1/6 ℛ.)

— Karte von Deutschland. 7. Aufl. (Eisenbahnkarte 1870.) Lith. u. kolor. Berlin D. Reimer. gr. Fol.

Kiepert, H., Karte von Deutschland nach den Friedensschlüssen zu Berlin und Prag. [August 1866.] Mit Bezeichnung der früheren Grenzen, sowie der neuen Erwerbungen des preuss. Staats. Chromolith. Berlin, D. Reimer, 1866. qu. Fol. (1/6 ℛ.) (Br. Mus.)

Kiepert, H., Karte vom nordwestlichen Deutschland. M. 1 : 1000000. Berlin, D. Reimer, 1866. gr. Fol. Chromolith. (12 Sgr.)

— Karte über den Gebietsaustausch an der deutsch-französischen Grenze in Folge des zu Frankfurt am 10. Mai 1871 geschlossenen und am 20. Mai ratificirten Friedensvertrages. Nach französ. Originalquellen zusammengestellt. 1 : 120,000. Fol. Ebendas. 871.

Kiepert H und C Ohmann, Karte von Hannover, Oldenburg, Braunschweig und den Hansestädten. 1 : 600000 1 Blatt auf Pappe. Weimar 1851

Kiepert, Dr H. Karte der nördlichen Hemisphäre innerhalb des 40. Breitengrades und der Nordpolar-Länder. Berlin 1854. 2 Bl. c. L. in 1 Mappe.

— historische Karte von Elsass-Lothringen, s. Böckh, R.

Kiepert, H., Historische Karte des brandenburgisch-preuss[illegible] [illegible]taates. Nach seiner Territorial-Entwickelung unter den Hohenzollern. M. 1 [illegible] 3. u. 4. Aufl. Berlin, Stilke & van Muyden, 1865, 1866. qu. Fol. Chromolith [illegible] . . . (Br. Mus.)
—, — Mit Angabe der Grenzen des norddeutschen Bundes. M. 1 : 3000000. 5. Aufl. Berlin, Stilke & van Muyden, 1867. gr.-Fol. Chromolith.
—, — 6. Aufl. Berlin, Gebr. Paetel, 1873. Fol. Chromolith. . . . . . (Br. Mus.)
—, — 7. verb. Aufl. Ebda 1889. qu.-Fol. Chromolith.

Kiepert, Heinr., historische Karte des brandenburgisch-preussischen Staates. Nach seiner Territorial-Entwickelung unter den Hohenzollern. 6. Aufl. Fol. Berlin 873. Gebr. Paetel.

Kiepert, H., Karte von Iran. Oestliche Hälfte, enth. Afghanistan, Belutschistan und die Oezbeghischen Khanate am Oxus, nach den engl. und russ. Orig.-Karten und Reiseberichten zusammengestellt. Octbr. 1878. 1 : 3,000,000. Photolithogr., chromolithogr. und color. Imp.-Fol. Berlin 878, D. Reimer. *

Kiepert, H. Karte von Klein-Asien. Nach den neuesten und zuverlässigsten Quellen. Berlin 1844. 5 Bl. K. Ff.

Kiepert, H., Zur Karte von Kreta. [Zeitschr. d. Gesellsch. f. Erdk. Bd. I.] [Berlin 1866.]

[Umschlagt.:] Karte von Creta zur Darstellg d. Vertheilg d. Confessionen zsgest. v. H[einr.] **Kiepert.** Massst. 1 : 300000. *Berlin: D. Reimer 1897.* (7 S., 1 Ktnbl. 2) 1 Bd 8. [98. 4475

Kiepert, H., Karte der norddeutschen Küstenländer von der holländischen bis zur russischen Grenze. In 2 Bll. M. 1 : 1000000. Berlin, D. Reimer, 1870. Kupferst. u. kol.

Kiepert, H., Karte von Mittel-Deutschland. M. 1 : 666666. Berlin, D. Reimer, 1866. Chromolith. gr. Fol. (12 Sgr.)

Kiepert, H. Neue Karte von Mittel-America. 1 : 2 000 000. Berlin 1858. 4 Bl. c. L. Ff.

Kiepert, H., Karte der Nordpolar-Länder. Nebst Darstellung der Wärmeverbreitung für Januar, Juli und das Jahr von H. W. Dove. — Map of the Countries around the Arctic Pole. The Isothermal Lines for January, July and the whole year by H. W. Dove. 1868, und Neue bericht. Ausg. Fol. Berlin 874, D. Reimer. *

— Karte von Palästina; bearbeitet und gezeichnet v. H. Kiepert. Herausg. v. C. Ritter. Berlin. 1842. Fol.

— Karte von Palästina nach den neuesten Quellen, vorzüglich nach den Robinson'schen Untersuchungen bearb. u. gezeichnet. Herausgeg. von Carl Ritter. NB. Für die nördl. u. östlichen Gegenden sind außer den für die Grimm'sche u. Berghaus'sche Karte benutzten Materialien die Itinerarien von Bird, E. Smith u. Geo. Robinson benutzt worden. (Mit den Bei-Kärtchen: Alt-Jerusalem. — Die Sinai-Halbinsel oder Arabia Petraea. — Das Sinai- oder Horeb-Gebirge.) Lith. u. illum. Schmal Imp.-Fol. Ebend. 842. 2/3 ₰ — dies. berichtigt im J. 1843. gr. Fol. Ebend. 844. n. 2/3 ₰

Kiepert, Heinr., Karte des Deutschen Reiches in seiner Neugestaltung. 1 : 3,000,000. 16. Aufl. Lithogr. und color. qu. gr. Fol. Berlin 878, D. Reimer. *

Kiepert, Hnr., Karte des Deutschen Reiches in seiner Neugestaltung. 1 : 3000000. 20. Aufl. Berichtigt 1884 u. 21. Aufl. 1888. Berlin, D. Reimer. qu.-Fol. Lith. u. kol. (M. 0,60.)

— Karte des Römischen Reichs für die ersten Jahrhunderte der Kirchengeschichte zu A. Neander's Geschichte des apostol. Zeitalters. gr. Fol. (2 lith. u. illum. Blätter.) Hamburg 845, Fr. Perthes. n. 1 ₰

Kiepert, Heinr., Karte des russischen Reiches in Europa in 6 Blättern, vorzüglich nach der 1862 von der kaiserl. russ. geograph. Gesellschaft in St. Petersburg in 12 Bl. herausgegebenen Karte bearb. 1 : 3,000,000. 2.—4. vollständig bericht. Aufl. Fol. Berlin 868—75, D. Reimer. *
aufgez. *

Kiepert, H. Karte des Türkischen Reichs in Asien. 1 : 2 500 000. Berlin 1844. 2 Bl. c. L. Ff.

Kiepert, Hnr., Karte der neuen deutschen Reichsgrenze gegen Frankreich nach den Friedenspraeliminarien von Versailles, mit Angabe der sprachlichen u. historischen Grenze. M. 1 : 750000. Berlin, D. Reimer, 1871. Imp.-Fol. Chromolith.

Kiepert, Hnr., u. A. **Gräf**, Karte des preuss. Staates, der Staaten des norddeutschen Bundes und der Zollvereinsstaaten. M. 1 : 1800000. Weimar, Geogr. Inst., 1867. Fol. (Br. Mus.)

— und A. Gräf, Karte des preussischen Staates, der Staaten des norddeutschen Bundes und der übrigen Zollvereinstaaten. 1 : 1,800,000. Fol. Weimar 869, Geographisches Institut. In Carton (ℳ 1,20.)

— Karte von Turan oder Türkistan. Zum dritten Mal neu bearb. 1 : 5,000,000. Lithogr. und color. Imp.-Fol. Ebendas. 876. *

— — Karte zur Übersicht der Züge Alexanders d. Gr. o. O. u. J.

Kiepert, H. Karte von Vorder-Indien. 1 : 8 000 000. Berlin 1875. 1 Bl. c. L. Ff.

Kiepert, H., Karte von West-Deutschland. M. 1 : 1000000. Berlin, D. Reimer, 1866. gr. Fol. Chromolith. (12 Sgr.)

Kiepert, Heinr., Karte des Königr. Würtemberg und des Grossherzogth. Baden. Nach C. F. Weyland's Entwurf völlig umgearb. 1 : 450,000. Fol. Weimar 869, Geograph. Institut. In Carton. (ℳ 1,20.)

Creta, neugriech. Kriti, türk. Kirid, venezian. Candia nach brit. Marineaufnahmen u. Routen engl., französ. u. deutscher Reisenden combinirt v. H[einrich] **Kiepert.** Massstäbe 1 : 300000 ... [Nebst Begleitwort.] *Berlin: D. Reimer [1897].* 1 Ktnbl. quer-2. 1 Bd 8.
Kt. (1 Ktnbl. 2) [Begleitwort.] (8 S.) [97. 2655

Weiland, C. F., u. H. Kiepert, Grosse Comptoir-Eisenbahnkarte von Deutschland, Oesterreich und der Schweiz. Berichtigt von Gräf. 1 : 1050000. Weimar, Geogr. Inst., 1876. gr. qu.-Fol. 9 Sectionen in Kpfrst. mit Farbendr. u. Kolorit.

Kiepert, H. Constantinopel und der Bosporus. Reduction nach der Aufnahme des Freiherrn v. Moltke. 1 : 100 000. Berlin 1853. 1 Bl. c. L. Ff.

Kiepert, H., Die Lage v. Tigranokerta. S.-A. O. J. 21 S.

Kiepert, Heinrich: Ueber die Lage der armenischen Hauptstadt Tigranokerta. ([S.-A.] Monatsbericht der Königl. Akademie der Wissenschaften zu Berlin. Februar 1873. S. 164—210.) Berlin 1873. 47 S., 1 Krt. 8°.

Kiepert, Heinrich: Ueber älteste Landes- und Volksgeschichte von Armenien. (Auszug a. d. Monatsbericht der Königl. Akademie der Wissenschaften zu Berlin S. 216—243.) Berlin 1869. 28 S. 8°.

Kiepert, Heinr., Lehrbuch der alten Geographie. 2 Hälften. gr. 8. Berlin, D. Reimer. *
Inhalt:
Hälfte 1. Einleitung, Asien und Africa. (S. 1—224.) 877. * ℳ 2,40.
„ 2. Europa. (XVI, S. 225—544.) 878. * ℳ 3,60.

— Leitfaden der alten Geographie für die mittleren Gymnasialclassen. gr. 8. (VIII, 219 S.) Ebendas. 879. *

Kiepert, H. New original map of the island of Cyprus. 1 : 400 000. Berlin 1878. 1 Bl. c. L. Sch.

— Memoir über die Construction der Karte von Kleinasien und türkisch Armenien in 6 Bl. von v. Vincke, Fischer, v. Moltke und Kiepert, s. Memoir.

Kiepert, Heinrich: Memoir über die Construction der Karte von Kleinasien und Türkisch Armenien in 6 Blatt von v. Vincke, Fischer, v. Moltke und Kiepert. Nebst Mittheilungen über die physikalisch-geographischen Verhältnisse der neu erforschten Landstriche. Berlin 1854. 194 S., 4 Krt. 8°.

Kiepert, H. Mexico, Texas und Californien. Weimar. 1847. Folio.

— Mexico, Texas u. Californien (u.) die Republiken v. Central-America. Imp. Fol. Kpfrst. u. color. Ebd. 847. 1/2 ₰

—— Mexico, Texas und Californien. Kpfrst. und ill. Imp.-Fol. (Mit 1 Bl. Text in gr. 4.) Weimar 852, Landes-Industrie-Comptoir.

Kiepert, H., Mittel-Deutschland. Berlin 1870. . . . . (Br. Mus.)

— die Moldau. Fol. Kpfrst. u. color. Ebd. 849. n. 1/6 ℛ

(Kiepert, Heinrich): Das sogenannte Monument des Sesostris bei Smyrna. (Archäologische Zeitung. 1843. No. 3 S. 34—47.) Berlin 1843 14 S., 4 Tf. 8°.

Kiepert, Heinr., Nationalitäts-Karte von Deutschland. (Mit 1 Bl. Text in gr. 4. und 1 Tabelle in qu.-Fol.) Weimar, Landes-Industrie-Comptoir, 1848. Kupf. und kol. (12 ngr.)

Kiepert, H. Die Niederlande und Belgien. 1:800000. Weimar 1856. 1 Bl. c. K. Ff.

— die Nilländer oder Aegypten, Nubien u. Habesch, nach C. F. Weilands Entwurf völlig umgearb. gr. Fol. Kpfrst. u. color. Ebd. 848. 1/3 ℛ

—— Nord- und West-Deutschland. Der preussische Staat und die übrigen Zollvereinsstaaten. M. 1:1800000. Weimar 1857. Fol. . . . . (HC.)
——, —— Ebenda 1858. Imp.-qu.-Fol.

—— und A. Gräf, Nord- u. West-Deutschland. Der preussische Staat u. die übrigen Zollvereinsstaaten. Revidirt 1866. M. 1:1800000. Weimar, geogr. Institut, 1866. gr. Fol. Kpfrst. u. kolor. (1/3 Rt.)

— Nord-America m. Westindien. Imp. Fol. Kpfrst. u. color. Ebd. 850. — Ebd. 851. 1/3 ℛ

— Ober- u. Mittel-Italien. Imp. Fol. Kpfrst. u. color. Ebd. 851. 1/3 ℛ

Kiepert, H. Ober- und Mittel-Italien. 1:1200000. Weimar 1859. 1 Bl. c. L. Ff.

— Plan von Jerusalem, nach den Untersuchungen von Dr. Er. Gustav Schultz, mit Benutzung der Pläne von Sieber u. Catherwood u. der Berichtigungen v. Robinson u. Smith gezeichnet. Lithogr. u. in Farben gedruckt. Imp.-Fol. (Nebst Text in gr. 8. u. d. T.: Jerusalem. Eine Vorlesung von Er. Gust. Schultz. Berlin 845, Schropp u. Comp. n. 2 1/3 ℛ

– u. C. Ohmann

— ·— Planiglob der Erde. Imp. Fol. Kpfrst. u. color. Ebd. 850. 1/3 ℛ

Kiepert, Heinrich, Westlicher und östlicher Planiglob, physikalische Ausgabe. 4. Auflage. Neubearbeitung von R. Kiepert. 1894. (Min.-Erl. v. 11. März 1895, Z. 25512 ex 1894.) Roh im Umschlag 6.20, aufgespannt in Mappe 10.—

— s. Planiglobien.

— Polen, Westrussland bis zum Dniepr, die Ostseeprovinzen u. die Nieder-Donauländer nebst e. Uebersicht der Theilungen von Polen. 2 Bl. in Imp. Fol. Kpfrst. u. color. (Mit 1 Bl. Text in 8.) Ebd. 849. 2/3 ℛ

— Preussische Provinz Pommern, reducirt nach den preuss. Generalstabs-Aufnahmen. Maasstab in 1 : 600,000. Imp. Fol. Kpfrst. u. color. Ebd. 850. 1/3 ℛ

—— Provinz-Schul-Wandkarten. I—III. 1:200,000. Fol. Berlin 873, D. Reimer. *

Inhalt:

I. Provinz Posen. (6 Bl.) *M 6.; aufgez. in Mappe *M 12.; mit Stäben *M 14.; lackirt *M 18.
II. Provinz Pommern. (8 Bl.) *M 8.; aufgez. in Mappe *M 14.; mit Stäben *M 18.; lackirt *M 26.
III. Provinz Brandenburg. (9 Bl.) *M 9.; aufgez. in Mappe *M 17; mit Stäben *M 19.; lackirt *M 28.

Kiepert, Heinr., das deutsche Reich, m. statist. Text v. P. Lippert u. M. Busemann, s. im Anhang, Karten: Kiepert, Heinr., das deutsche Reich.

Kiepert, H., Deutsches Reich 1870. Karte von Deutschland in seiner Neugestaltung nach dem Frieden von Versailles 1871. 8.—18. Aufl. M. 1 : 3000000. Berlin, D. Reimer, 1870—1881. Chromolith. . . . . (Br. Mus.)

Kiepert, H., Das römische Reich deutscher Nation um das Jahr 1000. Übersichtskarte zu W. Giesebrechts Geschichte der deutschen Kaiserzeit Bd. 1. 2. M. 1:5 000 000. Lith. u. kolor. Braunschweig, Schwetschke u. Sohn, 1859. gr. Fol. (D.)

Kiepert, Heinrich: Hans Dernschwam's orientalische Reise 1553–1555 aus Handschriften im Auszuge mitgetheilt. ([S.-A.] Globus. Bd. 52.) Braunschweig 1887. 69 S., 1 Krt. 8°.

—— Schul-Atlas der ganzen Erde in 25 (in Kpfr. gest. und ill.) Bl. 3., verb. und verm. Aufl. qu. gr. 4., Weimar 850, Landes-Industrie-Comptoir.

—— Schul-Atlas der ganzen Erde, in 25 (in Kpfr. gest. und ill.) Blättern. 4., verb. und verm. Aufl. qu. gr. 4. Weimar 853, Landes-Industrie-Comptoir.

Kiepert, H. und Wolff, C. Historischer Schul-Atlas zur alten, mittleren und neueren Geschichte. Berlin 1879. 1 Bd. mit 36 Karten c. L.

— u. Carl Wolf, historischer Schul-Atlas zur alten, mittleren u. neueren Geschichte in 36 (chromolith.) Karten. 2., bericht. Aufl. qu. gr. 4. (1 S.) Ebend. 882. cart. n. 3. 60

Historischer Schul-Atlas zur alten, mittleren und neueren Geschichte in 36 Kt. bearb. v. Heinrich Kiepert u. Carl Wolf ... (7. bericht. Aufl.) *Berlin: D. Reimer (1896).* (1 Bl., 36 S.) 1 Bd quer-8. (96. 376)

Historischer Schul-Atlas zur alten, mittleren und neueren Geschichte in 36 Karten bearb. von Heinrich Kiepert u. Carl Wolf. (8. bericht. Aufl.) *Berlin: D. Reimer [1901].* (36 S.) quer-8° (04. 111 11

—— kleiner Schul-Atlas für die unteren und mittleren Klassen. Im Auftrage der städtischen Schul-Deputation zu Berlin entworfen und bearb. 1.—8. Aufl. gr. 4. (23 Karten auf 21 Stnt.) Ebendas. 871—75. *M 1.; geb. *

—— dass. — in 25 Karten. Ausg. für Elsass-Lothringen. gr. 4. Ebendas. 874. *

—— dass. — Ausg. für Rheinland, Westfalen und Hessen. gr. 4. Ebendas. 874. *

—— dass. — Ausg. für Schleswig-Holstein und die Hanse-Städte. gr. 4. Ebendas. 874. *

— kleiner Schul-Atlas für die unteren u. mittleren Klassen. Im Auftr. der städt. Schul-Deputation zu Berlin entworfen u. gezeichnet. 8. Aufl. 4. (23 lith. u. color. Karten auf 21 Steintaf.) Ebend. 875. n. 1. —

Kiepert, Heinr., kleiner Schul-Atlas für die unteren und mittleren Klassen. Im Auftrage der städt. Schul-Deputation zu Berlin entworfen und gezeichnet. 9.—13. Aufl. 4. (23 lithogr. und color. Karten auf 21 Stnt. Berlin 876—78, D. Reimer. *M 1.; geb. *

— kleiner Schul-Atlas f. die unteren u. mittleren Klassen. Im Auftrage der städt. Schul-Deputation zu Berlin entworfen u. bearb. 18. Aufl. 4. (23 chromolith. Karten.) Ebend. 883. n. 1. —

—— Supplement zur 8. Aufl. des Schul-Atlas der alten Welt, enth. die zur 9. Aufl. neu gezeichneten und gest. Taf. 1. 8, 12, 13, 14, 16, so wie Berichtigungen und Zusätze zum Text. qu. gr. 4. (4 S.) Ebds. 852.

— Schul-Atlas der alten Welt. 12 (lith. u. color.) Karten m. erläut. Text. qu. gr. 4. (26 Sp.) Ebend. 882. n. 2. —

—— politische Schul-Wandkarte von Asien. 1:8,000,000. 9 Bl. Chromolithogr. Imp.-Fol. Ebendas. 879. *
Auf Leinw. in Mappe ** ℳ 17,25.; mit Stäben **

Kiepert, H., Politische Schulwandkarte von Australien und Polynesien. Revision von R. Kiepert. Berlin 1886. Reimer. (Min.-Erl. 27. Juni 1890. Z. 11915.) 7.20, auf Leinen in Mappe 12.45

Kiepert, H., Politische Schulwandkarte von Europa. Zeichnung von R. Kiepert 1:4,000.000. Neue Ausgabe. Berlin. Reimer. (Min.-Erl. 3. März 1890. Z. 2793) 1890 5.40
Auf Leinen in Mappe 10.65

Kiepert, H., Schul-Wandkarte von Schleswig-Holstein. 1:200,000. 6 Bl. Fol. Schleswig 873, Bergas. *
aufgez. mit Rollen *

Kiepert, H. Die Fränkische Schweiz nebst Umgegend bis Baireuth, Forchheim und Erlangen. 1:80000. Berlin 1857. 1 Bl. c. L. Sch.

— Serbien nach Österreichischen u. Russischen Aufnahmen u. Ortsbestimmungen, u. den Karten von Viquesnel u. Bugarski entworfen. Maasstab: 1:800,000. gr. Fol. Kpfrst. u. color. Ebd. 849. n. 6 ngl

Kiepert, Hnr., Sitze der germanischen Völkerschaften vor der Völkerwanderung. Lith. Leipzig 1881. gr. qu.-Fol. (60 Pf.)
Sep.-Abdr. aus: Wietersheim, Gesch. d. Völkerwanderung. . . . . (D.)

Kiepert, H. Special-Karte des Türkischen Armeniens. 1:500000. Berlin 1877. 2 Bl. c. A. Sch.

—— Special-Karte des türkischen Armeniens, nach allen vorhandenen Quellen, besonders den Aufnahmekarten des russ. Gebietes vom Kaukas. Generalstabe, einschliesslich der 1829 und 1854—1855 auf türk. Gebiete ausgeführten militär. Recognoscirungen, sowie nach sämmtl. veröffentlichten Reiseberichten und Wegeskizzen [namentlich von Hamilton, C. Koch, W. Strecker, J. Bluhm, M. Deffner, Narses Sarkisean] zusammengestellt. 1:500,000. Autogr., chromolithogr. und color. 2 Bl. gr. Fol. Ebendas. 877. *

Kiepert, Heinr., Specialkarte von Elsass und Lothringen nach ihrer gegenwärt. Eintheilung seit der deutschen Besitzergreifung. 1:666,666. Fol. Berlin 870, D. Reimer.

—— dass. — 2. bericht. Aufl. mit Bezeichnung der Cantons-Grenzen. 1:666,666. Fol. Ebendas. 871.

—— dass. — 3. bericht. Aufl. mit der neuen Grenzeintheilung der Regierungsbezirke und Kreise. 1:666,666. Fol. Ebendas. 871.

Kiepert, H. Specialkarte des Deutschen Reichslandes Elsass-Lothringen. Im Auftrage des Kaiserlichen Ober-Präsidiums zu Strassburg nach amtlichen Quellen bearbeitet. 1:250000. Berlin 1879 und 1888. Je 4 Bl. c. L. Ff.

Specialkarte des Deutschen Reichslandes Elsaß-Lothringen (nebst d. anschließ. Teilen von Baden, Frankreich, der Rheinprov. u. d. Bayrischen Pfalz in 2 Blatt). Im Auftr. d. Kais. Ober-Präsid. zu Straßburg nach amtl. Quellen bearb. von Heinrich **Kiepert**. Neuausg. 1903 (1904). Revision v. Statist. Bur. d. Minist. f. Els.-Lothr. u. von K[arl] Langenbucher, Kartogr. Maßst. im Reductionsverhältn. 1:250,000. [Mit 2 Nebenkarten.] *Berlin: D. Reimer (1904).* (2 Kartenbl. je 81×49 cm.) 4° [kol.] [04. 3008

—— Special-Karte der deutsch-französischen Grenzländer mit Angabe der Sprachgrenzen. M. 1:666666. Berlin, D. Reimer, 1867. gr. Fol. Kupferst. u. kol. (Br. Mus.)
——, —— 2. Aufl. Ebenda 1870. Imp.-Fol. Chromolith. u. kol.
——, —— 3. bericht. Aufl. Ebenda 1871. . . . . (Br. Mus.)

Kiepert, H. Spezialkarte vom westlichen Kleinasien. 1:250000. Berlin 1892. 15 Bl. c. L. Sch. und 1 Ergänzungsblatt.

[Umschlagt.:] Spezialkarte von Creta nach brit. Marine-Aufnahmen u. Routen engl., französ. u. deutscher Reisenden kombiniert v. H[einr.] **Kiepert**. Massst. 1:300,000. *Berlin: D. Reimer 1897.* (1 Ktnbl. 2°, 8 S.) 1 Bd 8. [97. 8592

—— Special-Karte der Landschaft zwischen Kabul und dem Indus, vorzüglich nach dem India-Atlas [1860—68] mit Zusätzen nach den Recognoscirungen Lt. Sturt, Faiz-Baksch u. a. 1:600,000. Photolithogr., chromolithogr. und color. qu. gr. Fol. Ebendas. 878.

Kiepert H. Spezialkarte von Ost-Frankreich. Berlin 1870

—— Specialkarte von Ost-Frankreich [Handatlas Nr. 19a]. 1:1,250,000. Ausg. von 1870. Fol. Ebendas. 870.

—— Specialkarte von Ost-Frankreich. 1:1,250,000. 3. bericht. Aufl., mit Bezeichnung der General-Gouvernements unter deutscher Verwaltung und Demarcationslinie. Fol. Ebendas. 871.

—— Spezial-Karte von West-Deutschland in 2 Bll. M. 1:666,666. 2. Aufl. Berlin, D. Reimer, 1867. gr. Fol. Lith. u. kolor.
——, —— 3. Aufl. Ebenda 1867. Kupferst. u. kolor. . . . . (Br. Mus.)
——, —— 4. Aufl. Ebenda 1870. . . . . (Br. Mus.)
——, —— 5. verb. Aufl. Ebenda 1875. . . . . (Br. Mus.)

Kiepert, H. Die Staaten der Balkan-Halbinsel nach den Grenzbestimmungen des Friedens von Hagios Stefanos, 3. März 1878. 1:3000000. Berlin 1878. 1 Bl. c. L. Ff.

— die Vereinigten Staaten von Nordamerica nebst Canada u. Mexico. gr. Fol. Kpfrst. u. color. Ebd. 848. 1/6 ℛ

— die Vereinigten Staaten von Nordamerica nebst Canada. Imp. Fol. Kpfrst. u. color. Ebd. 849. — Neue bericht. Ausg. Imp. Fol. Kpfrst. u. color. Ebd. 851. — Ebd. 852. 1/3 ℛ

Kiepert, Heinrich: Ueber die geographische Stellung der nördlichen Länder in der phönikisch-hebräischen Erdkunde. (Monatsberichte der Königl. Akademie der Wissenschaften zu Berlin. 1859. S. 191—220.) Berlin 1859. 30 S., 1 Krt. 8°

— s. Stereotyp-Pracht-Bibel.

—— s. Strecker, W., und H. Kiepert, Beiträge zur geographischen Erklärung des Rückzuges der Zehntausend.

Kiepert, H., Süd-America. Maasstab in 1:15000000. Imp. Fol. Kpfrst. u. color. Weimar 849, Landes-Industrie-Comptoir. 1/3 ℛ

Kiepert, H., Asiae minoris antiquae tabula in usum scholarum descripta. 1:800.000. Berlin. Reimer. (Min.-Erl. 13. März 1890. Z. 3570.) 5.40, auf Leinen in Mappe 1890 9.60

— Graeciae antiquae tabula in usum scholarum descripta. Tabulae modulus 1:500,000. 9 (lith. u. color.) Blatt. Ebend. 860. gr. Fol. n. 4 ℛ 20 ngl

Kiepert, Heinr., Graeciae antiquae tabula, in usum scholarum descripta. 1:500,000. 9 Blatt. 4. Aufl. Chromolith. Imp.-Fol. Berlin 882. D. Reimer. n 12. —

— Latii veteris et finitimarum regionum tabula in usum scholarum descripta. 1:125.000. Berlin 1888. Reimer. Dabei Regio proxima suburbana. 1:25.000. (Min.-Erl. 13. März 1890. Z. 3570.) 5.40, auf Leinen in Mappe 9.60

—— zur Topographie des alten Alexandria. Nach Mahmûd Beg's Entdeckungen bearb. gr. 8. (15 S. mit 1 lithogr. und color. Plan in qu. Fol.) Berlin 872, D. Reimer. * 1 —
Aus: Zeitschrift der Gesellschaft für Erdkunde zu Berlin, besonders abgedruckt.

– (Mitarb.), s. Tschihatscheff, P. von: Reisen in Kleinasien und Armensien.

—— Uebersichtskarte von Frankreich mit den Departements-Grenzen. Carton: Paris und Umgebung. 1 : 2,500,000. Fol. Ebendas. 870.

— H., Übersichts-Karte von Iran oder West-Hochasien, zu C. Ritter's Erdkunde. Buch III, Westasien, Theil VIII, IX. Berlin 1852.

Kiepert, Heinr., kartographische Uebersicht der kaiserlichen deutschen Consulate. Aufgestellt im auswärtigen Amte des deutschen Reiches. April 1872, und 2. Ausg. Fol. Berlin 873, D. Reimer. *

Kiepert, kartograph. Uebersicht d. kaiserl. deut. Consulate. Amtl. Berl. 879.

— Uebersichtskarte der ethnologischen Culturkreise, s. Bastian, Adf.

Kiepert, H., Übersichtskarte der Länder vom Rhein bis Paris mit Angabe der Sprachgrenze. M. 1 : 1000000. Berlin, D. Reimer, 1859. Imp.-Fol. Lith. u. illum. (Br. Mus.)

Kiepert, H., Übersichts-Karte von Mittel-Europa. M. 1 : 3 000 000. Lith. u. kolor. Berlin, D. Reimer, 1860. Imp.-Fol. . . . . (Br. Mus.)
—, —— Neue bericht. Ausg. Kupferst. u. kolor. Ebenda 1865. Imp.-Fol.
——, —— Ebenda 1867.

Kiepert, Hnr., Uebersichts-Karte von Mittel-Europa. M. 1 : 3 000 000. Kupferstich. 4. Aufl. Berlin, D. Reimer, 1873.

—— politische Uebersichtskarte der Asiatischen Türkei. 1 : 4,000,000. Lithogr. und color. qu. gr. Fol. Ebendas. 877. *

—— Uebersichtskarte der nach Chiwa und Buchara führenden Strassen, nach russ. und engl. Originalkarten und Reiseberichten zusammengestellt. 1 : 3,000,000. Fol. Berlin 873, D. Reimer. *

—— Uebersichtskarte der vom russischen Gebiete im Osten des kaspischen Meeres nach Chiwa führenden Strassen nach Recognoscirungen des k. russ. Generalstabes zusammengestellt. Fol. Ebendas. 873. *

Kiepert, Hnr., Übersichtskarte der Verbreitung der Deutschen in Europa. Für den Deutschen Schulverein zusammengestellt. M.: 1 : 3 000 000. Berlin 1887. Fol. (LHK.; HC.; D.; RPA.)

— Umgebungen von Rom, zur Erläuterung der altrömischen Geschichte für den Schulgebrauch bearb. Imp. Fol. 2 lith u. color. Bl. Ebd. 850. 1 ₰ 6 ₰; auf Leinw. u. in Etui baar n. 2 ₰ 12 ₰

— Ungarn mit seinen Nebenländern u. Galizien. Gezeichnet nach der Karte von Schedius u. Blaschnek in 9 Bl. Gest. von F. Eulenstein. Neue polit. Eintheilung. Imp. Fol. Kpfrst. u. color. Ebd. 851. ⅓ ₰

— Unter-Italien od. das Königreich beider Sicilien. Maasstab in 1 : 1,200,000. Imp. Fol. Kpfrst. u. color. Ebd. 850. ⅓ ₰

Kiepert. H. Älteste ethnographische Verhältnisse Vorderasiens. Nach Rawlinson. 1853.

Kiepert, H., Völker- und Sprachen-Karte von Deutschland und den Nachbarländern im Jahre 1866. 1 : 3000000. Berlin, Reimer, 1867. gr. Fol. Chromolith. (HC.; Br. Mus.)
——, —— 2. Aufl. Ebda. 1870.

(Aus: Berghaus, Physikalischer Atlas. 8. Abtheilung: Ethnographie Nr. 9.)
Völker und Sprachenkarte von **Deutschland** und den Nachbarländern im Jahre 1867. Zusammengestellt v. **Heinrich Kiepert.** 1 : 3000 000. Berlin. 1867. Farbendruck. 1 Bl. Fol., 49,3 60 cm.

Kiepert, Heinr., Völker- und Sprachen-Karte von Oesterreich und den Unter-Donau-Ländern. 1 : 3,000,000. 2. Aufl. Fol. Berlin 869. D. Reimer. *

—— vom Rhein bis Paris. Uebersichtskarte vom nordöstl. Frankreich, Belgien und der preussischen Rhein-Provinz. 1 : 1,000,000. 3. Aufl. Fol. Ebendas. 870.

Kiepert, H., Die Wahlbezirke zum Preussischen Abgeordnetenhause. Graphische Darstellung des Ergebnisses der Wahlen vom 6. Mai 1862 etc. Berlin, A. Euslin, 1862. . . . . (Br. Mus.)

— die Walachei. Nach Österr. u. Russischen Aufnahmen u. Ortsbestimmungen entworfen. gr. Fol. Kpfrst. u. color. Ebd. 849. n. 8 ₰

— Wandkarte v. Alt-Griechenland zum Schulgebrauch bearb. gr. Fol. 9 lith. u. color. Bl. Ebd. 847. 3 ₰

Kiepert, Heinr., Wandkarte von Alt-Griechenland, in neun Blättern. 6. berichtigte Auflage. Berlin 1892. (Min.-Erl. v. 22. Febr. 1895, Z. 627.) Roh, in Umschlag 7.44; auf Leinwand, in Mappe 12.40; mit Stäben 13.64

— Wandkarte von Alt-Italien, zum Schulgebrauch bearb. Imp. Fol. 12 lith. u. color. Bl. Ebd. 850. 4 ₰; auf Leinw. u. in Etui baar n. 8 ₰

— — Wandkarte von Alt-Italien, in 6 Blättern. 5. berichtigte Auflage. Berlin 1892. (Min.-Erl. v. 22. Februar 1895, Z. 627.) Roh, in Umschlag 5.58; auf Leinwand, in Mappe 9.30; mit Stäben 10.54

Kiepert, Hnr., Wandkarte von Deutschland mit Ausschluss der Alpenländer, vorzüglich zum Schulgebrauch bearb. M. im Reductionsverhältniss von 1 : 750 000 der natürl. Länge. 9 Bll. lith. u. kolor. Berlin, D. Reimer, 1864. Imp.-Fol. . (Br. Mus.)

—— Wandkarte von Deutschland in seiner Neugestaltung, zum Schul- und Comptoirgebrauch. 2. Aufl. Lith. u. kolor. 9 Bll. Berlin, D. Reimer, 1867. gr. Fol. (Br. Mus.; z. T.)
—, —— 3. bericht. Aufl. Ebenda 1869.

—— Wandkarte zur Geschichte des Preussischen Staats. Bearb., entw. u. gez. ... Glogau 1863. Imp.-Fol. 12 Bll. . . . . (Br. Mus.)

— R, Wandkarte von Mittel-Europa. 1 : 1 000 000. Physikalische Ausgabe mit Namen. auf Leinwand mit Stäben. Berlin

— — Physikalische Wandkarte von Europa. Vier Blätter. 5. Auflage. Neubearbeitung von R. Kiepert. 1891. (Min.-Erl. v. 11. März 1895, Z. 25512 ex 1894.) Roh im Umschlag 5.58

— Physikal. Wandkarte vom östlichen Planiglobus. auf Lwd mit Stäben. Berlin

Kiepert H, physikal. Wandkarte v. westlichen Planiglobus. a. Lwd m St. Berlin

— Politische Wandkarte von Afrika. Neu bearbeitet von R. Kiepert 1 : 8,000,000. Dritte verbesserte Auflage. Berlin 1885. Reimer. (Min.-Erl. 3. März 1890. Z. 2793.) 4.60
Auf Leinen in Mappe 9.30

— Politische Wandkarte von Afrika, bearbeitet von R. Kiepert. 1 : 8,000,000. 3. berichtigte Auflage. Berlin. Reimer. (Min.-Erl. 12. Mai 1890. Z. 2793) 4.60, auf Leinen in Mappe 9.30

1830

— — Politische Wandkarte von Europa. 4 Blätter. Maßstab 1 : 4,000.000. 5. Auflage. Neubearbeitung von R. Kiepert. Berlin 1894. Dietrich Reimer. (Min.-Erl. v. 3. Febr. 1895, Z. 25512 ex 1894.) Roh in Umschlag 5.58, aufgespannt in Mappe 10.—, aufgespannt mit Stäben 11.60

Kiepert, H., Politische Wandkarte von Nord-Amerika. 5 Blätter. 1 : 8,000.000. 4. berichtigte Auflage, neu bearbeitet von Richard Kiepert. Berlin 1891. Reimer.

Kiepert, H., Politische Wandkarte von Süd-Amerika. 4 Blätter. 1 : 8,000.000. 4. Auflage. Neue Bearbeitung von Richard Kiepert. Berlin 1891. Reimer.

— - Wandkarte des deutschen Reiches zum Schul- und Comptoir-Gebrauch bearb. 4. vollständig bericht. Aufl. M. 1:750000. Ebenda 1872. Imp.-Fol. 9 Bll. Lith. u. kolor. (3⅓ ℳ.) . . . . (Br. Mus.)
—, — 5. vollst. bericht. Aufl. Ebda. 1878.
—, — 7. Aufl. Ebda. 1883.
—, — 8. vollst. bericht. Aufl. Revision von Rich. Kiepert. Berlin, D. Reimer, 1888. gr. Fol. 9 Bll. Chromolith. (M. 10.)

— Wandkarte des Röm. Reichs zum Schulgebrauch bearb. Imp. Fol. 12 lith. u. color. Bl. Ebd. 852. 4½ ₰

—— physikalische Wandkarten. Nr. 1—8. Fol. Ebendas. * aufgez. *ℳ 106.; mit Stäben *

Inhalt:

Nr. 1. 2. Oestlicher und westl. Planiglob. (10 Bl.) 872. *ℳ 10 ; aufgez *ℳ 18.; mit Stäben *ℳ 22.
» 3. Europa. (9 Bl.) 873. *ℳ 9.; aufgez. *ℳ 16.; mit Stäben *ℳ 19.
» 4. Asien. (9 Bl.) 873. *ℳ 12.; aufgez. *ℳ 19.; mit Stäben *ℳ 22.
» 5. Afrika. (6 Bl.) 873. *ℳ 8.; aufgez. *ℳ 14.; mit Stäben *ℳ 16.
» 6. Nord-America. (5 Bl.) 874. *ℳ 7.; aufgez. *ℳ 12.; mit Stäben *ℳ 14.
» 7. Süd-America. (4 Bl.) 874. *ℳ 6.; aufgez. *ℳ 10.; mit Stäben *ℳ 12.
» 8. Der grosse Ocean [Australien und Polynesien]. 1 : 12,000,000. (8 Bl.) 875. *ℳ 12.; aufgez. *ℳ 20.; mit Stäben *ℳ 22.

Kiepert's, Heinr., physikalische Wandkarten. Nr. 1 und 2. Oestlicher und westl. Planiglob. (2. Aufl.) 10 Bl. Chromolithogr. Imp.-Fol. Berlin 878, D. Reimer. *
Auf Leinw. in Mappe **ℳ 16.: mit Stäben **

—— dass. — Nr. 4.: Asien. 1 : 8,000,000. 9 Bl. 2. vollständig verb. Aufl. Chromolithogr. Imp.-Fol. Ebendas. 879. **
Auf Leinw. in Mappe **ℳ 17,25.; mit Stäben **

Kiepert, Heinrich, Physikalische Wandkarten. Neubearbeitung von R. Kiepert. Berlin 1894. Dietrich Reimer. (Min.-Erl. v. 3. Februar 1895, Z. 25512 ex 1894.)

Nr. 1 u. 2. Westlicher u. östlicher Planiglob. 10 Blätter. 4. Auflage. Roh in Umschlag 6.20 Aufgespannt in Mappe 10.—, aufgespannt mit Stäben 11.20

Nr. 3. Europa. 4 Blätter. Maßstab 1 : 4,000.000. 5. Auflage. Roh in Umschlag 5.58, aufgespannt in Mappe 10.—, aufgespannt mit Stäben 11.60

— s. Weiland, C. F.

— das Königreich Würtemberg, u. das Grossherzogthum Baden. Nach C. F. Weilands Entwurf völlig umgearb. Imp. Fol. Kpfrst. u. color. Ebd. 850. ⅓ ₰

Kiepert, Ludwig

Kiepert, L. Über die mathematische Ausbildung von Versicherungstechnikern: Zeitschr. f. mathemat. u. naturwiss. Unterricht. Herausgegeben von J. C. V. Hoffmann, 26, 1. Leipzig 1895.

Kiepert, (Frid. Guil. Augustus) Ludov. (geb. Breslau 6. 10. 1846): De curvis quarum arcus integralibus ellipticis primi generis exprimuntur. Berolini (1870). (28 S.) 4°
Berlin, Phil. Diss. v. 16. Nov. 1870

Kiepert, Ludov., de curvis, quarum arcus integralibus ellipticis primi generis exprimuntur. Dissertatio inauguralis. 4. (29 S.) Berolini 870. (Neisse, Graveur.) * 1 —

Kiepert, Ludw.: G r u n d r i s s der Differential- u. Intregral-Rechnung, s.a. S t e g e m a n n , M.

Kiepert (L.), Grundriss der Differential- und Integral-Rechnung. Theil 1. Differential-Rechnung. Hannover 1895. 8.

— Grundriss der Differential- und Integral-Rechnung. I. Theil: Stegemann, M., Differential-Rechnung. 5. Auflage. Hannover 1888.

Kiepert, Ludw, Grundriss d. Differential- u. Integral-Rechnung. 2 Bde. gr. 8. Hannover, Helwing. n. 23. 50; Einbde. à n.n.n. 1. —
I. Differential-Rechng. 8., vollständ. umgearb. u. verm. Aufl. d. gleichnam. Leitfadens v. Max Stegemann. (XVIII, 660 S. m. 160 Fig.) 897. n. 12. —
II. Integralrechng. 6., vollständ. umgearb. u. verm. Aufl. d. gleichnam. Leitfadens v. Max Stegemann. (XVIII, 590 S. m. 139 Fig.) 896. n. 1.. 50

Kiepert, Ludw., Grundriss der Differential- u. Integral-Rechnung. I. u. II. Tl. gr. 8. Hannover, Helwing. n. 23. 50; geb. n. 26. 50
I. Differential-Rechng. 9. vollst. umgearb. u. verm. Aufl. d. gleichnam. Leitfadens v. Max Stegemann. (XVII, 750 S. m. 171 Fig.) 901. n. 12. —; geb. n. 13. 50
II. Integral-Rechng. 7. verb. u. verm. Aufl. des gleichnam. Leitfadens v. Max Stegemann. (XX, 617 S. m. 139 Fig.) 900. n. 11. 50; geb. n. 13. —

Kiepert, Ludw., Grundriss der Differential- u. Integral-Rechnung. 2 Tle. gr. 8. Hannover, Helwing. n. 24. 50; geb. in Halbfrz. n. 27. —
I. Differential-Rechng. 10. vollständig umgearb. u. verm. Aufl. des gleichnam. Leitfadens v. Max Stegemann. (XX, 816 S. m. 181 Fig.) 905. n. 12. 50; geb. n. 13. 50
II. Integral-Rechng. 8. verb. u. verm. Aufl. des gleichnam. Leitfadens v. Max Stegemann. (XX, 665 S. m. 143 Fig.) 903. n. 12. —; geb. n. 13. 50

Kiepert, Ludw., Grundriss der Differential- u. Integral-Rechnung. I. u. II. Tl. gr. 8. Hannover, Helwing. à 12.50; geb. à 13. 50
I. Differential-Rechnung. 11. unveränd. Aufl. d. gleichnam. Leitfadens v. Max Stegemann. (XX, 818 S. m. 181 Fig.) 910. X.
II. Integral-Rechnung. 9. verb. u. verm. Aufl. d. gleichnam. Leitfadens v. Max Stegemann. (XXIII, 738 S. m. 153 Fig.) 908.

Kiepert, L. Über eine Resolvente derjenigen algebraischen Gleichung, von welcher in d. Theorie d. elliptischen Functionen die Theilung der Perioden abhängt. 1885.

— Ludwig, Tabelle der wichtigsten Formeln aus der Differential-Rechnung. 5. Auflage. Hannover 1887.

— Tabelle d. wichtigsten Formeln aus d. Differential-Rechnung. [Aus: „K.'s Grundriss der Differential-Rechng. 9. vollst. umgearb. u. verm. Aufl des gleichnam. Leitfadens v. Max Stegemann".] gr. 8. (34 S.) Ebd. 901. n. — 50

Tabelle der wichtigsten Formeln aus der Differential-Rechnung. Sonderabdruck aus [Ludwig] **Kiepert's** Grundriß d. Differential-Rechnung. 10. vollst. umgearb. u. verm. Aufl. d. gleichnam. Leitfadens von weil. Dr. Max Stegemann. Hannover: Helwing 1905. (VI, 38 S.) 8° [05. 1749 7

– T a b e l l e der wichtigsten Formeln aus der Integral-Rechnung, s.a. S t e g e m a n n , M.

Kiepert, Ludw., Tabelle d. wichtigsten Formeln aus d. Integral-Rechnung. [Aus: „K.'s Grundriss d. Integral-Rechng. 6. Aufl."] gr. 8. (38 S.) Hannover 896. Helwing. n. — 50

D. früheren Auflagen waren v. Max S t e g e m a n n bearbeitet.

Tabelle der wichtigsten Formeln aus der Integral-Rechnung. S.A. aus [L u d w i g] **Kiepert's** Grundriß d. Integral-Rechnung. 8. verb. u. verm. Aufl. d. gleichnam. Leitfadens von weil. Dr. Max Stegemann. *Hannover: Helwing 1903.* (47 S.) 8° [03. 14604 7

— T a b e l l e der wichtigsten Formeln aus d. Integral-Rechnung. [Aus: „Grundriss der Integralrechnung, 9. Aufl."] (59 S.) Ebd. 908. — 50

Die Sammlungen zu wohltätigen oder gemeinnützigen Zwecken nach dem Bürgerlichen Gesetzbuche. Von Dr. jur. **M a x K i e p e r t**. *Hannover: Helwing 1903.* (VIII, 74 S.) 8° [J.] [03. 7340

Kiepert, Max [app. Arzt aus Jordan, Prov. Brandenb.]: Aus d. Dr. Wolffberg'schen Augenklinik zu Breslau. Die Verbreitung des Trachoms in Schlesien ... Kiel, Druck v. Schmidt & Klaunig, 1893; 24 S., 2 Bl., 1 Kt. 8.

Kiel, Med. Fak., Inaug.-Diss. v. [28. Dez.] 1893

Kiep, Otto Carl, Kammergerichtsrefer.: Die Wechselverpfändung und der Pfanderwerb in gutem Glauben, zugleich ein Beitrag zur Lehre von der rechtlichen Natur des Verpfändungsindossaments. Borna-Leipzig 1909: Noske. IX, 43 S. 8°

Leipzig, Jur. Diss. v. 7. April 1909

[Geb. 7. Juli 86 Saltcoats, Schottland; Wohnort: Nauen b. Berlin; Staatsangeh.: Preußen; Vorbildung: Klostersch. Ilfeld Reife O. 05; Studium: Berlin 1, München 1, Berlin 1, Kiel 1, Berlin 2 S.; Rig. 27. März 09.] [U 09. 2563

Deutsch-Ostafrika. Red. von Dr. R i c h a r d **Kiepert**. Massst. 1 : 2,000,000. *Berlin: D. Reimer [1899].* (1 Kartenbl. 61 × 70 cm.) gr. 2° [99 9970

Kiepert, R., Handkarte der deutschen Kolonien. M. 1:16,000000. 44 × 58 cm. Farbendr. u. kolor. Berlin, D. Reimer, 1895. (60 Pf.)

Karte von Deutsch-Ostafrika in 29 Blatt u. 8—10 Ansatzstücken im Maassst. v. 1:300000. Konstruirt u. gez. unt. Leitg v. Dr. R i c h a r d **Kiepert** im Auftr. u. m. Unterst. d. Kolonial-Abth. d. Auswärt. Amts. Blatt A I—III. B. I—IV. C. III. IV. [nebst] Begleitworten. *Berlin: D. Reimer [1895. 96].* 4. [97. 1913

Karte von Kleinasien meist nach noch nicht oder in kleinstem Massstabe veröffentlichten Aufnahmen in 24 Bl. Bearb. von Richard **Kiepert**. Massst. 1:400,000. Berlin: D. Reimer 1902–06. (24 Kartenbl. je 60 × 40 cm.) gr. 2° [lith. u. gestochen.] [kol.] [08. 1698

Kiepert, Dr. R. Karte des Congo-Beckens. Mit Angabe der von der Berliner Conferenz festgestellten Grenze des Freihandels-Gebietes, ferner derjenigen des neuen Congo-Staates und der Colonial-Besitzungen der Europäischen Staaten und der Neger-Reiche, sowie der hauptsächlichsten Reiserouten der Forschungs-Reisenden. 1 : 4 000 000 Berlin 1885. 1 Bl. c. L. Sch.

—, Rich., Deutscher Kolonial-Atlas für den amtlichen Gebrauch in den Schutzgebieten. Nach den neuesten Quellen, mit Verwendung von kartograph. u. sonstigem bisher noch nicht veröffentlichtem Material der Kolonial-Abtheilung des Auswärt. Amts u. der Neu-Guinea-Compagnie bearb. Begleitender Text von J. Partsch. Mit Quellen u. Konstructions-Notizen, sowie mit e. vollständ. Namen-Verzeichniss zu jeder Karte. (5 farb. Karten in Imp. Fol.) Berlin 1892.

Kiepert, Richard. Deutscher Kolonial-Atlas für den amtlichen Gebrauch in den Schutzgebieten. Begleitender Text von Dr. Jos. Partsch. Mit Quellen- und Konstruktions-Notizen, sowie mit einem vollständigen Namen-Verzeichniss zu jeder Karte. Berlin 1893. 5 Bl. c. L. Sch.

Kiepert, Richard, Westlicher und östlicher Planiglob. 10 Blätter, politische Ausgabe. Berlin 1892. Dietrich Reimer. In Umschlag roh 6.30 auf Leinwand in Mappe 10.—, auf Leinwand mit Stäben 11.50

Kiepert's, Rich., Schul- u. Wand-Atlas der Länder Europa's. 1:1,000,000. 1. u. 2. Lfg. Imp.-Fol. (à 4 chromolith. Karten.) Berlin 881. D. Reimer. à n. 5. —

1. Stumme physikalische Wandkarte v. Frankreich.
2. Politische Wandkarte v. Frankreich.

— 3. Lieferung. Stumme physikalische Wandkarte der britischen Inseln. 4 Blätter. 1 : 1,000.000. Berlin 1882. Reimer. 3.—, auf Leinwand 6.—

Kiepert, Rich., Schul-Wand-Atlas der Länder Europa's 1 : 1,000,000. 5. u. 6. Lfg. Imp.-Fol. (à 4 chromolith. Karten.) Berlin 883. D. Reimer. à n. 5. —; auf Leinw. in Mappe à n. 9. — ; m. Stäben à n. 11. —

5. Stumme physikalische Wandkarte v. Italien.
6. Politische Wandkarte v. Italien.

— 7. Lieferung. Stumme physikalische Wandkarte der Balkan-Halbinsel. 6 Blätter. 1 : 1,000.000. Berlin 1884. Reimer. 4.50, auf Leinwand 9.—

— Stumme physikalische Schulwandkarte von Deutschland. 1 : 1,000.000. Berlin 1886. Reimer. (Min.-Erl. 25. September 1890. Z. 14661.)

— — Stumme physikalische Schulwandkarte von Oesterreich-Ungarn. Maßstab: 1 : 1,000.000. Berlin 1886. Reimer. (Min.-Erl. 25. September 1890. Z. 14661.) 4.50, auf Leinen in Mappe 9. —

Kiepert, R., Schulwandatlas der Länder Europas 15. Lieferung. Stumme physikalische Karte von Rußland. 4 Blätter. 1 : 3,000.000. Berlin 1888. Reimer. 3.—, auf Leinwand in Mappe 6.—

— — Schulwandatlas d. Länder Europas. 17. Liefg. Stumme physikalische Wandkarte von Scandinavien, 4 Blätter. 1 : 1,500.000. Berlin 1888. Reimer 3.—, auf Leinwand in Mappe 6.—.

Kiepert, R., Schulwandatlas der Länder Europas. 18. Lieferung. Politische Schulwandkarte von Scandinavien. 1 : 1,500.000. Berlin 1887. Reimer. (Min.-Erl. 10. April 1890. Z. 6291.) 3.—, auf Leinen in Mappe 6.—

— — Stumme physikalische Wandkarte von Mittel-Europa. 9 Blätter. Berlin 1892. Dietrich Reimer. In Umschlag roh 7.50, auf Leinwand in Mappe 12.50, auf Leinwand mit Stäben 13.90 (Min.-Erl. v. 29. December 1893, Z. 28426.)

Kiepert, R. Neue Specialkarte von Aequatorial-Ostafrika. 3. Auflage. Mit vollständigem Namensverzeichniss. 1 : 3 000 000. Berlin 1891. 1 Bl. c. L. Sch.

Kiepert, R. Neue Spezialkarte der deutschen und britischen Schutzgebiete und Interessensphären in Aequatorial-Ost-Afrika nach den Vereinbarungen vom Juni 1890. 1 : 3 000 000. 1. u. 2. Auflage. Berlin 1890. Je 1 Bl. c. L. Sch.

Kiepert. Politische Uebersichtskarte von Ostafrika. Nach den neuesten Verträgen und Besitzergreifungen. (Aus Kiepert's Politischer Wandkarte von Afrika). 1:8000000. Berlin 1887. 1 Bl. c. I.

Usaramo, Ukami und die Uluguru-Berge nach d. Aufnahmen u. Ortsbestimmgn v. Dr. F. Stuhlmann '(1888, 1892 u. 1894)' u. Premierlt. Schlobach '(1894—1896)' u. unt. Benutzg noch unveröffentl. Routen v. ... construirt u. gezeichnet v. Dr. Richard Kiepert u. Max Moisel. Maassst. 1:150000. *Berlin: D. Reimer 1896.* 1 Ktnbl. gr. quer-2. (⅔) in 3 Bl. (97. 3577

Kiepert, Rich., s.a. Verzeichniss der Karten u. Abbildungen der Zeitschrift f. allgemeine Erdkunde etc.

Kiepert, Richard, Dr. Verzeichniss der Karten in der Zeitschrift für Allgemeine Erdkunde. Berlin. Fol.

— Wandkarte der deutschen Kolonien. M. 1:5,000000. 2 Bll. 87 × 59 cm. Farbendr. u. kolor. Ebda 1895. (5 M.)

Kiepert's Wandkarte der deutschen Kolonien. Her. von der Deutschen Kolonialgesellschaft. (Afrika-Stiller Ozean-Ostasien) 1:8000000. a. Lwd m St. Berlin (1898)

Kiepert, Willy, aus Schwiebus: Fletcher's 'Women pleased' und seine Quellen. *Halle a. S. 1903* [übergekl.: 1904]: *(C. Wagner, Schwiebus).* (67 S.) 8°
Halle, Phil. Diss. v. 1904

Kiepert's Bücherschatz. I. u. II. Bd. 8. Leipzig 898. Kiepert. à n. 2. —; geb. à n. 2. 70
I. Therese Raquin. Roman aus d. modernen Paris. Von Emile Zola. Neue u. vollständ. Uebersetzg. m. 41 Illustr. v. Castelli. 1.—10. Tausd. (239 S.)
II. Der Bauch v. Paris. Roman aus d. modernen Paris. Von Emile Zola. Neue u. vollständ. Uebersetzg. m. 22 Illustr. v. Castelli. 1.—15. Tausd. (256 S.)

Kiepert's Kursbuch für Ostdeutschland, redig. von Werner. Aug. und Novbr.—Decbr. 1875. gr. 16. (à Heft 112 S. mit 2 lithogr. Karten in qu. gr. 4.) Breslau, Gosohorsky's Buchh. à Heft *

—— dass. — 1876 und 1877. à Jahrg. ca. 6 Hefte. 8. (à Heft ca. 45—60 S. mit lithogr. Karten in Imp.-4.) Ebendas. à Heft *

—— dass. — Mit Anschlüssen nach Mittel- und Westdeutschland, Oesterreich-Ungarn und Polen. Sommer-Fahrplan 1878 und Winter-Fahrplan 1878/79 unter stetiger Berücksicht. der eintret. Aenderungen. Redig. von Werner. 16. (à Heft ca. 90 S. mit 1 lithogr. Karte.) Ebendas. à Heft *

—— dass. — Sommer-Fahrplan 1879 und Winter-Fahrplan 1879/80. 16. (à Heft ca. 90 S. mit 1 lithogr. Karte.) Ebendas. à Heft *

—— Mit Anschlüssen nach Mittel- und West-Deutschland ... Sommer-Fahrplan 1879. Winter-Fahrplan 1879/80. Ebda. 8.

Kiepert's Taschen-Fahrplan für Schlesien und Posen, redig. von Werner. Sommer-Fahrplan 1876 und Winter-Fahrplan 1876/77. 8. (42; 40 S. mit je 1 lithogr. Karte in gr. Fol.) Breslau, Gosohorsky's Buchh. à Heft *
— dass. — Sommer- und Winter-Fahrplan 1877—1879. Mit einer Droschken- und Dienstmannstaxe, für Breslau und 1 (lithogr.) Eisenbahnkarte. 8. (à Heft ca. 52 S.) Ebendas. à Heft *

Kier, Carl *Johann Ernst* [app. Arzt aus Hadersleben in Schleswig]: Über die Choleraniere ... Hamburg, Druck v. Gebr. Gimmerthal, 1895; 33 S., 1 Bl. 8.
Leipzig, Med. Fak., Inaug.-Diss. v. 3. Juli 1895

⊙ Ueber die Ablösung der Naturalzehnten in der Probstei Hadersleben und ihre Ergebnisse v. Otto Kier. Kiel. 1861. 8°

Kier, [Otto]. Fremstilling af de Grundsætninger, som Tiendecommissionerne i Danmark have at følge ved Tiendereguleringen, m. H. t. den Reguleringsnorm, som er foreslaaet af den Allerh. udnævnte Commission til Tiendens Regulering i Haderslev Provsti. Haderslev. 1840. P.

Der Hafenbau der Stadt Hadersleben, unter Berücksichtigung seines gegenwärtigen und künftigen Einflusses auf den städtischen Handelsverkehr, dargestellt ... v. Otto Kier. (Mit 4 Tafeln.) Altona. 1854. 8°.

Kier O.: Ueber die Hafenbildung an der Westküste d. Herzogthümer Schleswig u. Holstein m. besond. Berücks. d. Lister Tiefs u. d. Widau. Altona 1857. 32 S. 1 Kt. P.

Kier, Otto, Mittheilungen üb. das Amt Hadersleben, ein Beitrag zur näheren Kunde Nord-Schleswigs. gr. 8. (VIII u. 68 S.) Altona 852, Hammerich in Comm. ½ ₰

Kier, P. O., bedarf es e. besonderen Inspirationslehre? Vortrag, geh. am 7. Juli 1891. Mit e. Nachwort v Kawerau in Kiel üb. Luthers Stellg. zur heil. Schrift. gr. 8. (32 S.) Kiel 891. [E. Homann.] H. Eckardt. n. — 60

Kier, P., Versuche mit Schrämmaschinen im Ruhrkohlenbecken. Essen. 1902. 12 S. mit 3 Taf.

Kjer-Petersen, R., über die numerischen Verhältnisse der Leucocyten bei der Lungentuberkulose, s.: Beiträge zur Klinik der Tuberkulose. 1. Suppl.-Bd

Kierig, P., deutsche Sprachlehre für Volksschulen. Mit besond. Berücksicht. der im Verlage von W. Crüwell in Dortmund erschienenen Pensenvertheilungen und Lesebücher. gr. 8. (40 S.) Dortmund 880, W. Crüwell. cart.

Kierig, P. Deutsche Sprachlehre f. Volksschulen. Mit besond. Berücksicht. der im gleichen Verlage erschien. Pensenverteilgn. u. Lesebücher. gr. 8. (40 S.) Dortm. 890, Crüwell's Verlag. * — 30

Deutsche Sprachlehre für Volksschulen. Hrsg. von P. Kierig, Lehrer. 9. Aufl. Dortmund: W. Crüwell 1905. (40 S.) 8° [F.] (06. 6805

Sören Kierkegaards Verhältnis zu seiner Braut [Mit forhold til hende]. Briefe u. Aufzeichnungen aus s. Nachlaß. Hrsg. u. mit e. Begleitwort versehen von Henriette Lund. Einzig autor. deutsche Uebertragung von E. Rohr. *Leipzig: Insel-Verl. 1904.* (120 S.) 8° [F.] (04. 16781

— u. sein Verhältnis zu „ihr". Aus nachgelassenen Papieren. Hrsg. im Auftrage der Frau Regine Schlegel u. verdeutscht v. Raph. Meyer. (VIII, 157 S.) 8. Stuttgart 905. A. Juncker. n. 3. —

Kierkegaard, Peter Christian (Hilleröd / Seeland, Kopenhagen), De notione atque turpitudine mendacii. Diss. philos. Tl. I/II. Götting. (Dieterich) 14. XII. 1829. 133 S. mit Biogr. in Tl. 1 (M.: A. Lund.) (8.50) 17935

Zwei ethisch-religiöse Abhandlungen [To ethisk-religiøse Smaaafhandlinger] von Sören Kierkegaard. 1. Darf e. Mensch sich f. d. Wahrheit töten lassen? 2. Ueber d. Unterschied zwischen e. Genie u. e. Apostel. Zum ersten Male aus d. Dän. übers. von Julie v. Reincke. *Giessen: J. Ricker 1903.* (72 S.) 8° (03. 11355 B

Kierkegaard's, Sören, Angriff auf d. Christenheit. 1. Bd. Die Akten. 2 Hälften. gr. 8. Stuttgart 896. F. Frommann. n. 8. 50
1. Agitator. Schriften u. Aufsätze. 1851—1855. Uebers. v. A. Dorner u. Chr. Schrempf. (XXIV, 366 S.) — 2. Anh. (369—631.) n. 8. 50

—— s. Bärthold, A. Geleitbrief f. S. K.'s: „Ein Bißchen Philosophie."

—— s. Bärthold, A., K.'s Persönlichkeit in ihrer Verwirklichung der Ideale.

Kierkegaard, Sören. Buch des Richters. Seine Tagebücher 1833—1855 im Auszug aus dem Dänischen von Hermann Gottsched (Basel). Mit 2 Porträts [Tafeln]. IV + 200 S. 8. Jena und Leipzig, Eugen Diederichs, 1905. [M. 3. —]

Kierkegaard, S., Christenthum und Kirche. („Die Gegenwart".) Ein ernstes Wort an unsere Zeit, insbesond. an die evangel. Geistlichkeit. Aus dem Dän. gr. 8. (XII und 179 S.) Hamburg 861, (Oncken.) *

Kierkegaard, S., Christenthum und Kirche. „Die Gegenwart." Ein ernstes Wort an unsere Zeit, insbesond. an die evangel. Geistlichkeit. Aus dem Dän. 2. (Titel-)Ausg. gr. 8. (XII und 179 S.) Hamburg (861)64, J. G. Oncken. *

Kierkegaard, Sören, Einübung im Christentum. Aus dem Dän. übers. von A. Bärthold. gr. 8. (VIII, 320 S.) Halle 878, Fricke. *

Kierkegaard, Sören, Einübung im Christentum. Aus dem Dän. übers. v. A. Bärthold. 2. Aufl. gr. 8. (314 S.) Halle 894. J. Fricke's Verl. n. 3. —

—— s. a. Entweder — Oder.

Entweder-Oder [Enten-Eller]. Ein Lebensfragment. Hrsg. von Viktor Eremita (Sören Kierkegaard). Aus d. Dän. von O. Gleiß. 2. Aufl. *Dresden & Leipzig: F. Richter [1904].* (XI, 606 S.) 8° [F.] [illegible] 3

Entweder-Oder. Ein Lebensfragment. [Enten-Eller. Et Livs-Fragment.] Hrsg. von Viktor Eremita (Sören Kierkegaard). Aus d. Dän. von O[tto] Gleiß. 3. Aufl. Dresden & Leipzig: Ungelenk [1904]. 606 S. 8° [illegible]

Entweder-Oder. Ein Lebensfragment. [Enten-Eller. Et Livs-Fragment.] Hrsg. von Viktor Eremita (Sören Kierkegaard). Aus d. Dän. von O[tto] Gleiss. 5. Aufl. Dresden: Ungelenk 1909. X, 726 S. 8° [illegible] 5

Kierkegaard, Sören, Furcht und Zittern. Dialektische Lyrik von Johannes de silentio [S. K.]. Uebers. von H. C. Ketels. gr. 8. (XVI, 118 S.) Erlangen 882, Deichert. *

Kierkegaard, Sören. Ausgewählt v. A. Bärthold, s.: Ewigkeitsfragen im Lichte großer Denker.

—— die Krankheit zum Tode. Eine christl. psycholog. Entwickelung zur Erbauung und Erweckung. Übers. von A. Bärthold. gr. 8. (VII, 152 S.) Halle 881, Fricke's Verlag. *

Kierkegaard, Sören, Leben u. Walten der Liebe. Aus dem Dän. übers. v. Alb. Dorner. 2 Tle. in 1 Bd. gr. 8. (XV, 278 u. 241 S.) Leipzig 890. Fr. Richter. n. 5. —; geb. n. 6. —

—— die Lilien auf dem Felde und die Vögel unter dem Himmel. Drei fromme Reden. — Hoherpriester — Zöllner — Sünderin. Drei Beichtreden. Zusammengestellt von A. Bärthold. gr. 8. (79 S.) Ebendas. 877. *

Kierkegaard, Sören, die Lilien auf dem Felde und die Vögel unter dem Himmel. Drei fromme Reden. Hoherpriester — Zöllner — Sünderin. Drei Beichtreden. Zusammengestellt von A. Bärthold. 2. Aufl. gr. 8. (79 S.) Halle 885, Fricke's Verlag. * 1 20

—— Zur Psychologie der Sünde, der Bekehrung u. d. Glaubens. Zwei Schriften. Der Begriff der Angst. Eine simple psycholog.-wegweis. Untersuchg. in der Richtg. auf das dogmat. Problem der Erbsünde v. Vigilius Haufniensis. — Philosophische Bissen od. e. Bißchen Philosophie v. Johs. Climacus. Hrsg. v. S. K. Uebers. u. eingeleitet v. Chr. Schrempf. 8. (LVI, 275 S.) Ebd. 890. * 5 —

Ausgewählte Christliche Reden [Christelige Taler] von Sören Kierkegaard. Aus d. Dänischen übers. von Julie v. Reincke. Mit e. Anh. über Kierkegaard's Familie u. Privatleben nach d. Erinnerungen s. Nichte, Fräulein (K.) Lund. Nebst e. Bild Kierkegaard's u. s. Vaters. *Giessen: J. Ricker 1901.* (XII, 158 S.) 8° [F.] [illegible] 11

— Ausgewählte christliche Reden. Aus dem Dän. übers. v. Julie v. Reincke. Mit e. Anh.: Kierkegaard's Familie u. Privatleben nach d. persönl. Erinnergn. seiner Nichte K. Lund. Nebst e. Bild Kierkegaard's u. seines Vaters. 2. Aufl. (140 S.) 8. Gießen 909. A. Töpelmann. 3.20; geb. 4. —

Kierkegaard, Sören, zwölf Reden. Zusammengestellt von Alb. Bärthold. gr. 8. (VIII, 158 S.) Halle 875, Fricke. * 2 —

—— zwölf Reden. Zusammengestellt von A. Bärthold. 2. umgeänd. Aufl. 8. (IV, 207 S.) Ebendas. 886. * 2 —

— richtet selbst! Zur Selbstprüfg. d. Gegenwart anbefohlen. 2. Reihe. Uebers. v. A. Dorner u. Chr. Schrempf. gr. 8. (112 S.) Ebd. 896. n. 1. 50

—— zur Selbstprüfung der Gegenwart empfohlen. Nach der 3. Aufl. des Orig. aus dem Dän. übers. und mit einer Charakteristik des Verf. versehen von Chrn. Hansen. gr. 8. (XVII und 79 S.) Erlangen 862, Deichert. *

—— zur Selbstprüfung der Gegenwart empfohlen. Nach der 3. Aufl. des Orig. aus dem Dän. übers. und mit einer Charakteristik des Verf. versehen von Chr. Hansen. 2. Aufl. 16. (VII, 159 S.) Erlangen 869, Deichert. *M 1.; cart. * 1 20

—— zur Selbstprüfung der Gegenwart empfohlen. Nach der 3. Aufl. des Orig. aus dem Dän. übers. und mit einer Charakteristik des Verf. versehen von Chr. Hansen. 3. Aufl. 16. (VII, 160 S.) Erlangen 881, Deichert. *

— zur Selbstprüfung d. Gegenwart empfohlen. Nach d. 3. Aufl. d. Originals aus d. Dän. übers. u. m. e. Charakteristik d. Verf. versehen v. Chr. Hansen. 4. Aufl. 12. (VII, 160 S.) Leipzig 895. A. Deichert Nachf. n. 1. —

Kierkegaard, Sören, Stadien auf dem Lebenswege. Studien von Verschiedenen. Zusammengebracht, zum Druck befördert und hrsg. von Hilarius Buchbinder. Übers. von A. Bärthold. 8. (VII, 500 S.) Leipzig 886, Fr. Richter. *
geb. *

Kierkegaard, Sören, Stadien auf dem Lebenswege. Studien v. Verschiedenen. Zusammengebracht, zum Druck befördert u. hrsg. v. Hilarius Buchbinder. Übers. v. A. Bärthold. 2. Aufl. (IV, 93 S.) 8. Dresden 909. C. L. Ungelenk. 1. 20

— das Tagebuch des Verführers. (Deutsche Uebertragg. v. M. Dauthendey, Buchschmuck v. Walt. Tiemann.) (Neue Aufl.) (217 S.) 8. Leipzig 905. Insel-Verlag. n. 5. —; geb. n. 6. —
1. Aufl. (218 S.) 903. n. 5. —; geb. n. 6. —.

KIERKEGAARD, Sören, Das Tagebuch des Verführers. Erste vollständige deutsche Übertragung von Max Dauthendey. Leipzig, Insel-Verlag, 1905. 8⁰. Druck von Poeschel & Trepte in Leipzig. 218 S. (Br. Mk. 5—, Orig.-Ppb. 6—.) (4 Mk. 50 Pfg. Ottmar Schönhuth, München, 1906.) Nahezu vergriffen!

Numerierte erste Ausgabe von 1100 Exemplaren auf dickem federleichten englischen Büttenpapier. Mit zweifarbiger Titelzeichnung und einem figürlichen Initial von Walter Tiemann. Neue Auflage in dieser Form wird nicht veranstaltet. „Sören Kierkegaard ist einer der originellsten Denker gewesen, die je gelebt haben, und eine vor kurzem in seinem Vaterlande veranstaltete sehr teure Gesamtausgabe seiner Werke brachte es zu einer Auflage von 6000 Exemplaren; ein Beweis für die außerordentliche Schätzung, die er heute noch genießt." (Aus dem Verlags-Prospekt.)

Kierkegaard, S., christelige Taler. 4 Afdelinger. gr. 8. 1. Hedningenes Bekymringer. (103 S.) 2. Stemninger i Lidelsers Strid. (74 S.) 3. Tanker som saare bagfra — til Opbyggelse. (96 S.) 4. Taler ved Altergang om Fredagen. (77 S.) Kjøbenhavn 848, Reitzel. n. 1 11/12 ℳ

— aus den Tiefen der Reflexion. Etwas f. den Einzelnen aus K.'s Tagebüchern. 1833—1855. Aus d. Dän. übers. v. F. Venator. 8. (151 S.) Zweibrücken 901. Stuttgart, F. Lehmann. n. 1. 50

— was wir lernen v. den Lilien auf dem Felde u. den Vögeln unter dem Himmel. 3 Reden. Nach dem Dän. frei bearb. gr. 8. (111 S.) Gotha 891. E. F. Thienemann. n. 1. —

Kierkegaard's, Sören, sogen. aesthetische Werke, vgl. Lorentz, E.

Kierkegaard, Sören, gesammelte Werke. 3., 6., 7. u. 12. Bd. 8. Jena, E. Diederichs. 16.—; geb. 20. —
3. Furcht u. Zittern. Wiederholung. 2. verb. Aufl. (Mit Nachwort v. H. Gottsched.) (210 S.) 909. 3.—; geb. 4. —
6. Philosoph. Brocken. Abschließende unwissenschaftl. Nachschrift. 1. Tl. (Uebers. v. Chr. Schrempf u. H. Gottsched.) (Mit Nachwort v. Chr. Schrempf.) (373 S.) 910. 5.—; geb. 6. —
7. Abschließende unwissenschaftl. Nachschrift. 2. Tl. (Übers. v. H. Gottsched.) (317 S.) 910. 5.—; geb. 6. —
12. Der Augenblick. 2. Aufl. (Mit Nachwort v. Chr. Schrempf.) (175 S.) 909. 3.—; geb. 4. —

Kiermaier, Klement, approb. Arzt: Zur **Casuistik der Tuberkulose der Harn- und Geschlechtsorgane.** *München 1901: M. Ernst.* (14 S.) 8°
München, Med. Diss. v. 1902

KIERMAYER, JOSEPH. Ueber Furfurolderivat aus Lävulose. (Basel) München, 1895.

Kiermayr, Frz., das Fischereigesetz f. das Königreich Bayern v. 15. VIII. 1908. Textausg. m. umfangreicher Einleitg. u. ausführl. Sachregister. (76 S.) kl. 8. Straubing (908). C. Attenkofer's Verl. Geb. in Leinw. 1. —

Kiermayr, F., Die deutsche Gebührenordnung f. Zeugen u. Sachverständige vom 30. VI. 1878 in der Fassung der Bekanntmachung des Reichskanzlers vom 20. V. 1898, nebst e. Anh. betr. die auf die Zeugen u. Sachverständigen bezügl. Bestimmgn. der deutschen Zivil- u. Strafprozessordng. 3. bedeutend verm. Aufl. (80 S.) kl. 8. Burghausen '06, W. Trinkl. Kart. 1. 20.

— Die Handelskammern u. Handelsgremien nach der k. allerhöchsten Verordng. v. 25. II. 1908. Textausg. m. Anmerkgn. (44 S.) kl. 8. Ebd. (908). — 60

— Alphabetisches Nachschlagebuch f. den bayer. Bürgermeister u. Gemeindeschreiber, s.: Gesetzsammlung, populäre, m. Erläutergn. 2. Bd.

— Rechtshandbuch f. Jedermann, insbesondere f. Kaufleute, Genossenschaften, Vereine, Gewerbetreibende, Gemeindekanzleien. Landleute usw. (In ca. 15 Lfgn.) 1.—11. Lfg. (S. 1—352.) gr. 8. Straubing 906. C. Attenkofer. à n. — 40

— Rechtshandbuch f. Jedermann, insbes. f. Kaufleute, Genossenschaften, Vereine, Gewerbetreibende, Gemeindekanzleien, Landleute usw. 12.—17. (Schluß-)Lfg. (S. 353—612.) gr. 8. Straubing 907. C. Attenkofer's Verl. à — 40 (Kplt. geb. in Leinw.: 8. —)

— Das deutsche Scheckgesetz v. 11. III. 1908. Textausg. m. Einleitg., Anmerkgn. u. Sachregister. (64 S.) kl. 8. Ebd. (908). — 80

— Was hat der Landwirt beim Viehhandel zu beachten? Volksverständl. Darstellg. der f. das Deutsche Reich gelt. Bestimmgn. üb. Viehgewährschaft. (88 S.) kl. 8. Ebd. (909). Geb. in Leinw. 1. 20

— Das neue Wassergesetz f. das Königr. Bayern vom 23. III. 1907 nebst e. Anh. betr. das Feldschadengesetz. Textausg. m. ausführl. Sachregister. (107 S.) kl. 8. Ebd. (907). Geb. in Leinw. 1. 80

Kiermayr, Hans, appr. Arzt: Zwei Fälle von traumatischer Spätmeningitis. München 1906: Kastner & Callwey. (55 S.) 8°
München, Med. Fak., Ref. v. Bollinger, Diss. v. 26. Juli 1906
[Geb. 18. Juni 80 Grafing b. München; Wohnort: München; Staatsangeh.: Bayern; Vorbildung: Gymn. Freising Reife Juli 99; Studium: München 12 S.; Coll. 26. Juli 06; Approb. 5. Mai 06.]

KIERMAYR, Johann (Niederpöring): Ueber Aposkeparnismos.- München: Wolf 1885. 57 S.
30.12.1884 - Urk (Titel: De aposceparnismo.); Chr 1884/85,20
Diss. Ingolst.-Landsh.-Mchn.

Kjerne-Psalmer for Skolen og Hjemmet efter Pontoppidans og andre Psalmeboger udvalgte og samlede. Med et Tillæg af Bonner. 8. (106 S.) Flensburg 869, Herzbruch. [Westphalen.]** — 50
geb. * — 70

Kjerrulf, Gustav

Kjerrulf G.: Milchhygienische Verhältnisse in Schweden m. besond. Berücks. d. Beschaffung v. »Vorzugsmilch« ... Stockh. 1903. 72 S. Fig. 22 Tvl. 2 Pl.
(Paa Omslaget: Allgemeine Ausstellung f. hygienische Milchversorgung zu Hamburg 1903. Schweden).

Wird das Fleisch durch Schlacht- und Fleischbeschauzwang verteuert? Vermögen sich öffentliche Schlachthäuser selbst zu erhalten? Von Gust. **Kjorrulf**, städt. Obertierarzt in Stockholm. *Berlin: R. Schoetz 1897.* (72 S.) 1 Bd 8. [97. 8593

Kiersch, Adolph. (geb. Görlitz): De febri puerperali. Berolini (1845). (31 S.) 8°
Berlin, Med. Diss. v. 27. Aug. 1845

Kiersch, (Guil. Aemil. Theod.) Alexand. (geb. Liegnitz 13. 9. 1814) De hydrocephalo acuto. Berolini (1841). (31 S.) 8°
Berlin, Med. Diss. v. 8. Okt. 1841

Aus meiner Mappe. Skizzen aus e. 57jähr. Künstlerlaufbahn von Franz **Kierschner**, Hofschauspieler. New York: F. Kierschner 1907. (87 S.) 8° [J.] [07. 11999

Kierski, Emil, Prawo względem ukarania kradzieży drzewa z lasów wyjaśnił na użytek obywateli i ludu. 8. (28 S.) Lissa 852, Günther. Thlr.

Kierski, Maximil. (geb. Posen 24. 10. 1831): De electricitatis in praxi medica usu. Berolini (1854). (30 S.) 8°
Berlin, Med. Diss. v. 12. Okt. 1854

Kiersnowsky, I., liste systématique, s.: Repertorium f. Meteorologie.

Kierst, W., and O. Callier, pocket-diotionary of the English and Polish langunges. 2 parts. 12. Leipzig, O. Holtze's Nachf. à n. 2.50; geb. in Leinw. à n. 2.90; (kplt. ð. —; in 1 Halbfrzbd. n. 5.75)
1. English-Polish. (III, 427 S.) 896.
2. Polish-English. (II, [illegible] S.) 897.

Kierst, W., and O. Callier, pocket-dictionary of the English and Polish languages. 2. rev. ed. 2 Tle. in 1 Bd. 16. Leipzig 906. O. Holtze's Nachf. 5.—; geb. in Halbfrz. 5.75; einz. Tle. geb. in Leinw. 3.—
1. English-Polish. (IV, 427 S.) — 2. Polish-English. (II, 398 S.)

Der sterbende Heiland wurde am Charfreytage in nachfolgender Ode betrachtet von CARL GOTTLOB KIERSTEIN, ... 1753. den 20. April. ib. — fol.

Ihrem würdigen Senior Herrn Johann Gotthilff Lindner, ... widmet bey Dessen feyerlichen Eheverbindung dieses Blat die Königl. Deutsche Gesellschaft durch C. G. KIERSTEIN. 1754. den 4ten Februar. Königsberg, gedruckt bey ... Johann Friedrich Driest. fol.

Kierulf, Christianus Pingel: De apoplexia. Halae 1825: Gebauer. 23 S. 8°
Halle-Wittenberg, Med. Diss. v. [15. März] 1825
Geb. Sirampoor (Bengalen; Indien) 14. 6. 1800. V.
Der Verf. wurde unter Erlaß von Rigorosum und Disputation in absentia promoviert.

Kjerulf, Thdr., des Christiania-Silurbecken, chemisch geognostisch untersucht. Auf Veranstaltung des academ. Collegiums hrsg. von Adph. Strecker. (Universitäts-Programm für das 1. Halbjahr 1855.) 4. (IV und 68 S. mit 1 lithochrom. geognost. Uebersichtskarte in gr. Fol. und Profilen in eingedr. Holzschn.) Christiania 855. (Leipzig, Brockhaus' Sortiment und Antiquarium.) **

Kjerulf, Th. Das Christiania-Silurbecken chemisch-geognostisch untersucht, herausgegeben von Ad. Strecker. Christiania, 1855.

Kjerulf, Thdr., einige Chronometer der Geologie, s. a. Sammlung gemeinverständlicher wissenschaftlicher Vorträge.

Kjerulf, Theodor: Einige Chronometer der Geologie. Aus dem Norwegischen übersetzt von Richard Lehmann. Mit zwölf in den Text gedruckten Holzschnitten. (Sammlung gemeinverständlicher wissenschaftlicher Vorträge. Ser. 15. Heft 352 u. 353.) Berlin 1880. 88 S. 8°.

Kjerulf, Th., die Eiszeit, s. a. Sammlung gemeinverständl. wissenschaftl. Vorträge.

Kjerulf. Th[eodor]. Die Eiszeit. Mit 6 Holzschnitten [wovon 1 Tafel]. 8. Berlin 1878.
(Sammlung gemeinverständlicher wissenschaftlicher Vorträge. hrg. von Rud[olf] Virchow und Fr[anz] von Holtzendorff. Heft 293 u. 294.)

Kjerulf (Th.), Die Eiszeit. (Aus der Zeitschrift: „Fra Videnskabens Verden".) Deutsch von G. Hartung. Berlin 1878. 8.

Kjerulf. Th. Ein Stück Geographie in Norwegen. 1876.

Kjerulf, Thdr., über die Geologie des südlichen Norwegens, mit Beiträgen von Tellef Dahll. Lex.-8. (IV und 143 S. mit 8 chromolithogr. Karten, 5 lithogr. und ill. Profiltaf. in qu. Fol. und vielen eingedr. Holzschn.) Christiania 857, Dahl. Leipzig, (Brockhaus' Sortiment und Antiquarium. — A. Dürr.) **

—— die Geologie des südlichen und mittleren Norwegen. Uebersichtlich bearb. und im Auftrage der königl. norweg. Regierung, Departement für das Innere hrsg. Autoris. deutsche Ausg. von Adf. Gurlt. Lex.-8. (XVI, 350 S. mit zahlreichen Holzschn., Karten und Taf.) Bonn 880, Cohen und Sohn. *

— über die Geologie des südwestlichen Norwegens, mit Beiträgen von Tellef Dahll. Mit 3 (lith. u. color.) Karten, 5 (lith. u. color.) Profiltaf. (in qu. Fol.) u. vielen Holzschn. (im Text.) Christiania 857. Dahl. (Leipzig, A. Dürr.) gr. 8. (2 Bl., 143 S.) un. 2 ℛ. 15 ngr

u. Dahll. Tel. Ueber den Erzdistrikt Kongsbergs. Deutsch von Christophersen. Christiania. 1860. 4.

Kjerulf, Theodor: See- und Thalbildung. Vier Beispiele aus Norwegen. Vorgetragen in der Gesellschaft der Wissenschaften zu Christiania am 4 Februar 1881. Aus dem Norwegischen übersetzt von R. Lehmann. ([S.-A.] Mittheilungen des Vereins für Erdkunde zu Halle a. S. Jahrg. 1881.) Halle a. S. 1881 22 S. 8°.

Kierulff, Johann Friedrich

Kierulff, J. F., Sammlung der Entscheidungen des Ober-Appellationsgerichts zu Lübeck, s. Sammlung.

Kierulff, J. F., Theorie d. gemeinen Civilrechts. 1. Bd. gr. 8. (27½ B.) Altona 839, Hammerich.

Kies, (E. G.,) Geographie f. Schulen. 2te Aufl. 8. Ludwigsburg 825. (Nast.)

Kies, G. Fr.: Obstmost- [illegible] Wein-Veredelung und Vermehrung mittels Anwendung von Traubenzucker. 4. Aufl. Stuttgart: Schober 1865. 29 S. -- (Zit. nach Gracklauer)

Kies, I., Institutiones mathemat. c. fig. 4. Warsch. 742

Kies, Jak. Imm., Prüfung d. Sendschreibens d. Hrn. Dr. Kaiser's an d. Bibelgesellschaft in Nürnberg. Eine Apologie d. Bibelanstalten. 8. Stuttg. 817. Steinkopf. 12 ℛ

Dissertatio mathematica de curvarum algebraicarum asymtotis tam rectilineis quam curvilineis, earumque investigatione, quam praes. *Joanne Kies* Universit. et Colleg. ill. Profess. Mathes. et Phys. P. O. Regiae Scientiar. Acad. Borussicae Membro, publice defendet auctor *Joannes Georgius Pfeiffer*, Balingensis, Sereniss. Stipendiar. et Mag. Philos. Cand. Tubingae, typis Sigmundi. 4. 28 S. mit einer Kupfertafel. 1764

Dilucidationes Analyseos finitorum Kaestnerianae, quas praeside *Joanne Kies*, Physices et Matheseos Prof. P. O. facultatis philosophicae h. t. Decano, publice tuebuntur *Christophorus Ludovicus Kerner*, Hechingensis. *Fridericus Ludovicus Heller*, Canstadiensis. *Christianus Cunradus Klemm*, Canstadiensis. *Joannes Hardt*, Megalo-Saxenheimensis. *Christophorus Fridericus Hafenmayer*, Heimsheimensis. Magisterii philosophici Candidati. Tubingae, typis Jo. Ad. Sigmundi. 4. 40 S. 1762

Dilucidationes Analyseos finitorum Kaestnerianae, quas praeside *Johanne Kies*, Universit. et Colleg. ill. Prof. Physices et Matheseos Publ. Ord. reg. Scientiarum Academiae Borussicae Membro, publice defendet Auctor *Guilielmus Theophilus Rappolt*, Brackenhemiensis, Magisterii philosophici Candidatus in stipendio Ducali. Tubingae, litteris Jo. Ad. Sigmundi. 4. 19 S. 1768

Dilucidationes continuatae analyseos finitorum Kaestnerianae, quas praes. *Joanne Kies*, Phys. et Mathes. Prof. P. O. publice tuebuntur, *Georgius Jonathan Holland*, Rosenfeldensis, *Joannes Cunradus Goll*, Kircho-Teccensis, Magisterii philosophici Candidati. Tubingae, e chalcographia Jo. Ad. Sigmundi. 4. 28 S. 1763.

Kies, J. De influxu lunae. Tubingae 1769. 4.

Kies, J. De iride. Tubingae 1772. 4.

Kies, J. De motu lunae. Tubingae 1771. 4.

Kies, J. De perturbatione planetarum. Tubingae 1770. 4.

Propoſitiones quasdam geometricas et Opticas praeſ. *Johanne Kieſio* Philoſ. Mag. Univerſit. et Colleg. illuſtr. Profeſſ. Phyſices ac Matheſ. Publ. Ord. et Academ. Regiae Boruſſ. Membro, Eruditorum examini ſubjicit auctor *Joh. Wilh. Frid. Jaeger* Caeſareo-Lutrenſis, Seren. Stip. et Laureae ſecund. Candidatus. Tubingae typis Sigmundianis. gr. 4. 18 S. nebſt einer Kupfertafel. 1756

Trigonometria methodo plana et facili expoſita, quam praeſide *Joanne Kieſio* publice defendent Magiſterii philoſophi candidati *Joan. Dan. Hofmann*, Tubingenſis, juris utriusque cultor, *Chriſt. Friedr. Jaeger*, Stutgard. Tubingae, Typis Sigmundianis. Quart. 32 S. nebſt 1 Kupfertafel. 1760

Kies, Jh., († d. 29. Juni 1781.) Trigonometriam analyticam ob insignem ejus utilitatem explicatiorem et completior. factam in gratiam tironum ed. Jh. J. Jaeger. 4. Rinteln 799.

Kies, Johann Julius (Sommerfeld / Neumark), De fungo ossium in oris cavo. Diss. chir. Breslau (Kupfer) 8. XI. 1833. 24 S. mit Biogr. (M.: Ehrlich.) (6.20) 17937
Gew.: Johann Carl Lampe, Ludwig Cador.

Kies, Ludw., Album des Turnfestes, s. a. Album.

Kies, Ludwig, Album d. Heilbronner Turnfestes od. d. 1.—3. 8. 1846, m. Abb., Heilbronn, 44 S., 8°.

Kies, Ludw., der Kinder Art und Unart in gereimten Erzählungen zur Belehrung, Warnung und Unterhaltung der Kleinen. 4. (54 S. mit 16 lithogr. und ill. Abbildungen.) Stuttgart 855, Schreiber und Schill.

Kies, Ludw., Cypressen. Gedichte ernsten Inhalts der reiferen Jugend gewidmet. 16. (VII und 148 S.) Tübingen 864, (Osiander'sche Buchh.) *

Kies, L., Gedenkblätter aus Schrift u. Erfahrung f. Confirmanden. Mit 2 Stahlst. 16. (94 S.) Stuttgart 876. Kupfer. geb. n. 1. —

Kies, Ludw., vier christliche Gedichte für Confirmanden zur Erinnerung an ihre Confirmation. 2. Aufl. gr. 16. (20 S. und 1 Stahlst.) Schwäbisch Hall 849, Pfeiffer.

—— Geschichte Napoleon's für die Jugend erzählt. qu. 8. (120 S. mit 30 eingedr. Holzschn.) Heilbronn 848, (Landherr.) *

Kies, Ludw., Goldsternchen und Goldhäärchen. Für die Kinderwelt ein Mährchen. Mit hübschen Bildern allerlei. Mit 21 (lith.) Originalfederzeichnungen von H. Williard. Dresden (858.) Meinhold. 16. (XII, 68 S.) 15 ngr.

—— Kinder-Mährchen. In zweizeiligen Rheimpärchen. br. 8. (III und 144 S. mit 8 lithogr. und ill. Bildern.) Stuttgart 862, Thienemann. cart

Kies, Ldw., Luthers Leben u. Tod. Für Jugend u. Alter erzählt. Mit Luthers Bildniß. kl. 8. Heilbronn 846. (Drechsler'sche Buchh.) 6 ngl

— Lehre und Beispiel für kleine Kinder. Mit vielen color. Bildern. Schw. Hall (855.) (Stuttgart) Nitzschke. qu. 4. (16 lith. Taf. m. Text.) 12 ngr.

—— Licht und Schatten im Leben der Kinder, in 12 gereimten Erzählungen zur Belehrung, Warnung und Unterhaltung der Kleinen. gr. 4. (18 S. mit 12 in Tondr. ill. lithogr. Bildern nach Orig.-Zeichnungen von Mor. v. Schwind.) Eßlingen 864, Schreiber. cart.

—— Vergißmeinnicht. Christliche Gedichte für Confirmanden zum Andenken an ihre Confirmation. 3., verm. Aufl. 16. (40 S. mit 1 Stahlst.) Tübingen 853. (Ulm, Gebr. Rübling.)

— Vergißmeinnicht für die christliche Jugend, besonders für Confirmanden. 4., sehr verm. u. verb. Aufl. Reutlingen 861. Kurtz. 32. (86 S.) n. 12 ngr

— u. Karl **Stimel**, kleiner Warnungsspiegel f. Kinder von 4 bis 8 Jahren in gereimten Erzählungen. Mit 48 fein color. Bildern auf 8 (lith.) Taf. gr. 4. (16 S.) Schw. Hall 849, Nitschke. 27 ngl

—— die Wundergeschichte vom Schneiderlein, das fliegen wollt' und Kronprinz sein. gr. 16. (79 S. mit 1 Stnt. und 8 lithogr. und ill. Bildern.) Dresden 860, Meinhold und Söhne.

Kiesche, Georg Reinhold, Referendar: Die Grundzüge der strafrechtlichen Verursachungslehre nach den neueren Theorieen. Tegel 1910: Dr. d. Strafgefängn. VIII, 96 S. 8°
Jena, Jur. Diss. v. 7. Mai 1910, Ref. Löning
[Geb. 29. März 85 Blankenburg a. H.; Wohnort: Tegel; Staatsangeh.: Preußen; Vorbildung: Gymn. Bochum Reife O. 04; Studium: Bonn 2, Leipzig 1, Berlin 4 S.; Rig. 1. Febr. 10.] [U 10. 2248

Kieschke, F. W. Grundzüge zur zweckmässigen Einrichtung des Staats-Kassen- und Rechnungswesens und seiner Controlle. gr. 8°. Berlin, Rücker, 1821.

Kieschke, Friedr. Max., de aediliciarum actionum doctrina secundum hodiernum jus romanum ac recentiores Germaniae legislationes. Dissertatio inauguralis. gr. 8. (108 S.) Regimonti Pr. 873. (Leipzig, Kessler.) * 2 50

Kieschke, Hedw., u. Dorothea **Hirschfeld**, d. Anstaltsfürsorge in Deutschland. Eine Nachweisg. derjenigen deutsch. Erziehungs-, Heil- u. Pflegeanstalten, die sich in der Aufnahme v. Pfleglingen nicht auf e. engeren örtl. Bezirk beschränken. Im Auftr. des deutschen Vereins f. Armenpflege u. Wohltätigkeit hrsg. v. E. Münsterberg. (XIV, 271 S.) gr. 8. Leipzig 910. Duncker & Humblot.
Geb. in Leinw. 5. —

Die Vertagung, Schließung und Auflösung des Deutschen Reichstags in ihren rechtlichen Voraussetzungen u. Wirkungen von Dr. W[erner] **Kieschke**. Berlin: Puttkammer & Mühlbrecht 1907. (54 S.) 8° [F.]
[Erschien als Inaug.-Diss. Leipzig 1907.] 08. 1240

Kieschke, Werner, Referendar in Essen a. d. R.: Die rechtlichen Voraussetzungen und Wirkungen der Vertagung, Schließung und Auflösung des deutschen Reichstags. Borna-Leipzig 1907: R. Noske. (VIII, 54 S.) 8° [F.]
Leipzig, Jur. Fak., Diss. v. 6. Febr. 1907
[Geb. 4. Okt. 81 Königsberg i. Pr.; Wohnort: Essen a. d. Ruhr; Staatsangeh.: Preußen; Vorbildung: Joachimsthalsches Gymn. Berlin Reife O. 00; Studium: Genf 1, Edinburgh 1, Bonn 2, Halle 3 S.; Rig. 30. Okt. 03.]

Kieschnick, Osw., Kieselschwämme v. Amboina, s. a. Denkschriften der medicin.-naturwiss. Gesellschaft zu Jena. VIII. 5.

Kieschnick, Oswald: Kieselschwämme von Amboina. *Jena 1898: G. Neuenhahn.* (66 S.) 8°
Jena, Phil. Diss. v. [17. Juli] 1897

Kieseclins Nachr. v. nächtl. Geistern u. gespensterl. Erscheinungen. 3 Thle. 8. Quedlinb. Schwan. 789.

Kiesekamp, das Gesetz, betr. das Anerbenrecht bei Landgütern in der Prov. Westfalen u. in den Kreisen Rees, Essen (Land), Essen (Stadt), Duisburg, Ruhrort u. Mülheim a. d. Ruhr, vom 2. VII. 1898. Im Auftrage des Vorstandes des westfäl. Bauernvereins auf Grund der Materialien bearb. 8. (IV, 167 S.) Münster 899. (H. Schöningh.) n. 1. 50; geb. in Leinw. n. 2. —

Kiesekamp, d. billigen Wasserstrassen drücken nicht auf den Preis des Inland-Getreides. Hannover 899.

Kiesekamp, Hedwig, s.a. Kornelis, Helene.

— s.a. Rafael, L.

Kiesekamp, Hedwig: Schultsch Ebbinghaus und ihr Einziger u. andere Geschichten. Von L. Rafael [d. i. Hedwig Kiesekamp.] Kevelaer: Butzon & Bercker [1907]. 99 S. 8°
(Aus Vergangenheit u. Gegenwart. Bdch. 83.)

[F.] Grossmutter erzählt. Märchen, Erzählgn, Gedichte v. Hedwig Kiesekamp. *Münster i. W.: Aschendorff 1896.* (4 Bl., 195 S.) 1 Bd 8. [97. 5809

Kiesekamp, Hedwig, am Kamine. Märchen. 8. (153 S. m. 5 Chromolith.) Münster 878. Russell. cart. n. 2. —

— die Liebe siegt, s.: Dilettantenbühne, kathol.

L. Rafael (H[edwig] **Kiesekamp**). Das Lied der hl. Cäcilia. Heimgeholt. Doris. Münster i. W.: Aschendorff [1910]. 94 S. 8°
(Unsere Erzähler. Buch 27.) [10. 17398

Kiesekamp, Hedwig, frischer Märchenstrauß für liebe Kinder. 8. (III, 192 S. mit 5 lithogr. und color. Bildern.) Mülheim 880, Bagel's Verlagsh. cart.

— das Schützenfest, s.a. Esser's, J., Sammlg. leicht aufführbarer Theaterstücke.

[F.] Das Schützenfest. Lustsp. in 1 Akt v. Hedwig **Kiesekamp**. *Paderborn: J. Esser 1897.* (24 S.) 1 Bd 8.
= **Sammlung**, J. Esser's, leicht aufführb. Theaterstücke. H. 51. [98. 4083

Kiesekamp, Hedwig: Aus der Skizzenmappe. Von L. Rafael [d. i. Hedwig Kiesekamp]. Kevelaer: Butzon & Bercker [1908]. 100 S. 8°
(Aus Vergangenheit u. Gegenwart. Bdch. 87.)

Kiesekamp, Hedwig: Der Spökenkieker u. andere westfäl. Geschichten. Von L. Rafael (Hedwig Kiesekamp.) Essen (Ruhr): Fredebeul & Koenen 1909. 238 S. 8°

—— Wie man im Walde singt und was die Vögel sich erzählen. Frühlings-Märchen für Groß und Klein. 12. (98 S.) Paderborn 884, F. Schöningh. *

Kiesel, Arth., Scheinwelt u. wirkliche Welt. (161 S. m. 9 [1 farb.] Abb.) 8. Leipzig 909. J. A. Barth. 3. —

Kiesel, Arthur [aus Hörde]: Untersuchungen zur Physiologie des facettierten Auges ... (Aus: Sitzungsber. d. Kais. Akad. d. Wiss. in Wien, math.-naturw. Kl. Bd 103 Abth. III. 1894.) Marburg, Buchdr. v. J. Hamel, 1894; 43 S. 8.
Marburg, Phil. Fak., Inaug.-Diss. v. [4. Aug.] 1894

Kiesel, A., Untersuchungen zur Physiologie des facettirten Auges. [Aus: „Sitzungsber. d. k. Akad. der Wiss."] Lex.-8. (48 S. m. 6 Fig. u. 1 farb. Taf.) Wien 894 (F. Tempsky.) n. 1. 40

Kiesel, Arth., die Welt des Sichtbaren. Eine Betrachtg. üb. die Art u. Weise unseres Sehens. (106 S. m. 9 Abbildgn.) 8. Leipzig 905. R. Voigtländer. n. 1. 20

Kiesel, Carl ..., s. Kiesel, Karl ...

Kiesel, F., und J. Herold, Schematismus der öffentlichen evangelischen Elementarschulen Schlesiens. [Statistik. Adreßbuch.] Eine übersichtl. Zusammenstellung aller Schulen, unter Angabe der Post, der eingeschulten Ortschaften, des Patrons, Revisors, Lehrers, Gehalt rc. Nebst einem Anh., Statistik der Lehrervereine. gr. 8. (160 S.) Breslau 873, Clar's Verlag. * 2 —

Verzeichnis der Büchersammlung der S. Johannis-Loge Horus in Breslau. Nach dem Bestande vom 1. Januar 1907 zsgest. [von Fr. Kiesel]. Schildberg i. P. [1907]: Schetter. 71 S. 8°.

Kiesel, Franz [Kammergerichtsref.]: Die Ausübung des Wahlrechts bei alternativen Obligationen ... Göttingen, Druck d. Dieterich'schen Univ.-Buchdr., 1897; 2 Bl., 76 S. 8.
Göttingen, Jur. Fak., Inaug.-Diss. v. [6. Aug.] 1897

Kiesel, Frz., der Veteran von Leuthen und seine Baugeschichte. 8. (48 S.) Breslau 870, Goerlich und Coch. * — 40

Kiesel, Fritz, Bürger als Balladendichter, s.a. Beiträge zur Literaturgeschichte.

Bürger als Balladendichter von Fritz **Kiesel**. Leipzig: Verl. f. Lit., Kunst u. Musik 1907. (63 S.) 8° [F.]
= **Beiträge** z. Literaturgeschichte. H. 35 [vielm. 33]. [07. 17038

Kiesel, [Gustav]: [Der Auszug aus dem alten Schulgebäude und die Einweihungsfeierlichkeit beim Beziehen des neuen Gebäudes.] S. 22—25. 4. **Progr.** Andreas-Realgymn. *Berlin* 1907 (106).

Kiesel, G.: Die Bewegung eines starren Massen-Paares unter dem Einfluss eines Attractions-Centrums. 4°
Jena, Diss. von 1874

Kiesel, Gustav Über atmosphärische Elektricität. 4 (25 S.).
Progr. Luisenstädt. Rg. *Berlin* 1887 (93).

Kiesel, Gust., über atmosphärische Elektricität. gr. 4. (25 S.) Berlin 887, Gaertner's Verlag.

Kiesel, [Gustav]: [Die Feier des 75jährigen Bestehens der Anstalt.] S. 15—22 der Schuln. 4. Andreas-Realgymn. *Berlin* 1909 (110).
Progr.

Kiesel, J., der idealistisch-realistische Prozeß des Bewußtseins. gr. 8. (VI u. 72 S.) Würzburg 852, Kellner in Comm. n. 21 sgr.

Kiesel, Karl

Kiesel, Carl [approb. Thierarzt aus Stuttgart]: Ueber Aceton und das Vorkommen von Aceton im normalen Pferdeharn. (S.-A. aus Archiv f. d. ges. Physiologie, Bd. 97. H. 9/10.) Altenburg 1903. 61 S. 8°.
Zürich. Vet.-med. Diss. 1902/1903.

Kiesel, Carl. Ueber Aceton und das Vorkommen von Aceton im normalen Pferdeharn. Diss. Vet.-Med. Univ. Zürich ... von Karl Kiesel.... [Mit 1 Figur. — Sep.-Abdr. aus: Archiv für die gesamte Physiologie ..., hrg. von Eduard Friedrich Wilhelm Pflüger. Band 97, Heft 9/10.] 62 S. 8. (Altenburg, Pierer'sche Hofbuchdr.,) 1903.

Kiesel, Carl: De primis artis logicae praeceptis Platone duce tradendis. 19 S. – Düsseldorf, Progr. 1851.

Kiesel, Karl, Kammergerichtsreferendar: Die Ausschließlichkeit der Gewere des Mannes am Frauengut im Ehegüterrechtssystem des Sachsenspiegels. Breslau M. & H. Marcus 1906. (42 S.) 8° ¶ (Erschien vollst. u. d. T.: „Die Bedeutung der Gewere des Mannes am Frauengut für das Ehegüterrechtssystem des Sachsenspiegels" als: Untersuchungen z. Deutschen Staats- und Rechtsgeschichte H. 85.)
Göttingen, Jur. Fak., Ref. Frensdorff, Diss. v. 17. Febr. 1906
[Geb. 6. April 78 Düsseldorf; Wohnort: Berlin; Staatsangeh.: Preußen; Vorbildung: Joachimstalsches Gymn. Berlin Reife O. 96; Studium: Genf 1, München 3, München T.H. 1, Marburg 1, Berlin 3 S.; Rig. 25. Mai 03.]

Kiesel, Karl, die Bedeutung der Gewere des Mannes am Frauengut f. das Ehegüterrechtssystem des Sachsenspiegels, s. a. Untersuchungen zur deutschen Staats- u. Rechtsgeschichte.

Die Bedeutung der Gewere des Mannes am Frauengut für das Ehegüterrechtssystem des Sachsenspiegels von Dr. Karl **Kiesel**. Breslau: M. & H. Marcus 1906. (105 S.) 8°
= **Untersuchungen** z. Deutschen Staats- u. Rechtsgeschichte. H. 85.

Kiesel, Car.: Bibliotheca Vossiana bibliothecae gymnasii Dusseldorfensis adjuncta ex donatione heredum Abrahami Vossii Professoris olim Crucenacensis. 33 S.– Düsseldorf, Progr. 1851.

Kiesel, Carol. De Horatii carmine Justum ac tenacem. [III, 3.] 16 S.
Düsseldorf, Progr. 1845

Kiesel, C., De conclusionibus Platonicis. Pr. 1863. 15 S. 4°. 3.—

Kiesel: 1. Exempla ad illustrandam concludendi doctrinam ex Platonis libris collecta. 14 S. 2. De conclusionibus Platonicis. 15 S.–Düsseldorf, Progr. 1857, 1863

Die Gesellschaften mit beschränkter Haftung und ihre Heranziehung zur Staatseinkommensteuer in Preußen. Von Dr. Karl **Kiesel**. Berlin: F. Vahlen 1906. (150 S.) 8° [F.]

Kiesel, Carl (**Confluentinus [= Koblenz]**), **De hymno in Appollinem Homerico. Diss. philos. Bln. (Nietack) 1. IV. 1835. 126 S. mit Biogr. (M.: G. Zeiller.) (7.—)** 17938
Oppon.: Heinr. Duentzer, Heinr. Alb. Mor. v. Bardeleben, Herm. Alex. Mueller. — Gew.: C. F. Heinrich, F. A. Naek, F. Th. Welcker.

Kiesel, de hymno in Apollinem Homerico comment. 8. (... B.) Coblenz 835, Hölscher.

Kiesel, K., Lehrbuch der Geschichte für die oberen Klassen höherer Schulen. 3 Thle. gr. 8. Freiburg i. Br., Herder'sche Verlagsh. à Thl. *M 1,80. * 5 40
Inhalt:
Thl. 1. Das Alterthum. (XII, 248 S.) 868.
" 2. Das Mittelalter. (VIII, 236 S. mit 3 Tab. in qu. 4.) 869.
" 3. Die neue Zeit. (VIII, 234 S. mit 7 Tab. in qu. 4.) 869.

Kiesel, C. De ratione, quam Plato arti mathematicae cum dialectica intercedere voluerit. 31 S. . . . . . .
Cöln, k., Progr. 1840

Kiesel, Karl, deutsche Stilistik für Schulen. gr. 8. (III, 256 S.) **Freiburg i. Br. 887, Herder'sche Verlagsh.** *

Kiesel, K.: Über den Unterricht in der philosophischen Propädeutik. Düsseldorf.
Schul-/Univ.-Schrift von 1867

Kiesel, C., Vorlesungen über die Geschichte der vorchristlichen Zeit, gehalten zu Düsseldorf im Winter 1855—56. gr. 8. (IV und 219 S.) Freiburg im Br. 857, Herder'sche Verlagsbuchh.

Kiesel, Carl, die Weltgeschichte für höhere Schulen und Selbstunterricht übersichtlich dargestellt. 1. Bd.: Die vorchristliche Zeit. gr. 8. (XII und 533 S.) Freiburg im Br. 855 Herder'sche Vrlgsh.

—— dass. — 2. Bd.: Die christliche Zeit. (2 Abthlgn.) gr. 8. (XVI und 1136 S.) Ebds. 855—56.

Kiesel, Karl, die Weltgeschichte für höhere Schulen und Selbstunterricht übersichtlich dargestellt. 2., verb. Aufl. 12 Lfgn. gr. 8. Freiburg im Br. 865—67, Herder'sche Verlagsh. à Lfg. 12 Ngr. *
Inhalt:
Bd. 1. Die vorchristliche Zeit. (XI und 635 S.) * 1 Thlr. 18 Ngr.
" 2. 1. Abthl. Die christliche Zeit: Die fünfzehn ersten Jahrhunderte. (XI und 620 S.) * 1 Thlr. 18 Ngr.
" 2. 2. Abthl. Die christliche Zeit: Die vier letzten Jahrhunderte. (XI und 784 S.) * 1 Thlr. 18 Ngr.

Kiesel, Carl Friedr. (geb. Havelberg 29. 4. 1845): Ueber die velamentöse Insertion der Nabelschnur. Berlin (1872). (35 S.) 8°
Berlin, Med. Diss. v. 8. Juni 1872

Kiesel, Martin, Rechtspraktikant a. Aschach: Die rechtliche Stellung des Generalvikars unter Berücksichtigung der Ordinariatsverfassung in Bayern. Lohr a. M. 1907: C. Keller. (VII, 93 S.) 8°
Würzburg, Jur. Fak., Ref. Meurer, Diss. v. 18. Nov. 1907
[Geb. 6. Febr. 81 Aichach; Wohnort: Aichach; Staatsangeh.: Bayern; Vorbildung: Gymn. Münnerstadt Reife Juli 01; Studium: München 3, Würzburg 5 S.; Rig. 1. Mai 07.]

Kiesel, Max [cand. med. aus Neuruppin]: Ueber phlegmonöse Oesophagitis ... Erlangen, Druck d. Univ.-Buchdr. v. E. Th. Jacob, 1892; 46 S. 8.
Erlangen, Med. Fak., Inaug.-Diss. v. 7. März 1892

Kiesel, Otto Erich, der Demagog. Schauspiel in 4 Akten. (98 S.) 8. Leipzig 906. F. Rothbarth. n. 2. —

Ebbe und Flut. Hamburger Geschichten. Von Otto Erich **Kiesel**. Leipzig: Rothbarth; [Berlin: Hesperus-Verl.] (1904). 190 S. 8°
(Bibliothek Rothbarth. [Bd 7.])

Kiesel, Otto Erich: Hamburg als Schützenstadt. Illustrierte Zeitung vom 15. Juli 1909.

— Mors imperator u. anderes. Neue Geschichten. (144 S.) kl. 8. Ebd. (905). n. 1. —; geb. in Leinw. n. 3. —

Mors Imperator und anderes. Neue Geschichten. Von Otto Erich **Kiesel**. Leipzig: Rothbarth; [Berlin: Hesperus-Verl. 1907]. 143 S. 8°
(Bibliothek Rothbarth. [Bd 11.])

Kiesel, Paul, Referendar in Braunschweig: Der Leibrentenvertrag des Bürgerlichen Gesetzbuches. Borna-Leipzig 1905: R. Noske. (VII, 51 S.) 8° [F.]
Leipzig, Jur. Fak., Diss. v. 15. März 1905
[Geb. 22. Sept. 77 Berlin; Wohnort: Braunschweig; Staatsangeh.: Braunschweig; Vorbildung: Neues Gymn. Braunschweig Reife O. 97; Studium: München 1, Halle 1, Berlin 1, Marburg 3 S.; Rig. 26. Nov. 04.]

Kiesel, Werner, Referendar: Die deutsche Börse in ihrer rechtlichen Gestaltung seit dem Börsengesetze. Borna-Leipzig 1910: Noske. VIII, 61 S. 8°
Rostock, Jur. Diss. v. 5. Sept. 1910, Ref. Lehmann, Hübner
[Geb. 24. März 87 Berlin; Wohnort: Braunschweig; Staatsangeh.: Preußen; Vorbildung: Wilhelms-Gymn. Braunschweig Reife O. 06; Studium: München 1, Leipzig 2, Kiel 2, Marburg 1 S.; Rig. 23. Juli 10.] [U 11. 4045

Kieselbach, s. a. Kiesselbach.

Kieselbach, Arthur: Über ein Vorkommen von Glykogen in der Schilddrüse. Mainz 1909: Schneider. 32 S. 8°
Heidelberg, Med. Diss. v. 14. Febr. 1910, Ref. Ernst
[Geb. 26. Okt. 84 Demmin; Wohnort: Mainz; Staatsangeh.: Preußen; Vorbildung: Gymn. Mainz Reife O. 03; Studium: Heidelberg 6, Marburg 1, Heidelberg 4 S.; Coll. 2. März 09; Approb. 10. Febr. 10.] [U 10. 2067

Kieselbach, G. A., Die wirtschafts- u. rechtsgeschichtliche Entwickelung der Seeversicherung in Hamburg. gr. 8. (VI, 181 S. m. 4 Tab.) Hamburg, L. Gräfe & Sillem. 1901 6. —

Kieselhausen, Friedr., die Weihe d. Schulunterrichts durch Gebet u. Gesang. Gereimte Morgengebete u. Morgenlieder z. Gebr. f. Volksschulen. 2., verb. u. sehr verm. Aufl. gr. 12. (4 B.) Gotha 839, [Becker'sche Brlsbh.]

Festgesang. [Unterz.: Joh. Friedr. Christian] **Kieselhausen.** o. O. u. J. 1 Bl. 8° [Kopftit.]
Ohne Noten: „Erhabnes Fest, sei uns willkommen, . . .“

Der Brüder Gruss am Thorstein. [Unterz.:] [Joh. Friedr. Christian] **Kieselhausen.** o. O. u. J. 1 Bl. 2° [Lithogr.] [Kopftit.]
Lied ohne Noten: „Dir, Thorstein, nahten wir . . .“

Des Maurers Seligkeit. Von [Joh. Friedr. Christian] **Kieselhausen.** o. O. u. J. 2 Bl. 8° [Umschlagtit.]
Gedicht: „Des Tempels geweihete Pforte geht auf, . . .“

Kieselherz Prinzessin v. Nirgendswo. Ein tragikom. Mährchen, frech bearb. nach Gozzi und Schiller's Turandot, in 1 Akt von Dreien. 16. (18 S.) Hoyerswerda 863, Erbe.

Kieselich, Ed., d prakt. Bierbrauer od. Im Anfang war d. Praxis. E. auf prakt. Erfahrgn. beruh. Lehrbuch d. Bierbrauerei, nebst Angabe aller f. alle Brauverfahren u. Malzarten pass. Maischtemperaturen, um e. vollmund., schaumhalt., klares Bier zu brauen. gr. 8. (XV, 338 S.) Mannheim 897. (J. Bensheimer's Verl.) n. 12. —

Kieselich, Ed. Gambrinus redivivus od. die Kunst, aller Orten u. Zeiten e. gutes Malz herzustellen u. ein gutes Lagerbier zu brauen. 8. (65 S.) Mannh. 889, Bensheimer. * 10 —

Kiesenwetter

— s. a. **Kiesewetter.**

(Kiesenwetter). — Ordinarii senioris caeter. doctor. facult. jurid. Lipsiensis de viri generos. domini Ernesti Gottlobi a Kiesenwetter (equitis Lusati) eruditione et juris scientia testimonium publicum. — Rhapsodiae supplementa. Lpz. (Langenheim) 1770. 12 S. mit Biogr. K.'s. (M.: C. E. v. Nostiz.) (4.50) 17939

Kiesenwetter, Otto von

Zum 18. Februar 1903. Zehn Jahre wirtschafts-politischen Kampfes. Hist. Darstellung d. Gründung, d. Werdeganges u. d. bisher. Wirkens d. Bundes d. Landwirte. Im Auftr. d. Bundes bearb. von v. **Kiesenwetter,** Mitgl. d. Dir. *Berlin: Bund d. Landwirte 1903.* (193 S.) 4° [03. 3047

Zum 18. Febr. 1908. Fünf Jahre der Sammlung und Festigung, 1903—1908. (Hrsg.: [Otto] v. Kiesenwetter.) Fortf. d. Geschichte d. Bundes der Landwirte im Anschluß an die 1903 u. d. T. ‚Zehn Jahre wirtschaftspolitischen Kampfes‘ [von O. v. Kiesenwetter] erschienenen hist. Darst. s. Gründung u. Betätigung in d. ersten 10 J. Zur 15. Wiederkehr s. Gründungstages. — Berlin: Bund d. Landwirte 1908. 157 S. 4° 1. 38 A.

Kiesenwetter, H. v., Catalogus coleopterorum, s. Catalogus.

— und Th. Reibisch, der Naturaliensammler. Das Anlegen und Aufbewahren von Naturaliensammlungen. Wegweiser für Jung und Alt, für Laien, sowie für wissenschaftlich gebildete Naturfreunde zur Anlage von Sammlungen von Insekten, Conchylien, kleinen Wirbelthieren etc., sowie zur Einrichtung von Aquarien, Vivarien etc. gr. 8. (VIII, 258 S. mit über 200 in den Text gedr. Holzschn.-Abbild. und 1 Titelbilde in Holzschn.) Leipzig 876, Spamer. *M 4.; cart. *

Kiesenwetter, H. v., und Th. Reibisch, der Naturaliensammler. Das Anlegen und Aufbewahren von Naturaliensammlungen. Wegweiser für Jung und Alt, für Laien, sowie für wissenschaftlich gebildete Naturfreunde zur Anlage von Sammlungen von Insekten, Conchylien, kleinen Wirbelthieren etc., sowie zur Einrichtung von Aquarien, Vivarien etc. Neue wohlfeile (Titel-)Ausg. gr. 8. (VIII, 258 S. mit über 200 in den Text gedr. Abbild. und 1 Titelbilde.) Leipzig 881, Spamer. cart. *

Kiesenwetter, H. v., u. Th. Reibisch, der Naturaliensammler. D. Anlegen u. Aufbewahren v. Naturaliensammlgn. Wegweiser f. Jung u. Alt, f. Laien, sowie f. wissenschaftl. gebild. Naturfreunde z. Anlage v. Sammlungen v. Insekten, Conchylien, kleinen Wirbelthieren u. s. w., sow. z. Einrichtg. v. Aquarien, Vivarien u. s. w. Wohlfeile [Titel-] Ausg. M. über 200 in d. Text. gedr. Abb. u. 1 Titelbilde. 8. (VIII, 160, 62 u. 36 S.) Leipzig (877) 897. O. Spamer. n. 2. —; geb. in Leinw. n. 2. 50

Kiesenwetter, H. v., Naturgeschichte der Insecten Deutschlands, s. Erichson, W. F.

Kieser, Aug., Ironie d. Schicksals, s. a. Vereinstheater, neues.

Ironie des Schicksals. Lustspiel in 1 Aufz. von August Kieser. *Essen (Ruhr): Fredebeul & Koenen 1902.* (24 S.) 8°
— Vereinstheater, Neues. No 35. [02. 484. 5

Kieser, August Jean, a. Frankfurt a. M.-Bockenheim: Beiträge zur Kenntnis des Siliciums. Würzburg 1905: C. J. Becker. (44 S.) 8°
Würzburg, Phil. Fak., Ref. Tafel, Diss. v. 30. Juli 1905
[Geb. 5. Juni 83 Bockenheim; Wohnort: Würzburg; Staatsangeh.: Preußen; Vorbildung: Gymn. Darmstadt Reife O. 01; Studium: Darmstadt T.H. 5, Würzburg 3 S.; Rig. 31. Mai 05.]

Kieser, Aug. Jean, Faust, s.: Parodie-Theater. Nr. 2.

Kieser, August Jean. Madonna Felicità. Ein Renaissance-Akt. 53 S. 8. Bern, Gustav Grunau, 1908. [fr. 1. 25]
(Uraufführung am Stadttheater zu Bern, 27. Februar 1908.)

August Jean **Kieser.** Ein Stück Weges. Berlin: Borngraeber [1909]. 135 S. 8°
(Neues Leben. Bibliothek moderner Autoren.) [10. 51

— Ein Stück Weges. („Neues Leben". Bibliothek moderner Autoren.) (135 S.) 8. Berlin (909). Berl. Neues Leben. 1.—; geb. 2.—

Kieser, Dietrich Georg von

— — Sollemnia inauguralia medic. utr. candidati Carl Pabst (Altenburg). — Insunt analecta ex medicina militaria part. I. Jena (Bran) 18. III. 1828. 7 S. mit Biogr. P.'s (M.: L. Reichardt). (6.—) 17946

Dietrich Georg von Kieser

Dietericus Georgius [von] Kieser: De Anamorphosi oculi. Goettingae 1804: Barmeier. 76 S. 4°

Göttingen, Med.Diss.v.14.Apr.1804

Kieser, Dietr. Geo., comment. physiol. de anamorphosi oculi. Cum tabb. II. aen. 4maj. Gotting. 804. Vandenhöck u. R. 14 ℊ

— Aphorismen a. d. Physiologie d. Pflanzen. gr. 8. Gött. Dieterich. 808.

Kieser, D. G., Archiv f. Magnetismus. s. Archiv.

Kieser, Dietr. Geo., klinische Beiträge. 1. Bd. gr. 8. (23 B. u. 1 Kpfrt. gr. 4.) Leipzig 834, Herbig.

— Beitr. zur vergleichend. Zoologie, s. Oken.

Kieser, Dietr. Geo., amtl. Bericht üb. d. Versamml. deutscher Naturforscher u. Aerzte zu Jena etc., s. Bericht.

D. G. Kieser u. J. C. Zenker amtl. Bericht über die Vers. deutscher N. F. u. A. zu Jena im Sept. 1836. Mit 5 lithogr. Tafeln und den Facsimiles der Mitgl. der Vers. Weimar 1837. 4.

Kieser, D(ietrich) G(eorg) (Übers.u.Comm.):

s.: Brugmans, S(ebald) J(ustinus): Über die Beschaffenheit und die Bestandtheile der Atmosphäre, in welcher der sogenannte Hospitalbrand bei Verwundeten emtsteht. (Verhandeling over de gesteldheid en zamenstelling van den dampkring, in welke de zoogenaamde Hospital-versterving bij gewonden plaats heeft. Dt.) Jena: 1816

JB 3.599/1

— Oratio academica de Cholera auspicandi prorectoratus caussa die VI Aug. a. 1831. dicta. 4. Jena 833. Bran 1/6 ℛ

Kieser, D(ietrich) G(eorg) (Übers.u.Comm.):

s.: Delpech, J(acques Matthieu): Über die Complication der Wunden und Geschwüre, welche unter dem Namen Hospitalfäulniß bekannt ist. (Mémoire sur la complication des plaies et des ulcères, connue sous le nom de pourriture d'hôpital. Dt.) Jena: 1816

JB 3.599/2

— s. Dupotet: Darstellung.

Kieser, D(ietrich) G(eorg): Elemente der Phytonomie. Th.1: Phytotomie, 264 S., gbd., 6 Taf.

Jena: Cröcker 1815

JB 59

— Elemente d. Phytonomie. 1r Thl. A. u. d. T.: Grundzüge der Anatomie d. Pflanzen. Mit 6 Kpf. gr. 8. Jena 815. Cröcker. 1 Thlr 16 Gr

Kieser, D. G., Elemente der Psychiatrik. Grundlage klin. Vorträge. gr. 8. (XVI, 490 und Prospect 6 S. mit 11 Stnt. in gr. 8. und qu. gr. 4.) Breslau und Bonn 855, Weber. *

Dietrich Georg von Kieser

Entwurf einer Geschichte und Beschreibung der Badeanstalt bey Northeim nebst einigen Bemerkungen über Schlammbäder. Von Dieterich Georg [von] Kieser. Göttingen: Dieterich 1810. 136 S. 8°

[Kupfert.:] Kieser: Beschreibung der Badeanstalt bey Northeim.

Kieser, D. Dietrich Georg, De febris puerperarum indole, varia forma, et medendae ratione. Part. I. (Sollemnia inaug. medic. utr. candid. Jonathan Carl Zenker (Sundremda / Weimar; M.: Haertzer) et Friedrich Wilhelm Theile (Buttstad/Weimar; M.: Kraus)). Jena (Schreiber & Co.) 9 X. 1825. 24 S. mit Biographien. (5.20) 17940

— — Dasselbe. II. (Sollemnia inaug. medic. utr. candid. Christian Friedrich Witthauer (Ostheim/Eisenach; M.: C. M. Buzer) et Carl Ludwig Reimann (Rossla/Weimar; M.: H. S. Ortmann)). Jena (Schreiber & Co.) 25. XI. 1825. 15 S. mit Biographien. (5.20) 17941

— — Dasselbe. III. (Sollemnia inaug. medic. utr. candid. August Bernhard Weinlig (Großenhain; M.: Hennik) et Friedrich Heinrich Brehme (Schernberg; M.: A. Kessler)). Jena (Bran) 26. II. 1826. 16 S. mit Biographien. (5.—) 17942

— — Dasselbe IV. (Sollemnia inaug. medic. utr. candid. Immanuel Eydam (Jena), Theophil Wilhelm Riedel (Schleiz; M.: J. Ch. Brossmann) et Jo. Christian Heinr. Klinger (Saalburg; M.: Ch. Gebhardt)). Jena (Bran) 20. V. 1826. 35 S. mit Biographien. (5.50) 17943

— — Dasselbe. V. (Sollemnia inaug. medic. utr. candid. Johann Koegler (Goeschitz/Schleiz; M.: M. C. Steinhaeuser) et Heinrich Gustav Adolph Schenck (Weimar; M.: F. Ackermann)). Jena (Bran) 2. VIII. 1826. 35 S. mit Biographien. (5.50) 17944

— — Dasselbe. VI. (Sollemnia inaug. medic. utr. candid. Christoph Friedrich Erff (Koerner/Gotha; M.: E. Demme) et Carl Gotthelf Graefe (Chemnitz; M.: J. Hofmann)). Jena (Bran) 20. V. 1827. 26 S. mit Biographien. (5.—) 17945

Dietrich Georg von Kieser

Diteric[us] Georg[ius von] Kieser: De febris puerperarum Indole, varia forma, et medendae ratione. P.7. Ienae (1829:) Branius. 4°

P.7: (1829.)
[Einladungsschrift zur Dr. med.-Promotion von Johann Theodor Christian Friedrich Zapff, Jena, 30. Nov. 1829. u. Karl Johann Alexander Venus, Jena, 12. Dez. 1829.]

— — Sollemnia inaug. medic. utr. candid. Carl Wilhelm Schwabe (Weimar; M.: L. Schmidt) et Christian Wilhelm Schmidt (Eisenach; M.: B. Schill). — Inest Oratio de fructibus atque emolumentis in historia tum universali tum speciali ex physiologia capessendis, auspicandi prorectoratus caussa d. 4. VIII. 1827 habita. Jena (Schlotter) 12. XI. 1828. 18 S. mit Biographien. (6.20) 17947

Kieser, Dieter. Geo., zur Geschichte der kaiserl. leopoldinisch-carolinischen Akademie der Naturforscher. gr. 4. (47 S.) Jena 851, Doebereiner. Thlr. *

Kieser, D(ietrich) G(eorg): Grundzüge der Anatomie der Pflanzen: Jena: 1815

s.: Kieser, D.G.: Elemente der Phytonomie.
Th.1: Phytotomie.

JB 59/1

— Grundzüge d. allgem. Pathologie u. Therapie d. Menschen. 1r Bd. allgem. Ideen der Pathologie u. Therapie. gr. 8. Jena 812. Frommann. 1 ₰ 4 gl

Kieser, D(ietrich) G(eorg): Der Hospitalbrand und die Errichtung von Zelten und Baracken bei überfüllten und angesteckten Lazarethen. 72 S.(S.209 - 280), gbd.

Jena: Mauke 1816
(Brugmans, S(ebald) J(ustinus): Über den Hospitalbrand von S.J.Brugmans und J(acques Matthieu) Delpech. Anhang)

JB 3.599/Anh.

— — Index scholarum aestivarum publice et privatim in universitate litterarum Jenensi inde a die 21. m. aprilis usque ad diem 6. sept. 1845. — Praefatus est D. Heinr. Carl Abr. Eichstad. Jena (Bran). 18 S. (3.50) 17950

— — Index scholarum publice privatimque in universitate litterarum Jenensi per hiemem anni 1831 inde a die 17. m. octobris. — Praefatus est D. Heinr. Carl Abr. E i c h s t a d. Jena (Bran) 18 Seiten. (3.50) 17919

Kieser, D. D. K. preuß. Militärlazarette i. J. 1815. (S.-A.) 1816.

— über d. Natur, Ursachen, Kennzeichen u. Heilung d. schwarzen Staars. 8. Gött. 811. Dieterich. 14 gl

Dt. G. Kieser's akad. Rede üb. d. Verhältn. d. Philos. d. Natur z. Religion s. in *Eb.* Zwei akad. Reden u. s. w. *Jena*, Cröker. B. 815. gr8° 8gl

Kieser, D. G., zwei akadem. Reden. Ueber das Verhältniß d. Philosophie der Natur zur Religion u. üb. die Emancipation des Verbrechers im Kerker. gr. 8. (3½ B.) Jena 815, Crökersche Buchh.

– s. R e i n , J. G. M. v.: Die oriental. Cholera.

– s. R u b e l Marie.

—— über d. eigenthüml. Seelenstörung d. sogen. „Seherin v. Prevorst." N. d. latein. Orig.-Schrift übers. 8. (3½ B. u. 1 Steindr.) Berlin 831, Vereins-Buchh.

— — Singularis dementiae species in femina daemoniaca Wirtembergica illustratur. — Solemnia inauguralia in facult. medica semestri hiberno 1830. — Cum tabula aeri insculpta. Jena (Bran) 29. III. 1830. 33 S. (6.50) 17948
Johann Friedrich Ferdinand Lehmann (Dresden), Heinrich Bernhard Plitt (Herrnhut / Laus.), Heinrich Emil Succow (Jena).

Dt. G. Kieser: singularis dementiae species in femina daemoniaca Wirtembergica illustratur. Cum tab. aeri insculpta. *Jena*, Bran. 830. gr4° 6gl übers. unt. d. T.: *Eb.*: d. eigenthüml. Seelenstörung d. sogen. Seherin v. Pr.; nach d. lat. Originalschr. übers. *Berl.*, Vereinsb. 831. 8° 8gl

– s. S p h i n x .

Dietrich Georg von Kieser

System der Medicin, zum Gebr. bei akademischen Vorlesungen... von Dietrich Georg [von] Kieser. Bd 1.2. Halle: Hemmerde u. Schwetschke 1817-19. 8°

Bd 1: Physiologie der Krankheit. 1817.
Bd 2: Allgemeine Pathologie und Therapie. 1819.

Kieser, D. G., System des Tellurismus oder thierischen Magnetismus. Leipz. 821. II. 8.

Dietrich Georg von Kieser

System des Tellurismus oder tierischen Magnetismus. Ein Handbuch... von D[ietrich] G[eorg von] Kieser. Neue Ausg. Bd 1.2. Leipzig: Herbig 1826. 8°

Vniversitatis Fridericiae Gvilelmiae Rhenanae ordo medicorvm S. D. Georgio Dieterichio Kieser, med. Doctori ac Professori ivbilario ordinario in vniversitate Jenensi ... Dabamus Bonnae VIII d. m. Iun. 1862. [Bonnae, typ. C. Georgii 1862.] 1 Bl. 2.
Glückwunsch zum 50j. Prof.-Jubiläum

Dietrich Georg von Kieser

Der Ursprung des Darmkanals aus der vesicula umbilicalis, dargestellt im menschlichen Embryo. Eine anatomisch-physiologische Abhandlung von Dieterich Georg [von] Kieser. Gottingen: Dieterich 1810. 31 S. 8°

Dietr. Geo. Kieser über das Vergnügen an tragischen Gegenständen, psychologischer Commentar über Lucret. II. 1—4. Göttingen 1809. 8.

Dietrich Georg von Kieser

Vorbauungs- und Verhaltungsmaasregeln [Vorbauungsmaßregeln] bei ansteckenden Faulfieberepidemieen. Von D[ietrich] G[eorg von] Kieser. Jena: Frommann 1813. X,53 S. 8°

— d. Wartburgsfest am 18. Oct. 1817. In seiner Entstehung, Ausführung u. Folgen. Nach Aktenstücken. Mit 15 Beilagen. gr. 8. Jena 818. Frommann. 20 gl

— über d. Wesen u. d. Bedeutung d. Exantheme. Antrittsprogramm bei Eröffnung d. Vorlesungen über allgem. Pathologie u. Therapie. gr. 4. Jena 812. Frommann. 12 𝒦

Kieser, F., v., ebene Geometrie. Ein Leitfaden beim Unterricht. 4. Aufl. Nach des Verf. Tode umgearb. und verm. von W. G. F. Bohnenberger. gr. 8. (X und 211 S. mit vielen in den Text gedr. Holzschn. und 9 Stnt.) Stuttgart 859, Oetinger. *

Kieser, F., Geometrie u. Trigonometrie. Ein Leitfaden beim Unterr. in Real- u. Gewerbeschulen. 1. Thl. Ebene Geometrie. 2., verm. Aufl. gr. 8. (11¼ B. u. 11 Stnt.) Stuttgart 836, Beck u. Fränkel.
1. Thl. Ebendas. 1832. * 22 Gr.

Kieser, F., Geometrie u. Trigonometrie. Ein Leitfaden beim Unterricht in Real- u. Gewerbeschulen. 1. Thl. Ebene Geometrie. 3., verm. Aufl. gr. 8. (11½ B. u. 11 Stnt.) Stuttgart 843, Beck u. Fränkel.

Kieser, *Friedrich [Dr.]*: Ansprache bei der Feier des Gedenktages der Errichtung des deutschen Reiches. Mainz, Buchdr. v. H. Prickarts, 1896; 9—14 S. 4.
Mainz, grossh. G, P 1896 (648)

Kieser, Friedrich: Beiträge zur Geschichte des Klosters Lorsch. T. 1. Bensheim 1908: Beger. 44 S. 4°
Bensheim, großh. G OP 1908 (825) [S 08. 224

Kieser, Friedrich: Beiträge zur Geschichte des Klosters Lorsch. T. 2. (Bensheim 1909: Beger.) 50 S. 4°
¶ [Forts. d. P-Beil. 1908.]
Bensheim, großh. G OP 1909 (853) [S 09. 243

Kieser, (Fr[iedrich]), Dir. Dr.: Einführungsrede (über die höheren Ziele des Unterrichts und der Erziehung eines humanistischen Gymnasiums). *(Darmstadt 1900: G. Otto.)* (S. 1—6.) 4°
Bensheim, grossh. G, P 1900 (677)

Kieser, Friedrich, Direktor Dr.: Das salisch-fränkische Siedelungssystem u. die Heppenheimer Markbeschreibung vom Jahre 773. Ein Beitrag zur geschichtlichen Heimatkunde. Bensheim 1905: C. Beger. (48 S.) 4°
Bensheim, großh. G P 1905 (760)

Kieser, Fr. Thucydidea. 30 S. Progr. G. *Mainz* 1885.

Kieser, Hans, mod. Bauschreiner-Arbeiten, s.: Schmohl.

— ausgeführte Miet- u. Zinshäuser, s.: Häberle, Otto.

— & Deeg, einfache moderne Möbel. Eine Sammlg. meist ausgeführter bürgerl. Zimmer-Einrichtgn. gr. 4. (81 Taf. m. 10 Bl. Text.) Ravensburg (901—902). O. Maier. In Mappe n. 21.—; auch in 10 Lfgn. à n. 2.—

Kieser, Hans, & Deeg, Musterbuch für bürgerl. Zimmereinrichtungen. gr. 4. (20 Taf. m. IV S. Text.) Ravensburg (902). O. Maier. In Mappe n. 12.—

Carl Alexander Grossherzog von Sachsen. Eine Gedächtnisspredigt (von Superint. D. [Hugo] **Kieser**). *Leipzig: Buchh. d. Ev. Bundes 1901.* (12 S.) 8° [F.]
= Wartburghefte. H. 17. [01. 4590 2

Kieser, Hugo, unseres Volkes Erneuerung. Predigt am Neujahrstage 1879 über Epheser IV., 22—24 in der Neuen Kirche zu Arnstadt. gr. 8. (15 S.) Arnstadt 879, (Gimmerthal.) *

Kieser, Hugo, Evangelisches u. Vaterländisches aus der Wartburgstadt. Eine Sammlg. v. Reden, Predigten u. Vorträgen. gr. 8. (VI, 231 S.) Jena 894. F. Mauke. n. 2. 80; geb. n.n. 3. 50

Kieser, Hugo, Festrede, zu der Enthüllung des Denkmals von Johann Sebastian Bach in Eisenach am 28. Septbr. 1884 gesprochen. 8. (8 S.) Eisenach 884, Baerecke'sche Hofbuchh. *

Kieser, H., Fest-Rede zur Enthüllung d. Denkmals v. Dr. Martin Luther auf d. Karlsplatze in Eisenach am 4. Mai 1895. gr. 8. (8 S. m. 2 Abb.) Eisenach 895. H. Kahle. n.n. — 30

Kieser, Hugo, Festrede, bei der Grundsteinlegung des Lutherdenkmals in Eisenach am 2. Oktbr. 1889 geh. 8. (6 S.) Eisenach 889, (Baerecke). * — 25

Kieser, Gedächtnispredigt auf Carl Alexander, Großherzog v. Sachsen, s.: Wartburghefte. 17.

— Gedächtnißrede auf d. Fürsten Bismarck, am 6. VIII. 1898 im Erholungssaal zu Eisenach geh. 8. (8 S.) Ebd. 898. — 35

Kieser, Hugo, drei Gedächtnißreden auf Kaiser Wilhelm und Kaiser Friedrich, gehalten in St. Georg zu Eisenach. gr. 8. (25 S.) Eisenach 888, Baerecke. *

[F.] Zwei Gedächtnissreden auf Kaiser Wilhelm z. Jahrhundertfeier in St. Anna u. auf d. Frau Grossherzogin Sophie v. Sachsen in St. Georg zu Eisenach geh. v. D. [Hugo] Kieser . . . *Eisenach: H. Kahle 1897.* (19 S.) 1 Bd 8. [97. 1363

— „Ich gedenke an die vorigen Zeiten". Festrede, zur 20. Wiederkehr d. Tages v. Sedan in der St. Georgskirche zu Eisenach geh. gr. 8. (8 S.) Ebd. 890. n. — 25

Kieser, Hugo, Predigt am Dank- und Friedensfeste den 18. Juni 1871 in der neuen Kirche zu Arnstadt gehalten. gr. 8. (16 S.) Arnstadt 872, Frotscher. * — 30

— Rede, bei der Bestattung Sr. Exc. d. Hrn. Oberlandforstmeisters u. wirkl. Geh. Rathes Dr. Carl Grebe am 15. April 1890 geh. gr. 8. (7 S.) Ebd. 890. n. — 20

— „wir sind Gottes Mitarbeiter". Predigt, z. Antritt d. Oberpfarramts u. d. Superintendentur am 3. Sonntag n. Tr. den 4. VII. 1897 in der Georgenkirche zu Eisenach geh. gr. 8. (12 S.) Ebd. 897. n.n. — 25

—— Gottes Wort an unsere Zeit. Predigten. gr. 8. (IX, 172 S.) Arnstadt 880, Frotscher. *

— die stärksten Wurzeln unserer Kraft. Predigt in der Wartburgkapelle in Gegenwart Sr. Majestät d. Deutschen Kaisers u. Ihrer Königl. Hoheiten d. Großherzogs u. d. Erbgroßherzogs v. Sachsen am 1. Sonntag nach Ostern Quasimodogeniti den 24. April 1892 üb. I. Joh. 5, 4 geh. gr. 8. (11 S.) Leipzig 892. Buchh. d. Evang. Bundes v. C. Braun. n. — 20

Kieser, [Joh. Frdr.]: Die Realschule zu Stuttgart. Ihre Entwicklung und jetzige Einrichtung. Neu bearb. von [Chn.] Frisch. Stuttgart: Kleeblatt 1865.

Kieser, Joh. Philipp: De Oratione vocali ...,
s. Brand, Joh. Friedr.

Kieser, Karl, aus Stuttgart: **Beiträge zur Chemie der optischen Sensibilisation von Silbersalzen.** *Freiburg i. B.: Speyer & Kaerner 1904.* (90 S.) 8°
Freiburg i. B., Phil. Diss. v. 1904

Kieser, Karl, photograph. Chemie, s.: Liesegang, R. Ed.

Kieser, Karl, die Augsburgische Confession, s. Confession.

Kieser, K., s. Concordia.

Kieser, G., christkathol. Katechismus, nach Pet. Canisius in Fragen u. Antworten f. d. Schuljugend bearbeitet, durch bibl. Sprüche u. Beispiele begründet u. erklärt. 2. Aufl. 8. (5 B.) Augsburg 840, Schlosser.

Kieser, (C.,) Streit Ulrichs v. H., s. Streit.

Das neuzeitliche Pflanzenornament: Wie entwickele ich mein Ornament aus d. Pflanze. Hrsg. von Richard **Kieser**, Fachlehrer zu Crefeld. Crefeld: C. Busch-du Fallois Soehne [1903]. (39 S., 12 Taf.) 8° [F.] 103. 9815

Kieser, Thilo, aus dem Elbthale. (Von Schandau bis Meißen.) Gedichte. (111 S.) 8. Meißen 901. (Dresden, H. Schultze.) n. 2. —; geb. n. 2. 80

— Genio hujus loci. Eine Erzählung aus dem alten Weimar. (144 S.) 8. Weimar (903). H. Grosse. n. 1. 60; geb. n. 2. —

Kieser, Thilo, der Hirt vom Kyffhäuser. Eine Volkssage. 8. (122 S.) Dresden 894. E. Pierson. n. 1. 50; geb. in Leinw. m. Goldschn. n. 2. 50

Kieser, Thilo, Klatschmohn. Gedichte. (118 S.) kl. 8. Leipzig 906. Verl. f. Lit., Kunst u. Musik. 2. —; geb. n 3. —

Kieser, Thilo, Ostara. Ein Sang aus dem Ilmthale. 8. (96 S.) Dresden 900. Bleyl & Kaemmerer. n. 2. 60

Kieser, W., über den I. Act der Göthe'schen Iphigenie. gr. 4. (39 S.) Sondershausen 856, Eupel's Verlag.

Kieser, W. Nekrolog über den Prof. Dr. Irmisch und über den Turnlehrer Kroneberg von H. Töpfer. S. 4—13 u. S. 3—4.
Progr. G. *Sondershausen* 1880.

Kieser, W., über Goethe's Tasso. gr. 4. (27 S.) Sondershausen 868, Eupel. — 60

Kieseritzky, A. v., livländische Bauer-Verordnung, am 13. XI. 1860 allerhöchst bestätigt, m. allen zur Zeit gült., abänd., ergänz. u. erläut. Erlassen u. Verordngn., sowie sämmtl. Entscheidgn. des dirig. Senats. I. Hälfte. Nichtofficielle Ausg. gr. 8. (CVIII, 208 u. 193 S. m. 1 farb. Taf.) St. Petersburg 900. (Riga, Jonck & Poliewsky.) n.n. 7. 50

Kieseritzky, E., Die Formen der Hausindustrie in Köln. Schriften d. Vereins f. Socialpol., Bd. 86. gr. 8°. Leipzig 1899.

Die Beschlüsse der von 1879 bis 1903 abgehaltenen Konferenzen der Vorstände Statistischer Ämter deutscher Städte. Zsgest. im statist. Amt d. Stadt Breslau unter Leitung d. Dir. Prof. Dr. M. Neefe von Dr. E[rnst] Kieseritzky. *Breslau: W. G. Korn 1903.* (48 S.) 8° [Umschlagt.]
Aus: Statist. Jahrbuch deutscher Städte. Jg. 11. 104. 3744 2

— das Gelände der ehemaligen Festung Breslau 1813—1870, s. a. Mitteilungen aus d. Stadtarchiv u. Stadtbibliothek zu Breslau. 7.

Das Gelände der ehemaligen Festung Breslau 1813–1870. Von Ernst **Kieseritzky**. Mit 2 Karten. *Breslau: E. Morgenstern 1903.* (83 S.) 8° [F.]
= Mitteilungen aus d. Stadtarchiv u. d. Stadtbibliothek zu Breslau. H. 7. 104. 3399

Kieseritzky, Ernst *Johann Otto* [aus Riga '(Russl.)']: Die Sendung von Haugwitz nach Wien November und Dezember 1805 ... Göttingen, Druck d. Dieterich'schen Univ.-Buchdr., 1895; 52 S., 1 Bl. 8.
Göttingen, Phil. Fak., Inaug.-Diss. v. [29. Jan.] 1896

Kieseritzky, Gangolf v., u. Carl Watzinger, griechische Grabreliefs aus Südrussland. Im Auftrage d. kaiserl. deutschen archäolog. Instituts hrsg. (XI, 148 S. m. Abb. u. 56 Taf.) 40,5×28,5 cm. Berlin 909. G. Reimer. Geb. in Halbleinw. 50. —

Kieseritzky, G., Nike in der Vasenmalerei. Diss. 1876. 42 S.

— Der Apollo Stroganoff. S.-A. 1882. 6 S. m. 1 Taf. 4°.

Kieseritzky, Gustav: Jegor von Sivers, gest. 12. April 1879. Rede ..... Nebst einem Nachruf. — Riga 1879: Müller. 22 S.

Kieseritzky, Carl, Lehrbuch der allgemeinen Arithmetik, für den Schulgebrauch bearb. gr. 8. (III, 154 S. mit 3 eingedr. Holzschn.) St. Petersburg 875, Deubner. *

— Lehrbuch der besondern Arithmetik, für den Schulgebrauch bearb. gr. 8. (IV, 116 S.) Ebendas. 876. *

Kieseritzky, Carl, Lehrbuch der elementaren Geometrie für den Schulgebrauch bearb. 1. und 2. Bd. gr. 8. St. Petersburg, Deubner. * 5 50
Inhalt:
Bd. 1. Planimetrie. (93 S. mit eingedr. Holzschn.) 873. * ℳ 3,50.
» 2. Stereometrie. (75 S. mit 142 eingedr. Holzschn.) 874. * ℳ 2.

— Lehrbuch der Goniometrie und Trigonometrie, für den Schulgebrauch bearb. gr. 8. (IV, 90 S. mit 35 eingedr. Holzschn.) Ebendas. 875. *

Kieseritzky, Richard, aus Riga: Elektrometrische Konstitutionsbestimmungen. *Leipzig: W. Engelmann 1899.* (43 S.) 8°
¶ (Aus: Zeitschrift f. physikal. Chemie, Bd 28, H. 3.)
Leipzig, Phil. Diss. v. [14. Apr.] 1899

Kieseritzky, S. v., Festschrift z. 10-jähr. Stiftungsfeier d. Jurjewer Radfahrervereins 1888—1898. gr. 8. (77 S. m. Vignetten.) Jurjew (Dorpat) 898. (E. J. Karow.) n. 2. —

Kieseritzky, Walter v., Biostatik der im Fellinschen Kreise gelegenen Kirchspiele Oberpahlen, Pillistfer und Kl. St. Johannis in den J. 1834—1880. Inaugural-Dissertation. gr. 8. (76 S. mit Tab.) Dorpat 882, (Karow.) *

Kieseritzky, Wold., die Gerinnung des Faserstoffs, Alkalialbuminates und Acidalbumins verglichen mit der Gerinnung der Kieselsäure. Inaugural-Dissertation. gr. 8. (88 S. mit 1 Stnt.) Dorpat 882, (Schnakenburg's Verlag.) *

Kieserling, (Albert. Guil. Ludov.) (geb. Soest 20. [illegible] 1831): De rerum Romanarum scriptoribus, quibus T. Livius usus est. Berolini (1858). (59 S.) 8°
Berlin, Phil. Diss. v. 31. März 1858

Kieserling, Ludov.: De rerum Romanarum scriptoribus, quibus T. Livius usus est. Berolini 1858 (59 S.).

Kieserling, Otto, approb. Arzt aus Posema: Aus d. Kgl. chirurg. Klinik zu Kiel. Zur Casuistik des Wangen-Carcinoms; seine Operation und der plastische Ersatz. *Voorde b. Kiel 1904: O. Krohn.* (14 S.) 8°
Kiel, Med. Diss. v. [15. Apr.] 1904

Kiesewalter, der preußische Civilstands-Kommissarius und sein Verfahren bei der durch die Gerichte erfolgte bürgerl. Beglaubigung der Geburten, Heirathen und Sterbefälle der Dissidenten und Juden, nebst den dazu einschlägl. Gesetzen und Verordnungen im Anh. gr. 8. (VII, 106 S.) Berlin 868, C. Heymann's Verlag. * 1 50

Kiesewalter, Bernh. (geb. Parchwitz in Schles. 22. 3. 1849): Neun Fälle von Typhus exanthematicus. Berlin (1872). (30 S.) 8°
Berlin, Med. Diss. v. 14. Okt. 1872

Kiesewalter, Ludwig [aus Jauer]: Skelettmessungen am Pferde als Beitrag zu einer theoretischen Grundlage der Beurteilungslehre des Pferdes. . . . *Leipzig. Druck v. G. Reusche* (1888); 2 Bl. + 38 S. + 1 Bl. u. 2 Taf. 8°
Leipzig, Phil. Fak., Inaug.-Diss. v. 23. Okt. 1888

Kiesewetter De via et ratione praecepta religionis discipulis, qui primi in gymnas. ordinis sunt, tradendi I. II. 11 und 16 S. . . . .
Progr. Oels 1833,1837

Kiesewetter Ueber den Zweck des Gymnasiums. 7 S. . . . .
Progr. Oels 1830

Kiesewetter, A. Vorwort an die Urwähler. Gedruckt bei A. Feister. 1 Bl. 8.
Flugblatt. Berlin, 26. April 1848.

Kiesewetter, Alois Fd.

— Abhandl. über d. Ursache u. Heilungsart der unter d. Landvolke eingerissenen Lustseuche. 8. Brünn 778.

— d. Buchlauer Bad (im Hradischen Kreise); in e. Reihe v. Briefen an e. Freund. 8. H. Skalitz 781.

Kiesewetter, Alons Fd., Berichte u. Unterrichte über d. herrschende Hornviehseuche. 8. Wien 773.

— Beschreibung d. in Ungarn nächst Temschin gelegenen Töpliger Bades. 8. Brünn 774.

— Diss. medicae epistolares ad animarum pastores atque alios, qui ruri ab ope medica remoti existunt. Brünn 786. Gastl. 1 ℳ 8 ₰ Ubg Pr. 16 ₰

— etwas von d. in Mähren gelegenen Luhatschowitzer Gesundbrunnen; in e. Reihe von Briefen. 8. Brünn 793.

— etwas vom sogenannten Luhatschowitzer Salz- oder Selterwasser; in e. Reihe v. Briefen. 8. Brünn 792.

— Litterae apologeticae aeris Hradistiensis adversum illos, qui eum prorsus insalubrem esse existimant. 8. Szakolezne 777.

— Novissima de Bolo experimenta. 8. Wien 776. Trattner. 4 ₰

Kiesewetter, Bruno, Student u. Arbeiter. (VII, 38 S.) gr. 8. Dresden (909). E. Pierson. — 75

Kiesewetter, Carl, s. Kiesewetter, Karl

Kiesewetter, Doris, u. Hermine Steffahny, das Baby. Abbildgn. v. Babykleidg., Schnittübersichten, Teilansichten, dazu erklärend. Text. (49 S.) 23×24 cm. Berlin (905). (Cöpenick, H. Jenne.) 1. 50

KIESEWETTER, D., u. H. Steffany, Die deutsche Frauenkleidung. 30 Blätter mit Abbild. von Reformkleidern, Schnittübersichten, Teilansichten und erklärendem Text. In Umschlag br. 4°. (Kr. 1,80.) (1 Kr. Gilhofer & Ranschburg, 1909.)

— u. Hermine Steffahny, die deutsche Frauenkleidung. Bearb. u. hrsg. 30 Blätter m. Abbildgn. von Reformkleidern, Schnittübersichten, Teilansichten u. erklär. Text. (VI, 60 S.) qu. Lex.-8. Berlin (904). B. Quack. In Mappe n. 1. 50

Kiesewetter, Doris, Kleidg., Schönheit, Gesundheit. Unter Mitwirkg. v. Schöneberger u. W. Siegert hrsg. (78 S. m. Abb.) gr. 8. Berlin 908. Verl. Lebenskunst — Heilkunst. 2. —

Kiesewetter, Doris, s.: Reform-Moden-Album.

Kiesewetter, F.

Kiesewetter, s. Adreßbuch und Wohnungs-Anzeiger für die Stadt Nordhausen.

Kiesewetter, F. Erste Hilfeleistung bei Unglücksfällen, s. Gleitsmann, E.

Kiesewetter, Dr. F., Erste Hilfeleistung bei Unglücks- und plötzlichen Erkrankungsfällen in Abwesenheit d. Arztes. als Leitfaden f. den Unterricht in Sanitäts-Corps v. Feuerwehren, Fabriken etc. u. zum Selbstunterrichte. gr. 8. (V u. 287 S.) Troppau, Buchholz & Diebel. 2 fl. 1885

Kiesewetter, F., erste Hilfeleistung bei Unglücks- und plötzlichen Erkrankungsfällen in Abwesenheit des Arztes als Leitfaden für den Unterricht in Sanitätscorps von Feuerwehren, Fabriken, Eisenbahnen, Bergwerken etc. und zum Selbstunterricht für Jedermann. gr. 8. (V, 287 S. mit zahlreichen in den Text eingefügten Abbild. und 2 color. Taf.) Troppau 885, Zenker. *

Kiesewetter, F.: Erste Hilfeleistung bei Unglücks- und plötzlichen Erkrankungsfällen in Abwesenheit des Arztes. Wiesbaden 1883. 287 S.

Kiesewetter, F., erste Hilfeleistung bei Unglücks- u. plötzlichen Erkrankungsfällen bis zur Ankunft d. Arztes. Leitfaden f. den Unterricht im Sanitätskorps v. Feuerwehren, Fabriken, Eisenbahnen, Bergwerken rc. u. zum Selbstunterricht f. Jedermann. Hrsg. v. Fel. Winkler. 2., neubearb. Aufl. gr. 8. (XIV, 314 S. m. 110 Abbildgn.) Wiesbaden 893. H. Sadowsky. n. 4. 50; auch in Lfgn. à — 60

— Knochenbrüche u. Verrenkungen. Ihr Wesen u. ihre Behandlg., gemeinverständlich dargestellt. gr. 8. (80 S. m. 45 Abbildgn.) Wiesbaden 893. H. Sadowsky. n. 1. 50

— Der menschliche Körper, seine Beschaffenheit u. seine Lebensfunktionen. (Anatomie u. Physiologie d. Menschen.) Gemeinverständl. dargestellt. Mit 7 Orig.-Abbildgn. im Text. gr. 8. (57 S.) Wiesb. 892, Sadowsky. * 1 —

Kiesewetter, F., die Krankenpflege in der Familie. Zur Aufklärung und Unterstützung in der häusl. Krankenpflege und als Lectüre für Jedermann. gr. 8. (VIII, 534 S.) Troppau 885, Zenker. *

— dass. — 2. (Titel-)Aufl. Billige Volksausg. gr. 8. (VIII, 534 S.) Ebendas. 887.

— Die Krankenpflege in der Familie. Zur Aufklärg. u. Unterstützg. in der häusl. Krankenpflege u. als Lectüre f. Jedermann hrsg. 3. unveränd. Aufl. gr. 8. (VIII, 534 S. mit 37 eingedr. Abbildgn.) Ebd. 890. geb. * 5 —
Vgl.: Sonntag, O. Leitfaden zur Ausbildung als Privat-Krankenpflegerin.

[F.] Die Krankenpflege in der Familie. Zur Aufklärg u. Unterstützg in d. häusl. Krankenpflege ... Hrsg. v. Dr. F. Kiesewetter. 4. vollständ. umgearb. Aufl. v. Prof. Dr. [Wilhelm] Benninghoven. (In 15 Lfgn.) *Berlin: O. Nahmmacher (1898).* (XI, 542 S.) 1 Bd 8.

— Vergiftungen u. ihre Behandlung. Gemeinverständlich dargestellt. gr. 8. (13 S.) Ebd. 892. n. — 50

— über Wunden u. Wundbehandlung, sowie die hierbei in Betracht kommenden Verbände. Gemeinverständlich dargestellt. gr. 8. (56 S. m. 45 Abbildgn.) Ebd. 892. n. 1. —

v. Kiesewetter, Fd., s. Reise e. deutschen Officiers nach Griechenland.

Kiesewetter, Fr., s. Franklin-Expeditionen, die, und ihr Ausgang.

Kiesewetter, F., Kane der Nordpolfahrer, s. Feierstunden, malerische.

Kiesewetter, Fr [Bearb.]
s. Kane, Elisha Kent: Kane, der Nordpolfahrer. 1867.

Kiesewetter, G., Lehrgang d. englischen Sprache nebst Einführung in die Geographie u. wichtige Ereignisse der Geschichte Grossbritanniens. Mit 1 Karte v. England, 1 Plan v. London u. zahlr. Illustr. (VIII, 189 S.) gr. 8. Frankfurt a/M. (907). Kesselring. Geb. 2. —

Kiesewetter H. C. Ph.: Praktisch-ökonomische Bemerkungen auf einer Reise durch Holstein, Schleswig, Dithmarsen u. einen Theil d. Bremer u. Hannöverschen Landes an der Elbe. Hof 1807. 252 S. 6 Tvl.

Kiesewetter, H. J. Phil., prakt. ökonomische Bemerkungen auf e. Reise durch Holstein, Schleswig, Dithmarsen u. e. Theil d. Bremer u. Hannöv. Landes an d. Elbe. Mit 6 Kpft. gr. 8. Hof 807. Grau. 1 ₰ 8 gl

Kiesewetter, J. B. C., s. Kiesewetter, Johann Gottfried Karl Christian

Kiesewotter, I. C., Syntagma de re milit. veter., praec. romanor. 8. Erf. Homeyer. 756.

Kiesewetter, J. G. L., s. Kiesewetter, Johann Gottfried Karl Christian

— **Jo. Christoph,** Programma de moderanda sciendi cupiditate, quo auspiciis sereniss. Ludovici Friderici, principis Schwartzburgi . . . natalitia festa sereniss. Alberti Antonii, principis Schwartzburgi. Rudolstadt (Urban) 23. VII. 1714 8 S. (4.—) 17953

— — Programma de indole heroica. Natalitia festa sereniss. Wilhelmi Ludovici principis Schwartzburgi. Rudolstadt (Urban) 1717. 8 S. (3.—) 17956
Joh. Aug. Ernst v. Brandenstein (Osterländ. Adel), Johann Michael Meyer (Rudolstadt), Jo. Conrad Dietmar (Volckst.).

— — Judicia sapientum de Joachimo Camerario specimen quartum quo sub auspiciis sereniss. Ludovici Friderici principis Schwartzburgi . . . natalitia festa sereniss. Friderici Anthonii principis Schwartzburgi. Rudolstadt (Urban) 1716. 2 Bl. (2.—) 17954
Heinrich Christian Wächter (Zoppot), Johann Georg Limprecht (Weisbach), Johann Martin Holtzhey (Mellenb.).

— — Dasselbe. Specim. decimum. Natalitia festa sereniss. Sophiae Julianae principis Schwartzburgi. Rudolstadt (Urban) 1717. 2 Blatt. (2.—) 17955
Jo. Georg Manhard (Hering.), Jo. Christ. Straubel (Köniz), Jo. David Biedermann (Rudolstadt).

— — M. Antonii Flaminii judicium rectum de speciosa bonae et luculentae orationis copia quo loco programmatis . . . festa natalitia sereniss. Wilhelmi Ludovici principis Schwartzburgi. Rudolstadt (Urban) 1719. 16 S. (4.—) 17957
Jo. Nicolaus Biel (Sizendorf), Heinrich Christoph Holtzhey (Allendorf), Michael Günther Loeber (Ilmopol.).

Kiesewetter, Jh. Gf. Karl Chr., kurzer Abriß d. Erfahrungsseelenlehre. Zum Gebrauch für den Unterricht. gr. 8. Berl. 806. 2e A. 814. (Duncker u. H.) 1 ₰ 6 gl

— kurzer Abriß d. Erfahrungsseelenlehre, z. Unterricht. gr. 8. Berl. Quien. 806.

Kiesewetter, J. G. C., kurzer Abriß der Erfahrungsseelenlehre. 2te Aufl. gr. 8. Berlin. 806. Jetzt Duncker und Humblot.

J. Gf. K. Ch. **Kiesewetter's** kurzer Abriss d. Erfahr.-Seelenlehre. *Berl.*, (Quien. 806.) 2e A. Saalfeld. 814. 8° 1 ₰ 6 gl

Johann Gottfried Karl Christian Kiesewetter

Die ersten Anfangsgründe der reinen Mathematik zum Gebrauch für den Unterricht. Von J[ohann] G[ottfried] C[arl Christian] Kiesewetter. (Th.1-3.) Berlin: Quien 1799. VIII,414 S. 13d 8°

(Th.1:) Anfangsgründe der Arithmetik.
(Th.2:) Anfangsgründe der Geometrie.
(Th.3:) Anfangsgründe der ebenen Trigonometrie.

Beigeb.: Kiesewetter: Erläuterungen der ersten Anfangsgründe der reinen Mathematik. Berlin 1820.

— erste Anfangsgründe der reinen Mathematik. Mit 11 Kpft. gr. 8. Berl. 799. 2e A. 804. Quien. 1 ₰ 12 gl 3e A. 811. 4e A. Mit 5 Kpft. gr. 8. Ebd. 818. Nauck. 2 ₰ 2r Thl. A. u. d. T.: Fortsetzung d. Anfangsgründe d. reinen Mathematik, zum Gebrauch für Vorles. u. mittelst d. dazu gehörigen Erläuterungen zum Selbstunterricht. Mit Kupf. gr. 8. Berl. 818. Nauck. 2 ₰ 20 gl

— s. Bürja, A.: Beispielsammlung.

— gedrängter Auszug aus Kants Kritik d. reinen Vernunft. 8. Berl. 796. (Sander). 2 gl

— gedrängter Auszug aus Kants Prolegomena zu e. jeden künftigen Metaphysik rc. 8. Berl. 796. (Sander). 3 gl

— u. Benkowitz, Wagner u. Leo rc., kl. rednerische Aufsätze. 2 Thle. 8. Halle 790. Dreyßig. 16 gl

— u. Karl Fr. Fischer, neue philosoph. Bibliothek. 16 Hft. gr. 8. Berl. 794. W. Oehmigke. 12 gl

— Darstellung d. Erfahrungsseelenlehre, s. a. Bildungsbibliothek für Nichtstudirte.

Kiesowotter, J. B. C., Faßliche Darstellung der Erfahrungsseelenlehre. 8°.
1795

J. Gf. K. Ch. **Kiesewetter's** fassliche Darstell. d. Erfahrungs-Seelenlehre z. Selbstbelehr. (d. *Funk.* Bildungsbibl. 4n B. 1e Abth.) *Hamb.*, Campe. 806. gr 8° 1 ₰ 8 gl

Kiesewetter, J.G.C.: Faßliche Darstellung der Erfahrungsseelenlehre zur Selbstbelehrung für Nichtstudierende. 520 S., gbd.

Wien: Härter 1817
(Bildungsbibliothek für Nichtstudierende. Hrsg.von K(arl) P(hilipp) Funke. Bd 10, Abth.1)

JB 5.609/10,1

— Darstell. d. wichtigsten Wahrheiten. d. krit. Philosophie. 4te Ausg. Vermehrt durch einen gedrängten Auszug aus Kants Kritik der reinen Vernunft ꝛc., v. Ch. G. Flittner. gr. 8. Berlin 824, Flittner.

— Erläuterung d. ersten Anfangsgründe der reinen Mathematik, zum Gebrauch beim Unterricht. Mit 2 Kpft. gr. 8. Berl. 802. 2e A. 804. (Reimer; a. Schlesinger). 12 gr 4e A. Mit 2 Kpft. gr. 8. Berl. 819. Nauck. 16 gr

Johann Gottfried Karl Christian Kiesewetter

Erläuterungen der ersten Anfangsgründe der reinen Mathematik zum Gebrauch für den Unterricht. Von J[ohann] G[ottfried] C[arl Christian] Kiesewetter
Berlin: Quien 1802. 159 S. 8°

Angeb. an: Kiesewetter: Die ersten Anfangsgründe der reinen Mathematik. Berlin 1799.

— Erläuterungen d. ersten Anfangsgründe d. reinen Mathematik. 3te Aufl. gr. 8. Ebend. 811.

Kiesewetter, J. G. C., Erläuterungen der ersten Anfangsgründe der reinen Mathematik für d. Unterricht. Mit 2 Kupfertafeln. 4te Aufl. gr. 8. Berlin, Nauck. 819. Rthlr. -

— Geschichte von Frankreich, s. Lacretelle ꝛc.

J. Gf. K. Ch. Kiesewetter's Grundriss e. allgem. Logik nach Kant. Grundsätzen, begl. m. e. weitern Auseinandersetzung f. diejenigen, die ke. Vorless. darüber hören können. (*Berl.*, Lagarde. 1r Th. 1-3e A. 791-802. 2r Th. 1-2e A. 796-806.) 1r Th. 4e rechtmäss. umgearb. u. s. vm. A. *Lpz.*, Köchly. 824. gr 8° 2 Rthlr 2r Th. 3e vb. A. 826. 1 Rthlr 12 gr

J. Gf. K. Ch. Kiesewetter üb. d. ersten Grundsatz d. Moralphilosophie; nebst e. Abhandl. üb. d. Freyh. v. L. H. Jakob. (*Halle.* 788.) *Berl.*, Matzdorf. 790-91. 2 Thle. 8° 1 Rthlr 6 gr

— über d. ersten Grundsätze d. Moralphilosophie, nebst e. Abhandl. üb. d. Freiheit v. Prof. Jakob. 2 Thle. 8. Leipz. u. Halle 788. 2e A. 8. Berl. 790, 91. Matzdorf. 1 Rthlr 6 gr

– s. Klenacker, J. A.: Handbuch.

— über den furchtbaren Kometen. 8. Berl. 798.

— Compend. e. allgem. Logik, nach Kants Grundsätzen. gr. 8. Berl. 796. (Köchly). 16 gr

— Lehrbuch der Hodegetik, oder kurze Anweisung zum Studiren. gr. 8. Berl. 811. Nauck. 1 Rthlr

— Logik zum Gebrauch für Schulen. gr. 8. Berl. 797. (Köchly). 9 gr 2e A. 814. 3e A. gr. 8. Leipz. 823. Köchly. 16 gr 4e A. 832. 12 gr

J. Gf. K. Ch. Kiesewetter's Logik z. Gebr. f. Schulen. (*Berl.*, Lagarde. 797. 2-3e umgearb. u. vm. A. *Lpz.*, Köchly. 814-23.) 4e A. *Eb.* 832. gr 8° 12 gr

— — aus Kants Prolegomen. 8. Ebend. 796.

J. Gf. K. Ch. Kiesewetter's Prüf. d. Herderschen Metakritik. *Berl.*, Quien. 799-800. 2 Thle. 8° 4 Rthlr 10 gr

— — Prüfung der Herderschen Metakritik. 2 Bde. 8. 799 und 800. Ist jetzt Verlag von Friedrich Fleischer in Leipzig.

— Prüfung d. Herderschen Metakritik. 2 Thle. 8. Berl. 799—800. Quien. (Fr. Fleischer in Leipz.) 1 Rthlr 18 gr

— Rede an d. Stiftungstage d. k. medic.-chirurg. Pepinière, d. 2n Aug. 1808. 8. Berl. 808.

— Reise durch einen Theil Deutschlands, der Schweiz, Italiens u. d. südl. Frankreichs nach Paris. 2 Thle. gr. 8. Berl. 816. Dunker u. H. 4 Rthlr

— die wichtigsten Sätze d. allgem. Vernunftlehre, s. a. Bildungsbibliothek für Nichtstudirte.

Eb.: die wichtigsten Sätze d. allgem. Vernunftlehre f. Nichtstudierende (d. *Funk.* Bild. Bibl. 4n Bds. 2e Abth.) *Hamb.*, Campe. 806. gr 8° 9 gr

J. Gf. K. Ch. Kiesewetter's Vers. e. fassl. Darstell. d. wichtigst. Wahrhh. d. neuern Philos. f. Uneingeweihte. *Berl.*, Oehmigke d. j. 1r Th. (795-98.) 803. 2r Th. m. Reg. üb. beide. 803. 8° (1 Rthlr 20 gr) Dann unt. d. T.: Darstell. d. wichtigsten Wahrhh. d. krit. Philos. 4e vb. Ausg.; verm. durch e. gedrängten Auszug a. Kant's Kr. d. r. V. u. e. Uebers. d. vollständ. Lit. d. Kant. Philos.; nebst e. Lebensbeschr. d. Vfrs. v. Ch. Gf. Flittner. *Berl.*, Flittner (jetzt Sander. B.) 824. gr 8° 2 Rthlr 12 gr

Kiesewetter Josef: Die Meerfernen und Hafenfernen von Oesterreich-Ungarn.
M. 1908 PN 2522 Diss. Wien, Univ.

Kiesewetter, Karl

Kiesewetter, Carl, John Dee, e. Spiritist des 16. Jahrh. Kulturgeschichtliche Studie. Mit dem Protokoll der ältesten bekannten spiritist. Sitzung vom 28. Mai 1583 u. den Porträts v. John Dee u. Edward Kelley. gr. 8. (77 S.) Leipzig 893. M. Spohr. n. 1. 50

Kiesewetter, Carl, die Entwickelungsgeschichte des Spiritismus von der Urzeit bis zur Gegenwart. Vortrag, geh. in der Loge „Zum Licht" in Hamburg, am 12. Jan. 1893. gr. 8. (III, 50 S.) Leipzig 893. M. Spohr. n. 1. 20

— Faust in der Geschichte u. Tradition. Mit besond. Berücksicht. des occulten Phänomenalismus u. des mittelalterl. Zauberwesens. Als Anh.: Die Wagnersage u. das Wagnerbuch. gr. 8. (XXIII, 567 S. m. 33 Abbildgn.) Ebd. 893. n. 10. —

— Geschichte d. Occultismus. (I. Thl.) Geheimwissenschaftl. Systeme von Agrippa v. Nettesheym bis zu Carl du Prel. gr. 8. (XIV, 797 S. m. Abbildgn.) Leipzig 891. W. Friedrich. n. 16. —; geb. n.n. 18. —

— dasselbe. II. Thl. Die Geheimwissenschaften. gr. 8. (XXVII, 749 S.) Ebd. 895. n. 16. —; geb. n.n. 18. —

Kiesewetter, K., zur Geschichte d. modernen Occultismus, s. a. Schriften der Gesellschaft f. Experimental-Psychologie zu Berlin.

— zur Geschichte des modernen Occultismus. 8. (20 S.) Berlin 889. K. Siegismund. n. — 60

Kiesewetter, Carl. Geschichte d. neueren Occultismus. Geheimwissenschaftl. Systeme v. Agrippa v. Nettesheym bis zu Carl du Prel. gr. 8. (XIV, 797 S. m. Abbildgn.) Lpz. 891, W. Friedrich. * 16 —
geb. ** 18 —

Kiesewetter, Karl, Geschichte des neueren Occultismus. Geheimwissenschaftl. Systeme v. Agrippa v. Nettesheim bis Karl du Prel. 2. stark verm. Aufl., besorgt v. Rob. Blum. (XII, 916 S.) 8. Leipzig 907—09. M. Altmann. 22.—; geb. 25.—; auch in 11 Lfgn. à 2. —

— Franz Anton Mesmer's Leben u. Lehre. Nebst e. Vorgeschichte d. Mesmerismus, Hypnotismus u. Somnambulismus. gr. 8. (180 S.) Leipzig 893. M. Spohr. n. 3. —

Kiesewetter, Karl, d. Occultismus d. Altertums. 2 Bde. gr. 8. Leipzig, W. Friedrich. à n. 9. —;
(kplt. in 1 Bd. geb. n. 20, 40)
I. Akkader — Babylonier — Chaldäer — Assyrer — Meder — Perser — Inder — Ägypter — Hebräer. (440 S.) 895.
II. Griechen — Römer — Alexandriner, Neupythagoräer u. Neuplatoniker — Kelten u. Germanen — Barbarische Völker. (S. 439—921)

— dasselbe. Ergänzungsbd., s.: Kuhlenbeck, L., d. Occultismus d. nordamerikan. Indianer.

Kiesewetter, L., u. E. Nayhrer, kleines Fremdwörterbuch zur Erklärung u. Verdeutschg. der in der heutigen deutschen Sprache gebrauchten fremden Wörter, Redensarten, Vornamen u. Abkürzungen. Auf Grund der 8. Aufl. v. L. Kiesewetters „Taschenfremdwörterbuch" völlig neu bearb. v. E. Nayhrer. (IV, 364 S.) kl. 8. Berlin (908). E. Flemming. Geb. 2. 50

Kiesewetter, L., neuestes vollständiges Fremdwörterbuch zur Erklärung u. Verdeutschung der in der heutigen deutschen Schrift- u. Umgangssprache gebräuchl. fremden Wörter, Redensarten, Vornamen u. Abkürzungen, mit genauer Angabe ihres Ursprungs, ihrer Rechtschreib., Betonung u. Aussprache. 1s Hft. (A—aequa.) gr. 8. Glogau 840. Flemming. $^1/_4$ ₰

— neuestes vollständiges Fremdwörterbuch zur Erklärung u. Verdeutschung der in der heutigen deutschen Schrift- u. Umgangssprache gebräuchl. fremden Wörter, Redensarten, Vornamen u. Abkürzungen, mit genauer Angabe ihres Ursprungs, ihrer Rechtschreibung, Betonung u. Aussprache. 2.—13. (letztes) Hft. (Aqui—Z. Nebst Finderegister.) gr. 8. Ebend. 840, 41. (à $^1/_4$ ₰) 3 ₰ — compl. $3^1/_4$ ₰

Kiesewetter, L., neuestes vollständiges Fremdwörterbuch zur Erklärung und Verdeutschung der in der heutigen deutschen Schrift- und Umgangssprache gebräuchl. fremden Wörter, Redensarten, Vornamen und Abkürzungen, mit genauer Angabe ihres Ursprungs, ihrer Rechtschreibung, Betonung und Aussprache. 3., umgearb. und verm. Aufl. gr. 8. (VI und 653 S.) Glogau 855, Flemming's Verlag.

Kiesewetter, L., neuestes vollständiges Fremdwörterbuch zur Erklärung und Verdeutschung der in der heutigen deutschen Schrift- und Umgangssprache gebräuchlichen fremden Wörter, Redensarten, Vornamen und Abkürzungen mit genauer Angabe ihres Ursprungs, ihrer Rechtschreibung, Betonung und Aussprache. 4., vollständig umgearb. und verm. Aufl. Lex.-8. (VII und 688 S.) Glogau 863, Flemming. 1 Thlr. 25 Ngr.; geb.

Kiesewetter, L., neuestes vollständiges Fremdwörterbuch zur Erklärung und Verdeutschung der in der heutigen deutschen Schrift- und Umgangssprache gebräuchl. fremden Wörter, Redensarten, Vornamen und Abkürzungen mit genauer Angabe ihres Ursprungs, ihrer Rechtschreibung, Betonung und Aussprache. 5. vollständig umgearb. und verm. Aufl. In 12 Lfgn. gr. 8. (VIII, 710 S.) Glogau 869—71. Flemming. à Lfg. 50 Pf. 6 —
geb. 6 50

Kiesewetter, L., neuestes vollständiges Fremdwörterbuch zur Erklärung und Verdeutschung der in der heutigen deutschen Schrift- und Umgangssprache gebräuchlichen fremden Wörter, Redensarten, Vornamen und Abkürzungen mit genauer Angabe ihres Ursprungs, ihrer Rechtschreibung, Betonung und Aussprache. 6. verb. und verm. Aufl. gr. 8. (VIII, 724 S.) Glogau 877, Flemming. geb.

Kiesewetter, L., neuestes vollständiges Fremdwörterbuch zur Erklärung und Verdeutschung der in der heutigen deutschen Schrift- und Umgangssprache gebräuchlichen fremden Wörter, Redensarten, Vornamen und Abkürzungen, mit genauer Angabe ihres Ursprungs, ihrer Rechtschreibung, Betonung und Aussprache. 7. verb. und verm. Aufl. gr. 8. (IV, 771 S.) Glogau 888, Flemming. geb. *

[K.] Neuestes vollständiges Fremdwörterbuch z. Erklärg u. Verdeutschg der in d. heut. deutschen Schrift- u. Umgangsspr. gebräuchl. fremden Wörter, Redensarten, Vornamen u. Abkürzgn m. genauer Angabe ihres Ursprungs, ihrer Rechtschreibg, Betong u.Ausspr. Bearb. v. Dr. L. Kiesewetter. (Hrsg.: Alexander Scholz, Gymnasiall. a. D.) 8. Aufl. *Glogau: C. Flemming 1896.* (2 Bl., 770 S., 1 Bl.) 1 Bd 8. [97. 1374]

Kiesewetter, L., gedrängte Geschichte d. Buchdruckerkunst von ihrer Erfind. bis auf uns. Tage. — Mit Guttenbergs Denkmal u. d. beiden Basreliefs v. Thorwaldsen. ($^1/_2$ gr. Fol.) gr. 8. ($5^3/_4$ B.) Glogau 840, Flemming. Thlr. *

—— Taschenfremdwörterbuch zur Erklärung und Verdeutschung der in der heutigen deutschen Sprache gebräuchlichen fremden Wörter, Redensarten, Vornamen und Abkürzungen. gr. 16. (333 S.) Glogau 866, Flemming. 15 Ngr.; cart.

—— Taschen-Fremdwörterbuch zur Erklärung und Verdeutschung der in der heutigen deutschen Sprache gebräuchlichen fremden Wörter, Redensarten, Vornamen und Abkürzungen. 2. Aufl. (340 S.) 1872, und 3. verm. und verb. Aufl. 8. (336 S.) Ebendas. 874. geb. 1 80

— Taschen-Fremdwörterbuch zur Erklärung und Verdeutschung der in der heutigen deutschen Sprache gebräuchlichen fremden Wörter, Redensarten, Vornamen und Abkürzungen. 4. verm. und verb. Aufl. gr. 16. (336 S.) Ebendas. 878. cart.

Kiesewetter, L., Taschen-Fremdwörterbuch zur Erklärung u. Verdeutschung der in der heutigen deutschen Sprache gebräuchlichen fremden Wörter, Redensarten, Vornamen u. Abkürzungen. 4., verm. u. verb. Aufl. 12. (336 S.) Glogau 881. Flemming. cart. 2. —; geb. 2. 25

—— Taschen-Fremdwörterbuch zur Erklärung und Verdeutschung der in der heutigen deutschen Sprache gebräuchlichen fremden Wörter, Redensarten, Vornamen und Abkürzungen. 5. verm. und verb. Aufl. 12. (334 S.) Ebendas. 886. geb.

— Taschen-Fremdwörterbuch z. Erklärg. u. Verdeutschg. d. i. d. heut. deutschen Sprache gebräuchl. fremden Wörter, Redensarten, Vornamen u. Abkürzgn. 6., verm. u. verb. Aufl. 12. (334 S.) Ebd. (892).
Geb. in Leinw. 1. 50

Kiesewetter, L., Taschen-Fremdwörterbuch. 6., verm. Aufl. 12. (336 S.) Glogau 893. C. Flemming. Geb. in Leinw. 2. 25

Kiesewetter, L., neuer prakt. Universal-Briefsteller für das geschäftliche u. gesellige Leben. Mit genauen Regeln über Briefstil überhaupt u. jede Briefgattung insbesondere, einer Anweisung zur Orthographie u. Interpunction u. einer möglichst vollständ. Zusammenstellung aller üblichen Titulaturen etc. gr. 8. Glogau 843, Flemming. 1/2 ₰ — 2. Aufl. gr. 8. Ebend. 845. 1/2 ₰

Kiesewetter, L., neuer praktischer Universal-Briefsteller für das geschäftliche und gesellige Leben. Ein Formular- und Muster-Buch zur Abfassung aller Gattungen von Briefen, Eingaben, Contracten etc. Mit genauen Regeln über Briefstyl überhaupt etc. Nebst einer Auswahl von Stammbuchsaufsätzen und einem Fremdwörterbuche. 3. Aufl. (XII und 364 S.) 1849, 4. Aufl. (VIII und 397 S.) 1851. und 5., verm. und verb. Aufl. 8. (VIII und 360 S.) Glogau 852, Flemming's Verlag.

—— neuer practischer Universal-Briefsteller für das geschäftliche und gesellige Leben. Ein Formular- und Muster-Buch zur Abfassung aller Gattungen von Briefen, Eingaben, Contracten etc. Mit genauen Regeln über Briefstyl überhaupt etc., eine Anweisung zur Orthographie und Interpunction etc. Nebst einer Auswahl von Stammbuchsaufsätzen und einem Fremdwörterbuche. 6., verm. und verb. Aufl. gr. 8. (VIII und 360 S.) Glogau 854, Flemming's Verlag.

— neuer praktischer Universal-Briefsteller für das geschäftliche u. gesellige Leben. Ein Formular- u. Muster-Buch zur Abfassung aller Gattungen von Briefen, Eingaben, Contracten, Verträgen etc. Mit genauen Regeln über Briefstyl überhaupt u. jede einzelne Briefgattung insbesondere, eine Anweisung zur Orthographie u. Interpunction u. einer möglichst vollständigen Zusammenstellung aller üblichen Titulaturen. Nebst einer Auswahl von Stammbuchsaufsätzen u. einem Fremdwörterbuch. 7—16. verb. u. verm. Aufl. Ebend. 856—64. gr. 8. (VIII, 360 S.)
15 ngr.

— **neuer praktischer Universal-Briefsteller für das geschäftliche u. gesellige Leben. Ein Formular- u. Muster-Buch zur Abfassung aller Arten von Briefen, Eingaben, Contracten etc. Nebst einer Auswahl von Stammbuchsaufsätzen u. einem Fremdwörterbuche. 17—19., verb. u. verm. Aufl. Ebend. 865—68. gr. 8. (IV, 356 S.) cart.**
15 ngr.

—— neuer praktischer Universal-Briefsteller für das geschäftliche und gesellige Leben. Ein Formular- und Muster-Buch zur Abfassung aller Gattungen von Briefen, Eingaben, Contracten, Verträgen, Testamenten, Vollmachten, Quittungen, Wechseln, Anweisungen und anderen Geschäfts-Aufsätzen. Mit genauen Regeln über Briefstyl überhaupt und jede einzelne Briefgattung insbesondere, einer Anweisung zur Orthographie und Interpunction und einer möglichst vollständ. Zusammenstellung aller übl. Titulaturen. Nebst einer Auswahl von Stammbuchsaufsätzen und einem Fremdwörterbuche. 20.—24. verm. und verb. Aufl. gr. 8. (IV, 308 S.) Glogau 869—74, Flemming.
cart. (ℳ 1,50.)
geb.

— neuer praktischer Universal-Briefsteller für das geschäftliche und gesell. Leben. Ein Formular- und Muster-Buch zur Abfassung aller Gattungen von Briefen, Eingaben, Contracten etc. Mit genauen Angaben über Briefstyl überhaupt und jede einzelne Briefgattung insbesondere, eine Anweisung zur Orthographie und Interpunction und eine möglichst vollständige Zusammenstellung aller üblichen Titulaturen. Nebst einer Auswahl von Stammbuchsaufsätzen und einem Fremdwörterbuche. 25.—27. verm. und verb. Aufl. gr. 8. (IV, 308 S.) Glogau 877—79, Flemming. *ℳ 1,60.; geb.

Kiesewetter, L., neuer praktischer Universal-Briefsteller für das geschäftliche und gesell. Leben. Ein Formular- und Muster-Buch zur Abfassung aller Gattungen von Briefen, Eingaben, Contracten etc. Mit genauen Angaben über Briefstyl überhaupt und jede einzelne Briefgattung insbesondere, eine Anweisung zur Orthographie und Interpunction und eine möglichst vollständige Zusammenstellung aller üblichen Titulaturen. Nebst einer Auswahl von Stammbuchsaufsätzen und einem Fremdwörterbuche. 28. und 29. verm. und verb. Aufl. gr. 8. (320 S.) Glogau 881,83, Flemming. *ℳ 1,60.; geb.

—— neuer praktischer Universal-Briefsteller. Ein Formular- und Muster-Buch zur Abfassung aller Gattungen von Briefen, Eingaben, Contracten, Verträgen, Testamenten, Vollmachten, Quittungen, Wechseln, Anweisungen und andern Geschäfts-Aufsätzen, mit genauen Regeln über Briefstyl, einer Anweisung zur Orthographie und Interpunction und einer möglichst vollständ. Zusammenstellung aller übl. Titulaturen. Nebst einer Auswahl von Stammbuchs-Aufsätzen und einem Fremdwörterbuche. 30. verm. und verb. Aufl. gr. 8. (IV, 314 S.) Ebendas. 886.
cart. *
geb. in Halbleinw.

— **neuer praktischer Universalbriefsteller. Ein Formular- u. Muster-Buch zur Abfassg. aller Gattgn. v. Briefen, Eingaben, Kontracten, Verträgen, Testamenten, Vollmachten, Quittgn., Wechseln, Anweisgn. u. andern Geschäfts-Aufsätzen. Nebst e. Auswahl v. Stammbuchs-Aufsätzen u. e. Fremdwörterbuche. 34., verm. Aufl. gr. 8. (IV, 307 S.) Ebd. 893. Kart. n. 1. 60**

— **neuer prakt. Universal-Briefsteller. E. Formular- u. Muster-Buch zur Abfassg. aller Gattgn. v. Briefen, Eingaben, Kontrakten, Verträgen etc. m. genauen Regeln üb. Briefstil, e. Anweisg. z. Orthographie u. Interpunktion u. e. mögl. vollst. Zusammenstellg. aller übl. Titulaturen. Nebst e. Ausw. v. Stammbuchs-Aufsätzen u. e. Fremdwörterbuche. 36., verm. u. verb. Aufl. gr. 8. (IV, 307 S.) Ebd. 895. Kart. n. 1. 60**

Kiesewetter's, L., neuer prakt. Universal-Briefsteller. Ein Formular- u. Musterbuch zur Abfassg. aller Gattgn. v. Briefen, Eingaben, Kontrakten, Verträgen, Testamenten, Vollmachten, Wechseln, Anweisgn. u. and. Geschäfts-Aufsätzen, mit genauen Regeln üb. Briefstil, eine Anweisg. zur Orthographie u. Interpunktion u. e. mögl. vollständ. Zusammenstellg. aller übl. Titulaturen. Nebst e. Auswahl v. Stammbuch-Aufsätzen u. e. Fremdwörterbuche. 41. verm. u. verb. Aufl. (439. Taus.) (IV, 307 S.) gr. 8. Glogau 903. Berlin, C. Flemming. Kart. n. 1. 60

Dr. L. **Kiesewetters** neuer praktischer Universal-Briefsteller. Ein Formular- u. Musterbuch z. Abfassung aller Gattungen von Briefen, Eingaben, Kontrakten, Verträgen, Testamenten etc. ... Nebst e. Auswahl von Stammbuch-Aufsätzen u. e. Fremdwörterbuche. 41. verm. u. verb. Aufl. Glogau: C. Flemming [1904]. (IV, 307 S.) 8° [F.] [05. 8376 2]

— neuestes vollständiges Wörterbuch zur Erklärung und Verdeutschung der in der heutigen deutschen Schrift- u. Umgangssprache gebräuchlichen fremden Wörter etc., mit genauer Angabe ihres Ursprungs, ihrer Rechtschreibung, Betonung und Aussprache. 3. vollständig umgearb. u. verm. Aufl. Ebend. 855. gr. 8. (VII, 653 S.) 1 ₰ 12 ngr.

Kiesewetter, Max: **Beiträge zur Kenntnis des Methyl-oxal-essig-esters (Oxal-propion-säure-esters) und des Äthyl-oxal-essig-esters (Oxalbuttersäure-esters).** *Hamburg 1897: Lütcke & Wulff.* (25 S.) 8°
Erlangen, Phil. Diss. v. 28. Jan. 1897

Kiesewetter, Paul [aus Oberweisbach i/Th., Assist. am chem. Laborat. d. k. Akad. d. Wiss. zu München]: **Qualitative Mineralanalysen.** . . . München, K. Hof- u. Univ.-Buchdr. Dr. C. Wolf & Sohn. 1889: 36 S. 8°
Erlangen, Phil. Fak., Inaug.-Diss. v. 1889

Kiesewetter Edler von Wiesenbrunn, Raphael Georg (Hrsg.). s.a. A u f s ä t z e , Der neuen Aristoxener zerstreute, über das Irrige der musikalischen Arithmetik und das Eitle ihrer Temperaturrechnungen.

Kiesewetter, Raph. Geo., **der neuen Aristoxener zertreute Aufsätze üb. d. Irrige d. musikal. Arithmetik u. das Eitle ihrer Temperaturrechnungen. Gesammelt u. m. e. histor.-krit. Einleitung als Vorrede hrsg. gr. 8.** (4½ B. u. 8 Stnt.) Leipzig 846, Breitkopf u. Härtel. Thlr.

Kiesewetter, Raphael Geo., **Geschichte d. europ.-abendländ. od. unsrer heutigen Musik; Darstell. ihres Ursprunges, ihres Wachsthumes u. ihrer stufenweisen Entwickelung; von d. 1. Jahrh. d. Christenthumes bis auf uns. Zeit. Für jeden Freund d. Tonkunst. gr. 4.** (15½ B. u. 2½ B. Musikbeil. in Stndr.) Leipzig 834, Breitkopf u. Härtel.

— **Geschichte d. europäisch-abendländ. od. unsrer heut. Musik. Darstellung ihres Ursprungs, ihres Wachsthums u. ihrer stufenweisen Entwickelung; von d. 1. Jahrh. d. Christenthums bis auf unsere Zeit. 2., durchgesehene u. verm. Ausg. gr. 4.** (15¾ B. u. 3½ B. Noten.) Leipzig 846. Breitkopf u. Härtel.

Kiesewetter, Raph. Geo., **Guido v. Arezzo. Sein Leben u. Wirken. Aus Veranlass. u. mit besond. Rücksicht auf eine Dissertat.: Sopra la vita, le opere ed il sapere di Guido d'Arezzo, v. Luigi Angeloni. Nebst ein. Anh. üb. die dem heil. Bernhard zugeschrieb. musik. Tractate. gr. 4.** (7 B.) Leipzig 840, Breitkopf u. Härtel.

— s. J. S. Kandler, über das Leben rc. des G. Pierluigi.

— **die Musik der Araber, nach Originalquellen dargestellt, begleitet mit einem Vorworte von dem Frhrn. v. Hammer-Purgstall. Mit 6 Abbild. im Text u. 25 Seiten Noten-Beilagen, welche die Tonformeln der alten Autoren, dann einige jetzt gangbare Volksweisen und Gesänge enthalten. gr. 4.** Ebend. 842. 3 ₰

— **über d. Musik d. neuern Griechen, nebst freien Gedanken üb. altegypt. u. altgriech. Musik. gr. 4.** (8½ B. u. 8 Taf. Abbild., auf 6 Bl.) Leipzig 838, Breitkopf u. Härtel.

— **Schicksale u. Beschaffenheit d. weltl. Gesanges vom frühen Mittelalter bis zu d. Erfindung d. dramat Styles u. den Anfängen d. Oper. Mit musik. Beiln.** (53 Bl.) gr. 4. (10 B.) Leipzig 841, Breitkopf u. Härtel.

— Die Verdienste der Niederlænder um die Tonkunst. (Verhandelingen . . . door R. O. Kiesewetter en F. J. Fétis.) Amsterdam 1829.

— **en F. J. Fétis, Verhandelingen over de Vraag: Welke Verdiensten hebben zich de Nederlanders vooral in de 14, 15. en 16. Eeuw in het vak der Toonkunst verworven etc. — A. u. d. T.: Die Verdienste d. Niederlaender um d. Tonkunst. Von Kiesewetter.** (15¾ B. u. 9½ B. lith. Musikbeil.) — **Mémoire s. cette question: Quels ont été les mérites des Neerlandais dans la musique, principalement aux 14., 15. et 16. siècles etc. Par Fétis.** (7½ B.) Zwei v. d. 4. Kl. d. k. niederländ. Instit., 1826 u. 1828 gekr. Preisschr. gr. 4. Amsterdam 829, [Müller.]

(**Kiesewetter**, Wilhelm): Mittheilungen aus dem Tagebuche zu Kiesewetter's ethnographischen Reisebildern. Berlin 1854. VI, 232 S. 8°.

Kiesewetter (, W.), **Mittheilungen aus dem Tagebuche zu den ethnographischen Reisebildern. Gesammelt auf 16jähr. Wanderung bei den Völkerstämmen Schwedens, Rußlands und den asiat. Nomaden, den Kalmücken, Kirgisen, sowie den Tataren, den ind. Feueranbetern, den Bewohnern der Krimm, Armeniens, Persiens und den kriegerischen Gebirgsbewohnern des Kaukasus rc. Bevorwortet von Alex. v. Humboldt und Carl Ritter. 16.** (VII und 232 S.) Berlin 854, Stubenrauch und Comp. *

Ein halbes Jahrhundert deutscher Feinmechanik. 28. März 1859 28. März 1909. Ein Rückblick auf d. Entwicklung d. Firma Ferdinand Ernecke, Berlin-Tempelhof. Von Dr. Willy **Kiesewetter**. (Berlin 1909: Kummer.) 40 S. quer-8° [09. 6238

Kiesewetter, Willy, aus Berlin: Über die **Interferenzkurven von Kugelwellensystemen, welche an Rotationsflächen** n. Ordnung reflektiert werden. *Berlin 1903: Denter & Nicolas.* (45 S.) 8°
Rostock, Phil. Diss. v. [8. Aug.] 1903

Kiesgen, August, approb. Arzt aus Trier: **Ueber Tetanus bei Kindern.** *Freiburg i. B. 1899: E. Kuttruff.* (28 S.) 8°
Freiburg i. B., Med. Diss. v. 1899

Kiesgen, C. C. Palmatius, s.a. Dilettanten-Theater.

Palmatius. Festspiel in 5 Aufz. von C. C. **Kiesgen**. 2. Aufl. Paderborn: F. Schöningh [1907]. (38 S.) 8° [F.]
— **Dilettanten-Theater**. H. 27. [07. 9149

Kiesgen, Laurenz, s. a.: Lorenz, Karl.

Kiesgen, Laurenz, d. hl. Aloysius, s.a. Koehler, P.

[F.] Der Heilige Aloysius. Cantate f. Soli, Chor u. Orchester (oder Klavierbegleitg) m. verbindendem Text u. lebenden Bildern. Text v. Laurenz **Kiesgen**, Lehrer in Köln, Mus. v. P. Koehler, Chordirigent and. Hauptpfarrkirche z. hl. Petrus in Köln . . . Textbuch. *Düsseldorf: L. Schwann.* (15 S.) 1 Bd 8. [98. 6381

Kiesgen, Laurenz, Auswahl v. Charakterbildern aus Kunst u. Literatur, s.a. Aschendorff's Sammlung auserlesener Darstellungen aus Kunst u. Wissenschaft. 3.

Auswahl von Charakterbildern aus Kunst und Literatur. Für d. Schulgebr. hrsg. von Laurenz **Kiesgen**. Münster i. W.: Aschendorff 1908. (VI, 280 S.) 8° [F.]
(Aschendorffs Sammlung auserlesener Darstellungen aus Kunst u. Wissenschaft. Bdch. 3.) [08. 5174

Kiesgen, Laurenz, Chateaubriand u. die Neuromantik, s.a. Broschüren, Frankfurter zeitgemäße, 24. III.

Chateaubriand und die Neuromantik. Von Laurenz **Kiesgen**. *Hamm: Breer & Thiemann 1904.* (36 S.) 8° [F.]
— **Broschüren**, **Frankfurter zeitgemäße**. N. F. Bd 24, H. 3. [04. 16780

In Feindesland. Festspiel z. Kaisersgeburtstagsfeier von Karl Lorenz [d. i. Laurenz **Kiesgen**]. *Düsseldorf: L. Schwann 1900.* (16 S.) 8° [F.]
[00. 10715

— **Martin Greif, s.: Oeffe's Max. Volksbücherei.**

Kiesgen, Laurenz, Himmel u. Erde, s.: Ruland, Wilh.

— **Kaisers-Geburtstag! Drei Festspiele f. d. Mittelstufe d. Volksschule (Knaben od. Mädchen). I. Krieg u. Sieg. II. Das Bild d. Kaisers. III. Allweg gut Zollern. 8.** (20 S.) Düsseldorf 897. L. Schwann. n. — 50

— **Kaisers Geburtstag! Drei Festspiele f. die Mittelstufe der Volksschule (Knaben od. Mädchen). I. Krieg u. Sieg. II. Das Bild des Kaisers. III. Allweg gut Zollern. 2. Aufl. 8.** (20 S.) Düsseldorf (900). L. Schwann. n. — 50

[F.] Kaisersgeburtstag bei den Kleinen. Deklamationen u. Lieder f. d. Unterstufe. Von Laurenz **Kiesgen**. *Düsseldorf: L. Schwann (1897).* (12 S.) 1 Bd 8. [98. 10410

— Kaisersgeburtstag bei d. Kleinen. Deklamationen u. Lieder f. d. Unterstufe. 8. (12 S.) Ebd. 898. n. — 50

— Kaisersgeburtstag bei den Kleinen. Deklamationen u. Lieder f. die Unterstufe. 2. Aufl. 8. (12 S.) Ebd. (900). n. — 50

— Kaisersgeburtstag bei den Kleinen. Deklamationen u. Lieder f. die Unterstufe. 3. Aufl. (12 S.) 8. Düsseldorf (907). L. Schwann. — 30

— Heinrich v. Kleist, s.: Universal-Bibliothek.

[F.] Der deutsch-französische Krieg 1870—71. Der deutschen Jugend erzählt v. Laurenz **Kiesgen**. *Münster i. W.: A. Russell [1895].* (109 S.) 1 Bd 8. [96. 4231

— Die Lesepest. Ein Büchlein gegen das Schundgift, s.: Hefte, bunte. Nr. 3.

[F.] Das schönste Lied. Festspiel z. Geburtstagsfeier S. M. Kaiser Wilhelm II. Von Laurenz **Kiesgen**, Lehrer in Köln. *Düsseldorf: L. Schwann (1896).* (16 S.) 1 Bd 8. [98. 10411

— das schönste Lied. Festspiel zur Geburtstagsfeier Sr. Maj. Kaiser Wilhelms II. 2. Aufl. 8. (16 S.) Düsseldorf (900). L. Schwann. n. — 30

— Maisegen, s. a. Bibliothek, belletristische, der deutschen Literatur-Gesellschaft. Nr. 1. 2.

Maisegen. Ein Bündel Lieder von Laurenz **Kiesgen**. *München: Deutsche Lit.-Gesellsch. [1904].* (56 S.) 8° [F.]
= Bibliothek, Belletristische, d. Deutschen Literatur-Gesellschaft. No 1/2. [04. 6061

— Ausgewählte Märchen deutscher Dichter, s.: Bachem's Jugend-Erzählungen.

— ein Martyrer v. Köln, s. a. Vereinstheater, neues.

[F.] Ein Martyrer von Köln. Histor.-relig. Schausp. in 3 Aufz. v. Laurenz **Kiesgen** ... *Essen: Fredebeul & Koenen 1898.* (48 S.) 1 Bd 8.
= Vereinstheater, Neues. No 15. [98. 6717

— Max v. Mexiko. Ein Trauerspiel in 2 Aufzügen u. m. e. Prolog. 8. (26 S.) Münster 894. A. Russell. n. — 70

— Randglossen zur Jugendschriften-Frage, s.: Vorträge u. Abhandlungen, pädagogische. 36. Hft.

[F.] Deutschlands regierende Reichsfürsten und ihre Länder. F. d. deutsche Jugend zsgest. v. Karl Lorenz [d. i. Laurenz **Kiesgen**]. M. vielen Portr. *Münster: A. Russell (1894).* (302 S., 1 Bl.) 1 Bd 8. [96. 5200

Das Schandmal. Ein amerikan. Trauerspiel in 5 Akten. Von Carl Lorenz [d. i. Laurenz **Kiesgen**]. *Berlin: E. Hofmann & Co. 1900.* (111 S.) 8° [F.] [00. 6946

[Umschlagt.:] [F.] Tugendkranz um den hl. Aloysius. Festsp. m. Chören u. Soli f. Frauenstimmen u. Klavierbegleitg. Komp. v. Paul Koehler ... Text v. Laurenz **Kiesgen**. Textb. *Düsseldorf: L. Schwann [1898?].* (16 S.) 1 Bd 8. [98. 11136 B.

Kiesin, Jh. Christiane, Schwäb. Kochbuch, s. Göppinger Kochbuch. 3r Thl.

Kiesler, Bernh., Balladen und lyrische Gedichte. 8. (VII, 135 S.) Frankfurt a. M. 873, Hamacher.

Kiesler, Bernh., s.: Elz, Armand v.

Kiesler, Bernh., Gedichte u. Geschichten. I. Bdchn. (158 S.) 8. Düsseldorf (908). F. Gobiet. 1. 20

Gedichte und Geschichten. Von Bernhard **Kiesler**. 2. Aufl. Dülmen: Laumann [um 1910]. 192 S. 8° A 12. 11744

Kiesler, B., der Hofdichter, s.: Wehner, H.

Kiesler, B., das Opfer eines Priesters, s. a. Jugend-Bibliothek, Laumann'sche. 21. Lfg.

Das Opfer eines Priesters. Erzählung von B[ernhard] **Kiesler**. *(Dülmen: A. Laumann 1903.)* (46 S.) 8° [F.]
= Jugendbibliothek, Laumann'sche. Lfg 21, [1.] [04. 11310

Kiesler, C., Reise- und Eisenbahnkarte von Deutschland und den angrenzenden Ländern. Zum Gebrauche für das Contor u. die Reise. 1.—13. Aufl. Leipzig, Verlags-Inst., 1885 - 92. qu.-Fol. Chromolith.

Kiesler's Reise- und Eisenbahnkarte von Deutschland und den angrenzenden Ländern ... 16. Aufl. Leipzig, Verlags-Institut, 1895. (3 M.)

Kiesler, Heinr., Judenthum u. mod. Zionismus. Ein Verständigungsversuch. gr. 8. (31 S.) Wien 897. M. Breitenstein. — 50

Kiesler, Heinr., die Staatsverfassung Oesterreichs, anlässlich d. Jubiläums ihres 25jähr. Bestandes populär dargestellt. gr. 8. (64 S.) Czernowitz 892. (R. Schally.) n.n. 2. —

Kiesler, Staatsverfassung Oesterreichs, anlässlich d. Jubiläums ihres 25 jähr. Bestandes populär dargestellt. Czernowitz 893.

[Kiesler, H.:] Der Streit um die in der Bukowina gelegenen Güter rumänischer Klöster. Czernowitz 1883. *(Flugblatt.)*

Kiesler, Carl, Kubiktabellen für runde Hölzer, berechnet nach Metermaaß, nebst einer Preistabelle. Nach den forstl. Bestimmungen zusammengestellt. 12. (106 S.) Grünberg 880. (Leipzig, Verlags-Institut.) geb. *
—— dass. — Kleine Ausg. mit Berechnung nach dem Durchmesser. Nach den forstl. Bestimmungen zusammengestellt. 16. (50 S.) Leipzig 881, Verlags-Institut. cart. *
—— dass. — Ausg. A. Nach den forstl. Bestimmungen zusammengestellt. 2. Aufl. 12. (VIII, 48 S.) Ebendas. 884. cart. *
—— dass. — Ausg. B. Berechnung nach a) dem Durchmesser, b) dem Umfange, nebst Preistabelle. 2. Aufl. 12. (VIII, 48; 39; 14 S.) Ebendas. 884. cart. *
—— dass. — Ausg. C. für runde, geschnittene und beschlagene Hölzer, nebst Anleitung zur Berechnung der Kubik-Inhalte. 12. (XX, 48; 39; 80; 14 S. mit 18 in den Text gedr. Abbild.) Ebendas. 884. cart. *

Kiesler, Karl. Kubiktabellen f. runde Hölzer, berechnet nach Metermaß. Ausg. A. Nach den forstl. Bestimmgn. zusammengestellt. 3.—5. Aufl. 16. (VIII, 48 S.) Lpz. 889—92, Verlags-Institut. cart. * — 60
—— desgl. — Ausg. B. Berechnung nach a) dem Durchmesser, b) dem Umfange nebst Preistabelle. 3. Aufl. 12. (XX, 48, 39, 14 S. m. 18 Abbildgn.) Ebd. 889. geb. * 1 25
—— desgl. — Für runde, geschnittene u. beschlagene Hölzer, nebst Anleitg. zur Berechng. der Kubik-Inhalte u. 18 in den Text gedr. Abbildgn., u. e. Preistabelle. Ausg. C. 2. Aufl. 12. (XX, 39, 48, 80, 14 S.) Ebd. 890. geb. * 2 50
—— desgl. — Ausg. D. gr. 16. (XX, 80, 14 S.) Ebd. 892. cart. * 1 25

Kiesler, Carl, Kubiktabellen f. runde Hölzer, berechnet nach Metermaß. Ausg. A. Nach den forstl. Bestimmgn. zusammengestellt. 9. Aufl. 12. (VIII, 48 S.) Leipzig 894. Verlags-Institut. n. — 60

— dasselbe. Mit e. Anleitg. zur Berechng. d. Kubik-Inhalte. Ausg. B. Berechng. nach a) dem Durchmesser, b) dem Umfange, nebst Preistabelle. 4. Aufl. gr. 16. (XX, 39, 48 u. 40 S.) Ebd. 893. n. 1.25

— dasselbe f. runde, geschnittene u. beschlagene Hölzer, nebst Anleitg. zur Berechng. der Kubik-Inhalte u. 18 in den Text gedr. Abbildgn., u. e. Preistabelle. Ausg. C. 4. Aufl. 12. (XX, 48, 39, 80 u. 14 S.) Ebd. 894. n. 2.50

— dasselbe f. geschnittene u. beschlagene Hölzer, nebst Anleitg. zur Berechng. der Kubik-Inhalte u. 18 in den Text gedr. Abbildgn. u. e. Preistabelle. Ausg. D. 1. u. 2. Aufl. gr. 16. (XX, 80 u. 14 S.) Ebd. 892. 894. n. 1.25

Kiesler, Carl, Kubiktabellen f. runde Hölzer, berechnet nach Metermaß. Ausg. A. Nach d. forstl. Bestimmgn. zusammengest. 18. Aufl. 12. (VIII, 48 S.) Leipzig 898. Verlags-Institut. — 65

— dasselbe. M. e. Anleitg. z. Berechng. d. Kubik-Inhalte u. 18 in d. Text gedr. Abb. Ausg. B. Berechng. nach a) d. Durchmesser, b) d. Umfange, nebst Preistabelle. Nach d. forstl. Bestimmgn. zusammengest. 7. u. 8. Aufl. 12. (XX, 39; 48 u. 14 S.) Ebd. 897. n. 1.25

— dasselbe f. runde, gesch. u. beschlag. Hölzer, nebst Anleitg. z. Berechng. d. Kubik-Inhalte u. 18 in d. Text gedr. Abb. Und e. Preistabelle. Ausg. C. 6. u. 7. Aufl. 12. (XX, 48; 39, 80 u. 14 S.) Ebd. 897. n. 2.50

— dasselbe f. geschnitt. u. beschlag. Hölzer, nebst Anleitg. z. Berechng. d. Kubik-Inhalte u. 18 in d. Text gedr. Abb. Und e. Preistabelle. Ausg. D. 4. u. 5. Aufl. 12. (XX, 80 u. 14 S.) Ebd. 897. n. 1.25

Kiesler, Carl, Kubiktabellen für runde Hölzer, berechnet nach Metermaß. Ausg. A. Nach den forstl. Bestimmgn. zusammengestellt. 24. Aufl. (24.—31. Taus.) 12. (VIII, 48 S.) Leipzig (901). Verlags-Institut. n. — 60

— dasselbe. Mit e. Anleitg. zur Berechng. der Kubik-Inhalte u. 18 in den Text gedr. Abbildgn. Ausg. B. Berechnung nach a) dem Durchmesser, b) dem Umfange nebst Preistabelle. Nach den forstl. Bestimmgn. zusammengestellt. 11. Aufl. (11.—13. Taus.) 12. (XX, 48, 39 u. 14 S.) Ebd. (901). Kart. n. 1.25

— dasselbe für runde, geschnittene u. beschlagene Hölzer, nebst Anleitg. zur Berechng. der Kubik-Inhalte m. 18 in den Text gedr. Abbildgn. u. e. Preistabelle. Ausg. C. 10. Aufl. (10.—12. Taus.) 12. (XX, 48, 39, 80 u. 14 S.) Ebd. (901). Kart. n. 2.50

— dasselbe f. geschnittene u. beschlagene Hölzer, nebst Anleitg. zur Berechng. der Kubik-Inhalte m. 18 in den Text gedr. Abbildgn. u. e. Preistabelle. Ausg. D. 7. Aufl. (7. Taus.) 12. (XX, 80 u. 14 S.) Ebd. (901). Kart. n. 1.25

Kiesler, Carl, Kubiktabellen f. runde Hölzer, berechnet nach Metermaß. Ausg. A. Nach den forstl. Bestimmgn. zusammengestellt. 32.—45. Taus. (VIII, 48 S.) kl. 8. Leipzig (906). Verlags-Institut. Kart. n. — 60

— dasselbe. Mit e. Anleitg. zur Berechng. der Kubik-Inhalte u. 18 in den Text gedr. Abbildgn. Ausg. B. Berechnung nach a) dem Durchmesser, b) dem Umfange nebst Preistabelle. Nach den forstl. Bestimmgn. zusammengestellt. 14.—17. Taus. (XX, 48, 39 u. 14 S.) kl. 8. Ebd. (906). Kart. n. 1.25

— dasselbe für runde, geschnittene u. beschlagene Hölzer, nebst Anleitg. zur Berechng. der Kubik-Inhalte m. 18 in den Text gedr. Abbildgn. u. e. Preistabelle. Ausg. C. 13.—14. Taus. (XX, 48, 39, 80 u. 14 S.) kl. 8. Ebd. (906). Kart. n. 2.50

— dasselbe f. geschnittene u. beschlagene Hölzer, nebst Anleitg. zur Berechng. der Kubik-Inhalte m. 18 in den Text gedr. Abbildgn. u. e. Preistabelle. Ausg. D. 8.—9. Taus. (XX, 80 u. 14 S.) kl. 8. Ebd. (906). Kart. n. 1.25

Kieslich, E. (Red.), s. Anzeiger, Allgemeiner, für Brauereien, Mälzereien und Hopfenbau.

Kiesling

— s. a. **Kiessling, Kisling, Kissling.**

Kiesling. Die Erziehung d. Einjährig-Freiwilligen, Train-Ausg., s. Hilken.

— Geschichte der Organisation u. Bekleidung d. Trains der königl. preuß. Armee. 1740 bis 1888. Mit 2 farb. Uniformbildern. gr. 8. (VIII, 175 S.) Ebd. 889. * 3 25

— Geschichte d. k. preußischen hessischen Train-Bataillons Nr. 11 u. der vormal. großherzogl. hess. Train-Kompagnie. Mit 2 farb. Uniformtaf., 1 Uebersichtskarte u. 7 Skizzen in Steindr. gr. 8. (VIII, 149 S.) Berl. 892, Mittler u. Sohn. * 3 25

Kiesling (Red.), s. Mitteilungen der mathematischen Gesellschaft in Hamburg.

Kiesling. Organisation u. Bekleidung der Leib-Gendarmerie. 1820–1890. Mit Bld. Berlin 1890. 28 S.

— Organisation u. Bekleidung der kgl. preuß. Leib-Gendarmerie. 1820—1890. Mit 2 (farb.) Uniformbildern. gr. 8. (28 S.) Ebd. 891. * 1 20

Kiesling, vernunftmäßige Religions-Grundsätze, allen Gottesgelehrten, Predigern und denkenden Christen zur Prüfung vorgelegt. 8. Leipzig, Barth. (in Comm.) 811.

Kiesling, A., erste Anfangsgründe im Zeichnen, oder 16 Vorlegeblätter von Geräthschaften u. dergl., die, vom Leichten zum Schweren übergehend, eine zweckmäßige Auswahl von Gegenständen enthalten, die Lust u. Freude am Zeichnen erwecken u. sowohl für Schulen als zum Selbstunterricht bestimmt sind. Lithograph. qu. gr. 8. Breslau 833, (Aderholz.) 1/2 ₰ — dass. 1838. Ebd. H. Richter. 1/2 ₰

Kiesling, A., die königl. sächsische Armee als XII. Armee-Corps des deutschen Reichs-Heeres. Mit Angabe der Namen, Chargen und Placirung sämmtl. Offiziere, Aerzte ꝛc., sowie der Stand-Quartiere der verschiedenen Truppen-Abtheilungen des XII. [königl. sächs.] Armee-Corps, und einer tabellar. Uebersicht der Eintheilung des gesammten deutschen Reichs-Heeres. Februar 1872. Nach den neuesten und besten Quellen zusammengestellt. gr. 8. (66 S. mit 1 Tab. in gr. Fol.) Dresden 872, Bach. *

Kiesling, A. A.

— Beweis d. Wahrheit d. evangel. Lutherischen Religion. 8. Ebend.

Kiesling, A. A., de disciplina Clericorum ex epistolis eccles. conspicua. II part. 8. Nrub. Riegel et W.

Kiesling, Ant. Mor., († d. 11. Oct. 1824.), s. Schullehrerbibliothek.

Kiesling, Aug., das Mineralbad zu Einsiedel bei Seiffen in Sachsen. Eine kurze Beschreibung dieses Kur- und Badeortes, seiner Quellen, Einrichtungen und Umgebungen; zum Gebrauche für Kurgäste und Besucher. Mit 1 (lithogr.) Kartenskizze und 1 (lithogr.) Situationsplane des Bades. 16. (55 S.) Dresden 881, (Höckner.) cart. **

Kiesling, C., s. Repertorium, Drittes, zu der Zeitschrift für Rechtspflege und Verwaltung und dem Wochenblatt für merkwürdige Rechtsfälle.

Kiesling, C. G., de muneribus, quae propter diem natalem Servatoris nostri dari solent. Viteb. 1737. 4.

Kiesling: Chr. Huygens „de cirenli magnitudine inventa", zur Lehre v. Kreise, elementar entwickelt. 32 S. u. 2 Taf. – Flensburg, Progr. 1868.

Kiesling, M. Christian Gotthilf (Werda Misnicus), Uterum post partum inflammatum. Lpz. (Langenheim) 1. III. 1754. 28 S. (6.—) 17959

Kiesling, Ernst, prakt. Anleitung zur Selbstausführg. aller Maler- u. Anstreicher-Arbeiten m. Leim-, Kasein-, Teer-, Oel- u. Lackfarben. Nebst erprobten Rezepten üb. das Beizen des Holzes, üb. das Polieren, Vergolden, Bronzieren, Lackieren rc., üb. die Zubereitung v. Kitten, das Reinigen der Decken u. Wände, üb. das Beseitigen v. Wasserflecken, die Bekämpfg. des Hausschwammes usw. (VI, 124 S.) 8. Leipzig (908). Ernst. 1.50

Kiesling, Ernst, s.: Auerbach's Keller.

Kiesling, Ernst, s.: Kunst, die, d. Schaufenster-Dekoration.

Kiesling, Ernst, s.: Menzel's, Adph. v., Illustrationen zu Kugler, Geschichte Friedrich des Grossen.

Kiesling, Ernst, Theater-Malerei, s.: Hesse, Rich.

— s.: Theater-Malerei.

— Wesen u. Technik der Malerei, s.a. Hiersemann's Handbücher. II.

Wesen und Technik der Malerei. Ein Handbuch f. Künstler u. Kunstfreunde von Ernst **Kiesling**. Mit 10 Textabb. u. 17 Vollbild. Leipzig: K. W. Hiersemann 1908. (164 S.) 8°
= **Handbücher**, Hiersemanns. Bd 2. [08. 10812]

Kiesling, Fr. J., freundschaftl. Gespräch zwischen einem Oberamtmanne u. e. Burggrafen über d. Verwaltung eines Landgutes. 8. Wien 783. (Heubner). 12 ℋ

Kiesling, Fr. J., freundsch. Gespräch zwisch. ein. Oberamtm. und Burggraf. rc. 8. Wien, Camesina. 783.

— Friedrich August (Zittau), De duobus fratribus in eadem lite partium adversarum patrocinium suscipientibus. Präs. Christoph Ludw. Crell. Wittbg. (Scheffler) 22. V. 1743. 19 S. (5.50) 17960

— — Dasselbe. 16 S. (5.—) 17961

Kiesling, Hans v., Gefechtsbefehle. 1.—3. Tl. gr. 8. Berlin, R. Eisenschmidt. 9.—; geb. 11.20
1. (Angriff, Umfassung, Verfolgung.) Eine befehlstechn. Übg. 1.—3. Tl. 2. verb. u. verm. Aufl. (109 S. m. 2 Karten in Steindr.) 910. 2.80; geb. 3.50
2. Eine befehlstechn. Studie üb. die Verteidigung. Mit 2 Karten in Steindr. (93 S.) 909. 2.60; geb. 3.30
3. Befehlstechnische Studie üb. den Rückzug. Mit 2 Karten in Steindr. (140 S.) 909. 3.60; geb. 4.40

Gefechtsbefehle. ⟨Angriff, Umfassung, Verfolgung.⟩ Eine befehlstechnische Übung von Hans v. **Kiesling**, Hauptm. 2. verb. u. verm. Aufl. T. 1. Berlin: Eisenschmidt 1910. 8° [10. 5,..]

Kiesling, J. Edler v. Der russisch-japanische Krieg bis 5. Sept. 1904. (Autogr.) Mit Krt. München 1904. 38 S. 4°

Kiesling, J. Gottfried

— Erzähl. wie b. Freyberg d. Mineralien unters. und zu Gute gemacht w. 8. Dresden, Walther. 741.

Kiesling, J. Gf., Nachr. v. d. Bergbau u. Schmelzwesen in d. Grafsch. Mannsfeld rc. 4. Leipz. Gleditsch. 740.

— Johann August Gottlieb (Zittau), Specimen continens caput juris controversum de honorario illicito interdum usurarum pallio. Präs. D. Christian Heinr. Breuning. Lpz. (Wwe. Langenheim) 23. V. 1767 8 S. (5.—) 17962

— Johann Christian (Torgau), Josiam regem fatali praelio extinctum ad explicanda effata sacra II. Reg. XXIII. 29. sq. et II. Chronic. XXXV, 20. 21. sq. obvia. Präs. D. Jo. Rudolph Kiesling. Lpz. (Jo. Gabriel Büschel) 29. XI. 1754. 60 S. (7.—) 17963

Kiesling, Johann Daniel

— — An primus in orbe deum fecerit timor? Lpz. (Andr. Martin Schede) 18. IV. 1714. 19 Seiten. (6.—) 17966

— Joh. Dan. (Greiz) u. (Resp.) **Jo. Georg Bause** (Ernstroda/Thür.), De dialectis Ebraeorum puris. Diss. I. Lpz. (Brandenburger) 16. IV. 1712. 28 Seiten. (5.—) 17965
Gew.: Ad. Rechenberg. Gottfr. Olearius.

Kiesling, Joh. Daniel, De dialectis tribuum Judæ, Ephraim & Ben-Jamin, edisserent praeses — & respondens Johannes Guilielmus Günther ... Lipsiæ 1714.

Kiesling, Johann Georg Friedrich, s. Kiesling, Johann Georg Gottfried

Kiesling, Jh. Gf., († ...) Magazin oder Vorrathskammer zum Wirthschaften für Mannspersonen u. Frauenzimmer. 8. Leipz. 752. Blochberger. 20 ℋ

Kiesling, Johann Georg Gottfried

— Anleitung zur tabellar. Führung der Kirchenbücher u. zur systemat. Einrichtung e. Pfarramts-Registratur. 8. Bayr. 800. Lübecks Erben.

– s. Briefe z. Bildung des Landpredigers.

Kiesling, Jh. Geo. Gf., († d. 19. März 1819.) Erbauungsbuch für d. christl. Bergmann. 8. Bayreuth 800. (Grau in Hof). 10 ℋ

– s.a. Geht das 6. Gebot.

§ GEHT das 6. Gebot noch die liebe Christenheit an? untersucht in einer Unterredung zwischen einem Officier u. Prediger. Von dem Verfasser der Briefe zur Bildung des Landpredigers (von *Joh. Geo. Friedr. Kiesling*). Hof, Vierling, 1785. 8°. 64 SS. (1/2 Rthl. Lippert, Halle, vor 1870.) (In München: Hom. 1324 x.)
Anon.-Lex. II. p. 168 (nach Kayser, Meusel, Fikenscher).

– s.a. Kindermord, Über den.

Ueber den Kindermord, seine Quellen und seine Verhütung (von *Joh. Geo. Gottfr. Kiessling*). Bayreuth 1799 (eigentl. 1798). 8°. (6 xr. Beck, Nördl., Cat. 1.)
Anon.-Lex. p. 208 (nach Kayser, Meusel, Fikenscher, Callisen).

– s.a. Predigt mit Rücksicht auf den Kindermord.

Predigt mit Rücksicht auf den Kindermord: die christlich gesinnte, würdige und glückselige Mutter (von *Joh. Georg Gottfr. Kiesling*). Bayreuth 1798. 8°.

– s. Religionsgrundsätze. Vernunftmäßige.

Kiesling, Jh. Geo Gf., Sammlung einiger Berg- u. Circularpredigten rc. 8. Hof 802. Grau. 6 gr

– s. Versuch über Einrichtung d. Pfarramtsregistratur.

— Vorlesungen in d. Volksversammlung über d. Preuß. Landrecht, bei Gelegenheit dessen Einführung in d. Fränk. Fürstenthümern. 8. Bayr. 796. Lübecks Erben.

— **Joh. Polycarp (Erfurt), De morbis a vestitu. Disp. med. Präs. D. August Quirin Rivin. Lpz. (Immanuel Titius) 18. IV. 1721. 24 Seiten. (6.50)** **17967**

Kiesling, Johann Rudolf

— Anweis. zur erbaul. Lehrart auf d. Kanzel. 8. Schwabach 773. Enderes. 5 gr

Kiesling, J. R., de causis acceleratae J. Chr. in cruce mortis, non mere humanis. Erlang. 1767. 4.

Kiesling, J. R., de superstitioso Israelitarum sub quercubus cultu ... 1, 29; Ez. 6, 13; Hos. 4, 13. Lips. 1748. 4.

— liber. singul., de disciplina clericor. 8. Nrnb. Riegel. 760.

— — **(Präs,) u. (Respond.) Christian Elia Schoenleben (Freyberg/Misn.), De ecclesia veterum campestri, ad oracula sacra potissimum diluenda Genes. IV. 26. et cap. XXIV. 63. Disp. philol. Lpz. (Langenheim) 8. V. 1750. 32 S. (6.50) 17972**
Widm. an d. Respond. v.: M. Christoph Zschoch (Scortleben).

Kiesling, J. R., de ecclesia veterum campestri ad Gen. 4. 26. Lips. 1751. 4.

— epist. ad Angel. Mar. Quirin. de religione Lutherana. 4. Leipz. 753. Clanner. 3 gr Deutsch. Sendschreiben an d. Kardinal Quirini rc. 4. Erl. 753.

— epistolae antiquirianae ad Augel. Mar. Quirin. et ad emendatae eccl. Luther. histor. spectantes, nunc coll. 4. Altenb. (Academ. Handl. in Iena.) 765.

Kiesling, Jh. Rud., († d. 17. April 1778.) epistolae Anti-Quirianae, ad Angel. Mar. Quirinum emissae et emendatae eccless. Luther. histor. spectantes, nunc coll. 4. Altenb. 765. (Hennings in Neisse). 1 ℔ 8 gr

— epistola de gestis Pauli tertii, pontif. 4. Lips. Dyk. 747.

— epistolae ad Quirin., de contareno et de poena ignis. 4. Hafn. Pelt. 749.

— de insanabili ecclesiae romanae circa aquae transsubstantiam in sac. eucharistia. scepticismo contra Paul. Arestum. 8. Suab. Enderes. 772.

— exercitationes theologico - hist. II Tmi. 4. Lips. Clanner. 743.

— Fortsetz. d. Löscherisch. hist. motuum von 1580—1601. 4. Schwab. 770. (Metzler in Stuttg.) 1 ℔ 4 gr

Kiesling, Johann Rudolf (Präs.), s. Goldt, Traugott Leberecht: De superstitioso Israelitarum sub quercubus Cultu.

— historia concertationis graecor. lat. de esu sanguinis et carnis morticinae in re cibaria. 8. Erl. 763. Walther. 12 gr

— histor. concertationis graecor. latinorumq. de transsubstantiatione in s. Eucharist. sacram. 8. Leipz. 754 Eurich. 12 gr N. A. 8. Erl. 763. (Heyder). 12 gr

— histor. Rehabeami. 4. Jena 753. ... 3 gr

— histor. de usu symbolor. in sacris publ. 8. Leipz. 753. Hilscher. 6 gr

— — **(Präs.) u. (Respond.) Johann Wilhelm Fritz (Suhl/Frk.), De divinis Abrahami hospitibus agitur et oraculum Genes. cap. XVIII, 1. 2. 3. commentatione illustratur. Diss. philol. Lpz. (Langenheim) 28. VI. 1748. 40 S. (6.50)** **17970**

— de Iesu Nazareno, ingrata patria exsule. 4. Lips. Clanner. 741.

— de Iesu, melior. quietis sponsore, per Iosuam futurae quietis expr. 4. ibid. 743.

— — **u. (Respond.) Elias Friedrich Hartmann (Roßwein), Jesum, sanctorum administrum, ex Hebr. cap. VIII. comm. II. descriptum. Diss. philol. Lpz. (Breitkopf) 31. XII. 1740. 48 S (6.80) 17968**

— de legibus mosaicis circa Sacerdotes. 8. Lips. Hilscher. 755.

— d. Lehrgebäude d. Wiedertäufer nach d. Grundf. d. Czechowitz. 8. Reval 776. (Gosohorsky in Bresl.) 10 gr

— Lehrgeb. d. Wiedertäufer nach d. Grundf. des Czechowitz. 8. Reval. (Meyer, Bresl.) 776.

Kiesling, J. R., de memoria paschatos a Christianis gravissimas ob causas quotannis sancte excolenda. Lips. 1768. 4.

— — **(Präs.) u. (Respond.) Johann Christian Beutner (Freyburg/Thüring.), De Messia instar saluberrimae plantae nascituro, ad effatum Ezechielis XXXIV. com. 29. Disp. philol. Lpz. (Langenheim) 20. IX. 1748. 32 S. (6.50)** **17971**

– histor. Nachr. von d. im Jahre 1712 in Erfurt entstandenen Religionsstreitigkeiten über drei geistl. Lieder. 8. Gob. 767. (Niemann). 4 ℛ

— — De stabili primitivae ecclesiae ope litterarum communicatoriarum connubio. Diss. theol. Lpz. (Heinr. Christoph Takk) 1744. 74 S. (7.—) 17969

Kiesling, I. Rud., de stabili primitivae eccles. ope literar. communicatoriar. connubio. 4. Lips. Clanner. 745.

— M. Johann Rudolph u. (Respond.) Friedrich Michael Kobesius (Curia Baruthinus [= Hof]). De procuratore in vinea domini ad illustrandum evang. Matth. cap. XX. comm. VIII. Diss. philol. Lpz. (Bernh. Christoph Breitkopf) 26. X. 1740. 48 S. (6.—) 17967a

Kiesling, J. R., (praes. J. G. Abicht) de ritibus sepulcralibus christianam fidem indicantibus. Viteb. 1736. 4.

— vollständ. Samml. über die ordentl. Apostel-, Maria- u. Feiertagsevangelien. 4. Ebd. 770. Ebd. 16 ℛ

— — — üb. d. Episteln d. g. J. 3 Thle. 4. Ebend. 770.

— vollständ. Samml. erbaul. Kanzelreden d. berühmt. Gottesgelehrten, über die Episteln d. ganzen Jahres. 3 Thle. 4. Erl. 770, 71. Palm. 2 ß

— vollständige Samml. über d. Sonn- u. Festtagsevangelien. 3 Thle. 4. Ebd. 769, 70. Ebd. 2 ß

— de sicera in usu s. coenae non admittenda. 4. Lips. Clanner. 745.

– Sittenlehre für d. Christen, welche nicht Gelehrte sind. 8. Schwab. 775. (Mezler in Stuttg.) 9 ℛ

Kiesling, J. R., de usu symbolorum, potissimum apostolici etc. Lips. 1733. 8.

— richtige Verbindung d. mosaisch. Alterthümer m. d. Sendschreiben Pauli an d. Hebr. 4. Erl. Breuning. 765.

— richtige Verbindung d. mosaischen Alterthümer mit der Auslegung d. Sendschreibens Pauli an d. Hebräer. 1r Thl. 4. Erl. 765. (Heyder). 2 ß

— — (Erlangen), De via qua concertationem de descensu Christi ad inferos componere voluit dominus La Grave difficili potius quam expedita disserit et disputationem inaug. viri Carl Friedrich Bahrdt (Bischofswerda; design. in acad. Erfordiensi) indicit. Erlang. (Johann Dietrich Michael Camerarius) 20. III. 1769. 16 S. mit Biogr. B.'s. (M.: Ehrenhaus.) (6.50) 17973

Kiesling, J. R., de xerophagia apud Judaeos et primitivos Christianos usitata. Lips. 1716. 4.

Kiesling, Jh. Siegm., († 1794.), s. Theophrast's u. de la Bruyere Charaktere.

Kiesling, JoannesFriderich (Greiffenhagen, Pommern)
Dissertatio inauguralis Diabeten nuper observatum exhibens
Giessen 1828. 31 S.
Diss. med. 6. Dez. 1828. vorh. 26.

Kiesling, L. M., d. Vortheile d. Unteroffizier-Laufbahn. E. zeitgemäß. Beitrag. z. Berufswahl. 12. (23 S.) Berlin 895. Liebel. — 30

Anleitung zum Photographieren freilebender Tiere von Martin Kiesling, Rittmeister a. D. Mit e. Anhang von Dr. A[lwin] Voigt. Leipzig: Voigtländer 1905. 95 S. 8° [05. 17795]

Kiesling, d. Anwendg. d. Photographie zu militär. Zwecken, s. a. Encyklopädie d. Photographie.

Die Anwendung der Photographie zu militärischen Zwecken. Bearb. v. Kiesling, Pr.-Lt. a. D. M. 21 Fig. im Text. *Halle a. S.: W. Knapp 1896.* (VI S., 1 Bl., 100 S., 1 Taf.) 1 Bd 8.
= Encyklopädie d. Photographie. H. 19. [96. 2704]

Kiesling, Mart., das Arbeiten m. Films, s.: Bibliothek, photographische. Nr. 11.

Das Arbeiten mit Films. Von Martin Kiesling. Mit 28 Fig. im Text. *Berlin: G. Schmidt 1900.* (46 S.) 8°
= Bibliothek, Photographische. No 11. [01. 6976]

— s. a. Sonne.

Sonne. Ill. Unterhaltungsschrift f. Liebhaber-Photographie. Hrsg.: Rittm. a. D. Martin Kiesling. [Jg. 1.] 1905, No 1. Berlin-Wilmersdorf: Verl. d. Sonne (1905). 4° [05. 1575]

Kieslinger, Emilie, d. Einsiedekunst. Anleitg. z. Bereitg. v. in Zucker eingemachten Früchten, Dunstobst u. -Gemüse, Marmeladen, Frucht-Gelées, Fruchtsäften, Rumobst, Essigfrüchten ꝛc. ꝛc. in nahezu 400 erprobten Recepten. Suppl. zu dem im selben Verlage erschien. Handbuche: Der Wiener Conditor. gr. 8. (165 S.) Wien 897. C. Daberkow. n. 1. 70

Kieslinger, Emilie, die österreichische Familienküche. Geprüfte Rezepte f. eine gute Hausmannskost. gr. 8. (264 S.) Reutlingen (901). Enßlin & Laiblin. Geb. in Leinw. 2. —

— süddeutsche Familienküche. Geprüfte Rezepte f. eine gute Hausmannskost. 8. (264 S.) München 897. Reutlingen, Enßlin & Laiblin. Geb. in Leinw. n. 2. —

— 180 Haus-Conditorei-Rezepte. gr. 8. (VIII, 67 S.) Ebd. 897. n. — 60; geb. n. 1. —

— 180 Hauskonditoreirezepte. Anleitg. zur Selbstbereitg. v. Zuckerbäckereien f. die Weihnachtszeit u. andere Familienfeste. Preisgekrönt. Neue [Titel-]Ausg. gr. 8. (80 S.) Ebd. [897.] (900.) Geb. 1. —

Kieslinger, Emilie, Jäger, nimm mich mit! Kochbuch f. Jäger, Jagdfreunde u. f. die Familie. (XV, 116 S.) kl. 8. Wien 910. W. Frick. Geb. in Leinw. 2. 50

— Kochbuch f. d. liebe Jugend. 8. (VII, 69 S.) Ebd. 898. Geb. n. 1. —

— u. Karl Wirth, die Krankenkost. Ein prakt. Handbuch f. Ärzte, Kranken- u. Wohlfahrtsanstalten, Sanatorien, Pflegepersonen, Erziehungsanstalten u. f. die Familie. (X, 250 S.) gr. 8. München 910. J. F. Lehmann's Verl. 3.60; geb. 4. 60

Kieslinger, Emilie, Oesterreichisches Universal-Kochbuch f. die bürgerliche Küche, s.: Stöckel, Elisab.

Kieslinger, Frz., s.: Jahrbuch, berg- u. hüttenmännisches.

Kieslinger, Frz., Volkslieder a. d. Steiermark, s.: Fuchs, J. R.

KIESMAR, Karl v., oder Liebe ohne Genuß, Ehe ohne Eifersucht, Trennung ohne Thränen. Eine Biographie aus dem Monde. Erfurt, Keyser, 1800. 8°. (2 Mk., geles. Expl., Lehmann & Lutz, 1884.)

Ziemlich zahm. — Bilder auch Bd. 2 von: Kleine Geschichten u. Romane, od. liebenswürdige Scenen des häuslichen und bürgerlichen Lebens. Als Mittel zur Vertreibung der Hausscheu. 4 Bde. Erfurt 1799—1802. 8°. (4 Mk. Bielefeld, Carlsruhe, vor 1885.)

— — Dasselbe (Nachdruck), titulo: (wie ob., nur Schlußsatz fehlt). Mit Titelkpfr. (nach S. Perger gestoch. v. Pöltzel). Hohenzollern (Wien), bei J. B. Wallishausser. 1801. 8°. Gestoch. Titel u. 288 S. (incl. Drucktitel).

Kiesol: Über d. Unterricht in d. philos. Propädeutik. 17 S. Düsseldorf, Progr. 1867.

Kiesow, Carl, s. Kiesow, Karl

Kiesow, Friedrich: Beiträge zur physiologischen Psychologie des Geschmackssinnes ... (Aus: Wundt, Philos. Studien, Bd. x Heft 4.) Leipzig, W. Engelmann, 1894; 43 S. 8.
Leipzig, Phil. Fak., Inaug.-Diss. v. [27. Aug.] 1894

Kiesow, J. Bedeutung des Stickstoffs für die Pflanzenwelt. 15 S.
Progr. Rg. Pet. *Danzig* 1878.

Kiesow, J., Beitrag zur Kenntniss der Backenzähne von Rhinoceros tichorhinus Fisch,
—— über Cenoman-Versteinerungen aus dem Diluvium der Umgegend Danzigs,
—— über silurische und devonische Geschiebe Westpreussens,
s. Schriften der naturforschenden Gesellschaft in Danzig.

Kiesow, J. Ueber einige vom Aethyl-Benzol sich ableitende Verbindungen. Göttingen, 1869.

Kiesow, Karl *Georg Friedrich* [aus Brüel in Mecklenb.-Schw.]: Die verschiedenen Bearbeitungen der Novelle von der Herzogin von Amalfi des Bandello in den Literaturen des XVI. und XVII. Jahrhunderts. '(John Websters Duchess of Malfi.)' ... (Erschien vollst. in: Anglia, Zeitschr. f. Engl. Philol., Bd. XVII Heft 3.) Halle a. S., Druck v. E. Karras, 1894; 29 S. 8.
Leipzig, Phil. Fak., Inaug.-Diss. v. [18. Dez.] 1894

Kiesow, Car. (Joan. Christophor.) (geb. Greifswald 30. 12. 1828): De cordis vitiis nonnulla. Berolini (1855). (31 S.) 8°
Berlin, Med. Diss. v. 6. Febr. 1855

Kiesow, Carl: Ueber einen Fall von Isolierter, symmetrischer Tuberkulose der Parotis. *Greifswald 1897: C. Sell.* (20 S.) 8°
Greifswald, Med. Diss. v. 9. Okt. 1897

Kiesow, Walter, pr. Arzt: Aus d. Prov.-Frauenklinik u. Hebammenlehranst. zu Posen. Dir.: Lange. Ueber eine durch amniotische Verwachsungen hervorgerufene Missbildung. (Mit 1 Abb.). Leipzig 1909: Lehmann. 20 S. 8°
Leipzig, Med. Diss. v. 11. Dez. 1909, Ref. Marchand
[Geb. 13. Jan. 80 Danzig; Wohnort: Posen; Staatsangeh.: Preußen; Vorbildung: Gymn. Neustadt Wpr. Reife O. 01; Studium: Greifswald 3, Kiel 1, Berlin 6 S.; Coll. 15. Dez. 09; Approb. 27. April 07.] [U 10. 3003

Kiesow, Wilhelm, Referendar: Die Rechtslage des Erbschaftsbesitzers bei freiwilliger Leistung auf Nachlaßverbindlichkeiten. Borna-Leipzig 1908: Noske. X, 50 S. 8°
Jena, Jur. Diss. v. 22. Aug. 1908, Ref. Danz
[Geb. 9. Nov. 81 Oranienburg; Wohnort: Oranienburg; Staatsangeh.: Preußen; Vorbildung: Joachimsth. Gymn. Berlin Reife O. 00; Studium: Berlin 7 S.; Rig. 7. Juli 08.] [U 09. 2100

Kiesow, W., Schenkung, Leihe, Darlehen, Bürgschaft, s.: Rechtskatechismen, populäre.

Kieß, C., Adreß- und Geschäfts-Handbuch für Magdeburg, s. Adreß- und Geschäfts-Handbuch.

Kiess, C. C., s. Kiess, K. Chr.

Kieß, G. Fr., über Dogmatik und freie Forschung. Ein nüchternes Schutzmittel gegen religiöse Verirrungen. gr. 8. (64 S.) Stuttgart 864, Schober.

Kieß, G. Fr., Leitfaden f. d. Unterricht in d. Arithmetik. 2., verb. u. verm. Aufl. 8. (17 B.) Tübingen 839, Fues.

— Obstmost- und Wein-Veredlung und Vermehrung mittelst Anwendung von Traubenzucker. Nebst einer Anweisung alten sauren Wein und kranken Obstmost zu verbessern, sowie aus unreifem Obst mit Zusatz von Traubenzucker einen guten Most zu erzielen. 3., verb. und verm. Ausg. 1863. 6 Ngr. und 4. Aufl. 8. (29 S.) Stuttgart 865, Schober.

— das Real-Schulwesen nach seiner Bedeutung und Entwicklung. Ein Wort an Geschäfts- und Staatsmänner, Philologen und Theologen. gr. 8. (XVI und 98 S.) Stuttgart 863, Schober.

— Vortrag in der Reallehrer-Versammlung zu Ulm über mein neues physikalisches Unterrichts-System. 8. (8 S.) Stuttgart 867, Schober.

Kieß, H. P., die Grundzüge des in Württemberg geltenden Staats- und Verwaltungs-Rechts. Zur Anleitung für Post-Kandidaten zusammengestellt. 8. (VIII, 148 S.) Stuttgart 880, (Lindemann's Buchh.) ***M* 2,80.; cart. **

Kieß, Julius, Referendar: Der Widerruf des Testamentes nach den Bestimmungen der §§ 2253—2257 BGB. Borna-Leipzig 1909: Noske. VIII, 80 S. 8°
Leipzig, Jur. Diss. v. 6. April 1909
[Geb. 26. März 84 Mittweida; Wohnort: Leipzig; Staatsangeh.: Sachsen; Vorbildung: Gymn. Chemnitz Reife O. 02; Studium: Heidelberg 1, Leipzig 9 S.; Rig. 2. März 07.] [U 09. 2564

Kieß, K. Chr., Pflichten u. Hoffnungen d. Christen. Zwei Predigten. gr. 8. Leipz. 805. Märker. 4 gr.

— Predigten bei besond. Veranlass. gehalten. gr. 8. Freyb. 805, Grätz u. G. (Märker in Leipz.) 6 gr.

Kiess, R. Plan von **Magdeburg**, der Stadterweiterung, der dazu gehörigen Friedrichsstadt, des Stadtfeldes und der Sudenburg, sowie Plan von Neustadt und Buckau. Magdeburg. 1 Bl. c. l.

Kiess, R. Neuester Situationsplan von **Magdeburg**, Sudenburg, Neustadt und Buckau. Magdeburg 1881. 1 Bl. c. l.

Kiesselbach

— s. auch Kisselbach.

Kiesselbach, zur pathologischen Anatomie der Ohrpolypen, s. Beiträge zur pathologischen Anatomie, experimentellen Pathologie und praktischen Medicin.

Kiesselbach, Ern. Car., Dogma de rebus post mortem futuris e veteris testamenti scriptis tam canonicis quam apocryphis ratione exegetico-critica erutum atque illustratum. Comment. praem. orn. 4. (12 B.) Heidelbergae 832, (Mohr.)

KIESSELBACH, Ernst Karl (Heidelberg): Historia formationis ac evolutionis nervi sympathici una cum descriptione ejusdem nervi decursus in animalibus quibusdam vertebratis.- Monachii: Franz 1835. 3 Bl.,52 S.,Taf.
11.8.1835 - Urk; F 62
Diss. Ingolst.-Landsh.-Mchn.

Kiesselbach, E. C., Dissert. inaug. sistens historiam formationis ac evolutionis nervi sympathici, una cum descript. ejusd. nervi decursus in animalibus quibusdam vertebralis. 4 maj. (... B.) Heidelbergae 835, C. F. Winter. *

Die wirtschafts- und rechtsgeschichtliche Entwickelung der Seeversicherung in Hamburg von Dr. jur. G[eorge] Arnold Kiesselbach. *Hamburg: L. Gräfe & Sillem 1901.* (VI, 181 S.) 8° [ca. 8½0 8

Die wirtschaftlichen Grundlagen der deutschen Hanse und die Handelsstellung Hamburgs bis in d. zweite Hälfte d. 14. Jhs von Dr. jur. G[eorge] Arnold Kiesselbach. Berlin: G. Reimer 1907. (V, 294 S.) 8° [ca. 775

Kiesselbach, George Arnold [Referendar]: Die rechtliche Natur der Postanweisung ... Erlangen, k. b. Hof- u. Univ.-Buchdr. v. F. Junge, 1890; 54 S. 8.
Erlangen, Jur. Fak., Inaug.-Diss. v. 1896

Kiesselbach, Johann Georg (Bremen), De judicio possessorio. Heidelberg (Johann Michael Gutmann) Febr. 1816. 45 S. (6.—) 17974

Kiesselbach, J. G., de judicio possessorio. gr. 4. Heidelberg, K. Groos. 819.

Kiesselbach, Nik., s. Gesangbuch, Christliches.

Kießelbach, Nik., († d. 23. Sept. 1818.) u. H. Rehm, bibl. Katechisation uber Wahrheit u. Vorschrift d. Religion Jesu. gr. 8. Bremen 799. Mit neuem Titel 808. Müller. 12 gr (Heyse). 6 gr

Kiesselbach, N. und H. Fr. Rehm, biblische Katechisationen rc. 2te Aufl. gr. 8. Bremen. 808. Jetzt Heyse

— Predigten über d. Gebet d. Herrn. gr. 8. Frankf. a. M. 791. Varrentrapp. 16 gr

— s. Predigten zur Widerlegung ... prakt Vorurtheile ...

Kiesselbach, Wilh., Einleitung in die europäische Handelsgeschichte. gr. 8. (130 S.) Ulm 852, Adam's Vrlgsh.

Kiesselbach, Wilh., der amerikanische Federalist. Politische Studien für die deutsche Gegenwart. 2 Bde. 1. Aufl. 1864. * 5 Thlr. 10 Ngr. und 2. (Titel-)Aufl. gr. 8. (XII und 896 S.) Bremen 868, Kühtmann und Comp. *

Kiesselbach, Wilh., der amerikanische Federalist. Politische Studien für die deutsche Gegenwart. 2 Bde. 3. (Titel-)Ausg. gr. 8. (III, 455; V, 441 S.) Bremen (864)71, Kühtmann und Comp. *

Kiesselbach, Wilh., der Gang des Welthandels und die Entwicklung des europäischen Völkerlebens im Mittelalter. gr. 8. (XII und 823 S.) Stuttgart 860, Cotta'sche Buchh. *

Kiesselbach, Wilhelm: Der Gang des Welthandels und die Entwicklung des europäischen Völkerlebens im Mittelalter. Von Wilhelm Kiesselbach. Stuttgart. 1861. 8°

— die Hansestädte und das südwestliche Deutschland. Zur Verständigung. gr. 8. (40 S.) Heidelberg 854, J. C. B. Mohr. *

Kiesselbach, Wilh., die Continentalsperre in ihrer ökonomisch-polit. Bedeutung. Ein Beitrag zur Handelsgeschichte. Lex. 8. (IV u. 158 S.) Stuttgart 850, Cotta. 18 ngr

— socialpolitische Studien. (Nach den in der deutschen Vierteljahrsschrift veröffentlichten Aufsätzen des Verf. zusammengestellt und neu durchgearb.) gr. 8. (VII und 410 S.) Stuttgart 862, Cotta'sche Buchh.

— zum Verständniß des realen Lebens. 8. (III und 108 S.) Bremen 863, Strack. *

[Gedicht] Dem Meister vom Stuhl. [Unterz.:] Joh. Friedr. Christian Kiesselhausen. [Gotha] o. J. 1 Bl. 8°. [Kopftit.] [Lith.]
„Nimm, o Meister, uns're Hand ...“

Toast auf den Hochw. Meister v. Stuhle. [Unterz.:] Kiesselhausen. [Gotha] o. J. 1 Bl. 8°. [Kopftit.] [Steindruck].
„Reich o Meister, uns dein Ohr ...“

Kiesselstein, J. A., Magazin neuer Erfind. f. d. Jug. u. Jugendlehr. 1s Bdch. 8. Cob. Sinner. 805.

Kießelstein, Jh. Armil, s. Kisselstein.

Friedrich Kiesser

Anleitung zur Aufloesung algebraischer Aufgaben durch Raisonnement. Von (Friedrich) Kieser. Stuttgart & Tübingen: Cotta 1826. VI,225 S. 8°

Kießer, (Präceptor) Fr., Geometrie. 1r Thl. Ebene Geometrie. Mit Holzschn. u. 8 Steint. 8. Stuttg. 828. (Löflund u. Sohn). 12 gr 2r Thl. Stereometrie. Ebene u. sphär. Trigonometrie. Mit 6 Steint. u. Holzschn. 8. Ebd. 832. (Ebd.) 22 gr

Kießer, Fr., Geometrie. Ein Leitfaden beim Unterr. in Real- u. Gewerbeschulen. 2. Thl. Stereometrie. Ebene u. sphär. Trigonometrie. 8. (12 B., 6 Stnt. u. Holzschn.) Stuttgart 832, (Beck u. Fränkel.)
1. Thl. Ebendas. 1828. 12 Gr.

Kiessig, Paul

— d. Kaufmann, s.: Was willst Du werden?

Kießig, Paul, d. kaufmänn. Stellesuchende. Anleitg., sich in d. richt. Form um Stelle zu bewerben. gr. 8. (32 S.) Zittau 896. Leipzig, Pahl. n. — 60

Kießig, Walter, Tierarzt, z. Zt. Assistent am hygien. Institut d. Kgl. Tierärztl. Hochschule zu Dresden: Aus d. hygien. Institut d. Königl. Tierärztl. Hochschule zu Dresden. Direktor: Prof. Dr. Klimmer. Über die thermische Tuberkulinreaktion bei vortuberkulinisierten Rindern sowie über die Anwendbarkeit der Ophthalmo- und Cutisreaktion zur Diagnose der Rindertuberkulose. Dresden 1908 (A. Schönfeld). (99 S.) 8°
Leipzig, Med. Fak., Ref. Klimmer, Diss. v. 4. Juni 1908
[Geb. 23. Febr. 82 Dresden; Wohnort: Dresden; Staatsangeh.: Sachsen; Vorbildung: Drei-König-Sch. Dresden Reife O. 02; Studium: Tierärztl. Hochsch. Dresden 8 S.; Coll. 18. Juli 08; Approb. 15. März 06.]

[Kießlein]: Sendschreiben an einen Freund in W. über die Senats-Einteilung bey dem Kaiserl Reichs-Cammergericht, und die notwendige authentische Interpretirung der §§ 16–21 des neuesten Reichs-Schlusses d. a. 1775. Wetzlar 1788.

Kiessler, Albert: Zur Aetiologie und Entstehungsweise des angeborenen Klumpfusses .... Bonn, Univ.-Buchdr. v. C. Georgi, 1886; 42 S. 8°
Bonn, Med. Fak., Inaug.-Diss. v. 12. März 1886.

Kiessler, Albert, zur Aetiologie und Entstehungsweise des angeborenen Klumpfusses. Diss. Bonn 1886, Emil Strauss. 8°. 42 S.

Kießler, Eug., zur Frauenfrage im 16. Jahrh., s.: Aus alter u. neuer Zeit.

Kießler, Frdr., Elternabende nach Theorie u. Praxis. gr. 8. (45 S.) Hannover 902. C. Meyer. n. — 60

Die gewerbliche Fortbildungsschule. Eine kurze Darst. d. Wesens u. d. Bedeutung ders. von Friedrich **Kiessler.** *Wittenberg: R. Herrosé [1901].* (39 S.) 8° [F.] (nt. sins 3)

— die Vorstellungsreihe, ihr Wesen u. ihre Bedeutg. f. den Unterricht, s.: Lehrer-Prüfungs- u. Informations-Arbeiten. 26. Hft.

Kießler, R., Flora der Umgegend von Stendal. Zum Gebrauche in Schulen und auf Ausflügen bearb. 8. (130 S.) Stendal 871, Franzen und Grosse.

Kießler, R., Grundriß der elementaren Mathematik. 3 Hefte. gr. 8. Stendal 866, Franzen und Große. à Heft * 5 Ngr. *
Inhalt:
Heft 1. Planimetrie. Für die Schüler des Stendaler Gymnasiums bearb. (24 S. mit 1 Stnt. in 4.)
• 2. Arithmetik und Algebra. Für die Schüler des Stendaler Gymnasiums bearb. (40 S.)
• 3. Trigonometrie und Stereometrie. Für die Schüler des Stendaler Gymnasiums bearb. (31 S. mit 1 Stnt. in 4.)

Kießler, Reginaldus: *De motu puncti in superficie ellipsoidae vi attractiva Neutoniana praeditae. 8 Bl. 4° (2°)
Halle-Wittenberg, Phil. Diss. v. 17. Febr. 1858
Geb. [Hayn im Harz (Kr. Sungerhausen) 1. 1. 1835]
Verf. erlebte die Diplomerneuerung 1908 als Geheimer Regierungsrat, Realgymnasialdirektor a. D. in Gera, vgl. Anh. Nr. 642.

Kiessler, Reinhold [Dir. Dr.]: Beiträge zur Geschichte der ersten 25 Jahre des Realgymnasiums zu Gera. Gera, Druck v. Gerth & Oppenrieder, 1889; 44 S., 1 Bl. 4°
Gera, st. RG, OP 1889 (674)

Kießler, Reinhold [Dir. Schulr. Dr.]: *Bericht über die Feier der Grundsteinlegung des neuen Schulgebäudes.* Gera, Druck v. Th. Hofmann, 1894; 17–18 S. 4.
Gera, st. RG m. VS, OP 1894 (718)

Kiessler, Reinhold [Dir. Dr.]: *Die Feier des 25jähr. Bestehens des Realgymnasiums am 11. April 1889.* Gera, Druck v. Gerth & Oppenrieder, 1890; S. 17–30; 4°
Gera, st. RG m. VS, OP 1890

Kiessler, Reinhold [Dir. Schulr. Dr.]: Das neue Realgymnasium und seine Einweihung. Gera, Druck v. Th. Hofmann, 1895; 3–28 S., 1 Taf. 4.
Gera, st. RG m. VS, OP 1895 (740)

Kießler, Reinhold [Dir. Schulr. Dr.]: *Das Louis Schluttersche Reisestipendium für Neuphilologen am Realgymnasium zu Gera.* Gera, Druck v. Th. Hofmann, 1895; 43–44 S. 4.
Gera, st. RG m. VS, OP 1895 (740)

Kießlich, Alex., musikalische Agende f. die Nebengottesdienste, s.: Koehler.

Kießling, Friedrich Gustav. Eine Auswahl seiner Joachimsthalschen Schulreden. Hrsg. und mit einem Vorwort begleitet von Alb. v. Bamberg. gr. 8. (XX, 252 S. mit dem Portr. Kießlings in Lichtdr.) Berlin 886, Springer. *
geb. *

Kießling, Johann Tobias, Kaufmann zu Nürnberg. 1742—1825. 4. Aufl. (Christliche Charakterbilder Nr. 6.) (51 S.) 8. Stuttgart 905. Buchh. der ev. Gesellschaft. n. — 20

Kießling's, Joh. Tob., Leben. Für die Jugend dargestellt von P. v. Bl. gr. 16. (30 S.) Basel 879, Spittler. *

Kiessling

— s. a. Kiesling, Kisling, Kissling.

Kießling, Geschichte d. königl. bayerischen 5. Infanterie-Regiments, s. a. Gerneth.

Kießling, Geschichte d. kgl. bayer. 5. Infanterie-Regts. Großherzog Ernst Ludwig v. Hessen. III. Tl. 1833—1897. Auf Grund archival. Forschgn. verf. M. 14 Karten, Plänen u. Skizzen, sow. 8 histor. Uniformbild. in 1 Sonderbd. gr. 8. (XVIII, 518 S.) Berlin 897. E. S. Mittler & Sohn. n. 14. —; geb. in Leinw., die Karten in Mappe n.n. 16. 50 (Kplt.: n. 43. —)
Der 1. u. 2. Tl. sind von Gerneth u. Kießling bearbeitet.

Kießling, d. Post-Taxen u. Versendungsbestimmgn. f. d. ges. In- u. Auslands-Verkehr, s.: Schich.

Kiessling. Der Tabak im Lichte der neuesten naturwissenschaftlichen Forschungen. 8°. Berlin 1893.

Kiessling, Adolf

Kiessling, A., Analecta Catulliana. Pr. 1877. 20 S. 4°. 2.—

Kiessling, A., Analecta Plautina. I. Pr. 1878. 18 S. 4°. 1.20
— — II. 1881. 10 S. 4°. 1.20

Kiessling. Ad[olf]. Anecdota Basileensia. I. [einziges Heft]. Academisches Progr. 4. Basel 1863.

Kiessling, Adolphvs (geb. am 15 Febr. 1837 in Kulm a. W.): De Dionysi Halicarnasei Antiqvitatvm avctoribvs Latinis ... Lipsiae, typ. B. G. Tevbneri (1858). 43 S., 1 Bl. 8. ¶ In Komm. bei Teubner in Leipzig.
Bonn, Phil. Fak., Diss. v. 15 Nov. 1858

Kiessling, Adph., de Dionysi Halicarnasei antiquitatum auctoribus latinis. Dissertatio philologica. gr. 8. (46 S.) Leipzig 859, (Teubner.) *

Kiessling, A., Neue Beiträge z. Kritik des Rhetor Seneca. Pr. 1891. 29 S. 4°. 1.50

Kießling, Adolf: Beiträge zur Texteskritik des Rhetor Seneca, in: Beiträge zur Kritik lateinischer Prosaiker.

Kiessling, A., De Asconii codice Pistor. Pr. 1873. 10 S. 4°. 1.—

Index scholarum . . . per sem. aest. a. 1880 a d. XXIII m. Apr. hab. — Inest Adolfi **Kiessling** commentariolum Propertianum. Gryphiswaldiae, typ. Frid. Guil. Kunike, 1880; VIII + 18 S. 4°

Kiessling, A., Commentatio Horatiana de carm. IV. 8. Pr. 1874. 6 S. 4°.

Kiessling, A., Coniectanea Ammianea. Pr. 1874. 8 S. 4°.

Kiessling, A., Coniectanea Propertiana. Pr. 1875. 7 S. 4°.

— De Horatianorum carminum inscriptionibus. Pr. 1876. 10 S. 4°. 1.20

Kiessling, A. u. W. Vischer. Horatianische Kleinigkeiten. und: Alte Bleiinschriften aus Styra. Gratulationsschrift für Prof. Gerlach. Basel 1867. 4.

Kiessling, Ad., Zur Kritik der römischen Archaeologie des Dionysius von Halikarnass. Basel, Pädagogium 1868.
Progr.

— De personis Horatianis. Pr. 1880. 14 S. 4°. 1.—

Kiessling, A., De C. Helvio Cinna poeta. S.-A. 1877. 7 S. 4°. —.90

Kiessling, A., Conjectaneorum spicilegium. I. Pr. 1883. 8 S. 4°.
— — II. Pr. 1884. 8 S. 4°.
— — III. Pr. 1886. 8 S. 4°.
— — IV. Pr. 1887. 8 S. 4°.

Index scholarum . . . per semestre aestivum a. 1886 a d. XXVII m. Apr. hab. — Insunt Adolfi **Kiessling** coniectaneorum spicilegium III. Gryphiswaldiae, typ. Frid. Guil. Kunike, 1886; VIII + 18 S. 4°.

Index scholarum in universitate litteraria Gryphiswaldensi per sem. hib. a. 1887 8 a d. XV. m. Oct. hab. — Inest Adolfi **Kiessling** coniectaneorum spicilegium IV. Gryphiswaldiae, typ. Julii Abel, 1887; VIII + 21 S. 4°

Kiessling, A., s. a. Untersuchungen, philolog.

— Philologische Untersuchungen. Zu Horaz. S.-A. 1881. 75 S.

Kießling, Alv., über perspektivisches Zeichnen f. Gartenkünstler, s.: Bertram, M., gärtnerisches Planzeichnen.

Kiesling, Alexius, s. Kiesling's ....

Kiessling, August [aus Miltenberg]: **Beiträge zur Kenntniss der** specifischen Wirkungen der **Kaliumsalze auf die Muskelsubstanz** .... Würzburg, Becker's Univ.-Buchdr., 1886; 19 S. 8°.
Würzburg, Med. Fak., Inaug.-Diss. v. 1886.

Kiessling, August, Beiträge zur Kenntniss der specifischen Wirkungen der Kaliumsalze auf die Muskelsubstanz. Diss. Würzburg 1886. Stahelsche Univ.-Buchh. 8°. 19 S.

Kiessling, Bernhard [wirklicher Name; Pseud.: Becka Friedrich]

Kießling, Bernh. Ewiger Krieg. Eine Studie. 2. (Titel-)Aufl. 8. (VIII, 164 S.) Berl. 890, F. Luckhardt. * 3 —

Kießling, Bernh., der Kriegsgedanke und die Volkserziehung. 8. (VII, 65 S.) Berlin 886, F. Luckhardt. *

35 Uebungsnächte. Eine Ausbildungsskizze von Friedrich **Becka**. Berlin: Voss 1910. 23 S. 8° [10. 14331

Becka, Frdr., 85 Uebungsritte. Eine Ausbildungsskizze. (23 S.) 8. Berlin 910. Vossische Buchh. — 50

Kießling, E., s. Vorträge, apologetische.

Kiessling, Carl, s. Kiessling, Karl

Kiessling, Edmund (Berlin), De ferri usu interno. Diss. pharmacol.-med. Berlin (Friedlaender) 28. XII. 1837. 31 S. mit Biogr. (M.: Worms.) (6.20) 17975
Oppon.: W. Kornmesser, W. Schulte, W. Kuhn. — Gew.: Sadewasser.

Kiessling, Emil

Kiessling, d. Buch- u. Rechnungsführung bei Sparkassen. Dresden 875.

Kießling, Emil, die Buch- u. Rechnungsführung bei kleineren Sparkassen. Belehrung üb. die einfachste u. zweckmäßigste Art derselben, sowie üb. die Anfertigg. von Jahresabschlüssen u. Geschäftsübersichten. 2., umgearb. Aufl. gr. 8. (35 S.) Dresden 894. (v. Zahn & Jaensch.) n. 1. 20

Kießling, F., Alles mit Anstand! Neuestes Complimentirbuch und Anstandslehre. Nebst einem Conversationslexikon der feinen Unterhaltung für junge Leute beiderlei Geschlechts. 8. (92 S.) Naumburg 873, Regel. *

Kießling, F., Alles mit Anstand! Neuestes Complimentirbuch und Anstandslehre. Nebst einem Conversationslexikon der feinen Unterhaltung für junge Leute beiderlei Geschlechts. 2. Aufl. gr. 16. (IV, 92 S.) Naumburg 877, Regel. *

Kiessling F.: Ueber den Bau v. *Schistocephalus dimorphus Creplin* u. *Ligula simplicissima Rudolphi*. Diss. 1822. [Krabbes Saml.].

Kiessling, F. G., Gedächtnissrede auf Ferdinand Ranke, gehalten im Verein der Berliner Gymnasial- und Realschullehrer den 17. Mai 1876. gr. 8. (19 S.) Berlin 876, Weidmann'sche Buchh. *

Kiessling, F. G., Moritz Ludwig Seyffert. Ein Lebensbild. gr. 8. (33 S.) Berlin 873, Weidmann'sche Buchh. *
Aus: Zeitschrift für Gymnasialwesen, besonders abgedruckt.

Kießling, Ferd., pro Germania! contra pro Nihilo! Entgegnung auf Arnim's Opus. Dem deutschen Volke gewidmet. gr. 8. (7 S.) Leipzig 875, (Götze.)

Kießling, Ferd., Tornister-Geschichten. Erzählungen aus Krieg und Frieden. Für deutsche Soldaten und deren Freunde. 1. Bdchn. gr. 16. (IV, 207 S.) Leipzig 871, Grunow. *

Kießling, Friedr., unter deutschen Fahnen. Bilder aus dem Soldatenleben. gr. 8. (79 S.) Leipzig 876, Expedition des allgem. literar. Wochenberichts. *

Kießling, Frdr., unter deutschen Fahnen. Bilder aus dem Soldatenleben. gr. 8. (79 S.) Leipzig 876. Wölfert. n. 1. —

DÖBELN, Ferd. v. (d. i. *Friedr. Ferd. Kiessling*), Die Lasterhöhlen der Prostitution u. ihre Genossen. Leipzig, Verlagsanstalt (Wilh. Röhl), o. J. (c. 1875). 8°. Farbiger Umschlag. (Mk. 2—; herabges. Baarpr. 30 Pf.) (3 Mk. 50 Pfg. Gustav Klötzsch, Lpz., 1875; 6 Mk. S. Calvary & Co., Berlin, c. 1900.)
Allg. Central-Anzeiger. No. 1. Berlin, 3. Aug. 1877.

Kiessling, Friedrich Gustav

— F. G. (Director), Jahresbericht über das Königl. Joachimsthalsche Gymnasium, womit zu der am 26. Sept. stattfindenden öffentlichen Prüfung erg. einladet. — Vorausgeschickt ist: Usener, Herm.: Alexandri Aphrodisiensis quae feruntur problematorum liber III et IIII. Bln. (Druckerei d. Kgl. Akad. d. Wissensch.) 1859. XIIII S. lat., 38 S. griech., S. 39—63 Schulnachrichten m. Namen (Schülerverz.) (6.50) 17979
Gew.: Chr. Aug. Brandis (Bonn).

— De Hyperide oratore Attico commentatio. I. Pr. 1837. 20 S. 4°. 1.—
— — II. Pr. 1837. 22 S. 4°. 1.—
— — III. Pr. 1846. 26 S. 4°. 1.—

Kiessling, F. G., Quaestionum Atticarum specimen: De Lycurgi et Hyperidis orationibus πρὸς Ἀριστογείτονα. Pr. 1832. 26 S. 4°. 1.20

Kiessling, F. G. Quaestionum Atticar. specim. (Ueber dem Redner Lykurg und Hyperides Rede gegen Aristogiton.) 26 S.
Zeitz, Progr. 1832

— — (Direktor), Zu der öffentlichen Prüfung der Schüler des Königl. Friedrich-Wilhelms-Gymnasiums zu Posen am 1. April 1844 ladet ein. — Inhalt: 1) Martin: De aliquot Horatii carminibus commentatio critica. 2) Schulnachrichten v. Ostern 1843 bis Ostern 1844. Posen (W. Decker & Comp.) XV, 12 S. mit Namen. (4.50) 17977

— — Dasselbe. 4. April 1846. — Inhalt: 1) De Hyperide oratore Attico commentatio III. 2) Schulnachrichten v. Ostern 1845 bis Ostern 1846. (Beides vom Direktor.) Posen (W. Decker & Comp.) 40 S. mit Namen. (6.—) 17978

— **Friedrich Gustav** (Zeitz), De Menaechmo Sicyonio et Hieronymo Cardiano. Commentat. histor. in academia Fridericia. 16. VI. 1830. Zeitz (Webel). 26 S. (6.—) 17976
Oppon.: Friedrich Ritschel, Anton Rein, Carl Raettig.

Kiessling, Fridericus Gustavus: De Menaechmo Sicyonio et Hieronymo Cardiono commentatio historica. Cizae (1830): Webel. 26 S. 8°
Halle-Wittenberg, Phil. Diss. v. 16. Juni 1830
Geb. [Zeitz 13. 6. 1809]
Im Diplom und Fleißproben sind angegeben: 1. des Verf. Arbeit De Hyperide oratore Attico, und 2. seine mit Thesen verteidigte oben angeführte Arbeit. Erstere fehlt in den Akten. — Verf. erlebte die Diplomerneuerung 1880 als Geheimer Regierungsrat in Berlin, früher Provinzial-Schulrat der Provinz Brandenburg und Direktor a. D. des Joachimsthalschen Gymnasiums, vgl. Anh. Nr. 577.

Kießling, Frz., u. Egm. Pfalz, Ergebnisse d. naturkundlichen Unterrichts. Für die Hand der Schüler mittlerer u. niederer Volksschulen zusammengestellt. gr. 8. (96 S. m. 86 Abbildgn.) Braunschweig 894. Appelhans & Pfenningstorff. n. — 50

Festmarsch zur Feier des 150jährigen Bestehens der Loge zu den drei Schwertern comp. und genannter Loge hochachtungsvoll gewidmet von Franz Kiessling. [Dresden: Selbstverl. 1891.] 2 Bl. 2° [Umschlagtit.]

Kiessling, F. u. E. Pfalz, Gesundheitslehre. (50 S. m. Abb.) Braunschweig 1893. Appelhans u. Co.

Kießling, Frz., Handbuch der Freimaurerei, s.: Smitt, Willem.

Kießling, Frz. u. Egmont Pfalz. Methodisches Handbuch f. den gesamten naturwissenschaftl. Unterricht in Volks- u. höheren Mädchenschulen. In 6 Kursen bearb. 3 Bde. gr. 8. Braunschw., Appelhans u. Pfenningstorff. [1. Bd. 1.—3. Kurs. 2. umgeänd. Aufl. (XVI, 363 S. m. Illustr.) 890. * 4 50; 2. Bd. 4. u. 5. Kurs. 1. Abschn. 2. umgeänd. Aufl. (XII, 380 S.) 891. * 4 50; 3. Bd. 5. Kurs. 2. Abschn. u. 6. Kurs. (XXXVI, 586 S. m. Illustr.) 892. * 7 —.] * 16 —

— — methodisches Handbuch f. den gesamten naturwissenschaftlichen Unterricht in der einfachen Volksschule. In 4 Kursen bearb. III. u. IV. Kurs. gr. 8. Ebd. n. 2. —; geb. in Leinw. n. 2. 50
Anthropologie u. Naturlehre f. die einfache Volksschule. Der Mensch in Beziehg. zur organ. u. unorgan. Natur. Ein Handbuch f. Lehrer, in 2 Kursen zu je 40 Lektionen bearb. (VIII, 202 S. m. 118 Abbildgn.)
Bildet den 2. Bd. zu: F. Kießling u. E. Pfalz, Naturgeschichte f. die einfache Volksschule.

— u. Egmont Pfalz, methodisches Handbuch f. den gesamten naturwissensch. Unterricht in Volks- u. höh. Mädchenschulen. In 6 Kursen bearb. Kurs. 4. Kurs. 5 (Sommerhalbjahr). 3., umgeänd. Aufl. gr. 8. (XII, 391 S. m. Abbildgn.) Braunschweig 901. E. Appelhans & Co. n. 4. 50

Kießling, Frz., und Egmont Pfalz, methodisches Handbuch für den Unterricht in der Naturgeschichte an Volks- und höheren Mädchenschulen. In 6 Kursen bearb. 1.—3. Kurs. gr. 8. (V, 337 S. mit zahlreichen Holzschn.-Abbild.) Braunschweig 886, Bruhn's Verlag. *

— — dass. — 4. und 5. Kurs. [Sommerhalbjahr]. gr. 8. (V, 351 S. mit zahlreichen Holzschn.-Abbild.) Ebendas. 887. *

Kießling, Frz., u. Egmont Pfalz, method. Handbuch f. d. Unterr. in d. Naturgeschichte in Volks- u. höh. Mädchenschulen. Kurs. 1—3. 3., umgeänd. Aufl. gr. 8. (XVI, 366 S. m. Holzschn.) Braunschweig 896. E. Appelhans & Co. n. 4. 50

— — alte u. neue Methoden d. Naturgeschichtsunterrichts, s.: Hesse's, M., Lehrer-Bibliothek.

— — Naturgeschichte für die einfache Volksschule. Naturkörper der Heimat, innerhalb natürl. Gruppen vorgeführt und von einheitl. Gesichtspunkte aus betrachtet. Nebst Anleitung zu zahlreichen Beobachtungen. Ein Handbuch für Lehrer. In 2 Kursen zu je 40 Lektionen bearb. gr. 8. (VIII, 174 S. mit zahlreichen Holzschn.-Abbild.) Ebendas. 888. *
geb. *

— — Naturgeschichte f. die einfache Volksschule. Naturkörper der Heimat innerhalb natürl. Gruppen vorgeführt u. v. einheitl. Gesichtspunkte aus betrachtet. Nebst Anleitg. zu zahlr. Beobachtgn. Ein Handbuch f. Lehrer in 2 Kursen zu je 40 Lektionen bearb. 2. verb. Aufl. Mit zahlr. Holzschn.-Abbildgn. gr. 8. (VIII, 183 S.) Braunschw. 892, Appelhans u. Pfenningstorff. * 2 —; geb. * 2 50

— — Naturgeschichte f. die einfache Volksschule. Naturkörper der Heimat innerhalb natürl. Gruppen vorgeführt u. v. einheitl. Gesichtspunkte aus betrachtet. Nebst Anleitg. zu zahlr. Beobachtgn. Ein Handbuch f. Lehrer, in 2 Kursen zu je 40 Lektionen bearb. 3., verb. Aufl. (6.—8. Taus.) gr. 8. (VIII, 196 S. m. Abbildgn.) Ebd. 900. n. 2. —; geb. n. 2. 50

KIESSLING, Franz
(F) Eine Wanderung im Poigreiche. Landschaftliche, vorgeschichtliche, mythologische und volksgeschichtliche Betrachtungen über die Örtlichkeiten Horn, Rosenburg, Altenburg, Drei-Eichen, Messern, Nondorf, Haselberg u. a. sowie deren Umgebungen mit besonderer Berücksichtigung der deutschen Vorzeit und auf Grundlage von Mythe, Meinung und Sage des Volkes. Eine Studie von Franz Kießling. Horn. 1898. Pichler. Gr.-8°. 450 S. mit 2 Tafeln. fl. 1.20, geb. fl. 2.—

—— —— wie muß der Naturgeschichts-Unterricht sich gestalten, wenn er der Ausbildung des sittlichen Charakters dienen soll? Eine Methodik des Naturgeschichts-Unterrichts nach reformator. Grundsätzen. gr. 8. (92 S.) Ebendas. 888. *

Kießling, Frz., und Egmont Pfalz, Wiederholungsbuch der Naturgeschichte für gegliederte Volks- und höhere Mädchenschulen. In 6 Kursen bearb. 1.—3. Kurs. [3.—5. Schulj.] 8. (86 S. mit zahlreichen Holzschn.-Abbild.) Braunschweig 886, Bruhn's Verlag. *

—— —— dass. — 4. und 5. Kurs. [Sommerhalbjahr]. [6. und 7. Schulj.] 8. (91 S. mit zahlreichen Holzschn.-Abbild.) Ebendas. 887. *

— — Wiederholungsbuch der Naturgeschichte, Naturkörper der Heimat innerhalb natürl. Gruppen vorgeführt. Nebst e. Tagebuche f. Beobachtgn. u. zahlreichen Holzschn.-Abbildgn. In 6 Kursen f. gegliederte Volks- u. höhere Mädchenschulen bearb. Kurs. 1—3. [3.—5. Schulj.] 2., umgearb. Aufl. 8. (90 S.) Ebd. 888. n. — 60

Kießling, Frz. u. Egmont Pfalz. Wiederholungsbuch d. Naturgeschichte, Naturkörper der Heimat innerhalb natürl. Gruppen vorgeführt. Nebst e. Tagebuche f. Beobachtgn. u. zahlr. Holzschn.-Abbildgn. In 6 Kursen für gegliederte Volks- u. höhere Mädchenschulen bearb. 3 Tle. 8. Ebd. * 1 60
1. [1.—3. Kurs.] 3. umgearb. Aufl. (108 S.) 892. * — 60.
2. [4.—5. Kurs., Sommerhalbjahr.] 2. umgearb. Aufl. (103 S.) 891. * — 60.
3. [5. Kurs., Winterhalbjahr, u. 6. Kurs.: Gesundheitslehre im Anschl. an Bau u. Leben d. menschl. Körpers.] (50 S.) 893. * — 40.

— — Wiederholungsbuch d. Naturgeschichte, Naturkörper d. Heimat innerhalb natürl. Gruppen vorgeführt. Nebst e. Tagebuche f. Beobachtgn. u. zahlr. Holzschn.-Abb. In 6 Kursen f. beglied. Volks- u. höh. Mädchenschulen bearb. Kurs. 1—3. (3.-5. Schulj.) 4., verb. Aufl. (20.—30. Taus.) gr. 8. (111 S.) Ebd. 898. n. — 60

— dasselbe. Kurs. 4. Kurs. 5 (Sommerhalbj.). (6. u. 7. Schulj.) 3., verb. Aufl. (13.—20. Taus.) gr. 8. (108 S. m. Abb.) Ebd. 897. n. — 60

— — Wiederholungsbuch der Naturgeschichte, Naturkörper der Heimat innerhalb natürlicher Gruppen vorgeführt. Nebst e. Tagebuche f. Beobachtgn. u. zahlr. Holzschn.-Abbildgn. In 6 Kursen f. gegliederte Volks- u. höhere Mädchenschulen bearb. Kurs. 1—3. (3.—5. Schulj.) 5. verb. Aufl. gr. 8. (113 S.) Ebd. 899. n. — 60

Kiessling, Franz Xaver

Kießling, Frz., Beiträge zur Geschichte der völkischen Turnfehde. (16, 464 u. 14 S.) 8. Wien 900—905. (Kubasta & Voigt). n. 6. —

Kießling, F., Bericht über das Eidgenössische Turnfest in Aarau, Wien 1882, 56 S., 8°.

KIESSLING, Franz
(F) Ueber Besiedelungsverhältnisse, sowie völkische und glaubensthümliche Zustände in der Vorzeit Niederösterreichs mit besonderer Berücksichtigung von Vindobona (Vindomina) — Wien und dessen Umgebung. Eine Studie von Franz Kiessling. Wien. 1899. Amonesta. 8°. 82 S. K 1.30

— Verwälschtes u. verlorenes deutsches Blut. Eine Mahng. z. Pflege alldeutscher Gesinng. gr. 8. (40 S.) Wien 897. F. Schalk. n. — 70

KIESSLING, F. X.
(F) Die Bründlein von Drosendorf und Umgebung. Ein Beitrag zur Volkskunde. Dargestellt von F. X. Kiessling. Sonderabdruck aus dem „Boten aus dem Waldviertel" Nr. 520, 521, 522, 523, 524 und 525. Horn. 1899. Berger. [In Comm. Wien. Kubasta & Voigt.] 8°. 37 S. fl. —.40

[F.] Die Drei Thayaburgen Buchenstein, Eibenstein, Unter-Thyrnau, nebst der Oertlichkeit Lehstein u. e. kurzen, geschichtl.-herald. Abrisse üb. Das Geschlecht der Herren von Tirna (Thürnau)'. Vf. u. mitgeth. v. Franz X[aver] Kiessling. '(Durch Zusätze verm. SA. aus d. 'Boten aus dem Waldviertel,' Horn 1895.)' 4 Taf. ... *Wien: Kubasta & Voigt 1895.* (1 Bl., 100 S., 1 Bl., 2 Taf., 2 Pl.) 1 Bd 8. [97. 3107

[F.] Denkmäler germanischer Vorzeit im niederösterreichischen Waldviertel. Mitgetheilt v. Franz X[aver] Kiessling. Durch Zusätze vermehrter SA. aus dem 'Nied.-öst. Landesfreund', Baden, 1895/96 ... *Wien: Kubasta & Voigt 1896.* (46 S.) 1 Bd 8. [97. 3108

Kießling, Franz X., Feinde deutscher Turnerei, Schloß Rosenau, 31 S., 8°.

Kießling, F. X.: Feinde deutscher Turnerei. 2. Aufl. Wien 1887. 29 S.

Kießling, Frz. X., Feinde deutscher Turnerei. 2. Aufl. gr. 8. (29 S.) Wien 888, Amonesta. **

Kießling, Franz, Das Kegeln, E. germanisches Volksspiel, beleuchtet in Mythe, Meinung u. Sage d. dtsch. Volkes, Wien 1897, 24 S., 8°.

– (Hrsg.), s. Liedersammlung, Kleine, für deutsche Turner.

Kießling, F. X., üb. germanische Opfersteine in Niederösterreich. [Durch Anmerkgn. verm. Abdr. aus: „Der Bote aus dem Wienerwald".] 12. (28 S.) Wien 894. Kubasta & Voigt. n. — 40

— s.: Turnerbund, deutscher, od. deutsche Turnerschaft?

Kießling, Franz, Nationale Würdigung, Wert und Bedeutung des hellenischen Fünfkampfes, Zwettl 1888, 7 S., 8°.

Kießling, (G.,) s. Kißling.

Kießling, G., Bibelsprache und Mittelhochdeutsch. gr. 8. (28 S.) Zschopau 876, (Raschke.) *

Kiessling, G., Blicke in die Mundart der südlichen Oberlausitz. gr. 8. (IV, 46 S.) Zschopau 883, Raschke. *

Kiessling, G. Carmen lat. z. Jubil. des Archidiac. J. Ph. Ch. Philipp. 2 S.
Zeitz, Progr. 1837

Kiessling, G. De enunciatis hypotheticis in ling. graec. et lat. Comment. I. 14 S. . . . .
Zeitz, Progr. 1835

Kiessling, G. De enunciatis hypotheticis in lingua graeca et latina. 17 S. . . . . .
Zeitz, Progr. 1845

— — Jahresbericht über d. Schuljahr 1833—1834, womit zu der öffentlichen Prüfung der Schüler des Gymnasiums am 17. u. 18. März erg. einladet. — Voran stehet eine Abhandlung: Entwickelung des Ganges der Handlung in Göthe's Iphigenie, erster Theil einer Kritik dieses Drama's; vom Subconrector Robert Heinrich Hiecke. Zeitz (Immanuel Webel). 44 Seiten mit Namen. (6.—) 17982

— — Jahresbericht über das Schuljahr 1834/35, womit zu der öffentlichen Prüfung der Schüler des Gymnasiums am 6. u. 7. April 1835 erg. einladet. — Voran steht: De enunciatis hypotheticis in lingua graeca et latina. Commentatio I. Zeitz (Immanuel Webel). 24 S. mit Namen. (4.—) 17983

— **M. G.** (Rector), Zu der öffentlichen Prüfung und Redeübung, welche v. 24. bis 26. März 1828 an dem Stiftsgymnasium dahier gehalten werden wird, ladet ein. — Voran steht eine Abhandlung: Ueber die Grundlage und das Ziel der Schulbildung von M. Christian Gottlob Rebs. Zeitz (Webel). 26 S. mit Schulnachrichten (Namen). (5.—) 17980

— — Dasselbe. 25. bis 27. März 1833. — Voran stehen Andeutungen über Zweck und Methode des deutschen Unterrichts v. Conrector G. Fehmer. Zeitz (Webel). 32 S. mit Schulnachrichten (Namen). (3.—) 17981

Kiessling, Gli., s. Tacitus Historiarum.

— s. 1) Jamblichi de vita Pythagorica. 2) Taciti annales. 3) Theocriti reliquiae. 4) Theodori Metochitae miscellanea. 5) Tzetzae historiarum.

Kiessling, H.

Kiessling: Discussion der Curve, deren Trägheitsmoment ein Maximum und Minimum ist. 47 S. u. Figt. – Berlin J., Progr. 1866.

Kießling, H., d. große Pauke. Aufführg. f. 9 Personen. Nach e. Entwurfe v. K. 8. (20 S.) Berlin 898. Buchh. d. ostdeutschen Jünglingsbundes. n. — 30

Kiessling H., Ueber die Schallinterferenz einer Stimmgabel. (Aus Poggendorff's Ann., Bd. CXXX, besonders abgedr.) Berlin 1867.

Kiessling, Hans (Hrsg.), s.a. Huygens, Christian: De circuli magnitudine inventa.

Kiessling, H., Chr. Huygens de circuli magnitudine inventa. Als ein Beitrag zur „Lehre vom Kreise" für die Lehrbücher elementar entwickelt. Flensburg 868. Herzbruch. gr. 4. (32 S. mit 2 Steintaff. in qu. gr. 4.) n. 16 ngr.

Kiessling, J., Beiträge zu einer Chronik ungewöhnlicher Sonnen- und Himmelsfärbungen. gr. 4. (19 S.) Hamburg 887, Friederichsen und Comp. *
Aus: Abhandlungen aus dem Gebiete der Naturwissenschaften, Bd. 10, besonders abgedruckt.

Kießling, J., Communionbüchlein. 12. Nürnberg, Endter. 742.

—— die Dämmerungserscheinungen im J. 1883 und ihre physikalische Erklärung. gr. 8. (53 S. mit 5 Holzschn.) Hamburg 885, Voss. *

—— Untersuchungen über Dämmerungserscheinungen zur Erklärung der nach dem Krakatau-Ausbruch beobachteten atmosphärisch-optischen Störung. Mit Unterstützung der königl. Akademie der Wissenschaften zu Berlin. gr. 4. (VII, 172 S. mit 9 Farbendr.-Taf. nach Aquarellen von Pechuel-Loesche, 4 Karten und 8 Holzschn.) Ebendas. 888. geb. *

Kiessling, J. G. G.

— Erbauungsbuch f. d. christl. Bergmann. 8. Bayreuth, Lübeck.

Kießling, J. G. G., Sammlung einig. Berg- u. Circularpredigten &c. 8. Hof, Grau. 802.

Kiessling, Johann

Kiessling, J., Didaktik u. Methodik d. Physik, s.: Handbuch d. Erziehungs- u. Unterrichtslehre für höh. Schulen.

Kiessling, J., Didaktik u. Methodik d. Physik, s.: Simon, Max, Methodik d. Rechnen-, Mathematik- u. Physik-Unterrichts.

Kießling, Jh., fruchtbringende Gesellschaft Jesu, nach Anleit. d. Sonn- u. Festtagsepisteln. 4. Hannov. 780. Helwing. 1 ꝛℓ 12 gr

Leitfaden für den Unterricht in der Experimentalphysik an Oberrealschulen, Realgymnasien u. Gymnasien. Nach d. Lehrbuch d. Physik von E[mil] Budde bearb. von Dr. J[ohann] **Kiessling**, Prof. in Hamburg. Mit 272 Textabb. *Berlin: P. Parey 1902.* (VIII, 412 S.) 8° [F.] [02. 3340

Kiessling, J., Nebelglüh-Apparat, s. Abhandlungen aus dem Gebiete der Naturwissenschaften.

Physik. Von Dr. J[oh.] **Kiessling**, Prof. in Hamburg. *(München: C. H. Beck 1895.)* (73 S.) 8.
— **Handbuch** d. Erziehungs- u. Unterrichtslehre f. höh. Schulen. Bd 4. Abt. 1, (II.) [98. 6645

Kiessling, Johann Georg Gottfried, s. Kiesling, Johann Georg Gottfried

Kiessling, Karl

Kießling, Carl, approb. Arzt aus Würzburg: Ueber Kehlkopfverletzungen. *München 1902: C. Wolf & Sohn.* (16 S.) 8°
München, Med. Diss. v. 1902

Kiessling, Kurt, aus Perleberg: Bestimmung von Brechungsexponenten durch Interferenz elektrischer Wellen an Drähten. *Greifswald 1902: J. Abel.* (43 S.) 8°
Greifswald, Phil. Diss. v. 5. März 1902

Kiessling, Ludwig

Kießling, L., über die Bedeutung d. Sortenwert u. Saatgutzüchtung f. die Landwirtschaft. (12 S.) gr. 8. Berlin-Groß-Lichterfelde-West (909). „Ceres". — 50
Sonderabdruck aus: „Der rechn. Landwirt".

L. Kießling. Die Förderung der L. in B. durch praktische Anbau- und Düngungsversuche.
Vortrag bei der Zentralver. d. l. Vereins in B. 1899. Ähnlich 1900 bei der 36. Wanderver. d. Landwirte in Nördlingen.
1899 München

Kießling, L., Kurze Gerstenbauregeln. München 1910

Kießling, Ludwig, K. Adjunkt d. K. Saatzuchtanstalt i. Weihenstephan: Untersuchungen über die Trocknung der Getreide, mit besonderer Berücksichtigung der Gerste. 1906. 127 S. 8° ¶ Aus: Vierteljahresschrift d. Bayer. Landwirtschaftsrates. Jg. 11.
München, Dr.-Ing.-Diss. v. 23. 1. 1906

Kiessling, Max: Zur Geschichte der ersten Regierungsjahre des Darius Hystaspes. *Leipzig: E. Avenarius [1900].* (62 S.) 8° ¶ (Bildet T. 1 d. Abh.: 'Untersuchungen zur älteren persischen Geschichte u. zum Territorium d. persischen Landschaften', veröffentlicht in: Quellen u. Forschungen zur alten Geschichte u. Geogr., H. 2.)
Leipzig, Phil. Diss. v [28. Nov.] 1900

Kiessling, Moritz, approb. Arzt aus Wurzen i. Sa.: Über den Einfluß körperlicher Arbeit auf den Blutdruck. *Greifswald 1903: H. Adler.* (34 S.) 8°
Greifswald, Med. Diss. v. 25. Aug. 1903

St Louis und die deutschen Künstler. Offiz. Bericht d. Haupt-Vorstandes d. Allg. Deutschen Kunstgenossenschaft über d. Streit mit d. Sezessionen. (Verf.: Paul **Kießling** u. G. v. Mayenburg.) *Dresden (1904): C. Heinrich.* (12 S.) 8° [Umschlagt. F.] 104. 4546 6

Kiessling, Theophil

— — De primo Horatii carmine. Comment. philol. ad audiendas orationes decem in schola episcop. Zeitz (Webel) 28. IV. 1823. 24 Seiten. (4.—) 17988
Johann Gottfried Schirmer (Langendorf), August Wilhelm Schlag (Zeitz), Ernst Peter Moritz Schroeder (Frohburg), Carl Hermann Robert Strassner (Zeitz), Eduard Wilhelm Geucke (Zoepen), Carl Gottlob Träber (Kuhndorf), Johann Gottfried Krober (Tröglitz), Gottfried Kahnt (Prehlitz), Abraham Freytag (Profen), Johann Theophil Rauschenbach (Dragsdorf), Emil Benedict August Lobeck (Profen).

— **Theophil,** De honore publicis scholis debito, oratio 16. III. 1820 muneris rectoris in schola episcopali, quae Cizae est, adeundi causa recitata. Zeitz (Webel). 16 S. (4.50) 17984

— **M. Theophil** (Rector), De juvenum ad humanitatem institutione commentationis pars I, qua ad aud. orat. sex, quae in schola episcopali, quae Cizae est, kal. Maiis 1820 invitat. Zeitz (Webel). 19 S. (4.—) 17985
Carl Christian Eduard Schmidt (Saaleck), Johann Christian Patschke (Doebris), Theophil Kalb (Tornanus), Georg Zetzsche (Prehlitz), Christoph Fahr (Sporanus), Friedrich August Adolph Naebe (Doebris).

— — Dasselbe. II. Ad orat. novem 21. V. 1821. Zeitz (Webel). 20 S. (4.—) 17986
Christian Gotthelf Dreyhaupt (Zeitz), Ernst Friedrich Hornikel (Haynsburg), Raimund Wilhelm u. Anton Eduard Bock (Langendorf), Veit Balduin August Lobeck (Profen), Johann Gottlob Mueller Profen), Friedrich Hermann Schreckenberger (Wuitzen), Ulrich Theophron Schladebach (Teuchern), Heinrich Eduard Kupfer (Gatzen).

— — Dasselbe. III. Ad orat. septem 6. V. 1822. 23 S. (4.—) 17987
Alexander Moritz v. Brand (Borna), Julius Gottlieb Huth (Zeitz), Ernst Theodor Sauppe (Kayna), Carl Gotthelf Leberecht Uhlemann (Zeitz), Johann Christian Mitschke (Unterwerschen), Eduard Kloß (Mutschen), Georg Gotthelf August Schulze (Coeßlitz).

— — Lectionum Horatianarum specimen secundum ad orat. decem in schola episcopali quae Cizae est 17. V. 1824. Zeitz (Webel). 27. S. (4.50) 17989
Emil Benedict August Lobeck (Profen), Adolph Kühn (Zeitz), Friedrich Wilhelm Neßler (Zeitz), Hans Günther Hugo Schladebach (Teuchern), Julius Otto Frick (Zeitz), Hermann Naumann (Zorbau), Johann Gottlob Wilhelm Bohne (Goßera), Karl August Landmann (Loitzsch), Christian Friedrich August Bose (Kretzschau), Karl Engelmann (Greitschütz).

Kießling, Walther: Über die Condensation von Acetessigester mit Phenylharnstoff. 1906. 31 S. 8° ¶ Aus: J. Liebig's Annalen d. Chemie. Bd 349.
Hannover, Dr.-Ing.-Diss. v. 8. 6. 1906

Kießling, Wilh., die Arbeiter u. die Kirche. Ein Vortrag, geh. im Hamburger Protestanten-Verein. (19 S.) 8. Berlin-Schöneberg 907. Verlag der „Hilfe" — 30

Kiesslingen, J. G. Nachricht von dem Bergbau und Schmelzwesen in der Grafschaft Mannsfeld. Leipzig 1717. 4.

Kießling's Ausflüge in die Umgebung Berlins. Ein kurzer Wegweiser zu allen landschaftlich hervorragenden Punkten. Mit e. (farb.) Übersichtskarte. 12. (81 S.) Berlin 900. A. Kießling. n. 1. —

Kiessling's Berliner Baedeker. Praktischer Führer durch Berlin u. Potsdam, nebst Umgebgn. Mit Plan v. Berlin in Farbendr. 18. Aufl. 8. (114 S.) Berlin 889. Kiessling. n. 1. —

Kiessling's Berliner Baedeker. Prakt. Führer durch Berlin u. Potsdam, nebst Umgebgn. 17. Aufl. 8. (120 S. m. Plan.) Berl. 892, Kiessling. 1 —

Kiessling's Berliner Baedeker. Praktischer Führer durch Berlin u. Potsdam nebst Umgebgn. In übersichtl. Weise m. besond. Berücksicht. der Besuchszeiten aller Sehenswürdigkeiten durchweg neu bearb. Mit übersichtl. Plan v. Berlin in Farbendr., e. alphabet. Verzeichnis sämtl. Strassen, Plätze u. Brücken u. e. praktisch geordneten „Geschäftl. Ratgeber". 19. Aufl. (19. Jahrg.) 8. (112 S.) Berlin 894. A. Kiessling. n. 1. —

Kiessling's Berliner Baedeker. Prakt. Führer durch Berlin u. Umgebg. 23. Aufl. (23. Jahrg.) 8. (112 S. m. farb. Plan.) Berlin 898. A. Kiessling. n. 1. —; geb. in Leinw. n. 1. 50

— Berliner Baedeker. Praktischer Führer durch Berlin u. Umgebg. 25. Aufl. (25. Jahrg.) 8. (122 S. m. farb. Plan.) Ebd. 900. 901. n. 1. —; geb. n. 1. 50

Kiessling's Berliner Baedeker. Praktischer Führer d. Berlin u. Umgebg. 29. Aufl. (29. Jahrg.) (122 S. m. farb. Plan.) kl. 8. Berlin 904. 905. A. Kiessling. n. 1. —; geb. in Leinw. n. 1. 50; illustr. Ausg. m. 48 Ansichten n. 1. 50; geb. in Leinw. n. 2. —

Kiessling's Berliner Baedeker. Praktischer Führer durch Berlin u. Umgebg. 35. Aufl. (35. Jahrg.) (126 S. m. 2 farb. Plänen.) kl. 8. Berlin 910. 11. A. Kiessling. 1. —; geb. 1.50; ill. Ausg. (122 u. 24 S.) 1.50; geb. 2. —

Kiessling's Wiener Baedeker. Praktischer Führer durch die Kaiserstadt Wien im Jahre der Welt-Ausstellung 1873. Mit neuestem (chromolithogr.) Plan der Stadt und Situations-Plan der Welt-Ausstellung (in Fol.). gr. 16. (90 S. mit eingedr. Holzschn.) Berlin 873, Kiessling. *

Kiessling's grosse Karte der Provinz Brandenburg. 1 : 432 690. 5. Aufl. Berlin. 1 Bl. c. L.

(Alexius) Kießling's große Karte der Provinz Brandenburg. (7 farbig. Mit Waldkolorit u. Kilometer-Einteilung der Chausseen u. Pflasterwege u. Ortsverzeichnis.) Maßst. 1:432,690. 10. Aufl. *Berlin: A. Kießling [1902]; Dr. von L. Kraatz.* (1 Kartenbl. 74 × 57 cm, 20 S.) 8° [kol.]

Kiessling's Topographische Karte der Umgegend von Berlin. 1 : 150 000. Berlin. 9., 16. und 18. Auflage. Je 1 Bl. c. L.

Kiessling's grosser Plan von Berlin, Charlottenburg und Westend nebst den nächstgelegenen Ortschaften. Entworfen und gezeichnet von Th. Delius. Berlin 1875. 8°.

Kiessling's neuer grosser Plan von Berlin und den nächstgelegenen Ortschaften. 1 : 15 000. Mit Angabe der Weichbildgrenze, des Bebauungsplans, der Strassen- und Häuser-Nummerirung, der Postbezirke, des vollständigen Pferde-Eisenbahn- und Dampfbahn-Netzes, sowie der Stadt- und Ringbahn-Linie. Berlin (1889) und 1895. Je 1 Bl. c. L.

Kiessling's grosser Plan der südwestlichen Vororte von Berlin. 1 : 15 000. Berlin 1893. 1 Bl. c. L.

— s.: Radfahrten, 42, in d. Umgebung v. Berlin.

— Reisebücher. Märkische Sommerfrischen. 165 Erholungsorte in der Umgebg. Berlins. Mit 1 Übersichtskarte. 12. (VIII, 73 S.) Ebd. 893. 1. —

— Reisebücher. Greifswald, Stralsund u. Rügen. Ein Führer f. Wanderfreunde u. Badegäste, m. 10 (farb.) Karten, bearb. v. B. Graupe. [Aus: „K., die Ostseeküste v. Colberg bis Heiligendamm u. Rügen".] 12. (IV, 40 S.) Ebd. 894. n. 1. —

— dasselbe. Die Ostseeküste v. Colberg bis Heiligendamm u. Rügen. Ein Führer f. Wanderfreunde u. Badegäste, m. 23 (farb.) Karten, bearb. v. B. Graupe. 12. (VIII, 103 S.) Ebd. 894. n. 2. —

— dasselbe. Stettin u. die Ostseebäder auf Wollin u. Usedom (Dievenow, Misdroy, Swinemünde, Ahlbeck, Heringsdorf, Zinnowitz). Ein Führer f. Wanderfreunde u. Badegäste, m. 10 (farb.) Karten, bearb. v. B. Graupe. 12. (IV, 35 S.) Ebd. 894. n. 1. —

— dasselbe. Stettin u. die Ostseebäder auf Wollin u. Usedom. Ein Führer f. Wanderfreunde u. Badegäste m. 14 (farb.) Karten, bearb. v. B. Graupe. 2. Aufl. 12. (52 S.) Ebd. 902. 1. —

— dasselbe. Stettin, Greifswald, Stralsund u. Rügen. Ein Führer f. Wanderfreunde u. Badegäste, m. 17 (farb.) Karten, bearb. v. B. Graupe. 2. Aufl. 12. (61 S.) Ebd. 902. 1. —

— dasselbe. Wanderbuch f. die Mark Brandenburg u. angrenz. Gebiete, bearb. v. E. Albrecht u. B. Graupe. 3 Tle. 12. Ebd. 898. n. 6. —
1. Nähere Umgegend Berlins. 4. Aufl. (VIII, 130 S. m. 13 Karten.) n. 1. 50
2. Weitere Umgegend Berlins (westliche Hälfte). 3. Aufl. (IV, 132 S. m. 13 Karten.) n. 1. 50
3. Dasselbe (östliche Hälfte). 3. Aufl. (IV, 136 S. m. 17 Karten.) n. 2. —

— Reisebücher. Wanderbuch f. die Mark Brandenburg u. angrenzende Gebiete, bearb. v. E. Albrecht. 3 Tle. kl. 8. Ebd. n. 6. —
1. Nähere Umgegend Berlins. Mit 13 Karten. 6. Aufl. (VIII, 146 S.) 903. n. 1. 50
2. Weitere Umgegend Berlins. (Westliche Hälfte.) Mit 18 Karten. 5. Aufl. (IV, 163 S.) 904. n. 2. —
3. Weitere Umgegend Berlins. (Oestliche Hälfte.) Mit 22 Karten. 5. Aufl. (IV, 168 S.) 904. n. 2. 50

Kiessling's Reisebücher. Wanderbuch f. die Mark Brandenburg u. angrenz. Geb., bearb. v. E. Albrecht. 1.—3. Tl. kl. 8. Berlin 910. A. Kiessling. 6. —
1. Nähere Umgegend Berlins. 9. Aufl. (VIII, 175 S. m. 14 farb. Karten.) Geb. 1. 50
2. Weitere Umgegend Berlins. (Westliche Hälfte.) 7. Aufl. (VIII, 184 S. m. 18 farb. Karten.) 2. —
3. dasselbe. (Östliche Hälfte.) 7. Aufl. (VIII, 203 S. m. 26 farb. Karten.) Kart. 2. 50

Kiessling's Reise-Karte von Mittel-Europa mit Angabe sämmtlicher Eisenbahnen und deren Stationen, sowie der Post und Dampfschiffs-Verbindungen. Mit prakt. Entfernungsmesser dargestellt durch konzentrische Kreise von je 10 deutschen resp. geograph. Meilen Entfernung, welche Berlin zum Mittelpunkt haben. 1 : 2,100,000. Entworfen und gez. von Th. Delius. 3. Aufl. Chromolithogr. Imp.-Fol. Berlin 878, Kiessling. cart. * ℳ 1,50.; geb. *

—— Reise-Karte von Mittel-Europa mit Angabe sämmtlicher Eisenbahnen und deren Stationen, sowie der Post- und Dampfschiffsverbindungen. 1 : 2100000. Entw. u. gest. von Th. Delius. Berlin, Kiessling, 1888. In 6 farb. Druck. (M. 1,50.)
—— —— Mit Postzonengrenzen (ab Berlin). Ebda. 1888. 6 farbig M. 1,50; 3 farbig M. 1.
Beide Karten alljährlich in neuen Ausgaben.

Kiessling's neueste Reisekarte vom Deutschen Reiche u. den angrenzenden Ländern, mit Angabe sämmtl. Eisenbahnen, sowie der Post- und Dampfschiffs-Verbindungen und alphabet. Ortsverzeichniss. 1 : 2100000. Entw. u. gest. von Th. Delius. Berlin, Kiessling, 1888. In 5 farb. Druck M. 0,75; in 3 farb. Druck M. 0,50.
Beide Ausgaben alljährlich in neuen Auflagen.

(Alexius) Kießling's Specialkarte von Buckow und Umgegend. ⟨Sogen. Märkische Schweiz.⟩ (Maßst. 1 : 12,500. In Farbendr. 8. Aufl. [Mit 1 Nebenkarte.] Berlin: A. Kießling [um 1902]; Lith. L. Kraatz.) (1 Kartenbl. 31 × 23 cm mit Legende.) 8° [Kopft.]
[Umschlagt.:] Kießlings Special-Karte d. Umgegend von Buckow.

(Alexius) Kießling's Specialkarte von Freienwalde u. Umgegend (im Maßst. 1 : 15,000 mit Kärtchen d. Touren nach Baasee u. Granitkoppe ... In Farbendr. 5. [auf d. Umschl.: 4.] Aufl.) [Nebst] Kießling's Touristen-Führer durch Freienwalde ... (Berlin: A. Kießling [um 1904]; Lith. L. Kraatz.) (1 Kartenbl. 43 × 23 cm mit Legende, 4 S.) 8° [Kopft.]
[Umschlagt.:] Kießlings Special-Karte d. Umgegend von Freienwalde bis Falkenberg.

Kiessling's Grosse Special-Karte der Umgegend von Berlin im Massstabe 1 : 75 000. Auf Grund der Generalstabs-Aufnahmen entworfen und gezeichnet von Gustav Müller. Berlin (1888). 1 Bl. c. L.
Desgl. 2. Auflage. Berlin (1891). 1 Bl. c. L.

Kiessling's Spezial-Karte vom Grunewald und dessen Umgebung. 1 : 42 500. Berlin. 1 Bl. c. L.

(Alexius) Kießling's Neue Special-Karte von Eberswalde und Umgegend, Jagdschloß Hubertusstock – Kloster Chorin. (Im Maßst. 1:50,000 auf Grund d. Generalstabs-Aufnahmen gezeichnet u. touristisch bearb. In Farbendr. 4. Aufl. Berlin: A. Kießling [um 1903]; Lith. L. Kraatz.) (1 Kartenbl. 43 × 29 cm.) 8° [Kopft.]
[Umschlagt.:] Kießlings Neue Special-Karte d. Umgegend von Eberswalde ...

Kiessling's neue Specialkarte von Strausberg und dem Blumenthal. 1 : 50 000. Berlin. 1 Bl. c. Dr.

Kiessling's neue Specialkarte der Umgegend von Freienwalde, Wriezen, Oderberg, Brodowin. 1 : 50 000. 1 Bl. c. L.

(Alexius) Kießlings Neue **Specialkarte** der Umgegend von Potsdam (umfassend d. Gebiet von Berlin bis Lehnin nebst Stadtplan von Potsdam. In Farbendr.) Im Maßst. 1 : 75,000. [Mit 1 Nebenkarte.] (Berlin: A. Kießling [um 1904]: Geogr.-lith. C. L. Keller.) (1 Kartenbl. 54×36 cm.) 8° 05. 10036

(Alexius) Kießling's **Specialkarte** vom Spreewald (im Maßst. 1 : 50,000. Offiz. Karte d. Spreewald-Vereins. In Farbendr. Mit prakt. Touristen-Führer. 7. Aufl. [Mit 1 Nebenkarte.] Berlin: A. Kießling [um 1904]; Lith. L. Kraatz.) (1 Kartenbl. 34×29 cm mit Legende, 8 S.) 8° [Kopft.] 05. 10037

—— **Touristen-Führer** durch Potsdam u. Umgebung bearb. v. W. Riehl, ergänzt durch H. Wagener. 4. Aufl. kl. 8. (40 S. m. Plan.) Ebd. 890. — 50

— **Touristen-Führer** durch Potsdam u. Umgebung, bearb. von W. Riehl, ergänzt durch H. Wagener. Mit 2 (farb.) Karten. (Plan von Potsdam u. Babelsberger Park.) 5., verm. Aufl. 12. (40 S.) Ebd. 893. n. — 50

Kiessling's Touristen-Karte vom Harz. 1 : 120 000. Berlin 1880. 1 Bl. c. L. Sch.

(Alexius) Kießling's Topographische Karte der Umgegend von Berlin umfassend 19 größere u. kleinere Städte ... sowie sämmtl. Dörfer ... auf ca. 85 □M. um Berlin. Entworfen u. gez. von Th. Delius in Berlin. Maaßst. 1 : 150.000. (Mit prakt. Entfernungsmesser n. alphab. Namenverzeichnis. In Farbendr. 1904 berichtigt u. erg. 32. Aufl.) Berlin: A. Kießling (1904; Lith. L. Kraatz). (1 Kartenbl. 55×40 cm, 8 S.) 8° 05. 10030

— **Berliner Verkehr.** Prakt. Kursbuch d. Eisenbahnen, Pferdebahnen, Dampfstrassen-Bahnen, elektr. Bahnen, Omnibus, Dampfschiffe etc. Sommer 1898. 16. (188 S.) Ebd. n. — 30

Kiessling's Berliner Verkehr. Prakt. Kursbuch der Eisenbahnen, Strassen-Bahnen, Hochbahn, Omnibus, Dampfschiffe etc. Sommer 1902. 16. (217 S.) Berlin. A. Kiessling. — 30

— **Berliner Verkehr.** Praktisches Kursbuch der Eisenbahnen, Strassenbahnen, Hochbahn, Omnibus, Dampfschiffe etc. Winter 1905/06. (275 S.) 16. Ebd. n. — 40

— **Berliner Verkehr.** Praktisches Kursbuch der Eisenbahnen, Strassenbahnen, Hoch- u. Untergrundbahn, Omnibus, Dampfschiffe etc. Winter 1910/11. (373 S.) 10,1×7,3 cm. Berlin, A. Kiessling. — 40

Kiessling's grosser Verkehrsplan von **Berlin** bis Spandau und Lichterfelde u. s. w. 1 : 25 000. Berlin 1883 u. 2. Auflage. Je 1 Bl. c. L.

Kiessling's grosser Verkehrs-Plan von **Berlin** mit Vororten. Mit allen Verkehrslinien und Verzeichniss der Strassen und Sehenswürdigkeiten. 3. Auflage. 1 : 20 000. Berlin 1900. 1 Bl. c. L.

Kiessling's Neuer Verkehrs-Plan von **Berlin** und nächster Umgebung. 1 : 25 000. Berlin 1882. 1 Bl. c. L.

Kiessling's neuer Verkehrsplan der sudwestlichen Vororte von **Berlin**. 1 : 20 000. Berlin 1896. 1 Bl. c. L.

Desgl. 2. Auflage. Berlin (1900). 1 Bl. c. L.

— **Wanderbücher.** Wanderbuch f. die Mark Brandenburg, bearb. v. E. Albrecht u. B. Graupe. 2 Tle. 12. Ebd. 892. Kart. n. 4. —

1. Nähere Umgegend Berlins. (VIII, 114 S. m. 5 farb. Karten.) n. 1. 50
2. Weitere Umgegend Berlins. (XVI, 174 S. m. 11 farb. Karten.) n. 2. 50

Kiessmann, Rudolf, Dr.: **Untersuchungen über die Bedeutung Eleonorens von Poitou für die Litteratur ihrer Zeit.** T. 1. *Bernburg 1901: O. Dornblüth.* (26 S.) 4° ¶ (T. 2 erscheint an anderem Orte.)
Bernburg, herz. Karls-G, OP 1901 (742)

Kießmann, Rudolf: Untersuchungen über die Bedeutung Eleonorens von Poitou für die Litteratur ihrer Zeit. Teil I. 26 S. 4. *Progr.* Herzogl. Karls-Gymn. *Bernburg* 1901 (742).
E. und Jaufre Rudel (?). Récits d'un ménestrel de Reims. E. und Bernhard von Ventadour. Die chüngin von Engellant und die Carmina Burana. E. v. P. u. des Andreas Capellanus Werk: De amore. Die Königin E. in den englischen Balladen.

Kiessmann, Rudolf [aus Stöbnitz]: **Untersuchungen über die Motive der Robin-Hood-Balladen** ... Halle a. S., Druck v. E. Karras, 1895; VI S., 1 Bl., 42 S., 1 Bl. 8.
Halle, Phil. Fak., Inaug.-Diss. v. 27. Juli 1895

Kießner, E., Verordnungen betr. die Volksschulen im Reg.-Bez. Gumbinnen. gr. 8. (IV, 123 S.) Tilsit 888, Schubert und Seidel. *

Kiesswetter A. F.: Berichte üb. die Hornviehseuche u. derselben praktische Bedeutung. Wien 1773. 180 S.

Kiesswetter, A. F., Dissertationes medicae epistolares ad animarum pastores atque alios etc. 8. Brünn, Gastl.

Kietaibl Karl: Über die Einwirkung von salpetriger Säure auf den Resorzinmonoäthyläther. S. 107. Hb. 00 . . . . . . vgr.
Separatabdruck

Kietaibl, Carl, das Generatorgas, seine Erzeugung u. Verwendung. (VII, 352 S. m. 151 Abb.) 8. Wien 910. A. Hartleben. 5. —; geb. 5. 80

Kietaibl C, das Generatorgas, seine Erzeugung und Verwendung. (352 S.) (Chemisch-technische Bibliothek 331) Wien 1910

v. **Kieter,** Alex., de singularum lithotomiae methodorum dignitate. 4maj. Riga 838. Frantzen. 1/3 ℔

Kieter, Alex. de, de singularum lithotomiae methodor. dignitate. 4maj. (7 B.) Rigne 838, [Kymmel.]

Kieter, Alex. v., die Geburtshülfe der neuesten Zeit, oder krit. Uebersicht der Leistungen in der Geburtshülfe während der letzten 15 Jahre. gr. 8. (VIII und 211 S.) St. Petersburg 850. (Leipzig, Hartmann.) **

Kieter, Alexander, aus Riga, Ist die Zerstückelung der Steine in der Blase den verschiedenen Methoden des Steinschnitts vorzuziehen oder nicht?
Dorpat 1835.

Kietreiber Franz: Über die Kondensation der Fettaldehyde mit Propionsäure. Ein Beitrag zur Perkinschen Reaktion. S. 107. Hb. 709 . . . . . . vgr.
Separatabdruck

Kietz, E. (Hrsg.), s. Ballonnetz, Offenes, ohne Knoten.

Kietz, E.R., Biskuit- u. Kakes-Rezeptbuch nebst Waffel-, Zwieback- u. Honigkuchenfabrikation m. 1225 Rezepten u. 42 Abb. 5. verm. Aufl. (V, 190 S.) gr. 8. Nordhausen (909). H. Killinger. Geb. 6. —

Kietz, Georg: **Agonistische Studien.** 1. Der Diskoswurf bei d. Griechen u. seine künstlerischen Motive ... [1. erschien vollst. 1892.] München, k. Hof- u. Univ. Buchdr. v. Dr. C. Wolf & Sohn, 1892; 50 S. 8.
München, Phil. Fak., Inaug.-Diss. v. [22. Febr.] 1892

Kietz, Geo. Agonistische Studien. I. Der Diskoswurf bei den Griechen u. seine künstler. Motive. Diss. gr. 8. (107 S. m. 1 Taf.) Münch. 892. (Lpz., Fock.) * 2 50

Ceterum censeo. Zur Einführung in d. Polenfrage von Dr. Georg M. Kietz. *Leipzig: Hist.-Polit. Verl. 1902* (78 S.) 8° [Ant. u. F.] [02. 89

— So will's der König. Schauspiel in 4 Akten. (119 S.) 8. Strassburg 905. J. Singer. n. 2. 50

Richard Wagner in den Jahren 1842–1849 und 1873–1875. Erinnerungen von Gustav Adolph Kietz, aufgezeichnet von Marie Kietz. Dresden: C. Reißner 1905. (225 S.) 8° [05. 3857

Kietz, Gust. Adph., Richard Wagner in den J. 1842–1849 u. 1873–1875. Erinnerungen. Aufgezeichnet v. Marie Kietz. 2. [Titel-]Ausg. (V, 225 S. m. 2 Vollbild.) 8. Dresden [905] 907. C. Reissner. 3.—; geb. 4.—

Kietz, Hermann

[F.] Zur Einführung in die Litteraturkunde. Erläutergn zu 230 epischen u. lyr. Dichtgn f. d. Schulpraxis v. H. Kietz, Regiergs- u. Schulrat a. D. *Langensalza: Schulbuchh. 1895.* (XVI, 480 S.) 1 Bd 8. [95. 4231

Kietz, H., zur Einführung in die Litteraturkunde. Erläutergn. zu 230 ep. u. lyr. Dichtgn. f. die Schulpraxis. 2. Aufl. gr. 8. (XVI, 480 S.) Langensalza 899. Schulbuchh. 4. 50

Kietz, H., die Erziehung im Elternhause, s.: Grethlein's prakt. Hausbibliothek.

— Erziehungssorgen, s.: Grethlein's prakt. Hausbibliothek.

Kietz, *Hermann* Paul [aus Drossen]: Über Fussvorfall bei Schädellage. . . . Berlin, Buchdr. v. G. Schade, *1890;* 31 S. 8°
Berlin, Med. Fak., Inaug.-Diss. v. 11. Okt. 1890

Kietz, H., d. bibl. Geschichten d. Alten u. Neuen Testamentes, als Heilsgeschichte ausgelegt u. fruchtbar gemacht. E. prakt. Handbuch f. Lehrer u. Seminaristen. 2 Tle. gr. 8. Gera, Th. Hofmann. n. 6. 60; Einbde. à n.n. — 40
1. Das Alte Testament. (VIII, 452 S. m. 4 farb. Karten.) 895. n. 3. 60
2. Das Neue Testament. (X, 333 S. m. 4 farb. Karten.) 898. n. 3. —

Kietz, H., Luthers kleiner Katechismus, in entwickelnder Methode erklärt für Geistliche und Lehrer. gr. 8. (VIII, 266 S.) Berlin 883, Th. Hofmann. *

—— dass. — erklärt und mit Sprüchen versehen. Ausg. B. für die Hand der Schüler. gr. 8. (95 S.) Ebendas. 883. cart. *

Kietz, H., Luthers kleiner Katechismus, in entwickelnder Methode erklärt für Geistliche und Lehrer. Ausg. A. 2. Aufl. gr. 8. (VIII, 292 S.) Gera 886, Th. Hofmann. *
geb. *

—— dass. — erklärt und mit Sprüchen versehen. Ausg. B. für die Hand des Schülers. 3. Aufl. gr. 8. (95 S.) Ebendas. 888. cart. *

Kietz, H. Luthers kleiner Katechismus erklärt u. m. Spruchen versehen. Ausg. B. Für die Hand der Schüler. 4. Aufl. 8. (95 S.) Gera 891, Hofmann. geb. * — 60
Ausg. A. f. Geistliche u. Lehrer. Ebd. 1886. * 2 80.

Kietz, H., Luthers kleiner Katechismus, erklärt u. m. Sprüchen versehen. Ausg. B. f. die Hand der Schüler. 5. Aufl. 8. (95 S.) Gera 894. Th. Hofmann. Geb. in Halbleinw. n.n. — 60

— Luther's kleiner Katechismus, in entwickelnder Methode erklärt f. Geistliche u. Lehrer. Ausg. A. 3., durchgeseh. u. verm. Aufl. 8. (VIII, 292 S.) Gera 896. Th. Hofmann. n. 2. 80; geb. n.n. 3. 20

— dasselbe, erklärt u. m. Sprüchen versehen. Ausg. B f. d. Hand. d. Schüler. 6. Aufl. 8. (95 S.) Ebd. 898. Kart. n.n. — 60

— Luthers kleiner Katechismus, in entwickelnder Methode erklärt f. Geistliche u. Lehrer. Ausg. A. 4. Aufl. gr. 8. (VIII, 292 S.) Gera 900. Leipzig, Th. Hofmann. n. 2. 80; geb. n.n. 3. 20

Luthers kleiner Katechismus erkl. u. mit Sprüchen versehen von H[ermann] Kietz, Schulrat a. D. Ausg. B f. d. Hand d. Schüler. 7. Aufl. Leipzig & Berlin: B. G. Teubner 1906. (95 S.) 8° [F.] [06. 2667

Kietz, Reg.- u. Schulrat a. D. H., Unsere Kleinen u. deren erste erziehliche Leitung. Ein Buch f. Mütter. (220 S.) Gera 1896. Th. Hoffmann.

Kietz, H., die achtzehn Psalmen der preußischen Regulative, schulgemäß erklärt für Lehrer und Seminaristen. gr. 8. (VIII, 92 S.) Wittenberg 872, Herrosé. *

—— achtzehn Psalmen, schulmäßig erklärt für Lehrer und Seminaristen. Neue Ausg. gr. 8. (VIII, 92 S.) Ebendas. 873. *

—— 24 Psalmen, schulgemäß erklärt für Lehrer und Seminaristen. 2. durch 6 Psalmen verm. Aufl. der „18 Psalmen". (VIII, 119 S.) 1880; 3. Aufl. gr. 8. (VIII, 118 S.) Ebendas. 882. *

—— 24 Psalmen, schulgemäß erklärt für Lehrer und Seminaristen. 4. Aufl. gr. 8. (VIII, 125 S.) Ebendas. 887. *

—— 24 Psalmen, schulgemäß erklärt f. Lehrer u. Seminaristen. 5. Aufl. gr. 8. (VIII, 126 S.) Ebd. 891. * 1 20; geb. * 1 60

— 24 Psalmen, schulgemäß erklärt f. Lehrer u. Seminaristen. 7. Aufl. gr. 8. (VIII, 126 S.) Ebd. 898. n. 1. 20

— 24 Psalmen, schulgemäß erklärt f. Lehrer u. Seminaristen. 8. Aufl. gr. 8. (VIII, 126 S.) Leipzig 901. Th. Hofmann. n. 1. 20; geb. n. 1. 60

Kietz, H., 24 Psalmen. Schulgemäß erklärt f. Lehrer u. Seminaristen. 9. u. 10. (Doppel-)Aufl. (VI, 126 S.) 8. Leipzig 907. B. G. Teubner. Geb. 1. 60

— Schulreden. Aus der Schulpraxis hervorgegangen u. f. dieselbe bestimmt. gr. 8. (104 S.) Breslau 893. F. Hirt. n. 1. 25

Schulreden. Aus d. Schulpraxis hervorgegangen u. f. dieselbe bestimmt von H[ermann] Kietz, Schulrat a. D. 2. Aufl. Breslau: F. Hirt 1906. (104 S.) 8° [F.] [07. 4979

Kietz, H., zum Sonntag. Erklärung sämmtlicher evangel. Pericopen des christlichen Kirchenjahres nebst einem Anh. über das Kirchenjahr u. den Gottesdienst der evangelischen Kirche für Lehrer u. Seminaristen. Wittenberg 867. Herrosé. gr. 8. (XIII, 294 S.) n. 28 ngr.

—— zum Sonntag. Erklärung sämmtl. evangel. Perikopen des christl. Kirchenjahres nebst einem Anh. über das Kirchenjahr und den Gottesdienst der evangel. Kirche für Lehrer und Seminaristen. 1. Aufl. (XIII, 291 S.) 1869, und 2. Aufl. gr. 8. (XI, 295 S.) Ebendas. 873. *

—— zum Sonntag. Erklärung sämmtl. evang. Perikopen des christl. Kirchenjahres, nebst einem Anhang über das Kirchenjahr und den Gottesdienst der evang. Kirche für Lehrer und Seminaristen. 3. Aufl. (XII, 295 S.) 1880. *M 2,80.; 4. Aufl. gr. 8. (XII, 295 S.) Ebendas. 883. *

— zum Sonntag. 2 Tle. gr. 8. Ebendas. 887. à Tl. *
Inhalt:
Tl. 1. Erklärung sämtlicher evangelischen Perikopen des christlichen Kirchenjahres, nebst einem Anhang über das Kirchenjahr und den Gottesdienst der evangel. Kirche für Lehrer und Seminaristen. 5. Aufl. (VII, 301 S.)
" 2. Erklärung sämtlicher epistolischen Perikopen des christlichen Kirchenjahres für Lehrer und Seminaristen. (IV, 304 S.)

— zum Sonntag. 1. Tl.: Erklärung sämtl. evangel. Perikopen d. christl. Kirchenjahres, nebst e. Anh. üb. das Kirchenjahr u. den Gottesdienst der evangel. Kirche f. Lehrer u. Seminaristen. 6. Aufl. gr. 8. (VII, 301 S.) Ebd. 891. * 2 80; geb. ** 3 20
2. Tl. Ebd. 1887. * 2 80.

— zum Sonntage. 2. Tl. Erklärung sämtl. epistol. Perikopen d. christl. Kirchenjahres f. Lehrer u. Seminaristen. 2. Aufl. 8. (IV, 304 S.) Gera 893. Th. Hofmann. n. 2. 80

— z. Sonntag. 1. Tl. gr. 8. Ebd. 896. n. 2. 80; geb. n.n. 3. 20
Erklärg. sämmtl. evangel. Perikopen d. christl. Kirchenjahres, nebst e. Anh. üb. d. Kirchenjahr u. d. Gottesdienst d. evang. Kirche f. Lehrer u. Seminaristen. 7. Aufl. (VII, 303 S.)

Kietz, H., zum Sonntag. 1. u. 2. Tl. gr. 8. Gera. Leipzig, Th. Hofmann. à n. 2. 80; geb. n.n. 3. 20
1. Erklärg. sämtl. evangel. Perikopen des christl. Kirchenjahres, nebst e. Anh. üb. das Kirchenjahr u. den Gottesdienst der evangel. Kirche f. Lehrer u. Seminaristen. 8. Aufl. (VII, 303 S.) 900.
2. Erklärung sämtl. epistol. Perikopen des christl. Kirchenjahres f. Lehrer u. Seminaristen. 3. Aufl. (IV, 304 S.) 899.

Kietzel, v., das deutsche Landheer. Organisation, Garnisonirg. u. Uniformirg., unter Angabe der Commandeure 2c. u. Beifügg. der Errichtungsjahre der Regimenter, zum Unterricht, Hand- u. Taschengebrauch zusammengestellt. 3., erweit. Aufl. 12. (96 S.) Darmstadt 890. (John.) n. — 80

Kietzell, v. Das deutsche Landheer. Organisation, Garnisonirg. u. Uniformirg., unter Angabe der Commandeure 2c. u. Beifügg. der Errichtungsjahre der Regimenter, zum Unterricht, Hand- u. Taschengebrauch zusammengestellt. 3. erweit. Aufl. 12. (96 S.) Darmst. 890, (Müller u. Rühle). * — 80

Geschichtliche Rückblicke auf die Entwicklung der deutschen Artillerie seit dem Jahre 1866. Von Georg v. Kietzell, Major a. D. Berlin: A. Bath 1906. (X, 227 S.) 8° [F.] {07. 11339

Kietzell, Hans v., der Unteroffizier als Quartiermacher. Aus der Praxis f. die Praxis. (16 S. m. 2 eingedr. Skizzen.) kl. 8. Berlin 909. Liebel. — 40

Der Unterführer. Leitfaden f. d. theoret. u. prakt. Ausbildung d. Unteroffiziere u. d. Unteroffizier-Ersatzes d. Inf. Zugl. als Handb. f. d. Lehrer auf dienstl. Veranl. bearb. von Karl v. Kietzell. Mit 31 Abb. *Berlin: E. S. Mittler & Sohn 1900.* (XII, 199 S.) 8° [F.] {00. 8758

Die Unterführer der Kompagnie. Handbuch f. d. Ausbildung d. Unteroffiziere u. d. Unteroffizier-Ersatzes d. Infanterie. Zugl. als Leitfaden f. d. Unterführer-Unterr. auf dienstl. Veranl. bearb. von Karl v. Kietzell, Oberlt. 2. Aufl. Mit 31 Abb. *Berlin: E. S. Mittler & Sohn 1903.* (XII, 199 S.) 8° [F.] {03. ...

Unteroffizier-Handbuch, unter Berücks. der neuesten Dienstvorschriften f. d. Gebr. u. d. Ausbildung d. Unteroffiziere u. d. Unteroffizier-Ersatzes d. Infant. Zugleich 3. Aufl. d. Leitfadens: Die Unterführer d. Kompagnie. Von Karl v. Kietzell, Oberlt. Mit 31 Abb. Berlin: E. S. Mittler & Sohn 1907. (XII, 191 S.) 8° [F.] {07. 12366

Kiew, (Shuk, K.), Temperatur auf der Oberfläche des Bodens, 1881—87. Kiew. Meteorolog. Observatorium der Universität St. Wladimir. Kiew 1888. (13067)

Kiewe, Leo: Aus d. Universitäts-Kinderklinik zu Breslau. Untersuchungen über die Auslösbarkeit des Hustens und über das Fehlen des Würgreflexes bei gesunden und neuropathischen Kindern. *Breslau 1902: Th. Schatzky.* (53 S.) 8°
Breslau, Med. Diss. v. 3. Mai 1902

Kiewe, Siegfried, pr. Arzt: Aus d. Univ.-Frauenklinik zu Königsberg i. Pr. Schwangerschaft und Tuberkulose. Graudenz 1909: Maschke. 71 S. 8°
Königsberg, Med. Diss. v. 16. Aug. 1909, Ref. Winter
[Geb. 11. Jan. 81 Graudenz; Wohnort: Königsberg i. P.; Staatsangeh.: Preußen; Vorbildung: Gymn. Graudenz Reife O. 00; Studium: Berlin 4, München 1, Berlin 4, Breslau 2 S.; Coll. 23. Juni 09; Approb. 3. Nov. 05.] [U 10. 2571

Kieweg, Anselm, O. S. B., die Heiligung des Tages. Ein Büchlein für alle, welche gut sterben wollen. Nach dem Tode des Verf. hrsg. v. dessen Bruder Rupertus a. S. Norberto, O. Carm. (III, 155 S.) kl. 8. Graz 905. U. Moser. n. 1. —; geb. n. 1. 50

KIEWEG, Anselm
(F) Nach Südtirol. Eine Curreise in lebenden Bildern von P. Anselm Kieweg, O. S. B. Brixen. 1900. Weger. 8°. IV, 221 S. K 2.—

Kiewiet, J. G., Vorschule zum Freihandzeichnen. 5 Hefte. qu. 4. Emden 872—74, Hahn. [1.—4. Heft. (à 16 Stnt.); 5. Heft. Krumme Linien. (12 Stnt.)] 1. Heft *
2.—4. Heft à *
5. Heft **

Kiewiet, Johannes [aus Emden]: Untersuchungen ueber die Biegungselasticität von reinem Zink, Kupfer, Zinn und ihren Legierungen, insbesondere die Abhängigkeit derselben von der Temperatur, mit Zufügung der Torsionscoefficienten der genannten einfachen Metalle .... Leipzig, Druck v. Metzger & Wittig, 1886; 40 S. + 1 Bl. 8°.
Göttingen, Phil. Fak., Inaug.-Diss. v. 10. Jun. 1886.

Kiewiet, Johs., Untersuchungen über die Biegungselasticität von reinem Zink, Kupfer, Zinn und ihren Legierungen, insbesondere die Abhängigkeit derselben von der Temperatur, mit Zufügung der Torsionscoefficienten der genannten einfachen Metalle. Inaugural-Dissertation. gr. 8. (40 S.) Leipzig 886. (Göttingen, Vandenhoeck und Ruprecht.) *

Kiewlicz, Maryan: Ein Fall von Myelitis transversa, Syringomyelie, multipler Sklerose und secundaren Degenerationen. Beitrag zur Lehre über die combinirten Erkrankungen des Ruckenmarks.... Berlin, gedr. bei L. Schumacher, 1888; 43 S. 8°
Strassburg, Med. Fak., Inaug.-Diss. v. 1888

Kiewlicz, Maryan, ein Fall von Myelitis transversa, Syringomyelis, multipler Sklerose und secundären Degenerationen. Beitrag zur Lehre über die combinirten Erkrankungen des Rückenmarks. Diss. Strassburg i. Els. 1888. Trübners Sort. 8°. 43 S.

Kiewning, Hans: Herzog Albrechts von Preussen und Markgraf Johanns von Brandenburg Antoil am Fürstenbund gegen Karl V. Teil I. 1547–1550. . . . Königsberg in Pr., Buchdr. v. R. Leupold, 1889; 2 Bl. + 44 S. + 2 Bl. 8°
Königsberg, Phil. Fak., Inaug.-Diss. v. 20. Dez. 1889

Kiewning, Hans, Nuntiatur d. Palloto 1628—1630, s. a. Nuntiaturberichte aus Deutschland.

Kiewning, d. Nuntiatur d. Palotto. Bd. I. II. Berlin 895—97.

Kiewning, Hans, die auswärtige Politik der Grafsch. Lippe v. Ausbruch der französ. Revolution bis z. Tilsiter Frieden. (a. Sonder-Veröffentlichungen der geschichtl. Abteilung des naturwiss. Vereins f. das Fürstent. Lippe. I.

Die auswärtige Politik der Grafschaft Lippe vom Ausbruch d. französischen Revolution bis zum Tilsiter Frieden. Von Hans Kiewning. *Detmold: H. Hinrichs 1903.* (X, 370 S.) 8° [F.]
— Sonder-Veröffentlichungen d. geschichtlichen Abteilung d. Naturwissenschaftl. Ver. f. d. Fürstentum Lippe. 1.

— Seidenbau u. Seidenindustrie im Netzedistrikt v. 1773 — 1805. [Aus: „Zeitschr. d. histor. Gesellsch. f. d. Prov. Posen".] gr. 8. (255 S.) Posen 896. (J. Jolowicz.) n.n. 3. —

Kiewning, Hans, der Taufschein des Carl Philipp v. Unruh. Kritische Bemerkgn. gr. 8. (IV, 130 S. m. 1 Stammtaf.) Detmold 902. H. Hinrichs. n. 2. —

— s.a. Urkunden z. Geschichte d. ehem. Hauptamts Insterburg.

Urkunden zur Geschichte des ehem. Hauptamts Insterburg. Im Auftrage der Altertums-Gesellschaft Insterburg nach den Originalen im Königlichen Staatsarchiv zu Königsberg und dem Königlichen Geh. Staatsarchiv zu Berlin gefertigt durch Dr. HANS KIEWNING und MAX LUKAT. Herausgegeben durch A. HORN, Justizrat und PAUL HORN, Rechtsanwalt. Insterburg 1895. Commissionsverlag von Eugen Herbst in Insterburg. Druck von J. G. Driest (Dr. A. Bittner) in Insterburg. 8°.

Kiferle, M., der Hopfenbau am Draht in seiner Vollendung in Betreff seiner Anlage, seiner Bearbeitung, seiner Vortheile und seines Ertrages. Aus eigener Erfahrung mitgetheilt. 8. (39 S.) Rottenburg a. N. 863. (Schwäb. Gmünd, Schmid.)

Kiferle, M., die Lebensdauer der Bierbrauer, die Ursachen ihrer Erkrankungen und der ausgezeichnete Luftkurort in Rottenburg a. N. und seine Heileinrichtungen. 8. (24 S.) Waldsee 883, Liebel. *

Kiferle, M., zum Verständnisse über die Heilbarkeit der Unterleibsbrüche, auf unblutigem, schmerzlosem Wege, unter Beseitigung des Bruchbandes. gr. 8. (10 S.) Rottenburg a. d. N. 888. (Tübingen, Lindenmaier.) *

Kiffhäuser — Panorama auf dem — gezeichnet von W. G. Bleichrodt. Weimar, geograph. Institut. 1828. Ohne M. 1 Bl.

Kifinger, Frz. Seraph, lehrreiche Erzählungen. 3 Bdchn. gr. 12. Neuburg a. d. D., Prechter. à 1/6 Thlr.

A. u. d. Tiln.:

Bdchn. 1. Der Kampf f. d. Unschuld. Eine Erzähl. f. d. reif. Jugend. (5 1/2 B. u. 2 Abbild.) 838.

" 2. Balduin, od. d. Roßdecke. Eine Erzähl. f. Eltern u. Kinder. (5 B. u. 1 Abbild.) 839.

" 3. Der Onkel aus Amerika, od. d. getäuschte Erbe. Eine Erzähl. f. Eltern u. d. reif. Jugend. (4 B. u. 1 Abbild.) 840.

Kifinger, Frz. Seraph, lehrreiche Erzählungen. 4. Bdchn. Norbert der Invalide. Eine Erzählung für die reifere Jugend und Erwachsene. 8. (128 S. und 1 Stahlst.) Neuburg 847, Prechter.
1–3. Bdchn. Ebendas. 1838—40. 12 Ngr.

Kifinger, Frz. Seraph, der Kampf f. die Unschuld. Eine Erzählung für die reifere Jugend. 2., verb. u. verm. Aufl. 8. (5 B., Ttl. u. Bild in Gold- u. Farbendruck.) Neuburg a. D. 844, Prechter.

Kifinger, Frz. Seraph, deutsch-latein. u. latein.-deutsches Lesebuch z. Einübung d. Formenlehre, nach C. G. Zumpt's „Grammatik." (2 Abthln.) gr. 8. (12 1/2 B.) Augsburg 832, M. Rieger'sche Buchh.

—— Lesebuch z. Uebersetzen a. d. Deutschen ins Latein. nach Sebast. Mutzl's „Schulgrammatik f. d. 2. u. 3. Vorbereit.-Kl. 2. Thl." gr. 8. (17 1/2 B.) Augsburg 833, M. Rieger'sche Buchh.

—— Uebungen z. Lesen verschied. Handschriften, f. d. deutschen Schulen gesammelt. 1—20. Aufl. Lithogr. 8. (6 B.) Neuburg a. d. Donau 838—42, Prechter. à

Kiga, Kanju: Das Bankwesen Japans. *Lucka S.-A. [1903]: R. Berger.* (VIII, 197 S.) 8°
Leipzig, Phil. Diss. v. 1903

Das Bankwesen Japans. Von Dr. Kanju Kiga. *Leipzig: A. Deichert Nachf. 1904.* (VI, 197 S.) 8° [illegible]

von Kigge, A., Sechs Predigten gegen Despotismus, Dummheit, Aberglauben ꝛc. Frkf. 8°.

1783

Kiggen, Heinrich Joseph, prakt. Arzt in Hilders: Die gegenwärtigen Ansichten über die Ätiologie der progressiven Paralyse. Würzburg 1907: Fränkische Gesellschaftsdruckerei. (14 S.) 8°
Würzburg, Med. Fak., Ref. Rieger, Diss. v. 14. Jan. 1908
[Geb. 8. März 78 Rath; Wohnort: Hilders; Staatsangeh.: Preußen; Vorbildung: Gymn. M.-Gladbach Reife O. 99; Studium: Würzburg 2, Kiel 2, Tübingen 1, Würzburg 5 S.; Coll. 13. Nov. 07; Approb. 19. Dez. 04.]

Kihlman, Alfred Oswald: Beobachtungen über die periodischen Erscheinungen des Pflanzenlebens in Finnland 1883. Herausgegeben von Societas pro Fauna et Flora Fennica. Helsingfors 1886. XXXII. 97 S. 4°.

Kihlman O.: Zur Entwickelungsgeschichte d. Ascomyceten. Akad. Afh. Helsingf. 1883. 43 S. 2 Tvl. (Særtr.). 4°.

Kihlman A. O.: Pflanzenbiologische Studien aus Russisch Lappland. Ein Beitrag z. Kenntniss d. regionalen Gliederung an der polaren Waldgrenze. Helsingf. 1890. 263, 24 S. 1 kol. Kt. 14 Tvl.

Kihlman A. O.: *Potamogeton vaginatus Turcz.*, ny f. Europas flora. 1887. [Rostr. Saml.].

Kihm, C., die Gewinnsysteme mit steigenden Dividenden bei der Lebensversicherung. Anleitung zur Berechnung der Gewinnsrenten und Gewinnsreserven. gr. 8. (IV, 91 S.) Zürich 886, Orell, Füssli und Comp., Verlag. *

Kihn, Heinrich, Die Bedeutung der antiochenischen Schule auf dem exegetischen Gebiete nebst einer Abhandlung über die ältesten christlichen Schulen. Eine (von der theol. Fakultät zu Würzburg) gekrönte Preisschrift. Weißenburg (Ingolstadt, Krüll). 1867, gr. 8°. IV u. 198 S., 1867, 3,30 Mk.
Recens. von Langen a. a. O.

Kihn, Heinr. Encyklopädie u. Methodologie der Theologie, s.a. Bibliothek, theologische.

Kihn, Heinrich, Encyklopädie und Methodologie der Theologie. Freiburg, Herder, 1892, gr. 8°, XI u. 573 S., 8 Mk. (Gehört zu Herders Theol. Bibliothek.)

Kihn, Heinrich, Junilii Africani instituta regularia divinae legis ex ampliore libro, qui inscribitur „Theodor von Mopsuestia und Junilius Afrikanus als Exegeten." In usum praelectionum publicarum edidit. Ebendaselbst, 1880, 8°, 64 S., 80 Pf.

Kihn, Heinrich [aus Retzbach]: Zur Lehre von der „Intraglandularen Enucleation" der Kröpfe . . . . Würzburg, Druck d. A. Memminger'schen Buchdr. [C. Bieler], 1887; 28 S. + 1 Bl. 8°
Würzburg, Med. Fak., Inaug.-Diss. v. 1887

—— und Schilling, praktische Methode zur Erlernung der hebräischen Sprache. Grammatik mit Übungsstücken, Anthologie und Wortregister für Gymnasien und theolog. Lehranstalten. 8. (IX, 162 S.) Tübingen 885, Laupp'sche Buchh. * 2 —

Kihn, H., u. D. Schilling, prakt. Methode z. Erlerng. d. hebräischen Sprache. Grammatik m. Übungsstücken, Anthologie u. Wortregister f. Gymnasien u. theolog. Lehranst. 2. Aufl., umgearb. v. H. Kihn. gr. 8. (IX, 166 S.) Tübingen 898. H. Laupp. n. 2. 40

Kihn, Heinr., Professor Dr. J. A. Möhler. Ein Lebensbild als Beitrag zur Geschichte der Theologie der Neuzeit. Rektoratsrede zur Feier des 303. Stiftungstages der Julius-Maximilians-Universität zu Würzburg, gehalten am 2. Jan. 1885. 1. und 2. Aufl. gr. 8. (56 S.) Würzburg 885, Woerl. *

Ueber die Nutzbarkeit unserer Lateinschule. Von Heinrich Kihn, Subr. u. Stdl. — 1860. Würzburg, Ettinger. — S. 3—16.
Progr. Hammelburg.

Kihn, Heinr., Patrologie, s.a. Handbibliothek, wissenschaftl. I. 24.

Kihn, Heinr., Patrologie, s.a. Handbibliothek, wissenschaftl. I. 29.

Patrologie von Dr. Heinrich **Kihn**, Würzburg. Bd 1. 2. Paderborn: F. Schöningh 1904–08. 2 Bde 8° [F.]
1. Von d. Zeiten d. Apostel bis z. Toleranzedikt von Mailand ⟨313⟩. 1904.
2. Vom Toleranzedikt von Mailand ⟨313⟩ bis z. Ende d. patrist. Zeit ⟨754⟩. 1908.
— **Handbibliothek**, Wissenschaftliche. Reihe 1, 24 u. 29. 105. 13692 2

Kihn: 1. Die ältesten christl. Schulen überhaupt und die Schulen zu Antiochia, Edessa und Nisibis insbesondere. 2. Bibliologie, Hermeneutik u. Exegetik der Antiochenischen Schule. 3. Relative Betrachtung und historischer Einfluss der Antiochenischen Exegese. Eine im J. 1857 von der theol. Fakultät in Würzburg gekrönte Preisschrift des Themas: Die Bedeutung der Antiochenischen Schule auf dem exegetischen Gebiete. I. II. III. 198 S. 8°
–Eichstätt, Progr. 1865-1867.

Kihn, Heinr., Theodor v. **Mopsuestia** und Junilius Africanus als Exegeten. Nebst einer krit. Textausg. von des letzteren Instituta regularia divinae legis. gr. 8. (XIII, 528 S.) Freiburg i. Br. 880. Herder'sche Verlagsh. *

— der **Ursprung** des Briefes an Diognet. gr. 8. (XV, 168 S.) Ebendas. 882. *

Kihn, Heinr., Weg zur Weisheit. Andachtsbuch für Studirende und Gebildete. 1. und 2. unveränd. Aufl. 32. (XVI, 368 S.) Eichstätt 870, Krüll'sche Buchh.
geb. mit Goldschn. *

— **Weg zur Weisheit.** Andachtsbuch für Studierende und Gebildete. 3. verb. Aufl. 16. (XV, 408 S.) Würzburg 881, Woerl. *
geb. in Halbleinw. ** *M* 1,25.; in Leinw. **

Kihn, Heinr., Weg zur Weisheit. Andachtsbuch für Studirende und Gebildete. 4. verb. Aufl. 16. (XV, 432 S. mit 1 Stahlst.) Würzburg 886, Woerl. * 1 —
geb. * *M* 1.50.; * *M* 2.—. und * 2 50

Kihn, Heinr., Weg z. Weisheit, Andachtsbuch f. Studier. u. Gebild. 6., verb. Aufl. 16. (XVI, 427 S. m. 1 Stahlst.) München 898. R. Abt. n. 1.—; geb. in Leinw. n. 1. 80; in Ldr. m. Goldschn. n. 3.—

Kihn, Heinrich. Weg zur Weisheit. Andachtsbuch für Studierende und Gebildete. 7. verbesserte Aufl. [Mit Illustrationen und 3 Tafeln.] VIII + 488 S. 8. Einsiedeln etc., Benziger & Co. A. G., 1902. [geb. fr. 2. — bis 3. —]

Kihn, Karl, die Iridektomie und ihre Heilwirkung beim Glaukom. gr. 8. (43 S.) Eichstätt 878, (Krüll'sche Buchh.) *

Kihr, Friedr., Dr. Binterim und die düsseldorfer Adresse an den hochwürdigsten Herrn Erzbischof zu Köln. gr. 8. (16 S.) Aachen 819, (Mayer.) *

Kijlstra, H. J. [Arzt geb. in Scharnegoutum]: Zur Geschichte der physiologischen Albuminurie. . . . Leiden, Verl. v. B. Blankenberg, 1888; 57 + 1 S. u. 1 Tab. 8°
Heidelberg, Med. Fak., Inaug.-Diss. v. 2. Aug. 1888

Kik, W., Sammlung von Rechnungs-Beispielen über die wichtigsten Lehrsätze der Landwirthschaft. Auf Veranlassung der k. württemberg. Centralstelle für die Landwirthschaft bearb. Mit einem Vorwort von Werner. 1. Heft: Die Rindviehzucht. 2., unveränd. Abdr. gr. 8. (XII und 216 S. mit eingedr. Holzschn. und 1 Tab. in 4.) Stuttgart 860, Ebner und Seubert. *

— dass. — 2. Heft: Die Pferde-, Schweine-, Schaf- und Bienenzucht. gr. 8. (VII und 206 S.) Ebendas. 861. *

Kik, C[ölestin]: Zeichnen und Werktätigkeit in amerikanischen, englischen und deutschen Schulen. Breslau 1909: Nischkowsky. 48 S. 8°
Breslau, OR P 1909 (307) [S 09. 244

Kikath, Carl, Kammergerichtsreferendar: Kann nach gemeinem Rechte und Bürgerlichem Gesetzbuche derjenige, der in entschuldbarer Unkenntnis seiner Aufrechnungsbefugnis eine Forderung bezahlt hat, das Gezahlte mit der condictio indebiti zurückfordern? Schöneberg-Berlin o. J.: B. Hoppe. (VII, 98 S.) 8° [F.]
Rostock, Jur. Fak., Ref. Bernhöft, Diss. v. 10. Juni 1908
[Geb. 2. Juni 80 Berlin; Wohnort: Schöneberg b. Berlin; Staatsangeh.: Preußen; Vorbildung: Joachimsth. Gymn. Berlin Reife O. 98; Studium: Berlin 6 S.; Rig. 20. Dez. 07.]

Kikebusch

— s. a. **Kickebusch.**

Kikebusch, E., Geschichte der Schloßgemeinde zu Cöpenick. Eine Festgabe zur Feier des 200jähr. Bestehens der Schloßkirche. gr. 8. (66 S.) Berlin 885, Wiegandt und Grieben. * — 80

Kikebusch, J. D., de invisibili Christi accessu Joan. 20. 27. frustra quaesito. Schneeb. 1751. 4.

Kikebusch, J. D., de συμψυχίας fidelium. Gedan. 1736. 4.

Kikebusch, Natanael (Reetz/Neumark), Varias juris observationes. Präs. D. Ludwig Gottfried Madihn. Frankfurt a. O. (Winter) 20. II. 1781. 16 S. u. Nachfahr. — Tfl. v. d. Schulenburg. (6.—) 17991
Betr. u. a.: Stadt Altstrelitz. — Gebr. v. Campen. — v. d. Schulenburg.

Kikeriki, Graf, oder: Der Pascha von Blasebow. Mecklenburger Silhouette von einem Unterthänigsten. 1—8. Aufl. 8. (15 S.) Berlin 661, Lassar's Buchh. *

Kikeriki! Humoristisches Volksblatt. Eigenthümer u. verantw. Redakteur: O. F. Berg. 1861. Erscheint seit 1. Nov. 1861 jeden Donnerstag. gr. 4. (à ½ Bg.) Wien, Administration. 40 kr.

Kikeriki! Humoristisches Volksblatt. Eigenthümer und verantw. Redakt.: O. F. Berg. 1861. 8 Nrn. gr. 4. (à ½ Bog.) Wien, Expedition. *

Kikeriki! Humoristisches Volksblatt. Eigenthümer und verantw. Redakt.: O. F. Berg. 2.—7. Jahrg. 1862—67. à Jahrg 52 Nrn. gr. 4. (à ½ Bog.) Wien, Expedition.
à Jahrg. * 4

Kikeriki! Humoristisches Volksblatt. Eigenth. u. verantw. Redakteur: O. F. Berg. 1863. 52 Nrn. gr. 4. (à ½ Bg.) Wien, Administration.
2 fl. 40 kr.
Mit Postversendung 3 fl. 20 kr.

Kikeriki! Humoristisches Volksblatt. Eigenth. u. verantw. Redacteur: O. F. Berg. 1864. 52 Nrn. gr. 4. (à ½ Bg.) Wien, Administration.
2 fl. 40 kr.
Mit Postversendung 3 fl. 20 kr.

Kikeriki. Humoristisches Volksblatt. Eigenthümer, Verleger und verantw. Redacteur: O. F. Berg. 1865. 5. Jahrg. 52 Nrn. gr. 4. (à ½ Bg.) Wien, Administration. 2 fl. 40 kr. Mit Postversendung 3 fl. 20 kr.

Kikeriki. Humoristisches Volksblatt. Eigenthümer, Verleger und verantw. Redakteur: O. F. Berg. 1866. 6. Jahrg. 52 Nrn. gr. 4. (à ½ Bg.) Wien, Administration. 2 fl. 40 kr. Mit Postversendung 3 fl. 20 kr.

Kikeriki. Humoristisches Volksblatt. Eigenthümer, Verleger und verantwortlicher Redacteur O. F. Berg. 7. Jahrg. 1867. 52 Nrn. gr. 4. (à ½ Bg.) Wien, Administration. 2 fl. 40 kr.
Mit Postversendung 3 fl. 20 kr.

Kikeriki. Humoristisches Volksblatt. Eigenthümer, Verleger und verantwortlicher Redacteur: O. F. Berg. 8. Jahrgang 1868. 52 Nrn. 4. (à ½ Bg.) Wien, Administration. 2 fl. 40 kr.
Mit Postversandt 3 fl. 20 kr.

Kikeriki. Humoristisches Volksblatt. Eigenthümer und verantwortlicher Redacteur: O. F. Berg. 9. Jahrgang 1869. 52 Nr. 4. (à ½ Bg.) Wien, Administration. 2 fl. 40 kr. Mit Postversandt 3 fl. 20 kr.

—— Neue Struwelpeter-Geschichten. 2. Aufl. gr. 4. (24 color. Stnt. auf Carton mit eingedr. Text.) Ebendas. 877. cart.

Kikeriki! [Basler] Fastnachts-Zeitung. Jahrg. 1906. Erscheint in zwei Bänden ... = 2 Nrn. [Illustriert.] [zus. 16 S.] 4. (Basel, Gasser & Cie.) je fr. —.20

Kikeriki! [Basler] Fastnacht-Zeitung. 2., verbesserte und vermehrte Ausgabe [= Jahrg. 2,] für das Narrenjahr 1907. [Illustriert.] [8 S.] 4. (Basel, Gasser & Cie.) fr. —.20

—— im Arrest. Ernste und heitere Erinnerungen an meine Haft Von O. F. Berg. 1.—3. Aufl. 8. (56 S. mit vielen Orig.-Illustr. von C. v. Stur.) Wien 863, Dirnböck's Buchh. *

—— aus Blasebow und Knickebein aus Beeskow, oder: Volk und Adel bei der Krönung und Einholung in Königsberg und Berlin. br. 8. (15 S.) Berlin 861, Lassar's Buchh. *

Kikeriki, Bruder, od. die Geschichte e. Kindes in Sprichworterzählgn. Nach der armenotypen Druckausg. v. 1886 zum ersten Male aus dem Türk. übers. v. Ernst Seidel. (IV, 127 S.) 8. Dresden (909). H. Grünberg. 2. —

Kikeriki! und andere neue Struwelpeter-Geschichten. 4. (24 color. Holzschntaf. mit eingedr. Text.) Stuttgart 875, G. Weise. cart.

Kikeriki-Kalender auf das J. 1866, den europäischen Zeitverhältnissen angemessen, d. h. gebunden. Nicht allein auf alle Gläubigen, sondern auch auf alle Schuldigen, daher auf eine ungeheure Auflage berechnet. Hrsg. von O. F. Berg. 4. Jahrg. 1865. 12. (64 S.) Wien, Expedition. *

—— dass. — auf das J. 1867, allen denen gewidmet, welche das saubere J. 1866 überlebt haben. Hrsg. von F. O. Berg. 5. Jahrg. 1866. 12. (64 S.) Wien, Expedition. *

— — Kalender auf das Schmerzensjahr 1868, auf jenes Jahr nämlich, in welchem wir wieder viele Schmerzen haben werden, nämlich viele Deficite, Allianzen, aufgelesene Deputationen, durchreisende Türken, Beschwichtigungsnoten und Verschleppungsmethoden, aber auch den Hauptschmerz: wie immer, kein Geld. Herausg. von O. F. Berg. 6. Jahrg. 1868. (64 S.) Wien, Expedition. 20 kr.

Kikeriki-Kalender auf das Jahr 1870. Herausgegeben von O. F. Berg. 8. Jahrgang. 16. (64 S.) Ebd. 20 kr.

Kikeriki-Kalender auf das J. 1880. (1. Jahrg.) 4. (43 S. mit eingedr. Illustr.) München, J. A. Finsterlin. *

Kikeriki-Kalender auf die J. 1881—1885. (2.—6. Jahrg.) 4. (à Jahrg. ca. 40 S. mit eingedr. Illustr.) München,

Kikeriki-Kalender 1886. 4. (88 S. mit Illustr.) München, (J. A. Finsterlin.) — 40

Kikeriki-Kalender, Münchener. 4. (80 S. m. Illustr.) München, (J. A. Finsterlin). — 40

—— Münchener, 1887—1889. 4. (à Jahrg. 80 S. mit Illustr.) (Ebendas.) à Jahrg. — 40

Kikeriki-Kalender, Münchener, 1890—1893. gr. 4. (89; 90; 90; 86 S. m. Illustr.) Münch., (Franz' Verlag). à Jahrg. * — 40

Kikeriki-Kalender, Münchener, 1895. gr. 4. (94 S. m. Abbildgn.) München 894. (G. Franz' Verl.) n. — 40

Kikeriki-Kalender, Münchener, 1899. gr. 4. (91 S. m. Abb.) München (G. Franz' Verl.) n. — 40

Kikeriki-Kalender, Münchener, 1903. gr. 4. (99 S. m. Abbildgn.) München (G. Franz' Verl.). n. — 40

Kikeriki-Kalender, Münchener, 1907. (100 S. m. Abbildgn.) Lex.-8. München (G. Franz' Verl.). n. — 40

Kikeriki-Kalender, Münchener, 1911. 28. Jahrg. (100 S. m. Abbildgn.) Lex. 8. München, (G. Franz' Verl.). — 40

Kikeriki-Kalender für Schützen und Nichtschützen, für Fromme und Nicht-Fromme, für Alt- und Neukatholiken, aber auch für Reformunder und Scheinconstitutionelle, für Gerechte und Ungerechte, große Philosophen und Ultra-Czechen, für Demokraten und Halb-Officiöse, mit einem Wort allgemeiner Verehnungs- und Verliebungs-Kalender auf das neunzigjährige Jahr 1869. Zum Aerger einzelner hochwürdiger Konsistorien herausgegeben von O. F. Berg. 7. Jahrgang. 16. 8. (64 S.) Wien, Expedition. 20 kr.

Kikero. Nanu wie schmeckt Euch denn die Wiener Pille? Ihr Reactionairsch! Spaßhafte Bemerkungen über sehr ernste Sachen von Kikero, den Jungen. Druck von J. Dräger in Berlin. 1 Bl. Fol.
Flugblatt. Berlin, 1848/49.

Kikine, L.: Sur quelques dérivés de la flavinduline. Genève 1903. 35 + 2 p. 8°.
Genève. Thèse sc. 1902/1903.

KIKINGER, Bernhard (Passau): Ueber die Verhältnisse der organischen Wesen zur unorganischen Welt.- München: Giesser 1838. 14 S.
26.7.1838 - Urk (Titel: De ratione naturae organicae ad anorgicam.); F 64
Diss. Ingolst.-Landsh.-Mchn.

Kikuchi, Gunzo, aus Tokio in Japan: **Das Staatsschuldenwesen seit der Restauration Japans.** *Halle a. S. 1904: C. A. Kaemmerer & Co.* (80 S.) 8°
Halle, Phil. Diss. v. 1904

Kikuchi, Junichi, aus Miyasaki (Japan): Aus d. Laboratorium d. Ohren- u. Kehlkopfklinik in Rostock. Untersuchungen über den menschlichen Steigbügel mit Berücksichtigung der Rassenunterschiede. Mit 4 Fig. im Texte. Wiesbaden: J. F. Bergmann 1902. (23 S.) 8°
Rostock, Med. Diss. v. [30. Aug.] 1902

Kikum, Glaubenslehre u. Orthodoxie d. Pastor Hermae. Gaesdonck.
Schul-/Univ.-Schrift 1863

Kikut, Edm., jüdische Börsenjobber. 2. Aufl. gr. 8. (24 S.) Berlin 895. (G. A. Dewald.) n. — 50

Kikut, (Joan.) Joseph. (geb. Kalwe in Westpr.): De sectione caesarea. Berolini (1852). (27 S.) 8°
Berlin, Med. Diss. v. 1. Okt. 1852

Kikuzi, Zuneshaburo. Untersuchungen üb. die physikalische Wirkung der Kleingewehr-Projektile, m. besond. Berücksicht. d. kaiserl. japan. Ordonnanzgewehrs System Murata. gr. 8. (VII, 114 S. m. Fig. u. 4 Lichtdr.-Taf.) Tüb. 890, Laupp. * 4 —

Kilaniae — Provinciarum Persicarum — nempe Chirvaniae Dagestaniae aliarumque vicinarum regionum partium Nova Geographica Tabula ex Itinerario celleberrimi olim Adami Olearii, aliisque recentioris Geographiae adminiculis desumpta a Jo. B. Homanno, ejusque filio Noribergae 1712? 1 : 2,000,000. 1 Bl.

Kilanyi, Ludwig

Kilányi, L., Kör, beliebtester ungarischer Nationaltanz, s.: Tanzschule, Wiener. 3.

KILANYI, Ludw., Der Kör-Tanz. (Erste ungarische National-Quadrille.) Mit Abbildgn. der 6 Touren und einer National-Musik. Wien, Sallmayer u. Comp., 1860.
Bartholomäus p. 14 (ohne Formatsangabe).

Kilap, K., im Zeichen des goldenen Kalbes. Unsere sozialen Zustände u. Vorschläge zu deren radikalen Aenderg. (91 S.) kl. 8. Wien (905). Moderner Verlag. n. — 80

Kilarski Thaddaeus: Lehrplan und Instruktionen für den Unterricht an den Gymnasien in Österreich mit Bezug auf die Lektüre der deutschen Meisterwerke in den oberen Klassen (7). Graz. (Scholz) 05.
Progr.

Kilb, Georg, aus Kirdorf im Taunus: Geteilter oder nichtgeteilter Unterricht und Beginn der Schule. *Straßburg i. E. 1904: C. Müh & Co.* (46 S.) 8°
Straßburg, Med. Diss. v. 1904

Kilb, Johann Alexander [cand. phil.]: Platons Lehre von der Materie .... Marburg, Univ.-Buchdr. (R. Friedrich), 1887; 46 S. + 1 Bl. 8°
Marburg, Phil. Fak., Inaug.-Diss. v. [2. Nov.] 1887

Kilb, Johann Alexander, Platons Lehre von der Materie. Diss. Marburg 1887, N. G. Elwertsche Univ.-Buchh. 8°. 46 S.

Kilbach, A., Tabelle zur Berechnung der Course auf London, Hamburg, Amsterdam und Paris. (In deutscher und russischer Sprache. gr. 4. (245 S.) St. Petersburg 860, (Haessel.) * *

(Kilber, Henricus,) Analysis biblica offerens ss. Scripturarum compendium ad verbi divini scripti uberiorem notitiam, faciliorem intelligentiam, firmiorem memoriam accommodatum. Heidelberg, 1773—1779, 12°, 3 Bde.

— Analysis Bibl. T. I. continens historicos V. T. T. II. cont. libros omnes N. T. 8. Heidelb. 773—79.

Kilber, Heinr., Analysis biblicaea seu universae scripturae sacrae analytica expositio post editionem alteram Parisinam 1856. Editio tertia emendata et aucta textibus vulgatae ad ordinem analyseos dispositis cura et studio P. Josephi Klinkowstroem. Pars V. Complexa I. Historiam dominicam quatuor Evangeliorum. II. Historiam apostolicam ex actibus apostolorum. III. Historiam propheticam Apocalypseos. gr. 4. (288 S.) Wien 868, Mayer und Comp. *

Kilber, Hnr., († d. 25. Oct. 1783.) institutiones theol. de deo uno et trino. 8maj. Würzb. 767. Stahl. 1 ₰ 4 Ӽ

— scripturae sacrae profess. historia dominica ex concord. evangelistarum concinn. 8maj. Würzb. 764. Stahel. 8 Ӽ

— s. a. Testamenti, novi, Pars I.

Kilber, Henr., Novi Testamenti pars I. sive historia ex evangelistarum concordia et ex actibus apostolorum concinnata. Würzburg. 1763, 8°.

— tractatus de peccatis eorumque poenis. 8maj. Würzb. 779. Stahel. 1 ₰ 4 Ӽ

— de peccatis, gratia, justificatione et merito, etc. 8. maj. ibid. 770.

— tractatus de principiis theologicis ad us. candidat. 8maj. Würzb. 767. Stahel 1 ₰ 12 Ӽ

— tractatus de virtutibus theologicis. 8maj. Würzb. 767. Stahel. 12 Ӽ

Kilbinger, Georg [Dr.]: [I.] Der Axencomplex der Rotationsflächen zweiter Ordnung. [II.] Confocale Rotationsflächen zweiter Ordnung. Mülhausen, Druck v. Wwe Bader & C., 1896; 13 S., 1 Bl. 4.
Mülhausen, OR (GwS), MP 1896 (537)

Kilbinger, Georg Lage der involutorischen Kreise in involutorischen ebenen und räumlichen Systemen. 8 S. u. Taf. *Saargemünd* 1883. Progr.

Kilbinger, G.: Problem der homologen Kreise in collinearen Räumen. Bonn. Strassburg, Diss. von 1880

Kilbinger, Georg [aus Cadenbach, Reg.-Bez. Wiesbaden]: Problem der homologen Kreise in collinearen Räumen. Bonn, Universitäts-Buchdruckerei von Carl Georgi, 1888. 8. 28 + 1 S.

Kilbur; e. Beytr. z. Gesch. d. sittl. Ganges menschl. Natur, v. Fr. v. Oertel. 2 Thle. 8. Lpz. Weidmann. 790. 91.

Kilburg [Schlagwort]

Kilburg, s.: Geologische Karten. Karte (Preussen).

Kilburg [Verfasser]

Kilburg, Johann, aus Oberkirchen (Bez. Trier): Ein Beitrag zur Lehre des cubitus varus rachiticus. *Würzburg 1899: A. Boegler.* (23 S.) 8°
Würzburg, Med. Diss. v. 1899

Kilburn, M. C., Wunder der Natur u. ihre Lehren. Mit Vorwort v. Pingoud. 1.—3. Bd. (330 S. m. Titelbild.) kl. 8. Kassel (908. 10). E. Röttger. à 1. —; geb. in Leinw. à 1. 50

Kilchling, Karl: Absorptionsmessungen und Berechnung der schwingenden Elektronen und Ionen des Moleküls aus den Absorptions- und Dispersionskurven. Emmendingen: Dölter 1910. 64 S. 8°
Freiburg i. B., Phil. Diss. v. 25. Juni 1910, Ref. Himstedt
[Geb. 8. Aug. 86 Weitenau; Wohnort: Freiburg i. B.; Staatsangeb.: Baden; Vorbildung: Oberrealsch. Freiburg Reife Juni 04; Studium: Karlsruhe Techn. Hochsch. 1, Freiburg i. B. 8 S.; Rig. 17. Dez. 09.] [U 10. 1061

Kilchmann, C[asimir]. Elektrizitätswerk Engelberg-Luzern (*d. i.* Luzern-Eng'). (Mit 92 Textbildern.) Sonderabdruck aus der Schweizerischen Bauzeitung, Band 48, No. 2, 3, 5, 7, 8 und 9. II + 36 S. 4. Zürich, Rascher & Cie., 1906. (fr. 2. 50)

Kilchner, Ernst, Lucas Heland, neue Ausg., s. a. Bernoulli, Carl Albr.

Kilchner, Ernst, Lucas Heland. Roman. 8. (286 S.) Freiburg i/B. 897. J. C. B. Mohr. n. 8.80; geb. n.n. 4.30

Kilchsperger's, Rud., sämmtliche Dichtungen, mit der Biographie und dem Portr. des Dichters (in Photogr.) hrsg. von Ulr. Farner. gr. 8. (XXIV, 285 S.) Zürich 875, [Schabelitz'sche Buchh.] Schmidt. (ℳ 4.) *ℳ 1,20.; geb. *

Kilchsberger, R. Fibel oder Schulbücher für das erste Schuljahr. Nach Scherr's Tabellenwerk. Mit Lesestücken vermehrt. In-8°, 48 S. Zürich, 1879, Orell Füssli & Cie. 1880 — 50

SCHNIDERSTÜCKLI, E paar neueri und neusti (von *Rudolf Kilchsperger*). Zürich 1871. (In Zürich, Stadtbibl.)
Anon.-Lex. V. p. 263 (nach Cat. d. genannten Bibl.).

Kilchsperger, R., poetisches Sträusschen aus dem Bad Weissenburg, Ktn. Bern. 80 Stn. 8. Zürich beim Verf. 1871 1. —

Kildar, Paul, Wogen u. Wellen. Gedichte. 8. (V, 118 S.) Dresden 894. E. Pierson. n. 1. 50; geb. m. Goldschn. n. 2. 50

Die **Kildare-Gedichte,** die ältesten mittelenglischen Denkmäler in anglo-irischer Überlieferung von Dr. W[ilhelm] Heuser, Oberl. in Wilhelmshafen. *Bonn: P. Hanstein 1904.* (VIII, 229 S.) 8°
— Beiträge, Bonner, z. Anglistik. H. 14. [04, 1.258 4

Kildjuschewski, P. v., kurzgefaßte Beschreib. d. Cholera u. d. Methode, sie zu heilen. Uebers. u. bevorw. v. Stucke. 8. (1½ B.) Berlin 832, Reimer.

—— über d. Cholera, mit besond. Rücksicht auf deren Heilung durch einfache Hausmittel. N. e. schriftl. Aufsatze d. Verf. 3., unveränd. Abdruck. 8. (1 B.) Berlin 831, Nauck.

— über die Schutzmittel d. Cholera-Epidemie u. über d. einfachsten Mittel, sie zu heilen. Danz. 831. Anhuth. 2 ℋ

Kilényi, Hugo v., ein wiedergefundenes Bild des Tizian. Studie. (31 S. m. 7 Taf.) Lex.-8. Budapest 906. (F. Kilián's Nachf.) n. 6. —

Kilgenstein, Jakob: Die Gotteslehre des Hugo von St. Victor nebst einer einleitenden Untersuchung über Hugos Leben und seine hervorragendsten Werke. Eine von der theol. Fakultät der Universität Würzburg gekrönte Preisschrift. *Würzburg: A. Göbel 1897.* (XII, 229 S.) 8°
Würzburg, Theol. Diss. v. 1897

Die Gotteslehre des Hugo von St. Victor nebst e. einl. Untersuchg üb. Hugos Leben u. s. hervorragendsten Werke. Eine v. d. theol. Fak. d. Univ. Würzburg gekr. Preisschr. Von Dr. **Jakob Kilgenstein,** Priester d. Diöc. Würzburg. *Würzburg: A. Göbel 1897.* (XII, 229 S.) 1 Bd 8. [98. 345

Kilger, Jos., in umbra mortis! Totenkalender der Welt- u. Ordenspriester der Diözese Regensburg 1881—1910. (267 S. m. Titelbild.) kl. 8. Regensburg 910. F. Pustet. 1. 20

Kilian Brustfleck, s. Brustfleck.

Kilian, der heil., u. seine Gefährten Kolonat u. Totnan, die Apostel d. Frankenlandes. Festgabe zum 1200jähr. Jubiläum der Frankenapostel. Von e. Priester der Diözese Würzburg. 8. (16 S. m. 1 Bild.) Würzb. 889, Dornauer. * — 20

Kilian, ich komme wieder! oder: Meiner Frauen wirkliche Erscheinung nach ihrem Tode ... Zwickau u. Leipzig 1805. V: *Döhnel, Carl Friedrich.* (MGT)

Kilian Liebesgeiger, oder über d. Frage: wie gehet es zu, daß zwei Geschöpfe von einer Art ein drittes von ihrer Art zeugen? (v. Chr. Gtthlf. Fix). 8. Zwickau 805. Schumann. 1 ℋ

Kilian, Pips, eine Kandidatengeschichte. (v. Chr. Aug. Behr). 8. Leipz. 781. (Gnobloch). 1 ℋ

Kilian, O. Cap. (Kilian Müller), die Aufhebung der Wallfahrt Nothgottes im Rheingau, s. a. Veröffentlichungen aus dem Archiv der rhein.-westf. Kapuzinerordensprovinz. I.

Die Aufhebung der Wallfahrt Nothgottes im Rheingau. Ein Zeitgemälde, nach ungedr. Quellen bearb. von P. **Kilian** Ord. Cap., Provinzarchivar. Mainz: Kirchheim & Co. 1907. (95 S.) 8° [F.]
— **Veröffentlichungen** aus d. Archiv d. rhein. westf. Kapuzinerordensprovinz. Abt.: Die ehem. rhein. Provinz. 1. [08. 1773

Kilian. Beschreibung einiger fossiler Knochen des Mannheimer Museums. (Aus dem Jahresb. des Mannheimer Vereines für Naturkunde.) Mannheim. 1843. 8

Kilian. Dritter Einfall der Preußen in Bamberg ... 1759. Bamberg 1878. 8°. (Aus: Bericht d. hist. Ver. f. Oberfranken.)

Kilian. Vierter Einfall der Preußen in das Hochstift Bamberg ... 1762. (Bamberg 1879.) 8°. (Aus: Bericht d. hist. Ver. f. Oberfranken.)

Kilian, Alfred: Über den Begriff der Individualität in Schleiermachers Erziehungslehre. *Zabrze 1903: M. Czech.* (15 S.) 4°
Zaborze O.-S., PG, OP 1903 (249)

Kilian, August

Kilian, kurzer Abriß über das Absehens-Vermögen zur Erziehung von Schwerhörigen und Taubstummen. gr. 8. (10 S.) Straßburg 877, Schmidt's Universitäts-Buchh. *

Kilian, kurze Anleitung über die Gehör-Pflege und Sprech-Heilmethode der Schwerhörigen. gr. 8. (12 S.) Hamburg 874, Agentur des Rauhen Hauses. *

—— kurze Anleitung über die Gehör-Pflege und Sprech-Heilmethode der Schwerhörigen. 8. (12 S.) Straßburg 878, Trübner. *

—— neue **Bahnen.** Reform-Methodik der deutschen Volksschule. I. Die Schreiblese-Methode. gr. 8. (11 S.) Strassburg 878, [Schmidt's Universitäts-Buchh.] Trübner. (* 50 Pf.) *

—— dass. — (II.) Die künstliche Lautsprache der Taubstummen als Beitrag zur Pathologie der Sprache. gr. 8. (33 S.) Strassburg 879, Schmidt's Universitäts-Buchh. *

—— Grundzüge des ersten Sprech- und Lese-Unterrichts für taubstumme Kinder. Jubiläums-Festgabe 1778—1878. 8. (12 S.) Ebendas. 879. *

Kilian, Aug., 50 Jahre aus dem Neuwieder Leben. 16. (74 S.) Neuwied 869, Heuser's Verlag. *

—— über die Orthographie der deutschen Sprache. Apologie des Buchstaben „h". Eine Humoreske. gr. 8. (11 S.) Straßburg 876, (Trübner.) *

—— die Schulfrage als Beitrag zum Kulturkampf des XIX. Jahrh. 8. (78 S.) Straßburg 877, (Schultz und Comp.) *
Aus: Elsässisch-lothringisches Schulblatt, besonders abgedruckt.

—— das erste Sprech- und Lesebuch für taubstumme Kinder nebst Anleitung. Jubiläums-Festgabe 1778—1878. 8. (24 S.) Straßburg 879, Trübner. *

—— Theorie der Halbvokale nebst einem sprachlichen Curiosum über die Raçenfrage der semitischen und arischen Sprachbände. Sendschreiben aus dem Elsaß an Prof. F. Max Müller in Oxford. gr. 8. (18 S.) Straßburg 874, Trübner. *

Kilian, B.: Der Panegyrist Eumenius. Einleitung S. 1–10. Lebensverhältnisse und Reden des Eumenius. S. 11–42. – Munnerstadt, Progr. 1869.

Chronik der kgl. Studienanstalt Bamberg. — Von Bened. Kilian, Stdl. — 1879, Bamberg, ibid. — S. 3—108*.
Progr. Bamberg, K. Lyceum

Kilian, C., Abendglocken. 8. (106 S.) Aarau 897. H. R. Sauerländer & Co. Geb. in Leinw. n. 2. —

Kilian, C., Altarrede, s. G. H. Ahles, Vereinigungsfeier.

Kilian, C . Bilder aus dem Freiheitskrieg in Südafrika. [Gedichte.] IV + 48 S. 8. Aarau, (H. R.) Sauerländer & Co., 1901. [fr. 1.—]

[Kilian, C .] Der Gefangene der Teufelsinsel. 1894–1899. [Gedicht.] 8. Aarau 1899.

— s.: Thautropfen v. Berg u. Thal.

Kilian, C. F., s. K i l i a n , Konrad Josef

Kilian, Conrad Josef, s. K i l i a n , Konrad Josef

Kilian, Aemilius Paulus Hermannus (geb. am 5 Nov. 1831 in Bonn): De rhachitide eiusque vi in pelvis femineae formam adnotationes epicriticae ad historiam sectionis caesareae nuper in clinico obstetricio Bonnensi peractae ... Cum II tab. lith. ... Bonnae, typ. C. Georgii (1855). 3 Bl., 23 S., 2 Taf. 4.
Bonn, Med. Fak., Diss. v. 30 Nov. 1855

Kilian, Eug., mein Austritt aus dem Verbande des Karlsruher Hoftheaters. Ein Wort der Aufklärg. 2. Aufl. (84 S.) gr. 8. München 905. G. Müller. n. 1. 20

Kilian, Eug., Beiträge zur Geschichte des Karlsruher Hoftheaters unter Eduard Devrient. Statistik des Repertoires, nebst e. Auszug aus Eduard Devrients handschriftl. Aufzeichgn. gr. 8. (VII, 162 S.) Karlsruhe 893. G. Braun. n. 2. —

Dramaturgische Blätter. Aufsätze u. Studien aus d. Geb. d. prakt. Dramaturgie, d. Regiekunst u. d. Theatergesch. Von Eugen Kilian. München & Leipzig: G. Müller 1905. (400 S.) 8° [F.] [05. 6606]

Kilian, Eug. Die Mannheimer Bühnenbearbeitung d. Götz v. Berlichingen v. J. 1786. Ein Beitrag zur Bühnengeschichte d. Götz. Nach dem Mannheimer Soufflierbuch m. Einleitg. zum ersten Male hrsg. 12. (113 S.) Mannh. 889, Bensheimer's Verlag. * 1 50

—— Z. Bühnengeschichte d. Götz v. Berlichingen, s. Winter, Fritz.

Goethes Faust auf der Bühne. Beiträge z. Probleme d. Aufführung u. Inszenierung d. Gedichtes von Eugen Kilian. München & Leipzig: G. Müller 1907. (IV, 149 S.) 8° [F.] [.6. 1196]

—— Goethe's Götz u. die neu eingerichtete Münchener Bühne. gr. 8. (III, 52 S.) Münch. 890, Kellerer. * 1 —

Kilian, Eugen: Itinerar Kaiser Heinrichs IV. ... Karlsruhe, Druck v. Fr. Gutsch, 1886; XI + 152 S. 8°.
Heidelberg, Phil. Fak., Inaug.-Diss. v. 1885.

Kilian, Eug., Intinerar Kaiser Heinrichs IV. Nach den Quellen bearb. gr. 8. (XI, 152 S.) Karlsruhe 886. (Heidelberg, Koester.) * 2 —

Kilian, Eug., Regiesünden, s.: Flugschrift, 43., des Dürerbundes zur ästhetischen Kultur.

– (Bearb.), s. S h a k e s p e a r e , William: Antonius und Kleopatra.

Kilian, Eug., der einteilige Theater-Wallenstein, s.: Forschungen z. neueren Litteraturgeschichte. XVIII.

Der einteilige Theater-Wallenstein. Ein Beitrag z. Bühnengesch. v. Schillers Wallenstein. Von Eugen Kilian. *Berlin: A. Duncker 1901.* (100 S.) 8° = Forschungen z. neueren Litteraturgeschichte. 18. [01. 4918 3]

— Schillers Wallenstein auf der Bühne. Beiträge zum Probleme der Aufführg. u. Inszenierg. des Gedichtes. (VII, 200 S.) 8. München 908. G. Müller. 3. —; geb. 4. —

Kilian Ferd.: † Josef B a l d e r m a n n. (č. u. d. Text.) je 2. Prag Strak. Ak. 04.
Progr.

Kilian, Ferdinand: † Josef Baldermann, prefekt při akademii hraběte Straky. — Josef Baldermann, Präfekt der Graf Straka'schen Akademie. S. 4—7. 8.
Progr.

Kilian, Franz Maria
Versuche über die Restitution der Nervenerregbarkeit nach dem Tode.
Giessen 1847. 30 S.
Habil. med. 27.11.1847.

Kilian, Frz. M., Versuche über die Restitution der Nervenerregbarkeit nach dem Tode. Eine academ. Habilitationsschrift. gr. 8. (30 S.) Giessen 847, Ricker. *

(Kilian, F[riedrich].) Die topographischen Aufnahmen des Kantons Bern. Bericht der Kartirungs-Commission an den Tit. Regierungsrath (erstattet von F. K.) 1864. 4. Bern.

Kilian, Georg: Psychologisch-statistische Untersuchungen über die Darstellung der Gemütsbewegungen in Schillers Lyrik. Reinheim 1910: Schleif. 96 S. 8°
Gießen, Phil. Diss. v. 9. Nov. 1910, Ref. Groos
[Geb. 14. Nov. 77 Reinheim, Hessen; Wohnort: Lich, Hessen; Staatsangeh.: Hessen; Vorbildung: Oberrealsch. Darmstadt Reife M. 01; Studium: Darmstadt Techn. Hochsch. 2, Gießen 4 S.; Rig. 13. Juli 10.] [U 11. 1358]

Kilian, Georg Christian

Kilian, G.C. (Hrsg.), s. A b b i l d u n g e n der Gemälde und Alterthümer aus dem Herculaneum.

Abbildungen der Gemalde und Alterthümer, in dem Koniglich Neapolitanischen Museo zu Portici, welche seit 1738, sowohl in der im Jahr Christi 79. verschütteten Stadt Herkulanum, als auch in Pompeji und in den umliegenden Gegenden an das Licht gebracht worden, nebst ihrer Erklärung, v. Christoph Gottlieb von Murr. Nach den Original-Kupferstichen in Contorno verfertiget und hrgg. v. Georg Christian Kilian. Fol.
Th. 4: 70 Kupfertafeln. Augsburg. 1779.

Kilian, Georg Christoph. Denkmäler des Alten Roms. Augsburg und Memmingen 1767. Fol.

[Kilian, Georg Christoph u. a. Recueil des vues et habillemens en Turquie. Wien & Augsburg um 1778.]
15 Bl. kol., 19 Bl. unkol. Kupferst. 2°
Stecher: J. D. H. [Johann Daniel Herz?], J. C. Kilian u. a.

Kilian, Gf., Erklär. d. Evangel., da a. jedwed. Evangel. d. Lehre v. heil. Abendmahl z. Vorbereit. angewies. wird. 4. Leipz. Georgi. 707.

Kilian, Herm. Friedr., Armamentarium lucinae novum oder umfassende Sammlung von Abbildungen der in der Geburtshülfe gebräuchl. älteren und neueren Instrumente. Nebst Erläuterung und Angabe der Autoren. qu. Fol. (6 S. Text mit 47 Stnt. enth. 355 Abbildungen.) Bonn 855(56,) Weber. Thlr. *

Kilian, Herm. Friedr., geburtshülflicher Atlas. (4 Lfgn.) Imper.-Fol. (48 Stnt. u. lith. Ttl., nebst 6 B. Erklärungen. gr. 8.) Düsseldorf 835—44, Arnz u. Comp. à * 4 Thlr. *

Kilian, H. F., das halisteretische Becken in seiner Weichheit und Dehnbarkeit während der Geburt durch neue Beobachtungen erläutert. Nebst allgemeinen Bemerkungen über Halisterese. gr. 4. (IV und 107 S. mit 3 lithogr. Abbild. und 1 Holzschn.) Bonn 857, Marcus. *

— Beiträge zu e. genaueren Kenntniß d. allgemeinen Knochenerweichung d. Frauen, u. ihres Einflusses auf d. Becken. Mit 1 lithogr. Tafel in gr. Fol. gr. 4. Bonn 820. Marcus. 22 ℊ

– Amtlicher Bericht ..., s. Nöggerath, J.

Kilian, Herm. Friedr., Beitraege zu e. genaueren Kenntniss d. allgem. Knochenerweichung d. Frauen, u. ihres Einflusses auf d. Becken. M. 1 lith. Taf. (gr. Fol.) gr. 4. (9 B.) Bonn 829, Marcus.

— s. Jo. Burns Handbuch.

Kilian, Hermann Fr(iedrich) (Übers.u.Hrsg.):

s.: Copeland, Thomas: Beobachtungen über die Symptome und die Behandlung des krankhaften Rückgrates... (Observations on the symptoms and treatment of the diseased spine... Dt.) Leipzig: 1819

JB 3.451

— das Elythromochlion, als einfachstes Mittel, um den Vorfall der Gebärmutter in seiner gewöhnl. Form leicht u. schmerzlos zu heben. Mit 1 lith. Tafel. gr. 8. Bonn 846, Weber. 1/3 ℔

Kilian, H(ermann) F(riedrich) (Übers.u.Comm.):

s.: Eneholm, E(lias Gustaf): Handbuch der Kriegshygieine, oder Ueberblick über die Gesundheitspflege der Soldaten. Aus dem Russischen übers...und mit einem Anhange vermehrt..., mit einer Vorrede und einigen Anmerkungen begleitet von Johann Christian Rosenmüller. Leipzig: 1818

JB 3.640

Kilian, Hermann Fr(iedrich): Die Geburt des Kindeskopfes in derjenigen Scheitelstellung, welche man Hinterhauptslage zu nennen pflegt. Nach Beobachtungen dargestellt. 143 S., gbd.

Bonn: Habicht 1830

JB 3.999

—— die Geburtslehre von Seiten d. Wissenschaft u. Kunst dargest. 2 Thle. (3 Abthln.) gr. 8. Frankfurt a. M., [Varrentrapp's Verl.]

Thl. 1. Physiologie u. Diätetik d. Geburt. (25 B.) 839. 2 Thlr. 8 Gr.
2. Hälfte 1. Die geburtshülfl. Operationen. (18¼ B.) 840. 1 Thlr. 12 Gr.
2. Die Krankheiten d. Geburt u. ihre Behandlung. (27¼ B.) 842. 2 Thlr. 8 Gr.

Kilian, Hermann Fr(iedrich): Die Geburtslehre von Seiten der Wissenschaft und Kunst dargestellt. 2.durchweg verm.und verbess.Aufl.
Bd 1: Physiologie und Diätetik der Geburt. 407 S., gbd.

Frankfurt am Main: Varrentrapp 1847

JB 4.002

—— dass. — 2. Bd. 1. Thl.: Die geburtshülfl. Operationen. 2., verm. und verb. Aufl. gr. 8. (V und 286 S.) Ebds. 850.

—— dass. — 2. Bd. 2. Thl.: Die Krankheiten der Geburt und ihre Behandlung. 2., verm. und verb. Aufl. gr. 8. (V und S. 287—648.) Ebds. 852.

— s. Dewsbury, prakt. Bemerk.

Kilian, Hermann Fr(iedrich): Die Krankheiten der Geburt und ihre Behandlung. 416 S.(S.287 - 702), gbd.

Frankfurt am Main: Varrentrapp 1842
(Kilian, H.F.: Die Geburtslehre von Seiten der Wissenschaft und Kunst dargestellt. Th.2, 2.Hälfte)

JB 4.001/2,2

— über d. Kreislauf d. Blutes im Kinde, welches noch nicht geathmet hat. Mit 10 lithogr. Tafeln. gr. 4. Karlsr. 827. Müller. 4 ℔ 12 ℊ

Kilian, Herm(ann) Friedr(ich) (Übers.):

s.: Merriman, Samuel: Die regelwidrigen Geburten und ihre Behandlung. (A Synopsis of the various kinds of difficult parturitions. Last edition. Dt.) 2.Ausg. Mannheim u.Leipzig: 1831

JB 4.004

— s. W. F. Montgomery, die Lehre von den Zeichen.

Kilian, Hermann Fr(iedrich): Die geburtshülflichen Operationen. 286 S., gbd.

Frankfurt am Main: Varrentrapp 1840
(Kilian, H.F.: Die Geburtslehre von Seiten der Wissenschaft und Kunst dargestellt. Th.2, 1.Hälfte)

JB 4.001/2,1

—— Operationslehre f. Geburtshelfer. 2 Thle. gr. 8. Bonn, Weber.

A. u. d. Tiln.:
Thl. 1. Die operative Geburtshülfe. 2 Bde. (61 B.) 834.
- 2. Die reinchirurgischen Operationen d. Geburtshelfers. (26¾ B. u. 7 Stnt. qu. ½ gr. Fol.) 835.

—— Operationslehre f. Geburtshelfer. 2., verm. u. umgearb. Aufl. In 2 Theilen. Mit 12 Steintaf. Lfg. 1—3. (Bog. 1—30.) gr. 8. Bonn 842—44, Weber. à Lfg. * 1 Thlr.
Subscr.-Pr. f. beide Theile *

—— Operationslehre für Geburtshelfer. 2., verm. und umgearb. Aufl. (In 2 Thln.) Mit 12 Stnt. 4—10. Lfg. gr. 8. Bonn, Weber. [1. Thl. oder 1. und 2. Bd. (VIII und S. 481—860.) 848—49. * 5 Thlr. 15 Ngr., 2. Thl. (VIII und 359 S.) 849—52. * 2 Thlr. 10 Ngr.] *

Vgl. 10. Bd. 1. Abthl. S. 434.

—— Operationslehre für Geburtshelfer. 2., durchweg verm. und umgearb. Aufl. 11. Lfg. gr. 8. (2. Bd.: Die rein-chirurgischen Operationen des Geburtshelfers XX und S. 361—375 mit 9 Stnt. in qu. Fol.) Bonn 856, Weber. *
cplt. mit Atlas. Pränum.-Pr. *
Ladenpr. *

Vgl. 11. Bd. 1. Abthl. S. 503.

— s. Organ für die gesammte Heilkunde.

De osteomalacia universali adultorum eiusque influxu in pelvim muliebrem aphorismi, quibus ad audiendam orationem, quam pro aditu professoris publici muneris d. V Sept. . . . recitaturus est in aula universit. Fridericiae Guilelmiae Rhenanae . . . invitat Hermannus Frider. Kilian . . . xenodochii reg. obstetr. director . . . — Ob impedimenta nonnulla graviora . . . programmatis ipsius editio die definito effici non potuit . . . Bonnae, typ. H. Knirenschildi [1828]. 1 Bl. 4. ¶ Erschien 1829 bei Marcus in Bonn u. d. T.: Beitraege zu einer genaueren Kenntniss der allgemeinen Knochenerweichung der Frauen und ihres Einflusses auf das Becken. 3 Bl., 66 S., 1 Taf. 4.

De pelvi nana sive aequabiliter justo minore. Prolusio academica qua ad audiendam orationem quam pro aditu muneris professoris ord. in facultate medica d. XIII Jun. ... recitaturus est ... invitat Hermannus Fridericus Kilian ... Bonnae, typ. Thormannianis [1831]. 12 S. 4.

Kilian, Hermann Fr(iedrich): Physiologie und Diätetik der Geburt. 394 S., gbd.

Frankfurt am Main: Varrentrapp 1839 (Kilian, H.F.: Die Geburtslehre von Seiten der Wissenschaft und Kunst dargestellt. Th.1)

JB 4.001/1

— Schilderungen neuer Beckenformen und ihres Verhaltens im Leben. Der Praxis entnommen. Mit 9 lith. Taf. Mannheim 854. Bassermann. gr. 4. (IX, 131 S.) n. 3 ℛ. 20 ngr.

Sacram memoriam ... Friderici Gvilelmi III vniversitatis Fridericiae Gvilelmiae Rhenanae conditoris ... ab eadem vniversitate d. III m. Avg. a. 1853 ... recolendam victorvmqve renvnciationem e litt. certaminibvs prodevntivm ... indicit Hermannvs Fridericvs Kilian, ord. med. h. a. decanvs. (Praemittitur de spondylolisthesi gravissimae pelvangvstiae cavssa nvper detecta commentatio anatomico-obstetricia.) Bonnae, form. C. Georgii (1853). 1 Bl., 34 S., 1 Bl., 3 Taf. 4.

—— üb. geburtshülfl. Studium. gr. 8. (5 B.) Bonn 816, Weber.

Kilian, Hermann Friedrich: Anatomische Untersuchungen über das neunte Hirnnervenpaar oder den Nervus glossopharyngeus. Nebst angehängten Bemerkungen über das anatomische Museum der Universität zu Strassburg. 176 S. gbd., 2 Taf.

Pesth: Hartleben 1822

JB 799

—— die Universitaeten Deutschlands in medicin.-naturwissenschaftl. Hinsicht betrachtet. Mit v. Sömmerring's Bildn. 8. (25½ B.) Heidelberg 828, Groos.

Herrm. Friedr. Kilian die Universitäten Deutschlands in medicinisch-naturwissenschaftlicher Hinsicht betrachtet. Mit dem Bildnisse (Sam. Thom.) von Sömmerring's. Heidelberg u. Leipz. 1828. 8. — *Excerpt. danice* in Eyr 1831; *gallice* in Journ. complem. 1826, tom. 26. — *Contra aliquot loca scripsit:* A. *Pleischl* Bemerkungen zu dem Werke Kilians in Beziehung auf die Universität Prag. Prag 1829. 8.

Kilian, Herman F. C.: Beiträge zur Kenntnis der Verbindungen des drei- und vierwertigen Ceriums. Bonn 1908: C. Georgi. (50 S.) 8°

Bonn, Phil. Fak., Ref. Anschütz, Diss. v. 29. Juli 1908

[Geb. 17. Dez. 76 Aachen; Wohnort: Bonn; Staatsangeh.: Preußen; Vorbildung: Gymn. Schneeberg Reife O. 97; Studium: Techn. Hochsch. Dresden 2, T. H. u. Univ. Bonn 21 S.; Rig. 22. Juli 08.]

Kilian, J., Samuela Luciussa wotre Roswuczenje sawschjach, kiz lutherszy Kschesżijenjo bycź chzedźa. Jena njemsku Predyryczetc. 839. (Weller in Bautzen.) n. 1/6 ℛ

Kilian, J. Andr., Hirtenbrief od. Worte d. Ermahn. daß d. Trunkenbolde nüchtern werden ꝛc. 8. Celle, Gsellius. 755.

Kilian, J. M., was soll man in d. jetzigen Kriegszeiten thun, um sich gegen d. Gefahr d. Nerven od. Faulfieber zu schützen? 8. Leipz. Mittler. 807.

Kilian, Ignaz Felix

Kilian, J. F., Verhandlungen, s. Verhandlungen.

Kilian, Ign. Fel., († 1799.) neueste Verhandlungen, wegen Fortsez. d. Reichstags während d. Zwischenreichs. 8. Regensb. 793. Montag u. W. 8 gr

Kilian, Joh., die nothwendige Vorsicht luther. Christen bei jetziger Glaubensverwirrung. Ein ernstes Wort an das evang. Volk. (Aus d. Wendischen übers.) 8. (5⅛ B.) Leipzig 846, Dörffling u. Franke.

Kilian, Konr. Jos., († d. 11. Aug. 1811.) über d. Bäder. 4. Leipz. 806. (Wienbrack). 10 gr

— über den Charakter d. Keuchhustens, Scharlachs u. der Masern, nebst Regeln für d. Verfahren dabei. 4. Leipz. 806. (Wienbrack). 2 gr

— d. Diätetik d. weibl. Schönheit, e. Toilettenlektüre. Mit 1 Kpf. 8. Hamb. 806. (A. Campe). 1 ℛ 12 gr

— Diätetik f. Tabaksraucher. (a. dess. Genius d. Gesundh abgedr.) 8. Leipz. Weigel. 806.

— Diätetik für Tabacksraucher. (Aus dessen Genius d. Gesundheit abgedr.) 8. Leipz. 2e A. 806. Weigel. 6 gr 3e A. 10. Dresd. 814. Arnold. 4 gr

Kilian, K(onrad) J(oseph): Differenz der echten und unechten Erregungstheorie in steter Beziehung auf die Schule der Neubrownianer. 294 S., gbd.

Jena: Frommann 1803

JB 2.584

— Differenz d. ächt. u. unächt. Erregungstheorie. gr. 8. Jena. Hermann. 803.

Konrad Josef Kilian

Entwurf eines Systems der gesammten Medizin. Zum Behuf seiner Vorlesungen... von C[onrad] J[osef] Kilian. . Th.1.2. Jena: Frommann 1802. 2 Bde 8°

Th.1: Fundamentaler Theil darstellend die allgemeine Heilkunde oder generelle Physiologie, Nosologie, Therapie und Arzneymittellehre.

Th.2: Angewendeter Theil darstellend die besondere Heilkunde oder Anatomie, spezielle Physiologie, Nosologie, Semiotik, spezielle Therapie u. Arzneymittellehre.

— d. Faul- u. Nervenfieber ꝛc. gr. 8. Bamberg, Göbhard. 809.

— die Faul- u. Nervenfieber; e. klinische Darstellung. gr. 8. Bamb. 809. (Frankf. a. M., Wesché). 5 gr

— Genius d. Gesundh. u. d. Lebens. 8. Leipzig, Weigel. 801.

— d. Genius d. Gesundheit u. d. Lebens. 8. Leipz. 801. Weigel. (Dresd., Arnold). 16 gr

— Genius d. Gesundheit u. des Lebens. Ein Taschenbuch f. Aerzte u. Nichtärzte. 8. Ebend. 806.

— Georgia, od. d. Mensch im Leben u. im Staate. 2 Bde. 4. Leipz. Gräff. 806.

Kilian, Konr. Jos., klinisches Handbuch zum Gebrauch bei d. gefahrvollsten Krankheiten. gr. 8. Bamb. 804. 2e A. 809. (Wesche in Frankf. a. M.) 1 rthl 16 gr Anh. für die Besitzer der frühern Au... des Handbuchs. gr. 8. Ebd. 809. 5 gr

Kilian, K(onrad) J(oseph): Klinisches Handbuch zum Gebrauch bey den wichtigsten, gefahrvollsten und schnell tödlichen Krankheiten für angehende Aerzte. 368 S., gbd.

Bamberg u. Würzburg: Göbhardt }
Wien: Gerold } 1804

JB 2.380

Kilian, K(onrad) J(oseph): Klinisches Handbuch zum Gebrauch bey den wichtigsten, gefahrvollsten und schnell tödlichen Krankheiten für angehende Aerzte. Neue Aufl. 368 S., gbd.

Bamberg, Würzburg u. Aschaffenburg: Göbhardt }
Wien: Gerold } 1805

JB 2.381

— klinisch. Handbuch, z. Gebr. b. d. gefahrvollst. &c. Krankh. gr. 8. Bamb. Göbhard. 809.

— — Anhang f. d. Besitz. d. frühern Aufl. d. Handbuchs. gr. 8. Ebend. 809.

— Hausarzneien, als Eier, Milch, Rahm, Butter, Buttermilch u. Käse. 4. Leipz. 806. (Wienbrack). 6 gr

Kilian, C. J., die Hausarzneikunde, oder Anweisung, wie man in allen gefährlichen und schnell tödtlichen Krankheiten bey Abwesenheit eines Arztes sich selbst die nöthige Hülfe verschaffen kann, und zwar einzig und allein durch Diät und Hausmittel. gr. 8. Pesth, Hartleben. 819.

— d. Haus- u. Reisearzt. 8. Leipz. 800. Weigel. (Centr.-Compt.) 16 gr

— ist die Vaccination an d. Bösartigkeit d. Scharlachfiebers Schuld? 4. Leipz. 806. (Wienbrack). 4 gr

— Lebensordnung oder Anleit. zur Erhaltung u. Verbesserung d. Gesundheit in Leipzig, für die Bewohner, Nachbarn u. Fremde dieser Stadt. gr. 8. Leipz. 800. Göschen. 1 rthl 20 gr

Kilian, C. Lebensordng z. Erhaltg u. Verbesserg d. Gesundheit. Leipzig 1800.

— über Leichenöffnungen. 4. Leipz. 806. (Wienbrack). 2 gr

Kilian, C. F., üb. d. innere Organisation in d. Heilkunst. 8. Bamb. Göbhard. 804. Rthlr.

— über d. innere Organisation in der Heilkunst. 8. Bamb. 804. (Frankfurt a. M., Wesche). 1 rthl 4 gr

Kilian, Conrad Joseph u. (Respond.) **Johann Adam Braun,** Reflexiones quasdam criticas supra methodos therapiae fundamentales earumque usum vere therapeuticum. Diss. med. Jena (Frommann & Wesselhöft) 5. II. 1802. 16 S. (5.—) 17992

— das Scharlachfieber. 4. Leipz. 806. (Wienbrack). 8 gr

Kilian, C. J., medicinische Studien. 1r Bd. gr. 8. Gießen 809. (Fr. Fleischer in Leipzig.) 3/4 rthl

— medicinische Studien. 1r Thl. gr. 8. Gießen 809. Tasché u. M. 18 gr

— Was soll man in den jetzigen Kriegszeiten thun, um sich den Gefahren d. Nerven- u. Faulfiebers zu schützen? Beantwortet &c. 8. Leipz. 807. (Mittler). 14 gr

— Zeitschrift f. d. gesammte Medicin. 8. Bamb. Göbhard. 804.

Kilian, meine Zurückberuf. nach Franken u. Wiederaufnahme durch Markus in Bamberg. 8. Münch. Fleischmann. 805.

Kilian, Konradin, Epheublätter auf Wiege und Grab. 16. (XV und 208 S.) Stuttgart 866, Oetinger. *

Kilian, L., ein Lieutenants-Schicksal. Autobiograph. Skizze nebst Anh. in Versen &c. gr. 8. (62 S.) München 898. O. Galler. n. 1,—

Zwischen Elbe und Oder. Reisehandbuch für Radfahrer, Automobilisten u. alle anderen Wanderer. Bearb. von Oskar **Kilian**. Hrsg. vom Gau 20 (Berlin) des D. R.-B. 4. verb. u. erw. Aufl. (Mit d. gauamtl. Mittelbach'schen Kt.) Gr.Lichterfelde: Kahlenberg & Günther 1905. 317 S. 8° [10. 4661

Kilian, Osk., s. a. Festschrift zur Fernfahrt Wien-Berlin.

1899–1908. Festschrift zur Fernfahrt Wien-Berlin am 27. u. 28. Juni 1908. Programm d. Radrennen im Sportpark Steglitz am 28. Juni 1908. Hrsg.: Fahrwartschaft d. Gaues Berlin D. R.-B. Text: Oskar **Kilian**... Karten: Ottokar Schröder. Berlin: Rad- u. Auto-Verl. (1908). (56 S.) 8° [08. 18394

Kilian, Osk., hinaus in die Ferne. Wanderfahrten u. Pläne durch das Deutsche Reich f. Rad- u. Motorfahrer. Uebersichtskarten v. Ottok. Schröder. 1.—6. Bd. kl. 8. Berlin, Rad u. Auto. à — 60

1. Kyffhäuser. Spreewald u. Wendei. Mecklenburger Schweiz. Durch Saale- u. Unstruttal. Längs der Saale. Thüringer Wald. Sächsisch-böhmische Schweiz. (46 S.) (907.)
2. Insel Rügen. Längs der Ostsee. (Bäderfahrt.) Frankenland. Müglitztal u. Erzgebirge. Märkische Schweiz. (44 S.) (907.)
3. Durchs Moseltal. Ueber die Eifel. Am Rhein entlang. Harz. Ruppiner Land. (46 S.) (907.)
4. Durchs Lahntal. Zwischen Havel u. Fläming. Durch den Taunus. Längs der Weser. I. Tl.: Von Kassel zum Kloster Korvey. II. Tl.: Von Höxter zur Porta Westfalika. (45 S.) (908.)
5. Auf der Bergstraße. Durch Holstein. I. Tl.: Von der Elbe zur Schlei. II. Tl.: Von der Schlei zur Trave. Ueber den Fläming. Zwischen Thüringer Wald u. Main. (44 S.) (908.)
6. Ins Böhmerland. Von der Havel zur Nordsee. Vom Haff zur Spree. (53 S.) (908.)

Hinaus in die Ferne! Wanderfahrten u. Pläne durch d. Deutsche Reich f. Rad- u. Motorfahrer von Oskar **Kilian**. Übersichtskarten von Ottokar Schröder. 3. Aufl. (Bd 1.) Berlin: Rad u. Auto 1907. 8° [F.] [07. 4980

Kilian. Nimm mich mit. Handbuch für Radfahrer 1907. Berlin. 8°. (79 S. m. Abb.) M. —.15

— „Nimm mich mit!" Handbuch f. Rad- u. Kraftfahrer. Hrsg. v. Deutschen Radfahrer-Bund Gau 20 (Berlin). (90 S. m. Abb.) kl. 8. Berlin 908. Rad u. Auto. — 15

Killan, Osk., Radler-Streifzüge durch die Mark Brandenburg. Illustr. v. R. Cossmann, Pet. Geh, Hans Mützel etc. — Wegkarte entworfen u. gezeichnet v. H. Peters. 24 Hfte. gr. 16. Berlin 898. M. Rockenstein. à — 30 (Kplt. in 3 Mappen od. 3 Leinw.-Bde.: à n. 8. —)

1. Zum Kloster Lehnin über Grunewaldeeeen, Moorlaake, Babelsberg, Caput, Glindow. 65 Kilom. 3. Taus. (31 S.)
2. Durch d. Märk. Schweiz üb. Strausberg, Buckow, Wriezen, Freienwalde, Eberswalde. 100,4 Kilom. 2. Taus. (38 S.)
3. In d. Ost-Priegnitz über Spandau, Kyritz, Pritzwalk, Heiligengrabe, Wittstock, Freyenstein, Meyenburg. 172 Kilom. 9. Taus. (31 S.)
4. Zur Uckermark üb. Bernau, Eberswalde, Chorin, Angermünde, Gramsow, Prenzlau. 110 Kilom. 3. Taus. (32 S.)
5. Rund um d. Müggel über Stralau, Friedrichshagen, Erkner, Wernsdorf, Schmöckwitz, Grünau. 63,1 Kilom. 1.—5. Taus. (40 S.)
6. Ueber d. Fläming üb. Gross-Beeren, Trebbin, Luckenwalde, Jüterbog, Treuenbrietzen, Wittenberg. 129 Kilom. 1.—5. Taus. (38 S.)
7. Zum Werbellin üb. Franz. Buchholz, Forsthaus Liepnitz, Lanke, Eichhorst, Hubertusstock, Joachimsthal. 77,2 Kilom. 1.—5. Taus. (32 S.)
8. Nach Wörlitz üb. Wannsee, Potsdam, Beelitz, Brück, Belzig, Wiesenburg, Coswig. 134,2 Kilom. 2. Taus. (36 S.)
9. In's Ruppiner Land. Tegel, Kremmen, Fehrbellin, Neu-Ruppin, Rheinsberg, Zechlin. 145 Kilom. 1.—5. Taus. (40 S.)
10. Durch's Schenkenländchen üb. Zeuthen, Königs-Wusterhausen, Mittenwalde, Teupitz, Neubrück. 66 Kilom. 1.—5. Taus. (31 S.)
11. Altmark u. West-Priegnitz üb. Brandenburg a/H., Genthin, Jerichow, Tangermünde, Schönhausen, Sandau, Havelberg. 91,5 Kilom. 1.—5. Taus. (35 S.)
12. Im Spreewald üb. Königs-Wusterhausen, Neu-Lübbenau, Lübben, Vetschau, Burg, Cottbus. 95,6 Kilom. 1.—5. Taus. (47 S.)
13. Durch d. Neumark üb. Weissensee, Werneuchen, Oderberg, Zehden, Königsberg i. N.|M., Schwedt, Angermünde. 142 Kilom. 1.—5. Taus. (32 S.)
14. Im Teltow üb. Steglitz, Teltow, Gr. Drewitz, Saarmund, Cummersdorf, Speerenberg, Mellen, Zossen. 89 Kilom. 1.—5. Taus. (32 S.)
15. Durch's West-Havelland üb. Westend, Pichelsdorf, Nedlitz, Potsdam, Werder, Brandenburg, Rathenow. 110,7 Kilom. 1.—5. Taus. (41 S.)
16. In's Land Lebus üb. Köpenick, Müncheberg, Lietzen, Seelow, Küstrin, Lebus, Frankfurt a/O. 121 Kilom. 1.—5. Taus. (36 S.)
17. Quer durch d. Uckermark über Pankow, Liebenwalde, Zehdenick, Templin, Lychen, Boitzenburg, Prenzlau. 140 Kilom. 1.—5. Taus. (35 S.)
18. Um d. Scharmützel-See über Müncheberg, Fürstenwalde, Rauen, Lindenberg, Storkow, Königs-Wusterhausen. 89,5 Kilom. 1.—5. Taus. (29 S.)
19. Spreeland über Golssen, Lübben, Straupitz, Lieberose, Beeskow, Müllrose, Frankfurt a/O. 109,5 Kilom. 1.—5. Taus. (28 S.)
20. Gamengrund u. Rüdersdorf. A. Durch Gamengrund u. Blumenthal. 43,8 Kilom. B. Von Tasdorf nach Erkner. 20,2 Kilom. 1.—5. Taus. (27 S.)
21. In's Mecklenburgische (Müritz-See) üb. Hermsdorf, Birkenwerder, Oranienburg, Gransee, Fürstenberg, Neu-Strelitz, Waren. 148,2 Kilom. 1.—5. Taus. (32 S.)
23. An Oder u. Neisse üb. Frankfurt a/O., Fürstenberg, Neuzelle, Guben, Peitz, Kottbus. 105,3 Kilom. 1.—5. Taus. (36 S.)
23. Zum Lausitzer Grenzwall üb. Zossen, Golssen, Luckau, Kalau, Drebkau, Spremberg, Muskau. 170 Kilom. 1.—5. Taus. (32 S.)
24. Im Warthebruch üb. Frankfurt a/O., Drossen, Sonnenburg, Küstrin, Tamsel, Landsberg a. W. 100,6 Kilom. 1.—5. Taus. (27 S.)

Kilian, Osk., Radler-Streifzüge durch die Mark Brandenburg. Illustr. v. R. Cossmann, Pet. Geh, Hans Mützel etc. — Wegkarte entworfen u. gezeichnet v. H. Peters. 1., 2., 4., 5., 7., 8. u. 12. Hft. gr. 16. Berlin, M. Rockenstein. à — 30

1. Zum Kloster Lehnin über Grunewaldseen, Moorlaake, Babelsberg, Caput, Glindow. 61,3 Kilom. 9. Taus. (31 S.) 899.
2. Durch die Märkische Schweiz üb. Strausberg, Bukow, Wriezen, Freienwalde, Eberswalde. 100,4 Kilom. 7. Taus. (38 S.) 899.
4. Zur Uckermark üb. Bernau, Eberswalde, Chorin, Angermünde, Gramzow, Prenzlau. 110 Kilom. 9. Taus. (32 S.) 899.
5. Rund um die Müggel über Stralau, Friedrichshagen, Erkner, Wernsdorf, Schmöckwitz, Grünau. 63,1 Kilom. 6.—10. Taus. (40 S.) 899.
7. Zum Werbellin üb. Franz. Buchholz, Forsthaus Liepnitz, Lanke, Eichhorst, Hubertusstock, Joachimsthal. 77,2 Kilom. 6.—10. Taus. (32 S.) 899.
8. Nach Wörlitz über Wannsee, Potsdam, Belitz, Brück, Belzig, Wiesenburg, Coswig. 134,2 Kilom. 8. Taus. (36 S.) 899.
12. Im Spreewald über Königswusterhausen, Neu-Lübbenau, Lübben, Vetschau, Burg, Cottbus. 95,6 Kilom. 6.—10. Taus. (47 S.) 899.

Rund um Berlin. 100 Ausflüge in d. nächste Umgebg. E. Wegweiser f. Freunde d. Radfahrens v. Oskar **Kilian**. M. 9 Übersichtskt. u. 100 Fahrtenpl. ... *Berlin: M. Rockenstein [1898].* (3 Bl., VII, 85 S., 1 Bl.) 1 Bd 8. [98. 10008

Rund um Berlin. Festschrift und Programm zur 8. Fernfahrt am 28. Juli 1907. Bearb. von Oskar **Kilian**, Chefred. Berlin: Rad- u. Auto-Verl. (1907). (80 S.) 8° [07. 11613

Taschenbuch für Radfahrer nebst Touren-Verz. f. Deutschland u. angrenzende Länder unt. Mitw. v. Fach-Autoritäten u. der Deutschen Radfahr-Ver. hrsg. v. Oskar **Kilian**, lgj. Chefredact. d. 'Deutschen Radfahrpost-Berlin'. M. 15 Portr. u. 1 Radfahrkt. 6. Taus. *Berlin: M. Rockenstein 1898.* (1 Bl., III S., 1 Bl., 321 S., 2 Porträttaf., 1 Kt.) 1 Bd 8. [98. 6345

— **Taschenbuch f. Radfahrer, nebst Touren-Verzeichnis f. Deutschland u. angrenzende Länder, unter Mitwirkg. v. Fach-Autoritäten u. der deutschen Radfahrer-Vereine hrsg. Mit 15 Portraits u. 1 Radfahrkarte. 2. Aufl. 12. (V, 321 S.) Ebd. 899. Geb. in Leinw. n. 1. 50**

[Kilian, Phil. A.] Historische Abbildungen der Geschichten des Alten und Neuen Testaments. Augsburg [1758]. 4°. *Mit 107 (statt 130) Kupfertafeln.* Etwas bestoßener u. wurmspuriger HLdbd. d. Z.

Graesse IV, 16. Cf. Nagler VII, 453.

Kilian, Rob., s.: Indianer- u. Volksbibliothek.

In der Wildnis Australiens. Eine Erzählung f. d. Jugend von Robert **Kilian**. *Berlin: A. Weichert [1899].* (30 S.) 8° [F.]
= **Indianer- u. Volksbibliothek.** 359 [03. 440.4

KILIAN, Sebastian (ps?), Skizzen und Charakterzüge aus der heutigen Welt. Eisenberg, Schöne, 1804. 8°. (3/4 Rthl.) Zahm.

Nicht in Weller's Lex. Pseud.

— — Dasselbe (anonym). Ebd. 1812. 8°. IV u. 138 S. (238 ist Druckf.).

Kilian, W., Unterkreide (Palaeocretacicum), s.: Lethaea geognostica.

Les Céphalopodes néocrétacés des îles Seymour et Snow Hill par W[ilfrid] **Kilian** et P. Reboul. Avec 20 pl. Stockholm 1909: Lith. Inst. d. Generalstabs; Berlin: Asher 1909. 75 S. 4°(8°) [Umschlagt.]
(Wissenschaftliche Ergebnisse d. schwed. Südpolar-Expedition 1901–1903. Bd 3, Lfg 6.) [09. 18130

Kilian-Gayersperg, Heinr., die Wege zur Ehe. Bilder aus dem Leben. Mit 21 Textillustr. vom Verf. (47 S.) Lex.-8. Wien 906. G. Szelinski. n. 1. 67

Einiges über die Arbeit auf der Reitbahn u. über die Heranbildung von Reiter u. Pferd für den Kriegszweck. (Von E. Kiliani.) Augsburg 1861. 18 S.

Einige interessante Erlebnisse aus den beiden franz. Kriegen in den ereignisreichen Jahren 1813 1814 u. 1815. Von einem damaligen Sergeanten der bayer. Armee (G. Kirchmann). München 1854. 64 S.

Provisorische Instruktion bezügl. der Anwendung des neueren Verfahrens bei Heranbildung von Reiter u. Pferd in der Kavallerie. (Von E. Kiliani.) München 1861. 39 S.

Kiliani, Heinrich

KILIANI (H.). Ueber Inulin. Muenchen. 1880. 8°.

Kiliani, Heinr., kurzes Lehrbuch der analytischen Chemie, s.: Miller, W. v.

— chemisches Praktikum für Mediziner. (VII, 67 S.) gr. 8. München 904. Th. Ackermann. n. 1. 80; geb. n. 2. 20

— Chemisches Praktikum f. Mediziner. 2. verb. Aufl. (VII, 72 S.) 8. München 909. Th. Ackermann. Geb. 2.40

Kiliani, H. Karl Stölzel: ein Lebensbild. München, 1896.

Kiliani, J. J., Betrachtungen üb. d. 34. Kap. v. d. Execution, im revid. Entwurfe d. Prozess-Ordn. in bürgerl. Rechtsstreitigkeiten f. d. Königr. Bayern. gr. 8. (11 B.) Würzburg 828, (Stahel.)

KILIANI, Joh. Andr., Erbetenes Urtheil über den bisher heftig bestrittenen Punct vom Tantzen, in einem Sendschreiben an den hochwürdigen Herrn Abt Mosheim. Hannover 1736. 4°. 1 Bog.
Cat. Meissner. — Rarl

Kiliani, Martin: Aus d. pharmakol. Inst. d. Univ. Freiburg i. B. Pharmakologische Wertbestimmungs-Methode der neueren technischen Fieber-Mittel. Bruxelles: Lamertin 1910. 24 S. 8° ¶ (Aus: Archives internat. de pharmacodynamie et de thérapie. Bd 20.)
Freiburg i. B., Med. Diss. v. 1910, Ref. Straub
[Geb. 23. März 85 München; Wohnort: Freiburg i. B.; Staatsangeh.: Baden; Vorbildung: Berthold-Gymn. Freiburg Reife Juli 04; Studium: Freiburg i. B. 5, München 1, Freiburg i. B. 4 S.; Coll. 22. April 10.] [U 11. 1084

Kilimandjaro [Schlagwort]

Kilimandjaro, s.a. Killimandsharo

Kilimandjaro, s.: Kolonialkarten, Krauss, P. — Missionskarten.

Kilimatinde [Schlagwort]

Kilimatinde (Muhalala), s.: Kolonialkarten, Kiepert, R.

Kill, Anton: Kaisers Geburtstag in der Volkschule, s. Armbrust, Karl

Kill, Kastor, Denkschrift f. Alle. Die Grundlagen zur Lösg. d. socialen Frage. 12. (16 S.) Heppenheim 896. (Jugenheim, Qu. Kuhn.) n. — 10

Kill, Peter: Beiträge zum Fundamentalproblem der Flächentheorie. Strassburg i. E. 1910: Müh. 49 S. 8°
Straßburg, Math.-naturwiss. Diss. v. 14. Nov. 1910, Ref. Schur
[Geb. 27. Okt. 87 Wahlschied; Wohnort: Altenkessel; Staatsangeh.: Preußen; Vorbildung: Gymn. Saarbrücken Reife O. 07; Studium: Freiburg i. B. 1, Straßburg 3, München 2, Straßburg 2 S.] [U 11. 4320

Killeberger, die, s. a. Bibliothek, jüdisch-humor. 1.

Killeberger, die. Nach der Natur aufgenommen v. Onkel Siegfried. 2. Aufl. 2. u. 3. Taus. (VII, 278 u. VIII S.) 8. Leipzig (904). M. W. Kaufmann. n. 1. 50; geb. in Leinw. n. 2. —; Prachtausg. n. 2. 25 geb. in Leinw. n. 3. —

Killenberger, (F.), Polizei-Vorschriften mit den Hausmiethe- und Gesinde-Ordnungen für die Stadt Ulm. 8. (IV und 80 S.) Ulm 853, Müller's Buchh. *

Killer, Heinrich Gottlob (Bautzen), De foemina debitrice ex pacto ad carceres obligata, occas. §. XI. app. ad ord. pr. Sax. El. rev. Diss. jur. Präs. Carl Wilhelm Gaertner. Lpz. (Georg Saalbach) 5. VIII. 1728. 32 S. (6.50) 17993

Killer, Karl

— u. Hans Mülli, der Aufsatzunterricht auf der Oberstufe der Volksschule. 162 Schüleraufsätze u. 270 Aufsatzthemen m. e. method. Wegleitg. zur Umgestaltg. des Aufsatzunterrichtes. 1.—3., unveränd. Aufl. (VII, 139 S.) 8. Ebd. (908. 09). Geb. 2. 60

Killer, Karl, vom muttersprachlichen Unterrichte auf der Unterstufe der Volksschule. Lehrskizzen aus dem Sprach- u. Sachunterricht im 3. Schulj. (77 S.) 8. Aarau 910. E. E. Meyer. 1. —

Killermann, Anton Dr. „Festschrift zur Feier des 50jähr. Jubiläums der Realistischen Mittelschule in Ingolstadt 1858—1908". pg. 5—15. 8°. Mit einer Porträt- und einer Frequenztafel. Ganghofer'sche B. (August Baumer). Ingolstadt, Progr. 1907/08

Killermann, Anton, k. Reallehrer: **Wesen,** Begriff und Gesetze der physischen Akkommodation. *München (1899): A. Fröhlich.* (40 S.) 8° ¶ (Soll fortgesetzt werden.)
München, Phil. Diss. v. 1899

Killermann, Joh. Geo., das Besitzsteuer-System, die künftige, einzige, direkte Steuer-Quelle aller Rechtsstaaten, dargelegt unter besond. Berücksicht. der bayer. Steuer-Verhältnisse. 2. umgearb. Aufl. gr. 8. (63 S.) Passau 886, Keppler'sche Buchdr. — 60

Killermann, Joh. Geo. Das Besitzsteuer-System, die künftige, einzige, direkte Steuer-Quelle aller Rechtsstaaten, dargelegt unter besond. Berücksicht. der bayer. Steuerverhältnisse. 3. verm. Aufl. gr. 8. (86 S.) Passau 889, (Deiters). * 1 —

Killermann, Geo., Entwurf e. Besitzsteuer-Gesetzes Zugl. e. Nachtrag zu d. Verf. Schrift: „Mittelstand u. Besitzsteuer". gr. 8. (47 S.) München 898. J. Schweitzer Verl. n. — 60

Killermann, J. Geo., die Miethssteigerungen sind unzulässig. Ein Beitrag zur Lösung der socialen Frage. gr. 8. (120 S.) Passau 873, Waldbauer's Buchh. *

Killermann, Joh. Geo., Mittelstand u. Besitzsteuer m. ihren innigen gegenseitigen Beziehungen. gr. 8. (IV, 52 S.) München 894. J. Schweitzer, Verl. n. — 60

Killermann, Seb., leuchtende Pflanzen u. Tiere, s.: Jugend- u. Volksbibliothek, naturwissenschaftliche. 22. Bdchn.

Killermann, Seb., A. Dürers Pflanzen- u. Tierzeichnungen u. ihre Bedeutung f. die Naturgeschichte, s.a. Studien zur deutschen Kunstgeschichte.

A. Dürers Pflanzen- und Tierzeichnungen und ihre Bedeutung für die Naturgeschichte von Prof. Dr. Seb[astian] **Killermann**. Mit 22 Taf. Strassburg: Heitz 1910. VIII, 120 S. 8°
(Studien z. deutschen Kunstgeschichte. H. 119.) [10. 4073

Killermann, *Sebastian* [Dr. aus Landshut]: Ueber die Sutura palatina transversa und eine Betheiligung des Vomer an der Bildung der Gaumenfläche beim Menschenschädel. Aus d. anthropolog. Institut zu München ... (Aus: Arch. f. Anthropol., Bd XXII Heft 4.) Braunschweig, Druck v. F. Vieweg & Sohn, 1894; 1 Bl., 32 S., 3 Taf. 4.
München, Phil. Fak., Inaug.-Diss. v. 1894

— Stimme u. Sprache, ihre Entstehung, Ausbildung u. Behandlg. f. Sänger, s.a. Sammlung „Kirchenmusik". 6. Bdchn.

Stimme und Sprache, ihre Entstehung, Ausbildung und Behandlung. Für Sänger u. Redner gemeinverständl. dargest. von Dr. Seb. **Killermann.** Mit 20 Abb. Regensburg [usw.]: Pustet 1910. 208 S. 8°
(Sammlung 'Kirchenmusik'. Bdch. 6.) [11. 7276

— **Die Vogelkunde d. Albertus Magnus (1207—1280). (VIII, 100 S.) gr. 8. Regensburg 910. Verlagsanstalt vorm. G. J. Manz. 2. 50**

Killi-Mandsharo, s.a. Kilimandjaro

Killi Mandsharo, das Schneegebirge im trop. Ost-Africa, siehe: Jahrbuch, geograph., I.

Killian, Originalaufsätze f. d. unteren Klassen d. Mittelschule. 1. Bdchn. (74 S.) 8. Wien 910. Manz. — 85

Killian, Emil [aus Buchsweiler, appr. Arzt]: Ein Fall von diffuser Myelitis chronica. (Separat-Abdruck aus dem Archiv für Psychiatrie und Nervenkrankheiten.) Berlin. Druck von G. Bernstein (1876). 8. 23 S. u. 1 Taf.

Killian, Gustav [Dr.]: Über die Bursa und Tonsilla pharyngea. (Aus d. Morpholog. Jahrbuch. Bd. XIV.) ... Leipzig, Wilhelm Engelmann, 1888; 96 S. u. 2 Taf. 8°
Freiburg i. B., Med. Fak., Hab.-Schr. v. 1888

Die Nebenhöhlen der Nase in ihren Lagebeziehungen zu den Nachbarorganen auf 15 farb. Taf. dargest. Von Dr. Gustav **Killian,** Prof. in Freiburg i. Br. *Jena: G. Fischer 1903.* (V S., 15 Bl., 15 Taf.) 4° [04 85

Killian, Gust., die Untersuchung der hinteren Larynxwand. gr. 8. (V, 77 S. m. 40 Abbildgn.) Jena 890. Fischer. n. 2. 40

Killian, Gust., über d. Verwendung d. X-Strahlen f. die Bestimmung d. nasalen Nebenhöhlen u. ihrer Erkrankungen, s.: Goldmann, Edwin.

— s.: Zeitschrift f. Ohrenheilkunde.

Killian, Hermine. — Veilchenstrauß Sammlung verschiedener Gedichte herausgegeben von — —. 8. (18 S.) Wien. Druck von Della Torre. 1853.

Johann Philipp Killian. **Naturgeschichtliche Mitteilungen.** Mannheim, P 1836

Killias, Eduard

Killias, Ed., bains et pension Waldhaus-Flims dans la vallée du Rhin antérieur, s.a. L'Europe illustrée.

Killias, Ed[uard]. Bains et Pension Waldhaus-Flims dans la vallée du Rhin antérieur. Avec 9 Illustrations par J[ohann] Weber [dont 5 planches] et une carte. (L'Europe illustrée. N° 177.) 8. Zurich ([18]93).

Killias, E. Beiträge zu einem Verzeichniss der Insectenfauna Graubündens. Chur 1877—80.

Killias, E. Beiträge zu einem Verzeichniss der Insectenfauna Graubünden's. In-8°. 55 S. Chur, Hitz'sche Buchhandlung. 1881

Killias, Ed., Beiträge zu e. Verzeichnisse der Insecten-Fauna Graubündens. IV. Coleopteren. Nach dem Tode des Verf. auf Grund der nachgelassenen Manuscripte zu Ende geführt v. J. L. Caflisch. [Aus: „33., 34., 36. u. 37. Jahresbericht d. naturforsch. Gesellsch. Graubündens".] gr. 8. (XLIII, 277 S. m. 5 Tab.) Chur 894. (Hitz.) n. 3. —
Tl. I—III sind nur in den Jahresberichten der naturforschenden Gesellschaft Graubündens erschienen u. allein nicht erhältlich.

Killias, E., Beiträge zu e. Verzeichn. der Insectenfauna Graubündens. V. Lepidopteren. II. Nachtrag Nach d. Tode d. Verf. fortgef. v. J. L. Caflisch. [Aus: „28. Jahresbericht d. naturforsch. Gesellschaft Graubündens".] gr. 8. (X, 71 S. m. 2 Karten.) Chur 895. (Hitz.) n. 1. 50 (IV u. V.: n. 4. 50

Killias, Ed., Chur und seine Umgebungen, s.a. Wanderbilder, europäische.

Killias. E[duard]. Chur und seine Umgebungen. Mit 19 Illustrationen von J[ohann] Weber [wovon 5 Tafeln, und 1 Karte]. (Europäische Wanderbilder. № 57. 58.) 8. Zürich.
[1. Aufl. 1883.] — 2. durchgesehene Aufl. ([18]89.)

—— Coire and its environs, s.a. Europe, illustrated.

Killias. E[duard]. Coire and its Environs. With 19 Illustrations by J[ohann] Weber [5 Plates], and a Map. (Illustrated Europe. № 40. 41.) 8. Zurich, London ([18]84).

—— Coire et ses environs, s.a. l'Europe illustrée.

Killias, E[duard]. Coire et ses environs. Avec 19 Illustrations par J[ohann] Weber [dont 5 planches] (et une carte). (L'Europe illustrée. № 50. 51.) 8. Zurich ([18]84).

Killias, E. (Dr. en méd. à Tarasp.) Les eaux ferrugineuses arsonifères du Val Sinistra près de Sent, analysées par le Dr. Aug. Husemann. In-8°, 11 p. Coire, Hitz. 1848

(Killias. [Eduard].) Les Eaux minérales et Bains de Tarasp-Schuls (Engadine-Basse).... (Aperçu.) [Couverture illustrée.] 4. Coire 1865.

(Killias. [Eduard].) Les Eaux minérales et Bains de Tarasp ⟨Tarasp-Schuls⟩ dans l'Engadine-Basse.... Aperçu destiné spécialement aux médecins praticiens. [Avec 2 illustrations dont 1 planche.] 8. Coire 1866.

Killias, E. (Dr., Badearzt zu Tarasp). Die arsenhalt. Eisensäuerlinge v. Val Sinistra bei Sent (Unter-Engadin) analysirt v. Dr. A. Husemann, Prof. in Chur. 12°, 23 S. Chur, Hitz (in Kommission.) 1878

Killias, Dr., eine Fahrt auf den Piz Lischanna (3103 M.) am 16. Sept. 1871. 32 Sm. 8. Chur, Druck v. Senti & Casanova. 1872

Killias, E., die Flora des Unterengadins, s.a. Jahres-Bericht der naturforschenden Gesellschaft Graubündens.

Killias, Ed[uard]. Die Flora des Unterengadins mit besonderer Berücksichtigung der speciellen Standorte und der allgemeinen Vegetationsverhältnisse. Ein Beitrag zur Kenntniss des Unterengadins. ‹Beilage zum 31. Jahresb. der Naturf. Gesellsch. Graubündens.› 8. Chur 1887-1888.

— the health resort and lake baths of Waldhaus-Flims in the Vorderrhein-Thal (Canton Grisons), s.a. Europe, illustrated.

Killias, E[duard]. The Health Resort and Lake Baths of Waldhaus-Flims in the Vorderrhein-Thal ‹Canton Grisons›. With 9 Illustrations by J[ohann] Weber [5 Plates] and one Map. (Illustrated Europe. № 165.) 8. Zurich ([18]93).

(Killias, [Eduard].) Die Heilquellen und Mineralbäder von Tarasp-Schuls.... [Prospect. Umschlag illustriert.] 4. Chur 1865.

Killias, E., die Heilquellen und Bäder von Tarasp [Tarasp-Schuls] im Unter-Engadin, Graubünden. Eine gedrängte Uebersicht für pract. Aerzte. 2.—7. Aufl. gr. 8. (44 S.) Chur 866—75, (Hitz'sche Buchh.) *

(Killias, Ed[uard].) Die Heilquellen und Bäder von Tarasp ‹Tarasp-Schuls›.... Eine gedrängte Uebersicht für praktische Aerzte. 8. Chur 1866.
Ausg. A. Die H'... im Unterengadin'... A 7641[4]
Ausg. B. Die H'... im Unterengadin.... [Mit 1 Tafel und illustriertem Umschlag.]

(Killias, Ed[uard].) Die Heilquellen und Bäder von Tarasp.... ‹3. Aufl.› 8. Chur 1870.

(Killias, E[duard].) Die Heilquellen und Bäder von Tarasp.... 8. Chur.
‹4. Aufl.› [Umschlag illustriert] 1872.
‹5. Aufl.› 1873.
6 Aufl. [Mit 2 Tafeln und 1 Tabelle.] 1874.

Killias, E., die Heilquellen u. Bäder v. Tarasp [Tarasp-Schuls] im Unter-Engadin, Graubünden. Eine gedrängte Uebersicht f. pract. Aerzte. 7. Aufl. gr. 8. (44 S.) Chur 875. (Hitz.) n. 1. —

—— die Heilquellen und Bäder von Tarasp [Tarasp-Schuls] im Unter-Engadin, Graubünden. Eine gedrängte Uebersicht für pract. Aerzte. 8. Aufl. gr. 8. (46 S.) Chur 878, Hitz'sche Buchh. *

—— die Heilquellen und Bäder von Tarasp-Schuls im Unterengadin-Schweiz. Eine gedrängte Skizze für pract. Aerzte. 9. Aufl. 8. (IV, 64 S. mit 6 Illustr., 1 graph. Taf. und 1 statist. Uebersicht bisher beobachteter Krankheitsfälle.) Chur 886, (Hitz.) * 1 20

Killias, Eduard s. Husemann, August, und Killias, Eduard.

—— Hygieine, Balneologie, s. Bericht über Gruppe 31 der schweizer. Landesausstellung: Hygieine, Balneologie.

Killias. Käfer Graubündens, s. Jahres-Bericht der naturforsch. Gesellschaft Graubündens.

Killias, E[duard]. Der Kurgast in Tarasp-Schuls. Ein Führer zu den Heilquellen und ihren Umgebungen. Mit (Beilagen [und]) einem Kärtchen. 8. Schuls (1870).

Killias, E., der Kurgast in Tarasp-Schuls. Ein Führer zu den Heilquellen und ihren Umgebungen. 16. (118 S. mit 1 chromolithogr. Kärtchen in qu. 4.) Schuls 873. (Chur, Gsell.)

—— rätische Kurorte und Mineralquellen. Anlässlich der schweizer. Landesausstellung in Zürich 1883 zusammengestellt im Auftrage der graubündner. Section des schweiz. ärztl. Vereins. Nebst einem Anhang, Saisonberichte. gr. 8. (VII, 69; Anhang 21 S.) Chur 883, (Hitz'sche Buchh.) *

Killias, Ed[uard]. Rätische Kurorte und Mineralquellen. Anlässlich der Schweizerischen Landesausstellung in Zürich 1883 zusammengestellt im Auftrage der Graubündnerischen Section des Schweiz. Aerztlichen Vereins von deren Secretair Dr Ed. K'. Nebst einem Anhang Saisonberichte. 8. Chur 1883.

Killias, Ed., Dr. Der rothe Regen vom 15. October 1885. In-8°, 11 S. 1886
*** Separatabdruck aus dem „Jahresbericht der Naturforschenden Gesellschaft Graubündens".

Killias, Ed., die Schmetterlinge Graubündens. Aufzählung der bisher nachgewiesenen Arten nach ihrer geograph. Verbreitung in den Rätischen Alpen. gr. 8. (III, 224 S.) Ebendas. 881. *
Aus: Jahreshefte der naturforschenden Gesellschaft Graubündens, besonders abgedruckt.

Killias, E. (Dr.). Die Schmetterlinge Graubündens. Aufzählung der bisher nachgewiesenen Arten nach ihrer geographischen Verbreitung in den rätischen Alpen. Gr. in-8°, 224 S. Chur, Hitz'sche Buchhandlung.

Killias, Ed.. u. V. Grazzi, lo stabilimento climatico-balneare Le Prese nella valle di Poschiavo Grigioni, s.a. Europa illustrata. Nr. 8.

Killias, Ed[uard]. Lo stabilimento climatico-balneare Le Prese nella valle di Poschiavo.... Per il Dr. Ed. K', con aggiunte del Dr. Prof. V[ittorio] Grazzi.... Con 14 incisioni [di cui 4 tavole, ed 1 carta]. (Europa illustrata. № 8.) 8. Zurigo ([18]99).

— das Thal v. Poschiavo u. die Curanstalt Le Prese am See v. Poschiavo, s.a. Wanderbilder, europ.

Killias, Ed.: Das Thal von Poschiavo und die Curanstalt Le Prese am See von Poschiavo. Mit 14 illustrationen von J. Weber. (Europäische Wanderbilder. No. 155.) Zürich [1889]. 40 S. 8°.

(K[i]ll[ia]s, [Eduard].) Die Verbreitung des Maikäfers in Graubünden. (SA.) 8. [Chur 1869.]

Killias, Ed[uard]. Die naturhistorischen Verhältnisse des Engadins... s. Lorenz, P(aul) *f.* Dr Eduard Killias. Chur 1892.

— Verzeichniss der Käfer Graubündens, s.: Jahres-Bericht der naturforschenden Gesellschaft Graubündens.

— — Vetau im Unter-Engadin. 5490' üb. Meer als Luftkurort 28 Stn. 8. Chur, Commission bei der Hitz'schen Buchhandluug. 1875 1. —

Killias, E[duard]. Vetan im Unter-Engadin... als Luftkurort. Eine topographisch-klimatologische Skizze von Dr. E. K' (*2. Aufl., Umschlag:* Kilias).... 8. Chur.
[1. Aufl.] 1875. — 2. Aufl. 1887.

— Waldhaus-Flims in Graubünden, s.a. Wanderbilder, europäische.

Killias. Ed[uard]. Die Kur- und Seebad-Anstalt Waldhaus-Flims und ihre Umgebungen im Graubündner Vorderrheinthal (**Umschlag:* Waldhaus-Flims in Gr'). (Mit 9 Illustrationen von J[ohann] Weber [woron 5 Tafeln] und einer Karte. Europäische Wanderbilder. № 160.) 8. Zürich ([18]89).

Killias, Ed.: Die Kur- und Seebad-Anstalt Waldhaus-Flims und ihre Umgebungen im Graubündner Vorderrheinthal. (Europäische Wanderbilder. No. 160.) Zürich [1890]. 38 S. 8°.

Killiches, Alex., s.a Statistik des Sanitätswesens der im Reichsrathe vertretenen Königreiche und Länder.

Killiches, A. Statistik d. Sanitätswesens d. i. Reichsrate vertretenen Königreiche u. Länder (ohne Dalmatien). Hrsg. v. d. k. k. statist. Zentralkommission. — Dass. f. d. J. 1876—79. Wien 1880—82. 4. 5 Bde.

Killiches, (F. J.,) üb. d. Kropf, f. prakt. Aerzte u. Wundärzte. gr. 8. Prag 822, Krauß.

Killiches, F. L., über d. Kropf, für prakt. Aerzte u. Wundärzte. gr. 8. Prag 822. Krauß. (a. Haase Söhne Das.) 20 kr (a. Gnobloch in Leipz.) 16 kr

Killiches, Ignaz: Ueber das Püllnaer Bitterwasser, dessen äusseren und inneren Gebrauch. 50 S., gbd.

Prag: Krauss 1829

JB 2.800

Killiches, V., die Reform des Geniewesens der k. u. k. österr.-ungar. Armee. Eine Studie üb. die hierüber vorlieg. Projekte. [Aus: „Jahrbb. f. die deutsche Armee u. Marine".] gr. 8. (64 S.) Berlin 893. A. Bath. n. 1. —

— Studie üb. e. kriegsgemässe Lösung unserer technischen Armee-Frage (Festungswesen, techn. Dienst im Felde u. Friedensbaudienst). gr. 8. (VIII, 216 S.) Graz 892. H. Wagner. n. 4. —

Killing, H., der heilige Johannes. Dramat. Dichtung. 12. (40 S.) Paderborn 887, Esser. * — 60
geb. mit Goldschn. * 1 50

Killing, Joseph, a. Münster in Westfalen: Kirchenmusikalische Schätze der Bibliothek des Abbate Fortunato Santini. Ein Beitrag z. Gesch. d. kath. Kirchenmusik in Italien. T. 1. Das sechzehnte Jahrhundert. (Münster i. W. 1908: Aschendorff.) (71 S.) 8° ¶ (Erscheint vollst. b. Breitkopf & Härtel, Leipzig.)
Berlin, Phil. Fak., Ref. Kretzschmar, Diss. v. 12. Aug. 1908
[Geb. 25. Juli 83 Braunsberg; Wohnort: Münster; Staatsangeh.: Preußen; Vorbildung: Paulinisches Gymn. Münster Reife O. 02; Studium: Münster 2, München 1, Berlin 5 S.; Rig. 5. März 08.]

Kirchenmusikalische Schätze der Bibliothek des Abbate Fortunato Santini. Ein Beitrag z. Geschichte d. kath. Kirchenmusik in Italien von Joseph Killing. Düsseldorf: Schwann (1910). 516 S. 8° [11.17283

Index lectionum ... per m. aest. a. 1895 ... — Praemissa est Guilelmi **Killing** commentatio mathematica: Bemerkungen über die Transformationsgruppen vom Range null. Monasterii Guestf. ... *1895*; 34 S. 4.

Index lectionum, quae auspiciis augustissimi ... Imperatoris Regis Guilelmi II in Academia theologica et philosophica Monasteriensi per m. hib. a. 1895/6 ... publice privatimque habebuntur. Praemissa est Guilelmi **Killing** commentatio mathematica: Bemerkungen über Veronese's transfinite Zahlen. Monasterii Guestf., ex typogr. I. Bredt, *1895*; 30 S. 4.

Einführung in die Grundlagen der Geometrie. Von Dr. Wilhelm **Killing**, Prof. ... zu Münster i. W. Bd 1. 2. *Paderborn: F. Schöningh 1893—98.* 2 Bde 8.
1. M. 40 Fig. i. Text. 1893. (X, 357 S.)
2. M. 8 Fig. i. Text. 1898. (VI, 361 S.) [98. 3446 Go

Killing, W., Erweiterung des Raumbegriffes. Mathematische Abhandlung. 4. (21 S.) Braunsberg 884, Huye's Buchh. *

Killing, Wilh. (geb. Burbach in Westf. 10. 5. 1847): Der Flächenbüschel zweiter Ordnung. Berlin (1872). (30 S.) 8°
Berlin, Phil. Diss. v. 14. März 1872

Killing, Wilh. Grundbegriffe und Grundsätze der Geometrie. 13 S.
Progr. *Brilon* 1880.

Killing, W. Grundlagen der Geometrie. Bd. I. II. Paderborn, 1893 und 1898.

Killing, W., u. H. Hovestadt, Handbuch d. mathemat. Unterr. I. Bd. (VIII, 456 S. m. 32 Fig.) gr. 8. Leipzig 910. B. G. Teubner. Geb. in Leinw. 10. —

Killing, Wilh., Lehrbuch der analytischen Geometrie in homogenen Koordinaten. 1. u. 2. Tl. gr. 8. Paderborn, F. Schöningh. n. 9. 60
1. Die ebene Geometrie. (XIII, 220 S. m. 50 Fig.) 900. n. 4. —
2. Die Geometrie des Raumes. (VIII, 361 S.) (901.) n. 5. 60

Killing, Wilh. Die Mechanik in den nichteuklidischen Raumformen. 12 S. Progr. *Brilon* 1883.

Killing, Wilh., die nicht-Euklidischen Raumformen in analytischer Behandlung. gr. 8. (XI, 264 S. mit 1 lithogr. Taf.) Leipzig 885, Teubner. * 6 80

—— über die nicht-Euklidischen Raumformen von n Dimensionen. Festgabe für das Briloner Gymnasium zum 23. Oktbr. 1883. gr. 8. (20 S.) Ebendas. 883. *

—— zur Theorie der Lie'schen Transformations-Gruppen. 4. (17 S.) Braunsberg 886, Huye's Buchh. * 1 60

— Karl Weierstrass. Rede, geh. b. Antritt d. Rektorats an d. kgl. Akademie zu Münster am 15. X. 1897. [Aus: „Natur u. Offenbarg."] gr. 8. (21 S.) Münster 897. Aschendorff. n. — 60

KILLINGER, Johann (Engelfing): Beitrag zur Symptomatologie der Tumoren des Kleinhirnbrückenwinkels.- München: Wolf 1910. 77 S.
12.1.1911 - Chr 1910/11,24; U 11.5665
Diss. Ingolst.-Landsh.-Mchn.

Killinger. K. v., Sagen und Mährchen, s. Erin.

Killisch, Julius

Killisch, J., „Berlin", der Name der deutschen Kaiserstadt, sprachlich, geographisch und geschichtlich erklärt. gr. 8. (15 S.) Berlin 872, R. Lesser. *

Killisch, J., „Berlin", der Name der deutschen Kaiserstadt, sprachlich, geographisch und geschichtlich erklärt. 12. Aufl. 8. (16 S.) Berlin 883, (Bohne.)

Killisch, J., officielle Bestimmungen über das Abiturienten-, Primaner-, Fähnrichs-, Freiwilligen- u. Seecadetten-Examen. gr. 8. (15 S.) Leipzig 880. (Berlin, Bohne.) n.n. — 50

Killisch, officielle Bestimmungen über das Abiturienten-, Primaner-, Fähnrichs-, Freiwilligen- und Seekadetten-Examen. Als Einleitung das Programm des Militär-Pädagogiums zu Berlin, Schönhauser Allee No. 132 [Dr. Killisch]. gr. 8. (15 S.) Berlin 886, (Bohne.) ** — 50

— s. Friedrich Wilhelm IV., Königs von Preußen, Reden.

Killisch, J., Kaiser und Papst! reicht Euch im Kölner Dome die Versöhnungshand! Offener Brief an Se. Maj. den Kaiser Wilhelm I. und Se. Heil. den Papst Leo XIII. gr. 8. (11 S.) Leipzig 879, Friedrich.

Killisch, J., Rathgeber für die Militair-Examina als Fähndrich, Freiwilliger und als Seecadett. gr. 8. (VI und 32 S.) Berlin 866, Köhler. *

—— Rathgeber für alle Militair-Eintritts-Examina, nämlich für das Fähndrichs-, Freiwilligen-, Seecadetten- und Feldjäger-Examen. 2. verm. Aufl. gr. 8. (VII, 60 S.) Berlin 869, Burmester und Stempell. *

—— 95 neue Thesen, dem deutschen Volke gewidmet zum 31. Octbr. 1877. Ein Versuch zur Versöhnung aller Religionsparteien. 16. (V, 143 S.) Zürich 878, Schmidt. *

Killisch, J., Versuch e. Kritik d. ersten Buches Mose, mit besond. Berücksichtig. d. vom Dr. Hengstenberg geg. Dr. D. F. Strauß in d. evangel. Kirchenztg. v. Mai d. J. geschrieb. Artikel. 8. (11½ B.) Berlin 841, (Thome.) *

Killisch, Osc. (Ferd. Henr.) (geb. Bromberg 25. 2. 1832): De ossium carcinomate adjecta descriptione prolixiore tumoris ossis pulsantis. Berolini (1859). (35 S.) 8°
Berlin, Med. Diss. v. 22. Juni 1859

Killisch, Paul

Killisch, P., Anleitung f. die Vorbereitung zum Fähnrichs-Examen. gr. 8. (140 S.) Berlin 892. J. Bohne. n.n. 3. —

Killisch, P., Anleitg. f. d. Vorbereitung zum Fähnrichs-Examen. gr. 8. (140 S.) Berlin 892. P. Killisch. (Ausliefrg.: Leipzig, Rob. Hoffmann.) 2. —

—— Anleitung f. die Vorbereitung zum Kriegs-Akademie-Examen. gr. 8. (64 S. m. Abbildgn.) Berl. 890, Bath. * 1 20

Killisch, P, Anleitung f. d. Vorbereitung z. Kriegs-Akademie-Examen, unt. Mitwirkg. militär. Autoren u. d. Fachlehrern f. früh. Vorbereitungs-Institutes. 3. Aufl. gr. 8. (VIII, 31; 8, 36, 16 u. 63 S.) Berlin 896. P. Killisch. (Ausliefrg.: Leipzig, Rob. Hoffmann.) n. 6. —; erm. Pr. n. 4. —

— dasselbe. Beiheft I u. II. gr. 8. Ebd. n. 5. —; erm. Pr. n. 2. —
I. 1. Repetitorium d. Waffenlehre. 2. Aufgaben-Lösgn. d. Kriegs-Akademie-Examens 1896. (III u. S. 169—223.) 896. n. 2. —; erm. Pr. n. 1. —
II. 1. Leitfaden zur Befestigungslehre. 2. Aufgaben-Lösgn. des Kriegs-Akademie-Examens 1897. (75 S.) 897. n. 3. —; erm. Pr. n. 1. —

Killisch, P., Anleitung f. die Vorbereitg. zum Kriegs-Akademie-Examen. III.—VI. Beiheft. gr. 8. Berlin, P. Killisch. n. 5. —; (Hauptwerk m. I.—VI. Beih. n. 10. —)
III. IV. Aufgaben u. Lösungen des Kriegs-Akademie-Examens 1898 u. 1899. (24 u. 16 S. m. Fig.) 898. 899. à n. 1. —
V. Kurzgefaßte Anleitung f. die militärische Geländebeurtheilung. (8 S.) 900. n. 1. —
VI. Die einschneidendsten Veränderungen auf dem Gebiete der Befestigungs- u. Waffenlehre als Nachtrag zu Beiheft I u. II. (26 S. m. 1 Fig.) 900. n. 2. —

— Geographie. Für d. Ablegg. e. Examens bearbeitet. (In 12 Hftn. od. 2 Bdn.) 1.—5. Hft. gr. 16. Ebd. 895. à n. 1. —; erm. Pr. à n. — 50
1. I. Anleitung f. d. Bearb. e. geograph. Aufg. im Examen. II. Mathemat.-astronom. Geographie. III. 100 Fragen a. d. mathemat.-astronom. Geographie. (112 u. 8 S.)
2. IV. Oberfläche unseres Planeten. V. Allgem. üb. Europa. VI. Die Meere, welche Europa bespülen. VII. Die Küstenbeschreibung Europas. VIII. Deutschland (physikalisch). (S. 113—256 u. IV S.)
3. IX. Deutsches Kaiserreich (politisch). X. Oesterreich-Ungarn. XI. D. Schweiz (Alpen). (S. 257—408 u. IV S.)
4. XII. D. Königr. Italien (d. Apennin. Halbinsel). XIII. D. Balkan-Halbinsel (Türkei ꝛc.). XIV. Rußland (Europäisches). XV. Die Skandinav. Halbinsel (Schweden u. Norwegen). XVI. Dänemark. (S. 411—490 u. IV S.)
5. XVII. D. Niederlande (Belgien, Holland). XVIII. Frankreich. XIX. D. Pyrenäische Halbinsel (Spanien u. Portugal). XX. Großbritannien. XXI. D. Kolonien d. europ. Staaten. (S. 491—576 u. IV S.)

Killisch, P., Geographie. Für die Ablegg. e. Examens bearb. 6.—9. Hft. gr. 16. Berlin, P. Killisch. à n. 1. —; ermäß. Preis à n. — 50
6. 7. Asien. (160 S.) (898.) — 8. 9. Afrika. (175 S.) (899.)

— Geschichte. Für d. Ablegg. e. Examens bearb., unt. Mitwirkg. d. Historiker f. Lehrinstitutes. 1., 2., 6. u. 10. Hft. gr. 16. Ebd 897. à n. 1. —; erm. Pr. à n. — 50
1. Griech. Geschichte. (62 S.)
2. Röm. Geschichte. (98 S.)
6. XV. Jahrhundert. (111 S.)
10. XIX. Jahrhundert. (S. 449—554 u. VI S.)

— dasselbe. 17. Jahrh. gr. 16. (S. 161—304 u. 4 S.) Ebd. 895. 1. —; erm. Pr. n. — 50

— Geschichte. Für die Ablegg. e. Examens bearb. unter Mitwirkg. der Historiker seines Lehrinstitutes. Hft. 7 u. 9a. gr. 16. Ebd. à n. 1. —; ermäß. Preis à n. — 50
7. XVI. Jahrh. (S. 163—188.) 897.
9a. XVIII. Jahrh. 1. Hälfte: 1700—1750. (158 S.) (899.)

— Uebungsstücke zum Uebersetzen ins Französische m. Schlüssel u. grammatischen Erklärgn. zum Selbstunterricht. 8. (180 S.) Ebd. (899). n. 2. —

Uebungsstücke zum Uebersetzen ins Französische mit Schlüssel und grammat. Erklärungen zum Selbstunterr. von P[aul] Killisch. *Berlin: P. Killisch [1900].* (179 S.) 8° [J.] (01. 100

Killisch jun., P., Vorbereitung für das Examen zur Kriegs-Akademie. gr. 8. (43 S.) Berlin 886, (Bohne.) * 1 —
—— dass. — Anhang I., die Bearbeitung der Examen-Aufgaben pro 1887 enth. gr. 8. (28 S.) (Ebendas.) 887. ** — 50

Killmann, Max

Killmann, M., die Direktoren-Versammlungen des Königr. Preussen von 1860 bis 1889. Die Meinungsäusserungen, Wünsche, Anträge u. Beschlüsse der Mehrheiten, nebst einzelnen Berichten u. Verhandlungen in Auszügen od. wörtl. Wiedergabe zusammengestellt. Lex.-8. (XVI, 476 S.) Berlin 890. Weidmann. n. 12. —

Die Direktoren-Versammlungen des Königreichs Preussen von 1890 - 1900. Die Meinungsäusserungen, Wünsche, Anträge u. Beschlüsse d. Mehrheiten nebst einzelnen Berichten u. Verhandlungen in Auszügen oder wörtl. Wiedergabe zsgest. von M[ax] Killmann, Dir. zu Dirschau. *Berlin: Weidmann 1900.* (XII, 192 S.) 8° (00. 1068

Killmann, (Maximilian), Dir.: Geschichte der ersten 25 Jahre der Anstalt von Ostern 1870 bis Ostern 1901. *Dirschau 1902: Dirschauer Zeitung.* (S. 3—46.) 4°
Dirschau, k. R u. k. PG, OP 1902 (40)

Killmann, *Max* [Rekt.]: Zu den algebraischen Gleichungen. Dirschau, Buchdr. v. Kriesel & Monath, *1892;* 3—12 S. 4.
Dirschau, RPG, OP 1892 (47)

Karte der öffentlichen höheren Lehranstalten im Königreich Preußen u. Fürstentum Waldeck entworfen v. M. Killmann. Auf Veranl. d. Kultusminist. u. unter Verwendung amtl. Materials hrsg. (2 Bl. Maßst. 1:750,000.) [Mit 3 Nebenkarten.] *Berlin: D. Reimer (1904).* (2 Kartenbl. 79×97, 71×97 cm.) gr. 2° [kol.] (04. 3009

Killmann, M., Leitfaden der Geometrie der Ebene bis zu den Kegelschnitten einschließlich. Für Realgymnasien bearb. 8. (VIII, 56 S.) Danzig 887, Kafemann. * 1 —

Killmann, M[aximilian]: [Die feierliche Übernahme der Anstalt durch den Staat.] *Dirschau 1898: C. Hopp.* (19—20 S.) 4°
Dirschau, k. RPG, OP 1898 (44)

Killmann, Paul, die Graphostatik, s.: Stade, Frz., die Schule des Bautechnikers. 8. Bd.

— Lehrbuch der ebenen Trigonometrie nebst e. reichhaltigen Sammlung v. Uebungsaufgaben. 13. verm. Aufl. (V, 118 S. m. 56 Fig.) 8. Mittweida 904. Polytechn. Buchh. Geb. in Leinw. n. 3.—

Killmann, Paul, Leitfaden f. den Unterricht in der ebenen Trigonometrie. 11. Aufl. gr. 4. (44 autogr. S. m. 34 Fig.) Mittweida 898. Polytechn. Buchh. n. 2.—

— die Stereometrie, s.: Stade, Frz., die Schule des Bautechnikers. 3.

Killmann, Paul: Die Stereometrie, s.a. Weitzel, Karl Geo.: Die Schule des Maschinentechnikers.

Killmann P, Stereometrie. (Weitzel, Schule des Maschinentechnikers 4) Leipzig 1895

— die Trigonometrie, s.: Stade, Frz., die Schule des Bautechnikers. 4.

– Die Trigonometrie, s.a. Weitzel, Karl Geo.: Die Schule des Maschinentechnikers.

Killmann P, Trigonometrie. (Weitzel, Schule d. Maschinentechnikers 3) Leipzig 1894

– Das Wichtigste aus d. Graphostatik, s.a. Weitzel, Karl Geo.: Die Schule des Maschinentechnikers.

Killmann P, das Wichtigste aus der Graphostatik. (Weitzel, Schule des Maschinentechnikers 11) Leipzig 1897

Killmar, Johann Nicolaus (Stolberg / Cheruscus), De jure apum, vom Bienen=Recht. Präs. Peter Müller. Jena (Bauhofer) Aug. 1685. 14 Bl., tlws. dtsch. (6.50) 17994
Widm. v.: Präs., Jo. Christoph Hartung.

— — Dasselbe. Ed. II. Jena (Bauhofer) 1686. 16 Blatt. (6.50) 17995

Killmar, de jure apium. Vom Bienenrecht. Jena 711.

— — Dasselbe. Ed. V. Lpz. (Gottfr. Aug. Stopffel) 1748. 12 Bl. ohne Widm. (6.20) 17996

Killmeier, C., Lauttafel zu Plate-Kares, Lehrgang d. engl. Sprache, s.: Becker, C.

Killmeier, C., Leitfaden d. deutschen Sprachlehre, s.: Becker, C.

Killmer, W., Hessen u. das Reich im frühen Mittelalter od. Gesch. d. Grafsch. Hessen. (VIII, 428 u. 26 S. m. 1 Karte u. 3 Kärtchen.) gr. 8. Cassel 910. M. Siering. 6.60; geb. n 7.60

Killmer, W., der Kampf des Idealismus u. des Materialismus um die Volksschule. Ein Wort zu dem im preuß. Landtage ewig wiederkehr. Rufe nach e. „christl. Schulgesetze" u. nach reaktionären Ändergn. in unserm Volksschulleben von seiten der „Stützen vom Altare". gr. 8. (13 S.) Wittenberg 900. R. Herrosé. n. — 20

Killmeyer, H. O., Militär-Geographie von Europa mit den asiatisch-russ. und asiatisch-afrikanisch-türk. Ländern. gr. 8. (IV und 616 S.) Stuttgart 855(56,) Metzler'sche Buchh.

Killmeyer, H. O. Militär-Geographie von Europa. Stuttgart 1857. 8°.

Kilometer, 40,000, m. dem österreichischen Lloyd nach Ost-Asien u. zurück. Unter besond. Rücksichtnahme auf Japan, nebst prakt. Winken f. Reisende nach Indien, China u. Japan. Von A. L. (VIII, 155 S. m. 9 Vollbildern.) 8. Dresden 905. E. Pierson. n. 2.—; geb. n. 2.50

Kilometer, A. L. 40.000. Wien 1905. V: *Lekisch, Anton.* (EB)

Kilometeranzeiger der württembergischen Staatseisenbahnen. Stuttgart 1874

Kilometer-Tariftabelle, Allgemeine. Frachtsätze der ordentlichen Tarifklassen (vgl. d. Deutschen Eisenbahn-Gütertarif, Tl 1 Abt. B) und der Ausnahmetarife 1 bis 5 (vgl. d. Tl 2, gemeinsames H. 2 A, Abschn. F.) Gültig vom 1. Mai 1904. [Hrsg. von d.] Vereinigt. Kgl. Preuss. u. Grossherzogl. Hess. Staatseisenbahnen, Kgl. Preuss. Militär-Eisenbahn u. Grossherzogl. Oldenburg. Staatseisenbahnen. Berlin 1904. 4°.

Kilometer-Tariftabellen z. Milit.-Tarif f. Eisenbahnen. Berlin 1887.

Kilometerzeiger

—— der dem Vereine deutscher Eisenbahn-Verwaltungen angehörigen Bahnen, gültig für die Wagenmiethe-Berechnungen. Zugleich enth. Angabe des Eigenthumsverhältnisses und der Lage der einzelnen Bahnen, der Adressen der Verwaltungsbehörden und der Spezialstellen für die Wagenmiethsabrechnung, der Bahnlinien, Bahnanschlüsse und Wagenmerkmale, sowie alphabet. Stations-Verzeichniss. Ausg. von der geschäftsführ. Direction des Vereins deutscher Eisenbahn-Verwaltungen. Berlin, im Jan. 1878. Nebst Suppl., enth. Winkler's (lithogr.) Eisenbahn-Karte (in qu. gr. Fol.), sowie 15 (lithogr.) Situationspläne von Bahnhöfen, Verbindungsbahnen und sonst. aus den Eisenbahnkarten nicht genau ersichtl. Bahngruppen. Lex.-8. (XI, S. 1—478.) Strassburg 878, (Schultz und Comp.) cart. *

—— dass. — 1. Nachtrag, ausg. im Septbr. 1878. Lex.-8. (S. 479—604.) Ebendas. 878. cart. *

—— dass. — 2. Nachtrag, ausg. im Septbr. 1879. Lex.-8. (S. 605—686.) Ebendas. 879. cart. *

—— der dem Vereine deutscher Eisenbahn-Verwaltungen angehörigen Bahnen, gültig für die Wagenmiethe-Berechnungen. Zugleich enthaltend Angabe des Eigenthumsverhältnisses und der Lage der einzelnen Bahnen, der Adressen der Verwaltungsbehörden und der Spezialstellen für die Wagenmietheabrechnung, der Bahnlinien, Bahnanschlüsse und Wagenmerkmale, sowie alphabet. Stations-Verzeichniss. Ausg. von der geschäftsführenden Direction des Vereins deutscher Eisenbahn-Verwaltungen. Berlin, im Jan. 1878. Dritter Nachtrag, ausg. im Juni 1880. Lex.-8. (S. 687—882 mit 1 lithogr. Plan.) Strassburg 880, (Schultz und Comp.) cart. *
Hauptwerk und erster und zweiter Nachtrag. (Ebendas.) 1878,79. *ℳ 19,60.

Kilometer-Zeiger der Eisenbahnen in Oesterreich-Ungarn nach dem Stande vom Jan. 1877. Tabelle in Imp.-Fol. Teschen 877, Prochaska. In Carton *

Kilometerzeiger d. sämmtl. österr.-ungar. Eisenbahnen. Fol. Wien. R. v. Waldheim. 2 fl. N b. 1884

Kilometerzeiger der sämmtlichen österreichisch-ungarischen Eisenbahnen mit einem alphabetisch geordneten Stations-Verzeichnisse zum Militär-Tarife vom 1. Jänner 1878. (1 Bd. Text u. 1 Schuber mit Nachträgen.) (In deutscher und ung. Sprache.) 4. Wien-Budapest 1877.

Kilometerzeiger der sämmtlichen österreichisch-ungarischen Eisenbahnen. Beigeb.: Nachtrag I. 1885. (In deutscher u. ung. Sprache.) Fol. Wien 1884—1885.

Kilometerzeiger der sämmtlichen österreichisch-ungarischen Eisenbahnen etc. Unter Controle der betheiligten Verwaltungen redigirt von F. Smolik, Adjunct der k. k. General-Direction der österr. Eisenbahnen. 7. Ausgabe. 1893. Beigeb.: Nachtrag I. 1. Jänner 1894. Nachtrag II. 1. Juni 1894. Nachtrag III. 1. December 1894.
8. Wien 1893—1894.

. . . . (D.)

Kilometerzeiger der Elbe von Prag bis Hamburg und der Saale. Nach einer Aufstellung der kgl. Elbstrombau-Verwaltung in Magdeburg. Beigabe zur Stromkarte der Elbe u. Moldau von Prag bis Hamburg. [Von W. Platt.] Magdeburg 1889. 8. (D.)

Kilometer-Zeiger der directen Entfernungen zwischen den Garnisonen der preußischen und der unter preußischer Militair-Verwaltung stehenden Truppentheile zur Berechnung der Umzugskosten nach Maßgabe des kriegsministeriellen Erlasses vom 15. Decbr. 1881. [A.-V.-Bl. S. 277.] Mit einem Anhang, enthaltend die Entfernungen zwischen einzelnen preuß. Garnisonen und einzelnen königl. bayer., sächs., württemberg. und außerdeutschen Städten. Hrsg. vom königl. preuß. Kriegs-Ministerium. Imp.-4. (32 S.) Berlin 883, (Liebel'sche Buchh.) **

Kilometerzeiger d. direkten Entferngn. nach d. kürzesten fahrbaren Landwege zwischen den Garnisonen d. preuß. Heeresverwaltg. z. Berechng. d. Umzugskosten. Hrsg. v. kgl. preuß. Kriegsministerium. Beiheft z. Reiseordng. f. d. Personen d. Soldatenstandes. 8. (242 S.) Berlin 896. E. S. Mittler & Sohn. n. 2.—; kart. n. 2. 20

Kilometerzeiger für das Gebiet der freien und Hansestadt Lübeck. Bearb. von Diestel. 4. (8 S.) Lübeck 887, Max Schmidt. — 75

—— für sämmtliche Linien der k. k. privil. Südbahn-Gesellschaft. gr. 8. (151 S.) Wien 877, v. Waldheim. *

Kilometerzeiger, officieller, m. Uebersichts-Skizzen z. d. Allgem. u. Milit.-Tarif. d. österr.-ung. Eisenbahnen u. Stat.-Verzeichn. d. k. k priv. Donaudampfschifff.-Gesellsch., redig. v. A. Bechtel. III. Jahrg. 1885. (XXXVII u. 396 S. m. lithograph. Karten.) Wien, R. v. Waldheim. 1 fl. 60 kr. 1885

Kilometerzeiger (K. 17.), Offizieller, mit Übersichts-Skizzen zu den allgemeinen und Militär-Tarifen der österreichisch-ungarischen und bosnisch-hercegovinischen Eisenbahnen nebst Stations-Verzeichnis der ersten k. k. priv. Donau-Dampfschiffahrts-Gesellschaft. Unter Controle der betheiligten Verwaltungen redigirt von F. Smolik, Revident der k. k. österreichischen Staatsbahnen. VIII. Ausgabe. 1897. Beigeb.: Ergänzungsblatt. Nachtrag I. 1897. II. 1898. III. 1899. IV. V. VI. 1900. 8. Wien 1897—1900

—— IX. Ausgabe. 1902. Beigeb.: Ergänzungsblatt. Nachtrag I. 1902. II. 1903. III. 1904. 8. Wien 1902—1904.

— offic., m. Übersichts-Skizzen zu d. allgem. u. Militär-Tarifen d. österreichisch-ungarischen u. bosnisch-hercegovin. Eisenbahnen, nebst Stations-Verzeichniss d. 1. k. k. priv. Donau-Dampfschiffahrts-Gesellschaft. Unt. Controle d. betheiligten Verwaltgn. red. v. F. Smolik. VIII. Ausg. (Deutsch u. ungarisch.) 4. (XXXIX, 582, 22 u. 4 S. m. Karton.) Wien 897. R. v. Waldheim. n. 3. 60

Kilometerzeiger, officieller, m. Ubersichts-Skizzen zu den allgemeinen u. Militär-Tarifen der österreich., ungar. u. bosnisch-hercegov. Eisenbahnen, nebst Stationsverzeichniss der 1. k. k. priv. Donau-Dampfschifffahrts-Gesellschaft. Unter Controle der betheiligten Verwaltgn. red. v. F. Smolik. IX. Ausg. (Deutsch u. ungar.) 4. (XLVII, 764 u. 28 S. m. Karten.) Wien 901. R. v. Waldheim. n. 5.—

Kilometerzeiger, officieller. IX. Ausg. 1902. Nachtrag I—V. (Deutsch u. ungarisch.) Lex.-8. Wien, Druckerei- u. Verlagsaktiengesellschaft vorm. R. v. Waldheim. n. 2. 70
I. 15. VII. 1902. (17 S.) 902. n. —20. — II. 15. IV. 1903. (72 S.) 903. n. —60. — III. (80 S.) 904. n. —60. — IV. (36 S.) 905. n. —30. — V. (XII, 127 S.) 906. n. 1.—. Hauptwerk Ebd. 902. n. 5.

Kilp, August *Martin* [aus Memmingen in Bayern]: ... Über p-Tolhydroxamsäure-aethyl- und -methyl-ester ... Königsberg i. Pr., R. Kemmesies, 1897; 2 Bl., 28 S., 2 Bl. 8.
Königsberg, Phil. Fak., Inaug.-Diss. v. 10. März 1897

Kilp, Gustav

Kilp, (G.): Organisation [der Städtischen Fortbildungsschule zu Essen]. *Essen 1898: H. L. Geck.* (3—13 S.) 8°
Essen, st. Fortbildungs-S u. Fachkl., P 1898**

Kilp, [Gustav], Dir.: Organisation [der Städtischen Fortbildungsschule und Neugestaltung der gewerblichen Schulverhältnisse in Essen]. *Essen 1900: H. L. Geck.* (S. 3—8.) 8° (Vgl. Progr. 1898.)
Essen, st. Fortbildungs-S u. Fachkl., P 1900**

Kilp, [Gustav], Dir.: Ueber die Ostern d. J. beginnende Gewerbeschule. *Essen 1901: H. L. Geck.* (S. 3—5.) 8° [Umschlagt.]
Essen, st. Fortbildungs-S u. Fachkl., P 1901**

Kilpar

— le Chev., Mémoires, p. Fielding. 2 Vol. 8. Franckf. Brönner. 760.

Kilpar, des Ritters, Geschichte, von Fielding. 8. Lpz. Gleditsch. 769.

Kiltgang, der. Ein ernstes Freundeswort an christl. Eltern u. Hausväter. 3te Aufl. 12. Bern 824, Jenni.

Kiltgehen, das, in seinen Gefahren u. Folgen. Einige Worte d. Ernstes u. d. Liebe an die christl. Jugend rc. auf d. Lande. gr. 8. Luzern 825, Meyer. (Schmidt in Leipz.)

Kiltz, Heinrich, a. Sponheim: Versuche über den Substanz-Quotienten beim Tabak und den Einfluss von Lithium auf dessen Wachstum. Bad Kreuznach 1908: Jung & Co. (28 S., 4 Tab., 2 Taf.)
Bonn, Phil. Fak., Ref. Strasburger, Diss. v. 8. Juli 1908
[Geb. 20. Aug. 83 Sponheim; Wohnort: Sponheim; Staatsangeh.: Preußen; Vorbildung: Oberrealsch. Wiesbaden Reife O. 03; Studium: Heidelberg, Berlin, Bonn; Rig. 26. Febr. 08.]

Kilwa [Schlagwort]

Kilwa, s.: Kolonialkarten. Kiepert.

Kilwa-Kisiwani-Bucht, s.: Seekarten.

Kilwe, d', in St. Louis od. Seppele schlo ne Roulement, s.: Quodlibet.

Kilzer, Wlh., Feierklänge. Gedichte. 8. Siegen u. Wiesbaden 844, Friedrich's Buchh. geb. n. 5/6 ₰

Kilzer, Wilh., Feierklänge. 2. (Titel-)Ausg. 8. (VI und 181 S. mit lithogr. Titel.) Wiesbaden 854, Friedrich's Verlgsh.

Kilzer, Wlh., Palmzweige. (Religiöse Gedichte.) Ein Geschenk für d. Jugend. 12. Frankf. a. M. 827. (Hermann). 6 gr

Kilzner, Wlh., s. G. Döring, Cypressen.

Kim, A., u. J. Kim, Wiederholungsbuch in den Realien. 2 Tle. 8. Straßburg 910. F. Bull. à — 60
1. Geschichte u. Erdkunde. (78 S. m. Abb.)
2. Naturbeschreibung u. Naturlehre. (88 S. m. Abb.)

Kimakowicz-Winnicki, M. v., Spinn- u. Webewerkzeuge, s. Darstellungen üb. früh- u. vorgeschichtliche Kultur-, Kunst- u. Völkerentwicklung. 2. Heft.

Spinn- und Webewerkzeuge. Entwicklung u. Anwendung in vorgeschichtl. Zeit Europas. Von M. v. **Kimakowicz-Winnicki.** Mit 107 Textabb. Würzburg: Kabitzsch 1910. 70 S. 4°(8°)
(Darstellungen über früh- u. vorgeschichtl. Kultur-, Kunst- u. Völkerentwicklung. H. 2.) [10. 1118

Spinn- und Webewerkzeuge. Entwicklung u. Anwendung in vorgeschichtl. Zeit Europas. Von M. v. **Kimakowicz-Winnicki.** Mit 107 Textabb. [Neue Ausg.] Würzburg: Kabitzsch 1910 (1911). 70 S. 4°(8°)
(Darstellungen über früh- u. vorgeschichtl. Kultur-, Kunst- u. Völkerentwicklung. H. 2.)
(Mannus-Bibliothek. Nr 2.) A 12. 5609

Kimara [Schlagwort]

Kimara, s.: Adriatisches Meer.

KIMAYER, Th., Neu-Eröffnetes Raritäten-Cabinet Ost-West-Indianischer und ausländischer Sachen. Darinnen allerhand rare Denck- u. seltsahme Merckwürdigkeiten, so sich in China, Japan, Peru, Tartarien . . . finden. Heyraths-Ceremonien, Fischer- u. Jägereyen u. andere Sitten . . . Hamburg 1705. 8°. 4 Bll., 256 S. u. 4 Bll. Register. (3 Mk. 75 Pfg. Max Harrwitz, Berlin, c. 1903.)

Kimball, James P., Flora from the Apalachian coalfield. Inaugural dissertation. gr. 8. (31 S. mit 3 Stnt.) Göttingen 857, (Vandenhoeck und Ruprecht's Verlagsh.) * *

Kimball, R. B., Undercurrents, s. Collection of British Authors.

Kimball, R. B., Romance of student life abroad, — Saint Leger, } s. Collection of british authors.

Kimball, R. B., to day in New-York, — Was he successful?, } s. Collection of British Authors.

Kimbel, Mart., der decorative Ausbau dargestellt und gezeichnet zur Benutzung für Malerei, Holz- und Steinhauerei, Decoration, Bau- und Kunsttischlerei, Schmiedekunst etc. 1.—6. Lfg. Fol. (à 8 Photolithogr.) Breslau 872,73, Kimbel. à Lfg. (*M 3,75.) M 4,50.

Kimbel, Mart., der decorative Ausbau. Zur Benutzung für Malerei, Holz- und Steinhauerei, Decoration, Bau- und Kunst-Tischlerei, Schmiedekunst etc. 7.—25. (Schluss-)Lfg. gr. Fol. (à Lfg. 3 Photolithogr.) Dresden 874—81, Gilbers'sche Verlagsh. à Lfg. *M 4,50.

— dass. — 2. durchgeseh. Ausg. 15 Lfgn. gr. Fol. (à Lfg. 5 Bl. in Lichtdr.) Ebendas. 876—81. à Lfg. *M 5.

Kimbel, Mart., Modell- und Musterbuch für Schreiner und Tapezierer. 4 Lfgn. 8. (à 24 Stnt.) Mainz 864—68, v. Zabern. In Couvert à Lfg. 27 Ngr.

Kimbel, Mart., Nothruf des Kunstgewerbes! Schulung u. Niedergang desselben in Preußen! gr. 8. (29 S.) Darmstadt 893. A. Koch. n. 1. 50

[F.] Nothruf des Kunstgewerbes! Schulung und Niedergang desselben in Preussen! Von Martin Kimbel, Breslau. '(2. Aufl.)' *Darmstadt: A. Koch 1893.* (29 S.) 1 Bd 4. [98. 7113 Br

Kimbel, sen., Mart., s.: Skizzen f. Aussen- u. Innenarchitektur.

Kimbel, Mart., böse Zustände im Gewerbe Ende des 19. Jahrh. gr. 8. (VIII, 116 S.) Breslau 894. Schletter. n. 1. 20

Kimbel, Mart., Böse Zustände im Gewerbe Ende des 19. Jahrhunderts. gr. 8°. Breslau, Schletter, 1895.

Kimbel, Wilhelm

— Frz., Schmal u. A. D. v. Toussaint, Journal f. Bau- u. Möbelschreiner, Tapezirer u. f. Gewerbszeichnenschulen. In Stein grav. v. B. Dondorf u. J. Lehnhardt. 4. u. 5. Jahrg. à 12 Hfte. (à H. 4 Bl.) qu. ½ gr. Fol. Ebds. 841—44. Schw. à H. * 5/12 Thlr., col. Thlr. *

Kimbel, Wilh., Journal f. Bau- u. Möbel-Schreiner, Tapezirer u. f. Gewerbszeichnenschulen. In Stein grav. v. Streng u. Schneider. Neue Folge. 1. Bd. 12 Hfte. qu. ½ Fol. (à H. 4 Bl.) Frankfurt a. M. 841—43, Streng. Schw. à H. * 11 Gr., col. *

Kimbel, Wilh., Journal f. Bau- u. Möbel-Schreiner, Tapezirer u. f. Gewerbszeichnenschulen. Neue Folge. 2. u. 3. Bd. à 12 Hfte. qu. gr. Fol. (à Hft. 1 Stnt.) Frankfurt a. M. 844—47, Streng. à Hft. * 13¾ Ngr.; — ill. à * -
Vgl. 9. Bd. 1. Abthl. S. 483.

— Journal f. Bau- u. Möbelschreiner, Tapezirer u. f. Gewerbzeichnenschulen. Auswahl aus den Jahrgängen 1—4. 4 Hfte. qu. gr. Fol. (à Hft. 12 Stnt.) Mainz 844, Kunze. * 3 Thlr. 10 Ngr.; — ill. *
Einzeln à Heft * 1 Thlr. — color. à * 1 Thlr. 7½ Ngr.

Kimbel, Wilh., Journal für Bau- und Möbel-Schreiner, Tapezirer und für Gewerbszeichnenschulen. Neue Folge. 4. und 5. Bd. à 12 Hefte. qu. gr. Fol. (à Heft 4 Stnt.) Frankfurt a. M. 847—52, Streng. à Heft * 14 Ngr. *
Ill. à Heft * 18 Ngr. *

— dass. — 6. Bd. 1. und 2. Heft. (à 4 Stnt.) qu. gr. Fol. Ebds. 852. à Heft * 14 Ngr.
Ill. à Heft * 18 Ngr. *
Vgl. 10. Bd. 1. Abthl. S. 434.

Kimbel, Wilh., Journal für Bau- und Möbel-Schreiner, Tapezirer und für Gewerbszeichnenschulen. Neue Folge. VI. Bd. 3. Heft. qu. Fol. (4 Stnt.) Frankfurt a. M. 853, Streng. ill. *
Vgl. 11. Bd. 1. Abthl. S. 503.

— dass. — Neue wohlfeilere Ausg. 3 Bde. (à 48 Stnt.) qu. gr. Fol. Mainz 856, Kunze. à Bd. * 3 Thlr. 6 Ngr. *
ill. à Bd. * 4 Thlr. 12 Ngr. *

Kimbel, Wilh., Journal f. Möbelschreiner u. Tapezirer. In Stein grav. v. Börner, B. Dondorf, Lehnhardt u. C. Zimmermann. 1—3. Jahrg. à 12 Hfte. Jedes m. 2 col., malerisch-perspectiv. u. 2 beschreib. geometr. Blätt. qu. ½ gr. Fol. Mainz 835—40, Kunze. Schw. à H. * ½ Thlr., col. *
Fortsetz. unt. d. Ttl.:

— neuestes Möbel-Journal für Möbel-Schreiner und Tapezierer. 1—4. Heft. qu. Fol. (16 Stnt.) Frankfurt a. M. 851—52, Schmerber. à Heft * 20 Ngr. *

— neuestes Möbel-Journal für Möbel-Schreiner und Tapezirer. 5. und 6. Heft mit 8 (lithogr.) Bl. Zeichnungen (wovon 4 lithochrom.) qu. Fol. Frankfurt a. M. 853, [Keller.] à Heft * 20 Ngr. *
1—4. Heft. Ebendas. 1851—52. * 2 Thlr. 20 Ngr.

— Unterweisung in den wichtigsten Verrichtungen der Schreinerarbeiten, nebst Anleitung wie die Arbeiten verbessert und zugleich Material erspart werden kann. gr. 8. (VI und 24 S. mit 2 Stnt. in qu. Fol.) Mainz 856, Kunze.

Kimberley [Schlagwort]

Kimberley, s.: Kriegsschauplatzkarten.

Kimchi, David, s.a. Q i m c h i , David ben Josef

— s. Sohlfon, hebräisch. Lesebuch.

Kimchi, Dav., Commentar zur Genesis. Nach einem Mspte. in der Bibliothèque royale zu Paris, hrsg. durch A. Ginzburg. gr. 8. (11½ B.) Preßburg 842. (Berlin, Heymann.) *

ס׳ השרשים לרד״ק Kimchi, Dav., Radicum liber, sive hebraeum biblior. Lexicon. Textum ex duorum manuscript. atque edit. omnium libror. auctoritate denuo recogn., interpunct. distinct., Biblior. locis ad capitum versuumque numerum, et Rabbinor. ad tractat. et paginar. titul. accurate citatis, triplice denique append. instruct. edider. Jo. H. R. Biesenthal et F. S. Lebrecht. Fasc. I. 4maj. (25 B.) Berolini 838, Bethge. *

ספר השרשים לרד״ק Rabbi Davidis Kimchi radicum liber s. Hebraeum bibliorum lexicon. Cum animadversionibus Eliae levitae. Textum ex trium mss. atque editor. omnium librorum auctoritate denuo recogn. etc. triplice denique appendice instruct. edider. Jo. H. R. Biesenthal et F. Lebrecht. Fasc. II. 4maj. (35 Bog.) Berolini 848, G. Bethge. *
Fasc. I. Ibid. 1838. * 1 Thlr. 22½ Ngr.

Kimich, Carl, von Deidesheim, Rheinpfalz: Zur Kenntniss der Azoverbindungen. Zür. Orell Füssli Cie Dr. 1876. 69 S. 8°.
Zürich, Phil. Diss. [v. 16. März 1877].

Kimmacher, s. Theaterfreund für d. Jugend.

Kimmel, A. [aus Holzhausen a. d. Haide]: Zur Aetiologie des Scheiden-Gebärmuttervorfalls ... Heidelberg, Univ.-Buchdr. v. J. Hörning, 1895; 33 S., 2 Tab. 8.
Heidelberg, Med. Fak., Inaug.-Diss. v. [3. Aug.] 1894

Kimmel, Bernhard: Ein Fall von Spontanfraktur der rechten Ulna mit Luxation des radius bei Syringomyelie. *Greifswald 1898: J. Abel.* (28 S.) 8°
Greifswald, Med. Diss. v. 5. Aug. 1898

Kimmel, Carl ..., s. K i m m e l , Karl ...

Kimmel, Gr. Jul., s. Baumgarten-Crusius, L. F. O., theolog. Auslegung der Johanneischen Schriften.

Kimmel, Ern. Iul., de Rufino Eusebii interprete, libr. II. Dissert. ab ordine Theologor. summe venerabili Ienensi primario praemio ornata. 8maj. (20 B.) Gerae 838, [Kanitz.]

Kimmel, Ern. Jul., de Rufino Eusebii interprete, libri duo. Dissert. ab ord. Theolog. summe Ven. Jenensi primario praemio ornata. 8maj. Gerae 838. Scherbarth. 1 ₰ bei Cröker in Jena ½ ₰

— s. **Libri symbolici ecclesiae orientalis.**

— s exeget. Schriften.

— de Hippolyti vita et scriptis. Part. I. Dissert. histor.-theolog. 8maj. (7 B.) Ienae 839, (libr. Croeker.)

Kimmel, Karl Gf., († d. 6. Sept. 1803.) kleines Gebetbuch für Schulen. 8. Dresd. 794. Gerlach. 3 gl

Kimmel, C. G., kl. Gebetbuch f. Schulen. 8. Dresd. Gerlach. 801.

Kimmel, Carl Gottfried Benjamin (Kreischa/Misnic.), De canali carotico carie syphilitica exeso. Observ. anatom.-pathol. Präs. Adam Michael Birkholz. Lpz. (Klaubarth) 27. VIII. 1805. 26 S. u. 1 Taf. Abb. (gez. u. gest. v. C. Böhme.) (6.—) 17998
Gew.: Jacob v. Reinhold (Hermsdorf, Zedlitz), Friederike v. Reinhold (Ober- u. Nieder-Kreischa).

— lettres écrites dans le voyage de Moscou au Catecasa, pour servir la guide qui se rendent aux eaux de ce pois. Avec 1 Planch. et 1 Carte. 8. Muscau 812.

Kimmel, Wilhelm, aus Darmstadt: **Beiträge zur Kenntnis der** Gangrän der unteren Extremitäten. *Wiesbaden 1903: L. Schellenberg.* (22 S.) 8°
Heidelberg, Med. Diss. v. 1903

Kimmerer, Fd.: Untersuchung der Frage, ob nach Justinianischem Recht d. Professoren d. Jurisprudenz in Hanover zu fordern berechtigt gewesen? Zur Erläuterung des Fr. 1. §. 7. D. de extr. cogn. (L. 13.) u. der c. 6. C. de profess. (X. 52.) *Güstrow*, Opitz. 837. gr. 8. (6 Gr.)

Kimmerle Dr. A.: Prof. Friedrich V i e r h a p p e r. †. 2. Wien IV. R. 98. Progr.

Kimmerle, Adolf, Medizinalprakt.: Ueber wahre Hypertrophie der Leber bei idiopathischer Herzhypertrophie bei Leuten vom 20. bis 60. Lebensjahre. München 1908: Fuller. 38 S. 8°
München, Med. Diss. v. 12. Dez. 1908, Ref. v. Bollinger
[Geb. 9. Mai 82 Lindau i. Bodensee; Wohnort: Landsberg a. Lech; Staatsangeh.: Bayern; Vorbildung: Luitpold-Gymn. München Reife Juli 01; Studium: München 11 S.; Coll. 12. Dez. 08; Approb. 30. Nov. 08.] [U 09. 3340

Kimmerle, Adolf, prakt. Arzt aus Lindau i. B.: Über das Mal perforant du pied. *München 1902: C. Wolf & Sohn.* (25 S.) 8°
München, Med. Diss. v. 1902

KIMMERLE, Adolph (Immenstadt): De partu secundinarum retardato.- Monachii: Deschler 1841. 19 S.
27.8.1840 - Urk: F 65
Diss.Ingolst.-Landsh.-Mchn.

Kimmerle, Rudolf [app. Arzt]: Über incomplete Uterusrupturen ... Berlin, Buchdr. Knoll & Wölbling, 1893; 24 S. 8.
München, Med. Fak., Inaug.-Diss. v. 1893

Kimmerle, Th.

Kimmerle, e. Distanzritt Berlin—Wien. Vortrag, geh. im Casino d. kgl. bayer. 4. Chev.-Regts. gr. 8. (36 S.) Augsburg 893. M. Rieger. n. — 60

[F.] Reit-Winke. Prakt. Anleitg z. Erlangg wahrer Reiterfreuden f. Fachleute u. Laien v. Th. **Kimmerle,** Rittmeister ... zu München. *Berlin: P. Parey 1898.* (2 Bl., 111 S.) 1 Bd 8. [98. 6848

Reit-Winke. Prakt. Anleitung z. Erlangung wahrer Reitfreuden f. Fachleute und Laien von Th. **Kimmerle,** Major. 2. Aufl. *Berlin: P. Parey 1899.* (111 S.) 8° [F.] [00. 6494

Reit-Winke. Prakt. Anleitung z. Erlangung wahrer Reiterfreuden f. Fachleute u. Laien von Th. Kimmerle, Major z. D. 3. Aufl. Berlin: P. Parey 1905. (VII, 115 S.) 8° [F.] [05. 5515

Kimmich, die wichtig. Aufgaben der deutschen Reichspolitik. gr. 8. (77 S.) Leipzig 900. (A. Stein). n. 1.—

Kimmich, Chr., der Gastwirth. Eine kurze, auf Erfahrung begründete Anleitung, den Wirthschaftsbetrieb zu einem lohnenden zu machen. 8. (45 S.) Stuttgart 883, Kohlhammer. *

Kimmich, Josephus [Valdmossingensis]: Xenophon quare Commentariorum Socraticorum librum composuerit quartum, et qua ratione eius libri argumenta cohaereant, quaeratur ... Wirceburgi, typ. cur. Stahel, 1897; 61 S. 8.
Würzburg, Phil. Fak., Inaug.-Diss. v. 1897

Kimmich, Karl, die finanziellen Beziehungen zwischen Staats- u. Notenbanken m. besond. Berücksicht. der Kassendienste. (V, 84 S.) 8. Berlin 909. J. Guttentag. 1.50

Kimmich, Karl, Stil u. Stilvergleichung. Kurzgefaßte Stillehre f. Laien, Kunst- u. Gewerbebeflissene. 1. u. 2. Aufl. gr. 8. (à VIII, 90 S. m. 405 Abbildgn.) Ravensburg 899. O. Maier. 1.50; geb. in Halbleinw. n. 2.—

Kimmich, Karl, Stil u. Stilvergleichung. Kurzgefaßte Stillehre f. Laien, Kunst- u. Gewerbebeflissene. Mit 397 Abbildgn., sowie 7 meist farb. Vollbildern. 3. verb. u. verm. Aufl. (VIII, 102 S.) gr. 8. Ravensburg 908. O. Maier. 1.50; geb. n. 2.—

Kimmich, Karl, die Ursachen des niedrigen Kursstandes deutscher Staatsanleihen, s.a. Studien, Münchener volkswirtschaftliche.

Kimmich, Karl: Die Ursachen des niedrigen Kursstandes deutscher Staatsanleihen. Eine Untersuchung über englischen, französischen und deutschen Staatskredit. Stuttgart 1906: Union. (VIII, 276 S.) 8° ¶(Erschien vollst. als: Münchener volkswirtsch. Studien, Stück 77.)
München, Staatswirtsch. Fak., Ref. Lotz, Diss. v. 9. Nov. 1905
[Geb. 14. Sept. 80 Ulm a. D.; Wohnort: Ulm; Staatsangeh.: Württemberg; Vorbildung: Gymn. Ulm Reife Juli 99; Studium: Leipzig 2, München 4 S.; Rig. 9. Nov. 05.]

Die Ursachen des niedrigen Kursstandes deutscher Staatsanleihen. Eine Untersuchung über engl., franz. u. deutschen Staatskredit von Karl **Kimmich**, Dr. Stuttgart & Berlin: J. G. Cotta Nachf. 1906. (XI, 357 S.) 8°
— **Studien**, Münchener volkswirtschaftliche. St. 77. [06. 5933 3

— s.a. **Zeichenkunst, die.**

Kimmich K, die Zeichenkunst. Methodische Darstellung des gesamten Zeichenwesens unter Mitwirkung von A Andël u A. 2 Bde Leipzig 1900

Die **Zeichenkunst**. Method. Darstellung d. gesamten Zeichenwesens. Unter Mitw. von ... Hrsg. von Karl Kimmich. 2. verb. u. verm. Aufl. Mit 1157 Abb. u. 60 Taf. Bd 1. 2. Leipzig: G. J. Göschen 1908. 2 Bde 8° [08. 14156

Kimmich, Karl, Zeichenschule, s.a. Sammlung Göschen.

— Zeichenschule. 1. 2. u 3. A. (165 S 17 T) 16° (Samml. Göschen 39) Stuttgart 1894.96

Zeichenschule. Von Karl **Kimmich**. Mit 18 Taf. u. 200 Bild. 5. verm. u. verb. Aufl. Leipzig: Göschen 1906. 175 S. 8° (Sammlung Göschen. 39.) [11. 14377 11

Kimmig, Otto

Kimmig, O., De Sestianae Ciceronianae interpolationibus. Diss. 1882. 66 S.

—: [Prof. Dr. Artur Pacius † 25. Februar 1910.] S. 6—7. 4.
Progr. Großherz. Gymn. *Konstanz* 1910 (843)

Kimmig, [Otto]: Der 28. September 1907. S. 3—4. 4.
Progr. Großherz. Gymn. *Konstanz* 1908 (802).

Kimmig, Otto, s.: Sirius, Pet.

Kimmig, Otto Spicilegium criticum. 4 (32 S.)
Progr. G. *Freiburg i. B.* 1887 (zu 564).
Inhalt: Ovid. fast. Schol. in Eur. Alc. Rhes. Hipp. Eur. Alc. Tacit. dial. Liv. Sallust. Cic. Cat.

Kimmig, R., die rückwirkende Kraft d. künftigen Reichsges. üb. d. Versicherungsvertrag, s.a. Veröffentlichungen d. deutsch. Vereins f. Versicherungs-Wissenschaft. (Hecht, K.)

Kimmig, R., Die rückwirkende Kraft des Versicherungsvertrags-Gesetzes auf bestehende Versicherungen. Berlin, 1907. 4 S.

Kimmig, Wolfram, Rechtsprakt.: Die Motive der Bestrafung der Fruchtabtreibung. ⟨T. 2.⟩ München: Reinhardt 1909. 111 S. 8° ¶(Als T. 1 ersch. Otto Ehinger: Gesch. d. Motive d. Abtreibungsbestrafung. Freiburger jur. Diss. v. 1908. Vgl. oben No 892. Das Ganze auch als Buch ersch. u. d T.: Ursprung u. Entwicklungsgeschichte d. Bestrafung d. Fruchtabtreibung von Ehinger u. Kimmig, ebd. 1910.)
Freiburg i. B., Rechts- u. staatsw. Diss. v. 1909, Ref. Schmidt
[Geb. 26. Febr. 81 Freiburg i. B.; Wohnort: Konstanz; Staatsangeh.: Baden; Vorbildung: Gymn. Konstanz Reife Juli 02; Studium: Berlin 2, Freiburg i. B. 5 S.; Rig. 28. Juni 09.] [U 09. 894

Kimmig, Wolfram, Ursprung u. Entwicklungsgeschichte der Bestrafung d. Fruchtabtreibung, s.: Ehinger, Otto.

Kimmle, Ludwig [app. Arzt aus Bergzabern i. d. Pf., Assistenzarzt im Infant.-Reg. Nr. 137 zu Hagenau i./E.]: Beiträge zur Kenntniss der Keratitis parenchymatosa. ... Bergzabern, Buchdr. v. C. Schlitt, 1888; 46 S. 8°
Freiburg i. B., Med. Fak., Inaug.-Diss. v. 1888

Kimmle, s.a. Kreuz, d. deutsche, rote.

Kimmle. Das deutsche Rote Kreuz. Entstehung, Entwickelung und Leistungen der Vereinsorganisation seit Abschluss der Genfer Convention im Jahre 1864. Berlin 1910. 3 Bde.

Kimmle, Kriegschirurgen u. Feldärzte in der Zeit von 1848—1868, s.a. Veröffentlichungen aus dem Gebiete des Militär-Sanitätswesens. 24. Hft.

Kriegschirurgen und Feldärzte in der Zeit von 1848–1868. Von Dr. [Ludwig] **Kimmle**, Oberstabsarzt a. D. Mit 17 Portr., 7 Abb. u. 14 Taf. *Berlin: A. Hirschwald 1904.* (X, 213, 294 S.) 8°
— Kriegschirurgen, Die, u. Feldärzte Preußens. T. 3.
— **Veröffentlichungen** a. d. Geb. d. Militär-Sanitätswesens. H. 24. [04. 6183

— s.a. Sanitätskolonnenwesen, das, v. Roten Kreuz in Deutschl.

Kimmle. Das Sanitätskolonnenwesen vom Roten Kreuz. Beiträge von Vereins-Mitgliedern. Berlin 1908.

— s.: Schriften der Vereine vom roten Kreuz.

Nächtliche **Kimmtiefen-Beobachtungen** zu Verudella. Ausgeführt 1902/03. Hrsg. von d. Abt. 'Sternwarte'. (Vorr.: K[arl] Koss, Korv. Kap.) *Pola 1904: M. Clapis.* (19 S.) 4°
= **Veröffentlichungen** d. Hydrographischen Amtes d. K. u. K. Kriegs-Marine in Pola. Gruppe 1. Fortlauf. No 18. [04. 5046

Nächtliche Kimmtiefenbeobachtungen zu Verudella. Gruppe I. [Veröffentlichungen des hydrographischen Amtes der k. u. k. Kriegsmarine in Pola. Nr. 18.] 4°. (19 S.) †. K 2.—
Wien: Gerold 1904.

KIMPEL, Anton (Riegen): Ueber den Nutzen der Abführmittel bei chronischen Herz-Krankheiten gegenüber der Digitalis.- München: Wolf 1881. 20 S.
5.12.1881 - Urk (Titel: In curandis morbis cordis chronicis drastica digitali praeferenda.); Chr 1881/82,7
Diss.Ingolst.-Landsh.-Mchn.

Geschichte des hessischen Volksschulwesens im neunzehnten Jahrhundert. Von Heinrich Theodor **Kimpel**. Vorband. Bd 1. 2. Kassel: R. Röttger (1. 2.: A. Baier & Cie) 1900–06. 3 Bde 8° [H.]
Vorbd. [u. d. T.]: Geschichte d. hess. Volksschulwesens von s. ersten Anfängen bis z. J. 1800. 1906.
1. 1800–1866. 1900. 2. 1900. [07. 6189

Kimpel, Heinr. Thdr., Geschichte des hessischen Volksschulwesens im 19. Jahrh. 2 Bde. gr. 8. Kassel 900. Hess. Schulbuchhandlung. Geb. in Leinw. n. 9.50
1. 1800—1866. (IX, 353 S.) n. 4.—. — 2. (VII, 604 S.) n. 5.50.

Kimpel, Heinr. Thdr., Geschichte des hessischen Volksschulwesens von seinen ersten Anfängen bis zum J. 1800. Vorband zu des Verf. „Geschichte des hess. Volksschulwesens im 19. Jahrh." (VII, 380 S.) gr. 8. Cassel 906. Hess. Schulbuchh. R. Röttger. Geb. in Leinw. n. 4.—

Kimpel, Karl Th.: Skiaskopische Untersuchung der Schüler des Gymnasiums zu Marburg. *Marburg 1898: F. Sömmering.* (25 S. mit Taf.) 8°
Marburg, Med. Diss. v. 24. Jan. 1898

Kimpen, Emil, Referendar in Rüdesheim: Die **Beweislast** bei der Rückforderungsklage wegen Nichteintritts des mit der Leistung bezweckten Erfolges (condictio ob causam non secutam). *Borna-Leipzig 1903: R. Noske.* (VIII, 40 S.) 8° [F. u. Ant.]
Leipzig, Jur. Diss. v. 1903

Kimstedt, Carl, 12 leicht ausführbare Orgelstücke verschiedenen Characters zum Gebrauch beim Gottesdienste. Op. 4. qu. 4. (15 S.) Delitzsch 876, Pabst.

Kimura, Kunizo: Ueber die Teratome des Halses. Mit 1 Taf. Giessen 1910: v. Münchow. 47 S. 8°
Gießen, Med. Diss. v. 30. Juli 1910, Ref. Bostroem
[Geb. 20. Juli 82 Tokio; Wohnort: Gießen; Staatsangeh.: Japan; Vorbildung: Mittelschule Tokio Reife Frühjahr 99; Studium: Sendai Kais. med. Hochsch. 8, Gießen 3 S.; Rig. 30. Juni 10.] [U 10. 1143

Kimura, M(asaaki), a. Japan: Ueber die Behandlung der Nachgeburtsperiode bei den letzten 500 Geburten a) expectative, b) Expression, c) manuelle Entfernung und deren Erfolge. München 1906: Kastner & Callwey. (24 S.) 8°
München, Med. Fak., Ref. v. Winckel, Diss. v. 14. März 1908
[Geb. 22. Febr. 72 Abire (Reg.-Bez. Tottori-Ken, Japan); Wohnort: Abire; Staatsangeh.: Japan; Vorbildung: Gymn. Yonago Reife Mai 88; Studium: Med. Akad. Nagoya 10. München 3 S.; Rig. 14. März 08.]

Kimura, Tokuso, aus Osaka, Japan: Ueber die Exstirpation des Thränensackes. Zür. Orell Füssli Dr. 1893. 31 S. 8°.
Zürich. Med. Diss. [v. 13. Aug. 1893].

Kinane, T. H., der wahre Pelikan, Bibliothek, ascetische.

Kinane, T. H., der wahre Pelikan oder die Liebe Jesu im Allerheiligsten Altarssacramente. Aus dem Engl. übers. 8. (XXII, 356 S.) Freiburg i/Br. 880. Herder. 2.—

Kinane, T. H., der wahre Pelikan od. die Liebe Jesu im Allerheiligsten Altarssacramente. Aus dem Engl. Neue (Titel-)Ausg. 12. (XXII, 356 S. m. Titelbild.) Freiburg i/B. 894. Herder. Geb. in Leinw. 2.—

Kinast, d. Bedeutg. heilsgeschichtl. Thatsachen f. d. Glauben, s.: Bericht üb. d. XXVI. allgem. Pastoralkonferenz evang.-luther. Geistlicher Bayerns.

Kinast, Erich, Pfarrer in Schwabach: **Beiträge** zur Religions-Psychologie. *Erlangen 1900: F. Junge.* (IV, 183 S.) 8°
Erlangen, Theol. Diss. v. [14. Juli] 1900

Kinast, Joh., die Nordlandfahrt Posener Lehrer (m. dem Dampfer der Hamburg-Amerika-Linie „Meteor" von Stettin-Kopenhagen-Gotenburg-Kristiania-Helgoland-Hamburg) vom 25. IX. bis 3. X. 1904. Berichtet u. gewidmet allen Meteoriten. (74 S. m. Abbildgn. u. 2 [1 farb.] Taf.) gr. 8. Lissa (906.) F. Ebbecke. n. — 75

Kinateder, Georg: Die syntaktischen Funktionen der Konjunktion 'dass' bei Aventin. *München [1898]: C. Wolf & Sohn.* (101 S.) 8° [F.]
München, Phil. Diss. v. 1898

Kinberg, A. F., Beschreibung d. Parallelogramma ꝛc. m. K. 8. Copenhag. Bonnier. 814.

Kinberg, Andreas L. (Vestrogothus), De conditionibus jura civitatis tollentibus. Diss. polit. Präs. Lorenz Dahlman. Upsala 28. III. 1764. 12 S. (5.—) Widm. v.: Andreas Lundborg. 17999

Kinberg, J. G. H., novae litterae Asiae orientalis. Ein neues Alphabet f. China u. Japan. Lex.-8. (17 S.) Stockholm (901). (Leipzig, E. F. Steinacker). n. 3.40; englische u. französ. Ausg. (16 u. 17 S.) à n. 3.40

Kinberg, J. G. H., Monographiae zootomicae. I.: Tragulus javanicus. 8maj. (102 S.) Lundae 849. Lipsiae, T. O. Weigel. *

Kinbach, J. H: Das Elektrizitätswerk an der Zollvereinsniederlage zu Hamburg. Berlin 1898

Kinch, C. F., Quaest. Curtianae criticae. Diss. 1883. 108 S. 8.—

Kinchius, C., observation. astronom. select. 4. Berl. 730.

Klinck, Haus E., Auswanderer. (VIII, 292 S.) 8. Jena 906. H. Costenoble. n. 5. —; geb. n.n. 6. —

Ⓑ **Kinck,** Hans E., Auswandern. 906. Jetzt: Leipzig, G. Merseburger. Erm. Pr. 4.—; geb. 5. —

Kind, das. Tagebuch eines Vaters. 8. (X, 223 S.) Leipzig 876, Hartung und Sohn. *

Kind, Das. Tagebuch eines Vaters. 2. Aufl. Leipzig 1876. V: *Semmig, Herm.* (Ky)

—— dass. — (Von Herm. Semmig.) 2. verm. und verb. Aufl. 8. (XIV, 240 S.) [Leipzig 876.] Rudolstadt, Hartung und Sohn. *
geb. mit Goldschn. *

(F) **Fürs Kind.** Festschrift für die Jugend anläßlich des 60jährigen Regierungsjubiläums Kaiser Franz Josefs I. Gr. 8°. (63 S.)
Prag: Calve 1903.

Das **Kind**. Monatsschrift f. Kinderpflege, Jugenderziehung und Frauenwohl. Hrsg. von Dr. Eugen Neter. Jg. 1. Hannover: O. Tobies 1906 —07. 4°(8°) [08. 6394 7

Kind, das. Monatsschrift. Jetzt: Berlin, M. Brandus.

Kind, Das, in der Andacht. Ein kleines Gebetbuch . . . Reutlingen 1846. V: *Reis, J. T.* (Ky)

Kind, das, in der Andacht. Ein kleines Gebetbuch f. kathol. Christen, besond. für d. Jugend, z. häusl. u. kirch. Gebrauch. (Von J. T. Reis.) 18. (142 S. u. 1 Kpfr.) Reutlingen 846, Fleischhauer u. Spohn.

Kind, das, in der Andacht. Ein kleines Gebetbuch für kathol. Christen, besonders für die liebe Jugend, zum häusl. und kirchl. Gebrauch. 3. Aufl. 32. (144 S. und 1 Stahlst.) Reutlingen 851, Fleischhauer und Spohn. Thlr.

Kind, das, in der Andacht. Ein kleines Gebetbuch für kathol. Christen, besond. für die liebe Jugend. 6. Aufl. 64. (212 S. mit 1 ill. Stahlst.) Reutlingen (861)62, Fleischhauer und Spohn. geb.

Kind, das andächtige. Gebetbüchlein für Schulkinder. 24. (96 S. mit eingedr. Holzschn.) Mainz 886, Kirchheim. geb. ** — 25

Kind, das andächtige. Gebetbüchlein f. Schulkinder. 3. Aufl. 16. (96 S. m. Bildern.) Mainz 890, Kirchheim. geb. ** — 25

Kind, das andächtige. Gebetbüchlein f. Schulkinder. Von e. geistl. Kinderfreunde. 4. Aufl. 16. (96 S. m. Abb.) Mainz 900. F. Kirchheim. Geb. n.n. — 25

Das Kind des Arbeiters. *Dresden: W. Streit [1901].* (32 S.) 8° [Kopft. F.]
[01. 2134

—— das artige, od. Lehre wohlanständ. Sitten in gereimten Fragen u. Antworten v. E. B. E. gr. 8. (1¾ B. u. 5 lith. bild. Darstellungen.) Reutlingen 835, [Mäcken Sohn.]

Kind, das artige, oder Lehre wohlanständiger Sitten in gereimten Fragen u. Antworten von E. B. E. Mit 5 lithogr. bildl. Darstellungen illum. gr. 8. Reutlingen 835. Mäcken jun. (Fleischhauer u. Spohn.) ⅜ ₰

—— dass. — gr. 8. (1¾ B. u. 5 lith. u. ill. bildl. Darstelln.) Reutlingen 841, Fleischhauer u. Spohn.

—— das artige, oder Lehre wohlanständiger Sitten in gereimten Fragen und Antworten von E. B. E. 3. Aufl. gr. 8. (25 S. und 5 ill. Stnt.) Reutlingen 847, Fleischhauer und Spohn.

—— das artige, in Haus und Schule. Ein Jugend-Album, mit Reimen von J. Trojan, illustrirt von Eug. Klimsch. gr. 4. (16 Chromolithogr. mit eingedr. Text.) Stuttgart 887, Thienemann's Verlag. geb. * 4 50

— dem artigen. Ein unzerreißb. Bilderbuch m. 8 Buntbildern. qu. gr. 8. (8 S. auf Pappe.) Stuttgart 899. Loewe. Geb. n. 1. —

Kind, Das, der Berge. Romantisches Ballet in vier Bildern. Wien 1895. V: *Willner, Alfred Maria.* (EB)

Kind, des Bergmanns. 5. Aufl. 32. (11 S.) Nonnenweier 869. (Barmen, Klein.)

Kind! Bethe mit Andacht u. fürchte Gott! Ein ganz neu bearbeit. Gebeth-, Erbauungs- u. Unterrichts-Buch f. d. Jugend. 12. (7 B., Ttlkpfr. u. gest. Ttl.) Linz 839, (Haslinger.)

Kind, d. betende, od. Schulgebete. 12. Cassel, Cramer. 710.

— d. betende, oder Anleit. u. Uebung im Beten für d. liebe Jugend. 2e Aufl. Mit 1 Vign. 18. Innsbr. 825. Wagner. 3 K

— das bethende, oder: Anleitung u. Uebung im Bethen für die liebe Jugend. Von einem Jugendfreunde. Mit 2 Holzschn. kl. 18. Füssen 830. (Augsburg, Kollmann.) 1½ fl

Kind, das bethende, od.: Anleit. u. Uebung im Bethen f. d. liebe Jugend. 4., unveränd. Orig.-Aufl. 18. (178 S. u. 3 Holzschn.) Innsbruck 833, Wagner.

—— das bethende, od. Anleit. u. Uebung im Bethen f. d. liebe Jugend. Von e. Jugendfreunde. 5. Aufl. (178 Seit.) 838. * ⅟₁₂ Thlr., 6. A. 18. (180 Seit. u. Ttlbild.) Innsbruck 841, Wagner'sche Buchh.

—— das bethende, od.: Anleitung u. Uebung im Bethen f. d. liebe Jugend. Von ein. Jugendfreunde. 7., unveränd. Aufl. 18. (6 B.) Innsbruck 844, Wagner'sche Buchh.

—— das bethende, oder: Anleitung im Bethen für die liebe Jugend. Von einem Jugendfreunde. 9., unveränd. Aufl. 24. (VI und 172 S. mit 1 Holzschn.) Innsbruck 851, Wagner'sche Buchh.

Kind, Das betende, oder Anleitung und Übung im Beten für die liebe Jugend. Agram 1860. V: *Novotný, J.* (Mitth. d. Verlagsbuchh.)

—— das betende, oder Anleitung und Uebung im Beten für die liebe Jugend. Von David Moritz. 32. (198 S. mit Titelbild.) Innsbruck 866, Wagner'sche Universitäts-Buchh. geb. in Pappbd. * 6 Ngr.; in Leinwdd. *

—— das betende, e. Gebetbüchlein f. Kinder z. tägl. Gebrauche. kl. 16. (1½ B.) Barmen 839, (Langewiesche.)

— das betende, ein Kathol. Gebetbüchlein in d. Kindersprache. (Mit Titelbild.) 32. Münster 841, Hast u. Riese. ⅟₁₂ ₰

—— das betende, e. kathol. Gebetbüchlein in d. Kindersprache. 32. (90 Seit. u. Ttlbild.) Münster 841, [Theissingsche Buchh.]

—— das bethende. Ein Gebethbuch f. d. kathol. Jugend. 18. (5 B.) Grätz 843. (Kienreich.)

— das betende. Mit (5 lith. u.) gemalten Bildern. 24. (24 S.) Reutlingen 847, Kurtz. n. ⅙ ₰ — 2. Aufl. 32. (23 S.) Ebd. 849. 4½ ngl

Kind, das betende. — Ein Gebetbüchlein für Kinder. Laibach, Leop. Kremscher 1852. kl. 8.

—— das betende. Gabe einer christl. Mutter für Kinder vor ihrer ersten Communion. 24. (80 S. mit eingedr. Holzschn.) Augsburg 855, Schmid's Verlag.

—— das betende. Gabe einer christl. Mutter für Kinder vor ihrer Communion. 16. (80 S. mit eingedr. Holzschn.) Augsburg 873. Schmid'sche Verlagsh.

Kind, das betende. Katholisches Gebetbuch. Von einem frommen Christen. 32. (184 S.) Korneuburg 862, Kühkopf. geb. * 7½ Ngr.; geb. mit Goldschn. in Etui *

Kind, das betende. Katholisches Gebetbuch. Von einem frommen Christen. Mit Titelbild. 32. (184 S.) Korneuburg, Kühkopf. geb. in Schuber
1868 25 kr

—— das betende. Gebetbüchlein für die kathol. Schuljugend. 5. verm. Aufl. 24. (160 S. mit eingedr. Holzschn.) Dülmen 879, Laumann'sche Verlagsh. geb. *

Kind, das betende. Gebetbüchlein für die kathol. Schuljugend. 6. und 7. verm. Aufl. 24. (160 S. mit eingedr. Holzschn.) Dülmen 880,84, Laumann'sche Verlagsh. In Pappbd. * geb. in Leinw. *

—— das betende. Morgen- und Abendgebete, Tischgebete, Gebete für die Schule, für Fest- und Feiertage und alle Lagen des Jugendlebens, sowie Gedichte und Lieder zur Erweckung eines frommen Gemüts. 16. (64 S. mit 1 Holzschn.) Mülheim 886, Bagel's Verlagsh. cart. * — 50

— das betende. Gebetbüchlein f. fromme Kinder. 16. (VI, 115 S.) M. Gladbach (896). A. Riffarth. Geb. — 15

— das betende. Ein kathol. Gebet-Buch f. kindl. Seelen. 32. (190 S. m. Abbildgn.) Saarlouis (899). F. Stein Nachf. — 15; geb. in Leinw. n. — 25

Kind, das betende, welches mit gemüthlich=einfältiglichen Kindesworten zu seinem Gott und lieben Heiland spricht, und sie um Beystand bittet auf dem Wege zur Tugend und Frömmigkeit. 8. Breslau, Schöne. 820.

Kind, d. betende, welches mit gemüthlich=einfält. Kindesworten zu seinem Gott u. lieben Heiland spricht u. sie um Beistand bittet u. s. w. Gebete am Tage, Morgen u. Abend rc. 12. Breslau 822, Schöne. Rthlr.

—— das, und die Bibel. In allerlei Beispielen zu Nutz und Frommen der Jugend zusammengestellt vom Elberfelder Erziehungs-Verein. 12. (48 S. mit Illustr.) Elberfeld 886, Buchh. des Erziehungs-Vereins. * — 20

— d. blinde, eine kleine Familiengesch. f. Frauenz. m. K. 16. Lpz. Gräff. 794.

Kind, das blinde, eine kleine Familiengeschichte, von einem Frauenzimmer, aus dem Engl. mit Kupf. Taschenform. Daselbst, 794. Ungebunden. 15 sgl. In Kupferstich Einband gebunden. 20 sgl.

— d. blinde, e. kleine Familiengesch. aus d. Engl. Ein Weihnachtsgeschenk für d. Jugend. Mit 4 Kpf. 16. Leipz. 794. N. A. 823. Wienbrack. 14 ℊ

Kind, Das blinde. Eine kleine Familiengeschichte . . . A. d. Engl. Leipzig 1793. Neue Aufl. 1827. V: *Pinchard.* Ü: *Weisse, Christian Felix.* (MGT)

—— dein, lebet! Ein Büchlein über das Kindersterben. 8. (70 S.) Bremen 870, (Noltenius.) cart.

—— Dein, lebet! Ein Büchlein über das Kindersterben. 3. Aufl. 8. (72 S.) Bremen 879, (Noltenius.) *

Kind, dein, lebet. Ein Büchlein über das Kindersterben. 4. Aufl. 8. (80 S.) Hamburg 885, Evangel. Buchhandlung. * — 25

— dasselbe. 4. Aufl. 8. (72 S.) Bremen 886. (Morgenbesser.) n. — 50

Kind, dein, lebet! Trostworte b. Sterben uns. Kinder. Hrsg. v. evang. Trostbunde. 8. (80 S.) Berlin 896. Verl. d. christl. Zeitschriftenvereins. Kart. n. — 50; geb. in Celluloid u. Leinw. n. 1. —

——! Ehre Vater u. Mutter! Ein ganz neu bearb. Gebeth-, Erbauungs- u. Unterrichts-Buch f. d. Jugend. 12. (5 B., Titlkpfr. u. gest. Ttl.) Linz 839, (Haslinger.)

— erhebe dein Herz zu Gott. Ein vollständ. Gebetbüchlein zunächst für die christkathol. Schuljugend. 16. Salzburg 836. Mayr. 1/8 ℛ

—— das erste, wie's lacht und schreit! 8. (V, 68 S. mit eingedr. Illustr.) Leipzig 880, Reißner. *

—— dass. — Von Medicus [G. Hedler]. 2. Aufl. gr. 8. (60 S. mit eingedr. Illustr.) Ebendas. 883. *

Kind, Das, Europas oder die fünf Märtyrer der Zeit . . . Berl. 1822. Ü & B: *Montenglaut, Artemisia Henriette Marianne v. geb. von Cronstain.* (Schl)

Kind, das, Europas, oder die 5 Märtyrer der Zeit. 8. Berl 822. Schüppel. 1 ℛ 6 ℊ

—— das, der elysäischen Felder, s. Jugend-Bibliothek in einer Auswahl vorzügl. engl. Jugendschriften.

Das Kind 'fern der Heimat'. Erwägungen u. Gebete f. die in d. Fremde lebenden deutschen Mädchen u. z. besond. Gebrauche in d. deutschen St. Elisabeth-Mission zu Paris. Von e. deutschen Seelsorger in Paris. Paris: St. Elisabeth-Mission [1905]. (167 S.) 8° [F.] [1.6. 1.6?9]

Kind, das, meiner Frau, Roman in Casanovas Geschmack. N. d. Franz. v. Fr. Krug. 2 Ble. 8. Gotha 822. Hennings.

Kind, Das, meiner Frau. Gotha 1824. V: *Kock, Paul de.* Ü: *Krug, Frdr.* (Ky)

— das, meiner Frau, (von Paul de Kock; übers. von Fr. Krug). 2 Bde. 8. Gotha 824. Hennings. 2 ℛ

Kind, Das, des Freimaurers. Eine Novelle nach geschichtlichen Thatsachen. O. O. 1860. V: *Pilz, C.* (Tt)

—— das, und seine kleinen Freunde. Unzerreißbares Leinwand-Bilderbuch. 4. (16 ill. Stnt.) Nürnberg 862, Geißler. geb.

—— ein, des Friedens und ein Mann des Volkes. Schlichte Wahrheit aus dem Berliner Leben. 8. (IV, 97 S.) Berlin 884, Rother. *

— d. fromme, d. i. kurze Tages- u. Lebensordnung d. gottsel. Jugend, sammt d. tägl. Gebeten. 18. Augsb. ... Kranzfelder. Das Dutzend 6 ℊ

— d. fromme, oder Lehren u. Gebete für d. Jugend. 12. Bresl. ... (Graß, Barth u. C. 6 ℊ

—— das fromme. Ein Gebetbüchlein für Kinder. Von einem Priester der brixner Diözese. 16. (148 S. und 1 Stnt.) Innsbruck 850, (Wagner'sche Buchh.)

—— das fromme. Ein Gebetbüchlein zur Beförderung der kindl. Andacht. 2., verm. und verb. Aufl. 16. (96 S. mit 1 Stahlst.) Wien 854(55,) Mayer und Comp. *

Kind, Das fromme —. Ein Gebetbüchlein zur Beförderung der kindlichen Andacht. 2. vermehrte und verbesserte Auflage. 16. (96 S.) Wien. Druck von Anton Schweiger. Verlag von Mayer und Komp. 1855.

—— das fromme. Ein Gebetbüchlein zur Beförderung der kindl. Andacht. 3., verm. und verb. Aufl. 32. (96 S. mit 1 Stahlst.) Wien 858, Mayer und Comp. geb.

Kind, Das fromme — Gebetbüchlein für die liebe Jugend. Mit Approbation des fürstbischöfl. Ordinariates Brixen. Mit einem Titelkupfer. Zweite Auflage. Innsbruck, 1856. Verlag von Karl Rauch's Buchhandlung. (94 S. 16.)

Kind, das fromme. Ein Gebetbüchlein für die kathol. Jugend, in dritter, verbesserter und vermehrter Auflage herausgeg. von der Marianischen Gesellschaft zur Verbreitung guter Schriften in Innsbruck. *Innsbruck* 1858. Druck und Verl. der Vereinsbuchdr. des *J Aufschlager*. 6 Bl., 147 S., kl. 8°. 9 kr.

— das fromme. Ein Gebetbüchlein für die katholische Jugend. In 4., verb. und verm. Aufl. hrsg. von der Marianischen Gesellschaft zur Verbreitung guter Schriften in Innsbruck. 16. (155 S.) Innsbruck 861, Vereins-Buchh. *

— das fromme. Ein Lehr- und Gebetbüchlein für Kinder. Von einem Priester des Stifts Einsiedeln. 32. (240 S. mit Holzschn.) Einsiedeln 874, Eberle, Kälin und Comp.

— das fromme. Katholisches Gebet- und Andachtsbüchlein für die heranwachsende Jugend. 8. Aufl. 24. (192 S. mit 1 Stnt.) Salzburg 878, Pustet. *

— das, im Gebete. Ein Andachtsbüchlein in der Kirche, zu Hause u. in der Schule. M. e. kl. Katechismus. 4—7., verb. Aufl. 32. (105 S.) Wiesensteig 844—47, Schmid'sche Buchh. (Leipzig, Stadler.) à

— das, im Gebet. Ein Andachtsbüchlein in der Kirche, zu Hause und in der Schule. Mit einem kleinen Katechismus der christkathol. Religion nebst Meß-Erklärung. 14. Aufl. 32. (106 S.) Wiesensteig 858, Schmid'sche Buchh.

Ein Kind ohne Gehirn, 8 St. lebend, Rückenmark unverändert. Hist. de l'ac. des sc. 1775. 4°.
1775

Kind, Das, im Geiste und Gebete vor Gott . . . Straubing 1847. V: *Mauerer, Wolfgang.* (Ky)

— das, im Geiste und Gebete vor Gott. Ein Geschenk für die lieben Kleinen von W. M(auerer). 18. (72 S.) Straubing 847, Scherner.

— das, des Gemordeten und der brave Waldhüter. Erzählung aus der Gegenwart. 8. (45 S.) Urfahr-Linz 878, Kraußlich. *

—! Gib mir dein Herz. Ein Gebeth-Büchlein f. Kinder nach ihren Begriffen. 12. (8½ B., 4 Stnt., u. lith. Ttl. m. Vign.) Salzburg 838, Oberer'sche Buchh.

[F.] Das Kind Gottes. Sammlg beliebter Gebete u. Andachten f. Kinder . . . *Dülmen: A. Laumann 1896.* (VIII, 119 S.) 1 Bd 8. [96. 7333

Das Kind Gottes. Sammlung beliebter Gebete u. Andachten f. Kinder. Dülmen: A. Laumann 1906. (VIII, 119 S.) 8° [F.] [07. 11034

— Gottes, d. m. allen Freuden sterbende, s. Spadier.

— d., bei d. öffentl. Gottesdienste. Das ist: Ein neues Gebetbüchlein f. Kinder. 3te Aufl. gr. 12. Rotweil 825. Herder.

— das gratulirende. Sammlung der schönsten Glückwünsche zu Namens- u. Geburtsfesten u zum neuen Jahre. 12. (144 S.) Wien 892. (Leipzig, Literar. Anstalt A. Schulze.) n — 80

— e., der Großstadt, nebst einigen anderen Geschichten, s.: Rosen-Knospen. Nr. 3.

— das gute. Beilage zu: „Die christl. Familie". Organ d. kathol. Schulvereins f. Österreich. Hrsg.: Casp. Schwarz. Red.: Jos. Gratl. 5.—7. Jahrg. 1891 - 1893. à 24 Nrn. (½ Bog.) gr. 8. Wien, („St. Norbertus", Verlagsh.). à Jahrg. n. — 80

— das gute. Beilage zu: „D. christl. Familie". Organ des kathol. Schulvereins für Österreich. Hrsg.: Casp. Schwarz. Red.: Frz. Eichert. 8.—11. Jahrg. 1894—1897. à 24 Nrn. (½ Bog. m. Abb.) gr. 8. Wien (I, Stefansplatz 6), Centralleitg. d. kathol. Schulvereins f. Oesterreich. à Jahrg. n. — 80

— dasselbe. 12. Jahrg. 1898. 24 Nrn. (½ Bog. m. Abb.) gr. 8. Ebd. n.n.n. 1. —

— das gute. Beilage zu: „Die christl. Familie". Organ des kathol. Schulvereines für Österreich. Hrsg.: Casp. Schwarz. Red.: Karl Reischl. 13.—16. Jahrg. 1899—1902. à 24 Nrn. gr. 8. (à ca. 8 S. m. Abbildgn.) Wien, Buchh. d. kath. Schulvereines f. Oesterr. à Jahrg. n. —70

— das gute. Beilage zu: „Die christl. Familie". Eigentum u. Organ des kathol. Schulvereines f. Oesterreich. Hrsg.: Casp. Schwarz. Red.: Karl Reischl. 17.—19. Jahrg. 1903—1905. à 24 Nrn. (IV, 196; IV, 192 u. IV, 192 S. m. Abbildgn.) Lex.-8. Wien, Buchh. des kathol. Schulvereines f. Oesterreich. à Jhrg. n. — 70

— dasselbe. 20. Jahrg. 1906. 24 Nrn. (IV, 192 S. m. Abbildgn.) Lex.-8. Ebd. n. 1. —

Kind, das gute. Beilage zu: „Die christl. Familie". Eigent. u. Organ d. kathol. Schulvereins f. Oesterreich. Hrsg.: Casp. Schwarz. Red.: Karl Zöhrer. 21.—24. Jahrg. 1907—1910. à 24 Nrn. (à ca. 8 S. m. Abb.) Lex. 8. Wien, Buchh. d. kath. Schulvereins f. Oesterreich. à Jahrg. — 80

— das gute u. verständige, an seinem ersten Kommuniontage. 12. Augsburg 820. M. Rieger. 1 fl

— das höfliche. Ein Anstandsbüchlein in Reimen f. die liebe Jugend. Hrsg. v. e. Kinderfreunde. 1. u. 2. Aufl. (à 48 S.) kl. 8. Essen 906. Fredebeul & Koenen. n. — 30; geb. n. — 50

— d. höfliche. Ein Anstandsbüchlein in Reimen f. die liebe Jugend. Hrsg. v. e. Kinderfreunde. 4. Aufl. (48 S.) kl. 8. Essen (909). Fredebeul & Koenen. — 30

— hüte Dich vor Feuer u. Licht! Märchen u. Erzählgn., hrsg. unter Mitwirkg. v.: M. Maidorf, O. Menghin, B. Hertel, H. Proschko, E. Giehrl. (61 S.) kl. 8. München (908). Ph. L. Jung. n — 30

— das, Jesu. Ein kathol. Gebetbüchlein f. fromme Kinder. 16. (XII, 178 S. m. Abbildgn.) M. Gladbach (895). A. Riffarth. Geb. — 30

— das arme, Jesu. Eine Sammlung von Gebeten und Liedern der kathol. Kirche. gr. 16. (VI und 247 S.) Bonn 860, (Cohen und Sohn.) * —

— Jesus, das arme. Sammlung von kathol. Gebeten und Liedern. 2., verm. Aufl. gr. 16. (VIII und 336 S.) Bonn 867, (Henry.)

—— Jesus, das göttliche, als unser Vorbild, Seelenführer und Gnadenspender. Katholisches Betrachtungs- und Gebetbuch für fromme Verehrer der heiligen Kindheit Jesu Christi. Vom Verf. von „Nazareth und Bethlehem", „Gethsemane und Golgatha rc." 24. (324 S. mit 4 Stahlst. und lithogr. Titel.) Einsiedeln 857, Gebr. Benziger. Thlr.

Kind, Unserm hochverehrten Geschlechts-Aeltesten, Herrn Appellationsrath Johann Adam Gottlieb, . . . als fünfzigjährigem Jubel-Doctor am 12. Februar 1824 gewidmet. Dresden [1824]. V: *Kind, Johann Friedrich* (?). (GGr IX, 271)

— u. Kunst. Illustrierte Monatsschrift für die Pflege der Kunst im Leben des Kindes. Hrsg.: Alex. Koch. 1. Jahrg. Oktbr. 1904—Septbr. 1905. 12 Hefte. (à ca. 50 S. m. Taf.) 4. Darmstadt, Verlagsanstalt A. Koch. n. 12. —

— — dasselbe. 2. Jahrg. Oktbr. 1905—Septbr. 1906. 12 Hefte. (à ca. 44 S. m. Taf.) 4. Ebd. n. 14. —; Luxusausg. n. 20. —
Erscheint nicht mehr.

— u. Kunst. Illustr. Monatshefte. Red.: A. Jaumann. Neue Folge. 3. Jahrg. Oktbr. 1908—Septbr. 1909. 12 Hefte. (à ca. 24 S.) Lex.8. Berlin, Brandus. 6. —

Kind, das, als Künstler (v. C. Götze), s. a. Zur Reform des Zeichenunterrichts. 2. Hft.

Kind, das, als Künstler. Ausstellung von freien Kinderzeichnungen in Hamburg. (Zur Reform des Zeichenunterrichts II) (36 S 8 T) Hamburg 1898

KIND, das, der Laune. Ein (ziemlich zahmer) Roman im Cramerischen Geschmacke. Weissenfels (Wien, Doll?) 1802. 8°. 158 S.

Kind, das, der Laune; ein Roman im Cramerischen Geschmacke. 8. Wien, Aloys Doll. 802.

— — dasselbe. 8. Lpz. Liebeskind. 802.

— das, der Liebe, v. Vi.ault le Brün, s. Jerome.

Kind, Das, der Liebe, oder die Geisterseherin. Berlin [17??]. V: *Vetter, Caecilie.* (MGT) (schl)

Kind, d., der Liebe. Schsp. v. Kotzebue. 8. Leipz. Kummer. 791. Rthlr.

—das, der Liebe, od. Schicksale e. Fürstensohnes. Eine wahre Geschichte. 8. Cöln ... Imhoff-Schwarz. 15 gr.

KIND, Das, der Liebe, oder Schicksale eines Fürstensohnes. Eine wahre Geschichte. Deutschland (Köln, Imhof) 1815. 8°. (1/3 Rthl. Scheible; jetzt theurer!)
Weller, fing. Druckorte.

KIND, Das, der Liebe und des Glücks. 2 Bde. Mit 1 TKpf. u. 1 TVign. (von Rosmäsler u. Böttger). Erfurt, Hennings, 1802. 8°.
1: Tit. gestoch. m. Vign. u. 240 S. 2: Tit., 1 Bl. Inh. u. 284 S.

—— liebst du mich? Gebetbuch für die kathol. Schul-Jugend. 32. (VI und 144 S. mit eingedr. Holzschn. und 1 Holzschntaf.) Osnabrück 866, Overwetter. cart. 4 Ngr.; mit Goldschn.

KIND, Das, der Luft oder die Freuden des Genusses. Chicago. Gedruckt auf Kosten guter Freunde (vor 1887). 8°. 48 S. [S. 46—48: Die Brautnacht.]
Verb. d. Ldg. Leipzig VI 517/87.

KIND, Das, der Lust, oder die Freuden des Genusses. Cincinnati. George Brown. (Altona, Verlags-Bureau.) O. J. (1873). Breit-16°. 128 S. (incl. Titel). (1½ Rthl. Löwe, Hamburg; 4 Mk. Gust. Klötzsch, Lpz.)
Priapisches Machwerk voller Druckfehler, in Paris spielend.

—— das, Mariä. Gebetbuch zum Lobe und Preise Jesu und Mariä von einem kathol. Pfarrer. 3. Aufl. 32. (318 S.) Aachen 863, [Jacobi und Comp.]

—— das, Mariä. Belehrungen und Gebete für fromme Schulmädchen. Von einem Priester der Diöcese Münster. 24. (128 S. mit eingedr. Holzschn. und 1 Stahlst.) Dülmen 881, Laumann'sche Verlagsh. geb. *

Das Kind Mariä. Belehrungen u. Gebete f. fromme Schulmädchen. Von e. geistl. Jugendfreunde. 2. Aufl. *Dülmen: A. Laumann 1900.* (VII, 128 S.) 8° [F.] [04. 4947]

Kind, das, Mariens. Sein Leben und sein Tod. 20 Lehren mit eben so vielen finnreichen Bildern (in Stahlst.) Aus dem Französ. übers. 16. (42 S.) Luzern 859, Gebr. Räber. geb. *

—— das, Mariens. Sein Leben und sein Tod. Aus dem Französ. übersetzt. 16. (IV, 48 S. mit 24 Stahlst.) Freiburg i. Br. 877, Herder'sche Verlagsh. geb. mit Goldschn. *

—— das, Mariens. Sein Leben und sein Tod. Aus dem Französ. übers. Neue durchgeseh. Aufl. 16. (IV, 48 S. mit 24 Stahlst.) Freiburg i. Br. 885, Herder'sche Verlagsh. * 1 60
geb. in Leinw. mit Goldschn. * 2 —
geb. in Leder mit Goldschn. * 2 70

—— das, Mariens. Sein Leben u. sein Tod. Aus dem Französ. übers. Mit 24 Stahlst. Neue durchgeseh. Ausg. 24. (II, 48 S.) Freib. i. Br. 889, Herder. * 1 40
geb. in Leinw. m. G. * 1 80; in Ldr. m. G. * 2 50

— das, Mariens. Sein Leben u. s. Tod. Aus d. Franz. übers. 4. Aufl. 16. (III, 48 S. m. 24 Stahlst.) Freiburg i/B. 895. Herder. 1. 40; geb. in Leinw. m. Goldschn. n. 1. 80

— das, Mariens. Sein Leben u. sein Tod. Aus dem Franz. übers. 5. u. 6. Aufl. 16. (à III, 48 S. m. 24 Stahlst.) Freiburg i/B. 899. 902. Herder.
Geb. in Leinw. n. 1. 70; m. Goldschn. n. 1. 80

— das, Mariens. Sein Leben u. sein Tod. Aus dem Franz. übers. 7. Aufl. (III, 48 S. m. 24 Stahlst.) 16. Freiburg i/B. (905). Herder. n. 1. 40; geb. in Leinw. n. 1.70; m. Goldschn. n. 1. 80

— das, Mariens. Sein Leben u. sein Tod. Aus d. Franz. übers. 8. Aufl. (III, 48 S. m. 24 Stahlst.) 16. Freiburg i/B. (908). Herder. 1.40; geb. in Leinw. 1.70; m. Goldschn. 1.80

—— mein, von der Wiege bis zur Schule. Ein Merkbuch f. deutsche Mütter. Mit 8 Gedichten v. Mor. Meyer u. 4 Bildern in Kpfrdr. v. Alex. Zick. gr. 8. (160 S.) Berl. 889, Brachvogel u. Ranft. geb. m. G. * 4 50

— das, der Natur, od. Leben eines engl. Frauenzimmers, a. d. Engl. 2 Thle. 8. Lpz. Schwickert. 776.

Das **Kind**, seine geistige und körperliche Pflege von der Geburt bis zur Reife. In Verbindung mit ... hrsg. von Geh.R. Prof. Dr. Philipp] Biedert. Mit 76 Abb. u. 2 Kurventaf. Stuttgart: F. Enke 1906. (XII, 515 S.) 4°(8°) [F.]

Kind! Schenk mir dein Herz! Gebetbüchlein f. die Jugend. 32. (160 S. m. 1 Titelbild.) Brixen 892, Buchh. d. kathol.-polit. Preßvereins. geb. ** — 28

— schenke mir dein Herz! Anleitg. zur würd. Feier d. ersten hl. Kommunion durch fromme Lesgn. u. Andachtsübgn. in d. letzten 8 Tagen vor d. weißen Sonntag. V. e. Priester d. Erzdiöcese Freiburg. 24. (XVI, 274 S. m. Titelbild.) Ebd. 896. — 80; geb. in Leinw. n. 1. 20

— d. schwachsinnige, im Lichte d. neueren Forschung. Bericht d. 3. österr. Konferenz d. Schwachsinnigenfürsorg in Graz am 18. u. 20. VI. 1908. 2. Aufl. (187 S. m. Fig. u. 20 Taf.) gr. 8. Wien 909. Sallmayer'sche Buchh. nn 3. —

Kind, das schwachsinnige, im Lichte der neueren Forschung. 2. Bd. Bericht d. 4. österr. Konferenz d. Schwachsinnigen-Fürsorge in Wien am 21. u. 22. III. 1910. Hrsg. im Namen d. Konferenzausschusses v. Verein „Fürsorge f. Schwachsinnige u. Epileptische". Sitz: Wien XVIII, Anastasius-Grüngasse 10. (190 S. m. 16 Taf.) gr. 8. Wien 910. H. Kirsch. 3. —

—— das selbst spielende. qu. 4. (10 ill. Ctnt. in Tondr.) Stuttgart 855, Schreiber und Schill.

— das spielende. Ein Bilderbuch für die lieben Kleinen. Mit hübschen Verschen. qu. 4. (8 Chromolith.) Eßlingen 880. Schreiber. geb. n. 1. —

Kind, das spielende. Ein Bilderbuch für die lieben Kleinen. Mit hübschen Verschen. qu. 4. (8 Chromolithogr. mit eingedr. und 1 Bl. Text.) Eßlingen 884, Schreiber. cart. *

— das, d. Straße od. Das Opfer d. Verleumdung v. Corsina, s.: Schul- u. Vereinsbühne, christl.

—— das stumme, s. Familie, die christliche.

(F) Das stumme Kind. Die Melone. 8. Aufl. [Christoph von Schmids ausgewählte Erzählungen für die Jugend. 10. Bd.] 8°. (61 S.) geb. K —.40
Wien: Pichler 1908.

Kind, das, unter seinen liebsten Thieren, oder Erzählungen aus dem Leben der Hausthiere und ihrer Verwandten. gr. 8. (IV, 176 S. mit 8 farb. chromolithogr. Bildern von Sonderland.) Mülheim a. d. R. 870, Bagel. geb. 3 —

Kind, Das trauernde, am Grabe seiner Mutter. Salzburg 1844. V: *Mandl, Joseph.* (Hr)

Kind, das trauernde, am Grabe seiner Mutter. 8. (4 S.) Salzburg 844, Mayr'sche Buchh. Thlr.

—— das trauernde, am Grabe seines Vaters. 8. (4 S.) Salzburg 844, Mayr'sche Buchh.

— das unbekannte, 8. Wittenb. Kühne. (Petersen in Altenburg) 805.

— das uneheliche, u. sein Vater. Zur Warng. u. Belehrg. f. Jung u. Alt nach d. Bestimmgn. des bürgerl. Gesetzbuches f. das Deutsche Reich in Reime gebracht v. Ali-Mentagoras. 1. u. 2. Aufl. 12. (52 S.) Leipzig 900. [O. Gracklauer.] Leipz. Verlags-Comptoir. n. 1. —

— **unser.** Aufzeichnungen aus den ersten Lebensjahren. 4. (68 S. m. Ornamenten.) Gotha 893. E. Behrend. Geb. m. Goldschn. n. 4. —

— unser. Aufzeichngn. aus d. ersten Lebensjahren. 6. u. 7. Aufl. gr. 8. (à 67 S. m. 3 Kartons f. Photographien.) Wiesbaden 898. E. Behrend. Geb. in Leinw. n. 4. —

— **unser.** Aufzeichnungen aus den ersten Lebensjahren. 11. Tausd. gr. 8. (68 S. m. 3 Kartons f. Photographien.) Wiesbaden (902). E. Behrend. Geb. in Leinw. n. 3. —; m. Goldschn. n. 4. —; in Leder m. wattiert. Deckel u. Goldschn. n. 6. —

— **unser.** Aufzeichnungen aus den ersten Lebensjahren. 16. Taus. (68 S. m. 3 Kartons für Photographien.) gr. 8. Wiesbaden, E. Behrend. Geb. in Leinw. n. 3. —; m. Goldschn. n. 4. —; in Ldr. m. wattiert. Deckel u. Goldschn. n. 6. —

— unser. Aufzeichnungen aus d. ersten Lebensjahren. 17. u. 18. Taus. (72 S. m. 3 Kartons f. Photographien.) gr. 8. Wiesbaden (909). E. Behrend. Geb. in Halbleinw. 3. —; in Leinw. m. Goldschn. 4. —; in Ldr. m. Goldschn. 6. —

— unser. Erinnerungsblätter aus d. Kindh. uns. Lieblings. 4. (32 S. m. z. Tl. farb. Bild.) Nürnberg 895. Th. Stroefer. Geb. in Halbleinw. 3. —; in Leinw. m. Goldschn. 4. —; Bilder daraus auf 1 Bl. 1. —

— **unser.** Tagebuch üb. das Leben unseres Kindes. gr. 8. (64 S. u. 3 Bl. f. Photographien ꝛc.) Lahr (901). G. A. Wagenmann. Geb. in Leinw. 3. 50

— **unser.** (Halbmonatsschrift f. Kinderpflege u. Erziehg.) Unter Mitarbeiterschaft hervorrag. Kinderärzte u. Pädagogen. Hrsg.: Alfr. Weiß. Red.: Eug. Schenk. 1.—3. Jahrg. Mai 1903—April 1906. à 24 Nrn. (à ca. 16 S. m. Abbildgn.) schmal Lex.-8. Wien. (Leipzig, L. Naumann.) à Jahrg. n. 5. —

— **dasselbe.** (Zeitschrift f. Kinderpflege u. Erziehg.) Unter Mitarbeiterschaft hervorrag. Kinderärzte u. Pädagogen. Hrsg.: Alfr. Weiß. Red.: Eug. Schenk. 4. Jahrg. Mai 1906—April 1907. 24 Nrn. (à ca. 16 S. m. Abbildgn.) schmal Lex.-8. Ebd. n. 8. —; halbjährlich n. 5. —

— unser liebes. Aufzeichngn. üb. dessen Jugendleben. Lex.-8. (48 S.) Korneuburg 895. J. Kühkopf. Geb. n. — 80; m. Goldpressg. n. 1. —; in Leinw. m. Goldschnitt u. Albumblättern für 6 Bildnisse. n. 2. 40; in Halbfrz. m. Goldschn. n. 4. —

— **unser liebes.** Aufzeichnungen über dessen Jugendleben. (48 S.) Lex.-8. Korneuburg (904). J. Kühkopf. Geb. 1. —; in Halbleinw. 3. —; in Leinw. 5. —; in Halbfrz. m. Goldschn. 10. —; in Ldr. m. Goldschn. 20. —
In kathol. u. jüdischer Ausg. erschienen.

Kind Vater

Das Kind meines Vaters. Oder die Gebrechen der Erziehung und des Karakters. 1803.

s. Bourlin, Antoine-Jean [Verf.]

Kind, das, meines Vaters, od. Einfluß d. Erziehung auf d. Charakter, nach d. Franz. d. A. J. Dumaniant. 2 Thle. 8. Gera, Illgen. 800. Rthlr.

— das, meines Vaters, od. d. Gebrechen d. Charakters u. d. Erziehung, v. A. J. Dumaniant, a. d. Franz. v. F. K. Hiemer, m. K. u. Mus. 2 Thle. 8. Stuttgart, Magazin für Litt. 803.

— das, an seinen himmlischen Vater. 4. Aufl. 18. Rottenburg 845, Gack. 1/24 ℳ

— das verachtete. Eine Handwerkergeschichte. [Aus: „Hess. Hausfreund".] gr. 8. (32 S. m. 4 Abbildgn.) Darmstadt 893. C. F. Winter'sche Buchdr. — 40

Das Kind des Verbrechers. oder: Führe uns nicht in Versuchung! Eine wahre Begebenheit, geschehen in Spanien. (Text).
Kol.: Verlag und Eigenthum von Louis Henneberg in Salzhemmendorf. Druck von Gebr. Gerstenberg in Hildesheim.
o. J., 8 S., 185 × 110.
LBO Bänkelsängerlit. III, 80.

Kind, das verkaufte, Lustspiel in 3 Aufz. v. F. W. Ziegler. gr. 8. Leipzig, Köhler. 818.

—— das verlassene, El Maza, des Speckbachers Sohn. Erzählungen für die Jugend. 12. (27 S. und 8 ill. Stnt.) Erfurt 852, Bartholomäus.

— das verliebte, s.a. Angelo, Marquis v. Mazzini.

Kind, Das verliebte, Angelo, Markis von Mazzini. Leipzig 1800. V: *Bornschein, Joh. Ernst Daniel.* (MGT)

Kind, das verlorne, s. Erzählungen f. Kinder u. Kinderfreunde, 2. Bdchn.

—— das verlorne, s. Täubchen.

Das vestoßene (sic) Kind ; oder die Löwen-Treue. Eine merkwürdige Begebenheit aus der neuesten Zeit, geschehen in England.
Kol.: Mülhausen. – Gedruckt bei J. P. Risler u. Comp.
o. J. (1866), 1 Bl. zweiseitig bedruckt, 345 × 220.
BNP 4° Z. 77.

§ **KIND,** Das verwahrloste. O. O. u. J. 8°. (In München: L. eleg. m. 821, 2.)

KIND, Das verwahrlosete, ein poetisches Schauspiel. Leipzig 1749. 8°.
Bibl. J. J. Schwabii II.

—— das, in seinem Wandel vor Gott. Ein kathol. Unterrichts- und Gebetbüchlein für Kinder. In 2. neu durchgeseh. Aufl. hrsg. von der Marianischen Gesellschaft zur Verbreitung guter Schriften. 16. (VIII und 136 S. mit 18 Stnt. und lithogr. Titel.) Innsbruck 859, (Wagner'sche Universitäts-Buchh.) *

—— das, in seinem Wandel vor Gott. Ein kathol. Unterrichts- und Gebetbüchlein für Kinder. Hrsg. von der Marian. Gesellschaft zur Verbreitung guter Schriften. 3., unveränd. Aufl. 32. (VIII und 136 S. mit 18 lithogr. Bildern.) Innsbruck 864, Vereins-Buchh.

— u. Welt. 24 Bildungsstoffe f. Kindergarten u. Schule. Aus d. Kindergärten d. Berliner Fröbel-Vereins. Bearb. v. Gertr. Pappenheim u. anderen Kindergärtnerinnen. (VII, 123 S.) gr. 8. Berlin 909. L. Oehmigke's Verl. 1. 40

Kind, das, wie es sein und nicht sein soll. gr. 4. (13 S.) Bamberg 876, Schmidt'sche Buchh.

Das zerschnittene Kind, welches ; von der Mutter, einem Dienstmädchen in Hamburg, nach der Geburt zerstückelt und in ein Closet geworfen wurde. ; (Fig.: *Die Kindsmörderin bei der Arbeit*, 73 × 78) Hamburg. Druck und Verlag von J. Kahlbrock Wwe., Grünersood 52.
o. J., 4 Bl. n. n., 176 × 110.
LBO Bänkelsängerlit. II, 73.

Kind

— s. a. **Kindt.**

Kind, Predigt zum Totenfeste. gr. 8. (4 S.) Heidelberg 895. (J. Hörning.) n. — 03

Kind, Nippold u. Schöttler, die jüngsten Religionsprozesse u. die denselben zu Grunde liegende Rechtsanschauung, s.: Streitschriften, freundschaftliche.

Worte, gesprochen am Sarge des Dr. theol. Bernhard Pünjer, a. o. Prof. d. Theol., am 16. Mai 1885 in der Garnisonkirche zu Jena. ([Von] Kind [u. Richard Adalbert] Lipsius.) — (Jena 1885: Neuenhahn.) 12 S. 8°

Kind, Adam Theophil [Praes.], s. Müller, Johann August: De originibus leuterationis ...

Kind, Albert (Gustav). Die Kirche zu Mitlödi. Kurze Darstellung ihrer Geschichte bei Anlass der Renovation des Jahres 1900. Im Auftrage des Kirchenrates verfasst. 8. Glarus 1900.

Kind, Alfred

KIND, A., Die Bedeutung der erotischen Weltliteratur für die Sexualforschung. Berlin 1908. (A.) 8°. (50 Pfg. B. Seligsberg, Bayreuth, 1911.)

Kind, Alfr., Obszönitäten, s.: Beiträge z. Gesch. d. menschl. Sexuallebens. 2. Bd. (Bayle, Pierre.)

Kind, Aug., der Buddhismus u. seine Bedeutung, s.: Volksschriften d. allgem. evang.-prot. Missionsvereins.

— Erlösung u. Versöhnung. Gedanken darüber. (26 S.) 8. Heidelberg 910. Evang. Verl. — 40

Kind, Aug., ernste Gedanken f. einfache Gemüter. (45 S.) 8. Heidelberg 907. Ev. Verlag. Kart. n. — 60; geb. m. Goldschn. n. 1. —

Kind, Aug., Gott u. sein Wesen. Schlichte Gedanken. gr. 8. (48 S.) Heidelberg 902. Ev. Verlag. n. — 60

— Jesus Christus „Gottes eingeborener Sohn". Eine Betrachtung. 8. (31 S.) Ebd. 901. — 30
Sonderabdruck aus: „Protestant".

— Jesus der Messias. 8. (24 S.) Ebd. 900. — 30
Sonderabdruck aus: „Die Kirche."

— Mancherlei. Plaudereien. 8. (89 S.) Ebd. 902. n. 1. —

— Rom oder das Evangelium. (52 S.) 8. Ebd. (906). n. — 60

Kind, Aug., Teleologie und Naturalismus in der altchristlichen Zeit. Der Kampf des Origenes gegen Celsus um die Stellung des Menschen in der Natur. gr. 8. (38 S.) Jena 875, [Dufft.] Fischer. *

Verschiedenes. Weitere Plaudereien von D. Aug. Kind, Pfarrer. Heidelberg: Ev. Verl. 1908. 112 S. 8° [10. 8711

— s.: Zeitschrift f. Missionskunde u. Religionswissensch.

— Züge aus Jesu Wesen u. Leben. 8. (70 S.) Heidelberg 902. Ev. Verlag. n. — 60

Kind, W. Fr., ABC- u. Lesebuch. 8. Stuttg. 814. Steinkopf. 3 gr

— Elementarschule oder Grundlegung zum Schulunterricht. 1e Lfrg. 8. Stuttg. 814. Steinkopf. 2 gr

Kind, W. Fr., Erinnerungen für meine Zuhörer aus d. Lehrcurs 1811. A. u. d. T.: Beiträge zur Erziehung für deutsche Schullehrer. 8. Stuttg. 812. Löflund. 6 gr

— zur Erneuerung d. Taufbundes. 4 Lieder. 8. Stuttg. ... Steinkopf. 1 gr

— kurze Sätze zur Vorbereit. auf d. Augsburg. Confess.-Gedächtniß. 8. Stuttg. 820. Steinkopf. 4 gr

Kind, C. G., Anleitung z. Abteufen der Bohrlöcher, nach den neuesten u. bewährt. Erfahrungen, in's Besondere durch Anwendung der v. Verf. selbst erfundenen, sich praktisch erwiesenen hölzernen Bohr-Gestänge, nebst Mittheilung der, auf die an der Gera, Elster, Alzette, Sauer u. der Ober-Wesel durch ebendens. ausgeführten Arbeiten Bezug habenden geognost. u. techn. Bohr-Register, nebst Anweisung auf eine wenig kostspielige, doch ganz sichere Weise Brunnen mit Erfolg zu erbohren. gr. 8. (12 1/4 B. u. 4 Stnt.) Luxemburg 842, Michaelis.

Kind, Carl ..., s. K i n d , Karl ...

— **Christian Heinrich** (Leipzig), Variarum juris observationum sylloge prior. Präs. D. Christ. Gottl. Haubold. Lpz. (Vogel) 22. XII. 1812. 36 Seiten. (6.—) 18006
Gew.: Johann Daniel Kind. — Widm. v. Präs.

— — Dasselbe. Sylloge altera. Ohne Präs. Lpz. (Vogel) 3. II. 1814. 47 S. (5.50) 18007

Kind, Christ. Imman., die Stadt Chur in ihrer ältesten Geschichte. Ein Versuch. gr. 8. (45 S.) Chur 859, Hitz. *

Kind, Chr[istian Immanuel]. Die Vogtei Cur. Ein Beitrag zur Geschichte der Stadt Cur. [SA.] 8. [Zürich 1883.]

Kind, Chrn. Imman., die Reformation in den Bisthümern Chur und Como dargestellt nach den besten ältern und neuern Hülfsmitteln. Chur 858. Grubenmann. 8. (VI, 310 S.) n. 24 ngr

—— die Reformation in den Bisthümern Chur und Como. Dargestellt nach den besten ältern und neuern Hülfsmitteln. 8. (VI und 310 S.) Chur 858, [Gsell.] *

Kind, Chr[istian Immanuel]. Schloss Reichenau im Canton Graubünden, ehemalige Erziehungsanstalt. Auf Ansuchen der Gruppe 30, Erziehungswesen, bei der Landesausstellung Zürich 1883... zusammengestellt von Chr. K'.... 4. Chur [1883].

Kind, Chrn., die evangelisch-rhätische Synode und der Indifferentismus. Eine Beleuchtung. 8. (20 S.) Chur 847, (Hitz.) *

(Kind, Emil,) Bibliographia juridica, s. Bibliographia.

(Kind, Emil): Das Erbrecht, nach den im Königr. Sachsen jetzt geltenden Gesetzen, zugleich mit Berücksichtigung d Herzogthümer, allgem. fassl. dargestellt. *Leipzig*, Fort. 836. 8. (1 Thl.)

—— das Erbrecht, nach dem im Königr. Sachsen jetzt geltenden Gesetzen, zugleich mit Berücksichtig. d. Hrzgthümer, allgem. faßl. dargest. 8. (17 B.) Leipzig 836, [Melzer.]

—— jurist. Hausbibliothek f. den sächs. Staatsbürger aller Stände. 1. Bd. Das Erbrecht. 1. Lfg. 8. (4 B.) Leipzig 835, Fort.
Unter diesem Ttl. erschien nur d. 1. Lfg., wurde aber später vollständig unter dem vorhergehenden ausgegeben.

(Kind, Emil:) Jurist. Hausbibliothek f. d. Sächs. Staatsbürger aller Stände. 1r Bd. Das Erbrecht. 1e—4e Lief. *Leipzig*, Fort. 835. 8. (16 Gr.)

—— Sammlung auserles. Rechtssprüche u. Rechtsgutachten, f. Richter u. Advokaten, Notare, Accessisten u. angeh. Rechtspraktiker. 1. u. 2. Hft. gr. 8. Leipzig, Friese. [1. (12 3/4 B.) 836. 3/4 Thlr., 2. (11 1/4 B.) 838. 2/3 Thlr.]

—— Summarium juridicum, s. Summarium.

Kind, Emil. Summarium d. Rechtswissenschaft.

Summarium des Neuesten in der (Bd 2: deutschen und ausländischen) Rechtswissenschaft. Im Vereine mit Mehrern hrsg. v. Emil Kind. Bd 1. 2. Leipzig 1832. 33. 2 Bde

– (Hrsg.), s. T h e m i s , eine Zeitschrift

Kind, Aemil. Rich. (geb. Leipzig 17. 2. 1801): De natura vertiginis. (Berolini 1823.) (28 S.) 8°
Berlin, Med. Diss. v. 24. März 1823

Kind, Ernestus, Grimensis: **Quaestionum Plutarchearum capita tria ad Marii et Sullae vitas pertinentia.** ***Lipsiae 1900: E. Freter.*** (56 S.) 8°
Leipzig, Phil. Diss. v. [29. Jan.] 1900

Kind, F. A. [Pseud.], s. F l i t t n e r , Christian Gottfried

Kind, F. A., Samml. von Erzählungen. 8. Berl., Flittner. (Sander). 18 gr

Kind, F. A., Sammlung von E r z ä h l u n g e n. 8. Berl. N. Soc. Buchh. 811.

— Schilderungen des menschl. Lebens. 8. Berl. 811. Flittner. (Sander). 1 ℛ 4 gr

WEIBERSPIEGEL, Der. E i n a n g e n e h m e s L e s e b u c h f ü r d i e e l e g a n t e W e l t (von *F. A. Kind*). Berlin 1801. 8°.
Citirt Heinsius, wie d. fogende. — N i c h t im Anon.-Lex.

— der Weiberspiegel, oder meine Bekenntnisse über die Weiber. 8. Berl. 811. Flittner. (Sander). 1 ℛ 4 gr

Kind, F. W., das im Dienste d. Kirche von mir beobachtete Verfahren, treu u. offen dargelegt u. meinen Mitbürgern u. meinen Amtsgenossen zur Erwägung anheimgestellt. gr. 8. ... Bremen 831, Kaiser. Thlr.

Kind, Frz., Ach, der Verein! (=Bloch's, Ludw., Sammlung von Zwie- u. Dreigesprächen. 33. Hft.

Ach, der Verein! Humorist. Familienszene mit Gesang von Franz **Kind.** Berlin: E. Bloch [1905]. (16 S.) 8° [F.]
= **Sammlung**, Ludwig Blochs, von Zwie- u. Dreigesprächen. H. 33.

Kind, F(riedrich) W(ilhelm) R(obert): **Entwicklung und Ausdehnung der Eisenbahngesellschaften im niederrheinisch-westfälischen Kohlengebiet.** Leipzig 1908: A. Hoffmann. (243 S., 1 Karte.) 8°
Münster, Rechts- u. staatsw. Fak., Ref. Schmöle, Diss. v. 5. Mai 1908
[Geb. 21. Aug. 83 Vollmerhausen (Rheinprovinz); Wohnort: Cöln; Staatsangeh.: Preußen; Vorbildung: Oberrealsch. Bochum Reife M. 03; Studium: Münster 6 S.; Rig. 13. Dez. 07.]

Kind, Gottfried. Der missglückte Angriff (F.M.L. Friedr[ich] v.) Hotzes auf den St. Luzi-Steig am 1. Mai 1799. [Mit 2 Karten.] 19 S. 8.
36. Jahresbericht der historisch-antiquarischen Gesellschaft von Graubünden. Jahrg. 1906. Chur, Sprecher & Valer, 1907. (... Beilagen: [1].)

Kind, Gotthilf

Kind, G., Christus, der einige Mittler zwischen Gott und den Menschen. Predigt über 1. Timotheus 2, 5—6. gr. 8. (15 S.) Barmen 873, Wiemann.

Kind, G., zum Jahreswechsel. Zwei Predigten, über 2. Cor. 13, 13 und Röm. 12, 12 gehalten. 8. (16 S.) Barmen 880, Wiemann. **

Kind, G., Predigt über Joh. 16, 8—13: Das Strafamt des Geistes Gottes an der Welt, gehalten am 2. Pfingstfeiertage. 8. (16 S.) Barmen 876, Wiemann. **

Kind, Gthilf., 10 Predigten. gr. 8. (III, 88 S.) Barmen 901. (D. B. Wiemann). n. 1.50; geb. n. 2.—

—— zwei Predigten über die Rechtfertigung und Heiligung. gr. 8 (21 S.) Ebendas. 872. *

—— die Verlassenheit des Herrn Jesu am Kreuze. Predigt über Marci 15, 33. 34. gr. 8. (11 S.) (Ebendas.) 883. *

Kind, Herm., Die Fleischerei in Leipzig. Schriften des Vereins für Socialpolitik, Bd. 67. gr. 8⁰. Leipzig 1897.

Kind, Hermann, aus Pulsnitz: **Der Hausierhandel der slovakischen Drahtbinder unter besonderer Berücksichtigung des Königreichs Sachsen.** *Leipzig: Duncker & Humblot 1899.* (54 S.) 8° [F.] ¶ [Aus: Schriften d. Vereins f. Socialpolitik, 79.]
Leipzig, Phil. Diss. v. [21. Dez.] 1899

Kind, Hermann, Der Hausierhandel der slovakischen Drahtbinder unter besonderer Berücksichtigung des Königr. Sachsen. Schriften d. Vereins f. Sozialpolitik, Bd. 79. gr. 8⁰. Leipzig 1899.

— Die Seifensiederei in Leipzig. Schriften d. Vereins f. Socialpolitik, Bd. 67. gr. 8⁰. Leipzig 1897.

— **D. Hieronymus Gottlieb,** Solemnia inauguralia summorum in jure honorum viro Ferdinand Zschinsky (Leubsdorf). — Inest responsum ad quaestiones circa societatem en commandite. Lpz. 9. X. 1823. 16 S. mit Biogr. Z.'s. (Vater: C. Ch. Ruemmler; Mutter: J. Ch. F. Seyfert.) (5.50) 18008

— — In virum Adolph Emil Wendler (Leipzig) summos in utr. jure honores. — Praemissa est Sententia Ord. ad §. 2. et 7. coll. §§. 137. (138.) legis successoriae Saxon. d. 31. mens. Jan. 1829. promulg. Lpz. (Wilhelm Haack) 14. V. 1833. 10 S. mit Biogr. W.'s. (M.: J. Ernesti.) (5.—) 18009

Kind, Hieronymus Theophil

— — u. **August Apel** (Leipzig), De XIII. Justiniani edictis specimen primum. Continet quatuor priora edicta. Lpz. (Klaubarth) 21. XII. 1793. 52 Seiten. (6.20) 18012
Gew.: Johann Adam Theophil Kind.

— — Dasselbe. Specimen secundum. Continet edicta V. VI. et VII. Lpz. (Hirschfeld) 12. V. 1801. 40 S. (5.50) 18013

Kind, Hieronymus Theophil [Praes.], s. Encke, Jakob Gottfried Adolf: De XIII. Justianiani edictis spec. tertium.

— — (Leipzig), De justitio nundinarum Lipsiensium. Disp. jur. Präs. D. Carl Christoph Kind. Lpz. (Klaubarth) 5. IV. 1792. 32 S. (6.50) 18011
Gew.: Friedrich Gottlob v. Berlepsch (Hennigsleben). — Widm. v. Präs. (Bruder).

— **Hieronymus Theophil,** Proverbium summum jus summa saepe est injuria. — Illustrat atque viro optimo Carolo Christophoro Kindio summos in jure honores fratrum nomine gratul. Wittenbg. (Tzschiedrich) 1790. 12 S. (5.—) 18010

(— —). — Ordinarius idemque procancellarius senior et rel. assess. facult. jurid. Lips. summos in jure honores candidato **Hieronimo Theophilo Kindio** (Leipzig). — Inest respons. jur. 122. Ex obligatione laudemiali intelligi, consuetudine et pacto aeque, ac lege, rationi posse derogari. Lpz. (Saalbach) 29. V. 1801. 20 S. mit Biogr. (M.: M. E. Gerber.) (5.50) 18014

— — Summos in jure utroque honores in virum Hermann Theobald Petschke (Bautzen). — Inest: Species mandati quod dicitur: Accreditiv seu Creditbrief. Lpz. (Staritz) 8. VII. 1830. 15 S., tlws. dtsch., mit Biogr. P.'s. (M.: H. Hermann.) (5.—) 18015

Kind, Johann Adam Gottlieb

— — De beneficiis jure curiae concessis eorumque a feudis discrimine. Diss. jur. Lpz. (Langenheim) 3. II. 1774. 44 S. (6.50) 18019

Kind, J. Ad. Gli.: Ueber die Bildung jur. Staatsdiener u. besond. d. Räthe in Justizcolleg.; ein Beitr. zur jurist. Encyklop. u. Methodol. *Lpz.*, **Göschen. 818. gr. 8. (12 Gr.)**

Kind, Johann Adam Theophil [Praes.], s. B ü n a u , Günther von: Problema jur. feud. Saxon.-elect. num in successione in feudum commune coinvestiti compossessores simultanee investititis potiores sint?

— — (Verdens-Misn.), De feudo pecuniario. Diss. jur. feudal. Präs. Johann August Cleemann. Lpz. (Langenheim) 15. II. 1771. 24 S. (6.—) 18017
Gew.: D. Christian Wilhelm Küstner (Pausdorf). — Widm. v. Präs.

Kind, J. Ad. Gli.: Diss. de fontibus jur. judic. civ., quod per Germ. obt. *Lpz.*, 785. 4.

Kind, Johann Adam Theophil [Praes.], s. G o e c k e r , Karl Friedrich: De fontibus juris judiciarii civilis quod per Germaniam obtinet.

— — De jurisprudentia Germanorum paroemiaca ejusque cauto usu. Lpz. (Breitkopf) 30. X. 1776. 24 S. (5.50) 18021

Kind, Johann Adam Theophil [Praes.], s. K i n d , Johann Daniel: Quaestio forensis cessio hereditatis a peregrino in indigenam facta utrum jus detractus tollat nec ne.

Kind, Io. Ad. Theoph., Opuscula academ. ad supplendas ejusd. scriptoris quaestiones forenses observationibus et additamentis quibusdam instructa junctim nunc ed. atque de vita et scriptis auctoris praefatus est Emil. Ferdin. Vogel. 8maj. (30½ B.) Lipsiae 836, [libr. Serig.]

— — u. **Adam Friedrich August v. Watzdorff** (equit. Sax.), De origine et fatis curiae provincialis supremae in Saxonia. Lpz. (Langenheim) 17. III. 1773. 64 S. (6.50) 18018
Gew.: Johann Adolph Erdmann Frh. v. Werther (Wiehe, Bachra, Allerstaedt), Georg Adolph v. Burkersrode (Markroehlitz), Georg Erasmus v. Brand (Haardorf, Kleinhelmsdorf), Friedrich Wilhelm Albrecht v. Goldaker, August Sigismund aus dem Winkel, Heinrich Ferdinand v. Zettwitz, Friedrich Adolph v. Below, Adam Chrstian Ludwig v. Wuthenau, Carl Ferdinand Hommel (Zweennaundorf, Groszschepa), Jacob Benedict Winkler (Doelitz), Jacob Heinrich Born (Wildenborn, Suksdorf), Christian Erdmann Deyling, Christian Wilhelm Küstner (Paunsdorf), Friedrich Theophil Zoller, Heinrich Gottfried Bauer (Webau), Christian Gottfried Hermann, Johann Theophil Seger. — Widm. an d. Mitverfasser. — Tit.-Kupf.: J. D. Philippin geb. Sysangin sc.

— **Johann Adam Theophil,** De origine litterarum clientelarium disserit et viro doct., amico suo suaviss. Joanni Friderico Cleemanno (Chemnitz) ipso die quo publice disputabat gratul. Lpz. (Langenheim) 22. XI. 1770. 8 S. (4.—) 18016

(— —). — Ordinarius senior et rel. doctores facult. jurid. Lips. summos in jure honores candidato **Joanni Adamo Theophilo Kindio** (Werdau). — Thema: De pecunia feudali (Lehn Stamm). Lpz. (Langenheim) 12. II. 1774. 20 S. tlws. dtsch., mit Biogr. (M.: M. M. Oberlaender.) (6.—) 18020

Kind, Johann Adam Theophil [Praes.], s. P l o e s s i n g , Adrian Heinrich: De dote a detractu haud libera.

Kind, J. Adm. Theoph.: Quaestiones forenses, observationibus ac praesertim decisionibus reg Sax. supremi provocationum tribunalis collustratae. IV Voll. Ed. II. multis partibus auct. et emendat. *Lipsiae*, (Fritsch) Hahn. (792—795.) 807. 8mai. (7 Thl.)

— — De retentione pignoris in concursu creditorum secundum jus Saxonicum electorale exule. Lpz. (Breitkopf) 1785. 20 S. (4.50) 18023
Johann Friedrich Theodor Rollius (Luckau), Christoph Ludwig Lehmann (Pegau), Carl Friedrich Goecker (Grimma), Rudolph August Koenig (Pietzschwitz/Misn.); Johann Gottlieb Klemm (Zwickau), Johann Gottfried Thiemius (Torgau).

Kind, Johann Adam Theophil [Praes.], s. S c h o e n b u r g , Karl Heinrich von: De feudis femininis.

— — De speculi Saxonici usu et auctoritate. Lpz. (Klaubarth) 28. V. 1783. 55 S. (6.80) 18022

Kind, Johann Adam Theophil [Praes.], s. W a r n s d o r f , Georg Ludwig Wichmann von: De successione in bona absentium

Kind, Johann Adam Theophil [Praes.], s. W a t z d o r f , Adam Friedrich August von: De origine et fatis curiae provincialis supremae in Saxonia.

Kind, Johann Christoph

— — De reprobatis speculi Saxonici articulis. Diss. jur. Lpz. (Langenheim) 6. VIII. 1761. 32 Seiten. (5.50) **18025**

— **Jo. Christoph** (Werdensis Misnicus), De Josia quadrigas solis removente ad II. Reg. XXIII, II. Präs. Christ. Wilhelm Bose (Leipzig). Lpz. (Langenheim) Febr. 1741. 32 S. (6.—) **18024**

— s. 1) H. v. Perefixe, Lebensbeschreibung Heinrichs d. Großen. 2) Polyäns Kriegslisten. 3) Plutarchs Lebensbeschreibungen.

Kind, Johann Daniel

(— —). — Ordinarius senior caeterique assess. facult. jurid. Lips. summos in jure honores viro **Joanni Danieli Kindio** (Werdau). — Inest brevis enucleatio decis. noviss. XXVI. Lpz. (Klaubarth) 15. IV. 1786. 16 S. mit Biogr. (5.50) 18029

— — De obligatione mariti rerum uxoris mobilium heredis aes alienum hereditarium dissolvendi. Quaestio juris Saxonici. Lpz. (Klaubarth) 6. IV. 1786. 54 S. (6.50) 18028

— **Johann Daniel,** Quaestio forensis cessio hereditatis a peregrino in indigenam facta utrum jus detractus tollat nec ne. Präs. Jo. Adam Theophil Kind. Lpz. (Bueschel) 18. IX. 1783. 32 S. (6.—) 18026

— — u. **Ernst Friedrich Adam Frh. v. Manteufel** (Lausitzer Adel), De unionibus hereditariis in Germania per juris manuarii aevum usitatis. Lpz. (Bueschel) 20. IV. 1785. 71 S. (6.80) 18027
Gew.: Johann Adam Theophil Kind (Bruder). — Widm. an den Mitverf. v. M. — Ab S. 57: Erbeinigung zwischen Böheim u. Sachsen, wie solche nach d. Tode Churfürsts Augusti anno 1587 von K. Rudolphen II. ausgefertigt worden.

Kind, Johann Friedrich

— der Abend am Waldbrunnen, s. Ad. Müllner, Almanach für Privatbühnen. 3s Bdchen.

– s. Abendzeitung.

— Schloß Acklam. Ein dramat. Gedicht, mit 1 Kpf. 8. Leipz. 803. Hartknoch. 15 gr. Velinp. 1 Rthl. 4 gr.

– s. Agrionien.

Kind, (Jh.) Fr., das Dankopfer. Lide mit Chören. Zum 23. Dec. 1816. gr. 8. Dresd. 816. (Ist nicht in d. Buchhandel gekommen.)

— die beiden Dohlen, s. Gemälde, dramatische.

Kind, Friedr[ich], Referendar, Bremen: Das Einspruchsrecht der Verwaltungsbehörde im § 61 B.G.B. *Bremen 1901: J. D. Prohl.* (VII, 58 S.) 8°
Rostock, Jur. Diss. v. [5. Okt.] 1901

Kind, Friedrich

Friedrich Kind's ausgewählte Erzählungen. Th. 1–4. Wien: Gräffer & Härter 1815. 8°

Kind, Fr., Erzähll. u. kleine Romane. 5 Bde. 8. Leipz. 820—827. Göschen. 6 Rthl.

Kind, (Fr.,) Erzählungen u. kl. Romane. 2 Bdchn. 8. Grimma 820—22, Göschen-Beyer.

— Erzählungen u. kl. Romane. 3s—5s Bdchn. 8. Grimma 823—25, Göschen-Beyer. à 1 Rthl. 16 gr. 5 Rthl. — Alle 5 Bde.

Kind, Frdr., der Freischütz, s. a. Weber, Karl Maria v.

—— dass. — s. Collection of celebrated Operas.

—— dass. — s. Mode's Opern-Text-Bibliothek.

Kind, F. Der Freischütz, s. Universal-Bibliothek Nr. 2530.

— der Freischütz. 8. Leipz. 822, Göschen.

Kind, Fr., der Freischütz. Volks-Oper in 3 Aufzügen. Ausgabe letzter Hand, mit A. Apels Schattenrisse, 37 Original-Briefen u. 1 Facsimile von C. Maria v. Weber, einer biogr. Novelle, Gedichten u. andern Beilagen. gr. 8. Leipzig 843, Göschen. 1 Rthl.

Kind, Friedr., der Freischütz. Romantische Oper in 3 Akten. Musik von C. M. v. Weber. Text der Gesänge. 8. (23 S.) Berlin 858, Lassar's Buchh. *

Kind, Friedr., der Freischütz. Volks-Oper in 3 Aufzügen. [Musik von C. M. v. Weber.] Neu revid. Abdr. 8. (64 S.) Wien 870, Wallishausser'sche Buchh. *

— Gedichte. Mit 1 Kpf. gr. 8. Leipz. 808. Hartknoch. 1 Rthl. 16 gr. Velinp. 3 Rthl. 8 gr. 2e verb. Ausgabe. 1s bis 4s Bdchn. Mit Kpf. Taschenf. Ebd. 817—23. 6 Rthl. 8 gr. 5s Bdchn. 2e verb. u. vollständ. Aufl. A. u. d. T.: Neuere Gedichte. 1s Bdchen. Mit d. Verf. Bildn. 16. Leipz. 825. Göschen. 1 Rthl.

— der gute Geist. Nach einem Gemälde von Gerh. von Kügelgen, der allerh. Geburtstagsfeyer Alexanders I. gesungen. gr. 4. Leipz. Hartknoch. 814.

— der gute Genius. Nach e. Gemälde von Gerh. von Kügelgen, d. allerh. Geburtstagsfeier Alexander I. gesungen. gr. 4. Leipz. 814. Hartknoch. 3 gr.

— das Gespenst, drei Erzählungen, s. Gespenst.

Kind, Fr., Gespenst, s. Harfe.

— die Harfe. 8 Bdchen. Mit 8 Kpf. 8. Leipz. 814—819. Göschen. 14 Rthl. 16 gr.

— Prinz Incognito, s. Gemälde, dramatische.

(—) Cantate zum Jubiläo d. Königs. gr. 4. Dresd. 818. (Kam nicht in d. Buchhandel.)

— die Körners-Eiche u. d. deutschen Frauen. 2 Gedichte. gr. 8. Leipz. 814. Göschen. 6 gr. Dass. Velinp. Mit 1 Kpf. 4. Leipz. 814. Göschen. 20 gr.

— — dass. eine Phantasie. Velinp. m. 1 Kpfr. 4. Ebendas. 814.

– s. Komus, Ein Taschenbuch.

— Gerhard v. Kügelgen, e. Fantasie. 4. u. 12. Dresd. 1e u. 2e A. 820. Arnold. 2 gr.

Kind, F., van Dyck's Landleben, s. a. Siegfried's Mädchen-Bibliothek.

— Van Dyck's Landleben, e. maler. Schauspiel. gr. 8. Leipz. 818. Göschen. Schrbp. mit Portr. u. 6 Umrissen geb. 3 Rthl.

— Dass. kl. 8. 821. broch. in allegor. Umschlag. 2e verb. u. verm. Aufl., mit Van Dyck's Portrait. 1 Rthl. 12 gr.

— s. Leben u. Liebe Ryno's.

— Liebchen v. Waldkron, e. Freundschaftsgabe f. 1824. 8. Leipz. 824. Fr. Fleischer.

— Lindenblüthen, 4 Bde. 8. Leipz. ... 2e A. 817—19. Hartknoch. 6 Rthl. 8 gr. Schrbp. 10 Rthl. 12 gr.

— Makaria, s. A. Lafontaine.

— Malven. 2 Thle. 8. Züllichau 805. (Fr. Fleischer in Leipz.) 1 Rthl. 18 gr.

– s. Morgenzeitung, Dresdn.

— — d. Muse, s. d. Muse.

— s. Natalie.

— Roswitha. 4 Bde. 8. Leipz. 811—15. Hartknoch. 8 Rthl. 16 gr. Schrbp. 12 Rthl.

Kind, (Joh.) Friedr., Sagen, Erzählungen u. Novellen. 2 Thle. 8. (36 B.) Leipzig 829, (Lehnhold.)

Kind, Friedrich

s. Schulze, Friedrich August: Erzählungen von ... 1817.

LENARDO'S Schwärmereyen. (Erzaehlungen u. Poesieen, stellenw. frei, verfasst von *Johann Friedr. Kind*, hrsg. von N. M. L. S***h.) 2. Aufl. Mit 2 Kpfrn. Leipzig u. Gera, bei Wilh. Heinsius, 1797. 8°. (2 Mk. 40 Pfg., geles. Expl., Lehmann & Lutz, 1884.)

— Schön Ella. Volks-Trspl. in 5 A. 8. Leipz. 825. Göschen. 16 gr Weiß P. 1 ₰

– s. Taschenbuch z. gesell. Vergnügen.

Kind, Fr., Theaterschriften. 4 Bde. 8. Leipz. 821—27. Göschen. 5 ₰

— 1r Bd. enth.: Der Minstrel, Drama in 5 Aufz. — Vergeltung; Schspl. in 5 Aufz. — Die schwarze Frau; Lstspl. in 2 Aufz. — Alcindor; Festoper in 3 Aufz. 1 ₰ 12 gr

— 2r Bd. enth.: Das Nachtlager von Granada. Schspl. in 2 A. — Petrus Apianus. Schspl. in 1 Aufz. — Der Weinberg an d. Elbe. Lstspl. in 1 Aufz — Das Morgenstündchen. Lustspl. in 1 Aufz. — Der Abend am Waldbrunnen. Idyll in 1 Aufz. 1 ₰ 12 gr

— 3r Bd. enth.: Die Eroberung von England. Schspl. — Die Truhe. Lstspl. in 1 Aufz. — Die Barden-Eiche, Gedächtnißfeier in 1 Aufz. — Das Lustspiel auf d. Treppe, in 1 Aufz. 1 ₰ 12 gr

— 4r Bd. enth.: Van Dyck's Landleben. Schspl. — Die Thalhütte. Schspl in 1 Aufz. — Der Freischütz. Oper in 3 Aufz. — Der Kuß. 1 ₰ 12 gr

– s. Theaterzeitung, Dresdn.

— Tulpen, 7 Thle. 8. Leipz. 806—810. Hartknech. 10 ₰ Schrbp. 18 ₰

— Vergeltung, die, s. Gemälde, dramatische.

— der Weinberg an der Elbe; ein maler. Schspl. gr. 8. Leipz. 817. Ebd. Schrbp. mit 1 Portr. u. 3 Vasengemälden u. Musik. 21 gr

— Wilhelm der Eroberer, 8. Züllichau 806. (Michelsen in Lpz.) 1 ₰ 8 gr

Kind, K., die Füchsin u. der graue Wolf, s.: Volksbücher, 10. Hft.

Kind, K. Jul., s. Uebungen im Kopfrechnen.

Kind, Karl

Carl Kind & Co., Gußstahlfabrik, Bielstein <Rhld>. — o. O. u. J. 1 Bl. 8°

Kind, Karl [aus Elberfeld]: Über die Prostatahypertrophie und die neueren Versuche zu ihrer operativen Behandlung. . . . Bonn, Univ.-Buchdr. v. Carl Georgi, 1890; 60 S. + 1 Bl. 8°
Bonn, Med. Fak., Inaug.-Diss. v. [21. Jul.] 1890

Kind, Karl, Raunen u. Rauschen. (Gedichte.) (122 S.) 8. Straßburg 910. J. Singer. 2.—

Kind, Karl Christoph [Praes.], s. Kind, Hieronymus Theophil: De justitio nundinarum Lipsiensium.

— — Num executor testamenti in eodem heres ex asse scriptus esse possit? Disquisito juris civilis qua dilect. fratri Hieronymo Theophilo Kindio summos in philosophia honores gratul. Lpz. (Klaubarth) 1793. 30 S. (6.—) 18002

— — De responsis prudentum. Parenti optimo D. Johanni Christophoro Kindio summos in philosophia honores semisaeculares fratrum nomine gratul. Lpz. (Klaubarth) März 1791. 16 S. (5.—) 18001

Kind, Carl Christoph (Leipzig), De tutela feodali in primis electorali Saxonica. Diss. jur. Lpz. (Breitkopf) 23. IX. 1790. 32 S. (6.—) 18000

— **Carl Friedrich** (Doeben), De cranio, cerebro, medulla spinali et nervis in idiotia primaria. Diss. pathol.-anatom. Präs. Otto Bernhard Kuehn. Lpz. (A. Waldow) o. J. (ca. 1858). 32 S. m. Literatur u. Biogr. (M.: H. W. Puegner.) (6.—) 18003
Oppon.: Unger, Loebner, Stolper. — Gew.: Carl Ferdinand Kern.

— **Carl Maximilian** (Leipzig), Analecta ad semioticen physiognomicam. Diss. med.-chir. Lpz. (Breitkopf-Haertel) 19. III. 1824. 104 Seiten. (7.—) 18004
Gew.: Christian Ehrhard Kapp, Joh. Christ. August Clarus, Frid. August Benj. Puchelt.

Kind, (C. M.,) Analecta ad Semioticen physiognomicam. Diss. inaug. 8 maj. Lips. 824, Hartmann.

Kind, Karl Theodor

Kind, Theodor [wirkl. Name], s.a. Antiromanus, Christianus, [Pseud.]

(Kind, [Karl] Theod.,), †(Christianus Antiromanus; Theod. Krohn,) zwei merkwürd. Actenstücke rc., s. Actenstücke.

Kind, Theod., neugriechische Anthologie. Orig. u. Uebersetzung. 1. Bdchn. 8. (12½ B.) Leipzig 841. [Herm. Fritzsche.]

Kind, Thdr., neugriechische Anthologie. Original und Uebersetzung. 2., wohlf. Ausg. br. 8. (XIV und 182 S.) Leipzig 847, H. Fritzsche.

Kind, Thdr., Anthologie neugriechischer Volkslieder. Im Orig. mit deutscher Uebertragung hrsg. gr. 16. (XXXVI und 232 S.) Leipzig 861, Veit und Comp. *

—— Beiträge z. bess. Kenntniß d. neuen Griechenlands, in histor., geograph. u. literar. Beziehung. gr. 8. (19 B.) Neustadt a. d. O. 831, Wagner.

(——) Blätter üb. Politik rc., s. Blätter.

Kind, (Karl) Theod., neugriech. Chrestomathie, m. grammat. Erläutern. u. e. Wörterbuche. Prosa u. Poesie. gr. 12. (12 B.) Leipzig 835, Baumgärtner.

(——) zur Emancipation d. kathol. Kirche, s. †Antiromanus, Chrstn.

Kind, Karl Th., Gedichte. Mscr. für Freunde. 8. (VI und 185 S.) Leipzig 867, Klinkhardt.

—— Geschichte der griechischen Revolution, s. a Taschenbibliothek aller Revolutionen ꝛc., 6. u. 7. Bdchn.

— — Geschichte der griechischen Revolution, vom Jahre 1821 bis zur Thronbesteigung des Königs Otto I. 8. Leipzig 1833.

— Geschichte der griech. Revolution vom Jahre 1821 bis zur Thronbesteigung des Königs Otto I. 2 Abthl. in 1 Bde. 8. Leipzig 838. Literar. Museum. 2/3 ₰ — s. auch Taschenbibliothek der Revolutionen. 6s u. 7s Bdchn.

(——) der sterbende Grégoire, s. †Antiromanus, Chrstn.

Kind, Thdr., s. a. Handwörterbuch der neugriech. und deutschen Sprache.

(Kind, Theodor), Handwörterbuch der neugriechischen und deutschen Sprache. Stereotypausgabe. Leipzig (1841).

—— Deutschlands Hoffnungen, od.: welche Folgen müssen d. Bundestags-Beschlüsse v. 28. Juni 1832 f. Deutschland nothwendig haben? gr. 12. (4 B.) Freiburg 832, Gebr. Groos.

— **Carl Theodor** (Leipzig), De jure ecclesiae evangelicae. Diss. jur. Lpz. (Georg Maret / Leop. Voss) 31. VII. 1827. 51 S. (6.50) 18005

—— Neugriechische Poesieen, s. Τραγῴδια.

(——) Rom u. Belgien ꝛc., s. Rom ꝛc.

(——) Rom im Concordate mit d. Regierungen ꝛc., s. Rom ꝛc.

— s. Sophocles Ajax.

(——) von Staat u. Kirche, s. a. Von.

(Thdr. **Kind**) von Staat u. Kirche; e. Beitr. z. Besserwerden in beiden. — *Neust. a. d. O.*, Wagner. B. 831. 8⁰ 9 *gr*

(——) die erste konstitution. Ständeversammlung d. Königr. Sachsen ꝛc., s. Ständeversammlung ꝛc.

—— von d. Stellung sowohl d. konstitution. Bundesregierungen, als d. Ständeversammln. Deutschlands, zu d. deutschen Bunde u. zu Deutschlands Einheit. 8. (5½ B.) Leipzig 833, Baumgärtner.

(——) Stimmen der Zeit ꝛc., s. Stimmen.

—— Τραγῴδια, s. Τραγῴδια.

—— Neugriechische Volkslieder, s. Eunomia, 3. Bd.

—— neugriechische Volslieder, s. Volkslieder.

(——) was könnte u. sollte e. neuer Kongreß ꝛc., s. Was.

(——) was verlangt unsere Zeit ꝛc., s. Was.

(——) dreißig polit. Zeit-Sonette, s. Zeit-Sonette.
Vgl. Kindt.

Kind, L., Grillparzers Ahnenfrau, nacherzählt, erläutert u. m. e. Biographie Grillparzers versehen, s.: Sattler's interess. Biblioth. Nr. 30.

— **Moritz** (Leipzig), De lege Voconia. Diss. jur. Lpz. (Hoehm) 17. II. 1820. 76 S. (6.50) 18030
Gew.: Johann Adam Theophil Kind, Christian Ehrhard Kapp.

Kind, Mt.: D. de lege Voconia. *Leipz.*, Göthe. 820. gr. 4. (10 Gr.)

(— —). — Unserm Freunde Herrn D. Moritz Kind am Tage Seiner feierlichen Promotion gewidmet. Am 17. Februar 1820. Lpz. (J. B. Hirschfeld). 3 Bl. mit Namen d. Gratul. (5.—) 18031

Kind, D. M., Geschichte v. Seifhennersdorf. Hrsg. vom Gemeinderath. 7 Lfgn. gr. 8. (204 S. m. 3 Lichtdr.) Seifhennersdorf 892. 893. (Zittau, E. Oliva.) à n. — 25

Kind, P. H., s. Reden zur Gedächtnisfeier der Schlacht bei Näfels.

Kind, Paul, s. Cowper, W., Erinnerungen aus dem Jugendleben.

Kind, Paul, Denksprüche mit Liederversen für Confirmanden. Aus dem alten und neuen Testamente und aus bewährten Liedersammlungen ausgewählt und zusammengestellt. 8. (91 S.) Chur 851, Grubenmann'sche Buchh.

Kind, Paul. Geschichte der evangel.-reform. Gemeinde Radevormwald. Zur Feier ihrer vor 300 Jahren erfolgten Stiftg. derselben dargereicht. 8. (107 S.) Radevormw. 891. (Barm., Wiemann.) * 1 —

Kind, Paul, „Glaube nur!“ Lockungen zu Christo, dem einzigen Trost und Heil für verzagte Herzen. Abgekürzt hrsg. im Selbstverlag des evangel. Brüdervereins. 8. (28 S.) Elberfeld 870. (Barmen, Buchh. der evangel. Gesellschaft.) *

Kind, Paul., Predigten verm. Inh. gr. 8. Chur. (Breitkopf, Lpz.) 777.

Kind, Paul., Samml. e. Predigten verm. Inhalts. gr. 8. Chur 777. (Breitkopf u. H.) 20 *gr*

— Worte, wodurch man selig werden kann, in Predigten. 8. Lindau, Otto. 762.

— Worte, wodurch man selig werden kann; in Predigten. 8. Lindau 762. 3e A. 8. Elberf. 789. Hermannsche B. in Frankfurt. 16 *gr*

Kind, P., Worte, wodurch man selig werden kann. In einigen Predigten des seligen ꝛc. neu herausgeg. von der Bündtner Gesellschaft zur Verbreitung christl. Schriften. 8. Chur 837. Grubenmann'sche Buchh. 1/3 ₰

Kind, Paul G., „Die Liebe Christi dringet uns.“ Predigt, gehalten vor der evangel. rhätischen Synode in Malans, den 25. Juni 1848. 12. (20 S.) Chur 848, Grubenmann'sche Buchh. *

Kind, Paul G., zwei Predigten gehalten am 4. und 5. Sonntag nach Trinitatis, letztere als Abschiedspredigt. 8. (17 S.) Chur 872, Gsell. *

—— die Stellung des Pfarrers in der Gemeinde. Antrittspredigt über 1. Kor. 3, 9 gehalten den 14. Mai 1871. gr. 8. (13 S.) Herisau 871, (Meisel.)

Kind, Richard

Kind, R., das Seebad zu Swinemünde. Als Anh. e. kurze Anleit., die Insel Rügen zu bereisen. 8. (11 B., 1 gest. Ansicht u. 1 lith. Plan v. Swinemünde.) Stettin 828, Morin.

Kind, Roswitha, geb. Kind, Gedichte. gr. 8. (8¼ B. u. 4 Stahlst.) Leipzig 843, Lehmann.?

Kind, Thdr., s. oben Karl Thdr. Kind.

Kind, W., die Wirkung der Waschmittel auf Baumwolle u. Leinen. (36 S.) gr. 8. Wittenberg (909). A. Ziemsen. 2.—

Kind, Walter, aus Hunstig: **Ueber die Ueberführung von Hydrazin-Abkömmlingen in Bisfuro-ββ$_1$-diazole und Osotetrazine.** *Heidelberg 1904: J. Hörning.* (47 S.) 8°
Heidelberg, Naturw.-math. Diss. v. 1904

Kind, Wilhelm Ein Beitrag zur Bestimmung der täglichen Variationen des Erdmagnetismus. (Nach den Beobachtungen der Station Fort Raë, Nordamerika, während der Polarexpeditionen 1882 und 1883.) (Umschlagtitel: . . . Erdmagnetismus.) 4 (26 S., 2 Taf.). Progr. König-Wilhelms-G. *Stettin* 1888 (133).

Kind, Wilh., zur Potentialfunktion der elektromagnetischen Kräfte mit Anwendung auf Multiplicatoren, deren Stromwindungen rechteckig geformt sind. Inaugural-Dissertation. gr. 8. (75 S. mit 1 autogr. Taf.) Göttingen 878, (Vandenhoeck und Ruprecht's Verlag.) *

Kind, William, approb. Arzt: **Über Aethernarkose** an der Königl. Universitätsfrauenklinik zu Leipzig. *Leipzig 1900: A. Edelmann.* (22 S.) 8°
Leipzig, Med. Diss. v. 28. Juli 1900

Kind v. der Wiehl, A., per aspera ad astra. Geharnischte Sonette, dem neuen Reichstage vor u. nach der Auflösg. des alten Reichstags gesungen. 12. (39 S.) Braunschweig 893. H. Wollermann. n. —50

Kindbettfieber. Das K'. Bearb. von O[tto] von Herff, Basel, M[ax] Walthard, Bern und H[ans] Wildbolz, Bern. Mit zahlreichen Textabbildungen [sowie 1 Tabelle und 10 Tafeln]. Sonderdruck aus: Handbuch der Geburtshülfe (... hrg. von ... Professor Dr. F[ranz] von Winckel ...), Band 3, Teil 2. II S. + S. 255—996. gr.-8. Wiesbaden, J. F. Bergmann, 1906. [M. 18.60]

Kindborg, Amy, M. D., a. Karlskrona ⟨Schweden⟩: **Die Pneumokokken. Vergleichende Untersuchungen mit besonderer Berücksichtigung der Agglutination.** Leipzig: Veit & Co. 1905. (40 S.) 8°
Halle, Med. Fak., Ref. Fränkel, Diss. v. 2. Aug. 1905
[Geb. 15. Nov. 73 Karlskrona, Schweden; Wohnort: Karlskrona; Staatsangeh.: Schweden; Vorbildung: Mädchengymn. Karlskrona Reife 0. 00; Studium: Philadelphia 8, Stockholm 1, Halle 3 S.; Rig. 29. Juli 05.]

Kindborg, Erich, Theorie u. Praxis d. inneren Medizin. Ein Lehrb. f. Studierende u. Ärzte. 1. Bd. Die Krankheiten d. Zirkulations- u. Respirationsorgane. (XII, 404 S. m. 47 Abb.) gr. 8. Berlin 911. S. Karger. Geb. in Leinw. 7.—

Kinde, dem artigen. Bilderbuch m. Kinderversen. 4. (8 S.) Wurzen 889. Kiesler. cart. —50

Kinde, dem guten. 4 Sorten. 12. (à 8 S. m. z. Tl. farb. Bildern.) Wesel 899. W. Düms. à n. —05; auf Pappe (7 S. m. farb. Bildern.) à —20

— meinem. Ein Bilderbuch f. unsere Kleinen. Mit luft. Bildern u. Reimen. 4. (10 S. auf Pappe m. z. Tl. farb. Abbildgn.) Stuttgart (899). Loewe. Geb. 1.50

Gerechte Strafe einer Raben-Mutter, oder: schreckliche Verirrung eines Weibes. Wahre Begebenheit der neuesten Zeit. Herausgegeben und im Selbstverlage von Andreas Kindel.
Kol: Druck von C. Schulze u. Co. in Schmiedeberg (Prov. Sachsen.).
o. J., 4 Bl. n. n., 178 × 110.
LBO Bänkelsängerlit. II, 71.

Kindel, Paul: **Von der elliptischen Bewegung eines frei beweglichen Massenpunktes unter der Wirkung von Attraktionskräften.** Halle a. S. 1884: (Sayffaerth in Berlin). 52 S., 1 Taf. 8°
Halle-Wittenberg, Phil. Diss. v. [10. Sept.] 1884
Geb. Beelitz (Mark) 24. 3. 1850. V.
Aus: Archiv der Mathematik u. Physik. Ser. 2. Bd 15. Leipzig 1897. S. 262–314. — Verf. erlebte die Diplomerneuerung 1934 als Gymnasial-Professor a. D. in Berlin-Steglitz, vgl. Anh. Nr. 767.

Kindel, P., Leitfaden der Physik f. den Anfangsunterricht m. Berücksicht. der neuen Lehrpläne. gr. 8. (125 S. m. 118 Abbildgn.) Breslau 893. F. Hirt. n. 1.25

Kindel, P., Schul-Physik, s.: Trappe, Alb.

Kindel, Paul Eine reziproke Zuordnung der räumlichen Elemente. 4 (22 S., 1 Taf.). Progr. Kölln. G. *Berlin* 1887 (50).

Kindel, Paul, eine reziproke Zuordnung der räumlichen Elemente. gr. 4. (22 S. mit 1 Fig.-Taf.) Berlin 887, Gaertner's Verlag. * 1 —

Kindel, Wilh.: Betrachtungen über die Eigentümerhypothek. Berlin 1903.

(in: Festgabe d. Jur. Gesellsch. zu Berlin f. Rich. Koch.)

Kindel, W., die Grundlagen des römischen Besitzrechts. gr. 8. (VII, 464 S.) Berlin 883, Vahlen. *

Kindel, W. Das Recht an der Sache. Kritische Bemerkgn. zum 3. Buche d. Entwurfs e. bürgerl. Gesetzbuches f. das Deutsche Reich. gr. 8. (XXVIII, 440 S.) Bresl. 889, Morgenstern's Verlag. * 9 —

Kindel, W., das Rechtsgeschäft u. sein Rechtsgrund. Eine Kritik der in den Entwurf e. bürgerl. Gesetzbuches f. das Deutsche Reich aufgenommenen Lehre vom abstrakten Vortrage. gr. 8. (XI, 264 S.) Berlin 892. C. Heymanns Verl. n. 6.—

— u. A. Weindel, Vergleich. Untersuchungen v. Chlor-Bleichlaugen. (41 S.) Lex. 8. Leipzig 909. Verlag d. „Leipz. Monatschr. f. Textilindustrie". 2.—
Sonderabdr. aus: „Leipz. Monatschr. f. Textil-Industr."

Ihr Kindelein kommet. Ein Buch mit Bildern, Geschichten u. Betrachtungen f. d. Kinder. *Witten a. R.: Stadtmiss. [1901].* (56 S.) 8° [...]

Kindeler, Aug., der Landwirth als Gärtner. Anleitung zur Obstzucht mit Rücksicht auf Anlage von Baumschulen, zu vortheilhafterem Bau der Küchengewächse und zum Betriebe der Bienenzucht. 8. (XIV und 131 S.) Halle 847, Hendel.

Kinder, die berühmten, od. Geschichte der Kinder aller Jahrhunderte u. Länder, welche sich durch ihr Unglück, ihre Frömmigkeit, ihren Muth, ihren Geist, ihr Wissen u. ihre Talente unsterblich gemacht haben. Nach Michel Masson, von Aug. Zoller. 2. unveränd. Ausg. Mit 6 (lith.) Bildern. 8. (399 S.) Stuttgart 848, Hallberger'sche Verlagsbchh. 24 ngl

Kinder, die bethenden, e. Auswahl kleinerer Gebethe z. Auswendiglernen f. Kinder v. 3—12 Jahren. gr. 16. (2½ B.) Elberfeld 841, Schmachtenberg.

KINDER, Die Bezauberten, oder wunderbare Begebenheiten der drey Söhne des Hali-Bassa (d. i. Pascha) und der drey Töchter des Siroco, Gouverneurs von Alexandrien, in Egypten. Anfänglich aus dem Türckischen in das Frantzösische, u. nunmehr wegen ihres sonderbaren u. angenehmen Inhalts in das Deutsche übersetzt. (Typogr. Ornam.) Delitzsch, bey J. C. E. Vogelgesang, 1749. 8°. (3 Mk. Julius Neumann, Magdeb., 1906; 3 Mk. 50 Pfg. Friedr. Klüber, München, 1906; 6 Mk. Adolf Weigel, 1908.)

184 S. (incl. Tit. u. 1 Bl. Vorr.). Mit sehr zahlr. interess. Anmerkgn. des französ. u. deutschen Uebersetzers über Türkische Titel, Kunstwörter, Religionswesen etc. — Zu Anfang d. Textes steht: „Die Bezauberten Kinder. Ein Türkisches Mährlein."

Orig.: Histoire de trois fils d'Hali-Bassa et des trois filles de Siroco, gouverneur d'Alexandrie. Constantinople 1748. 12°. (Scheible, Cat. 21. p. 58, Beibd.)

Kinder, die, der Bibel. br. 8. (104 S. mit 6 ill. Stnt.) Basel 854, (Bahnmaier's Buchh.) *

Kinder, die, der Bibel. br. 8. (84 S. mit 6 ill. Stnt.) Bremen 860, Verlag des Tractathauses. *

Kinder, der, schönstes Bilderbuch. Unzerreißbare Bildertafeln für kleine Kinder zur Belustigung und Belehrung. 1.—6. Aufl. qu. Fol. (12 chromolithogr. Taf. mit 3 S. Text.) Stuttgart 877—79, Nitzschke. cart.

Kinder, der, schönstes Bilderbuch. Unzerreißbare Bildertafeln für kleine Kinder zur Belustigung und Belehrung. 7. Aufl. qu. Fol. (12 Chromolithogr. mit 3 S. Text.) Stuttgart 880, Nitzschke. geb.

—— der kleinen, Bilderlust. qu. 4. (12 color. Stnt.) Stuttgart 877, G. Weise. cart. Auf Leinw.

Kinder, der, erste Bilderwelt. Ein neues ABC- u. Lesebuch. 8. (1⅛ B. u. 8 col. Bild.) Neu-Ruppin 845, Kühn. (Leipzig, Thomas.) *

Kinder, bleibet in Ihm! 1. Joh. 2, 28. Eine Confirmationsgabe, gesammelt und hrsg. von der evangel. Gesellschaft in Zürich. 1. Aufl. 1851. und 2. Aufl. 8. (64 S.) Zürich 856, Depot der evangelischen Gesellschaft. Thlr.

Kinder bleibet in ihm! 1. Joh. 2, 28. Eine Konfirmationsgabe, gesammelt und hrsg. von der evangel. Gesellschaft in Zürich. 4. Aufl. 8. (64 S.) Zürich 865, Dépôt der evangelischen Gesellschaft.

Kinder, bleibet in Ihm. 1. Joh. 2, 28. Eine Konfirmationsgabe gesammelt und hrsg. von der evangel. Gesellschaft in Zürich. 5. Aufl. 8. (64 S.) Zürich 870, Dépot der evangel. Gesellschaft. — 30

—— Bleibet in Ihm! 1. Joh. 2, 28. Eine Konfirmationsgabe, gesammelt und hrsg. von der evangel. Gesellschaft in Zürich. 7. Aufl. 8. (64 S.) Zürich 881, Depot der evangel. Gesellschaft.

Kinder, braune u. weiße. Ernstes u. Heiteres aus e. ind. Missionshause. (76 S. m. 20 Abb.) 8. Leipzig 908. Verl. d. ev.-luth. Mission. — 60

Kinder, der, liebstes Buch. 12 farb. Bildertaf. u. 19 Textseiten. (32 S.) Fol. Eßlingen (908). J. F. Schreiber. Geb. n. 2. 50

Kinder Dank, der, od. Freuden auf Leiden. 16. Mainz 825, Müller.

Kinder der Einsamkeit oder die Erstlinge meiner ländlichen Muse. Andernach 1803. V: *Schlotz, J.* (Ky)

— der Einsamkeit, oder d. Erstlinge meiner ländlichen Muse, (v. J. Schlotz). 8. Andernach 803. Lassaulx. 12 K gut Pap. 16 K

Kinder, der, schönstes Fabelbuch. Mit Text in Versen nach Lafontaine v. Gleim, Hagedorn, Michaelis, Ramler u. A. Mit 6 (farb.) Bildern. 2. Aufl. br. 8. (16 S.) Lpz. 889, Oehmigke. cart. (— 40) — 50

Kinder Floras. Ein Blumen-Malbuch für die Jugend. gr. 4. (11 farb. u. 11 schwarze S. ohne Text.) Nürnberg (901). Th. Stroefer 1. 50

Flora's lieblichste *Kinder*, nebst Allem, was von ihnen zu wissen noth und wohl tut. Ein Doppel-Alphabet von Blumen, treu nach der Natur gezeichnet u. illuminirt. [1827.]
Wien: Heinrich Friedr. Müller

—— der, Freud und Leid, im Spiel der Jugendzeit. Ein Verwandlungs-Bilderbuch in 8 (lithogr. und) ill. Bildern mit 32 Verwandlungen. gr. 4. Nürnberg 866, Koenecke. cart.

Kinder, der, liebste Freude. 8. (6 S. m. 4 farb. Bildern.) Berlin 893. Friedrichs & Co. — 10

—— frommer, Glaubens-ABC in Versen. 16. (4½ B.) Nürnberg 844, Recknagel. *

— gesunde, s.: Flugschriften, hygienische. 14. 15.

— gesunde!" Monatsblätter f. naturgemäße Kinderpflege in Gesundheit u. Krankheit. Unter Mitwirkg. v. Ärzten u. Erziehern hrsg. v. H. Möser. 1. Jahrg. 1893. 12 Nrn. (à ca. 2 Bog.) 4. Magdeburg, A. Rathke. n. 3. —

— dasselbe. Hygienisches Familienblatt. Hrsg. v. H. Möser. 2. Jahrg. 1894. 12 Nrn. (à ca. 2 Bog.) 4. Ebd. n. 3. —

Kinder, gesunde! Zeitschrift f. kindl. Gesundheits- u. Krankenpflege. Red.: H. Moeser. 1. u. 2. Jahrg. 1896—1897. à 24 Nrn. (Bog.) gr. 8. Hamm, Breer & Thiemann. à Jahrg. 3. —

— dasselbe. Zeitschrift f. kindl. Gesundheits- u. Krankenpflege, sowie f. d. ges. körperl. u. geist. Interessen der Jugend. 3. Jahrg. 1898. 15 Nrn (à 8—16 S.) gr. 8. Ebd. 1. 50

— gesunde! Gesunde Frauen! Zeitschrift f. die gesamten körperl. u. geist. Interessen der Jugend u. der Frauen. 4.—7. Jahrg. 1899—1902. à 12 Nrn. gr. 8. (à ca. 16 S. m. Abbildgn.) Berlin, W. Möller. à Jahrg. 1. —

— gesunde! Gesunde Frauen! Zeitschrift f. die gesamten körperl. u. geist. Interessen der Jugend u. der Frauen. 8. Jahrg. 1903. 12 Nrn. (224 S. m. Abbildgn.) gr. 8. Berlin, Oranienburg, W. Möller. n. 1. 20

— dasselbe. Mit Gratis-Beilage: Die Körperpflege. 9.—11. Jahrg. 1904—1906. à 12 Nrn. (1904, 272 S.; 1906, 257 S. m. Abbildgn.) gr. 8. Oranienburg, W. Möller. à Jhrg. 1. 20; geb. n. 2. 25

— gesunde! Gesunde Frauen! Zeitschr. f. die gesamten körperl. u. geist. Interessen d. Jugend u. d. Frauen. Mit Gratis-Beilage: Die Körperpflege. 12.—15. Jahrg. 1907 bis 1910. à 12 Nrn. (13.—15. Jahrg. IV, 223 u. 48 S.; IV, 244 u. 48 S. u. IV, 225 u. 48 S.) gr. 8. Oranienburg, W. Möller. à Jahrg. 1. 50

Kinder, glückliche. Bilderbuch mit 5 bewegl. (chromolithogr.) Bildern. gr. 8. (5 Bl. Text.) Fürth 885, Schaller und Kirn. geb. 1 75
geb. mit Goldpressung und innerem Titelbild 2 25

—— glückliche. Sechs Bilder in Farbendr. mit Text von Klara Reichner. gr. 4. Stuttgart 888, G. Weise. cart. 1 20
Ausg. auf Pappe 2 50

— dasselbe. 18 Bilder in Farbendr. (m. eingedr. Text). Leporello-Ausg. gr. 4. Ebd. 890. Auf Pappdeckel. 3. —; lackirt 3. 50

— glückliche. Von H. v. R. (64 S.) kl. 8. Striegau (907). Th. Urban. — 30

Kinder, Die glücklichen, ein Geschenk für gute Söhne und Töchter. Dessau u. Leipzig 1808. V: *Spieker, Chn Wilhelm.* (MGT)

Kinder, Die, ohne Gott und mit Gott dargestellt mittelst der Zeitgeschichte aus allen Ländern . . . Wien 1876. V: *Donin, Ludwig.* (EB)

— die, Gottes. Gott als Vater der Gläubigen, u. deren Stellg. u. Segng. als Glieder Seiner Familie. (Von E. Dönges.) (VII, 259 S.) 12. Dillenburg (903). (Bonn, J. Schergens.) Kart. n. 1 20

—— Gottes, gläubiger, geistlicher Wanderstab auf dem Wege zur Ewigkeit. Eine Sammlung kurzer Gebete, nebst den fünf Hauptstücken des Katechismus Lutheri, einigen Psalmen und Liedern. Neu hrsg. vom Luisenstift zu Nieder-Lößnitz. 16. (XVIII, 318 S.) Dresden 884, (J. Naumann.)
geb. in Leinw. *
Velinausg. in Ldrbd. *

Kinder, d., gottgefälligen, od. Geschichte des armen Rudli, eines Schweizerknabens, u. des armen Florentin, eines Hirtenknabens. Ein Geschenk f. gottesfürcht. u. lernbegierige Kinder. Mit 1 Kupf. gr. 12. Wien 825. Wimmer.

—— die gottgefälligen. Zwei Erzählungen. Ein Geschenk für gottesfürchtige und lehrbegierige Kinder. 3., unveränd. Aufl. 8. (47 S. mit Holzschn.) Wien 860, Leo's Verlagsexpedition.

— gratulirende. Auswahl kleiner hübscher Verse u Gedichte zum Namenstag-, Geburtstag- u. Neujahrs-Feste. gr. 8. (16 S.) München 894. Wenger's Verl. n. — 10

—— gute. Erzählungen für die Jugend. 16. (48 S. mit 1 Holzschnt.) Cincinnati 856(60). (Philadelphia, Schäfer und Koradi.) *

Kinder, Gute, der Eltern größter Reichthum. Schauspiel in 2 A. Leipzig 1780. V: *Weisse, Chn Felix.* (CGr)

Kinder, gute, d. Eltern größter Reichthum. Schsp. 8. Leipz. Crusius. 780.

Kinder, gute, d. Eltern größter Reichthum. Schspl. 8. Leipz. 780. (W. Vogel). 4 gr

Kinder, f. gute, u. f. solche, die es werden wollen. 3 Bdch. m. K. 8. Leipz. Müller. (Joachim.) 792–94.

— die guten. Zeichnungen von Erwin Oehme. gr. 4. (10 Bl. m. eingedr. color. Holzschn. u. 8 S.) Buchholz 852, Adler. 1 ℛ

—— die guten. Ein unterhaltendes und belehrendes Bilderbuch für das zarte Alter von 3—6 Jahren. 1. Ausg. 1852. 1 Thlr. und 2. Ausg. gr. 4. (10 Bl. mit eingedr. ill. Holzschn. und 8 S.) Buchholz 853. [Annaberg, Ronne.]

Kinder, die guten, einer guten Mutter. Eine Erzähl. in Briefen von d. Verf. d. Österreicr. 2. Aufl. 12. ($2\frac{1}{2}$ B. Schreibschr.) Thannhausen 839. (Augsburg, Kollmann'sche Buchh.; auch Regensburg, Manz.) à Thlr.
Ist eine neue Ausg. d. Schrift: Das Glück d. guten Erziehung, v. dems. Verf.

—— und Hausthiere. I. und II. qu. 8. (à 12 ill. Stnt. auf Leinw.) Nürnberg 862, Zeh'sche Buchh. à

—— der, Herz-Jesu-Andacht. Von B. M. v. B. 32. (8 S.) Aachen 886, A. Jacobi und Comp. — 5

Kinder Israels, die, in d. Wüsten, ein Beytr. z. Gesch. d. Fehden uns. Jahrh. 8. Sorau, Ackermann. 804.

— die jüngsten, meiner Laune, v. A. v. Kotzebue. 6 Bde. 8. Lpz. Kummer. 793—97. (à 1 Rthlr.)

—— die, im Kafferland. 64. (16 S.) Carlsruhe 875. (Barmen, Klein.)

— u. Kätzchen. gr. 8. (12 S. m. 3 farb. u. 10 schwarzen Bild.) Konstanz 895. C. Hirsch. — 40

Kinder, die, des Kreuzfahrers. Erzählung. 12. (269 S.) Aachen 862, Cremer'sche Buchh.

—— lachende. Mit Bildern von Th. Hosemann. 1. Aufl. 1850. und 2. Aufl. 4. (22 Bl. mit eingedr. ill. Holzschn.) Hamburg 851, Verlags-Comptoir. *

— meiner Laune, von H. A. Langbein. 8. Leipz. Joachim. 805.

Kinder, die, des Lichts und der Nacht. Ein Roman, von K. H. L. Reinhardt. 8. Wittenberg, Zimmermann. 817.

Kinder der Liebe deutscher Fürsten. Lübben 1811. V: *Beust, Frdr. Graf von.* (Ky)

— d. Liebe deutscher Fürsten, (v. Fr. Graf von Beust). 8. Lübben 811. Gotsch. 16 gr

— der, Liebeswerk, s.: Rosen-Knospen. Nr. 1.

— der, Lieblinge. (Ausgestanzt.) qu. 4. (14 S. m. z. Tl. farb. Bildern.) Fürth 894. (Leipzig, W. Opetz.) — 60

— der, Lieblinge. qu. gr. 4. (16 S. m. z. Tl. farb. Abbildgn.) Nürnberg (900). Th. Stroefer. — 75

— der, Lieblinge. (18 z. Tl. farb. S. auf Pappe.) 32×24,5 cm. Konstanz (908). Christl. Buch- u. Kunstverlag C. Hirsch. In Leporelloform 2. —

—— der deutschen, Lieblingsbücher. 1.—26. Heft. qu. 4. Halle 877,78, Schwetschke's Sep.-Conto. à Heft

Inhalt:

Heft 1. Kleine Leutchen. Mit 8 color. Bildern (in Holzschn.) und Verschen von Ernst Lausch.
„ 2. In Haus und Hof. Mit 8 color. Bildern (in Holzschn.) und Verschen von Ernst Lausch.
„ 3. Der Kinder Lust und Leben. Mit 8 color. Bildern (in Holzschn.) und Verschen von Ernst Lausch.
„ 4. Unserer Kleinen Lachen und Weinen. Mit 8 color. Bildern (in Holzschn.) und Verschen von Ernst Lausch.
„ 5. Heiteres Völkchen. Mit 8 color. Bildern (in Holzschn.) und Verschen von Ernst Lausch.
„ 6. Schulfreude. Mit 8 color. Bildern (in Holzschn.) und Verschen von Ernst Lausch.
„ 7. Aus Natur und Leben. Mit 8 color. Bildern (in Holzschn.) und Text von Ernst Lausch.
„ 8. Bunt durcheinander. Mit 8 color. Bildern (in Holzschn.) und Text von Ernst Lausch.
„ 9. Heitere Sänger. Mit 8 color. Bildern (in Holzschn.) und Text von Ernst Lausch.
„ 10. Wilde Thiere. Mit 8 color. Bildern (in Holzschn.) und Verschen von Ernst Lausch.
„ 11. Große und kleine Räuber. Mit 8 color. Bildern (in Holzschn.) und Verschen von Ernst Lausch.
„ 12. Das Gänsemädchen. Ein Märchen mit 4 color. Bildern (in Holzschn.). (9 S.)
„ 13. Der gestiefelte Kater. Ein Märchen mit 4 color. Bildern (in Holzschn.). (7 S.)
„ 14. Zwei Märchen. Mit 3 color. Bildern (in Holzschn.). (16 S.)
„ 15. Wettlauf zwischen Hasen und Swinegel. Ein Märchen mit 4 color. Bildern (in Holzschn.). (8 S.)
„ 16. Mein schwarzes Buch. Mit 16 Bildern (in Holzschn.) und Verschen von Ernst Lausch.
„ 17. Scherzhafte Schattenbilder. Mit 8 Bildern (in Holzschn.) und Verschen von Ernst Lausch.
„ 18. Was wir thun und treiben. Mit 8 color. Bildern (in Holzschn.) und Verschen von Ernst Lausch.
„ 19. Mein liebstes Buch. Mit 14 color. Bildern (in Holzschn.) und Verschen von Ernst Lausch.
„ 20. Aus der Vogelwelt. Mit 8 color. Bildern (in Holzschn.) und Text von Ernst Lausch.
„ 21. Große Vögel. Mit 8 color. Bildern (in Holzschn.) und Verschen von Ernst Lausch.
„ 22. Vierfüßige Thiere aus Nähe und Ferne. Mit 8 color. Bildern (in Holzschn.) und Text von Ernst Lausch.
„ 23. Was da kreucht und fleucht. Mit 8 color. Bildern und Text von Ernst Lausch.
„ 24. Pflanzen und Früchte. Mit 8 color. Holzschntaf. und Text.
„ 25. Wie seit vielen, vielen Jahren man geritten und gefahren. Mit 8 color. Bildern (in Holzschn.) und Verschen von Ernst Lausch.
„ 26. Eine Mandel Knackmandeln. 15 Bilderräthsel mit Auflösungen. (7 Holzschntaf. mit 1 Bl. Text.)

—— der, Lieblingsfeste. Ein schönes Bilderbuch mit Gedichten, Liedchen und Geschichtchen für liebe Kinder. gr. 4. (12 S. mit 6 color. Stnt.) Müllheim 880, Bagel's Verlagsh. geb.

—— der, Lieblingsmärchen. Zwei Sorten. 8. (à Sorte 16 S. mit 6 Chromolithogr.) Wesel 888, Düms. cart. à Sorte — 20

—— liebt Vater u. Mutter! Eine schöne Geschichte f. Kinder. 8. (6 B. u. 8 Bild.) Erfurt 842, Hennings u. Hopf.

Kinder! Lobet den Herrn! Gebetbüchlein f. die Jugend. Bearb. v. e. Priester der Diöcese Brixen. 32. (128 S. m. 1 Titelbild.) Brixen 892. Buchh. d. kath.-polit. Preßvereins. Geb. n.n. — 24

— der, Lust u. Freude. E. Bilderbuch f. d. lieben Kleinen m. 8 feinen Farbdr.-Taf. u. 16 reich illustr. Textseiten. 4. Eßlingen 897. J. F. Schreiber. Kart. n. 2. —

— der, Lust u. Freude. (16 S. m. z. Tl. farb. Abbildgn.) Lex.-8. Reutlingen (905). Enßlin & Laiblin. — 50; auf Pappe. (8 S. m. farb. Abbildgn.) Geb. 1. —

—— der, Lust und Leid. gr. 8. (12 Chromolithogr. mit eingedr. Text.) Ebendas. 888. cart. — 50

— d., Malbuch. 1. u. 2. Hft. 4. (à 6 farb. u. 6 schwarze Taf.) Ebd. 895. à — 80

Kinder der Muße. Gedichte. Arolsen 1839. V: *Teleki-Szek, F. Graf von.* (Russell I, 120)

—— der Muße. (Gedichte.) 8. (5 B.) Arolsen 839, Speyer'sche Buchh.

— die, der Nacht. Aufzeichngn. e. Arztes. (Von Hegewald, M. D.) 8. (26 S.) Meiningen 896. (Brückner & Renner.) n. — 50

— aus der Nähe u. Ferne. Ein lehrreicher u. unterhaltender Beitrag zur Völkerkunde für die Jugend. 8. (9 illum. Taf. u. Text.) Reutlingen 843, Fleischhauer u. Spohn. geb. 3/8 ₰

— aus der Nähe und Ferne. Ein lehrreicher u. unterhaltender Beitrag zur Völkerkunde für die Jugend. Reutlingen (857.) Fleischhauer u. Spohn. 8. (8 Bl. u. 8 lith. u. color. Taf.) 12 ngr

Kinder, Die natürlichen, im Grossherzogthum Baden. Eine statistische Betrachtung . . . Karlsr. 1840. V: *Heunisch, A. J. V.* (BaBb)

—— nehmt's zu Herzen. Ein Verwandlungs-Bilderbuch. Zwei Sorten. gr. 4. (à 5 Chromolithogr. mit 5 S. Text.) Wesel 879, Düms. cart. à

—— der, Neigung. In 12 (lithogr. und ill.) Bildern (mit Text.) 4. Stuttgart 850, Schreiber und Schill.

— d. neuesten, meiner Laune; ein Seitenstück zu Kotzebues jüngsten Kind. meiner Laune. 8. Frkft. Gebhardt u. K. 805.

Kinder, die patriotischen —. Schauspiel für Kinder in einem Aufzuge. Von P. M. H. Wien. 1855. Druck und Verlag von M. Auer. (38 S. 8.)

— d. Phantasie; ein Roman mit 4 interessanten Erzähl. v. Sophie v. R..... 8. Lpz. Jacobäer. 804.

— der Phantasie. 4 interessante Erzählungen v. Sophie v. R. 8. Leipz. ... N. A. 815. (Aue in Altona). 1 ₰ 16 Ɣ

Kinder der Phantasie rc. 2 Thle. 2te Ausg. 8. Leipz. Jacobaer. 815.

— meiner Phantasie. 3 Erzähl. v. J. F. Schink, m. K. 8. Altona, Hammerich. 805.

— die, der Gräfin San Rosario. Ein Rosenkranzmärchen f. fromme Kinder. 16. (32 S.) Paderborn 899. Bonifacius-Druckerei. n. — 10

—— der, Schaulust. 4. (12 color. Stnt. mit Text.) Stuttgart 869, Nitzschke. cart. 1 80

—— der, Schaulust. 8. (8 Chromolithogr. mit eingedr. Text.) Reutlingen 884, Enßlin und Laiblin's Verlagsh. cart.

—— der, Schaulust. Unzerreißbares Bilderbuch. 8. (8 Chromolithogr. mit eingedr. Text.) Reutlingen 886, Enßlin und Laiblin. geb. — 60

—— der, Schaulust auf Jahrmarkt und Volksfest. Bilder-A-B-C. gr. 8. (7 S. und 23 ill. Stnt. mit Text.) Stuttgart 852, Thienemann's Verlag.

— schwarze u. weiße, in Hohenfriedeberg, s. a. Missionsbilder, ostafrikanische. 4. Hft.

Schwarze und weisse Kinder in Hohenfriedeberg. *Berlin: M. Warneck [1900].* (24 S.) 8° [F.]
— Missionsbilder, Ostafrikanische. 4. (00. 1088)

—— seid folgsam! Ein Bilderbuch zur belehrenden Unterhaltung mit 5 kleinen Scenen aus der Kinderwelt, in 12 (lithogr. und) ill. Bildern von E. B. v. S. 4. Wien 864, Paterno. cart.

„— sind e. Gabe d. Herrn!" Ein Gruß an Eltern, die ihr Kind haben taufen lassen. (Von Bürkstümmer.) (4. S.) 8. Rothenburg o/T. (907). J. P. Peter. —02

—— der, Sommerlust. qu. gr. 4. (12 Chromolithogr. mit lithogr. Titel.) Stuttgart 865, H. Müller. cart.

—— der, Spiel und Sport. Monatsblätter für den häusl. Kunstfleiß der Knaben und Mädchen. Beiblatt der „Deutschen Sport- und Spiel-Zeitung". Redact.: Georgens. 1. Jahrg. April—Decbr. 1886. 9 Nrn. (à Nr. ½ Bog. mit Illustr.) gr. 4. Berlin, Mittag. Vierteljährlich * — 75
Erscheint nicht mehr.

—— in gemüthlichem Spiele mit Thieren. Imp.-4. (12 ill. Stnt. mit deutschem, französ., engl. und italien. Text.) Nürnberg 849, Renner und Comp.

—— der, Spiel und Vergnügen. Unzerreißbares Bilderbuch. qu. gr. 4. (6 Chromolithogr. auf Carton.) Eßlingen 885, Schreiber. geb. in Lex.-8. * 1 50

— der, Tagewerk. Ein Bilder-Buch mit Versen f. gute Kinder. gr. 8. (16 lith. Bl.) Leipzig 817, Hirschfeld. n. ⅔ ₰ Feine Ausg. n. ⅚ ₰ — 2. verm. Aufl. gr. 8 (20 lith. u. color. Bl.) Ebd. 851 n. 1 ₰

—- der, Thiergarten. Ein nützliches u. unterhaltendes Bilderbuch f. kleine Kinder. 4. (4 B. u. 15 Taf. m. 139 ill. Abbild.) Stuttgart 844, Schmidt u. Spring.

— die, des Trunkenbolds. Eine Erzählung in 8 Bildern. Mit (Holzschn.-)Illustrationen v. Geo. Cruikshank. Fortsetzg. der Erzählung: Die Flasche, v. F. Naumann. 16. (72 S.) Leipzig 852, Weber. n. 6 ngl

Kinder, Udallos, oder Glück, Unglück, Menschenwahn. Hildesh. 1806. V: *Schneider, Chn. Jacob von.* (LS)

—— unartige. Neues Struwelpeterbuch zur Warnung für die lieben Kleinen. Unzerreißbares Bilderbuch. 8. (16 Chromolithogr. mit Text auf Leinw.) Hamburg 863, Gebr. Spiro. cart.

—— unartige. Neues Struwelpeterbuch zur Warnung für die lieben Kinder. 8. (8 ill. Stnt. auf Leinw.) Hamburg 864, Gebr. Spiro. cart. *

Kinder und Narren reden die Wahrheit. Lustspiel in einem Akt. Wien 1806. V: *Bäuerle, Adolph Joh.* (Ky)

— u. Narren reden d. Wahrheit. Lstspl. in 1 Akt (von A. Bäuerle). 8. Wien 806. Wallishausser). 5 ₰

Uneheliche Kinder nach dem Bürgerlichen Gesetzbuch. Anh.: 1. Tabelle z. Berechnung d. Empfängniszeit. 2. Klage- u. Antrags-Formulare. 3. Text-Abdr. aus d. BGB. *Berlin: Puss & Garleb [1900].* (36 S.) 8° [F.]
— Recht, Unser neues. II. 11. (01. 4016)

—— unsere. Als Fortsetzung der „Pädagog. Mittheilungen." Hrsg. von Doris Lütkens, geb. v. Cossel. 1. Bd. (3 Hefte) und 2. Bd. 1. und 2. Heft. gr.-8. Hamburg, Heroldsche Buchh. [1. Bd. (288 S.) 848—49. * 1 Thlr. 6 Ngr., 2. Bd. (1. und 2. Heft.) (S. 1—192.) 850. * 24 Ngr.] *

Für unsere Kinder. Gesammelte Erzählungen zum Gebrauche in Kindergärten, Bewahranstalten, Schule und Haus. Herausgegeben von dem Vereine für Kindergärten und Kinderbewahranstalten in Oesterreich. Gr.-8. (250 S.) 1.—, geb. 1.20
Wien: Strosach 1895.

(F) Für unsere Kinder. Gesammelte Erzählungen und Gedichte zum Gebrauche in Kindergärten, Bewahranstalten, Schule und Haus. 2. Aufl. Gr.-8°. (IV, 288 S.) K 2.80
Wien: Pichler 1902.

— unsere. 8. (12 S. m. z. Tl. farb. Abb.) Konstanz 898. C. Hirsch. — 30

—— unsere, unsere Schätze! Ein Wort an die Mütter, aus der Schule ins Haus. 16. (V und 115 S.) Elberfeld 867, Langewiesche. 12 Ngr.; cart. 16 Ngr.; geb. mit Goldschn.

Kinder, Verstossene, der Musen. Leipzig 1871. V: *Voss, Richard.* (Gustav Fock-Leipzig. Antiquar.-Kat. Nr. 351, S. 93 sub 3027.)

KINDER, Verstossene, der Musen. (Anthologie zieml. freier Poesieen im Geschmacke des Boccaccio, Lafontaine etc.) Bdchn. 1. Mit Titelbild. Leipzig, Verlags-Anstalt (187*). 12°. 158 S. (3 Mk. W. H. Kühl, Berlin, c. 1883.)
U. a.: Bürger, die Königin v. Golkonde, nach Boufflers Prosa (fehlt in Bürgers Werken). — Die verfolgte Jungferschaft (v. Marquis v. St. Aulaire). — Brautnacht (v. Goethe). — Der Sperling u. d. Floh etc. etc.

— — Dasselbe. Ebd., Carl Minde, o. J. (c. 1880). 8°. IV—136 S. (3 Mk. Taussig, Prag, 1905; 3 Mk. Friedr. Klüber, 1905.)
Verboten vom L.-G. Laibach, 9. Jänner 1892. § 516. — S. 95—107: Der Eremit (von Lessing). (In der Orig.-Ausgabe: „Der Eremite. Eine Erzehlung. Kerapolis (Stuttgart, Metzler) 1749." 4°. 15 S., fast unauffindbar.)

— — Dasselbe. 2 Bdchn. Ebd., o. J. 8°.
R. Zinke's Dresdener Novbr.-Auct. 1905, no. 226.

— — Dasselbe. II. Sammlung. II. Aufl. Ebd., o. J. 8°.
Seiner Zeit confiscirt, bereits selten! (4 Mk. F. Waldau, 1909.)

— — Dasselbe. III. Sammlung. Ebd., o. J. Kl. 8°. 136 S. (1 Mk. 50 Pfg. Adolf Weigel, Cat. 83. [c. 1905]. Nr. 1201.)

—— verstoßene, der Musen. I. 16. (158 S.) Leipzig 871, Verlags-Anstalt. 1 50

—— verstoßene, der Musen. *** 1. u. 2. Aufl. 16. (136 S.) Lpz. 891, Minde. * 2 —; cart. 2 40

— verstoßene, der Musen. 2 Bde. 16. Leipzig 893. W. Malende. à n. 2. —; geb. à n. 2. 40
1. (5. Aufl.) (IV, 136 S.) — 2. 2. Aufl. (120 S.)

— d. vertauschten, od. Schicksale d. Marquis v. Rousignac. 8. Nürnb. 751.

KINDER, Die Vertauschten, oder seltsame Zufälle des Marquis von Roufignac, eines Französischen Edelmanns, ihrer Annehmlichkeit, wegen ins Teutsche übersetzt. Frankfurt und Leipzig (Nürnberg, Monath) 1751. 8⁰. 10 Bogen.

Bibl. Menken III. Lips. 1757. p. 82; Cat. Monath II. Nürnb. 1783. p. 627.

—— vier, eines Dorfes. Eine Erzählung aus dem Volke für das Volk. Der reiferen Jugend und Erwachsenen gewidmet von dem Verf. der „Zwei Brüder aus dem Volke." 8. (III und 200 S. mit 1 Stahlst.) Augsburg 850, v. Jenisch und Stage'sche Buchh.

Kinder Vogesen

Die Kinder in den Vogesen, oder merkwürdige Geschichte eines alten Elsäßers aus den Schreck-Zeiten Frankreichs. Aus dem Franz. Th. 1.2.
Leipzig: Hartmann 1819. 8⁰

— die, in den Vogesen, od. merkwürd. Geschichte eines alten Elsässers. 2 Thle. 8. Leipz. 819. (Lehnhold). 20 gr

—— die, im Walde. N. d. Engl. frei bearb. v. Louise v. Plönnies. Mit d. Orig.-Holzschn. 12. (1 B.) Darmstadt 838, (Pabst.) *

—— die, im Walde. Altengl. Ballade. Uebers. v. Heinr. Döring. Mit d. Originaltext (The children in the wood). gr. 8. (1¼ B. u. 8 Holzschn.) Erfurt 841, Hennings u. Hopf.

—— die, im Walde. Ein Bilderbuch. qu. 4. (31 S. mit 11 ill. Stnt. in Tondr.) Stuttgart 852, Thienemann's Verlag.

—— der lieben, Wanderung durch Haus, Hof u. Garten. Ein nützl. Lesebuch f. Kinder. 8. (1⅛ B. u. 8 ill. Bild.) Neu-Ruppin 845, Kühn. (Leipzig, Thomas.) *

—— Wiener. Ein Bilderbuch für unsere Lieblinge aus der Kaiserstadt. Illustrirt von A. Rößler, E. Wenzel u. A. Text von Carl Schandl. gr. 4. (45 S.) Wien 888, Thiel und Schkerl. geb. * 5 75

— Wiener. Mit Beitr. von Ferd. v. Saar, Marie v. Ebner-Eschenbach, Vinc. Chiavacci ꝛc. Illustr. v. A. Trentin u. A. 8. (III, 222 S.) Wien 895. Gesellschaft f. graph. Industrie. n. 3. —; geb. in Leinw. n. 4. —

— **Wiener. Eine Monatsschrift f. Wiens deutsche Jugend. Unter Mitwirkg. v. Lehrern u. Schulfreunden hrsg. v. Karl Haller. 1. Jahrg. 1902. (IV, 284 S. m. Abbildgn.) gr. 8. Wien (IV, Joh. Straußgasse 13). Lehrer K. Haller. Geb. in Leinw. n. 4. —**

— **dasselbe. 2. Jahrg. 1903. 12 Nrn. (à ca. 32 S. m. Abbildgn. u. Taf.) gr. 8. Ebd. n. 2. 40**

(F) **Wiener Kinder.** Eine Monatschrift für Wiens deutsche Jugend. 3. Jahrg. 1904. 8⁰. erscheint in 12 Nrn. † kompl. K 2.40
Wien: Saalmayer 1904

Kinder, Die, der Wittwe, oder: Der Herr hilft auf den schuldlos Leidenden . . . 2. Aufl. Augsburg 1841. 3. Aufl. 1850. V: *Ambach*, *Eduard von.* (Ky) (wienstein)

—— die, der Wittwe, od.: Der Herr hilft auf den schuldlos Leidenden, u. demüthigt d. Sünder bis zur Erde. Eine Erzähl. f. d. erwachs. Jugend. Mit e. Vorw. begl. v. Verf. „der Glocke der Andacht." 1. Aufl. (3½ B. u. 1 Stahlst.) 840., 2., verb. A. 8. (9 B. u. 1 Stahlst.) Augsburg 841, v. Jenisch u. Stage'sche Buchh.

—— die, der Wittwe, oder der Herr hilft auf den schuldlos Leidenden, und demüthigt die Sünder bis zur Erde. Eine Erzählung für die erwachsene Jugend (von Ed. v. Ambach). Mit einem Vorworte begleitet von dem Verf. der Glocke der Andacht. 3., verb. Aufl. 8. (XVI und 134 S. mit 1 Stahlst.) Augsburg 850, v. Jenisch und Stage'sche Buchh.

— der, Wundergarten. Hübsche Märchen für liebe Kinder. 12. (80 S. m. 3 Farbendr.) Mülheim a/R. 895. J. Bagel. Geb. — 60

Kinder, der, Zeitvertreib. Ein Bilderbuch für kleine Kinder. qu. 8. (6 Chromolithogr. mit 8 S. Text und 1 Holzschn.) Eßlingen 877, Schreiber. cart. *

—— der, Zeitvertreib. Unzerreißbares Bilderbuch für kleine Knaben und Mädchen zur Unterhaltung und Belehrung. gr. 8. (9 Chromolithogr. auf Carton mit 1 Bl. Text.) Chemnitz 882, Friese's Buchh. geb. *

—— dass. — Unzerreißbares Bilderbuch mit 12 Farbdr.-Bildern von F. Lipps und P. Wagner mit Versen. gr. 4. Ebendas. 886. geb. 3 —

—— der, Zeitvertreib. gr. 4. (36 Chromolithogr. mit untergedr. Text.) Stuttgart 888, G. Weise. cart. 4 50
Als Leporello-Album 6 —

— der artigen, Zeitvertreib. Ein Bilderbuch zur Unterhaltung und Belehrung für die liebe Jugend. 4. (24 Chromolithogr. mit 8 S. Text.) Neu-Ruppin 876, Oehmigke und Riemschneider. cart.

— zwei, die den Himmel suchen. — Erwachsene, die den Himmel gefunden haben. Eine Erzählung für Kinder und Erwachsene von A. V. 1. u. 2. Aufl. Berlin 867,68. Buchh. des Missions-Vereins. 2½ ngr

—— zwei, die den Himmel suchen. — Zwei Erwachsene, die den Himmel gefunden haben (von A. Vollmar). 6. Aufl. gr. 16. (32 S.) Berlin 871, Buchh. des Missions- und Frauen-Kranken-Vereins. — 25

[R.] Zwei Kinder im Korbe oder: Daph, die treue Negerin. 3. Aufl. *Hamburg: J. G. Oncken Nachf. [1897].* (95 S.) 1 Bd 8. 4

Kinder, A. W.: Ueber die auf der Insel Java entdeckten Ruinen von Budda-Tempeln. (Aus dem Holländischen übersetzt von M. H. C. Lichtenstein.) (Monatsberichte der Königl. Akademie der Wissenschaften. N. F. 10. S. 176—195.) Berlin 1853. 20 S. 8⁰.

Haasmann, Theod.: Gedächtnisswort für Theod. Haasmann † 17. Jan. 1889, vorgetragen bei der Trauerfeier der Loge zum „Goldnen Apfel" [in Dresden] am 2. Jan. 1890 durch G[ust.] **Kinder.** [Dresden 1890.] 2 Bl. 8⁰ [Kopftit.]

[Gedicht.] Am 4. April 1878. (Beim Brudermahle.) Von [Gust.] **Kinder.** [Dresden 1878: Heinrich.] 2 Bl. 8⁰ [Kopftit.]
„Als ich noch kleiner Knabe war . . ."

Winkler, Eug.: [Gedicht.] Dem verehrten und gel. Br. Eug. Winkler zur Erinnerung an die Jubelfeier des 21. Febr. 1879 gewidmet von Gust. **Kinder.** [Dresden 1879: Heinrich.] 2 Bl. 8⁰ [Umschlagtit.]
„Zu Dresden nah dem Zwinger, da steht ein friedlich Haus, . . .“

Kinder, Gust.: „Nach 40 Wanderjahren!“ Dichtung des Brs [Gust.] **Kinder,** gesprochen bei seinem 40jährigen Maurerjubiläum am 19. Juni 1887 in der Loge „Zum Goldnen Apfel“ [in Dresden]. [Dresden 1887: Heinrich.] 2 Bl. 8⁰ [Kopftit.]
„Erschlossen war mir kaum das Buch des Lebens, . . .“

Auf dem Wege zum Friedhof. Dichtung des Br. [Gust.] Kinder, gesprochen in der Trauerloge des „Goldenen Apfels“ am 2. Jan. 1890. [Dresden 1890.] 4 Bl. 8⁰ [Kopftit.]
Abgedr. in: DrL. 19 (1889—1890) Beil. S. 14 bis 16; FZ. 44 (1890) S. 233—236.
„Da tragen sie den schwarzen Sarg hinaus...“

Kinder, Johannes Christian

Plön. Beiträge z. Stadtgeschichte von Bürgermeister [Johannes C.] **Kinder**. *Plön: O. Kaven in Komm. 1904.* (494, 20 S.) 8° [F.]

Das Nordseebad Büsum. Altes u. Neues über Land u. Leute nebst e. kurzen Chronik von Johs. [C.] **Kinder,** Bürgermeister in Plön, u. P[eter] Stüben, Organist a. D. Büsum: Clausen 1906. 160 S. 8°

Kinder, J. C., aus der Chronik der Stadt Ploen. I. und II. gr. 8. Ploen, Hahn. à ** 50 Pf. ** 1 —
Inhalt:
I. Christian Gottlieb der schwarze Feldtrompeter. (31 S.) 887.
II. Die Tochter des Frohn. (32 S.) 888.

Kinder, J. C., alte ditmarsische Geschichten. I. Bilder aus der Lundener Chronik. gr. 8. (VII, 239 S. m. 15 Abbildgn. u. 4 Lichtdr.-Taf.) Heide 885. F. Pauly. (Nur direkt.) n. 5. —; geb. in Leinw. n. 6. —

(Karte der ostholsteinischen Seen und der Schiffahrt.) Plön. Ein Führer durch die Stadt Plön und deren Umgegend. Von Johannes **Kinder.** Plön. o. J. 8⁰. Anhang:
Alte Plöner Geschichten. Nach den Akten bearb. v. Johannes **Kinder.** Plön. 1893. 8⁰.

Karte der Ostholsteinischen Seen und der Schiffahrt. Plön. E. Führer durch die Stadt Plön u. deren Umgegend. Von Johs. **Kinder.** [3. Ausg.] *Plön: S. W. Hirt [1897].* (64 S., 6 Bl., 1 Pl., 4 Taf., 1 Kt.) 1 Bd 8.

Der Lundener Kirchhof und seine Grabdenkmäler. Ein kurzer geschichtl. Abriß von Bürgermeister Johannes [C.] **Kinder.** Mit Abb. Lunden 1904: H. Timm. (X, 53, II S.) 8° [F.]

Plön. Ein Führer durch die Stadt Plön und deren Umgegend Johannes **Kinder.** Plön. o. J. 8⁰.

Kinder, J. C., s. a. Urkundenbuch zur Chronik der Stadt Ploen.

Urkundenbuch zur Chronik der Stadt Ploen. Gesam. und hrsg. v. Johann Christian **Kinder.** Ploen. 1881–82. 4⁰.

Urkundenbuch zur Chronik der Stadt Plön. Urkunden und Akten, gesam. und mit Erläuterungen versehen v. Johann Christian **Kinder.** Plön. 1890. 8⁰.

Friedrich der Zweyte, ein Muster seltener Gnade und Grossmuth, wurde bey dem erneuerten Geburtsfeste Seiner Königlichen Majestät in Preussen, von der Königlichen Deutschen Gesellschaft mit allerunterthänigster Ehrfurcht bewundert durch SIEGMUND CHRISTOPH KINDER, ... Königsberg, 1745. den 24. Jenner. — fol.

Das Glück der Waisen wurde in der Königlichen deutschen Gesellschaft an dem Myrtenfeste ihres Mitgliedes des Hochedelgebornen Herrn Johann Friederich Lübeck .... mit der Hochedlen ... Jungfrauen Johanna Charlotta Kreuschnerin entworfen von SIEGMUND CHRISTOFF KINDER, ... 1748. den 2.. des Herbstmonats. (ib.) — fol.

Der Königlichen deutschen Gesellschaft Erlauchten Protector dem Hochwohlgebohrnen Herrn, ... Staats- und Kriegsminister, Johann Ernst von Wallenrodt, bezeugte dieselbe an Dessen hohen Geburtstage, ihre gebührende Hochachtung durch SIEGMUND CHRISTOPH KINDER. Königsberg 1745. den 27. September. Gedruckt in der Königl Hof- und Academischen Buchdruckerey. fol.

Sendschreiben an Seine Hochwürdige Magnificenz. Herrn Johann Jacob Qvandt, der heiligen Schrift Doctor und Professor Primarius, ... bey Gelegenheit seiner acht und funfzigsten Geburtsfeyer im Nahmen der Königlichen Preussischen deutschen Gesellschaft abgefasset von ... SIEGMUND CHRISTOPH KINDER, ... den 27. Merz 1744. (ib.) Mit Reussnerischen Schriften. fol

Dem Verbindungsfeste des Hochwohledlen ... Herrn Johann Christoff Mannovius, ... mit der Hochwohledlen .. Jungfrauen Johanna Charlotta Landmannin, widmete in der Königlichen deutschen Gesellschaft diese gebundene Zeilen SIEGMUND CHRISTOFF KINDER, .. Königsberg 1747. den 31. des Weinmonats. — fol.

Kinder-Advokat, Der. Berlin 1866. V: *Olfers, Hedwig von.* (Kleinschmidt, A., Katalog der Thiliana. Dessau 1901. S. 38.)

Kinder-Advocat, der. Von H. v. O. geb. v. St. 8. (75 S.) Berlin 866, Hertz. cart. *

Kinderacademie; eine Monatsschrift zur Aufklärung des Verstandes . . . München 1784—86. V: *Flurl, Matthias & Vincenz Ball.* (MGT)

Kinderakademie, e. Monatsschrift zur Aufklärung des Verstandes. Herausg. v. Vinc. Pall v. Panhausen u. M. v. Flurl. 3 Jhrge. in 6 Thln. Mit Tabb. u. Kpf. 8. Münch. 784—86. Lentner. 5 ₰

Kinderalmanach oder die Familie Bernheim. Braunschw. 1795. V: *Frömmichen, Sophia.* (schl)

Kinderalmanach oder Emilie Willmar. Braunschweig 1795—98. V: *Frömmichen, Sophia.* (schl) (MGT) (Ky)

Kinderalmanach. 16 Bdchn. A. u. d. T.: die Familie von Bernheim, ein angenehmes u. lehrreiches Lesebüchlein, (v. Sophie Frömmichen). 12. Braunschw. 795. Schulbuchh. 16 K
2s Bdchn. A. u. d. T.: Emilie von Wilmar, e. angen. u. lehrr. Lesebüchlein, von derselben Verfasserin. 12. Ebd. 798. 16 K

Kinderalmanach, Berliner, für das Jahr 1797. Berlin 1796. V: *Wilmsen, Frdr. Phil. & Albrecht Hartung.* (Ky)

— Berliner, für d. J. 1797. (Herausg. v. F. P. Wilmsen u. A. Hartung.) 8. Berl. 796. W. Oehmigke.

Deutscher Kinder=Almanach auf das Jahr 1788. Ein Weihnachtsgeschenk zur angenehmen und lehrreichen Unterhaltung für Kinder und die Jugend. Hrsg. v. J[ohann] H[einrich] Jacobi ...
Hamburg: Carl Ernst Bohn [1787]. 204 S., 2 Bl. 8°

Kinderalmanach, Hamburgischer, für 1777. 1778 oder Weihnachts-Geschenke an kleine Kinder in angenehmen und lehrreichen Unterhaltungen, die ihren Fähigkeiten angemessen sind. Hamburg 1776—77. H: *Röding, Johann Hinrich* (?). (Schr)

Kinderalmanach, Hamburgischer. Hamb. 1779—84. Braunschweig 1782—84. H: *Campe, Joh. Hnr.* (JI.)

Kinderalmanach, Nürnbergischer, aufs Jahr 1781. H: *Stoy, Johann Siegmund.* (Will)

Nürnbergischer Kinder=Almanach. [Hrsg.: Friedrich Ekkart u. Christian Gottfried Böckh.]
[Nürnberg:] Christoph Weigel & A. G. Schneider 1783. 8°
Auch u. d. T.: Taschenbuch für Kinder und Kinderfreunde.
3: Mit Noten von C. G. Hoelbe. 1783. 30 Bl., 168 S., 4 kol. Kupfertaf., 1 Notenbl.

— Nürnbergischer, auf d. J. 1785, s. a. Taschenbuch für Kinder u. Kinderfreunde ꝛc.

Kinderalmanach, Nürnbergischer, auf das Jahr 1785. Stuttg. 1784—86. H: *Böckh, Christian Gottfried & Frdr. Ekkard.* (ML) (BB)

Kinderapotheke, bewährte, bis in d. 5te Jahr. 8. Frankf. Keßler. 784.

Kinder- und Frauenarbeit der wohlthätigen Anstalten in Württemberg auf der Weltausstellung zu Wien 1873. Stuttgart 1873

Kinder-Arbeiten aus Schwedenschachteln, s.: Papier- u. Kartonarbeiten f. Kinder.

Kinder-Arzt, der. Zeitschrift f. Kinderheilkunde, unter Mitwirkg. hervorrag. Fachärzte hrsg. von Sonnenberger. [Beilage zum: „Frauenarzt".] 1. Jahrg. 1890. 12 Hfte. (1½ B.) gr. 8. Neuwied, Heuser's Verl. n. 6.—

Kinder-Arzt, der. Zeitschrift f. Kinderheilkunde, unter Mitwirkg. hervorrag. Fachärzte hrsg. v. Sonnenberger. 2.—5. Jahrg. 1891—1894. à 12 Hfte. (Bog.) gr. 8. Leipzig, Verlag d. „Reichs-Medicinal-Anzeigers", B. Konegen. à Jahrg. n. 6.—

Kinder-Arzt, der. Zeitschrift f. Kinderheilkunde, unter Mitwirkg. hervorrag. Fachärzte hrsg. v. Sonnenberger. General-Register zum I.—V. Jahrg. 1890—1894. gr. 8. (XXVI S.) Leipzig 895. Verlag d. „Reichs-Medicinal-Anzeigers". B. Konegen. n. 1.20

— dasselbe. 6.—9. Jahrg. 1895—1898. à 12 Hfte. (à ca. 1 Bog.) gr. 8. Ebd. à Jahrg. n. 6.—

Kinder-Arzt, der. Zeitschrift f. Kinderheilkunde, unter Mitwirkg. hervorrag. Fachärzte hrsg. v. Sonnenberger. 10.—13. Jahrg. 1899—1902. à 12 Hfte. gr. 8. (à Jahrg. XVI, 288 S.) Leipzig, B. Konegen. à Jahrg. n. 6.—

Kinder-Arzt, der. Zeitschrift f. Kinderheilkunde. Unter Mitwirkg. hervorrag. Fachärzte hrsg. v. Sonnenberger. 14.—17. Jahrg. 1903—1906. à 12 Hefte. (XII, 288; XII, 288; XV, 288 u. XVI, 288 S.) gr. 8. Leipzig, B. Konegen. à Jhrg. 6.—

Kinder-Arzt, der. Zeitschr. f. Kinderheilkunde. Unter Mitwirkg. hervorr. Fachärzte hrsg. v. Sonnenberger. 18.—21. Jahrg. 1907—1910. à 12 Hefte. (à Jahrg. XII, 288 S.) gr. 8. Leipzig, B. Konegen. à Jahrg. 6.—

Kinderarzt, Der anatomische ... Leipz. 1800. V: *Müller, Carl Ludw. Methusalem.* (Call)

Kinderarzt englische Grundsätze
Der englische Kinderarzt nach den Grundsätzen der Herren (William) Moss (An essay on the management and nursing of children in the earlier periods of infancy. Dt. Ausz.) und (Michael) Underwood (A treatise on the diseases of children. Dt. Ausz.). Für Eltern sowohl, als auch für Aerzte. 282 S., gbd.
Leipzig: Crusius 1786
JB 4.066

Kinderarzt, der englische, nach Grunds. Moos u. Underwood. gr. 8. Lpz. F. C. W. Vogel. 786.

Kinderarzt, Der sorgfältige; ein medicinisches Handbuch für Ärzte und Nichtärzte. Leipzig 1786. V: *Bährens, Joh. Chn Friedrich.* (MGT) (Ky) (EngM)

Kinderarzt, d. sorgfält., od. medicin. Handb. f. Aerzte u. Nichtärzte (v. J. Chr. Frdr. Bährens). 8. Lpz. 786. Kummer. 12 K

Kinderarzt, Der wohlerfahrene, oder fassliche Anweisung zur Erkenntniss und Heilung der Kinderkrankheiten ... Leipzig 1827. V: *Urban, Jos.* (Ky) (Call) (EngM)

Kinderarzt, d. wohlerfahrene, od. faßl. Anweis. z. Erkenntniß u. Heilung d. Kinderkrankheiten. Verf. v. Dr. U***. (Urban) 8. Lpz. 827, Barth.

Kinder-Ausbeutung, Die, in der Hausindustrie und ihre Bekämpfung. Prämiirte Preisarbeiten von Sektionen des schweizerischen Grütlivereins. Hrsg. vom Centralkomitee des schweizerischen Grütlivereins in Luzern. (96 S.) Zürich 1899. Buchh. d. schweiz. Grütlivereins.

Kinderbälle, die. Aus d. Franz. v. W. D. Lex.-8. (1½ B.) Wien 845, Mechitaristen-Congreg.-Buchh.

Kinderbeobachter, der. 2 Bdch. 8. Bayr. Lübeck. 783.

Kinderbeobachter, der, in Erzählungen u. Beispielen zur Beförderung d. Tugend. 2 Bde. 8. Bayr. 783. N. A. mit 4 Kpf. 8. Leipz. 813. Hinrichs. 1 ℛ 2 ℊ

Kinder-Beschäftigungen. — Occupations d'enfants. — Occupations for children. qu. 4. (8 Holzschntaf. in Buntdr.) Stuttgart 871, G. Weise. — 40

Kinderbeschäftigungen nach Fröbel. Neue Sammlg. Hrsg. v. O. Schmitt. 1 u. 2. 8. Ravensburg, O. Maier. 1.50

Levi, Hedw., was kann ich schenken? Allerhand Kinderarbeiten. Lieblingsbeschäftigungen im Sinne Fröbels z. Herstellg. v. allerlei Geschenken. Vorschläge u. Anleitg. hierzu. (50 S. m. Fig. u. 5 (4 farb.) Taf.) (910.) (Heft 1.) — 50

Mewes, P., wie das Kind das Rechnen lernt! Einfache sichere Methode durch spiel. Beschäftigg. Mit 4 farb. Rechentaf. (12 S.) (910.) (Heft 2.) 1.—

Kinderbeschränkung, die moderne. Eine soziale Studie v. Verus. (31 S.) gr. 8. Wien 910. Brüder Suschitzky. —30

Ueber das Kinderbewahrwesen. Gesetzes-Artikel XV vom Jahre 1891. Mit Erläuterungen und Anmerkungen. Uebersetzt nach der ungarischen, durch einen Fachmann bearbeiteten Ausgabe von Dr. Rudolf Krejcsi. 8. (32 S.) Budapest, 1891 —.50

Kinderbibel, oder Legende f. Schulen. 8. Landsh. 819. Thomann. 3 ℊ

Kinder-Bibel, od. Geschichten d. alt. u. neu. Testam. n. Luthers Uebersetz., mit bibl. Sprüchen, die nützl. Lehren andeut., verbunden. Hrsg. v. Joh. Chr. Ferd. Rentzsch. (2 Hfte.) gr. 8. (21 B.) Schneeberg 836, [Gärtner.]
Mit 8 Steintaf.

Kinder-Bibel, oder Geschichte des Alten u. Neuen Testaments nach Dr. Luther's Uebersetzung, mit biblischen Sprüchen, die nützlichen Lehren andeutend, verbunden. Herausg. v. J. Chr. F. Rentsch. (2 Hfte.) gr. 8. Schneeberg 836. (Leipzig, Rein.) 1/2 ℛ, mit 8 Lithographien 5/6 ℛ

Kinder-Bibel, od. Geschichten des alt. u. neuen Testaments nach Dr. Luthers Uebersetzung, m. bibl. Sprüchen, die nützl. Lehren andeutend, verbunden. Hrsg. v. Joh. Chr. Ferd. Rentzsch. 2. Aufl. Altes u. neues Testament. gr. 8. (23¾ B. u. 8 Stnt.) Schneeberg 844. [Gärtner.] *

Kinder-Bibel, oder Geschichten des alten u. neuen Testaments nach Dr. Luthers Uebersetzung, mit bibl. Sprüchen, die nützlichen Lehren andeutend, verbunden. Herausgeg. von Jh. Chr. Fd. Rentzsch. 2. Aufl. Mit 8 Lithogr. Altes u. neues Testament. gr. 8. Schneeberg 844, Rentzsch. (Hohnstein, Selffert.) n. 1/3 ℛ

—— die, od. das Wichtigste aus d. Geschichts- u. Lehrbüchern der heil. Schrift, neu geordnet z. Einführung der Kinder in das Ganze des göttl. Wortes. Aus d. Engl. (Nach d. 13. Aufl. des Orig.) 8. (31½ B. u. 12 Holzschn.) Abtei Düsselthal 843. (Leipzig, Barth.)

—— od. die gesammte heil. Schrift als Lesebuch für d. Jugend. Altes u. Neues Testament. 1. Neues Testament. gr. 16. (35⅛ B.) Stuttgart 844, Hallberger'sche Vrlgsh.

Kinder-Bibel. Bilder der heil. Schrift zum Vertheilen an Unmündige. I—III. 1. und 2. Aufl., und IV—VII. (à 12 Holzschntaf.) qu. 16. Dresden 869—74, Naumann.
In Couvert à Nr. 50 Pf.; * 3 50
color. à Nr. * ℳ 1. * 7 —

Kinder-Bibel. Bilder der heil. Schrift in 84 Holzschn. nach Zeichnungen von Jul. Steglich und Anderen. (Wohlf. Ausg. 3. Aufl.) qu. 12. (84 Bl.) Dresden 888, H. J. Naumann.
geb. * 3 —

Kinderbibel, die alte Straßburger, das ist die sechs Hauptstücke der christlichen Lehre mit klaren Sprüchen der heil. Schrift, von einem ehrwürd. Kirchenconvent in Straßburg zum Gebrauch der evangelisch-luther. Gemeinen verordnet. Neu verlegt mit Ergänzungen und Erläuterungen. 12. (118 S.) Straßburg 862, Bomhoff. geb. *

Kinder-Bibel, Catechetische, Oder heilige Kirchen- und Bibelhistorien, in einem ordentlichen Zusammenhang, nebst einfaltigen Rand-Fragen, reichlichen Lehren und Gottseligen Betrachtungen . . . Bern 1744. V: *Kybucrz, Abraham.* (BSchwLk V, 10c) (ZUWZür)

Kinderbibel, Die kleine. Leipzig 1842. V: *Hager, Joh. Gg.* (ML)

KINDER BIBLIOTHEK. — [10 Erzählungen in 10 kleinen Heftchen]. Verlag der Evangelischen Gesellschaft in Stuttgart ... [ca. 1835—1840]. Jeweils 16 SS. 12°. In reizenden verschiedenfarbigen Orig.-Umschlägen mit je 2 entzückenden Federlithographien. Alle Heftchen zus. in einer rosa Or.-Pappkassette in Buchform mit der Aufschrift: Kinder Bibliothek. Verlag von C. F. Spittler. Basel. 30.—

Die Erzählungen (Die Südsee-Inseln; Lorenz, der Waisenknabe; Das Kindsmädchen; Die Lebensrettung; Blicke in Elternherzen usw.) sind wahrscheinlich von CHRISTIAN GOTTLOB BARTH. Die 20 besonders hübschen Lithos sind unsigniert. — Kassette etw. bestoßen.

Kinderbibliothek. 16 Bdchn. Mit Kpf. in Kästchen. Französ. u. Deutsch. Leipz. 804. Mag. f. Ind. 2 ℛ

Kinderbibliothek. Eine Samml. d. anmuthigsten u. lehrr. Mährchen u. Erzähln. 9 Bde. 12. ... Pesth 827, 28, [Heckenast.]

Kinderbibliothek. 1. Reihe. 1. Bdchn. Gedichte u. Lieder f. Kinder zum Auswendiglernen u. Declamiren. Hrsg. v. Joh. Günther. 16. (12 B. u. 1 col. Kpfr.) Jena 843, Hochhausen. *

—— dass. 2. Bdchn. Mährchen f. Kinder. Hrsg. v. J. Günther. 16. (12½ B. u. 1 ill. Kpfr.) Ebds. 843. *

Kinderbibliothek. 1—4. Bdchn. A. u. d. T.: Kinderleben. Von Miß A. F. T.... Hrsg. von Herm. Kletke. Für Kinder von 6—9 Jahren. 1—4. Bdchn. gr. 16. (107, 90, 78 und 94 S. mit 4 Stnt.) Berlin 848, Hempel. à Bdchn. 7½ Ngr. Thlr.

Kinder-Bibliothek. Nr. 1—3. Mit eingedr. Holzschn. und Holzschntaf. 16. Wien 876. (Barmen, Klein.)
à Nr. * 20 Pf. *

Inhalt:
Nr. 1. Das zerbrochene Fenster oder Bleibe bei der Wahrheit. (61 S.)
„ 2. Feurige Kohlen oder Wie Fritz überwunden wurde. (62 S.)
„ 3. Der kleine Jan oder die Geschichte eines Schoßhundes. (53 S.)

Kinder-Bibliothek. Nr. 1—42. 16. Mülheim 880—82, Nagel's Verlagsh. cart.

Inhalt:

Nr. 1—6. Märchen und Geschichten für Knaben und Mädchen. (à 62 S.) à 30 Pf.
" 7. Spielbüchlein für Knaben und Mädchen. Allerlei beliebte Kinderspiele für alle Jahreszeiten im Hause und im Freien. (62 S.) 30 Pf.
" 8. Räthsel-Büchlein für brave Kinder, viele schöne Räthsel, Scherzfragen, Knacknüsse, Rebusse, Schnellsprechübungen, Sauerkraut-Latein u. s. w. (62 S.) 30 Pf.
" 9. Fabel-Büchlein. Eine Sammlung der schönsten Fabeln für liebe Kinder. (62 S.) 30 Pf.
" 10. Der kleine Gratulant. Viele hübsche Glückwünsche für brave Kinder zum Geburtstag und Namenstag der Eltern, Großeltern und Verwandten, zum Neujahrsfeste u. s. w. (62 S.) 30 Pf.
" 11. Der kleine Thierfreund. Hübsche Geschichtchen und Gedichtchen aus dem Thierleben für brave Kinder. (62 S.) 30 Pf.
" 12. Der kleine Deklamator. Sammlung schöner Gedichtchen und Lieder zum Auswendiglernen für liebe Kinder. (62 S.) 30 Pf.
" 13—18. Andersen's Märchen. 6 Bdchn. (à 62 S.) à 30 Pf.
" 19. 20. Fricke, W., der kleine Robinson. Frei nach Campe für die Jugend erzählt. (126 S.) 50 Pf.
" 21. Der kleine Tausendkünstler. (61 S. mit 2 Stnt.) 35 Pf.
" 22. Puppen- und Kinder-Kochbuch. (71 S. mit 2 Stnt.) 35 Pf.
" 23. Beschäftigungsbuch für Knaben. (71 S. mit 3 Stnt.) 35 Pf.
" 24. Arbeits- und Beschäftigungs-Buch für Mädchen. (63 S. mit 2 Stnt.) 35 Pf.
" 25. Spielbuch für Mädchen. Spiele im Freien. (70 S. mit 2 Stnt.) 35 Pf.
" 26—30. Diese Nummern enthalten Spiele, bestehend aus einer bunten Tafel ohne Text. à 50 Pf.
" 31—36. Der kleine Zeichner. 6 Hefte. (à 12 Stnt.) à 35 Pf.
" 37—42. Märchen und Geschichten für Knaben und Mädchen. 6 Bdchn. (60; 62; 61; 62; 62; 61 S.) à 30 Pf.

Kinder-Bibliothek. 1—4. Hft. gr. 16. (à 16 S.) Berlin 886. Buchh. d. Berliner Stadtmission. à n. — 3

Kinder-Bibliothek. 5.—11. Hft. gr. 16. (à 16 S.) Berlin 887. Buchhandlg. der Berliner Stadtmission. à — 3

— dasselbe. 12. Hft. Räthselbüchlein f. Kinder. 16. (16 S.) Ebd. 889. — 3

Kinderbibliothek. 13.—15. Hft. 16. (à 16 S.) Berlin 891. Buchh. der Berliner Stadtmission. à — 5

13. Biblische Rätsel. — 14. Heil dem Kaiser. — 15. Erzählungen.

Kinderbibliothek. 16.—25. Hft. 16. (à 16 S.) Berlin, Buchh. d. Berliner Stadtmission. à — 05

16. 17. Erzählgn. (894.)
18. Missionsgeschichten. (Erzählgn.) (894.)
19. 20. Erzählgn. (894.)
21. Erzählgn. u. Morgengebete. (896.)
22. Erzählgn. u. Abend-Gebete. (895.)
23. Erzählgn. u. Tischgebete. (896.)
24. Erzählgn. u. Schulgebete. (896.)
25. Erzählgn. u. bibl. Rätsel. (896.)

— dasselbe. Nr. 1—10. 8. Stuttgart 897. D. Gundert. Geb. in Leinw. à n. 1.20

1. Bilder u. Reime. Reime u. Bilder f. Kinder. Von Ludw. Richter u. Wilh. Hey. Orig.-Zeichngn. v. R. Aufs Holz übertr. v. Alb. Zeh. Geschnitten v. Aug. Gaber. Mit Reimen v. H. 2. Aufl. (31 Bl.) (890.)
2. Kindergrüße in Lied u. Bild, v. Mutterhand gesammelt. M. Bildern v. Alb. Zeh, A. Venus u. A. 2., verm. Aufl. (96 S.) (890.)
3. Rätselraten im häusl. Kreise. Ein Ratgeber f. Jung u. Alt. Von J. Hesse. (96 S.) (892.)
4. Für kleine Mädchen. 10 Erzählgn. Von Agnes Sapper. (127 S.) (892.)
5. Das erste Schuljahr. Eine Erzählg. f. Kinder v. 7—12 Jahren. Von Agnes Sapper. (128 S.) (894.)
6. Aus d. Kinderleben. Erzählgn. f. Kinder u. Kinderfreunde. Von Dorothea Hofmann. (130 S.) (897.)
7. D. drei Doktorsbuben. E. Erzählg. f. Knaben. Von Emmy Seifert. (140 S.) (897.)
8. Bewegungsspiele im Freien z. Gesundg. d. Körpers u. Erfrischung d. Geistes. Für das heranwachs. Geschlecht. Von K. E. Clasen. 2., sehr verm. Aufl. (104 S. m. Abb.) (897.)
9. Das Spiel im häusl. Kreise. E. Ratgeber f. d. Familie. Von J. Hesse. 3. Aufl. (96 S.) (898.)
10. Aus d. lieben Gottes Garten. Geschichten f. Kinder u. Kinderfreunde. Von Dorothea Hofmann. (111 S.) (898.)

Kinderbibliothek. Nr. 4 u. 5. kl. 8. Stuttgart, D. Gundert. Geb. in Leinw. à n. 1.20

4. Für kleine Mädchen. 10 Erzählgn. Von Agnes Sapper. 2. Aufl. (128 S.) (904.)
5. Das erste Schuljahr. Eine Erzählung f. Kinder von 7—12 Jahren. Von Agnes Sapper. 2. Aufl. (127 S.) (904.)

Kinderbibliothek. Nr. 1—32. 16. (à 10 S.) Reutlingen (900. 902). R. Bardtenschlager. à — 03

1. Kinderlieder. — 2. Räthsel f. Kinder. — 3. Stammbuch-Verse. — 4. Puppenküche, die. — 5. Anekdoten. — 6. Zauberer, der kleine. — 7. Spiele f. Kinder. — 8. Kindes, des, Anstands-Buch. — 9. Postkarten-Grüße. — 10. Sinnsprüche. — 11. Geburts- u. Namentags-Wünsche. — 12. Weihnachts-Lieder. — 13. Was sich schickt. — 14. Briefsteller f. die Jugend. — 15. Declamationen f. Kinder. — 16. Gratulant, der kleine. Eine Sammlg. v. Glückwünschen. — 17. Glückwünsche zur silbernen u. goldenen Hochzeit. — 18. Neujahrs-Gedichte. — 19. Polter-Abendgedichte f. Kinder. — 20. Glückwünsche zu Jubiläen. — 21. Weihnachts-Gedichte. — 22. Hochzeits-Gedichte. — 23. Geburtstags-Gedichte. — 24. Taschenkünstler, der kleine. — 25. Puppenschneiderin, die kleine. (Mit Fig.) — 26. Wäscheschneiderin, die kleine. (Mit Fig.) — 27. Papparbeiter, der kleine. — 28. Vexirscherze. — 29. Beschäftigungsspiele f. Kinder. — 30. Ostergedichte. — 31. 32. Kinder-Theater.

Cordiers **Kinder-Bibliothek.** (Ernst u. Scherz für's Kinderherz.) Reihe 1. *Heiligenstadt: F. W. Cordier [1896].* 8° (a. ...) 3

Kinder-Bibliothek, deutsche. Blätter zur Unterhaltung und Belehrung für Knaben und Mädchen. Hrsg. von Rud. Martin. 6 Hefte. 8. Leipzig 880, Pfeil. à Heft * 25 Pf. *

Inhalt:

Heft 1. Liederbuch für die Kinderstube, sowie für Kindergärten. Eine Sammlung zum Vorsingen geeigneter allgemein bekannter Lieder. Hrsg. von Veronika Schweizer. (32 S.)
" 2. Krummacher, Friedr. Adf., Parabeln. Für die Kinderwelt ausgewählt von Rud. Martin. (32 S.)
" 3. Gellert's, Chr. F., Fabeln und Erzählungen. Für die Kinderwelt ausgewählt von Max Schneider. (32 S.)
" 4. Räthselschatz. Eine Sammlung von Räthselaufgaben für die Kinderwelt. Hrsg. von Heinr. Pfeil. (24 S.)
" 5. Bauer, L., Friedel. Eine Geschichte aus den Bergen. (44 S.)
" 6. Schmid, Ulr. Rud., Kinderfahrten. Sinnige, belehrende und unterhaltende Erzählungen für Knaben und Mädchen. (30 S.)

Kinderbibliothek für Eltern und Erzieher. Frankf. 1781—84. V: *Götz, Georg Frdr.* (Ky)

— für Eltern u. Erzieher (v. Geo. Fr. Götz). 4 Stcke. 8. Frankf. 781—84. Brönner. 16 ℛ

—— katholische. Hrsg. von Herm. Koneberg. 1.—4., 6., 9. und 16.—22. Bdchn. 16. Kempten, Kösel'sche Buchh. à Bdchn. * 25 Pf.; geb. in Halbleinw. à * — 35 geb. in Leinw. à Bdchn. * — 55

Inhalt:

Bdchn. 1. Koneberg, Herm., der kleine Hirt. Ein nützl. Büchlein besonders für Hirtenkinder. 2. Aufl. (56 S.) 886.
" 2. —— Lourdes. Den Kindern erzählt. 4. Aufl. (32 S.) 885.

Kinder-Bibliothek, katholische.

Bdchn. 3. Koneberg, Herm., Vitus, der Liebling Gottes. Den Kindern erzählt. (61 S.) 886.
" 4. —— Germana, die stille Dulderin. Den Kindern erzählt. (77 S.) 886.
" 6. —— Benedikt Labre, der glückliche Bettler. Den Kindern erzählt. (88 S.) 888.
" 9. —— die heil. Elisabeth von Thüringen, die Beschützerin der Armen, erzählt. (64 S.) 888.

—— katholische. Hrsg. von Herm. Koneberg. 5.—15. Bdchn. 16. Kempten 882—84, Kösel'sche Buchh. à Bdchn. * geb. in Halbleinw. à Bdchn. *

Inhalt:

Bdchn. 5. Koneberg, Herm., Hilarion, der berühmte Einsiedler. (77 S.)
" 6. —— Benedikt Labre, der glückliche Bettler. (102 S.)
" 7. —— St. Antonius von Padua, der große Wohlthäter. Den Kindern erzählt. (64 S.)
" 8. Berg, Frz., das dreifache Siebengestirn am Himmel der Heiligen. (64 S.)
" 9. Koneberg, Herm., die heil. Elisabeth von Thüringen, die Beschützerin der Armen. (77 S.)
" 10. —— der heil. Franziskus von Assisi, der Patriarch der Armen. Den Kindern erzählt. (68 S.)
" 11. —— Loreto und Rom. Für die Kinder geschrieben. (87 S.)
" 12. 13. Kuhn, Kasp., Blicke in die Natur. 2 Bdchn. (79; 80 S.)
" 14. Koneberg, Herm., Paris und die große Karthause. Den Kindern erzählt. (78 S.)
" 15. —— St. Cajetan, ein Held im Gottvertrauen. Den Kindern erzählt. (64 S.)
" 16. —— Maria-Einsiedeln. Den Kindern geboten. (72 S.) 885.
" 17. Hölzl, Max, der heil. Bischof Nikolaus, der liebe Kinderfreund. Den Kindern erzählt. (62 S.) 886.
" 18. 19. Gronen, Damian, das Buch der schönsten Räthsel-Aufgaben für seine jungen Freunde ausgewählt und hrsg. 1. und 2. Bdchn. (46; 48 S.) 888.
" 20. Koneberg, Herm., Leo XIII. Ein Lebensbild, entworfen für die liebe Kinderwelt. (50 S. mit Illustr.) 888.
" 21. —— der heil. Bonifacius, der Apostel Deutschlands. Den Kindern erzählt. (51 S. mit 1 Bild.) 888.
" 22. —— Lioba, eine deutsche Heilige. Der Jugend erzählt. (48 S.) 888.

Kinder-Bibliothek, katholische. Hrsg. v. Herm. Koneberg. 5., 10., 11., 23.—31. Bdchn. 16. Kempten 889—92, Kösel. à Bdchn. * — 25 geb. in Hlbleinw. à Bdchn. ** — 35; in Leinw. à Bdchn. ** — 55

5. Koneberg, Herm. Hilarion, der berühmte Einsiedler. 2. Aufl. (71 S.)
10. —— Der heilige Franziskus v. Assisi, der Patriarch der Armen. 2. Aufl. (68 S.)
11. —— Loretto u. Rom. 2. Aufl. (83 S. m. 4 Abbildgn.)
23. 24. Kuhn, Kasp. Spaziergänge im Freien. 2 Hefte. (59; 64 S. m. Bildern.)
25. Koneberg, Herm. Der heil. Kilian, Apostel d. Frankenlandes. 2. Aufl. (56 S.)
26. —— Der heilige Otto, Bischof v. Bamberg, Apostel der Pommern. (68 S.)
27. —— Aus dem Leben e. Hirtenkindes. (44 S.)
28. —— Starke Seelen. (63 S.)
29. Die heilige Hedwig, Herzogin v. Schlesien, aus dem Andechser Grafengeschlecht. Mit Benutzg. d. ausführl. Werkes von A. Knoblich. (88 S.)
30. Koneberg, Herm. Der heilige Aloisius, der Patron der Jugend. 1. u. 2. Aufl. (95 S.)
31. Pötich, Jos. Christoph Columbus u. die Entdeckung Amerikas. Zur 400jähr. Gedenkfeier der Entdeckg. Amerikas. (83 S. m. Bildnis.)

— katholische. Begründet v. Herm. Koneberg. 5., 17., 20., 25.—35. Bdchn. 16. Kempten, J. Kösel. à n. — 25; geb. in Halbleinw. à n. — 35; in Leinw. à n. — 55

5. Hilarion, der berühmte Einsiedler. Der Jugend erzählt v. Herm. Koneberg. 2. Aufl. (71 S.) 891.
17. Der hl. Bischof Nikolaus, der liebe Kinderfreund. Den Kindern erzählt v. Max Hölzl. 2. Aufl. (68 S.) 893.
20. Leo XIII. Ein Lebensbild, entworfen f. die liebe Kinderwelt v. Herm. Koneberg. 2. u. 3., als Festgabe zum Bischofsjubiläum d. hl. Vaters vollständig umgearb. Aufl., besorgt v. Jos. Pötsch. (56 S. m. Abbildgn.) 893.
25. Der heilige Kilian, Apostel d. Frankenlandes. Der Jugend erzählt v. Herm. Koneberg. 2. Aufl. (56 S.) 891.
26. Der heilige Otto, Bischof v. Bamberg, Apostel der Pommern. Der Jugend erzählt v. Herm. Koneberg. (68 S.) 889.
27. Aus dem Leben e. Hirtenkindes. Für die Kinder geschrieben v. Herm. Koneberg. (44 S.) 890.
28. Starke Seelen. Für die Jugend geschrieben v. Herm. Koneberg. (63 S.) 890.
29. Die heilige Hedwig, Herzogin v. Schlesien, aus dem Andechser Grafengeschlecht. Mit Benutzg. d. ausführl. Werkes v. A. Knoblich zunächst f. die Jugend v. e. Lehrer. (88 S.) 890.
30. Der heilige Aloisius, der Patron der Jugend, v. Herm. Koneberg. 1. u. 2. Aufl. (95 S.) 891.
31. Christoph Columbus u. die Entdeckung Amerikas. Zur 400jähr. Gedenkfeier der Entdeckg. Amerikas f. die Jugend u. das Volk hrsg. v. Jos. Pötsch. (83 S. m. Bildnis.) 892.
32. Johanna d'Arc, genannt die Jungfrau v. Orleans. Ihr Leben u. Wirken, der Jugend erzählt v. Jos. Pötsch. (80 S.) 893.
33. Bleibe fromm u. gut! Ein Begleiter aus der Schule in das Leben. Hrsg. v. Jos. Pötsch. Ausg. A. Für Knaben. (71 S.) 893.
34. — dasselbe. Ausg. B. Für Mädchen. (68 S.) 893.
35. Abend Unterhaltungen f. die Jugend v. Kasp. Kuhn. 1. Hft. (71 S.) 894.

Kinder-Bibliothek, katholische. Hrsg. v. Herm. Koneberg. 1., 3., 4., 6.—10., 12.—16., 21., 22., 30., 33., 34. u. 36.—48. Bdchn. 16. Kempten, J. Kösel. à n. — 25; kart. à n.n. — 35; geb. in Leinw. à n.n. — 55

Inhaltsübersicht in alphabet. Ordnung:

Berg, Frz., das dreifache Siebengestirn am Himmel der Heiligen. 2. Aufl. (63 S.) 896. (Nr. 8.)
Elz, A. v., wie e. Gänsebub z. reichen Manne wurde. Erzählg. f. d. liebe Jugend. (75 S.) 895. (Nr. 37.)
Hart, Joh. v., Weihnachtsbüchlein. F. d. Jugend u. z. Gebr. b. Schulfeierlichkeiten hrsg. (73 S. m. Abb.) 895. (Nr. 41.)
Klietsch, Adf., Märchen. D. Kindern erzählt. 1. u. 2. Bdchn. (79 u. 66 S.) 898. (Nr. 46. 47.)
Knöppel, Al., Leben des hl. Alphons Maria v. Liguori, des Stifters d. Redemptoristen-Ordens. D. kathol. Jugend z. Nachahmg. erz. (80 S. m. Abb.) 898. (Nr. 45.)
— Leben u. Wirken d. sel. Peter Canisius, des ersten deutschen Mitgliedes d. Gesellschaft Jesu. D. kathol. Jugend erz. (72 S. m. Abb.) 897. (Nr. 44.)
— Leben d. hl. Franziskus Xaverius, d. Apostels Indiens u. Japans. D. kathol. Jugend erz. (79 S.) 897. (Nr. 42.)
— Leben des hl. Ignatius v. Loyola, des Stifters d. Jesuitenordens. D. lieben Jugend erz. (72 S. m. Abb.) 897. (Nr. 43.)
Koneberg, Herm. O. S. B., der hl. Aloisius, der Patron d. Jugend. (87 S.) 896. (Nr. 30.)
— St. Antonius v. Padua, d. große Wunderthäter. D. Kindern erz. M. e. Einleitg. u. e. Anh. vers. v. Jos. Pötsch. 3. Aufl. (68 S. m. Abb.) 895. (Nr. 7.)
— d. hl. Bonifacius, d. Apostel Deutschlands. D. Jugend erz. 2. Aufl. (51 S. m. 1 Bild.) 896. (Nr. 21.)
— St. Cajetan, ein Held im Gottvertrauen. Der Jugend erz. 2. Aufl. (64 S.) 897. (Nr. 15.)
— die hl. Elisabeth v. Thüringen, die Beschützerin der Armen. 3. Aufl. (64 S. m. 2 Bild.) 896. (Nr. 9.)
— d. hl. Franziskus v. Assisi, d. Patriarch d. Armen. D. Kindern erz. 3. Aufl. (68 S.) 898. (Nr. 10.)
— Germana, die stille Dulderin. Den Kindern erz. 3. Aufl. (77 S.) 894. (Nr. 4.)
— der kleine Hirt. Ein nützl. Büchlein, bes. f. Hirtenkinder. 3. Aufl. (56 S.) [illegible]. (Nr. 1.)
— Benedikt Labre, d. glückliche Bettler. D. Kindern erz. 3. Aufl. (80 S.) [illegible]. (Nr. 6.)
— Lioba. Eine deutsche Heilige. D. Jugend erz. 2. Aufl. (48 S.) 896. (Nr. [illegible].)
— Maria-Einsiedeln. Den Kindern geboten. 2. Aufl. (72 S.) 896. (Nr. 16.)
— Paris u. d. große Karthause. D. Jugend erz. 2. Aufl. (80 S.) 896. (Nr. 14.)
— Vitus, d. Liebling Gottes. D. Kindern erz. 3. Aufl. (61 S.) 894. (Nr. 3.)
Kuhn, Kasp., Abend-Unterhaltgn. f. d. Jugend. 2. Hft. (72 S.) 894. (Nr. 36.)
— Blicke in d. Natur. 1. Hft. 2. Aufl. (79 S.) 895. (Nr. 12.)
— dasselbe. 2. Hft. 2. Aufl. (80 S.) 896. (Nr. 13.)
Leitenberger, Otto, aus der Fabelwelt u. and. Geschichten (Vom vorlauten Bastian. — Hanne u. Marie). D. Kindern erz. (64 S. m. 1 Abb.) [illegible]. (Nr. 48.)
Pötsch, Jos., bleibe fromm u. gut! Ein Begleiter aus der Schule in d. Leben. Ausg. A. Für Knaben. 2. Aufl. (80 S.) 896. (Nr. 33.)
— Dasselbe. Ausg. B. F. Mädchen. 2. Aufl. (80 S.) 896. (Nr. 34.)
— Fabelbüchlein. Eine Sammlg. d. schönsten Fabeln. Für die lieben Kleinen ges. (71 S.) 895. (Nr. 38.)
— des Kindes Märchenschatz. Eine Sammlg. d. schönsten Märchen f. uns. lieben Kleinen. 1. u. 2. Hft. (72 u. 79 S.) 896. (Nr. 39. 40.)

Kinderbibliothek, katholische, hrsg. v. Herm. Koneberg, O. S. B., fortgeführt v. Konr. Kümmel. 5., 11., 18.—20., 23., 24., 26.—29., 31., 33., 34. u. 49.—66. Bdchn. 16. Kempten, J. Kösel. à n. — 25; geb. in Halbleinw. à n. — 35; in Leinw. à n. — 55

Inhaltsübersicht in alphabetischer Ordnung:

Gronen, Damian, das Buch der schönsten Rätsel-Aufgaben. Für seine jungen Freunde ausgewählt u. hrsg. 1. u. 2. Bdchn. 2. Aufl. (48 u. 48 S.) 899. (18. u. 19. Bdchn.)
Hedwig, die hl., Herzogin von Schlesien, aus dem Andechser Grafengeschlecht. Mit Benutzung des ausführl. Werkes v. A. Knoblich zunächst f. die Jugend v. e. Lehrer. 2. Aufl. (80 S.) 899. (29. Bdchn.)
Heizer, Lor., Märchen aus der fliegenden Welt. Mit 2 Illustr. v. Gg. Mühlberg. 2 Bdchn. (71 u. 75 S.) 900. (63. u. 64. Bdchn.)
Knöppel, Al., Leben u. Wirken des hl. Vincenz v. Paul. Der christl. Jugend erzählt. (68 S. m. 3 Taf.) 899. (50. Bdchn.)
Koneberg, Herm., O. S. B., Hilarion, der berühmte Einsiedler. Der Jugend erzählt. 3. Aufl. (71 S.) 900. (5. Bdchn.)
— aus dem Leben e. Hirtenkindes. Für Kinder geschrieben. 2. Aufl. (44 S.) 900. (27. Bdchn.)
— Leo XIII. Ein Lebensbild, entworfen f. die liebe Kinderwelt. 4. Aufl., besorgt v. Jos. Pötsch. Festschrift z. 25jähr. Papstjubiläum des hl. Vaters. (64 S. m. Abbildgn.) 902. (20. Bdchn.)
— Loretto u. Rom. Für die Kinder geschrieben. 3. Aufl. Mit 4 Abbildgn. (80 S.) 899. (11. Bdchn.)
— der hl. Otto, Bischof v. Bamberg, Apostel der Pommern. Der Jugend erzählt. 2. Aufl. (68 S.) 901. (26. Bdchn.)
— starke Seelen. Für die Jugend geschrieben. 2. Aufl. (63 S.) 899. (28. Bdchn.)
Krämer, Alfons, nimm mich mit! Gedichte für kleine Leute. 1.—4. Bdchn. (à 64 S. m. Abbildgn.) 900. (59.—62. Bdchn.) In 1 Bd. n. 1.—; geb. in Leinw. n. 1.50.
Kuhn, Kasp., O. S. B., Spaziergänge im Freien. Für die lieben Kinder geschildert. 1. u. 2. Hft. 2. Aufl. (69 u. 64 S. m. Abbildgn.) 899. (23. 24. Bdchn.)
Machts, K., frohe Stunden. Den lieb. Kleinen bereitet. (56 S.) 899. (49. Bdchn.)
Pötsch, Jos., bleibe fromm u. gut! Ein Begleiter aus der Schule in das Leben. Ausg. A. Für Knaben. 3. Aufl. (88 S.) 902. (33. Bdchn.)
— dasselbe. Ausg. B. Für Mädchen. 3. Aufl. (84 S.) 901. (34. Bdchn.)
— Christoph Columbus u. d. Entdeckung Amerika's. Der Jugend dargeboten. 2. Aufl. (80 S.) 901. (31. Bdchn.)
Redeatis, allerlei Geschichten f. junge Knaben u. kleine Mädchen. 1. u. 2. Bdchn. (79 u. 71 S.) 900. 901. (65. 66. Bdchn.)
Schwarz, Heinr., O. S. B., Freuden-Quelle. Eine Reihe von lehrreichen Erzählgn. f. die liebe Jugend. 1. u. 2. Bdchn. (80 u. 72 S.) 899. 900. (53. 54. Bdchn.)
— dasselbe. 3.—6. Bdchn. (79, 72, 64 u. 55 S.) 900. (55.—58. Bdchn.)
Wehner, Hugo, ernste u. heitere Erzählungen. 1. u. 2. Bdchn. (71 u. 67 S.) 899. (51. 52. Bdchn.)

— katholische, hrsg. v. Herm. Koneberg, O. S. B., fortgeführt v. Konr. Kümmel. 2. 3. 7. 17. 30. u. 67.—71. Bdchn. 16. Kempten, J. Kösel. à n. — 25; geb. in Halbleinw. à n. — 35; in Leinw. à n. — 55

Hölzl, Max, der hl. Bischof Nikolaus, der liebe Kinderfreund. Den Kindern erzählt. 3. Aufl. (68 S.) 905. (17. Bdchn.)
Koneberg, Herm., O. S. B., der hl. Aloisius, der Patron der Jugend. 4. Aufl. (87 S.) 905. (30. Bdchn.)
— St. Antonius v. Padua, der große Wundertäter. Den Kindern erzählt. 3. Aufl. (64 S.) 905. (7. Bdchn.)
— Lourdes. Den Kindern erzählt. 6. Aufl. (56 S.) 906. (2. Bdchn.)
— Vitus, der Liebling Gottes. Den Kindern erzählt. 3. Aufl. (59 S.) 906. (3. Bdchn.)
Kuhn, Kasp., lernet die Natur kennen! Nützliche u. unterhalt. Gespräche. I. u. II. Bdchn. (64 u. 80 S.) 903. (67. 68. Bdchn.)
Nüdling, Ludw., Rhönmärchen. Kleine Geschichten. (144 S.) 904. (69. 70. Bdchn.) In 1 Bd. geb. — 60
Schleicher, Helene, kleine Erzählungen. (86 S. m. Abbildgn.) 904. (71. Bdchn.)

— dasselbe. Band-Ausg. 1.—9. Bd. 16. (M. Abb.) Ebd. Geb. in Halbleinw. à n. 1. —
1. Himmelwärts. Vorbilder für Knaben. (61, 68, 95, 71 u. 56 S.) 896.
2. Vorbilder f. Mädchen. (77, 64, 48, 88 u. 68 S.) 898.
3. Heilige Männer. (71, 38, 64, 68 u. 64 S.) 896.
4. Reisebilder. (52, 83, 70 u. 72 S.) 896.
5. Märchen, Fabeln, Rätsel. (72, 79, 71, 46 u. 48 S.) 896.
6. Lebensbilder. (56, 44, 63, 53 u. 80 S.) 896.
7. Naturbilder. (73, 80, 59, 64, 71 u. 72 S.) 896.
8. Christliche Glaubenshelden. (51, 56, 65 u. 63 S.) 898.
9. Heilige Ordensmänner. (79, 72, 72 u. 80 S.) 898.

— dasselbe. Band-Ausg. 10.—14. Bd. 16. Ebd. Geb. à n. 1.—
10. Heitere Erzählgn. u. Gedichte. (75, 56, 71 u. 67 S.) 899.
11. Freudenquelle. 1. Tl. (80, 72, 79 u. 72 S.) 900.
12. Freudenquelle. 2. Tl. (64, 55, 79 u. 71 S. m. Abb.) 900.
13. Nimm mich mit! Gedichte f. kl. Leute. Von Alfons Krämer. (64, 64, 64 u. 64 S.) m. Abbildgn.) 900.
14. Märchen u. Fabeln, neue. (79.68, 64.71 u. 75 S. m. Abb.) 900.

— kleine, v. Wilmsen u. Hartung, s. a. F. P. Wilmsen.

Kinderbibliothek, Kleine, 12 Bdchen. Hamb. 1779—84. Braunschw. 1782—84. 13.—24. Bdchen. 1782—94. H: *Campe, Johann Heinrich.* (JL)

Kinderbibliothek, Kleine, aus 12 Bändchen . . . Wien 1821. V: *Bysang, Joseph.* (Ky)

Kinder-Bibliothek, kleine, (v. Jos. Bysang) aus 12 Bdchen. in 16. mit vielen color. Bildern in elegant. Kästchen bestehend. Wien (821.) Bermann u. Sohn. 2 1/6 ₰

Kinder-Bibliothek, kolorierte. 1. 9. Bd. 12. Berlin 895. Schriftenvertriebsanstalt. Kart. à n.n. — 50
1. Die Schatzgräber. Von C. G. Barth. — Glatteis. Von Fr. Blaul. (60 S. m. 4 Farbendr.)
2. Die Winternacht. — Nilus u. Theodolus. — Die Nacht am Tage. Von C. G. Barth. (76 S. m. 4 Farbendr.)
3. Das Rubinenkreuz. — Die Erscheing. — Weg hat Er allerwege. 3 Erzählgn. f. Kinder v. C. G. Barth. (63 S. m. 4 Farbendr.)
4. Der Knabe im Ledersack. — Der kleine Schornsteinfeger. — Der Krankenwärter. 3 Erzählgn. f. Kinder v. C. G. Barth u. Fr. Blaul. (73 S. m. 4 Farbendr.)
5. Der Negerknabe Cuff. Erzählg. f. Kinder v. C. G. Barth. (83 S. m. 4 Farbendr.)
6. Neues Märchenb. Von C. v. Hellen. (63 S. m. 5 Farbendr.)
7. Neues Märchenb. 2. Bd. (64 S. m. 3 Farbendr.)
8. Großmutters Blatt. Eine Weihnachtsgeschichte von H. Johannsen. (63 S. m. 2 Farbendr.)
9. Die Kornblume. Erzählg. v. Erik Grube. — Der Kanarienvogel. Erzählg. v. M. Grabl. (64 S.)

— dasselbe. 10.—16. Bd. 12. Ebd. Kart. à — 60
10. Die kleine Kunstreiterin. Von E. Kühn. — Ohne Sonne. Von M. Rickmeyer. — Erika. Von M. Frohmuth. — Wie Lottchen nähen lernte. Von A. Christen. (64 S. m. 4 Farbendr.) 897.
11. Ein Gassenjunge. — Gerettet. Von Th. Rothschütz. (60 S. m. 4 Farbendr.) 897.
12. Die rote Laterne. Von Th. Rothschütz. — Tim. Von Th. Rothschütz. — Vor sich selber gerettet. Von H. Clarke. M. Erlaubnis d. Society for promoting christian knowledge in London. (64 S. m. 4 Farbendr.) 896.
13. Neues Märchenbuch. Von Erik Grube. (64 S. m. 4 Farbendr.)
14. Prinzessin Cordula. Von A. v. N. (Umschlag: Neues Märchenbuch.) (64 S. m. 1 Farbendr.) 897.
15. Die Heinzelmännchen. Von M. Grabl u. M. Behne. — Prinzessin Flunkerli. Von Erik Grube. (Umschlag: Neues Märchenbuch.) (64 S. m. 1 Farbendr.) 897.
16. Rosenkäfers Wanderlust. Von H. Braun. — Prinzeßchen Unzufrieden. Von Clara v. Gruner. (Umschlag: Neues Märchenbuch.) (64 S. m. 1 Farbendr.) 897.

Kinderbibliothek, Lustige; ein Abendgeschenk für . . . Kinder . . . Marburg 1777—89. V: *Andre, Christian Carl.* (Ky) (MGT)

— lustige, ein Abendgeschenk für Kinder, (von Chr. K. André). 2 Thle. 8. Marb. 797—80. Krieger. 1 ₰ 4 K

— neue, s. a. Fr. Heldmann.

Kinder-Bibliothek, neue, s. a. Wernhard, Jos.

—— neue. 1.—4. Heft. 8. Stuttgart 881, G. Weise. cart. à Heft
Inhalt:
Heft 1. Reichner, Clara, Gretchen und Bella. Eine Puppengeschichte. (9 S. mit 8 Chromolithogr.)
" 2. Pichler, Th. v., Gänseblümchen. Ein Märchen. (14 S. mit 4 Chromolithogr.)
" 3. Reichner, Clara, im Kriege. (9 S. mit 8 Chromolithogr.)
" 4. Pichler, Th. v., König Rana. Ein Märchen. (14 S. mit 4 Chromolithogr.)
Nicht weiter erschienen.

—— neue, z. Entwickelung, Belehrung u. Unterhaltung d. kindl. Alters. Gewählt u. eingerichtet v. Fr. Heldmann. 9—12. Bdchn. M. Kpfrst. 16. Darmstadt 828, Leske. à 3 Gr., ill.
1—8. Bdchn. Ebendas. 1827. à 3 Gr., ill. 4 Gr.

Kinderbibliothek, Neue Rheinische, oder moralische Erzählungen zur Veredlung des Herzens, von einem katholischen Geistlichen. Köln 1833—35. V: *Quix, Christian.* (Russell VI, 574)

—— neueste, 1. Bdchn. — A. u. d. T.: Die schönsten Kindermährchen. Geschmückt m. 100 Bild. (Holzschn.) 1. Thl. kl. 8. (11½ B.) Hildburghausen 834, Bibliogr. Institut.

— Rheinische, od. moral. Erzählungen z. Veredl. d. Herzens. 1s Bdchn. M. 1 Abbild. 16. Köln 827, Du-Mont-Schaub.

—— Rheinische, od. moral. Erzählungen z. Veredl. d. Herzens. Gesammelt v. e. kathol. Geistlichen. 2—6. Bdchn. Jedes m. 1 lith. Abbild. 16. (6, 7, 8, 9 u. 9 B.) Köln 828—32, DuMont-Schauberg. à
1. Bdchn. Ebendas. 1827. 6 Gr.

—— dies. 7—9. Bdchn. — A. u. d. T.: Neue Rhein. Kinder-Bibliothek rc. 1—3. Bdchn. Jedes m. 1 lith. Abbild. 16. (8½, 8 u. 8½ B.) Aachen 833, 34, Mayer. à

— Straßburgische, auf 1787. 12. Straßb 787. Akademie. 8 K

Kinderbilder. Meinen Töchtern gewidmet von C. L. C. 8. (43 S.) Aachen 883, (Mayer.) cart. *

Kinderbilder, zwölf, zur Unterhaltung u. mündl. Belehrung. 1s Heft, für Mädchen. — 2s Heft, für Knaben. qu. gr. Fol. Nürnberg ... Renner u. Comp. (à 2/3 ₰) 1 1/3 ₰ ill. (à 1 1/3 ₰) 2 2/3 ₰

Kinderbiographie, bis an d. Jahre ihr. Bestimmungsstandes. 8. Altenb. (Academ. Handl. in Jena.) 783.

Kinderbiographie, bis an d. Jahre ihres Bestimmungsstandes. 8. Altenb. 783. (Pennings in Neiße). 6 K

Kinder-Blatt. Monatsschrift f. den deutschen Zweig d. Bundes dienstwill. Kinder. Red.: Stieglitz. 1. Jahrg. 1891. 12 Nrn. (½ Bog. m. Abbildgn.) 8. Berlin, Evangel. Vereinsbuchhandlg. n. — 80

— dasselbe. 2.—4. Jahrg. 1892—1894. à 12 Nrn. (½ Bog. m. Abbildgn.) 8. Ebd. à Jahrg. n. 1. —

Kinder-Blatt. Monatsschrift f. d. deutschen Zweig des Bundes dienstwill. Kinder. Red.: Stieglitz. 5. u. 6. Jahrg. 1895–1896. à 12 Nrn. (à 8 S. m. Abb.) 8. Berlin, Verlag d. christl. Zeitschriften-Vereins. à Jahrg. n. 1.—
Weiter nicht erschienen.

Das Kinderblatt: Jan.? 1901–?
Monthly. Organ of Mennonitische Brüdergemeinde. Edited & published by P. F. Duerksen.
Hillsboro, KS

Lutherisches Kinderblatt: 1873–1895. Pittsburgh, PA

Kinderblatt, lutherisches. Hrsg.: J. P. Beyer. 6–10. Jahrg. 1878–1882. à 12 Nrn. (B. m. eingedr. Holzschn.) Fol. Pittsburgh, Pa. (Dresden, H. J. Naumann.) à Jahrg. n. 1. —

Kinderblatt, lutherisches. Hrsg.: J. P. Beyer. 11–14. Jahrg. 1883–1886. à 13 Nrn. (B. m. eingedr. Holzschn.) Fol. Brooklyn, N. Y. (Dresden, H. J. Naumann.) à Jahrg. n. 1.—

Kinderblatt, lutherisches. Hrsg.: J. P. Beyer. 15. Jahrg. 1887. 13 Nrn. (B. m. eingedr. Holzschn.) Fol. Brooklyn, N. Y. (Dresden, H. J. Naumann.) n. 1.—

— dasselbe. 16. 17. Jahrg. 1888. 1889. à 12 Nrn. (B. m. eingedr. Holzschn.) Fol. Ebd. à Jahrg. n. 1.—

— dasselbe. 18. Jahrg. 1890. 13 Nrn. (B. m. eingedr. Holzschn.) Fol. Ebd. n. 1.—

— lutherisches. Hrsg.: J. P. Beyer. 19.–22. Jahrg. 1891–1894. à 13 Nrn. (Bog. m. Abbildgn.) Fol. St. Louis, Mo. (Zwickau, Schriften-Verein.) à Jahrg. n. 1.—

— lutherisches. Hrsg. J. P. Beyer. 23. Jahrg. 1895. 13 Nrn. (à ca. 6 S. m. Abb.) Fol. St. Louis, Mo. (Zwickau, Schriften-Verein.) n. 1.—

— dasselbe, Fortsetzg., s.: Kinder- u. Jugendblatt.

Lutherisches Kinder- und Jugendblatt: Jahrgang 1–66, Jan. 1871–Dec. 1938.
Monthly. Organ of Die Deutsche Evangelisch-Lutherische Synode von Missouri, Ohio u. a. Staaten. Quarto, each issue 16 pages; illustrated. Circulation: 1912, 55,500. Edited by L.W. Dorn; Johann Paul Beyer; the Rev. August Lange, ?–1938. Published by Concordia Publishing House, 1871–1938.
St.Louis, MO

Kinder- u. Jugend-Blatt, lutherisches. Red.: J. P. Beyer. 24. u. 25. Jahrg. 1896–1897. à 12 Nrn. (à ca. 2 Bog. m. Abb.) 4. St. Louis, Mo. (Zwickau, Schriften-Verein.) à Jahrg. n. 1.—

— dasselbe. Red.: L. W. Dorn. 26. Jahrg. 1898. 12 Nrn. (à ca. 2 Bog. m. Abb.) 4. Ebd. n. 1. 60

Kinder- u. Jugendblatt, lutherisches. Red.: L. W. Dorn. 27.–30. Jahrg. 1899–1902. à 12 Nrn. hoch 4. (à ca. 16 S. m. Abbildgn.) St. Louis, Mo. (Zwickau, Schriften-Verein.) à Jahrg. n. 1. 60

Kinder- u. Jugendblatt, lutherisches. Red.: L. W. Dorn. 31.–34. Jahrg. 1903–1906. à 12 Nrn. (IV, 192; IV, 192; IV, 196 u. IV, 192 S. m. Abbildgn.) Lex.-8. St. Louis, Mo. (Zwickau, Schriften-Verein.) à Jhrg. n. 1. 60

Kinder- u. **Jugendblatt,** lutherisches. Red.: L. W. Dorn. 35. bis 38. Jahrg. 1907–1910. à 12 Nrn. (à Jahrg. IV, 192 S. m. Abb.) Lex. 8. St. Louis, Mo. (Zwickau, Schriften-Verein.) à Jahrg. 1. 60

Kinderblatt, neues. Hrsg.: Frau Louise Madsack. Red.: Käte Joël u. Gräfin M. v. Schlieben. Jahrg. 1900. 26 Hfte. gr. 8. (à ca. 16 S. m. Abbildgn.) Berlin [Verlag „Neues Frauenblatt"]. Laubsch & Everth. 4.—

— dasselbe. Red.: Ella Taegen. Jahrg. 1901. 8 Hfte. gr. 8. (à ca. 8 S. m. Abbildgn.) Berlin, Laubsch & Everth. 1.—
Weiter nicht erschienen.

Kinder-Blättchen: Jahrgang 1–44, Nov.? 1878–1922?
Monthly; later, semi monthly. Organ of Evangelische Gemeinschaft. Dated also at Bethlehem, Pa.? Quarto, each issue 4 pages, illustrated. Edited by the Rev. William Lee Hunton; by the Rev. Frederick William Weiskotten. Published by the Board of Publications of the General Council of the Evangelical Church of North America.
Philadelphia, PA

Kinderblätter v. dem Verfasser des „armen Heinrich rc." Herausg. von dem Calwer Verlags-Verein. Mit vielen Holzschn. 16. Calw 836. Stuttgart, Steinkopf. n. 5 ℋ

Kinderblüthen. Poetische Plaudereien einer Mutter . . . Berlin 1852.
V: *Hahn, E. v.* (Ky)

Kinderblüthen. Poetische Plaudereien einer Mutter mit ihrem Töchterlein. Frei aus dem Französ. von E****. 8. (V und 128 S.) Berlin 852, Mittler's Sortimentsh. *

Kinder-Bote. Hrsg. vom Erziehungs-Verein (zu Elberfeld durch W. Brockhaus). 1. Jahrg. 1850. Juli—Decbr. 26 Nrn. 6 Hefte und 2. Jahrg. 1851. 52 Nrn. (à ½ Bog.) oder 12 Hefte. gr. 8. Elberfeld, Hassel. [1. Jahrg. * 12½ Ngr., 2. Jahrg. * 25 Ngr.] *

Kinder-Bote. Hrsg. vom Erziehungs-Verein in Elberfeld. Redig. von W. Brockhaus. 3. Jahrg. 1852. 52 Nrn. (½ Bog.) oder 12 Hefte. gr. 8. Elberfeld, (Hassel.) *
1. und 2. Jahrg. 1850 und 1851. Ebendas. * 1 Thlr. 7½ Ngr.

Kinder-Bote. 13–21. Jahrg. 1862–70. à Jahrg. 52 Nrn. (½ Bgn.) Elberfeld, (Langewiesche.) gr. 8. Jeder Jahrg. n.n. 25 ngr.

Kinder-Bote. Hrsg. vom Erziehungs-Verein in Elberfeld. 22–27. Jahrg. à 52 Nrn. (½ B.) od. 12 Hfte. gr. 8. Elberfeld 871. Mosel in Comm. à Jahrg. n.n. 2. 50

Kinder-Bote. Hrsg. vom Erziehungs-Verein in Elberfeld. 28–33. Jahrg. 1877–1882. à 12 Hfte. (à 2–2½ B.) gr. 8. Elberfeld, Buchhandlung der Evangel. Gesellschaft. à Jahrg. n.n. 2. 50

Kinder-Bote. Hrsg. vom Erziehungs-Verein in Elberfeld. 34–36. Jahrg. 1883–1885. à 12 Hfte. (à 2–2½ B.) gr. 8. Elberfeld, Buchh. der Evangel. Gesellschaft. à Jahrg. n.n. 2. 50

— dasselbe. 37. Jahrg. 1886. 12 Hfte. (à 2–2½ B.) gr. 8. Ebend. n. 2.—

Kinderbote. Hrsg. vom Erziehungs-Verein in Elberfeld. 38. u. 39. Jahrg. 1887. 1888. à 12 Hfte. (à 2–2½ B.) gr. 8. Elberfeld, Buchh. d. Erziehungs-Vereins. à Jahrg. n. 2.—

Kinderbote. Hrsg. vom Erziehungs-Verein in Elberfeld. 40.–43. Jahrg. 1889–1892. à Jahrg. 12 Hefte. (à Heft 2–2½ Bog.) gr. 8. Elberf., Buchh. d. Erziehungs-Vereins. à Jahrg. * 2 —

Kinderbote. Hrsg. vom Erziehungs-Verein in Elberfeld. 42.–45. Jahrg. 1891–1894. à 12 Hfte. (à 2–2½ Bog.) gr. 8. Elberfeld, Buchh. d. Erziehungs-Vereins. à Jahrg. n. 2.—

Kinderbote. Hrsg. vom Erziehungs-Verein in Elberfeld. 46.—50. Jahrg. 1895—1899. à 12 Hfte. (à ca. 2 Bog. m. Abb.) gr. 8. Elberfeld, Buchh. d. Erziehungs-Vereins. à Jahrg. n. 2.—
Kann auch halbjährlich bezogen werden.

Kinderbote. 51.—53. Jahrg. 1900—1902. à 12 Hfte. gr. 8. (à ca. 32 S.) Elberfeld, Buchh. des Erziehungs-Vereins. à Jahrg. n. 2.—

Kinderbote. 54.—57. Jahrg. 1903—1906. à 12 Hefte. (II, 416 S.; II, 432 S. m. 16 Abb.; II, 416 u. II, 416 S.) gr. 8. Elberfeld, Buchh. des Erziehungs-Vereins. à Jhrg. n. 2.—; geb. n. 2.50

Kinderbote. 58.—61. Jahrg. 1907—1910. à 12 Hefte. (II, 416; IV, 416; II, 420 u. II, 424 S.) gr. 8. Elberfeld, Buchh. des Erziehungs-Vereins. à Jahrg. 2.—; geb. 2.50

Der Kinder-Bote: 1871–?
Monthly. Sunday School paper of the Church of the New Jerusalem (Swedenborg). Edited by A. O. Brickmann.
Philadelphia, PA

Der Kinder-Bote: Jahrgang 1–52, no. 24, Jan. 1886–Dec. 1938?
Monthly, 1886–88; semi monthly, or bi weekly, 1889–1938. A children's periodical, edited for many years by "Der Alte Kinderbote-Onkle". Organ of Die Allgemeine Conferenz der Mennoniten von Nord-Amerika. Published in English and German, 1888–? and again, May 1915–1938. Large quarto, each issue 4 pages; illustrated. Title varies: Kinder-Bote und Junior Messenger May 1915–Dec. 1938. Place of publication varies: Berne, Ind., 1886–Feb. 15, 1934, Hillsboro, Kansas, Mar. 1, 1935–Dec. 1936, Bethel College, Kans., Jan. 1, 1937–Nov. 15, 1938; North Newton, Kans., Dec. 1938. Edited by David Goerz (Halstead, Kans.), 1886–87; by S. F. Sprunger, 1887–95; by I. A. Sommer, Jan. 1896–Dec. 1911; by C. H. A. van der Smissen, Jan. 1912–?; by J. H. Janzzen, ?–Dec. 1937; by Mrs. H. J. Andres, Jan.–Dec. 1938. Published by S. F. Sprunger (Berne, Ind.), 1886–90, by Welty & Sprunger, 1891–93?; by Verlag des Mennonite Book Concern, 1894–1938.
Berne, IN

Der Kinderbote: Jahrgang 1, 1887–?
Mennonite semi monthly. Large quarto, each issue 4 pages. After World War I, n English section added, and number of pages in English increased each year. Circulation: 2,400 1953. Editor: Carl van der Smissen, J. G. Rempel 1940–56, then Cornelia Lehn. Owner and publisher: General Conference of Mennonites in North America.
Rosthern, Sask.

Kinder-Briefe. Zum Gebr. f. Schule u. Haus. 16. (7 B.) Schwäb. Hall 831. (Stuttgart, Beck u. Fränkel.)

Kinderbriefe. Zum Gebrauch für Schule u. Haus. 16. Schwäb. Hall 831. (Stuttg., Leflund). 4 K

Kinder-Briefe, z. Gebr. f. Schule u. Haus; od.: Nützliche Nachweis. f. Kinder zu Abfassung kunstloser Briefe, in 180 Beispielen. 2. Aufl. 16. (7 B.) Schwäb. Hall 837, Haspel'sche Bh.

Kinderbuch. J. R. Müller's K' ... s. Zeit. ... Goldene Z' ...

Kinderbuch, Das. Ein Geschenk für die ersten Anfänger. Salzburg 1792. 2. Aufl. 1794. 3. Aufl. 1799. V: *Vierthaler, Franz Mich.* (WBL) (Kn) (Hr) (Ky)

Kinderbuch, das, e. Geschenk für d. ersten Anfänger, (v. F. M. Vierthaler). 8. Salzb. 792. 3e A. 799. Duyle. 2 K

Kinderbuch. Für Kinder bis z. 8. Jahre. Im Auftrage des württemb. Volks-Schulvereins u. unter Mitwirkung einiger Vereinsglieder hrsg. v. J. G. Freihofer. 8. (13 B.) Tübingen 845, Fues, Verl. * 7½ Ngr. — Mit 6 col. Kpfrn. u. 1 Musikbeilage. *

Kinderbuch, deutsches, s.: Kinderlieder, deutsche.

Kinderbuch, goldenes. Bilder zum Anschauungs-Unterricht für kleine Kinder. 18 fein color. (lithogr.) Bildertaf. mit 200 Abbild. und 1 Rechentaf. gr. 4. Eßlingen 877, Schreiber. cart. *

(U.-Titel:) Unsers | HErrn JEsu Christi | Kinder Buch, | oder merkwürdige | historische Beschreibung | von Joachim und Anna, | deren Geschlecht | aus welchem sie geboren. | Item: | von ihrer Tochter, | der Jungfrau Maria, | und von der | Geburt und Auferziehung Christi. | Wie auch von der Flucht Christi, und was sich | sowohl auf ihrer Reise nach Egypten, als auch | bey ihrem siebenjährigen Aufenthalt daselbst, | nicht weniger bei der Rückreise und hernach | zu Jerusalem für große Wunderwerke | zugetragen haben. | Zu finden: | bei J. Bailer in Lancaster. (= *B. G. Kurtz, Reutlingen*).
o. J. (um 1830), 48 S., 167 × 102.
LBS d. D. oct K 3446.
Bei einer späteren Auflage (ebenda 3447) ist der Vermerk Reutlingen, bei B. G. Kurtz. 1836. über den fingierten Druckort geklebt. –

Kinderbuch, des Herrn Jesu Christi, oder Historie von Joachim und Anna, sowie deren Tochter der Jungfrau Maria, den Großeltern und Eltern unseres Herrn, sowie von dessen Geburt und Auferziehung, seiner Flucht, seiner Rückkehr und seiner großen Wunderwerke zu Jerusalem. gr. 16. (48 S.) Reutlingen 874, Enßlin und Laiblin. — 10

Des Herrn Jesu Christi | Kinder-Buch. | Geschichte | der heil. Geburt, Kindheit und Jugend | Jesu Christi. | Mit einer kurzen Beschreibung von Nazareth | und Bethlehem und einigen Liedern. | Stereotyp-Ausgabe. | Reutlingen. Druck und Verlag von Enßlin und Laiblin. (= *Neue Volksbücher*, 49n).
o. J. (1880), 48 S., 167 × 108, U.-Fig.: *Anbetung der Hirten*, 68 × 72 (wie bei Nr. 512).
LBS d. D. oct K 3451.

—— illustrirtes deutsches, s. Scherer, Geo.

Kinderbuch, das illustrirte goldene. Neue Jugend- und Hausbibliothek. Mit zahlreichen in den Text gedr. Abbildungen, ill. Bildern ꝛc. 4—12. Bd. br. 8. Leipzig 853—55, Spamer. à Bd. * 22½ Ngr. *

Inhalt:

Bd. 4. Das Buch der denkwürdigsten Entdeckungen auf dem Gebiete der Länder- und Völkerkunde. In Erzählungen für die reifere Jugend. Hrsg. von Louis Thomas. (VI und 170 S. mit 72 Abbildungen in Holzschn.)
- 5. Das Buch der Arbeit. I. Wanderungen durch die Werkstätten des Gewerbfleißes. In Bildern aus den Beschäftigungen der Menschen. Hrsg. von L. Bergmann. (VI und 182 S. mit 85 in den Text gedr. Abbildungen.)
- 6. Das Buch der Wunder. I. Wanderungen durch die Ruinen der Vergangenheit und die Riesenwerke der Gegenwart. Hrsg. von Louis Thomas. (VIII und 192 S. mit 85 Abbildungen.)
- 7. Das Buch der Thierwelt. I. Denkwürdige Erzählungen von der Lebensweise, den Sitten und Gewohnheiten der Thiere. Hrsg. von A. W. Reichenbach. (X und 166 S. mit 120 Abbildungen.)
- 8. —— dass. — II. (Bd.) Schilderungen der Jagd und des Fanges der Thiere; ihr Wanderleben und ihre Zähmung. Hrsg. von A. W. Reichenbach. (VI und 186 S. mit 110 Abbildungen und 1 ill. Titelbilde in Holzschn.)
- 9. Das Buch der Welt. I. Wanderungen nach Nord und Süd, Ost und West, zu den Wohnstätten der Gesittung und den Bewohnern der Wildniß. Die alte Welt. Hrsg. von Friedr. Körner. (VI und 190 S. mit 110 in den Text gedr. Abbildungen und 3 Buntbildern in Holzschn.)
- 10. —— dass. — II. Gesittetes und wildes Leben in der neuen Welt. Geschildert von Jul. Moritz. (VI und 182 S. mit 80 in den Text gedr. Abbildungen, 1 ill. Titelbilde ꝛc. in Holzschn.)
- 11. Das Buch der Arbeit. II. Wanderungen durch die Werkstätten des Gewerbfleißes. In Bildern aus den Beschäftigungen der Menschen. Hrsg. von L. Bergmann und U. Schwarzwäller. (VI und 178 S. mit 100 in den Text gedr. Abbildungen und 1 ill. Titelbilde in Holzschn.)
- 12. Das Buch der Wunder. II. Wanderungen zu den Schöpfungswundern des Festlandes. Hrsg. von Louis Thomas. (VIII und 192 S. mit 100 in den Text gedr. Abbildungen und 1 ill. Titelbilde in Holzschn.)

1—3. Bd. Ebendas. 1852—53. à Bd. * 22½ Ngr. — Vgl.: Thomas, Louis, das illustrirte goldene Kinderbuch. Die Fortsetzung erschien unter dem Titel: Jugend- und Hausbibliothek, neue.

Kinderbuch, das illustrirte goldene. Neue Jugend- u. Hausbibliothek. Mit zahlreichen in den Text gedr. Abbildgn., color. Bildern rc. (in Holzschn.) 2. umgearb. Aufl. Leipzig 854—56. Spamer. 8. Jeder Bd. n. 22½ ngr.; cart. n. 25 ngr.; geb. n. 1 ₰.

1. Bd.: Der Illustrirte Kinderfreund oder Erstes ABC-, Lese- u. Denkbuch. Die Kinderwelt mit ihren Freuden, die Menschen mit ihren Beschäftigungen, die Thiere und ihre Lebensweisen. In Belehrgn. u. Erzählgn. e. Mutter durch Wort u. Bild. Herausg. von Ludw. Thomas. 2. Aufl. mit 465 Abbildgn., color. Titelbilde u. Frontispice. (X, 174 S.)

2. Bd.: Der Illustrirte Jugendfreund. Schilderungen des Weltgebäudes u. seiner Wunder. Bilder a. d. Natur, dem Leben d. Menschen und Thiere rc. Herausg. von Ludw. Thomas. 2. verm. Aufl. mit 185 Abbildgn. (VI, 196 S.)

4. Bd.: Das Buch der denkwürdigsten Entdeckungen auf dem Gebiete der Länder- und Völkerkunde in Erzählungen für die reifere Jugend. Herausg. von Ludw. Thomas. 2. verm. Aufl. mit 80 Abbildgn. u. 1 (lith.) Polarkarte. (VI, 182 S.)

5. Bd.: Das Buch der Arbeit. I. — Wanderungen durch die Werkstätten des Gewerbfleißes. In Bildern aus den Beschäftigungen des Menschen. Herausg. von L. Bergmann. Mit 85 in den Text gedr. Abbildgn. (VI, 182 S.)

6. Bd.: Das Buch der Wunder. I. — Wanderungen durch die Ruinen der Vergangenheit und die Riesenwerke der Gegenwart. Herausg. von Ludw. Thomas. Mit 85 Abbildgn. (VIII, 192 S.)

7. Bd.: Das Buch der Thierwelt. I. Denkwürdige Erzählungen von der Lebensweise, den Sitten und Gewohnheiten der Thiere. Herausg. von A. B. Reichenbach. Mit 120 Abbildgn. 854. (X, 166 S.) — 2., sehr verm. Aufl. Mit 125 Abbildgn. 856. (X, 182 S.)

8. Bd.: Das Buch der Thierwelt. II. Schilderungen d. Jagd u. d. Fanges d. Thiere; ihr Wanderleben u. ihre Zähmung. Herausg. von A. B. Reichenbach. Mit 110 Abbildgn. u. 1 color. Titelbilde. (VI, 186 S.)

12. Bd.: Das Buch der Wunder. II. — Wanderungen zu den Schöpfungswundern des Festlandes. Herausg. von Ludw. Thomas. Mit 100 Abbildgn. (VIII, 192 S.)

Vgl.: Feierstunden, malerische.

Kinderbuch, das illustrirte goldene. Neue Jugend- und Hausbibliothek. Mit zahlreichen in den Text gedr. Abbild., ill. Bildern rc. 3., 7., 9. und 10. Bd. br. 8. Leipzig 860. 61, Spamer. à Bd. * 22⅓ Ngr. *
cart. à Bd. * 25 Ngr. *
geb. à Bd. * 1 Thlr. *

Inhalt:

Bd. 3. Das Buch wunderbarer Erfindungen. In Schilderungen für die reifere Jugend. Hrsg. von Louis Thomas. 4., verm. und gänzlich umgearb. Aufl. (VI und 242 S. mit 125 Abbild. in eingedr. Holzschn. und 1 Titelbild in Holzschn. und ill.)

" 7. Das Buch der Thierwelt. I. Denkwürdige Erzählungen von der Lebensweise, den Sitten und Gewohnheiten der Thiere. Hrsg. von A. B. Reichenbach. 3. Aufl. (VIII und 183 S. mit 125 Abbild. in eingedr. Holzschn. und Titel in Holzschn. und ill.)

" 9. Das Buch der Welt. I. Wanderungen nach Nord und Süd, Ost und West, zu den Wohnstätten der Gesittung und den Bewohnern der Wildniß. Hrsg. von Friedr. Körner. 2., umgearb. Aufl. (VI und 192 S. mit 100 in den Text gedr. Abbild. und 2 Tondruckbildern in Holzschn.)

" 10. Das Buch der Welt. II. Von Jul. Moritz. 2., gänzlich umgearb. Aufl. (VI und 178 S. mit 80 in den Text gedr. Abbild. in Holzschn. und 1 Titelbilde in Holzschn. und ill.)

Vgl. 13. Bd. 1. Abthl. S. 521, 522.

Kinderbuch, das illustrirte goldene. Neue Jugend- und Hausbibliothek. Mit zahlreichen in den Text gedr. Abbild., ill. Bildern rc. 4. Bd.: Das Buch der denkwürdigsten Entdeckungen auf dem Gebiete der Länder- und Völkerkunde. In Erzählungen für die reifere Jugend. Von Louis Thomas. 3., sehr verm. Aufl. 8. (VI und 208 S. mit 100 eingedr. Abbild., mehreren [2] Tonbildern und 1 Polarkarte in Holzschn.) Leipzig 863, Spamer. * 22⅓ Ngr.; cart. *

—— das illustrirte goldne. Mit zahlreichen in den Text gedr. Abbild., Bunt- und Tonbildern u. s. w. Die Kinderstube von E. Lausch. 3 Thle. gr. 8. Leipzig 868, Spamer. à Thl. * 15 Ngr. *
cart. à Thl. * 20 Ngr. *

Inhalt:

Thl. 1. Was man seinen Kindern erzählt, wenn sie 2—5 Jahr alt sind. Kleine Geschichtchen, Gedichtchen und Räthsel. (VIII und 88 S. mit 54 Text-Abbild. in Holzschn. und 3 Buntbildern, wovon 1 in Holzschn. und 2 lithogr.)

" 2. 100 Erzählungen, Gedichte und Verschen für Kinder von 4—6 Jahren. Der lieben Kinderwelt und deren Freunden gewidmet von Friedr. Aug. Glaß. 2., gänzlich umgearb. Aufl. (XI und 92 S. mit 60 Text-Abbild. und 3 Buntbildern, wovon 1 in Holzschn. und 2 lithogr.

" 3. Erstes A-B-C-, Lese- und Denkbuch für brave Kinder, die leicht lesen lernen wollen. Ein Führer für Mütter und Erzieher beim ersten Unterricht. (VI und 100 S. mit über 300 Text-Abbild. in Holzschn. und 2 lithogr. Buntbildern.)

—— das illustrirte goldene. Mit in den Text gedr. Abbild., Bunt- und Tonbildern rc. 1.—7. und 11.—13. Bd. gr. 8. Leipzig, Spamer. * M. 20,25.; cart. * 25 50

Inhalt:

Bd. 1. Die Kinderstube I. Was man seinen Kindern erzählt, wenn sie 2 bis 5 Jahre alt sind. Kleine Geschichtchen, Gedichtchen und Räthsel von Ernst Lausch. 2. durchgesch. Aufl. (VIII, 88 S. mit 54 eingedr. Text-Abbild. und 3 Buntbildern von F. Flinzer u. A.) 872. * M. 1,50.; cart. * M. 2.

" 2. Die Kinderstube II. 100 Erzählungen, Gedichte und Verschen für Kinder von 4—6 Jahren. Der lieben Kinderwelt und deren Freunden gewidmet von Friedr. Aug. Glaß. Neu bearb. und hrsg. von E. Lausch. 3. verb. Aufl. (X, 92 S. mit 60 eingedr. Text-Abbild. und 3 Buntbildern von F. Flinzer u. A.) 872. * M. 1,50.; cart. * M. 2.

" 3. Die Kinderstube III. Erstes A-B-C-, Lese- und Denkbuch für brave Kinder, die leicht lesen lernen wollen. Ein Führer für Mütter und Erzieher beim ersten Unterricht, von Ernst Lausch. 2. verb. Aufl. (IV, 100 S. mit über 300 Text-Abbild. in eingedr. Holzschn. und 2 Buntbildern.) 873. * M. 1,50.; cart. * M. 2.

" 4. Heitere Ferientage. Spaziergänge in Flur und Wald, in Berg und Thal. Unterhaltendes und lehrreiches Lesebüchlein über die Natur für Knaben und Mädchen von Ernst Lausch. 2. verm. Aufl. (VIII, 130 S. mit 82 in den Text gedr. Abbild. in Holzschn., 1 Ton- und 1 Buntbilde.) 873. * M. 1.50.; cart. * M. 2.

" 5. Die kleinen Thierfreunde. 50 Unterhaltungen über die Thierwelt. Ein lustiges Büchlein für fröhl. Kinder im Alter von 7—10 Jahren bearb. von Carl Bilz. 2. Aufl. 1869, und 3. neu bearb. Aufl. (170 S. mit 100 Text-Abbild. in eingedr. Holzschn., 1 chromolithogr. Titelbilde und 2 Tonbildern.) 873. * M. 2.; cart. * M. 2.50.

" 6. Im Grünen oder die kleinen Pflanzenfreunde. Kleine Erzählungen aus dem Pflanzenreich für die Jugend bearb. von Herm. Wagner. 3. verb. Aufl. (VIII, 140 S. mit 80 in den Text gedr. Abbild., 1 bunten Titelbild sowie 2 Tondruckbildern in Holzschn.) 869. * M. 2.; cart. * M. 2,50.

" 7. Das Buch merkwürdiger Kinder. Lebensbilder aus der Jugendzeit und den Entwicklungsjahren merkwürd. Menschen. Hrsg. in Verbindung mit M. Schlimpert, B. Schuhmann, W. Wägner u. A. von Frz. Otto. 3. verb., gänzlich umgestaltete Aufl. (VIII, 300 S. mit 80 in den Text gedr. Abbild., 1 color. Titelbilde, sowie 5 Tonbildern.) 873. * M. 4.; geb. * M. 4,50.

Bd. 11. Die Schule der Artigkeit. Des Kindes schönster Fabelschatz. Ein goldnes A-B-C der guten Sitten in ausgewählten Fabeln, Sprüchen und Sprüchwörtern für die Kinderstube. Hrsg. von Ernst Lausch. (X, 148 S. mit 66 in den Text gedr. Abbild. nach Zeichnungen von F. Flinzer, O. Rostosky und Fr. Waibler, nebst 1 color. Titelbild in Holzschn.) 868. (* M. 2,25.) * M. 2.; cart. * M. 2,50.

" 12. Das Buch der schönsten Kinder- und Volksmärchen, Sagen und Schwänke. Hrsg. von Ernst Lausch. 1.—6. verm. und verb. Aufl. (VIII, 260 S. mit 60 in den Text gedr. Abbild. in Holzschn., 7 Tonbildern und 1 Buntbilde, nach Zeichnungen von L. Bechstein, H. Effenberger, H. Frotscher rc.) 871—75. * M. 2.; cart. * M. 2,50.

" 13. Gute Kinder — brave Menschen. Schule der Weisheit und Tugend in Beispielen aus dem wirkl. Leben. Erzählungen aus der Geschichte der alten und neuen Zeit. Hrsg. von Heinr. Pfeil. Eingeführt durch Paul Möbius. 2. verb. und verm. Aufl. (XII, 192 S. mit 52 Text-Abbild. in Holzschn., 5 Tonbildern und 1 Buntbilde.) 875. * M. 2,25.; cart. * M. 3.

—— dass. — Mit vielen Tonbildern, zahlreichen in den Text gedr. Abbild., color. Bildern, Karten rc. 2. Gruppe. 1.—7. Bd. gr. 8. Leipzig, Spamer. à Bd. * M. 2.; cart. * 2 50

Inhalt:

Bd. 1. Entdeckungsreisen in der Wohnstube. Mit seinen jungen Freunden unternommen von H. Wagner. 3. Aufl. (VIII, 163 S. mit vielen Abbild., 5 Ton- und Buntdruckbildern.) 872.

" 2. Entdeckungsreisen in Haus und Hof. Mit seinen jungen Freunden unternommen von H. Wagner. 3. Aufl. (VIII, 168 S. mit 100 in den Text gedr. Abbild., Buntdruck- und Tonbildern.) 872.

" 3. Entdeckungsreisen im Wald und auf der Heide. Mit seinen lieben jungen Freunden und Freundinnen unternommen von H. Wagner. 3. durchgesch. Aufl. (VIII, 192 S. mit 130 Text-Abbild., 4 Tonbildern, 2 Taf. Naturselbstdruck und 1 Buntbilde.) 873.

" 4. Entdeckungsreisen in Feld und Flur. Mit seinen lieben jungen Freunden und Freundinnen unternommen von Herm. Wagner. 3. durchgesch. Aufl. (VI, 164 S. mit 110 Text-Abbild., 2 Buntdruck- und 3 Tonbildern.) 873.

" 5. Entdeckungsreisen in der Heimat. 1. Thl.: Im Süden. Eine Alpenreise. Mit seinen jungen Freunden und Freundinnen unternommen von Herm. Wagner. (VI, 164 S. mit 110 Abbild. in eingedr. Holzschn., 2 Tondruck- und 1 bunten Titelbilde.) 873.

" 6. Entdeckungsreisen in der Heimat. 2. Thl.: Stadt und Land. Naturgeschichtliche Streifzüge in Mitteldeutschland, mit seinen jungen Freunden unternommen von Herm. Wagner. 2. durchgesch. Aufl. (VI, 192 S. mit 100 Abbild. in eingedr. Holzschn., 3 Tondruckbildern und 1 bunten Titelbilde.) 873.

" 7. Lieschen's kleine und große Welt. Unterhaltende Büchlein für kleine Mädchen. I. Aus dem Elternhaus. Von Sophie Traut. (206 S. mit 130 in den Text gedr. Abbild., Holzschn., 1 Ton- und 1 farb. Titelbild.) 874.

Kinderbuch, das illustrirte goldene. Mit in den Text gedr. Abbildgn., Bunt- u. Tonbildern 2c. 2. Gruppe, 1—6. u. 8. Bd. br. 8. Leipzig 872—74. Spamer n. 14. —; geb. n. 17. 50

1. Entdeckungsreisen in der Wohnstube. Mit seinen jungen Freunden unternommen v. H. Wagner. 4. Aufl. Mit vielen Abbildgn., 5 Ton- u. Buntdruckbildern. (VIII, 163 S.) n. 2. —; geb. n. 2. 50
2. Entdeckungsreisen in Haus u. Hof. Mit seinen jungen Freunden unternommen v. H. Wagner. 4. Aufl. Mit 100 in den Text gedr. Abbildgn., Buntdruck- u. Tonbildern. (VIII, 169 S.) n. 2. —; geb. n. 2. 50
3. Entdeckungsreisen im Wald u. auf der Heide. Mit seinen lieben jungen Freunden u. Freundinnen unternommen v. H. Wagner. 4. durchgeseh. Aufl. Mit 130 Text-Abbildgn., 4 Tonbildern, 2 Taf. Naturselbstdruck u. e. Buntbilde. (VIII, 192 S.) n. 2. —; geb. n. 2. 50
4. Entdeckungsreisen in Feld u. Flur. Mit seinen lieben jungen Freunden u. Freundinnen unternommen v. Herm. Wagner. 4. durchgeseh. Aufl. Mit 110 Text-Abbildgn., 2 Buntdruck- u. 3 Tonbildern. (VI, 164 S.) n. 2. —; geb. n. 2. 50
5. Entdeckungsreisen in der Heimat. 1. Thl. Im Süden. Eine Alpenreise. Mit seinen jungen Freunden u. Freundinnen unternommen v. Herm. Wagner. Mit 110 Abbildgn. (in eingedr. Holzschn.), 2 Tondr.- u. 1 bunten Titelbilde. (VI, 184 S.) n. 2. —; cart. n. 2. 50
6. Entdeckungsreisen in der Heimat. 2. Thl. Stadt u. Land. Naturgeschichtliche Streifzüge in Mitteldeutschland, m. seinen jungen Freunden unternommen v. Herm. Wagner. Mit 100 Abbildgn. (in eingedr. Holzschn.), 3 Tondruckbildern u. 1 buntem Titelbilde. 2. durchgeseh. Aufl. (VI, 192 S.) n. 2. —; cart. n. 2. 50
8. Lieschen's kleine u. große Welt. Unterhaltende Büchlein f. kleine Mädchen. 1. Aus dem Elternhaus. Von Sophie Traut. Mit 130 in den Text gedr. Abbildgn. (Holzschn.) e. Ton- u. e. (farb.) Titelbild. (206 S.) n. 2. —; cart. n. 2. 50

—— dass. — 3. Gruppe: Spiele und Beschäftigungen für die Jugend. 1.—4. Bd. gr. 8. Ebendas. à Bd. * 4 —
cart. * 4 50

Inhalt:

Bd. 1. Illustrirtes Spielbuch für Knaben. 1001 unterhaltende und anregende Belustigungen. Spiele und Beschäftigungen für Körper und Geist, im Freien sowie im Zimmer. Hrsg. von Herm. Wagner. 4. verb. Aufl. (X, 368 S. mit über 500 in den Text gedr. Abbild., sowie 1 color. Titelbilde.) 873.
„ 2. Der gelehrte Spielkamerad. Anleitung für kleine Physiker, Chemiker, Botaniker und Naturfreunde zum Experimentiren, zur Anlage von Pflanzen-, Stein-, Muschel- 2c. Sammlungen, sowie zur Pflege der Hausthiere und des Hausgartens, von Herm. Wagner. Ein Supplement zum „Spielbuch für Knaben". 2. verb. und verm. Aufl. (XII, 236 S. mit 222 eingedr. Text-Abbild., 6 Abtheilungs-Frontispicen in Holzschn. und 1 lithogr. Buntbilde.) 871.
„ 3. Illustrirtes Spielbuch für Mädchen. 1500 unterhaltende und anregende Belustigungen, Spiele und Beschäftigungen für Körper und Geist, im Freien sowie im Zimmer. Nebst einem Anh.: 500 Allerlei Kurzweil und kurzweil. Allerlei für Jung und Alt. Zur gesell. Unterhaltung an langen Winterabenden von Marie Leske. 4. Aufl. 1873. und 5. durchgeseh. und verm. Aufl. (VIII, 398 S. mit über 500 Text-Abbild., 4 Buntdruckbildern, 1 Schnittmusterbogen und 1 color. Titelbilde.) 875.
„ 4. Spiele und Arbeit. Unterhaltende Beschäftigungen und anregende Spiele für die Kinderstube. Förderung des Schönheits-, Thätigkeits- und Ordnungssinnes sowie zur Gewöhnung an Arbeit und Ausdauer deutscher Kinder nach Fröbel'schen Grundsätzen bearb. von Hugo Elm. (178 S. mit 580 Text-Abbild. in Holzschn., 83 Buntdrucktaf. nebst 1 chromolithogr. Titelbilde.) 873.

— **dasselbe.** 3. Gruppe. Spiele u. Beschäftigungen f. die Jugend. 1., 3. u. 4. Bd. gr. 8. Ebend. 873—75. à n. 4. —; geb. à n. 4. 50

1. Illustrirtes Spielbuch f. Knaben. 1001 unterhalt. u. anreg. Belustiggn., Spiele u. Beschäftiggn. f. Körper u. Geist, im Freien sowie im Zimmer. Hrsg. v. Herm. Wagner. 5. verb. Aufl. Mit üb. 500 in den Text gedr. Abbildgn., sowie e. (color.) Titelbilde. (X, 368 S.)
3. Illustrirtes Spielbuch f. Mädchen. 1500 unterhalt. u. anreg. Belustiggn., Spiele u. Beschäftiggn. f. Körper u. Geist, im Freien sowie im Zimmer. Nebst e. Anh.: 500 Allerlei Kurzweil u. kurzweil. Allerlei f. Jung u. Alt. Zur gesell. Unterhaltg. an langen Winterabenden v. Marie Leske. 4. durchgeseh. u. verm. Aufl. Mit üb. 500 Text-Abbildgn., 4 Buntdruckbildern, e. Schnittmusterbogen u. e. (color.) Titelbilde. (VIII, 398 S.)
4. Spiele u. Arbeit. Unterhaltende Beschäftiggn. u. anreg. Spiele f. die Kinderstube. Förderung d. Schönheits-, Thätigkeits- u. Ordnungssinnes sowie zur Gewöhng. an Arbeit u. Ausdauer deutscher Kinder nach Fröbel'schen Grundsätzen bearb. v. Hugo Elm. Mit 580 Text-Abbildgn. (in Holzschn.), 83 Buntdrucktaf. nebst e. (chromolith.) Titelbilde. (178 S.)

—— dass. — Deutsche Geschichten für die Kinderstube. 1. Sammlung. In 2 Abthlgn. Aeltere deutsche Geschichten. Von Hermann dem Befreier bis zum Ende des Mittelalters. Hrsg. unter Mitwirkung von Carl Vogel von Frz. Otto. 3. vielfach verb. Aufl. gr. 8. (XVI, 348 S. mit 180 in den Text gedr. Abbild., 5 Tonbildern sowie 2 Buntbildern.) Ebendas. 873. *M 3.; geb. *
Vgl.: Geschichten, deutsche. — Jugend- und Hausbibliothek, illustr.

—— kleines, für Knaben und Mädchen. 16. (16 S. mit 8 lithogr. und fein ill. Bildern.) Stuttgart 863, Nitzschke. cart.

Kinderbuch, kleines, zur lehrreichen und angenehmen Unterhaltung für die Jugend. Mit 4 gemalten Kupf. N. A. 12. Nürnberg, Campe. 821.

Kinderbuch, kleines, z. lehrr. u. angenehmen Unterhaltung f. d. Jugend. 3. u. 4., verb. Aufl. qu. 16. (à 3 B. u. 4 ill. Kpfr.) Nürnberg 828, 35, Campe. à

Kinder- u. Märchenbuch, Darmstädter. 80 neue Erzählgn. u. Märchen f. die Jugend. (176 S. m. Abbildgn.) Lex.-8. Darmstadt 907. Verlagsanstalt A. Koch. Kart. n. 3. —

Ⓑ **Kinder- u. Märchenbuch,** Darmstädter. 907. Jetzt: Breslau, A. Stenzel.

Kinderbuch, neues. Eine Sammlg. v. Erzählgn., Märchen, Fabeln, Gedichten, Sprüchen usw. f. Knaben u. Mädchen. Mit 2 Buntbildern, zahlr. Textillustr. u. Vollbildern. (V, 124 u. 124 S.) 8. Stuttgart (908). Loewe. Geb. in Leinw. 2. 50

— dasselbe. Mit 3 Buntbildern, zahlr. Textillustr. u. Vollbildern. Große Ausg. (V, 124, 124 u. 124 S.) 8. Ebd. (909). Geb. in Leinw. 3. —

Kinderbuch, Neues moralisches; ein Neujahrsgeschenk. Leipzig 1800. H: *Kotzer, Christian Heinrich.* (MGT) (Adel) »1810« (Ky)

— neues moral., (umgearb. v. Chr. Hur. Kotzer). Mit 22 ill. Kpf. 12. Leipz. 810. Rein. 1 ₰

Kinderbücher, neue. Hrsg. v. Helene Scheu-Rieß u. Eugenie Hoffmann. 2. u. 3. Heft. 16. Wien, H. Heller & Co. à — 20
Dies u. das und noch etwas. Reime, erdacht f. sein Enkelkind v. e. Großvater. Mit Bildern v. Hermine Heller-Ostersetzer. (32 S.) (2. Heft.) 907.
Vogl, Joh. Nep., zwei Märchen. Mit Bildern v. Maler Alex. Hartmann. (32 S.) (3. Heft.) 907.
Heft 1 u. d. T.: Jugendspiegel. Ebd. 905.

Kinderbücher, neue deutsche. 1. Serie. Nr. 1—20. 8. (à 8 Chromolithogr.) Leipzig 871—73, Opetz. à Nr. 15 Pf.

Kinderbücher, neue deutsche, 1. Serie. Nr. 1—20. 8. (à 8 Chromolith.) Leipzig 871—73. Verlagsbuchh. f. Jugendliteratur. à — 15

—— dass. — 2. Serie. Nr. 1—3. qu. 8. (à 8 Chromolithogr.) Ebendas. 871. à Nr. 15 Pf.

—— vier. 2 Packete. 16. (à 192 S. mit eingedr. Holzschn. und je 4 Holzschntaf.) Bremen 869, Verlag des Tractathauses. à * 75 Pf. *

Kinderbüchlein der Tante Emmy. 8. (VII, 216 S. mit vielen eingedr. Holzschn.-Bildchen.) Donauwörth 880, [Buchh. des kathol. Erziehungsvereins.] Auer.

Kinderbüchlein der Tante Emmy. 1. Bdchn. 2. Aufl., und 2. Bdchn. 12. (XII, 212; 223 S. mit 2 Farbendr. und vielen anderen Bildchen.) Donauwörth 887,88, Auer. geb. à Bdchn. *M 2.—. *

Kinder-Büchlein, goldenes, für brave Kinder. Gesammelt und geordnet von einem Jugendfreunde. 16. (127 S. mit 1 Holzschntaf.) Dülmen 879, Laumann'sche Verlagsh. cart. *

Kinderbüchlein für kleine Knaben und Mädchen. Mit vielen ill. Abbildungen. gr. 12. (32 S. und 2 Stnt.) Schwäbisch Hall 850, Nitzschke.

Kinderbüchlein für kleine Knaben und Mädchen. 8. (16 S. mit 8 ill. Stnt.) Stuttgart 861, Nitzschke.

— für den Weihnachtstisch. Untere Classen. 6—9 Jahre. 1. Heft 1.—3. Aufl. und 2. Heft 1. und 2. Aufl. 8. (à Heft 24 S. mit Illustr.) Ebendas. 886—88. à Heft *

— dass. — Mittlere Classen. 9—12 Jahre. 1. Heft 1.—3. Aufl. und 2. Heft 1. und 2. Aufl. 8. (à Heft 24 S. mit Illustr.) Ebendas. 886—88. à Heft *

— dass. — Obere Classen. 12—15 Jahre. 1. Heft 1.—3. Aufl. und 2. Heft 1. und 2. Aufl. 8. (à Heft 24 S. mit Illustr.) Ebendas. 886—88. à Heft *

Kinderbund, der. Ein Blatt f. die Jugend m. Nachrichten aus aller Welt. Schriftleitung: Blecher. 1. u. 2. Jahrg. 1905 u. 1906. à 12 Nrn. (196 u. 192 S. m. Abb.) 8. Friedrichshagen-Berlin, Jugendbund-Verlag. à Jhrg. n. — 80

Kinderbund, der. Ein Blatt f. die Jugend m. Nachrichten aus aller Welt. Schriftleitung: Blecher. 3.—6. Jahrg. 1907—1910. à 52 Nrn. (192, 192, 208 u. 208 S. m. Abbildgn.) 8. Friedrichshagen, Jugendbund-Verlag. à Jahrg. — 80

Kinderbund für Entschiedenes Christentum. Verfassung und hilfreiche Winke . . . Bielefeld [1901]. V: *Clark, Francis Edward.* (Berl)

Kinder-Bund f. entschiedenes Christentum. (Von F. E. Clark.) Verfassung u. hilfreiche Winke, übers. v. M. M. 8. (44 S. m. 1 Abbildg.) Bielefeld (900). Friedrichshagen-Berlin, Jugendbund-Verlag F. Blecher. n. — 35

Kinderbund-Missionskalender f. d. J. 1909. 1. Jahrg. Hrsg. v. der St. Petrus Claver-Sodalität f. die afrikan. Missionen. Ausg. f. Österreich-Ungarn, Deutschland u. die Schweiz. (64 S. m. Abbildgn. u. 4 Vollbildern.) kl. 8. Salzburg, St. Petrus Claver-Sodalität. — 35
Fortsetzg., s.: Kinder-Missionskalender.

Kinderchen, Frau Helene's s. (Helene, Frau.) Puppenkochbuch....

Kinder-Chronik. gr. 8. (11 Chromolithogr. m. weiß. Pap.) Lahr 889, Schauenburg. geb. * 2 50

Kinderdank, der, oder Freuden u. Leiden. 16. Mainz 825. Müller. 3 gK

Kinderdank, der, oder Freuden auf Leiden; ein Melodrama in 3 Aufz. 16. Mainz 826. Müller. 3 gK

Kinder-Deklamatorium (f. alle festlichen Anlässe in der Familie), s. a. Haus-Bibliothek, praktische, des schweizer. Familien-Wochenblattes. Nr. 6.

Kinderdeclamatorium. K'-Deklamatorium für alle festlichen Anlässe in der Familie. Hrg. von der Redaktion des Schweiz. Familien-Wochenblattes. (Neujahrswünsche für Kleinere und Grössere — Wünsche zu Geburts- und Namenstagen — ... Kinder-Vorträge für verschiedene festliche Anlässe.) II + 55 S. 8. Zürich, Erhard Richter, 1908. (fr. 1. 20)
Praktische Haus-Bibliothek des Schweizerischen Familien-Wochenblattes. № 6.

Kinder-Doctor, der, od. der Universal-Arzt in der Kinderstube. Von Th. W. 2. Aufl. 8. (2½ B.) Bautzen 845, Reichel. *

Kinder-Dramen aus der Märchen- u. Sagen-Welt zur Darstellung auf einem Püppentheater u. im Familienkreise. 1. Bdchn. 8. (9 B.) Königsberg 845, Theile. Thlr.

Der KINDERENGEL. Spruchbüchlein für fromme Kinder. Mit Luther's Brief an sein Söhnlein Hänsichen und [26] Bildern von C. PESCHEL und L. RICHTER. Dresden, Gaber & Richter [1858]. Druck E. Blochmann und Sohn. 31 Bl. m. 20 neuen Holzschnitten v. Richter. Kl.-8°. Einfacher Hlwd. Sehr hübsches Buch, unbedeut. benutzt. 22.—

Kinderengel, der. Spruchbüchlein f. fromme Kinder. Mit Luther's Brief an sein Söhnlein Hänsichen u. Bildern v. L. Richter u. C. Peschel. 2. Aufl. 8. (60 S.) Leipzig 887. A. Dürr. cart. n. 1. 50

Kinderengel, der. Spruchbüchlein f. fromme Kinder. Mit Luther's Brief an sein Söhnlein Hänsichen u. Bildern v. L. Richter u. C. Peschel. 3. Aufl. (60 S.) 8. Leipzig (905). A. Dürr. Kart. n. 1. 50

Kindererzählungen, illustrirte, für Sommertage und Winterabende. Nach dem Engl. von Aug. Härtel. Mit Holzschn. Leipzig (853—55.) Haendel. 16. Jedes Bdchn. n. 4 ngr.
1. Bdchn.: Die Seekönige. (48 S.)
2. „ Onkel Tom's Hütte, für Kinder. (48 S.)
3. „ Die jungen Auswanderer. (48 S.)
4. „ Der Knabe und das Buch. (46 S.)
5. „ Der Sohn der Wittwe. (48 S.)
6. „ Anfang und Gedeihen. (54 S.)
7. „ Die Heimath in Hafen. (52 S.)
8. „ Die Schwestern. (46 S.)

Kindererziehung, üb. christliche. Worte eines kathol. Pfarrers der Erzdiözese Köln an seine Pfarrgemeinde. Nammelit bestimmt als Mitgift zum Frommen christl. Brautleute. gr. 16. (59 S.) Crefeld 848, Klein. 4½ ngr.

Kindererziehung, Die körperliche. Ein Buch für Eltern, Lehrer und Erzieher. Anleitung, Kinder auf die einfachste und sicherste Weise ohne Arzneimittel zu gesunden, kräftigen Menschen zu erziehen, nebst Unterricht über Schwangerschaft, Geburt und Wochenbett . . . Prag 1864. V: *Landa, Thomas Joseph.* (Russell XII, 2, 1911)

Kindererziehung, die körperliche. Ein Buch für Eltern, Lehrer und Erzieher, oder Anleitung Kinder auf die einfachste und sicherste Weise ohne Arzneimittel zu gesunden, kräftigen Menschen zu erziehen, nebst Unterricht über Schwangerschaft, Geburt und Wochenbett. Nach vieljähr. eigner Erfahrung bearb. von einem prakt. Arzte. gr. 8. (VIII und 424 S. mit lithogr. und eingedr. xylograf. Abbild.) Prag 864, Silber und Schenk. *

Kinderfehler, die. Zeitschrift f. pädagog. Pathologie u. Therapie in Haus, Schule u. sozialem Leben. Hrsg. v. J. L. A. Koch, Chr. Ufer, Zimmer u. J. Trüper. 1.—3. Jahrg. 1896—1898. à 6 Hfte. (à ca. 2 Bog.) gr. 8. Langensalza, H. Beyer & Söhne. à Jahrg. n. 3. —

Kinderfehler, die. Zeitschrift f. pädagog. Pathologie u. Therapie in Haus, Schule u. sozialem Leben. Hrsg. v. J. L. A. Koch, Chr. Ufer, Zimmer u. J. Trüper. 4. Jahrg. 1899. 6 Hfte. gr. 8. (IV, 208 S.) Langensalza, H. Beyer & Söhne. n. 3. —

— dasselbe. Zeitschrift f. Kinderforschg. m. besond. Berücksicht. der pädagog. Pathologie. Im Verein m. J. L. A. Koch u. Zimmer hrsg. von J. Trüper u. Chr. Ufer. 5.—7. Jahrg. 1900—1902. à 6 Hfte. gr. 8. (VI, 290 S., IV, 284 S. u. IV, 288 S. m. 7 Taf.) Langensalza, H. Beyer & Söhne. à Jahrg. n. 4. —

— dasselbe. Beihefte, s.: Beiträge zur Kinderforschg.

Kinderfehler, die. Zeitschrift f. Kinderforschg. m. besond. Berücksicht. der pädagog. Pathologie. Im Verein m. J. L. A. Koch hrsg. v. J. Trüper u. Chr. Ufer. 8.—10. Jahrg. à 6 Hefte. (IV, 282; IV, 284 u. IV, 284 S.) gr. 8. Langensalza 903—905. H. Beyer & Söhne. à Jhrg. n. 4. —

Kinderfehler, die. Zeitschrift f. Kinderforschg. m. besond. Berücksicht. der pädagog. Pathologie. Im Verein m. J. L. A. Koch hrsg. v. J. Trüper u. Chr. Ufer. 11. u. 12. Jahrg. Oktbr. 1905—Septbr. 1907. à 12 Hefte. (11. Jhrg. IV, 384 S.) gr. 8. Langensalza, H. Beyer & Söhne. n. 4. —

Kinderfehler, die, Fortsetzg., s.: Zeitschrift f. Kinderforschung.

Kinderfest, Das, zu Hochwald. Eine Erzählung . . . Berlin 1855. V: *Czerwenka, Bernhard.* (Ky)

Kinder=Festgruß, der. Hübsche Gratulations=Gedichte, kleine Aufführungen und Festspiele, sowie lebende Bilder rc. für Kinder- und Familienkreise. 8. (96 S.) Mülheim 884, Bagel's Verlagsh. *

Kinder-Festgruß, der. Hübsche Gratulationsgedichte, kleine Aufführgn. u. Festspiele, sowie leb. Bilder rc. f. Kinder- u. Familienfeste. 2. Aufl. 12. (96 S.) Mülheim a. d. R. 891, Bagel. — 60

Kinderfestspiel. Rud. Koller-Jubiläum. Zürcher Kunstgesellschaft . . . Zürich [1898]. V: *Pestalozzi, F. Otto.* (Zuwachsverz. d. Bibliotheken in Zürich 1898 ff.)

Kinderfestspiele f. Schule u. Haus. Nr. 1—15. kl. 8. Leipzig, C. Glaser. à 2. —
Matthes, Rich., der alte Barbarossa. Patriotisches Kinderspiel m. Gesang u. 1 Schlußbilde. (18 S.) (903.) (Nr. 2.)
— Ehre sei Gott in der Höhe! Weihnachtsmärchen m. Gesang Tanz u. 1 Schlußbilde. (15 S.) (903.) (Nr. 1.)
— Großmütterchens Geburtstag. Kinderkomödie in 1 Aufzuge. (16 S.) (903.) (Nr. 7.)
— Hänsel u. Gretel. Märchenspiel in 1 Aufzuge. (18 S.) (904.) (Nr. 11.)
— Heil dir im Siegerkranz! Patriot. Kinderfestspiel, besonders geeignet zur Geburtstagsfeier des Kaisers od. des Landesherrn, sowie zu sonst. patriot. Festlichkeiten. (16 S.) (903.) (Nr. 4.)
— die Heinzelmännchen. Kinderkomödie in 1 Aufzuge. (17 S.) (905.) (Nr. 15.)
— der Herzensdieb. Humoristische Polterabend- od. Hochzeits-Komödie f. Kinder-Theater. (19 S.) (903.) (Nr. 6.)
— Frau Holle's Weihnachtsgäste. Kinderfestspiel in 1 Aufzuge. (16 S.) (904.) (Nr. 9.)
— das eiserne Kreuz. Patriotisches Kinderfestspiel, besonders geeignet zur Geburtstagsfeier des Kaisers od. des Landesherrn sowie zu sonst. patriot. Festlichkeiten. (14 S.) (905.) (Nr. 13.)
— in der Puppenklinik. Märchenspiel f. Mädchen. (16 S.) (903.) (Nr. 5.)
— Rübezahl. Märchenspiel m. Gesang u. Tanz in 1 Aufzuge. (17 S.) (903.) (Nr. 3.)
— Sommer-Lust. Festspiel m. Gesang f. Kinder- u. Sommerfeste. (15 S.) (905.) (Nr. 12.)
— Weihnachten auf hoher See. Kinder-Komödie m. Gesang u. e. leb. Bilde. (16 S.) (904.) (Nr. 10.)
— unverhofftes Weihnachtsglück. Kinderfestspiel in 1 Aufzuge. (15 S.) (903.) (Nr. 8.)
— die Weihnachtspost. Kinder-Festspiel m. Gesang in 1 Aufzuge. (15 S.) (905.) (Nr. 14.)

Kinderfestspiele f. Schule u. Haus. Nr. 16—36. 8. Leipzig, C. Glaser. à 2. —
Matthes, Rich., die Aepfeldiebe. Humoreske f. Kindertheater. (16 S.) (907.) (Nr. 23.)
— Bäumchen, was singst du? Märchenspiel in 1 Aufzuge. (18 S.) (907.) (Nr. 18.)
— Der bekehrte Erbonkel. Lustige Kinderkomödie in 1 Aufzuge. (20 S.) (909.) (Nr. 27.)
— Die Ferienreise. Kinder=Komödie in 1 Aufzuge. (22 S.) (909.) (Nr. 31.)
— Das Fest der Rose. Aufführung f. Kinderfeste m. Gesang, Reigen u. Festzug. (15 S.) (907.) (Nr. 17.)
— Frühlingsläuten. Märchenspiel in 1 Aufzuge (18 S.) (909.) (Nr. 24.)
— Der Fund am Weihnachtsabend. Kinderkomödie in 1 Aufzuge. (19 S.) (909.) (Nr. 28.)
— Die junge Garde. Patriotisches Kinderfestspiel m. Gesang u. e. Schlußbilde. (16 S.) (909.) (Nr. 26.)
— Dem Kaiser Heil! Patriotisches Festspiel f. die deutsche Jugend zum 50. Geburtstage Sr. Maj. Kaiser Wilhelms II. (18 S.) (909.) (Nr. 29.)
— dasselbe. Fantastisches Kinderfestspiel m. Gesang u. e. Schlußbilde zur Kaiser=Geburtstagsfeier. (13 S.) (907.) (Nr. 20.)
— König Nußknacker. Märchenspiel in 1 Aufzuge. (16 S.) (907.) (Nr. 21.)
— Stille Nacht, hl. Nacht! Märchenspiel in 1 Aufzuge (m. e. leb. Schlußbilde). (18 S.) (910.) (Nr. 36.)
— Im Schlaraffenland. Humoresken f. Kindertheater in 1 Aufzuge. (16 S.) (909.) (Nr. 25.)
— Schneewittchen u. die 7 Zwerge. Weihnachts=Aufführung f. Kinder=Theater. (14 S.) (907.) (Nr. 19.)
— Die verdeckte Schüssel. Lustige Kinderkomödie in 1 Aufzuge. (16 S.) (907.) (Nr. 22.)
— Hans Stolprian. Humoreske f. Kindertheater in 1 Aufzuge. (14 S.) (907.) (Nr. 16.)
— Der Waisenkinder Christgeschenk. Kinderkomödie m. Gesang in 1 Aufzuge. (23 S.) (909.) (Nr. 34.)
— Im Weihnachtswald. Kinderfestspiel m. Gesang in 1 Aufzuge. (20 S.) (909.) (Nr. 33.)
Otto, Ernst, die lebenden Geburtstagsgrüße. Phantastisches Kinderfestspiel in 1 Aufzuge. (20 S.) (909.) (Nr. 30.)
— Der alte Leiermann. Kinderfestspiel m. Gesang u. e. Schlußbilde zu belieb., patriot. Festlichkeiten. (20 S.) (910.) (Nr. 35.)
— Das Wunderhorn. Lustiges Märchenspiel m. Gesang in 1 Aufzuge. (24 S.) (909.) (Nr. 32.)

Kinderfragen, die. Der erste deutsche Katechismus 1521, hrsg. v. Alex. Kästner, s. a. Neudrucke pädagogischer Schriften. XVII.

Die **Kinderfragen**: Der erste deutsche Katechismus 1521. Hrsg. u. mit e. Einl. u. e. Abriss d. Brüdergeschichte versehen von Alexander Kästner. *Leipzig: F. Brandstetter 1902.* (VII, 77 S.) 8°
— Neudrucke pädagogischer Schriften. 17. [illegible] 7

Christ-erbauliche Kinderfragen, zur nützlichen Uebung der Gottseligkeit. Neue Aufl. U. St. 1798.

Kinderfreude. Bilderbuch zum Ausschneiden. 2 Hefte. qu. 8. (à 8 Chromolithogr.) Leipzig 873, Opetz. à Heft 60 Pf.

Kinderfreude: 1888? 1920? Steubenville, OH
The editor was E. A. Boehme

Kinderfreude. Ein Leinwand-Bilderbuch. 4. (9 farb. u. 8 schwarze Taf. m. eingedr. u. 1 S. Text.) Eßlingen 889, Schreiber. cart. * 1 50

Kinderfreude: Jahrgang 1–42, Jan. 1891–1933?
Monthly. Sub-title: Illustrirtes Monatsblatt für ev.-luth. Christenkinder. Organ of Allgemeine Evangelisch-Lutherische Synode von Wisconsin und anderen Staaten. Quarto, each issue 12 pages; illustrated. Edited by J. F. G. Harders, Jan. 1891–Dec. 1907; by the Rev. B. P. Nommensen; by E. Dornfeld, 1926–28; by H. Gieschen, 1929–33.
Milwaukee, WI

— Red.: Hoppe. 15.—17. Jahrg. 1891—1893. à 12 Nrn. (1/2 Bog. m. Abbildgn.) gr. 8. Nowawes. (Leipzig, E. Bredt.) à Jahrg. n. 1. —

Kinderfreude. 1.—4. Hft. 12. Herborn 894. Buchh. d. Nass. Colportagevereins. à n.u. — 10
Geschichten f. Kinder v. O. Ramsauer. (à 32 S. m. je 1 Farbendr.)

Kinderfreude. Geschichten f. Kinder. 5.—11. Hft. 12. Herborn, Buchh. d. Nass. Colportagevereins. à n.n. — 10
5. Von J. Westphal. (32 S.) 895.
6. Von E. Heidemann ꝛc. (32 S.) 895.
7. Christkindleins Einkehr. E. Weihnachtsgeschichte aus Berlin v. Antonie Moeller. (32 S. m. 1 Farbendr.) 896.
8. Walters Geheimnis. Eine Weihnachtsgeschichte v. Antonie Moeller. (32 S. m. 1 Farbdr.) 896.
9. Das Täubchen. E. Erzählg. v. Chrph. Schmid. (32 S. m. 1 Farbdr.) 896.
10. Mütterleins Christbaum. Eine Weihnachtsgeschichte. Von Antonie Moeller. (31 S. m. 1 Farbdr.) 897.
11. Wie August, d. Lehrjunge, den hl. Abend feierte. E. Weihnachtsgeschichte. Von Antonie Moeller. (32 S. m. 1 Farbdr.) 897.

— 12.—18. Hft. 12. (à 32 S. m. je 1 Farbdr.) Herborn, Buchh. des Nass. Colportage-Vereins. à n.n. — 10
12. Die rechte Weihnachtsfreude. Erzählung. Von Antonie Moeller. 898.
13. Mariechen's Weihnachtswunsch. Erzählung. Von Antonie Moeller. 898.
14. Der Weihnachtsmorgen od.: Das Tintenfäßchen. Nach C. G. Barth erzählt. Von Antonie Moeller. 898.
15. Es ist e. Ros' entsprungen. Erzählung. Von Antonie Moeller. 899.
16. Regina vom Lande. Erzählung. Von Antonie Moeller. 899.
17. Der Kanarienvogel. Von Antonie Moeller. 900.
18. Lisa's Schwester. Von Antonie Moeller. 900.

Kinderfreude. 4. (IV, 52 S. m. Abbildgn. u. 1 Farbdr.) Witten (901). Buchh. der Stadtmission. Geb. — 80

— Hrsg. vom Verein für innere Mission in Schleswig-Holstein (Gemeinschaftsverein). Red.: G. Ihloff. 3. u. 4. Jahrg. 1901 u. 1902. à 52 Nrn. 4. (à 4 S. m. Abbildgn.) Neumünster, Vereinsbuchh. G. Ihloff & Co. à Jahrg. n. 1. 20

Kinder-Freude. Hrsg. vom Verein f. innere Mission in Schleswig-Holstein (Gemeinschaftsverein). Red.: K. Möbius. 5.—8. Jahrg. 1903—1906. à 52 Nrn. (à Jhrg. 208 S. m. 52 Abb.) Lex.-8. Neumünster, Vereinsbuchh. G. Ihloff. & Co. à Jhrg. n. — 60

Kinder-Freude. Hrsg. vom Gemeinschaftsverein in Schleswig-Holstein (E. V.). Red.: K. Möbius. 9.—12. Jahrg. 1907—1910. à 52 Nrn. (à Jahrg. 208 S. m. Abbildgn.) Lex. 8. Neumünster, Vereinsbuchh. G. Ihloff & Co. à Jahrg. — 60

— Erzählungen f. Kinder. Mit (je 2) farb. Bildern von Fritz Reiß. 1.—4. Bdchn. 12. Freiburg i/B. (901.) Herder. Kart. à 1. 20
1. Die Fleißbildchen. Das Milchmädchen v. Bergach. Zwei Erzählgn. f. Kinder. Von Elisab. Müller. (VII, 127 S.)
2. Ein Bubenstreich. Franzls Geheimnis. Zwei Erzählgn. für Kinder. Von Elisab. Müller. (V, 124 S.)
3. Gute Art, böse Art. 35 kleine Erzählgn. f. Kinder. Von J. A. Pflanz. 3. Aufl. (VI, 127 S.)
4. Kinderfrühling. Erzählungen, Spiele u. allerhand Kurzweil. Von J. A. Pflanz. 2. Aufl. (VI, 118 S.)

— Erzählungen f. Kinder. Mit (je 2) farb. Bildern v. Fritz Reiß. 5.—8. Bdchn. 12. Freiburg i/B. (903). Herder. Kart. à n. 1. 20
5. Die Uferkolonisten. Von J. A. Pflanz. 3 Aufl. (V, 125 S.)
6. Drei Monate unterm Schnee. Von J. A. Pflanz. 2. Aufl. (V, 115 S.)
7. Thereslis Preis. — Abenteuer der schwarzen Schlange. — Lunz u. die Miez. — Die kleinen Plänemacher. Von Helene Hansen. (V, 112 S.)
8. Die Zirkuskinder. Von Elisab. Müller. (V, 121 S.)

Kinderfreuden, s. a. Reventlow, Friedr. Juliane. 1793.

— ein Bilderbuch für fleißige u. folgsame Knaben u. Mädchen. qu. Fol. Lörrach ... Gebr. Gutsch. 1/2 Rthlr ill. 5/6 Rthlr

Kinderfreuden, ein angenehmes Bilderbuch f. d. Jugend, m. K. 4. Nürnb. Campe.

Kinderfreuden oder Unterricht in Gesprächen. Kiel u. Leipzig 1793. V: *Reventlow, Friederike Juliane Gräfin v. geb. Gräfin von Schimmelmann.* (GGr) (Ky) (schl) (MGT)

Kinderfreuden, oder Unterr. in Gesprächen. 1r. 8. Kiel. Academ. Buchhandl. 793. Rthlr.

— oder Unterricht in Gesprächen, (v. Julie, Gräfin v. Reventlow). 1r Thl. 8. Kiel 793. Hesse. 12 gr

Kinderfreuden, eine Sammlung lustiger Unterhaltungen für Mütter und Kinder . . . Emden 1820. V: *Albert, C.* (Ky)

— eine Sammlung lustiger Unterhaltungen für Mütter u. Kinder, besonders in den langen Winterabenden, (v. C. Albertl). 16 Bdchn. Mit 2 Kpft. 32. Emden 820. Woortman jr. (Engelmann in Leipz.) 6 gr

Kinderfreuden. Ein ABC-Buch f. gute Knaben. M. 22 ill. Kpfr. 1. u. 2. Aufl. 8. (à 1½ B.) Nürnberg 828, 31, Bauer u. Raspe. à

—— Ein ABC-Buch f. gute Mädchen. M. 22 ill. Kpfr. 1. u. 2. Aufl. 8. (à 1½ B.) Nürnberg 828, 31, Bauer u. Raspe.

— ein ABC u. Lesebuch für gute Mädchen. Mit 22 für die Jugend unterhaltenden, fein ill. Kpfr. 8. Kitzingen 836. Gundelach. 1/4 Rthlr

— dass. für gute Knaben, mit 22 ill. Kpfr. 8. Nürnberg ... Renner u. Comp. 1/6 Rthlr

— dass. für Mädchen, mit 22 ill. Kpfr. 8. Ebd. 1/6 Rthlr

Kinderfreuden. Ein A. B. C.- u. Lesebuch f. gute Mädchen. 8. (2 B. u. 22 ill. Kpfrt.) Kitzingen 836. [Nürnberg, Zeh'sche Bb.]

Kinderfreuden, in 24 (ill.) Bildern nach dem ABC. 8. Reutlingen 835, Fleischhauer u. Spohn. 1/4 Rthlr

—— in 24 (illum.) Bildern nach dem ABC. 8. (1 B.) Reutlingen 835, (Mäcken Sohn.)

—— ein Bilderbuch z. Aufmunterung f. folgsame u. fleiss. Kinder. qu. 12. (12 lith. u. ill. Bl.) Wertheim a. M. 837. (Carlsruhe, Artistisches Institut.)

—— Eine Reihe anmuth. u. lehrr. Erzähln., Geschichten u. Naturbeschreibn. f. d. Jugend. 16. (7 B. u. 2 ill. Bilder.) Aachen 833, Hensen u. Comp.

— ein Bilderbuch. .. Kitzingen 840? Köpplinger. 7 gr

KINDERFREUDEN. Festgabe für die Schülerinnen und ihre Freunde zur freundlichen Erinnerung an die Einweihung des neuen Töchterschul-Gebäudes in Zürich am 7. April 1853. Zürich, Druck von Orell, Füßli und Comp. 1853. 15 SS. Text und 10 lithographierte Tafeln. Quer-Gr.-8°. Grüner, typogr. verzierter Or.-Umschlag. 35.—
Seltenes hübsches Buch, mit Abbildungen vom Sechseläuten, Knabenschießen, Berchtoldsabend usw., mit erklärendem Text in Form von Scharaden und kleinen Aufführungen. — Auf jeder Tafel Bleistiftnotiz. Rechtes oberstes Eckchen aller Blätter (unbedruckt!) abgeschn.

Kinder Freuden. qu. 4. (12 ill. Stnt.) Nürnberg 857, Geißler.

—— ein neues Bilderbuch. 4. (8 ill. Stnt. mit Text.) Stuttgart 857, (Gebr. Scheitlin.)

Kimderfreuden. qu. 8. (8 ill. Stnt. mit Text.) Stuttgart 863, Nitzschke. cart.

—— Gebetbüchlein für die kathol. Schuljugend. 32. (192 S.) Speyer 869, Kleeberger. geb. *
geb. mit Goldschn. und 1 Stahlst. *

—— 8 color. Bilder (auf Holzschntaf.). qu. 4. Stuttgart 869, Gebr. Scheitlin. [Eger und Distler.] (90 Pf.)

— dasselbe. 8. (6 Holzschntaf. in Buntdr.) Stuttgart 871. G. Weise. — 20

Kimder-Freuden. 12 Bilder aus der Kinderwelt. 4. (12 color. Stnt.) Leipzig 873, C. H. Reclam sen. cart.

Kinder-Freuden. 12 Bilder aus der Kinderwelt. 4. (12 color. Steintaf.) Leipzig 874. Bauer. — 90

—— qu. 8. (8 color. Stnt. mit Text.) Stuttgart 875, Nitzschke. cart.

Kinderfreuden. Unzerreißbares Bilderbuch. qu. 4. (10 lackirte Chromolithogr. mit eingedr. Verschen.) Stuttgart 887, Loewe. geb.

Kinder-Freuden. Ein Bilderbuch f. brave Kinder. gr. 4. (8 S. m. z. Tl. farb. Abb.) Konstanz 897. C. Hirsch. — 60

Kinderfreuden. (6 farb. Bildertaf. m. Text.) 4. Stuttgart (903). G. Weise. — 15

Kinderfreuden in Bild und Wort für meine kleinen Lieblinge von C. B. 8. (20 Chromolithogr. mit eingedr. Text und 1 Bl. Text.) Basel 882, Spittler. cart. *
—— dass. — 5 Hefte. 8. (à Heft 14 S. mit 4 Chromolithogr.) Ebendas. 884. *

Kinderfreuden in Bildern. 12. (6 Farbdr. m. eingedr. Text.) Reutlingen 891. Enßlin & Laiblin. — 8;
auf Pappe 20

Kinderfreund, der, s. Evangelist, der.

— od. erstes Lehr- u. Lesebuch, s. Junker.

— der, ein Wochenblatt für Kinder, s. a. Ch. Fel. Weise.

— der, ein Lesebuch für Volksschulen. 8. Brem., Heyse. 10 gr.
Hbg. Pr. 6 gr.

Kinderfreund, Der, eine Wochenschrift. Leipzig 1775–84. H: *Weisse, Christian Felix.* (ErschDL) (MGT) (Ky)

— der, ein Wochenblatt für Kinder, (v. Chr. Fel. Weisse). 24 Bdchn. Mit 18 Kpf. u. Musik. 8. Leipz. 775 84. (W. Vogel). 12 rß N. A. in 12 Bdn. 8. Ebd. 780—83. 4 rß 12 gr Schrbp. 8 rß Fortsetz., s. Briefwechsel.

— ein Lesebuch für Volksschulen. 8. Hamb. 804. Kratsch. 10 gr.

— der, ein belehrendes u. unterhaltendes Lesebuch für die Jugend in Land- u. niedern Stadtschulen. 1e u. 2e Abthl. 8. Königsberg 835. (Leipzig, Fort.) (I. 1/4 rß II. 3/8 rß) 5/8 rß

—— der, e. belehr. u. unterhalt. Leseb. f. d. Jugend in Land- u. nied. Stadtschulen. 2 Abthln. 8. (13 B.) Königsberg 835, Gräfe u. Unzer. [1. (13 B.) * 1/3 Thlr., 2. (18 B.) * 2/3 Thlr.] *

Kinderfreund, der, e. Leseb. z. Bildung d. guten Lesetons u. z. Veredl. d. Herzens f. kleinere Kinder. 8. (13 B.) Fulda 838, Müllersche Buchh. *

— der. Ein Lesebuch zur Bildung des guten Lesetons und zur Veredlung des Herzens für kleinere Kinder. Fulda 851. Müller. 8. (VIII, 200 S.) 9 ngr.

Kinderfreund, der, ein Buch f. Elementarschulen. Enthalt.: I. Erzählungen u. Gedichte. II. Bibelsprüche u. Verse. III. Materialien zu Aufsätzen f. d. bürgerl. Leben. IV. 80 ein-, zwei- u. dreistimmige Lieder in Ziffern. 8. (14 B.) Lemgo 843, Meyersche Hofbuchh. *

Kinderfreund, der. Hrsg. von der Traktat-Gesellschaft der bischöfl. Methodistenkirche in Bremen. 1—3. Bd. à 12 Nrn. (Bog. mit eingedr. Holzschn.) 4. Bremen 853—56, Heyse's Verlag. à Bd. * 12 Ngr. *

Kinderfreund, der. Hrsg. von der Tractat-Gesellschaft der bischöfl. Methodistenkirche in Bremen. 4—6. Bd. Jahrg. 1857—59. à Jahrg. 12 Nrn. (Bog. mit eingedr. Holzschn.) 4. Bremen, Verlag des Tractathauses. à Bd. * 12 Ngr. *

—— dass. — Jahrg. 1860. 12 Nrn. (Bog. mit eingedr. Holzschn.) 4. Ebendas. *

—— dass. — Jahrg. 1861. 24 Nrn. (1/2 Bog. mit eingedr. Holzschn.) gr. 4. Ebendas. *

Kinderfreund, der. Hrsg. von der Tractat-Gesellschaft der Bischöfl. Methodistenkirche in Bremen. Jahrg. 1862—67. à Jahrg. 24 Nrn. (1/2 Bog. mit eingedr. Holzschn.) gr. 4. Bremen, Verlag des Tractat-Hauses. à Jahrg. *

—— Ein Sonntagsblatt. 1.—7. Jahrg. 1868—1874. à Jahrg. 12 Nrn. (à 1/2 Bog.) gr. 8. Hamburg, (J. G. Oncken.)
1.—4. Jahrg. à
5.—7. Jahrg. à

Kinderfreund, der. Ein Sonntagsblatt. 8. Jahrg. 1875. 12 Nrn. (à 1/2 Bog.) gr. 8. Hamburg, Oncken. *
Nicht weiter erschienen.

—— der. Hrsg. für die Sonntagsschulen. 16.—22. Bd. Jahrg. 1868—1874. à Jahrg. 52 Nrn. (à 1/2 Bog. mit eingedr. Holzschn.) Bremen, Verlag des Tractathauses. à Jahrg.

— der. Hrsg. für die Sonntagsschulen. 23.—25. Bd. Jahrg. 1875—1877. à Jahrg. 52 Nrn. (à 1/2 Bog. mit eingedr. Holzschn.) gr. 4. Bremen, Verlag des Tractathauses. à Jahrg.

— der. Hrsg. von der bischöfl. Methodistenkirche. Red.: A. Rodemeyer. 25—29. Bd. Jahrg. 1877—1881. à 52 Nrn. (1/2 B. m. eingedr. Holzschn.) gr. 4. Bremen, (Verl. d. Tractath.). à Jahrg. 1. 50

— dasselbe. Red.: C. Weiß, A. Ruppanner. 30. Bd. Jahrg. 1882. 52 Nrn. (1/2 B. m. eingedr. Holzschn.) gr. 4. Ebend. 1. 50

Kinderfreund, der. Hrsg. v. der bischöfl. Methodistenkirche. Red.: C. Weiß, A. Ruppaner, P. G. Junker. 31—34. Bd. Jahrg. 1883—1886. à 52 Nrn. (1/2 B. m. eingedr. Holzschn.) gr. 4. Bremen, (Verl. d. Tractathauses). à Jahrg. 1. 50

— der. Hrsg. von der bischöfl. Methodistenkirche. Red.: P. G. Junker. 35.—38. Bd. Jahrg. 1887—1890. à 52 Nrn. (½ B. m. eingedr. Holzschn.) gr. 4. Bremen, (Verl. d. Tractathauses). à Jahrg. 1. 50

— der. Hrsg. v. der bischöfl. Methodistenkirche. Red.: P. G. Junker. 39.—42. Jahrg. 1891—1894. à 52 Nrn. (½ Bog. m. Bildern.) gr. 4. Bremen, (Verlag d. Traktathauses). à Jahrg. n. — 75; geb. n. 1. 20

— der. Red.: P. G. Junker. 43.—46. Jahrg. 1895—1898. à 52 Nrn. (à ca. 4 S. m. Abb.) gr. 4. Bremen (Verlag d. Tractathauses). à Jahrg. n. 1. —

Kinderfreund, der. Red.: J. P. Grünewald. 47.—49. Jahrg. 1899—1901. à 52 Nrn. gr. 4. (à 4 S. m. Abb.) Bremen (Verlag des Traktathauses.) à Jahrg. 1. 50

— dasselbe. 50. Jahrg. 1902. 52 Nrn. gr. 4. (à 4 S. m. Abbildgn.) Ebd. n. 1. —

Kinderfreund, der. Red.: J. P. Grünewald. 51.—54. Jahrg. 1903—1906. à 52 Nrn. (1906: 208 S. m. Abb.) 4. Bremen, Buchh. u. Verlag des Tractathauses. à Jhrg. n. 1. —

Kinderfreund, der. Red.: J. P. Grünewald. 55.—58. Jahrg. 1907—1910. à 52 Nrn. (à Jahrg. 208 S. m. Abbildgn.) Lex. 8. Bremen, Buchh. u. Verlag des Traktathauses. à Jahrg. 1. —

Der Kinderfreund: 1872–1874)

Monthly. Organ of the Deutsche Methodistenkirche, South, Louisiana Conferenz. Edited & published by the Rev. J. B. A. Ahrens.

New Orleans, LA

Kinder-Freund, der. Nr. 1—42. 4. (à Nr. 4—16 S. mit eingedr. Holzschn.) Gernsbach 879—883, Christl. Colportage-Verein. *

—— der. Nr. 43—52 und 71—80. 4. (à Nr. 2—4 S. mit Holzschn.) Gernsbach 885, Christl. Kolportage-Verein. à Nr. * 1½ Pf. bis *

Kirchenfreund, der. Blätter für evangel. Wahrheit u. christliches Leben. Red.: Prof. Dr. Ed. Güder, Prof. Dr. C. J. Riggenbach, Pfarrer J. Heer und Prof. C. von Orelli. 15. Jahrg. 1881. In-8°. Basel, Bahnmaier's Verlag.

—— dass. — 4. Jahrg. April 1888—März 1889. 26 Nrn. (à Nr. ½ Bog.) gr. 8. Ebendas. *

—— der. Eine schweizer. Schülerzeitung. Hrsg. von einem Verein von Kinderfreunden. Chefredact.: O. Sutermeister. 1.—3. Jahrg. April 1885—März 1888. à Jahrg. 26 Nrn. (à Nr. ½ Bog.) gr. 8. Bern, Büchler. à Jahrg. *

— dasselbe. Red.: O. Sutermeister und Tanner. 5. Jahrg. April 1889—März 1890. 26 Nrn. (½ B.) gr. 8. Ebd. n. 2. —

— dasselbe. 6. Jahrg. April 1890—März 1891. 52 Nrn. (½ B.) gr. 8. Ebd. n. 1. 50; cplt. geb.: n. 2. —

— der. Schweizerische illustr. Schülerzeitg. Hrsg. v. e. Verein v. Kinderfreunden. Chef-Red.: O. Sutermeister. 7.—9. Jahrg. Apr. 1891—März 1894. à 26 Nrn. (½ Bog.) gr. 8. Bern, Michel & Büchler. Geb. à Jahrg. n. 2. —

— der. Schweizerische illustr. Schülerzeitg. Hrsg. v. e. Verein v. Kinderfreunden. Chef-Red.: O. Sutermeister. 11.—14. Jahrg. Apr. 1895—März 1899. à 12 Nrn. (Bog.) gr. 8. Bern, Michel & Büchler. à Jahrg. n. 2. 80

— der. Schweizerische illustr. Schülerzeitg. Hrsg. v. e. Verein v. Kinderfreunden. Red.: Eugen Sutermeister u. Frl. E. Rott. 15.—18. Jahrg. April 1899—März 1902. à 12 Nrn. gr. 8. (à ca. 16 S.) Bern (Büchler & Co.) à Jahrg. n. 2. 10

Kinderfreund, der. Schweizerische illustr. Schülerzeitg. Hrsg. v. e. Verein v. Kinderfreunden. Red.: Eug. Sutermeister u. Frau Mühlberg. 19.—21. Jahrg. April 1903—März 1906. à 12 Nrn. (à ca. 16 S.) gr. 8. Bern, Büchler & Co. à Jhrg. n. 2. 10
Fortsetzg., s.: Schülerzeitung, illustr. schweizer.

Kinderfreund, der. Red. u. Hrsg.: Th. Breer. 1.—3. Jahrg. 1887—1889. à 52 Nrn. (½ B. m. Illustr.) 8. Hamm, Breer & Thiemann. à Jahrg. n. 1. —

— dasselbe. Red. u. Hrsg.: A. Thiemann. 4. Jahrg. 1890. 52 Nrn. (½ B. m. Illustr.) 8. Ebd. n. 1. —

— der. Red.: A. Thiemann. 5.—8. Jahrg. 1891—1894. à 52 Nrn. 8. (½ Bog. m. Abbildg.) 4. Hamm, Breer & Thiemann. à Jahrg. n.n. 1. —

— der. Red.: A. Thiemann. 14.—16. Jahrg. 1900—1902. à 52 Nrn. 8. (à 8 S. m. Abbildgn.) Hamm, Breer & Thiemann. à Jahrg. 1. —

— der. Red.: A. Thiemann. 17.—20. Jahrg. 1903—1906. à 52 Nrn. (416, 424, 416 u. 416 S. m. Abb.) 8. Hamm, Breer & Thiemann. à Jhrg. n. 1. 40; geb. n. 1. 60

— der. Red.: A. Thiemann. 21.—24. Jahrg. 1907—1910. à 52 Nrn. (à ca. 8 S. m. Abbildg.) 8. Hamm, Breer & Thiemann. à Jahrg. 1.40; geb. 1. 60

—— der. Ein Kalender f. das kleine Volk auf d. J. 1891 u. 1892. 1. u. 2. Jahrg. Hrsg. v. Kasimir Rebele. 16. (96; 92 S. m. Illustr.) Augsb., Gebr. Reichel. à Jahrg. * — 20; cart. ** — 30

Kinderfreund der. Ein Kalender f. das kleine Volk auf d. J. 1893. 3. Jahrg. Unter Mitwirkg. mehrerer Jugendfreunde hrsg. v. Kasimir Rebele. 16. (100 S. m. Abbildgn., 1 Farbendr. u. 1 farb. Wunschzettel.) Augsburg, Gebr. Reichel. n. — 20; kart. n.n. — 30

Kinderfreund, der. Ein Kalender f. d. kleine Volk auf d. J. 1899. 9. Jahrg. Unt. Mitwirkg. mehr. Jugendfreunde hrsg. v. Kasimir Rebele. M. e. Modellierbogen „d. Hampelmann". gr. 16. (96 S. m. Abb.) Augsburg 898. Gebr. Reichel. n. — 20; geb. n.n. — 30

Kinderfreund, der. Ein Kalender f. das kleine Volk auf d. J. 1903. 13. Jahrg. Unter Mitwirkg. mehrerer Jugendfreunde hrsg. v. Kasimir Rebele. Mit e. (farb.) Modellierbogen: „Holzsägemann". gr. 16. (96 S. m. Abbildgn.) Augsburg, Gebr. Reichel. n. — 20; kart. n.n. — 30

— der. Ein Kalender f. das kleine Volk auf d. J. 1907. 17. Jahrg. Unter Mitwirkg. mehrerer Jugendfreunde hrsg. v. Christoph Prestele. Illustriert v. J. Mauder. Mit e. Beilage. (96 S. m. farb. Titelbild.) 16. Augsburg, Gebr. Reichel. n. — 20; kart. n.n. — 30

— der. Ein Kalender f. das kleine Volk auf d. J. 1911. 21. Jahrg. Hrsg. v. Wilh. Brüstle. (96 S. m. Abbildgn. u. 4 Taf.) 16. Augsburg, Gebr. Reichel. — 20

— der. Monatsschrift zur Belehrg. u. Unterhaltg. f. Knaben u. Mädchen. Unt. Mitwirkg. namhafter Pädagogen hrsg. v. A. Thiemann. 10.—12. Jahrg. Oktbr. 1896—Septbr. 1899. à 12 Hfte. (à ca. 2 Bog. m. Abb.) 8. Hamm, Breer & Thiemann. à Hft. — 15

— der. Monatsschrift zur Belehrg. u. Unterhaltg. f. Knaben u. Mädchen. Unter Mitwirkg. namhafter Pädagogen hrsg. v. A. Thiemann. (13. u. 14.) Jahrg. Oktbr. 1899—Septbr. 1901. à 12 Hfte. 8. (à ca. 32 S. m. Abbildgn.) Hamm, Breer & Thiemann. à Hft. — 15
Erscheint nicht mehr. Band-Ausg. s. u. d. T.: Kinderfreund-Jahrbuch.

Kinderfreund, der. Neue Erzählgn. f. d. Jugend. Nr. 1—10. gr. 16. (à 16 S.) Ebd. 898. à — 05
1. Das Hannele. Eine Erzählg. Von Erik Grube.
2. Verborg. Belohnung. Erzählg. Von Ada Linden.
3. Das eigensinnige Nestkiiken. Erzählg. Von M. Rüdiger.
4. Der Bogen in d. Wolken. E. Erzählg. Von Ottilie Bayer.
5. D. alte Leyermann u. s. Hund. Eine Erzählg. Von Frida v. Kronoff.
6. Die Grete. Erzählg. Von Ada Linden.
7. Ein Traum unter dem Christbaum. Erzählung. Von M. Rüdiger.
8. Hulda's Genesg. E. Erzählg. Von Ottilie Bayer.
9. Die Zeitungsfrau. Erzählg. Von Ada Linden.
10. Prinz Janko. Eine Erzählg. Von Frida v. Kronoff.

— der. Neue Erzählgn. f. die Jugend. Nr. 11—50. gr. 16. (à ca. 16 S.) Konstanz, C. Hirsch. à — 05; je 10 Nrn. in Leinw.-Bd. (1.—5. Bd. 148, 143, 150, 147 u. 150 S.) à — 80
Inhaltsübersicht in alphabetischer Ordnung:
Bäder, Friederike, „Weg' hast du allerwegen". „An Mitteln fehlt Dir's nicht". Gott ruft: „Wer will mein Engel sein?" Die Errettg. 4 Erzählgn. (900.) (Nr. 29.)
Bayer, Ottilie, ich habe das Notwendigste gethan. — Die kleine Rosa. 2 Erzählgn. 899. (Nr. 18.)
— das einsame Röslein. Eine Erzählg. 899. (Nr. 13.)
— der kleine Sänger. Eine Erzählg. (900.) (Nr. 27.)
Boy, Johanna, der Geschwister erste Ferienreise. (900.) (Nr. 28.)
Christen, Ada, Reckpeter. Erzählung. Ernas Traum. Erzählung. (902.) (Nr. 41.)
Eitner, M., die dumme Grete. Eine Erzählg. (900.) (Nr. 21.)
Grupe-Lörcher, Erica (s. a.: Lörcher-Grupe), Ehrlich währt am längsten. Eine Erzählg. f. Kinder. (901.) (Nr. 31.)
Himmelmann, Luise, die Schneeglöckchen. — Ramsauer, Otto: „Es war lauter Sonntag". Erzählg. (902.) (Nr. 46.)
— ein Segenswunsch. Erzählung. (900.) (Nr. 24.)
Keller, Sophie v., der Weihnachtsmann. Eine Erzählg. (901.) (Nr. 39.)
Kronoff, Frida v., Blümlein am Wege. Erzählung. Wer bin ich? (902.) (Nr. 47.)
— die Kuckucksuhr. Eine Erzählg. (900.) (Nr. 22.)
— Lischens Geburtstag. Eine Erzählg. (902.) (Nr. 48.)
— die Maikönigin. Eine Erzählg. 899. (Nr. 20.)
— des Meisters Lied. — Das Einmaleins. — Das Gebet vor der Schicht. Erzählungen. 899. (Nr. 17.)
— Nachbars Braunchen. Eine Erzählg. (900.) (Nr. 30.)
— das Nußmännchen. Erzählung. 899. (Nr. 12.)
— der Rosenstrauch. Erzahlung. 899. (Nr. 16.)
— der Stedinger. — Die Kinder aus dem Siebengebirge. 2 Erzählungen. 899. (Nr. 19.)
— Hans Ungemach. Eine Erzählg. (902.) (Nr. 50.)
— der Weihnachts-Engel. Eine Erzählg. (901.) (Nr. 33.)
— das Weihnachtslicht. Eine Erzählg. (900.) (Nr. 25.)
— das Wunderkästchen. Eine Erzählg. (901.) (Nr. 37.)
Liebrecht, Maria, ein Dankesbote. — Die Glockenstimme. — Des Vaters Liebe. 3 Erzählgn. (901.) (Nr. 34.)
— ein kleiner Dienst. — Hilfe in der Not. — Der dankbare Mukl. 3 Erzählgn. 899. (Nr. 15.)
— vom Hofhund Bruno, Waldl u. anderen Tierlein. Erzählungen. (900.) (Nr. 23.)
Liebrecht, Maria, kindliche Liebe. — Dazu habe ich keine Lust. — Die Entsagung. — Die Schmetterlingspuppe. 4 Erzählgn. (902.) (Nr. 44.)
Linden, Ada, auch bloß ein Mensch. — Der Hunnenführer. — Heimruf. — Die Wespe. 4 Erzählgn. (901.) (Nr. 40.)
— Denkstein. — Etta, das Friesenmädchen. — Ein Engel. 3 Erzählgn. (901.) (Nr. 35.)
— Hans u. Hannchen. Erzählung. (902.) (Nr. 49.)
— mein Vater ist bei mir. Erzählung. Engelgeleit. Erzählung. (902.) (Nr. 45.)
— das Waldmännchen. — Das Mäuschen. — Die Kuckucksuhr. Erzählungen. 899. (Nr. 14.)
Lörcher-Grupe, Erica (s. a.: Grupe-Lörcher), wie Annie's Neugier bestraft wurde! Eine Erzählg. 899. (Nr. 11.)
Martin, E., Hildegards Opfer. Eine Erzählg. (901.) (Nr. 36.)
Naef-Huny, A., Margareth. Eine Erzählg. (901.) (Nr. 38.)
Panitza, M. v., der Hütejunge. Eine Erzählg. Edelweiß. (902.) (Nr. 42.)
Ramsauer, Otto, „Es war ein lauter Sonntag", s.: Himmelmann, L., d. Schneeglöckchen.
Rüdiger, M., an den Menschen ein Wohlgefallen, s.: Schmid, Chr. v., der Kuchen.
Schmid, Christoph v., der Kuchen. Erzählung. — Rüdiger, M., an den Menschen ein Wohlgefallen. (902.) (Nr. 43.)
Wailfisch, J. H., wiedergefundene Freude. Eine Erzählg. f. die Jugend. (900.) (Nr. 26.)
Wer ist der Pflaumendieb. Eine Erzählg. von M. v. P. (901.) (Nr. 32.)

Kinderfreund, der anatomische. 8. Leipzig, Linke.

— arithmetischer, mit 59 Kopfrechentafeln. Halle, Dreyßig. 9 gr

Kinderfreund, astronomischer, s. a. Unterricht v. Kalender.

Kinderfreund, Astronomischer, enthaltend einen Unterricht vom Kalender . . . Berlin 1784. 3. Ausg. Berlin 1798. V: *Bockshammer, Joh. Chn.* (MGT)

— astronomischer, enthält einen Unterricht v. Calender. ꝛc. 8. Berlin, Sander. 798.

Kinderfreund, astronomischer, enthält e. Unterricht von Calendern ꝛc. 8. Berl. Sander. 816.

—— Barmer. Redact.: Thümmel. 10.—16. Jahrg. 1868—1874. à Jahrg. 52 Nrn. (à ½ Bog.) gr. 4. Barmen, (Wiemann.) à Jahrg. *

—— Barmer. Redact.: Thümmel. 17.—21. Jahrg. 1875—1879. à Jahrg. 52 Nrn. (à ½ Bog.) gr. 4. Barmen, Wiemann. à Jahrg. *

—— Barmer. Redact.: Thümmel. 22.—26. Jahrg. 1880—1884. à Jahrg. 52 Nrn. (à Nr. ½ Bog.) gr. 4. Barmen, Wiemann. à Jahrg. *

—— Barmer, Jahrg. 1885, s. Sonntagsblatt, Barmer.

— d. baierische, e. Lesebuch für Stadt- u. Landschulen. 8. Münch 816. 2e A. 817. 3e A. 825. 4e A. 830. Fleischmann. 6 gr

—— der bayerische. Ein Lesebuch f. Stadt- u. Landschulen. 5., verb. Aufl. besorgt v. Joh. Bapt. Mayer. 8. (15 B.) München 843, Fleischmann.

Kinderfreund, der bayerische. Ein Lesebuch für Stadt- und Landschulen. 5.te, verb. und theilweise umgearb. Aufl., besorgt von Joh. Bapt. Meyer. 8. (VIII und 239 S.) München 849, Fleischmann.

Kinderfreundes, des, erstes Bilderbuch. br. 8. (40 S. mit eingedr. Holzschn. und 1 Holzschntaf.) Bremen 864, Verlag des Tractathauses. cart. *

— der Brandenburgische, e. Lesebuch für Volksschulen. 8. Berl. 801. Decker. 4 gr

—— Breslauer, hrsg. v. J. A. Francolm. 1. Jahrg. (1833.) 8. (27 B.) Breslau, Schulz u. Comp.

Kinderfreund, Der christliche. Ein Lesebuch zur Bildung und Belebung eines christlich-religiösen Sinnes . . . Stuttgart 1824. V: *Steudel, Johann Chn Friedrich.* (Ky)

— d. christliche. Ein Lesebuch zur Bildung u. Belebung eines christlich-religiösen Sinnes in d. Jugend. Vom Herausgeber der: „Beispiele d. Guten ꝛc." (J. C. F. Steudel.) 8. Stuttg. 824. Steinkopf. 1 Rthl

—— der christliche. Ein Schul-Lesebuch, allen Geistlichen u. Lehrern der evangel. Kirche Deutschlands u. Preußens gewidmet v. Dumas, Munzig, Faendler u. Tyßka. 2 Thle. 12. Berlin, Besser, Verl. [1. (2¾ B.) 843. 3¾ Ngr., 2. (10 B.) 44. 11¼ Ngr.]

Der Christliche Kinderfreund: Band 1—21?, 1856—1876?

Monthly, 1856—71; semi-monthly, 1872—76. Sub-title: Kinderzeitung der Christlichen Gemeinschaft. Organ of Evangelische Gemeinschaft [Albrechts Methodisten]. Small folio, each issue 4 pages. Circulation: 1875, 5000. Edited by W. Horn, 1872?—1876; by W. W. Orwig. Published by W. F. Schneider, 1856?—1870?; by Verlag der Evangelischen Gemeinschaft. Cleveland, OH

—— der christliche. Für Sabbathschulen und den Familienkreis. 1. Bd. Juni 1856 bis Mai 1859. à Jahrg. 12 Nrn. (Bog. mit eingedr. Holzschn.) Fol. Cleveland 857. (Philadelphia, Schäfer und Koradi.) à Jahrg. *

—— der christliche. Für Sabbathschulen und den Familienkreis. 4.—7. Bd. Juni 1859 bis Mai 1863. à Bd. 12 Nrn. (Bog. mit eingedr. Holzschn.) Fol. Cleveland. (Philadelphia, Schäfer und Koradi.) à Bd. *

— der christliche, f. d. J. 1911, m. bibl. Betrachtgn., Erzählgn., Gedichten, Rätselfragen u. 12 Bildern. Hrsg. v. Fabianke u. Frl. Hedw. Andrae, in Verbindg. m. Blecher, Fischer, Frl. Elis. Franke u. a. Ein Abreißkalender f. die lieben Christenkinder. 8,5×13 cm. Neukirchen, Buchh. des Erziehungsvereins. —50

— christlicher. 16, 26 u. 36 Stck. 8. Leipz. 813. (Kummer). 3 gr.

— christlicher. 8. Halle 817. N. A. 821. (Waisenhaus B.) 6 gr.

Deutsch-Anische Kinderfreund, Der. Ein viertes Lesebuch in Lebensbildern für obere Schulklassen. 11th ed. StL, 1861.

Kinderfreund, der deutsche. — Ein Lehrbuch für Volksschulen. Neue Ausgabe. 8. (260. S.) Hermannstadt bei S. Filtsch. 1853.

—— deutscher. Ein Lesebuch f. kathol. Volksschulen. Nach d. 10. Aufl. des Kinderfreundes v. A. E. Preuß u. J. A. Vetter, von einigen kathol. Geistlichen z. Gebr. f. kathol. Schulen eingerichtet. 2., verb. Aufl. 8. (20 B.) Königsberg 843, Bon. *

—— deutscher. Ein Lesebuch für kathol. Volksschulen. Nach der 10. Aufl. des Kinderfreunds von A. E. Preuß und J. A. Vetter von einigen kathol. Geistlichen zum Gebrauche für kathol. Schulen eingerichtet. 2., verb. Aufl. Neuer Abdr. 8. (VIII und 312 S.) Königsberg 851, Bon. *

—— deutscher. Ein Lesebuch für kathol. Volksschulen nach dem preuß. Kinderfreunde von A. E. Preuß und J. A. Vetter von einigen kathol. Geistlichen eingerichtet. Mit einem Anhang: Biblische Erzählungen aus dem alten und neuen Testament und Bilder aus der Heimathskunde der Provinz Preußen. 6., verb. und bedeutend verm. Aufl. 8. (VIII und 440 S.) Königsberg 859, Bon's Verlag. Thlr. *

—— deutscher. Ein Lesebuch für kathol. Volksschulen, nach dem preuß. Kinderfreunde von A. E. Preuß und J. H. Vetter von einigen kathol. Geistlichen eingerichtet. Mit einem Anh.: Biblische Erzählungen aus dem alten und neuen Testament und Bilder aus der Heimathskunde Preußens. 10.—12. verb. und verm. Aufl. [1869 neu revidirt.] 8. (VIII, 440 S.) Königsberg 869—75, Bon's Verlag. * 80 Pf.; geb. *

—— deutscher. 1. Jahrg. Octbr. 1878 — Sepbr. 1879. 12 Nrn. (à 2—3 Bog. mit eingedr. Holzschn.) 4. Hamburg, Oemler. *

—— dass. — Unter Mitredact. von N. Fries und L. Tiesmeyer hrsg. von C. Ninck. 2. Jahrg. Oktbr. 1879 — Septbr. 1880. 12 Nrn. (à 2 Bog. mit eingedr. Holzschn.) 4. Hamburg, Evangel. Buchh. *

—— deutscher. Unter Mitredact. von N. Fries, E. Frommel, Jul. Sturm und L. Tiesmeyer hrsg. von C. Ninck. 3. und 4. Jahrg. Oktbr. 1880 — Septbr. 1882. à Jahrg. 12 Nrn. (à Nr. 2 Bog. mit eingedr. Holzschn.) 4. Hamburg, Evangel. Buchh. à Jahrg.

—— dass. — Redact.: C. Ninck. 5.—7. Jahrg. Oktbr. 1882 — Septbr. 1885. à Jahrg. 12 Nrn. (à Nr. 2 Bog. mit eingedr. Holzschn.) 4. Ebendas. à Jahrg.

—— deutscher. Redact.: C. Ninck. 8.—10. Jahrg. Oktbr. 1885 — Septbr. 1888. à Jahrg. 12 Nrn. (à Nr. 2 Bog. mit eingedr. Holzschn.) 4. Hamburg, Expedition (Clem. Reuschel). à Jahrg.

Kinderfreund, deutscher. Redact.: N. Fries und Joh. Ninck. 11. Jahrg. Oktbr. 1888 — Septbr. 1889. 12 Nrn. (à Nr. 2 Bog. mit Holzschn.) 4. Hamburg, Expedition (Clem. Reuschel).

—— deutscher. Redact.: N. Fries u. J. Ninck. 12.—14. Jahrg. 1889/90 —1891/92 à 12 Nrn. (à Nr. 2 Bog. m. Illustr.) 4. Hamb., Expedition. à Jahrg. 3 —; geb. * 4 —; auf Velinpap. geb. m. G. * 5 —

— deutscher. Leitung: J. Ninck u. B. Rudert. 14.—17. Jahrg. Oktbr. 1891—Septbr. 1895. à 12 Nrn. (à ca. 2 Bog. m. Abbildgn.) 4. Dresden, Expedition. à Jahrg. n. 3. —; geb.: n. 4. —; auf Velinpap., geb. m. Goldschn. n. 5. —

— deutscher. Leitung: J. Ninck u. B. Rudert. 18.—21. Jahrg. Oktbr. 1895—Septbr. 1899. à 12 Nrn. (à ca. 2 Bog. m. Abb.) 4. Dresden, Expedition. à Jahrg. 3. — (kplt. geb. n. 4. —; auf Velinpap. geb. m. Goldschn. n. 5. —)
Kann auch vierteljährlich bezogen werden.

— deutscher. Leitung: Joh. Ninck u. B. Rudert. 22.—25. Jahrg. Oktbr. 1899—Septbr. 1903. à 12 Nrn. 4. (à ca. 24 S. m. Abbildgn.) Dresden, Expedition. à Jahrg. 3. —; geb. n. 4. —; auf Velinpap., geb. m. Goldschn. n. 5. —

— deutscher. Leitung: J. Ninck. 26.—29. Jahrg. Oktbr. 1903—Septbr. 1907. à 12 Nrn. (à Jhrg. IV, 208 S. m. Abbildgn.) Lex.-8. Leipzig, Verlag deutscher Kinderfreund. à Jhrg. n. 2. 60; geb. n. 4. —: auf Velinpap., geb. m. Goldschn. n. 5. —

— deutscher. Leitung: J. Ninck. 30.—33. Jahrg. Oktbr. 1907—Septbr. 1911. à 12 Nrn. (30.—32. Jahrg. 208, 208 u. 216 S. m. Abbildgn.) Lex. 8. Leipzig, Deutscher Kinderfreund. à Jahrg. 2.60; geb. 4. —

—— deutscher. Blätter zur Unterhaltung, Belehrung und Erheiterung für die Jugend. 1. und 2. Jahrg. Oktbr. 1886—1888. à Jahrg. 24 Nrn. (Bog.) 4. Patschkau, Buchal. à Jahrg. *

— d. evangelische. Red. G. Füßle. 29. Jahrg. 1898. 52 Nrn. (à 4 S. m. Abb.) hoch 4. Stuttgart, Christl. Verlagshaus. n. 1. —

— der evangelische. Red.: G. Füßle. 30.—33. Jahrg. 1899—1902. à 52 Nrn. hoch 4. (à ca. 4 S. m. Abbildgn.) Stuttgart, Christl. Verlagshaus. à Jahrg. n. 1. —

— der evangelische. Red.: G. Füßle. 34.—37. Jahrg. 1903—1906. à 52 Nrn. (à Jhrg. II, 208 S. m. Abb.) 4. Stuttgart, Christl. Verlagshaus. à Jhrg. n. 1. —

— der evangelische. Red.: G. Füßle. 38.—41. Jahrg. 1907—1910. à 52 Nrn. (à Jahrg. II, 212 S. m. 2 Abbildgn.) 31,5×21,5 cm. Stuttgart, Christl. Verlagshaus. à Jahrg. 1.—; geb. 2. —

Der Evangelisch-Lutherische Kinderfreund: 1898 - Apr. 1932. Milwaukee, WI
Place varies. St. Louis. 1928 becomes bilingual, then all English.

— illustrierter. 1.—109. Hft. 12. (à 32 S.) Hamburg 887—889. Evangel. Buchhandlg. (Fr. Trümpler). à n. — 10 (1.—5. Bd. geb. à n. 1. —)

— illustrierter. [Aus: „Deutscher Kinderfreund".] Nr. 110—132. 12. (à 32 S.) Hamburg 890—893. Evang. Buchh. (Fr. Trümpler). à n. — 10; 6.—10. Bd. (je 6 Nrn. à 32 S.) geb. à n. 1. —

— illustr. [Aus: „Deutscher Kinderfreund".] Nr. 133—147. 12. (à 32 S.) Hamburg 893—896. Evang. Buchh. à n. — 10; in Bdn. (à 6 Nrn.) geb. à n. 1. —

— dasselbe. Neue Ausg. m. Farbendr.-Bildern (auf dem Umschlag). 148. u. 149. Hft. 12. (à 24 S.) Ebd. 898. à n. — 10

— illustrierter. [Aus: „Deutscher Kinderfreund".] Neue Ausg. m. Farbendr.-Bildern (auf dem Umschlag). 150. u. 151. Hft. 12. (à 24 S.) Hamburg (899). Ev. Buchh. à n. — 10

— d. israelitische, s. Bock, M. H.

Kinderfreund, Der, an Kinderseelen. Glogau 1824. V: *Balcke, August Gottlieb.* (MGT) (Ky)

— der, an Kinderseelen (v. A. G. Balke). 8. Glogau 824.

Kinderfreund, Der kleine, in belehrenden Erzählungen ... Leipz. 1794. V: *Wilck, Carl Sigismund.* (MGT) (Ky)

— d. kleine, in belehrenden Erzählungen (v. K. S. Wilck). 8. Leipz. 794. (W. Rauck). 10 ℊ

— der kleine, in belehr. Erzähl. 8. Lpz. Sommer. 794.

— — der kleine, ein Schulbüchlein für die ersten Anfänger im Lesen und Denken. 2te Ausg. Mit Bildern. 12. Hamburg. (Leipzig, Enobloch in Comm.) 817.

— der kleine, Erzähll. in v. Rochowscher Manier. 16. Leipz. 804. N. A. 870. (W. Rauck). 10 ℊ

—— der kleine, e. Schulbüchlein f. d. ersten Anfänger im Lesen u. Denken. 15., verb. u. verm. Ausg. (4 Abthln.) m. 41 Holzschn. 8. (10 B.) Hamburg 832, Herold.

— der kleine, ein Schulbüchlein für die ersten Anfänger im Lesen u. Denken. 15e verb. u. verm. Ausg., mit color. Bildern. 8. Hamburg 835. Herold. 1/3 ℛ

—— der kleine. Ein Schulbüchlein f. die ersten Anfänger im Lesen u. Denken. 17., verb. u. verm. Ausg. m. Bildern. 8. (10 B. u. ½ B. m. Holzschn.) Hamburg 843, Heroldsche Bh. *

— der kleine. Ein Schulbüchlein für die ersten Anfänger im Lesen und Denken. 18. verb. u. verm. Ausg. mit Bildern. Hamburg 853. Herold. 8. (VIII, 88 u. VIII S. in Holzschn. nebst: Der kleine Katechismus. Ein kurzgefaßter Auszug aus der heil. Schrift von Dr. Mt. Luther. Nebst Anhang, enthltd.: Erster Unterricht in der bibl. Geschichte. Neue Aufl. 64 S.) 5 ngr.

—— der kleine. Fibel nach der Normalwörtermethode. gr. 8. (II, 137 S.) Hildburghausen 882, Gadow und Sohn. *

— der kleine. 2 Tle. in 1 Bde. 2. Aufl. gr. 8. (68 u. 80 S. m. eingedr. Holzschn.) Hildburghausen 884. Gadow & Sohn. n. — 80

—— der kleine. Ein Büchlein zur Unterhaltung und Belehrung für Knaben und Mädchen. 8. (112 S. mit 4 Farbendr.-Bildern.) Berlin 888, Liebau. geb.

— der kleine. Ein Büchl. zur Unterhaltg. u. Belehrg. f. Knaben u. Mädchen. 12. (112 S.) Berlin 898. A. Weichert. — 50; kart. — 60

— kleiner. 2 Tle. gr. 8. Hildburghausen 903. F. W. Gadow & Sohn. à n. — 40; geb. à n. — 60
1. Fibel nach der Normalwörtermethode m. e. Vorstufe. 25. Aufl. (neue Bearbeitg.). (II, 78 S. m. Abbildgn.) — 2. Lesebuch f. das 2. Schulj. 19. Aufl. (neue Bearbeitg.). (II, 96 S.)

— kleiner. 2 Tle. 8. Hildburghausen 907. F. W. Gadow & Sohn. Geb. à — 60
1. Fibel nach der Normalwörtermethode m. e. Vorstufe. 31. Aufl. (II, 78 S. m. Abbildgn.)
2. Lesebuch f. das 2. Schulj. 24. Aufl. (II, 96 S.)

—— der kurhessische, ein Lesebuch, vorzugsweise f. die Mittelclassen der Volksschule. 12. (12⅝ B.) Cassel 846, Luckhardt'sche Buchh.

— der, auf dem Lande, s. Hoper.

—— Mülheimer. Hrsg. von Wilh. und Gust. Berchter. 1.—4. Bd. Jahrg. 1879/80, 1880/81, 1881/82, 1882/83. à Jahrg. 13 Hefte. (Bog. mit eingedr. Holzschn.) Lex.-8. Mülheim, Buchh. des evangel. Vereinshauses. à Jahrg.
Fortges. u. d. T.: Rheinischer Kinderfreund.

— mythologischer, oder Anleitung, die mythol. Dichtungen der Alten zu verstehen u. anzuwenden. Mit Kpf. 8. Liegn. 803. (Heymann in Glogau). 1 ℛ

— naturhistor., oder Anleitung, d. Natur u. ihre Werke zu kennen, für d. Jugend, vom Verfass. d. mytholog. Kinderfreundes. 2 Thle. Mit Kpf. 8. Leipz. 805, G. P. Vogel. 2 ℛ

— d. neue, s. Engelhard, s. a. Winkopp.

— der neue, nach Weißens Geschmack bearbeitet. 8. Wien 801. v. Mösle. 1 ℛ Hbg. Pr. 12 ℊ

— der neue, z. belehrenden u. unschuld. Unterhaltung d. Jugend v. 8—16 Jahren. In Verbindung mit Mehrern herausg. v. J. B. Engelmann. 6 Thle. 8. Frankf. a. M. 803—7. Mohr. 5 ℛ 16 ℊ

—— der neue. Hrsg. v. Herm. Kletke. Mit 10 (col.) Zeichnungen v. Th. Hosemann u. viel. Vignetten. 1. Thl. (10 Lfgn.) Lex.-8. (31 B.) Berlin 843, Duncker. à Lfg. * 7½ Ngr. * 2 Thlr. 15 Ngr., ill. *

—— 2. Thl. A. u. d. T.: Deutscher Kinderschatz. Lieder, Märchen, Spiele, Räthsel, Erzählungen, dramat. Sprüchwörter. 5 Lfgn. Lex.-8. (20 B. u. 10 Holzstichtaf.) Ebds. 845. à Lfg. * 2 Thlr. 15 Ngr., ill. *

— der neue. Hrsg. von Herm. Kletke. 2., wohlf. Ausg. 2 Thle. gr. 8. (494 und 480 S. mit 2 Titkpfrn. und eingedr. Vign.) Berlin 847, A. Duncker. à Thl. * 1 Thlr. 15 Ngr. *

— der neue Berliner. Mit Kpf. 8. Altenb., Petersen. 1 ß 6 gr

— der neue vaterländische, e. zeitgemäß. Bildungs-Magazin f. d. Jugend u. ihre Freunde. 2 Bdchn. 8. (16¾ B. u. 4 Kpfrt.) Prag 839. (Leipzig, Thomas.) à * 5/12 Thlr. *

— der neue Vaterländische, ein zweckmäßiges Bildungs-Magazin für die Jugend u. ihre Freunde. 2 Thle. mit Kupf. 8. Prag 811. (Wien, Tendler u. Schäfer.) ¾ ß

Kinderfreund, der neue westphälische. Ein Lesebuch zum Gebrauch in Landschulen, nachgeahmt von einem Verehrer des seel. Fr. E. v. Rochow. 8. Marb. Krieger. 812 Rthlr.

— neuer, in Fabeln u. Erzähl. n. d. Franz. d. Reyne bearbeitet, franz. u. deutsch, m. 96 color. Abbild. gr. 3. Leipzig, Gleditsch. 806.

— neuer Deutscher, ein Lern- u. Lesebuch, s. a. K. L. Schwabe.

— neuer deutscher, e. Lern- u. Leseb. f. d. Oberklasse d. deutsch. Volksschule, hrsg. v. K. L. Schwabe u. A. B. Zürn. Mit Abbildn., Charten u. Gesangnoten. 8. (18 B.) Leipzig 836. [Berlin, Klemann.] *

— neuer Leipziger, im Geiste des Weißischen bearbeitet. 16 Hft. 8. Leipz. Seeger. 811.

— neuer physikalischer, oder Unterricht für Kinder u. Erwachsene, aus der Naturlehre ꝛc. m. K. 12. Pirna, Friese. 810.

— neuer, f. Schule u. Haus. 1. Thl. 8. (23½ B.) Lübeck 844. (v. Rohden'sche Buchh.) *

— neuester. Ein Jahrbüchlein f. die liebe Jugend. Hrsg. v. J. Schück. Nr. 1—3. 8. (à 64 S. m. Abbildgn.) Heidelberg (900—902). Ev. Verlag. à n. — 15

— neuster. Ein Kalender f. die liebe Jugend auf d. J. 1910. Hrsg. v. Fr. Schultz. (64 S. m. Abbildgn.) kl. 8. Heidelberg, Ev. Verlag. p — 15

— der österreichische. Illustrirte Zeitschrift zur Förderung einer rationellen Kleinkinder-Erziehung im häusl. Kreise, in Kindergärten, Bewahranstalten und verwandten Instituten. Redig. von Ludw. Schindler. 1. Jahrg. 1878. 12 Nrn. (Bog. mit eingedr. Holzschn.) gr. 8. Wien, Graeser. *
Nicht weiter erschienen.

— patriotischer, eine höchst lehrreiche unterhaltend. u. angenehm. Bilderbuch f. deutsche Knaben u. Mädchen, als versproch. Nachtr. z. Mensch. v. Anbeginn, v. K. Fr. Hoffmann, (h. a. d. Tit.: patriotisches Taschenbuch auf alle Jahre ꝛc.) m. 18 K. 12. Leipz. Bruder u. H. 811.
Holländ. Pap.
Velinpapier

— — der patriot., ein höchst lehrreiches, unterhaltendes und angenehmes Bilderbuch für deutsche Knaben u. Mädchen. gr. 12. Ist jetzt Verlag von Büschler in Elberfeld.

— patriot., ein höchst lehrr. unterhaltend. u. angenehm. Bilderbuch für deutsche Knaben u. Mädchen, als versprochener Nachtrag zu dem „Menschen von Anbeginn ꝛc." v. K. Fr. Hoffmann. (A. u. d. T.: patriot. Taschenbuch auf alle Jahre ꝛc.) Mit 18 Kpf. 12. Leipz. 811. (Schönian in Elberf.) 1 ß 12 gr

Kinder- u. Volksfreund, der physikalische, od. die Naturlehre in Spielen u. Belustigungen f. Kinder u. Volk. Ein Versuch, sich, das Angenehme mit d. Nützlichen vereinigend, die Hauptlehren der Physik auf leichte u. amüsante Weise dauernd einzuprägen. Nach d. Engl. v. Heinr. Gauß. (1. u. 2. Jahrg.) 1845. u. 46. à J. mit 60 in den Text gedr. Holzschn. 12. (à 16 B.) Weimar, Voigt. à

— der poetische. Eine Sammlung auserlesener deutscher Gedichte zum Deklamiren für Kinder von 6 bis 12 Jahren. 2 Abthlgn. (in 1 Bd.) 8. (VIII und 172 S.) Eisenberg 849, Schöne'sche Buchh.

— der poetische. Eine Sammlung auserlesener deutscher Gedichte zum Deklamiren für Kinder von 6—12 Jahren. In 2 Abthlgn. 2. Aufl. 856. — 3. Aufl. Eisenberg 858. Schöne. 8. (VIII, 172 S.) 10 ngr

— der poetische. Eine Sammlung auserlesener deutscher Gedichte zum Deklamiren für Kinder von 6 — 12 Jahren. In 2 Abthlgn. 4. Aufl. 8. (172 S.) Eisenberg 862, Schöne. *

— poetischer, eine Sammlung v. Gedichten z. Gedächtnißübung u. Declamation f. d. erste Kindesalter, nebst ein. Anh. von Gelegenheitsgedichten. Hrsg. v. W. Riehl u. C. Kienholz. 8. (6 B.) Potsdam 841, Stuhr'sche Buchh.

— der Preußische. Ein Lesebuch für Stadt- u. Landschulen. 18e verb. Aufl. 8. Elbing 838. Neumann-Hartmann. n. 1/6 ß

— d. reisende, nach d. glücklichen Pelju-Inseln im stillen Meere, lehrreiche Erzählungen als Weihnachtsgeschenk f. d. Jugend, m. K. 8. Chemnitz, Mauke.

— der reisende, nach d. glücklichen Pelju-Inseln im stillen Meere, lehrreiche Erzählungen, als Weihnachtsgeschenk für d. Jugend. Mit 1 Kpf. 8. Chemn. ... (Starke). 18 gr

— Rheinischer. 5. und 6. Bd. Jahrg. 1883/84, 1884/85. à Jahrg. 13 Hefte. (Bog. mit eingedr. Holzschn.) Lex.-8. Ebendas. à Jahrg.
Vorh. u. d. T.: Mühlheimer Kinderfreund.
Fortges. u. d. T.: Rheinisch-westfälischer Kinderfreund.

— rheinischer. Hrsg. von G. A. Berchter. 7. Jahrg. Juli—Decbr. 1885. 26 Nrn. (à Nr. ½ Bog.) hoch 4. Mülheim, Buchh. des Evangel. Vereinshauses.

— dass. — 8.—10. Jahrg. 1886—1888. à Jahrg. 52 Nrn. (à Nr. ½ Bog.) hoch 4. Ebendas. Vierteljährlich
In 13 Heften à Jahrg.

— rheinischer. Hrsg. v. G. A. Berchter. 11. Jahrg. 1889. 52 Nrn. (à Nr. ½ Bog.) hoch 4. Mülheim a. R., Buchh. d. Evang. Vereinshauses. 1 20; in 13 Heften 1 50
Fortsetzung u. d. T.:

— rheinisch-westfälischer. Hrsg. v. G. A. Berchter. 12.—14. Jahrg. 1890—1892. à Jahrg. 52 Nrn. (à Nr. ½ Bog.) hoch 4. Ebd. à Jahrg. 1 20; in 13 Heften 1 50
Vorh. u. d. T.: Rheinischer Kinderfreund.

— rheinisch-westfälischer. Hrsg. v. G. A. Berchter. 13.—16. Jahrg. 1891—1894. à 52 Nrn. (½ Bog. m. Abbildgn.) hoch 4. Mülheim a. d. R., Buchh. d. Evang. Vereinshauses. à Jahrg. n. 1. 20; in 13 Hftn. 1. 50

— rheinisch-westfälischer. Hrsg. v. G. A. Berchter. 17.—20. Jahrg. 1896—1898. 52 Nrn. (à 4 S. m. Abb.) hoch 4. Mülheim a/R. Buchh. d. Evang. Vereinshauses. à Jahrg. 1. 20; in 13 Hftn. 1. 60
Kann auch vierteljährlich bezogen werden.

— rheinisch-westfälischer. Begründet v. G. A. Berchter. Hrsg. v. e. Verein v. Kinderfreunden. Red.: Chr. Bernhardt. 21.—24. Jahrg. 1899—1902. à 52 Nrn. hoch 4. (à ca. 4 S. m. Abbildgn.) Mülheim a/R., Buchh. des ev. Vereinshauses. à Jahrg. n. 1. 20

— rheinisch-westfälischer. Begründet v. G. A. Berchter. Hrsg. v. e. Verein v. Kinderfreunden. Schriftleitg.: Christian Bernhardt. 25.—28. Jahrg. 1903—1906. à 52 Nrn. (à ca. 4 S. m. Abbildgn.) Lex.-8. Mülheim (Ruhr), Buchh. des ev. Vereinshauses. à Jhrg. n. 1.20

— rheinisch-westfälischer. Begründet v. G. A. Berchter. Hrsg. v. e. Verein v. Kinderfreunden. Schriftleitg.: Christian Bernhardt. 29.—32. Jahrg. 1907—1910. à 52 Nrn. (à Jahrg. IV, 208 S. m. Abbildgn.) Lex. 8. Mülheim-Ruhr, Buch- u. Kunsth. des ev. Vereinshauses. à Jahrg. 1. 20

— d. rheinländische, s. H. Rebau.

Kinderfreund, Der sanftmüthig lehrende. Hamburg 1785—86. V: *Schütz, Frdr. Wilhelm von.* (MGT) (Ky)

— d. sanftmüthig lehrende (v. Fr. W. v. Schütz). 2 Bdchn. 8. Hamb. 785, 86. Matthießen. 1 ꝛf

— d. schleswig-holsteinische. Ein Lesebuch für d. Jugend, besond. für d. vaterländ. Volksschulen. 8. Altona ... 2e Ausg., durchges. v. J. C. Moller. 814. 3e A. 822. Hammerich. 4 gl

— der, aus Schnepfenthal ꝛc. s. Ausfeld.

— der, für Schule u. Haus. 3e Aufl. 8. Gütersloh ... Bertelsmann. n. 1½ gl — Sangweisen dazu. 1/12 ꝛf — Wandtafeln dazu n. ½ ꝛf

— der, für Schule u. Haus. 3., unveränd. Ausg. 8. (9 B.) Gütersloh 840, Bertelsmann. •

— der, f. Schule u. Haus. 5. Aufl. 8. (9 B.) Gütersloh 844, Bertelsmann. *

— der, für Schule und Haus. 18. Aufl. m. Stereot. Gütersloh 856. Bertelsmann. 8. (128 S. und: Die fünf Hauptstücke Luthers. 16 S.) n. 2½ ngr

Kinderfreund, Schweizerischer, ein Lesebuch für Bürger- und Volksschulen In der Schweiz. [Zürich] 1808. 3. Aufl. 1812. H: *Schulthess, Joh.* (Ky) (Wr)

— schweizerischer. Ein Lesebuch f. Bürger- u. Volksschulen. 9. Ausg. 8. (17½ B.) Zürich 831, Schultheß.

Seraphischer Kinderfreund: Jahrgang 1—10, no. 7, Jan. 1889—July 1908?
Roman Catholic monthly. Sub-title: Organ des Seraphischen Liebeswerkes für arme Kinder und Studenten. Place of publication varies: Pittsburgh, Pa. Octavo, each issue 20 pages.
Herman, PA

— technologische, eine Auswahl des Interessantesten u. Nützlichsten üb. Handlung, Künste u. Gewerbe, neue mit K, verm. Aufl. 8. Hamb. Vollmer. 811.

— u. Jugendfreund, d. technologische, od. Beschreibung d. Künste u. Handwerker. Mit 72 Kpf. 8. Erl. 815. Heyder. 1 ꝛf mit ill. Kpf. 1 ꝛf 8 gl

— technologischer. oder interess. Darstell. alles dessen, was Kindern v. Fabriken u. dergl. zu wissen nützlich ist. 8. Hamb. Vollmer. 804.

— thüringer, s.a. Kühner.

Kinderfreund, Thüringischer. Ein Lese- und Lehrbuch für Schulen. 2. Aufl. Hildburghausen 1846. V: *Kühner, Raphael.* (Ky)

— thüringischer. Ein Lese- u. Lehrbuch f. Schulen. Besondere Ausgabe f. Schulen des Herzogth. Sachsen-Meiningen. 1. Thl. 1. u. 2. Aufl. 8. (à 10 B.) Hildburghausen 845, 46. (Kesselring'sche Hofbuchh.) *

— Thüringischer. Ein Lese- und Lehrbuch für Schulen. 1. Thl. 11. Aufl. 8. (158 S.) Hildburghausen 864, (Kesselring'sche Hofbuchh.)

— thüringischer. Ein Lese- und Lehrbuch für Schulen. 1. Thl. 12.—19. Aufl. 8. (158 S.) Hildburghausen 868—75, Gadow und Sohn. *

— dass. — 2. Thl. 10. und 11. Aufl. mit Anh. Der deutsch-französ. Krieg im J. 1870 und 1871 in übersichtl. Kürze dargestellt von C. Kühner. 8. (VIII, 392 S. und Anh. 15 S.) Ebendas. 871,73. *

— thüringischer. Ein Lese- und Lehrbuch für Schulen. 1. Thl. 20.—23. Aufl. 8. (158 S.) Hildburghausen 875—79, Gadow und Sohn. **
Vgl.: Kühner's neuer thüringischer Kinderfreund.

— f. Tyrol u. Vorarlberg. Mit 1 Vign. 8. Innsbruck 823, Wagner.

Kinderfreund, C. F., häusliches Fest-Archiv, s. Fest-Archiv.

Kinderfreund, C. J. — Merkwürdiger Geschichtskalender des Königreichs Ungarn und des Fürstenthums Siebenbürgen vom Jahre 1600 bis 1698 während der türkischen Invasion. Im Originaltexte mit einem Vorworte herausgegeben von — —. 8. (60 S.) Wien. Gedruckt bei Leopold Grund 1854.

Kinderfreund, C. J., Das Fürstenhaus Lobkowitz. Mit Anhang: Das Banquett zu Raudnitz im J. 1811. Prag 1860. 12.

Kinderfreund, Carl Josef, s. Kinderfreund, Karl Josef

Kinderfreund, Jos., s. Gedanken üb. Kindererziehung.

Kinderfreund, Karl Jos. — Interessantes Portfolio. Eine Lektüre zur Belehrung und Unterhaltung für die reifere Jugend mit 30 Illustrationen in 2 Bänden herausgegeben von — —. 1. Band. (172 S.) 8. Wien. Druck von Leopold Sommer. Eigenthum des Verfassers und Herausgebers. 1854.

Kinderfreund, Karl Josef — Die Schule der Weisheit und der Tugend, ästhetisch moralische Vorlesungen denen achtbaren katholischen Gesellenvereinen in Wien, Prag, Linz, Steyer, München, Augsburg, Passau ꝛc. gewidmet und herausgegeben von — —. Erster Cyklus. Zweite verbesserte Auflage. Eigenthum des Verfassers. Prag, 1856. Druck von Johann Spurny. (30 S. 8.)

Kinderfreund, Carl Jos. — Eine Vision. Die Huldigung der Wissenschaften unter dem Kreuze. Der erwachsenen katholischen Jugend gewidmet und herausgegeben von — —. Der ganze Ertrag ohne Abzug der Druckkosten ist den pflichttreuen und verkrüppelten k. k. Gendarmen bestimmt. (Aus patriotischem Eifer hat ein ungenannt sein wollender Wiener Bürger die 1. Auflage von 1000 Exemplaren auf eigene Kosten bestritten, so wie aus demselben Antriebe der Redakteur des politischen Journals „der Wanderer" Herr Ferd. Ritter von Seyfried den periodischen Abdruck des Verzeichnisses jener großmüthigen Spender eines Mehrbetrages unentgeldlich zu geben zugesichert. Wien. 1855. Druck und Papier von Leopold Sommer. (16 S. 8.)

Kinderfreund, L., neuestes und vollständigstes Wiener Gratulationsbuch enth. 400 Neujahrs-, Namenstags-, Geburtstags- und Weihnachtswünsche in Versen und Briefen. Auch Wünsche zu verschiedenen Anlässen in deutscher und französ. Sprache. Patriotische Gelegenheitsgedichte nebst einer Auswahl heiterer Gedichte, sowie Scherzräthsel ꝛc. 7. gänzl. umgearb. Aufl. kl. 8. (126 S.) Wien 886, Stern.
Frühere Aufl. erschienen u. d. T.: „Kinderfreund, ein Strauß für die liebe Jugend", im Verlage von Graeser in Wien.

Kinderfreund, L., ein Strauß für die liebe Jugend, s. a. Strauß.

Kinderfreund, L. — Ein Strauß für die liebe Jugend, oder: Neuestes und vollständigstes Wiener Gratulationsbuch, enthaltend mehr als vierhundert Neujahrs-, Namenstags- und Geburtstagswünsche in Versen und in Prosa. Zusammengestellt von — —. kl. 8. (124 S.) Wien. Gedruckt bei Edlen von Schmidbauer und Holzwarth. Sallmayer und Komp. 1854

Kinderfreund, L. — Ein Strauß für die liebe Jugend, oder neuestes und vollständiges Wiener Gratulationsbuch, enthaltend mehr als vierhundert Neujahrs-, Namenstags- und Geburtstags-Wünsche in Versen und in Prosa. Zusammengestellt von — —. 8. (124 S.) Wien. Gedruckt bei Edlen von Schmidbauer und Holzwarth. 1855

Kinderfreund, L., e. Strauß f. die liebe Jugend, od. neuestes u. vollständigstes Wiener Gratulationsbuch, enth. üb. 400 Neujahrs-, Namenstags-, Geburtstags- ꝛc. Wünsche in Versen u. in Briefen, sowohl f. das zarte Kindesalter, als f. die reifere Jugend. Nebst e. französ. Anh. 3. vielvermehrte Aufl. gr. 16. (160 S.) Wien 875. Graeser. n. 1. 20

Kinderfreund, L., ein Strauß für die liebe Jugend, oder neuestes und vollständigstes Wiener Gratulationsbuch, enth. über 400 Neujahrs-, Namenstags-, Geburtstags- ꝛc. Wünsche in Versen und in Briefen, sowohl für das zarte Kindesalter, als für die reifere Jugend. Nebst einem französ. Anh. 3. vielverm. Aufl. gr. 16. (160 S.) Wien 875, Sallmayer und Comp. *

Kinderfreund, L., ein Strauß für die liebe Jugend. Neuestes und vollständigstes Wiener Gratulationsbuch, enth. über 400 Neujahrs-, Namenstags-, Geburtstags- und Weihnachts-Wünsche in Versen und in Briefen. Nebst einem französ. Anhang. 4. Aufl. gr. 16. (160 S.) Wien 877, Graeser. *

Kinder-Freunde, die beiden. Berlin (854.) Winckelmann. 4. (20 lith. S. u. 9 lith. u. color. Taf.) 12½ ngr

Kinderfreund-Jahrbuch zur Belehrung u. Unterhaltg. f. Knaben u. Mädchen. Unt. Mitwirkg. namhafter Pädagogen hrsg. v. A. Thiemann. (Band-Ausg. d. „Kinderfreund".) 8. (IV, 392 S. m. Abb.) Hamm 897. Beer & Thiemann. Kart. n. 2. 50

— dasselbe. (2. Bd.) 8. (VI, 384 S. m. Abb.) Ebd. 898. Kart. n. 2. 50

Kinderfreund-Jahrbuch zur Belehrung u. Unterhaltung f. Knaben u. Mädchen. Unter Mitwirkg. namhafter Pädagogen hrsg. v. A. Thiemann. (3.—5. Bd.) (Band-Ausg. des „Kinderfreund".) 8. (V, 384; VIII, 384 u. VI, 384 S. m. Abbildgn.) Hamm (899—901). Breer & Thiemann. Kart. à n. 2. 50
Erscheint nicht mehr.

Kinder-Frühling. Eine Samml. v. Sprüchen u. Liedern f. d. zarte Kindesalter. Gesammelt v. Fr. R. Mühlbach. 12. (10 B. u. 1 Stahlst.) Augsburg 843. (Rieger'sche Buchh.)

Kinderfrühling. Lieder und Sprüche mit Zeichnungen von A. Gerlach. Halle (854.) (Berlin) Riese. 4. (19 lith. u. color. Taf.) 20 ngr

Kinderfrühling. Lieder und Sprüche mit Zeichnungen von A. Gerlach. Für Kinder von 5—8 Jahren. 4. (12 ill. Stnt. mit Text und lithogr. und ill. Titel.) Berlin 862, Riese. cart.

Kindergarderobe. Illustr. Monatsschrift m. Zuschneidebogen zur Selbstanfertigg. der Kinderbekleid., u. Zeitschrift zur handarbeitl. Beschäftigg. u. Unterhaltg. der „Kleinen". Red.: Anna Döring, Emmy Heine u. John Schwerin. 1. Jahrg. 1894. II.—IV. Quartal. 9 Nrn. (Bog.) gr. 4. Berlin, J. H. Schwerin. n. 1. 80

— dasselbe, m. der Beilage „Für die Jugend". Red.: Marie Schlichting u. Emmy Heine. 2. Jahrg. 1895. 12 Nrn. (Bog.) gr. 4. Ebd. n. 2. 10

Kindergarderobe. Illustr. Monatsschrift m. Zuschneidebogen z. Selbstanfertigg. d. Kinderbekleidg., u. Zeitschrift z. handarbeitl. Beschäftigg. u. Unterhaltg. d. „Kleinen", m. der Beilage „Für die Jugend". Red.: Ernst Calé. Mitarbeiter: Marie Schlichting u. Emmy Heine. 3.—6. Jahrg. 1896—1899. à 12 Nrn. (Bog. u. 4 S. in gr. 8.) gr. 4. Berlin, J. H. Schwerin. à Jahrg. 2. 40

Kindergarderobe. Monatsschrift zur Selbstanfertigg. der Kinderkleidg. u. Kinderwäsche. Mit 6 Beilagen: „Schnittmusterbogen", „der Kinder-Arzt", „Winke f. Mütter", „Für die Jugend", „Im Reiche der Kinder" u. „Die prakt. Hausfrau". Chefred.: Ernst Calé. Mitarbeiter: Marie Schlichting, Emmy Heine u. Elise Rennemann. 7.—10. Jahrg. 1900—1903. à 12 Nrn. gr. 4. (à ca. 8 S. u. 8 S. in gr. 8. m. Abbildgn.) Berlin, J. H. Schwerin. à Jahrg. 2. 40

Kindergarderobe. Monatsschrift zur Selbstanfertigg. der Kinderkleidg. u. Kinderwäsche. Mit 6 Beilagen: „Schnittmusterbogen", „Der Kinder-Arzt", „Winke f. Mütter", „Für die Jugend", „Im Reiche der Kinder" u. „Die prakt. Hausfrau". Chefred.: Ernst Calé. Red. f. den Kinderarzt: William Brock. Mitarbeiter: Marie Schlichting u. Elise Rennemann. 11.—13. Jahrg. 1904—1906. à 12 Nrn. (à ca. 20 S. u. 8 S. in gr. 8. m. Abbildgn. u. Farbdr.) 4. Berlin, J. H. Schwerin. à Jhrg. 2. 40

Kindergarderobe. Monatsschrift zur Selbstanfertigg. der Kinderkleidg. u. Kinderwäsche. Mit 6 Gratis-Beilagen. Chefred.: Ernst Calé. Mitarbeiter: Marie Schlichting. 17. Jahrg. 1910. 12 Nrn. (à ca. 16 S. u. 8 S. in gr. 8. m. Abbildgn., 1 Schnittbog. u. 1 Farbdr.) 32,5×24 cm. Berlin, J. H. Schwerin. à Jahrg. 2. 40

— moderne. Moden-Album f. Neuheiten der Knaben- u. Mädchengarderobe m. color. u. schwarzen Modenbildern, sowie Schnittmustertaf. in natürl. Größe u. in verkleinertem Maßstabe. Technisches Fachblatt f. Schneider. 23. 25. Jahrg. 1893 - 1895. à 2 Hfte. Fol. (à Hft. 4 S. m. 3 Modebildern, 3 Schnitttaf. u. 1 Reduktions-Schema.) Dresden, Expedition der Europ. Modenzeitg. à Jahrg. n. 4. –
f.: Vierteljahrsschrift f. moderne Kindergarderobe

— moderne. Moden-Alb. f. Neuheiten d. Knaben- u. Mädchengard. m. color. u. schwarzen Modebild., sowie Schnittmustertaf. in natürl. Größe u. in verklein. Maßstabe. Techn. Fachblatt f. Schneider. 26. - 29. Jahrg. 1896—1899. à 2 Hfte. (à ca. 12 S. m. Abb., Modebild., Schnitttaf. u. 1 Reduktions-Schema.) Fol. Dresden, Expedition d. Europ. Modenzeitg. à Jahrg. n. 4. —; einz. Hfte. n. 2. —

— moderne. Moden-Album f. Neuheiten der Knaben-Garderobe m. vielen Modebildern, sowie Schnittmustertafeln in natürl. Größe u. in verkleinertem Maßstabe. Technisches Fachblatt f. Schneider. Red.: Rud. Tiesler. 30.—33. Jahrg. 1900—1903. à 2 Hfte. gr. 4. (à 4 S. u. 8 S. in gr. Fol. m. Abbildgn., 3 Modebildern, 3 Schnittbog. u. 1 Reduktions-Schema.) Dresden, Expedition der europ. Modenzeitg. à Jahrg. n. 4. —

Kindergärtchen. Auswahl von ein- u. zweistimmigen Gesängen, nebst Gebeten f. d. zartere Jugendalter. Hrsg. v. Ludw. Erk u. Wilh. Greef. 12. (5 B.) Essen 843, Bädeker.

Kindergärtchen. Monatsschrift f. die Jugend. Red.: A. Jelitto. 1. Jahrg. Apr.—Decbr. 1893. 9 Nrn. (Bog.) 12. Krappitz, O.-Schl. (Groß-Strehlitz, A. Wilpert.) n. — 45

— dasselbe. 2. Jahrg. 1894. 12 Nrn. (Bog.) 12. Ebd. n. — 60

Kindergärtchen. Monatsschrift f. d. Jugend. Red.: A. Jelitto. 3.—4. Jahrg. 1895—1896. à 12 Nrn. (à 16 S. m. Abb.) 12. Krappitz, O.-Schl. (Ratibor, Lindner's Buchdruckerei.) à Jahrg. — 75

Kindergärtchen. Monatsschrift f. d. Jugend. Red.: A. Jelitto. 5. Jahrg. 1897. 12 Nrn. (à 16 S. m. Abb.) 12. Zuzella, O.-Schl. (Ratibor, Lindner's Buchdruckerei.) n. — 60

Kindergärtchen, Marienwerther, für die Bewahrschule. gr. 8. (IV, 67 S.) Bonn 869, (Henry.) cart. *

Kindergarten, der. Halle, Dreyßig.

Kindergarten, der, e. anmuth. Lese- u. Lehrbüchlein f. Kinder v. 8 — 12 Jahren, zu Bild. e. frommen u. rechtschaff. Sinnes. 16. (80 Seit.) Thun u. Aarau 839, Christen.

Kinder-Garten. 1.—8. Bdchn., 1. und 2. Aufl., und 9.—20. Bdchn. 16. (à 32 S.) Basel 873—75, Spittler. à Bdchn. *

Kinder-Garten. 21.—24. Bdchn. 16. (à Bdchn. 32 S.) Basel 876, Spittler. à Bdchn. *

Kindergarten. Nr. 25—32. 12. (à Nr. 16 S.) Basel 880—84, Spittler. à Nr. * 8 Pf. *

Kindergarten. Neue Folge. Nr. 1—5. 12. (Mit je 1 Chromolith.) Basel 882. Spittler. à n. — 25
1. Wahrer Muth. Eine wahre Geschichte aus der Zeit der Schlacht von Seccombe. Der alte Alick. (22 S.)
2. Die Posttasche. Aus dem Holländischen frei erzählt nach J. de Liefde. (22 S.)
3. Die zwei Laufburschen. Was ein kleiner Knabe thun kann. (31 S.)
4. Frau Else. Eine Erzählung aus Livland von H. Margot. Die Erfüllung eines Fluches. (23 S.)
5. Der kleine Karl oder vollkommene Freiheit. (22 S.)

—— dass. — Neue Folge. Nr. 1—5. (Mit je 1 Chromolithogr.) 12. Ebendas. 882—84. [Nr. 1, 2, 4 und 5 (à 24 S.); Nr. 3. (32 S.)] à Nr. * 25 Pf. *

Der Kinder-Garten : 1874—1886?
Lutheran monthly. Edited by the Rev. Johann Dietrich Severinghaus, & published by German Publication Board.
Chicago, IL

Kindergarten. 1.—4. Heft. 12. (à Heft 32 S.) Bremen 885, Verlag des Tractathauses. à Heft *
Inhalt:
Heft 1. Aus dem Leben frommer Kinder, und andere Geschichten.
- 2. Der selige Heimgang frommer Kinder.
- 3. Ehrlich währt am längsten, und andere Geschichten.
- 4. Maiblümchen für kleine Kinder.

Kindergarten. Illustr. Wochenschrift f. d. kath. Jugend. Red.: G. Knaup. 1. Jahrg. März—December 1896. 40 Nrn. gr. 8. (IV, 820 S.) Essen, Fredebeul & Koenen. Kart. 2. —

— dasselbe. 2. u. 3. Jahrg. 1897—1898. à 52 Nrn. (à 8 S.) gr. 8. Ebd. à Jahrg. 1. 40

— Illustr. Wochenschrift f. die kath. Jugend. Red.: T. Kellen. 4.—7. Jahrg. 1899—1902. à 52 Nrn. gr. 8. (à 8 S.) Essen, Fredebeul & Koenen. à Jahrg. n. 1. 40

— Illustr. Wochenschrift f. die kathol. Jugend. Red.: T. Kellen. 8.—11. Jahrg. 1903—1906. à 52 Nrn. (IV, 416; IV, 416; III, 417 u. IV, 416 S. m. Abb.) gr. 8. Essen, Fredebeul & Koenen. à Jhrg. n. 1. 40; geb. n. 2.—

— Illustr. Wochenschrift f. die kath. Jugend. Red.: T. Kellen. 12.—15. Jahrg. 1907—1910. à 52 Nrn. (à ca. 8 S.) gr. 8. Essen, Fredebeul & Koenen. à Jahrg. 1. 40
Erscheint nicht mehr.

Kindergarten. Erzählungen f. Kinder, gesammelt v. *M. K.-G.* 32 Nrn. Neue Ausgabe 1898. 12°. à 16 S. Basel, P. Kober. 2 50

(F) Der Kindergarten. Erziehungslehre und Kindergartentheorie für Kindergärtnerinnen-Bildungsanstalten. Unter Mitwirkung von Emma Klausberger, Josef Kopetzky, Josef Kraft, Josef Kugler und Adolf Kunka herausgegeben von Alois Fellner. 2., umgearbeitete Auflage. Mit Erlass des hohen k. k. Ministeriums für Cultus und Unterricht vom 23. Juli 1901, Z. 18.871, zum Unterrichtsgebrauche an Bildungsanstalten für Kindergärtnerinnen zulässig erklärt. Wien. 1901. Pichler's W. & S. Gr.-8°. VII, 221 S. mit 19 Tafeln Geb. K 3.20

— der. Erziehungslehre u. Kindergartentheorie f. Kindergärtnerinnen-Bildungsanstalten. Unter Mitwirkg. v. Emma Klausberger, Jos. Kopetzki, Jos. Kraft, Jos. Kugler u. Adf. Kunka hrsg. v. Alois Fellner. 3. verb. Aufl. (VII, 223 S. m. 36 Fig. u. 20 Taf.) gr. 8. Wien 906. A. Pichler's Wwe. & Sohn. Geb. in Leinw. 3. 20

Kinder-Garten. Red.: Urban Bigger. 1. Jahrg. 1902. 24 Nrn. 12. (à ca. 16 S. m. Abbildgn.) Einsiedeln, Eberle & Rickenbach. n.n 1. 45

— Red.: Elisab. Müller. 2.—5. Jahrg. 1903—1906. à 24 Nrn. (à Jahrg. 182 S. m. Abbildgn.) gr. 8. Einsiedeln, Eberle & Rickenbach. à Jhrg. 1. —
Jhrgge. 2 u. 3 sind v. U. Bigger redig.

Kinder-Garten. Red.: Karl Eckardt. — Elisab. Müller. 6.—9. Jahrg. 1907—1910. à 24 Nrn. (à Jahrg. IV, 192 S. m. Abbildgn.) gr. 8. Einsiedeln, Eberle & Rickenbach. à Jahrg. 1. —

Kindergarten. Nr. 59—64. (à 16 S.) 12. Berlin, 908. Schriftenvertriebsanstalt. à — 05
59. Der gestohlene Groschen. Eine Kinder-Erzählg. Von Erica Grupe-Lörcher.
60. Der kleine Pferdejunge. Eine Kinder-Erzählg. Von Erica Grupe-Lörcher.
61. Aus Großmütterchens Schulzeit. Von Luise Behm.
62. Das junge Bienchen. — Gottes suchende Liebe. Von Luise Behm.
63. Annchens Puppe u. andere Erzählungen. Von M. Rüdiger.
64. Zwei Weihnachten. — Das Osterlämmchen. Von Helene Faber.
Erschien früher u. d. T.: Kleinkindergarten.

— **Zeitschrift f. entwickelnde Erziehg. in Familie, Kindergarten u. Schule. Hrsg. vom deutschen Fröbel-Verband. Begründet v. A. Köhler, Fr. Schmidt u. Fr. Seidel, fortgeführt v. Eug. Pappenheim. Red.: Gertr. Pappenheim. 46. u. 47. Jahrg. 1905 u. 1906. à 12 Nrn. (à ca. 32 S. m. Abbildgn.) gr. 8. Berlin, L. Oehmigke's Verl. à Jhrg. n. 4. —**
Vorh. u. d. T.: Kindergarten, Bewahranstalten und Elementarklasse.

— Zeitschrift f. entwickelnde Erziehg. in Familie. Kindergarten u. Schule. Hrsg. v. deutschen Fröbel-Verband. Begründet v. A. Köhler, Fr. Schmidt u. Fr. Seidel, fortgeführt v. Eug. Pappenheim. Red.: Gertr. Pappenheim. 48.—51. Jahrg. 1907—1910. à 12 Hefte. (IV, 340; VI, 340; VII, 348 u. V, 360 S.) gr. 8. Berlin, L. Oehmigke's Verl. à Jahrg. 4. —

Kindergarten, Der, in Amerika. NY, 1872.

Kinder-Garten, Bewahr-Schule und Elementar-Klasse. Hrsg. unter Mitwirkung des „deutschen Fröbel-Vereins" von A. Köhler, Fr. Schmidt und Fr. Seidel. 5. Jahrg. 1864. 12 Nrn. (Bog.) gr. 8. Weimar, Böhlau. *

—— dass. — 6.—8. Jahrg. 1865—67. à Jahrg. 12 Nrn. (Bog.) gr. 8. Ebendas. à Jahrg. *

—— Bewahr-Anstalt und Elementar-Klasse. Hrsg. unter Mitwirkung des deutschen Fröbel-Vereins von A. Köhler, Fr. Schmidt und Fr. Seidel. 9.—15. Jahrg. 1868—1874. à Jahrg. 12 Hefte. (Bog.) gr. 8. Weimar, Böhlau. à Jahrg. *

—— Bewahr-Anstalt und Elementar-Klasse. Organ des deutschen Fröbelverbandes. Begründet von A. Köhler, Fr. Schmidt und Fr. Seidel. 16.—20. Jahrg. 1875—1879. à Jahrg. 12 Nrn. (Bog.) gr. 8. Weimar, Böhlau. à Jahrg. *

—— Bewahr-Anstalt und Elementar-Klasse. Organ des deutschen Fröbel-Verbandes. Begründet von A. Köhler, Fr. Schmidt und Fr. Seidel. Hrsg. von Fr. Seidel. 21.—25. Jahrg. 1880—1884. à Jahrg. 12 Nrn. (à Nr. 1—1½ Bog.) gr. 8. Wien, Pichler's Wwe. und Sohn. à Jahrg. *

—— Bewahr-Anstalt und Elementar-Klasse. Organ des deutschen Fröbel-Verbandes. Begründet von A. Köhler, Fr. Schmidt und Fr. Seidel. Hrsg. von Fr. Seidel. 26.—29. Jahrg. 1885—1888. à Jahrg. 12 Nrn. (à Nr. 1—1½ Bog.) gr. 8. Wien, Pichler's Wwe. und Sohn. à Jahrg. *

Kinder-Garten, Bewahr-Anstalt u. Elementar-Klasse. Organ d. deutschen Fröbel-Verbandes. Begründet v. A. Köhler, Fr. Schmidt u. Fr. Seidel. Hrsgbr.: Fr. Seidel. Redact.: Frz. Pichler jun. 30.—33. Jahrg. 1889—1892. à Jahrg. 12 Nrn. (à Nr. 1—1½ Bog. m. Beilagen.) gr. 8. Wien, Pichler's Wwe. u. Sohn. à Jahrg. * 4 —

Kinder-Garten, Bewahr-Anstalt u. Elementar-Klasse. Organ d. deutschen Fröbel-Verbandes. Begründet v. A. Köhler, Fr. Schmidt u. Fr. Seidel. Hrsg.: Fr. Seidel. Red.: F. Pichler jun. 32.—35. Jahrg. 1891—1894. à 12 Nrn. (à 1—1½ Bog.) gr. 8. Wien, A. Pichler's Wwe. & Sohn. à Jahrg. n. 4. —

Kinder-Garten, Bewahr-Anstalt u. Elementar-Klasse. Organ d. deutschen Fröbel-Verbandes. Begr. v. A. Köhler, Fr. Schmidt u. Fr. Seidel. Red. v. Eug. Pappenheim. Red.: F. Pichler jun. 36.—38. Jahrg. 1895—1897. à 12 Nrn. (Bog. m. Taf.) gr. 8. Wien, A. Pichler's Wwe. & Sohn. à Jahrg. n. 4. —

—— dasselbe. Red. von Eug. Pappenheim. 39. Jahrg. 1898. 12 Nrn. (Bog. m. Taf.) gr. 8. Berlin, P. Bumcke. n. 4. —

— **Bewahranstalt u. Elementarklasse.** Organ des deutschen Fröbel-Verbandes. Begründet v. A. Köhler, Fr. Schmidt u. Fr. Seidel. Red. v. Eug. Pappenheim. 40.—43. Jahrg. 1899—1902. à 12 Nrn. (IV, 272; IV, 252; IV, 272 u. IV, 288 S.) Berlin, L. Oehmigke's Verl. à Jahrg. n. 4. —

— **Bewahranstalt u. Elementarklasse. Hrsg. vom deutschen Fröbel-Verband. Begründet v. A. Köhler, Fr. Schmidt u. Fr. Seidel, fortgeführt v. Eug. Pappenheim. Red.: Gertr. Pappenheim. 44. u. 45. Jahrg. 1903 u. 1904. à 12 Nrn. (à ca. 32 S. m. Abbildgn.) gr. 8. Ebd. à Jhrg. n. 4. —**
Fortges. u. d. T.: Kindergarten, Zeitschrift für entwickelnde Erziehungslehre.

— christlicher. Red.: H. Braun. Jahrg. 1907—1910. à 52 Nrn. (à 4 S. m. Abb.) Lex. 8. Kassel (J. G. Oncken Nachf.). 2. —
Vom Januar 1911 an mit „Der Morgenstern" vereinigt.

Kinder-Garten und Elementar-Klasse. Hrsg. durch einen Verein von Freunden Fröbel'scher Erziehungs-Grundsätze. (Jahrg.) 1860. April bis Decbr. 9 Nrn. (Bog.) gr. 8. Weimar, Böhlau. Vierteljährlich

—— dass. — 2. Jahrg. 1861. 12 Nrn. (Bog.) gr. 8. Ebendas.

—— und Elementar-Klasse. Hrsg. unter Mitwirkung eines Vereines von Freunden Fröbel'scher Erziehungs-Grundsätze von A. Köhler, Fr. Schmidt und Fr. Seidel. 3. und 4. Jahrg. 1862 und 1863. à Jahrg. 12 Nrn. (Bog.) gr. 8. Weimar, Böhlau. à Jahrg. *
Fortges. u. d. T.: Kindergarten, Bewahranstalt und Elementarklasse.

XIII. **Neujahrsblatt** der **Hülfsgesellschaft** von Winterthur, herausg. zum Besten der hiesigen Waisenanstalt. 1875. 65 Stn. in-8. Mit 2 lithogr. Tafeln. Winterthur, Druck von Bleuler-Hausheer u. Cie.
* Inh.: Aus dem Fröbel'schen Kindergarten.

Kindergarten, der, für kleine Leute. Ein unzerreißbares Bilderbuch. 4. (12 color. Stnt. auf Carton.) Glauchau 877, Hobeda. geb. *
—— dass. — Neue Ausg. 4. (13 Chromolithogr. auf Carton.) Chemnitz 879, Friese. geb. *

Kindergarten, der neue, Halle ... Dreyßig. 12 ℔

Kindergarten, der praktische. 1. Heft: Die Zeichenschule nach Friedr. Fröbel's Grundsätzen bearb. von Lina Morgenstern. qu. gr. 4. (12 Stnt.) Berlin 866, Th. C. F. Enslin. *

—— Schleswig-Holsteinischer. Redig. von Johs. Paulsen. Jahrg. 1866. Juli bis Decbr. 6 Nrn. (à 2 Bog.) gr. 4. Kiel. (Schleswig, Schulbuchh.) *

Schleswig-Holsteinischer **Kindergarten.** Red. v. Johannes Paulsen. Jg. 1 (einziger). 1866/67. Altona, Kiel. 1867. 4°.

Kindergarten, Der, zu Spindlersfeld. [Berlin 1896.] V: *Spindler, W.* (Berl)

Kindergärten, christliche, als die eigentlichen Primarschulen der christl. Republik. A. u. d. T.: Ueber sogen. Kleinkinderschulen. Von Rud. Stooß. gr. 8. Bern 845. (Fischer.) n. 1/6 ℔

Kindergärten, Friederich Fröbels. Leipzig 1858. V: *Marenholtz, Bertha von.* (Hauptkat. d. Univ.-Bibl. Tübingen. A, Nachtr. 8.)

Kinder-Gartenlaube. Redact.: Karl Knab. 1. und 2. Jahrg. 1886 und 1887. à Jahrg. 2 Bde. oder 24 Hefte. (Bog. mit 4 eingedr. Chromolithogr.) 8. Nürnberg, Verlag der Kinder-Gartenlaube. à Jahrg.

—— dass. — Redact.: Alb. Richter. Jahrg. 1888. 24 Hefte. (Bog. mit 4 Chromolithogr.) 8. Ebendas.
Ausg. in Semester-Bdn., geb.: Jahrg. 1886 à Bd. ℳ 1.50.; Jahrg. 1887 und 1888 à Bd. ℳ 2.—.

Kinder-Gartenlaube. Farbig illustr. Zeitschrift zur Unterhaltg. u. Belehrg. der Jugend im Alter v. 7—15 Jahren. Redact.: Alb. Richter. Jahrg. 1889—1891. à Jahrg. 24 Hefte. (à Heft 1—1½ Bog. m. 4 Farbendr.) 8. Nürnb., Verlag der Kinder-Gartenlaube.
Jahrg. 1889. 2 40; Jahrg. 1890 u. 1891. à 4 —
Folg. Jahrg. f. u. d. T.: Jugend-Gartenlaube.

Kinder-Gärtlein, s. a. Weickert, Heinr.

Kindergärtlein. Hanau 1839—40. V: *Weikert, Heinrich.* (Ky)

Kindergärtlein. (Von Hnr. Weikert.) 6 Lfrgg. (Scherz und Ernst in Liedern u. Ammensprüchen.) 16. Hanau 839, 40. König. (à 1/6 ℔) 1 1/3 ℔ — In 1 Band cart. 1 1/2 ℔

Kindergebetbüchlein. 2. Aufl. 12. (16 S.) Westheim 879. Kaiserslautern, Evang. Verein, Schriftenniederlage. — 5

Kindergebete, Sprüchlein und Lieder für das zarte Jugendalter gesammelt. Mit 4 color. Stahlstichen. Nürnberg (854.) Geißler. 8. (1 Bl., 46 S.) 12 ngr.

Kindergebete in einer auserlesenen Sammlung von Morgen-, Tisch- und Abend-Gebeten und Gebeten für besondere Fälle. Hrsg. von einem evangel. Geistlichen. 3., verm. Aufl. gr. 16. (IV und 100 S. mit 1 Kpfrt.) Stuttgart 864, Lubrecht und Comp. cart.

Kindergebete in einer auserlesenen Sammlung von Morgen-, Tisch- und Abend-Gebeten und Gebeten für besondere Fälle. 4. Aufl. gr. 16. (IV, 100 S.) Stuttgart 870, Lubrecht.

—— und Lieder. 8. (23 S. mit eingedr. Holzschn.) Hamburg 867. Agentur des Rauhen Hauses.

—— —— dass. — s. a. Schillings-Bücher.

(Rahmen aus fünf Ornament-Stücken zusammengesetzt): Kindergebete und Lieder. Agentur des Rauhen Hauses. Hamburg.
Kol.: Druckerei des Rauhen Hauses zu Hamburg. 1876.
24 S. 150 × 95. 20 Fig. im Text.
Pri[illegible]-Bes.
Gedichte von G. W. Fink, W. Hey, L. Hensel, E. M. Arndt, Bone und Spitta.

Kindergebete u. Lieder. 24 ausgew. Kindergebete u. Lieder, reich illustr., in Farbendr.-Umschlag. (24 S.) 12. Hamburg (903). Agentur des Rauhen Hauses. n. — 10

Kinder-Gemälde oder alles bunt durch einander. Bilderbelustigungen für wißbegierige u. folgsame Kinder. Mit 12 ill. Bildertafeln. gr. Fol. Nürnberg ... Renner u. Comp. n. 2 ℔

Kindergesangbuch. Zusammengestellt von den Geistlichen der Jerusalems- und Neuen Kirche zu Berlin. 12. (VII, 62 S.) Berlin 884, Haack.

Kindergesangbuch. Zusammengestellt v. den Geistlichen der Jerusalems- u. Neuen Kirche zu Berlin. 2. Aufl. 12. (VI, 61 S.) Berl. 889, Haack. cart. * — 40

Kindergesangbuch. 3. Aufl. (68 S.) kl. 8. Berlin 907. A. Haack. Kart. — 40

Kinder-Gesangbuch, evangelisches, für Sonntags-Schulen. Mit dem Vorwort eines Freundes geistl. Lieder. 8. (VIII und 88 S.) Basel 863, (Riehm.) *

—— dass. — Eine Sammlung Lieder für Sonntags-Schulen. Mit dem Vorwort eines Freundes geistl. Lieder. 2., umgearb. Aufl. br. 8. (V und 124 S.) (Ebendas.) 867. *

Kindergeschichten, allerlei. Von Tante Louise. Für Kinder von 5—12 Jahren. 8. (V, 72 S.) Lübeck 885. (Grautoff.) geb. n. 2. 50

Kindergeschichten, allerlei. Von Tante Louise. Für Kinder von 5—12 Jahren. 8. (V, 72 S.) Lübeck 885, (Schmersahl.) geb. *

Kindergeschichten zum Christ-Feste. [Salzburg] o. J. V: *Marek, Jos.* (Hr)

Kindergeschichten f. Erwachsene von Ferd. v. Saar, Marie v. Ebner-Eschenbach, Vinc. Chiavacci ꝛc. Illustr. v. A. Trentin u. A. 8. (III, 222 S.) Wien 897. Gesellschaft f. graph. Industrie. n. 2. —

Kindergeschichten und Nichtgeschichten . . . Königsberg 1834. V: *Kohl, Johann Georg.* (Ky)

Kindergeschichten u. Nichtgeschichten. Von J. G. K(ohl). gr. 12. (5½ B.) Königsberg 834, (Unzer.)

—— zur Warnung vor Gefahren u. moral. Fehlern ꝛc. In Erzähln. aus d. wirkl. Leben gegriffen. 2. Ausg. 8. (16 B.) Nürnberg 829, Stein.

Kindergeographie, kurz verf., m. K. Fol. Nürnberg. 741.

Kindergespräche, deutsch u. französ., s. C. Canzler.

Kindergespräche, deutsch u. franz. z. Erleicht. d. Unt. in d. franz. Sprache. 8. Hannov. Hahn. 802.

Kindergestalten der hl. Schrift. M. vielen Abb. (u. 8 farb. Taf.) 4. (87 S.) Konstanz 895. C. Hirsch. Kart. 3. —

Kinder-Glaube, Der, vor der Tauffe. O. O. 1728. V: *Riedel, J. C.* (Myl)

Kinderglöckchen. Kleine Fabeln und Erzählungen. Bevorwortet von W. Hey. br. 8. (14 Bl. Schrbp. mit eingedr. Abbild.) Stuttgart und Eßlingen 847, Schreiber und Schill. ill.

Kinderglöckchen. Kleine Fabeln und Erzählungen mit 16 feinen Farbendruckbildern. Bevorwortet von W. Hey. 2. gänzlich neu gezeichnete Aufl. 4. (16 Chromolithogr. mit eingedr. Text und 2 S. Text.) Eßlingen 878, Schreiber. cart. *

Kinderglocken. 1.—10. Hft. gr. 16. Berlin 892—894. Deutsche Sonntagsschul-Buchh. (L. Burmeister). à n. — 10
1. Weihnachten in der älteren u. neueren Dichtung. (32 S. m. Abbildgn.)
2. Zwei Erzählgn. v. Martha Eitner. (31 S.)
3. Stammbuchverse. (32 S.)
4. Wer errät's? 50 neue Rätsel v. Max Commentz. (32 S.)
5. Seid demütig. Drei Erzählgn. v. Auguste Riemann. (31 S.)
6. Der taubstumme Knabe. Eine Jugenderinnerg. v. Otto Brennekam. (32 S.)
7. Aus dem Leben erprobter Christen. (32 S.)
8. Allerlei aus dem Reiche der Natur. (31 S.)
9. Aus Nacht zum Licht! Eine Erzählg. aus dem Londoner Leben. (32 S.)
10. Gott dienen. drei Erzählgn. v. M. Rüdiger. (32 S.)

Kinderglocken. 11.-15. Hft. 12. (à 32 S. m. Abb.) Berlin 895. Deutsche Sonntagsschul-Buchh. à n. — 10
11. Wer baute d. deutsche Kaiserreich? Von Max Commentz.
12. Allerlei in bunter Reih'! Von e. Natur- u. Kinderfreundin (Auguste Riemann).
13. „Sehet die Vögel unter d. Himmel an." Von Geo. Goens.
14. Aus dem Jugendleben uns. Kaiserpaares.
15. Saumseelchen. Erzählg. v. E. Weißenborn.

Kinderglück. 24 Bilder aus der Kinderwelt. Orig.-Zeichnungen von Ferd. Beck. Mit Text. 4. (24 Stnt.) Weißenburg i. E. 873, Wentzel. *
In Tondruck *

Kinderglück. Hrsg. vom Elberfelder Erziehungs-Vereine. 2 Hefte. 8. (82, 40 S.) Elberfeld 879,82, Buchh. des Erziehungsvereins. à Heft * 20 Pf.

Kinder-Glück. 4. (12 S. m. farb. Bildern.) Stuttgart 894. F. Loewe. n. — 40

Kinderglück in Reim u. Bild. (16 S. m. z. Tl. farb. Abbildgn.) Lex.-8. Reutlingen (905). Enßlin & Laiblin. — 70; auf Pappe. (8 S. m. farb. Abbildgn.) Geb. 1. —

Kinder-Glückwünsche. Eine Sammlung ausgewählter Festgedichtchen mit Originalbeiträgen von Ottilie Wildermuth. 1.—3. Bdchn. 16. Leipzig 874,75, Expedition des allgem. literar. Wochenberichts. à Bdchn. *
Inhalt:
Bdchn. 1. Zum Geburtstage. (70 S.)
" 2. Zu Weihnachten und Neujahr. (59 S.)
" 3. Zu Polterabend und Hochzeit. (60 S.)

Kinder-Glückwünsche. Eine Sammlung ausgewählter Festgedichtchen mit Orig.-Beiträgen von Ottilie Wildermuth. 3 Bdchn. 16. Leipzig, Wölfert's Buchh. à Bdchn. * 60 Pf. *
Inhalt:
Bdchn. 1. Zum Geburtstage. 2. und 3. Aufl. (62 S.) 876.
" 2. Zu Weihnachten und Neujahr. 1.—3. Aufl. (59 S.) 873.
" 3. Zu Polterabend und Hochzeit. 2. Aufl. (60 S.) 873.

Kinder-Glückwünsche. Eine Sammlung ausgewählter Festgedichtchen mit Orig.-Beiträgen von Ottilie Wildermuth. 3 Bdchn. 16. (à Bdchn. 62 S.) Leipzig 880—83, Wölfert's Buchh. à Bdchn. * 60 Pf.; geb. in 1 Bd. *
Inhalt:
Bdchn. 1. Zum Geburtstage. 4.—9. Aufl.
" 2. Zu Weihnachten und Neujahr. 4.—8. Aufl.
" 3. Zu Polterabend und Hochzeit. 3.—7. Aufl.

Kinderglückwünsche. Ausgewählte Festgedichtchen mit Orig.-Beiträgen von Ottilie Wildermuth. 1. und 2. Bdchn. 12. (à Bdchn. 62 S.) Leipzig 886, Siegismund und Volkening. à Bdchn. 60 Pf.
Inhalt:
Bdchn. 1. Zum Geburtstage. 11.—13. Aufl.
" 2. Zu Weihnachten und Neujahr. 12. und 13. verm. und verb. Aufl.
3. Bdchn. Ebendas. 1883. 60 Pf.

—— dass. — Eine Sammlung ausgewählter Festgedichtchen mit Orig.-Beiträgen von Ottilie Wildermuth. 14. verm. und verb Aufl. in 1 Bde. 12. (176 S.) Ebendas. 886. geb.

Kinder-Glückwünsche. Eine Sammlg. ausgewählter Festgedichtchen m. Orig.-Beiträgen von Ottilie Wildermuth. 3 Bdchn. 12. Leipzig 889. 890. Siegismund & Volkening. à — 60; cart. à n. — 70
1. Geburtstagswünsche. 17. Aufl. (62 S.)
2. Weihnachten u. Neujahr. 16. Aufl. (60 S.)
3. Polterabend u. Hochzeit. 11. Aufl. (62 S.)

Kinder-Glückwünsche. Eine Sammlg. ausgewählter Festgedichtchen m. Orig.-Beiträgen v. Ottilie Wildermuth. 3 Bdchn. 16. Lpz. 892, Siegismund u. Volkening. à Bdchn. — 60; cart. — 70
In 1 Bd. broch. 1 50; cart. 1 80; geb. 2 50
1. Geburtstags-Wünsche. 18. Aufl. (62 S.)
2. Weihnachten u. Neujahr. 17. Aufl. (64 S.)
3. Polterabend u. Hochzeit. 12. Aufl. (62 S.)

Kinder-Glückwünsche. Eine Sammlg. ausgewählter Festgedichtchen m. Orig.-Beiträgen v. Ottilie Wildermuth. 3 Bdchn. 16. Leipzig, Siegismund & Volkening. à — 60; kart. — 70; in 1 Bd. 1. 50; kart. 1. 80; geb. in Leinw. 2. 50
1. Geburtstags-Wünsche. 20. Aufl. (62 S.) 894. — 2. Weihnachten u. Neujahr. 19. Aufl. (64 S.) 894. — 3. Polterabend u. Hochzeit 12. Aufl. (62 S.) 892.

Kinder-Glückwünsche. Eine Sammlg. ausgew. Festgedichtchen m. Orig.-Beiträgen v. Ottilie Wildermuth. 3 Tle. in 1 Bd. 19., verm. u. verb. Aufl. 12. Leipzig 897. Dürr'sche Buchh. 1. 50; kart. 1. 80; geb. 2. 60; einzeln à — 60
1. Geburtstags-Wünsche. 22. Aufl. (62 S.)
2. Weihnachten u. Neujahr. 22. Aufl. (64 S.)
3. Polterabend u. Hochzeit. 16. Aufl. (62 S.)

Kinder-Glückwünsche. Eine Sammlg. ausgewählter Festgedichtchen m. Orig.-Beiträgen v. Frida Schanz u. Ottilie Wildermuth. 3 Hfte. 12. Leipzig (902). Dürr'sche Buchh. à — 60; in 1 Bd. 21. Aufl. 1. 50; kart. 1. 80; geb. 2. 50
1. Geburtstags-Wünsche. 24. Aufl. (67 S.)
2. Weihnachten u. Neujahr. 25. Aufl. (71 S.)
3. Polterabend u. Hochzeit. 19. Aufl. (71 S.)

Kinder-Glückwünsche. Eine Sammlg. ausgewählter Festgedichtchen m. Orig.-Beiträgen v. Frida Schanz u. Ottilie Wildermuth. 3 Hefte. kl. 8. Leipzig (908). Dürr'sche Buchh. à — 60
1. Geburtstags-Wünsche. 28. Aufl. (67 S.) (908.)
2. Weihnachten u. Neujahr. 30. Aufl. (71 S.) (908.)
3. Polterabend u. Hochzeit. 22. Aufl. (71 S.) (908.)

Kinder-Gottesdienst, der. Handreichung zur erbaul. Erteilung desselben. Von Lehrern und Geistlichen zusammengestellt. 8. (IV, 56 S.) Hildburghausen 888, Gadow und Sohn. *

— der. Eine illustr. Monatsschrift zur Förderg. der gottesdienstl. Pflege der Jugend. Unter Mitwirkg. v. Achelis, Dibelius, Haupt u. A. hrsg. von L. Tiesmeyer, G. Volkmann, P. Zauleck. 1. Jahrg. Oktbr. 1890—Septbr. 1891. 12 Hfte. (à 1—1½ B.) gr. 8. Bremen, Morgenbesser. n. 2. —

Kindergottesdienst, der. Eine illustr. Monatsschrift zur Förderg. der gottesdienstl. Pflege der Jugend. Unter Mitwirkg. v. Achelis, Dibelius, Haupt u. A. hrsg. v. L. Tiesmeyer, G. Volkmann, P. Zauleck. 2.—4. Jahrg. Oktbr. 1891—Septbr. 1894. à 12 Hfte. (à 1—1½ Bog.) gr. 8. Bremen, J. Morgenbesser. à Jahrg. n. 2. —

Kindergottesdienst, der. Eine illustr. Monatsschrift zur Förderg. d. gottesdienstl. Pflege d. Jugend. Unt. Mitwirkg. v. Achelis Dibelius, Haupt u. A. hrsg. v. L. Tiesmeyer, G. Volkmann, P. Zauleck. 5.—6. Jahrg. Oktbr. 1894—Septbr. 1896. à 12 Hfte. (à ca. 1—1½ Bog.) gr. 8. Bremen, J. Morgenbesser. à Jahrg. n. 2. —

— dasselbe. Monatsschrift zur Förderg. d. gottesdienstl. Pflege d. Jugend. 7.—9. Jahrg. Oktbr. 1896—Septbr. 1899. à 12 Hfte. (à ca. 24 S.) gr. 8. Ebd. à Jahrg. n. 2. —

Kindergottesdienst, der. Monatsschrift zur Förderg. der gottesdienstl. Pflege der Jugend. Unter Mitwirkg. v. Achelis, Dibelius, Haupt u. A. hrsg. v. L. Tiesmeyer, G. Volkmann, P. Zauleck. 10.—13. Jahrg. Oktbr. 1899—Septbr. 1903. à 12 Hfte. gr. 8. (à ca. 28 S.) Bremen, J. Morgenbesser. à Jahrg. n. 2. —

Kindergottesdienst, der. Monatsschrift zur Förderg. der gottesdienstl. Pflege der Jugend. Unter Mitwirkg. v. Achelis, Dibelius, Haupt u. a. hrsg. v. G. Volkmann, P. Zauleck u. Joh. Quandt. 14.—17. Jahrg. Oktbr. 1903—Septbr. 1907. à 12 Hefte. (IV, 356; IV, 320; IV, 384 u. IV, 392 S.) 8. Bremen, J. Morgenbesser. à Jhrg. n. 2. —

Kindergottesdienst, der. Monatsschrift zur Förderg. der gottesdienstl. Pflege der Jugend. Unter Mitwirkg. v. Achelis, Dibelius, Jacobi u. a. hrsg. v. G. Volkmann, P. Zauleck u. J. Piersig. 18.—21. Jahrg. Oktbr. 1907—Septbr. 1911. à 12 Hefte. (à ca. 24 S.) 8. Bremen, J. Morgenbesser. à Jahrg. 2. —

Kindergruppen-Familiensystem. Vom Pestalozzi-Verein zur Förderg. des Kinderschutzes u. der Jugendfürsorge dem I. österr. Kinderschutz-Kongress in Wien 1907 gewidmet. (31 S. m. 3 Taf.) 8. Wien (VI, Dreihufeisengasse 3) (907). Pestalozzi-Verein. — 50

Kindergrüße in Lied u. Bild, s. a. Kinderbibliothek.

Kindergrüße in Lied und Bild, von Mutterhand gesammelt. Mit (eingedr. Holzschn.-)Bildern von Alb. Zeh, A. Venus u. A. 8. (64 S.) Stuttgart 883, Gundert. cart. *

Kindergrüße in Lied u. Bild, v. Mutterhand gesammelt. Mit Bildern v. Alb. Zeh, A. Venus u. A. 2., verm. Aufl. 8. (96 S.) Stuttgart 890. Gundert. cart. n. 1. 20

Kindergrüße in Lied u. Bild. v. Mutterhand gesammelt. Mit Bildern v. Alb. Zeh, A. Venus u. a. 3. verm. Aufl. (120 S.) kl. 8. Stuttgart (909). D. Gundert. Kart. od. geb. in Leinw. 1. 20

Kinderharfe. Liederbuch für christl. Sonntags-Schulen. 1. Aufl. 1866. 6 Ngr. und 2. Aufl. 16. (114 S.) Berlin 867, (Beck.) *

Kinderharfe. Liederbuch für christl. Sonntags-Schulen. Hrsg. und verlegt von dem Haupt-Verein für christl. Erbauungsschriften. 3.—6. Aufl. gr. 16. (IV, 112 S.) Berlin 868—73, (Beck.) **

Kinderharfe. Liederbuch für evangel. Sonntags-Schulen [Kinder-Gottesdienste]. 15.—18. Aufl., unveränd. Abdr. der im Auftrage des Comités für Förderung der Sonntagschulsache in Deutschland umgearb. 10. Aufl. 12. (87 S.) Berlin 880—82, (Deutsche evangel. Buch- und Tractat-Gesellschaft.) **

— Liederbuch für evangel. Kinder-Gottesdienste [Sonntags-Schulen]. 19.—21. Aufl., in der neuen Bearbeitung nebst einem Anhang hrsg. von dem Comité für Förderung der Sonntagsschulsache in Deutschland. (109 S.) 1883,84. ** 25 Pf.; 22. Aufl. 16. (109 S.) (Ebendas.) 884.

Kinderharfe. Liederbuch für evangelische Kindergottesdienste [Sonntags-Schulen]. 22.—31. Aufl., in der neuen Bearbeitung nebst einem Anhang hrsg. von dem Comité für Förderung der Sonntagsschulsache in Deutschland. 12. (109 S.) Berlin 884—88, (Deutsche evangel. Buch- und Tractat-Gesellschaft.)

Kinderharfe. Liederbuch für evangelische Sonntags-Schulen [Kinder-Gottesdienste]. 4. verb. und verm. Aufl. gr. 16. (48 S.) Halle 887, Hendel. * 10 Pf.; geb. * — 20

Kinderharfe. Liederbuch f. evangel. Kindergottesdienste. [Sonntags-Schulen.] 38. Aufl. in der neuen Bearbeitg., nebst e. Anh., hrsg. v. dem Komitee f. Förderg. der Sonntagsschulsache in Deutschland. 12. (109 S.) Berl. 891, (Verlag f. Sonntagsschul-Litteratur). * — 20 geb. ** — 30

Kinderharfe. Liederbuch f. evangel. Kindergottesdienste. (Sonntags-Schulen.) 45. Aufl., in der neuen Bearbeitg., nebst e. Anh. hrsg. v. dem Komitee f. Förderg. der Sonntagsschulsache in Deutschland. gr. 16. (107 S.) Berlin 893. (Hauptverein f. christl. Erbauungsschriften.) — 80; geb. n. — 40

Kinderharfe. Liederbuch für evangelische Sonntagsschulen. 9. Aufl. Halle 1897. V: *Förster*. (Ky)

— Liederbuch f. evang. Sonntagsschulen (Kinder-Gottesdienste). (Von Förster.) 9., durchgeseh. Aufl. gr. 16. (48 S.) Halle 897. O. Hendel. Kart. n.n. — 10

Kinderharfe. Liederbuch f. evang. Kindergottesdienste (Sonntagsschulen) hrsg. v. d. Komitee f. Förderg. der Sonntagsschulsache in Deutschland 63. Aufl. 12. (96 S.) Berlin 898. Deutsche Sonntagsschul-Buchh. n. — 20; geb. n.n. — 30

Kinderharfe. Liederbuch f. ev. Kinder-Gottesdienste ⟨Sonntags-Schulen⟩. 11. umgearb. u. verm. Aufl. *Halle a. d. S.: O. Hendel (1899).* (79 S.) 8° [F.] [o. 9974 3

Kinderharfe. Liederbuch f. evangel. Kindergottesdienste (Sonntagsschulen), hrsg. v. dem Komitee f. Förderg. der Sonntagsschulsache in Deutschland. 67.—79. Aufl. 12. (à 96 S.) Berlin (899—902). Deutsche Sonntagsschul-Buchh. n.n. — 20; geb. n.n. — 30

— dasselbe. (Von Förster.) 13. umgearb. u. verm. Aufl. (Von Meinhof.) 12. (79 S.) Halle (901). O. Hendel. n.n. — 10

— Liederbuch f. evangel. Kinder-Gottesdienste (Sonntagsschulen.) (Von Förster.) 19., gegen die vorhergeh. unveränd. Aufl. (Von Meinhof.) (80 S.) 16. Halle (905). O. Hendel. n.n. — 10

Kinderharfe. Liederbuch f. evangel. Kinder-Gottesdienste (Sonntags-Schulen). 24., erweit., vom Verband der Hallischen Kinder-Gottesdienste neu bearb. Aufl. (96 S.) 16. Halle (910). O. Hendel. Geb. — 10; in Leinw. — 50

Kinderharfe, Dresdner. Gesangbuch für Kindergottesdienste der evangelisch-luther. Kirche im Königr. Sachsen. 2.—7. Aufl. 12. (IV, 109 S.) Dresden 881—84, Verlag des Schriftenvereins. **

—— Dresdner. Gesangbuch für Kindergottesdienste der evangelisch-luther. Kirche im Königr. Sachsen. 8.—11. Aufl. 12. (IV, 110 S.) Dresden 885—88. (Leipzig, Buchh. des Vereinshauses.) * — 25

—— Dresdner. Gesangbuch f. Kindergottesdienste d. evangelisch-luther. Kirche im Königr. Sachsen. 13.—16. Aufl. 16. (IV, 111 S.) Dresd. 890—92, Niederlage d. Vereins zur Verbreitg. christl. Schriften. * — 25; geb. * — 40

— **Dresdner.** Gesangbuch f. Kindergottesdienste der evangelisch-luther. Kirche im Königr. Sachsen. 19. Aufl. gr. 16. (IV, 111 S.) Dresden 894. Niederlage zur Verbreitg. christl. Schriften. n. — 25

— Dresdner. Gesangb. f. Kindergottesdienste d. evang.-luther. Kirche im Königr. Sachsen. 23. Aufl. gr. 16. (IV, 111 S.) Dresden 897. Niederlage z. Verbreitg. christl. Schriften. n. — 25; geb. n. — 40

— **Dresdner.** Gesangbuch f. Kindergottesdienste der evang.-luther. Kirche im Königr. Sachsen. 39. Aufl. (IV, 112 S. m. 2 Abbildgn.) kl. 8. Dresden 905. Niederlage des Vereins zur Verbreitg. christl. Schriften. n. — 25; geb. n. — 40

— dasselbe. Ausg. m. 4stimm. Begleitg. (IV, 95 S.) gr. 8. Ebd. 903. Geb. in Leinw. n. 1. 75

— Dresdner. Gesangbuch f. Kindergottesdienste der evangelisch-luther. Kirche im Königr. Sachsen. 47. Aufl. (IV, 112 S.) kl. 8. Dresden 908. Niederlage d. Vereins zur Verbreitg. christl. Schriften. — 25; geb. — 40

Kinder-Harfe, evangelische, für christliche Schulen. 16. (232 S.) New-York 860. (Philadelphia, Schäfer und Koradi.) geb. *

—— zum Gebrauche in Kirche, Schule und Haus. Mit einer Liturgie zur Ordnung der Kindergottesdienste. 16. (XV, 216 S.) Breslau 880, Korn. cart. **

Kinderharfe zum Gebr. in Kirche, Schule u. Haus auf Grund d. Gesangbuchs f. Evangelische Gemeinden Schlesiens. Mit e. Liturgie z. Ordnung d. Kindergottesdienste u. e. Anh. von geistl., Volks- u. Vaterlandsliedern. 2. Aufl. *Breslau: W. G. Korn 1903.* (XVI, 224 S.) 8° [F.] [o4. 1864

—— kleine, für Sonntags-Schulen. 32 Lieder mit Melodien für jüngere Kinder. 16. (32 S.) Basel 869, Spittler. cart. *

—— dass. — für Sonntags-Schulen. 2. verm. Aufl. 16. (67 S.) Ebendas. 872. cart. *

—— kleine, für Sonntagsschulen. 3.—6. Aufl. 12. (80 S.) Basel 875—83, Spittler. cart. *

—— kleine, für Sonntagsschulen. 7. und 8. Aufl. 12. (80 S.) Basel 885, Spittler. cart. * — 50

—— kleine, f. Sonntags-Schulen. 9. Aufl. 16. (80 S.) Basel 891, [Spittler]. Jaeger u. Kober. cart. * — 50

— kleine, f. Sonntagsschulen. 10. Aufl. gr. 16. (80 S.) Basel 893. Jaeger & Kober. Kart. n. — 50

— kleine, f. Sonntagsschulen. 12. Aufl. 12. (80 S.) Basel 899. Kober. Kart. n. — 50

Kinderharfe, kleine, f. Sonntagsschulen. 13. Aufl (80 S.) 12. Basel 903. Kober. Kart. n. — 50

Kinderharfe für die Sonntagsschulen Ost- und Westpreussens. Königsberg 1897. V: *Lackner, M.* (Berl)

— f. d. Sonntagsschulen Ost- u. Westpreußens. 12. (65 S.) Königsberg 897. Hartung. n. — 20

Kinderheil. Jahrbuch f. Mütter zur leibl. u. geist. Gesundg. u. Gesunderhaltg. der Kinder. Hrsg. u. Red.: Johanna Elberskirchen u. Max Below. I. u. II. Bd. Oktbr. 1905—Septbr. 1907. à 12 Hefte. (à ca. 24 u. VIII S. m. Abbildgn.) Lex.-8. München, Seitz & Schauer. à Jhrg. n. 6. —

Kinderheilkunde u. Kinderschutz in Ungarn. Red. v. Ödön Tuszkai. (VIII, 86 S. m. 10 Vollbildern u. 2 Grundrissen.) gr. 8. Budapest 899. (F. Sachs.) n. 2. —

Kinderheimath, oder das gesammte Kinder- u. Familienleben, nach seinen verschied. Stufen dargestellt in Plaudereien, Tändeleien, Geschichten, Sagen, Mährchen etc. Vom Verfasser des allgem. Volkssecretairs. Mit 7 Kupfern. 8. Hamburg 845, G. Böedecker. geb. $1^1/_4$ *Thlr* — color. u. geb. $1^1/_{12}$ *Thlr* — Prachtausg. $2^1/_2$ *Thlr*

Kinderheimath oder das gesammte Kinder- und Familienleben nach seinen verschied. Stufen dargestellt in Plaudereien, Tändeleien, Geschichten, Sagen, Mährchen etc. vom Verf. des hamb. Volks-Secr. br. 8. (VIII und 248 S. mit 7 Kpfrn., nach Zeichnungen vom Verf.) Hamburg 847, Böedecker. Mit ill. Kpfrn. * 1 Prachtausg. *

Kinderheimath. 1. u. 2. Thl. Hannover 869. Helwing. gr. 8. n. 15 *ngr*
1. Erstes Lesebuch von G. Gölitz, L. Münkel u. E. Quietmeyer. 10. Aufl. (VIII, 134 S.) n. 5 *ngr*
2. Zweites Lesebuch von Louis Münkel u. E. Quietmeyer. 3. Aufl. (VIII, 279 S.) n. 10 *ngr*

Kinderheimath. 1. und 2. Thl. gr. 8. Hannover 872, Helwing'sche Hofbuchh. *

Inhalt:
Thl. 1. Erstes Lesebuch von G. Gölitz, L. Münkel und E. Quietmeyer. 10. Aufl. (VIII, 184 S.) * 50 Pf.
• 2. Zweites Lesebuch von Louis Münkel und E. Quietmeyer. 3. Aufl. (VIII, 279 S.) *M 1.

Kinderheimat. 1. und 3. Thl. gr. 12. Hannover, Helwing'sche Hofbuchh. *

Inhalt:
Thl. 1. Erstes Lesebuch von G. Gölitz, L. Münkel und E. Quietmeyer. 11.—14. Aufl. (VIII, 184 S.) 876.77. * 60 Pf.
• 3. Drittes Lesebuch von L. Münkel. 3. Aufl. (VI, 348 S.) 870. *M 1.60.
2. Thl. Ebendas. 1865. *M 1.

Kinderheimath. gr. 4. (6 Chromolithogr. mit eingedr. Text.) Stuttgart 885, G. Weise. [75 Pf.] — 50

—— Sechs Bilder in Farbendr. mit Versen von Klara Reichner. gr. 4. Ebendas. 886. Auf Leinw. geb. 1 80

Kinderherberge, die. Eine wahre Dorfgeschichte aus dem schlesischen Volksleben. 1. Aufl. (IV und 81 S.) 1855. und 2., verm. Aufl. 16. (IV und 76 S. mit 1 lithogr. Ttlbld.) Breslau 856, Dülfer's Buchh. *

Kinderherberge, die. Eine wahre Dorfgeschichte aus dem schles. Volksleben. 2., mit einem (lithogr.) Titelbilde verm. Aufl. 16. (IV und 76 S.) Breslau 858, Dülfer. *

Kinderherberge, Die. Eine wahre Dorfgeschichte aus dem schlesischen Volksleben. 3. Aufl. 1868. V: *Richthofen-Tschammer, Gertrud v.* (Ky)

Kinderherberge, die. Eine wahre Dorfgeschichte aus dem schles. Volksleben. Von G(ertrud) v. R(ichthofen-)T(schammer). 3. verb. Aufl. 16. (VII, 96 S.) Breslau 868, Dülfer's Verlag. cart. *

Kinderhimmel, s. a. Süs.

Kinderhimmel! In Zeichnungen von Gust. Süs. Mit Versen und Reimen von W. Herchenbach und G. Süs. gr. 4. (14 Taf. in Farbendr. mit Text.) Düsseldorf 853, Buddeus' Verlag. *

[Kinderhold]. Nuzliche und kurzweilige Historien für Kinder. — Historien und Fabeln für Kinder. Zweyter Theil. [Gebunden in einen Band]. Zürich, bey Johann Kaspar Ziegler, 1764—1766. 61 S. 1 Bl.; 6 Bl. 83 S. Kl.-8°. Alter Pappbd. 30.—
Kleine Kapitel über „das belohnte Kind", „das gehorsame Kind", das „aufrichtige", „unachtsame", „furchtsame" etc. Kind. Ob sich unter dem obigen Pseudonym MARTIN KÜNZLI verbirgt, war nicht zu ermitteln. Innen wenige Fleckchen, Einband benutzt.

Von Kinderhorten im allgemeinen und Berliner Mädchenhorten im besonderen. — Berlin: Treumann 1889. 14 S. 8°

[F.] Kinder-Hosianna. E. Ausw. d. beliebtesten Sonntagsschullieder. Hrsg. v. d. Ev. Ges. f. Deutschland. *Elberfeld: Buchh. d. Ev. Ges. 1896.* (80 S.) 1 Bd 8. [97-7797

Kinder-Hosianna. Eine Auswahl d. beliebtesten Sonntagsschullieder. Hrsg. von d. Ev. Gesellschaft f. Deutschland. 4. Aufl. Elberfeld: Ev. Gesellsch. f. Deutschland 1905. (80 S.) 8° [F.] [06. 11944 B

Kinder-Hosianna. Eine Auswahl der beliebtesten Sonntagsschullieder. Hrsg. v. der evangel. Gesellschaft f. Deutschland. 6. Aufl. (80 S.) 16. Elberfeld 909. Buchh. der ev. Gesellschaft f. Deutschland. In Leinw. kart. — 20

Kinderjahre

— die, in Versen u. Bildern, s. a. Normann, F. G.

Kinderjahre, die, in Bildern und Versen. qu. 4. (12 ill. Stnt. mit lithogr. und ill. Titel.) Fürth 859, Löwensohn. *

Kinderjahre, Friedrich Wilhelm des Großen, s. a. Friedrich Wilhelm.

Kinderjahre, Friedrich Wilhelms des grossen Kurfürsten von Brandenburg. Berlin 1850. V: *Raumer, Georg Wilhelm von.* (Ky) (Pr)

Kinder ...

— : Insel, d., v. Fr. v. Genlis, m. illum. K. u. franz. Text s. Seite. 8. Lpz. Hinrichs.

Kindercalender. Wien 1846—48. H: *Gräffer, Franz.* (WBL)

Kinder-Kalender, nutzliches und unterhaltendes Jahrbuch für Knaben und Mädchen. Zweyter Jahrgang. 1847. Wien. Bey Franz Riedl's sel. Witwe & Sohn. 2 Bl. 6 Bl. Kalender (durchschossen), 4 Bl. 138 S. 1 Bl. und 4 reizende, handkolorirte, allegorische Kupfer (3 mit Textblatt). Quer-kl.-8°. Einfacher Leinenbd. d. Z. Erzählungen, Anekdoten, Wortspiele etc. 20.—

Kinder-Kalender. Redig. von Fr. Margaretha Lohmeier, Herausgeberin der Kinderzeitung „Lachtaube." 1. Jahrg. 1868. 8. (XXXII und 208 S. mit eingedr. Holzschn. und 1 Holzschntaf.) Trier, Lintz' Verlag. cart. *

Kinder-Kalender für die J. 1879 und 1880. (1. und 2. Jahrg.) 16. (à Jahrg. 64 S. mit eingedr. Holzschn.) Donauwörth, Buchh. des kathol. Erziehungsvereins. Jahrg. 1879 *
Jahrg. 1880 *

Kinder-Kalender für die J. 1881—1883. 3.—5. Jahrg. 16. (à Jahrg. 96 S. mit eingedr. Holzschn.) Donauwörth, Buchh. des kathol. Erziehungsvereins. Jahrg. 1881 *
Jahrg. 1882 und 1883 à *

—— dass. — für die J. 1884 und 1885. 6. und 7. Jahrg. 16. (à Jahrg. 96 S. mit Illustr.) Donauwörth, Auer. à Jahrg. *

Kinder-Kalender für die Jahre 1886 und 1887. 8. und 9. Jahrg. 16. (à Jahrg. 96 S. mit eingedr. Illustr. und 1 Chromolithogr.) Donauwörth, Auer. à Jahrg. * — 20
—— dass. — für die J. 1888 und 1889. Illustriert von Joh. Kiener. 10. und 11. Jahrg. 16. (à Jahrg. 96 S.) Ebendas. à Jahrg. * 20 Pf.; cart. ** — 30
geb. à Jahrg. ** — 45

Kinder-Kalender f. d. J. 1890—1893. Illustriert v. Jos. Kiener. 12.—15. Jahrg. 16. (à Jahrg. 96 S. m. Text-Bildern u. 1 Farbendr.) Donauwörth, Auer. à Jahrg. * — 20; geb. in Leinw. ** — 45

Kinder-Kalender f. d. J. 1895. Illustr. v. Jos. Kiener. 17. Jahrg. 16. (96 S. m. 1 Farbendr.) Donauwörth, L. Auer. n. — 20; geb. in Leinw. n.n. — 45

— f. d. J. 1899. Illustr. v. Jos. Kiener. 21. Jahrg. 16. (96 S. m. 1 Farbdr.) Donauwörth, L. Auer. n. — 20

— für d. J. 1903. 25. Jahrg. 16. (96 S. m. 9 Farbdr.) Donauwörth, L. Auer. n. — 20

— für d. J. 1907. 29. Jahrg. (96 S. m. Abbildgn. u. 1 Farbdr.) 16. Donauwörth, L. Auer. n. — 20

— f. d. J. 1911. Verf. v. Tante Emmy. Illustr. v. Kiener. (96 S. m. Abbildgn. u. 1 Farbdr.) 16. Donauwörth, L. Auer. — 20

—— auf das Schaltj. 1888. Eine Festgabe zum 25jähr. Jubiläum der evangel. Sonntagsschulen und Kindergottesdienste in Deutschland. Dargeboten von J. Westphal und W. Reinhard. 12. (64 S.) Cöthen, Schriftenniederlage des evangel. Vereinshauses. * — 15

Kinder-Kalender auf d. J. 1899. 12. (64 S. m. Bild.) Berlin, Schriftenvertriebsanstalt. n. — 10

— auf d. J. 1902. 12. (64 S. m. Abbildgn.) Berlin, Schriftenvertriebsanstalt. — 10
Fortsetzung s.: Jugend-Kalender.

— für 1903. gr. 8. (27 S. m. farb. Abbildgn.) Nürnberg, Th. Stroefer. 1. 50

— für 1904. (27 S. m. farb. Abbildgn.) gr. 8. Nürnberg, Th. Stroefer. n. 1. —

Kinder-Kalender f. 1903. Mit Beiträgen v. J. Berger, Anna Maria Biel, M. v. Biehler-Buchensee u. a. Mit 1 farb. Vollbild, ganzseit. u. kleineren Textillustr. nach Originalen v. F. Schulze u. R. Tönsmann, nebst e. Spielbeilage. gr. 8. (192 S.) Berlin, Globus-Verlag. Geb. n. — 80

— f. 1907. Mit Beiträgen v. Ola Alsen, Marie Beeg, M. v. Biehler u. a. Mit 1 farb. Titelbild v. P. Wunsch, 4 Kalenderbildern v. Max Wulff, zahlreichen Textillustr. v. R. Tönsmann u. A. (192 S. m. 1 Spielbog.) 8. Berlin, Globus Verlag. Geb. n.n.n. — 75

Kinder-Kalender f. 1911. 14. Jahrg. Mit Beiträgen von M. v. Biehler, O. Boljahn, Max. Böttcher u. a. Mit 1 farb. Titelbild nach e. Gemälde v. Carl Marr, sowie zahlreichen ganzseit. Bildern u. Illustr. nach Originalen v. Rolf Pielke, R. Tönsmann u. a. Einbd.- u. Umschlagzeichnung v. Elsie Grace. Nebst e. bunten Spielbeilage: Wer siegt? Dampfer, Auto od. Luftschiff. (192 S.) 8. Berlin, Globus-Verlag. Geb. — 95

Kinderkalender. Auerbach's Kinder-Kalender auf das Jahr 1903. Eine Festgabe für Knaben und Mädchen jeden Alters. Begründet von Dr. Aug Berth[old] Auerbach. Ausgabe für die Schweiz. Jahrg. 21. Hrg. von Georg Bötticher. (32. Tausend.) [Mit vielen Illustrationen, wovon einige farbige, Noten, 1 Tafel und 1 Spiel-Beilage.] 160 S. 8. Zürich, Th. Schröter. [geb. fr. 1. 35]

Kinderkalender. Auerbach's K'-K' auf das Jahr 1904. Eine Festgabe für Knaben und Mädchen jeden Alters. Begründet von Dr. Aug Berth[old] Auerbach. Ausgabe für die Schweiz. Jahrg. 22. Hrg. von Georg Bötticher. (32. Tausend.) [Mit Illustrationen, Noten, 1 Tafel und 1 Spiel-Beilage.] 160 S. 8. Zürich, Th. Schröter. [geb. fr. 1. 35]

Kinderkalender. Auerbach's K'-K' auf das Jahr 1905. Eine Festgabe für Knaben und Mädchen jeden Alters. Begründet von Dr. Aug Berth[old] Auerbach. Ausgabe für die Schweiz. Jahrg. 23. Hrg. von Georg Bötticher. [Mit Illustrationen, Noten, 1 Tafel und 1 Beilage.] 160 S. 8. Zürich, Th. Schröter. [geb. fr. 1. 35]

Kinderkalender. Auerbach's K'-K' auf das Jahr 1907. Eine Festgabe für Knaben und Mädchen jeden Alters. Begründet von Dr. Aug(ust) Berth(old) Auerbach (1848—1905). Ausgabe für die Schweiz. Jahrg. 25. Hrg. von Georg Bötticher. [Mit Illustrationen, Noten, 1 Tafel und 1 Beilage.] 168 S. 8. Zürich, Th. Schröter. [geb. fr. 1. 35]

Kinderkalender. Auerbach's K'-K' auf das Jahr 1908. Eine Festgabe für Knaben und Mädchen jeden Alters. Begründet von Dr. Aug[ust] Berth[old] Auerbach. Ausgabe für die Schweiz. Jahrg. 26. Hrg. von Georg Bötticher. [Mit Illustrationen, Noten, 1 Tafel und 1 Beilage.] 160 S. 8. Zürich, Th. Schröter's Nachfolger. [geb. fr. 1. 35]

Kinder-Kalender 1907. (16 S. m. Abbildgn.) Lex.-8. München, Seitz & Schauer. n. — 60; größere Ausg. (32 S. m. Abbildgn.) n. 1. —

—— deutscher, auf die J. 1883—1885. Eine Festgabe für Knaben und Mädchen jeden Alters. 1.—3. Jahrg. gr. 8. (à Jahrg. ca. 158 S. mit Illustr. und Taf.) [Berlin, Auerbach.] Leipzig, Fernau. geb. à Jahrg. *

Kinderkalender, Deutscher, a. d. Jahr 1886. Eine Festgabe für Knaben u. Mädchen jed. Alters. IV. Jahrg. Ausg. f. Oesterreich-Ungarn. 8. (160 S.) Wien, Edmund Schmid. Cart. 70 kr.

—— deutscher, auf die J. 1886 und 1887. Eine Festgabe für Knaben und Mädchen jeden Alters. 4. und 5. Jahrg. gr. 8. (à Jahrg. ca. 160 S. mit Illustr.) [Berlin, Auerbach.] Leipzig, Fernau. geb. à Jahrg. * 1 —

—— deutscher. Sommerheft 1886. 8. (64 S. mit Illustr.) Ebendas. * — 40
6. Jahrg. u. fg., s. Auerbach's deutscher Kinder-Kalender.

— mein. Vätern u. Müttern gewidmet. qu. 16. (44 S.) Leipzig (894). G. Wimmer. Kart. n. — 75

—— neuer, f. 1893. Hrsg. v. R. Fries u. M. Oldenberg. gr. 16. (64 S. m. Abbildgn.) Hamb. 892, Persiehl. — 15

— neuer, f. 1895. Hrsg. v. R. Fries u. M. Oldenberg. 3. Jahrg. 12. (64 S. m. Bildern.) Hamburg, H. O. Persiehl. — 15

Kinder-Kalender, neuer, f. 1899. 7. Jahrg. Hrsg. v. M. Oldenberg. 12. (68 S. m. Bild.) Hamburg, H. O. Persiehl. — 15

— neuer, f. 1903, 11. Jahrg. Hrsg. v. M. Oldenberg. 12. (64 S. m. Abb.) Hamburg, H. O. Persiehl. — 15

— neuer, f. 1907. 15. Jahrg. Hrsg. v. M. Oldenberg. (64 S. m. Abb.) kl. 8. Hamburg, H. O. Persiehl. — 15

— neuer, f. 1911. 19. Jahrg. Hrsg. v. M. Oldenberg u. Geo. Paysen Petersen. (64 S. m. Abbildgn.) kl. 8. Hamburg, H. O. Persiehl. — 15

—— für die evangelischen Sonntagsschulen und Kindergottesdienste in Deutschland auf das J. 1889. Dargeboten von F. Westphal und W. Reinhard. 2. Jahrg. 12. (64 S. mit Illustr. und 1 Buntdr.) Ebendas. * — 15

—— für die evangelischen Sonntagsschulen u. Kindergottesdienste in Deutschland auf d. J. 1890—1893. Dargeboten v. F. Westphal u. W. Reinhard. 3.—6. Jahrg. 16. (à Jahrg. 64 S. m. Text-Bildern u. 1 Farbendr.) Cöthen, Schriften-Niederlage d. evangel. Vereinshauses. 3. Jahrg. * — 15; 4.—6. Jahrg. à ** — 12

— für die evangelischen Sonntagsschulen u. Kindergottesdienste in Deutschland auf das J. 1895. Dargeboten v. F. Westphal u. W. Reinhard. 8. Jahrg. 16. (64 S. m. Bildern u. 1 Farbendr.) Cöthen, Schriften-Niederlage des evangel. Vereinshauses. n.n. — 12

— f. d. evang. Sonntagsschulen u. Kindergottesdienste in Deutschland auf d. J. 1899. Dargeboten v. F. Westphal u. W. Reinhard. 12. Jahrg. gr. 16. (64 S m. Bild. u. 1 Farbdr.) Cöthen. Dessau, Buchh. des ev. Vereinshauses n.n. — 12

— für die evang. Sonntagsschulen u. Kindergottesdienste in Deutschland auf d. J. 1901. Dargeboten v. F. Westphal u. W. Reinhard. 14. Jahrg. gr. 16. (64 S. m. Abbildgn. u. 1 Farbdr.) Dessau, Buchh. des ev. Vereinshauses. n.n. — 12
Erscheint nicht mehr.

Kinder-Kasperl-Theater, neuestes, in Knittelversen gereimtes. 1. u. 2. Folge. 16. (à 32 S.) Leipzig 894. H. Bennewitz. à — 20

Kindercatechismus, Einfaeltiger, über die Historie der Augspurgischen Confession. Weissenberg 1726. N. A. 1736. V: *Munz, Georg Christoph.* (MI.) (will)

— über die Geschichte d. Augsb. Confession. Als Festgabe des bevorsteh. 300jähr. Augsb. Confessionsfestes. Nach Anleitung u. Vorbild mehrerer alten nürnberg. Katechismen herausg. 8. Altdorf 828. (Nürnb., Riegel u. W). 2 gl.

Kinder-Katechismus, der, am kur-brandenburgischen Hofe zum Weihnachts-Feste 1611. Nach der Handschrift. Mit einer histor. Erläuterung hrsg. von L. F. Göschel. gr. 8. (36 S.) Berlin 851, (Deckersche geheime Ober-Hofbuchdr.)

Kinderkatechismus d. Augsburg. Confession. Mit Kpf. 8. Nürnb. 800. Monath u. K. 2 gl.

Kinder-Kirche, die. Sonntagsblatt f. die evangel. Jugend, besonders f. die Besucher v. Kindergottesdiensten. In Gemeinschaft m. Felden u. Baars hrsg. v. J. Schück. 1. Jahrg. 1903. 52 Nrn. (à 4 S. m. Abbildgn.) gr. 8. Heidelberg, Ev. Verlag. n. 1. 80

— dasselbe. In Gemeinschaft m. Felden u. Baars hrsg. v. E. Barck. 2. Jahrg. 1904. 52 Nrn. (à 4 S. m. Abbildgn.) gr. 8. Ebd. n.n. 2. 60

— dasselbe. Sonntagsblatt f. die evangel. Jugend. Hrsg. v. E. Barck in Gemeinschaft m. Felden, Baars u. Pfister. 3. u. 4. Jahrg. 1905 u. 1906. à 52 Nrn. (à 4 S. m. Abbildgn.) gr. 8. Ebd. à n.n. — 90

Kinderkirche, die. Sonntagsblatt f. die evangel. Jugend. Hrsg. v. Schultz in Gemeinschaft m. E. Barck u. Pfister. 5.—8. Jahrg. 1907—1910. à 52 Nrn. (à 4 S. m. 1 Abbildg.) gr. 8. Heidelberg, Ev. Verlag. à Jahrg. — 90

Kinderklänge. Samml. v. 100 ganz neuen, noch ungedr. Gedichten f. Kinder bei Geburtstagen, Neujahr, Todesfällen u. a. Veranlassn.; allen Lehrern als aushelf. Repertorium mitgetheilt v. ein. Lehrer. 8. (5½ B.) Meißen 841, Goedsche.

Kinderklapper, silberne, ein Buch für Mütter, oder Anleit. für Mütter, ihre Kinder bemerken u. reden zu lehren, nach Pestalozzi. .. Halle ... Dreyßig. 12 gl.

Kinder-Kochbuch, neuestes und bestes. Eine prakt. Anleitung zum Kochenspielen für kleine Mädchen im Alter von 6 bis 12 Jahren. Zusammengestellt von A. G. 16. (47 S.) Leipzig 874, G. A. Schmidt. *

Kinderkomödien v. Loper u. Schink. 8. Lpz. Barth. 781.

— dieselben. 8. Wien, Gerold. 781.

Kinder-Komödien und Kartoffel-Tragödien. Von Tante Rosalie. gr. 16. (96 S.) Berlin 861, Schlingmann.

Kinder-Conversations-Lexikon, s. Weiß, Wilh., Kinder-Conversations-Lexikon.

Kinderkrankheiten s. a. Volks- u. Hausarzt, deutscher.

Kinderkrankheiten. (Keuchhusten, Masern, Scharlach, Croup, Diphtheritis etc.) Ihre wahre Entstehung, Verhütung und naturgemässe Heilung ... Bielefeld 1902. V: *Wähling, Wilh. B.* (Berl)

Kinder-Kreis, der, Beispiele d. Guten aus d. Leben v. Kindern f. Kinder. Aus d. Nachlasse d. Hrsgeb. der „Schule d. Weisheit u. Tugend." 8. (17½ B.) Stuttgart 838, J. F. Steinkopf.

Kinderkreis, der. Ausgewählte Erzählungen als Beispiele des Guten aus dem Leben von Kindern für Kinder. 2., umgearb. Aufl. 8. (VI und 194 S.) Stuttgart 853, J. F. Steinkopf. Thlr. *

Kinderlähmung, epidemische. Bericht des Komitees f. die Sammelforschg. bei der New Yorker Epidemie v. 1907. Autoris. deutsche Ausg. v. Max Kärcher. Mit einleit. u. ergänz. Bemerkgn. v. Paul Krause. (VII, 123 S. m. 3 Taf., 3 Kurven u. 4 Übersichtskarten.) gr. 8. Jena 910. G. Fischer. 4. —

Kinderlaube, die. Ein Weihnachtsbuch mit Erzählungen, Schilderungen, Lebensbeschreibungen, Briefen und Gedichten. Für den Familienkreis bearb. von einem Kinderfreunde. 1. Bd. gr. 4. (IV und 96 S. mit 136 Illustr. in eingedr. Holzschn. und 4 bunten lithogr. Bildern.) Dresden 863, Meinhold und Söhne. cart.

—— die. Illustrirte Monatshefte für die deutsche Jugend. 2.—5. Bd. à Bd. 12 Hefte. (à Heft 3 Bog. mit eingedr. Holzschn. und 4 Chromolithogr.) gr. 4. Dresden 864—67, Meinhold und Söhne. à Bd.

Kinderlaube, die. Illustrirte Monatshefte für die deutsche Jugend. Redact.: Heinr. Stiehler. 6.—12. Bd. à 6 Hefte. gr. 4. (à Heft 24 S. mit eingedr. Holzschn. und 1 Oelfarbendr.) Dresden 874, Meinhold und Söhne. à Bd.

Kinderlaube, die. Illustrirte Monatshefte für die deutsche Jugend. Redact.: Heinr. Stiehler. 13.—17. Bd. à 12 Hefte. gr. 4. (à Heft 3 Bog. mit eingedr. Holzschn. und 1 Oelfarbendr.) Dresden 875—79, Meinhold und Söhne. à Bd.

Kinderlaube, die. Illustrirte Monatshefte für die deutsche Jugend. Redact.: Heinr. Stiehler. 18.—21. Bd. Jahrg. 1880—1883. à Jahrg. 12 Hefte. (à Heft 3 Bog. mit eingedr. Holzschn. und Oeldr.-Bildern.) gr. 4. Dresden, Meinhold und Söhne. à Jahrg.

—— dass. — 22. Bd. Jahrg. 1884. 12 Hefte. (à Heft 4 Bog. mit eingedr. Holzschn. und Oeldr.-Bildern.) 4. Ebendas. *

Kinderlaube, die. Illustrierte Monatshefte für die deutsche Jugend. Redact.: Th. Schäfer. 23.—26. Bd. Jahrg. 1885—1888. à Jahrg. 12 Hefte. (à Heft 4 Bog. mit eingedr. Holzschn. und Oeldr.-Bildern.) 4. Dresden, Meinhold und Söhne. à Heft * 40 Pf.; à Jahrg. * 4 80

Kinderlaube, die. Illustrierte Monatshefte f. die Jugend. Redact.: Th. Schäfer. 27.—30. Bd. Jahrg. 1889—1892. à Jahrg. 12 Hefte. (à Heft 4 Bog. m. eingedr. Holzschn. u. Oeldr.-Bildern.) 4. Dresd., Meinhold u. Söhne. à Heft * — 40; à Jahrg. * 4 80; geb. * 6 —

Kinderlaube, die. Illustr. Jugendzeitg. in Monatsheften m. Erzählgn., Märchen, Schildergn., Lebensbeschreibgn., Gedichten 2c. 2c. Für den Familienkreis bearb. v. Thdr. Schäfer. 29.—33. Bd. Jahrg. 1891—1895. à 12 Hfte. gr. 4. (à Hft. 32 S. m. Abbildgn. u. 1 Farbendr.) Dresden, C. C. Meinhold & Söhne. à Hft. n. — 40; à Bd. geb. in Leinw. 6. —

Kinderleben. Von Miß A. F. T...., s. Kinderbibliothek.

Kinderleben, s. Volbeding, Joh. Ernst, Kinderleben.

Kinderleben. N. d. Engl. 16. (8½ B. u. Ttlkpfr.) Frankfurt a. M. 837. [Leipzig, Kersten.] Thlr.

Kinderleben. Nach dem Englischen. Mit Titelkpfr. 16. Frankfurt 837. Schmerber; auch Dörffling in Leipzig. 3/8 ß

Kinderleben. Erzählungen, Gedichte, Fabeln, Räthsel-Gespräche u. Charaden. (M. Vorw. v. O. P. Merkel.) M. 4 Originalzeichnungen. gr. 8. (8½ B.) Bremen 844, Schünemann's Verl.

—— Erzählungen, Gedichte, Fabeln, Räthsel-Gespräche und Charaden. Neue (Titel-)Ausg. gr. 8. (VI und 156 S. mit 4 Stnt.) Bremen 849, Schünemann's Vrlgsh.

Kinderleben. Lieder und Reime aus alter und neuer Zeit. Mit Illustr. (in Holzschn.) von Ludw. Richter. 6. Aufl. gr. 8. (XI, 139 S.) Leipzig 868, Brockhaus. geb.

—— 64 Bilder mit Versen in 4 Serien. 16. (Holzschntaf. mit eingedr. Text.) Berlin 877, Prochnow jun. *

Kinderleben. 8. (6 Chromolithogr. auf Carton mit 7 S. Text und 1 Holzschn.) Eßlingen 877, Schreiber. cart. *

Kinderleben. gr. 8. (12 S. m. 8 farb. u. 9 schwarzen Bild.) Konstanz 895. C. Hirsch. — 40

Kinderleben. Neue Bilder zum Ausmalen. (I u. II.) [Aus der Sammlg.: „Das deutsche Malbuch".] (à 8 [4 farb.] Bl.) Lex. 8. Mainz (910). J. Scholz. à — 50

— in Bild u. Lied. Ein Bilderbuch f. brave Kinder. gr. 4. (12 S. m. z. Tl. farb. Abb.) Ebd. 897. — 75

Kinderleben in Bild und Wort. Originalzeichnungen von L. Richter mit Reimen von Jul. Sturm. 1. und 2. Bd. Basel, F. Riehm. geb. 1877 à 3. 75

—— glückliches. Erzählungen von Anna F.... 12. (IV, 146 S. mit 4 lithogr. und color. Bildern.) Hamburg 880, Agentur des Rauhen Hauses. cart. *

Kinderleben, goldenes. Ein Bilderbuch m. 26 feinen Bildertaf. Enth. lustige Kinderscenen, gezeichnet v. Paul Wagner u. andern. Mit sinnigen Kinderverschen. (Neue Aufl.) hoch 4. (28 S.) Eßlingen (901). J. F. Schreiber. Kart. n. 2. —

—— und Kinderlust. Unzerreißbares Leinwandbilderbuch. 4. (16 ill. Stnt. auf Leinw.) Nürnberg 865, Zeh'sche Buchh. geb. *

— in Wort u. Bild m. Versen v. Frida Schanz, Helene Binder, Berta Clement u. a. (96 S. m. Abbildgn. u. 6 farb. Taf.) Lex. 8. Nürnberg (910). Th. Stroefer. Geb. in Leinw. 3. 50

Kinderlegende, Laumann'sche. Hrsg. v. Freunden christl. Jugend. I. Bdchn. 1.—7. Lfg. 12. (à 65 S. m. Abbildgn.) Dülmen, A. Laumann. à n. — 25; je 5 Lfgn. in 1 Leinw.-Bd. n. 1. —

I, 1. Die Wunder des hl. Franziskus Xaverius. Von Karl Reginaldus. 893.
2. Wunderbares Wirken des hl. Bernhard v. Clairvaux. Anh.: Zeitgenossen des hl. Bernhard. Von B. Reyeg. 894.
3. Der hl. Vinzenz v. Paul. Von F. Meinhard. 894.
4. Der hl. Bruno, Stifter des Karthäuser-Ordens. Anh.: Die übrigen Heiligen Kölns. Von B. Reyeg. 894.
5. Die hl. Rosa v. Lima. Von W. Saxo. 894.
6. Der hl. Karl Borromäus. Von Karl Reginaldus. 894.
7. Der hl. Antonius v. Padua. Von F. Meinhard. (64 S.) 894.

Kinderlegende, Laumann'sche. Hrsg. v. Freunden christl. Jugend. 8.—15. Lfg. 12. (à 64 S. m. Abb.) Dülmen, A. Laumann. à — 25

8. Die hl. Katharina v. Siena. Von Saxo. 894.
9. Die hl. Angela, Stifterin d. Ordens der Ursulinen. 894. (7.—9. Lfg. als III. Bd. geb. in Leinw. n. 1. —).
10. Ludwig IX., d. Heilige, König v. Frankreich. Von W. Saxo. 894.
11. D. Leben d. hl. Aloysius v. Gonzaga, Patrons d. christl. Jugend. Von Bernard Reyeg. [illegible]
12. Der hl. Franziskus v. Assisi. Von F. Meinhard. 895.
13. Das Leben d. hl. Elisabeth. Von Karl Reginaldus. 895.
14. Dominikus, d. hl., Stifter des Dominikaner-Ordens. 896.
15. Kostka, d. hl. Stanislaus. [illegible]

Kinderlegende, Laumann'sche. Hrsg. v. Freunden christl. Jugend. 16. Lfg. 12. Dülmen 899. A. Laumann. — 25

16. Das Büchlein vom hl. Martin. Von Ferd. Goebel. (64 S. m. 3 Bildern.)

Kinderlehrbuch. Sammlung bibl. Abschnitte zum Gebrauch in Kinderlehren und Jugendgottesdiensten für die evangel. Kirche des Kantons St. Gallen. 8. (IV, 84 S.) St. Gallen 875, Scheitlin und Zollikofer.

Kinderlehrbüchlein. 12. Kempten 769. (Kösel). 5 K

Kinderlehrbüchlein, nürnbergisches, s. a. Denkmale, katechetische.

— Nürnbergisches. 8. Nürnb., Endter. 3 K

Kinderlehr-Büchlein, Nürnbergisches. Darinnen nicht allein der kleine Catechismus ... Luthers in Fragen und Antworten zu finden; sondern auch ... in zwey und funfzig Lectionen weiter erkläret ... wird. Deme annoch ein ... Anhang von schönen Schul- und Fest-Gebeten, kurzen Reim-Sprüchen ... samt einer Anzahl gebräuchlicher Gesänge ... beygefüget worden ist. Nürnberg, Endter, 1783. 8°. *Frontispizporträt Luthers, gestoch. Titel*, 255 S. 2 Bl.; 101 S. 1 Bl.

Kinderlehrbüchlein, nürnbergisches, darin der kleine Katechismus Dr. Martin Luther's der zarten Jugend zum Besten in 52 Lectionen weiter erklärt und vorgetragen wird. Aufs Neue hrsg. von Carl Scheiding. Mit einem Vorwort von C. H. Caspari. 8. (IV und 104 S.) Erlangen 854, Deichert. *

CHRISTLICHE KINDER-LEHR, Oder: Das heilige Vatter Unser, Das Magnificat, Der Englische Gruss. Die Apostolische Bekanntnüs. Die Zehen Geboth GOttes. Die Fünff Geboth der Kirchen. Die Sieben Heilige Sacramenten. Sammt der gantzen Christlichen Gerechtigkeit. In Reymen Verfasset. Raab 1749: Greg. Joh. Streibig. (32 S.) - 160 mm

Kinderlehre. Das ist Auszug aus der katechist. Unterweisung zur Seligkeit über den Brenzischen Katechismus, samt eingerückten Fragen und Antworten aus dem kleinen Katechismus des teuern Mannes Luther. Für die christl. Schuljugend gestellt und in der evangel. Kirche Württembergs eingeführt. Neue Ausg. 8. (176 S.; Konfirmationsbüchlein 32 S.) Reutlingen 884, Fleischhauer und Spohn. geb. *

Kinderlehre. Das ist Auszug aus der katechist. Unterweisg. zur Seligkeit üb. den Brenzischen Katechismus, sammt eingerückten Fragen u. Antworten aus dem kleinen Katechismus d. teuern Mannes Luther. Für die christl. Schuljugend gestellt u. in der evangel. Kirche Württembergs eingeführt. Ausg. v. 1884. (Neue Ausg. 1891) 8. (176; 32 S.) Reutl. 891, Fleischhauer u. Spohn. geb. ** — 60

Kinderlehre. D. i. Auszug aus der katechist. Unterweisg. zur Seligkeit üb. den Brenzischen Katechismus, samt eingerückten Fragen u. Antworten aus dem kleinen Katechismus des teuern Mannes Luther. Für die christl. Schuljugend gestellt u. in der evangel. Kirche Württembergs eingeführt. Ausg. v. 1884. Neudr. 8. (176 S.) Stuttgart 899. Buchh. der ev. Gesellschaft. n. — 24; geb. n.n. — 35; m. Konfirmationsbüchlein in 1 Bd. (176 u. 32 S.) n. — 30; geb. n.n. — 40

— Unterweisung im evangel. Glauben in Fragen u. Antworten nach dem Katechismus v. Brenz u. Luther. Ausg. 1901. 8. (172 S.) Ebd. n. — 25; geb. n. — 50; m. Konfirmationsbüchlein in 1 Bd. n. — 35; geb. n. — 60

Kinderlehre. Unterweisung im evangel. Glauben in Fragen u. Antworten nach dem Katechismus v. Brenz u. Luther. Ausg. 1901. (Neudr.) (172 u. Konfirmationsbüchlein 32 S.) 8. Stuttgart 903. Buchh. der ev. Gesellschaft. n. — 40; geb. n. — 60

Kinderlehre, Christliche, Oder das heil. Vatter-Unser . . . Prag 1720. V: *Sporck, Franz Anton Graf v.* (Haydinger)

Kinderlehre, engl., darin Alles, was einem Christen zu wissen nöthig u. nützlich ist, in mehr als 700 Fragen u. Antworten. 12. Leipz. ... Centr.-Compt. 2 ɣ

Kinderlehre, kurze christliche, in Fragen und Antworten als Anhang zum barlebener Katechismus. 8. (28 S.) Quedlinburg 860, Franke. *

Kinderlehre, Eine, auf dem Lande . . . München 1781. V: *Bucher, Ant.* (GGr) (Ky)

KINDERLEHRE, Die – auf dem Lande, von einem Dorfpfarrer. Hartl, Wien 1781 82.

— auf d. Lande von e. Dorfpfarrer. 8. Münch. 782. Strobl. (v. Jenisch u. Stage in Augsb.) 4 ɣ

— eine, auf d. Lande von e. Dorfpfarrer, etwas zur Erschütterung des Zwerchfelles. 8. Münch. ... 3e A. 815. Fleischmann. 5 ɣ

Kinderlehre, meine, am Confirmationstage 1840. Ein Glaubensbekenntniß des sogen. Pietismus als Vorläufer e. demnächst erschein. Geschichte des Würtemberg. Pietismus 8. Reutlingen 840. Mäcken jun. 1/8 ɣ

Kinderlehren. Halberst. 1796. V: *Gleim, Joh. Wilh. Ludw.* (Ky) (Körte)

Kinderlehren. (v. Gleim.) 8. Halberst. 796. Vogler. 2 ɣ

KINDER-LEHREN. Catholisch-Evangelische Kinder-Lehren, von den Siben H. Sacramenten das Jahr hindurch vorgetragen in der Pfarrkirche der k. k. freyen Berg-Stadt Neusol, und zur öffentlichen Prüfung der lieben Jugend am Ende des Schuljahres 1755. vorgestellet. Tyrnau 1755. Gedruckt in der Academ. Buchdruck. 70 S. - kl. 4°
- Dass. Ebd. 1785. 70 S. - kl. 4°

Der Kinderlehrer : 1883 -1930
Weekly. Edited by C. A. Thomas, W. Horn, C. F. Zimmermann, C. Stachler. Organ of "Evangelische Gemeinschaft."
Cleveland, OH

Kinderlein, ihr, kommet! Ein Buch m. Bildern, Geschichten u. Betrachtgn. f. die Kinder. 4. (56 S. m. 1 Farbdr.) Witten (901). Buchh. der Stadtmission. Geb. — 80

Kinder-Lesebibliothek. Eine Auswahl der belehrendsten u. unterhaltendsten Erzählungen u. Mährchen für d. Jugend. 12 Bdchn. 16. (55½ B. u. 24 Stnt.) Neu-Ruppin 845, Kühn. (Leipzig, Thomas.) *

— dass. 2 Thle. 16. (55½ B. u. 24 Stnt.) Ebds. 845. *

Kinderlesebuch, welthistor., nach Anl. d. Vorbereit. zur Weltgeschichte für Kinder von Schlözer. 8. Hildesh. 802. Gerstenberg. 20 ɣ

Kinderlieb, Auguste

Kinderlieb, A., Berg-Grete u. ihr Vater, s.: Jugend-Bibliothek, christliche.

— Engelschutz, s. Jugend-Bibliothek, christliche.

[F.] Eva. E. Erzählg f. junge Mädchen v. Auguste Kinderlieb. 2. Taus. *Anklam: H. Wolter 1898.* (213 S.) 1 Bd 8. (98. 2678

Kinderlieb, Auguste, Fido oder die Geschwister im Buchwalde, — die Großmutter, } s. Jugend-Bibliothek, christliche.

— der Kindertausch oder die treuen Geschwister, s.: Volks-Bibliothek, christliche.

Kinderlieb, Auguste: Ein reicher Lazarus u. e. armer Reicher, s. Volksbibliothek, Christliche.

— die kleine Liese. Ein Bild aus den Stunden der Sturmfluth 1872 für die reifere Jugend. gr. 16. (29 S.) Berlin 874, Hauptverein für christl. Erbauungsschriften. *

— Naemi und Salli Rubens, s. Jugend-Bibliothek, christliche.

— die Familie Reels. s.: Volks-Bibliothek, christliche.

— die Perlen. Erzählung für die reifere Jugend. gr. 16. (20 S.) Berlin 874, Hauptverein für christl. Erbauungsschriften.

Kinderlieb, A., die See-Rose, s.: Volks-Bibliothek, christliche.

– Mutter Ursel u. ihre Kinder od. Gott führt wunderbar, s. Volksbibliothek, Christliche.

Kinderlied, Judendeutsches, aus Böhmen. Mitgeteilt von J. Ehrlich. Noten v. O. Ekstein. [= Der Urquell. Der neuen Folge Band I. Heft 2 p. 50] Leiden-Hamburg-Wien 1897.

Kinderliedchen. Zum Angebinde für artige Mädchen. gr. 16. (32 S. mit 1 ill. Stahlst.) Berlin 856, Lindow.

Kinderlieder, s.: Jungbrunnen.

Kinderlieder, s. Sammlung.

Kinderlieder, als Anhang zum Wunderhorn. gr. 8. Heidelb. 808. Mohr. 16 gr.

Kinderlieder, illustr. von Erich Kuithan. *Berlin: Fischer & Franke [1900]* (22 S.) 8° [Umschlagt. F.]
— Jungbrunnen. 16. [01. 142]

— Ein Bilderbuch f. fröhl. Kinder. 4. (9 S. illustr. Text u. 6 farb. S.) Duisburg (902). J. A. Steinkamp. Kart. — 60

Kinder-Lieder, alte und neue. Mit Bildern und Singweisen. Illustr. von H. Kruspe. br. 8. (50 S. mit ill. Stnt. und lithochrom. Titel.) Erfurt 850, Bartholomäus.

Kinder-Lieder, alte u. neue. Mit Bildern u. Singweisen. Hrsg. von *F. Pocci* u. *K. v. Raumer*. Leipzig, Gust. Mayer, o. J. (1852). Kl. 4°. Cart. 48 S. Vergriffen! (Holland, Graf Pocci, no. 248.)

Kinder-Lieder, alte und neue. 2., umgearb. und verm. Aufl. qu. 8. (VI und 98 S. mit Melodien.) Nonnenweiler 854. (Carlsruhe, Gutsch.)

Kinder-Lieder, alte und neue. 3., umgearb. und verm. Aufl. qu. 4. (IV und 156 S.) Barmen 866, Buchh. der evangel. Gesellschaft. *

Kinderlieder. Alte und neue K'. Ihren Enkeln erzählt von der Grossmutter. [Mit Illustrationen und 3 Tafeln.] II + 40 S. 4. Bern, Stämpfli & Cie., [1904]. [fr. 2. 50, cart. 3. 50]

—— alte und neue, Fabeln, Sprüche und Räthsel. Mit Bildern nach Originalzeichnungen von C. v. Heideck, W. v. Kaulbach, G. König, A. Kreling rc. Hrsg. von Geo. Scherer. 1. Aufl. (X und 152 S.) 1849. * 2 Thlr. und 2., verm. Aufl. 4. (VIII und 184 S. mit 15 Radirungen und 69 eingedr. Chemitypien.) Leipzig 851, G. Mayer.

—— dass. — Hrsg. von Dems. 3. Aufl. 4. (IX und 184 S. mit eingedr. Holzschn. und 15 rad. Bl.) Stuttgart 852(53,) Ed. Hallberger. *

—— alte und neue, Fabeln, Sprüche und Räthsel. Illustrirt von deutschen Künstlern: C. v. Heideck, W. v. Kaulbach, G. König rc. Hrsg. von Geo. Scherer. 3. Aufl. 4. (IX und 184 S. mit eingedr. Holzschn. und 15 rad. Bl.) Stuttgart 853, Ed. Hallberger. *

Kinderlieder mit Bildern. qu. 4. (6 lithogr. und color. Bl.) Wesel 877, Düms. cart. *

Kinderlieder, christliche, für die Sonntagsschule und Familie. 12. (X, 91 S.) Zürich 885, Hofer und Burger. ** 1 30

— deutsche (Einbd.: Deutsches Kinderbuch), m. (farb.) Bildern v. Erich Kuithan. (36 S.) 4. Düsseldorf (904). Berlin, Fischer & Franke. Kart. n. 3. —

— dasselbe. (Einseitig bedr. Ausg.) (24 Bl. m. Abbildgn. u. 10 farb. Vollbildern.) 4. Ebd. (905). Kart. n. 4. 50

Kinderlieder, Fünfzig, von H. v. F. . . . Leipzig 1843. V: *Hoffmann genannt von Fallersleben, Aug. Hnr.* (GGr)

Kinderlieder, Fünfzig neue, von H. v. F. Mannheim 1845. V: *Hoffmann genannt von Fallersleben, Aug. Hnr.* (GGr)

Kinderlieder und Reime. Auswahl und Zeichnungen von V. P. Mohn, Berlin, G. Stilke [c. 1885]. 30 einseitig bedruckte, reich illustr. Bll. in farbiger Lithographie. Gr.-4°. Orhlwd. mit chromolithogr. Deckelbild. 24.—
Schönes, sehr beliebtes Bilderbuch des beginnenden Jugendstils. Der Titel auf dem Einband. Originalausgabe. Mit Melodien.

Kinder-Lieder und Reime. Mit (chromolithogr.) Bildern von V. P. Mohn. 2. Aufl. gr. 4. (31 Bl.) Berlin 883, Mitscher. cart. *

Kinder-Lieder und Reime. [Dasselbe Werk]. 2. Auflage. Mit Bildern von V. P. Mohn. Berlin, R. Mitscher, [1890]. 2 Titel, 29 einseitig bedruckte Bll., chromolithographiert, m. reicher Verwendung von Golddruck. Gr.-4°. Or.-Hlwd. m. chromolithogr. Deckelbild. 22.—
Jedes Blatt auf Leinen aufgezogen. — Einband ein wenig benützt.

Kinderlieder, Reime und Räthsel. 4. (15 S. mit 8 color. Holzschn.-Bildern von C. Offterdinger.) Stuttgart 875, G. Weise. cart.

Kinder-Lieder, 36, f. Schule u. Haus. 1—3. Hft. (Jedes 12 Lieder enthalt.) qu. 8. (à ⅓ B.) Ulm 811, Stettin'sche Sortbuchh.

Kinder-, Studenten-, Soldaten- und Volks-Lieder, 200 alte und neue. Mit Bildern und Singweisen hrsg. und illustr. von A. E. Marschner, C. v. Raumer, A. Jürgens, L. Richter und F. Pocci. 43 Kinderlieder, 62 Studentenlieder, 31 Soldatenlieder und 64 Volkslieder. br. 8. (253 S.) Leipzig 852, G. Mayer. *

Kinderlieder, Vierzig, von H. v. F. Leipzig 1847. H: *Hoffmann gen. von Fallersleben, Aug. Heinrich.* (GGr)

Kinder-, Volks- und Vaterlandslieder. Eine Sammlung der schönsten und gefälligsten Lieder für Schulen. gr. 8. (IV und 23 S.) Leipzig und Magdeburg 857, [Gräbner.]

Kinderliederbüchlein. Etliche schöne und liebliche ältere und neuere Morgen-, Abend-, Tisch-, Fest- und Marienlieder enth. 32. (43 S. mit 1 Holzschn.) Augsburg 885, Litterar. Institut von Dr. M. Huttler. * — 20

[Lied.] Zur Einweihungsfeier des neuen Locals der Gr. Nat.-Mutterloge zu den drei Weltkugeln im Or. zu Berlin. [Unterz.:] **Kinderling.** Berlin 1800: Starcke. 2 Bl. 4° [Umschlagtit.]
Mit Noten: „Freude glänz', ihr theuren Brüder, . . .“ 23.

Kurze, aber deutliche Anweisung zur Construction der Wind- und Wasser-Mühlen von *Gottfr. Kinderling*. Coblenz am Rhein. 8. 4 ½ Bog. m. einig. Figur. 1735

Kinderling, Johann Friedrich

(—) Anti-Lafontaine. 8. Berl. 800.

Kinderling, Jh. Fr., kritische Beobacht. über d. vorzüglichsten alten, neueren u. verbess. Kirchenlieder, s. J. F. A. Kinderling.

– s. Bibliothek für die erwachsene Jugend.

Kinderling, Jh. Fr., s. A. Freier.

— Hekuba u. Kleopatra. 8. Berl. 804. Maurers B. 4 gr.

– s. Y o u n g s Nachtgedanken, im Auszuge.

Kinderling, Johann Friedrich August

– s.a. B e r i c h t i g u n g d. Kirchengesänge.

Kinderling, Joh. Frdr. Aug.,] Nöthige Berichtigung der kurzen Geschichte der deutschen Kirchengesänge. Dessau 1782. 8. . . . . (D.)

Kinderling, J. F., kritische Betrachtungen üb. die vorzüglichst. alten, neueren u. verbess. Kirchenlieder. gr. 8 Berl. Amelang. 813.

— krit. Betracht. über d. vorzügl. alten u. neuern zu verbessernden Kirchenlieder, herausg. v. J. F. Kinderling. gr. 8. Berl. 813. Maurers B. 18 gl.

— de bibliotheca coenobii Bergensis narratio historico-literaria. 4. Halle 784.

— krit. Briefe, die schönen Wissenschaften betreffend. 8. Halle 765. (Lane in Berl.) 10 gl.

Kinderling, Jo. Friedrich August (Magdeburg), Dissertatio de fine poeseos. Präs. Friedr. Wilhelm Ellenberger v. Zinnendorf. Halle (Hendel) 22. X. 1763. 34 S. (6.—) 18032
Gew.: Christian Ernst Graf Stolberg, Koenigstein, Rupifort, Wernigerode, Hohnstein (Epstein, Münzenberg . . .). — Widm. v. Präs.

Kinderling, Jh. Fr. Aug., († d. 28. Aug. 1807.) Grundsätze zur Beredsamkeit. 2 Thle. 8. Magdeb. 771. Hessenland. 20 gl.

— Geschichte d. niedersächs. oder sogenannnten plattdeutschen Sprache rc. gr. 8. Magdeb. 800. Heinrichshofen. 1 rthl 16 gl.

- - , Geschichte // der // Nieder=Sächsischen // oder sogenannten // Plattdeutschen Sprache // vornemlich // bis auf Luthers Zeiten, // nebst einer // Musterung der vornehmsten Denkmahle // dieser Mundart, // entworfen // von // M. Joh. Fried. August Kinderling, // zweitem Prediger zu Calbe an der Saale. // Eine von der Königl. Groß=Britannischen Gesellschaft // der Wissenschaften zu Göttingen gekrönte // Preisschrift. // Seneca Epist. 115.// Genus dicendi aliquando imitatur publicos mores. // Magdeburg, // bei G. Ch. Keil, 1800. - XXXII Seiten Titelblatt, Vorrede und Inhalt. - 414 Seiten. -
Auf dem Vorblatt steht die Widmung:
Der verehrungswürdigen Deutschen
Gesellschaft in Leipzig
gewidmet
von dem Verfasser
Calbe den 10. Febr. 1802

B. S. T. 8°.363a.

– s. I s t es recht.

– s. K ö h l e r , J. D.: Reiseklugheit.

– s. M a g a z i n , Kl., f. Prediger.

— de benedictorum monachorum in rem literariam meritis. Periculum I. II. 4. Halle 770, 71.

Kinderling, J. F. A., de Benedictinorum monachorum in rem literariam meritis. I—II. Magdeb. 1771. 4.

– s. P a l ä m o n d. Jüngere.

— über d. Reinigkeit d. deutschen Sprache. gr. 8. Berl. 795. Maurers B. 1 rthl 8 gl.

— d. Somnambulismus unsr. Zeit, in Vergl. m. d. alt. Heiden. 8. Dresd. Richter. 788.

Kinderling, Jo. Fr. Aug., Der Somnambulismus unserer Zeit, mit der Incubation od. dem Tempelschlaf u. Weissagungstraum der alten Heiden in Vergleich gestellt. Dresd. u. Lpz. 8°. A. D. B., LXXXVII, 174.

1788

Kinderling, Johann Friedrich August, Für // Deutsche Sprache // Litteratur und Cultur=Geschichte // Eine Schrift // der deutschen Gesellschaft zu Berlin. // Herausgeben // von // M. Joh. Fr. Aug. Kinderling. // Johann Peter Willenbücher. // M. Erduin Julius Koch. // Berlin, // bei Gottfried Nauck. // 1794. -
Auf dem Titelblatt ein Kupfer von Chodowiecki.
Titelblatt und 166 S.

B. S. T. 8°.363b.

– s. W e i s e , Der. Eine Wochenschrift.

Catalog und Nachrichten von der ehemal. aus lauter Handschriften bestandenen Bibliothek zu Fulda von N. K (Nicol. Kindlinger.) Frankf. 813. 8. 6 gr.

Kinderlust, die, ein unterhaltendes ABC=Büchlein für Knaben u. Mädchen. Mit 22 ill. Kpfr. gr. 12. Nürnberg 834. Bauer u. Raspe. 1/3 rthl

Kinderlust. 12 große, fein illum. Bilder m. kurzen unterhaltenden Erzählungen. qu. Fol. (3½ B. Text.) Nürnberg 846. [Lotzbeck.]

Kinderlust. 12 große, fein illum. Bilder mit kurzen unterhaltenden Erzählungen. qu. Fol. Nürnberg 846, Zeh'sche Buchh. 1⅓ rthl

Kinderlust, eine Sammlung von Kinderliedchen, Sprüchlein und Reimen, Spielen, Scherzen und Räthseln. Den lieben Kleinen zur Lust und Lehr' im häusl. Kreise so wie in Kleinkinderschulen. br. 8. (82 S. mit 1 Radirung und vielen Holzschn. von J. B. Sonderland.) Düsseldorf 850, Schulgen. Thlr. *

Kinderlust; neuestes Bilderbuch für die Jugend. 8. (6 ill. Stnt. mit 2 Bl. Text.) Fürth 858, Löwensohn. *

Kinder-Lust. 8 (chromolithogr.) Bilder mit Verschen. qu. 4. Leipzig 871, Oppel.

Kinderlust. 4. (8 Chromolithogr. mit Text.) Langensalza 876, Beyer und Söhne.

—— 4 Hefte. 16. (à Heft 16 S. mit eingedr. Chromolithogr.) Basel 877, Spittler. à Heft * 20 Pf. *

—— Ein unzerreißbares Bilderbuch für die kleine Kinderwelt. 12 heitere (chromolithogr.) Thierscenen in bunter Reihe auf starkem Carton. 1. und 2. Aufl. gr. 4. Eßlingen 876,77, Schreiber. cart. *

—— Ein unzerreißbares Bilderbuch für die kleine Kinderwelt. 12 heitere Thierscenen in bunter Reihe auf starkem Carton. 3. Aufl. Chromolithogr. 4. Eßlingen 881, Schreiber. geb. *

—— dass. — 12 (chromolithogr.) Bildertaf. auf starkem Karton mit 6 Vollbildern, kindl. Scenen darstellend, und 35 Einzelbildern mit reizenden Kinderverschen. gr. 4. Ebendas. 884. geb. *

—— Unzerreißbares Bilderbuch. qu. 4. (6 Chromolithogr. auf Carton.) Stuttgart 887, G. Weise. geb. * — 50

Kinderlust. Ein unzerreißbares Bilderbuch f. die kleine Kinderwelt. gr. 4. (12 farb. Taf. auf Karton m. eingedr. u. 1 Bl. Text.) Eßlingen 889, Schreiber. [* 2 50] * 2 —

Kinderlust. Ein unzerreißbares Bilderbuch. Mit vielen Bildern u. Versen. gr. 4. (8 farb. S. auf Pappe.) Stuttgart (900). Loewe. Geb. n. 2. —

—— Ein Jugend-Album mit Reimen von J. Trojan. Illustriert von Rud. Geißler. 3. Aufl. 4. (20 color. Stnt. mit Text.) Stuttgart 881, Thienemann's Verlag. geb. *

—— Ein Bilderbuch für große und kleine Kinder. 4. (40 chromolithogr. S. mit eingedr. Text.) Leipzig 882, E. Twietmeyer's Verlag. cart. *
Ausg. in Braundr. cart. *ℳ 1,80.; geb. *

Kinderlust. Liederbuch für ev. Kinder-Gottesdienste. Hrgg. v. Wilhelm Grönning und Rudolf Barth. 2. Aufl. Ausg. ohne Noten. Breckluin. 1883. 8°

Kinderlust. Sechs Bilder in Farbendr. von F. Lipps. qu. 4. (Mit eingedr. Verschen.) Stuttgart 884, G. Weise.
geb. als Leinw.-Bilderbuch

Kinderlust: 1885? 1891? Steubenville OH
Monthly and annual

Kinderlust. kl. 4. (10 lackirte Chromolithogr. auf Carton mit Text in Versen.) Stuttgart 886, Loewe. geb. 1 50

— Ein Jahrbuch f. Knaben u. Mädchen v. 8 bis 12 Jahren, hrsg. v. Frida Schanz. I.—IV. M. je 12 lith. Farbendr.-Bild., zahlr. Holzschn. beliebter Maler u. erläut. Abb. 4. (à ca. VII, 200 S.) Bielefeld 895—898. Velhagen & Klasing. à Bd. geb. in Halbleinw. 5. 50

— Ein Jahrbuch f. Knaben u. Mädchen von 8—12 Jahren, hrsg. v. Frida Schanz. 5.—8. Jahrg. Mit je 12 bunten Vollbildern, zahlr. Holzschn. nach Kunstwerken beliebter Maler u. erläut. Abbildgn. in Bunt- u. Steindr. 4. (à VII, 200 S.) Bielefeld (899—902). Velhagen & Klasing. Kart. à 5. 50

Kinderlust. Ein Jahrbuch f. Knaben u. Mädchen von 8 bis 12 Jahren, hrsg. v. Frida Schanz. 9.—12. Jahrg. Mit je 12 bunten Vollbildern, zahlreichen Holzschn. nach Kunstwerken beliebter Maler u. erläut. Abbildgn. in Bunt- u. Schwarzdr. (à VII, 200 S.) 4. Bielefeld (903 bis 906). Velhagen & Klasing. Kart. à 5. 50

— Ein Jahrbuch f. Knaben u. Mädchen von 8—12 Jahren, hrsg. v. Frida Schanz. 13.—16. Jahrg. Mit je 12 bunten Vollbildern, zahlreichen Reproduktionen nach Kunstwerken beliebter Maler u. erläut. Abbildgn.

in Bunt- u. Schwarzdr. (à Jahrg. VII, 200 S.) Lex. 8. Bielefeld 907—10. Velhagen & Klasing.
Kart. à Jahrg. 5. 50

Kinder-Lust. Ein neues Bilderbuch f. kleine Leute. gr. 4. (8 S. m. z. Tl. farb. Abb.) Konstanz 897. C. Hirsch. — 50

— Sammlg. heit. Bilderbücher f. brave Kinder. 1. Sammlung. gr. 4. Leipzig 898. G. A. Kaufmann.
Geb. n. 1. 60
Herr u. Frau Gernegroß od. Kinderstreiche. Heiteres aus dem Kinderleben in Wort u. Bild. Von Jul. Zähler. M. zahlr. fein kolor. Bildern. 5., verb. Aufl. (11. bis 16. Tauf.) (14 S.)

Kinderlust. Festwünsche u. Singspiele. Halle a. S.: Gebauer-Schwetschke (1907). (154 S.) 8° [F.]
[Sondert. 1.] Festwünsche f. alle Stufen d. Kindes- u. Jugendalters. (Hrsg.: [Ernst] Lausch.) 9. Aufl.
[2.] Neue Singspiele f. d. Jugend. Von Paul Hoffmann. [08. 2079 3

Kinderlust, in d. Erholungsstunden im Freien. Eine Samml. von Kinderspielen zur Erweiterung d. Geistes u. zur Uebung d. Körpers für d. zarte Geschlecht. Anschaul. dargestellt in einer Reih. von Bildern, in 6 Taf. 4. Augsb. ... Schlosser. 3 ℊ; ill. 5 ℊ

— in Gedichtchen u. Geschichtchen, Märlein, Sprüchen u. Gebeten u. 6 wunderschönen Stahlstichen. gr. 8. (20 S.) Berlin 850, Schartmann. ½ ℊ

—— und Kinderfreuden. Ein schönes Bilderbuch für die Jugend mit Liedchen, Fabeln, Märchen und Geschichten. qu. gr. 4. (16 S. mit 7 color. Stnt.) Mülheim 880, Bagel's Verlagsh. geb.

KINDERLUST für kleine Knaben und Mädchen. Stuttgart. Wilh. Nitzschke [c. 1840]. 16 bedr. S. u. 8 Tafeln mit je 2 kolorierten Holzschnitten u. gedr. Versen. 8°. Hellgrauer Orig.-Karton mit Titel: Kinderlust, farb. Illustr. u. weißen Ornamenten. 22.—
Reizendes Büchlein mit „kleinen Geschichten zum Vorerzählen". Die hübschen Bilder unsign. — Etw. gelockert, Rücken läd. u. repar.

Kinderlust für kleine Knaben und Mädchen. 8. (16 S. mit 8 ill. Stnt.) Stuttgart 862, Nitzschke. cart.

— u. Leben. gr. 4. (8 farb. Taf. m. eingedr. Text.) Wesel 889. Düms. cart. n. — 60; auf Leinw. n. 1. —

Kinderlust u. Leben. 4. (12 S. m. farb. Abbildgn., auf Pappe.) Wesel 892. W. Düms. Geb. 1. —

Kinderlust u. Leben. 2 Sorten. (à 9 S. auf Pappe m. farb. Abb. u. Text.) 8. Wesel (908). W. Düms. Geb. à — 40

Kinderlust, neue. Schnurrige Reime und drollige Bilder für Kinder von 3—7 Jahren vom Verf. der weitbekannten Struwwelfuse. 4. (20 lithogr. und ill. Bl. mit Text.) Erfurt 850, Bartholomäus.

Kinderlust, neue. Schnurrige Reime und drollige Bilder für Kinder von 3—7 Jahren vom Verf. der weitbekannten Struwwelfuse. (5. Aufl.) 4. (20 ill. Stnt.) Erfurt 853, Bartholomäus.

Kindermann & Co., s.: **Musterbuch üb. Petroleum-Lampen.**

Kindermann, Balth., expediter Redner b. allerh. Begebenh. verm. v. Casp. Stieler. 8. Frankf. 726.

Kindermann, Balthasar: Die bösen Sieben von welcher heut zu Tage die unglückseligen Männer grausamlich geplagt werden, in: Scheibe, Johann Adolf: Allerneueste erfundene Art, ... ein arglistiges und böses Weib los zu werden.

Kindermann, C., Preußens Gesetz v. 31. März 1838 üb. d. Einführ. kurzer Verjährungsfristen v. 2—4 Jahren hinsichtl. d. meisten im gewöhnl. Verkehr vorkomm. Forderungen, nebst Erläutern. desselben, den Hauptgrundsätzen üb. d. Anfang, Unterbrechung u. Ende d. Verjähr. u. Mitteln, den Gläubiger vor solchen Verlusten zu schützen, welche d. kurzen Verjährungsfristen leicht zur Folge haben können. gr. 8. (1¾ B.) Herford 840, Menckhoff.

Kindermann, C., die Göttlichkeit Jesu u. seine unmittelbare Sendung v. Himmel, unwidergl. dargethan a. d. Urkunden d. N. Testam. Zur Beruhig. bei Zweifeln u. Befestigung im ächtchristl. Glauben f. Nichttheologen aus d. gebild. Ständen. Mit e. Vorr. v. Ackermann. 8. (10 B.) Rostock 830, Oeberg u. Comp.

Kindermann, C. Th., wir können nie besser eintreten in ein neues Jahr, als wenn wir in Allem, was es uns bringt, den Willen Gottes verehren. Predigt. gr. 8. (1 B.) Chemnitz 843. [Schneeberg, Gödsche'sche Buchh.] *

Kindermann, Carl ..., s. Kindermann, Karl ...

Eberhard Christian Kindermann

(Reise in Gedancken nach denen Himmels-Kugeln.) Vollstandige Astronomie, oder Sonderbare Betrachtungen derer vornehmsten an dem Firmament befindlichen Planeten und Sternen... Vormahls unter d. T.: Reise in Gedancken... ans Licht gegeben, anjetzo aber in mehrern beleuchtet u. ... vorgest. von Eberhard Christian Kindermann. Th.[1.] 2. Rudolstadt: Deer 1744 (a: Dresden & Leipzig 1747.)

Bd 1: 1744.
Bd 2 (u.d.T.): Kindermann: Collegium astronomicum. 1747.

Kindermann, F. C., Chile mit Berücksicht. der Provinz Valdivia, als zur Auswanderung für Deutsche besonders geeignet. gr. 8. (40 S. mit 1 lithogr. Karte in Fol.) Berlin 849. (Frankfurt a. O., Trowitzsch und Sohn.) *

Kindermann, gen. v. Schulstein, Fd., († d. 25. Mai 1801.) Gedanken üb. die Mittel, den Religionsunterricht der verbess. Gemeinschulen unter d. Erwachsenen zu verbreiten. 8. Prag 799.

Kindermann, G., lehret u. vermahnet euch selbst. Unsere schönsten Bibelstellen u. christl. Gedichte, dem Kirchenjahre angepaßt. Mit e. Geleitswort versehen v. R. Hoffmann. 12. (896 S.) Cöthen 891. Bühling. Geb. m. Goldschn. n. 3. —

† Kindermann, Hans, ABC'n, das schönste v. allen rc., s. a. ABC'n, d. schönste rc.

Das schönste von allen ABC'n verf. v. Hans Kindermann [d. i. August Johann Carl Lewald. Mit Zeichnungen v. Johann Peter Lyser] Hamburg. 1830. 8°

Kindermann, Hans, (pseud.) ABC, d. schönste v. allen ABC'n, für Alle dies Lesen schon verstehen, für wohlgerath'ne erwachs'ne Kinder, Es macht den Kopf u. das Herz gesünder. — Nach Pestalozzi's u. Stephani's Methode, u. nach Amalien Schoppens geb. Weise, Mode. Mit Bildern u. Verslein u. Liedern daran, verfaßt v. ... 16. Hamb. 831. Hoffmann u. Campe. 6 gr.

Kindermann, Joh. Carl, die neuesten Bleichverfahren nach engl. Art mit Gas, od.: leichtfaßl. u. gründl. Anweis. baumwollene u. lein. Zeuge so wie alle derart. Garne auf d. leichteste u. vortheilhaft. Art, zu jeder Jahreszeit schön u. schnell zu bleichen, ohne daß d. baumwoll. u. lein. Faser im geringsten zerstört wird u. ohne großen Aufwand v. Brennstoffen zu erfordern. Nebst Belehr. üb. d. Anwenden d. alkal. Salze rc. gr. 8. (3½ B. incl. 1 Holzschn.) Leipzig 839, L. Schumann.

—— allgem. u. vollständ. prakt. Färbebuch, od. d. Ganze d. Sammet-, Manchester-, Kattun- u. Baumwollenfärberei. gr. 8. (21 B.) Leipzig 840, L. Schumann.

Kindermann, Jh. Karl, prakt. Lehrbuch der Baumwollen- und Leinen-Färberei, od. leichtfaßl. u. gründl. Anweisung, Baumwollen- u. Leinenzeuge, so wie alle derartige Garne auf dauerhafte, u. mit wenig Zeit- u. Kostenaufwand verbundene Weise, schön u. ächt zu färben, zu flammen u. zu drucken; nebst Belehrung über die Auflösung der Metalle, u. Anwendung der Säuren u. Salze. 8. Zittau 832. (Leipzig, L. Schumann.) 1⅓ ß

Kindermann, Joh. Karl, praktisches Lehrbuch der Baumwollen- und Leinenfärberei, oder: Leichtfaßliche u. gründl. Anweisung derartige Stoffe mit wenig Zeit u. Kostenaufwand schön zu färben rc. Nebst Belehrung über die Auflösung der Metalle, die Anwendung der Säuren u. Salze, mit Erklärung der Pflanzenstoffe, für Fabrikanten u. Färber. 2. Aufl. Zittau 856. Schöps in Comm. 8. (XVI, 221 S.) n. 1 ß.

Kindermann, Jos. Karl, († d. 16. Oct. 1801.) geograph. Abriß d. Herzogth. Steyermark. gr. 8. Grätz 779. 2e Aufl., unt. d. T.: histor.-geograph. Abriß rc. 780. 3e Aufl. 787. Ferstl. 10 gr. Hbg. Pr. 12 gr.

Kindermann, Jos. Karl, Anweis., d. Schachspiel zu lernen. Mit Kpf. 8. Grätz 795. 2e Aufl. 803. 3e Aufl. 818. Ferstl. 20 gr.

— Anweisung, das Schachspiel zu lernen. 8. Ebendaselbst. 801.

Kindermann, J. K., vollst. Anweisung, das Schachspiel rc. durch vorhergehenden allgem. Unterricht rc gründlich zu erlernen. 3te Aufl. M. K. 8. Grätz, Ferstl. 818.

— Beiträge z. Vaterlandskunde für Innerösterr. Einwohner. Mit Kpf. 2 Bde. gr. 8. Grätz 790, 91. Ferstl. 2 ß 16 gr.

— der Freund des Steyermärk. Volks. 4 Thle. 8. Grätz 787, 88. Ferstl. 1 ß 8 gr.

KINDERMANN Josef Karl. Geographisches Handbuch von Frankreich. Nach der neuesten Verfassung u. Glied[er]ung des Reiches. Ferstl, Grätz 1791.

Kindermann, J. K. Oberkrain oder der Laibacher Kreis. Unterkrain oder der Neustädter Kreis. Innerkrain oder der Adelsberger Kreis. Grätz. 1809. Fol.

— Repertorium d. Steyermärk. Geschichte, Geographie, Topographie u. Naturhistorie. 8. Grätz 798. Miller. 1 ß 8 gr.

Kindermann, Karl

[J.] Feldblumen un Heckrosen. Sammlg plattdeutscher Gedichte heiteren u. ernsten Inhalts v. Carl Kindermann. *Lübeck: Selbstv. d. Vf.; (Dr. v. Werner & Hornig) 1898.* (3 Bl., 100 S., 1 Portr.) 1 Bd 8. [98. 11634

Kindermann, Carl, Feldblaumen un Heckrosen. Sammlung plattdeutscher Gedichte heit. u. ernsten Inhalts. gr. 8. (VI, 100 S. m. Bildn.) Lübeck 898. (E. Schmersahl Nachf.) n. 1. 25

Kindermann, Carl, Feldblomenstruß. Humoristisch-plattdeutsche Gedichte. 8. (VIII, 134 S. mit 6 Illustr.) Lübeck 881, (Schmersahl.) *ℳ 2,50.; geb. *

—— dass. — 2. Aufl. 8. (VIII, 134 S.) Hamburg 882, Nestler und Melle. *

Feldblomenstruß. Humoristisch plattdeutsche Gedichte v. Carl Kindermann. 3. Aufl. Lübeck. o. J. 8°

Die Führer im modernen Völkerleben, ihr Grundcharakter, ihre Erziehung, ihre Aufgaben. Von Hochschulprof. Dr. Carl Kindermann. Stuttgart: Ulmer (1909). VIII. 348 S. 8° [03. 14374

Kindermann, Carl [Dr. phil. et jur.]: Zur organischen Güterverteilung. 1. Die allgemeine materielle Lage d. Roheisenarbeiter d. Verein. Staaten v. Amerika, bes. Pennsylvaniens ... Leipzig, Duncker & Humblot, 1894; 2 Bl., XXXVIII, 133 S. 8.
Heidelberg, Phil. Fak., Hab.-Schr. v. [27. Juli] 1894

Kindermann, Carl, zur organischen Güterverteilung. II. D. Glasarbeiter Deutschlands u. d. Verein. Staaten v. Amerika in ihrer allgem. materiellen Lage. gr. 8. (IX, 304 S.) Leipzig 896. Duncker & Humblot. n. 6. 80 (I. u. II.: n. 10. —)

Kindermann, Carl, Kniffe und Ränke der gestürzten Bureaukratie, oder Vertheidigung auf eine auf allerhöchsten Befehl Sr. Maj. des Königs von Preußen eingeleitete fiscal. Untersuchung wegen Beleidigungen der höchsten Behörden. Angefertigt und hrsg. von dem Angeklagten. 8. (32 S.) Herford 848. (Minden, Eßmann.)

Kindermann, Carl, drei Kostümball-Aufführungen. Das Fest der Bergleute; Ein Winzerfest; Bacchus u. Gambrinus, od.: Begegnung auf dem Maskenballe, s.: Fastnachts-Bühne.

Plattdütsch' Lederstruss von Carl **Kindermann**. Een-, twee- un veerstimmig f. plattdütsche Vereene un Private. Lübeck 1905: (Eisenbahn-Zeitung). (85 S.) 8° [F.] [07. 4503 9

Einladung zur öffentlichen Probe-Vorlesung, welche Dr. phil. et jur. Carl **Kindermann** zur Erlangung der Venia legendi bei der philosophischen Facultät der Ruprecht-Carls-Universität zu Heidelberg Freitag, d. 27. Juli ... abhalten wird. Thema: Die organische Nationalökonomie und ihre Beziehungen zur Gegenwart. *Heidelberg*, Druck v. J. Hörning, *1894*; 1 Bl. 8.

Kindermann, Carl (geb. Magdeburg 10. 8. 1860): Nemo pro parte testatus, pro parte intestatus decedere potest. Berlin 1885. (62 S.) 8° [Ant. u. F.]
Berlin, Jur. Diss. v. 18. Apr. 1885

— Parteiwesen u. Entwicklung in ihren Wirkgn. auf die Kultur der modernen Völker. 1. u. 2. Aufl. (VII, 130 S.) Lex. 8. Stuttgart 907. F. Enke. 3. —

— u. A., Polterabend- u. Hochzeitsscherze, s.: Polterabend u. Hochzeit.

— Sedan, s.a. Bloch's, Ludw., Gallerie lebender Bilder.

Sedan. Reihenfolge lebender Bilder mit Prolog u. begleit. Text von Carl **Kindermann**. *Berlin: E. Bloch (1894).* (19 S.) 8° [F.]
— Gallerie. Ludwig Blochs, lebender Bilder. Lief. 19. [00. 12541

Volkswirtschaft und Kunst. Von Dr. Carl **Kindermann**, Prof. Jena: G. Fischer 1903. (VI, 46 S.) 8° [03. 10013 2

— Volkswirtschaft u. Staat, s.a. Wissenschaft u. Bildung.

Kindermann, C., Volkswirtschaft u. Staat. (128 S.) 8. Leipzig, Quelle & Meyer. 1. —; geb. in Leinw. 1. 25.
Wissenschaft u. Bildung, Bdchn. 59.

Kindermann C. Deutschlands wirtschaftliche Weltstellung. Festschrift der Landwirtschaftlichen Hochschule Hohenheim. (100 S) Plieningen 1908

Kindermann, Carl, Deutschlands wirtschaftliche Weltstellung. (VII, 100 S.) gr. 8. Stuttgart 909. E. Ulmer. 2. —

Zwang und Freiheit, ein Generalfaktor im Völkerleben. Von Dr. Carl **Kindermann**, Prof., Heidelberg. *Jena: G. Fischer 1901.* (XIV, 351 S.) 8°
— Kindermann: Zur organischen Güterverteilung. 3. [01. 12465

Kindermann, Carl Gustav (Zschopau), De usu vini therapeutico. Diss. med. Lpz. (Rueckmann) 21. X. 1837. 52 S. mit Literatur. (6.50) 18033
Gew.: Ernst Immanuel Hammer (Leipzig).

Kindermann, Vict., über die auffallende Widerstandskraft der Schliesszellen gegen schädliche Einflüsse. (20 S.) gr. 8. Wien 902. (A. Hölder.) n. — 40
Sonderabdruck aus: „Sitzungsber. d. k. Akad. d. Wiss."

Kindermährchen, aus mündlichen Erzählungen gesammlet, 8. Erfurt, 787. Keyser. 10 ggl.

Kindermärchen, von C. W. Contessa, Fr. de la Motte Fouqué und E. T. A. Hoffmann. 2 Bde. mit 6 Kupf. 12. Berlin, Dielmer. 816 — 17.

Kindermährchen, dem deutschen Volk entkeimt, u. nicht mehr ungereimt. Hrsg. v. L. Wiese. Mit 8 col. Bild. gez. v. J. B. Sonderland. gr. 16. (15½ B.) Barmen 844, Langewiesche. Thlr.

Kinder-Mährchen enth.: 1. Das Aschenbrödel. 2. Die Eselshaut. 3. Das Wundermännchen. Mit 24 lithogr. und ill. Abbildungen. qu. 4. Nürnberg 849, Renner und Comp.

Kinder-Mährchen enth.: 1. Der Pelzmertel und der Kinderfresser. 2. Die Zaubervögel. 3. Das Rothkäppchen und der Wolf. Mit 24 lithogr. und ill. Abbildungen. qu. 4. Nürnberg 849, Renner und Comp.

Kindermärchen, dem deutschen Volk entkeimt und nicht mehr ungereimt. 2. Aufl. Elberfeld 1867. V: *Wiese, L. (= Wilhelm Langewiesche).* (Ky)

Kindermärchen, dem deutschen Volk entkeimt und nicht mehr ungereimt. (Von L. Wiese.) 2., verb. und verm. Aufl. gr. 16. (XVI und 224 S. mit 8 lithogr. und fein ill. Bildern gez. von J. B. Sonderland.) Elberfeld 867, Langewiesche. cart.

Kindermärchen. Von E. T. A. Hoffmann, C. W. Contessa und Friedr. Baron de la Motte Fouqué u. a. 1. und 2. Aufl. 8. (III, 307 S. mit 5 Bildern in Farbendr.) Berlin 886,87, Plahn'sche Buchh. geb. 3 60

Kindermärchen. Von E. T. A. Hoffmann, C. W. Contessa u. Friedr. Baron de la Motte Fouqué u. a. 3. Aufl. gr. 8. (307 S. m. 5 Bildern in Farbendr.) Berl. 890, Plahn. cart. 3 60

Kinder-Märchen, deutsche. Zwölf Lieblingsmärchen für die Jugend. Mit 72 Farbdr.-Bildern nach Aquarellen von C. Offterdinger und H. Leutemann. 4. (VI, 64 S.) Stuttgart 884, Löwe. geb.

Kinder- und Volksmärchen, deutsche. Ein Märchenbüchlein für kleine Knaben und Mädchen. 8. (64 S. mit 3 Buntdr.-Bildern.) Berlin 887, Liebau. geb. — 60

Kinder- u. Hausmährchen, gesammelt durch die Brüder Grimm. 1r u. 2r Bd. 8. Berl. Realschulbuchh. 812—14. (à 1 Rthlr. 8 gr.)

Kinder- und Novellen-Märchen. Ihren Neffen und Nichten erzählt ... Potsdam 1849. V: *Baudissin, Aurelie Gräfin von.* (Ky)

Kinder- und Novellen-Mährchen. Ihren Neffen und Nichten erzählt von der Tante Aurelie. 8. (279 S. und 4 ill. Stnt.) Potsdam 849, Janke.

Kindermährchen, die schönsten, rc., s.a. Kinderbibliothek, neueste.

Kindermärchen, die schönsten. schmal Lex.-8. (12, 12, 12 u. 12 S. m. z. Tl. farb. Abbildgn.) Eßlingen (901). J. F. Schreiber. Kart. n. 1. 50

Schweiz. **Kindermehl-Fabrik** (A. G.) Bern (Fabrik in Belp). Mutmassliche Rentabilitäts-Berechnung. [1901.] [6 S.] 4.

Kinder-Milch, Geistliche, oder einfältiger Christen Haus-Apotheck... Franckfurt 1710. V: *Münchhausen, Philipp Adolph von.* (Myl)

Kindermilch, geistl., oder einfält. Christ. Hausapotheke, durch Erklär. d. Evangel. vorgetr. 2 Thle. Fol. Frankfurt, Gentsch. 710.

Kinder-Missionskalender f. d. J. 1911. 3. Jahrg. Hrsg. v. der St. Petrus Claver-Sodalität f. die afrikan. Missionen. Ausg. f. Österreich-Ungarn, Deutschland u. die Schweiz. (68 S. m. Abb. u. Titelbild.) kl. 8. Salzburg, St. Petrus Claver-Sodalität. — 30

Kinder-Mode, Wiener. Mit der Beilage „Für die Kinderstube". Red.: Phpp. Brunner. I. Jahrg. Oktbr. 1894—Septbr. 1895. 12 Nrn. (Bog. m. Abbildgn.) gr. 4. Wien, „Wiener Mode", Verlags-A.-G. n. 3. —

Kinder-Mode, Wiener. Mit d. Beiblatte „Für d. Kinderstube" Red.: Phpp. Brunner. II.—V. Jahrg. Oktbr. 1895—Septbr. 1899. à 12 Nrn. (Bog. m. Abb.) gr. 4. Wien, Gesellschaft f. graph. Industrie. à Jahrg. 3. —

Kinder-Mode, Wiener, m. der Beilage: „Für die Kinderstube". Red.: Phpp. Brunner. 6. u. 7. Jahrg. Octbr. 1899—Septbr. 1901. à 12 Nrn. gr. 4. (à ca 8 S. m. Abb.) Wien, Gesellschaft f. graph. Industrie. à Jahrg. 3. —
Fortsetzung mit „Wiener Mode" vereinigt.

(F) Wiener Kinder-Mode. Redigirt von Philipp Brunner. V. Jahrgang. 1899. Wien. 1899. Gesellschaft für graphische Industrie. 4°. erscheint in 24 Nrn. viertelj. fl. —.45
Bildet zugleich eine Gratisbeilage zur „Wiener Mode" (Nr. 881).

(F) Wiener Kinder-Mode. Redigirt von Philipp Brunner. VII. Jahrgang. 1900. Wien. Gesellschaft für graphische Industrie. 4°. erscheint in 24 Nrn. viertelj. K —.90

(F) Wiener Kinder-Mode. Redigirt von Philipp Brunner. VIII. Jahrgang. 1901. Wien. 1901. Gesellschaft für graphische Industrie. 4°. erscheint in 24 Nrn. viertelj. K —.90
Bildet zugleich eine Gratisbeilage zur „Wiener Mode".

Kinder-Mode, Wiener, u. Kinder-Zeitung. Herausgeber Arthur Podhorecr. Redigirt von Heinrich Kamerling. I. Jahrg. 1892. 12 Nrn 4. Mit Schnittmustern und Beilagen. (Nr 2. 16 S.) 4.—, halbj. 2.—

Kinder-Mode u. Kinder-Zeitung, Wiener. Hrsgbr. u. Redact.: Arth. Podhoroer. Redact.: Heinr. Kamerling. 2. Jahrg. Octbr. 1892—Septbr. 1893. 12 Nrn. gr. 4. (à Nr. ca. 20 S. m. Abbildgn. u. 1 Schnittbog.) Wien. (Frankf. a. M., Rommel.) * 8 —

Kindermode, Wiener. Verantwortlicher Redacteur Philipp Brunner. IV. Jahrg. 1898. Nr. 7. 4. Pro III. Quartal * —.45

Kinder-Moden, praktische deutsche. Zusammengestellt v. Marie Riedner u. Helene Weber. 1.—3. Hft. Imp.-4. Leipzig, Verlag der „Deutschen Moden-Zeitg." à 1. —; f. Abnehmer der „Deutschen Modenzeitg. à — 50
1. Frühjahr u. Sommer 1900. (16 S. m. Abb. u. 1 Schnittbog.)
2. Herbst u. Winter. 1900 u. 1901. (16 S. m. Abbildgn. u. 1 Schnittbogen.) — 3. (16 S. m. Abbildgn.)

Kindermoden-Bazar. Halb-Monatsschrift f. deutsche, engl. u. franz. Kinder-Garderobe. Red.: Else Cuers. 1. Jahrg. Juli 1910—Juni 1911. 24 Nrn. (à ca. 8 u. 2 S. m. Abbildgn.) Lex. 8. Berlin, Hafen-Verlag. 4. —

Kindermodenwelt. Zeitschrift zur Selbstanfertigg. der Kinderkleidg. Red.: Doris Kiesewetter. Nebst Beilage: Illustr. Kinder-Zeitg. Hrsg. v. Jul. Lohmeyer. Oktbr. 1899—Septbr. 1900. 26 Hfte. gr. 8. (à ca. 8 u. 16 S. m. Abbildgn. u. Schnittbog.) Berlin, W. Vobach & Co. 5. —

— Monatsschrift zur Selbstanfertigg. der Kinderkleidg. Red.: Doris Kiesewetter u. Hermine Steffahny. Nebst den Beilagen: Küche u. Haus. Baby. Illustr. Kinderzeitg. Romanzeitung für Haus. Schnittmusterbogen. Oktbr. 1900—Septbr. 1901. 12 Nrn. gr. 4. (à ca. 8, 4, 4 u. 4 S. m. Abbildgn.) Ebd. 3. —

Kinder-Modenwelt, deutsche. Einzige Zeitschrift zur Selbstanfertigg. der Kinderkleidg. Verantwortlich: S. Hochstein, Erna Orth-Steinberg, G. Kosbahn. Mit 9 Gratis-Beilagen. Jahrg. 1910. 12 Nrn. (à ca. 24 S. u. 8 S. in gr. 8. m. Abbildgn. u. 1 Schnittbog.) 31,5×23,5 cm. Leipzig, W. Vobach & Co. à Nr. — 25
Erschien früher u. d. T.:

— große. Red.: Doris Kiesewetter, Hermine Steffahny u. Helene Tiedemann. Nebst den Beilagen: Küche u. Haus. Baby. Illustr. Kinderzeitg. Roman-Zeitung. Schnittmusterbogen. Oktbr. 1901—Septbr. 1903. à 12 Nrn. gr. 4. (à ca. 8, 4, 4, 4 u. 4 S. m. Abbildgn.) Ebd. 2. 40

Kindermodenwelt, große. Verantwortlich f. den Modentl.: Frau Erna Orth-Steinberg; f. den unterhalt. Tl.: S. Hochstein. Nebst den Beilagen: Album prakt. Handarbeiten. Küche u. Haus. Illustr. Kinderzeitg. Novellen-Zeitung. Schnittmusterbogen. Oktbr. 1903—Septbr. 1907. à Jahrg. 12 Nrn. (à Jahrg. 72, 72, 48, 48 u. 48 S. m. Abbildgn. u. Schnittmust.) 4. Berlin, W. Vobach & Co. à Jhrg. 2. —; m. Bestellgebühr 2. 40

— große. Red.: S. Hochstein, Erna Orth-Steinberg u. G. Kosbahn. Jahrg. 1909. 12 Hefte. (à ca. 20 S. u. 8 S. in gr. 8. m. Abbildgn. u. 1 Schnittbog.) 31×23,5 cm. Ebd. à Heft — 25

Kindermoral, in Beispielen. Halle, Dreyßig. 9 gr.

— in Bildern. gr. 8. Berl. 772. Winter. 8 gr.

— in Feenmährchen. 4 Bdchn. 12. Weimar 801. Ind.-Compt. 12 gr. Schrbp. 1 Thlr (vergl. blaue Bibliothek für Kinder).

Kindermord

— über den, hingeworfene Gedanken eines Nichtfakultisten (F. D. Ring). 8. Frankf. a. M. 782.

— der, zur Beherzigung für alle meine Mitmenschen. 8. Rostock 792. (Stiller). 14 gr.

Kindermord, der, u. Mittel dagegen. 8. Manh. 804. Löffler. 8 gr.

Kindermord in der Oberpfalz. [Göttingen 1783.] V: *Schuhbauer, Thomas Joachim.* (MGT)

— über den, seine Quellen u. seine Verhütung, (v. J. G. Gf. Kiesling). 8. Bayr. 799. Lübeck. 3 gr.

Schrecklicher | Kinder- und Selbstmord, | nebst der Hinrichtung des grausamen Vaters. | Geschehen in Thalkirchen, im Königreich Preußen, im Jahr 1851.
Kol.: Mülhausen, gedruckt bei J. P. Rißler.
o. J., 1 Bl. zweiseitig bedruckt, 285 × 220.
Arch. Bas-Rhin, Strasbourg T. 216.

— vom, u. dessen Verhütung. 8. Frkf. a. M. 787. Fleischer. 2 gr.

Vom Kindermord und dessen Verhütung, vom Verf. (von): Vorschläge, Waisenhäuser vortheilhaft einzurichten. Frankfurt u. Lpz. 1787. 8°.
4 xr. Beck I. p. 232.

Kindermörderin, die, (von Lenz). 8. Augsb. 776. v. Jenisch u. St. 4 gr.

Kindermörderin, Die, ein Trauerspiel. Leipzig 1776. V: *Wagner, Hnr. Leopold.* (Deutsche Litteraturdenkm. 13.) (GGr) (BrMm) (Ky) (ML)

Kindermörderin, die. Trspl. (von H. L. Wagner). 8. Leipz. 776. Schwickert. 6 gr.

Kindermörderin, Die. Trauerspiel. Berlin 1777. V: *Lessing, Carl Ghelf.* (Ky)

— Dass., (von K. G. Lessing). 8. Berl. 777. Himburg. 8 gr.

Kindern, guten, zur Freude. 4. (8 Chromolithogr. mit eingedr. Text.) Wesel 886, Dums. cart. — 50

Kindern, guten, zur Freude. Ein unzerreißbares Bilderbuch. gr. 4. (16 Farbdr.-Taf. auf Pappe.) Stuttgart 891. F. Loewe. Kart. 3. —

Kindern, den, Mariens, Unterweisungen, die ihnen als Lebensregeln in der Welt dienen sollen. Aus dem Französ. übers. 8. (168 S. mit 1 Holzschnt.) Regensburg 856, Pustet.

Kindern, den, Mariens. Unterweisungen, die ihnen als Lebensregel in der Welt dienen sollen. Nebst Ablässen der Congregation. Aus dem Französ. übers. 16. (175 S. mit 1 eingedr. Holzschn.) Regensburg 882, Pustet.

Von schwarzen, braunen und gelben **Kindern**. *Barmen: Missionshaus 1901.* (16 S.) 8° [J.]
— Missionstraktate, Kleine. No 37. [02. 2820

Kindern, unsern. 6 Bilder aus der heil. Geschichte nach Jul. Schnorr v. Carolsfeld. 4 Hefte. qu. 12. (à 15 S.) Basel 892, [Spittler]. Jaeger u. Kober. * 1 —

Unsern **Kindern**. Ein fröhlich' Buch f. Groß u. Klein. Hrsg. v. Verein Frauen-Erwerb zu Berlin. *Berlin: Gr.-Lichterfelde: E. Eißelt [1903].* (103 S.) 8° [04. 2619

Kindernay, Georg (Némethfalva Soliensis/Ungarn), De possibilium natura. Diss. metaphysica. Präs. M. Andreas Casparides (Almaschino-Hontensis / Ungarn). Wittbg. (Ephraim Gottlob Eichsfeld) Juni 1756. 16 S. (5.—) 18036

Kinderpflege, die. Eine Zeitschrift für Erziehung und Bildung in Haus und Schule, mit besond. Berücksicht. der Kleinkinder-Erziehung. Hrsg. von S. Pfrängle u. A. 1—3. Jahrg. à 4 Hefte. Mit lithogr. Musik- und Zeichnungsbeilagen. gr. 8. (3. Jahrg. 1. Heft. 64 S. mit 3 Stnt.) Donaueschingen 853, Schmidt'sche Hofbuchh. à Heft *

Kinderpflege u. die Krankheiten der Neugeborenen, s.: Miniatur-Bibliothek.

Kinderpflege in d. ersten Lebensjahren, s.a. Auerbach's hauswirtschaftl. Volksbibliothek.

Kinderpflege in den ersten Lebensjahren. Ein Ratgeber f. junge Mütter. Von e. prakt. Arzte. *Berlin-Steglitz: R. Auerbach [1896].* (19 S.) 8° [Umschlagt.]
— Volksbibliothek, Auerbach's Hauswirtschaftliche. II. 1. [00. 6347

Kinder-Post: Jahrgang 1–24, Jan. 14, 1883 –1906
Weekly, issued gratis for the first years, then at nominal price per year. For supplement, see A B C-Post. Quarto, each issue 4 pages; illustrated. Circulation: 1885, 150,000. Published by W. W. Coleman, 1883–88, by The Herold Co., 1888–1906; edited by Leo Stern, ? - 1926.
Milwaukee, WI

Kinder-Post. 1.—4. Jahrg. 1891—1894. à 24 Nrn. (1/2 Bog.) gr. 8. Berlin, E. Streisand. à Jahrg. n. 1. 60

Kinder-Post. 5. Jahrg. 1895. 24 Nrn. (à 8 S.) gr. 8. Berlin, E. Streisand. 1. 60
Weiter nicht erschienen.

Kinderpredigten, 5, zu Ehren der Maikönigin Maria. Gehalten bei Gelegenheit der Kinder-Maiandacht in der Serviten-Kirche zu Innsbruck an den 5 Sonntagen des Mai-Monats im Jubiläumsj. 1886. 16. (99 S. mit 1 Holzschn.) Innsbruck 886, Vereinsbuchh. und Buchdruckerei. * — 24

(Der Jungfrauentribut Berlins.) Die **Kinder-Prostitution** Berlins. Ungeschminkte Enthüllungen u. Sittenbilder. Zugleich ein Mahn- u. Warnungsruf an d. Oeffentlichkeit. Von einem Eingeweihten. Leipzig: Minde (1896). 48 S. 8° [10. 7703

Kinderprügeln u. Sexualtrieb. Eine ernste Ermahng. u. Aufklärg. f. alle Eltern, Lehrer u. Erzieher v. Berus. (26 S.) gr. 8. Leipzig 904. W. Möhmann Nachf. n. 1. —

Kinderpsalter. Zusammengestellt von Helfern und Helferinnen des Kindergottesdienstes in St. Elisabeth. 12. (48 S.) Berlin 885, (F. Schulze's Verlag.) * — 15

Der Kinderraub.
Kol.: Eigenthümer August Moll. – Vor Nachdruck wird gewarnt – Druck von J. P. Risler und Komp. in Mülhausen.
o. J. (1866), 1 Bl. zweiseitig bedruckt, 310 × 225.
BNP 4° Z. 77.
Schenda VoB S. 396.

Kinderraub, Ausgeübter, gegen einen Preussischen Unterthan . . . Charlottenburg 1844. V: *Fabeck, Frdr. v.* (Ky) (EngJ) (Wa)

Kinderraub, ausgeübter, gegen einen preuß. Unterthan unterm Schutze der Gerichte der freien Stadt Frankfurt. Actenmäßig dargestellt nebst e. Anhang. (Von Friedr. v. Fabeck.) 1. Ausg. 844. * 1 Thlr. u. 2., wohlf. Ausg. gr. 8. (à 13 1/2 B.) Charlottenburg 845, Bauer.

Kinderraub, der, in Karaß. Ein Bild aus der früheren Basler Mission im Kaukasus. 8. (32 S.) Basel 864. (Berlin, Beck.)

Kinderraub, der, in Karaß oder Tscherkessen und Kolonisten im Kaukasus. 2. und 3. Aufl. 8. (24 S.) Basel 880,83, Missionsbuchhandlung. *

Kinderraub, der, in Karaß od. Tscherkessen u. Kolonisten im Kaukasus. 4. Aufl. 8. (20 S.) Basel 896. Missionsbuchh. n. — 10

Neun Kinderreigen, H. 4: Fahnen-, Lieder- u. Tanzreigen f. Schüler, Schülerinnen od. Schülerinnen u. Schüler, Leipzig, 32 S., Kl.-8°.

Kinder- u. Ammen-Reime in plattdeutscher Mundart. Hrsg. z. Besten d. kleinen Frauenvereins. gr. 12. (3½ B.) Bremen 836, Heyse. •

Kinder- u. Ammen-Reime in plattdeutscher Mundart. (Hrsg. v. Heinr. Smidt.) 3. Aufl. (X, 74 S.) kl. 8. Bremen (906). C. v. Masars. n. 1. 25

Kinder- und Volksreime, baslerische, aus der mündlichen Ueberlieferung gesammelt. 16. (XII und 96 S.) Basel 857, Schweighauser'sche Verlagsbuchh.

Kinder-Reime in Bildern. 8. (9 ill. Stnt.) Stuttgart 861, Nitzschke.

Kinder-Reime in Bildern. 16. (9 color. Stnt. mit Text.) Stuttgart 875, Nitzschke. cart.

Kinderreise um die Welt ıc. 8. Halle... Dreyßig. 12 gr.

Kinder-Reisen, s.a(Grumbach, Karl Heinr.)

Kinder-Reisen, oder Erzählungen der merkwürdigsten Gegenstände fremder Länder. Neue Aufl. Leipzig 1820. 3. verb. Aufl. Leipzig 1830. V: *Grumbach, Carl Heinrich.* (EngG) (Ky)

Kinderreisen, od. Erzählungen d. merkwürd. Gegenstände fremder Länder, (v. K. Grumbach). 1s Geschenk. Mit Kpf. N. Aufl. 8. Leipz. 820. 3e Aufl. 830. Lauffer. 15 gr. 2s Geschenk. Mit ill. Abbildd. 823. 16 gr. 1 Thlr. 7 gr.

Kinderreisen, od. Erzähl. merkwürd. Gegenstände fremder Länder. Zweites Geschenk. Mit ill. Abbild. 8. Leipz. 823, Lauffer.

— am Pulte. 2 Thle. 8. Gotha 793. Ettinger. 1 Thlr. 4 gr. (Der 1e Thl. erschien bereits 1785 unt. dem T.: Zusammenkünfte am Atlas.)

Kindersang — Heimatklang. Deutsche Kinderlieder. Tonsatz v. Bernh. Scholz. Bildschmuck v. Ernst Liebermann. Aus der Sammlg. „Das deutsche Bilderbuch". 1. u. 2. Bd. (à 16 S. m. 6 farb. Vollbildern.) qu. 8. Mainz (906). J. Scholz. Kart. à 1.—; in 1 Bd. kart. 2.—; in 1 Leinw.-Bd. 3.—

Kindersang — Heimatklang. Deutsche Kinderlieder. Tonsatz v. Bernh. Scholz. Bildschmuck v. Ernst Liebermann. Aus der Sammlg. „Das deutsche Bilderbuch". 3. u. 4. Bd. (à 16 S. m. farb. Abbildgn. u. 6 farb. Vollbildern.) 22,5×29,5 cm. Mainz (907). J. Scholz. Kart. à 1.—; in 1 Bd. kart. 2.—; 1.—4. Bd. in 1 Leinw.-Bd. 5.—

Kinderscenen aus d. Zeichenbuche des Peter Fendi, gestochen u. herausg. v. Th. Benedetti. qu. Fol. Leipzig 833. (R. Weigel.) 3 Thlr.

Kinderschatz

— Hrsg. von H. Schulze und W. Steinmann, s. Schultze.

KINDERSCHATZ. Stufenmäßig geordnete Sammlung der vorzüglichsten Erzählungen, Märchen, Fabeln und Lieder als freundliche Festgabe für Kinder von 5 bis 8 Jahren. Zweite Auflage. Mit [5] fein colorirten Stahlstichen [A. EVERS gem., 1847]. Dresden. L. Ehlermann [c. 1855]. XII, 259 S. 8°. Farb. illustr. u. verzierter, sepiabrauner Or.-Pappbd. 40.—

Vgl. Hopf 22. Besonders hübsch illustriert. Gute Anthologie in Fraktur- u. Antiquadruck. — Wohlerhalt. Einband, nur d. Rücken lädiert.

Kinderschatz. Stufenmässig geordnete Sammlung der vorzüglichsten Erzählungen, Märchen . . . 2. Aufl. Hannover 1848. H: *Schulze, H. & W. Steinmann.* (Ky)

— Stufenmäßig geordnete Sammlung der vorzüglichsten Erzählungen, Märchen, Fabeln u. Lieder, als freundl. Festgabe für Kinder von 5—8 Jahren. (Hrsg. von H. Schulze u. W. Steinmann. Mit einem Vorw. v. Tellkampf.) 2. Aufl. (Feine Ausg.) Mit (5) color. Stahlst. 8. (XVI u. 242 S.) Hannover 848, Ehlermann. In Engl. Einb. n. 1 Thlr.

Kinderschatz. Sammlung deutscher Gedichte. 8. (VI und 98 S. mit 6 ill. Stnt.) Wismar 851, Hinstorff'sche Buchh.

Kinderschatz. Stufenmäßig geordnete Sammlung der vorzüglichsten Erzählungen, Märchen, Fabeln und Lieder als freundl. Festgabe für Kinder von 5 bis 8 Jahren. 2. Aufl. 8. (XII und 259 S. mit 5 fein ill. Stahlst.) Dresden 867, Ehlermann. cart. –

Kinderschatz, deutscher, s. Kinderfreund.

Kinderschauspiele

— v. A. Rode. 8. Lpz. Vogel. 776.

— — dieselb. 8. Augsb. Stage. 777.

— v. J. B. Koller u. Sannens. 8. Wien, Pazowsky. 793. -

Kinderschauspiele, franz. u. deutsch v. J. P. Jauffret, m. K. 2 Thle. 8. Hamb. Hoffmann. 803.

Kinderschauspiele. Gött. 1780—81. V: *Seidel, Carl Aug. Gottlieb.* (StAt) (Ol.) (MGT)

Kinderscherz, als Fortsetzung d. lustigen Kinderbibliothek. 1s—8s Stck. 8. Riga 76.. Meinshausen. 6 gr.

Kinderscherz für's Kinderherz. Alte und neue Geschichten, gesammelt von Adele Gräfin v. Bredow-Goerne, illustr. von Luise Thalheim. Mit 35 (eingedr.) Bildern, in Holzschn. ausgeführt von Heinr. Bürkner und Klitzsch und Rochlitzer. 2. Bd. 2. Aufl. hoch 4. (64 S.) Glogau 877, Flemming. cart.
1. und 3. Bd. Ebendas. cart. à ℳ 3.

Kinderschriften, od. wahre Erzählungen für d. Jugend. 8. (13½ B. u. 4 Stahlst.) Basel 846, Bahnmaier's Buchh.

Kinderschriften oder wahre Erzählungen für die Jugend. 2. (Titel-)Aufl. Basel 853. Bahnmaier. 8. (VI, 209 S. u. 4 Stahlst.) 16 ngr.

Kinderschriften, Christliche, vom Verfasser des »armen Heinrich« und der »Rabenfeder« . . . Stuttgart 1838—41. V: *Barth, Christian Glob.* (Ky)

Kinderschriften, christl., v. Verf. des „armen Heinrich ꝛc." Gesammt-Ausg., mit Umrissen v. H. Groß. 1—4. Bd. br. 8. Stuttgart, J. F. Steinkopf. [1. (23½ B. u. 6 Umrisse.) 838., 2. (21 B. u. 6 Umrisse.) 839., 3. (21¾ B. u. 6 Umrisse.) 840., 4. (21¾ B. u. 6 Umrisse.) 841. à * 1 Thlr.] *

Kinderschriften, Englische, gesammelt und für die Jugend . . . herausgegeben. Celle 1799. H: *Bonath, Hnr. Ludwig.* (MGT) (Ky) (Rotermund, Gel. Hann. Bremen 1823.)

Kinderschriften, Englische. 1s Bdchn.: the history of little Jack. Mit Anmerkk. u. einem Wörterbuche herausgeg. von H. L. B(onath). 12. Celle 799. Schulze. 8 gr.

Kinder- u. Jugendschriften, über, an Eltern u. Jugendfreunde, (v. G. Ph. Moll). 8. Tübing. 797. Heerbrand. 4 gr.

—— des calwer Tractat-Vereins. 1—3. Serie. Calw. (Stuttgart . . ., J. F. Steinkopf.)
Serie 1. Nr. 1—16. 32. 6 Gr., pr. Hundert 1 Thlr. 6 Gr.
„ 2. Kinderblätter. Nr. 1—20. 16. 7½ Gr., pr. Hundert 1 Thlr. 6 Gr.
Neue Kinderblätter. No. 1—6. 16. 2 Gr., pr. Hundert 1 Thlr. 6 Gr.
„ 3. Festbüchlein. (Nr. 1. Das Jesuskind. 2. Die Weisen aus Morgenland. 3. Die Kinderjahre Jesu. 4. Das Leiden Jesu. 5. Die Auferstehung Jesu. 6. Die Himmelfahrt u. d. Pfingstfest.) 64. à 2 Gr., zusamm. 8 Gr.

Kinderschutzgesetz

— das, u. seine Ausführungsbestimmungen in Hessen, s.: Gesetzgebung, sozialpolitische. 2.

Kinderschutzgesetz, das, im Großherzogt. Hessen, s.: Jahresbericht üb. die Durchführung des Kinderschutzgesetzes.

Kindersegen — Elternsorgen. Eine Sammlg. volkstüml. Erziehungsschriften. Hrsg. v. C. Gärtner. 1. Bdchn. 16. Ravensburg, F. Alber. — 40
1. Das reichste Erbe — das höchste Glück! Ein Weckruf an alle Eltern. Von C. Gärtner. (112 S.) (909.)

Kindersinn u. Kinderglück in e. Mädchenanstalt in China. 16. (16 S. m. Abbildgn.) Basel 891, Missionsbuchh. * — 4

— — dasselbe, s.: Missions-Traktate, kleine.

Kindersinn im Weltgetümmel, s. Funk, W.

Kindersinn im Weltgetümmel. Ein Unterhaltungsbuch für gemüthvolle Knaben u. Mädchen. Mit ill. Abbild. . . Neuhaldensleben 838. Eyraud. ¾ ℛ

Kindersley, Mistreß, Briefe von d. Insel Teneriffa, Brasilien ꝛc. Aus d. Engl. 8. Leipz. 777. Weidmann. 12 gr.

Kinder-Sonntagsblatt. Hrsgbr.: Ed. Blösch. Jahrg. 1869—1874. à Jahrg. 24 Nrn. (Bog. mit eingedr. Holzschn.) 8. Bern 874, (Mann und Baeschlin.) à Jahrg. *

Kinder-Sonntagsblatt. Hrsgbr.: Ed. Blösch. Jahrg. 1875—1879. à Jahrg. 24 Nrn. (à ½ Bog. mit eingedr. Holzschn.) gr. 4. Bern, (Huber und Comp.) Jahrg. 1875—1877 à * Jahrg. 1878 und 1879 à *

Kinder-Sonntagsblatt. Hrsgbr.: Ed. Blösch. Jahrg. 1880. 24 Nrn. (à Nr. ½ Bog. mit eingedr. Holzschn.) gr. 4. Bern, (Huber und Comp.) *
—— dass. — Jahrg. 1881 und 1882. à Jahrg. 52 Nrn. (à Nr. ½ Bog. mit eingedr. Holzschn.) 4. (Ebendas.) à Jahrg. **
—— dass. — Eine illustrirte Zeitschrift für die Jugend. 20. und 21. Jahrg. 1883 und 1884. à Jahrg. 52 Nrn. (à Nr. ½ Bog. mit eingedr. Holzschn.) 4. (Ebendas.) à Jahrg. **

Kinder-Sonntagsblatt. Eine illustrirte Zeitschrift für die Jugend. Hrsgbr.: Ed. Blösch. 22.—25. Jahrg. 1885—1888. à Jahrg. 52 Nrn. (à Nr. ½ Bog. mit eingedr. Holzschn.) gr. 8. Bern, (Huber und Comp.) à Jahrg. ** 1 20

Kinder-Sonntagsblatt. Eine illustr. Zeitschrift f. die Jugend. Hrsgbr.: Ed. Blösch. 26.—29. Jahrg. 1889—1892. à Jahrg. 52 Nrn. (à Nr. ½ Bog.) 4. Bern, (Körber). à Jahrg. * 1 35

Kinder-Sonntagsblatt. Eine illustr. Zeitschrift f. die Jugend. Hrsg.: Ed. Blösch. 28.—31. Jahrg. 1891—1894. à 52 Nrn. (½ Bog.) 4. Bern, (H. Körber). à Jahrg. n. 1. 35

Kinder-Sonntagsblatt. E. illustr. Zeitschrift f. d. Jugend. Hrsg. v. Ed. Blösch. 32. u. 33. Jahrg. 1895—1896. à 52 Nrn. (à ca. 4 S.) 4. Bern (H. Körber). à Jahrg. n. 1. 35

— dasselbe. 34.—36. Jahrg. 1897—1899. à 52 Nrn. (à ca. 4 S.) 4. Ebd. à Jahrg. n. 1. 40

Kinder-Sonntagsblatt, das. Illustr. Zeitschrift f. die Jugend. Hrsg. v. Ed. Blösch. 37.—39. Jahrg. 1900—1902. à 52 Nrn. 4. (à ca. 4 S.) Bern (H. Körber). à Jahrg. n. 1. 40

Kinder-Sonntagsblatt. Illustrierte Zeitschrift f. die Jugend. Gegründet v. Ed. Blösch. 40.—43. Jahrg. 1903—1906. 52 Nrn. (à 4 S.) 8. Bern (H. Körber). à Jhrg. n. 1. 40

Kinder-Sonntagsblatt. Illustrierte Zeitschrift f. die Jugend. Gegründet v. Ed. Blösch. Hrsg. v. G. Fankhauser. 44.—47. Jahrg. 1907—1910. à 52 Nrn. (à 4 S.) 8. Bern (Maillard & Co.). à Jahrg. 1. 80

Kinderspiegel. Beispiele aus dem Leben heil. Kinder. Mit einem Anh. frommer Uebungen von einem kathol. Geistlichen. 16. (IV und 106 S.) Mainz 867, Giani.
Velinp. * 4 Ngr.; geb. mit Goldschn. *

—— dass. — Von einem Priester der Diöcese Mainz. 2. und 3., verm. und verb. Aufl. 16. (136 S. mit 1 Stahlst.) Ebendas. 867. *

Kinderspiegel. Beispiele aus dem Leben heil. Kinder nebst einem Anh. frommer Uebungen von einem Priester der Diöcese Mainz. 4. Aufl., verm. mit einer Anleitung zur Heiligung des Marienmonats. 16. (126 S.) Mainz 868, Giani. geb. *

Kinderspiegel. Tugendbeispiele aus dem Leben heil. Kinder . . . 6. Aufl. Amberg 1870. V: *Falk, Frz.* (Ky)

—— dass. — von Frz. Falk. 5. Aufl. 16. (126 S.) 1869, und 6. Aufl. 32. (158 S. mit 1 Chromolithogr.) Amberg 870, Habbel. *

Kinderspiegel. Aus dem Leben und Treiben unserer Kleinen von E-S., mit Reimen von Vict. Blüthgen. gr. 4. (38 Chromolithogr. mit eingedr. Text.) Berlin 882, Hofmann und Comp. geb. *

Kinderspiegel, in Erzählungen u. Beispielen, f. d. gebildete Jugend. 8. Nürnb. Raspe. 811.

Kinderspiegel, goldener, für kl. Mädchen ꝛc. 8. Halle 804. Dietlein. 6 gr

Kinder-Spiel. 4. (12 S. m. z. Tl. farb. Bild.) Eßlingen 896. J. F. Schreiber. Kart. n. — 50

Kinderspiel u. Leben. gr. 4. (8 Bl. m. farb. Abbildgn.) Reutlingen (900). Enßlin & Laiblin. — 60; unzerreißbar. (8 S. m. farb. Abbildgn. auf Pappe.) Kart. 1.—

KINDERSPIELE. Plaisirs des enfants. All sorts of games. Bornespil. [Dies der lithogr. Einbandtitel, um ein großes, chromolithogr. Deckelbild (Kinder unterm Weihnachtsbaum) herum gedruckt]. O. O. u. J. [Dresden? Meinhold?, ca. 1870?]. 8 Bl. m. großen, handkolor. Darstellungen von Kinderspielen (Blindekuh, Topfschlagen, Waschfest, usf.) Gr.-4°. Leicht benutzter OrHlwd. 16.—

— ein unterhalt. Bilderbuch f. Kinder. qu. 4. Crefeld ... Schüller. 8 gr

Kinderspiele, in 24 ill. Kpf. Fibel u. Rechenbuch f. kleine Kinder. 8. Nürnb. 823. 2e Aufl. 828. Bauer u. R. 8 gr

Kinderspiele in 24 ill. Kpfr. Fibel u. Rechenbuch f. kleine Kinder. 2., verm. Aufl. 8. (3 B. u. 1 Vign.) Nürnberg 828, Bauer u. Raspe.

—— oder d. Erholungen im Freien. M. 18 (ill.) Abbild. qu. 16. Nürnberg 832, Renner u. Schuster.

Kinderspiele. Ein Bilderb. f. gute Knaben u. Mädchen. 8. (1 B. u. 7 ill. Stnt.) Reutlingen 835, (Mäcken Sohn.) *

Kinderspiele. 2 Sorten. qu. 12. (à 10 Farbdr. m. Verschen). Stuttgart 897. G. Weise. à — 20; auch in 4 Sorten à 6 Farbdr. à — 10; unzerreißbar, auf Pappe, geb., 2 Sorten (à 10 Farbdr.) à n. — 50; als Leporello-Album, auf Pappe (24 Farbdr.) 1. 20

Kinderspiele. Zeichenbuch. (16 S. m. Abbildgn. u. Pausen.) 8. Hannover (901). A. Molling & Co. — 25

Kinderspiele. Mit güt. Erlaubnis v. Prof. Decurtins aus der räto-roman. Chrestomathie übers. v. Anny Baur. (48 S.) kl. 8. Zürich 908. Rascher & Co. 1. —

Kinderspiele in Bildern mit Versen. Frankfurt a. M. 856. Krebs-Schmitt. 8. (8 lith. u. color. Bl. mit Text.) n. 5 ngr.

Kinderspiele in 24 Bildern. 4. (12 col. Taf.) Wien 845, Müller.

Kinderspiele, Dramatische.

Strasburg 1769. V: *Pfeffel*, *Conrad Glieb.* (MGT) (Ky) (Adel) (JL)

Kinderspiele, dramatische. 8. Strasburg, Treuttel. 769.

Kinderspiele und Gespräche.

Leipzig 1776—78. V: *Schummel*, *Johann Gottlieb.* (ErschDL)

— u. Gespräche. 3 Thle. 8. Leipz. Crusius. 777. 78.

—— und Kinderfreuden. Ein A-B-C- und Lesebuch für das zarte Jugendalter. 8. (16 S. und 8 Lithochrom.) Wesel 854, Bagel.

— neue, zur Aufführung im Familienkreise. Weißenfels 854. Garcke. (Prange.) 8. (108 S.) n. 10 ngr.

— nützliche u. angenehme. 8. Halle ... Dreyßig. 6 gr

Kinderspiele u. Soldatenbilder. Aufstellbilderbuch auf Pappe. gr. 4. (16 farb. Taf. m. eingedr. Text.) Wesel 891. W. Dums. 1. 80

Kinderspiele mit Versen für die liebe Jugend. 4. (8 ill. Stnt.) Fürth 859, Löwensohn. *

Kinderspiele, 32, in Bildern. gr. 8. (16 Holzschntaf. in Buntdr.) Stuttgart 872, G. Weise.

Kinderspielfest auf den Rennwiesen, 4. 6. 1907 b. Stadtjubiläum Mannheims, 1607—1907, 8°. 2 Bde.
1. Programm.
2. Bestimmungen üb. d. Aufmarsch d. Schulen u. d. Verlauf d. Spielfestes, Mannheim.

Kinder-Spielzeug. Unzerreißbares Leinwandbilderbuch. 8. (16 ill. Stnt.) Nürnberg 866, Geißler. cart. *

Kinderspielzeug-Ausstellung des Vereins für Kunst und Kunstgewerbe im Kunstgewerbe-Museum der Stadt Flensburg vom 12.—27. März. (Flensburg.) [um 1903.] 8°

Die Kindersterblichkeit i. Großherzogtum Sachsen Weimar-Eisenach, i. Herzogtum Sachsen-Altenburg u. in d. Fürstentümern Schwarzburg-Rudolstadt, Schwarzburg-Sondershausen, Reuß älterer Linie u. Reuß jüng. Linie während d. J. 1869—77. M. 2 Kart. Weimar 1879.

Kindersterblichkeit, die, in Württemberg. Ein Mahnruf an das Volk. 16. (23 S.) Stuttgart 868, Belser'the Sortiment. — 15

Kinderstube, die, s. Pilz, Carl, die kleinen Thierfreunde.

Kinderstube, die, von ihrer physischen Seite dargestellt. Mit Kpf. u. einer Vorrede von J. C. Rosenmüller. 8. Leipz. 803. Kühn. 20 gr

—— die, ein Buch für Kinder, die gerne lernen wollen. 12. (24 S. mit Holzschn.) Philadelphia 851, (Schäfer und Koradi.) *

Kinderstube, die. I. Unterweisungen einer Mutter durch Wort und Bild für brave Kinder, welche lesen lernen wollen. Hrsg. von Louis Thomas. Mit 200 Abbildungen in eingedr. Holzschn. br. 8. (80 S. und 1 ill. Holzschnt.) Leipzig 851(52,) Spamer. *
Aus: Thomas, das illustrirte goldne Kinderbuch 1. Thl., besonders abgedruckt.

—— die. II. Kleine Erzählungen, Gedichte und Verschen für Kinder von 3 bis 6 Jahren. Der lieben Kinderwelt und deren Freunden gewidmet von Friedr. Aug. Glaß. br. 8. (VIII und 92 S. mit 65 Abbildungen in eingedr. Holzschn., 1 Stahlst. und 1 ill. Holzschnt.) Ebds. 851(52.) *

Aus der Kinderstube. Erinnerungen einer Mutter. Als Anhang: Zelter's Kleinkinderpflege. In-12°. Basel, C. F. Spittler. 1883 Geb. 3 —

Kinderstube, die. Hygien.-pädagog. Wochenschrift. Organ d. Fröbel-Oberlin-Vereins. Red.: C. Grauenhorst. 4.—6. Jahrg. 1896—1898. à 52 Nrn. (à ca. 2 Bog. m. Abb.) gr. 4. Berlin, Verlag d. Fröbel-Oberlin-Vereins. à Jahrg. n. 3. 20

Kinderstube, die. Hygienisch-pädagog. Halbmonatsschrift. Red.: C. Grauenhorst. Mit den Beiblättern: Mode u. Heim. Red.: Jenny Kresse u. Leitstern f. die Jugend. Red.: Paul Vetter. 7.—10. Jahrg. 1899—1902. à 24 Nrn. gr. 4. (à ca. 12 u. 4 S. u. 8 S. in gr. 8. m. Abbildgn.) Berlin, Verlag des Fröbel-Oberlin-Vereins. à Jahrg. n. 3. 20

Kinderstube, die. Hygienisch-, pädagogisch-, literarisch- u. hauswirtschaftl. Halbmonatsschrift. Mit der Beilage Leitstern f. die Jugend. Red.: Paul Vetter. 11. Jahrg. 1903. 24 Hefte. (à ca. 8 S. u. 8. S. in gr. 8.) gr. 4. Berlin [R. Skrzeczek], A. Sarganek. n. 3. 20
Fortsetzung, s.: Frauenwelt.

Kinderstube der Armenpflege, s. Nachricht.

Kinderstube, Tante Karola's. Heitere und ernste Gedichte ... Aachen 1896. V: *Wacker, Karola.* (Berl)

[F.] Tante Karola's **Kinderstube.** Heitere u. ernste Gedichte f. d. lieben Kleinen. *Aachen: A. Jacobs & C. 1896.* (116 S.) 1 Bd 8. [97. 5210

— die, am Weihnachtsabend ꝛc., (als 2r Thl. v. Bilderbuch zum Weihnachtsfest ꝛc. 2e Aufl.) Mit 20 ill. Kpf. 12. Leipz. ... (Schönian in Elberf.) 1 ₰ 12 ℊ

Kinderstube, die, am Weihnachts-Abend. Ist Verlag von Büschler in Elberfeld.

Kinderstuben-Geschichten. Märchen, Fabeln, Liedchen, Sprüche und Gedichtchen für die lieben Kleinen. Mit Beiträgen von Clara Ernst, B. Filhés, E. Ebeling, A. Mittelacher u. A. 8. (III, 80 S. mit vielen hübschen Bildern.) Mülheim 886, Bagel'sche Verlagsh. geb. 1 50

Teütsche **Kinder Tafel.** Anfang des Christenlichen Glaubens und Teütscher sprach / wie sie die jungen kinder in den teütschen schůlen lernen sollen. L.C.V.C. 1534. (Hrsg.: Heinrich Fechner. Berlin: Wiegandt & Grieben 1906.) (8 S., 8 Bl.) 8° [F.]
— **ABC-Bücher** d. 15., 16. u. 17. Jahrhunderts. No 1. [06. 5036

Kindertage, goldene. Ein fröhl. Bilderbuch für die lieben Kleinen. Mit Versen von Vict. Blüthgen. 1. und 2. Aufl. gr. 4. (24 S. mit 12 Farbdr.-Bildern nach Aquarellen von Carl Offterdinger.) Stuttgart 885,86, Loewe. geb. [*ℳ 5.—.] * 4 —
—— dass. — Ein unzerreißbares Bilderbuch für die lieben Kleinen. Mit Versen von Vict. Blüthgen. 4. (12 S. Text mit 12 Farbdr.-Bildern nach Aquarellen von Carl Offterdinger.) Ebendas. 887. geb. 5 —

Kindertage, goldene. (Ausgestanzt.) schmal Fol. (14 S. m. z. Tl. farb. Bild.) Eßlingen 896. J. F. Schreiber. Kart. n. — 80

— heitere. 4. (8 Chromolith. m. eingedr. Text.) Leipzig 889. Meißner & Buch. cart. n. 3. —

Kindertaufe, die. Abdr. aus dem Evangelist. Bremen 856. J. G. Heyse in Comm. 8. (32 S.) 1½ ngr.

Kindertaufe, die. Ihr fester Grund und süßer Trost, aus Gottes Wort erwiesen wider die Taufschwärmer. 16. (49 S.) St. Louis, Mo. 866. (Dresden, Naumann.) ** — 50

Kindertheater

— s. a. Puppen- und Kindertheater.

Kinder-Theater. Nr. 1—4. 12. Berlin 840, 41, Winckelmann u. Söhne. à ⅙ Thlr.
Nr. 1. Die weiße Dame auf Schloß Avenel. Schausp. in 3 Aufz. Zur Aufführ. v. Kindern u. auf Puppen-Theatern. Bearb. v. H. Smidt. (2 B.)
" 2. Ferdinand Cortez. Schausp. in 3 Aufz. Bearb. v. H. Smidt. (2 B.)
" 3. Der Freischütz. Schausp. in 4 Aufz. Bearb. v. Gust. Holting. (2¾ B.)
" 4. Oberon. Schausp. in 3 Aufz. Bearb. v. H. Smidt. (2¼ B.)

Kinder-Theater Nr. 5. Czaar u. Zimmermann. Lustsp. in 3 Aufz. Zur Aufführung von Kindern u. auf Puppen-Theatern. Bearb. v. Heinr. Smidt. gr. 16. (2½ B.) Berlin 843, Winckelmann u. Söhne.
Nr. 1—4. Ebendas. 1840, 41. 20 Ngr.

Kinder-Theater. Nr. 6. Die Zauberflöte. Lustspiel in 3 Aufzügen. Zur Aufführung von Kindern auf Puppen-Theatern. 12. (64 S.) Berlin 850. Winckelmann und Söhne.
Nr. 1—5. Ebendas. 1840—53. 25 Ngr.

Kinder-Theater. Nr. 7. und 8. 16. Berlin 853, Winckelmann und Söhne. à Nr. 5 Ngr.
Inhalt:
Nr. 7. Marie, die Tochter des Regiments. Schauspiel in 2 Acten. Zur Aufführung von Kindern und auf Puppen-Theatern. Bearb. von Anileda. (57 S.)

Kinder-Theater. Nr. 7. und 8. ꝛc.
Nr. 8. Ali Baba und die vierzig Räuber. Schauspiel in 5 Acten. Zur Aufführung von Kindern und auf Puppen-Theatern. Bearb. von Anileda. (40 S.)
Nr. 1—6. Ebendas. 1840—53. 1 Thlr.

Kinder-Theater. Nr. 9.: Das Landhaus an der Heerstraße. Lustspiel in 1 Act, nach A. v. Kotzebue. Zur Aufführung von Kindern und auf Puppen-Theatern. Bearb. von Mathilde Schultze. 16. (48 S.) Berlin 861, Winckelmann und Söhne.
Nr. 1—8. Ebendas. 1840—53. 1 Thlr. 10 Ngr.

Kinder-Theater. Nr. 10: Wilhelm Tell. Schauspiel in 5 Aufzügen nach Fr. v. Schiller. Zur Aufführung von Kindern und auf Puppen-Theatern. Bearb. von Mathilde Schultze. 16. (54 S.) Berlin 862, Winckelmann und Söhne.
Nr. 1—9. Ebendas. 1840—61. 1 Thlr. 15 Ngr.

Kinder-Theater. Nr. 11—13. gr. 16. Berlin 874,75, Winckelmann und Söhne. à Bochn. — 50
Inhalt:
Nr. 11. Hänsel und Gretbel oder das Pfefferkuchenhäuschen. Nach einem Märchen. Zur Aufführung auf Puppentheatern. Bearb. von H. Baltz. (48 S.)
" 12. Aschenbrödel. Schauspiel in 3 Aufzügen. Nach dem Volksmärchen frei bearb. (40 S.)
" 13. Die Schule des Lebens. Schauspiel in 4 Acten, frei bearb. nach Raurach. (48 S.)

Kinder-Theater. Nr. 14 und 15. 8. Berlin 876, Winckelmann und Söhne. à Nr. *
Inhalt:
Nr. 14. Turandot. Schauspiel in 4 Aufzügen, frei nach Gozzi. Für Kinder- und Puppentheater bearb. von J. Frole. (56 S.)
15. Der verwunschene Prinz. Lustspiel in 3 Aufzügen, frei nach Plötz. Für Kinder- und Puppentheater bearb. von J. Frole. (51 S.)

— 1—6. Heft. 16. Hamburg 849, [Heller.]
Heft 1. Wilhelm Tell. Schauspiel in 4 Akten, nach Schiller. (40 S.)
" 2. Die Räuber, Schauspiel in 4 Aufzügen. Nach Schiller frei bearb. von Constantin. (38 S.)
" 3. Die Zauberflöte, Oper in 3 Aufzügen. Nach E. Schikaneder frei bearb. von B—n. (39 S.)
" 4. Rochus Pumpernickel, Posse in 3 Aufzügen. Frei bearb. von B—n. (40 S.)
" 5. Das Donauweibchen. Romantisch-komisches Volksmärchen in 3 Aufzügen, nach einer Sage der Vorzeit. (40 S.)
" 6. Die Jungfrau von Orleans. Tragödie, nebst einem Prolog, in 5 Akten. Nach Schiller frei bearb. von B—n. (40 S.)

Kinder-Theater. Auswahl von unterhaltenden u. bildenden Lustspielen. Schauspielen u. dramatischen Scenen für das Alter von 8—14 Jahren. Mit Illustrationen. 16. (210 S.) Wien, Geitler, cart. 1 fl. 20 kr.
1863

—— Dieselben. Neue Folge. Mit Illustrationen. 16. (193 S.) Ebds. cart.
1863 1 fl. 20 kr.

—— I. und II. (Bd.) gr. 16. (210 S. mit 3 Stnt., 193 S. mit 1 Stnt.) Wien 864, Geitler. à Bd. cart. * 24 Ngr. *

—— dass. — III. (Bd.) gr. 16. Ebendas. 866. cart. *
Inhalt:
Der Disputir-Hans. Lustspiel in 1 Aufzug von Jos. Kurmayer. (31 S.) — Fee Viola. Dramatisirtes Kindermärchen in 1 Aufzug von Jos. Kurmayer. (32 S.) — Der Unsichtbare. Dramatischer Schwank in 1 Aufzug von Joh. Kurmayer. (32 S.) — Gleiches mit Gleichem, oder des armen Tirolerknaben heiliger Christ. Schauspiel in 2 Aufzügen von Jos. Kurmayer. (46 S.) — Die Malerfamilie. Schauspiel in 2 Aufzügen von Jos. Kurmayer. (50 S.) — Der Maskenball. Lustspiel in 2 Aufzügen von Jos. Kurmayer. (44 S.) Einzelne Hefte * 4 Ngr.

Das **Kindertheater**. Kleine Schauspiele von Berquin. Für die deutsche Jugend frei bearb. von Alexandra, k. Prinzessin von Bayern. cart. 8. Schaffhausen, Fr. Hurter'sche Buchh. 1871 3. 45

Kinder-Theater. 1.—3. Bdchn. 8. (à Bdchn. ca. 12 S.) Zürich 886, Schröter und Meyer. à Bdchn. * 25 Pf. * — 75
Inhalt:
Bdchn. 1. Schenker-Amlehn, Frau Lina, glückliche Weihnachten. Ein Kinderspiel in 3 Aufzügen.
" 2. —— ein Weihnachtsabend. Kinderspiel mit Gesang in 2 Aufzügen.
" 3. —— Klein Mariechen's Weihnachten. Kinderscene mit Gesang in 3 Akten.

Kinder-Theater, Fortsetzg., s. a. Schenker-Amlehn, Lina.

Kinder-Theater. 4. u. 5. Bändchen. Das Christkind: Heimkehr am Christabend, Kinderscene in 3 Akten von *L. Schenker-Amlehn*; Das Dorfidyll. In-8°. 26 S. Zürich, Schröter & Meyer. — 60
1890

Kinder-Theater. 6. Bändchen: Weihnachtsrosen, Kinder-Szene in 3 Akten von *L. Schenker-Amlehn*. Sonderdr. aus dem „Familien-Wochenblatt". In-8°. 14 S. Zürich, Schröter & Meyer. — 30
1891

(F) Kindertheater. Festspiele und scenische Darstellungen durch Kinder im Familienkreise. Gesammelt und herausgegeben von Philipp Brunner. 1.—7. Heft. Wien. Berlin. Leipzig. Stuttgart. 1900. Wiener Mode. Gr.-8°. Paginirt 7mal 1—16.

A. Heidelmann's **Kinder-Theater**. H. 1. Bonn: A. Heidelmann [1908]. 8° [J.] [08. 17171

Kinder-Theater, neues, s. a. Hölder, Luise.

Kindertheater, neues. Sammlung v. leicht aufführbaren Theaterstücken u. Scenen f. Kinder. 1.—10. Hft. gr. 8. Berlin 885. Kühling & Güttner. n. 6. 60
1. Kasperle-Theater in Versen v. Paul Kunak. (82 S.) 1. 50
2. D. schönste Weihnachtsfreude. [illegible] f. d. Jugend v. Edm. Braune. (22 S.) n. 1. —
3. [illegible] Schwank in 1 Akt v. Edm. Braune. (8 S.) n. — 50
4. 6. Charaden, [illegible] z. Darstellg. f. Kinder von 7—16 Jahren v. [illegible] Becker. I. u. II. Reihe. (10 u. 11 S.) à n. — 50
5. Püppchen krank. Scherzsp. f. 3 Mädchen u. 1 Knaben v. Edm. Braune. (13 S.) n. — 50
7. Ein Kaffeeklatsch. E. Kinderschwank in 1 Akt v. Edm. Braune. (10 S.) n. — 50
8. Puppe Wunderhold's Traum. Lebende Bilder, dargest. von Kindern im Alter von 7—13 Jahren m. verbind. Text v. Edm. Braune. (10 S.) n. — 50
9. Geburtstag. Schwank f. Kinder in 1 Akt v. Edm. Braune. (13 S.) n. — 50
10. Drei Zwiegespräche f. Kinder z. Geburtstagsfesten v. Emil Weißenturn. (14 S.) n. — 50

Kindertheater, neues. Sammlung v. leicht aufführbaren Theaterstücken u. Scenen f. Kinder. 11.—19. Heft. 8. Berlin, Kühling & Güttner. à — 50
Braune, Edm., Backfischchen's Geheimnis. Kinderschwank in 1 Akt. (15 S.) (901.) (Hft. 11.)
— die faule Grete. Kinderscherz in 1 Akt. (9 S.) (905.) (Hft. 14.)
— das Mäuschen. Kinderschwank in 1 Akt. (9 S.) (905.) (Hft. 17.)
— Fräulein Pieper. Kinderposse in 1 Akt. (8 S.) (905.) (Hft. 15.)
— Puppen-Föte. Schwank f. Kinder in 1 Akt. (10 S.) (901.) (Hft. 13.)
— Rotkäppchen. Kinder-Komödie in 1 Akt. (9 S.) (905.) (Hft. 19.)
— Soldatenspiel. Kinderschwank in 1 Akt. (8 S.) (905.) (Hft. 18.)
— Weihnacht im Dachstübchen. Weihnachtsscherz f. Kinder in 1 Akt. (12 S.) (901.) (Hft. 12.)
— das schönste Weihnachtslied. Weihnachtsscherz f. Kinder in 1 Akt. (16 S.) (905.) (Hft. 16.)

Kindertheater, Neues Wiener. Eine Sammlung leicht aufführbarer Scenen und Theaterstücke für die Jugend von Benjamin Schier. Mit einer Musikbeilage. 8. (69 S.) —.40
Wien: Daberkorn 1894.

Kinder- u. Puppentheater. Dramatisirte Märchen. Nach Grimm, Musäus, Hauff u. A. Mit Winken u. Unterweisungen in Bezug auf Ausstattung u. Aufführung. 1. u. 2. Gruppe. 2. wohlf. (Titel-)Ausg. Mit zahlreichen Text-Illustr. u. je 1 Titelbilde. gr. 8. Leipzig (1876) 882. Spamer. cart. à n. 3. 50
1. Von Henriette Kühne-Harkort. (VIII, 280 S.)
2. Von Elisabeth Gräfin Groeben. (VIII, 279 S.)

Kinder- u. Puppentheater. Dramatisirte Märchen. Mit Winken u. Unterweisgn. in Bezug auf Ausstattg. u. Aufführg. 1. u. 2. Gruppe. Wohlf. (Titel-)Ausg. gr. 8. (Mit Illustr. u. je 1 Titelbilde.) Leipzig 894. O. Spamer. Geb. in Leinw. à n. 2. —
1. Nr. 1—10. Nach Grimm, Musäus, Hauff u. A. Von Henriette Kühne-Harkort. (VIII, 280 S.) — II. Nr. 1—15. Nach Grimm, Hauff, [illegible], Leander u. A. Von Elis. Gräfin Groeben. (VIII, 279 S.)

—— Wiener. Nr. 1—3. gr. 8. Wien 872, Rosner. à Nr. — 80
Inhalt:
Nr. 1. Riedl, Carl, Struwelpeter. Dramatisches Zaubermärchen mit Gesang, Tanz, militär. Evolutionen und Tableaux in einem Vorspiele und vier Abtheilungen. (32 S.)
" 2. Berla, Alois, Fortunatus oder die Ohren der Prinzessin von Marokko. Komisches Märchen in 3 Akten mit 7 Bildern, Tänzen und Gesängen. (43 S.)
" 3. Riedl, Carl, und C. Kraemer, Doctor Goldbärchen und die Prinzessin von China. Romantisch-kom. Kindermärchen mit Gesang und Tanz in 3 Abtheilungen und 7 Bildern. Nach einem Märchen bearb. (45 S.)

—— Wiener. Nr. 4 und 5: Soloscherze von Karl Horschetzky. 1. und 2. Heft. 8. (30; 36 S.) Wien 877, Rosner. à Nr. *

Kindertrachten, neueste französische, in 6 ill. Blättern, mit deutscher u. französ. Beschreib. 4. Leipz. 806. Magaz. f. Ind. 1 ₰ 12 𝔤𝔤 Hbg. Pr. 8 𝔤𝔤

Kinder-Traktate. Nr. 58. 127—129. 32. (à 16 S.) Stuttgart 885. 86. Buchh. der Evangel. Gesellschaft. à n. — 40
58. Das Concert im Schulhaus. — 127. Wie aus e. Waisenbüblein e. Missionar wurde. — 128. Aus tiefer Not schrei ich zu dir. — 129. Geduldig in Trübsal.

Kindertraktate. Nr. 16, 20, 21, 131 u. 132. 16. (à 16 S.) Stuttgart 889. Buchhandlg. der Evang. Gesellschaft. à n. — 4
16. Der Kirchenvater Augustinus. Für die Jugend erzählt v. R. A.
20. Wer ein Kind aufnimmt in meinem Namen, der nimmt mich auf.
21. Der Kirchenvater Johannes Chrysostomus. Für die Jugend erzählt v. R. A.
131. Ein Sonntagsschulfest u. seine Folgen. Von M. Dahnow.
132. Vergelt's Gott. Von M. Schmidt.

Kindertraktate. Nr. 39, 68, 133—138. 32. (à ca. 16 S.) Stuttgart 892. 893. Buchh. der Evang. Gesellschaft. à — 4
39. Wie der Herr, so der Diener. — 68. Ich will es ihr heimgeben. — 133. Die zertretenen Blumen. — 134. Der Kindlein Sonntagsfeier. — 135. Des Kindes Traum. — 136. Die Kirche in der Tiefe. — 137. Des Waisenkindes Brief an seinen lieben Heiland. — 138. Die Macht der Liebe.

Kindertreck-Discurs äver den Patrioten . . . Hamb. 1724. V: *Edzardi, Sebastian.* (schr)

Der Kinderturnwart, E. Merkblatt f. Leiter v. Schüler- u. Schülerinnen-Turnabt. d. B. d. Arbeiter-Turnerbundes, Leipzig, 40 S., 16°.

Kinderunzucht Selbstbefleckung

Ueber Kinderunzucht und Selbstbefleckung. Ein Buch bloß für Aeltern, Erzieher und Jugendfreunde von einem Schulmanne. 422 S., gbd., Abb.

Züllichau u.Freystadt: Frommann 1787

JB 4.575

Kinderunzucht, über, u. Selbstbefleckung, ein Buch blos für Eltern, Erzieher rc., v. e. Schulmanne (G. S. Rötger). Mit e. Vorrede u. Anmerkk. herausgegeben von Schl. (Schummel). gr. 8. Züllichau 787. Frommann in Jena. 18 gr.

Kindervater, Christian Viktor

— — (Neuheilingen/Thür.) u. **Carl Theophil Sam. Heun** (Dobrilugk), Adumbratio quaestionis an pyrrhonis doctrina omnis tollatur virtus? Lpz. (Solbrig) 3. X. 1789. 36 S. (6.30) 18039

Kindervater, Chr. Vict., († d. 9. Mai 1806.) philosoph. u. philolog. Anmerkk. üb. Cicero von d. Natur der Götter. 2 Thle. gr. 8. Leipz. 790, 91. Göschen. 2 thl.

— Beiträge zur Beförderung christl. Erkenntniß u. Tugend, in Predigten. 2 Bde. gr. 8. Weißenf. 801. (Weygand in Lpz.) 2 thl.

– s. C i c e r o, de Natura Deorum u. v. Wesen d. Götter.

— pragmat. Darstellung d. Leidensgeschichte Jesu, mit hinzugefügten moral. Betrachtt. gr. 8. Leipz. 797. (W. Vogel). 1 thl.

– s.a. D i a l o g e n, Skeptische.

(Ch. Vct. **Kindervater**'s) skept. Dialogen üb. d. Vortheile d. Leiden u. Widerwärtigkk. dieses Lebens. *Lpz.*, Schwickert. 788. 8° 12 gr.

— — Epistola ad Carolum Henricum Heydenreich qua summos in philosophia honores ei gratulatur suo reliquorumque amicorum nomine, simulque excutit quaestionem: an homo qui animum negat esse immortalem, animo possit esse tranquillo. Lpz. (Sommer) Febr. 1785. 16 S. mit Namen d. Gratul. (5.—) 18038

– s. F e s t, S. J.: Beiträge u. biograph. Nachrichten.

— über Jh. Fr. Fischer als Schulmann. 8. Leipz. 801. Fr. Fleischer. 10 gr.

— Geist d. rein. Christenth. in e. Samml. P r e d i g t e n über Evangelia 2 Theile. gr. 8. Leipzig, Liebeskind. 795. (à 1 Rthlr.)

Kindervater, Chr. V., s. a. Grünewald, oder Geschichte.

§ **GRÜNWALD** oder G e s c h i c h t e e i n e s s t a r k e n G e i s t e s in Briefen (von *Christian Victor Kindervater* (1758—1806). (Lat. Motto aus Baco.) Leipzig, bey Weidmanns Erben u. Reich. 1785. Kl. 8°. (In München: P. o. germ. 720 s.) Selten!

Tit., 3 Bl. Vorb. unterz.: der Herausgeber T., 376 S. -- Einiges Verfängliche in der ersten Hälfte des Romans. — Anon.-Lex. II. p. 241 (nach Kayser, Meusel, Goedeke, Adelung).

K i n d e r v a t e r, Christian Victor *s.* H e y d e n r e i c h, Carl Heinrich, und K i n d e r v a t e r. Christian Victor.

Kindervater, Christian Victor (Pastor zu Pedelwitz), De indole atque forma regni Messiae e mente Johannis Baptistae. — Dissertatio qua viro Gotthardo Friderico Oppelt (Pastor zu Pegau) summos in theologia honores omnium, qui in hac dioecesi munerum necessitudine cum eo conjuncti sunt, nomine gratul. Lpz. (Solbrig) o. J. 23 S., m. Namen d. Gratul. (5.—) 18037

— C o m m u n i o n b u c h f. Bürg. u. Landleute rc. 8. Lpz. Jacobäer. 806.

— neues Kommunionbuch für Bürger- u. Landleute rc. 8. Leipz. 803. Jacobäer. 8 gr. 2e Aufl. Mit 1 Vign. 8. Altona 824. (Aue). 8 gr.

K i n d e r v a t e r, (Ch. V.,) neues Communionbuch f. Bürger u. Landleute z. Belehrung u. Selbstprüfung, sowohl vor d. allgem. als Privatbeichte. 2te Aufl. Mit 1 Vign. 8. Altona 824, Busch.

— Natur- u. Erndtepredigten. gr. 8. Chemnitz 803. 2e A. 813. W. Starke. 1 thl.

PAPIERE, H i n t e r l a s s e n e, e i n e s p h i l o s o p h i s c h e n L a n d p r e d i g e r s, den Freunden der Kritik und Laune gewidmet (von *Chrn. Victor Kindervater*). Herausgegeben und mit einem *Anhange* eigener ä s t h e t i s c h e r u n d s a t i r i s c h e r A u f s ä t z e begleitet von Professor K. H. H e y d e n r e i c h. Leipzig 1799. 8°. Tit. u. 285 S.

Anon.-Lex. III. p. 254 (nach Ersch).

— hinterlaß. Papiere e. philosoph. Landpredigers (K. H. Heydenreich's), d. Freunden der Kritik u. Laune gewidmet. 8. Leipz. 808. (Rauck). 20 gr.

— hinterlassene P a p i e r e eines philosophischen Landpredigers, den Freunden d. Kritik u. d. Laune gewidmet. 8. Lpz. Sommer. 808.

— posthumae P e r o r a t i o n e s inaugurales aliquot scholasticae unacum vita etc. adj. I. C. Perleb. 8. maj. Eisenach, Wittekind. 807.

– s. P l ü q u e t: Über Luxus.

K i n d e r v a t e r, C. V., Posthuma seu Orationes inaugurales aliquot scholasticae. Adjecit orationem suam F. C. G. Perlet. Isen. 807. 8. 8 gr.

Kindervater, Chr. Vict., Predigt üb. die christl. Wohlthätigkeit. 8. Leipz. ... (W. Rauck). 2 gr.

— P r e d i g t üb. die christl. Wohlthätigkeit. 8. Leipzig, Sommer. 792.

— Predigten f. Leser aus gesitteten Ständen. gr. 8. Leipz. 792. Weidmann. 18 gr.

— zwei Predigten am Reformationsfeste 1804 u. 5. gr. 8. Eisen. 805. Wittekind; (Bärecke). 6 gr

– s. R y a n , Ed.: Geschichte der Wirkungen ...

— s. a. **Stolz u. Rachsucht.**

STOLZ und Rachsucht, eine wahre Geschichte, dramatisch bearbeitet in fünf Zeiträumen (von *Chrn. Victor Kindervater*). Halle 1787.
Anon.-Lex. IV. p. 126 (nach Adelung, Kayser, Meusel).

– s. T e r e n z : Lustspiele.

— üb. nützliche Verwaltung des Predigeramtes, Schulunterricht, Bildung d. Gemeinden, u. Lebensgenuß auf dem Lande. 2 Thle. gr. 8. Leipz. 802—6. Göschen. 2 ₰ 16 gr

Kindervater, Eugenius: De natura atque indole servitutum personarum, quas vocant irregulares. Halis Saxonum (1861): Ploetz. 31 S. 8°
Halle-Wittenberg, Jur. Diss. v. 19. Aug. 1861
Geb. [Stendal 23. 4. 1839]
K.'s Arbeit war als Preisarbeit von der Juristenfakultät in Berlin lobend erwähnt worden. Bei den Akten das Ms. der vollst. Arbeit, deren T. 1. De servitutibus praediorum quae irregulares vocantur. 25 Bl. 8° (4°) nicht gedruckt wurde.
Verf. erlebte das Jubeldiplom 1911 als Oberzolldirektor a. D. in Dresden, vgl. Anh. Nr. 270.

Kindervater, J., Fibel od. erstes Lesebuch. Auf Grund d. vereinigten Anschauungs-, Sprach-, Schreib- u. Leseunterrichts bearb. Ausg. A. Reine Schreiblesemethode. gr. 8. (98 S. m. Abbildgn.) Braunschweig 890. Wollermann. geb. n.n. — 50

— dasselbe. Ausg. B. Gemischte Schreiblesemethode. gr. 8. (98 S. m. Abbildgn.) Ebd. 890. geb. n.n. — 50

Kindervater, J. Fibel od. erstes Lesebuch. Auf Grund d. vereinigten Anschauungs-, Sprach-, Schreib- u. Leseunterrichts bearb. Ausg. A. u. B. 2. Aufl. gr. 8. Braunschw. 891, Wollermann. cart. à Ausg. ** — 50
A. Reine Schreiblesemethode. (II, 100 S. m. Bildern.)
B. Gemischte Schreiblesemethode. (100 S. m. Abbildgn.)

Kindervater, J., Fibel od. erstes Lesebuch. Auf Grund d. verein. Anschauungs-, Sprach-, Schreib- u. Leseunterrichts bearb. Ausg. A, Reine Schreiblesemethode. 6. Aufl. gr. 8. (II, 100 S. m. Abb.) Braunschweig 898. H. Wollermann. Geb. n.n. — 50

— dasselbe. Ausg. B, Gemischte Schreiblesemethode. 7. Aufl. gr. 8. (100 S. m. Abb.) Ebd. 898. Geb. n.n. — 50

Kindervater, J., Fibel od. erstes Lesebuch. Auf Grund des vereinigten Anschauungs-, Sprach-, Schreib- u. Leseunterrichts u. der Phonetik f. Niedersachsen bearb. Ausg. A. Reine Schreiblesemethode. 8. umgearb. Aufl. gr. 8. (II, 120 S. m. Abbildgn.) Braunschweig 901. H. Wollermann. Geb. n.n. — 60

— dasselbe. Ausg. B. Gemischte Schreiblesemethode. 10. Aufl. gr. 8. (IV, 120 S. m. Abbildgn.) Ebd. 902. Geb. n.n. — 60

Kindervater, J., Fibel oder erstes Lesebuch. Auf Grund des vereinigten Anschauungs-, Sprach-, Schreib- u. Leseunterrichts u. der Phonetik f. Niedersachsen bearb. Ausg A. Reine Schreiblesemethode. 9. Aufl. (IV, 120 S. m. Abbildgn.) gr. 8. Braunschweig 903. H. Wollermann. Geb. n.n. — 60

— dasselbe. Ausg. B. Gemischte Schreiblesemethode. 12. Aufl. (IV, 120 S. m. Abbildgn.) 8. Ebd. 904. Geb. n.n. — 60

Kindervater, J., Fibel. Auf Grund des vereinigten Anschauungs-, Sprach-, Schreib- u. Leseunterrichts u. der Phonetik f. Niedersachsen bearb. Ausg. A. Reine Schreiblesemethode. 12. Aufl. (VI, 120 S. m. Abbildgn.) 8. Braunschweig (910). H. Wollermann. Geb. nn — 65

— dasselbe. Ausg. B. Gemischte Schreiblesemethode. 16. Aufl. (IV, 120 S. m. Abbildgn.) 8. Ebd. (910). Geb. nn — 65

—— Geistliche Lieder, Hymnen u. Motetten f. Kirche, Schule u. Haus, bearb. u. hrsg. 2 Hefte. 8. Ebd. 892. à Heft * — 75; * 1 50
1. Für kleinere Chöre, 2- od. 3stimmig zu singen. (IV, 116 S.)
2. 108 3stimmige Chöre. (IV, 124 S.)

— geistliche Lieder, Hymnen u. Motetten f. Kirchenchöre. 1. u. 2. Hft. 2. Aufl. 12. Ebd. 899. à n. — 50
1. Für kleinere Chöre, zwei- od. dreistimmig zu singen. (IV, 116 S.)
2. 108 dreistimmige Chöre. (IV, 124 S.)

— geistliche Lieder, Hymnen u. Motetten f. Kirche, Schule u. Haus. 1. u. 2. Heft. 3. Aufl. 8. Ebd. 903. n. 1. 10
1. Für kleinere Chöre, 125 Nrn. zwei- od. dreistimmig zu singen. (IV, 100 S.) n. — 50. — 2. Für größ. Chöre, 127 dreistimmige Nrn. u. e. Schulweihnachtsfeier. (144 S.) n. — 60.

— Geistliche Lieder, Hymnen u. Motetten m. leichter Orgel- od. Harmoniumbegleitg. f. Kirche, Schule, Haus, Jungfrauen- u. Jünglingsvereine. 90 zweistimm. Nrn. f. Sopran u. Alt, 36 Nrn. f. Sopran, Alt u. 1 Männerstimme. Bearb. u. hrsg. (II, 100 S.) gr. 8. Ebd. (909). 1.25; kart. 1. 50

— Liederbuch. Eine Sammlg. der beliebtesten Lieder u. Gesänge f. Schulen, nach Jahreskursen in 3 Stufen geordnet, bearb. u. hrsg. 2. Hft.: Mittelstufe. 3., verb. Ster.-Aufl. 8. (112 S.) Ebd. 889. n. — 40

—— Liederbuch. Eine Sammlg. der beliebtesten Lieder u. Gesänge f. Schulen, nach Jahreskursen in 3 Stufen geordnet, bearb. u. hrsg. 3 Hefte. 8. Ebd. * 1 10
1. Unterstufe. 2. verm. Aufl. (64 S.) 891. * — 30.
2. Mittelstufe. 5. Aufl. (112 S.) 892. * — 40.
3. Oberstufe. 2. verm. Aufl. (IV, 116 S.) 891. * — 40.

— Liederbuch. E. Sammlg. d. beliebtesten Lieder u. Gesänge f. Schulen, nach Jahreskursen in 3 Stufen geordnet, bearb. u. hrsg. 1. u. 2. Hft. 8, Ebd. 896. n — 80
1. Unterstufe. 3., verm. Aufl. (64 S.) n. — 30
2. Mittelstufe. 168 Lieder, method. Übgn. 7., verm. Aufl. (128 S.) n. — 50

— Liederbuch. Eine Sammlg. der beliebtesten Lieder u. Gesänge f. Schulen, nach Jahreskursen in 3 Stufen geordnet, bearb. u. hrsg. 1. u. 3. Hft. 4. verm. Aufl. 8. Ebd. n. 1. 30
1. Unterstufe. 104 Lieder. (64 S.) 900. n. — 30
2. Mittelstufe. 172 Lieder, method. Übgn. 9. Aufl. (128 S.) 902. n. — 50
3. Oberstufe. 120 2- u. 3stimmige Lieder, method. Übgn. (134 S.) 900. n — 50

— Liederbuch. Eine Sammlg. der beliebtesten Lieder u. Gesänge f. Schulen, nach Jahreskursen in 3 Stufen geordnet, bearb. u. hrsg. 3. Heft: Oberstufe. 138 zwei- u. dreistimm. Lieder, sowie method. Übgn. 5. verm. u. umgearb. Aufl. (144 S.) 8. Ebd. (905). n. — 55

— Liederbuch. Eine Sammlg. der beliebtesten Lieder u. Gesänge f. Schulen, nach Jahreskursen in 3 Stufen geordnet, bearb. u. hrsg. 1. u. 2. Heft. 8. Ebd. nn 1. 05
1. Unterstufe. 119 ein- u. zweistimm. Lieder u. 41 Spiellieder. 5., verm. u. umgearb. Aufl. (96 S.) (907.) nn — 45
2. Mittelstufe. 180 zwei- u. dreistimm. Lieder, Choräle u. Übgn. 12. verm. Aufl. (136 S.) (910.) — 60

— Liederbuch f. Männerchor. 146 vierstimm. Chöre u. 45 Liedertexte zu fröhl. Feiern. Stimmenumfang von G—g. Bearb. u. hrsg. von K. 8. (VIII. 312 S.) Ebd. 900. n.n. 1. 25; geb. in Leinw. n. 1. 50

Kindervater, J., Lieder-Buch für Volksschulen. Eine Sammlung der beliebtesten Lieder und Gesänge für mehrklass. Volksschulen, nach Jahreskursen in 3 Stufen geordnet, bearb. und hrsg. 3 Hefte. 8. Braunschweig, Wollermann. * 1 5

Inhalt:

Heft 1. Unterstufe. 1.—3. Schulj. (48 S.) 885. * 25 Pf.
„ 2. Mittelstufe. 4.—6. Schulj. (96 S.) 885; 2. verm. und verb. Aufl. (112 S.) 889. * 40 Pf.
„ 3. 7. und 8. Schulj. (108 S.) 885. * 40 Pf.

— u. P. Wagner, Liederbuch f. Volksschulen 2., verm. Aufl. 8. (IV, 108 S.) Ebd. 898. n. — 50

— u. P. Wagner, Liederbuch für Volksschulen. Bearb. u. hrsg. 4. verm. Aufl. (112 S.) 8. Ebd. (906). n. — 60

Kindervater, J., u. P. Wagner, Liederbuch f. Volksschulen. 5. verm. Aufl. (120 S.) 8. Braunschweig (910). H. Wollermann. — 60

— das phonetische Prinzip im ersten Leseunterrichte u. Anleitg. z. Gebrauche v. Kindervaters Fibel, gr. 8. (IV, 92 S.) Ebd 898. n. 1. —

—— 30 Wandlesetafeln. Imp.-Fol. Ebd. 891. * 4 50
Aufgezogen auf 15 Taf. m. Ösen * 12 —

Kindervater, Johann Heinrich

Kindervater, J. H., Andachten z. Ermunt. in d. Gottseligk. 12. Nordh. Groß. 728.

— Beschr. gel. Leute, so in Nordhaus. geboren. 8. Ebend. 715.

— cur. Feuer- u. Unglucks chronik. 8. Ebend. 712.

— — De Augustanae confessionis nomine et caussis. Disp. histor.-theol. Präs. Johann Paul Hebenstreit. Jena (Christoph Krebs) 8. IV. 1702. 48 S. (7.—) 18041

— Spiegel d. verdammt. Ewigkeit, od. Betr. d. Liedes: O Ewigkeit, du Donnerwort 2c. 8. Ebend. 727.

Kindervater, Wohlgemuth, das Ulmer Puppentheater. Anleitung zur Herstellung eines Puppentheaters mit verbesserter Einrichtung. gr. 8. (20 S. mit 23 eingedr. Holzschn.) Ulm 880, Ebner'sche Buchh.

Kinder-Vergnügungen in 16 col. Bildern. qu. 4. Wesel 837, Bagel.

Kinderwagen-Industrie. Fach- u. Anzeigeblatt f. Fabrikation u. Handel v. Kinder- u. Puppenwagen, Kinder- u. Krankenmöbel, sowie verwandte Geschäftszweige. Red.: Rob. Grosser. 1. Jahrg. Juli—Dezbr. 1900. 12 Nrn. gr. 4. (à ca. 10 S. m. Abb. u. Taf.) Leipzig (Dorotheenplatz 3), Möckel & Grosser. 3. —

Kinderwärterin, die gute. 8. Neust. a. d. O. ... Wagner. 4 K

Kinderwelt

— Ein angenehmes Bilderbuch in einer Reihe von 100 bildl. Darstell. 8 Taf. 4. Augsb. ... Schlosser. ill. 6 K

— die, Leseb. f. Kinder, mit 360 bildl. Vorstellungen. gr. 8. Wien 793. (Bengang in Leipz.) 1 ℔ 6 K

Kinderwelt, die, ein angenehmes Buchstabir- u. Lesebuch für die Jugend. Enthält nebst dem emblemat. ABC 360 ill. Bilder mit ihrer Benennung in deutscher, latein., italien. u. engl. Sprache. gr. 8. Wien 816. Müller. 1 ℔ 4 K

Kinderwelt, die. Eine Wochenschrift zur Belohnung für Fleiß und Artigkeit. (Jahrg. 1846 und 1847.) à 26 Nrn. (à ½ Bog.) 4. (à Jahrg. mit 27 ill. Stnt.) Carlsruhe, Bielefeld. à Jahrg. *

Kinderwelt. 230 Lieder, Sprüche und Reime. gr. 4. (56 S. illustrirt mit 50 farb. Bildern von Jul. Kleinmichel und Carl Röhling.) Berlin 886, Grote'sche Verlagsh. geb. 6 —

Die Kinderwelt: 1889?—?

Octavo, each issue 32 pages; richly illustrated. Edited & published by Louis Lange. Advertised in Evangelisch-Lutherisches Blatter, Dec. 1889.

St. Louis, MO

Kinderwelt. Ein Bilderbuch auf Leinw. f. art. Kinder. gr. 4. (16 z. Th. farb. S. m. Text.) Eßlingen 890. J. F. Schreiber. cart. n. 2. 50

Kinderwelt. Ein Bilderbuch auf Leinwand f. art. Kinder. gr. 4. (9 farb. u. 8 schwarze Taf. m. Text.) Eßlingen 892. J. F. Schreiber. Kart. n. 2. —

Der **Kinderwelt**. Internat. Ausstellung in St. Petersburg 1903. Deutsche Abt. *Berlin 1903: (W. Baensch).* (73 S.) 8° [03. 15675 0

Kinderwelt. Erzählungen u. Skizzen. Aus neueren deutschen Dichtern ausgewählt vom Hamburger Jugendschriften-Ausschuss. (III, 116 S.) 8. Leipzig 904. E. Wunderlich. Geb. n. — 60

Kinderwelt. Erzählgn. u. Skizzen. Aus neueren deutschen Dichtern ausgewählt vom Hamburger Jugendschriften-Ausschuss. 11. bis 20. Taus. (III, 103 S.) 8. Leipzig 908. E. Wunderlich. Geb. — 60

Kinderwelt in Bildern. Nürnberg 869. Koenecke. 4. (16 color. Steintaff.) cart. 12 ngr; auf Leinw. n. 18 ngr

Kinderwelt, die fröhliche. Ein Bilderbuch für brave Kinder mit Verschen, Erzählungen, Liedchen, Fabeln und Märchen. gr. 4. (16 S. mit 7 color. Stnt.) Mülheim 880, Bagel's Verlagsh. geb.

—— fröhliche. gr. 4. (6 Chromolithogr. mit 6 Bl. Text.) Stuttgart 886, Loewe. geb. 1 —
Bilder auf Carton 1 60

— fröhliche. gr. 4. (7 S. m. farb. Bildern u. eingedr. Text.) Stuttgart 891. G. Loewe. Kart. n. 1.

— illustrirte, s.: Mode u. Haus.

— die, der Keim d. spätern Lebens, oder Gallerie merkwürdiger Kinder u. junger Leute 2c. Mit Kpf. gr. 8. Prag u. Wien 818. Haas. 2 ℔ 8 K ohne Kpf. 1 ℔

Kinderwelt, Kleine; oder: Neues Lesebuch zur ersten Bildung des Menschenverstandes ... Leipzig 1796. V: *Claudius, Georg Carl.* (MGT) (Ky)

— kleine, od. neues Lesebuch zur ersten Bildung des Menschenverstandes, (v. G. K. Claudius). 2 Bdchn. 8. Leipz. 796. 2e Aufl. 800. Schwegg; (Enobloch). 1 ℛ N. Aufl. 2 Bde. Ebd. 805. (Ebd.) 2 ℛ

Kinderwelt, Die kleine moralische, in Erzählungen und Fabeln ... Berlin 1810. V: *Hirschmann, Carl Aug.* (Ky)

Kinderwelt, die kleine moral., in Erzählungen u. Fabeln, zur Bildung u. Veredlung jugendl. Herzen. 3te sehr verm. Ausg. Mit 3 illum. Kupfrn. gr. 16. Berl. 824. Flittner. geb.

Kinderwitz. Anekdoten aus dem Kinderleben. Zur Unterhaltg f. die lachlust. Jugend u. ihre Freunde. 16. (32 S.) Erfurt 873. Körner'sche Buchh. n. — 10

Kinderwoche, die. Das Bilderblatt der Jugend. Red.: E. v. der Osten, künstler. Leitg.: Carl Münch. April—Dezbr. 1909. 39 Nrn. (à ca. 16 S. m. farb. Abbildgn. u. farb. Taf.) Lex. 8. Stuttgart, Jugendwelt-Verlag. à Nr. — 15
Fortsetzg., s.: Jugendwelt, die.

Kinder-Wochenblatt, Berliner, redig. v. Geo. Gropius. 1—4. Jahrg. 1832—35. à 52 Nrn. (½ Bog.) Jeder m. 52 lith. Abbild. u. Titvign. gr. 4. Berlin, Gropius. à 3 Thlr., ill.

Kinder-Wochenblatt, berliner. Jahrg. V. 1836. Redact. A. Meract. 52 Nrn. (½ Bog.) gr. 8. Berlin, G. Gropius. (?) *

Kinder-Wochenblatt, oder d. deutsche Jugend-Garten für Kinder von 8—14 Jahren, in einer auserlesenen Sammlung von lehrreichen Erzählungen, Biographien, Reisebeschreibungen, Parabeln 2c. 1r Bd. in 26 Lfrgg. mit 26 ill. Kpfr. 8. Augsburg 833. Schlosser. 5/8 ℛ

Kinder-Wochenblatt od. der deutsche Jugendgarten f. Kinder v. 8—14 Jahren in einer auserlesenen Sammlung von lehrreichen Erzählungen, Biographien, Reisebeschreibungen, Parabeln 2c. Zur Beförderung der Tugend, Bildung des Geistes u. Veredlung des Herzens hrsg. 2 Bde. 2. (Titel-)Ausg. 8. (210 S.) Augsburg 850, Schlosser. 1/4 ℛ

Kinderzeit. (Ausgestanzt). qu. 12. (8 z. Tl. farb. S.) Weimar 893. A. Karrer. 10

Kinderzeit, frohe. 4. (6 Chromolithogr. mit untergedr. Text.) Stuttgart 888, G. Weise. cart. * — 50
Auf Leinw. 1 80

—— dass. — Ein Bilderbuch für kleine Mädchen. Mit lust. Versen von Pauline Schanz und 4 Erzählungen von Auguste Lambrecht. 4. (16 S. mit 6 Buntbildern von Carl Offterdinger.) Stuttgart 888, F. Loewe. geb. — 75

Kinderzeit, frohe. gr. 4. (35 S. m. 18 farb. Bildern.) Stuttg. 890, G. Weise. cart. 3 —

— fröhliche. qu. gr. 4. (14 S. m. farb. Abbildgn.) Stuttgart 893. W. Nitzschke. 1. 80

— glückliche. qu. gr. 8. (16 Farbdr.-Taf. auf Pappdeckel m. eingedr. Text.) Ebd. 890. cart. 1. 50

— glückliche. 4. (8 farb. Bl. m. eingedr. Text.) Reutlingen 892. Enßlin & Laiblin. n. — 60; auf Pappe 1. —

Kinderzeit, glückliche. schmal 8. (12 S. m. Abb. u. 1 Farbendr.) Eßlingen 896. J. F. Schreiber. n. — 25

— glückliche. Liebl. Bilder aus Haus u. Kinderwelt. gr. 4. (16 S. m. z. Tl. farb. Abb.) Konstanz 897. C. Hirsch. Kart. 1. —

Kinderzeit, glückliche. 4. (16 S. m. z. Tl. farb. Abb.) Reutlingen (901). Enßlin & Laiblin. — 50

— dasselbe. Ein Bilderbuch f. die lieben Kleinen. gr. 4. (16 S. m. z. Tl. farb. Abb.) Konstanz (901). C. Hirsch. — 50

Kinderzeit, glückliche. (16 S. m. farb. Abbildgn.) Lex.-8. Stuttgart (905). G. Weise. n. — 60

Kinderzeit, glückliche. (12 farb. S. m. eingedr. Text auf Pappe.) gr. 8. Nürnberg (910). Th. Stroefer. Kart. 1. 50

— unsere glückliche. qu. gr. 4. (14 S. m. 4 farb. u. 12 schwarzen Bild.) Konstanz 895. C. Hirsch. Kart. 1. —

— schönste Zeit. 8. (8 Farbdr. m. eingedr. u. 2 S. Text, auf Pappe.) Duisburg 897. J. A. Steinkamp. Kart. — 50

— schönste Zeit. 8. (8 farb. S. auf Pappe u. 2 S. Text.) Duisburg (902). J. A. Steinkamp. Kart. — 50

Kinderzeitung, s. Neuigkeiten.

Kinderzeitung, ein Wochenblatt. Nürnberg 1780—83. H: *Böckh, Chn Gottfried.* (ML) (Ky) (BB)

— e. Wochenblatt; (herausg. von C. G. Böckh). 14 Bdchn. 8. Nürnb. 780—83. Felssecker. 5 ℛ 6 ℊ

— die, Unterhaltungsschrift, herausgeg. von mehreren Kinderfreunden. (Mit vielen lith. Bild. u. Holzschnittvign.) 1. Halbjahr. gr. 8. Bern 841. (Huber u. Comp.) n. 1 ℛ 2. Halbjahr, u. d. T.: Kinderzeitung, die, eine unterhaltende und belehrende Monatsschrift. Mit e. Vorrede v. Jeremias Gotthelf (u. vielen lith. Bildern u. Vign.) gr. 8. Ebend. 841. n. 1 ℛ — Auch französisch unt. d. T.: Gazette des enfans.

Kinderzeitung, die, e. unterhalt. u. belehr. Monatsschr. 1. Jahrg. (2 Hälften.) Mit e. Vorr. v. Jerem. Gotthelf (u. vielen lith. Bild. u. Vign.) gr. 8. (13½ B.) Bern 841, (Huber u. Comp.) à * 1 Thlr. *
Erschien auch in franz. Sprache u. d. T.: Gazette des Enfans.

Kinderzeitung: Apr. 15, 1859 - Mar. 15, 1862.
Swedenborgian paper. Organ of the New Jerusalem Church in the U.S., German Synod. Edited & published by A. O. Brickmann.
Baltimore, MD

Kinder-Zeitung. Schriftleiter: L. Jung. Jahrg. 1897 u. 1898. à 12 Nrn. (à 4 S.) 12. München, Ph. L. Jung. à Jahrg. — 20

— Schriftleiter: L. Jung. Jahrg. 1900. 12 Nrn. 12. (à 4 S. m. Bildern.) München, Ph. L. Jung. — 20

Kinder-Zeitung. Hrsg. von Fel. v. Stenglin. 1. Jahrg. Aug. 1900—Juli 1901. 52 Nrn. hoch 4. (à 4 S) Gr.-Lichterfelde, F. Frhr. v. Stenglin. n. 5.—

Kinderzeitung, berliner illustrirte, hrsg. v. C. Mücke u. Otto Ruppius. (1.) Jahrg. 1846. 12 Hfte mit Holzschn. u. Gratisbeilage: die Karte v. Europa. gr. 8. Berlin, Rieß. *

Kinder-Zeitung, die christl., (v. Düsselthal), redig. u. verlegt v. (Adelbert) Graf v. d. Recke Volmarstein. 1—3. Jahrg. 1831—33. à 12 Nrn. (Bog.) mit vielen Vign. gr. 12. Barmen, (Weise?) [831. 16 Gr., 32. 1 Thlr. 6 Gr., 33. 22 Gr.]

—— die christliche, 4—12. Jahrg. 1834—42. à 12 Nrn. (Bog.) Mit viel. Holzschn. gr. 12. Düsselthal. (Berlin, A. Wohlgemuth.) à J. *

—— die christliche. Redact.: v. d. Recke-Volmerstein. 13—17. Jahrg. 1843—47. à J. 12 Hfte. (Bog.) 12. Düsselthal, Rettungs-Anstalt. (Berlin, J. A. Wohlgemuth.) à J. *
Vgl. 9. Bd. 1. Abthl. S. 484.

Kinder-Zeitung, die christliche. Red.: Fr. Georgi. 18—22. Jahrg. 1848—52. à Jahrg. 12 Nrn. (Bog.) 12. Düsselthal. (Berlin, J. A. Wohlgemuth.) à Jahrg. *
Vgl. 10. Bd. 1. Abthl. S. 436.

Kinder-Zeitung, die christliche. Redakt.: Fr. Georgi. 23. Jahrg. 1853. 12 Nrn. 12. (Nr. 1. und 2. 60 S.) Düsselthal. (Berlin, J. A. Wohlgemuth.) Thlr. **
Vgl. 11. Bd. 1. Abthl. S. 504.

Kinder-Zeitung, die christliche. Redig. von Fr. Georgi. 24—28. Jahrg. 1854—58. à Jahrg. 12 Nrn. 12. (28. Jahrg. Nr. 1 und 2. 48 S. mit eingedr. Holzschn.) Düsselthal. (Berlin, J. A. Wohlgemuth.) à Jahrg. **

—— die christliche, z. Bildung, Belehr. u. Unterhalt. d. kindl. Alters. Hrsg. v. C. Schmidt. 12 Lfgn. mit mehr als 60 Vign. 16. (12 B.) Augsburg 841, (Schlosser'sche Buchh.)

Kinderzeitung, Christliche. Salzburg 1850. H: *Schwarz, Heinrich.* (Wagner, H. F., Ztschr. f. oest. Gymn. 61, 1910. S. 143.)

— christliche. Zur Belehrung u. Unterhaltung für die Jugend. 1. Jahrg. 1850. 26 Nrn. gr. 8. ($\frac{1}{2}$ B.) Salzburg, Duyle. 1 ß

Kinder-Zeitung, christliche. Zur Belehrung und Unterhaltung für die Jugend. 1. Jahrg. 1850. 26 Nrn. ($\frac{1}{2}$ Bog.) gr. 8. Salzburg, [Glonner.] Thlr. *

Die Christliche Kinderzeitung: 1867—1885?
Semi-monthly. Organ of Deutsche Evangelische Synode von Nord-Amerika. For special edition, see MONATLICHE CHRISTLICHE KINDERZEITUNG. Circulation: 1900, 20,000. Edited by the Rev. Karl Kissling, & published by A. Wiebusch & Son Printing Co.; published by Eden Publishing House.
St. Louis, MO

Christliche Kinderzeitung: 1868 ? Carlinville, IL
Ev. Church publication by the Rev. C. Witte

Kinderzeitung, christliche. Illustrirtes Monatsblatt für Mütter und Kinder. Hrsgbr.: W. Quistorp. 1. Jahrg. 1876. 12 Nrn. (à $\frac{1}{2}$—$\frac{3}{4}$ Bog. mit eingedr. Holzschn.) Pasewalk. (Berlin, Beck's Verlag.) *

—— dass. — 2. Jahrg. 1877. 12 Nrn. (à $\frac{1}{2}$—$\frac{3}{4}$ Bog. mit eingedr. Holzschn.) Pasewalk, (Schnurr.) *
Nicht weiter erschienen.

— die evangelische, s.: Gemeindebote, der evangelische.

—— die illustrirte, hrsg. v. Otto Ruppius unter Mitwirkung v. Mücke u. Ferd. Schmidt. (1. Jahrg.) 845. 8. Berlin, Rieß. *

— illustrierte. Hrsg. v. Jul. Lohmeyer. Nebst Beilagen: Deutscher Kindergarten u. Illustrierte Kinder-Mode. (1.) Jahrg. Oktbr. 1898—Septbr. 1899. 52 Hfte. (à ca. 1 Bog.) gr. 8. Berlin. Leipzig, W. Vobach & Co. à Hft. —10

— illustrierte. Hrsg. von Jul. Lohmeyer. (2.) Jahrg. Oktbr. 1899—Septbr. 1900. 52 Hfte. gr. 8. (à ca. 16 S.) Berlin, W. Vobach & Co. 3. 20
Vergl. a. Kindermodenwelt.

Kinder-Zeitung für Leser von 8—14 Jahren. Lobenstein 1804—5. H: *Hölzer, Joh. Chn Erdmann.* (Ky)

— f. Leser von 8—14 Jahren. (In Verbind. mit mehr. Gelehrten herausgeg. von J. C. E. Hölzer.) 1r, 2r Bd. Jahrg. 1804 u. 5. 4. Lobenstein, Illgen. (1r Bd. 16 gr 2r Bd. 1 ß 8 gr) 2 ß

Monatliche Christliche Kinderzeitung: 1883?—1885?
Monthly edition of DIE CHRISTLICHE KINDERZEITUNG. Organ of Deutsche Evangelische Synode von Nord-Amerika.
St. Louis, MO

—— neue illustrirte, hrsg. v. C. Mücke unter Mitwirkung der bekanntesten Jugendschriftsteller. 1846. (1. Hft.) Lex.-8. ($1\frac{1}{2}$ B. u. 4 Taf. Abbild. worunter 1 color.) Erfurt, Bartholomäus.

—— neue illustrirte. hrsg. von den bekanntesten Jugendschriftstellern. 1846. 1. Bd. 2—12. Heft. (à Heft $1\frac{1}{2}$ Bog. mit 3 schwarzen und 1 ill. Stnt.) Lex.-8. Erfurt 847, Bartholomäus. à Heft 5 Ngr.
1. Bd. 1. Heft. Ebendas. 1846. 5 Ngr.

—— dass. — 2. Bd. 12 Hefte. (à $1\frac{1}{2}$ Bog. mit 3 schwarzen und 1 ill. Stnt.) Lex.-8. Ebds. 848.

—— neue illustrirte. Zeitschrift zur Belehrung und Unterhaltung. Unter Mitwirkung hervorragender Pädagogen und Schriftsteller redig. von B. Planer. 1. Jahrg. 1878. 36 Nrn. (Bog. mit eingedr. Holzschn. und Chemigr.) gr. 4. Wien, (Perles.) *
Nicht weiter erschienen.

Kinder-Zeitung, Neue Prager, nebst wöchentlichen Unterhaltungen für Kinder. Prag 1789—90. V: *Spielmann, Frdr. Ant.* & *J. Gfr. Fechner.* (Ky)

— neue Prager, nebst wöchentl. Unterhalt. für Kinder, (v. F. A. Spielmann u. J. G. Fechner). Mit Kpf. u. Melod. 5 Quart. 8. Prag 789, 90. Diesbach. 2 ß

— s. auch Neuigkeiten, denkwürdige.

— prager, n. wöchentl. Unterh. für Kinder. m. Melod. 5 Quartal. m. K. 8. Diesbach. 789.

Kinderzeitvertreib, enthalt.: Erzählungen, Gedichte, Fabeln . . . Hannover 1819 s. u.: Almanach für Kinder und junge Leute.

Kinderzeitvertreib, angenehmer u. nützlicher, s. Almanach f. Kinder.

Kinderzeitvertreib, angenehmer und nützlicher, enthaltend Erzählungen, Gedichte, Fabeln u. s. w. 2te verb. Aufl. mit 5 Kpfrn. 8. Hannover, Gebr. Hahn. 819.

Kinderzucht, oder d. Testament. 8. Berl. 786. (Basel, Rottmann). 16 gr

Kinderzucht. Kauf' mich Deinen Kindern o Vater und Mutter, und laß mich fleißig und oft lesen, so werden sie Ehre und Glori vor Gott und den Menschen haben. Eine Kinderschrift aus dem 16. Jahrh. Neu hrsg. von einem Kinderfreund. 4. (14 S. und 1 ill. Titlkpfr.) Leipzig 851, G. Poenicke. *

Kinderzucht in Bildern. 1873. V: *Hattler, Franz.* (SO)

Kinderzucht, Die Christliche, eine ländliche Hochzeit-Schenkung . . . Augsburg 1815. V: *Königsdorfer, Mart.* (MGT) (Ky) (Schmal)

Kinderzucht, die christl., oder sechs Predigten über die Pflichten christl. Eltern gegen ihre Kinder, (v. Mt. Königsdorfer). gr. 8. Landsh. 820. Krüll. 6 gr

— üb. prakt. u. vernünftige. 8. Leipz. 791. (W. Rauck). 5 gr

Kinderzucht, über prakt. und vernünft. 8. Lpz. Sommer. 791.

Kinderzug, Der, an der Bundesfeier und Schulhausweihe in Unterstr. 1891. Zürich [1891]. V: *Schönenberger, Eduard.* (Cat. d. Stadtbibl. Zürich. Zürich 1864—97.)

Kindes, des, ABC. In Bildern und Verschen zur Anschauung und Belehrung. Ein unzerreißbares Bilderbuch für kleine Knaben und Mädchen, welche anfangen lesen zu lernen. Mit Text in der leichtfaßlichsten Weise von Herm. Pilz. hoch 4. (6 Chromolithogr. mit eingedr. und 6 Bl. Text.) [Görlitz 885.] Leipzig, Förster's Verlag. geb. [* M 2.—] * 1 50

Kindes, des, ABC in Bild. u. Verschen z. Anschauung u. Belehrg. gr. 4. (6 farb. Bildertaf. m. eingedr. u. 6 Bl. Text auf Leinw.) Leipzig 896. J. P. Baum. Geb. n. 2.—

Kindes, des, liebstes ABC-Bilderbuch. 2 Sorten. 8. (à Sorte 6 S. mit 6 Chromolithogr.) Wesel 880, Düms. à Sorte *

— des, Bekannte in Haus u. Feld. Hübsche Bilder m. Reimen u. Rätseln. (Umschlag: Gute Bekannte in Hof u. Haus.) gr. 4. (8 S. m. z. Tl. farb. Abb.) Konstanz 897. C. Hirsch. — 50

— des, Bilderschatz. E. Bilderbuch auf Pappe. qu. kl. 4. (16 farb. Taf.) Eßlingen 895. J. F. Schreiber. Geb. n. 1.—

Kindes, des, erstes Buch. Moers 869. Spaarmann. 16. (8 S. mit 8 Chromolith.) 3 ngr

Kindes, des, erstes Buch. 2 Hefte. 8. (à Heft 8 S. mit 8 Chromolithogr.) Wesel 879, Düms. à Heft 20 Pf.

Kindes, des, erstes Buch. qu. 4. (12 farb. Taf.) Leipzig 889. Fr. Pfau. cart. n. — 70

Kindes, des, erstes Buch. gr. 4. (10 farb. S. auf Pappe.) Wesel 899. W. Düms. Geb. 2.—

Kindes, des, erstes Buch. (10 farb. Bl. ohne Text.) Lex.-8. Wesel (904). W. Düms. Geb. 1.—

—— des, liebstes Buch. Schöne Bilder, kleine Erzählungen, Märchen, Gedichte und Spiele für ganz kleine Leute. gr. 8. (16 S. mit 7 color. Stnt.) Mülheim 877, Bagel's Verlagsh. cart.

—— des, liebstes Buch in Bildern und Verschen zur Anschauung und Belehrung. 4. Aufl. 4. (10 Chromolithogr. mit eingedr. und 1 Bl. Text.) Chemnitz 885, Troitzsch. geb. 1 50
Unzerreißbar, auf Pappe gezogen * 2 50

— des, Heim in Bild u. Reim. Fol. (12 S. m. farb. Bild.) Fürth 897. G. Löwensohn. Kart. — 50

Kindes, des, Heimat. Eine Fibel f. unsere Kleinen. 1. Tl. (86 S. m. Abbildgn.) gr. 8. Düsseldorf 910. L. Schwann. Geb. nn — 55

— dasselbe. Begleitwort v. H. Terbrüggen u. J. Urhahn. (32 S. m. 2 Taf.) gr. 8. Ebd. (910). — 40

Kindes, des, Leben. 4. (16 Chromolithogr. mit Text.) Neu-Ruppin 865, Oehmigke. cart.

Kindes, unseres, Lebenslauf. Tagebuchblätter f. d. goldenen Morgen uns. Kleinen. E. Taufbüchlein f. sinn. Eltern. gr. 8. (X, 28 S. m. Bild. u. 3 farb. Taf.) Lahr 895. E. Kaufmann. Geb. in Halbldr. 2.—; in Leinw. m. Goldschn. 3.—

Kindes, des, Lieblinge. qu. gr. 4. (8 Chromolithogr.) Wesel 886, Düms. cart.

Kindes, d., Lieblinge. 12. (6 Farbdr. m. eingedr. Text.) Reutlingen 891. Enßlin & Laiblin n. — 8; auf Pappe — 20

— des, Lieblinge. gr. 4. (12 S. m. 4 Farbdr.) Konstanz 897. C. Hirsch. — 60

—— des, Lieblingsbuch. Mancherlei aus Haus, Feld und Wald. Zur Anschauung und Belehrung für artige Kinder. gr. 4. (24 Chromolithogr. [12 Bl.] auf Carton mit eingedr. Text.) [Leipzig 883, Cavael.] Görlitz, Förster's Verlag. geb. *

— des, Lieblingsbuch. qu. 4. (16 Farbendr. auf Pappe.) Eßlingen 890. J. F. Schreiber. n. 1.—

—— des, Lieblingsmärchen. 2 Sorten. 8. (à Sorte 8 S. mit 4 Chromolithogr.) Wesel 880, Düms. à Sorte *

— des, Lieblings-Tiere. qu. gr. 4. (8 farb. Taf.) Wesel 898. W. Düms. — 50; auf Pappe, kart. 1.—

— des, Lieblingstiere. 4. (16 S. m. z. Tl. farb. Abbildgn.) Reutlingen (901). Enßlin & Laiblin. — 50

— des, Lieblings-Tiere. (Billigere Ausg.) (9 farb. S. ohne Text auf Pappe.) qu. Fol. Ebd. (903). Geb. — 80

— des, Lieblingstiere. (9 farb. S. auf Pappe.) 20,5 ×30 cm. Wesel (909). W. Düms. Geb. 1. —

—— des, Lust und Lehr'! Mit artigen Erzählungen und Gedichten. 4. (8 color. Stnt. mit 7 S. Text.) Reutlingen 883, Enßlin und Laiblin's Verlagsh. cart.

—— des, Lust und Lehre. Ein Bilderbuch mit Anleitung zum Coloriren. 1.—4. Heft. Bilder aus „G. Eberhard's" Fibel, 1. und 2. Thl., und aus „H. R. Rüegg's" Fibel, 1. und 2. Thl. 8. (à Heft 15 zum Theil color. Stnt.) Zürich 882, (Trüb'sche Buchh.) à Heft ** 30 Pf. **

—— des, Märchenwelt. Zwölf echte Kindermärchen. Mit Text in sehr großer Schrift. 4. (49 S. mit 6 feinen Farbendr.-Bildern nach Aquarellen von C. Offterdinger und H. Leutemann.) Stuttgart 888, F. Loewe. geb. *

Kindes, des, Märchenwelt. 12 echte Kindermärchen f. die ganz Kleinen. (Mit Text in sehr großer Schrift.) Mit 6 Farbdr.-Bildern v. C. Offterdinger u. H. Leutemann. 3.—5. Aufl. 4. (III, 56 S.) Stuttg. 889—92, Loewe. cart. * 2 —

- des, Märchenwelt. 16 echte Kindermärchen f. d. ganz Kleinen. M. 6 feinen Farbdr.-Bild v. C. Offterdinger u. H. Leutemann. 7. Aufl. 4. (III, 56 S.) Stuttgart 897. F. Loewe. Geb. n. 2. —

— des, Märchenwelt. 16 echte Kindermärchen f. die ganz Kleinen. Mit 6 feinen Farbdr.-Bildern v. C. Offterdinger u. H. Leutemann. 8. u. 9. Aufl. 4. (à III, 56 S.) Stuttgart (899. 900). Loewe. Geb. n. 2. —

— des, Märchenwelt. 16 echte Kindermärchen f. die ganz Kleinen. Mit 6 Buntbildern v. C. Offterdinger u. H. Leutemann. 13. Aufl. (III, 56 S.) Lex.-8. Stuttgart (905). Loewe. Geb. 2. —

— des, Märchenwelt. 16 echte Kindermärchen f. die ganz Kleinen. Mit 6 Farbdr.-Bildern v. C. Offterdinger u. H. Leutemann. 19. Aufl. (III, 56 S.) Lex. 8. Stuttgart (910). Loewe. Kart. 2. —

—— des, Meßbuch. Nach dem Französ. bearb. von einem Priester der Erzdiöcese Freiburg. Mit vielen (eingedr. Holzschn.-)Illustr. 1.—3. Aufl. (96 S.) 1873,74; 4. Aufl. 16. (112 S.) Freiburg i. Br. 877, Herder'sche Verlagsh. K

—— des, erstes Schulbuch. Nach der Schreiblesemethode bearb. m. besond. Berücksicht. d. Anschauungs- u. Sprach-Unterrichts. Hrsg. vom Hessischen Volksschullehrerverein. Ausg. f. 1 Schuljahr. 13. verb. Aufl. gr. 8. (68 S.) Cassel 888, Baier u. Comp. * — 30; geb. * — 50
—— dass. — Ausg. f. 2 Schuljahre. 13. verb. Aufl. gr. 8. (116 S.) Ebd. 888. * — 45; geb. * — 65

—— des, Sonntagsfreude an den Evangelien des Kirchenjahres. br. 8. (VII und 151 S.) Halle 863, Fricke.

—— des, liebstes Spiel. Eine Beschreibung der Patent-Steinbaukasten. 8. (40 S. mit farb. Illustr.) Leipzig 887, Leipziger Lehrmittel-Anstalt von Dr. O. Schneider. *

—— des, Tagesheiligung durch Gebete, zusammengestellt von einem geistl. Kinderfreunde. 32. (48 S. mit 1 Holzschntaf.) Donauwörth 876, Buchh. des kathol. Erziehungs-Vereins. K

—— des, Tagesheiligung durch Gebete, zusammengestellt von einem geistl. Kinderfreunde. 2. und 3. Aufl. 16. (96 S. mit 1 Holzschn.) Donauwörth 877,83, [Buchh. des kathol. Erziehungsvereins.] Auer. cart. *

—— des, liebste Tiere. Ein lehrreiches Bilderbuch für die lieben Kleinen. Mit Text in Versen. gr. 4. (6 S. Text mit 6 Farbendr.-Bildern.) Stuttgart 885, Loewe. cart.
Als Lackbilderbuch

— des, liebste Tiere. qu. gr. 8. (8 farb. Bl. auf Pappe.) Eßlingen 896. J. F. Schreiber. Kart. n. — 50

— des, liebste Tiere. qu. 4. (16 S. m. z. Tl. farb. Bild.) Reutlingen 898. Enßlin & Laiblin. — 60; auf Pappe (8 S. m. farb. Bild.) Kart. 1. 10

— des, Traum, s.a. Kindertraktate.

— des, Traum. (Ausgestanzt.) qu. 4. (14 S. m. z. Tl. farb. Bildern.) Fürth 894. (Leipzig, W. Opetz.) — 60

—— des, erster Unterricht im Lesen. 8. Eisleben 870, G. Reichardt. In Carton 2 25

—— des deutschen, Weihnachtsbuch, voll Sang und Klang und Gottesspruch. Erzählungen, Märchen, Lieder und Spiele, für Knaben und Mädchen im Alter von 6—12 Jahren erzählt und hrsg. von Tante Adolphine [Frau Breithaupt]. gr. 8. (XVI, 192, 25 S. mit vielen Orig.-Zeichnungen.) Berlin 885, Ißleib. geb. *

— unseres, Werden u. Wachsen. Aufzeichnungen aus der Jugendzeit unseres Kindes. (112 S. m. Abbildgn.) gr. 8. Berlin (903). Stuttgart, Schwabacher. Geb. in Leinw. n. 2. 50

— des, schönstes Wunschbuch. E. reichhalt. Sammlg. d. besten u. gediegensten Glückwünsche f. alle Gelegenheiten u. f. jedes Alter. 8. (158 u. II S.) Wien 897. (Leipzig, Literar. Anstalt, A. Schulze.) n. 1. —

— d. lieben, Zeitvertreib. gr. 4. (8 S. m. z. Tl. farb. Abb.) Konstanz 898. C. Hirsch. — 50

Kindes-Freud u. Leid. 4. (8 farb. Bl. m. eingedr. Text.) Berlin 893. Friedrichs & Co. — 25

Kindesfreude, die. Ein Prämienbuch f. gute Kinder. 1e Gabe. 16. Hamm 822. Wundermann. 2 K

Kindesfreude. Unzerreißbares Bilderbuch für artige Kinder. gr. 16. (16 Chromolithogr. mit Text auf Leinw.) Hamburg 863, Gebr. Spiro. cart.

Kindesglaube u. Kindesliebe, s.a. Erzählungen, christliche,

Kindesglaube u. Kindesliebe. Eine hannoversche Dorfgeschichte. 12. (47 S. m. 1 Bild.) Hermannsburg 892, Missionshandlg. * — 20; cart. — 30

Kindesleben bei den Hausthieren. qu. 4. (12 color. Stnt. auf Carton.) Stuttgart 869, Gebr. Scheitlin. cart. 2 10
—— dass. — qu. 4. (12 color. Stnt. auf Carton.) Stuttgart 873, Risch. [Eger und Distler.] Mit 12 Bl. Text (*M* 2,10.) 1 50
Ohne Text 1 25

Kindesliebe, Die doppelte.
Drama. Regensburg 1780. V: *Nesselrode, F. G. Freih. von.* (Ky)

Kindesliebe, die doppelte. Drama (von F. G. v. Nesselrode). 8. Regensb. 780. Montag u. W. 8 gr.

Kindeslust und Freude. 8. (7 color. Taf. mit eingedr. Texte.) Reutlingen 882, Enßlin und Laiblin's Verlagsh. cart.

Kindeslust in Gedichtchen und Geschichtchen, Märlein, Sprüchen und Gebeten. gr. 8. (20 S. und 6 Stahlst.) Berlin 850, Schartmann.

Die Kindesmörderin, oder: Gottes Hand trifft überall. Eine schauderhafte Begebenheit, bei Ispahan, der Hauptstadt in Persien. *(Text).*
o. O., o. J., 1 Bl. zweiseitig bedruckt, 353 × 200.
LBO Bänkelsängerlit. V, 25.

KINDESMÖRDERIN, Die, oder kleine Romane und Erzählungen von ***. 2 Thle. Leipzig 1843. Verlag von Carl Drobisch. 8⁰.

I: 1 Bl. u. 112 S. 1. Graf Vinzenz v. Neudeck u. Bertha, Gräfin v. Spora. Novelle aus d. Mittelalter. 2. Lady Mac-Orthy. E. wahre Begebenheit. 3. Die Kindesmörderin. Novelle. (Pikant! — Anmerk. a. Ende: „Diese Erzählung ist bereits im „Planeten"*) mit Beifall aufgenommen worden".) (Nbl Unser Planet. Blätter für Unterhaltung etc. Jahrg. 1—7. (Hrsg. von Verschiedenen.) Lpz., Hartmann, 1830 bis 36. Gr. 4⁰.)
II: 164 S. 1. Die sterbende Jungfrau (Mlle Cotte, im 15. J. gest.), mein letzter Sang (Gedichte). 2. Der Blumensarg. 3. Eine Thräne. 4. Der Sirenenfels auf Capri. 5. Die Zweiflerin. 6. Drei Blüthen. 7. In ein Stammbuch. 8. Die Dachstube.

Kindesmörderin, die, oder die Tochter des Musikanten. Eine wahre Kriminalgeschichte aus den Zeiten des Gaugerichtes. Dem Volke erzählt von G. und B. Dom. 8. (56 S.) Urfahr-Linz 878, Kraußlich.

Kindespflicht aus Liebe. Ein Trauersp. in 5 Aufz. nach Corneilles le Cid, von K. Hennings. 8. Erfurt, Knick. 812.

Kindespflicht und Liebe, Trauerspiel in 5 Aufz. Nach Corneille's le Cid bearbeitet von C. Hennings. N. Aufl. 8. Erfurt u. Gotha, Hennings. 817.

Kindesunterricht, d. erste, in Religion u. d. Prinzipien d. Unterrichts f. Leben v. Hrn. J. B. Graser in Kampf u. Opposition mit d. Christenthume. Mit besond. Rücksicht auf dess. Prüfung d. kathol.-prakt. Religionsunterrichts. 8. Sulzb. 826. v. Seidel. 16 gr

Kindgen, M., u. L. Danulat, der Bäckerlehrling, s.a. Koepper's, Gust., Handwerker-Bibliothek.

Kindgen M u L Danulat, der Bäckerlehrling. (64 S) (Koeppers Handwerker-bibliothek 14) Leipzig 1908

Kindheit, frohe. Leporello-Album. qu. 12. (16 farb. Bl. auf Pappe.) Eßlingen 896. J. F. Schreiber. Kart. n. — 50

Kindheit, Die heilige. Ein Büchlein für Kinder und Erzieher, Katecheten und Lehrer. Salzburg 1874. V: *Hager, Edmund.* (Hr

Kindheit Jesu, s. Leben Jesu.

Kindheit, Lydiens. Halle 1818. V: *Schütz, Henriette.* (schl)

— der, goldene Tage. M. 8 feinen lackierten Farbdr.-Bild. u. 6 illustr. Textseiten. Leinw.-Bilderbuch. gr. 4. Ebd. 897. Kart. n. 1. 50

Kindheitsgeschichten, s.: Hausbücherei der deutschen Dichter-Gedächtnisstiftung.

Die philosophischen Abhandlungen des Ja'qūb Ben Isḥāq [Ja'kūb Ibn-Ishāk] al-Kindi. Zum ersten Male hrsg. von Dr. Albino Nagy. *Münster: Aschendorff 1897.* (XXXIV, 82 S., 1 Bl.) 1 Bd 8.
— Beiträge z. Geschichte d. Philosophie d. Mittelalters. Bd II. H. v. [98. 5081

Kind-Jesus-Buch, enth. auserlesene Beispiele, Betrachtungen, Anmuthungen, Gebete und Gesänge von der göttl. Kindheit Jesu Christi, um die Andacht zu dem anbetungswürdigsten Kinde in uns zu wecken und zu nähren. Mit einem Anhange von Morgen- und Abend-, Meß-, Beicht- und Communiongebeten im Geist der heil. Kirche. 8. (XVI und 756 S. mit 1 Stahlst.) Schaffhausen 854, Hurter'sche Buchh. Vlnp. mit 4 Stahlst.

Kind'l, Münchener. Ein litterar. Almanach. Hrsg. v. der Münchener Schriftsteller-Vereinigg. „Orion". gr. 8. (57 S.) Münch. 890, Höllrigl. * 1 —

Kindl, Ludw., Erinnerungen u. Erfahrungen e. Feuerwehrveteranen, den Kameraden mitgeteilt. 8. (V, 149 S.) Grätz 894. (München, Ph. L. Jung.) n. 2. —

Kindle, Ernst, ohem. **Reagentien u. Reaktionen des deutschen Arzneibuches IV,** s.: Holdermann, E.

Der Teufeleien des achtzehnten Jahrhunderts letzter Akt worinn des Emanuel Schwedenborgs (sol) demüthiges Danksagungsschreiben kürzlich beantwortet ..... ergänzt und berichtiget wird (von *Christian Wilhelm Kindleben*). Leipzig 1778. 8⁰.
Goedeke IV, 353, 23, 2; Anon.-Lex. I. p. 22 (nach Kayser, Meusel, Goedeke).
— — Dasselbe. Ebd. 1779. 8⁰. Tit., X, 63 S. (C. G. Boerner's Leipziger Febr.-Auct. 1909.)

Kindlebens Anhang zum letzten Akt der Teufeleien des 18ten Jahrhunderts wider Prof. Köster in Gießen. 781. 8.

Kindleben, Christian Wilhelm (Hrsg.), s.a. Aufsätze, vermischte, zur Beförderung der Litteratur u. der Sitten.

Kindleben, Ch. W., vermischte Aufsätze zur Beförder. d. Litter. und Sitten. 4 Thle. Halle, Hendel. 780.

Kindleben, Chr. Wlh., († 1785.) vermischte Aufsätze für das denkende Publikum; e. Berlin. Wochenschrift. 2 Thle. 8. Lemgo 799.

— freimüth. Beurtheilung d. Berlin. neuen Gesangbuches. 8. Lpz. 781. (W. Rauck). 5 gr

— Beurtheilung des neuen Berliner Gesangb. 8. Leipzig, Sommer. 781.

Kindleben, Christian Wilhelm, s. Briefe eines Laien.

BREPHOBIUS, Etwas für Jungfern und Junggesellen Nürnberg 1781. 8⁰.
Fr. Heerdegen's (Nürnb.) 77. Vers. p. 42.

Kindleben, Chr. Wlh., s. Florida, oder Geschichte 2c.

FLORIDO, oder Geschichte eines unglücklichen Philosophen (von *Chrn. Wilh. Kindleben*). Halle 1781. 8⁰.
„Autobiographisch". Goedeke IV, 354, 23, 11; das Anon.-Lex. II. p. 104 hat unrichtig „Florida".

— s.a. Fragmente, moral., zur Kenntniß d. Menschen.

— —, Moralische, zur Kenntniss des Menschen, in Briefen (von *Chrn. Wilh. Kindleben*). Frankfurt a. M. 1782. 8⁰.
Anon.-Lex. II. p. 115 (nach Kayser u. Meusel). — Rar!

– s.a. Galanterien d. Türken.

Kindleben, Christian Wilhelm. Galanterieen der Turken von Christian Wilhelm Kindleben
... Frankfurt und Leipzig [1782].
2 Teile. 8⁰.
I: Mit dem Titelkupfer XVI + 340 S. m. Tit.-Vign. in Kupferst
II: 136 S., 1 Bl. m. Tit.-Vign. in Kupferst
Zusammen m. 40 Taf. in kol. Kupferst.

— — Galanterieen der Türken. Mit 40 Kpfrn. (meist männl. u. weibl. Kostüme). 2 Thle. Frankfurt u. Leipzig (o. Adresse) 1783. 8⁰. (15 Mk. Max Harrwitz, mit nur 39 Kpfrn., 1891; 12 Mk. Franz Teubner, Düsseldorf, 1898; 10 Mk. v. Zahn & Jaensch, Dresden, 1904.)
In einigen Expll. sind die Kupfer colorirt; dann viel theurer. XVI, 340 u. 136 S. Handelt über oriental. Zustände u. Sitten im Allgem. u. über Serailwesen, Bäder, Gärten, Verschnittene, Geschlechtsausschweifungen etc. ins Besondere. Manches freien Inhalts. — Th. 2 S. 65 sq. „Anhang, welcher in einem kurzen Auszuge die Geschichte einer vornehmen türkischen Frauensperson enthält, die als eine verkleidete Mannsperson in Europa bey den Waffen ihr Glück u. ihren Tod gefunden hat."

Kindleben, Chrn. Wilh. (1748—85), Galanterien der Türken. 2 Thle. u. *Anhang* (letzterer betitelt: „Geschichte eines vornehmen türkischen Frauenzimmers, die als eine verkleidete Mannsperson in Europa bei den Waffen ihr Glück und ihren Tod gefunden hat.") Mit 41 kostümlich interess. Kupfertaf. (unsign.). Frankfurt und Leipzig (1783). 8⁰. (10 Mk. v. Zahn & Jaensch, Dresden, 1904; 15 Mk., unbeschn., Adolf Weigel, 1910. — Expll. mit color. Kpftaf. sind sehr selten und viel theurer!)
XVI (incl. Titelkpf. u. Titel mit Vign.), 340+136 S. (Anhang).

— Gedanken üb. das Berlinische neue Gesangbuch. 8. Halle 779.

— geistl. Gedichte u. Lieder. 8. ... 781.

— vermischte Gedichte. 8. Leipz. 779. Dyck. 12 K

KINDLEBEN, Christian Wilh. (1748—85). — Vermischte Gedichte von M. *Christian Wilhelm Kindlebn* (!). (Vignette.) Berlin und Leipzig. 1779. Kl. 8⁰. 10 Bll., 231 S., 1 S. Druckfehler u. 7 S. Inhalt. (6 Mk., unbeschn., Geo. Lissa, Berlin, 1895; jetzt theurer!)
Erste und einzige Ausgabe. J. G. Jacobi gewidmet. Mit reizender Titelvignette (wohl von Meil). Vgl. Kindleben's Autobiogr. „Emanuel Hartensteins Reise" .... S. 139—140.

– s. Hartenstein's Emm. (Chr. Wlh. Kindleben.): Reise.

– s. Isokrates: Reden an Demonikus.

– s. Klopstock: Die allerneueste Orthographie.

— s.a. Leben u. Abentheuer W. Schluterius.

* **LEBEN** und Abentheuer des Küsters zu Kummersdorf Wilibald Schluterius. (Stellenw. derber Roman von *Christian Wilh. Kindleben*, 1748—85.) Ein Pendant zu dem Leben und den Meinungen des Herrn Magister Sebaldus Nothanker (Frdr. Nicolai's). Halle, bey Joh. Chrn. Hendel. 1779. 8⁰. (4 Mk. Taussig, c. 1905.)
220 SS. (incl. Tit. m. feiner Vign. u. 8 Bll., 2 Vorreden enthaltend, die erste von 5 Bll. dat. Heiligenbeil, d. 30. Apr. 1779. Mich. Brephobius.)

— s.a. Lucretius, Matthias.

LUKRETIUS, Mathias, sonst Votius genannt, oder Geschichte eines verunglückten und metamorphosirten Kandidaten (von *Chrn. Wilh. Kindleben*). 2 Thle. Halle, Hendel, 1780. 8⁰. (In Warmbrunn.)
Tit. m. Vign., 383 fortl. gez. SS. incl. 14 SS. Vorst. Nebst Zugabe zu Th. 2: Geschichte des Fräuleins Wilhelmine v. Wangenheim. (3 Mk. Kühl, Berlin, c. 1882: jetzt theurer!)

— Merkwürdigkeiten aus d. Leben des griech. Weisen Solon, s. Merkwürdigkeiten.

– s.a. Non-Existenz: Über die, d. Teufels.

M. Kindleben, Christ. W., über die Nonexistenz des Teufels. Berl. 776. 8.

– s. Plutarch: Von Erziehung der Kinder.

HARTENSTEINS, Emanuel, eines peregrinirende. Weltbürgers, Reise von Berlin über Rostock nach Dressden. Ein hieroglyph. Tagebuch für Pilger u. Pilgerfreunde. (Autobiographie von *Chrn. Wilh. Kindleben*.) Halle 1780. 8⁰. 232 S. (3 Mk. R. Bertling, Dresden, 1907.)
Der Verfasser verweilt u. a. auch in Dessau und kommt dort in nähere Beziehungen zu Basedow (Seite 109—126). Anon.-Lex. III. p. 361 (nach Meusel, Goedeke, Kayser).

— s. Siegfried, der gehörnte.

Kindleben, Christian Wilhelm, s. Siegfried, Der hörneme.

Kindleben, Chrn. Wilh., Studenten-Lexikon, s.a. Bibliothek litterarhistor. u. culturhistor. Seltenheiten. 7.

— Studenten-Lexikon; aus d. hinterlass. Papieren eines unglückl. Philosophen rc. 8. Halle 780. Hendel. 16 K

— — Studenten-Lexicon. Aus den hinterlassenen Papieren eines unglücklichen Philosophen Florido genannt, ans Tageslicht gestellt von *Christian Wilhelm Kindleben*, der Weltweisheit Doktor und der freyen Künste Magister. 8⁰. Halle, bey Johann Christian Hendel, 1781. 8⁰. 288 S. (18 Mk. E. Frensdorff, 1903; 25 Mk., unbeschn., vorzüglich erhalten, Adolf Weigel, 1906:)
Höchst seltenes Studenticum, von hohem culturhistorischen Werth. Demselben ist ausserdem, abgesehen von den zahlreichen anstössigen Redensarten und Wörtern, die Kindleben mit seiner bekannten Meisterschaft auf diesem Gebiete erklärt, eine linguistische Bedeutung nicht abzusprechen, weil diverse unserer modernen Sprache fremd gewordene, meist corrumpirte mittelhochdeutsche Wörter darin explicirt werden. (Ebeling III, 415 u. 588.) Darin die neuere Form des „Gaudeamus igitur", von Hoffmann v. Fallersleben entdeckt.

STUDENTEN-LEXICON. Aus den hinterlassenen Papieren eines unglücklichen Philosophen Florido genannt, ans Tageslicht gestellt (verfasst) von Christian Wilhelm Kindleben, der Weltweisheit Doctor und der freyen Künste Magister. Halle, bey Johann Christian Hendel. 1781. 8⁰. 288 SS., (20 Mk. Auction Deneke. Frankf. a. M. 1909, no. 637: schönes Expl.:)
Seltenes, kulturhistorisch äusserst wertvolles Werk, das wie aus der Vorrede hervorgeht, auch für den Linguisten von hohem Interesse ist. „Ausser den eigentlichen Studentenwörtern hab ich auch noch andere nicht ganz gewöhnliche, und zum Theil veraltete deutsche Ausdrücke in dieses Lexikon aufgenommen, die der Vergangenheit entrissen zu werden verdienten und diesem oder jenem Sprachforscher zum weiteren Nachdenken Gelegenheit geben können." — Anon.-Lex. IV. p. 129 (nach Meusel).

– s.a. Studenten-Lieder.

Studentenlieder. Aus den hinterlassenen Papieren eines unglücklichen Philosophen Florido genannt, gesammlet und verbessert (verfasst) von *C. W. K. (Christian Wilhelm Kindleben)*. O. O. (Halle a. d. S.) 1781. 8⁰. Höchst selten!
Das Buch wurde gleich nach Erscheinen confiscirt und der Verfasser aus Halle verwiesen. Ebeling III. p. 415; Maltzahn 502 no. 1811; Anon.-Lex. IV. p. 129 (nach Hayn, Kayser, Meusel, Goedeke).

— Studentenlieder. Halle 1781. — Idiotikon der Burschensprache. Aus: Bemerkungen eines Akademikers über Halle und dessen Bewohner (von *Chrn. Frdr. Bernh. Augustin*). Germanien 1795. Neugedruckt unter d. Titel: Studentensprache u. Studentenlied in Halle vor hundert Jahren. Jubiläumsgabe für die Universität Halle-Wittenberg vom Deutschen Abend in Halle. (Krit. bearb. u. herausg. v. Prof. John Meier u. Prof. K. Burdach.) Halle 1894. XXXIX, 117 S. u. VIII, 127 S. (4—.) (3 Mk. Adolf Weigel, 1906.)

– s. Teufeleien des 18. Jahrh.

– s. Unterhaltungen für Frauenzimmer.

– s. Unterhaltungen aus Joseph II. Leben.

Kindleben, C. W., üb. den Ursprung des Kirchenpatronats. Berl. 1775. 8.

— üb. den Ursprung, Nutzen u. die Mißbräuche des Kirchenpatronats. 8. Berl. 774. Mylius. 4 gr

– s. Ursprung, Über den, der Perücken.

BREPHOBIUS, Michael (d. i. *Christian Wilh. Kindleben*), Ein Wort der Ermahnung an die bösen Männer, in einer Trauerrede bei Beerdigung des handfesten Jürgen Steiß etc. O. O. 1781. 8°. (1 Mk. 40 Pfg. Scheible, c. 1888.)

Kindlein bleibet bei Ihm! s. Zuruf.

Kindlein, bleibet in meiner Liebe! Ein Gebetbüchlein für kindl. Seelen jegl. Alters. 11. Aufl. 16. (112 S. mit eingedr. Holzschn. und 1 Stahlst.) München 864, (J. A. Finsterlin.)

Kindlein Jesu, das, die Liebe unserer Herzen. Vorbereitungsandacht z. h. Weihnachtsfeste. M. 1 Titkpfr. 12. Grätz 838, Kienreich'sche Buchh.

Kindlein, die indischen, im Walde. Von der Verf. des „Fluges zur Herrlichkeit." 32. Basel 846 (847), Schneider. n. 3 ngl

Kindlein, die indischen, im Walde. Von d. Verf. des „Fluges zur Herrlichkeit." 32. (44 S.) Basel 849, Schneider. n. 2 ngl

Kindlein, das, ist nicht todt, sondern es schläft, s. a. Fricke, L. W.

Kindlein, das, ist nicht todt, sondern es schläft. Ein herzl. Trostwort an betrübte Elternherzen, zugleich ein Begleitwort zu des Boten Gedächtnißblatt für verstorbene Kinder. 16. (16 S.) Hannover 883, (Feesche.)
Aus: Der Monatsbote aus dem Stephansstift, besonders abgedruckt.

Kindlein, das, ist nicht todt, sondern es schläft. Ein herzl. Trostwort an betrübte Elternherzen, zugleich e. Begleitwort zu d. Boten Gedächtnißblatt f. verstorbene Kinder. [Aus: „Monatsbote aus d. Stephansstift".] 3. Aufl. 16. (16 S. m. 1 Bild.) Hannover 888. (Feesche.) n. — 20

Kindlein, e. seliges (Paulus Gerhard Straube). 12. (12 S.) Berlin 894. Deutsche evangel. Buch- u. Tractat-Gesellschaft. n.n. — 5

— der, Sonntagsfeier, s.: Kindertraktate.

Kindlein's Lieblingsbuch. Unzerreißbare Bilder. Nürnberg 862. Geißler. 4. (16 lith. u. color. Bl.) 20 ngr

Kindleins Lieblingsbuch. Unzerreißbares Bilderbuch. gr. 8. (16 ill. Stnt. auf Leinw.) Hamburg 863, Gebr. Spiro. geb. *

—— unseres, Lieblingsfreude. Unzerreißbares Leinwand-Bilderbuch für die Jugend. br. 8. (16 ill. Stnt.) Nürnberg 862, Geißler. geb. -

Kindleinfresser. Der K' auf dem Kornhausplatz. Bern 1847 s. [Howald, Carl *I*].

Wie können und sollen wir Propaganda für unsern Bund machen. (Lehrlingsarbeit von **Kindler.**) [Bern 1894: Michel & Büchler.] 7. S. 8° [Kopftit.]
Aus: Al. 20 (1894) S. 28—29, 36—37.
Verlangt Verbreitung mrischer Grundsätze durch die Tat.

Kindler, A., Leitfaden für den Unterricht in der Naturgeschichte. gr. 8. (VIII, 199 S.) Naumburg 873, Sieling. geb. * 1 20

Kindler, A[lfred]. Die schweizerische Armee in Bildern von A. K', Oberstleutnant. Hrg. von der Lithographischen Kunstanstalt Frey & Söhne = Album Militaire Suisse par A. K'.... Publié par la Lithographie artistique Frey & fils. (15 Lieferungen.) III + 60 Bl. quer-4. Zürich (= Zurich 1903 —) 1905.
per Liefg. (4 Bl., *in illustriertem Umschlag 4.*) fr. 2.— [*cpl. in illustriertem Einband* geb. fr. 28.—]

Kindler, A[lfred]. Die schweizerische Armee in Bildern von A. Kindler Oberstlieutenant. Hrg. von der Lithographischen Kunstanstalt Frey & Söhne = Album militaire suisse.... Liefg. 1. 4 Bl., *in illustriertem Umschlag* 4. Zürich = Zurich 1903. [*cpl.* in 20—25 monatl. Liefg.] à fr 2. —

Kindler, A[lfred]. Die schweizerische Armee in Bildern.... Hrg. von der Lithographischen Kunstanstalt Frey & Söhne.... Liefg. 2—4. *je* 4 Bl., *in illustr. Umschlag* 4. Zürich ... 1903. *je* fr. 2. —

Kindler, A[lfred]. Die schweizerische Armee in Bildern.... Hrg. von der Lithographischen Kunstanstalt Frey & Söhne.... Liefg. 5. 4 Bl., *in illustr. Umschlag* 4. Zürich ... 1903. fr. 2. —

Kindler, A[lfred]. Die schweizerische Armee in Bildern.... Hrg. von der Lithographischen Kunstanstalt Frey & Söhne.... Liefg. 6 u. 7. *je* 4 Bl., *in illustr. Umschlag* 4. Zürich... 1903. *je* fr. 2. —

Kindler, A[lfred]. Die schweizerische Armee in Bildern.... Hrg. von der Lithographischen Kunstanstalt Frey & Söhne.... Liefg. 8. 4 Bl., *in illustr. Umschlag*, 4. Zürich ... 1903. fr. 2. —

Kindler, A[lfred]. Die schweizerische Armee in Bildern.... Hrg. von der Lithographischen Kunstanstalt Frey & Söhne.... Liefg. 9. 4 Bl., *in illustr. Umschlag*, 4. Zürich ... 1903. fr. 2. —

Kindler, A[lfred]. Die schweizerische Armee in Bildern.... Hrg. von der Lithographischen Kunstanstalt Frey & Söhne.... Liefg. 10. 4 Bl., *in illustr. Umschlag*, 4. Zürich ... 1903. fr. 2. —

Kindler, A[lfred]. Die schweizerische Armee in Bildern.... Hrg. von der Lithographischen Kunstanstalt Frey & Söhne.... Liefg. 11—14. *je* 4 Bl., *in illustr. Umschlag*, 4. Zürich ... 1903. per Liefg. fr. 2. —

Kindler, A[lfred]. Die schweizerische Armee in Bildern.... Hrg. von der Lithographischen Kunstanstalt Frey & Söhne.... Liefg. 15. 4 Bl., *in illustr. Umschlag*, 4. Zürich ... 1903. per Liefg. fr. 2. —

Kindler, A. Die Organisation u. Ausbildung unserer Festungstruppen. gr. 8. (VII, 70 S.) Frauenf. 890, Huber. * 1 60

Kindler, Alb., vom Schwarzwald. Ein Bilder-Cyklus zu Berth. Auerbachs Dorfgeschichten. I. Joseph im Schnee. 15 Orig.-Zeichnungen in Holz geschnitten von R. Brend'amour. hoch 4. Berlin 867, Grote'sche Verlagsh. In Mappe.

Kindler, Carl, s. K i n d l e r , Karl

Kindler, *Gotthilf* Eduard [aus Berlin]: Über Nabelschnur- und intrauterine Herzgeräusche ... Berlin, Buchdr. v. G. Schade, *1896;* 30 S., 1 Bl. 8.
Berlin, Med. Fak., Inaug.-Diss. v. 10. Jan. 1896

Kindler, Emil [aus Posen]: Benedikt XI. (1303–1304.) I. Teil.... Posen, Buchdr. A. Förster, 1891; 1 Bl., 32 S., 1 Bl. 8°
Berlin, Phil. Fak., Inaug.-Diss. v. 20. Febr. 1891

Kindler, Fintan, O. S. B., die Uhren, s. a. Benziger's naturwissenschaftliche Bibliothek. Nr. 7.

Kindler, Fintan. Die Uhren. Ein Abriss der Geschichte der Zeitmessung. Von P. F. Kindler, O. S. B. Mit 65 Illustrationen. VIII + 192 S. 8. Einsiedeln *etc.*, Benziger & Co. A. G., 1905. (geb. M. 1.50)
(Benzigers Naturwissenschaftliche Bibliothek. No. 7.)

— Das Wetter, s. a. Benziger's wissenschaftliche Bibliothek. Nr. 13.

Kindler, P. Fintan. Das Wetter. Eine elementare Einführung in die Witterungskunde. Mit zwei farbigen Wolkentafeln, 40 Illustrationen und 3 Beilagen [Tafeln]. VIII + 142 S. 8. Einsiedeln..., Benziger & Co. A. G., 1909. (geb. M. 1.50)
(Benzigers Naturwissenschaftliche Bibliothek. No. 13.)

Kindler, Fintan, O. S. B., die Zeitmesser bis z. Erfindg. d. Pendeluhr. Progr. hoch 4. (36 S. m. 16 Fig.) Einsiedeln 898. Verlagsanstalt Benziger & Co. n. 2. —

Kindler, Fritz [pract. Arzt aus Schlesien]: Ein Fall von Narbencarcinom .... Greifswald, Druck v. Carl Sell, 1886; 28 + 3 S. 8°.
Greifswald, Med. Fak., Inaug.-Diss. v. 27. Jul. 1886.

Kindler, Fritz, ein Fall von Narbencarcinom. Diss. Greifswald 1886, Jul. Bindewald. 8°. 28 S.

Kindler, J., einige Beiträge der evangelisch-polnischen Literatur. 4. (26 S.) Creuzburg 864, Thielmann.

—— Predigt zur Feier des Friedensfestes am 11. Novbr. 1866 gehalten in der evangelischen Pfarrkirche zu Creuzburg. gr. 8. (15 S.) Creuzburg 867, Thielmann.

Kindler, Johann Gabriel (Wism.), De jure consequentiarum. Diss. philos. Präs. Samuel Christian Hollmann. Wittbg. (Wwe. Gerdes) April 1726. 36 S. (6.80) 18013
Widm. v.: Präs., M. Friedrich Philipp Schlosser (dtsch.), W. B. A. v. Steinwehr (Märkischer Adel).

Kindler, Johann Peter

***Kindler,* (Pfarrer) J. Pt., Confessio helvetica posterior, denuo edidit indicemque adjecit. Praef. est G. B. Winer. 8 maj. Sulzb. 825. v. Seidel. 10 gr**

— Ermahnung zu einer ernsten Bereitung auf die uns drohenden Strafgerichte Gottes. Predigt gehalten am 10ten Sonnt. n. Trin. 1831. gr. 8. Nürnb. 831. Raw. 2 gr

Kindler, J. Pet., Ermahnungen zu e. ernsten Bereitung auf d. uns drohenden Strafgerichte Gottes. Pred., gehalt. am 10. Sonnt. n. Trinit. 1831. gr. 8. (1½ B.) Nürnberg, Raw.

Kindler, Joh. Petr., Gespräche des Herzens mit Gott besonders zu Trost und Stärkung für Kranke und Angefochtene in Kernsprüchen der h. Schrift. 2. verb. u. verm. Aufl. Nürnberg 852. Raw in Comm. 16. (52 S.) 2 ngr.

Kindler, J. P., Gespräche des Herzens mit Gott, besonders zu Trost und Stärkung für Kranke und Angefochtene in Kernstellen der heiligen Schrift. 4. Aufl. 16. (118 S.) Stuttgart 878, Buchh. der evangel. Gesellschaft.

- - Hülfsbuch zum Gesangbuche für die evangelisch-lutherische Kirche in Bayern. Nördlingen 855. Beck. 8. (IV, 162 S.) n. 15 ngr.

Kindler, Joh. Petr., Hülfsbuch zum Gesangbuche für die evangelisch-lutherische Kirche in Bayern. 2. (Titel-)Aufl. 8. (IV und 192 S.) Nördlingen (855)60, Beck'sche Buchh.

— s. a. Katechismus, Heidelberger.

Kindler, Joh. Pet., d. heidelberger Katechismus (Abdruck aus den Bekenntnißschriften d. reform. Kirche) method. bearb. u. erläutert. 3. Aufl. gr. 8. (10 B.) Erlangen 846, Enke's Vrlgsh. *

Kindler, J. Pet., interessante Mittheilungen üb. d. Zigeuner. 8. (2½ B.) Nürnberg 831, Raw. Thlr.

—— Rede bei d. feierl. Schluß-Acte d. öffentl. Schulprüfungen, am 10. Mai 1831. gr. 8. (1¼ B.) Nürnberg, Riegel u. Wießner.

Kindler, Joh. Pet., bibl. Tabellen, od. d. alte Testam., nach sein. vollständ. Inhalte u. dess. Entwickelung in erläut. Uebersichten dargest. 1. Lfg. Die 5 Bücher Moses. Lex.-8. (5 B.) Sulzbach 841, v. Seidel'sche Buchh. Thlr.

— tabellar. Uebersicht üb. den Inhalt u. Zusammenhang der vier Evangelien. Zum bequemen Gebrauch für Jedermann, nach Bengels Harmonie der Evangelisten bearb. gr. 8. Nürnb. 831. Raw. 3 gr

— Wer Menschenblut vergießt, des Blut soll auch wieder durch Menschen vergossen werden. Predigt nach der Hinrichtung des Doppel-Mörders Fr. Lözer. 2e Aufl. gr. 8. Nürnb. 830. Raw. 2 gr

Kindler, Julius: [app. Arzt aus Neukretscham (Schlesien)]:
Aus d. Patholog. Institut zu München. Linksseitige N a s e n s p a l t e verbunden mit Defect des Stirnbeins ... Jena, Gustav Fischer, 1889; 16 S. + 1 Bl. 8°
München, Med. Fak., Inaug.-Diss. v. 1889

Chronik von Königs-Wusterhausen. Nach vorhandenen Akten, Urkunden, Geschichtswerken, sowie Mittheilungen älterer Leute zsgest. von K a r l **Kindler**, Gemeindevorst. *Königs-Wusterhausen: P. Marwitz 1898.* (125, 41 S.) 8° [F.]
[Zwischent.:] S t u r m h ö f e l, B[ernh.]: Der Schulmeister v. Wusterhausen. [oo. 10323

KINDLER, Carl (Habelschwerdt): Ueber Lymphangiome mit besonderer Berücksichtigung des Lymphangioms der Wange (Macromelie).- München: Wolf 1884. 51 S.
31.7.1884 - Urk (Titel: De lymphangiomatibus.); Chr 1884/85,19
Diss. Ingolst.-Landsh.-Mchn.

Geschichte des Dorfes und der Pfarrei Krintsch im Kreise Neumarkt. Bearb. von P[aul] **Kindler**. Neumarkt i. Schl.: Erbrich; [übergeklebt: Breslau: Müller & Seiffert] 1909. 130 S. 8° [09. 18373

Kindler, Paul, Geschichte der Stadt Neumarkt. 1. Bd. Von den ältesten Zeiten bis zum Beginn des 30 jähr. Krieges. (IV, 208 S.) gr. 8. Breslau 903. Müller & Seiffert. n. 3. —

Kindler, Paul, Geschichte der Stadt Neumarkt. II. (Schluß-) Bd. Vom Beginn des 30 jähr. Krieges bis zur Gegenw. (286 S.) gr. 8. Breslau 907. Müller & Seiffert. 4. —
Bd. 1. Ebd. 903. 3. —

Kindler v. Knobloch, J., der alte Adel im Oberelsass. gr. 8. (114 S. mit 7 Stnt.) Berlin 882. (Strassburg, Trübner.) **

Kindler v. Knobloch, J., das goldene Buch von Straßburg. 2 Thle. gr. 8. Wien. Karlsruhe, Selbstverlag des Verfassers. [1. Thl. (S. 1—192 mit 23 Wappentaf.) 885. ** M 10.—.; 2. Thl. (S. 193—478 mit 23 Wappentaf.) 886. ** M 12.—.] **

Kindler v. Knobloch, J., oberbadisches Geschlechterbuch. Hrsg. v. der bad. histor. Kommission. Mit (eingedr.) Wappen. 1. Bd. 1. u. 2. Lfg. gr. 4. (S. 1—160.) Heidelberg 894. C. Winter. à n.n. 6. —

Kindler v. Knobloch, J., oberbadisches Geschlechterbuch. Hrsg. v. d. bad. histor. Kommission. Mit (eingedr.) Wappen. 1. Bd. 3.—6. Lfg. gr. 4. (S. 161—480.) Heidelberg 895—897. C. Winter. à n.n. 6. —

— dasselbe. 1. Bd. 7. Lfg. gr. 4. (IV u. S. 481—564.) Ebd. 898. n.n. 7. — (1. Bd. kplt.: n.n. 43. —)

Kindler v. Knobloch, J., oberbadisches Geschlechterbuch. Hrsg. von der bad. histor. Kommission. Mit (eingedr.) Wappen. II. Bd. 1.—5. Lfg. gr. 4. (S. 1—400.) Heidelberg 899—902. C. Winter, Verl. à n.n. 6.—
Bd. I. Ebd. 894—898. n.n. 43.—.

Kindler v. Knobloch, J., oberbadisches Geschlechterbuch. Hrsg. v. der bad. histor. Kommission. Mit (eingedr.) Wappen. II. Bd. 6. u. 7. Lfg. u. III. Bd. 1. Lfg. 4. Heidelberg, C. Winter, Verl. n.n. 17. 50
II. 6. (S. 401—480.) 904. n.n. 6.—. — II. 7. (S. 481—551.) 905. n. 5. 50. — III. 1. (S. 1—80.) 906. n.n. 6.—.
I. Bd. u. II. Bd. 1.—5. Lfg. Ebd. 894—902. n. 73.—.

Kindler v. Knobloch, J., u. O. Frhr. v. Stotzingen, oberbadisches Geschlechterbuch. Hrsg. v. der bad. histor. Kommission. Mit (eingedr.) Wappen. III. Bd. 2.—4. Lfg. (S. 81—320.) 30,5×23,5 cm. Heidelberg 907—10. Carl Winter. à nn 6. —
1. u. II. Bd. u. III. Bd. 1. Lfg. Ebd. 894—906. 90. 50

—— die Herren v. Hohenstein im Elsaß. gr. 4. (16 S. mit 1 Taf.) Wien 884. (Ebendas.) **

Kindler v. Knobloch, J., Hans Trapp, Beitrag zur Geschichte der Familie von Trotha. Strassburg 1882. 8.

Kindlesmark, der, in Nürnberg oder wöi die Krohmleut', die Kafleut' u. die Gaffleut' mit anander ihr Wes'n treib'n, a Kupferbouch, für klani u. grausii Kinder. Mit 24 g'mochlt'n Kpfr. 4. Nürnberg 834. Renner u. Comp. 7/8 Rthlr.

Kindliep, A., Till Eulenspiegel u. Reineke Fuchs. Abendunterhaltungen mit den Kindern der Familie Gutmann. Mit 16 in Kpf. gestoch. saub. ill. Darstellungen. gr. 12. Berl. 828. Hasselberg. 1 Rthlr. 9 gr.

Kindlinger, Venantius Nikolaus

— vermischte Aufsäze, als Beiträge zur Geschichte, Diplomatik, Sprachkenntniß rc. 8. Dortmund u. Essen 799.

— Münsterische Beiträge zur Geschichte Deutschlands. 2 Thle. 8. Münster 787 — 90. (Coppenrath). 2 Rthlr. 20 gr. 3r Thl., 1e u. 2e Abtheil. Auch u. dem T.: Geschichte d. ält. Grafen bis zum 13ten Jahrh. 8. Ebd. 793. Coppenrath. 2 Rthlr. 4 gr.

Kindlinger, Venantius N., münster. Beyträge zur Geschichte Deutschlands. 2 Thle. 8. Münster, Theißing. 787-90. Rthlr.

— — ders. 3r Thl. 1ste und 2te Abthl. (auch unter dem Titel: Geschichte d. ält. Grafen bis zum 13. Jahrh. 8. Münst. (Sommer in Lpz.) 793.

Kindlinger, Venantius Nicolaus. Fragmente über den Bauernhof ... Dortmund 1812. H: *Mallinkrodt, Arnold Andreas Frdr.* (EngJ) (Ky)

Kindlinger, Niklas: „Fragment über die Bauernhöfe, Hofverfassung und das Bauernrecht, in näherer Beziehung auf die im Grossherzogthum Berg ergangenen kaiserlichen Verordnungen vom 12. December 1808 und 13. September 1811, die aufgehobene Leibeigenschaft und die Arten der Bauerngüter betreffend", Dortmund 1812 (Mallinckrodt).

Kindlinger, Venant. Nikl., († d. 15. Sept. 1819.) Fragmente üb. den Bauernhof, die Hofesverfassung u. das Bauern-Recht in näherer Beziehung auf d. im Großherzogth. Berg ergang. kaiserl. Verordnungen vom 12. Dec. 1808 u. vom 13. Sept. 1811, die Leibeigenschaft rc. betreffend, (herausgeg. v. A. Mallinkrodt). gr. 8. Dortmund 812. (Schulz in Hamm). 6 gr.

Kindlinger, N., Geschichte der Familie und Herrschaft von Volmestein. 2 Bde. Osnabrück 1800—1801. 8.

Kindlinger, Venantius, N., Gesch. der Familie und Herrschaft von Volmestein. 2 Bde. 8. Osnabr. Bothe. 801. (1r 1 Rthlr. 2r 1 Rthlr. 4 gr.)

— Geschichte der Familie u. Herrschaft von Volmestein. 2 Bde. 8. Osnabrück 801. (Coppenrath in Münster). 2 Rthlr. 4 gr.

Kindlinger, Niklas: „Geschichte der Familie und Herrschaft von Volmestein. Ein Beitrag zur Geschichte des Bauer- und Lehnwesens und der Staatsverfassung", Dortmund 1812.

— Geschichte d. ältern Grafen, s. a. Münsterische Beiträge.

— Geschichte der ält. Grafen bis z. 13. Jahrhundert. 2. Bde. 8. Münster, Coppenrath. 793.

• — Geschichte d. ältern Grafen, als Reichsbeamtete, bis zum 13. Jahrhundert u. d. westphäl. Fehm- u. Freigerichte. 8. Leipz. Sommer. 793.

— Geschichte der deutschen Hörigkeit, insbesondere der sogenannten Leibeigenschaft. gr. 8. Berl. 818. Reimer. 3 Rthlr.

Kindlinger, Niklas: „Geschichte der deutschen Hörigkeit, insbesondere der sogenannten Leibeigenschaft. Mit Urkunden", Berlin 1819 (Reimer). — Vorh.: Preuß. Staatsbibliothek Berlin, Bibl. des Oberlandesgerichts Celle — Md. 402 — des Kammergerichts Berlin — Ec. 1322 — u. des German. Museums Nürnberg.

— Katalog u. kurze Nachrichten von d. ehemal. aus lauter Manuscripten bestehenden Bibliothek in Fulda. 8. Frankf. ... (Hermann). 6 gr.

— Nachricht von einigen noch unbekannten Holzschnitten, Kupferstichen u. Steinabdrücken, aus dem 15ten Jahrh. gr. 8. Frkf. a. M. 819. Hermann. 9 gr.

— nähere Nachr. vom ältesten Gebrauch d. Siegeloblaten u. des Siegellacks in dem 16ten u. 17ten Jahrh. 8. Dortm. u. Essen. 799.

Kindlinger, Nicol., nähere Nachrichten vom ältesten Gebrauche d. Siegeloblaten rc. 8. 799. jetzt Krüger in Dortmund. 1/3 Rthlr.

— s. Samml. merkw. Nachr. u. Urkunden z. Gesch. Deutschlands.

— s. deutsche Sprache, s. Sprache.

— Versuch e. Ableitung d. Worte Herr, Herrgott u. Frau, u. ihre ursprüngl. Begriffe. 8. Ebd. 799.

— Versuch einer Ableitung der Worte: Herr, Herrgott u. Frau, u. ihrer ursprüngl. Begriffe rc. 8. 779. jetzt Krüger in Dortmund. 1/12 ℳ

— Versuch e. Erklärung dessen, was Tacitus German. cap. 24 u. 25 von d. Spielsucht d. Deutschen, von ihrem Knechte u. Freigelassenen sagt. 8. Ebd. 799.

— Versuch einer Erklärung dessen, was Tacitus Germ. Cap. 24 u. 25 von der Spielsucht d. Deutschen rc. sagt. 8. 779. jetzt Krüger in Dortmund. 1/12 ℳ

Kindlman Thomas: Uber die Betonung des griech. Nomens der consonantischen Declination im Nominativ Singularis. 25. Mähr. Neustadt. 00.
Progr.

•Kindlman, Thomas: Uber die Betonung des griechischen adjectivischen und participialen Substantivs der I. und II. Declination im Nominativ Singularis. S. III—XXX. 8.
Landes-Unter- und Communal-Ober-Gymn. *Mähr.-Neustadt* 1901.
Progr.

•—: Über die Betonung des griechischen echten Substantivs der I. und II. Declination im Nominativ Singularis. S. III—XXXV. 8.
Landes-Unter- und Communal-Ober-Gymn. *Mähr.-Neustadt* 1902.
Progr.

•—: Bildung und Betonung der griechischen Adjektiva dreier und zweier Endungen der A- und O-Deklination. S. III—XXXII. 8.
Landes-Unter- und Kommunal-Obergymn. *Mähr.-Neustadt* 1906.
Progr.

Kindlmann, Thom., Der philosophische Gehalt des Mythos in Platons Phädrus mit Rücksicht auf seine Seelenlehre. Kremsier 1881, 8°, 35 S., Progr. d. Gymn.

Kindlmann Th.: Utrum litterae, quae ad Claudium Tiberium imperatorem apud Josephum referuntur, ad eum referendae sint necne quaeritur. 26. Mähr.-Neustadt 84. Progr.

Kindscher, B., Alexisbad. Festschrift zur Jahrhundertfeier. 1810. 1910. (70 S. m. Abbildgn.) gr. 8. Harzgerode (910). (Ballenstedt, E. Luppe.) nn — 75

Kindscher, Erich, aus Leipzig: Die basischen Metallsalze vom Standpunkte der Theorie der Ol-Salze. Leipzig 1909. VIII + 62 S. 8°. [5. IV. 09.]
Zürich. Phil. Diss. II. S. 1908/09.

Kindscher, Ferd. Wilh. Adolph (Freistadt/Nied.-Schles.), De fame. Diss. physiol. Bln. (August Petsch) 8. IX. 1828. 60 S. mit Biogr. (6.50) 18044
Oppon.: D. Riegling, H. Bonorden, J. Fleischhammer.

Kindscher, Franc., Emendationes Caesarianae. gr. 4. (18 S.) Zerbst 860, (Luppe.) *

Kindscher, F., Emendationes Caesarianae. Pr. 1860. 18 S. 4°. 2.—

Kindscher, Frz., Geschichte des hochfürstl. anhaltischen academischen Gesammtgymnasiums zu Zerbst. 2. Thl.: Das illustre Gymnasium Anhaltinum zu Zerbst unter seinem und dritten Rector Marcus Friedrich Wendelin und Simon Heinsius 1612 bis 1660. 4. (32 S.) Zerbst 871, (Luppe.) * 1 —

Kindscheri, Franc., Quaestiones Caesarianae. Pars 1. 4. (38 S.) Zerbst 864, (Luppe.) *

— Quaestiones Caesarianae. Pr. 1864. 88 S. 4°.

Gegen Dr. Christian Werkmann. Vom Geh. Archivrat Prof. Franz Kindscher. Zerbst 1903: Schnee. 11 S. 8° A12.653

—— Urkundensammlung zur Geschichte von Anhalt, s. Urkundensammlung.

Kindscher, Friedrich Leopold Eduard

— Fr. Leop. Eduard (Freistadt / N.-Schles.), De morphio. Diss. med. Bln. (August Petsch) 16. X. 1828. 24 S. mit Biogr. (M.: Hoffmann.) (6.50) 18045
Oppon.: G. Sinsteden, H. Hedinger, J. Sydow.

Kindscher, Ludwig

— Anleit. zum Selbstunterricht im Orgelspielen in besond. Hinsicht auf richtige Kenntniß u. Behandlung bezifferter Choräle u. der Vor- u. Zwischenspiele. Eine Vorbereitung zum Generalbaß. Neue mit e. Anhange u. einer Anzahl leichter Orgelstücke verm. Ausg. Mit 2 Tabb. 4. Leipz. 830. Hofmeister. 1 ℳ

Kindscher, Ludwig. Anweisung zu Ausweichungen in alle Dur- und Moll-Tonarten. Neue verbesserte Ausgabe. Dessau 1814. [quer 8°.]

Kindscher, L., Anweis. zu Ausweichungen in alle Dur- u. Molltonarten, in Behandl. der einzelnen Töne rc. Neue verb. Ausg. Fol. Leipz. 814. Hofmeister. 20 ℊ

Kindscher, P.B.: Die A p o s t e l in Philippi (Text.)
s. B a r t m u s s, Richard (Komp.)

Kindschi, Paul. Auf dem Dornenweg. Ein Lebensbild in 5 Akten (6 Aufzügen). 84 S. 8. Aarau, H. R. Sauerländer & Co., 1902. [fr. 1. 50]

Kindschi, Paul, auf dem H o s p i z. Singspiel in 1 Aufzug. Musik u. Liedertexte, Op. 12, v. Emil Grolimund. (78 S.) 8. Aarau 909. H. R. Sauerländer & Co 1. 40; Musikbeilage. (31 S.) 32×23,5 cm. 5. —

Kindschi, Paul. Ein verlorenes Leben. Volksdrama in 5 Abthlgn. 16. (IV, 44 S.) Davos 891, (Richter). * 1 —

Kindschi, Paul, ein verlorenes Leben. Volksdrama in 5 Abtlgn. 2. Aufl. 12. (71 S.) Aarau 900. H. R. Sauerländer & Co. n. 1. —

— Ein verlorenes L e b e n. Volksdrama in 5 Abteilgn. 3. Aufl. (55 S.) 8. Ebd. 910. 1. —

— die beiden Müllerskinder. Volksschauspiel m. Gesang in 4 Akten (5 Bildern) u. 1 Vorspiel. 8. (42 S.) Ebd. 900. n. 1. —

Kindschi, Paul. Die beiden Müllerskinder. Volksschauspiel mit Gesang in vier Akten ⟨fünf Bildern⟩ und einem Vorspiel. 2. Aufl. 52 S. 8. Aarau, H. R. Sauerländer & Co., 1903. [fr. 1. —]

Kindschi, Paul. Verbrecher in Gedanken. Volksschauspiel in 5 Akten ⟨10 Aufzügen⟩ von P' K'. Autorisierte Bearbeitung der gleichnamigen Erzählung von Jakob Frey.... 98 S. 8. Aarau, H. R. Sauerländer & Co., 1909. [fr. 1. 80]

Kindshoven, J., der Feldgemüsebau, s.: Merkblätter, landwirtschaftliche.

— Der Gemüsebau in Feld u. Garten. Für Gärtner, Landwirte u. Gartenliebhaber, Gartenbauschulen, landwirtschaftl. Winterschulen u. gärtner. Fortbildungsschulen. (V, 164 S. m. 84 Abb.) 8. Bamberg (909). (C. Hübscher.) 2.—

Kindshoven, J., Maßregeln bei der Anpflanzung von Obstbäumen an den Distriktsstraßen Oberfrankens. (8 S.) 12. Bamberg 903. (C. Hübscher.) n. —10

— die Verwertung des Obstes im bürgerlichen Haushalte unter gleichzeitiger Berücksicht. der Ernte u. Verpackung des Obstes u. der Bereitg. v. Obst- u. Beerenwein. (55 S. m. Abbildgn.) gr. 8. Bamberg (903). Handels-Druckerei u. Verlagsh. n. —75

— Die Verwertung des Obstes u. der Gemüse im bürgerlichen Haushalte unter gleichzeitiger Berücksicht. der Ernte u. Verpackung des Obstes u. der Bereitung v. Obst- u. Beerenwein. 3. verm. u. verb. Aufl. m. 62 Abbildgn. (96 S.) gr. 8. Bamberg (909). Handels-Druckerei u. Verlagsh. 1.—

Kindsleichenreden, christliche, s. C. F. Kanz.

Kindt

— s. a. **Kind.**

Kindt, Alfred, approb. Arzt in Leipzig: Der Nabelschnurbruch (Hernia funiculi umbilicalis). *Leipzig 1904: B. Georgi.* (34 S.) 8°
Leipzig, Med. Diss. v. (16. Juni) 1904

Kindt, Benno [aus Greifswald]: Die Katastrophe Ludovico Moros in Novara im April 1500. Eine quellenkritische Untersuchung. . . . Greifswald, Druck v. Julius Abel, 1890; 2 Bl. + 100 S. 8°
Greifswald. Phil. Fak., Inaug.-Diss. v. 1. Aug. 1890

Kindt, Benno. Die Katastrophe Ludovico Moros in Novara im April 1500. Eine quellenkrit. Untersuchg. Diss. gr. 8. (98 S.) Greifsw. 890. (Halle a. S., Niemeyer.) * 2 —

Kindt, Christian Eberh. (Eiderostadiensi), De Hadriani imperatoris moribus, eruditisque cum doctoribus Judaeorum controversiis in supplementum hist. Augustae ex scriptis Judaeorum secundum Fridericianam constitutionem altera vice publice disputabit. Präs. Paul Frid. Opitius. Kiel (Joh. Christoph Reuther) Juni 1730. 90 S. (7.20) 18046

Kindt, Emil

—— aus der Schule geplaudert. Moderne Gesellschaftsbilder. 8. (VII, 143 S.) Berlin 888, Freund und Jeckel. *

Kindt, Aemil, Coeur sticht, s. Eckstein's Reisebibliothek.

Kindt, Emil [pr. Arzt aus Greifswald]: Ein Fall von Meningitis spinalis chronica ascendens nach croupöser Pneumonie. . . . Greifswald, Druck v. Julius Abel, 1889; 31 S. 8°
Greifswald, Med. Fak., Inaug.-Diss. v. 25. Jun. 1889

Kindt, Aemil, geliebte Frauen, s.: Eckstein's humoristische Bibliothek.

—— Moderne Hexen. Novelletten. 8. (IX, 131 S.) Berl. 890, Jokerbier. * 2 —

—Die zahme Löwin, s.: Eckstein's humoristische Bibliothek.

—— Madame amüsirt sich. Loses und Treuloses. 8. (162 S.) [Leipzig 888, Steffens.] Luzern, Schweizer. Verlags-Anstalt. *

—— Märchenbuch für Junggesellen, s. Eckstein's humoristische Bibliothek.

—— der goldene Pantoffel oder die Geschichte von den fünf Hampelmännern. 8. (107 S.) Berlin 887, Eckstein Nachf. geb. *

—— beim Sekt, s. Eckstein's humoristische Bibliothek.

— dasselbe, s.: Eckstein's Reisebibliothek.

Kindt, Aemil Reinhold: Gründe der Gefangenschaft Richards I. von England nebst Anm. zu einigen engl. Quellenschriften d. Mittelalters . . . Halle, Gebauer-Schwetschke'sche Buchdr., 1892; 2 Bl., 54 S., 1 Bl. 8.
Halle, Phil. Fak., Inaug.-Diss. v. 8. März 1892

Kindt, Aemil Rhold., Gründe der Gefangenschaft Richards I. v. England, nebst Anmerkgn. zu einigen engl. Quellenschriften d. Mittelalters. Diss. gr. 8. (54 S.) Halle a/S. 892. (Berlin, Mayer & Müller.) n. 1.50

Kindt, Erdm. Fridr., Beschreibung d. neuen, patentirten Unterwassermaschine. Nebst e. Anh. mit d. Nachricht üb. d. Entsteh. d. Kaffeegebrauchs, u. d. zweckmäß. Methode, d. Kaffeebohnen zu behandeln rc. rc. M. 1 Stnt. (qu. Fol.) 16. (2 B.) Berlin 833, Bechtold u. Hartje.
Vgl. Kind.

KINDT, FRID. LUD. FERD., Diss. inaug. sistens nonnulla de sangvine stimulo cordis. Kiliæ. 1833. 4. P.

Kindt, G. C., Bemerkungen üb. den Aberglauben der Homöopathen, veranlaßt durch Hirschfeld's Vorlesungen üb. Homöopathie. gr. 8. (1 B.) Bremen 842, Heyse. *

Kindt, Jacob Gerhard: Bey hochansehnlicher Beerdigung ... [Sonnett auf Andreas Reyher, Doktor d. Medizin, † 21. Jan. 1731.] — Kiel 1731: Lüder. 1 Bl. 2°

Kindt, Karl Rudolf, approb. Arzt aus Grimma: Der Exophthalmus und die Krönlein'sche Operation. *Marburg 1903: Köster & Schell.* (46 S.) 8°
Marburg, Med. Diss. v. 22. Juli 1903

Kindt, Ludw., die Kultur des Kakaobaumes u. seine Schädlinge. (XV, 157 S. m. Abbildgn.) gr. 8. Hamburg 904. C. Boysen. n. 4.50; geb. in Leinw. n. 5.50

Kindt, M[atthias] G[erhard] D[etlev]: Die Kielische Gesellschaft der schönen Wissenschaften . . . [Gedicht zur Abreise nach Rostock auf Wolf Christian Matthiä, Pastor.] — Kiel o. J. [um 1750]: Bartsch. 2 Bl. 4°

Kindt, Otto, Dichtungen. 8. (48 u. 32 S.) Gießen (900). v. Münchow. n. 1.—

Kindt, Otto, Herbstlese. Stimmungen u. Bilder. (IV, 116 S.) gr. 8. Leipzig 905. G. Wigand. n. 2.—

Kindt, W. H. Ansteckende Krankheiten. Ihre Beschreibg. u. Behandlg. auf Grund neuester Forschgn. u. langjähr. Erfahrgn. I. Geschlechts-Krankheiten. 8. (49 S.) Eschweiler 889, Schneider. * 2 —

Verneuerte **Kind-Tauf-Ordnung** / Wie es mit und bey dem Kindtauffen / alhie in der Stadt **Nürnberg**, deren beeden Vor-Städten / zu Wöhrd und Gostenhof / auch in den Städtlein und auf dem Land des ganzen Nürnbergischen Gebiets / gehalten werden soll. Gedruckt bey Balthasar Joachim Endter MDCCV [1705].
16 S. m. Wappen in Holzschn. 8°.

Eines Hochlöblichen Raths des Heil. Röm. Reichs freyen Stadt Nürnberg verneuerte **Kind-Tauf-Ordnung**. Gedruckt bey Joh. Joseph Fleischmann ... 1770.
18 S. m. Wappen in Holzschn. 8°.

Eines Hochlöblichen Raths des Heil. Röm. Reichs freyen Stadt Nürnberg verneuerte **Kind-Tauf-Ordnung**. Gedruckt bey J. J. Fleischmann, Raths- ... Buchdruckers Wittib 1785.
14 S. m. Wappen in Holzschn. 8°.

Kindts, E. Julien. Moderne französische Kunstmöbel. Eine Sammlg. v. Möbelzeichngn. in verschiedener Form u. Styl im Geschmack der französ. Kunst d. XV.—XVIII. Jahrh. 1. Hlbbd. Fol. (24 Taf.) Berl. 890, [Claesen u. Comp.]. Hessling u. Spielmeyer. In Mappe * 26 —

Kindts, E. Julien, moderne französische Kunstmöbel. Eine Sammlg. v. Möbelzeichngn. in verschiedener Form u. Styl im Geschmack der französ. Kunst des XV.—XVIII. Jahrh. 2. Halbbd. Fol. (24 Taf.) Berlin 892. Hessling & Spielmeyer. In Mappe. n. 26.— (1. 2.: n. 52.—)

Kinematograph, der, nebst Beiblatt: Aus dem Reiche der Töne. Fachzeitung f. Kinematographie, Phonographie u. Musik-Automaten. Organ f. die gesamte Projektionskunst. Red.: Emil Perlmann. Jahrg. 1907—1910. à 52 Nrn. (à ca. 16 S.) 31,5×24 cm. Düsseldorf, E. Lintz. à Jahrg. 8. 40

King and Queenes, the, entertainement at Richmond, hrsg. v. W. Bang u. R. Brotanek, s. a. Materialien zur Kunde des älteren englischen Dramas, II. Bd.

The King and Queenes entertainement at Richmond. Nach der Q 1636 in Neudr. hrsg. von W[illy] Bang u. R[udolf] Brotanek. *Louvain: Uystpruyst; Leipzig: Harrassowitz 1903.* (IX, 35 S.) 8°
— Materialien z. Kunde d. älteren engl. Dramas. Bd 2. [03. 8009]

King Winter. 8. (16 ill. Stnt. mit Text.) Hamburg 865, (Grüning.)

King, üb. Hysterie. [Aus: „Frauenarzt".] gr. 8. (24 S.) Neuwied 892. Heuser's Verl. — 75

King, Butler, über Californien, siehe: Asher, C. W., über die deutschen Handelsverhältnisse.

King, Catharina, s. King, Katharina

King, Charles, wer wird sie heimführen? Aus dem Leben auf kaliforn. Grenzstationen. Autoris. Übersetzg. 2 Bde. 8. (211 u. 222 S.) Braunschweig 885. Wollermann n. 4. 50; in 1 Bd. geb. n 5. 50

King, Fred, s. a. Indianer- u. Volksbibliothek.

Die Indianer der Felsenberge. Eine Erzählung f. d. Jugend von Fred King. *Berlin: A. Weichert [1899].* (32 S.) 8° [F.]
— Indianer- u. Volksbibliothek. 348. [03. 14893]

King, G., de orig. mali. 8. Brem. 704.

King, G. B., u. L. Reh, über einige europäische u. an eingeführten Pflanzen gesammelte Lecanien. Lex.-8. (9 S.) Hamburg 901. (L. Gräfe & Sillem). n. — 60
Sonderabdruck aus: „Mittheilgn. a. d. botan. Museum".

King, Harriet Eleanor Hamilton, im Hospital. Ugo Bassis Predigt. Uebers. von Minna Griebel. 2. Aufl. 8. (22 S.) Meldorf (901). M. Hansen. — 30

King, Harriet Eleanor Hamilton, die Predigt im Hospital. Autoris. Uebersetzg. aus dem Engl. (von Frl. v. Esmarch). 8. (31 S.) Dresden 894. J. Naumann. n. — 60

King, Harriet Eleanor Hamilton, die Predigt im Hospital. Autoris. Übersetzg. aus dem Engl. 2. Aufl. (32 S.) 8. Dresden 907. C. L. Ungelenk. — 60

— s.: **Vollkommenheit durch Leiden.**

The history of the Bahmanî dynasty. Founded on the Burhân-i Ma,âşir. By Major J. S. King. *London: Luzac & Co. 1900.* (XXXV, 157 S.) 8°
Aus: The Indian Antiquary. [03 680]

King, Johann Glen

— **Bemerkk. üb. Rußland u. die Krimm; aus d. Engl. 8. Memming. 788. Seyler. 16 gr**

King, John Glen. Gebräuche und Ceremonien der griechischen Kirche in Russland; a. d. Engl. Riga 1773. Ü: *Klausing, Anton Ernst.* (MGT) (Ky) (Adel)

King, Johann Glen. Die Gebräuche und Ceremonien der Griechischen Kirche in Russland oder Beschreibung ihrer Lehre, Gottesdienstes und Kirchendisciplin. Aus dem Englischen übersetzt. Riga, bey Johann Friedrich Hartknoch 1773.
Tit., 7 Bl., 444 S.; 13 Taf. in Kupferst. 4°.
Engl. Originalausg. 1772.
Abb. 107

King, John. The true English Guide . . . Der getreue Englische Wegweiser oder gründliche Anweisung zur Englischen Sprache . . . Leipz. 1782. H: *Rogler, Johann Bartholomäus.* (BrMm)

King, Jos., Electorial Reform. An inquiry into our system of parliamentary representation. With a pref. by L. *Harcourt*. London. Leipsic 1908. 8°.

King, Katharina

King, Catharina, tabellar.-statist. Uebersicht aller Länder Europa's, u. der Welttheile Asien, Afrika, Amerika u. Australien. Enthalt.: Die Namen d. Länder, ihre Titel, Gränzen, Grade d. Länge u. Breite, Größe, Haupt-Religion, geograph. Eintheil., Seen, Meerbusen, Flüsse, Gebirge, Residenzen u. Hauptstädte nebst Einwohnerzahl, u. Merkwürdigkeiten. Nach d. besten u. neuesten Quellen z. Erleichter. f. Schüler entworfen. qu. gr. Fol. (14 halbe B.) Riga 837, (Götschel.)

King, L. B., Kinderköpfe, s.: Welby, E.

King, N. H., und H. A. King, des Bienen-Züchters-Leitfaden mit alphabet. Inhalts-Verzeichniß, einem vollständ. Nachschlage-Buch über alle prakt. Gegenstände, sowie erprobte Rathschläge zum Züchten der Honig-Biene in gewöhnl. und bewegl. Waben-stöcken, ausführl. Anleitung gebend über die Behandlung der Bienen in jedem Monat des Jahres und das System des Kern-schwärmens und Züchtens italien. Königinnen illustrirend. 16. verb. Ausg. und 38. Tausend. gr. 16. (159 S. mit eingedr. Holzschn.) New-York 871. (Philadelphia, Schaefer und Koradi.) * 2 —

King, Peter

(King, P.), historia symb. apostolici. Lips. 1706. 8.

King, **Pet., historia symboli apost. c. observation. ecclesiast. et crit. 8. Basel 769. Luhof. 10 gr**

King, Robert C.: Über Umwandlungsprodukte der Amide und Azide der β-Phenyl-β-methylhydracrylsäure und der β-Methylzimmtsäure. Bonn 1910: Ludwig. 39 S., 1 Taf. 8°
Bonn, Phil. Diss. v. 21. Dez. 1910, Ref. Anschütz
[Geb. 12. Mai 87 Petersburg; Wohnort: Bonn; Staatsangeh.: Großbritannien; Vorbildung: Wiedemann-Realsch. Petersburg Reife Mai 05; Studium: Bonn 10 S.; Rig. 14. Dez. 10.] [U 11. 487

King, Rob. Moss. Die Frau e. Civilbeamten in Indien. Ein Tagebuch 1877—1882. Aus dem Engl. übers. v. A. Thiele. gr. 8. (VII, 445 S.) Berl. 891, Mitscher u. Röstell. * 6 —

King, Th. H., Orfévrerie et ouvrages en métal du moyen-âge, mesurés et dessinés d'après les anciens modèles gr. Fol. (7 S. mit 100 lith. Taf.) Bruges 852. (Brussel, Muquardt.) n. 28 ℳ

King, T. H. Les vrais principes de l'architecture ogivale ou chrétienne, avec des remarques sur leur renaissance au temps actuel. Remanié et développé d'après le texte Anglais de A. W. Pugin, par T. H. King et traduit en français. par P. Lebrocquy. Bruxelles et Leipzic 1850. 4°.

Electricity in medicine and surgery, including the X ray, by **William Harvey King**, Prof., New York. In 2 parts. With a section on electro-physiology, by W. Y. Cowl, Berlin, and a section on the Bottini-operation, by Albert Freudenberg, Berlin. *New York: Boericke & Runyon Co. 1901.* (205, 296 S.) 8° [04. 7073 11

Kinglake, Alexander William

Kinglake, A. W., the invasion of the Crimea, s. a. Collection of British authors.

Kinglake, Al. W. The invasion of the Crimea down to the death of Lord Raglan. vols. I. II. 8. London 1863. III. IV. (IL. 934) 8. ib. 1866. V. (518) 8. 1876. £. 4. 3. —. — 6th ed 6 v. (440, 430, ..., 490, ..., ...) 8. London 1877—80. £. 1. 16. —. 10 v. (2785) 16. w. pl. Leipzig 1863. 65. 76. 15.00

Kinglake, A. W. The invasion of the Crimea. With pl Vol. 1—14. Leipzig 1863—1889.

Kinglake, Alex. William, the siege of Sebastopol, hrsg. von G. Budde, s. a. Authors, English, 106. Lfg.

The Siege of Sebastopol from November 1854 to April 1855. From the 12th vol. of The invasion of the Crimea by Alexander William **Kinglake**. Mit Anm. z. Schulgebr. hrsg. von Gerhard Budde, Oberl. Mit 2 Karten. [Nebst] Anh. [u.] Wörterbuch. Bielefeld & Leipzig: Velhagen & Klasing 1906. 3 Bde 8°
= **Sammlung**. Velhagen & Klasings, franz. u. engl. Schulausgaben. English authors. Lfg 106 B. [06. 411

Kinglin, v., seltsame Begebenh. od. d. Blicke in d. Zukunft, v. Pigault le Brünn, m. K. 8. Lpz. Sommer. 802.

Kingman County Telegraph: July 1903–1915?
Independent weekly, an edition of DER HEROLD (Wichita, Kans.). Edited & published by John Hornscheidt.
Kingman, KS

Kingsbergen, v., Beschreibung des Archipelagus. a. d. Holl. m. Anm. von K. Sprengel. gr. 8. Rostock, Stiller. 792.

Kingsborough, [Edw.]. Antiquities of Mexico: comprising fac-similes of ancient mexican paintings and hieroglyphics, preserved in the Royal Libraries of Paris, Berlin, and Dresden; in the Imperial Library of Vienna; in the Vatican Library; in the Borgian Museum at Rome; in the Library of the Institute at Bologna; and in the Bodleian Library at Oxford Together with the monuments of New Spain, by M. Dupaix: with their respective scales of measurement and accompanying descriptions. The whole illustrated by many valuable Inedited Manuscripts ... The drawings, on stone, by A. Aglio. London. printed by James Moyes ... published by Robert Havell ... and Colnaghi, Son, and Co ... [Bd. VIII. IX. Printed by Richard and John E. Taylor ... published by Henry G. Bohn] M.DCCC.XXXI [1831–1848]
9 Bde. gr 2°.
I 1831: Tit., 1 Bl., 4 Untertit.; 226 Taf. in Lithogr., davon 215 kol.
Faksimiles der »Collection of Mendoza« in der Bodleiana zu Oxford, des »Codex Telleriano Remensis« in der Pariser National-Bibliothek und vier weiterer mexikanischer Bilder-Handschriften
II 1831: Tit., 1 Bl. Inhalts-Verzeichnis, 5 Untertit., 1 Bl.; 219 Taf. in kol. Lithogr.
Reproduktionen mexikanischer Handschriften in der Bibliothek des Vaticans, in Oxford, Bologna, Wien und Berlin u. a.
III 1831: Tit., 1 Bl., 4 Untertit.; 149 Taf. in kolor. Lithogr.
Mexikanische Bilder-Handschriften im Borgia-Museum und Vatican Rom, Dresden und Budapest
IV 1831: Tit., 1 Bl., 7 Untertit.; 138 Taf. in Lithogr., davon 3 kol. u. 10 Taf. in Kupferst
V 1831: VII S., 1 Bl., 493 S; 1 Tabelle in Lithogr.
Inhalt: Extrait de l'ouvrage de M. de Humboldt sur les monumens de l Amerique. — Esplicacion de l coleccion de Mendoza. — Explicacion del codex Telleriano-Remensis. — Codice Mexicano, che si conserva nella Bibliotheca Vaticana. — Viages de Guillelmo Dupaix sobre las antiguedades mejicanas. — Libro sexto de la retorica y filosofia, moral y teologia, de la gente Mexicana por ... Frayle Bernardino de Sahagun.
VI 1831: Tit., 540 S., 1 Tabelle in Lithogr.
Englische Bearbeitung des vorigen Bandes.
VII 1831: Tit., VI S., 2 Bl., 464 S.
Historia universal de las cosas de Nueva Espagña, por el Fr. Bernardino de Sahagun
VIII 1848: Tit., 268 S., 2 Bl., 424 S.
Fortsetzung der Noten aus Bd. VI; Auszüge aus den Werken von Torquemada, Acosta und Garcia. Geschichte der amerikanischen Indianer von James Adair.
IX 1848: Tit., 468 + 60 S.
Inhalt: Cronica Mexicana de Fernando de Alvarado Tezozomoc. — Historia Chichimeca por Don Fernando de Alva Ixtlilxochitl. — Relaciones von demselben. — Ritos antiguos, sacrificios e idolatrias de los Indios de la Nueva España y de su conversion á la fée.

Kingsbury, Benjamin. Abhandlung von Barbiermessern . . . a. d. Engl. Leipzig 1800. Ü: *Wichmann, Chn August.* (Ky) (EngM) (MGT)

Kingsbury, Benj., Abhandl. von Barbiermessern; aus d. Engl. (v. Chr. A. Wichmann). gr. 8. Leipz. ... 3e X. 803. Rein. 8 ℋ

Kingsbury, Benjamin Freeman, aus Ithaca, New York, U.S.A.: Columella auris and nervus facialis in the Urodela. *Ithaca, N. Y. 1901.* (20 S.) 8° (Aus: The Journal of Comparative Neurol., Bd 11, 1903.)
Freiburg i. B., Med. Diss. v. 1904

Kings County Demokrat: 1871?–?   Brooklyn, NY
Edited & published by A. Kurth.

Kingsford, Algernon, die Pflanzennahrung bei dem Menschen. Inaugural-Dissertation. Nach dem französ. Orig. von A. Aberholdt. 8. (VI, 88 S.) Rudolstadt 881, Hartung und Sohn. *

—— die Pflanzennahrung bei dem Menschen. Nach dem französ. Orig. von A. Aberholdt. 2. wesentlich verm. und durch ein Namen- und Sachregister vervollständigte Aufl. 12. (VI, 113 S.) Rudolstadt 888, Hartung und Sohn. *

Kingsford, A. Die Pflanzennahrung bei dem Menschen. Übers. u. bearb. v. A. Aberholdt. 3. verm. u. verb. Aufl. gr. 8. (XII, 125 S.) Lpz. 891, Hartung u. Sohn. * 1 50

Kingsford, Dr. Anna, Pasteur, seine Methode und seine Erfolge, s. Zeit- und Streitfragen.

— unwissenschaftliche Wissenschaft. 8. (47 S.) Guben 885. Koenig. — 30

Kingsley, Ch., Andachten für den häuslichen Sonntags-Gottesdienst. Den Predigten entnommen und in's Deutsche übertr. von Anna v. Köckritz. 8. (V, 150 S.) Bremen 887, Müller. * geb. *

Kingsley, Charles, Briefe und Gedenkblätter, hrsg. von seiner Gattin. Autoris. deutsche Uebersetzung von M. Sell. 2 Bde. gr. 8. (XI, 324; VIII, 319 S.) Gotha 879, F. A. Perthes. à Bd. * ℳ 4. *

Kingsley, Charles, Briefe und Gedenkblätter, hrsg. von seiner Gattin. Der autoris. deutschen Übersetzung 2. und 3. Aufl. von M. Sell. gr. 8. (XVI, 651 S. mit Lichtdr.-Portr.) Gotha 882,83, F. A. Perthes. * ℳ 8.; geb. *
—— dass. — Ergänzungen zur 1. Aufl., in autoris. deutscher Übersetzung von M. Sell. gr. 8. (15 S.) Ebendas. 882.

—— Briefe und Gedenkblätter, hrsg. von seiner Gattin. Autoris. deutsche Übersetzung von M. Sell. 5. Aufl. gr. 8. (XVI, 628 S. mit Lichtdr.-Portr.) Gotha 888, F. A. Perthes. geb. *

Kingsley, Charles, Briefe u. Gedenkblätter, hrsg. v. seiner Gattin. Autoris. deutsche Übersetzg. v. M. Sell. 7. Aufl. gr. 8. (XVI, 623 S. m. Lichtdr.-Bildnis.) Gotha 892. F. A. Perthes. Geb. in Leinw. n. 9. —

— Briefe u. Gedenkblätter, hrsg. v. s. Gattin. Autor. deutsche Übersetzg. v. M. Sell. 8. Aufl. gr. 8. (XVI, 623 S. m. Bildn.) Gotha 897, F. A. Perthes. Geb. in Leinw. n. 9. —

—— Ein Charakterbild, s. Volksbibliothek, religiöse.

Kingsley, Charles, Elisabeth, Landgräfin von Thüringen und Hessen, oder das Trauerspiel der Heiligen. Dramatisches Gedicht. Nach der 2. Originalausg. aus dem Engl. übersetzt. Marburg 855. Koch. 16. (2 Bl., 228 S.) n. 20 ngr.

—— Elisabeth, Landgräfin von Thüringen. Dramat. Gedicht. Aus dem Engl. von Pauline Spangenberg. 2. neu bearb. Aufl. 8. (XXII, 242 S.) Ebendas. 855. * geb. *

Kingsley, Charles, tägliche Gedanken. Aus den Schriften K.'s gewählt v. seiner Frau. Autoris. Uebersetzg. v. Marla Baumann. 8. (VIII, 287 S.) Göttingen 893. Vandenhoeck & Ruprecht. n. 3. 60; geb. n. 4. 50; geb. m. Goldschn. n. 4. 80

Tägliche Gedanken. Aus d. Schriften Charles Kingsley's gewählt von seiner Frau [Frances E. Kingsley]. Deutsch von Marla Baumann. 2.durchges. Aufl. *Göttingen: Vandenhoeck & Ruprecht 1899.* (291 S.) 8° [F.]

— Gedichte. Aus dem Engl. v. Pauline Spangenberg. Mit e. Vorwort. 12. (XVI, 208 S.) Kassel 893. Th. G. Fischer & Co. n. 3. 20; geb. in Leinw. m. Goldschn. n. 4. —

Kingsley, Ch., Hereward the wake, s. Collection of British authors.

Kingsley, Charles, Hereward the Wake, hrsg. v. Fritz Meyer, s.a. Schulbibliothek franzö. u. engl. Prosaschriften.

Hereward the Wake by Charles Kingsley. Für d. Schulgebr. hrsg. von Dr. Fritz Meyer, Oberl. am Johanneum in Lübeck. Berlin: Weidmann 1906. (XI, 149 S.) 8°
— Schulbibliothek franz. u. engl. Prosaschriften aus d. neueren Zeit. Abt. 2, Bdch. 45.

—— Hereward der Wachsame, „der letzte Engländer", s. Romane, moderne, des Auslandes.

—— Hypatia, s.a. Collection of british authors.

—— Hypatia, oder neue Feinde mit altem Gesicht. Ins Deutsche übertragen von Sophie v. Gilsa. Mit einem Vorwort von Chrn. Carl Josias Bunsen. 2 Thle. 8. (LXIII und 915 S.) Leipzig 858, Brockhaus. *

— dasselbe, s.a. Bibliothek der Gesamt-Litteratur d. In- u. Auslandes.

—— Hypatia, oder neue Feinde mit altem Gesicht. Ins Deutsche übertragen von Sophie v. Gilsa. Mit einem Vorwort von Chrn. Karl Josias Bunsen. 2. Aufl. 2 Thle. 8. (XLI, 324; 368 S.) Leipzig 878, Brockhaus. * geb. in Leinw. *

—— Hypatia, oder neue Feinde mit altem Gesicht. Ins Deutsche übertr. von Sophia v. Gilsa. Mit einem Vorwort von Chrn. Karl Josias Bunsen. 3. Aufl. 2 Thle. 8. (XLI, 324; 368 S.) Leipzig 882, Brockhaus. *M 9.; geb. *

—— Hypatia, oder neue Feinde mit altem Gesicht. Ins Deutsche übertr. von Sophie v. Gilsa. Mit einem Vorwort von Chrn. Karl Josias Bunsen. 4. Aufl. 2 Thle. 8. (XLI, 324; VII, 368 S.) Leipzig 885, Brockhaus. * geb. *

— Hypatia, oder neue Feinde mit altem Gesicht. Ins Deutsche übertr. von Sophie v. Gilsa. Mit e. Vorwort v. Chr. K. J. Bunsen. 5. Aufl. 2 Thle. 8. (XLI, 324 u. V, 368 S.) Leipzig 890. Brockhaus. n. 9. —; geb. n. 11. —

— Hypatia, od. neue Feinde m. altem Gesicht. Ins Deutsche übertr. v. Sophie v. Gilsa. Mit e. Vorwort v. Chrn. Karl Josias Bunsen. 6. Aufl. 2 Thle. 8. (XLI, 324 u. V, 368 S.) Leipzig 892. F. A. Brockhaus. n. 6. —; geb. n. 8. —

— dasselbe. Neu übers. v. Helene Lobedan. Mit Illustr. v. W. Weimar. 2 Tle. in 1 Bde. 8. (XVI, 506 S.) Berlin 892. G. Grote. n. 3. —; geb. n. 4. —

— Hypatia. Christl. Erzählg. aus dem 5. Jahrh. Deutsch bearb. v. E. Preuschen. Mit zahlr. Bildern v. R. Trache. (392 S.) 8. Reutlingen (907). Enßlin & Laiblin. Geb. in Leinw. 2. 50

— dasselbe. Roman aus dem alexandrin. Zeitalter. Ins Deutsche übertr. u. m. einleit. Worten versehen v. Karl Wilding. (387 S. m. Bildnis.) 8. Berlin (907). A. Weichert. (Urspr. Pr. 2. —)

— dasselbe od. Neue Feinde m. altem Gesicht. Erzählung aus dem 5. Jahrh. Neue, vollständ. Übersetzg. v. Ernst Fischer. (VIII, 502 S.) 8. Konstanz (910). Christl. Buch- u. Kunstverlag. Geb. in Leinw. 3. —

Vor 2 Jahren von Charles Kingsley. Autor. Übers. von Maria Baumann. Bd 1. 2. Gotha: Perthes 1891. 8°
1. VIII, 440 S.; 2. III, 471 S.
cf. L. 30 (1907) S. 300.
Die englische Originalausg. ist öfter aufgelegt.
Der Held dieser Novelle ist ein Frmr.
[L. 30 (1907) S. 300.]

Kingsley, Charles, bearb. v. G. Samtleben, s.: Ewigkeitsfragen im Lichte großer Denker. 3. Bd.

[F.] Aus Charles Kingsleys Schriften. Das Trefflichste, was ein Trefflicher gesagt. E. Auswahl aus s. Predigten, Vorträgen, Ansprachen, Essays, Beschreibgn u. s. w. Autoris. Uebs. v. Marla Baumann. M. Bild Kingsleys, s. Hauses u. s. Grabes. *Göttingen: Vandenhoeck & Ruprecht 1897.* (5 Bl., 270 S., 2 Taf.) 1 Bd 8.

Kingsley, Ch., At last, s. Collection of British Authors.

—— his Letters and Memories of his Life, s. Collection of British Authors.

Kingsley, Charles, Alton Locke, s.a. Collection of british authors.

— Alton Locke, Schneider u. Dichter. Eine Autobiographie. Deutsch v. P. Spangenberg u. M. v. Harbou. 2 Bde. 1. u. 2. Aufl. 8. (V, 287 u. V, 330 S.) Leipzig 891. F. A. Brockhaus. n. 8. —; geb. n. 10. —

—— Predigten. Autoris. Übersetzung von Lina Krätzinger. Dorfpredigten. gr. 8. (VII, 228 S.) Gotha 884, F. A. Perthes. *

Kingsley, Ch., Predigten. Autoris. Übersetzung von Dina Krätzinger. (2. Bd.:) Stadt- und Landpredigten. 8. (VIII, 287 S.) Gotha 886, F. A. Perthes. *ℳ 3.60.; geb. *
1. Bd. Ebendas. 1884. *ℳ 3.—.

— Predigten. Autoris. Übersetzg. v. Dina Krätzinger. 1.—4. Bd. 8. Gotha, F. A. Perthes. geb. n. 14. 60
1. Dorfpredigten. 2. Aufl. (VII, 228 S.) 889. geb. n. 4. —
2. Stadt- u. Landpredigten. 2. Aufl. (VIII, 287 S.) 890. geb. n. 4. 60
3. Frohe Botschaft v. Gott. I. (III, 160 S.) 889. geb. n. 3. —
4. — dasselbe. II. (III, 156 S.) 889. geb. n. 3. —

— Predigten. Autor. Übersetzung v. Dina Krätzinger. V. Bd. Das Wasser d. Lebens u. and. Predigten. 8. (III, 187 S.) Ebd. 893. Geb. in Leinw. n. 3. — (I.—V.: n. 17. 60)

Kingsley, Charles. Drei Reden. Zur Erinnerung an den Verf. der „Hypatia". Nebst einer auf denselben bezügl. Gedächtnißrede von Howson. Aus dem Engl. 16. (93 S.) Güterloh 876, Bertelsmann. *

— Romane. In neuer u. vollständ. Übersetzg. v. Paul Heichen. 1.—6. Lfg. 8. Leipzig 896. E. Schmidt. à n. — 30
1. Bd. Hypatia oder Neu Feindesgesicht mit altem Gesicht. (S. 1—288.)
Weiter nicht erschienen.

— Römer u. Germanen. Vorträge, geh. an der Universität zu Cambridge. Mit e. Vorrede v. F. Max Müller. Autoris. Uebersetzg. nach der 9. Aufl. des Originals v. Maria Baumann. gr. 8. (XVI, 296 S.) Göttingen 895. Vandenhoeck & Ruprecht. n. 4. —; in Geschenkbd. n. 5. —

—— aus der Tiefe. Worte für die Betrübten. Übers. von Anna v. Köckritz. 8. (137 S.) Ebendas. 886. * geb. *
2. A. u. d. T.:

—— aus der Tiefe. Übers. von Anna v. Köckritz. 2. verm. und verb. Aufl. 12. (VII, 219 S.) Ebendas. 888. geb. *

— aus d. Tiefe. Uebers. v. Anna v. Köckritz. 3. Aufl. 12. (VII, 219 S.) Gotha 896. F. A. Perthes. Geb. in Leinw. n. 3. —

— vom Tode zum Leben. Worte üb. das Leben nach dem Tode. Autoris. Übersetzung v. Maria Baumann. 8. (IX, 116 S.) Ebd. 891. geb. n. 3. —

— Die Wasserkinder, übers. v. Eugenie Hoffmann u. Rose Wenner, s.: Lebensbücher der Jugend.

—— die kleinen Wasserkinder. Ein Feenmärchen für ein kleines Landkind. Deutsch von Ed. Prätorius. Autoris. Ausg. 8. (VIII, 314 S.) Leipzig 880, Wartig's Verlag. * geb. *

—— die kleinen Wasserkinder. Autoris. Ausg. Deutsch von Ed. Prätorius. 2. Aufl. 8. (VIII, 314 S.) Leipzig 885, Wartig's Verlag. *

—— Westward ho! Or, the voyages and adventures of Sir Amyas Leigh, s.: Collection of british authors.

— Westward ho! Aus dem Engl. übers. v. Elis. Schück. 2 Bde. 8. (IX, 422 u. V, 410 S.) Gotha 885. F. A. Perthes. n. 8 —

— Westward ho! In gekürzter Fassung f. den Schulgebrauch hrsg. von Joh. Ellinger. (VI, 152 S. m. 1 Kartenskizze.) 8. Leipzig 904. G. Freytag. Geb. in Leinw. n. 1. 20

— Westward ho! In gekürzter Fassg. f. den Schulgebrauch hrsg. v. Joh. Ellinger. 1. Aufl. 2. Abdr. (VI, 152 S. m. 1 Kartenskizze.) 8. Leipzig 906. G. Freytag. — Wien, F. Tempsky. Geb. 1. 20

— wahre Worte f. tapfere Männer. Ein Buch f. Soldaten u. Seeleute. Autoris. Übersetzg. v. Maria Baumann. 12. (IX, 159 S.) Berlin 892. Liebel. n. 1. 40; auch in 9 Hftn. à — 15; geb. in Pappe n.n.n. 1. 60; in Leinw. n.n.n. 1. 80

—— two years ago, s. Collection of british authors.

— Yeast, ein Problem, oder was Herr Lancelot Smith dachte, sprach u. that. Roman. Aus dem Engl übers.

von Pauline Spangenberg. Mit e. Einführung von R. Wülker. 8. (XII, 393 S.) Leipzig 890. Brockhaus. n. 5. —; geb. n. 6. —

— Yeast, e. Problem, od. was Herr Lancelot Smith dachte, sprach u. that. Roman aus dem Engl. v. Pauline Spangenberg. Mit e. Einführg. v. Rich. Wülker. 2. (Titel-)Aufl. 8. (XII, 393 S.) Leipzig 892. F. A. Brockhaus. n. 5. —; geb. n. 6. —

[F.] Titus, ein Genosse des Kreuzes. E. Erzählg aus d. Leben d. Heilandes v. Florence M(orse) Kingsley ... Autoris. Übs. v. E. v. Feilitzsch. *Berlin: Deutsche Ev. Buch- & Tractat-Ges. 1897.* (IV, 295 S.) 1 Bd 8. [98. 815

Kingsley, Henry: Leighton Court, s. Collection of British Authors.

– Austin Elliot, s. Collection of British Authors.

Kingsley, Henry, the Grange Garden, s. Collection of British Authors.

—— der Gespenster-Garten. Roman. Aus dem Engl. von Jenny Hirsch. 2 Bde. 8. (206; 200; 192 S.) Berlin 878, Janke.

– The Hillyars and the Burtons, s. Collection of British Authors.

— the Harveys, s.: Asher's collection of english authors.

— Reginald Hetherege, s.: Collection of british authors.

— Hornby mills, a. other stories, s.: Asher's collection of english authors.

— the march of Charles Stuart, s.: Authors, english contemporary.

— old Margeret, s.: Ashers collection of english authors.

— new year's day at Windsor 1327, s.: Authors, english contemporary.

Kingsley, Henry: O a k s h o t t Castle,
s. C o l l e c t i o n of British Authors.

– R a v e n s h o e , s.a. C o l l e c t i o n of British Authors.

Kingsley, Henry
Ravenshoe Oder: Der falsche Erbe. Roman. Aus dem Engl. von Marie Scott. Autoris.Ausg. Bd.1 – 4.
Leipzig: Voigt & Günther 1863. 8°

—— the recollections of Geoffry Hamlyn, s. Collection of British authors.

– V a l e n t i n , s. C o l l e c t i o n of British Authors.

Kingsley, Norman W., die Anomalien der Zahnstellung und die Defecte des Gaumens. Deutsch von Ludw. H. Hollaender. gr. 8. (V, 208 S. mit 194 eingedr. Holzschn.) Leipzig 881, Felix. *

Kingston, des Mylord, Begebenheiten, a. d. Engl. 8. Lpz. Junius. 755.

Kingston, William Henry Giles

Kingston, Will., portugiesische Land- u. Sittenbilder. Nach W. Kingston's Lusitanian sketches v. M. B. Lindau. 2 Thle. 8. Leipzig 846, Arnold'sche Buchh. [1. (21 B.) 2. (22⅛ B.)

Kingston W. Siehe: Lesehalle, romantische.

Kingston, W. H. G., Naval life, hrsg. v. R. Kron, s.: Reformbibliothek, neusprachliche. 15. Bd.

Kingston, William, Peter der Wallfischfänger, sein Jugendleben und seine Abenteuer in den Nordpol-Regionen. Ein Buch für Jung und Alt. Deutsch bearb. von M. B. Lindau. 8. (X und 441 S. mit 4 Stnt.) Dresden 852, Kuntze.

Kingston, William, Peter der Wallfischfänger, sein Jugendleben und seine Abenteuer in den Nordpol-Regionen. 2., neu bearb. Aufl. von O. L. Heubner. 8. (V und 294 S. mit 4 lithogr. Abbild. in Tondr.) Dresden 861, Kuntze.

Kingston, Will., Peter der Wallfischfänger. Abenteuer in Westindien und in den Nordpol-Regionen. Für die deutsche Jugend bearb. von O. L. Heubner. 3. (Titel-)Aufl. gr. 16. (294 S. mit 4 lithogr. und color. Abbild.) Dresden (861)69, Bock. cart. 3 —

Kingston, W. H. G., der Premier-Minister. Ein histor. Roman. Deutsch von A. Schraishuon. 3 Bände. 8. (421 S.) Stuttgart 847, Hallbergersche Vrlgsh.

—— dass. — s. Aula.

– T B. Reed, Edwin Pears, W. W. Jacobs, Tales of the sea, hrsg. v. J. Klapperich, s.: Schriftsteller, engl. u. französ. der neueren Zeit. XXIV.

—— Markus Seefest und seine Abenteuer im Indischen Ocean. Für die deutsche Jugend bearb. von M. B. Lindau. 2., mit 6 lithogr. und ill. Bildern verm. Aufl. 8. (VIII und 443 S.) Dresden 858, Kuntze.

Kingston, Will., Markus Seefest und seine Abenteuer im indischen Ocean. In freier Bearbeitung für die deutsche Jugend. 3. Aufl. 8. (336 S. mit 6 lithogr. und ill. Bildern. Dresden 867, Bock's Verlag. cart.

Kingston, Will., der Tscherkessen-Häuptling, s. Ausland, das belletristische, von K. Spindler, 552.—560 Bdchen.

— der Tscherkessen-Häuptling, siehe a. Bibliothek, Europäische, 50—52. Bd.

— der Tscherkessen-Häuptling. Aus dem Engl. von M. B. Lindau. 3 Bde. 8. Grimma 844, 45, Verl.-Compt. 3½ ℔

Kingston, William Henry Giles Ott 491
Der Tscherkessen Häuptling. Roman über Russland. Aus dem Engl. Bd.chen 1 – 3. 4 – 6. 7 – 9.
Stuttgart: Franckh 1846. 8°

Kingswoods, Graf, Erben. Roman aus dem Engl. von Adph. Görling. 4 Bde. 16. (827 S.) Dresden 866, Wolf's Buchh.

v. Kinigl, Graf Leop., Abhandl. von d. sogen. äußerl. u. innerl. Krankheiten d. Jagd- u. and. Hunde Salzb. 793. s. Abhandl

– Lo. Fragmente z. Bildung d. menschl. Herzens.

KINIGL Graf L. von Fragmente d. menschl. Herzens als ein Beitrag z. Menschenkenntnis. Linz 1785.

Kininger, Vinzenz Georg: A b b i l d u n g der neuen Adjustierung der k. k.-Armee,
s. M a n s f e l d , Josef Georg

Kininger, [Vincenz Georg]. Costumes des différentes nations composant les etats hereditaires de S. M. et R. dessinés par Kininger et Gravés par les meilleurs Artistes. Dédiés a ... Madame l'archiduchesse Marie Louise ... par ... T. Mollo et Compag. [Wien um 1821.]
Tit.: 84 Taf. in kol. Kupferst. 2°.
Mit deutschen und französischen Unterschriften. Unvollständige Folge. Auf Taf. Nr. 89 (Tiroler aus dem Pfaffertal) die Zahl 1821. Ein grosser Teil der Kostümbilder jedoch bereits in Werken aus dem An'ang des Jahrhunderts veröffentlicht. S. Ea 25.
Vinet 2171.

Kinninger, Vincenz Georg: Kleidertrachten der Kaiserl. Königl. Staaten. Wien: Mollo [o.J., um 1790.]

OESTERREICH-UNGARN. — K l e i d e r t r a c h t e n d e r K a i s e r l. K ö n i g l. S t a a t e n. Habillements des états de S. M. l'Empereur-Roi. V i e n n e, F. Mollo et Comp. (pas après 1804). Titre et 50 grav. s. c. color. (par *Kininger*). Gr. in-4. (150 Mk., toile, L. Rosenthal, 1910: Avec l'ex-libris de J. G. K r e i s v. Z i h l s c h l a c h t.)

Kink, Anton u. Franz, s.: Schlechter, M.

Kink, Frz., Anleitung z. zweckmäß. Benützung des in Kufstein erzeugten hydraulischen Kalk-Cementes. 8. (1 B.) Innsbruck 845, Wagner'sche Buchh.)

Kink, Frz., Erfahrungen über die Eigenschaften und zweckmäßige Behandlung des in Kufstein erzeugten hydraul. Cementes mit Kostenberechnungen und anderen auf das Cement Bezug habenden Mittheilungen; zum vorzügl. Gebrauch für Bau- und Maurermeister. 8. (166 S. und 1 Tab. in Fol.) Innsbruck 849, (Pfaundler.) *

Kink, M. Gutachten über die Regulirung des Rheinstromes vor s. Ausflusse in den Bodensee. Rheineck 1864.

Kink Rudolf: *Codex Wangianus*. Urkundenbuch des Hochstiftes Trient, angelegt von Friedrich von Wangen, Bischofe von Trient und Kaiser Friedrichs II. Reichsvikar für Italien, fortgesetzt von seinen Nachfolgern. Aus der Urschrift übertragen und mit Anmerkungen begleitet. Siehe F. II. 5. Band.

Kink, Rudolph —. Geschichte der kais. Universität in Wien. Im Auftrage des k. k. Ministers für Kultus und Unterricht Leo Grafen von Thun, nach den Quellen bearbeitet von ——. Erster Band Geschichtliche Darstellung der Entstehung und Entwickelung der Universität bis zur Neuzeit. Sammt urkundlichen Beilagen 1. Theil. Geschichtliche Darstellung. 8. (XXIV, 636 S.) Zweiter Band. Statutenbuch der Universität. gr. 8. (624 S.) Wien. Verlag und Druck von Karl Gerold und Sohn.

Kink, Rudolph. Mittheilungen aus dem Matrikelbuche der Rheinischen Nation bei der k. k. Universität in Wien. 8. (9 Blätt.) Wien, K. Ueberreuter 1853.

Kink, Rudolph. Die Rechtslehre an der Wiener Universität. Geschichtliches Fragment, als Beitrag zur Oesterr. Rechtsgeschichte. (Aus den Oesterreich. Blättern für Literatur und Kunst besonders abgedruckt und mit einem Vorworte begleitet.) 8. (XVI u. 78 S.) Wien, Braumüller Verlag, J. P. Sollingers Witwe Druck, 1853.

Kink, R., akademische Vorlesungen über die Geschichte Tirols bis zur Vereinigung mit Oesterreich. 2 Thle. gr. 8. (XV und 570 S.) Innsbruck 850, (Pfaundler.) *

— akademische Vorlesungen über die Geschichte Tirols bis zur Vereinigung mit Oesterreich. Innsbruck 853. Witting. gr. 8. (XV, 571 S.) 1 ℛ.

Kinkel, Alice, s.: Blumen u. Sterne.

Kinkel, G., De codicibus Hesiodeis nonnullis in Anglia asservatis. Diss. 1866. 52 S. 1.25

Kinkel's, Gottfried, Lebensbild, s. Henne Am Rhyn, O.

Kinkels, Gottfried, Lebensgeschichte bis zu seiner Errettung aus dem Gefängnisse zu Spandau. gr. 16. (192 S.) Hamburg 851. (Altona, Verlagsbureau.)

Kinkel, Gottfr., die Ahr. Landschaft, Geschichte u. Volksleben. Zugleich ein Führer für Ahrreisende. 12. (17½ B. u. 1 Stahlst.) Bonn 846, Habicht. 1 Thlr. 15 Ngr. — Mit 18 Stahlst. u. in Leinw. geb. *

—— Polens Auferstehung, die Stärke Deutschlands. 8. (49 S.) Wien 868, Tendler und Comp. [Leipzig, Fues.] * 1 —

—— Beschreibung der Burg Kyburg, s. Mittheilungen der antiquar. Gesellschaft in Zürich.

—— s. Blatt, fliegendes, Nr. 7.

Kinkel jun., Gfried., Jacques Callot, s.o. Kunst und Künstler des Mittelalters und der Neuzeit.

Kinkel, Gottfried / [1815–1882]. Jacques Callot (1592–1635). [Biographische und kunsthistorische Studie. Illustriert. A.] 4. (Leipzig 1880.)

—— und Johanna Kinkel, Erzählungen. 1. Aufl. 1849. und 2., unveränd. Aufl. 8. (III und 464 S.) Stuttgart 851, Cotta'sche Buchh.

—— und Johanna Kinkel, Erzählungen. 3. durchges. Aufl. 8. (III, 467 S.) Stuttgart 883, Cotta'sche Buchh. *

Kinkel, Gfried., Euripides und die bildende Kunst, s.a. Abhandlungen zur Grammatik etc. der alten Sprachen.

Kinkel, G., Euripides u. die bildende Kunst. 1871. 98 S.

Kinkel, Gfried., Festrede auf Ferd. Freiligrath gehalten zu Leipzig am 6. Juli 1867. 8. (31 S.) Leipzig 867, C. H. Reclam sen. *

Kinkel, Gfried., Festrede bei der Schillerfeier im Krystallpalast, 10. Novbr. 1859. gr. 8. (15 S.) London 860, (Petsch und Comp.) (Leipzig, Keil.) Thlr. * *

Kinkel, Gottfr., für die Feuerbestattung. Vortrag, gehalten zur Eröffnung des europäischen Congresses für Feuerbestattung, Dresden, 7. Juni 1876. gr. 8. (20 S.) Berlin 877, Staude.

Kinkel, Gottfr., der Führer durch das Ahrthal nebst Beschreibung der Städte Linz, Remagen und Sinzig. 12. (VI und 84 S. mit 1 lithogr. Karte des Ahrthals und seiner Umgebung in 4.) Bonn 849, Habicht. *

Kinkel, Gfried., der Führer durch das Ahrthal nebst Beschreibung der Städte Linz, Remagen und Sinzig. 2., verm. und verb. Aufl. 8. (IV und 92 S. mit 1 Stahlst. und 1 lithogr. Karte in gr. 4.) Bonn 854, Habicht. *

—— Gedichte. 8. (17½ B.) Stuttgart 843, Cotta'sche Buchh.

—— Gedichte. 2. Aufl. 1850. und 3., verm. Aufl. 16. (XII und 517 S.) Stuttgart 851, Cotta'sche Buchh.

—— Gedichte. 4. Aufl. (VIII und 517 S.) Stuttgart 852, Cotta'sche Buchh.

— Gedichte. 5. Aufl. (Miniatur-Ausg.) Stuttgart 857. Cotta. 16. (VIII, 535 S.) n. 2 ℛ. 22½ ngr.

—— Gedichte. 6. Aufl. 8. (VIII und 412 S.) Stuttgart 857, Cotta'sche Buchh. *

—— Gedichte. 1. Bd. 7. Aufl. 8. (VIII, 386 S.) Stuttgart 872, Cotta'sche Buchh. * 3 60

—— dass. — 2. Sammlung. 8. (VI, 376 S.) Ebendas. 868. * 6 —

— Geschichte der bildenden Künste bei den christlichen Völkern vom Anfang unserer Zeitrechnung bis zur Gegenwart. Mit 28 auf Stein gravirten Tafeln. (In 4 Liefg.) 1. Liefg. Die altchristliche Kunst. Mit 8 Taf. gr. 8. Bonn 845, Henry u. Cohen. n. 1⅓ ℛ

— vor den Geschworenen zu Cöln am 2. Mai 1850. 4. [illegible] Ausg. gr. 8. ([illegible] S. m. 1 Holzschn.) Köln 850. ([illegible] Buchhandlung.) n. [illegible] 4/12 ℛ

Kinkel, Prof. Gottfr., die Gypsabgüsse der archäologischen Sammlung im Gebäude des eidgenössischen Polytechnikums in Zürich. 194 Seiten. gr. 8. Zürich, Schabelitz'sche Buchh. (C. Schmidt.) (für Zürich Fr. 2. —) 1871 Fr. 2. 50

—— die Gypsabgüsse der archäologischen Sammlung im Gebäude des Polytechnikums in Zürich. gr. 8. (XXIV, 194 S.) Zürich 871, Schmidt. * 2 40

Kinkel, Gfr., der Goldschmied v. Antwerpen in 7 Historien. 4. Aufl. 12. (VIII, 95 S. m. 1 Bild.) Stuttgart 887. Cotta Nachf. n. 2. —; geb. n. 3. —

—— der Grobschmied von Antwerpen in sieben Historien. 1. und 2. Aufl. gr. 16. (VIII, 85 S.) Ebendas. 872. geb. mit Goldschn. * 3 —

Kinkel, Gfried., der Grobschmied von Antwerpen in 7 Historien. 3. Aufl. 12. (VIII, 95 S.) Stuttgart 880, Cotta'sche Buchh. * geb. mit Goldschn. *

Kinkel, Gfr., der Grobschmied von Antwerpen in sieben Historien. 4. Aufl. 12. (VIII, 95 S. mit 1 Bild.) Stuttgart 887, Cotta'sche Buchh., Nachf. * ℳ 2.—; geb. *

Kinkel, Gfr., der Grobschmied v. Antwerpen, in 7 Historien. 5. Aufl. 12. (VIII, 95 S.) Stuttgart (900). J. G. Cotta Nachf. n. 2. —; geb. in Leinw. m. Goldschn. n. 3. —

—— Handwerk, errette Dich! oder: Was soll der deutsche Handwerker fordern und thun, um seinen Stand zu bessern? 12. (VIII und 177 S.) Bonn 848, Sulzbach.

—— Illustrationen zu Otto der Schütz, s. Aigner, J.

—— s. Klassiker, moderne.

Kinkel, Dr. G. Kraft u. Kultur im alten Italien v. d. Herrschaft d. Römer. Vortrag. 34 Seiten. 8°. Basel, Schweighauser. (Vorträge gehalt. i. d. Schweiz.) 1878 1 —

—— die Kulturzustände der Restaurationsepoche in England, s. a. Sammlung von Vorträgen.

Kinkel, Gottfried II [1844–1891]. Die Kulturzustände der Restaurationsepoche in England. Vortrag, gehalten ... in Zürich von Dr. G. K. jr. ... 8. Heidelberg 1882.
Samml(un)g v(on) Vorträgen (für das deutsche Volk Hrg. von Wilhelm Frommel ... und Dr. Friedrich Pfaff ... Band) 8 (Heft) 10.

Kinkel jun., Gottfr.: Kunst und Cultur im alten Italien vor der Herrschaft der Römer, s.a. Vorträge, Öffentliche, gehalten in der Schweiz.

Kinkel G jun, Kunst und Kultur im alten Italien vor der Herrschaft der Römer. (Vorträge, Öffentliche IV, 11) Basel 1878

— Kunst u. Cultur im alten Italien vor d. Herrschaft d. Römer. Gel. 1878. 34 S.

— Das Kupferstich-Kabinet des eidg. Polytechnikums. Zürich, Polytechnikum 1876. Progr.

– Macaulay, s.a. Vorträge, Öffentliche, gehalten in der Schweiz.

Kinkel, Gottfried II. (Thomas Babington Lord) Macaulay (1800–1859). Sein Leben und sein Geschichtswerk. 8. Basel 1879. L
(Oeffentliche Vorträge, gehalten in der Schweiz. Band 5 Heft 6.)

—— die Malerei der Gegenwart, s.a. Vortraege, oeffentliche, gehalten in der Schweiz.

Kinkel G, die Malerei der Gegenwart. (Vorträge, Öffentliche 2) Basel 1871

Kinkel, Gottfr., Margret, s.a. Verein f. Verbreitung guter Schriften, Bern.

Kinkel, Gottfried. Margret. Eine Geschichte vom Lande. (... entnommen den ... Erzählungen von G' und Johanna Kinkel. 1. Aufl. 1849.) 48 S. 8. Bern, Haller, (Dezember) 1906. fr. —.10
Verein für Verbreitung guter Schriften (Verein Bern). Nr. 63.

—— Mosaik zur Kunstgeschichte. Lex.-8. (XII, 467 S.) Berlin 876, Oppenheim. *

—— Nimrod. Ein Trauerspiel. 8. (198 S.) Hannover 857, C. Rümpler. *

—— Otto der Schütz. Eine rheinische Geschichte in 12 Abenteuern. 16. (6 B. u. 1 Stahlst.) Stuttgart 846, Cotta'sche Buchh. In Leinw. geb.

—— Otto der Schütz. Eine rheinische Geschichte in zwölf Abenteuern. 2–8. Aufl. 1849–51. und 9., unveränd. Aufl. 16. (96 S. und 1 Stahlst.) Stuttgart 852, Cotta'sche Buchh.

— Otto der Schütz. Eine rheinische Geschichte in zwölf Abenteuern. 10–22. unveränd. Aufl. Stuttgart 853–58. Cotta. 16. (2 Bl., 101 S. u. 1 Stahlst.) 26 ngr.

— Otto der Schütz. Eine rheinische Geschichte in zwölf Abenteuern. 23. unveränd. Aufl. Stuttgart 859. Cotta. 16. (101 S. u. 1 Stahlst.) 26 ngr.

Otto der Schütz, von Gottfried Kinkel, illustrirt von Karl Swoboda. In Holz geschnitten von F. W. Bader, 13 Bl. gr. 4. Wien, R. v. Waldheim's xylographische Anstalt. 1861 eleg. cart. 3 fl.

—— Otto der Schütz. Eine rheinische Geschichte in 12 Abenteuern. 40.–45. unveränd. Aufl. 16. (95 S. mit 1 Stahlst.) Stuttgart 869–75, Cotta'sche Buchh. geb. mit Goldschn. * 3 —

—— Otto der Schütz. Eine rhein. Geschichte in zwölf Abenteuern. 46.–63. Aufl. 16. (95 S. mit 1 Stahlst.) Ebendas. 875–85. geb. mit Goldschn. *

—— Otto der Schütz. Eine rhein. Geschichte in 12 Abenteuern. 66. unveränd. Aufl. 12. (125 S. mit 1 Bild.) Ebendas. 888. geb. *

Kinkel, Gottfried. Otto der Schütz. Eine rheinische Geschichte in 12 Abenteuern. Miniatur-Ausg. Mit Titelbild. 70. unveränd. Aufl. 12. (125 S.) Stuttg. 889, Cotta Nachf. * 3 —

Gottfried Kinkel. Otto der Schütz. Stuttgart 1892. 8°.

Kinkel, Gfr., Otto der Schütz. Eine rhein. Geschichte in zwölf Abenteuern. 78. Aufl. 12. (125 S.) Stuttgart 894. J. G. Cotta Nachf. Geb. in Leinw. m. Goldschn. n. 3. —

Kinkel, Gfr., Otto der Schütz. Eine rhein. Geschichte in 12 Abenteuern. 75. Aufl. 12. (125 S. m. Titelbild.) Stuttgart 896. J. G. Cotta Nachf. Geb. in Leinw. m. Goldschn. n. 3. —

— dasselbe. In stenotachygraph. Schrift hrsg. v. P. Niebartsch. 12. (79 S.) Schweidnitz 896. P. Niebartsch — (G. Brieger). Geb. n. 1. —

— Otto der Schütz. Eine rhein. Geschichte in 12 Abenteuern. 80. u. 81. Aufl. 12. (à 125 S. m. Titelbild.) Ebd. 901. 903. Geb. in Leinw. m. Goldschn. n. 3. —

Kinkel, Gottfr., Otto der Schütz. Eine rhein. Geschichte in 12 Abenteuern. 83. Aufl. (125 S. m. Titelbild.) kl. 8. Stuttgart 905. J. G. Cotta Nachf. Geb. in Leinw. n. 3. —

— Otto der Schütz. Eine rhein. Geschichte in 12 Abenteuern. 85. u. 86. Aufl. (108 S. m. Titelbild.) kl. 8. Stuttgart 908. J. G. Cotta Nachf. Geb. in Leinw. 3. —

Otto der Schütz. Eine rhein. Geschichte in 12 Abenteuern von Gottfried Kinkel. 85. u. 86. Aufl. Stuttgart & Berlin: Cotta 1909. 107 S. 8°
[10. 16967] 11

Kinkel, Gottfried I s. Pfau, Matthäus, und Kinkel, Gottfried I.

Kinkel, Gottfr., Predigten üb. ausgewählte Gleichnisse u. Bildreden Christi, nebst Anhang einiger Festpredigten. gr. 8. (13 B.) Köln 842, Eisen. Thlr. *

—— Predigten über ausgewählte Gleichnisse und Bildreden Christi nebst Anhang einiger Festpredigten. 2. (Titel-)Ausg. gr. 8. (XIII und 189 S.) Köln 850, Eisen. *

Kinkel, Gottfried. Die Brüsseler Rathausbilder des Rogier van der Weyden und deren Kopien in den burgundischen Tapeten zu Bern. Zürich, Polytechnikum 1867. **Progr.**

—— (Rede) vor den Geschworenen zu Cöln am 2. Mai 1850. 4., authent. Ausg. gr. 8. (8 S. und 1 Holzschn.) Köln 850, (Eisen'sche Sortimentsb.) **

—— dass. — s. a. Blatt, fliegendes.

— la renaissance de la Pologne envisagée comme la force de l'Allemagne. [Traduit de l'Allemand.] Avec une préface. Zürich 868. Schulthess. 8 (VIII, 44 S.) n. 10 ngr.

—— Peter Paul Rubens, s. a. Vorträge, öffentliche, gehalten in der Schweiz.

Kinkel, Gottfried Z. Peter Paul Rubens. Vortrag. gehalten... zu Zürich. 8. Basel 1874. L
(Oeffentliche Vorträge gehalten in der Schweiz. Band 2. Heft 10.)

Kinkel, G., Peter Paul Rubens. 26 Stn. 8. Basel, Schweighauserische Verlagshdlg. 1874 **1. —**

—— Friedrich Rückert. Festrede gehalten bei der Erinnerungsfeier der Lehrer, Studenten und deutschen Arbeiter in Zürich am 2. Febr. 1867. 8. (23 S.) Zürich 867, Meyer und Zeller's Verlag.

—— Tanagra. Idyll aus Griechenland. 1. und 2. Aufl. 8. (56 S. mit 1 Stahlst.) Braunschweig 883, Westermann. geb. mit Goldschn. *

—— Tanagra. Idyll aus Griechenland. 3. Aufl. 8. (56 S. mit 1 Stahlst.) Braunschweig 886, Westermann. geb. mit Goldschn. *

—— gegen die Todesstrafe und das Attentat sie in der Schweiz wieder einzuführen. Vortrag, gehalten im Decbr. 1878 in zwei Zürcher Ausgemeinden. gr. 8. (22 S.) Zürich 879, Schmidt.
Volksausg. (16 S.)

Kinkel, Gottfr. Gegen die Todesstrafe u. das Attentat, sie in der Schweiz wieder einzuführen. Vortrag. In-8°. Volksausgabe. Cæsar Schmidt. 1879 **— 20**

—— die Ueberlieferung der Paraphrase des Evangeliums Johannis von Nonnos. 1. Heft: Bericht über den Codex Florentinus und den Codex Venetus. gr. 8. (VII, 32 S.) Zürich 870, Herzog. * — 80

—— die christlichen Unterthanen der Türkei in Bosnien und der Herzegowina. Ein Vortrag. gr. 8. (40 S.) Basel 876, Schwabe.

— Vertheidigungsrede vor d. Assisen in Cöln, s. a. Zug, der, d. Freischärler etc.

— Vertheidigungs-Rede vor den kölner Assisen. Berlin, S. Löwenherz 1850. 7 S. 8.
— Dasselbe. 3. Aufl. Ebda. 1850. 7 S. 8.

—— Vertheidigungsrede vor dem preuß. Kriegsgericht zu Rastatt am 4. Aug. 1849. 8. (15 S.) Berlin 850, Löwenherz.

— s. a. Vom Rhein.

Vom Rhein. Leben, Kunst und Dichtung. Jahrgang 1847. Mit dem Bilde Karl Simrocks und vier Kunstblättern. Herausgegeben von Gottfried Kinkel. Essen 1847. 8°.

— Vorspiel zur Theater-Aufführung der Zürcher Polytechniker u. Studenten zum Besten der Nothleidenden in Ostpreußen gedichtet. Zürich 868. Orell, Füßli & Co. 8. (8 S.) 3 ngr.

—— englische Zustände in der Mitte des 18. Jahrhunderts, s. a. Sammlung gemeinverständlicher wissenschaftlicher Vorträge.

Kinkel G, englische Zustände in der Mitte des 18. Jahrhunderts. (Sammlung gemeinverständlicher wissenschaftlicher Vorträge 365) Berlin 1881

Kinkel, Hans: Lessings Dramen in Frankreich. Darmstadt 1908: Otto. 109 S. 8°
Heidelberg, Phil. Diss. v. 19. Okt. 1908, Ref. Neumann
[Geb. 21. Juni 86 Mannheim; Wohnort: Mannheim; Staatsangeh.: Baden; Vorbildung: Gymn. Mannheim Reife M. 04; Studium: Heidelberg 1, München 1, Berlin 1, Genf 1, Paris 1, Heidelberg 3 S.; Rig. 21. Juli 08.] [U 09. 2002

Kinkel, J. J. A., die Beicht in den ersten christlichen Jahrhunderten. 8. (152 S.) Mainz 879, Kirchheim.

Kinkel, J. J. A., die Geheimnisse des Leidens und Sterbens unseres Herrn und Heilandes Jesu Christi. Zehn Fastenpredigten. gr. 8. (147 S.) Mainz 869, Kirchheim. 1 50

Kinkel, Johanna, acht Briefe an eine Freundin über Clavier-Unterricht. 8. (IV und 84 S.) Stuttgart 852, Cotta'sche Buchh.

Kinkel, Johanna
Erzählungen.
s. Kinkel, G.: Erzählungen. 1851.

Kinkel, Johanna, Hans Ibeles in London. Ein Familienbild aus dem Flüchtlingsleben. (Aus ihrem Nachlaß.) 2 Bde. 8. (VI und 731 S.) Stuttgart 860, Cotta'sche Buchh.

Kinkel, Ioannes Godofredus (geb. am 11 Aug. 1815 in Oberkassel bei Bonn): Theses theologicae ... ad obtinendum licentiati S. theologiae gradum ... Bonnae, excud. C. Georgi 1837. 8 S. 8.
Bonn, Ev.-theol. Fak., Thes. v. 2 Mai 1837

Kinkel, Md., Profilrechenstab. Grosse Ausg. (1 Bl.) 24×34 cm. Benrath bei Düsseldorf (904). Ingenieur Kinkel. n. 2. 50; kleine Ausg. (1 Bl.) 15×25 cm. n. 1. 50

Kinkel, Manfred: Zur Theorie des durchlaufenden Balkens. 1908. 31 S. 8°
Hannover, Dr.-Ing.-Diss. v. 30. 7. 1907

Beiträge zur Erkenntniskritik von Dr. phil. Walter Kinkel, Privatd. in Giessen. *Giessen: J. Ricker 1900.* (94 S.) 8° [01. 11078

Kinkel, Walter, Dr. phil.: **Beiträge zur Theorie des Urteils und des Schlusses.** *Giessen 1898: v. Münchow.* (40 S.) 8°
Giessen, Phil. Hab.-Schr. v. 1898

Kinkel, Walt., Einleitung in die Philosophie, s. a. Encyklopädie der Philosophie. I, 1.

Prof. [Walter] **Kinkel**-Giessen. Einleitung in die Philosophie. Charlottenburg: O. Günther 1907. (50 S.) 8° [Umschlagt.]
— **Encyclopädie** d. Philosophie. Ser. 1. No 1. [08. 18179

— Gedichte. (96 S.) 8. Ebd. 904. n. 2. —; geb. in Leinw. n. 2. 60

Geschichte der Philosophie. Als Einleitung in d. System d. Philosophie von Walter **Kinkel**, Prof. T. 1. Gießen: A. Töpelmann 1906. 8° [04. 7088

— **Geschichte der Philosophie als Einleitung in das System der Philosophie. 1. Tl. Von Thales bis auf die Sophisten. (VIII, 274 u. 76 S.) gr. 8. Ebd. 906. n. 6. —: geb. in Leinw. n. 7. —**

— Geschichte der Philosophie als Einleitung in das System der Philosophie. 2. Tl. Von Sokrates bis Plato. (VII, 133 u. 33 S.) gr. 8. Giessen 908. A. Töpelmann. 3.50; geb. in Leinw. 4. 20
1. Tl. Ebd. 906. 6.—; geb. 7.—

— Grundriss der Ethik. Nach Universitätsvorträgen. (40 S.) 8. Ebd. 908. — 60

Kinkel, Walt., Joh. Fr. Herbart, sein Leben u. seine Philosophie. gr. 8. (VIII, 204 S.) Giessen 903. J. Ricker. n. 3. —; geb. n. 4. —

Der Humanitätsgedanke. Betrachtungen zur Beförderung der Humanität. Von Walter **Kinkel**. Leipzig: Eckardt 1908. 192 S. 8°
[Hinrichs' Katalog. (1911) S. 706.]

Kinkel, Walt., der Humanitätsgedanke. Jetzt: Leipzig, Fel. Meiner.

Kinkel, Walter [aus Wiesbaden]: Die Idealität und Apriorität des Raumes und der Zeit, nach Kant ... Jena, G. Neuenhahn Univ.-Buchdr., 1896; VII, 77 S. 8.
Jena, Phil. Fak., Inaug.-Diss. v. [18. Juli] 1896

Kinkel, Walter [Hrsg.], s. Kant, Immanuel: Logik.

— Lebensgaben. Lyrische u. dramat. Skizzen. (116 S. m. Titelbild.) 8. Ebd. 909. Kart. 2. 80

— **Lieder Hans Ohnesterns, des Gottsuchers. (93 S.) 8. Leipzig 905. C. F. Amelang. n. 1. 60; kart. n. 1. 80**

— Lieder eines Wandermüden. (64 S.) 8. Gießen 907. A. Töpelmann. 1. 20

Vom Sein und von der Seele. Gedanken eines Idealisten von Walter **Kinkel**. Gießen: A. Töpelmann 1906. (143 S.) 8° [06. 9844

— Die Stellung der Kunst zur Kultur. Vortrag, geh. in Berlin am 3. II. 1907 in der Gesellschaft f. Philosophie. (13 S.) gr. 8. Charlottenburg 907. [O. Günther.] Dr. Renner. — 90

— Aus Traum u. Wirklichkeit der Seele. Stille Gedanken aus einsamen Stunden. (III, 116 S.) 8. Giessen 907. A. Töpelmann. Kart. 2. —

— s.: Wochenschrift, philosophische.

Kinkeldey, Otto: Orgel und Klavier in der Musik des 16. Jahrhunderts. Ein Beitr. z. Geschichte d. Instrumentalmusik. Kap. 7. Anh. 1. 2. (Leipzig 1900: Breitkopf & Härtel.) VI, 40 S. 8° (Ersch. vollst. ebd.)
Berlin, Phil. Diss. v. 20. Juni 1909, Ref. Kretzschmar
[Geb. 27. Nov. 78 New York City; Wohnort: **Berlin**; Staatsangeh.: Vereinigte Staaten; Vorbildung: College of the City of New York 98. New York Univ. 02; Studium: Berlin 6 S.; Rig. 17. Dez. 08.] [U 09. 211

Kinkeldey, Otto, Orgel u. Klavier in der Musik des 16. Jahrh. Ein Beitrag z. Geschichte der Instrumentalmusik. Mit Notenbeilagen. (X, 321 S.) gr. 8. Leipzig 910. Breitkopf & Härtel. 8 —

Kinkelin, A. R., Selbsterhaltung einer gemeinnützigen und medizin. Abhandlung über die Schwächen und Krankheiten der Zeugungs-Organe, welche durch Selbstbefleckung oder geschlechtl. Ausschweifung entstanden sind. Mit leichtverständl. Anmerkungen über den daraus entstehenden Verlust der männl. und erzeugenden Kraft. 16. (98 S.) Philadelphia 850, (E. Schäfer und Koradi.)

Kinkelin, Friedr., kurzer Abriß der Mineralogie, einschließlich Darstellung der wichtigsten geolog. Erscheinungen. Für Realgymnasien, Oberrealschulen, Realschulen, Gymnasien, höhere Bürgerschulen, höhere Töchterschulen und Seminarien. gr. 8. (VIII, 82 S. mit 114 in den Text gedr. Abbild.) Wiesbaden 883, Bergmann. *M 1,60.; geb. *

Kinkelin, Friedr., über die Eiszeit. Zwei Vorträge, gehalten in wissenschaftl. Sitzungen der „Senckenbergischen naturforschenden Gesellschaft" 1875. 1. und 2. Aufl. gr. 8. (64 S. mit 1 lithogr. und color. Karte in qu. gr. 4.) Lindau 876, Ludwig's Buchh.

Kinkelin, Frdr., über Ernährung, s.a. Vorträge, öffentliche.

Kinkelin F. über Ernährung. (Vorträge, Öffentliche 9) Basel 1872

Kinkelin, Frdr., oberpliocäne Flora u. Fauna des Untermaintales, s.: Engelhardt, H.

Einige seltene Fossilien des Senckenbergischen Museums, beschrieben von Prof. Dr. F[riedrich] **Kinkelin**, Doz. am Senckenb. Mus. Mit 6 Taf. u. 2 Textfig. *Frankfurt a. M.: M. Diesterweg in Komm. 1896.* (49 S.) 4°
— Abhandlungen hrsg. von d. Senckenbergischen naturforschenden Gesellschaft. Bd 20, H. 1, (4) [03. 13338

—— und Geo. Krebs, Leitfaden der Chemie für Mittelschulen, insbesondere für höhere Töchterschulen. gr. 8. (VIII, 115 S. mit 50 Abbild. im Text und 1 Spektraltaf.) Leipzig 881, Veit und Comp. *

Kinkelin, F., Oberpliocän-Flora aus den Baugruben d. Klärbeckens bei Niederrad u. der Schleuse bei Höchst a/M., s.: Geyler, Th.

Kinkelin (Friedrich), Der Pliocänsee des Rhein- und Mainthales und die ehemaligen Mainläufe. Ein Beitrag zur Kenntniss der Pliocän- und Diluvialzeit des westlichen Mittel-Deutschlands. (Sonder-Abdr. a. Berichte über d. Senckenbergische naturforsch. Gesellsch. in Frankfurt a. M. 1889.) Frankfurt a. M. 1889. 8.

Kinkelin, Frdr., die Tertiär- u. Diluvial-Bildungen d. Untermainthales, der Wetterau u. d. Südabhanges d. Taunus, s.: Abhandlungen zur geologischen Specialkarte v. Preussen u. den Thüringischen Staaten.

—— die Urbewohner Deutschlands. gr. 8. (53 S.) Lindau 882, Ludwig's Buchh. *

— Vorgeschichte vom Untergrund u. v. der Lebewelt des Frankfurter Stadtgebietes. Eine geolog. Skizze. (VIII, 96 S. m. 9 Taf.) 8. Frankfurt a/M. 909. J. Rosenheim. 2. 40

Kinkelin, Hermann

Kinkelin. H. Die Berechnung des christlichen Osterfestes. Leipzig 1870.

Kinkelin, Herm., die Bevölkerung des Kantons Basel-Stadt am 1. Dezbr. 1870. Bericht an E. E. Kleinen Rath. 4. (91 S.) Basel 872, (Schweighauser'sche Buchh.) * 3 20

Kinkelin, H. Der Calculus Victorii. Basel 1868.

Kinkelin, Herm., der Calculus Victorii. [Aus den Verhandlungen der naturforsch. Gesellschaft zu Basel.] Basel 869. (Schweighauser.) gr. 8. (12 S. mit 1 Steintaf.) 2 ngr.

Kinkelin, H. Die Einrichtung von Sterbekassen. Basel 1887.

— Die Elemente der Lebensversicherungsrechnung. Basel, Gewerbeschule 1869. Progr.

— die Elemente der Lebensversicherungs-Rechnung. Ebend. 869. gr. 4. (51 S.) n. 15 ngr.

Kinkelin, H., die Elemente der Lebensversicherungs-Rechnung. 2. Aufl. 8. Basel, Schweighauser'sche Verlagshdl. 1875 2. —

Kinkelin, Herm., Geschichte der obern Realschule (Gewerbeschule) zu Basel 1853–1903. Progr. (96 S. m. 4 Taf.) Lex.-8. Basel 905. (B. Schwabe.) n. 3.20

Kinkelin, Hermann. Geschichte der Obern Realschule ⟨Gewerbeschule⟩ zu Basel 1853—1903. [Mit 4 Tafeln.] ⟨Beilage zum Bericht der Realschule 1903—1904.⟩ 96 S. 4. Basel, Kreis, 1905.

Kinkelin, Herm., Grundriß der Geometrie. Ein Leitfaden für höhere und mittlere Schulen, sowie beim Selbststudium. 1. und 2. Thl. gr. 8. Zürich 860, Meyer und Zeller's Verlag. à Thl. * 12 Ngr.

Inhalt:
Thl. 1. Elemente der Planimetrie. (VI und 58 S. mit 79 in den Text gedr. Fig. in Holzschn.)
» 2. Elemente der Stereometrie. (IV und 60 S. mit 65 in den Text gedr. Fig. in Holzschn.)

Kinkelin, H[ermann]. Gutachten über Errichtung einer oblig. kantonalen Anstalt für Invaliditäts- und Altersversicherung (im Kanton Glarus. 1904 Januar 1). 26 S. 8. Schwanden, Dl. Tschudy-Aebly, 1904.

(Kinkelin, H[ermann].) Gutachten betreffend die Nationalbahn-Garantieschuld. An den h. Regierungsrat des Kantons Aargau. (1902 September 23.) 8 S. 8. (1902.)

Kinkelin, Dr. Herm., Die gegenseitigen Hilfskassen der Schweiz im Jahre 1865. Nach den von der Schweiz. statist. Gesellschaft gesammelten Materialien bearbeitet. (S.-A. aus Zeitschr. f. schweiz. Statistik, II—III.) 8^0. Bern 1868.

— die gegenseitigen Hülfsgesellschaften der Schweiz im Jahre 1865. Nach den von der schweizer. statist. Gesellschaft gesammelten Materialien bearb. Basel 868. (Bern, Dalp.) 4. (116 S.) n. 1 ℛ 10 ngr.

Kinkelin, H. Die gegenseitigen Hülfsgesellschaften in der Schweiz im Jahre 1880. Bern 1887. 4.

Die gegenseitigen Hilfsgesellschaften der Schweiz 1880. Nach den von der Schweiz. statist. Gesellschaft gesammelten Materialien bearbeitet. gr. 4^0. Bern, Schmid, Franke u. Co., 1888. (Deutsche u. französ. Ausg.)

Kinkelin, Herm., die gegenseitigen Hilfsgesellschaften der Schweiz 1880. Nach den von der schweizer. statist. Gesellschaft gesammelten Materialien bearb. gr. 4. (79, 76 S.) Bern 888, (Schmid, Francke und Comp.)
Französ. Ausg. *

Kinkelin, H. Ueber Convergenz unendlicher Reihen. Bern 1858.

Kinkelin, H[ermann]. Lehrer-Witwen- und Waisenkasse der Stadt Basel. Referat..., gehalten in der ausserordentlichen Versammlung vom 21. November 1906. 16 S. 8. Basel, Kreis, 1906.
(*Mit* Vorwort *betr. die danach angenommene Statuten-Änderung.*)

— Kleinere mathematische Mitteilungen. Basel, Gewerbeschule 1877. Progr.

**Kinkelin, H.* Die Mobiliarversicherung gegen Feuerschaden in den Kantonen der Schweiz. Basel 1865.

Kinkelin, Herm., Quadraturen. Progr. gr. 4. (80 S. m. Fig.) Basel 902. B. Schwabe. n. 1.60

Kinkelin, H., s. Ryff, l'organisation.

— Les sociétés de secours mutuels de la Suisse en 1888. Elaboré d'après les matériaux rassemblés par la société suisse de statistique. In-4^0, 76 p. Bern, Schmid, Francke & Cie. 1889 **4 —**

Kinkelin, H. Statistik des Unterrichtswesens in der Schweiz im Jahre 1871. I. Basel 1873. 4.

—— Statistik des Unterrichtswesens in der Schweiz im J. 1871. Im Auftrage des schweizer. Departements des Innern. 1. Thl.: Die Gesetzgebung über das Primar- und Sekundarschulwesen. gr. 4. (132 S.) Basel 874, Georg. * 4 —

Kinkelin, Herm., Statistik des Unterrichtswesens in der Schweiz im J. 1871. Im Auftrage des schweizer. Departements des Innern bearb. 2. und 5. Thl. gr. 4. Basel 875, Georg.

Inhalt:
Thl. 2. Statistik der Primärschulen und Ergänzungen zum 1. Thl. (XIX, 554 S.) *ℳ 12.
» 5. Die Lehrerbildungsanstalten. Verfasst von J. J. Schlegel. (IV, 104 S.) *ℳ 3.
1. Thl. Ebendas. 1874. *ℳ 4.
3. und 4. Thl. sind noch nicht erschienen.

—— Statistique de l'instruction publique en Suisse en 1871. Elaborée par ordre du Département fédéral de l'intérieur. 1re partie: Législation sur l'instruction primaire et l'instruction secondaire. gr. 4. (135 S.) Ebendas. 874. * 4 —

Kinkelin, H. Die Stundenzonenzeit. Bern 1894. 4.

Kinkelin, Herm., allgemeine Theorie der harmonischen Reihen. Mit Anwendung auf die Zahlentheorie. gr. 4. (32 S.) Basel 862. Zürich, Meyer und Zeller's Verlag. *
Aus: Programm der Gewerbeschule in Basel für das J. 1862, besonders abgedruckt.

Kinkels, Gottfried, Lebensgeschichte bis zu seiner Errettung aus dem Gefängnisse zu Spandau. gr. 16. (192 S.) Hamburg 851. (Altona, Verlagsbureau.) 1/2 ℛ

Kinker, J., zwei Oden, s. N. Feith, d. Grab.

Es lebe der Arzt! Nieder mit den Patienten!! Ein Vademecum in Briefen von Prof. Kinkerlitz [u.a.] *Berlin: H. Walther 1903.* (40 S.) 8° [F.] 03-9986

Kin-ku-ki-kuan. Neue und alte Novellen der chines. 1001 Nacht. Deutsch von Ed. Grisebach. 12. (XV, 145 S.) Stuttgart 880, Gebr. Kröner. *ℳ 3.; geb. *

Kin-ku-ki-kuan. Chinesisches Novellenbuch. Deutsch von Ed. Grisebach. (Neue [Titel-]Ausg.) 12. (XV, 146 S.) Berlin [880.] 887. Stuttgart, J. G. Cotta Nachf. n. 3. —; geb. n. 4.—

Kinle, K., Katechesen für die Elementarschüler, nach d. Katechismus der Erzdiözese Bamberg. 1r u. 2r Thl. gr. 8. Nürnberg 834, 35. Schrag. (1r Thl. $1\frac{1}{4}$ ₰ 2r Thl. $1\frac{1}{8}$ ₰) $2\frac{3}{8}$ ₰

Kinn, Gustav *Adolf*: Die Anwendung unendlicher Produkte in der Funktionentheorie. 4 (S. 3—33).
Vierklass. ev. G. A. B. u. verbund. Lehranstalten *Sächsisch-Regen* 1899.
Progr.

Kinn, Gustav A[dolf]: Über die Transformation zweiten Grades der Thetafunktionen. S. 3—16. 4.
Vierklass. ev. Gymn. A. B. und verb. Lehranstalten *Sächsisch-Regen* 1901.
Progr.

Kinn, Gust. Frdr., Festpredigt. Geh. in der ev. Pfarrkirche A. B. in Hermannstadt am 14. Aug. 1892 bei der Hauptversammlg. d. Gustav-Adolf-Vereines. [Aus: „Siebenbürg. Volksfreund".] gr. 8. (8 S.) Hermannstadt 892. (W. Krafft.) n. — 20

Kinn, Matthias

Kinn, M., s.: Charitas-Bote.

Kinn, M., Elisabeth, die Krankenbesucherin des Charitasverbandes. Oder was e. brave Jungfrau im Krankenpflegekursus zu Arenberg, im Krankenhaus u. später in der Heimat erlebt hat. 12. (29 S.) Freiburg i/B. 901. Geschäftsstelle des Charitasverbandes f. d. kathol. Deutschland. — 20

— **Fundament des Glaubens.** Erwäggn. üb. die christl. Grundwahrheiten. Mit e. Anh. von Meß-, Beicht- u. Communion-Gebeten. Dem christl. Volke, besonders der erwachsenen Jugend gewidmet. gr. 16. (384 S. m. Titelbild.) Dülmen 898. A. Laumann. Geb. n. 1. 20

Kinn, M., der Krankendienst. Kleines Taschenbüchlein für Schwestern, Brüder u. Seelsorger, enth. Gebete zum Vorbeten u. kürzeste Winke f. erste Hilfe bei Unglücksfällen. 3. Aufl. (VIII, 119 S.) gr. 16. Freiburg i/B. 904. Geschäftsstelle des Charitasverbandes f. das kathol. Deutschland. Geb. in Leinw. n. — 70

— Pfarrer **Kraus** v. Arenberg. Sein Leben u. sein Werk. Einige Gedenkzeilen am frischen Grabe des Verewigten. 1. u. 2. Aufl. gr. 8. (32 S. m. Bildnis.) Trier 893. 894. Paulinus-Druckerei. n. — 40

Kinn, M., Leben, Werk u. Bild d. Pfarrers Joh. Bapt. Kraus, d. Schöpfers der Anlagen u. der Kirche in Arenberg. Einige Zeilen der Verehrung zu seinem 60jähr. Priesterjubiläum. 8. (22 S. m. Portr.) Arenberg 890. (Coblenz, Hölscher.) n.n. — 50

Kinn, Matth., prakt. Lehrbüchlein der Gesundheits- u. Krankenpflege. Für Haushaltungspensionate, sow. f. kluge u. wohlthät. Hausfrauen. 2. Aufl. 12. (84 S.) Münster 893. A. Russell. Kart. n. — 60

Kinn, M., praktisches Lehrbüchlein der Gesundheitspflege u. der Familien-Krankenpflege. Für Haushaltungsschulen, Kochkurse, Familien-Krankenpflegekurse sowie f. den Privatgebrauch v. Frauen u. Jungfrauen, m. Beirat erfahrener Ärzte. 3. Aufl. (VIII, 101 S.) kl. 8. Münster (909). H. Schöningh. Geb. — 90

— eucharistische Novene. Neue Lehrstücke, nebst Meß- u. Communion-Andachten z. Gewinng. e. tiefern Verständnisses d. Lehre v. hl. Altarssacramente. 16. (IV, 276 S. m. 1 Bild.) Dülmen 895. A. Laumann. Geb. in Leinw. n. — 75

Kinn, Matth., eine Wahlrede und eine kleine Vorrede für die Wähler des Wahlkreises Wittlich-Bernkastel. 16. (15 S.) Trier 874, Groppe. *

Kinn, **O.** Die Bedeutung der hl. Taufe. Vortrag. Gr. in-8°. 20 S. Basel, R. Reich vorm. C. Detloff's Buchh. 1892 — 40

Kinnavan, Bryan (W. Q. Judge), die verräterische Bildergalerie. Das wandernde Auge, s.: Bibliothek. okkultistische. 2. Bd.

Kinne, Fr. Leop., Beschreibung des Bergreviers Ründeroth. Bearb. im Auftrage des königl. Oberbergamts zu Bonn. gr. 8. (III, 102 S.) Bonn 884. A. Marcus.

Kinne, Charles H.: Formulas in the Language of the French poet-dramatists, of the seventeenth century ... Boston, U. S. A., printed by C. H. Heintzemann, 1891; 48 S. 8.
Strassburg, Phil. Fak., Inaug.-Diss. v. 1891

Kinne, H., und C. Trog, Zeitfragen. I. Der Streik zu Schlotheim. 12. (31 S.) Essen 881, Silbermann. *

Kinne, Hugo, Gerichtsreferendar: Die Autonomie der preußischen Städte nach den Städteordnungen. Berlin: C. Heymann 1908. (VIII, 134 S.) 8° [F.]
Halle, Jur. Fak., Ref. Loening, Diss. v. 22. Jan. 1908
[Geb 30. Juli 82 Genthin, Kr. Jerichow II; Wohnort: Magdeburg; Staatsangeh.: Preußen; Vorbildung: Dom-Gymn. Magdeburg Reife O. 02; Studium: München 2, Heidelberg 1, Berlin 1, Halle 2 S.; Rig. 6. Juli 07.]

Die Autonomie der Kommunalverbände in Preussen. Von Dr. Hugo **Kinne**. Berlin: C. Heymann 1908. (XVI, 591 S.) 8° [F. u. Ant.] (08. 3463 9

Kinnear, J. S., Frauengestalten in den vier Jahreszeiten. schmal gr. Fol. (4 Chromolithogr.) Leipzig 886, (Baldamus' Sep.-Cto.) *

Kinneir's, J., Reise durch Klein-Asien ꝛc., s.a. neue Bibliothek d. Reisebeschreibb., 27r Bd.

— Reise durch Klein-Asien, Armenien und Kurdistan. Aus dem Engl. Weimar 820. 8. 1 rthl. 12 gr.

Kinnen, Mak. Esq., Reise nach dem britischen Westindien u. besond. nach d. Bahama-Inseln; aus d. Engl. von T. F. Ehrmann, s.a. neue Bibliothek d. Reisebeschreibb., 22r Bd.

Kinnen, Mak. Esq., Reise nach dem brittischen Westindien und besonders nach den Bahama-Inseln, in den Jahren 802 bis 3. a. d. Engl. v. T. F. Ehrmann. m. Charten. gr. 8. Weimar, Landes-Ind.-Comt. 805.

Kinner, Alex., Populär-Mariologie. Acht Kanzel-Vorträge. gr. 8. (IV, 159 S.) Breslau 870, Aderholz' Buchh.

Kinner, Hugo (geb. Wörlitz in Anh. 17. 3. 1840): De pustula maligna. Berolini (1863). (34 S.) 8°
Berlin, Med. Diss. v. 11. März 1863

Kinner, Paul, Assistenzarzt am St. Anna-Kinderhosp.: Aus d. St. Anna-Kinderhospital d. Vereins d. Schles. Malteser-Ritter zu Breslau. ⟨Dirig. Arzt d. inn. Abt. Dr. Heckel.⟩ Ueber die Behandlung der Rachitis mit Nebennierensubstanz. *Breslau 1901: Schles. Volkszeitungs-Buchdr.* (31 S.) 8°
Breslau, Med. Diss. v. 21. März 1901

Kinnert: Zur Kritik der attischen Dichter. 12 S. – Progr. Cöslin 1856.

Kinnich, K.

— Zeichenschule. 5. Aufl. (175 S 18 T) (Sammlung Göschen 39) 16° Leipzig 1906

Kinnor-Lieder. Alt-ebräische Dichtungen in metrischer Uebertragung. Mit erläuternden Anmerkungen. Von Martin Schultze. Leipzig 1879.

Kino, F.: Ueber Argyria universalis. ⟨Aus dem pathologisch-anatomischen Institut Basel. Professor Hedinger.⟩ Wiesbaden 1909. 17 S. 8°.
Basel. Med. Diss. 1909/10.

Kinon, N., farbige Vorlagen f. moderne Verglasungen. 180 Entwürfe v. Opalescent- u. Messing-Verglasgn. f. Türen u. Fenster sowie 34 Entwürfe f. Paravents auf 30 meist mehrfarb. Taf. 4. Berlin (904). M. Spielmeyer. In Mappe n. 50. —

Kinon, N., farbige Vorlagen f. moderne Verglasungen. 130 Entwürfe v. Opalescent- u. Messing-Verglasgn. f. Türen u. Fenster, sowie 34 Entwürfe f. Paravents auf 30 meist mehrfarb. Taf. 2. Aufl. 32×25 cm. Berlin (908). M. Spielmeyer. In Mappe 50. —

Kino-Praktikus, der. Handbuch f. die gesamte Projektionskunst f. d. J. 1910. 3. Jahrg. Hrsg. v. d. Zeitschrift Der Kinematograph. (197 S.) kl. 8. Düsseldorf, E. Lintz. 2. 20
Vgl.: Praktikus, der.

Kinorhe, J., ist Dr. Rupp Christ oder frei oder Beides nicht? Beantwortet durch eine krit. Beleuchtung seines Sendschreibens. „Die Symbole oder Gottes Wort." gr. 8. (27 S.) Leipzig 847, Naumburg. Thlr.

Kinoshita, K., Primnoidae v. Japan. (74 S. m. 10 Fig. u. 6 Taf.) Lex. 8. Tōkyō 908. (Berlin, R. Friedländer & Sohn.) nn 6. —
Sonderabdruck aus: „Journal of the college of science, imp. univ., Tōkyō".

Kinoth, Klagelieder Jeremiä, hebräisch nach der Machsor-Ausg. v. J. 1782. 8. Prag; Landau 840. (Leipzig, Fritzsche.) n. 1/6 ₰

Kinreich, Frz. Xav., die Feier des Christenthums in heil. Gesängen. Katholiken jedes Standes zur Erbauung. Aus d. Latein. 16. (22¼ B.) (Klagenfurt 845, Sigmund'sche Buchh.) *

Kinross, Alb., an opera and Lady Grasmere, s. q. Collection of British authors.

An Opera, and Lady Grasmere. By Albert **Kinross.** Copyright ed. Leipzig: Tauchnitz 1900. 279 S. 8°
(Collection of British authors. Tauchnitz Ed. Vol. 3445.) [11. 8341

v. **Kinsbergen,** Beschreibung des Archipelagus; aus d. Holländ. mit Anmerkk. von Kurt Sprengel. gr. 8. Rostock 792. Stiller. 16 ℊ

v. Kinsbergen, J. H. Anfangsgründe der See-Taktik. Amsterdam 1785. 90.

Kinsbruner, M., die Formen der Ehrenbeleidigung im österreichischen Strafgesetz. (85 S.) gr. 8. Czernowitz 905. (Wien, Manz.) n. 1. 40
Sonderabdruck aus: „Oesterr. Richter-Zeitg."

Kinsburg, Die, in ihrem gegenwärtigen Zustand, mit Erinnerungen aus dem Fremdenbuche auf derselben. Breslau 1827. V: *Büsching, Johann Gustav Gottlieb.* (Nowack, Schles. Schriftst.-Lex. Breslau 1836—43. III, 11.)

Kinscher, Heinrich, approb. Arzt aus Bärwalde i. Schl.: Zur Kasuistik des Oesophagusdrüsenkrebses. *Erlangen 1899: E. Th. Jacob.* (19 S.) 8°
Erlangen, Med. Diss. v. 18. Mai 1899

Kinscher, Max, appr. Nahrungsmittelchemiker: 1. Synthese 1.1-diarylsubstituierter Arabite. 2. Zur Kenntnis des 1,1-Diphenylglycerins. Erlangen 1909: Jacob. 94 S. 8°
Erlangen, Phil. Diss. v. 30. März 1909, Ref. Paal
Geb. 24. Apr. 78 Fürstenwalde i. Pr.; Wohnort: Erlangen; Staatsangeh.: Preußen; Vorbildung: Gymn. Glatz u. Frankenstein Reife 97; Studium: Erlangen 11 S.; Rig. 9. März 09.' [U 09. 830

Kinscherf, Friedrich [app. Arzt aus Weinheim]: Färbungsversuche an Sporen mit Hilfe der Maceration ... Heidelberg, Univ.-Buchdr. v. J. Hörning, 1894; 16 S. 8.
Heidelberg, Med. Fak., Inaug.-Diss. v. [20. Juni] 1894

Kinscherf, Josef [app. Arzt aus Weinheim]: Über die Behandlung der akuten allgemeinen Peritonitis ... Heidelberg, Univ.-Buchdr. v. J. Hörning, 1892; 29 S. 8.
Heidelberg, Med. Fak., Inaug.-Diss. v. [18. Dez.] 1891

[F.] Vier Jahre in der Fremdenlegion. Nach Selbst-Erlebnissen erz. v. Alphonse **Kinsky,** bearb. v. Albert Jaeger. *Berlin: Th. Schoenfeldt 1896.* (IV Bl., 142 S.) 1 Bd 8. [97. 4048

Kinsky, Carl, s. Kinsky, Karl

Kinsky, Dom. Fr.

— (Homers) *Βατραχομυομαχια*, mit e. metr. böhmischen Uebersetzung im Zeitmaße, nebst e. vollständ. hermeneut.-böhmisch-deutschen Inder. 8. Brünn 819.

— Cyrillus u. Methodius, eine Rede zur Feier ihres Andenkens. 1e u. 2e Aufl. 8. Brünn 816.

Kinsky, **Dom. Fr.,** libellus precum per G. K. Zappe concinnatus, ad usum studiosae juventutis latine redditus. 12. Wien 808.

— s. u. W. v. Stuffler, Hirtenbrief.

Kinsky, Franz Josef

— Abhandl. vom Treffen in Kolonnensetzen. gr. 8. Wien 788. Schaumburg u. C. 12 ℊ

Kinsky, Franz Graf. k. k. Feldmarschall-Lieut. Auszug aus dem Befehlsprotokoll.
8. Wr.-Neustadt 1785.

v. **Kinsky,** Graf Frz. Jos., († d. 9. Juni 1805.) Beiträge z. Ingenieurwissenschaft. 16 Stck. Mit Kpf. gr. 8. Prag 776. (W. Vogel in Leipz.) 6 ℊ

— von Briefen u. Geschäften. 8. Wien ... (Beck). 3 ℊ

— v. Druck d. Erde auf Futtermauern. Nebst e. Anh. vom Abrollen d. Erde, v. Hauptm. ... v. Zach. Mit 10 Kpf. u. 8 Tabb. gr. 8. Wien 788. Schaumburg u. C. 1 ₰ 12 ℊ

Kinsky, F. v., Elementarbegriffe, s.a. Elementarbegriffe.

(**Kinsky,** Franz Graf.) Elementar-Begriffe von Dienstsachen. (Mit 7 Tafeln.) — 1. Nachtrag zu den Elementar Begriffen. Ueber Emplacement der Festungen. (Mit 2 Tafeln.) (2 Bde.) (Donation Liechtenstein.) 8. Wien 1783. W. Neustadt 1790.

Kinsky, F. J. Grf. Elementarbegriffe von Dienstsachen. Mit Kpf. Wien 1784. 284 S.
— — Neuausg. u. d. T.: Des Grafen F. Kinsky gesamlete Schriften. T. 1. 2. 1785.
— — Neuausg. W. Neustadt 1788.

v. **Kinsky.** Ueber das Emplacement der Festungen im Türkenkriege. Wiener Neustadt 1790.

— über Emplacement der Festungen. gr. 8. Wien 791. Schaumburg u. C. 8 K Hbg. Pr. 3 K

– s. Erinnerung üb. e. Gegenstand v. Böhmen.

– s. Etwas f. Weltrekruten.

– s.a. Hofmeister, Über die.

— — Hofmeister; ein Nachtrag zu den Erinnerungen von einem Böhmen (von *Franz Joseph* Graf von *Kinsky*). Prag 1776.
Anon.-Lex. IV. p. 221 (nach Adelung, Kayser, Meusel).

— üb. Mittelbar u. Unmittelbar. 8. Wien … (Beck). 3 K

— allgem. Princip zur militair. Erziehung. gr. 8. Wien 787. Beck. 12 K

(**Kinski,** General.) Sammlung praktischer Belehrungen über den Dienst der leichten Cavallerie auf Vorposten. 8. (1783?)

Kinsky, Franz Graf. Gesammelte Schriften. Mit Kupfern. (6 Th. in 4 Bd.) 8. Wien u. Wr. Neustadt 1785—1788.

Kinsky, Graf Franz. Gesamlete Schriften. 1. Theil; welcher den ersten und zweiten Abschnitt der Elementarbegriffe von Dienstsachen enthält. Mit 2 Kupfertafeln (und 1 Porträt). 3 Auflage. (1807). 2. Theil; welcher den dritten Abschnitt der Elementarbegriffe von Dienstsachen enthält. Mit 6 Kupfertafeln. (1803.) (2 Teile in 1 Bd.) 8. W. Neustadt 1803—1807.

— gesammelte Schriften. 6 Thle. Mit Kpf. gr. 8. Wien 786—88. N. Aufl. 806—25, mit 35 Kpf. (Beck). 3 ₰ 16 K

Kinsky, Graf Frz. Jos., pädagogische Schriften. Mit Einleitg. u. Anmerkgn. hrsg. v. Wenzel Eymer. gr. 8. (V, 300 S. m. 2 Bildnissen in Heliograv.) Wien 892. L. W. Seidel & Sohn. n. 5. —

— — Von Treffen in Kolonnen setzen, in Hinsicht auf Lager Ein- u. Ausmarsch. Mit Kpftaf. W. Neustadt 1788. 54 S.

— vom Treffen in Colonnensetz. gr. 8. Wien, Schaumburg und Comp. 788.

(KINSKY Franz Josef Graf) Für Weltrekruten … (von –). Kurzbeck. Wien 1781 1 vol. 128 S.

— für Weltrekruten. gr. 8. Wien, Wappler. (auch Mösle.) 786.

Musikhist. Museum von Wilhelm Heyer in Cöln. Katalog von Georg **Kinsky.** Bd 1. Cöln; Leipzig: Breitkopf & Härtel in Komm. 1910. 8° [II. 1909

Kinsky, Josef J[enö]: Die Elektrizitätsleitung in Metallen und Amalgamen. [1908.] 46 S. 8° ¶ Ausz. in: Zeitschrift f. Elektrochemie. Jg. 14.
Karlsruhe, Dr.-Ing.-Diss. v. 8. 5. 1908.

Kinsky, Josef J: Die Elektrizitätsleitung in Metallen und Amalgamen. Diss. Karlsruhe. Temesvar (1908?)

Kinsky, Karl Graf

Kinsky, Carl Graf, Vade mecum f. diplomat. Arbeit auf d. afrikan. Continent. Lex.-8. (VIII, 104 S. m. 1 farb. Karte.) Wien 897. Gerold & Co. n. 5. —

— dasselbe. 2., rev. u. erweit. Aufl. (M. e. polit. Karte v. Afrika in 1 : 15,048,000.) Lex.-8. (VIII, 110 S.) Ebd. 897. n. 10. —

Kinsky, Graf, Vade Mecum f. diplomatische Arbeit auf dem afrikanischen Continent. 3. Aufl. Leipzig 899.

Kinsky, Carl Graf, Vade Mecum f. diplomatische Arbeit auf dem afrikanischen Continent. 8., erweit. u. m. Literaturdaten verseh. Aufl. Mit e. polit. Karte von Afrika in 1 : 15,048,000. Lex.-8. (X, 133 S.) Leipzig 900. Veit & Co. n. 7. 20

DONUM nundinale oder Mess-Gaabe; bestehend in allerhand merkwürdigen Lähren, Fragen und scharfsinnigen Beantwortungen wider die Melancholey. Verehret von dem Freygebigen (d. i. *Ulrich* Graf *Kinsky;* fehlt in den Pss.-Lexx.). Rappersweyl, bey Henning Liebler (Hamburg) 1673. 12°. 119 S.
Weller, fing. Dr. I. p. 34; Auction Lobris. München 1895. Nr. 1420, wo Name des Verfassers genannt ist.

Kinsky-Körner, Sofie Gräfin, Gedichte. 8. (IV, 80 S.) Graz 880. Leykam-Josefsthal. n. 2. —

Kinter, P. Maurus, O.S.B., s.: Studien u. Mitteilungen aus dem Benediktiner- u. Cistercienser-Orden.

Kintgen, Damien: Deutsche Lesestücke für die Mittelklassen der Primärschulen, erläutert.
Luxemburg: Jos. Beffort 1886. 312,2 S. 8°

Kintgen, Damien: Deutsche Lesestücke für die Oberklassen der Primärschulen, erläutert.
Luxemburg: Jos. Beffort 1888. 347,2 S. 8°

Kintgen, Damien, Jean-Pierre Speyer u. Nicolas Revenig: Das Polizeigericht. Erläuterungen und Beispiele.
Luxemburg: Th. Schroell. (E. Schroell, successeur.) 1897. 364,1 S. 8°

Kintsch, Jo. Georg Christoph (Schmiedeberg/Saxo), De condemnatione reorum absentium. Präs. Augustin v. Leyser. Wittbg. (Ephraim Gottlob Eichsfeld) Juli 1744. 16 S., tlws. dtsch. (5.50)
18047

Kintscher genannt von Köbke, Erich, aus Wiesbaden, Gerichts-Accessist am Grossh. Amtsger. Darmstadt I: **Dos** ipso jure impensis necessariis minuitur. *Darmstadt 1899: Ch. Haun.* (46 S.) 8°
Erlangen, Jur. Diss. v. 28. Febr. 1899

Kintz, Giovanni, le provinoe della monarohia Austro-Ungarica. Testo con 19 schizzi geografici colorati. Ed.

italiana ampliata a cura di Giovanni Gomisoig. (40 S.) Lex.-8. Triest 906. F. H. Schimpff. n. 1. —

Kintz, H., Gesamtkarte der österr.-ungar. Monarchie. Mit eingezeichneten Eisenbahn- und Dampferlinien. 210 : 120 *cm*
Triest: Schimpf 1905.

Kintz, H., Die Kronländer der österr.-ungar. Monarchie. (40 S. mit 18 Farbenskizzen) K 1.—
Triest: Schimpf 1903.

Kintz, H., Die Kronländer der österr.-ungar. Monarchie. Lex.-8°. (ill. 40 S.) K 1.—
Triest: Schimpf 1907.

Kintz, Ludwig, a. Weiler b. Schlettstadt: Überbürdung in den Schulen. Straßburg i. E. 1908: Müh & Cie. (54 S.) 8°
Straßburg, Med. Fak., Ref. Forster, Diss. v. 5. Aug. 1908
[Geb. 21. Juli 75 Benfeld, Kr. Erstein; Wohnort: Weiler i. E.; Staatsangeh.: Elsaß-Lothringen; Vorbildung: Bischöfl. Gymn. Straßburg, Gymn. Schlettstadt Reife Aug. 95; Studium: Würzburg 6, Straßburg 4 S.; Coll. 23. Juli 08; Approb. 30. Juli (08).]

Kintze, G., Karpfenzucht und Teichbau, nebst Anleitung zur rationellen Karpfenfütterung und die seit 23 Jahren damit erzielten prakt. Erfolge. 8. (222 S. mit 25 Holzschn.) Creba, O. L. 888. (Halle, Hofstetter.) *

Kintzel, Leopold, s. K i n t z l, Leopold

Kintzel, Magdalene Thumm-
s. Thumm-Kinzel. [10. 1919

Kintzel, Nik. Die Vor- od. Taufnamen. Hülfsbuch f. Standes- u. andere Aemter, sowie f. den Privatgebrauch. 1. u. 2. Aufl. 8. (X, 104 S.) Kaiserl. 889, Gotthold. cart. * * 2 50

Kintzele, Jean-Baptiste: Predigt am ersten Sonntage der Muttergottes Octave in der St. Petrus-Kirche zu Luxemburg gehalten. Luxemburg: J. Lamort 1837. 16 S. 8°

Kintzi, Artur: Galiziens landwirtschaftliche Klimatographie. Halle a. S. 1910: Hohmann. VII, 143 S., 1 Kt. 8°
Halle, Phil. Diss. v. 7. Sept. 1910, Ref. Wohltmann
[Geb. 22. Febr. 87 Dolbe; Wohnort: Halle a. S.; Staatsangeh.: Österreich; Vorbildung: 4. Gymn. Lemberg Reife M. 04; Studium: Lemberg 4, Halle 8 S.; Rig. 5. Aug. 10.] [U 11. 1849

Kintzinger, G. J., Deutschland und seine Verfassung. Dem deutschen Volke gewidmet. gr. 8. (XII und 253 S.) Karlsruhe 852, (Gessner'sche Buchh.) *

Kintzinger, G. J., Deutschland u. seine Verfassung. Dem deutschen Volke gewidmet. gr. 8. (XII u. 253 S.) Karlsruhe 852, Herder in Comm. n. 24 *ngl*

Kintzinger, G. J., populäre Gesetzeskunde, nach d. wirkl. geltenden Gesetzen bearb. gr. 8. (32½ B.) Carlsruhe 837, (Artistisches Institut.)

KINTZINGER, G. J.: Populäre Gesetzeskunde, nach d. wirkl. gelt. Gesetzen bearb. *Carlsruhe*. (Cabinet f. Lit.) 837. gr. 8. (1 Thl. 12 Gr.)

Kintzinger, G. J., die Gesetzgebung Badens, systemat. dargest. 3 Bde. gr. 8. (79½ B.) Karlsruhe 827—29, (Marx.) 4 Thlr. 8 Gr. (Heidelberg 832, A. Oßwald, mit neuem Tit.)
1. u. 2. Bd. a. u. d. Titn.:
Bd. 1. Die Verfassung u. Verwaltung d. Großhrzgth. Baden.
" 2. Die Civil- u. Strafgesetzgebung, ferner d. Geschäftskreis sämmtl. Behörden.

—— dass. — Anhang zu d. 3 Bdn. d. „Gesetzgebung Badens." (Bis 1832 incl.) gr. 8. (3½ B.) Heidelberg 832, A. Oßwald.

KINTZINGER, G. J.: Katechismus d. Verfass. d. Grossherz. Baden. *Karlsruhe* u. *Freiburg*. (*Heidelberg*.) Osswald. 831. gr. 8. (8 Gr.)

KINTZINGER, G. J.: Die kathol. Kirchenregier. n. d. landesherrl. Schutz- u. Aufsichtsrecht im Grossherz. Baden, aus offic. Quellen bearb. *Karlsruhe*, Groos. 834. gr. 8. (4 Gr.)

Kintzl, Leop., militärische Betrachtungen. gr. 8. (14¼ B.) Wien 845, Volke's Buchh.

Kintzl, L. Militärische Betrachtungen. Wien 1845. 222 S.

Kintzlé, Frédéric: Über die Arbeiten der Flusseisen-Commission. Bericht erstattet auf der Hauptversammlung des Vereins deutscher Eisenhüttenleute am 23. October 1892. Düsseldorf 1892. 19 S. 4°
Sonder-Abdruck aus „Stahl und Eisen", 1892, N° 21.

Kintzlé, Frédéric: Die Bedeutung und neuere Entwicklung der Flusseisenerzeugung. Verhandelt in der Haupt-Versammlung des Vereins deutscher Eisenhüttenleute in Düsseldorf am 25. April 1897 unter dem Vorsitz des Hrn. Commerzienraths C. Lueg-Oberhausen. Düsseldorf [1897]. 4°
(Sonder-Abdruck aus der Zeitschrift „Stahl und Eisen". 1897, Nr. 9 u.10)

Kintzlé, Frédéric: Die Eisenindustrie in den Vereinigten Staaten von Nordamerika. Berlin 1894. 17 S. 4°
(Sonder-Abdruck aus der Zeitschrift des Vereines deutscher Ingenieure, Band XXXVIII.)

Kintzlé, Frédéric: Lang- und Querproben bei Flusseisen. Berlin [1893]. 4 S. 4°
(Sonder-Abdruck aus der Zeitschrift des Vereines deutscher Ingenieure, Band XXXVI, Seite 916.)

Kintzlé, Frédéric, F. Heinzeling u. O. Intze:
Deutsches Normalprofil-Buch für Walzeisen zu Bau- und Schiffbau-Zwecken. Im Auftrage und im Namen der von dem Verbande deutscher Architekten- und Ingenieur-Vereine, Vereine deutscher Ingenieure und Vereine deutscher Eisenhüttenleute niedergesetzten Kommission zur Aufstellung von Normal-Profilen für Walzeisen herausgegeben. Fünfte vermehrte und verbesserte Auflage. Aachen 1897. VI, 64 S. 2°

Kintzlé, Frédéric: Die Verwendung von Flusseisen zu Bauzwecken. Berlin [1893]. 8 S. 4°
(Sonder-Abdruck aus der Zeitschrift des Vereines deutscher Ingenieure, Band XXXVI, Seite 81.)

Kinzbrunner, Carl, die Gleichstrommaschine, s. a. Sammlung Göschen 257. Bdchn.

Die Gleichstrommaschine von C[arl] **Kinzbrunner**, Ing. Mit 78 Fig. Leipzig: Göschen 1905. 142 S. 8°
(Sammlung Göschen. 257.) A 12. 1200 11

Die Prüfung von Gleichstrommaschinen in Laboratorien und Prüfräumen. Ein Hilfsbuch f. Studierende u. Praktiker von Carl **Kinzbrunner**, Doz. in Manchester. Mit 249 Textfig. *Berlin: J. Springer 1904*. (X, 393 S.) 8° [04. 13164

Kinzbrunner, C., s.: Wörterbücher, illustrierte technische, in 6 Sprachen.

Kinzel, Alois

Kinzel, Al., Entwurf e. Katechismus f. die kathol. Jugend, s.: Hauser, Ant.

Kinzel, Aloys, Fest-Predigt bei der Feier des 25jähr. Priester-Jubiläums der Geistlichen der Diözese Augsburg. gr. 8. (8 S.) Kempten 894. J. Kösel. n. — 10

Kinzel, die Trunksucht u. d. größte Gebot. Rede bei d. Versammlg. d. Vereins geg. Mißbrauch geist. Getränke am 5. Mai 1896 im Börsensaal in Augsburg. 8. (6 S.) Augsburg 896. Literar. Institut v. Dr. M. Huttler. n.n. — 05

Kinzel Anton: Der Vers in Mörikes „Idylle vom Bodensee".
II. 1909 PN 2775 Diss. Wien. Univ.

Kinzel, Carl, s. Kinzel, Karl

Vaterländische Gedichte v. Ch. Kinze. Christiansfeld. o. J. 8° [Umschlagt.]

. Kinzel, Josef: Die Kopula bei Homer und Hesiod. (*I. Teil.) 20 S. 8. II. Teil. 10 S. 8.
K. k. Kaiser Franz Joseph-Staatsgymn. *Mährisch-Ostrau* 1908. 1909.
Progr.

Kinzel, Josef, Weinkoster. Farbige Autogravure. 53 × 42 *cm* K 45. Wien: Angerer & Göschl 1910.

Kinzel, Karl, Anzengruber als Dramatiker, s.: Vortragsstoffe f. Volks- u. Familienabende.

Kinzel, Karl, s.: Aus Höhen u. Tiefen.

— Begleitstoffe zur Betrachtung der deutschen Literaturgeschichte des 16.—18. Jahrh.: s.: Schulausgaben, deutsche.

— u. C. v. Luckwald, Tiroler Bergwanderungen. Noch e. Buch zum Lustmachen. Mit Bildern v. F. Völkner. (211 S.) 8. Schwerin 911. F. Bahn. 2.—; geb. 2. 50

Kinzel, Karl: Zur Charakteristik des Wolframschen Stiles. Halle 1873: Waisenhaus. 36 S. 8°
Halle-Wittenberg, Phil. Diss. v. 25. Juni 1873
Geb. Berlin 17. 3. 1849. V.
Aus: Zeitschrift für deutsche Philologie. Bd 5. Halle 1874. S. 1—36.

Kinzel, Karl, zur Charakteristik des Wolfram'schen Stiles. Inaugural-Dissertation. gr. 8. (36 S.) Halle 873. (Leipzig, Fock.) *

— s.: Denkmäler der älteren deutschen Litteratur.

Kinzel, K., Denkmäler der älteren deutschen Litteratur, s.: Bötticher, G.

— Gustav Frenssen, der Dichter des Jörn Uhl, s.a. Dichter, deutsche, des 19. Jahrh. 6. Bdchn.

Gustav Frenssen, der Dichter des Jörn Uhl, von Karl Kinzel. *Leipzig & Berlin: B. G. Teubner 1903.* (30 S.) 8° [F.]
— Dichter, Deutsche, d. neunzehnten Jahrhunderts. Bdch. 6. [04. 8585]

[F.] Gedichte des 18. und 19. Jahrhunderts ausgew. u. erläut. v. Prof. Dr. Karl Kinzel. (Heft) 1. *Halle a. S.: Buchh. des Waisenh. 1896.* 8. [96. 339]

[F.] Gedichte des achtzehnten Jahrhunderts ausgew. u. erläut. v. Prof. Dr. Karl Kinzel. *Halle a. S.: Buchh. des Waisenh. 1896.* (x, 166 S.) 1 Bd 8.
— Kinzel, K.: Gedichte d. 18. u. 19. Jhs. ausgew. u. erläut. (II.) 1. [96. 339]

— Gedichte des 18. u. 19. Jahrh., ausgewählt u. erläutert. I. Gedichte des 18. Jahrh. 2. Aufl. (XI, 246 S.) 8. Halle 910. Buchh. des Waisenhauses. Geb. in Leinw. 2. 20

— Gedichte des 19. Jahrh., gesammelt, litterargeschichtlich geordnet u. m. Einleitgn. versehen. (Anh. zu den Denkmälern der älteren deutschen Litteratur.) 8. (XIV, 264 S.) Halle 894. Buchh. d. Waisenhauses. Geb. in Leinw. n. 2. —

Gedichte des neunzehnten Jahrhunderts gesammelt, literargeschichtl. geordnet u. mit Einl. versehen von Prof. Dr. Karl Kinzel. 2. sehr verm. Aufl. Halle: Waisenhaus 1905. (xv, 288 S.) 8° [F.]
— Denkmäler d. Älteren deutschen Literatur f. d. literaturgesch. Unterr. an höh. Lehranst. Anh. [1.] [05. 1191] 3

— Geschichte der deutschen Litteratur, s.: Bötticher, Gotth.

— Geschichte der deutschen Literatur, s.: Denkmäler der älteren deutschen Literatur. Anh. (Bötticher, G.)

— s.: Goethe, Joh. Wolfg. v., aus Goethes Prosa.

Kinzel, Karl (Hrsg.), s.a. Junker. — Der Junker und der treue Heinrich.

Kinzel, Karl, der Junker und der treue Heinrich. Ein Rittermärchen. Mit Einleitung und Anmerkungen hrsg. gr. 8. (V, 105 S.) Berlin 880, Weber. *

Kinzel, Karl, Prof. Dr.: Die bildende Kunst im deutschen Unterricht der Prima. Berlin: Weidmann 1904. (25 S.) 4°
Berlin, Berlinisches G zum Gr. Kloster OP 1904 (57)

Kinzel, Karl: Die bildende Kunst im deutschen Unterricht der Prima. 25 S. 4. Berlin. Gymn. z. grauen Kloster *Berlin* 1904 (57).
Neudruck. *Leipzig: Voigtländer* 1911. 62 S. 8. M. 1.—.
Progr.

Kunst- und Volkslied der Reformationszeit ausgew. u. erl. von Karl Kinzel. 2. verb. Aufl. *Halle a. S.: Waisenhaus 1901.* (VIII, 140 S.) 8° [F.]
= Denkmäler d. Älteren Deutschen Literatur f. d. literaturgesch. Unterr. an höh. Lehranst. 3, 4. [02. 1336] 3

Kunst- und Volkslied der Reformationszeit ausgew. u. erl. von Dr. Karl Kinzel. 3. Aufl. Halle a. S.: Waisenhaus 1908. (VIII, 144 S.) 8° [F.]
— Denkmäler d. älteren deutschen Literatur. 3, 4. [08. 1130] 3

— altdeutsches Lesebuch. s.: Bötticher, Gotth.

— Deutsches Lesebuch f. höhere Lehranstalten, s.: Hopf, J. u. K. Paulsiek.

— deutsche Litteraturgeschichte, s.: Koenig, Rob.

— Klopstocks Lyrik, s.a. Vortragsstoffe f. Volks- u. Familienabende.

Klopstocks Lyrik. Von Prof. Dr. Karl Kinzel. Mit 1 Bildnis Klopstocks. Leipzig: F. Engelmann 1906. (27 S.) 8° [F.]
— Vortragsstoffe f. Volks- u. Familienabende. Reihe 1. H. 6. [06. 9960]

— s.: Nibelungenlied, das, im Auszuge nach d. Urtext.

— e. Pastorenleben (Gustav Lenz). 8. (88 S. m. 1 Bildnis in Photograv.) Friedenau-Berlin 892. Buchh. d. Goßner'schen Mission. Kart. n. 1. 20

Kinzel, Karl Zwei Recensionen der Vita Alexandri magni interprete Leone Archipresbytero neapolitano. 33 S. Klost. *Berlin* 1884.
Progr.

—— zwei Recensionen der Vita Alexandri Magni interprete Leone archipresbytero Neapolitano. gr. 4. (33 S.) Berlin 884, Gaertner's Verlag. *

— s.: Sachs, Hans.

— Schiller-Abend, s.: Dichter- u. Liederabende. 3. Hft.

— Sommerfrischen u. Standquartiere in Oberbayern u. Tirol. Ausgewählt u. beschrieben. Mit 4 Stadtplänen, 1 Karte u. farb. Titelbild „Weisslahnbad". (VII, 118 S.) 12. Ebd. (904). Geb. in Leinw. n. 2.—

— Sommerfrischen u. Standquartiere in Oberbayern u. Tirol. Ausgewählt u. beschrieben. 3. verm. Aufl. 5.—6. Taus. (VII, 138 S. m. farb. Titelbild u. 4 Stadtplänen.) kl. 8. Ebd. 910. 1.75

— das deutsche Volkslied d. 16. Jahrh. 8. (IV, 63 S.) Berlin 885. Halle, Buchh. d. Waisenhauses. n. 1.—

— das deutsche Volkslied des 16. Jahrh. Für die Freunde der alten Litteratur und zum Unterricht eingeleitet und ausgewählt. gr. 8. (IV, 63 S.) Berlin 885, Neuenhahn. *

— Das deutsche Volkslied des 16. Jahrh. Für die Freunde der alten Literatur u. zum Unterricht eingeleitet u. ausgewählt. 2., verb. u. verm. Aufl. (93 S.) 8. Halle 909. Buchh. des Waisenhauses. 1.50

— s.: Walther v. der Vogelweide.

— u. E. Michaelis, wie reist man in Italien? Ein Buch zum Lust- u. Planmachen. Ein Führer durch Florenz, Rom, Neapel, Sizilien, Genua, Venedig u. die kleineren Städte. Mit 1 Karte, 11 Plänen u. 10 Bildern. 12. (VII, 224 S.) Ebd. (902). Geb. in Leinw. n. 3.60

— u. E. Michaelis, wie reist man in Italien? Ein Buch zum Lust- u. Planmachen. Ein Führer durch Florenz, Rom, Neapel, Sizilien, Genua, Venedig u. die kleineren Städte. 3. neubearb. Aufl. (4.—5. Taus.) (VII, 239 S. m. 1 Karte u. 15 [1 farb.] Plänen.) kl. 8. Ebd. 910. Geb. in Leinw. 3.60

— wie reist man in Oberbayern u. Tirol? Ein Buch zum Lust- u. Planmachen. Mit Berücksicht. der Städte Nürnberg, München, Prag, Linz, Salzburg, Innsbruck, Rothenburg, Weimar u. e. Ausflug nach Venedig, Verona, Garda-See. gr. 16. (III, 92 S. m. 2 farb. Plänen u. 1 farb. Karte.) Schwerin i. M. 893. F. Bahn. Kart. n. 1.20

Wie reist man in Oberbayern u. Tirol? E. Buch zum Lust- u. Planmachen ... Von Prof. Dr. Karl Kinzel. 2. verb. u. sehr verm. Aufl. M. 4 Stadtpl. u. 1 Kt. *Schwerin (Meckl.): F. Bahn (1896).* (4 Bl., 136 S., 2 Pl., 1 Kt.) 1 Bd 8. (97. 3378

— wie reist man in Oberbayern u. Tirol? Ein Buch zum Lust- u. Planmachen. M. Berücksicht. d. Städte Lichtenfels, Nürnberg, München, Prag, Linz, Salzburg, Innsbruck, Rothenburg, Weimar, u. Ausflügen in d. Grenzgebiete d. Salzkammerguts, d. Schweiz u. Italiens (Comersee u. Mailand, Gardasee u. Venedig). 3., verb. u. sehr verm. Aufl. 12. (VIII, 144 S. m. 4 Stadtplänen u. 1 Karte.) Schwerin 898. F. Bahn. Kart. n. 2.—

— wie reist man in Oberbayern u. Tirol? Ein Buch zum Lust- u. Planmachen. Mit Berücksicht. der Städte Lichtenfels, Nürnberg, München, Prag, Linz, Salzburg, Innsbruck, Rothenburg, Weimar, u. Ausflügen in die Grenzgebiete des Salzkammerguts, der Schweiz u. Italiens (Comersee u. Mailand, Gardasee u. Venedig). 5. verb. u. sehr verm. Aufl. Mit 5 Stadtplänen u. 1 Karte. 12. (VIII, 158 S. m. Titelbild.) Schwerin 902. F. Bahn. Geb. in Leinw. n. 2.60

— wie reist man in Oberbayern u. Tirol? Ein Buch zum Lust- u. Planmachen. Mit Berücksicht. der Städte Lichtenfels, Nürnberg, München, Prag, Linz, Salzburg, Innsbruck, Rothenburg, Weimar, u. Ausflügen in die Grenzgebiete des Salzkammerguts, der Schweiz u. Italiens (Comersee u. Mailand, Gardasee u. Venedig). 7. umgearb. u. verm. Aufl. Mit 6 Stadtplänen u. 1 Karte. (VIII, 190 S. m. Titelbild.) kl. 8. Schwerin (906). F. Bahn. Geb. in Leinw. n. 3.—

— Wie reist man in Oberbayern u. Tirol? Ein Buch zum Lust- u. Planmachen. Mit Berücksicht. der Städte Lichtenfels, Nürnberg, München, Regensburg, Prag, Linz, Salzburg, Innsbruck, Rothenburg, Weimar u. Ausflügen in die Grenzgebiete des Salzkammerguts, der Schweiz u. Italiens (Comersee u. Mailand, Gardasee u. Venedig). 9. umgearb. u. verm. Aufl. 21.—25. Taus. (VIII, 214 S. m. Titelbild, 6 Stadtplänen, 2 Grundrissen u. 1 farb. Karte.) kl. 8. Schwerin 910. F. Bahn. Geb. in Leinw. 3.—

Kinzel, Carl. Wie reist man in der Schweiz? Ein Buch zum Lust- und Planmachen. Mit Berücksichtigung der Städte Strassburg, Freiburg, Zürich, ... Bern, Como, Mailand, ... Ulm, Stuttgart. Von Prof. Dr. K' K'. Mit 4 Stadtplänen und 3 Karten [sowie illustriertem Umschlag]. 8. Schwerin ⟨Meckl.⟩ (1900).

Kinzel, Carl. Wie reist man in der Schweiz? Ein Buch zum Lust- und Planmachen. Mit Berücksichtigung der Städte Strassburg, Freiburg, Zürich, Genf, Basel, Bern, Como, Mailand, Heidelberg, Frankfurt a. Main, Lindau, Konstanz, Friedrichshafen, Ulm, Stuttgart. Von Prof. Dr. Karl Kinzel. 2. umgearb. und stark vermehrte Aufl. Mit 5 Stadtplänen [im Text] und 3 Karten [Tafeln]. VIII + 138 [+ 14] S. 8. Schwerin ⟨Meckl.⟩, Fr. Bahn, (1903). [geb. M. 2.20]

Kinzel, Carl. Wie reist man in der Schweiz? Ein Buch zum Lust- und Planmachen. Mit Berücksichtigung der Städte Strassburg, Freiburg, Zürich, Genf, Basel, Bern, Como, Mailand, Heidelberg, Frankfurt a. Main, Lindau, Konstanz, Friedrichshafen, Ulm, Stuttgart. Von Prof. Dr. K' K'. 3. umgearbeitete und stark vermehrte Aufl. Mit 5 Stadtplänen [im Text] und 3 Karten. VIII + 168 S. 8. Schwerin ⟨Meckl.⟩, Fr. Bahn, (1905). (geb. M. 2.60)

Kinzel, Carl. Wie reist man in der Schweiz? Ein Buch zum Lust- und Planmachen. Mit Berücksichtigung der Städte Strassburg, Freiburg, Zürich, Genf, Basel, Bern, Como, Mailand, Heidelberg, Frankfurt a. Main, Lindau, Konstanz, Friedrichshafen, Ulm, Stuttgart. Von Prof. Dr. K' K'. 3. umgearbeitete und stark vermehrte Aufl. [Neu-Ausgabe]. Mit 5 Stadtplänen [im Text] und 3 Karten. VIII + 176 S. 8. Schwerin ⟨Meckl.⟩, Fr. Bahn, Hofbuchhändler, (1905 — *d. i. Neuausgabe* 1906 —). (geb. M. 2.60)
vgl. Bulletin 1905, S. 134: ... 3. ... Aufl. ... VIII + 168 S. ... (1905): N 3651

Kinzel, Carl. Wie reist man in der Schweiz? Ein Buch zum Lust- und Planmachen. Mit Berücksichtigung der Städte Strassburg, Freiburg, Zürich, Genf, Basel, Bern, Como, Mailand, Heidelberg, Frankfurt a. Main, Lindau, Konstanz, Friedrichshafen, Ulm, Stuttgart und des Schwarzwalds. Von Prof. Dr. K' K'. 4. umgearbeitete und stark vermehrte Aufl. Mit 5 Stadtplänen [im Text] und 3 Karten. VIII + 176 S. 8. Schwerin ⟨Meckl.⟩, Fr. Bahn, Hofbuchhändler, (1907). (geb. M. 2.60)
Unveränderter Abdruck der Neu-Ausgabe (1906) der 3. Aufl.

— Wie reist man in der Schweiz? Ein Buch zum Lust- u. Planmachen. Mit Berücksicht. der Städte Strassburg, Freiburg, Zürich, Genf, Basel, Bern, Como, Mailand, Heidelberg, Frankfurt a. M., Lindau, Konstanz, Friedrichshafen, Ulm, Stuttgart. 5. stark verm. Aufl. Mit 5 Stadtplänen u. 3 Karten. (VII, 190 S.) kl. 8. Ebd. 909. Geb. 3.—

Kinzel, M.: Ueber Diamagnetismus. 22 S. u. Figt. – Progr. Ratibor 1855.

Kinzel, Th.: De origine febrium . . ., s. N i c o l a i , E.H. (Praes.)

Kinzel, W., und Frhr. v. der Goltz, Anleitung zur Errichtung guter Düngerstätten und zur zweckmäßigen Behandlung des Stalldüngers. Mit besond. Berücksichtigung für den kleineren Grundbesitz. gr. 8. (43 S. mit 5 Plänen und Kostenanschlägen auf 6 Stnt.) Leipzig 867, Reichenbach'sche Buchh.

Kinzel, W., u. Frhr. v. der Goltz, Anleitung zur Errichtung guter Düngerstätten u. zur zweckmäß. Behandlung des Stalldüngers. 2., völlig neu bearb. Aufl. v. Gwallig u. Paul Traue. Mit 5 Plänen u. Kostenanschlägen. (53 S.) gr. 8. Leipzig 905. Reichenbach. n. 1. —

Kinzel, W., s.: Bericht üb. die Tätigkeit der Futtermittel- u. Samenkontrollabteilungen der k. agrikultur-botanischen Anstalt.

—— —— ländliche Wohnungen, s. Goltz, v. der.

Kinzel, Willy [aus Waldau]: Über einige Oxydationsprodukte des para-Amidophenoläthyläthers ... Berlin, Druck d. norddeutschen Buchdr. u. Verlagsanst., 1891; 1 Bl., 31 S. 8º. Erlangen, Phil. Fak., Inaug.-Diss. v. 1891

A. Kinzelbach. Jagdlicher Sprachführer. Deutsch-Englisch. Taschenwörterbuch f. Jäger, Fischer, Forstleute u. Naturfreunde. *Berlin: P. Parey 1901.* (X, 221 S.) 8° [F.]
[Nebent.:] A. Kinzelbach. Manual of Sporting Terms. English-German. A pocket dictionary ... {01. 8700

Kinzelbach, F., ein Wort z. Zeit über die Einführung d. neuen Pfandgesetzes rc. in Würtemberg. 8. Stuttg. 827. Steinkopf. 3 gl.

Kinzelbach, Franz Carl Fried. (Stuttgart), Aphorismen über Kinderkrankheiten. Diss. med.-chir. Präs. Wilhelm v. Rapp. Tübing. (Ernst Traugott Eifert) Febr. 1839. 34 S. (6.—) 18048

Kinzelbach, Jh. Jak., faßliche u. auf deutliche Entwickelung der Grundbegriffe gebaute Anleitung zur Rechenkunst. 8. Stuttg. 804. Löflund. 16 gr.

Kinzenbach, das Evangelium in der Diaspora des In- u. Auslandes, s.: Geest, Fr.

Kinzenbach, Werden u. Wachsen e. österreich. Übertrittsgemeinde (Braunau). Vortrag, geh. bei d. XV. Generalversammlg. des evangel. Bundes zu Hagen in W., am 8. X. 1902. gr. 8. (19 S.) Leipzig 902. Buchh. des ev. Bundes v. C. Braun. n.n. — 10

Nach 25 Jahren. Erinnerungen aus d. Amts- u. Gemeindeleben. Von F. Kinzenbach, Pfarrer. Mülheim a. d. Ruhr: Baedeker 1901. 104 S. 8° {01. 13341 5

Kinzenbach, F., mein Kriegsjahr 1870—71. Erinnerungen eines ehemal. Kriegsfreiwilligen im rhein. Jägerbataillon Nr. 8. 2. Aufl. 8. (VII, 271 S.) Bremen 881, Müller's Verlagsh. *
1. Aufl. erschien im Selbstverlage des Verfassers.

Kinzenbach, F., Römisch od. Evangelisch, — kurzer Unterricht üb. das heutige Sektentum, } s.: Streitschriften, freundschaftliche.

Kinzler, Heinrich

Kinzer, H., der Crompton-Stuhl. Einfache Erklärg. d. princip. deutschen Bauart desselben u. e. an demselben angewend. Schützenwechsels als Unterrichtsbehelf in d. Theorie d. mechan. Weberei an Webeschulen, enth. 8 Taf. m. 24 farb. schemat. Fig. u. 9 Gesammtansichten. gr. 8. (III, II, 21 S.) Jägerndorf 897. (Leipzig, O. Gracklauer.) Kart. n.n. 3. —

Kinzer, Heinr., Fabrikationskunde f. die Weberei-Industrie. Organisation, Kalkulation u. Betrieb mechan. Webereien. Ein Nachschlagebuch f. angeh. Industrielle u. f. in der Textilindustrie Angestellte. Mit 4 Fabrikplänen. (XI, 192 S.) gr. 8. Wien 910. F. Deuticke. 3. —

Kinzer, Heinrich (Hrsg.), s. Technologie der Handweberei.

Kinzer, H., u. O. Fiedler, Technologie der Handweberei. Ein Lehr- u. Lernbehelf f. Webeschulen, gewerbl. u. höhere techn. Schulen, sowie zum Selbstunterrichte f. Webereibeflissene. 2 Thle. gr. 8. Wien 893. C. Graeser. à n. 2. 80
1. Die Schaftweberei. (IV, 104 S. m. 200 Fig.)
2. Die Jacquardweberei. (IV, 88 S. m. 145 Fig.)

— u. O. **Fiedler,** Technologie d. Handweberei. Ein Lehr- u. Lernbehelf f. Webeschulen, gewerbl. u. höh. techn. Schulen, sowie zum Selbstunterr. f. Webereibeflissene. M. Unterstützg. d. hoh. k. k. Ministeriums f. Cultus u. Unterricht. 2 Thle. 2., verb. Aufl. gr. 8. Wien 894. C. Graeser. à n. 2. —
I. Die Schaftweberei. Mit 200 in den Text gedr. Orig.-Fig. (104 S.)
II. Die Jacquardweberei. M. 154 in d. Text gedr. Orig.-Fig. (IV, 89 S.)

Kinzer, Heinr., Technologie der Handweberei. Ein Lehr- u. Lernbehelf f. Webeschulen, gewerbl. u. höh. techn. Schulen, sowie zum Selbstunterrichte f. Webereibeflissene. Unter Mitwirkg. von O. Fiedler hrsg. Mit Unterstützg. des hohen k. k. Ministeriums f. Cultus u. Unterricht. 1. u. 2. Tl. gr. 8. Wien, C. Graeser & Co. à n. 2. —
1. Die Schaftweberei. 3. verb. u. verm. Aufl. Mit 221 in den Text gedr. Orig.-Fig. (IV, 107 S.) 899.
2. Die Jacquardweberei. 3. verb. u. verm. Aufl. Mit 189 in den Text gedr. Orig.-Fig. (IV. 115 S.) 900.

Kinzer, Heinr., Technologie der Handweberei. Ein Lehr- u. Lernbehelf f. Webeschulen, gewerbl. u. höhere techn. Schulen, sowie zum Selbstunterrichte f. Webereibeflissene. Unter Mitwirkg. v. O. Fiedler hrsg. I. Tl.: Die Schaftweberei. 4., verb. u. verm. Aufl. Mit 234 in den Text gedr. Orig.-Fig. (125 S.) gr. 8. Wien 906. K. Graeser & Co. — Leipzig, B. G. Teubner. n. 2. 20

— Technologie der Handweberei. Ein Lehr- u. Lernbehelf f. Webeschulen, gewerbl. u. höh. techn. Schulen, sowie zum Selbstunterrichte f. Webereibeflissene. Unter Mitwirkg. v. O. Fiedler hrsg. II. Tl.: Die Jacquardweberei. 4. verb. u. verm. Aufl. Mit 200 in den Text gedr. Orig.-Fig. (IV, 121 S.) gr. 8. Wien (908). K. Graeser & Co. — Leipzig, B. G. Teubner.
I. Tl. (Schaftweberei.) Ebd. 906. 2.20 2. 20

Theorie und Praxis der Ganz-Damast-Weberei. Ein Lehrbuch f. Techn. Hochschulen ... von H[einrich] Kinzer, k. k. Fachschulleiter in Jägerndorf, u. K[arl] Walter, k. k. Fachlehrer in Rumburg. Mit 18 Taf. u. 6 Abb. *Braunschweig: F. Vieweg & Sohn 1901.* (VIII, 104 S.) 8° {01. 6525 7

Kinzer, Jul., s.: „Büchel, 's schwarze“.

''S schwarze Büchel'. Wohre un u⟨n⟩wohre Anekdote aus'm brakdische un ⟨un⟩brakdische Lewe. Vum 'Richard' (⟨Julius Kinzer⟩). Mannheim: ⟨Kinzer⟩ 1910. 55 S. 8° {10. 12222

Kinzer, Karl: Die Inhaltsbemessung eines für Wasserversorgungs-Zwecke anzulegenden Talsperren-Reservoires. – 1902. 29 S.
Diss. Wien, TH

Kinzigbau, Der, und seine Folgen. Offenburg 1881. V: *Baer, F. J.* (BaBb)

Kinzigbau, der, und seine Folgen. Gedenkblatt, für die Bewohner des Kinzigthals aus amtl. Quellen bearb. gr. 8. (15 S.) Offenburg 881, Hambrecht's Buchh.
Mit 1 Farbendr.-Karte: „Die Kinzig von Haslach bis zum Rhein", bearb. von dem techn. Bureau der Oberdirection des Straßen- und Wasserbaues. *

Kinzigtal [Schlagwort]

Kinzigthal, s.: Vogelsberg.

Kinzl, Josef, Superior in der Besserungsanstalt zu Stein etc. Chronik der Städte Krems, Stein und deren nächster Umgegend. Mit den Freiheitsbriefen beider Städte und den Schriftstücken ihrer gewerblichen Innungen vom Jahre 985—1869. (Mit 1 Taf.)
gr. 8. Krems 1869.

Kinzl, Jos., Chronik der Städte Krems, Stein und deren nächster Umgegend. Mit den Freiheitsbriefen beider Städte und den Schriftstücken ihrer gewerbl. Innungen vom J. 985—1869. gr. 8. (VII, 637 S. mit 1 Stnt. in Tondr.) Krems 870. (Wien, Sallmayer und Comp.) *

Kinzl, J.: Die Raiffeisen'schen Darlehnskassen und die Schulze-Delitzsch'schen Vorschussvereine. Krems: Vorschusskasse 1887.

Kinzl, L., s. Kintzl, Leopold

Kinzle, Emma, Haus Umenhofer. Roman. 8. (269 S.) Mannheim (902). J. Bensheimer's Verl. n. 3. 50

Kinzler, Adf., die biblischen Altertümer. 4. Aufl. (610 S. mit eingedr. Holzschn.-Abbild.) 1871; 5. Aufl. 8. (XII, 608 S. mit eingedr. Holzschn.-Abbild.) Calw 877. (Stuttgart, J. F. Steinkopf.) *

Kinzler, Adf., die biblischen Altertümer. Hrsg. von dem Calwer Verlagsverein. 6. teilweise umgearb. Aufl. 8. (XII, 584 S. mit 83 Abbild.) Calw 884, Vereinsbuchhandlung. *

Kinzler, A., die biblischen Altertümer. Hrsg. vom Calwer Verlagsverein. 7., verb. Aufl. 12. (XII, 564 S. m. 86 Abbildgn.) Calw u. Stuttgart 893. Vereinsbuchh. n. 2. —

Kinzler, Ad., klassisches Immergrün. 284 latein. Citate, nach Sinn u. Anwendg. erklärt. 12. (216 S.) Stuttgart 899. D. Gundert. Geb. in Leinw. n. 2. —

— Maranatha! Vom Warten auf das Kommen des Herrn in alter u. neuer Zeit. Biblische u. geschichtl. Skizzen. gr. 8. (VI, 260 S.) Basel 903. Helbing & Lichtenhahn. n. 4. —

Maranatha! Vom Warten auf d. Kommen d. Herrn in alter u. neuer Zeit. Bibl. u. geschichtl. Skizzen von Adolf **Kinzler**. Basel: R. Reich 1903. (IV, 260 S.) 8° [F.] (08. 1160) 7

— die Memorirlieder der württembergischen Schulen erklärt. gr. 8. (XII, 121 S.) Heilbronn 878. Henninger. n. 1. 20; geb. n. 1. 50

—— biblische Naturgeschichte. Hrsg. von dem Calwer Verlagsverein. 9. verb. Aufl. 8. (VIII, 307 S. mit 60 kolor. Abbild. auf 4 Bildertaf. und 61 Holzschn.) Ebendas. 884. *

— biblische Naturgeschichte. Hrsg. vom Calwer Verlagsverein. 10., vielfach verb. Aufl. 8. (VIII, 359 S. m. 94 Abbildgn.) Calw u. Stuttgart 902. Vereinsbuchh. Geb. in Leinw. n. 2. 25

Kinzler, Adf., üb. Recht u. Unrecht d. Bibelkritik. Zur Verständigg. m. ängstl. Verehrern der Bibel. 2. Abdr. 8. (46 S.) Basel 894. R. Reich. n. — 60

Kinzler, A. Über Recht und Unrecht der Bibelkritik. Zur Verständigung m. ängstl. Verehrern der Bibel. 2. Abdr. In-8. 46 S. Basel, R. Reich. 1895 — 60

— das Schriftzeugnis v. Jesus dem Sohne Gottes, kurz dargelegt. gr. 8. (IV, 60 S.) Basel 893. Missionsbuchh. n. — 80

Kinzler, Adf. Selecta patrum latinorum. Hrsg. u. erklärt. 8. (XLV, 176 S.) Basel 889. Missions-Buchh. * 2 —

—— das württembergische Spruchbuch für Kirche, Schule und Haus erklärt. gr. 8. (VIII, 354 S.) Heilbronn 880, Gebr. Henninger. *

Kinzler, Adolf. Was sich ziemt. Ein Kapitel aus der christlichen Sittenlehre. 47 S. 8. Basel, Missionsbuchh., 1903. [cart. fr. 1.—]

Kinzler, Alb., Cornelius u. Virginia. 8. (188 S.) Dresden 900. E. Pierson. n. 2. —; geb. n. 3. —

Kinzler, Gotthold [app. Arzt aus Heilbronn]: Über den Causalzusammenhang zwischen Zerstörung der Nebennieren und Bronzed-skin ... Tübingen, F. Pietzcker, 1895; 40 S. 8.
Tübingen, Med. Fak., Inaug.-Diss. v. 1895

Kjöbenhavn. Kopenhagen. Auf Grund d. neuesten Unterlagen gezeichnet 1905. [Maßst. ca 1:12,000.] [Nebst] Straßenverzeichnis ... Rostock: C. J. E. Volckmann (1905); Graph. Kunstanst. Eichenmeyer & Fett. (1 Kartenbl. 50 × 39 cm, 16 S.) 8° [lith.] [kol.]
[Umschlagt.:] Plan u. Wegweiser von Kopenhagen. Kort og Vejviser for København.
05. 7575

Kioibaschieff, Nedeltscho, a. Karlovo (Bulgarien): Ueber die Rechtsverhältnisse der Zivilstaatsbeamten in Bulgarien. Erlangen 1908: E. Th. Jacob. (VI, 61 S.) 8°
Erlangen, Jur. Fak., Ref. Rieker, Diss. v. 13. Juni 1908
[Geb. 14. Aug. 85 Karlovo; Wohnort: Philippopel; Staatsangeh.: Bulgarien; Vorbildung: Staatsgymn. Philippopel Reife 03; Studium: Leipzig 6, Freiburg i. B. 2, Erlangen 1 S.; Rig. 9. März 08.]

Kiolemenoglou, Basilius, appr. Arzt a. Konstantinopel: Ein Fall von Bronchiektasie. München 1905: M. Ernst. (29 S.) 8°
München, Med. Fak., Ref. v. Bauer, Diss. v. 12. Aug. 1905
[Geb. 7. Dez. 79 Konstantinopel; Wohnort: Konstantinopel; Staatsangeh.: Griechenland; Vorbildung: Griechisches Gymn. Konstantinopel Reife Juni 98; Studium: Athen 2, Göttingen 3, München 4 S.; Coll. 27. Juli 04; Approb. 8. Juli 04.]

Kjölenson, Hjalmar, die Erschließung des Liebesglückes. (64 S.) gr. 8. Leipzig 905. Gotha, R. Wöpke. n. 1. —

— vom Glück u. dem neuen Menschen. Grundzüge f. neue Lebensführg. (III, 387 S.) 8. Ebd. 903. n. 3. —; geb. in Leinw. n. 4. —

Kjölenson, Hjalmar, Nachfolge Goethes. (V, 175 S.) 8. Leipzig 907. R. Wöpke. 3. —; geb. 4. —

Kionka, Heinrich

— Einfluss des Kalkes auf das physiologische Verhalten gichtkranker Hühner. S.-A. Ebd. 1900.

Kionka, H., Entstehung u. Wesen der „Vogelgicht" u. ihre Beziehungen zur Arthritis urica des Menschen. Mit 1 Curve u. 1 T. S.-A. a. A. f. P. u. Pharm. Leipzig 1900. F. C. W. Vogel.

Kionka, Heinrich [Assist. am kgl. pharmakolog. Inst. d. Univ.]: Die Furchung des Hühnereies. '(Aus d. entwickelungsgeschichtl. Abteilg d. kgl. anatom. Instituts in Breslau.)' ... Würzburg, Druck d. kgl. Universitätsdr. v. H. Stürtz, 1893; 1 Bl., 57 S. 8.
Breslau, Med. Fak., Inaug.-Diss. v. 2. Dez. 1893

Kionka, Heinr., die Furchung des Hühnereies. Diss. gr. 8. (55 S.) Würzburg 893. (Breslau, L. Köhler.) n. 1. —

Kionka, Heinrich [Dr. med., Assist. am pharmakol. Inst. d. kgl. Univ. Breslau]: Ueber die Giftwirkung der schwefligen Säure und ihrer Salze und deren Zulässigkeit in Nahrungsmitteln ... (Aus: Zeitschr. f. Hyg. u. Infectionskrankh., Bd XXII.) Leipzig, Veit & C., 1896; 49 S. 8.
Breslau, Med. Fak., Hab.-Schr. v. 29. Juli 1896

Kionka, Heinr., Grundriss der Toxikologie m. besond. Berücksicht. der klinischen Therapie. Für Studierende u. Ärzte, Medizinal- u. Verwaltungsbeamte. Mit 1 (farb.) Spektraltaf. gr. 8. (VIII, 592 S.) Leipzig 901. Veit & Co. n. 11. —; geb. in Leinw. n. 12. —

Zur Kenntnis des Stoffwechsels fleischgefütterter Hühner. S.-A. a. Int. A. f. Ph.-Dyn. u. Ther.

Kionka, (Heinr.), San Anton-Quelle zu Orihuela, Prov. Alicante, s.: Hintz, Ernst.

— s.: Taschen-Kalender, medicinischer.

KIONKA, H.
Allgemeine Therapie der Intoxicationen und Autointoxicationen von Privat-Docent Dr. H. Kionka. [Einzel-Abtheilung aus dem Lehrbuche der allg. Therapie und der therapeutischen Methodik herausgegeben von Geh. Med.-Rath Prof. Dr. A. Eulenburg und Prof. Dr. Samuel.] Berlin. Wien. 1899. Urban & Schwarzenberg. Lex.-8°. Paginirt: S. 1036—1070. fl. —.72

Kelione per Egipta, Palestina, Syrija, mazaje Azija, Grykija bey Italija. Pagal Apraszymus nekurio latwiszko Kunigo. Lietuwiszkay surasze M. K[ioschus]. *Tilsit 1902: O. v. Mauderode.* (262 S.) 8°(4°) [F.]
[Reise durch Egypten, Palaestina, Syrien, Kleinasien, Griechenland u. Italien. Nach d. Beschreibung eines lettischen Pfarrers. Litauisch dargest. v. M. K.]
[03. 9813] 10

Kip, Meister, (Psdn.), Joseph Litzberg u. sein Sohn, od. die Wolkenbraut. 8. Braunschw. 830. Meyer. 20 ℋ

Kip, Gerhard: Thessalische Studien. Beiträge zur politischen Geographie, Geschichte und Verfassung der thessalischen Landschaften. Halle a. S. 1910: Wischan & Burkhardt. 143 S. 8°
Halle, Phil. Diss. v. 24. März 1910, Ref. Niese †, Kern
[Geb. 2. Juni 84 Neuenhaus, Hannover; Wohnort: Halle a. S.; Staatsangeh.: Preußen; Vorbildung: Rats-Gymn. Osnabrück Reife O. 04; Studium: Freiburg i. B. 1, Berlin 4, Leipzig 1, Halle 6 S.; Rig. 21. Dez. 09.] [U 10. 1758

Kip, Herbert Z., aus Fishkill, New-York: Zur Geschichte der Steigerungsadverbien in der deutschen geistlichen Dichtung des 11. und 12. Jahrhunderts. *[New Haven] 1900: [The Tuttle Morehouse & Taylor Press].* (100 S.) 8° ¶ Aus: Journal of Germanic Philology, vol. 3, No 2, 1900.
Leipzig, Phil. Diss. v. [17. Juli] 1900

Kiparski, W., Beitrag zur Frage d. allgem. Abrüstung u. d. internat. Schiedsgerichtes. gr. 8. (43 S.) Berlin 899. Puttkammer & Mühlbrecht. n. — 80

Kiparski, W., lose Blätter zur Frage d. internationalen Schiedsspruchs u. d. Friedens. I. Tl. gr. 8. (29 S.) Halle 894. (H. W. Schmidt.) — 30

Kiparski, W., zur Friedensfrage u. zur nächsten Haager Conferenz. (15 S.) gr. 8. Riga 906. (Berlin, Puttkammer & Mühlbrecht.) n. — 30

Kiparski, W., kritische Gedanken zur Untersuchg. d. Hauptpunkte der christl. Religionslehre. 3. Aufl. gr. 8. (100 S.) Zürich 896. C. Schmidt. n. 1. 20

Kiparski, W., zur Krankheit Rußlands. 2. (44 S.) kl. 8. Riga 908. Jonck & Poliewsky. nn — 60
Sonderabdruck aus: „Balt. Tageszeitg."

— zur Krankheit Russlands u. ihrer Heilung. (23 S.) 8. Riga 906. Jonck & Poliewsky. n.n. — 30

— zur Verfassungsreformfrage in Livland. gr. 8. (48 S.) Riga 892. Jonck & Poliowsky. n. 1. 80

Kiparsky, Valent. Ludw., Beiträge zu den plastischen Operationen. Aus der Dorpater chirurg. Klinik vom J. 1851—1864. Inaugural-Dissertation. gr. 8. (68 S. mit 1 Stnt. in qu. gr. Fol.) Dorpat 864, Gläser's Verlag. *

Kipeke, Joh. Alb., Regensburg: Dissertatio inauguralis medico-chirurgica de optima tendinis Achillis praescissi vel disrupti cura. Basel, Med. Diss. von 1757

Kipferling, K. J. Oesterreichischer Post- und Reise-Atlas, worin alle Ober- und Absatz-Postämter u. s. w., Chausseen, Poststrassen und Briefpost-Routen in den Oesterreichischen Staaten angezeigt sind, revidirt von den K. K. Ober-Post-Aemtern. Wien 1804. 1 Bd. mit 18 Karten K. v.

Kipfmüller, Bertha, aus Nürnberg: Das Ifflandische Lustspiel. Ein Beitrag zur Geschichte d. dramat. Technik. *Darmstadt 1899: G. Otto.* (75 S.) 8°
Heidelberg, Phil. Diss. v. 1899

Kipka, Karl, Maria Stuart im Drama der Weltliteratur, vornehmlich des 17. u. 18. Jahrh., s. a. Beiträge. Breslauer, zur Literaturgeschichte. IX.

Kipka, Karl, a. Bismarckhütte: Maria Stuart im Drama der Weltliteratur. Ein Beitrag zur vergleichenden Litaraturgeschichte. Einleitung — Vorklänge — Ordensschuldrama des 17. Jahrhunderts. Leipzig (1905): Hesse & Becker. (41 S.) 8° ¶ (Die vollständige Arbeit erscheint als Band IX der Breslauer Beiträge zur Literaturgeschichte, hrsg. v. M. Koch u. G. Sarrazin.)
Breslau, Phil. Fak., Ref. Koch, Diss. v. 13. Okt. 1905
[Geb. 5. Febr. 82 Krappitz, Kr. Oppeln; Wohnort: Bismarckhütte; Staatsangeh.: Preußen; Vorbildung: Gymn. Königshütte Reife O. 01; Studium: Breslau 8 S.; Rig. 14. Juli 05.]

Maria Stuart im Drama der Weltliteratur, vornehml. d. 17. u. 18. Jhs. Ein Beitrag z. vergleich. Literaturgeschichte von Dr. Karl **Kipka**. Leipzig: M. Hesse 1907. (VIII, 421 S.) 8°
[Ein T. erschien als Inaug.-Diss. Breslau 1905.]
— **Beiträge**, Breslauer, z. Literaturgeschichte. 9. [07. 14889

Kipke, Carl, s. Kipke, Karl

Kipke, Friedrich: Über Kondensationsprodukte von Piperonal und Piperonylacrolein. *Breslau 1904: H. Fleischmann.* (53 S.) 8°
Breslau, Phil. Diss. v. 19. Mai 1904

Kipke, Karl

Kipke, Carl, Anleitung zur Instrumentierung v. Choräler x., s.: Wunderlich, G.

Kipke, Carl, praktisches Arbeiten im Brauereilaboratorium. Kurze Anleitg. m. Beispielen u. Berechngn. zusammengestellt. (VIII, 74 S. m. 6 Tab.) 8. Berlin 906. J. Springer. Geb. in Leinw. n. 2. —

— der angehende Dirigent, s.: Zopff, Herm.

Kipke, Carl, musikalische Formenlehre, s.: Schubert, F. L.

Kipke, Carl, Instrumentationslehre, s.: Schubert, F. L.

Kipke, Carl, Katechismus der Gesanglehre, s.: Schubert, F. L.

Kipke, Carl, aus Breslau: Über Kondensationsprodukte von Dibrom-p-oxypseudocumylbromid und anderen Pseudophenolen mit organischen Basen. *Greifswald 1903: H. Adler.* (65 S.) 8°
Greifswald, Phil. Diss. v. 20. Okt. 1903

Kipke, C., das königl. Conservatorium der Musik zu Leipzig, s.: Vogel, C. B.

— kleines Tonkünstlerlexikon, s.: Frank, Paul.

— Vorschule zum Komponieren (Kompositionslehre f. Dilettanten), s.: Schubert, F. L.

— s.: Richard Wagner-Fest.

Rudyard Kipling. geb. 30. Dez. 1865 in Bombay. (Studie.) *(Berlin: Vita 1901.)* (30 S.) 8° [Umschlagt. F.]
Aus: Rhein.-Westfal. Zeitung. 1901.

Kipling, Rudyard, actions and reactions. s.a Collection of British authors.

Actions and reactions. By Rudyard Kipling. Copyright ed. Leipzig: Tauchnitz 1909. 294 S. 8°
(Collection of British authors. Tauchnitz Ed. Vol. 4144.)

Kipling, Rudyard: Barrack-Room ballads and other verses, s. Library, The English.

– Captains courageous, s.a. Collection of British Authors.

'Captains courageous.' A story of the Grand Banks. By Rudyard Kipling. Copyright ed. Leipzig: Tauchnitz 1897. 264 S. 8°
(Collection of British authors. Tauchnitz Ed. Vol. 3249.)

Kipling, Rudyard, the city of dreadful night, and other sketches, s.a Collection of British authors.

The City of Dreadful Night, and other sketches. By Rudyard Kipling. Copyright ed. Leipzig: Tauchnitz 1900. 270 S. 8°
(Collection of British authors. Tauchnitz Ed. Vol. 3444.)

— Diener der Königin. Autoris. Bearbeitg. v. Curt Abel-Musgrave. Mit 4 Illustr. u. dem Bilde Rudyard Kiplings. 8. (77 S.) Freiburg i/B. 900. F. E. Fehsenfeld. n. — 80

— im Dschungel, s.a Welt, die, d. Fahrten u. Abenteuer.

Im Dschungel [The Jungle Book]. Autor. Uebertragung aus d. Engl. des Rudyard Kipling von Curt Abel-Musgrave. Mit 39 Ill. von A. Groh. 6.–9. Taus. *Freiburg i. Br.: F. E. Fehsenfeld (1898).* (VI, 344 S.) 8° [F.]
— Welt, Die, der Fahrten u. Abenteuer. Bd 6.

Kipling, Rudyard, im Dschungel. Erzählung f. die Jugend, nach R. v. Alex. Redlich. Illustriert v. Rud. Hanns. (262 S.) 8. Wien 907. Akadem. Verlag. Kart. n. 2. —; Prachtausg. geb. in Leinw. n. 4. —
Darf nur in Oesterreich-Ungarn verkauft werden.

Rudyard Kipling. Das Dschungel. Beide Dschungelbücher in 1 Bde. Für d. Jugend bearb. von Alex[ander] Redlich. Ill. von Rud. Hanns. 1.–5. Taus. Berlin: Vita (1907). (262 S.) 8° [F.]

Kipling, Rudyard. Das neue Dschungelbuch. Berlin [1899]. Ü: *Heilborn, Ernst.* (Berl)

— das neue Dschungelbuch. 8. (349 S. m. Abbildgn.) Berlin (899). Vita. n. 4. —; geb. n. 5. —

— G. Boothby and F. A. Steel, in the far east, hrsg. v. Karl Feyerabend, s.: Schulbibliothek französ. u. engl. Prosaschriften. II. 40.

— indische Erzählungen, s.a. Kürschner's Bücherschatz.

Kipling, Rudyard. Indische Erzählungen. Berlin, Eisenach, Leipzig [1899]. Ü: *Lilienthal, Wilhelm.* (Berl)

Indische Erzählungen. Von Rudyard Kipling (Übers.: Wilh. Thal [d. i. Lilienthal].) Mit Ill. von A. v. Schrötter. *Berlin, Eisenach, Leipzig: H. Hillger [1899].* (128 S.) 8° [F.]
= Bücherschatz, Kürschner's. No 160.

— vier Erzählungen. Für den Schulgebrauch ausgewählt u. hrsg. v. J. Ellinger. 1. Tl.: Einleitung u. Text. 2. Tl.: Anmerkgn. 8. (VIII, 102 S.) Leipzig 901. G. Freytag. Geb. u. geh. n. 1.20; Wörterbuch. (56 S.) n. — 60

KIPLING, Rudyard
(F) Vier Erzählungen. Für den Schulgebrauch ausgewählt und herausgegeben von Dr. J. Ellinger. I. Theil: Einleitung und Text. II. Theil: Anmerkungen. (Freytag's Sammlung französischer und englischer Schriftsteller.) Wien und Prag. 1901. Tempsky. 8°. 14, VII, 102 S. Geb. K 1.50

— durchs Feuer (u. andre indische Geschichten), s.: Sammlung Franckh. 18. Bd.

— a fleet in being, s: Collection of British authors.

A Fleet in being. Notes of two trips with the Channel Squadron. By Rudyard Kipling. *Leipzig: B. Tauchnitz 1898.* (206 S.) 8°
(Collection of Brit. Authors. Tauchnitz Ed. Vol. 3351.)

— from sea to sea, s.a Collection of British authors.

From Sea to sea. By Rudyard Kipling. Copyright ed. In 2 vol. Vol. 1. 2. Leipzig: Tauchnitz 1900. 8°
(Collection of British authors. Tauchnitz Ed. Vol. 3430/1.)

— eine seltsame Geschichte u. andere indische Erzählgn. Aus dem Engl. v. D. Haek. schmal 8. (125 S.) Berlin 899. J. Gnadenfeld & Co. n. 1. —

Heitere Geschichten von Rudyard Kipling. *Berlin: Vita [1902].* (154 S.) 8° [F.]
= Kipling, Bibliothek Rudyard. [5.]

— mancherlei neue Geschichten. Autoris. Übersetzg. v. Leop. Lindau. 1. u. 2. Aufl. gr. 8. (à VIII, 313 S.) Berlin 900. [F. Fontane & Co.] E. Fleischel & Co. n. 3. —; geb. n. 4. —

— schlichte Geschichten aus Indien, s.: Universal-Bibliothek.

— schlichte Geschichten aus den indischen Bergen, s.a. Bibliothek der Gesamtlitteratur.

Schlichte Geschichten aus den indischen Bergen (Plain Tales from the Hills) von Rudyard Kipling. Aus d. Engl. übers. von A. Puchta. Mit e. Vorbemerkung u. d. Bilde d. Verf. *Halle a. S.: O. Hendel (1900).* (243 S.) 8° [F. u. Ant.]
(Bibliothek d. Gesamtlitteratur d. In- u. Auslandes. No 1400–12.)

Unheimliche Geschichten von Rudyard **Kipling**. Einzig berecht. Uebertragung aus d. Engl. von Sebastian Harms. (S. H.) *Berlin: Vita [1901].* (175 S.) 8° [F.]
— **Kipling**, Bibliothek Rudyard. [3.] [02. 4986

— **unheimliche Geschichten. Einzig berecht. Uebertragg. aus dem Engl. v. Seb. Harms (S. H.). (175 S.) 8. Berlin (903). Vita.** n. 1. —

— **aus Indiens Glut, s.: Sammlung Franckh.**

— **der schwarze Jack u andere Geschichten, s.: Bibliothek berühmter Autoren. 2.**

— **Many inventions, s.: Library, the English. 189.**

Kipling, Rudyard, the jungle book, s.a. Library, the English.

The Jungle Book. By Rudyard Kipling. With Ill. *Leipzig: Heinemann & Balestier 1891.* (VIII, 254 S.) 8°
(The Engl. Library. No 167.) [20. 1590 11

The Jungle Book. By Rudyard **Kipling**. With ill. by J. L. Kipling ... Leipzig: Engl. Libr. 1910. 254 S. 8°
(The English Library. Nr 167.) [11. 1739 5

Kipling, Rudyard: The second jungle book, s.a. Collection of British Authors.

The second Jungle book by Rudyard **Kipling**. Copyright ed. *Leipzig: B. Tauchnitz 1897.* (286 S.) 8°
(Collection of Brit. Authors. Tauchnitz Ed. Vol. 3181.) [03. 5301 6

— **Kim, s.a. Collection of British authors.**

Kim. By Rudyard **Kipling**. Copyright ed. Leipzig: Tauchnitz 1901. 366 S. 8°
(Collection of British authors. Tauchnitz Ed. Vol. 3527.) [11. 8399

Kim. Ein Roman aus d. gegenwärt. Indien von Rudyard **Kipling**. (Einzig berecht. Uebertr. von Sebastian Harms.) 1. bis 3. Taus. Berlin: Vita [1908]. (469 S.) 8° [F.] [08. 4396

Kim. Ein Roman aus d. gegenwärt. Indien von Rudyard **Kipling**. (Einzig berecht. Übertr. von Sebastian Harms.) 7. u. 8. Taus. Berlin: Vita [1908]. 404 S. 8° [09. 5538 11

— Lange Latte & Genossen. (Stalky & Co.) Roman. Einzig berecht. Übersetzg. v. Erich Peterson. 1.—4. Taus. (365 S.) 8. Ebd. (909). 4.—; geb. 5. 50

Das Licht erlosch [Light that failed]. Roman von Rudyard **Kipling**. 2. Aufl. Aus d. Engl. neu übers. von Leopold Rosenzweig. *Stuttgart & Leipzig: Deutsche Verl.-Anst. 1899.* (331 S.) 8° [F.] [01. 6249 4

— **das Licht erlosch. Roman. Aus dem Engl. neu übers. v. Leop. Rosenzweig. 7. Aufl. (309 S.) 8. Stuttgart 906. Deutsche Verlags-Anstalt.** n. 3. —; geb. n. 4. —

— Das Licht erlosch. Roman. Aus dem Engl. neu übers. v. Leop. Rosenzweig. 8. Aufl. (331 S.) 8. Stuttgart 909. Deutsche Verlags-Anstalt. 3.—; geb. n 4. —

Erloschenes Licht [The light that failed]. Roman von R(udyard) **Kipling**. Stuttgart, Leipzig, Berlin, Wien: Deutsche Verl.-Anst. 1894. (352 S.) 8° [F.] [08. 16394

— **The light that failed, s.: Library, the English.**

— **das Mädchen aus Birma u. andere Geschichten, s.: Bibliothek berühmter Autoren. 8.**

Kipling, Rudyard, eine Manöverflotte. Einzig berecht. Uebertragg. aus dem Engl. durch F. Lavaud. 8. (150 S.) Berlin (899). Vita. n. 2. —

Nur so Märchen (2: Geschichten) für kleine Kinder [Just so stories for little children] von Rudyard **Kipling**. Ill. vom Verf. selbst. (1. 2.) *Berlin: Vita 1903.* 2 Bde 8° [F.] [03. 5070

— **Märchenbuch. Illustr. vom Verf. selbst. 2 Bde. gr. 8. Ebd. 908. Geb. à n. 2. 75; in 1 Bd. geb. n. 5. 50**
1. Nur so Märchen f. kleine Kinder. (119 S.)
2. Nur so Geschichten f. Kinder. (170 S.)

— **three Mowgli-stories, hrsg. v. Ed. Sokoll, s.: Reformbibliothek, neusprachliche. 3.**

— **The five nations, s.: Collection of British authors.**

– And Wolcott Balestier, The Naulahka, s. Library, The English.

— **u. Wolcott Balestier, Naulahka, das Staatsglück, s.: Engelhorn's allgem. Romanbibliothek. XVII. 5.**

— **Mine own people, s.: Library, the English.**

Kipling, R., plain tales from the hills, s.: Collection of British authors.

— **Puck of Pook's hill. s.a. Collection of British authors.**

Puck of Puck's Hill. By Rudyard **Kipling**. Copyright ed. Leipzig: Tauchnitz 1906. 288 S. 8°
(Collection of British authors. Tauchnitz Ed. Vol. 3924.) [11. 8630

— **Rewards and fairies, s.a. Collection of British authors.**

Rewards and fairies. By Rudyard **Kipling**. Copyright ed. Leipzig: Tauchnitz 1910. 302 S. 8°
(Collection of Brit. Authors. Tauchnitz Ed. Vol. 4218.) [10. 15167

— **The phantom Rickshaw and other stories, s.: Library, the English.**

— Rikki-Tikki-Tavi. Wee Willie Winkie, s.: Jugendbücherei, deutsche.

— **the seven seas, s.a. Collection of British authors.**

The seven Seas. By Rudyard **Kipling**. Copyright ed. Leipzig: Tauchnitz 1897. 256 S. 8°
(Collection of British authors. Tauchnitz Ed. Vol. 3189.) [11. 8150

Brave Seeleute. [Von Rudyard Kipling.] Einzig berecht. Übertrag. a. d. Engl. von F. Lavaud. 1—3 Taus. Berlin: Vita 1902. 330 S. 8°

— **Soldaten-Geschichten. Einzig berecht. Uebertragg. aus dem Engl. von v. Sichart. 8. (178 S.) Ebd. (900).** n. 1.—

Soldaten-Geschichten von Rudyard **Kipling**. Einzig berecht. Uebertragung aus d. Engl. von General v. Sichart. *Berlin: Vita [1901].* (178 S.) 8° [F.]
— **Kipling**, Bibliothek Rudyard. [2.] [02. 4985

— Soldaten-Lieder u. andere Gedichte. Deutsch v. Hanns Sachs. (52 S.) 8. Leipzig 910. J. Zeitler. Geb. 4. —

– Soldiers three, s. Library, The English.

– Stalky & Co., s.a. Collection of British Authors.

Stalky & Co. By Rudyard **Kipling**. Copyright ed. Leipzig: Tauchnitz 1899. 288 S. 8°
(Collection of British authors. Tauchnitz Ed. Vol. 3391.) [11. 8299

– Just so stories, s.a. Collection of British Authors.

Just so Stories for little children by Rudyard **Kipling**. Copyright ed. *Leipzig: B. Tauchnitz 1902.* (254 S.) 8°
(Collection of Brit. Authors. Tauchnitz Ed. Vol. 3615.) [03. [illegible] 6

– The story of the Gadsbys and under the Deodars, s. Library, The English.

— stories from the jungle book, hrsg. v. Emil Döhler, s.a. Authors, English.

Stories from the Jungle book by Rudyard **Kipling**. Ausgew. u. z. Schulgebr. hrsg. von Dr. Emil Döhler, Dir. zu Dresden-N. [Nebst] Anm. [&] Wörterbuch. *Bielefeld & Leipzig: Velhagen & Klasing 1902.* 3 Bde 8°
= Sammlung, Velhagen & Klasings, franz. u. engl. Schulausgaben. English authors. Lfg 81 B. [02. 10380

— Three stories, selected from: „Mine own people". 1. Namgay Doola. 2. The recrudescence of Imray. 3. Moti Guj—Mutineer. With introduction, notes and glossary by Frz. Bock. (Koch's neusprachl. Schullektüre.) (64 S.) kl. 8. Nürnberg 904. C. Koch. Kart. n. — 75

Der Strauchbub und andere Geschichten. Von Rudyard **Kipling**. *Berlin: Vita [1903].* (187 S.) 8° [Ant. u. F.]
— Kipling, Bibliothek Rudyard. [6.] [03. 5734

Kipling, Rudyard. Unser Tagewerk. Einzig berechtigte Uebertragung a. d. Engl. ... Berlin 1900. Ü: *Harms, Sebastian.* (Berl)

— unser Tagewerk. Einzig berechtigte Uebertragg. aus dem Engl. v. S. H. 1. Folge. 1.—5. Tauf. schmal 8. (124 S.) Berlin (900). Vita. 1. —

— and Mark Twain, Five tales. Zum Schulgebrauch ausgewählt u. m. Anmerkgn. u. e. Wörterbuch versehen v. Fritz Kriete. (VII, 88 u. 64 S.) 8. Halle 903. H. Gesenius. Geb. in Leinw. u. geh. n. 1. 50

Five tales by Rudyard **Kipling** and Mark Twaine[!]. Zum Schulgebr. ausgew. u. mit Anm. u. e. Wörterb. versehen von Dr. Fritz Kriete. [1. 2.] *Halle: H. Gesenius 1903.* 2 Bde 8°
[1. Text.] [2.] Anm. u. Wörterbuch. [03. [illegible] 3

Three tales from the Jungle Book by Rudyard **Kipling**. Zum Schulgebr. ausgew. u. mit Anm. u. e. Wörterbuche versehen von Dr. Fritz Kriete, Oberl. *Halle: H. Gesenius 1904.* (VIII, 75, 40 S.) 8° [04. 13165 3

— three tales from the jungle book and the second jungle book, hrsg. v. A. Herting, s.: Perthes' Schulausgaben engl. u. französ. Schriftsteller.

Tier Geschichten von Rudyard **Kipling**. *Berlin: Vita [1901].* (142 S.) 8°
— Kipling, Bibliothek Rudyard. [4.] [03. [illegible] 11

— Die Totenstadt, s.: Erzählungen, 1001, f. Jung u. Alt.

— Traffics and discoveries, s.a. Collection of British authors.

Traffics and discoveries. By Rudyard **Kipling**. Copyright ed. Leipzig: Tauchnitz 1904. 352 S. 8°
(Collection of British authors. Tauchnitz Ed. Vol. 3765.) [11. 8376

– The day's work, s.a. Collection of British Authors.

The Day's Work. By Rudyard **Kipling**. *Leipzig: B. Tauchnitz 1898.* (366 S.) 8°
(Collection of Brit. Authors. Tauchnitz Ed. Vol. 3310.) [09. [illegible] 11

Kipp, Meister, Joh. Litzberg u. sein Sohn, s. Litzberg ꝛc.

KIPP, Meister, der schwarzen Kunst Beflissener, Joseph Litzberg und sein Sohn, oder: die Wolkenbraut. Eine Allegorie. Braunschweig, Meyer, 1830. 11½ Bogen. 8°.
A. G. Schmidt, Gallerie etc.

Kipp, Albin [aus Coburg]: 100 Fälle von Hypertrophia cordis potatoria. Beitrag z. Charakteristik d. klin. Erscheingn ders. m. Berücks. d. Münchener Verhältnisse ... München, k. Hof- u. Univ.-Buchdr. v. Dr. C. Wolf & Sohn. 1893; 74 S., 1 Bl. 8.
München, Med. Fak., Inaug.-Diss. v. 1893

[F.] Gedichte v. August **Kipp**. (Aufgekl.: *Bielefeld: E. Siedhoff [1897].*) (IX, 198 S.) 1 Bd 8. [97. [illegible]

Postwesen (Das deutsche). Patriotische Wünsche und Bemerkungen (von B. Kipp). Wiesbaden 1836.

KIPP, C. Ueber die Einwirkung von Cyankalium auf die Chlorcrotonsäuren dargestellt aus Butylchloral und Acetessigester. Freiburg im Breisgau, 1883.

Kipp, Fr., Regeln für Schwangere oder wie müssen sich die Frauen verhalten, um vor, in und nach dem Wochenbette mit ihren Kindern gesund und kräftig zu bleiben? 8. (VI und 42 S.) Unna 850. (Hamm, Grote.) *

Kipp, Fr., Regeln für Schwangere oder wie müssen sich die Frauen verhalten, um vor, in und nach dem Wochenbette mit ihren Kindern gesund und kräftig zu bleiben? 2. Aufl. 8. (VI und 42 S.) Unna 855, Rubens. Thlr. *

Kipp, Frdr., Joachim Biedermaier, der Ehrenmann. Eine Verssatire. (57 S.) 8. Berlin (910). Silva-Verlag. 1.50; geb. 2. 50

Joachim Biedermeier der Ehrenmann. Eine Verssatire von Friedrich **Kipp**. Berlin & Leipzig: Silva-Verl. 1910. 62 S. 8° [10. [illegible]

— Aus meinem Herzen. Gedichte. (42 S.) kl. 8. Leipzig 906. (Modernes Verlagsbureau. — Verlag f. Literatur, Kunst u. Musik.) 1. —

— Aus Leben u. Traum. Ein Geschichtenbuch. (143 S.) 8. Berlin 909. Harmonie. 2. 50

— Sehnsuchtswege. Gedichte. (61 S.) 8. Leipzig 908. Verlag f. Literatnr, Kunst u. Musik. 2.—; geb. n 3. —

— Aus stillen Stunden. Gedichte. (II, 71 S. m. Bildnis.) kl. 8. Ebd. 906. 1. 50

Die Suchenden. Drama in 4 Akten von Friedrich **Kipp**. Berlin & Leipzig: Silva-Verl. [1910]. 53 S. 8° [10. 13169

Kipp, Friedr. Franz Corn. (Hoerde/Westf.), De veneficio per acidum sulphuricum. Diss. med. Bln. (Nietack) 6. VIII. 1836. 32 S. mit Biogr. (M.: L. Suemmermann.) (6.20) 18049
Oppon.: Fr. Mueser, H. Eulenberg, A. Plate.

Kipp, Georg Melchior

— s. Cebes.

Kipp, Geo. Mich., der Messias in 5 Gesängen. 12. Speyer 791. Hauth. 4 gr.

— Schätze der Weisheit oder d. Philosophie des Lebens. 12. Frkf. a. M. 791. (Hermann; a. Löffler in Manh.; auch Kummer in Leipz.) 8 gr.

— s. Tempel d. Trostes.

— s.a. Vademecum, moral. Inhalts.

VADEMECUM, Neues, moralischen Inhalts, für Leute beiderlei Geschlechts (von *Georg Melchior Kipp*). Speyer 1790.
Anon.-Lex. IV. p. 279 (nach Kayser). — Rar!

— Weniges u. doch Vieles, ein Sackkatechismus. 12. Seyer 791. (Wienbrack in Leipz.) 4 gr.

Kipp, Hermann [aus Koburg]: Die Basalte des Reichsforst. E. Beitr. z. Kenntnis d. Basalte d. Fichtelgebirges ... Erlangen, k. b. Hof- u. Univ.-Buchdr. v. F. Junge, 1895; 29 S., 1 Kt. 8.
Erlangen, Phil. Fak., Inaug.-Diss. v. 13. März 1895

Kipp, Heinr., schlichte Lieder. Gedichte. (VII, 55 S.) kl. 8. Dresden 904. E. Pierson. n. 1.—; geb. n. 2.—

— **Heinrich Daniel** (Einbeck/Hannover), Simplicitas divina sententiae Paulinae Ephes. VI. v. 12. de hostibus evangelii non imbecillis tantum pseudo-doctoribus, sed malignis etiam spiritibus explanata et vindicata. Präs. Joachim Oporin. Götting. (Jo. Frid. Hager) 26. III. 1746. 48 S. (6.80) 18050
Gew.: Gerlach Adolph Frh. v. Münchhausen (Strausfurt).

Kipp, J., auf Golgatha. 7 Passionspredigten üb. die sieben Worte am Kreuz. (56 S.) gr. 8. Bordesholm 903. (Plön, Hahn.) n. — 60

Kipp's, J. B., Methode der Reinigung des Brennöls, oder Anweis. zur besten, leichtesten u. vortheilhaftesten Art, das Oel zu reinigen, ihm den unangenehmen Geruch zu benehmen u. ihm selbst jeden beliebigen Wohlgeruch mitzutheilen. Für Fabrikanten u. Haushaltungen anwendbar. Mit 2 Zeichn. 12. Leipz. 828. (Hinrichs). 4 gr.

Kipp, J. C., Methode d. Reinigung d. Brennöls, od. Anleit. z. besten, leichtesten u. vortheilhaft. Art, d. Oel zu reinigen, ihm d. unangenehmen Geruch zu benehmen u. ihm selbst jeden belieb. Wohlgeruch mitzutheilen. Für Fabriken u. Haushaltn. anwendbar. M. 2 Zeichn. 12. (1 B.) Leipzig 828, (Hinrichs.)

Kipp, J. M. (Übers.), s. Cebes: Bedeut. Blick auf d. Gesch. d. Menschheit.

— **Johann Heinrich** (Lübeck), De donatione inter virum et uxorem secundum statuta Lubecensium sine liberorum consensu invalida. Diss. jur. Jena (Fiedler) 28. V. 1795. 25 S. (6.—) 18051

Kipp, Thdr., über den Begriff der Rechtsverletzung. s.a. Festgabe der Berliner juristischen Fakultät f. Otto Gierke.

Kipp, Theod.: Ueber den Begriff der Rechtsverletzung. Breslau 1910.
(In: Festgabe d. Berliner jur. Fak. f. Gierke. Bd 2.)

Heinrich Dernburg. Ein Vortrag von Dr. Theodor **Kipp**, Prof. Leipzig: A. Deichert Nachf. 1908. (47 S.) 8° [08. 3937

Kipp, Theod.: Über Doppelwirkungen im Recht, insbes. über die Konkurrenz von Nichtigkeit und Anfechtbarkeit. Berlin 1911.
(In: Festschrift d. Berl. jur. Fak. f. v. Martitz.)

Kipp, Th., s. Enneccerus, L., Th. Kipp u. M. Wolff, Lehrbuch des bürgerl. Rechts.

Kipp, Th., Erörterungen zur Geschichte d. römischen Civilprocesses u. d. Interdictum quorum bonorum, s.: Festgabe zu B. Windscheid's 50jährigem Doctorjubiläum.

Kipp, T., le fonti del diritto romano. Introduzione allo studio delle istituzioni e della storia del diritto romano. Traduzione italiana per cura di Giovanni Pacchioni. gr. 8. (VIII, 120 S.) Leipzig 897. A. Deichert Nachf. n. 1. 80

Geschichte der Quellen des römischen Rechts. Von Dr. Theodor **Kipp**, Prof., Berlin. 2. umgearb. Aufl. *Leipzig: A. Deichert 1903.* (VIII, 166 S.) 8° [03. 8936

Geschichte der Quellen des römischen Rechts von Dr. Theodor **Kipp**. Prof. 3. verm. u. verb. Aufl. Leipzig: Deichert 1909. VIII, 180 S. 8° [09. 6518

Kipp, Thdr., s.: Jhering, Rud. v. Festgabe.

Kipp, Thdr., Lehrbuch d. Pandektenrechts, s.: Windscheid, B.

— Lehrbuch des bürgerl. Rechts. s.: Enneccerus, Ludw.

Kipp, Theod.: Die Litisdenuntiation als Proceßeinleitungsform im römischen Civilproceß. Leipzig, 1887; VIII + 310 S. 8°.
Leipzig, Jur. Fak., Hab.-Schr. v. Mai 1887.

Kipp, Thdr., die Litisdenuntiation als Prozeßeinleitungsform im römischen Civilprozeß. gr. 8. (VIII, 310 S.) Leipzig 887, Breitkopf und Härtel. *

Kipp, Theodor, Dr., K. o. Prof. d. deutschen Bürgerl. Rechts u. d. röm. Zivilrechts: **Der Parteiwille unter der Herrschaft des deutschen Bürgerlichen Gesetzbuchs.** (Enthält auch: Jahresbericht für das Studienjahr 1898/99, erstattet von d. Prorektor D. Walter Caspari.) *Erlangen 1899: F. Junge.* (S. 1—30.) 4°
Erlangen, Rede bei Antritt d. Prorektorats 1899

Quellenkunde des röm. Rechts. Zur Einl. in d. Studium d. Institutionen u. d. röm. Rechtsgesch. dargest. v. Dr. jur. Theodor **Kipp**, Prof. ... Erlangen. *Leipzig: A. Deichert 1896.* (VIII, 135 S.) 1 Bd 8. [98. 347 Br

Rechtswahrnehmung und Reurecht. Von Dr. Theodor **Kipp**, Prof., Berlin. *Berlin: O. Liebmann 1903.* (S. 109–138.) 8°
Aus: Festgabe d. Jurist. Gesellsch. zu Berlin z. 50jähr. Dienstjubiläum d. Wirkl. Geh. R. Dr. Koch. [03. 15333

Die Verurtheilung zur Abgabe von Willenserklärungen und zu Rechtshandlungen. Von Theodor **Kipp**. *Kiel & Leipzig: Lipsius & Tischer 1892.* (S. 43–155.) 8°
Aus: Festgabe d. Kieler Jur.-Fak. zu R. v. Jherings 50jähr. Doktorjub. [04. ... 6

— wer kann nach deutschem bürgerlichen Recht m. Vermächtnissen belastet werden? gr. 8. (36 S.) Leipzig 901. A. Deichert Nachf. n. 1.20
Sonderabdruck aus: „Festschrift d. Univ. Erlangen f. Prinzregent Luitpold".

Kippe (Red.), s. Verpachtung. – Über die beabsichtigte Verpackung der Großherzogl. mecklenburg-schwerinischen Dominial-Bauernhufen.

Kippe, Otto, aus Ribnitz: Über **Synthesen,** Umlagerungen und Aufspaltungen der phenylierten Cumarone und Cumarane. *Rostock 1904: C. Boldt.* (140 S.) 8°
Rostock, Phil. Diss. v. [23. März] 1904

Kippels, Karl, a. Thann i. Elsaß: **Involutorische Regelscharen zweiter und Raumkurven dritter und vierter Ordnung im gescharten involutorischen Raum.** Straßburg i. E. 1904: C. & J. Goeller. (24 S.) 8°
Straßburg, Math.-naturwiss. Fak., Ref. Reye, Diss. v. 1904
[Geb. 12. Jan. 80 Thann i. Els.; Wohnort: Straßburg i. E.; Staatsangeh.: Elsaß-Lothringen; Vorbildung: Gymn. Mülhausen i. Els. Reife O. 14; Studium: Münster 2, Straßburg 7 S.; Rig. 7. Nov. 04.]

Kippenberg, Frau A., Lehrplan f. die höhere Mädchenschule v. A. Kippenberg, Bremen, Am Wall 102 u. Kaiserstr. 14. Auf Grundlage d. i. J. 1880 erschienenen Lehrplans der Schule bearb. gr. 8. (IV, 64 S.) Hannover 893. Norddeutsche Verlagsanstalt. n. 1.—

Kippenberg, Anton, aus Bremen: Die **Sage** vom Herzog von Luxemburg in Frankreich und Holland. *Leipzig: W. Engelmann 1901.* (58 S.) 8° ¶ (Erschien vollst. im gleichen Verl. u. d. T.: Die Sage vom Herzog von Luxemburg und die historische Persönlichkeit ihres Trägers.)
Leipzig, Phil. Diss. v. [28. Juni] 1901

Kippenberg, Ant., die Sage vom Herzog v. Luxemburg u. die historische Persönlichkeit ihres Trägers. Mit 2 Vollbildern u. 11 Abbildgn. im Text. gr. 8. (VIII, 280 S. m. 1 Taf.) Leipzig 901. W. Engelmann n. 7.—

Kippenberg, Aug., Ferdinand Freiligrath. Zum Verständniß des Dichters und als Begleitgabe zu seinen Werken. 8. (VI, 160 S.) Leipzig 868, Matthes.

Kippenberg, A., deutsche Gedichte f. die Oberstufe höh. Mädchenschulen. Auf Grund der preuß. ministeriellen Ausführungsbestimmgn. v. 12. XII. 1908, unter Mitwirkg. v. H. Jantzen, neubearb. v. den bisher. Herausgebern Frau J. Kippenberg u. A. Kippenberg. 14. Aufl. (196 S.) gr. 8. Hannover 910. Norddeutsche Verlagsanstalt O. Goedel. Geb. in Leinw. 2.—

Englische Gedichte für höhere Mädchenschulen. Ausgewählt v. Dr. August Kippenberg. *Hannover: O. Goedel 1899.* (02 S.) 1 Bd 8. [...] 7

Kippenberg, A[ugust]: Betty Gleim. Ein Lebens- u. Charakterbild. Als Beitrag z. Geschichte d. deutschen Frauenbildung u. Mädchenerziehung, zugleich erwachsenen Töchtern eine Mitgabe f. d. Leben. — Bremen: Heinsius 1882. IV, 130 S. 8°

Kippenberg, A., Handbuch der deutschen Litteratur. Die deutsche Dichtg. nach ihrer geschichtl. Entwickelg. in e. Auswahl ihrer vorzüglichsten Erzeugnisse vom Anfang bis auf die Gegenwart. 2. u. 3., durchgeseh. Aufl. gr. 8. (XVI, 512 S.) Hannover 888. 889. Norddeutsche Verlags-Anstalt. geb. n.n. 4.—

Kippenberg, A., Handbuch der deutschen Litteratur. Die deutsche Dichtg. nach ihrer geschichtl. Entwickelg. in e. Auswahl ihrer vorzüglichsten Erzeugnisse vom Anfang bis auf die Gegenwart. 4.–8. Aufl. gr. 8. (528 S.) Hannover 891–894. Norddeutsche Verlagsanstalt. Geb n.n. 4.—

Kippenberg, A., Handbuch d. deutschen Litteratur. Die deutsche Dichtg. nach ihrer geschichtl. Entwickelg. in e. Auswahl ihrer vorzüglichsten Erzeugnisse v. Anfang bis auf d. Gegenwart. 11. Aufl. gr. 8. (528 S.) Hannover 898. Norddeutsche Verlagsanstalt O. Goedel. Geb. n. 4.—

Handbuch der deutschen Litteratur. Die deutsche Dichtung nach ihrer geschichtl. Entwickelung in e. Auswahl ihrer vorzüglichsten Erzeugnisse. Von A[ugust] **Kippenberg.** 12., neu bearb. Aufl. *Hannover: O. Goedel 1900.* (528 S.) 8° [F.] [00. 4139 7

Kippenberg, A., Handbuch der deutschen Litteratur. Die deutsche Dichtung nach ihrer geschichtl. Entwickelg. in e: Auswahl ihrer vorzüglichsten Erzeugnisse. 14. (der Neubearbeitg. 8.) Aufl. gr. 8. (528 S.) Hannover 902. Nordd. Verlagsanstalt O. Goedel. Geb. in Leinw. n. 4.20

Handbuch der deutschen Literatur. Die deutsche Dichtung nach ihrer geschichtl. Entwickelung in e. Auswahl ihrer vorzüglichsten Erzeugnisse. Von A[ugust] **Kippenberg.** 15. Aufl. *Hannover: O. Goedel 1903.* (528 S.) 8° [F.] [03. 10361 7

Kippenberg, A., Handbuch der deutschen Literatur. Die deutsche Dichtg. nach ihrer geschichtl. Entwickelg. in e. Auswahl ihrer vorzüglichsten Erzeugnisse. 18. Aufl. (528 S.) 8. Hannover 906. Norddeutsche Verlagsanstalt O. Goedel. Geb. n. 4.20

— Handbuch der deutschen Literatur. Die deutsche Dichtung nach ihrer geschichtl. Entwicklg. in e. Auswahl ihrer vorzüglichsten Erzeugnisse. 19. Aufl. (528 S.) 8. Ebd. 907. Geb. 4.20

— [.] Lehrplan, ausführlicher, der höheren Mädchenschule v. A. Kippenberg.

Kippenberg, A., deutsches Lesebuch für höhere Mädchenschulen. Ausg. A. 8 Tle. gr. 8. Hannover 886–89, Norddeutsche Verlagsanstalt. geb. ** 18 90

Inhalt:

Tl. 1. [Zweites Schuljahr.] 2.–4. Aufl. (192 S.) **M 1.50.
" 2. [Drittes Schuljahr.] 2. und 3. Aufl. (222 S.) **M 1.80.
" 3. [Viertes Schuljahr.] 2. und 3. Aufl. (272 S.) **M 2.10.
" 4. [Fünftes Schuljahr.] 2. Aufl. (288 S.) **M 2.30.
" 5. [Sechstes Schuljahr.] 2. Aufl. (284 S.) **M 2.30.
" 6. [Siebentes Schuljahr.] 2. Aufl. (295 S.) **M 2.40.
" 7. [Achtes Schuljahr.] 2. Aufl. (322 S.) **M 2.50.
" 8. [Neuntes u. f. w. Schuljahr u. d. T.]: Handbuch der deutschen Litteratur. Die deutsche Dichtung nach ihrer geschichtl. Entwickelung in einer Auswahl ihrer vorzüglichsten Erzeugnisse vom Anfang bis auf die Gegenwart. 2. und 3. durchges. Aufl. (XVI, 512 S.) geb. **M 4.—.

— deutsches Lesebuch für höhere Mädchenschulen. Ausg. A. 8 Tle. gr. 8. Ebd. 888–890. geb. n.n. 18.90
1. [2. Schulj.] 4. Aufl. (192 S.) n.n. 1.50. — 2. [3. Schulj.] 4. Aufl. (224 S.) n.n. 1.80. — 3. [4. Schulj.] 4. Aufl. (272 S.) n.n. 2.10. — 4. [5. Schulj.] 4. Aufl. (292 S.) n.n. 2.30. — 5. [6. Schulj.] 3. Aufl. (284 S.) n.n. 2.30. 6. [7. Schulj.] 3. Aufl. (295 S.) n.n. 2.40. — 7. [8. Schulj.] 3. Aufl. (323 S.) n.n. 2.50. — 8. [9. u. w. Schuljahr.] Handbuch der deutschen Litteratur. Die deutsche Dichtung nach ihrer geschichtl. Entwickelung in e. Auswahl ihrer vorzüglichsten Erzeugnisse von Anfang bis auf die Gegenwart. 3. Aufl. (XVI, 512 S.) n.n. 4.—.

— dasselbe. 6. Tl. Besondere Bearbeitg. f. parität. Schulen. 3. Aufl. gr. 8. (295 S.) Ebd. 890. n.n. 2.40

— dasselbe. Ausg. B in 5 Tln. gr. 8. Ebd. 886–889. geb. n.n. 13.40
1. [2. Schulj.] (Gleich Tl. 1 der Ausg. A.) 4. Aufl. (192 S.) n.n. 1.50. — 2. [3. u. 4. Schulj.] (Auswahl aus Tl. 2 u. 3 der Ausg. A.) 2. Aufl. (328 S.) n.n. 2.50. — 3. [5. u. 6. Schulj.] (Auswahl aus Tl. 4 u. 5. der Ausg. A.) 2. Aufl. (362 S.) n.n. 2.60. — 4. [7. u. 8. Schulj.] (Auswahl aus Tl. 6 u. 7 der Ausg. A.) (382 S.) n.n. 2.80. — 5. [9. u. w. Schulj.] (Gleich mit Tl. 8 der Ausg. A.) 3. Aufl. n.n. 4.—.

— dasselbe. 4. Tl. 2., durchgeseh. u. verm. Aufl. Besondere Bearbeitg. f. paritāt. Schulen. gr. 8. (382 S.) Ebd. 889. geb. n.n. 2. 80

Kippenberg, A., deutsches Lesebuch für höhere Mädchenschulen. 1. Tl. der Ausg. A u. B. 5. [Ster.-]Aufl. gr. 8. (192 S.) Hannover 890. Norddeutsche Verlags-Anstalt. geb. n. 1. 50

— dasselbe. Begleitwort. 2., mehrfach veränd. Ausg. gr. 8. (16 S.) Ebd. 889. n. — 20

Kippenberg, A. Deutsches Lesebuch f. höhere Mädchenschulen. Ausgabe A in 8 Tln. 8. Hannov., Nordd. Verlagsanstalt. geb. * 18 90
1. Tl. 9. Aufl. (192 S.) 892. * 1 50; 2. Tl. 6. Aufl. (224 S.) 892. * 1 80; 3. Tl. 6. Aufl. (272 S.) 892. * 2 10; 4. Tl. 6. Aufl. (292 S.) 892. * 2 30; 5. Tl. 6. Aufl. (284 S.) 893. * 2 30; 6. Tl. 4. Aufl. (300 S.) 891. * 2 40; 7. Tl. 4. Aufl. (323 S.) 892. * 2 50; 8. Tl. Handbuch d. deutschen Litteratur. Die deutsche Dichtung nach ihrer geschichtl. Entwickelung in einer Auswahl ihrer vorzügl. Erzeugnisse vom Anfang bis auf d. Gegenw. 5. Aufl. (528 S.) 892. * 4 —.

Kippenberg, A. Deutsches Lesebuch für höhere Mädchenschulen. Ausg. A. 6. Tl. Besond. Bearbeitung für paritāt. Schulen. 4. Aufl. (300 S.) Hannov. 892, Nordd. Verlagsanstalt. geb. * 2 40

—— dass. — Ausg. B in 5 Tln. 8. Ebd. 892. geb. * 13 40
1. Tl. [Identisch mit Tl. 1 d. Ausg. A.] 9. Aufl. (192 S.) * 1 50; 2. Tl. 5. Aufl. (328 S.) * 2 50; 3. Tl. 5. Aufl. (362 S.) * 2 60; 4. Tl. 3. Aufl. (382 S.) * 2 80; 5. Tl. [Identisch mit Tl. 8 d. Ausg. A.] 5. Aufl. (528 S.) * 4 —.

—— dass. — Ausg. B. 4. Tl. Besond. Bearbeitung f. paritāt. Schulen. 3. Aufl. (382 S.) Ebd. 891. geb. * 2 80

—— dass. — Begleitwort. 2. veränd. Aufl. (16 S.) Ebd. 889. * — 20

—— dass. — Ergänzungsblätter 1–3. [10 St. fort.] 8. Ebd. 892. ** 12 —

— dasselbe. Begleitwort. 3. Ausg. gr. 8. (16 S.) Ebd. 893. n. — 20

— deutsches Lesebuch f. höhere Mädchenschulen. Ausg. A in 8 Tln. gr. 8. Ebd. Geb. n. 18. 90
1. 13. Aufl. (192 S.) 894. n. 1. 50. — 2. 8. Aufl. (224 S.) 894. n. 1. 80. — 3. 8. Aufl. (272 S.) 894. n. 2. 10. — 4. 7. Aufl. (292 S.) 893 n. 2. 30. — 5. 7. Aufl. (284 S.) 894. n. 2. 30. — 6. 6. Aufl. (300 S.) 894. n. 2. 40. — 7. 5. Aufl. (323 S.) 894. n. 2. 50. — 8. Handbuch der deutschen Litteratur. Die deutsche Dichtung nach ihrer geschichtl. Entwickelung in e. Auswahl ihrer vorzügl. Erzeugnisse vom Anfang bis auf die Gegenwart. 5. Aufl. (528 S.) 894. n. 4. —.

Kippenberg, A., deutsches Lesebuch f. höhere Mädchenschulen. Ausg. A. 6. Tl. Besondere Bearbeitung für paritāt. Schulen. 5. Aufl. gr. 8. (300 S.) Hannover 894. Norddeutsche Verlagsanstalt. Geb. n. 2. 40

— dasselbe. Ausg. B. in 5 Tln. gr. 8. Ebd. Geb. n. 13. 40
1. 13. Aufl. (192 S.) 894. n. 1. 50. — 2. 7. Aufl. (328 S.) 894. n. 2. 50. — 3. 7. Aufl. (362 S.) 891. n. 2. 60. — 4. 6. Aufl. (382 S.) 894. n. 2. 80. — 5. Handbuch der deutschen Litteratur. Die deutsche Dichtung nach ihrer geschichtl. Entwickelung in e. Auswahl ihrer vorzügl. Erzeugnisse vom Anfang bis auf die Gegenwart. 8. Aufl. (528 S.) 894. n. 4. —

— dasselbe. Ausg. B. 4. Tl. Besondere Bearbeitung für paritāt. Schulen. 6. Aufl. gr. 8. (382 S.) Ebd. 894. Geb. n. 2. 80

— dasselbe. Ausg. B. 4. Tl. Besond. Bearbeitg. f. paritāt. Schulen. 7. Aufl. gr. 8. (382 S.) Ebd. 896. n. 2. 80

[F.] Deutsches Lesebuch für höhere Mädchenschulen v. A. Kippenberg, weil. Vorsteher e. höheren Mädchenschule ... 22., neu bearb. Aufl. T. 1. d. Ausgabe A u. B. *Hannover: Norddeutsche Verlagsanstalt, O. Goedel 1898.* 8. [98. 4183 Go

— deutsches Lesebuch f. höhere Mädchenschulen. 1. Tl. d. Ausg. A u. B. 24., neu bearb. Aufl. gr. 8. (184 S.) Ebd. 898. Geb. n. 1. 50

— dasselbe. Ausg. A. 2.—5. u. 7. Tl. gr. 8. Ebd. Geb. n.n. 11. —
2. 14. u. 15., neu bearb. Aufl. (à 224 S.) 898. n.n. 1. 80
3. 12. Aufl. 2. Abdr. (272 S.) 898. n.n. 2. 10
4. 12. Aufl. (292 S.) 898. n.n. 2. 30
5. 11. Aufl. (284 S.) 898. n.n. 2. 30
7. 6. Aufl. (323 S.) 897. n.n. 2. 50

— dasselbe. Ausg. A. 3. u. 4. Tl. 13., neu bearb. Aufl. gr. 8. Ebd. 898. Geb. n. 3. 90
3. (216 S.) n. 1. 80. — 4. (264 S.) n. 2. 10.

— dasselbe. Ausg. B. 2.—4. Tl. gr. 8. Ebd. 898. Geb. n. 7. 90
2. 12. Aufl. (328 S.) n. 2. 50
3. 14., neu bearb. Aufl. (364 S.) n. 2. 60
4. 7. Aufl. (382 S.) 895. n. 2. 80

— dasselbe. Neue Ausg. Ausg. A. 6. Tl. Neu bearb. gemäß d. Bestimmgn. v. 31. V. 1894. 4. Aufl. gr. 8. (VIII, 264 S.) Ebd. 898. Geb. n. 2. 20

— dasselbe. Ausg. B. 4. Tl. Neu bearb. gemäß d. Bestimmgn. v. 31. V. 1894. 5. Aufl. gr. 8. (VIII, 372 S.) Ebd. 898. Geb. n. 2. 75

— deutsches Lesebuch f. höhere Mädchenschulen. 1. Tl. der Ausgaben A u. B. 37. (der Neubearbeitg. 16.) Aufl. gr. 8. (184 S.) Ebd. 902. Geb. in Leinw. n. 1. 50

— dasselbe. Ausg. A. II.—VII. Tl. gr. 8. Ebd. 902. Geb. in Leinw. n.n. 13. 10
II. 21. (der Neubearbeitg. 8.) Aufl. (224 S.) n.n. 1. 80
III. 20. (der Neubearbeitg. 8.) Aufl. (216 S.) n.n. 1. 80
IV. 20. (der Neubearbeitg. 8.) Aufl. (264 S.) n. 2. 20
V. 19. (der Neubearbeitg. 8.) Aufl. (290 S.) n. 2. 30
VI. 6. (der neuen Ausg. 10.) Aufl. (VIII, 288 S.) n. 2. 40
VII. 9. (der Neubearbeitg. 2.) Aufl. (332 S.) n. 2. 60

— dasselbe. Ausg. B. II.—IV. Tl. gr. 8. Ebd. 902. Geb. in Leinw. n. 7. 80
II. 20. (der Neubearbeitg. 8.) Aufl. (304 S.) n. 2. 40
III. 20. (der Neubearbeitg. 7.) Aufl. (364 S.) n. 2. 60
IV. Neue Bearbeitg. 5. (der neuen Ausg. 10.) Aufl. (VIII, 372 S.) n. 2. 80

Deutsches Lesebuch für höhere Mädchenschulen von A[ugust] Kippenberg, weil. Vorst. e. höh. Mädchenschule. Ausg. A u. B. 41. Aufl. T. 1. *Hannover: O. Goedel 1903.* 8° [F.] [03. 12361 7

— dasselbe, f. Vorschulen höherer Lehranstalten. 2 Tle. Neue Ausg. 8. Ebd. 905 Geb. n.n. 3. 30
1. (178 S.) 1. 50. — 2. (218 S.) n.n. 1. 80.

— deutsches Lesebuch f. höhere Mädchenschulen. I. Tl. der Ausgaben A u. B. 50.—52. Aufl. (184 S.) 8. Ebd. 906. Geb. n. 1. 50

— dasselbe. Ausg. A. II.—VII. Tl. 8. Ebd. Geb. n.n. 13. 10
II. 29. u. 30. Aufl. (224 S.) 906. Geb. n.n. 1. 80
III. 28. u. 29. Aufl. (216 S.) 906. Geb. n.n. 1. 80
IV. 29. Aufl. (264 S.) 906. Geb. n.n. 2. 20
V. 26. Aufl. (290 S.) 906. Geb. n.n. 2. 30
VI. 22. Aufl. (VIII, 288 S.) 906. Geb. n.n. 2. 40
VII. 11. Aufl. (332 S.) 905. Geb. n.n. 2. 60

— dasselbe. Ausg. B. II.—IV. Tl. 8. Ebd. Geb. n. 7. 80
II. 28. u. 29. Aufl. (304 S.) 906. Geb. 2. 40
III. 29. Aufl. (364 S.) 906. Geb. 2. 60
IV. 24. Aufl. (VIII, 372 S.) 906. Geb. 2. 80

— Deutsches Lesebuch f. höh. Mädchenschulen. Auf Grund der preuß. ministeriellen Ausführungsbestimmgn. v. 12. XII. 1908 unter Mitwirkg. v. H. Jantzen neubearb. v. d. bisher. Herausgebern Frau J. Kippenberg u. A. Kippenberg. I. Tl. der Ausg. A. u. B. 61.—68. Aufl. (Je 176 S.) gr. 8. Hannover 909. Norddeutsche Verlagsanstalt O. Goedel. Geb. in Leinw. nn 1. 55

Kippenberg, A., Deutsches Lesebuch f. höh. Mädchenschulen. Auf Grund der preuß. ministeriellen Ausführungsbestimmgn. v. 12. XII. 1908 unter Mitwirkg. v. H. Jantzen neubearb. v. d. bisher. Herausgebern Frau J. Kippenberg u. A. Kippenberg. Ausg. A. II.—VII. Tl. gr. 8. Hannover, Norddeutsche Verlagsanstalt O. Goedel. Geb. nn 13. 40
II. 36.—41. Aufl. (216 S.) 909. Geb. nn 1. 85
III. 39. Aufl. (240 S.) 910. Geb. nn 1. 75
IV. 30.—38. Aufl. (292 S.) 909. 10. Geb. 2. 40
V. 33.—35. Aufl. (288 S.) 909. 10. Geb. 2. 40
VI. 28. u. 29. Aufl. (296 S.) 909. 10. Geb. 2. 40
VII. 14. Aufl. (296 S.) 910. Geb. 2. 60

— dasselbe. Der Ausg. A VIII. u. IX. Teil. Der Ausg. B V. u. VI. Tl. 8. Ebd. Geb. in Leinw. 6. —
VIII (V). Handbuch der deutschen Literatur. 23. Aufl. (404 S.) 910. Geb. 3. 60
IX (VI). Prosaband. (296 S.) 910. Geb. 2. 40

— dasselbe. Ausg. B II.—IV. Tl. gr. 8. Ebd. Geb. 8. 30
II. 37. u. 38. Aufl. (352 S.) 910. Geb. 2. 60
III. 35.—37. Aufl. (360 S.) 909. 10. Geb. 2. 70
IV. 29. u. 30. Aufl. (404 S.) 910. Geb. 3. —

Kippenberg, A., deutsches Lesebuch für höhere Töchterschulen. [Ausg. A.] 8 Tle. gr. 8. Hannover, Norddeutsche Verlagsanstalt. [1. Tl. (192 S.) 885. *M 1.20., geb. *M 1.50.; 2. Tl. (224 S.) 885. *M 1.50., geb. *M 1.80.; 3. Tl. (272 S.) 885. *M 1.80., geb. *M 2.10.; 4. Tl. (288 S.) 885. *M 2.—., geb. *M 2.30.; 5. Tl. (280 S.) 886. *M 2.—., geb. *M 2.30.; 6. Tl. (295 S.) 886. *M 2.10, geb. *M 2.40.; 7. Tl. (320 S.) 886. *M 2.20., geb. *M 2.50.; 8. Tl.: Handbuch der deutschen Literatur. Die deutsche Dichtung in einer Auswahl ihrer vorzüglichsten Erzeugnisse in Poesie und Prosa vom Anfang bis auf die Gegenwart. (XVI, 496 S.) 886. *M 3.50., geb. **M 4.—.] * geb. **

—— dass. — Ausg. A. in 8 Tln. 6. Tl.: Besondere Bearbeitung für paritāt. Schulen. gr. 8. (295 S.) Ebendas. 887. geb. *

—— deutsches Lesebuch für höhere Töchterschulen. Ausg. B in 5 Tln. gr. 8. Ebendas. 886—89. geb. ** 13 40
Inhalt:
Tl. 1. [Zweites Schuljahr.] (Gleich mit Tl. 1 der A-Ausgabe.) 1.—4. Aufl. (192 S.) **M 1.50.
" 2. [Drittes und viertes Schuljahr.] (Auswahl aus den Tln. 2 und 3 von A.) 1. und 2. Aufl. (328 S.) **M 2.50.
" 3. [Fünftes und sechstes Schuljahr.] (Auswahl aus den Tln. 4 und 5 von A.) (346 S.); 2. Aufl. (362 S.) **M 2.60.
" 4. [Siebentes und achtes Schuljahr.] (Auswahl aus den Tln. 6 und 7 von A.) (382 S.) **M 2.80.
" 5. [Neuntes u. s. w. Schuljahr.] (Gleich mit Tl. 8 der A-Ausgabe, u. d. T.: Handbuch der deutschen Litteratur.) 2. und 3. Aufl. **M 4.—.

—— dass. — 4. Tl. (Siebentes und achtes Schuljahr.) Besondere Bearbeitung für parität. Schulen. (370 S.) 887; 2. Aufl. gr. 8. (382 S.) Ebendas. 889. geb. ** 2 80

—— Deutsches Lesebuch für Vorschulen höherer Lehranstalten. 2 Tle. 8. Ebd. 889. geb. * 3 30
1. Tl. Zweites Schuljahr (Oktava). (192 S.) geb. * 1 50; 2. Tl. Drittes Schuljahr (Septima). (224 S.) geb. * 1 80.

Deutsches Lesebuch für Vorschulen höherer Lehranstalten. Von A[ugust] **Kippenberg**. In 2 Teilen. T. 1. 2. Neue Ausg. *Hannover: O. Goedel 1903.* 2 Bde 8° [J.] [03. 10363 7

Kippenberg, Aug., Naturbilder aus dem Kreise kindlicher Anschauung. Erzählungen, Parabeln und Mährchen für Kinder und Freunde kindl. Sinnes. gr. 16. (XXI und 201 S.) Bremen 854, (Kühtmann und Comp.) *

[J.] **Kippenberg**, *Hermann Ludwig* August [aus Bremen]: Robinson in Deutschland bis zur Insel Felsenburg. '(1731—43.)' ... Hannover, Druck v. Th. Schäfer, 1892; 3 Bl., 122, XIX S., 1 Bl. 8.
Leipzig, Phil. Fak., Inaug.-Diss v. [27. Juni] 1892

Kippenberg, Aug. Robinson in Deutschland bis zur Insel Felsenburg. [1731—43.] Ein Beitrag zur Litteraturgeschichte d. 18. Jahrh. gr. 8. (VI, 122; XIX S.) Hannov. 892, Norddeutsche Verlags-Anstalt. * 3 60

—— Sammlung der [80] vorzüglichsten Gedichte aus dem Deutschen Lesebuche für höhere Töchterschulen. gr. 8. (106 S.) Ebendas. 887. * 40 Pf.; cart. * 55 Pf.; geb. * — 65

—— Sammlung der vorzüglichsten Gedichte aus dem deutschen Lesebuche f. höhere Mädchenschulen. 2. (Ster.-) Aufl. gr. 8. (102 S.) Ebd. 892. geb. ** — 65

Helle Strahlen aus dem Orient. Zehn Logenreden, gehalten von A[ug.] Kippenberg. [Hrsg. von Adalb. Portig.] Leipzig: Zechel 1890. VI, 199 S. 8°
Recens: FZ. 44 (1890) S. 285 (K. Pilz); Bh. 33 (1890) S. 294—295 (J. G. Findel); L. 13 (1890) S. 160 (B. Cramer); HL. 23 (1890) S. 1840—1850 (O. Meissner); SL. 10 (1890) S. 158; Z. 20 (1890) S. 72 (M. Amster); DrL. 20 (1890—1891) S. 1646 (A. Peuckert); BrL. 8 (1890—1891) S. 32. 23. 25.

—— Esaias Tegnér. gr. 8. (59 S.) Leipzig 884, Teubner. *
Aus: Zeitschrift für weibliche Bildung in Schule und Haus, besonders abgedruckt.

Kippenberg, Berthold, Referendar in Bremen: Der Einfluß der Eröffnung des Konkursverfahrens auf noch nicht erfüllte zweiseitige Verträge. Leipzig: O. Wigand 1907. (100 S.) 8° [J.]
Leipzig, Jur. Fak., Diss. v. 27. Nov. 1907
[Geb. 16. März 80 Bremen; Wohnort: Bremen; Staatsangeh.: Bremen; Vorbildung: Gymn. Bremen Reife M. 99; Studium: Freiburg i. B. 3, Berlin 2, Leipzig 5 S.; Rig. 25. Juli 04.]

Kippenberg, Friedrich [app. Arzt aus Bremen]: Aus d. patholog. Institute zu Kiel. Beitrag zur Lehre von der angeborenen Lungenlues ... Kiel, Druck v. L. Handorff, 1891; 25 S., 1 Bl. 8.
Kiel, Med. Fak., Inaug.-Diss. v. [10. Okt.] 1891

Kippenberg, Heinrich [aus Bremen]: Über einige aromatische Amidoalkohole und Derivate ... *Leipzig, Druck v. Pöschel & Trepte, 1897;* 2 Bl., 35 S., 1 Bl. 8.
Berlin, Phil. Fak., Inaug.-Diss. v. 13. März 1897

Kippenberg, Herm., s.: Jahrbuch der photographischen Gesellschaft zu Bremen.

Kippenberg, J., Abriß der deutschen Litteratur. Die deutsche Dichtg. nach ihrer geschichtl. Entwickelg. in e. Auswahl ihrer vorzüglichsten Erzeugnisse vom Anfang bis auf die Gegenwart. Nach dem „Handbuch der deutschen Litteratur v. A. Kippenberg" zusammengestellt. 8. (VIII, 328 S.) Hannover 890. Norddeutsche Verlags-Anstalt, Goedel. geb. n. 2. —

Kippenberg, J., deutsche Gedichte f. d. Mittel- u. Oberstufe höh. Mädchenschulen. Nach d. preuß. Bestimmgn. üb. d. Mädchenschulwesen v. 31. V. 1894 ausgew. 4. Aufl. gr. 8. (VIII, 136 S.) Ebd. 897. Geb. in Leinw. n. 1. —

[J.] Grössere Ausgabe. Deutsche Gedichte für die Mittel- und Oberstufe höherer Mädchenschulen. Nach den preuss. Bestimmgn üb. d. Mädchenschulwesen v. 31. Mai 1894 ausgew. v. J. **Kippenberg**. 2. erweit. Aufl. ... *Hannover: O. Goedel 1897.* (X, 206 S.) 1 Bd 8. [97. 8064 G...

— dasselbe. Größere Ausg. 3. Aufl. gr. 8. (X, 206 S.) Ebd. 898. Geb. in Leinw. n. 1. 60

Deutsche Gedichte für die Mittel- und Oberstufe höherer Mädchenschulen. Ausgew. von J. Kippenberg. Grössere Ausg. 4. durchges. Aufl. *Hannover: O. Goedel 1900.* (VIII, 208 S.) 8° [F.]

Deutsche Gedichte für die Mittel- und Oberstufe höherer Mädchenschulen. Ausgew. von J. Kippenberg. 5. durchges. Aufl. *Hannover: O. Goedel 1900.* (VIII, 136 S.) 8° [F.]

Kippenberg, J., deutsche Gedichte f. die Mittel- u. Oberstufe höh. Mädchenschulen. Nach den preuß. Bestimmgn. üb. das Mädchenschulwesen vom 31. V. 1894 ausgewählt. 6. Aufl. gr. 8 (VIII, 136 S.) Hannover 902. Norddeutsche Verlagsanstalt O. Goedel. Geb. in Leinw. n. 1.—

— dasselbe. Größere Ausg. 6. Aufl. gr. 8. (VIII, 208 S.) Ebd. 902. Geb. in Leinw. n. 1. 60

Deutsche Gedichte für die Mittel- und Oberstufe höherer Mädchenschulen. Nach d. preuß. Bestimmungen über d. Mädchenschulwesen vom 31. Mai 1894 ausgew. von J. Kippenberg. 7. Aufl. *Hannover: O. Goedel 1903.* (VIII, 136 S.) [F.]

Deutsche Gedichte für die Mittel- und Oberstufe höherer Mädchenschulen. Nach d. preuß. Bestimmungen über d. Mädchenschulwesen vom 31. Mai 1894 ausgew. von J. Kippenberg. Größere Ausg. 7. Aufl. *Hannover: O. Goedel 1903.* (VIII, 208 S.) [F.]

Kippenberg, J., deutsche Gedichte f. die Mittel- u. Oberstufe höherer Mädchenschulen Nach den preuß. Bestimmgn. üb. das Mädchenschulwesen vom 31. V. 1894 ausgewählt. 8. Aufl. (VIII, 136 S.) 8. Hannover 904. Norddeutsche Verlagsanstalt O. Goedel. Geb. in Leinw. n. 1.—

Kippenberg, J., deutsche Gedichte f. die Mittel- u. Oberstufe höherer Mädchenschulen. Nach den preuß. Bestimmgn. üb. das Mädchenschulwesen vom 31. V. 1894 ausgewählt. Größere Ausg. 8. Aufl. (VIII, 208 S.) gr. 8. Hannover 904. Norddeutsche Verlagsanstalt O. Goedel. Geb. in Leinw. n. 1. 60

Kippenberg, J., deutsche Geschichte f. d. Mittel- u. Oberstufe höh. Mädchenschulen. Nach den preuß. Bestimmgn. vom 31. V. 1894 ausgewählt. (Große Ausg.) 11. Aufl. (XII, 318 S.) 8. Ebd. 907. Geb. 1. 80

— dasselbe. (Kleine Ausg.) 9. Aufl. (VIII, 136 S.) 8. Ebd. 907. Geb. 1.—

Kippenberg, Karl

[F. u. Ant.] **Kippenberg, K.**: Ueber Goethes „Claudine von Villa Bella". Bremen, A. Guthe, Buchdr., 1891; S. 3 27; 4°
Bremen, R in d. Altstadt, OP 1891 (717)

Kippenberg, Karl: Katalog der Lehrer-Bibliothek der Realschule in der Altstadt zu Bremen. Bremen, Druck v. A. Guthe, 1893; 59 S. 8.
Bremen, R in d. Altstadt, OP 1893 (724)

Kippenberger, Johs., Babel-Bibel-Bebel. Vortrag, vom freien religiösen Standpunkt aus geh. (16 S.) gr. 8. Leipzig (908). C. Rühle. n. — 20

Kippenberger, Johannes: Beiträge zur Geschichte des Erzbischofs Aribo von Mainz (1021—1031). Borna-Leipzig 1909: Noske. 60 S. 8°
Leipzig, Phil. Diss. v. 17. April 1909, Ref. Seeliger, Lamprecht
[Geb. 9. März 71 Ober-Ingelheim; Wohnort: Leipzig; Staatsangeh.: Hessen; Vorbildung: Gymn. Mainz Reife O. 92; Studium: Gießen 8, Heidelberg 2 S.; Rig. 23. Febr. 09.] [U 09. 2999

Kippenberger, Karl

KIPPENBERGER, C.
Aufgaben einer wissenschaftlichen gerichtlichen Chemie der Gegenwart zugleich eine kritische Besprechung der hierbei in Betracht kommenden neueren Forschungsergebnisse. Berlin, 1900.

Kippenberger, Carl, Aufgaben e. wissenschaftl. gerichtl. Chemie der Gegenwart, zugleich e. krit. Besprechg. der hierbei in Betracht komm. neueren Forschungsergebnisse. gr. 8. (39 S.) Berlin 901. Gebr. Borntraeger. n. 1. 60
Rev. Sonderabdruck aus: „Berichte der deutschen pharmaceut. Gesellschaft".

Volkmann, Paulus, ord. phil. h. t. decanus: Lectiones cursorias, quas ... Carolus Kippenberger Phil. Dr. Prof. 'Aufgaben der Gegenwart einer wissenschaftlichen gerichtlichen Chemie' ad docendi facultatem rite impetrandam die XXIX. Junii ... habebit, indicit. *Regimonti Bor. 1900: Hartung.* (1 Bl.) 4

Kippenberger, Carl, Beiträge zur Reinisolirg., quantitativen Trennung u. chem. Charakteristik v. Alkaloiden u. glycosidart. Körpern in forensen Fällen, m. bes. Rücksicht auf d. Nachweis derselben in verwes. Cadavern. gr. 8. (68 S.) Wiesbaden 896. C. W. Kreidel. n. 1. 60

Grundlagen für den Nachweis von Giftstoffen bei gerichtlich-chemischen Untersuchgn. F. Chemiker, Pharmazeuten u. Mediziner bearb. v. Dr. Carl Kippenberger, Prof. ... in Kairo '(Egypten)'. *Berlin: J. Springer 1897.* (XII, 260 S.) 1 Bd 8.

Kippenberger, C. Methoden der Kohlensäure-Bestimmung in Wässern. München, 1894.

Kippenberger, Carl [aus Siegen]: Kritische Studien über die Methoden der Kohlensäure-Bestimmung in Trink- und Mineralwässern, m. bes. Berücks. d. Methoden d. Trenng d. freien u. halbgebundenen v. der zu Monocarbonaten gebundenen Kohlensäure ... Erlangen, Druck d. Univ.-Buchdr. v. E. Th. Jacob, 1894; 1—85, 86a, b, 87—117 S. 8.
Erlangen, Phil. Fak., Inaug.-Diss. v. 1894

— krit. Studien d. Methoden d. Kohlensäure-Bestimmung in Trink- u. Mineralwässern m. besond. Berücksicht. d. Trenng. d. freien u. halbgebund. v. d. zu Monocarbonaten gebund. Kohlensäure, nebst Beiträgen z. Kenntnis d. Bildg. kohlensaurer Salze in d. Wässern. [Aus: „Forschungs-Berichte über Lebensmittel etc."] 4. (84 S.) München 894. Dr. E. Wolff. n. 2. —

Kipper und Wipper. Drei Zornlieder aus dem J. 1621 über die Münzverschlechterung: Wachtelgesang, Münzgespräch, Ein schönes newes Lied. Von Neuem gedruckt. 4. (39 S.) Frankfurt a. M. 885, Lehmann und Lutz. * 3 —

Kipper, G., s. Kipper, Julius

Kipper, Georg *Wilhelm* [app. Arzt aus Hamm i. W.]: Aus d. patholog. Institut zu Marburg. Beiträge zur Kenntnis des „Situs transversus" ... M. e. Taf. u. 3 Text-Fig. Marburg, *grossh. Hof- u. Univ.-Dr. C. v. Mänchow, Giessen, 1896*; 47 S., 1 Taf. 8.
Marburg, Med. Fak., Inaug.-Diss. v. [14.] Juli 1896

Kipper, Heinrich

Kipper, H., Clemens August Freiherr Droste zu Vischering, Erzbischof v. Köln, f. a. Broschüren, Frankfurter zeitgemäße. 27. II.

Clemens August Freiherr Droste zu Vischering, Erzbischof von Köln. Ein Lebensbild von H. Kipper. Hamm i. W.: Breer & Thiemann 1907. (36 S.) 8° [F.]
— Broschüren, Frankfurter Zeitgemäße. Bd 27, H. 2.

Die Bekehrung des heiligen Augustinus. In 10 Bild. dramat. von Josephine Grach. Mit Chören, Soli u. Klavierbegleitung von Hermann **Kipper**. Op. 134. [Textbuch.] Düsseldorf: Schwann 1902. 63 S. 8° [11. 11041

Kipper, Hermann: Etude sur les condensations des acides o-chlorobenzoïque et méthoxychlorobenzoïque en présence de cuivre comme agent catalysateur. Genève 1905. 87 p. 8°. [14. II. 05.]
Genève. Thèse sc. 1904 05

Gold-Marie und Pech-Marie. Märchenspiel in 5 Bild. z. Aufführung in Mädchenschulen ... in freier Bearb. d. Grimmschen Volksmärchens von Emilie Droescher. Mit ... Gesangchören, Soli u. Klavierbegleitung komp. von Hermann **Kipper**. Op. 131. [Textbuch.] Düsseldorf: Schwann [1899]. 32 S. 8° [11. 11835

Kipper, Herm., Klavierbegleitung zum Liederbuch f. Jungfrauen-Vereine. (71 S.) gr. 8. Köln (909). J. P. Bachem. 2.40; geb. 3. —

[F.] Zwanzig vaterländische Lieder für Schulen u. Vereine. Componirt v. Hermann Kipper. Op. 107. 2. Aufl. *Köln a. Rh.: J. P. Bachem [1895].* (2 Bl., 40 S.) 1 Bd 8. [96. 8064

Musik zu dem Drama: Die Martyrin v. Sicca' (Nach Card. Newman's Roman Kallista bearb. v. J. Grach)' f. Klavier u. Chorgesang. Komp. v. Hermann **Kipper**. Op. 126. Part. [nebst] Chorstimmen a. f. gem. Chor, b. f. Männer-Chor ... *Köln a. Rh.: J. P. Bachem [1896].* (26, 4, 4 S.) 1 Bd 8. [97. 1275

Kipper, Herm., Perdita, s.: Keller, J.

Die Prophezeiung oder Ein Tag aus dem Leben der Kaiserin Augusta. Singspiel in 1 Akt. Handlung u. Musik von Hermann Kipper. Op. 130. Dichtung von Josephine Grach. Textbuch. *Düsseldorf: L. Schwann [1899].* (28 S.) 8° [F.] [00. 17710

Der kleine Tambour oder Ein deutsches Heldenmädchen. (Episode aus d. deutsch-franz. Kriege 1870/71.) Ein Singspiel f. junge Damen. Dichtung von Josephine Grach. Musik von Hermann **Kipper**. Opus 127. Text-, Regie- u. Soufflierbuch. Düsseldorf: Schwann [1898]. 24 S. 8° [11. 10725

Kipper, Jos., die Windthorstbunde, s. Broschüren, Frankfurter zeitgemäße. 25. XI.

Die Windthorstbunde, ihre Entstehung, ihre Zeit und ihre Tätigkeit. Von Jos. **Kipper**. Hamm: Breer & Thiemann 1906. (22 S.) 8° [F.]
= **Broschüren**, Frankfurter zeitgemässe. Bd 25, H. 11. [06. 00044

Die Episteln des Q. Horatius Flaccus in das Deutsche übersetzt von Jul. Kipper. Erstes Buch. 23 S. **Progr.** *Rostock* 1885

Kipper, Julius [Dr.]: Die Epistel an die Pisonen (Über die Dichtkunst) des Quintus Horatius Flaccus in das Deutsche übersetzt. (Forts. d. P-Beil. 1881. 89.) Rostock, Druck v. Adlers Erben, 1890; 14 S. 4°
Rostock, G, RG u. VS, OP 1890

— Die Epistel an die Pisonen (Über die Dichtkunst) des Quintus Horatius Flaccus in das Deutsche übersetzt von J. K. 4 (14 S.).
Progr. G., Rg. u. Vorsch. *Rostock* 1890 (637).
Vgl. Q. Horatius Flaccus Episteln. Deutsch von Julius Kipper. 12 (VIII, 157 S.). Rostock 1890, Volckmann u. Jerosch. *M.* 1,80.

Die Satiren des Q. Horatius Flaccus in das Deutsche übersetzt von Jul. Kipper. Erste Hälfte. 24 S. **Progr.** *Rostock* 1884

Kipper, Julius: Die Satiren des Quintus Horatius Flaccus in das Deutsche übersetzt. Zweite Hälfte. Rostock, Druck v. Adlers Erben, 1889; 23 S. 4°
Rostock, G u. RG, OP 1889 (614)

Kipper, Julius Die Satiren des Quintus Horatius Flaccus in das Deutsche übersetzt. Zweite Hälfte. 4 (23 S.).
Progr. G. u. Rg. *Rostock* 1889 (614).
Vgl. Q. Horatius Flaccus Satiren. Deutsch von Julius Kipper. 12 (VIII, 152 S.). Rostock i. M. 1890, Volckmann u. Jerosch. *M.* 1,80.

Kipper, Jul.: E x Taciti historiis dilucide intelligi non posse ostenditur, quomodo bellum inter Othonianos et Vitellianos gestum sit. P. I. 8 S. – Rostock, gr. Stdtsch., Progr. 1871.

Kipper, Mich., Gesundheitslehre für das Volk. gr. 8. (67 S.) Czernowitz 888. (Wien, Deuticke.) * 1 20

Kipper, Paul. Abbruch u. Aufbau. Beiträge zur komm. Reformation. I. u. II./III. gr. 8. Berl., Wilhelmi. [I. (VIII, 60 S.) 891. * 1 —; II./III. (X, 162 S.) 892. * 2 —.] * 3 —

Christentum und Religion von Paul **Kipper**. *Berlin: S. Fischer 1904.* (152 S.) 8° [05. 20075

— Christus in uns. 7 kurze Predigten üb. das apostol. Glaubensbekenntnis f. das deutsche Volk. gr. 8. (52 S.) Bresl. 890, (Dülfer). * — 70

Kipper, Paul [aus Sagan]: Geistesleben und **Descendenzlehre. Ein** erkenntnisstheoretisch-kritischer Versuch .... Naumburg a/S., Druck v. O. Hauthal, 1885: 67 S. 8°.
Jena, Phil. Fak., Inaug.-Diss. v. 1885.

Kipper, Paul, Geistesleben und Descendenzlehre. Ein erkenntnisstheoretisch-kritischer Versuch. Diss. Jena 1885, G. Neuenhahn. 8°. 67 S.

Geschichte des Neugriechischen Volksschulwesens v. Dr. Paul **Kipper** ... *Grossenhain & Leipzig: H. Starke 1897.* (96 S.) 1 Bd 8. [97. 3413

— Ich will dem Kaiser Rede stehen! 2. u. 3. Tl. gr. 8. (53 S.) Berl. 891, Bibliograph. Bureau. à Tl. * 1 —; * 2 —
2. Tl. Die wiedergeborene Kirche. (53 S.) — 3. Tl. Vorwärts! Offenes Sendschreiben an Hrn. v. Egidy u. seine Anhänger zunächst, darnach an die evangel. Christenheit. (64 S.)
1. Tl., s. Ich will dem Kaiser Rede stehen.

— dasselbe. 3 Tle. in 1 Bde. 2. (Titel-)Ausg. gr. 8. Ebd. 893. n. 1. 60
1. Das Johanneische Christentum. 2. Aufl. (III, 115 S.)
2. Die wiedergeborene Kirche. (53 S.)
3. Vorwärts! Offenes Sendschreiben an Hrn. v. Egidy u. seine Anhänger zunächst, darnach an die evangel. Christenheit. (64 S.)

Kipper, Paul, Rembrandt. Drama in 5 Akten. gr. 8. (80 S.) Großenhain (899). H. Starke. n. 1,20

— Ihr Unbarmherzigen! Ein sociales Drama v. Dorfe in 5 Akten u. 8 Bildern. 8. (XII, 76 S.) Ebd. 891. * 1 50

Kipphan, K., d. Zeichnen in d. Volksschule, s.: Schaber, W.

Kipping, Handbuch f. d. Einjährig-Freiwilligen 2c. d. Fußartillerie. s.: Weigelt.

Kipping, Alfred, Gerichtsass.: Der Einfluß von Willensmängeln bei der Aktienzeichnung. Borna-Leipzig 1910: Noske. IX, 40 S. 8°
Jena, Jur. Diss. v. 16. April 1910, Ref. Fehr
[Geb. 10. Juni 80 Altenburg; Wohnort: Altenburg; Staatsangeh.: Sachsen-Altenburg; Vorbildung: Gymn. Altenburg Reife O. 99; Studium: Freiburg i. B. 3, Berlin 1, Jena 4 S.; Rig. 1. Febr. 10.] [U 10. 2249

Kipping, F. S.: Ueber einige Derivate des Meta- und Paraxylols sowie Versuche zur Darstellung von isomeren Naphtalinderivaten .... München, K. Hof- u. Univ.-Buchdr. v. Dr. C. Wolf & Sohn, 1887; 39 S. 8°.
München, Phil. Fak., Inaug.-Diss. v. 1887.

Kipping, F. S., über einige Derivate des Meta- und Paraxylols sowie Versuche zur Darstellung von isomeren Naphtalinderivaten. Diss. München 1887, A. Buchholz. 8°. 39 S.

Kipping, Friedrich Wilh., Brand-Direktor. Sein Leben u. Wirken, s. Koehler, Hub.

Kipping, Jo. Georg Albert [Praes.], s. Hartmann, Christian Ludolph: Juris naturae principia rationi humanae omnino esse perspicua.

Kipping, Johann Wolfgang

Kipping, W., plenior assertio nominis cleri, ministerio sacro divinitus impositi. Helmst. 1745. 4.

Kipping, J. Wolfg., († ..) plenior assertio nominis cleri. 4. Braunschw. 750. (Leipz., Weygand). 4 gr

— de senatus consultis suprem. imp. rom. judicior. 4. ibid. 741.

Kipping, Johann Wolfgang [Praes.], s. Deneke, Johann Gottlieb: De senatus consultis supremorum judiciorum Imp. Rom. Germ.

– [Praes.], s. Franckenfeld, Ludwig Georg: De historiae ejusque nominis abusu.

— de historia ejusq. nominis abusu etc. 4. Brunsvic. Schröder. 745.

— — Oratio de honoribus academicis recte decernendis candidatum (Johann Kopp Hamburg) solemni ritu jurium doctorem renunciaret. Helmstedt (Drimborn) Juni 1744. 23 S. (5.—) 18054
Gew.: Christoph Conrad v. Baumgaerdtner, Johann Christian v. Baumgaerdtner (Schweinfurt), Hellvig Christian Meyer.

– [Praes.], s. Ike, David Gottlieb: De usucapione juris publici.

Kipping, jus ecclesiast. 4. Lps. Sommer.

— jus ecclesiasticum. 4. Leipz. ... (List in Berl.) 1 ß 12 gr

— prolusiones juris ecclesiast. recte constituendis de sacerdotio novi foederis. 4. Helmst. (Weygand, Lps.) 755.

– [Praes.], s. Kopp, Johann: De partu dubio, quem scilicet vidua inter dies lugubres enixa est.

Kipping, J. W., de natali Chr., connubii ejus cum ecclesia natali. Helmst. 1746. 4.

Kipping, J. W., de rationibus sacrorum solemnium, nominatim eorum, quibus memoria nati Christi renovatur. Helmst. 1743. 4.

Kippingius, Jo. Guolfg.: Specimen errorum communium de iure, sive diatriba de tacita clausula rebus sic stantibus, ad publicas conventiones non pertinente. Praemissa est diss. de sacerdotio iustitiae. Helmstadii 1739.

Kipping, Johann Wolfgang, Prolusio de statu religionis ante pacem Rysvicensem. Helmstedt (Paul Dietrich Schnorr) 1738. 36 S. (6.20) 18052

Kipping, J. Wolfg., de statu religionis ante pacem Ryswicensem. 4. (Leipz. ..., Weygand). 2 gr

— syntagma juris ecclesiast. 4. Braunschw. 752. Schröder. 1 ß 12 gr

— — Commentatio de usucapione juris publici qua praescriptio et inter gentes, et inter rerumpublicarum rectores atque subjectos, valida ex solidis juris naturae, jurisque publici tam universalis, quam particularis Imperii Rom. Germ. principiis demonstratur, atque ab objectionibus vindicatur. Helmstedt (Christ. Frid. Weygand) 1738. 148 S. (8.50) 18053
Gew.: Hieronymus Frh. v. Münchhausen.

— de usucapione juris publici. 4. Helmst. (Weygand in Lps.) 738.

Kipping, Joh. Friedr., Predigt am Sonntage nach d. zu Berlin Sr. Maj. d. Königs Friedrich Wilhelm IV. geleist. feierl. Erbhuldigung, d. 18. Oct. 1840 geh. in d. Stadtkirche zu Bernau. gr. 8. (1 B.) Berlin 840, Logier.

Kipping, Johann Georg Albrecht

Kipping, J. G. A., August, d. erste römische Kaiser. 8. Lpz. Weygand. 748.

— s. Briefe an Meden.

Johann Georg Albrecht Kipping

Io[annes] Georgius Albertus Kipping: De Consuetudine. Helmstadii (1750:) Schnorr. 52 S. 8°

Helmstedt, Med. Diss. v. 9. Okt. 1750

Kipping, Jo. Georg Albert (Präs.), s. Hartmann, Christian Ludolph: Juris naturae principia rationi humanae omnino esse perspicua adseritur.

— Diss. juris naturae principia rationi humanae omnino esse perspicua. 4. Helmst. 757.

Kipping, Jh. Geo. Albr., († d. 13. Febr. 1763.) Versuch e. philosophischen Geschichte d. natürl. Gottesgelehrsamkeit. gr. 8. Braunschw. 761. (Schulbuchh.) 1 ß

J. G. Alb. Kipping's Versuch e. philosoph. Gesch. d. natürl. Gottesgelehrsamkeit. (1r Th.) *Brschw.*, Waisenh.-B. 761. 8° 1 ß

Kipping, Otto: Das System im geograph. Unterricht, s. Bausteine, Pädagogische.

Das System im Geographischen Unterricht. Von O[tto] Kipping. Altenburg. *Dessau-Leipzig: R. Kahle (1898).* (19 S.) 8°
Aus: Pädag. Monatsblätter. 1898, H. 8.
— Bausteine, Pädagogische. H. 3. [09. 1477

– Wort u. Wortinhalt, s. Bausteine, Pädagogische.

Wort und Wortinhalt. Von Otto Kipping. *Langensalza: H. Beyer & Söhne 1896.* (22 S.) 1 Bd 8.
— Magazin, Pädagogisches. H. 75. [96. 6161

Kipping's, Rob., Elementarbuch über Segel und Segelmachen. Mit Anfertigung von Rissen und über den Schwerpunkt der Segel, so wie auch über Gewichte und Dicke von Tauen, Masten, Takelage 2c. Aus dem Engl. von A. Schultheß. 4 Lfgn. gr. 8. (VIII und 197 S. mit 1 Stnt. in 4. und vielen Abbild. in eingedr. Holzschn.) Hamburg 863,64, Salomon und Comp. à Lfg. * 15 Ngr. *

Kippis, Andreas. Leben des Kapitains James Cook. A. d. Engl. Hamb. 1789. Ü: *Wittenberg, Albrecht.* (MTG) (Ky)

Kippis, Andr., Leben des Kapitän James Cook; aus d. Engl. (v. A. Wittenberg). Mit Cook's Bildniß. 2 Bde. gr. 8. Hamb. 789. (A. Campe). 1 ℛ 16 𝒦

Kippis, Andreas: Leben des Capitain James Cook. Bd. 1. 2. Aus dem Englischen. Hamburg 1789. 1 Bd. 10. 281: 301 S. 8°.

— Life of Capit. J. Cook. II Vols. 8 maj. Basel 783. (Levrault in Strassb.) 2 ℛ

Kippis, Andrew: The life of Captain James Cook. Vol. 1. 2. Basil 1788 2 Bde. XII. 302: 326 S. 8°.

Kiprianoff, V.

— — Zweiter Beitrag zu Hybodus Eichwaldi. (Aus d. Bull. de la Soc. Imp. des Nat.) Moskau. 1855. 8.

Kiprianoff, V. Fisch-Ueberreste im Kursk's eisenhältigem Sandsteine. (Aus d. Bull. de la Soc. Imp. des Natur.) Moskau. 1832. 8.

Kiprijanoff, W., Studien über die fossilen Reptilien Russlands, s. Mémoires de l'Académie impériale des sciences de St.-Pétersbourg.

Kiprijanoff (W.), Studien über die fossilen Reptilien Russlands. St. Pétersbourg. 4.
2. Theil: Gattung Plesiosaurus Conybeare, aus dem Sewerischen Sandstein oder Osteolith der Kreidegruppe. (Mémoires de l'Académie impériale des sciences de St.-Pétersbourg, VIIe série, Tome 30, Nr. 6.) 1882. Mit 19 Tafeln.
3. - Gruppe Thaumatosauria N. aus der Kreideformation und dem Moskauer Jura. (Desgl. T. 31, Nr. 6.) 1883. Mit 21 Tafeln.
4. - Ordnung Crocodilina Oppel. Indeterminirte fossile Reptilien. (Desgl. T. 31, Nr. 7.) 1883. Mit 7 Tafeln.

Kipsch, Theophil Martin (Wederinga/Magdeburg). De fideicommisso sub clausula: Quicquid post mortem superfuerit, relicto. Diss. jur. Rector D. Hermann Paul Juch. Präs. Conr. Wilhelm Strecker. Erfurt (Hering) 22. VIII. 1735. 27 S. (6.50) 18055

— — Dasselbe. Germanis: Von Vermächtnissen, besonders unter Eheleuten; Und von guter Vorsicht, daß dieselben dem überlebenden Theile oder auch übrigen Erben nicht zur Last fallen. Ed. II. Frankf. u. Lpz. 1753. 35 S. o. Rector. (6.30) 18056

Kipsdorf [Schlagwort]

Kipsdorf. Meinhold's Specialkarte Kipsdorf-Altenberg-Lauenstein. Mit Genehmigg. des königl. Finanzministeriums nach den Aufnahmen der königl. Forsteinrichtungsanstalt, sowie des königl. Generalstabes bearb. v. E. A. Lehmann. 1 : 25,000. Ausg. 1897. 72,5 × 58 cm. Farbdr. Dresden 897. C. C. Meinhold & Söhne. n. 1. 50

Kipsdorf. Meinhold's Specialkarte Kipsdorf—Altenberg—Lauenstein. Mit Genehmigg. des königl. Finanzministeriums nach den Aufnahmen der königl. Forsteinrichtungsanstalt, sowie des königl. Generalstabes bearb. v. E. A. Lehmann. (Ausg. 1904.) 1 : 25,000. 73×58 cm. Farbdr. Nebst 1 Uebersichtskarte. 1 : 300,000. 19,5×12,5 cm. Farbdr. Dresden, C. C. Meinhold & Söhne. n. 1. 50; auf Leinw. n. 2. 50

Kiracos, Histoire d'Arménie, s. Historiens, deux, arméniens.

Királl, Johann. Gründliche und sichere Anweisung, wonach Damen ihre Kleider selbst zeichnen und ganz verfertigen können. Mit zehn grossen, praktischen Mustertafeln. *Pest* 1858. Druck von *J. Herz.* 32 S., 8°. 30 kr.

Zum Andenken. [Von Király.] [Ödenburg 1873: Romwalter.] 1 Bl. 8° [Kopftit.] Gedicht. „Als einst die Weltengruft umfing die Schöpfungskeime . . ."

Király, Frz. v., Betrachtungen über Socialismus und Communismus in ihrem Verhältniss zu den Grundformen des Rechts, zur politischen Oekonomie, zur socialen Praxis und zur Politik. gr. 8. (XI, 151 S.) Leipzig 869. Duncker und Humblot. *

KIRALY von Barcsfa, J. P., Ernst und Scherz. Epigrammat.-satyr.-humoristische Gedichte. Eisenstadt 1885. Gr. 8°. (1 Kr. Frz. Malota, Wien, 1909.)

Király, J. P. von, Satyrisch humoristische Idylle etc. von einem Kinderfreund. Oedenburg. Druck v. Reichard 8. 10 S.

Király, Joh. v., Geschichte d. Donau-, Mauth- u. Urfahr-Rechtes der königl. Freistadt Pressburg. Als Festschrift zur feierl. Eröffng. der steh. „König Franz Joseph-Brücke" hrsg. durch die Stadt Pressburg. [Deutsche Ausg.] gr. 8. (VIII, 252 S.) Pressburg 890. Heckenast's Nachf. n. 4. —; geb. n. 5. —

Királyföldy Endre. Magyar-német beszélgetések a köz- és társas életből. Ezekhez járul rövid szótár, és alegszokottabb szólásmódok s közmondások gyüjteménye. Királyföldy Endrétől. 2. kiadás. Pesten. Kladja Heckenast Gusztáv. (148 S. 8.) (Ungarisch-deutsche Gespräche aus dem Gesellschafts- und Geschäftsleben nebst Sammlung der gebräuchlichsten Redensarten und Sprichwörter. Von Andreas v. Királyföldy. Zweite Auflage. Pesth. Verlag von Gustav Heckenast) (Ungarisch und deutsch zugleich.) 1856

Királyföldy, Andr. v., ungarisch-deutsche Gespräche aus dem Gesellschafts- oder Geschäftsleben nebst Sammlung der gebräuchlichsten Redensarten u. Sprüchwörter. 2. (Titel-)Aufl. A. u. d. T.: Magyar-nemet beszélgetések a köz-és társas életből etc. Pest (856.) Heckenast. (2 Bl., 148 S.) n. 8 ngr.

Kintsch, Curt, s. Kintsch, Kurt

Kirbach, E., alles fürs Vaterland. Dramatische Szene in 1 Aufzuge. (14 S.) 8. Dresden (906). Verbandsbuchh. n. — 20

Kirbach, P., über die Mundwerkzeuge der Schmetterlinge. Dissertation. gr. 8. (44 S. mit 2 Stnt.) Leipzig 883, (Fock.) *

KIRBACH, Friedrich Paul: Über die Mundwerkzeuge der Schmetterlinge. - Neu-Ruppin 1884. 44 S., 2 Taf. 26 Abb. - Diss. Univ. Leipzig 1883

Kirbach, Hugo, a. Desterro ⟨Brasilien⟩: Zur Kenntnis der allmählichen Hydrolyse des Pferde-Oxyhämoglobins. Weida i. Th. 1906: Thomas & Hubert. (58 S.) 8°
Leipzig, Phil. Fak., Ref. Beckmann-Hantzsch, Diss. v. 23. Sept. 1906
[Geb. 18. Febr. 76 Desterro (Brasilien); Wohnort: Leipzig; Staatsangeh.: Sachsen; Vorbildung: Wettiner Gymn. Dresden Reife O. 99; Studium: Leipzig 15 S; Rig. 28/30. Juli 06.]

Kirbach, J. v., Handbuch für angehende Landwirthe, s. a. Handbuch.

Kirbach, J. v., Handbuch für angehende Landwirthe, oder Zusammenstellung der Grundsätze, Ansichten und Angaben verschied. Schriftsteller in Betreff der wichtigsten Gegenstände der Landwirthschaft. 5., abermals verm. Aufl. 2 Thle. gr. 8. Leipzig 857, Rein'sche Buchh. [1. Thl. (XXVI und 658 S.) 2. Thl. (656 S.) à Thl. 2 Thlr. 7½ Ngr.]

Kirbach, Kurt

Kirbach, Curt, bacc. jur., Referendar in Leipzig: Die Haftung des Beamten nach B.G.B. § 839. Borna-Leipzig 1907: R. Noske. (X, 64 S.) 8°
Leipzig, Jur. Fak., Diss. v. 10. April 1907
[Geb. 29. Dez. 79 Meerane i. S.; Wohnort: Leipzig; Staatsangeh.: Sachsen; Vorbildung: Nikolai-Gymn. Leipzig Reife O. 00; Studium: Leipzig 7 S.; Rig. 29. Juli 04.]

Kirbach, Mor., Zusammenstellung der gegenwärtig giltigen gesetzlichen Bestimmungen über die directe Besteuerung [Grundsteuer, Gewerbe- und Personalsteuer, Einkommensteuer] im Königreich Sachsen. 8. (IV, 220 S.) Plauen 875, Hohmann. *

Kirberg, August

Kirberg, A., Eisenbahn-Taschen-Wörterbuch in deutscher und französischer Sprache. Zusammenstellung der bei dem Bau, dem Betrieb und der Verwaltung der Eisenbahnen vorkommenden techn. und allgemein gebräuchl. Ausdrücke in deutscher und französ. Sprache. 8. (V, 155 S.) Köln 881, Du Mont-Schauberg'sche Buchh. *

Eisenbahn-Wörterbuch in deutscher und französischer Sprache. Zsstellg der bei dem Bau, d. Betrieb u. d. Verwaltung d. Eisenbahnen vorkommenden techn. u. allgemein gebräuchl. Ausdrücke in deutscher u. französ. Sprache v. A[ugust] **Kirberg,** K. Rechngsrath ... 2. Aufl. Th. I. II (in 1 Bde). *Köln: Kölner Verlags-Anst. 1898.* 1 Bd 8.
I. Deutsch-Französisch. (154 S.)
II. [A. T.:] Dictionnaire de chemins de fer en langue franç. et allemande ..., partie 2. Franç.-allem. (155—302 S.) [98. 10410 IIc

Kirberg, A., Uebersichts-Karte des Ruhrkohlengebietes. Nach amtl. Quellen bearb. 1 : 100,000. Chromolithogr. qu. gr. Fol. Köln 877, DuMont-Schauberg'sche Buchh. *

Kirberg, Paul, der Riß im modernen Denken. Anmerkgn. zu d. Schrift d. Prof. Meinhold in Bonn „Wider den Kleinglauben". 8. (56 S.) Elberfeld 895. (Verlag d. Reform. Schriftenverein.) n. — 50

Die Toleranz der Korinther. Eine crux interpretum ⟨2. Kor. 11, 4⟩ neu erkl. von P[aul] **Kirberg.** Bonn: Schergens in Komm. 1910. 15 S. 8° [10. 16354 5

Kirberger, Emil [aus Frankfurt a. M., prakt. Arzt]: Ein Fall von Typhus abdominalis mit schweren Complicationen .... Stuttgart, E. Schweizerbart'sche Verlagsh. (E. Koch), 1886: 20 S. 8°.
Tübingen, Med. Fak., Inaug.-Diss. v. 1886.

Kirbs, (Adolph.) Julius (geb. Bernstadt in Schles. 1811): De cerebri et medullae spinalis commotione. Berolini (1839). (32 S.) 8°
Berlin, Med. Diss. v. 24. Sept. 1839

Kirby u. Malgaigne, über d. Eingeweidebrüche, s. a. Bibliothek von Vorlesungen, XXV. Bd.

Kirby, u. Malgaigne, üb. die Eingeweidebrüche, deren Symptome, Diagnose u. Behandlung. Vorlesungen. Deutsch bearb. v. F. O. Lietzau. gr. 8. (23¾ B.) Leipzig 842, Kollmann.

Kirby, F. W., s.a. Kirby, W. F.

Kirby, F. W., synonymic Catalogue of diurnal Lepidoptera. Suppl. March, 1871 — June, 1877. gr. 8. (VII, S. 691 —883.) London 877. (Berlin, Friedländer und Sohn.) **
Hauptwork. Ebendas. 1871. ** ℳ 21.

Kirby, T., de febre putrida maligna. 8. maj. Berlin, Nicolai. 775. Rthlr.

Kirby, W. F., a synonymic Catalogue of diurnal lepidoptera. gr. 8. (VII, 690 S.) London 871. Berlin, Friedländer und Sohn. **

Kirby, W. F., exotische Schmetterlinge, s.: Hübner, J.

William Kirby
1759-1850

[An Introduction to entomology. Deutsch:] Einleitung in die Entomologie: oder Elemente der Naturgeschichte der Insecten. Von Wilhelm Kirby und Wilhelm Spence [1783-1860]. Bd 1-4. Stuttgart: Cotta (3.4: Stuttgard & Tübingen :Cotta) 1823-33. 8°

Bd 1: 1823.
Bd 2: 1824.
Bd 3.4: Hrsg. von [Lorenz] Oken. 1827-33.

Kirby, Wilh., u. Wilh. Spence, Einleitung in d. Entomologie: od. Elemente d. Naturgeschichte d. Insecten. Hrsg. v. (L.) Oken. 3. u. 4. (letzt.) Bd. gr. 8. Stuttgart, Cotta. [3. (50 B. u. 25 Stnt.) 827. 3 Thlr. 16 Gr., 4. (42 B.) 833. 2 Thlr. 16 Gr.]
1. u. 2. Bd. Ebendas. 1823, 24. 4 Thlr. 16 Gr. — 4 Bde. zusamm. genomm. nur 9 Thlr.

Kirby, Will., die Thierwelt, s. a. Thierwelt.

Kirby, William, die Thierwelt. Unterhaltungen über Sitten, Instincte u. Geschichte d. Thiere, zur Verherrlichung d. Macht, Weisheit u. Güte des Schöpfers. Aus d. Engl. von Friedr. Oesterlen. Gekrönte Bridgewater-Preisschrift. Mit Abbild. 1e u. 2e Lfrg. gr. 8. Stuttgart 838. Neff. à ½ ₰ — s. auch Natur, die, ihre Wunder u. Geheimnisse. 7r Bd.

Neuer Kirby Anzeiger: March 1877 -? Brantford, Ont.
Published by A. Harris, Son & Co.

Kirch, Chr. F.

— merkwürdige Himmelsbegebenheiten, so sich im J. 1736. zutragen werden. m. K. 4. Berl. Rüdiger. 736.

Kirch, Chr. Nordschein am 16. November. Berlin 1729. 4.

Kirch, C. F., observat. astronomicae. 4. Berl. Haude. 730.

Kirch, Conrad, s. Kirch, Konrad

Stammliste der Offiziere, Sanitätsoffiziere und oberen Beamten der Schutztruppe für Kamerun. Aufgestellt auf Befehl d. Kommandos d. Kais. Schutztruppe f. Kamerun von Eugen **Kirch,** Oberlt. Abgeschlossen am 31. Dez. 1905. Berlin: E. S. Mittler & Sohn 1906. (VI, 127 S.) 8° [F.] 06. 1943

Kirch, Ewald, aus Welkenraedt ⟨Belgien⟩: **Ein kasuistischer Beitrag zur Vaginalen Koeliotomie.** *Würzburg 1897 [vielm. 1901/02]: P. Scheiner.* (43 S.) 8°
Würzburg, Med. Diss. v. 1897

Kirch, Joh. Bernh. [aus Knefelsberg]: Das Glykogen in den Geweben des Flusskrebses .... Bonn, Jos. Bach Wwe., 1886; 48 S. 8°.
Bonn, Med. Fak., Inaug.-Diss. v. 11. März 1886.

Kirch, Joh. Bernh., das Glykogen in den Geweben des Flusskrebses. Diss. Bonn 1886, Emil Strauss. 8°. 48 S.

Kirch, Johann Philipp

Kirch, Jh. Ph., Abschiedsrede in Manheim und Antrittsrede in Karlsruhe. 8. Manh. 817. Löffler. 6 gr

Kirch, Jh. Ph., Andachtsübung zur Verehrung des heil. Martyrers Sebastian. 2e Ausg. 8. Mannheim 837. Löffler. 1/12 ℛ

— Denkmal für junge Christen bei der ersten heil. Kommunionsfeier, z. frommen Erinnerung gewidmet. Mit 1 Kpf. 8. Manheim 814. 2e Aufl. 820. Löffler. 12 gr Velinp. 16 gr Schrbp. 18 gr Auch u. dem T.: Kommunion- u. Gebetbuch f. gebildete junge Christen.

Kirch, (weil. geistl. Rath rc.) Jh. Ph., Denkmal für junge Christen bei der ersten heiligen Communionsfeier, zur frommen Erinnerung gewidmet. — A. u. d. T.: Communion- u. Gebet-Buch für gebildete junge Christen. 3. Ausg. (Mit 1 Stahlst.) kl. 8. Mannheim 842, Loeffler. zu 1/3 ℛ u 1/2 ℛ

— (5) Gelegenheitsreden 803. Neue (2e) verm. Ausg. 8. Manh. 810; a. 817 u. 833. Löffler. 18 gr

— Gelegenheitsreden. 3. sehr verb. Aufl. Mit einer Vorrede von Ed. Jh. Jos. Mühling. gr. 8. Ebend. 841. 1 ℛ

— neue Gelegenheitsreden. 8. Manh. 818. N. Aufl. 824. Löffler. 10 gr (Dies. einzeln unter folgenden Titeln: 1) Rede am Erndtedankfeste. 2) Einige Worte bei der Preisaustheilung. 3) Predigt auf die allgemeine christliche Todtenfeier.)

Kirch, (Joh. Ph.) neue Gelegenheitsreden. Neue Aufl. 8. Mannheim 824, Löffler.

— (4) neue Gelegenheitsreden. N. verm. Aufl. 8. Mannheim 833. Löffler. 5/12 ℛ

— Jesus in seinem Leiden als das erhab. Muster unserer Nachahmung, in 6 Fastenpredigten. 3. Manh. 802. 2e verb. A. 807. Löffler. 16 gr

— Jesus in seinem Leiden das erhabenste Muster unserer Nachahmung. 3e Aufl. gr. 8. 2/3 ℛ

— kurze Predigt am ersten Sonntage in d. Fasten. 8. Manh. 811. Löffler. 4 gr

—— sämmtliche Predigten. Neu hrsg. v. Ed. Joh. Jos. Mühling. 4 Bde. (7 Abthl.) gr. 8. Mannheim 840, 41, Löffler. Zusamm. gen. *

A. u. d. Tln.:
Bd. 1. Fastenpredigten. 3 Abthln.
Abthl. 1. Jesus in seinem Leiden. 6 Fastenpred. 3., umgearb. Aufl. (12 B.) 12 Gr.
" 2. Wie nahen wir uns Gott. 6 Fastenpred. 2., verb. Aufl. (7½ B.) 12 Gr.
" 3. Die letzten Worte d. sterbenden Jesus. 7 Fastenpred. 2., verb. Aufl. (7 B.) 12 Gr.
" 2. u. 3. Predigten auf alle Sonn- u. Festtage d. ganzen Jahres zur Erweckung u. Stärkung d. Glaubens u. religiösen Sinnes. 2 Bde. 2., durchgeſ. Aufl. (43½ B.) 3 Thlr.
" 4. Abthl. 1. Sammlung religiöser Reden bei Taufen u. Trauungen, nebst erbaul. Gedanken am Krankenbette, f. Seelsorger. 2., verm. Aufl. (12 B.) 1 Thlr.
" 2. Gelegenheitsreden. 3., sehr verb. Aufl. (12 B.) 1 Thlr.

— Predigten auf alle Sonn- u. Festtage des ganzen Jahres, zur Erweckung u. Stärkung des Glaubens u. religiösen Sinnes. 1r Bd. gr. 8. Manh. 830. Löffler. 1 ℛ 12 gr

—— Predigten auf alle Sonn- u. Festtage d. ganzen Jahres, z. Erweck. u. Stärkung d. Glaubens u. religiösen Sinnes. 2. Bd. gr. 8. (23 B.) Mannheim 830, Löffler.
1. Bd. Ebendas. 1830. 1 Thlr. 12 Gr.

—— dass. — 2 Bde. 2., durchges. Aufl., s. a. dess., sämmtl. Predigten, 2. u. 3. Bd.

— Predigten auf alle Sonn- und Festtage des ganzen Jahres, zur Erweckung und Stärkung des Glaubens und religiösen Sinnes. 2. durchges. Aufl. 2 Bde. gr. 8. Ebend. 841. 3 ℛ

— Rede am Charfreitage. 8. Manh. 806. 4e Aufl. 832. Löffler. 3 gr

— — Rede am Charfreytage. 3te Aufl. 8. Ebend. 817.

— Rede am ersten Tage d. Jahres 1803. 8. Manh. 803. 2e Aufl. 810. Löffler. 3 gr

—— Rede am ersten Tage im J. 1803. 3., verb. Aufl. 8. (2 B.) Mannheim 829, Löffler.

— Rede auf die Todtenfeier Pius VII. 8. Manh. 823. Löffler. 3 gr

— Sammlung religiöser Reden bei Taufen u. Trauungen, nebst erbaul. Gedanken am Krankenbette, f. Seelensorger. gr. 8. Manh. 824. Löffler. 1 ℛ

— Sammlung religiöser Reden bei Taufen und Trauungen, nebst erbaulichen Gedanken am Krankenbette für Seelsorger. 2. verb. und mit den Tauf- und Trauungs-Formularien des Badischen Rituals verm. Aufl., herausgeg. von Mühling. gr. 8. Ebend. 841. 1 ℛ

— wie nahen wir uns zu Gott? in 6 Predigten. 8. Manh. 805. Löffler. 3 gr

— Wie nahen wir uns Gott? Sechs Fastenpredigten. 2. durchges. u. verb. Aufl. gr. 8. Ebend. 840. 1/2 ℛ

— die letzten Worte des sterbenden Jesus, in 7 Fastenpredigten. 8. Manh. 819. Löffler. 12 gr

— die letzten Worte des sterbenden Jesus. Sieben Fastenpredigten. 2. sehr verb. Aufl. Mit einer Vorrede von Mühling. gr. 8. Ebend. 841. 1/2 ℛ

— einige Worte bei der Preis-Austheilung am 27. April 1817. 2e verb. Aufl. 8. Mannheim 833. Löffler. 1/12 ℛ

Kirch, Konrad

Kirch, Conr., S. J., Enchiridion fontium historiae ecclesiasticae antiquae, quod in usum scholarum collegit K. (XXIX, 636 S.) 8. Freiburg i/B. 910. Herder. 8.—; geb. in Leinw. 9. —

Kirch, Konr., S. J., Geschichte des vatikanischen Konzils, s.: Granderath, Thdr.

Kirch, Petrus (geb. am 9 Juli 1831 in Bacharach): De iudiciis provincialibus quorum mentio fit in Speculo Saxonico ... Bonnae, typ. C. Georgi 1855. 2 Bl., 48 S., 2 Bl. 8.
Bonn, Jur. Fak., Diss. v. 10 März 1855

Kirch, Rudolf [aus Bedburg]: Aus d. patholog. Institut zu Bonn. Über den Untergang des Staphylococcus pyogenes aureus bei der durch ihn hervorgerufenen Entzündung der Haut. . . . Bonn, Buchdr. Jos. Bach Wwe., 1889; 34 S. + 1 Bl. 8°
Bonn. Med. Fak., Inaug.-Diss. v. 23. März 1889

Kirch, Therese: Erwerbs-Berufe ..., s. Hermeling, Kath.

Kirchartz, Mathias (geb. Cöln a. Rh. 19. 7. 1837): De scorbuto. Berolini (1862). (32 S.) 8°
Berlin, Med. Diss. v. 30. Juli 1862

Kirchbach

—— s. Militair-Wochenblatt.

Kirchbach, v., die Theilnahme des 5. Armee-Korps an den kriegerischen Ereignissen gegen Oesterreich in den Tagen vom 27. Juni bis 3. Juli 1866, spezieller der 10. Infanterie-Division. Eine Vorlesung, gehalten vor der militair. Gesellschaft zu Posen im Winter 1866/67. Berlin 868. Mittler & Sohn. gr. 8. (214 S. mit 1 Tab. in qu Fol.) n. 28 ngr

Kirchbach, Arndt v., Geschichte des kgl. sächs. Schützen-Rgts. Prinz Georg Nr. 108, s.: Berger, Ritter u. Edler Herr v.

Kirchbach, Frank, 10 Bilder (in Photogr.) zu Goethes Gedichten. Cabinet-Ausg. Leipzig 898. A. Titze. In Leinw.-Mappe 10.—; einz. Blatt 1.—

Die Hydrovolve D. R. P. und die Hydrolokomotive D. R. P. 2 Arbeiten über Wasserkraft von Frank **Kirchbach**, Prof. München: ['Renaissance' in Schmargendorf bei Berlin] 1904. (30 S.) 8° [05. 16]

Kirchbach, F., Tuschzeichnungen zu E. Bulwer's Erzählung: Die letzten Tage von Pompeji, s. Schatzkammmer deutscher Illustratoren.

Kirchbach, G. v., Familiensatzungen mit dazu gehörigen Erläuterungen, den Stand der Familie betreffend.

Kirchbach, H. J. von, s. Kirchbach, J. H. von

Hn. HANS CARLS von KIRCHBACH, ... Rede vom Unterschiede der Bewunderung und der Liebe, und wie beydes gegen Sr. Königl. Majestät in Pohlen und Churfürstliche Durchlauchtigkeit zu Sachsen vereiniget sey, wodurch Derselbe als ein Mitglied der Deutschen Gesellschaft zu Leipzig im Jahr 1729. den 12. May, als an Sr. Majestät hohem Geburts-Tage den Preis der Beredsamkeit erhalten hat. Leipzig s. a. Gedruckt bey Bernhard Christoph Breitkopf. 8°.

Kirchbach's, J. v., Handbuch für Landwirthe, oder Zusammenstellung der Grundsätze, Ansichten und Angaben verschied. Schriftsteller im Betreff der wichtigsten Gegenstände der Landwirthschaft. 7., vollständig umgearb. Aufl., von neuem revid. von K. Birnbaum. 2 Thle. in 4 Halbbdn. Lex.-8. (XVI, 666; XIV, 761 S.) Berlin 870, Wiegandt, Hempel und Parey. à Halbbd. *ℳ 3. *

Kirchbach, J. v., Handbuch für Landwirthe, oder Zusammenstellung der Grundsätze, Ansichten und Angaben verschiedener Schriftsteller in Betreff der wichtigsten Gegenstände d. Landwirthschaft. 8. vollständig umgearbeit. Aufl., revid. von Dr. R. Birnbaum. Berlin 1873. 8°. Bd. 1 u. 2. lex. 8°.

—— dass. — 8. vollständ. umgearb. Aufl. von neuem revid. von K. Birnbaum. 2 Bde. gr. 8. (XV, 725; XII, 804 S.) Ebendas. 874. *

Kirchbach's, J. v., Handbuch für Landwirthe oder Zusammenstellung der Grundsätze, Ansichten und Angaben verschiedener Schriftsteller in Betreff der wichtigsten Gegenstände der Landwirthschaft. 9. Aufl., umgearb. von K. Birnbaum. 2 Bde. gr. 8. (XIV, 780; XII, 856 S.) Berlin 880, [Wiegandt, Hempel und Parey.] Parey. *ℳ 14.; geb. *

K[irchbach] J. v.: Handbuch f. angehende Landwirthe . . . 2. neu durchges. u. verm. Aufl. Leipz. 1843. (27) 1050 S.

Kirchbach, J. v. Handbuch für angehende Landwirthe. 4. A. Leipzig 1852—53.

Kirchbach, J. v., Handbuch für angehende Landwirthe, oder Zusammenstellung der Grundsätze, Ansichten und Angaben verschied. Schriftsteller in Betreff der wichtigsten Gegenstände der Landwirthschaft. 2 Thle. 6., abermals verm. Aufl., neu bearb. und geordnet von K. Birnbaum. gr. 8. (XXVIII und 1342 S.) Leipzig 864, Rein'sche Buchh. [Zander.]

Kirchbach, J. v. Handbuch für angehende Landwirthe. 7. A. von K. Birnbaum. Berlin 1870. 2. Bde.

Kirchbach, J. H. von

v. Kirchbach, H. J., Chemie u. Mineralogie der Gewerbkunde. Ein Handbuch für Kameralisten, Oekonomen, Fabrikanten, Liebhaber der Gewerbkunde u. zum Gebrauche in den höhern Classen der Gewerbschulen. 1r Bd. 6 Hefte u. 2r Bd. gr. 8. Leipzig 838. Otto Wigand. n. 3⅔ ₰ — 3r Bd. Organische Chemie. gr. 8. Ebd. 839. n. 2⅔ ₰

v. Kirchbach, J. H., Chemie u. Mineralogie der Gewerbkunde. Ein Handbuch für Kameralisten, Oekonomen, Fabrikanten, Liebhaber der Gewerbkunde u. zum Gebrauche in den höhern Classen der Gewerbschulen. 3 Bde. 2. wohlfeilere Ausg. gr. 8. Leipzig 841, O. Wigand. 3½ ₰

Kirchbach, Marie Luise [jetziger Name]
s. **Becker,** Marie Luise [Mädchenname]. [10. 1301

Kirchbach, Otto, prakt. Arzt: Aus d. pathologisch-anatom. Institut zu Königsberg i. Pr. Preisgekr. Arbeit. Verhalten der Vena umbilicalis und des Ductus venosus Arantii nach der Geburt. *Königsberg i. Pr. 1899: C. Henschke.* (56 S.) 8°
Königsberg, Med. Diss. v. 25. März 1899

Kirchbach, Wolfg., Eginhardt u. Emma. Schauspiel in 5 Aufzgn 8. (III, 116 S.) Dresden 896. E. Pierson. n. 1.50

—— Elysium in Leipzig, s. Novellenschatz, neuer deutscher.

— zur Fremdwörterfrage. [Aus: „Magazin f. die Litteratur d. In- u. Auslandes".] gr. 8. (20 S.) Dresden 889. Ehlermann. n.n. — 25

Kirchbach, Wolfg., ausgewählte Gedichte. 8. (VI, 348 S.) Leipzig 883, Friedrich. *ℳ 4.; geb. *

Kirchbach, Wolfg., deutsche Heimgeschichten, s.a. Kürschner's Bücherschatz.

Deutsche Heimgeschichten. Von Wolfgang **Kirchbach**. Berlin, Leipzig: H. Hillger (1906). (112 S.) 8° [F.]
= **Bücherschatz,** Kürschners. No 510. [07. 13387

Kirchbach, Wolfg., die Hosen d. Baron Werdau. Humoreske. Mit 26 Illustr. v. F. Stuck u. F. Jüttner. 8 (98 S.) Berlin 893. Deutsches Verlagshaus Bong & Co. n. 1. —

[F.] Das Buch Jesus. Die Urevangelien. Neu nachgewiesen, neu übs., geordnet u. a. d. Ursprachen erklärt v. Wolfgang **Kirchbach**. *Berlin: F. Dümmler 1898.* (2 Bl., 180 S.) 1 Bd 8. [97. 6938

Kirchbach, Wolfg., d. Buch Jesus. D. Urevangelien. Neu nachgewiesen, neu übers., geordnet u. aus d. Ursprachen erklärt. 8. (III, 180 S.) Berlin 898. F. Dümmler's Verl. n. 1. 50; geb. n. 2. 25; Volks-Ausg. 12. (156 S.) n. — 70

— jung gefreit! Lustsp. in 4 Aufzgn. 8. (75 S.) Ebd. 897. n. 1. 50

—— Kinder des Reiches. Ein Romancyclus. 2 Bde. 8. (IV, 267; III, 289 S.) Ebendas. 883. *ℳ 8.; geb. *

Kirchbach, Wolfg. (geb. 18. Septbr. 1857 zu London). *Kinder des Reiches.* Ein Roman-Cyclus. 2 Bde. (1 vol.) Leipzig. Wilh. Friedrich, kgl. Hofbuchh. (m. Signet), 1883. 8°. Untere rechte Ecke der ersten Bll. in Th. 2 ausgebess. Falb. Srsbd.
I: Tit., IV—267 S. Vorr dat. Kom., Decbr. 1882. — 1. Wetterstein. Ein Gesicht. 2. Reichshauptstadt. 3. Elysium in Leipzig. 4. Nachschr. d. Herausgebers.
II: Tit., 1 Bl. Inh., 289 S. 1. Das Reich in München. 2. Aus dem Oesterreiche in's Reich. 3. Allvater Wodan's abenteuerl. Reise. 4. Der Kindergarten an der Wartburg.

Wolfgang Kirchbach in seiner Zeit. Briefwechsel u. Essays aus d. Nachlaß hrsg. von Marie Luise Becker (d. i. Kirchbach) u. Karl v. Levetzow. München: Callwey 1910. VII, 432 S. 8° [10. 1300

Kirchbach, Wolfg., religiöse Kunst. (S. 97—136 m. Abb. u. 14 Taf.) 36×27 cm. München (897). F. Hanfstaengl. 8. —
Sonderabdr. a.: „Die Kunst unserer Zeit".

— märkische Landschaft, s.: Peip's, Chr., Taschenatlas v. Berlin (im Anhang Karten u. Pläne).

—— Das Leben auf der Walze. Roman. Mit 10 Bildern v. Geo. Koch, Holzschn. v. R. Brend'amour. 8. (403 S.) Berl. 892, Verein der Bücherfreunde. * 5 —; geb. in Leinw. * 5 75

—— ein Lebensbuch. Gesammelte kleinere Schriften, Reisegedanken und Zeitideen. gr. 8. (V, 494 S.) München 885, Heinrichs. * 7 50

— der Leiermann v. Berlin. Heitere Romane aus dem Volksgeist. 1. u. 2. Aufl. (à VII, 622 S.) 8. Dresden 906. E. Pierson. n. 5. —; geb. n. 6. —

(B) — Der Leiermann v. Berlin. 906. sowie die übrigen Romane aus E. Pierson's Verl. Jetzt: Berlin. Verl. Berlin-Wien.

— die Lieder vom Zweirad. Radlerleben u. -Liebe. Ein Orig.-Cyclus. 8. (57 S.) Berlin 900. G. H. Meyer. n. 1.—

(B) — Die Lieder v. Zweirad. 900. Jetzt: Berlin, F. Wunder.

Kirchbach, Wolfg., Märchen, mit Zeichnungen von Frank Kirchbach. gr. 16. (V, 202 S. mit 7 Taf.) Dresden 879, Art. geb. *

Kirchbach, Wolfg., Märchen. Neue Ausg. gr. 16. (202 S.) Leipzig 880. Breitkopf & Härtel. n. 2. —; geb. n. 3. —

—— Die letzten Menschen. Ein Bühnenmärchen in 5 Aufzügen. gr. 8. (118 S.) Dresd. 890, Pierson. * 2 —; geb. * 3 —

— die letzten Menschen. Ein Bühnenmärchen in 5 Aufzügen. 2. Aufl. (VII, 119 S.) 8. Dresden 904. E. Pierson. n. 1. 50

—— der Menschenkenner. Lustspiel in 4 Aufzügen. 8. (111 S.) Dresden 888, Ehlermann. *ℳ 2.—; geb. * 3 —

— Miniaturen. 5 Novellen. 8. (V, 256 S.) Stuttgart 892. J. G. Cotta Nachf. n. 4. —; geb. n. 5. —

—— Nord! Vaterländische Novellen. 2. (Titel-)Aufl. von „Kinder des Reiches" I. 8. (VIII, 267 S.) [Leipzig 885, Friedrich.] Dresden, Ehlermann. * 3 —

—— kosmopolitische Originale. Lustspiel in 5 Aufzügen. gr. 8. (75 S.) Ebendas. 878. *

— Georg Papperitz. Aus e. Malerleben. (22 S. m. Abbildgn. u. 6 Taf.) 36—27 cm. München (896). F. Hanfstaengl. 4. —
Sonderabdr. a.: „Die Kunst unserer Zeit".

— Gordon Pascha. Ein Zeitdrama in 5 Aufzgn. 8. (V, 118 S.) Ebd. 895. n. 1. 50

— die neue Religion, s. a. Eckstein's illustr. Romanbibliothek.

Die neue Religion. Erzählung von Wolfgang Kirchbach. Berlin: R. Ecksteins Nachf. [1903]. (155 S.) 8°
— Romanbibliothek, Ecksteins illustrierte. Jg. 3, Bd 12. [03. 4819

— Salvator Rosa. Roman. 2 Bde. 8. (358 u. 304 S.) Leipzig 880. Breitkopf & Härtel. n. 8. —; geb. n. 10. —

— deutsche Schauspieler u. Schauspielkunst, s. a. Schriften, deutsche, f. Litteratur u. Kunst.

Deutsche Schauspieler und Schauspielkunst. Von Wolfgang Kirchbach. Nebst Anh.: Letzte Erinnerungen von Heinrich Laube. *Kiel & Leipzig: Lipsius & Tischer 1892.* (51 S.) 8° [F.]
— Schriften, Deutsche, für Litteratur u. Kunst. Reihe 2, H. 2. [00. 1999

— Friedrich Schiller, der Realist u. Realpolitiker. (72 S.) gr. 8. Schmargendorf-Berlin 905. Verlag „Renaissance". n. 1. —

—, gesammelte *kleinere Schriften.* Reisegedanken u. Zeitideen. Ein Lebensbuch. München u. Leipzig. Otto Heinrichs. 1886. 8°. Eleg. modebraun. Ssb.

—— Süd! Vaterländische Novellen. 2. (Titel-)Aufl. von „Kinder des Reiches" II. 8. (VIII, 289 S.) Ebendas. 885. * 3 —

— d. Sonnenreiches Untergang. Ein Kulturdrama in 5 Aufzügen. 8. (124 S.) Dresden 894. E. Pierson. n. 1. 50

— Zum Verständnis altgriechischer Dichtung, s. a. Beiträge zur Literaturgeschichte.

Zum Verständnis altgriechischer Dichtung. 3 Essays von Wolfgang Kirchbach. Leipzig: Verl. f. Lit., Kunst u. Musik 1906. (112 S.) 8° [F.]
— Beiträge z. Literaturgeschichte. H. 20. [07. 4014

—— Waiblinger. Ein Trauerspiel unserer Zeit in 5 Aufzügen. 8. (96 S.) München 886, (Heinrichs.) * 2 —
—— dass. — 2. verb. Aufl. 8. (VIII, 102 S.) Ebendas. 887. * 2 40

Kirchbach, Wolfgang, was kann die Dichtung für die moderne Welt noch bedeuten?! s. Volkshefte, litterarische.

[F.] Was lehrte Jesus?! Zwei Ur-Evangelien. Von Wolfgang Kirchbach. *Berlin: F. Dümmler 1897.* (VIII, 248 S.) 1 Bd 8. [97. 6939

Was lehrte Jesus? Zwei Ur-Evangelien. Von Wolfgang Kirchbach. 2., stark verm. u. verb. Aufl. *Berlin: F. Dümmler 1902.* (XVI, 343 S.) 8° [F.] [03. 6030

— Wein. Schauspiel in 5 Aufzügen. 8. (102 S.) Berlin 899. F. Dümmler's Verl. n. 2. —

— der Weltfahrer. Roman in 3 Büchern. 8. (III, 508 S.) Dresden 891. Pierson. n. 5. —; geb. n. 6. —

— Ziele u. Aufgaben des Giordano Bruno-Bundes, s.a. Flugschriften des Giordano-Bruno-Bundes. Nr. 6.

Wolfgang Kirchbach. Ziele und Aufgaben des Giordano Breno-Bundes. Schmargendorf bei Berlin: Renaissance 1905. (24 S.) 8° [F.]
= Flugschriften d. Giordano Bruno-Bundes. No 6. [05. 5833]

a Kirchbach, Guil.: De collatione emancipatorum. Berolini (1804). (100 S.) 8°
Berlin, Jur. Diss. v. 7. Apr. 1804

Kirchbäck, Jos. Mart., Gedicht f. Vaterlandsfreunde. br. 8. (68 S.) (Passau 849, Elsäßer & Waldbauer.) 1/4 ℔

Kirchbaum Felix, M. A.: Einwirkung von Pottasche auf Isobutyraldehyd. S. 112. IIb. 1069 . . . . vgr.
Separatabdruck

KIRCHBAUR, Alois von (Passau): De difformitatibus rachiticis. (Titel nach der Urkunde) 3.8.1878 - Urk: Chr 1878/79,11
Diss.Ingolst.-Landsh.-Mchn

Kirchberg [Schlagwort]

Kirchberg, s.: Deutschland. Kürschner-Pelp. — Geologische Karten. Spezialkarte. (Sachs.)

Kirchberg, s.: Geognostische Karten (Württemberg).

Kirchberg, s.: Preussen. Messtischblätter. — Sachsen. Karte. Messtischblätter.

Kirchberg [Verfasser]

Kirchberg [Gymnasiallehrer Pastor]: Worte zum Gedächtnis der entschlafenen Amtsgenossen Professor Karl Spengler und Gymnasiallehrer Dr. Friedrich Spehr. Gesprochen . . . am 20. Januar 1890. Braunschweig, Druck v. J. H. Meyer, 1890; S. 29—32; 4°
Braunschweig, herz. neues G, OP 1890

Kirchberg, Adolf [pr. Arzt aus Gross-Denkte]: Ueber einen Fall von sogenannter fötaler Rachitis mit doppelseitiger Hüftgelenk-Subluxation. (Aus d. patholog. Institut zu Marburg.) . . . Marburg, Buchdr. Kahl & Schirling, 1888; 34 S. + 1 Bl. 8°
Marburg, Med. Fak., Inaug.-Diss. v. [31. Dez.] 1888

Kirchberg, Carl, s. Kirchberg, Karl

Kirchberg, Ed., Schulchoralbuch. Enthaltend 250 Choräle mit unterlegtem Texte, worunter sämmtl. Melodien des evangel. rhein.-westphäl. Synodal-Gesangbuches, nebst einem Anhange von 50 Schulliedern &c. 12. Essen 845, Bädeker. 1/4 ℔

Kirchberg, Edvardvs Gvilelmvs (geb. am 7 Okt. 1835 [nicht 1804] in Essen): De cataractae cvra in genere, deqve insolatione ocvli in specie . . . Bonnae, typ. C. Georgi 1860. 26 S., 2 Bl. 8.
Bonn, Med. Fak., Diss. v. 16 Aug. 1860

Grundzüge der Walzenkalibrierung von Emil Kirchberg. Mit 51 Abb. u. 8 Taf. Dortmund: F. W. Ruhfus 1903. (82 S.) 4°(8°) [05. 15060]

Kirchberg, Emil, Grundzüge der Walzenkalibrierung. (VII, 82 S. m. 51 Abbildgn. u. 8 Taf.) Lex.-8. Dortmund 905. (F. W. Ruhfus.) Geb. in Leinw. n. 10 —

Kirchberg, Franz, Dr. iur., approb. Arzt aus Liegnitz: (Aus d. Nerven- u. psychiatr. Klinik d. Kgl. Charité in Berlin. Geheimrat Prof. Dr. Jolly.) Zur paranoia chronica querulatoria. *Berlin (1903): G. Schade.* (46 S.) 8°
Berlin, Med. Diss. v. 8. Dez. 1903

Kirchberg Fried. Ernst Burggraf von (Graf zu Sayn u. Wittgenstein), De superioritate territoriali in allodiis imperii disputabit. Jena (Horn) Mai 1733. 52 S. (6.80) 18062

— — Dasselbe. Ed. II. Lpz. (Johann Christian Langenheim) 1733. 48 S. (6.50) 18063

Kirchberg, Heinrich, Medizinalprakt.: Die Barlow'sche Krankheit und ihre Complication mit spasmophiler Diathese. Bamberg 1909: Gärtner. 51 S. 8°
Erlangen, Med. Diss. v. 29. Jan. 1910, Ref. Jamin
[Geb. 11. Mai 82 Dingelstädt; Wohnort: Erlangen; Staatsangeh.: Preußen; Vorbildung: Gymn. Heiligenstadt Reife M. 03; Studium: Würzburg 2, München 1, Erlangen 2, Kiel 1, Göttingen 1, Leipzig 1, Erlangen 2 S.; Coll. 8. März 09; Approb. 12. Jan. 10.] [U 10. 806

Kirchberg, Hermann, Referendar: Ansprüche auf wiederkehrende Leistungen in prozessrechtlicher Beziehung. Berlin 1909: Littass. 59 S. 8°
Heidelberg, Jur. Diss. v. 30. März 1909, Ref. Heinsheimer
[Geb. 27. März 82 Greifswald; Wohnort: Schöneberg-Berlin; Staatsangeh.: Preußen; Vorbildung: Ludwig-Georgs-Gymn. Darmstadt Reife O. 00; Studium: München 2, Greifswald 1, München 1, Bonn 1, Berlin 2 S.; Rig. 4. Nov. 08.] [U 09. 1823

Kirchberg, *Karl Joseph* [app. Arzt aus Dingelstädt, Prov. Sachsen]: Über Carcinoma uteri gravidi . . . Heiligenstadt '(Eichsfeld.)', Druck v. F. W. Cordier, *1895;* 39 S. 8.
Leipzig, Med. Fak., Inaug.-Diss. v. 8. Okt. 1895

Kirchberg, Karl

Kirchberg, Carl: Laut- und Flexionslehre der Mundart von Kirn a. d. Nahe, mit Berücksichtigung der näheren Umgebung. Straßburg i. E. 1906: M. DuMont-Schauberg. (VIII, 60 S.) 8°
Straßburg, Phil. Fak., Ref. Martin, Diss. v. 10. Febr. 1906
[Geb. 9. Febr. 83 Kirn; Wohnort: Winningen, Mosel; Staatsangeh.: Preußen; Vorbildung: Realgymn. Darmstadt Reife O. 01; Studium: Berlin, Kiel, Straßburg; Rig. 16. Dez. 05.]

Kirchberg, Carolus [Presb. dioec. Paderborn.]: De voti natura, obligatione, honestate . . . (Soll vollst. erscheinen.) Monasterii Guestf., ex typogr. Aschendorffiana, 1895; 32 S., 2 Bl. 8.
Münster, Kath.-theol. Fak., Inaug.-Diss. v. [14. März] 1895

Kirchberg, Paul, Referendar in Heiligenstadt: Ueber das Erfordernis des Vermögensinteresses zur Gültigkeit von Schuldverhältnissen nach dem B.G.B. Borna-Leipzig 1905: R. Noske. (IX, 42 S.) 8° [F.]
Rostock, Jur. Fak., Ref. Bernhöft, Diss. v. 2. Okt. 1905
[Geb. 6. Dez. 78 Dingelstedt; Wohnort: Heiligenstadt; Staatsangeh.: Preußen; Vorbildung: Gymn. Heiligenstadt Reife O. 98; Studium: Marburg 2, Berlin 2, Halle 2 S.; Rig. 7. Juli 05.]

Kirchberg, Th., die Etymologie u. ihre Bedeutung f. Schule u. Lehrer, s.: Magazin, pädagogisches.

Kirchberg, W. A. C., s.: Bericht üb. die IX. allgemeine luther. Konferenz in Braunschweig.

Kirchberg, Walth. vom, Zeitgemäße Erwäggn. zum Rosenkranzgebet. (16 S.) 16. Tauberbischofsheim (903). F. X. Bott. n. — 08

Kirchberger, s.: Spanien in Wort u. Bild.

Kirchberger, Alfr., s.: Katholisches f. Jedermann.

— der gläubige Protestant u. die Beichte. Zur Beherzigg. f. Protestanten u. Katholiken. (III, 67 S.) 8. Innsbruck 906. F. Rauch. n. — 58

Kirchberger, Daniel (Hanoviensis), *ΤΩΝ ΑΝΘΡΩΠΟΦΑΓΩΝ ΑΝΑΒΙΩΣΙΣ.* Id est: De hominum ab hominibus devoratorum reditu in vitam rationi minime contrario. Diatr. histor. et philos. Präs. Johann Daniel Cramer. Hanoviae (Aubryanis) 18. I. 1704. 12 S. (6.—) 18064
Gew.: Gottfried Jüngst, Heinrich Schmedes (Bremen), Heinrich Jacob van Bashuysen, Johann Daniel Cramer.

Kirchberger, Ernst, über die Bedeutung der Stenographie im Allgemeinen und den Werth der Gabelsberger'schen Erfindung im Besonderen. Aussprüche hervorragender Gelehrten und Schriftsteller, nebst kurzen Mittheilungen aus dem Gebiete der Stenographie und 2 Orig.-Beiträgen von Stern und Rätzsch. 12. (144 autogr. S.) Dresden 884. (Stuttgart, Hugendubel.) * 2 80

Kirchberger, Fr., Geschichte d. eidsgenossischen Tugend. 8. Basel, Thurneisen. 765.

Kirchberger, Fr., († ...) Samml. d. Predigten, welche im großen Münster zu Bern sind gehalten worden. 1r Thl. gr. 8. Zürich 764. Orell; (a. Stettin in Ulm). 16 *K*

Kirchberger, Hans, Referendar in Hechingen: **Die Vorpfändung** nach § 845 der Civilprozeßordnung. **Leipzig:** O. Wigand 1907. (78 S.) 8°
Leipzig, Jur. Fak., Diss. v. 5. Juni 1907
[Geb. 14. März 84 Niederlahnstein; Wohnort: Hechingen; Staatsangeh.: Preußen; Vorbildung: Kaiserin-Augusta-Gymn. Koblenz Reife O. 03; Studium: Genf 1, Leipzig 2, München 2, Leipzig 1, Marburg 1 S.; Rig. 26. Okt. 06.]

Kirchberger, Hans, die Vorpfändung nach § 845 der Civilprozessordnung. (78 S.) 8. Leipzig 907. (Buchh. G. Fock.) 1. 50

Kirchberger, Joh., Verbessern. d. Luft- u. Feuer-Malz-Dörre u. Heizofens, s. Beschreibung u. Zeichnung rc.

— **Joh. Friedr.** (Bern/Schweiz), De jure circa sacra collegiali et majestatico. Diss. jur. Präs. Joh. Ulrich Cramer. Marburg (Philipp Casimir Müller) 9. II. 1736. 32 S. mit Widm. v. Präs. (6.—) 18066

Kirchberger, Jos., Beschreib. u. Abbild. der von ihm erfundenen Verbesserung der Luft- u. Feuer-Malzdörre u. des Heizofens. Mit 2 Kpft. gr. 8. Prag 829. (Calve). 14 *K*

Kirchberger, Jos., kurze Darstellung der Erfordernisse u. Mittel, durch welche ein gutes Malz zu jeder Jahreszeit am sichersten erzeugt wird, worunter die sehr wesentlich nothwendige und häufig gesuchte Verbesserung der Malztennen, dann der Keller u. Gewölbe enthalten ist. Nebst e. Beschreibung u. Zeichnung d. verbesserten Malzdörre u. Welke, dann Heiz- u. Koch-Oefen. — Verbesserungen an den Mahlmühlen u. ihren ähnl. Wind- u. Wassertriebwerken und an dem Fuhrwesen. — Verbesserungen der hölzernen Wasserleitungen, u. üb. den Wasser-, Wehr-, Damm- u. Brückenbau rc. Mit 3 Steintaf. gr. 8. Prag 835. Haase Söhne. 2 *ß*

Kirchberger, Leop., († ...) historia morbi chronici et specimen historiae cicutae. 8. Augsb. 771.

Kirchberger, Nikl. Ant., († ...) Geschichte d. eidsgenossischen Tugend. 8. Basel 765. Thurneisen. 3 *K*

Kirchberger, Paul, aus Weilburg a. Lahn: Ueber Tchebychef'sche Annäherungsmethoden. *Göttingen 1902: Dieterich.* (96 S.) 8°
Göttingen, Phil. Diss. v. [8. Okt.] 1902

Kirchberger, Paul, über Tchebychef'sche Annäherungsmethoden. Diss. (97 S.) Lex.-8. Göttingen 902 (Vandenhoeck & Ruprecht.) n. 2. 40

Kirchberger R.: Die Erweiterung der stereographischen Projectionsmethode auf die Flächen II. Grades. 6 Krems R. 75. Progr.

Kirchberger, Th., **Anfänge der Kunst u. der Schrift,** s. a. Führer zur Kunst.

Kirchberger Th, Anfänge der Kunst und der Schrift. (49 S 1 T) (Führer zur Kunst 10) Esslingen 1907

Kirchboitzen [Schlagwort]

Kirchboitzen, s.: Preussen. Messtischblätter.

Kirchdorf, E. Statistische Daten über Hagelvorkommen und rationelle Praxis der Hagelversicherung. Wien 1895.

— die. Evangelisches Monatsblatt für die Gemeinde. Redig. von J. Schück. 1. und 2. Jahrg. Juli 1878 — Juni 1880. à Jahrg. 12 Nrn. (à 1 — 1½ Bog.) gr. 8. Eberbach a. N. (Heidelberg, C. Winter'sche Sortimentsb.) à Jahrg. *

Kirche, die. Evangelisches Monatsblatt für die Gemeinde. Redig. von J. Schück. Jahrg. 1880. 12 Nrn. (à Nr. 1—1½ Bog.) gr. 8. Eberbach a. N. (Heidelberg, C. Winter'sche Sortimentsb.) **

Kirche, die. Evangelisches Gemeindeblatt. Redig. von J. Schück. Jahrg. 1881 — 1884. à Jahrg. 24 Nrn. (à Nr. ½ Bog.) gr. 8. Heidelberg, (C. Winter'sche Sortimentsb.) à Jahrg. **

Kirche, die. Evangelisches Gemeindeblatt. Hrsg. von J. Schück. 8. und 9. Jahrg. 1885 und 1886. à Jahrg. 24 Nrn. (à Nr. ½ Bog.) gr. 8. Heidelberg, (C. Winter's Sortiment.) à Jahrg. ** 1 20
—— dass. — 10. und 11. Jahrg. 1887 und 1888. à Jahrg. 52 Nrn. (à Nr. ½ Bog.) gr. 8. (Ebendas.) à Jahrg. ** 1 50

Kirche, die. Evangelisch-protestant. Sonntagsblatt f. Baden. Redact.: Burggraf. 12.—15. Jahrg. 1889—1892. à Jahrg. 52 Nrn. (Bog.) 4. Heidelb., (Hörning). à Jahrg. * 2 80
Erscheint außerdem in folgenden Ausgaben: Für Bremen, Bremerhaven u. Hamburg; für Norddeutschland u. Thüringen; für Süddeutschland.

— dasselbe. Red.: Barck. 16. u. 17. Jahrg. 1893. 1894. à 52 Nrn. (Bog.) 4. Ebd. à Jahrg. n. 2. 80
113

Kirche, die. Evang.-protestant. Sonntagsblatt. Red.: Barck u. F. Issel. 18.—21. Jahrg. 1895—1898. à 52 Nrn. (Bog.) 4. Heidelberg, Evang. Verlag. à Jahrg. n. 2. 80
Kann auch vierteljährlich bezogen werden. — Erscheint in verschiedenen Ausgaben f. Norddeutschland, Rheinland-Westfalen, Thüringen, Baden u. Süddeutschland.

Kirche, die. Evangelisch-protestant. Sonntagsblatt. Schriftleitung: J. Schück, E. Barck, O. Raupp. 22.—25. Jahrg. 1899—1902. à 52 Nrn. gr. 4. (à ca. 8 S. m. Abbildgn.) Heidelberg, Ev. Verlag. à Jahrg. n. 2. 80

Kirche, die. Evangelisch-protestant. Sonntagsblatt. Schriftleitung: E. Barck (verantwortlich), Fr. Schultz, O. Raupp 26—29. Jahrg. 1903—1906. à 52 Nrn. (à ca. 8 S.) 4. Heidelberg, Ev. Verlag. à Jhrg. n. 2. 80

Kirche, die. Evangelisch-protestant. Sonntagsblatt. Schriftleitg.: E. Barck (verantwortlich), Fr. Schultz, O. Raupp. 30.—33. Jahrg. 1907—1910. à 52 Nrn. (à 8 S. m. Abbild.) 31×23 cm. Heidelberg, Ev. Verl. à Jahrg. 2. 80

Kirche, die. Evangelisch-protestant. Sonntagsblatt f. Bremen, Bremerhaven u. Hamburg. Hrsg. v. J. Burggraf, E. Cronemeyer, H. Stüven. Red.: Burggraf. 14.—16. Jahrg. 1891—1893. à 52 Nrn. (Bog.) 4. Heidelberg, J. Hörning. à Jahrg. n. 2. 80

— dasselbe f. Norddeutschland u. Thüringen. Hrsg. v. Burggraf, Pini, Sauerteig, Scipio. Red.: Burggraf. 14.—16. Jahrg. 1891—1893. à 52 Nrn. (Bog.) 4. Ebd. à Jahrg. n. 2. 80

— dasselbe f. Süddeutschland. Hrsg. v. Bickes, Gerbert, List, Schück. Red.: Barck. 14.—17. Jahrg. 1891—1894. à 52 Nrn. (Bog.) 4. Ebd. à Jahrg. n. 2. 80

— dasselbe f. Sachsen. Red.: Barck. 16. Jahrg. 1893. 52 Nrn. (Bog.) 4. Ebd. n. 2. 80

— dasselbe f. Elsaß-Lothringen. Red.: Barck. 16. u. 17. Jahrg. 1893. 1894. à 52 Nrn. (Bog.) 4. Ebd. à Jahrg. n. 2. 80

— dasselbe f. Hessen. Red.: Barck. 16. u. 17. Jahrg. 1893. 1894. à 52 Nrn. (Bog.) 4. Ebd. à Jahrg. n. 2. 80

— dasselbe f. Norddeutschland. Red.: Barck. 17. Jahrg. 1894. 52 Nrn. (Bog.) 4. Ebd. n. 2. 80
s. unten: — dasselbe f. Thüringen.

— dasselbe f. Thüringen. Red.: Barck. 17. Jahrg. 1894. 52 Nrn. (Bog.) 4. Ebd. n. 2. 80
s. oben: — dasselbe f. Norddeutschland u. Thüringen.

— die, od. Versammlung als Haus u. Leib. 12. (17 S.) Vohwinkel 893. (Elberfeld, J. Faßbender.) n. — 8

— die. Zentralorgan f. Bau, Einrichtg. u. Ausstattg. der Kirchen. Unter Mitarbeit namhafter Fachleute hrsg. von Hugo v. Kulmsieg. 1.—4. Jahrg. Oktbr. 1903—Septbr. 1907. à 12 Hefte. (à ca. 45 S. m. Abbildgn.) Lex.-8. Steglitz bei Berlin, Verlag der Kirche. à Jhrg. n. 10. —

— die. Zentralorgan f. Bau, Einrichtg. u. Ausstattg. d. Kirchen. Unter Mitarbeit namhafter Fachleute hrsg. v. Hugo Wach. 5.—7. Jahrg. Oktbr. 1907—Septbr. 1910. à 12 Hefte. (390, 378 u. 412 S. m. Abb.) Lex. 8. Steglitz bei Berlin. [Verlag der Kirche.] Wittenberg, A. Ziemsen Verl. à Jahrg. 10. —

Kirche

—— und Adel, od. Beantwort. d. Frage: welche Vortheile bringt es d. Kirche, dem Volke u. dem Adel, wenn sich Edelleute d. geistl. Stande widmen, u. welche Einrichtn. in Kirche u. Staat können diese Richtung d. Adels fördern? Von K. F. 8. (1 B.) Glogau 836, Flemming. Thlr.

Die alleinseligmachende Kirche. Paderborn, Bonif.-Druckerei, 1871, kl. 8°. 30 Pf. (Bonif.-Brosch. Jahrg. 2, Heft 2 u. 3.)

—— die allgemeine christliche in ihren Grundzügen. Vom Verf. der Schrift: „Ein Hirt u. eine Heerde." gr. 8. (1⅝ B.) Leipzig 845, Goetz. (Schrey.)

—— die alte, zu Marienhafe in Ostfriesland. Abhandlung hrsg. von der Gesellschaft für bildende Kunst und vaterländ. Alterthümer in Emden. 8. (III und 32 S. mit 1 Titelbild in Stahlst. und Zeichnungen auf 16 Stnt. in qu. Fol.) Emden 845. (Aurich, Daenius.)

DIE ALTE KIRCHE ZU MARIENHAFE IN OSTFRIESLAND. Abhandlung, herausgegeben von der Gesellschaft für bildende Kunst und vaterländische Alterthümer in Emden. Mit 1 Titelbild, und Zeichnungen auf 16 Tafeln. Emden 1845. Druck von H. Woortman. 4°.

— auch die deutsche evangel., bedarf kirchlicher Stände aus dem Volke zur Rettung von dem drohenden Untergang. gr. 8. Heidelb. 819. Mohr. 4 gGr.

Kirche, die, gegenüber den Bestrebungen der modernen Cultur. Ein Wort zu freundl. Berücksicht. für Geistliche, sowie für Lehrer, Mitglieder der kirchl. Collegien rc. von einem westfäl. Geistlichen. gr. 8. (IV, 187 S.) Barmen 870, Klein. *

Die Kirche betrachtet mit Rücksicht auf die gegenwärtigen Streitfragen u. die Bedürfnisse unserer Zeit. Von einem Amerikaner. Autorisierte Übersetzung aus d. Englischen. Freiburg, Herder, 1875, 8°, 48 S., 60 Pf.

Über diese Schrift Katholik 1875, Bd. 2, S. 512—47. Ihr Verfasser ist der vielgenannte P. Hecker, geboren 1824 zu New-York u. Mitbegründer u erster Superior der Congregation of Missionary Priests of St. Paul the Apostle. Das engl. Original des Buches erschien in London, eine französ. Übersetzung davon zu Paris bei S. Macon. Über den Begriff dessen, was gegenwärtig vielerorts als „amerikanischer Katholicismus" angepriesen wird, s. l. Delattre S. I., Un catholicisme Américain. Namur, Godenne, 1898, 8°, XVI, 186 p., frcs 3,50. Dazu Stimmen a. M.-Laach 1899, S. 228—9.

Kirche, die, u. die Bibel. Ein Wort der Belehrung f. Katholiken u. Protestanten. Veranlaßt durch die Schrift: „Rechtfertigung der protestant.-evangel. Kirche gegen die neuesten Angriffe ein. römisch.-kathol. Geistlichen. Von ein. protest.-evang. Geistlichen." gr. 8. (5¼ B.) Speyer 843. (Mainz, Kirchheim, Schott u. Thielmann.)

Kirche, die böhmische, wie sie war und wieder werden soll. 12. Berlin 845. (Wohlgemuth.) 3 ngr

Kirche Christi, die, u. ihre Ausartungen im Laufe d. Jahrhunderte. Mit e. Nachworte üb. uns. jetz. kirchl. Verhältnisse u. ihre Formen. Zur Beherzig. f. Jedermann. gr. 8. (2 B.) Hamburg 841, Berendsohn.

— Christi, die, in ihrer Gestaltung auf Erden. Ein Versuch z. Berichtigung verschiedener Irrthümer. gr. 8. Zürich 844, Meyer u. Zeller. 1⅛ ß

Kirche, die, Christi, ein Wort Gottes, keine menschliche Erfindung. Dargestellt in einer Kirchweihpredigt. gr. 8. Bamberg. (Leipzig, Barth.) 820.

Kirche, die, Christi, ein Wort Gottes, keine menschl. Erfindung. Dargestellt in e. Kirchweihpredigt. gr. 8. Bamb. 830. Drausnick. (Barth in Leipz.) 4 gGr.

Kirche, die, Christi, in ihrem Verhältniße zu den Staaten. gr. 8. [32 S.) Berlin 854, (Schneider.) *

— die christkatholische, nach ihrer göttlichen Stiftung bestimmt sich selbst zu regieren; frei und selbstständig, aber mit dem Staate in Eintracht zu wirken: gegenüber der sogenannten Machtvollkommenheit des Staates. Dargestellt von einem kathol. Geistlichen der Diözese St. Gallen. Lex.-8. St. Gallen 842, Scheitlin u. Zollikofer. ⅛ ß

— die christliche, und der Entwurf des neuen preuß. Strafgesetzbuches. gr. 8. Köln 843, J. u. W. Boisserée. n. ¼ ß

Kirche, die christliche, in der Idee. Eine Quartalschrift, im Vereine mit andern Geistlichen herausg. von P. W. Kampf u. C. G. Ullrich. 1r Bd. 4 Hefte. (Jahrg. 1835.) gr. 8. Fulda 835. Müllersche Buchh. n. 3½ ß

—— die christliche, und Schicksale und Verfolgungen ihrer Bekenner bis auf die neueste Zeit. Ein Haus- und Familienbuch. 16 Lfgn. gr. 4. (1. Lfg. S. 1—32. mit 1 Stnt. und lithogr. Ttl.) Dresden 851, (Schönfeld.) à Lfg. *

— d. christl. protestant., in Deutschland, s. Seubert.

Kirche, Die deutsche. Ein Vorschlag zu ihrer neuen Begründung und Einrichtung. [Zürich] 1815. V: *Wessenberg, Ignaz Heinrich Carl Freih. von.* (Kn) (Ky) (MGT) (GGr) (Th) (Winer) ›1816‹ (Schmal)

— die deutsche, ein Vorschlag zu ihrer neuen Begründung, (von v. Wessenberg). 8. Zürich 815. Orell. 9 gr.

Die Deutsche Kirche! Eine Umfrage in Sachen d. Zusammenschlusses d. deutschen ev. Landeskirchen. Veranst. von d. Wartburgstimmen, Monatsschrift f. d. relig., künstler. u. philos. Leben d. deutschen Volkstums ... Beantwortet in Abhandlungen, Thesen u. Betrachtungen von 60 Persönlichkeiten d. verschiedenen religiösen u. kirchl. Bestrebungen. 1. bis 3. Taus. (Vorr.: Hans K. E. Buhmann.) *Eisenach & Leipzig: Thüring. Vrl.-Anst. (1903).* (VI, 78 S.) 4° [F.]
— [Wartburgstimmen. Jg. 1, H. 7. Beilage.] [03. 10186

Die deutsche Kirche im Orient. Ev. Gemeindeblatt d. Dtn Orient-Konferenz. Jg. 1—6. Kairo 1907—13. 4°

Die deutsche Kirche im Orient. Evangelisches Gemeindeblatt der Deutschen Orient-Konferenz. Jg. 1, No 1. Kairo 1907: Boehme & Anderer. 4° [10. 6436

Kirche, die deutsche, im Orient. Evangelisches Gemeindeblatt der deutschen Orient-Konferenz. 2. Jahrg. 1909. 52 Nrn. (à 8 S.) Lex. 8. Jerusalem. Kairo, Deutsche Kirche. Postfrei nnn 5. —

Kirche, Die deutsche katholische, oder Prüfung des Vorschlages der neuen Begründung . . . Deutschland [Frankfurt a. M.] 1818. V: *Zirkel, Georg.* (MGT) (Th) (Schmal) (Ky)

— die deutsche katholische, oder Prüfung d. Vorschlags zur neuen Begründung u. Einrichtung d. deutschen Kirche. 8. Frkf. a. M. 818. Andreä. 10 gr.

— die deutsche katholische, an Deutschlands Souveraine. gr. 8. Frankf. a. M 818. Andreä. 3 gr.

— die deutsch-evangelische, in Australien. (Die Verhandlungen der 1., 2. u. 3. Synode der ev.-luther. Kirche von Victoria am 12. Mai 1856, 6. u. 7. Jan. 1857 u. 21. April 1857.) Berlin 857. W. Schultze. 8. (47, 31, 13 S.) 9 ngr.

—— eine deutsch-jüdische. Die nächste Aufgabe unserer Zeit. Von ein. Candidaten der jüdischen Theologie. gr. 8. (1½ B.) Leipzig 845, Otto Wigand.

— die vom römischen Papstthum befreite deutsch-katholische, oder Paragraphen zu einer Verfassungsurkunde derselben mit Begründung aus Geschichte und Christenthum. Neue Ausgabe des Werkes: Der „kathol. Kirche" 2. Thl. gr. 8. Leipzig 845, L. Schumann. (T. O. Weigel.) n. ⅔ ₰

Kirche, Die „deutsch-katholische", und ihre Hohepriester . . . Würzburg 1845. V: *Müller, Herm.* (Th)

—— die deutsch-katholische, u. ihre Hohenpriester. Replik auf Ronge's Rechtfertigung. Eine Ostergabe f. kathol. Christen v. M. X. gr. 8. (3¾ B.) Würzburg 845, Voigt u. Mocker.

Die deutsch-kathol. Kirche u. ihre Hohenpriester. Replik auf Ronges Rechtfertigung. Eine Ostergabe für kath. Christen. Würzburg, Voigt u. Mocker, 1845, 8°.
Vgl. Ronge, Rechtfertigung. Leipzig u. Altenburg, 1845, 1.—5. Aufl.

— die deutsch-katholische, in ihrer Lossagung von Rom und von der christlichen Kirche dargestellt durch eine Vergleichung ihrer Glaubensbekenntnisse mit der heil. Schrift u. der Kirchenlehre von einem Evangelischen, aber keinem Kirchenbeamten. gr. 8. Magdeburg 845, Falckenberg u. C. ¼ ₰

— die, zu Doberan. 1. Tl. gr. 8. Doberan 896. (Rostock, G. B. Leopold.) n. 1. —
Geschichtl. Denkmäler in ihrem Zusammenhang m. d. Geschichte Mecklenburgs zusammengest. v. Kühne. (38 S. m. 1 Grundriß.)

— die, zu Doberan, Fortsetzg. u. neue Aufl., s.: Kühne, die Kirche zu Doberan.

Kirche, Duell, Freimaurerei nebst einem Anh.: Ueber Wohlthätigkeit. Ein wahres Wort auf die Angriffe gegen Duell und Freimaurerei. Berlin: Hirsch 1858. 29 S. 8° [Umschlagtit.]

[Dasselbe.] 2. Aufl. Ebendas. 29 S. 8°

[Dasselbe.] 4. Aufl. Ebendas. 29 S. 8°
cf. L. 15 (1858) S. 51—53.
Tt. 1639. 3. Aufl. hat nicht vorgelegen. Gegen die Angriffe der kathol. u. evang. Geistlichen gerichtet.

—— die elsässisch-lothringische, Augsburgischer Confession und die neue Lage der Dinge. Ein Votum von bekenntnißtreuer Seite. gr. 8. (24 S.) Straßburg 871, (Schmidt.)

Kirche, Die, von Elsnig. Berlin [1898]. V: *Mülmann, Frdr. v.* (Berl)

Die Kirche zu Enger und ihre Beziehungen zu Wittekind. *Bielefeld: Velhagen & Klasing 1902.* (27 S.) 8° [F.]
Aus: Jahresbericht d. Hist. Ver. f. d. Grafschaft Ravensberg. 16. 1902. [03. 9708 6

— die, d. Evangelien u. d. evangel. Kirchen, s. a. Flugschriften, katholische.

[F.] Die Kirche der Evangelien und die evangelischen Kirchen. *Berlin: Germania (1896).* (80 S.) 1 Bd 8.
— Flugschriften, Kathol., z. Wehr u. Lehr. No 112/113. [98. 10675

— die evangelische, Augsburgischer Confession in Karlsburg. Zum Besten des evangel. Frauenvereins. 8. Kronstadt 844. (Németh.) n. ⅙ ₰

—— die evangelische, und der Gustav-Adolf-Verein, s. Für die Feste und Freunde des Gustav-Adolf-Vereins.

— die evangelische, Oesterreichs u. die Uebertrittsbewegg. Von e. evangel. Pfarrer Oesterreichs. 1. u. 2. Aufl. gr. 8. (à 18 S.) Erlangen 899. (F. Junge.) — 80

Kirche, Die Evangelische, als Pflegerin der idealen Güter des Studentenlebens. Strassburg 1892. V: *Hackenschmidt.* (Erman & Horn, Bibliogr. d. dtsch. Universitäten. 1. Leipz. u. Berl. 1904.)

— die evangelische, ruht auf dem einzig wahren Glaubensgrunde. Zur Beantwortung der Frage: Ist die Bibel in der Kirche oder die Kirche in der Bibel? Von dem Verf. der Rechtfertigung ꝛc. gr. 8. Speyer 814, Neidhard. n. 5/12 ℳ

—— die evangelische, und Schule in ihrem Verhältniß zum Staate. br. 8. (IV, 112 S.) Leipzig 869, Matthes.

—— die evangelische, u. d. Consistorialrath Dr. Dav. Schulz in Breslau. gr. 8. (7 B.) Berlin 839, L. Oehmigke. *
Aus der: Evangel. Kirchenzeitung, besond. abgedruckt.

— die evangelische, zu St. Moritz [Ober-Engadin], dem christlich protestant. Gottesdienst in verschiedenen Sprachen gewidmet. Erinnerung an den 22. Juli 1877. Mit einer photograph. Ansicht der Kirche. gr. 8. (63 S.) Karlsruhe 878. Bielefeld's Verl. n.n. 2. —

— die evangelische, auf dem Wege nach Rom. gr. 8. (40 S.) Zwickau 900. J. Herrmann. n. — 60

Kirche, Die evangelische, in Weinfelden; Denkschrift hsg. von der Kirchenbaukommission. Weinfelden 1905. V: *Pfleghard, Wilh. Otto, Max Häfeli & Dieth. Meyer.* (Zuwachsverz. d. Bibliotheken in Zürich 1898 ff.)

Kirche, Die evangelische, in Würtemberg . . . Tübingen 1822. V: *Pfister, Johann Christian.* (GGr)

Kirche, Die evangelische, Würtembergs, nach ihren äußern Verhältnissen. Stuttgart 1830. V: *Gundert, Georg Frdr. Sim.* (Tübz 7, 55)

--die evangel. Würtembergs. Nach ihren äußern Verhältnissen. (Mit Anhang.) 8. Stuttg. 830. Steinkopf. 4 K

—— evangelisch-lutherische. 1. Heft. Nr. 1 — 12. 8. (110 S.) Straßburg 849, (Treuttel und Würtz. — Kräuter.) *

— evangel.-lutherische. Nr. 1—5. u. 7—10. 8. 1. Warum bekennen wir uns zur evangel.-luther. Kirche? (8 S.) 2. Nothwehr-Predigt über Off. III, V. 11. (12 S.) 3. Offene Erklärung eines Laien gegen die Union der evang.-luther. Kirche m. der Reformirten. (4 S.) 4. Die Augsburgische Confession, der Augapfel der evangel.-luther. Kirche, u. ein Dorn im Auge ihrer Feinde. (6 S.) 5. Der abendländ. Aussatz od. „unsere Krankheit". (12 S.) 7. Was lehrt die Augsburgische Confession in ihren 28 Artikeln? (12 S.) 8. Luthers Stimme gegen die falsch-evangel. Liebe, welche der Wahrheit sich nicht freut in allen göttl. Dingen. (8 S.) 9. Warum bekenne ich mich zur evang.-luther. Mission? (4 S.) 10. Offenes Bedenken gegen die reformirte Mischungs-Mission in Basel. (12 S.) Straßburg 849, Kräuter. (Nr. 1. 3. 8 u. 9. à 1 1/2 ngl Nr. 2. 4. 5. 7 u. 10. à 3 ngl) 21 ngl

— und Mission, evangelische-lutherische. Hrsg. von Fr. Brunn. 11. und 12. Jahrg. 1876 und 1877. à Jahrg. 12 Nrn. (Bog.) gr. 4. Dresden, Naumann's Buchh. à Jahrg. *
Erschien früher u. d. T.: Mission und Kirche; seit 1878 mit: Die evangel.-lutherische Freikirche, verschmolzen.

Die evang.-luth. Kirche Rußlands im Werk ihrer Unterstützungskasse 1893. St. Petersburg. Druckerei Alex. Krug

Kirche, Die evangelisch-lutherische, zu Wilna. Eine Chronik geschrieben zur Feyer des 300jährigen Bestehens der Kirche . . . Wilna 1855. V: *Adamovicz, Adam Ferd. v.* (zu) (Ky)

—— die evangelisch-lutherische, zu Wilna. Eine Chronik geschrieben zur Feyer des 300jähr. Bestehens der Kirche am S. Johannis Tage 1855 von A. F. A. Uebersetzung aus dem Poln. gr. 8. (94 S.) Wilna 855. (Leipzig, Herm. Schultze.) *

Evangelisch-reformirte Kirche des Kts. Bern. 1886. Synodalverhandlungen. — Geschäftsbericht des Synodalrathes. — Kirchliche Statistik. — Bettags-Kirchensteuer für Freiburg. In-8°, 65 S. Bern, Schmid, Francke & Cie. 1887 — 60

Evangelisch-reformierte Kirche des Kantons Bern. 1901. [2 Hefte.] 8. Bern, Stämpfli & Cie., 1901. O Bern
[Heft 1:] Bericht des Synodalrates... 1900/1901; Kirchliche Statistik 1900; Bericht des Ausschusses für kirchliche Liebesthätigkeit. Rechnung über die Kollekte zu gunsten der Witwen und Waisen der Buren. 61 S.
[Heft 2:] Verhandlungen der Kirchensynode vom 12. November 1901. — Synodalpredigt von Pfr. H[ans] J[acob] Andres. — Rechnung über die Bettagskollekte von 1901.... — Rechnung über die Reformationskollekte vom 3. November 1901.... 53 S.

Evangelisch-reformierte Kirche des Kantons Bern. 1902. [2 Hefte.] 8. Bern, Stämpfli & Cie., 1902. O Bern
[Heft 1:] Bericht des Synodalrates ... 1901/1902; Kirchliche Statistik 1901; Bericht des Ausschusses für kirchliche Liebestätigkeit; Bericht über Taubstummenpastoration im Kanton Bern im Jahre 1902. Rechnung über die Sammlung für die Evangelischen in Österreich. Schlussrechnung über die Sammlung zu gunsten der notleidenden Witwen und Waisen der Buren. 71 S.
[Heft 2:] Verhandlungen der Kirchensynode vom 11. November 1902. Synodalpredigt von Pfarrer A[lbrecht] Haller. Rechnung über die Bettagssteuer von 1902... und die Reformationssteuer am 2. November 1902.... 47 S.

[F.] Die Kirche und ihre Feinde. *Paderborn: F. Schöningh 1898.* (49-64 S.) 8.
= Broschüren-Cyclus f. d. kathol. Deutschland. Jg. 33. H. 4. (s. 539)

Kirche, Die, unserer lieben Frau zu den Schotten in Wien und der neue Hochaltar. Wien 1883. V: *Wolfsgruber, Cölestin Johann.* (EB)

—— die, Unserer lieben Frauen zu Coblenz (von Chr. v. Stramberg). gr. 8. (63 S.) Coblenz 855, Hergt.

—— die freie, Mittheilungen üb. Religion u. Kirchenthum im Sinne d. Neuen Testamentes. Jahrg. 1831 u. 32. à 52 Nrn. (1/2 Bog.) 4. Zwickau, Richter. à

—— die freie. Materialien zur Geschichte der allgem. Kirche. Unter Mitwirkung sämmtl. Gemeinden hrsg. von Behnsch. 1—3. Bd. A. u. d. T.: Für christkathol. Leben Materialien ꝛc., 4—6. Bd. à 6 Hefte. (à 4 Bog.) gr. 8. Breslau 847, Schulz und Comp. à Bd. * 1 Thlr. *

—— dass. — 1. Bd. Ergänzungsheft. gr. 8. (50 S.) Ebds. 847. *
Für christkathol. Leben. 1—3. Bd. Ebendas. 1845—47. * 3 Thlr.

—— die freie. Ein Wort für Trennung der Kirche und des Staates von einem evangel. Geistlichen in Württemberg. gr. 8. (V, 210 S.) Stuttgart 874, Bruchmann. *

—— die freie christliche. Redakt.: Frz. Rauch. 1. und 2. Jahrg. 1850 und 1851. à Jahrg. 52 Nrn. (½ Bog.) gr. 4. Leipzig, Matthes. [1. Jahrg. * 20 Ngr., 2. Jahrg. 1 Thlr.]

Die freie evangelische Kirche. In Verbindung mit Gleichgesinnten herausgegeben von Julius Rupp. Heft 1. 2. Altenburg, H. A. Pierer 1847. 196 S. 8.

— die freie evangelische. In Verbindung mit Gleichgesinnten hrsg. v. Jul. Rupp. 1—4. Hft. gr. 8. (304 S.) Altenburg 847. 48, Pierer. (1 u. 2. à n. 16 ngl 3 u. 4. n. 16 ngl) n. 1 ℛ 18 ngl

Kirche, Die freie evangelische, Deutschlands und ihre Gegner ... Hamburg 1861. V: *Edward, Daniel.* (zu)

—— die freie evangelische, Deutschlands und ihre Gegner. Vom Verf. von „Hiob's Drei Freunde." gr. 8. (III und 76 S.) Hamburg 861, [Nolte.] *

Die freie **Kirche** der Neuen Zürcher Zeitung. Von einem Liberalen der alten Garde. 15 Stn. 8. Olten, Buchdruckerei des „Volksblatt vom Jura." 1875 —. 20

—— die, nach dem Gedanken Gottes und in ihrem Verfall. gr. 8. (46 S.) Elberfeld 869, (Langewiesche.) [Mosel.] *

— die, nach den Gedanken Gottes u. in ihrem Verfall. 2. Aufl. 8. (62 S.) Elberfeld 877. (Langewiesche.) n. — 40

— die, nach den Gedanken Gottes u. in ihrem Verfall. 2. Aufl. 8. (62 S.) Elberfeld 890. (Faßbender.) n. — 25

Kirche, die, nach den Gedanken Gottes u. in ihrem Verfall. 3. Aufl. 8. (60 S.) Elberf. 890, (Faßbender). * — 20

Kirche, die, nach den Gedanken Gottes u. in ihrem Verfall. 4. Aufl. (60 S.) 8. Elberfeld 902. R. Brockhaus (durch J. Faßbender). n. — 20

Kirche, Die gedrückte, oder das Christenthum, als Sekte betrachtet. Frankfurt a. M. 1801. V: *Cölln, Ludwig Friedrich August von.* (MGT) (Ky)

Kirche, die gedrückte, od. das Christenthum als Secte betr., (v. L. F. A. v. Cölln). gr. 8. Frankf. a. M. 801. Hermann. 14 gl

—— die gedrückte, in Preußen. Offener Brief an alle deutsche Mitchristen von Karl Rechtlieb. gr. 8. (1¼ B.) Leipzig 845. (R. Hartmann.)

Kirche, Die, und die Gegensätze zur selben, nach Lehre und Wirklichkeit dargestellt in Briefen an einen europäischen Freund von einem ehemaligen Missionäre in Amerika. Regensburg 1853. V: *Stelzig, Ignaz Alphons.* (Gla I/2, 503)

—— die, und, die Gegensätze zur selben, nach Lehre und Wirklichkeit dargestellt in Briefen an einen europäischen Freund, von einem ehemaligen Missionäre in Amerika. gr. 8. (VIII und 825 S.) Regensburg 853, Manz.

Kirche der Gegenwart
① Eine Monatsschrift für die reformierte Schweiz ⑤ 1845—1850 ⑥ 8° ⑦ Monatsblatt ⑧ Zürich: Friedrich Schultheß ⑩ Alois Emanuel Biedermann und David Fries ⑪ die Herausgeber ⑫ freisinnig; Organ der sog. Reformtheologie in der Schweiz ⑬ A. E. Biedermann: Die Stellung der Zeitstimmen. «Zeitstimmen aus der reformierten Schweiz» 1859. Heft 2. p. 3—33 ⑭ Be: L ⑮ Fortgesetzt in folgenden Zeitschriften freisinniger Richtung (nicht aufgenommen): Religiöse Zeitschrift für Geist und Gemüth (1. 12. 1850—1852) — Zeitstimmen aus der reformirten Schweiz (1859—1871) — Reform (1872—1879) — Zeitstimmen aus der reformirten Schweiz (1881—1883) — Theologische Zeitschrift aus der Schweiz (1884—1898) — Schweizerische Theologische Zeitschrift (1884—1920).

Kirche, die, der Gegenwart. Eine Monatsschrift f. d. reformirte Schweiz. 1—3. Jahrg. 1845—47. Hrsgbr.: A. E. Biedermann u. D. Fries. à J. 12 Hfte. gr. 8. Zürich, Schultheß. à J. Thlr. *

—— die, der Gegenwart. Monatsschrift für die reformirte Schweiz. Hrsg. von A. E. Biedermann und Dav. Fries. 4—6. Jahrg. 1848—50. à Jahrg. 12 Hefte. gr. 8. Zürich, Schultheß. à Jahrg. *
Der 6. Jahrg. wurde von Fries allein herausgegeben. — 1—3. Jahrg. 1845—47. Ebendas. à Jahrg. * 1 Thlr. 22 Ngr.

— u. Gemeinschaft. Hefte zur Verständigg. 1.—5. Heft. 8. Neumünster, Vereinsbuchh. G. Ihloff & Co. 1. 20
Essen, die Gemeinschaftsbewegung e. echtes Kind der deutschen Reformation. (40 S.) (909.) (Heft 4.) — 30
Lessau, Wiedergeburt in der Taufe? (21 S.) (909.) (Heft 2.) — 20
Michaelis, Arbeitsaustausch zwischen Kirche u. Gemeinschaft. (Nach d. Stenogr.) (24 S.) (909.) (Heft 3.) — 20
Modersohn, Ernst, was wir wünschen. Briefe e. Gemeinschaftsmannes an e. Pfarrer. (60 S.) (909.) (Heft 5.) — 30
Regehly, warum bleiben wir in der Kirche? (24 S.) (909.) (Heft 1.) — 20

— od. Gemeine? Ein offenes Wort zu od. Frage v. einigen namenlosen Gliedern an dem Einen Leibe Jesu. (IV, 76 S.) 8. Andelfingen 904. (Ascona, C. v. Schmidtz.) 1. —

Kirche, Die, Gottes auf Erden. Hirtenbrief ... O. O. 1847. V: *Weis, Nicolaus.* (Ky)

Kirche, Die, und die Götter. Penig 1804. V: *Schubert, Ghilf Hnr.* (ADB)

Kirche, Die, und die Götter. Aus: Journal von neuesten deutschen Original Romanen. Penig 1805. V: *Schubert, Gotthilf Heinrich.* (Schultz, Franz, der Verfasser der Nachtwachen des Bonaventura. Berlin 1909. S. 188.)

Kirche, die, u. die Götter, (v. Gtth. Hnr. Schubert). 2 Bde 8. Penig 804. Dienemann. (Leipz., Leich). 1 ℛ 16 gl

Kirche, Die h. römisch-katholische. Münster 1845. V: *Overhage, Heinrich.* (Rass) S. a. Nr. 11957.

Die hl. römisch-kath. Kirche. Glaubensworte. 1845. Ebendas. Heft 5.

—— die, des Herrn. Organ für den deutschen Zweig des evangel. Bundes. Hrsg. von Ed. Kuntze. 1—5. Jahrg. 1852—56. à Jahrg. 12. Nrn. (à 1½ Bog.) gr. 8. Berlin, W. Schultze. à Jahrg. *

—— die, des Herrn. Organ für den deutschen Zweig des evangel. Bundes. Hrsg. von Ed. Kuntze. 6. Jahrg. 1857. 12 Nrn. (à 1½ Bog.) gr. 8. Berlin, W. Schultze. *
Ist nicht fortgesetzt worden.

—— u. Hierarchie, s. a. Flugschriften, katholische, zur Wehr u. Lehr'.

Kirche u. Hierarchie. Berlin, Germania, 1892, 16°, 67 S., 10 Pf. (Flugschriften zur Wehr u. Lehr' Nr. 58).

Die Kirche Jesu Christi u. die rationelle Kirche Dr. Pruteks. Kurzgefaßte Abfertigung einiger in der Broschüre „Die rationelle Kirche Dr. Pruteks“ enthaltenen Einwürfe gegen die kath. Kirche, ihre Diener u. Gebräuche. Teschen, (Feitzinger,) 1868, 8°, 1 Mk.

—— die, Jesu-Christi und die rationelle Kirche Dr. Pruteks. Kurzgefaßte Abfertigung einiger in der Broschüre „Die rationelle Kirche Dr. Pruteks“ enthaltenen Einwürfe gegen die katholische Kirche, ihre Diener und Gebräuche. Dem kathol. Volke gewidmet von seinen Seelsorgern. Mit Portr. des heil. Vaters (Chromolithogr.). gr. 8. (63 S.) Teschen 874, (Feitzinger.)

—— u. Juden. Von e. Theologen. gr. 8. (51 S.) Dresden 894. Druckerei Glöß. n. 1. —

Kirche, Die katholische, in Aalen. [Aalen 1868.] V: *Kollmann, Joh. Georg.* (Heyd)

—— die katholische, und der „Altkatholizismus“. Verglichen nach ihrer Vergangenheit, Gegenwart und Zukunft. Ein Wort an das Volk von einem Volksfreunde. 1. und 2. verm. Aufl. gr. 8. (35 S.) Freiburg im Br. 875, Herder'sche Verlagsh. *

Die kath. Kirche auf der Anklagebank. Das. Heft 4.

Die katholische Kirche u. die Forderungen der Jetztzeit. Ein Wort des Ernstes u. der Mahnung an alle, welche es mit der Kirche u. Menschheit gut meinen, mit Rücksicht auf die Eingabe der 370 Geistlichen an den Erzbischof von Köln. Köln, Lengfeld, 1849, gr. 8°, 43 S., 75 Pf.

Die kath. Kirche u. ihre Freiheit, der politischen Revolution Grabstein, der socilen Revolution Prellstein, der deutschen Einheit Grundstein, der freien Wissenschaft Taufstein. Ein Adventswort zunächst an die kath. Kammermitglieder gerichtet. Münster, Theissing, 1852, gr. 8°, 15 S., 40 Pf.

Programm, erstes — der k. k. Unter-Realschule zu Klagenfurt. Am Schlusse des Schuljahres 1853. Redigirt von Carl Nußheim, k. k. Schulrath und prov. Direktor. 8. (54 S.) Klagenfurt. Gedruckt bei Joh. Leon. 1854.
Inhalt Die katholische Kirche und die Industrie. — Nutzen der Realschulen. — Schulnachrichten.

Die kath. Kirche ist die allein wahre, alleinseligmachende, verdammt aber niemand. Aschaffenburg, Pergay (Regensburg, Manz), 1845, 12°. Bonifatiusdenkmal. Sammlung kathol. Volksbücher, Jahrg. 4, Bdchen 12.

— die kathol., ist die allein wahre, die alleinseligmachende, verdammt aber Niemand. Nebst e. poetischen Würdigung d. neuen Reformation. 16. Aschaffenb. 846, Pergay. n. 1/12 ℛ

Die kath. Kirche ist die Mutter der Civilisation. Soest, Nasse, 1870, 8°, 32 S., 20 Pf. (Broschüren-Cyklus f. d. kath. Deutschl. 1870, Nr. 8.)

— die katholische, zu Leipzig, s.: Abbildung.

Kirche, Die katholische, eine verleumdete Mutter. Klagenfurt 1906. V: *Klimsch, Robert.* (Verz. d. Stud. Bibl. Klagenfurt. IX. Klagenf. 1906.)

— die katholische, e. verleumdete Mutter. Von Einem der sie lieb hat. Hrsg. v. der St. Josefs-Bücherbruderschaft in Klagenfurt. (VIII, 312 S. m. Abbildgn. u. 2 Farbdr.) 8. Klagenfurt 906. Buch- u. Kunsth. des St. Josef-Vereins. n. 1. —; geb. n. 1. 35

Katholische Kirche oder deutsche Nationalkirche. Das. Heft 11.
Das National- u. Staatskirchentum am Grund- u. Eckstein der Kirche geprüft u. aus der Geschichte beleuchtet. (Das. Jahrg. 5 [1874], Heft 8.)

Kirche, Die katholische, Preussens ... Rudolstadt 1837. V: *Ellendorf, Jos. Otto.* (Th)

— die katholische, Preußens. Als Antwort auf die „Beiträge zur Kirchengeschichte des 19. Jahrhunderts.“ Von e. Katholiken. gr. 8. Rudolstadt 837. (Leipzig, Engelmann.) 1 ℛ

—— die katholische, Preußens. Als Antwort auf die „Beiträge z. Kirchengesch. d. 19. Jahrh.“ Von e. Katholiken (Joh. Otto Ellendorf). gr. 8. (17 B.) Rudolstadt 837, Fröbel'sche Hofbuchdr.

—— die katholische, Preußens. Eine Bestätigung d. Beiträge z. Kirchen-Gesch. d. 19. Jahrh. gr. 8. (5¼ B.) Neuburg a. d. D. 838, Prechter.

Die katholische Kirche in Preussen. Eine Bestätigung der Beiträge zur Kirchen-Geschichte des neunzehnten Jahrhunderts. Neuburg a. d. D., Joh. Prechter, 1838. — *A. E.*: Druck v. Frdr. Pustet in Regensburg. Gr. 8°. Beibd.
83 S. Bekämpfung der 1837 in Rudolstadt erschienenen Schrift: „Die kathol. Kirche Preussens als Antwort auf die (1835 [in Regensb.?] herausgekommenen) Beiträge z. Kirchengeschichte des 19. Jahrhunderts.“

—— die katholische, in Preußen und dessen höchster Gerichtshof. Dargestellt an einem Rechtsfalle von einem prakt. Juristen. Lex.-8. (64 S.) Danzig 861, Kafemann. *

— die katholische, nach den Prophezeiungen. Von e. Priester der Diöcese Passau. (63 S.) kl. 8. Passau 904. (G. Kleiter). n. — 50

Kirche, Die katholische, in der preußischen Rheinprovinz und der Erzbischof Clemens August von Köln. Frankfurt 1838. V: *Rehfues, Phil. Jos. v.* (Treitschke, Deutsche Geschichte. IV. 718 f.) (Kat. d. ständ. Bibl. Stuttg. 1907. S. 82.)

Kirche, die katholische, in d. preuss. Rheinprov. u. d. Erzb. Clem. Aug. v. Cöln. Ein Beitrag zur Cultur u. Sittengeschichte d. 19. Jahrh. Von e. Sammler histor. Urkunden. *Frkf.*, (Hermann.) 838. gr. 8. (16 Gr.)

— die katholische, in Rußland. Der Documente 1. Heft. Leipzig 853. Wengler. 8. (32 S.) 5 ngr.

Kirche. Die katholische K. in Schaffhausen .... Schaffhausen 1840 s. [Beck, Alexander].

Kirche, Die katholische, besonders in Schlesien in ihren Gebrechen dargestellt ... Altenburg 1826. 2. Aufl. 1827—30. V: *Theiner, Johann Anton.* (Th) (Schz) (LVS) (Wetzer u. Welte, Kirchenlex. 2. Aufl. XI.) V: *Dittersdorf, Carl von.* (Ky) (AarK) »Altenburg 1827.« »Schlesiens, dargestellt. Altenburg 1826. V: *Theiner, Augustin.*« (Nent) »Th. 2. Altenb. [Neisse] 1830. V: *Handel, Chn Frdr.* (Nowack, Schles. Schriftst. Bresl. 1836—43. VI, 45.)

— die kathol., besonders in Schlesien in ihren Gebrechen dargestellt von e. kathol. Geistlichen (Pfarrer v. Dittersdorf). 2e Aufl. gr. 8. Altenb. 827. (Lehnhold in Leipz.) 1 ß 16 gr 2r Thl., oder Paragraphen zu einer neuen Verfassungsurkunde derselben, mit Begründung aus Geschichte, Christenthum u. Vernunft. gr. 8. Altenb. 830. (Hennings in Neisse). 1 ß 12 gr

Kirche, Die katholische, in den Vereinigten Staaten von Nordamerika. Regensburg 1864. V (Abth. 1. 3): *Shea, John Gilmari.* (2): *McGea, Thomas d'Arcy.* Ü: *Brandes, Carl.* (EB)

— die katholische, in den Vereinigten Staaten von Nordamerika, dargestellt von einheim. Schriftstellern. Deutsch von den Benediktinern zu St. Meinrad im Indiana-Staat. Regensburg 864. Manz. gr. 8. (XVI, 518 S.) 2 ß 6 ngr.

Kirche, die katholische, in den „Vereinigten Staaten" Nordamerika's. gr. 8. (36 S.) Köln 870, (Rommerskirchen.) *

Kirche, Die katholische, vertheidigt gegen die Angriffe der Gegner. Münster 1845—46. V: *Overhage, Heinrich.* (Rass)

— die katholische, vertheidigt gegen d. Angriffe der Gegner. Eine Sammlung zeitgemäßer Schriften. Herausgeg. von einem Vereine kathol. Geistlichen und Laien. 1. Heft. Neue Aergernisse, oder der s. g. kathol. Priester Joh. Ronge rc. beleuchtet vom Vicarius Jos. Hillebrand. 8. Münster 845, Theissing. 1/24 ß

— dass. 2. Heft. Der heilige Petrus und seine Nachfolger. 8. Ebend. 845. 1/12 ß

— dass. 3. Heft. Herodes u. Pilatus oder Joh. Ronge u. sein Advocat in der Trierer Sache, zurechtgewiesen vom Vicarius Jos. Hillebrand. 8. Ebend. 845. 1/8 ß

— dass. 4. Heft. Ueber den Titel: „Kathol. Kirche", welchen die von der röm. Kirche getrennten Secten sich anmaßen. Aus d. Ital. des Prof. P. G. Perronne. 8. Ebd. 845. 1/12 ß

— dass. 5. Heft. Die heil. römisch-kathol. Kirche. Glaubensworte. 8. Ebend. 845. 1/12 ß

— dass. 6. Heft. Der Pabst und die Bibel, die alte Streitfrage zwischen den Katholiken u. Protestanten. Von F. H. Reinerding. 8. Ebend. 846. 1/6 ß

— dass. 7. Heft. Kampf u. Sieg der kathol. Kirche. Predigt von Jos. Hillebrand. 8. Ebend. 846. 1/12 ß

— dass. 8. Heft. Reichthum, Würde und Seligkeit des christl. Berufes. Predigt für fromme Eltern u. deren Lieblinge, von Jos. Hillebrand. 8. Ebend. 846. 1¼ ngr

— dass. 9. Heft. Alte u. neue Vorurtheile bei Gelegenheit des Ronge-Streites, beleuchtet von Jos. Hillebrand. 8. Ebend. 846. 1/6 ß

— dass. 10. Heft. Ueber den Glauben an das Wunderbare von J. W. Karl. 8. Ebend. 846. 1/12 ß

Kirche, Die katholische, vertheidigt gegen die Angriffe der Gegner. Münster 1856—66. V: *Overhage, Hnr.* (Kn)

— die katholische, und Volksschule. gr. 8. (19 S.) Wien 861, (Mayer und Comp.)

Kirche, Die Katholische, Würtembergs bei dem Eintritte des Jahres 1818. Stuttg. V: *Cammerer, Joh. Bernh.* (Heyd)

— die katholische, Würtembergs bei dem Eintritte d. Jahres 1818. gr. 8. Stuttg. 818. Metzler. 6 gr

— die katholische, Würtembergs im September 1842. gr. 8. Luzern 842. (Augsburg, Kollmann'sche Buchh.) 1/4 ß

Die katholische Kirche unserer Zeit und ihre Diener in Wort und Bild. Hrsg. von d. Leo-Gesellschaft in Wien. Bd 1—3. (In 80 H.) *Berlin* (2 1: *München*): *Allg. Verl.-Ges.* 1897—1902. 3 Bde 4°
1 = Rom. Bearb von Paul Maria Baumgarten, Charles Daniel u. Anton de Waal. 18[97—]99.
2 = Baumgarten u. Schlecht, Jos.: Deutschland, Die Schweiz, Luxemburg u. Oesterreich-Ungarn. [1899—]1900.
3 = Baumgarten: Das Wirken d. kath. Kirche auf d. Erdenrund. 1902.

Kirche, Die katholische, unserer Zeit und ihre Diener in Wort und Bild. Rom. Das Oberhaupt, die Einrichtung und die Verwaltung der Gesammtkirche. Herausgegeben von der Leo-Gesellschaft in Wien. (Complet in 30 Heften.) 4. 1. Heft. (S. 1—28) à —.60

Kirche, Die katholische, unserer Zeit und ihre Diener in Wort und Bild. Rom. Das Oberhaupt, die Einrichtung und die Verwaltung der Gesammtkirche. Herausgegeben von der Leo-Gesellschaft in Wien. (Complet in 30 Heften.) 4. 2. Heft. (S. 29—52) à —.60

Kirche, Die katholische, unserer Zeit und ihre Diener in Wort und Bild. Rom. Das Oberhaupt, die Einrichtung und die Verwaltung der Gesammtkirche. Herausgegeben von der Leo-Gesellschaft in Wien. (Complet in 30 Heften.) 4. 3. Heft. (S. 53—76) * à —.60

Kirche, Die katholische, unserer Zeit und ihre Diener in Wort und Bild. Rom. Das Oberhaupt, die Einrichtung und die Verwaltung der Gesammtkirche. Herausgegeben von der Leo-Gesellschaft in Wien. (Complet in 30 Heften.) 4. 4. Heft. (S. 77—100) * à —.60

Kirche, Die katholische, unserer Zeit und ihre Diener in Wort und Bild. Rom. Das Oberhaupt, die Einrichtung und die Verwaltung der Gesammtkirche. Herausgegeben von der Leo-Gesellschaft in Wien. (Complet in 30 Heften.) 4. 5. Heft. (S. 101—124) à —.60

Kirche, Die katholische, unserer Zeit und ihre Diener in Wort und Bild. Rom. Das Oberhaupt, die Einrichtung und die Verwaltung der Gesammtkirche. Herausgegeben von der Leo-Gesellschaft in Wien. (Complet in 30 Heften.) 4. 6. Heft. (S. 125—148) à —.60

Kirche, Die katholische, unserer Zeit und ihre Diener in Wort und Bild. Rom. Das Oberhaupt, die Einrichtung und die Verwaltung der Gesammtkirche. Herausgegeben von der Leo-Gesellschaft in Wien. (Complet in 30 Heften.) 4. 7. Heft. (S. 149—172)

Kirche, Die katholische, unserer Zeit und ihre Diener in Wort und Bild. Rom. Das Oberhaupt, die Einrichtung und die Verwaltung der Gesammtkirche. Herausgegeben von der Leo-Gesellschaft in Wien. (Complet in 30 Heften.) 4. 8. Heft. (S. 173—196) à —.60

Kirche, Die katholische, unserer Zeit und ihre Diener in Wort und Bild. Rom. Das Oberhaupt, die Einrichtung und die Verwaltung der Gesammtkirche. Herausgegeben von der Leo-Gesellschaft in Wien. (Complet in 30 Heften.) 4. 9. Heft. (S. 197—220) à —.60

Kirche, Die katholische, unserer Zeit und ihre Diener in Wort und Bild. Rom. Das Oberhaupt, die Einrichtung und die Verwaltung der Gesammtkirche. Herausgegeben von der Leo-Gesellschaft in Wien. (Complet in 30 Heften.) 4. 10. Heft. (S. 221 bis 244) * à —.60

Kirche, Die katholische, unserer Zeit und ihre Diener in Wort und Bild. Rom. Das Oberhaupt, die Einrichtung und die Verwaltung der Gesammtkirche. Herausgegeben von der Leo-Gesellschaft in Wien. (Complet in 30 Heften.) 4. 11. Heft. (S. 245 bis 268) * à —.60

Kirche, Die katholische, unserer Zeit und ihre Diener in Wort und Bild. Rom. Das Oberhaupt, die Einrichtung und die Verwaltung der Gesammtkirche. Herausgegeben von der Leo-Gesellschaft in Wien. (Complet in 30 Heften.) 4. 12. Heft. (S. 269 bis 292) * à —.60

Kirche, Die katholische, unserer Zeit und ihre Diener in Wort und Bild. Rom. Das Oberhaupt, die Einrichtung und die Verwaltung der Gesammtkirche. Herausgegeben von der Leo-Gesellschaft in Wien. (Complet in 30 Heften.) 4. 13. Heft. (S. 293 bis 316) * à —.60

Kirche, Die katholische, unserer Zeit und ihre Diener in Wort und Bild. Rom. Das Oberhaupt, die Einrichtung und die Verwaltung der Gesammtkirche. Herausgegeben von der Leo-Gesellschaft in Wien. (Complet in 30 Heften.) 4. 14. Heft. (S. 317 bis 340) * à —.60

Kirche, Die katholische, unserer Zeit und ihre Diener in Wort und Bild. Rom. Das Oberhaupt, die Einrichtung und die Verwaltung der Gesammtkirche. Herausgegeben von der Leo-Gesellschaft in Wien. (Complet in 30 Heften.) 4. 15. Heft. (S. 341 bis 364) * à —.60

Kirche, Die katholische, unserer Zeit und ihre Diener in Wort und Bild. Rom. Das Oberhaupt, die Einrichtung und die Verwaltung der Gesammtkirche. Herausgegeben von der Leo-Gesellschaft in Wien. (Complet in 30 Heften.) 4. 16. Heft. (S. 365 bis 388) * à —.60

Kirche, Die katholische, unserer Zeit und ihre Diener in Wort und Bild. Rom. Das Oberhaupt, die Einrichtung und die Verwaltung der Gesammtkirche. Herausgegeben von der Leo-Gesellschaft in Wien. (Complet in 30 Heften.) 4. 17. Heft. (S. 389 bis 412) * à —.60

Kirche, Die katholische, unserer Zeit und ihre Diener in Wort und Bild. Rom. Das Oberhaupt, die Einrichtung und die Verwaltung der Gesammtkirche. Herausgegeben von der Leo-Gesellschaft in Wien. (Complet in 30 Heften.) 4. 18. Heft. (S. 413 bis 436) * à —.60

Kirche, Die katholische, unserer Zeit und ihre Diener in Wort und Bild. 4. 19. Heft. (S. 437—460) * à —.60

Kirche, Die katholische, unserer Zeit und ihre Diener in Wort und Bild. 4. 20. Heft. (S. 461—484) * à —.60

Kirche, Die katholische. 4. 21. Heft. (S. 485 bis 508) * à —.60

Kirche, Die katholische. 2 . Heft. 4. (S. 509 bis 532) * —.60

Kirche, Die katholische. 23. Heft. 4. (S. 533 bis 556) * —.60

Kirche, Die katholische. 4. 24. Heft. (S. 557 bis 580) * —.60

Kirche, Die katholische. 4. 25. Heft. (S. 581—604) * —.60

Kirche, Die katholische. 4. 26. Heft. (S. 605—628) * —.60

Kirche, Die katholische. 4. 27. Heft. (S. 629—652) * —.60

Kirche, Die katholische. 4. 28./29. Heft. (S. 653—689) à * —.60

Kirche, Die katholische. 4. 30. Heft. (Schluss.) [Register und Vorwort XVI S.] Verlag der Leo-Gesellschaft in Wien. * —.60

— dasselbe. 2. Bd. Deutschland, Österreich-Ungarn, d. Schweiz u. Luxemburg. Unt. Mitwirkg. v. Fachgenossen u. unt. Benutzg. amtl. Materials bearb. v. Paul Maria Baumgarten. M. 1 geograph. Karte in Buntdr., 60 Tafelbild., ungefähr 800 Abb. im Text u. mehr. statist. Taf. (In 30 Hftn.) 1. Hft. gr. 4. (24 S.) Ebd. 898. n. 1. —

— die katholische, unserer Zeit u. ihre Diener in Wort u. Bild. Hrsg. v. der Leo-Gesellschaft in Wien. 2. Bd Deutschland, die Schweiz, Luxemburg u. Österreich-Ungarn. Unter Mitwirkung v. Fachgenossen u. unter Benutzg. amtl. Materials bearb. v. Paul Maria Baumgarten u. Jos. Schlecht. Mit 4 geograph. Karten in Buntdr., 71 Tafelbildern, ungefähr 1400 Abbildgn. im Text u. mehreren statist. Taf. 2.—30. Hft. gr. 4. (XII u. S. 25—699.) München 899. 900. Allgemeine Verlags-Gesellsch. à n. 1.—; (2. Bd. kplt. geb. n. 36.—)

— dasselbe. 3. Bd. Das Wirken der kathol. Kirche auf dem Erdenrund, unter besond. Berücksicht. der Heidenmissionen. Unter Mitwirkg. v. Fachgenossen u. m. Benutzg. amtl. Materials bearb. v. Paul Maria Baumgarten. Mit 1 Farbenbilde, 4 geograph. Karten in Schwarzdr., 2 Doppelkarten in Buntdr., 35 Kunstbeilagen, 688 Textbildern u. 6 statist. Taf. gr. 4. (XXXII, XII u. 431 S.) Ebd. 900—902. n. 20.—; geb. n. 25.—; (kplt. n. 97.—)
Erschien auch in 20 Hftn. à n. 1.—.

— die katholische, unserer Zeit u. ihre Diener in Wort u. Bild. Hrsg. v. der Leo-Gesellschaft in Wien. 1. Bd. 4. München (905). Allgemeine Verlags-Gesellschaft. Geb. in Leinw. n. 30.—
Rom. Der Papst, die Regierg. u. die Verwaltg. d. hl. Kirche. Neu bearb. u. m. e. ausführl. Lebensbeschreibung Papst Pius X. versehen v. Paul Maria Baumgarten. Mit 4 Farbenbildern, 52 Tafelbildern u. 770 Bildern im Text. (XII, 567 S.)

— die katholische, unserer Zeit u. ihre Diener in Wort u. Bild. Hrsg. v. der Leo-Gesellschaft in Wien. 2. Bd. Die kathol. Kirche auf dem Erdenrund. Darstellung der Kirchenverfassg. u. kirchl. Einrichtgn. in allen fünf Weltteilen. In Verbindg. m. zahlr. Fachgenossen hrsg. u. neu bearb. v. Paul Maria Baumgarten u. Heinr. Swoboda. Mit 4 Farbenbildern, 3 Karten in Buntdr., 88 Tafelbildern u. 770 Bildern im Text. (XI, 620 S.) 34,5×25,5 cm. München (907). Allgem. Verl.-Gesellschaft. Geb. in Leinw. 35. —
Bd. 1. Ebd. 905. Geb. 30.— (Kplt. erm. Pr. 60.—)

Von der katholischen Kirche. Eine theologische Zeitschrift zunächst für das Bistum Breslau, herausgegeben von Karl von Dittersdorf u. Adjunkt Knoblich. Breslau, Max u. Co., 1827—1830, 4 Jahrgänge, 15 zwanglose Hefte.

— von d. katholischen; eine theolog. Zeitschrift, zunächst für das Bisthum Breslau. (Mit Beiträgen von Dr. Becherer, Hauber, Herber, Hübner, Knoblich, Oberthür, J. P. Silbert u. A. m.) Herausg. von K. v. Dittersdorf. 1s—9s Hft. 8. Bresl. 827—29. Max u. Comp. (1s, 2s H. 1 ₰ 2 gr 3s—9s H. à 12 gr) 4 ₰ 14 gr

—— der katholischen, glorreiche Vergangenheit und Gegenwart. Mit Rundschreiben des ehrwürd. Clemens Wenceslaus, Bischofs von Augsburg und Churfürsten von Trier, an alle Freunde des deutschen Vaterlandes. Ein kathol. Hausbuch zur Mahnung und Warnung. Neue Ausg. gr. 12. (292 S.) Aschaffenburg 848, Pergay. *

— die, u. der liberale Katholizismus, s. a. Broschüren, Frankfurter zeitgemäße. XX. 5.

Die Kirche und der liberale Katholizismus. Gemeinsames Hirtenschreiben d. Kardinal-Erzbischofs u. d. Bischöfe d. Kirchenprovinz Westminster. *Hamm i. W.: Breer & Thiemann 1901.* (30 S.) 8° [F.]
= Broschüren, Frankfurter zeitgemässe. N. F. Bd 20, H. 5.

—— die, und die Kirchen. A. d. Französ. übers. gr. 8. (2¼ B.) St. Gallen 838, (Huber u. Comp.)

—— Kirchenpolitik und Kirchendienst. Eine zeitgemäße Betrachtung. 8. (60 S.) Halle 874, Fricke.

Kirche, für, und Kirchenverfassung ꝛc. s. Aschenberg, W. v.

— u. Klöster. Von A. F. gr. 8. (32 S.) Karlsruhe 902. Buchdr. der bad. Landeszeitg. n. — 50

Kirche, Die Kölnische, im Mai 1841 . . . 2. Aufl. Würzburg [184?]. V: *Müller, Herm.* (Th)

Kirche, die Kölnische, im Mai 1841. (Der Graf von Westphalen. — Das wiederauflebende Publikandum von 1837. — Das Metropolitan-Domkapitel zu Köln in seinem Unrecht. Anhang.) Von H. M. gr. 8. Würzburg 841, Voigt u. Mocker. n. 1/3 ₰

Kirche, Die constitutionelle, sammt den neufränkischen Staatsverfassungen . . . in und außer Frankreich . . . Augsb. 1800. V: *Sartore, Plac.* (Scriptores ord. s. Benedicti. Vindob. 1881.)

Die Kirche Unterm Kreuz, oder : Botschafter des Heils in Christo : Jahrgang 1—4, no. 3, Apr. 1885– Nov. 1888.

Monthly, Apr. 1885—May 1886; bi-monthly, July 1886– Nov. 1888. Sub-title: (Den Wehrlosen Christen in Amerika gewidmet.) Issue for Apr. 1885 states purpose of this journal: „Dieses Blatt enthällt eine Sammlung wichtiger Nachrichten aus der Geschichte der Wehrlosen Christen von den Zeiten der Apostel bis auf die Gegenwart." Organ of Die Allgemeine Conferenz der Mennoniten von Nord-Amerika. Title varies: DIE GEMEINDE UNTERM KREUZ, Dec. 1885– Nov. 1888. Followed by BOTSCHAFTER DES HEILS IN CHRISTO (Berne, Ind.). Octavo, each issue 16 pages, paged continuously. Issued from Office of PATRIOT UND REFORMER. Edited & published by John G. Stauffer, Apr. 1885— Nov. 1888.
Quakertown, PA

— u. Kultur, s. a. Flugschriften, katholische. 149.

Kirche und Kultur. Dargest. von P. v. C. *Berlin: Germania [1903].* (51 S.) 8° [F.]
— **Flugschriften**, Katholische, zur Wehr u. Lehr. No 149. [04. 6095 11]

Die Kirche als Lehrer der Welt,
s. Volksaufklärung

Lutherische Kirche in A, Die. Die Kulturjunker . . . Sendschreiben an Sr. Maj. den dten Kaiser u an das Volk d Reformation. Phila, 1877.

— die lutherische, in Amerika. 2 Tle. in 1 Bde. gr. 8. Leipzig 893. Th. Rother. n. 2. —
1. Heinr. Melch. Mühlenbergs Leben. Von W. J. Mann. Zum 150. Jahrestag v. Mühlenbergs Ankunft in der Neuen Welt. — 2. Kurze Geschichte der deutschen evangel.-luther. Gemeinden in u. um Philadelphia u. der lutherischen Synoden Amerikas. Von J. Wischan. (240 S. m. 75 Bildern.)

Kirche, die lutherische, in den neupreußischen Ländern, ihre Gefahr u. ihre Pflicht. Erlangen 867. Deichert. gr. 8. (15 S.) n. 2 ngr

— die Lutherische, in Preußen. Ein Wort an die Christen zur Verständigung. 8. Nürnberg 835. (Raw.) 5/12 ₰

Kirche, Die lutherische,

in Preussen . . . Leipzig 1846. V: *Becker, Carl.* (zu)

— die lutherische, in Preußen. Eine zunächst d. gesammten lutherischen ecclesia repraesentativa gewidmete Denkschrift z. 18. Febr. 1846. gr. 8. Leipzig 846, C. L. Fritzsche. 6 ngl

— die lutherische, vor der ersten Ständekammer des Großherzogthums Hessen. Nebst den betreffenden Actenstücken. gr. 8. (IV, 38 S.) [Frankfurt a. M. 875, Zimmer'sche Buchh.] Heilbronn, Gebr. Henninger. *

Kirche, die — zu Maria Strassengel ob Graz in Steiermark. Kurze Beschreibung vom Anfange, Wachsthume u. der Wiederherstellung dieses Gnadenortes etc. Gratz 1858. Verl. d. *Fr. Ferstel'schen* Buchhdl. *(C. Tendler).* 221 S., kl. 8°. 2 Stahlst.

Kirche, Die, zu Maria Strassengel ob Graz in Steiermark. Kurze Beschreibung vom Anfange, Wachsthum und der Wiederherstellung dieses Gnadenortes.

Graz 1858. 5. verm. Aufl. 1882. V: *Grillwitzer, Alexander.* (xeniaBern III)

—— die, und die in der heiligen Schrift vorgesehenen Mittel und Wege Gottes, dieselbe zu erhalten und zu vollenden. 2. neu bearb. Aufl. gr. 8. (56 S.) Augsburg 878, Preyß. *
Die 1. Aufl. war nicht im Handel.

Die Kirche als Mutter der Gläubigen,
s. Volksaufklärung

— die neue, s.: Aufwärts.

Kirche, Die neue, oder Verstand und Glaube im Bunde.

Berlin 1815. V: *Wette, Wilh. Mart. Leberecht de.* (Ky)

— d. neue, oder Verstand u. Glaube im Bunde, (von W. M. L. de Wette). 8. Berl. 815. Nauck. 12 K

— die neue, oder die wiedererwachte Apostolische Gemeine, in der dritten Haushaltung Gottes, unter der Regierung des heiligen Geistes, beleuchtet aus den Schriften des alten und des neuen Testamentes. gr. 8. Zürich 843. (Höhr.) n. 1/4 ₰

Neue Kirche. Bote der n. K., herausgeg. v. O. Brickmann. Baltimore 1868—75. 4 Bde. 4.

— Kirche, Wochenschrift für d. n. K., redig. von Tafel u. Mittnacht. Stuttgart 1872. 1 Bd. 4.

—— die Neue. Organ der „Kirchengemeinschaft der Neuen Kirche". 3.—6. Jahrg. 1889—1892. à Jahrg. 24 Nrn. (Bog.) hoch 4. Berl. SW. 47, Großbeerenstr. 18, W. Rußbüldt Selbstverlag. à Jahrg. * 3 —

— die neue. Monatsschrift f. kirchl. Reform. Hrsg. v. Herm. Sachtler. I. Jahrg. Oktbr. 1893—Septbr. 1894. 12 Nrn. (Bog.) gr. 8. Frankfurt a. O., W. Brauer Nachf. n. 5. —

— d. neue, des Herrn u. ihre himml. Lehre, s. a. E. Swedenborg.

—— die neue, d. Herrn, u. ihre himml. Lehre. Nach Kunden aus d. Himmel. gr. 8. (14 B.) Tübingen 830, Zu-Guttenberg. 18 Gr., fein Pap.
Fortsetzung hierzu, s. Himmel, der.

Kirche, Die neue evangelische, in Ingolstadt . . . Nürnberg 1847.

V: *Volkert, Leonhard.* (zu)

—— die neue evangelische, in Ingolstadt. Kurze geschichtl. Mittheilung über ihren Bau nach Zeichnung und unter der Oberleitung von C. Heideloff und ihre Einweihung am 23. Sonntage n. Trinit., den 15. Nov. 1846. Lex.-8. (48 S. mit 1 Ansicht und 1 Grundriß in Stahlst.) Nürnberg 847, Riegel und Wießner.

Kirche, die neue evangelische, zu Wiesbaden, eingeweiht den 13. Novbr. 1862. 8. (22 S. mit 1 Stnt.) Wiesbaden 863, Schellenberg'sche Hofbuchh. *

— die protestantische, Frankreichs von 1787 bis 1846. Hrsg. v. J. C. L. Gieseler. 2 Bde. gr. 8. (1. Bd. X u. 416 S. 2. Bd. VI u. 415 S.) Leipzig 848, Breitkopf & Härtel. 4 ₰

— für die protestantische, u. deren Geistlichkeit, siehe Miszellen f. protestant. Christenthum.

— Sachsens, protestantische, und deren Reform. Den hohen ständischen Deputationen, für die zu erwartende neue Kirchenverfassung zu geneigter Beachtung gewidmet von e. prakt. Geistlichen. gr. 8. Döbeln 846, Dittmann. 3 ngl

—— die protestantische, Ungarns im Belagerungszustande. 8. (32 S.) Leipzig 850, (Brockhaus.)

—— die protestantisch-evangelisch-christliche, der bayer. Rheinpfalz im J. 1818 und 1858. Von *** 2., vervollständ. Aufl. gr. 8. (87 S.) Mannheim 859. (Neustadt a. d. H., Gottschick.) *

Kirche oder Protestantismus? Mainz 1883, s. a Hundhausen, Ludwig.

Kirche oder Protestantismus? 3. Aufl. O.O. 1883. V: *Evers, Gg Gotthilf.* (EB)

—— oder Protestantismus? Dem deutschen Volke zum 400jähr. Lutherjubiläum gewidmet von einem deutschen Theologen. 3. und 4. neu durchgearb. und vielfach verm. Aufl. der Schrift: Das Luthermonument im Lichte der Wahrheit. gr. 8. (VIII, 377 S.) Mainz 883, Kirchheim. *

– d., u. ihre Reformation. Ein Fragment. A. u. d. T.: Bruchstücke einer Theodicee d. Wirklichkeit, von Dr. Outis; od. Stimmen e Predigers in d. Wüste, von Chr. v. d. Asche am Kamine zu Pseudojerusalem im J. 1819. gr. 8. Erlang. 823. Palm. 16 ℊ

Kirche. Die reformirte K' von Basel. Prag 1892 s. [Vischer-Sarasin, Adolf].

Die Reformirte **Kirche** in Hannover. Hannover: Ver. d. Reformirten in Hannover (1893). (16 S.) 8° [F.] [97. 1810]

Die Kirche und der kirchliche Reformverein Basels. 40 Stn. kl. 8. Basel, Chr. Krüsi. 1872 --. 60

—— die römische, ihre Einwirkung auf die germanischen Stämme u. das deutsche Volk, s. Michel.

– über d. röm., ihre Gebrechen u. Verbesserung. Nach Llorente Entwurf e. Kirchenverfassung im 19n Jahrh. frei bearb. von Troxler. 2e wohlf. Ausg. gr. 8. Aarau 831. Sauerländer. 12 ℊ

Kirche, Die römisch-katholische, in der Schweiz. Ein Vorschlag zu Handen der Bundes-Revisions-Kommission. Bern 1871. V: *Teuscher, Wilh.* (BSchwLk V, 10 e)

Kirche, Die römisch-katholische, in der Schweiz. Beleuchtung eines Vorschlages zu Handen der Bundes-Revisionskommission . . . Luzern 1871. V: *Rusch, Joh. Bapt.* (BSchwLk V, 10 e)

—— die römisch-katholische, in der Schweiz. Beleuchtung eines Vorschlages zu Handen der Bundesrevisionskommission. Von einem Politiker. gr. 8. (70 S.) Luzern 871, Gebr. Räber. *

—— die, betrachtet mit Rücksicht auf die gegenwärtigen Streitfragen und die Bedürfnisse unserer Zeit. Von einem Amerikaner. Autoris. Uebersetzung aus dem Engl. gr. 8. (47 S.) Freiburg i. Br. 875, Herder'sche Verlagsh.

Kirche, Die — bei St Katharina in der Vorstadt Kazimierz in Krakau. 1855. Gedruckt in der Buchdruckerei des „Czas." Im Verlage des Augustiner Conventes. (IV. S. 34. 8.)

Kirche, Die, Santa Maria Maggiore u. das Concil von Trient. 12. (86 S.) Trient, Johann Seiser. 50 kr. 1883

— die, nach der heil. Schrift. Von dem Verf. d. Beleuchtung des Zeitgeistes. gr. 8. Bern 845. (Aarau, Christen.) n. 1/6 ℘

Kirche und Schule. Ein Wort in Liebe zum Frieden zwischen beiden . . . Leipzig 1834. V: *Engel, Moriz Erdm.* (zu) (Ky)

– und Schule. Ein Wort in Liebe zum Frieden zwischen Beiden. Nebst einem bittenden Worte zum Heile für Beide an Regierungen, Stände u. Staatsbürger. (Von Mor. Erdm. Engel.) gr. 8. Leipzig 834. Schaarschmidt; jetzt Güntz, u. der Pr. nur 1/4 ℘

Kirche, Die, und die Schule in Hamburg. Hamburg 1860. V: *Mönckeberg, Carl.* (zu)

—— die, und die Schule in Hamburg. gr. 8. (18 S.) Hamburg 860, [Nolte.] *

– Schule u. Haus. 8. Berl. 820. Albanus. 8 ℊ

Kirche und Schule, Kirchenglaube und Wissenschaft . . . Schaffhausen 1843. V: *Hauber, H.* [?] (zu) *Hauber, Ignaz* [?]. (EB)

— und Schule, Kirchenglaube und Wissenschaft auf deutsch-nationalem Standpunkt. Von H. H. gr. 12. Schaffhausen 843, Brodtmann'sche Buchh. 1 ℘

—— und Schule, die, Schleswigs im Kampfe mit der sogenannten Landesverwaltung. Actenmäßige Darstellung. gr. 8. (97 S.) Kiel 850, Schwers'sche Buchh.

Kirche, Socialdemokratie, Christentum. Gedanken z. Reform d. Reformationskirche. Von e. protestant. Geistlichen. *Berlin: E. Staude 1897.* (2 Bl., 112 S.) 1 Bd 8. [98. 1607]

Kirche und Sozialismus. (Hrsg. [Ottomar] Lorenz.) 1. *Erfurt: H. Güther 1892.* 8° [F.] [94. 4161]

— u. Sozialismus. I. II. gr. 8. Erfurt, H. Güther. à n. — 80
I. Die Lösung der Bekenntnisfrage. Von Lorenz. (48 S.) 893.
II. Das Wesen der Sozialdemokratie u. die christliche Religion Ein Vortrag v. E. Schall. (47 S.) 894.

Kirche, Die, zu Spalato, einst der Stadt Spalato zuständig . . . Spalato 1873. V: *Manger, Peter.* (EB)

– u. Staat, über, (von D. v. Droste, Frhrn. zu Vischering). 8. Münster 817. Theissing. 6 ℊ

Kirche und Staat. Betrachtungen über Art. III der Grundrechte. Frankfurt a. M. 1848. V: *Döllinger, Johann Joseph Ignaz von.* (ADB 48, 8)

Kirche und Staat. Drei Rundschreiben des Hrn. Erzbischofes von Paris und des Hrn. Bischofes von Chartres. gr. 8. (IV und 61 S.) Bonn 851, Marcus. Thlr. *

—— und Staat. 1. Stück für denkende Christen. 8. (46 S.) Augsburg 863, (v. Jenisch und Stage'sche Buchh.) *

Kirche u. Staat in Bayern, unter dem Minister *Abel* u. s. Nachfolgern. Eine kirchlich-polit. Denkschrift. Schaffhausen, Hurter, 1849. 8°. Ppb.
XII 425 S. — S. 227—381: Die Zeit des Lola-Montanismus, der Morgenröthe u. der neuen Freiheit.

Kirche, Die, und der Staat, ihre beiderseitige Pflichten. Berlin [Frankf.] 1784. V: *Grossing (Grossinger), Franz Rudolph von.* (Wr)

— die, im deutschen Staaten-Bund. 8. Nürnberg 838. Bauer u. Raspe. (Merz.) 1/8 ℛ

Kirche, Die streitende, im Kampfe und Leiden. Regensburg 1829. V: *Passy, Anton.* (Russell IX, 575) (Gla I/2 498)

— d. streitende, im Kampfe u. Leiden. gr. 8. München 829. Giel. (Leipz., Barth). 16 gr

— die, in der Tiefe, s.: Kindertraktate.

—— unsere evangelische, und das Jahr 1873. gr. 8. (24 S.) Berlin 873, Puttkammer und Mühlbrecht. *

Kirche, Die unsichtbare. Darstellung des innern Lebens. Leipz. 1816. V: *Baumgarten-Crusius, Detlev Carl Wilh.* (Ky)

— d. unsichtbare. Darstell. d. innern Lebens, (v. D. K. W. Baumgarten-Crusius). 8. Leipz. 816. Göschen. 20 gr

—— die unsichtbare, oder das göttliche Reich Christi. Ein Beitrag zur Rechtfertigung der Petitionen um Beseitigung der bischöfl. Convention. Von einem Verehrer Jesu Christi des Lehrers und Königs der Wahrheit. gr. 8. (46 S.) Frankfurt a. M. 861, Auffarth. *

— Christi, die ursprüngliche. Hirtenbrief des Bischofs v. Nanzig. Aus d. Französ. gr. 8. Paris, Nanzig u. Straßb. (832).

Kirche, Christi, die ursprüngliche. Hirtenbrief des Bischofs von Nanzig. (Dem französischen Original getreu übersetzt.) 8. Darmstadt 845, Ollweiler. 3 ngr

— über, u. Vaterland, als Grundlage d. Erziehung. 8. Kreuzn. 819. Kehr. 6 gr

—— die verfallene. Der Savoyardenknabe. 2 Erzählungen. 8. (154 S.) Aachen 863, Cremer'sche Buchh.

—— die, und ihre Verfassung im neuen deutschen Reiche. Gedanken aus einem Briefe vom 11. März 1871 an Se. Maj. Wilhelm, den ersten deutschen Kaiser, den Siegreichen, aus dem gesegneten Hause Hohenzollern. Zum Nachdenken für jeden deutschen Christen. gr. 8. (16 S.) Barmen 871, Klein. *

—— die, in ihrem Verhältniß zum Staate. Ein Wort von der christl. Gesellschaft der „Freunde" in England, verfaßt von deren Repräsentanten in London. Nach der 3. engl. Ausg. Hrsg. von der christl. Gesellschaft der „Freunde" in Minden. gr. 8. (23 S.) Minden 879, (Hufeland.) *

— die, u. die Versammlung katholischer Gelehrten. Eine Erwiederung der Schrift des Dr. Michoelis „Kirche oder Partei." Nebst 2 Beilagen. Mainz 864. Kirchheim. gr. 8. (55 S.) n. 5 ngr

Kirche, Die, des heiligen Vigilius und ihre Hirten. Botzen 1825—28. V: *Schnitzer, Casimir.* (EB)

Wachende Kirche: 1866 1929
Monthly, semi-monthly, and monthly (later editions) Organ of the Lutheran Synod of Buffalo Vol. I, No. 1 (Sept. 1866) to Vol. 63, No. 12 (Dec 1929) I. A. A. Grabau was its editor in Buffalo, N.Y. from Sept. 1866 to May 1879 it was at this time a monthly publication Alex Lange edited it, also in Buffalo, from June 1879 to Dec. 1880 The "Wachende Kirche" became a semi-monthly publication, beginning Jan. 1, 1881; Alex Lange continued to be its editor until Oct. 1, 1883 and was succeeded by the Committee which edited the publication from Oct. 15, 1883 to Dec. 15, 1908? Fr. Plenz assumed this responsibility from Jan. 1, 1909? until July 15, 1910, he was succeeded by R. F. W. Grabau who became editor from Aug. 1, 1910 until July 15, 1913 K. A. Hoessel was its editor from Aug. 1, 1913 until Sept. 1, 1919 in Buffalo, N.Y and from Sept. 15, 1919 until Sept. 15, 1922 in N. Tonawanda, N.Y. E. Denef continued its editorship from Oct. 1, 1922 until Dec. 1929 (The "Wachende Kirche" became a monthly publication, beginning April 1925.).
Buffalo, NY

Die wachende Kirche: 1866 1922 Pittsburgh, PA

Die wahre Kirche, s. Volksaufklärung

— die wahre Katholische, Briefwechsel zwischen einigen Römischen u. einem Evangelischen Christen. Hrsg. v. dem letzteren u. der gesammten Römischen Kirche zur Fortsetzung vorgelegt. 1. Lfg. gr. 8. (VI u. 106 S.) Grimma 847, Gebhardt in Comm. n. 2/3 ℛ

Kirche. Die wahre K' und ihr Kennzeichen s.a. [Segesser, Friedrich].

Kirche, Die wahre, und ihr Kennzeichen. [Basel 1907.] V: *Segesser, Friedrich.* (Bibl. Bull. d. Schweiz 1907.)

— die wahre, was und wo sie sey? 12. Frft. 717.

Kirche und Welt. Gemeindeblatt f. d. hessische Renitenz. (Schriftleiter: Pfarrer R. Schlunk.) Jg. 1. Schemmern: R. Schlunk 1905. 4° [F.] (05.66074

— die, an die bewegte Zeit. Ein Wort des Ernstes f. Fürsten, Staatsbeamte, Eltern u. Lehrer. 8. (24 S.) Landshut 848, Thomann. 3 ngr

Kirche, Die, in dieser Zeit. Worte der Ermahnung . . . Heidelb. 1814—17. V: *Schwarz, Frdr. Hnr. Chn.* (MGT) (Zu) (AarK) (NN)

Kirche, die, in dieser Zeit. Worte d. Ermahnung zunächst an die Geistlichen, von e. erfahrnen Theologen. gr. 8. (Heidelb. Mohr u. W.) 814.

— die, in unserer Zeit. Ein Wort an Geistliche und Laien. 8. Düsselthal 843. (Leipzig, Barth.) n. 1/3 ℛ

—— die, in unserer Zeit. Ein Wort an Geistliche und Laien. Neue Ausg. 8. (177 S.) Frankfurt a. M. 847, [Völcker.] *

— die, in unserer Zeit. Ein Wort an Geistliche u. Laien. Neue Ausg. 8. (177 S.) Frankfurt a. M. 847, (Heyder &) Zimmer. n. 1/4 ℛ

—— die, in unserer Zeit. Ein Wort an Geistliche und Laien. Neu hrsg. durch Charles J. T. Böhm. 8. (III und 95 S.) Berlin 861, Hickethier.

Kirche, die, in unserer Zeit. Ein Wort an Geistliche und Laien. 3. Aufl. gr. 8. (V, 82 S.) Augsburg 879, Preyß. *

— u. Zeitgeist. Die hauptsächlichsten Hirtenschreiben Pius' X. als Kardinals u. Patriarchen v. Venedig. Mit eigenster Erlaubnis Sr. Heil. ins Deutsche übertr. u. m. e. Einleitg. versehen v. Alex. Hoch. (147 S.) gr. 8. Strassburg 907. F. X. Le Roux & Co. 2. 50

Kirche, Die, der Zukunft. Eine Encyklika an alle denkenden Christen. Wien 1868. V: *Pederzani, Julius.* (EB)

— die, der Zukunft. Eine Encyklika an alle denkenden Christen. Wien 868. v. Waldheim. gr. 8. (46 S.) n. 9 ngr

— die, d. Zukunft. Hrsg.: Frz. Witzel. 1.—3. Jahrg. 1895—1897. à 12 Nrn. (à ca. 8 S.) gr. 8. Frankfurt a/M., Heyder & Zimmer. à Jahrg. n. 3.— Weiter nicht erschienen.

Kircheim D. C. H.: Vade mecum anatomicum, od. kurtze doch deutliche Beschreibung d. menschlichen Leibes ... 6. u. verm. Aufl. Langensaltza 1759. 136 S.

Kircheis, Erdmann

Kircheis, E: Blechbearbeitungsmaschinen. Katalog. Aue 1902

Kircheis, E: Jubel-Ausgabe des Haupt-Katalogs der Maschinen-Fabrik und Eisengießerei. Aue i. S. 1894

Kircheis, E., Maschinen- und Werkzeug-Fabrik für Blechbearbeitung: Katalog Aue i. S. (1883)

Kircheis, Erdmann: Schutz- und Sicherheitsvorrichtungen an Exzenter-Pressen. Aue i. S. (1910?)

Kircheisen, F(riedrich). Bibliographie Napoléons. Eine systematische Zusammenstellung in kritischer Sichtung. VIII + 189 S. 8. Berlin, E. S. Mittler & Sohn; Leipzig, F. Kircheisen, 1902. [M. 5.—]

Kircheisen, Frdr. M., Bibliographie des Napoleonischen Zeitalters einschl. der Vereinigten Staaten v. Nordamerika. (In 2 Bdn.) 1. Bd. (XLVIII, 412 S.) Lex. 8. Berlin 908. E. S. Mittler & Sohn. 12. 50

Kircheisen, F. M. Feldzugserinnerungen aus den Kriegsjahren 1809. Hamburg 1909. 387 S.

Kircheisen, F. M. Feldzugserinnerungen aus dem Kriegsjahre 1809. Hamburg 1909. 8°. (Bibliothek wertvoller Memoiren. 10.)

Kircheisen, Frdr. M., die Geschichte des literarischen Porträts in Deutschland. 1. Bd. Von den ältesten Zeiten bis zur Mitte d. 12. Jahrh. (VIII, 170 S.) gr. 8. Leipzig 904. K. W. Hiersemann. n. 6.—; auf Whatmanpap. n. 10.—

— Hat Napoleon gelebt? Und andere kuriose Geschichten, s.a. Rara. I.

Hat Napoleon gelebt? Und andere kuriose Geschichten von Friedrich M. Kircheisen. Stuttgart: Lutz 1910. 231 S. 8°
(Rara. 1.) [10. 5570

Kircheisen, Friedrich. Die Königin Luise in der Geschichte und Literatur. Eine systematische Zusammenstellung der über sie erschienenen Einzelschriften und Zeitschriftenbeiträge. Von Friedrich M K' (Genf, Petit Lancy). XII + 63 S. 8. Jena, H. W. Schmidt, 1906. [M. 2. 50]

— Memoiren aus d. span. Freiheitskampfe 1808—1811. Ludwig v. Grolmann — Albert Jean Michel Rocca — Moyle Sherer — Heinr. v. Brandt — Henri Ducor — Don Juan Andrés Nieto Samaniego, s.a. Bibliothek wertvoll. Memoiren. VII.

Kircheisen, F. M. Memoiren aus dem span. Freiheitskampfe 1808—1811. Ludw. v. Grolmann — Alb. Jean Michel Rocca — Moyle Sherer — Heinr. v. Brand — Henri Ducor — Don Juan Andrés Nieto Samaniego. Hamburg 1908. 8°. (Bibliothek wertvoller Memoiren. 7.)

— s.a. Napoleon I., Briefe.

Briefe [Lettres] Napoleons des Ersten in drei Bden. Auswahl aus d. gesamten Korrespondenz d. Kaisers hrsg. von F(riedrich) M. Kircheisen. (2. Aufl. Bd 1—3.) Stuttgart: Lutz 1909—10. 8° [10. 15327 9

— s.a. Napoleon, der Feldherr, Staatsmann u. Mensch in seinen Werken.

Napoleon I., der Feldherr, Staatsmann und Mensch in seinen Werken. Bearb. von Friedr. M. *Kircheisen.* Stuttgart (1907). 8°.
(A. d. Gedankenwelt grosser Geister. hrsg. von Loth. *Brieger-Wasservogel.* Bd 7.)

Kircheisen, Friedrich & Gertrud. Napoleon Kalender und Gedenkbuch der Befreiungskriege für das Jahr 1812 u. 1813. München & Leipzig, Georg Müller 1912—13.
2 Bde. 8°.
1812. 218 S. m. zahlr. Abb.
1813. 207 S. m. zahlr. Abb.

— s.a. Rousseau, Jean Jacques, in seinen Werken.

Kircheisen, Friedr. M., J. J. Rousseau in seinen Werken. Stuttgart [1908.] 8°.
(A. d. Gedankenwelt grosser Geister. hrsg. von Loth. *Brieger-Wasservogel.* Bd 12.)

— s.: Segur, Graf Paul Philipp v., Erinnerungen.

Kircheisen, Jh. Paul Glo., († ...) Beobachtt. über d. Mutterkorn u. dessen Entstehung. Nach seinem Tode, mit e. Vorrede v. Hofr. C. G. Gruner. S. Altenb. 800. (Hennings in Neisse). 4 K

Kircheisen, *Herrmann* Theodor [aus Schönlinde in Nordböhmen]: Über die Condensation von Aceton und Chloral ... Leipzig-Reudnitz, Druck v. M. Hoffmann, 1892; 33 S., 1 Bl. 8.
Leipzig, Phil. Fak., Inaug.-Diss. v. [10. Juli] 1892

Kirchem, C. F., s. Faßbender, M. Die ländlichen Spar- u. Darlehnskassenvereine nach Raiffeisens System.

Kirchem, C.F.: Die Spar- und Darlehnskassen in ihren Beziehungen zu den Zentralstellen. Kempen 1895.

Kirchen und andere geistliche und bürgerliche Bau-Denkmale älterer Zeit in Württemberg. XIX Ansichten in Stahlstich mit Text. Lex.-8. Ulm 842, Stettin'sche Buchh. n. 1 7/12 ℳ

Kirchen, Die drei, der evangelisch-protestantischen Kirche in Heidelberg. Heidelberg 1883. V: *Schwarz, Frdr. & Oscar Schellenberg.* (ZP)

Die evangelischen Kirchen Breslaus. Kurze Darstellung ihrer Gebäude u. Geschichte. Breslau: Stenzel (1909). 28 S. 4° [Umschlagt.] [09. 16973 2

Kirchen, die evangel. u. d. Staat, v. Schian, Foerster, Naumann, Katser, v. Soden, Baumgarten, s.a. Hefte zur christl. Welt. 52.

Die evangelischen **Kirchen** und der Staat. Leit-, Zeit- u. Streitsätze von Schian, Foerster, Naumann, Katzer, v. Soden, Baumgarten. Tübingen: J. C. B. Mohr 1905. (40 S.) 8° [F.]
— Hefte z. Christlichen Welt. H. 52. I05. 2140

Kirchen, Die fünf neuen, Münchens in Bildern und Beschreibung . . . München 1847. V: *Gessert, M. S.* (EngG)

Kirchen, die 5 neuen, München's in Bildern u. Beschreibung für Besucher ders. u. Kunstfreunde im Allgem. Mit 9 Stahlst. 8. (30 S.) München 847, Franz. n. 26 ngr

Kirchen und Kapellen, Die dem hl. Rupertus . . . geweihten. . . . Salzburg 1885 [1886]. V: *Hauthaler, Wilibald.* (Hr)

Kirchen und Kapellen, die dem heil. Rupertus, Apostel von Bayern, geweihten. 8. (37 S. mit 1 lithogr. Karte.) Salzburg 885, (Dieter.) * — 60
Aus: Personalstand der Säcular- und Regular-Geistlichkeit des Erzbisth. Salzburg, besonders abgedruckt.

Kleine **Kirchen**, Tempel und Kapellen. [Moderne kleine Bauten für Stadt und Land. Serie I. Heft 2—4.] Fol. (à 7 Tafeln) Budapest: Techn. Verlagsanstalt 1905.

Kirchen, die leeren. Ein ungehaltener Vortrag von R. W. 8. Kattowitz 870. Siwinna. gr. 8. (16 S.) n. 5 ngr.

Kirchen, Lehr- und Glaubensbücher, Nürnberg., s. der Kirchenordn. 4. Nrnb. 721.

Kirchen aus dem Mittelalter. Innere Ansichten. 1e u. 2e Platte. Gestochen von F. Beuther. gr. Imp.-Fol. Berlin u. Göttingen 834. Gebr. Rocca. à Platte $1^1/_2$ ₰

Russische Kirchen. 6 Hefte. Moskau. 1848.

Kirchen, die, im königl. preuß. Herzogth. Sachsen. 16 Heft. qu. Fol. Naumb. 826. Bild. 20 K Pbg. Pr. 12 K color. 1 ₰ 8 K

Die **Kirchen** im Königlich Preussischen Herzogthum Sachsen in einer Auswahl malerischer Darstellungen mit historisch-artistischen Beschreibungen. 2 Hefte. Naumburg 1826 und 1828. 4°.

Kirchen und Sekten der Gegenwart. Unter Mitarb. verschiedener ev. Theologen hrsg. von Pfarrer Ernst Kalb. Stuttgart: Ev. Gesellsch. 1905. (XII, 576 S.) 8° [F.] I05. 24. 3

Kirchen und Sekten der Gegenwart. Unter Mitarb. verschiedener evang. Theologen hrsg. von Pfarrer Ernst Kalb. 2. erw. u. verb. Aufl. Stuttgart: Evang. Gesellsch. 1907. (XV, 655 S.) 8° [F.] I06. 2546

Kirchen und Wohnhäuser der Stadt Hildesheim. 12 Photographien. Hildesheim und Lübeck. Fol.

(Kirchen. Niccolo.) In memoria da Sr. Daniel Josty da Madulain (÷ 1845) e da Jkr. Landm. G[iachem] C[onstans] Tabago da Ponte-Campovasto (÷ 1849). 8. Zuoz 1858.

Kirchen-Agenda des Hertzogthums Magdeburg von neuem wieder aufgelegt, im J. 1740. Magdeburg (1740).

Kirchenagende, allgemeine. 16 Stück. 4. Frankf. Hermann. (in Comm.) 812.

Kirchenagende, Allgemeine. Frankfurt a. M. 1816. V: *Hofmann, Frdr. Johann Philipp.* (MGT) (HS) (Ky) »1812« (Hallesche Litt. Ztg. Erg. Bl. 1818. Nr. 116.)

Kirchenagende, allgemeine. (Von Fr. Jh. Ph. Hoffmann.) 8. Frankf. 816. (Hermann). 8 K

Kirchenagende der deutschen evangelisch-reformirten Gemeinde zu Hamburg. Hamb. 1790. V: *Pauli, Joh. Philipp Gerhard.* (Schr) (HS) (MGT) (Ky) (Adel)

— für d. deutsche evangel. reformirte Gemeine in Hamburg, (von J. P. G. Pauli). 8. Hamb. 790.

Kirchen-Agende für die evangelischen Gemeinden des österreichischen Kaiserstaates . . . Wien 1829. V: *Glatz, Jac.* (Pk) (Ky)

Kirchen-Agende f. d. evangel. Gemeinden d. Oesterr. Kaiserstaates. Auf Allerhöchsten Befehl verbess. u. stark verm., hrsg. v. d. k. k. Consistorio A. C. in Wien. (Von Jak. Glatz.) gr. 4. (30½ B.) Wien 829, Heubner.

Kirchen-Agende für evangelisch-lutherische Gemeinden ungeänderter augsburgischer Confession. Zusammengestellt aus den alten rechtgläubigen sächsischen Kirchenagenden und hrsg. von der allgemeinen deutschen evangelisch-luther. Synode von Missouri, Ohio und anderen Staaten. gr. 4. (VII und 176 S. mit 4 S. Noten.) St. Louis, Mo. 856(59). (Philadelphia, Schäfer und Koradi.) geb. *

— für d. Hof- u. Domkirche zu Berlin. 2e Aufl. gr. 4. Berl. 822. (Mittler). 20 K

Kirchenagende, Lettische neu verbesserte und vollständige. Neu hsg. von Joachim Baumann. Königsb. 1754. V: *Gräven, Alex.* (Ky)

— Lettische neu verbesserte u. vollständige, (von ... Gräven). Neu herausg. von Joach. Baumann. 8. Königsb. 754. Hartung. N. A. Mietau 771.

— über d. neue Berliner, ein Gespräch zwischen einem Schulmeister u. d. Landmann Kasper. Von X. Y. Z. 8. Wittenb. 824. Zimmermann. 2 K

Kirchenagende, Neue Sächsische. Dresden 1813. H: *Tittmann, Carl Christian.* (MGT)

Kirchenagende, Die Preussische, im Verhältniss zu der evangelisch-protestantischen Kirche ... Mannheim 1830. V: *Schlatter, Georg Friedrich.* (Zu) (Ky) (Winer)

— d. preußische, im Verhältniß zu d. evangel.-protestant. Kirche überhaupt u. zu d. vereinigten Kirche Badens insbesondere. Nebst Beurtheilung d. provisor. Einführung derselben in d. Stadt- u. Landdiöcese Karlsruhe, (von Schlater). gr. 8. Manh. 830. Löffler. 6 gr

Kirchenagende, Schleswig-Holstein. s. Adler.

Kirchen-Album, grosses, v. Trier. 12. (12 Lichtdr.-Taf.) Trier 891. (Paulinus-Druckerei.) In Leinw.-Karton. n. 2. 50

Kirchenalmanach, Historischer, für Prediger und Kandidaten des Predigtamts auf 1800 bis 1804. Leipz. 1799. V: *Albrecht, Erdmann Hannibal.* (Ky) (MGT)

Kirchenalmanach, histor., für Prediger u. Candidaten d. Predigtamts auf 1800—1804, (von Erdm. H. Albrecht). 12. Leipz. 799.

Kirchen- und Ketzeralmanach, s. a. Bahrdt.

Kirchen- und Ketzeralmanach aufs Jahr 1781. Häresiopel [Züllichau] ... V: *Bahrdt, Carl Friedrich.* (GGr) (ML) (Wr) V: *Bretschneider, Heinrich Gottfried.* (EB) »Zweytes Quinquennium. Gibeon [Braunschw. 1787].« V: *Bahrdt, C. F.* (BrMm)

— u. Ketzeralmanach, v. K. F. Bahrdt, auf d. J. 1781. 8. Henlopol. (Frommann in Jena). 16 gr 2s Quinquennium auf d. J. 1787. 8. Gibeon, Caspar Lange. (Vieweg in Braunschw.) 18 gr

Kirchen= und Ketzer=Almanach aufs Jahr 1781. [Verf.: Karl Friedrich Bahrdt.] ...
Häresiopel, im Verlage der Ekklesia pressa [vielm. Züllichau: Frommann 1781]. 15 Bl., 24, 247 S., 1 Titelkupf. 8°

Kirchen- u. Ketzer-Almanach a. d. J. . . . . oder Musterliste über die Theolog. Freycorps a. d. Kirchen- u. Ketzeralmanach aufs Jahr 1781. Hg.: Hauptpastor *** in H. (Halle.)
1786. 116 S.
(Gera.)

— auf 1786. 8. Gera 785. Beckmann. 7 gr

Neuer Kirchen- und Kezzeralmanach auf das Jahr 1797. Notiz und Charakteristik der itzlebenden berühmten und berüchtigten Schriftsteller Deutschlands. Deutschland 1797. 248 S. 8.
— desgl. auf das Jahr 1798. 222 S. 8.

Neuer Kirchen- und Kezzeralmanach, s. Thiesz, Joh. Otto. 1797.

Kirchen- und Ketzeralmanach, Neuer, auf das Jahr 1797 und 1798. Deutschland [Schleswig]. V: *Grohmann, Joh. Gfr.* oder: *Thiess, Joh. Otto.* (GGr)

Neuer *Kirchen-* und *Kezzeralmanach* auf das Jahr 1797.
[Verf.: Johann Otto Thiess.]
Deutschland. bei Pfeilschmids Erben
[Schleswig: Rohss]
[Zugl.:] Notiz u. Charakteristik d. itztlebenden berühmten u. berüchtigten theologischen Schriftsteller Deutschlands A. bis Z.

— neuer, auf 1797. (A. u. d. T.: Notiz u. Charakteristik d. jetzt lebenden wicht. theolog. Schriftsteller.) 8. Schlesw. (Hammerich in Alt.) 20 gr Ders. auf 1798. Ebd., (Ebd.) 16 gr

Neuer Kirchen= und Kezzeralmanach auf das Jahr ... [Verf.: Johann Otto Thieß.]
Deutschland bei Pfeilschmids Erben [vielm. Schleswig: Röhß 1798]. 8°
2/1798: 1 Bl., 222 S.

— u. Predigeralmanach, kursächsischer. 8. Chemn. 801. Mauke. (Starke). 18 gr

Kirchen- und Schulalmanach, Schleswig Holsteinischer historischer, auf das Jahr 1801. Schleswig. H: *Boysen, Diederich* & *Jaspar Boysen.* (LS)

— u. Schulalmanach, Schleswig-Holstein., histor., auf d. J. 1802. 12. Schlesw., Christiani. 13 gr

Schleswig-Holsteinischer historischer Kirchen- und Schul Almanach. 12°.
(Jg. 1) auf das Jahr 1801. Schleswig.
(Jg. 2 u. 3) auf das Jahr 1802 und 1803 (a. u. d. T.): Historisches Taschenbuch für Prediger und Schullehrer und andre Freunde und Beförderer des Kirchen- und Schulwesens in den Herzogthümern Schleswig und Holstein. (2. und) 3. Jg. auf das Jahr 1802 und 1803. ebd.

— — und Staatsfreund, der, an alle gute deutsche Christen. Vorläufige Nachrichten von d. Frankfurter Berathungen mehrerer deutsch. Bundesstaaten üb. d. Angelegenh. d. deutschen kathol. Kirche. gr. 8. Jena, Frommann. 819.

Kirchenalmosen, Die, in der Stadt Zürich und den Ausgemeinden in seiner geschichtlichen Entwicklung. [Zürich 1881.] V: *Finsler, Georg.* (Cat. d. Stadtbibl. Zürich. Zürich 1864—97.)

KIRCHEN-ANDACHT in Lobliedern und Gesängen. Neue verb. u. verm. Aufl. Kronstadt 1847: Johann Gött. 100 S. - 8°

Kirchenandachten --- , Erbauliche Kirchenandachten - - - zum Gebrauch der Hochfürstl. Schwartzburg-Sondersh. Hof-Stadt (1736)
siehe J. C. Manhardt.

Großwandriller Kirchen-Andachten oder vor andächtige Seelen Heilige Lieder etc. Jauer. 1688—1706. 8o.

Kirchenangelegenheiten, Die, besonders die Organisation der Kirchensynode des ref. Kanton Bern. Bern 1851. V: *Wyss, Carl.* (Zuwachsverz. d. Bibliotheken in Zürich 1898 ff.)

Kirchen- u. Schul-Anzeiger, katholischer, f. Deutschland u. Oesterreich. 1. Jahrg. Oktbr. 1894—Septbr. 1895. 12 Nrn. (Bog.) gr. 4. Leipzig, X. Pflugmacher. 1.—

Kirchen- u. Schul-Anzeiger, katholischer, für Deutschland u. Oesterreich. 2.—5. Jahrg Oktbr. 1895—Septbr. 1899. à 12 Nrn. (Bog.) gr. 4. Leipzig, X. Pflugmacher. à Jahrg. n. 1.—

Kirchen- u. Schul-Anzeiger, katholischer, f. Deutschland u. Oesterreich. 6.—8. Jahrg. Oktbr. 1899—Septbr. 1902. à 12 Nrn. gr. 4. (à ca. 8 S.) Leipzig, X. Pflugmacher. à Jahrg. n. 1.—
Erscheint nicht mehr.

Kirchen-Atlas [Schlagwort]

Kirchen-Atlas, s.: Atlanten. Werner, O.

Kirchenbau, der. Lustspiel in 1 Aufzuge. (31 S.) 8. Weimar (904). H. Grosse. n. —60

Kirchenbau, Der, des Protestantismus von der Reformation bis zur Gegenwart. Berlin 1893. V: *Fritsch, Carl Emil Otto.* (Berl)

Kirchenbau, der, des Protestantismus von der Reformation bis zur Gegenwart. Hrsg. v. der Vereinigg. Berliner Architekten. Mit 1041 Grundrissen, Durchschnitten u. Ansichten. Lex.-8. (VII, 559 S.) Berlin 893. (E. Toeche.) n. 30.—; geb. in Leinw. n.n. 32.—

Kirchenbauer, Anton

— Die Irrfahrt des Menelaos nebst einem Anhange zur Aufklärung über die „Rosenfinger und den Safranmantel der Sonne". (Od. III u. IV.) Pr. 1877. 32 S. 1.20

Kirchenbauer, Ant., Schluss auf das Alter der Ilias aus der Differenz zwischen dem Sirius- und Sonnenjahr. gr. 8. (16 S.) Wien 874, Gerold's Sohn. *
Aus: Gymnasial-Zeitung, besonders abgedruckt.

Kirchenbauer, E., Vorlagen f. Holzbrandtechnik (Brandmalerei). 1.—5. Lfg. gr. Fol. (58 Taf.) Heidelberg 892. 893. E. v. König. à 4.—; einzelne Taf. à —50; Doppeltaf. à 1.—

Kirchenbauer, E., Vorlagen f. Holzbrandtechnik (Brandmalerei). 6.—11. Lfg. gr. Fol. Heidelberg, E. v. König. à 4.—; einz. Taf. —50; Doppeltaf. 1.—
6. Möbelheft. (12 Taf.) 895. — 7. (12 Taf.) 895.
8. 4 Friese. 895. Einz. Taf. 1.50. — 9. (12 Taf.) 896.
10. 2. Möbelheft. (12 Taf.) 896. — 11. (12 Taf.) 896.

Kirchenbauplane, moderne, mit besonderer Beziehung auf Dr. Fabri's Schrift: Staat und Kirche. gr. 8. (37 S.) Gotha 872, Besser. *

Kirchenbauten, moderne, s.a. Hartel, Aug.

Kirchenbauten, moderne. Orig.-Aufnahmen nach der Natur v. G. Koppmann & Comp., Photographen, Hamburg. Hrsg. unter Mitwirkg. v. Aug. Hartel zu Leipzig. 1. Lfg. Fol. (10 Lichtdr.-Taf.) Leipzig 886. Dorn & Merfeld. In Mappe. n. 10.—

Romanische und gothische Baukunst. Die mustergiltigen **Kirchenbauten** des Mittelalters in Deutschland. Geometr. u. photogr. Aufnahmen nebst Beispielen d. origin. Bemalung. Unter Mitw. von ... hrsg. von Carl Schaefer, Prof. zu Berlin. Lfg 1. 2. [Mehr nicht erschienen.] *Berlin: E. Wasmuth 1892.* (12 S., 26 Taf.) gr. 2° [90. 1085]

Kirchenbegriff, der, der augsburgischen Confession u. der Kirchenbegriff der „Öffentlichen Erklärung" des Breslauer Ober-Kirchen-Collegiums, Nachweis ihrer Unvereinbarkeit. Erneuter Versuch zur Verständigg. gr. 8. (48 S.) Hannover 894. (H. Feesche.) n.n. —70

— röm.-katholischer u. evangelischer, s.: Flugschriften d. Evangelischen Bundes.

Kirchenbehörde, Die oberste evangelische, an sämmtliche evangelische Gemeinden des Grossherzogthums Baden am allgemeinen Buss- und Bettage des Jahres 1854. Karlsruhe 1854. V: *Ullmann, Carl.* (Tübz 3, 52)

Ätiologie und Histogenese der varicösen Venen-Erkrankungen und ihr Einfluss auf die Diensttauglichkeit. Von Dr. S. **Kirchenberger,** k. u. k. Regimentsarzt. Vom k. u. k. Milit.-Sanit.-Comité gekr. Preisschr. *Wien: J. Šafář 1893.* (VIII, 131 S.) 1 Bd 8. [97. 144]

Kirchenberger, S. (Hrsg.), s.a. Beiträge, Neue, zur Geschichte des k.u.k. österr.-ungar. Militärsanitätswesens.

Neue Beiträge zur Geschichte des k. u. k. österreichisch-ungarischen Militär-Sanitätswesens. Acten d. k. u. k. Kriegsarchivs, hrsg. von Dr. S. **Kirchenberger,** Stabsarzt. *Wien: J. Šafář 1899.* (IV, 207 S.) 4°(8°) [99. 1190]

Kirchenberger. Zur Frage der Wiedererrichtung einer militärärztlichen Akademie. (S.-A.) 1885.

Kirchenberger, S.: Geschichte d. k. u. k. österreich-ungar. Militär-Sanitätswesen,
s.a. Handbuch f. k. u. k. Militärärzte.

Kirchenberger, Dr. S., Gesch. der k. u. k. österr.-ungar. Militär-Sanitätswesens. (XI, 259 S.) 8. 3.60
Wien: Šafář 1895.

Kirchenberger, S. Geschichte des K. u. K. österr.-ungar. Milit.-Sanitätswesens. Wien 1895. (Myrdacz' Handb. 2. T. 3. Heft.) 2 Bde.

Kirchenberger, S. Kaiser Josef II. als Reformator d. österr. Militär-Sanitäts-Wesens. Ein Beitrag zur Sanitäts-Geschichte d. k. u. k. Heeres. Zum 100. Sterbetage weil. Sr. Maj. Kaiser Josef II. hrsg. gr. 8. (XI, 108 S.) Wien 890, Graeser. * 2 —

— Das Normale f. d. K. K. Eisenbahn-Sanitätszüge. (S.-A.) 1877.

— Chronolog. Tabellen z. Geschichte d. k. u. k. österr.-ungar. Militär-Sanitätswesens,
s. Handbuch f. k. u. k. Militärärzte.

Kirchenberger. D. antisept. Wundbehandlung i. Kriege. —

Kirchen- und Missions-Berichte: 1869.
Lutheran monthly. Dated also at New York. Circulation: 1869, 18,300. Subscription held by Harmony Society. Edited & published by Pastor S. K. Brobst.
Allentown, PA

Kirchen-Bibel, s. Familien- und Kirchen-Bibel.

Kirchenbibliothek, allgemeine, eine auserwählte Sammlung der wichtigsten und segensreichsten, insbesondere ascetischen Schriften und Werke der Evangelischen (Lutherschen u. Reformirten) Katholischen u. Griechisch-Christlichen Kirche. — Von Chr. Gf. Mor. Janj. 1. Abthl. Die Evangel. Kirchenbibliothek. (Lutherthum und die Reformirte Kirche.) 1. Bd. 1. Aufl. auf Kosten des Verfassers erschien in dessen Selbstverlag Herzberg 1841. 2. Aufl. 1.—3. Liefg. (à Liefg. $1/3$ ℛ) gr. 8. Berlin 847, Heymann. 1 ℛ Velin. $1^1/_2$ ℛ

Daraus apart:

Martin Luther, Dr.: 1) Fünfundneunzig Theses. $1/6$ ℛ — 2) An Kaiserliche Majestät und Christlichen Adel deutscher Nation. $1/3$ ℛ — 3) Vom Babylonischen Gefängniß der Kirche. $1/3$ ℛ — 4) Von der Freiheit eines Christenmenschen. 8 ngr — 5) Die Vierzehnbildertafel (Tessaradekas), Trostschrift an Friedrich den Weisen, Churfürst zu Sachsen; a. u. d. T.: Trostschrift in aller Widerwärtigkeit eines jeglichen Christgläubigen Menschen. $1/3$ ℛ — 6) Von guten Werken; an Herzog Johann zu Sachsen, nachmals Churfürst Johann den Beständigen. 8 ngr

Kirchenbibliothek, evangel., s. Janj, Ch. G. M.

Kirchenblatt: 1858 1960
Monthly, semi-weekly, and bi-weekly publications during the times of its run. Official German paper of Iowa Synod, and later of the American Lutheran Church (Vol. I, No. 1 (Jan. 1858) to Vol. 103, No. 26 (Dec. 1960))
G. Grossmann & G. Fritschel, Wartburg Ia., Jan. 1858 to Dec. 1865; G. Grossmann, Wartburg, Ia., Jan. 1866 to Jul. 1867; G. Fritschel, Wartburg, Ia., Aug. 1867 to Dec. 1867 (published twice a month, beginning Jan. 1868); G. Fritschel, Wartburg, Ia., Jan. 1, 1868 to June 15, 1871; G. Grossmann & J. Hoerlein, Warburg, Ia., July 1, 1871 to June 15, 1872; J. Hoerlein, Iowa City, Ia., July 1, 1872 to Oct. 15, 1873; Committee, Iowa City, Ia., Nov. 15, 1873; Committee, St. Sebald, Ia., Dec. 1873 to July 1, 1875; Committee, Mendota, Ill., July 15, 1875 to Dec. 1, 1881; Committee, Defiance, Ohio, Dec. 15, 1881 to Dec. 15, 1885; J. Deindoerfer, Defiance, Ohio, Jan. 1, 1886 to Nov. 15, 1886; Faculty, Wartburg College, Waverly, Ia., Dec. 1, 1886 to June 15, 1888 (published every two weeks, beginning July 1, 1888); Faculty, Wartburg College, Waverly, Ia., July 1, 1888 to Aug. 5, 1893; J. Deindoerfer, Waverly, Ia., Aug. 19, 1893 to Sept. 23, 1899; J. Deindoerfer & F. Zimmermann, Waverly, Ia., Oct. 7, 1899 to Sept. 6, 1902; F. Richter, Waverly, Ia., Sept. 20, 1902 to Nov. 4, 1922; F. Richter, Chicago, Ill., Nov. 20, 1922 to Aug. 21, 1926; A. Pilger, Chicago, Ill., Sept. 4, 1926 to Dec. 20, 1930 (published weekly, beginning Jan. 1931) J. Bouenseck, Columbus, Ohio, Jan. 3, 1931 to July 27, 1940; M. Steuer (acting), Columbus, Ohio, Aug. 3, 1940 to Feb. 19, 1944; M. Steuer, Columbus, Ohio, March 4, 1944 to Sept. 3, 1949, (published every other week, beginning Sept. 10, 1944); M. Steuer, Columbus, Ohio, Sept. 10, 1949 to Dec. 17, 1960 (ceased publication)
Wartburg, IA

Kirchenblatt: 1868 1918? New Hamburg, Ont.

Kirchenblatt: July 1, 1872 Oct. 15, 1873 and Nov. 15, 1873 Iowa City, IA

Kirchenblatt: Dec. 1873 July 1, 1875 St.Sebald, IA

Kirchenblatt: July 15, 1875 Dec. 1, 1881
Published twice monthly. The official German paper of the Iowa Synod and later of the American Lutheran Church. It was edited by the Committee in Mendota from July 15, 1875 to Dec. 1, 1881.
Mendota, IL

Kirchenblatt: 1876 1945
Bi-monthly and monthly. Iowa Synod and ALC theological journal: Vol. 1, No. 1 (Jan. 1876) to Vol. 67, No. 11 (Dec. 1943); (Vol. 2 31 not dated, but 6 issues per year) (bi-monthly) Sigmund & Gottfried Fritschel, Mendota, Ill., Vol. I Vol. X (1876 1885); Sigmund & Gottfried Fritschel, Waverly, Ia., Vol. XI Vol. XIV, No. 5; Sigmund Fritschel, Waverly, Ia., Vol. XIV, No. 6 Vol. 23, Wilhelm Proehl, Chicago, Ill., Vol. 24 Vol. 28; J. Michael Reu, Chicago, Ill., Vol. 28 Vol. 31, No. 6 (Monthly, beginning Vol. 32 (1908): J. Michael Reu, Chicago, Ill., Vol. 32 Vol. 35, (1908 1911), J. Michael Reu, Waverly, Ia., Vol. 36 Vol. 43 (1912 1919) (Added sub-title "Theological Magazine" by absorbing the theological publication of the Ohio Synod "Theologische Zeitblätter Theological Magazine" q.v.): J. Michael Reu, Waverly, Ia., Vol. 44 46 (1920 1922) with F. Foppen and W. Schnette (Dropped sub-title and cooperative effort with Ohio Synod): J. Michael Reu, Chicago, Ill., Vol. 47 54 (1923 1930), J. Michael Reu, Columbus, Ohio, Vol. 55 67 (1931 1943)
Waverley, IA

Kirchenblatt, Allgemeines, für das evangelische Deutschland. Red.: von Moser. Jhg. 1—19. 1852—70.; Red.: Stählin. Jhg. 20—25. 1871—75.; Red.: Schott. Jhg. 26—45. 1876—95. Stuttgart. gr. 8.

Kirchenblatt, allgemeines, für das evangel. Deutschland. Red.: v. Moser. 1. Jahrg. April — Decbr. 1852. 39 Nrn. gr. 8. (B.) Stuttgart, Cotta. baar n. $1^3/_4$ ℛ

—— dass. — Redig. von Dems. 2—5. Jahrg. 1853—56. à Jahrg. 52 Nrn. (à $1/2$—1 Bog.) gr. 8. Ebds. à Jahrg. *

— allgemeines, für das evangelische Deutschland. Redig. von v. Moser. (6—10.) Jahrg. 1857—61. à Jahrg. 52 Nrn. (à $1/2$—1 Bog.) gr. 8. Stuttgart, Cotta'sche Buchh. à Jahrg. **

—— allgemeines, für das evangelische Deutschland. Redact.: v. Moser. (11.—16.) Jahrg. 1862—67. à Jahrg. 52 Nrn. (à $1/4$—1 Bog.) gr. 8. Stuttgart, Cotta'sche Buchh. à Jahrg. *

Kirchenblatt, allgemeines, für das evangelische Deutschland. Redact.: v. Moser. Jahrg. 1868—1870. à Jahrg. 52 Nrn. (à $1/4$—1 Bog.) gr. 8. Stuttgart, Cotta'sche Buchh. à Jahrg. *

—— dass. — Redact.: Stälin. Jahrg. 1871—1874. à Jahrg. 52 Nrn. (à $1/4$—1 Bog.) Ebendas. à Jahrg. *

Kirchenblatt, allgemeines, für das evangelische Deutschland. Redact.: Stälin. Jahrg. 1875. 52 Nrn. (à $1/4$—1 Bog.) gr. 8. Stuttgart, Cotta'sche Buchh. *

— dass. — Redact.: Schott. Jahrg. 1876—1879. à Jahrg. 52 Nrn. (à $1/4$—1 Bog.) gr. 8. Ebendas. à Jahrg. **

Kirchenblatt, allgemeines, für das evangelische Deutschland. Redact.: Schott. Jahrg. 1880. 52 Nrn. (à Nr. $1/4$—1 Bog.) gr. 8. Stuttgart, Cotta'sche Buchh. **

—— dass. — Jahrg. 1881—1884. à Jahrg. 52 Nrn. (à Nr. $1/4$—1 Bog.) gr. 8. Stuttgart, Grüninger. à Jahrg. **

Kirchenblatt, allgemeines, für das evangelische Deutschland. Redact.: Schott. Jahrg. 1885—1888. à Jahrg. ca. 52 Nrn. (à Nr. $1/4$—1 Bog.) gr. 8. Stuttgart, Grüninger. à Jahrg. ** 10 —

Kirchenblatt, allgemeines, f. das evangelische Deutschland. Redact.: Schott. 38.—41. Jahrg. 1889—1892. à Jahrg. ca. 52 Nrn. (à Nr. $1/4$—1 Bog.) gr. 8. Stuttg., Grüninger. à Jahrg. ** 10 —

— dasselbe. 42. u. 43. Jahrg. 1893. 1894. à ca. 52 Nrn. (à $1/4$—1 Bog.) gr. 8. Ebd. à Jahrg. n n. 12. —

Kirchenblatt, allgemeines, f. d. evang. Deutschland. Red.: Th. Schott. Jahrg. 1895—1898. à ca. 52 Nrn. (Bog.) gr. 8. Stuttgart, C. Grüninger. à Jahrg. n. 12. —

Kirchenblatt, allgemeines, f. das evangelische Deutschland. Red.: Merz. Jahrg. 1899—1902. gr. 8. (à ca. 16 S.) Stuttgart, C. Grüninger. à Jahrg. n. 12. —
Jahrg. 1899 ist v. Th. Schott redigiert.

Kirchenblatt, allgemeines, f. das evangelische Deutschland. Red.: Merz. Jahrg. 1903 u. 1904. à 52 Nrn. (XVI, 640 u. XVI, 648 S.) gr. 8. Stuttgart, C. Grüninger. à Jhrg. n. 12. —

— dasselbe. Jhrg. 1905 u. 1906. à 24 Hfte. (XXIII, 600 u. XXV, 592 S.) gr. 8. Ebd. à Jhrg. n. 12. —

Kirchenblatt, allgemeines, f. das evangelische Deutschland. Red.: Merz. Jahrg. 1907—1910. à 24 Hefte. (400, 848, 616 u. 824 S.) gr. 8. Stuttgart, C. Grüninger. à Jahrg. 12. —

Kirchenblatt, Allgemeines. *[Wird fortges.]*
Generalregister üb. d. Jge 1901—1905 o. O. u. J. 8°.

Kirchenblatt, Allgemeines, für das evangelische Deutschland. *[Wird fortges.]*
Generalregister über die Jge 1906—1910. o. O. u. J.

—— für die Angelegenheiten der lutherischen Kirche im Herzogth. Braunschweig und Königr. Hannover. Redact.: C. Guthe. Jahrg. 1866. 12 Nrn. (à 1—$1^1/_2$ Bog.) Mit Beilagen. gr. 4. Braunschweig, (Bruhn.) *

Für das Ausland *

—— für die Angelegenheiten der lutherischen Kirche in Braunschweig und Hannover. Redact.: E. Guthe. Jahrg. 1867. 48 Nrn. (½ Bog.) gr. 4. Braunschweig, (Bruhn.) *
Für das Ausland *

—— für die Angelegenheiten der lutherischen Kirche in Braunschweig und Hannover. Redact.: Ultzen. Jahrg. 1868—1870. à Jahrg. 48 Nrn. (à ½ Bog.) gr. 4. Braunschweig, (Bruhn.) à Jahrg. *

—— dass. — Jahrg. 1871—1874. à Jahrg. 24 Nrn. (à ½ Bog.) gr. 4. Hannover, Hahn'sche Buchh. à Jahrg. *

—— für die Angelegenheiten der lutherischen Kirche in Braunschweig und Hannover. Redact.: Ultzen. Jahrg. 1875 und 1876. à Jahrg. 24 Nrn. (à ½ Bog.) gr. 4. Hannover, Hahn'sche Buchh. à Jahrg. *
Nicht weiter erschienen.

— Annaberger. Organ zur Förderg. kirchl. Gesinnung. Hrsg.: Pilz. Jahrg. 1899—1900. à 24 Nrn. gr. 4. (à 4 S.) Annaberg (Graser). à Jahrg. n.n. 2.—

— dasselbe. Jahrg. 1901 u. 1902. à 26 Nrn. gr. 4. (à 44 S.) Mit der Monatsbeilage „Lesefrüchte". Ebd. à Jahrg. n.n. 2.40
Erscheint nicht weiter.

— Annaberger. Organ zur Förderg. kirchl. Gesinng. Hrsg.: Pilz. Jahrg. 1903. Jan.—März. 6 Nrn. (à ca. 4 S.) Mit der Monatsbeilage „Lesefrüchte". gr. 4. Annaberg, (Graser). n.n. —60
Erscheint nicht mehr.

Kirchenblatt, Badisches, redig. v. Rinck. 1. Jahrg. 1833. Juli—Dec. 26 Nrn. (½ Bog.) gr. 4. Freiburg, Wagner.

—— dass. 2. Jahrg. 1834. Hrsg. v. Mersy, Rinck, Roth, u. Röther. 104 Nrn. (½ Bog.) gr. 4. Ebds.

—— dass. (mit d. Zusatz:) eine Zeitschr. f. Protestanten u. Katholiken, im Vereine v. Mitarbeitern beider Konfessionen hrsg. v. Wilh. Fr. Rinck u. Wilh. Röther. 3. Jahrg. 1835. 4 Hfte. gr. 4. Ebds.

Kirchenblatt, badisches, e. Zeitschr. f. Protestanten u. Katholiken, in Verbind. mit mehr. Mitarbeitern v. beiden Confessionen hrsg. v. Wilh. Friedr. Rinck u. Wilh. Röther. 4—6. Jahrg. 1836—38. à 4 Hfte. gr. 4. Freiburg, Wagner'sche Buchh. [4. * 2¼ Thlr., 5., 6. à * 2 Thlr.] *
4. J. redig. v. Wilh. Fr. Rinck u. Wilh. Röther, 5. u. 6. J. v. ersterem allein. — Forts., s. Kirchen- u. Schulblatt.
Vgl. s. Bd. 1. Abthl. S. 419.

Kirchen- u. Schulblatt, badisches, e. Zeitschr. f. Protestanten u. Katholiken, in Verbind. mit mehr. Mitarbeitern v. beiden Confessionen hrsg. v. Wilh. Friedr. Rinck. 7—10. Jahrg. 1839—42. à 4 Hfte. gr. 4. Freiburg, Wagner'sche Buchh. [839. * 2⅙ Thlr., 40. * 2½ Thlr., 41., 42. à * 2⅔ Thlr.] *
Vgl. Kirchenblatt, badisches.

Kirchen- u. Schulblatt, badisches. Eine Zeitschrift f. Protestanten u. Katholiken, hrsg. v. Wilh. Friedr. Rinck u. L. Le Beau. 11—13. Jahrg. 1843—45. (11. u. 12. J. à 4 Hfte., 13. J. 2 Hfte.) gr. 4. Freiburg, Wagner'sche Buchh. [11. (40¼ B.) 12. (34½ B.) 13. (13½ B.) à Hft. * 17½ Ngr.] *

—— Bremer. Hrsg. von Thikötter, Vietor und Zahn. 1. und 2. Jahrg. 1865 und 1866. à Jahrg. 52 Nrn. (⅓ Bog.) gr. 4. Bremen, (Valett und Comp.) à Jahrg. *

—— dass. — Hrsg. in Verbindung mit Vietor und Henrici von Zahn. 3. Jahrg. 1867. 52 Nrn. (½ Bog.) gr. 4. (Ebendas.) *

—— Bremer. In Verbindung mit Vietor und Henrici hrsg. von Zahn. 4.—9. Jahrg. 1868—1873. à Jahrg. 52 Nrn. (à ½ Bog.) gr. 4. Bremen, (Valett und Comp.) à Jahrg. *

—— dass. — Hrsg. von O. Funcke und Zahn. 10. Jahrg. 1874. 52 Nrn. (Bog.) gr. 8. Bremen, Müller's Verlag. *

—— Bremer. Hrsg. von O. Funcke und Zahn. 11.—13. Jahrg. 1875—1877. à Jahrg. 52 Nrn. (Bog.) gr. 8. Bremen, Müller's Verlagsh. à Jahrg. *

—— dass. — Hrsg. von Zahn. 14. und 15. Jahrg. 1878 und 1879. à Jahrg. 52 Nrn. (à ½—1 Bog.) gr. 8. Ebendas. à Jahrg. *

—— Bremer. Hrsg. von Zahn. 16. und 17. Jahrg. 1880 und 1881. à Jahrg. 52 Nrn. (à Nr. ½—1 Bog.) gr. 8. Bremen, Müller's Verlagsh. à Jahrg. *

—— dass. — Hrsg. in Verbindung mit Schluttig, Tiesmeyer, Zauleck u. A. von Iken und Leipoldt. 18.—20. Jahrg. 1882—1884. à Jahrg. 52 Nrn. (Bog.) gr. 4. Bremen, (Valett und Comp.) à Jahrg. *

—— Bremer. Hrsg. in Verbindung mit Schluttig, Tiesmeyer, Zauleck u. A. von Iken und Leipoldt. 21.—23. Jahrg. 1885—1887. à Jahrg. 52 Nrn. (Bog.) gr. 4. Bremen, (Valett und Comp.) à Jahrg. * 4 —

—— dass. — 24. Jahrg. 1888. 52 Nrn. (Bog.) gr. 4. Bremen, (Morgenbesser.) * 4 —

—— Bremer. Hrsg. in Verbindg. m. Duntze, Schluttig, Tiesmeyer, Zauleck u. A. v. Iken u. Leipoldt. 25.—28. Jahrg. 1889—1892. à Jahrg. 52 Nrn. (Bog.) gr. 4. Bremen, (Morgenbesser). à Jahrg. * 4 —

— Bremer. Hrsg. in Verbindung m. den Pastoren Duntze, Schluttig, Tiesmeyer, Zauleck u. A. v. Iken u. Leipoldt. 27.—30. Jahrg. 1891—1894. à 52 Nrn. (Bog.) gr. 4. Bremen, (J. Morgenbesser). à Jahrg. n. 4 —

— Bremer. Hrsg. in Verbindg. m. Anderen v. Funcke u. Iken. 31.—34. Jahrg. à 52 Nrn. (Bog.) gr. 4. Bremen (J. Morgenbesser). à Jahrg. n. 4.—
Kann auch vierteljährlich bezogen werden.

— Bremer. Im Auftrage des evangel. Vereins u. in Verbindg. m. Funcke, Iken u. a. hrsg. v. Büttner. 35.—38. Jahrg. 1899—1902. à 52 Nrn. gr. 4. (à ca. 8 S.) Bremen (J. Morgenbesser). à Jahrg. n. 4.—

— Bremer. Im Auftrage des evangel. Vereins u. in Verbindg. m. Funcke u. a. hrsg. v. Büttner. 39.—42. Jahrg. 1903—1906. à 52 Nrn. (à Jahrg. 416 S.) Lex.-8. Bremen, (J. Morgenbesser). à Jhrg. n. 4.—

— Bremer. Im Auftrage des evangel. Vereins hrsg. v. Büttner. 43.—46. Jahrg. 1907—1910. à 52 Nrn. (à ca. 8 S.) Lex. 8. Bremen, J. Morgenbesser. 1907.08 à 4.—; 1909 u. 1910 à Jahrg. nn 5.—

—— Danziger katholisches, für Leser aller Stände, zunächst für die Diözesen Culm und Ermland. Unter Mitwirkung von Geistlichen redig. von Redner. Neue Folge. 4.—7. Jahrg. 1868—1871. à Jahrg. 52 Nrn. (Bog.) Mit Beilagen. 4. Danzig, Weber. à Jahrg. *

—— Danziger katholisches. Volksblatt für Leser aller Stände. Redig. von Redner. Neue Folge. 8. Jahrg. 1872. 104 Nrn. (à ½ Bog.) Mit Beilagen. 4. Ebendas. *

Das Deutsche Kirchenblatt : 1872?—1874?
Monthly. Edited & published by the Rev. J. W. C. Duerr.
Cleveland, OH

Deutsches Kirchenblatt: 1872–1876 New York, NY
Monthly. Circulation: 1875, 1000. Published by Deutsche Kirchengesellschaft.

Kirchenblatt für die Evangelischen in der Diaspora beider Schlesien und der Nachbarlande. Hrsg. von Hennig. Jahrg. 1860. 8 Nrn. (à ½—1½ Bog.) 8. Loslau. Breslau, Dülfer. Thlr. *

—— evangelisches, zunächst f. Württemberg. 2 Abthln. Aufsätze u. Abhandlungen. — Statistisches u. Historisches. Hrsg. v. H. Hartmann. 1840. Juli—Dec. (10 Nrn. Bog.), 1841. (42 Nrn. Bog.) u. 1842. (36 Nrn. Bog.) gr. 8. Stuttgart, Köhler. [840, 41. * 3 Thlr., 42. * 2 Thlr.] *

Kirchenblatt, evangelisches, zunächst für Württemberg. Hrsg. v. Heinr. Hartmann. 1843—46. 4—7. Jahrg. gr. 8. Stuttgart, Köhler. [4—6. Jahrg. 36 Nrn. (Bog.) à * 2 Thlr., 7. 52 Nrn. (Bog.) od. 12 Hfte. * 2 Thlr. 6 Ngr.] *
1—3. Jahrg. 1840—42. Ebendas. * 5 Thlr.

—— evangelisches. Wochenschrift f. die Gemeinden d. deutschen evang. Kirchen. Mit Beiblatt. Hrsgbr.: Friedr. Breitenbach. 1. Jahrg. Jan.—März 1890. 13 Nrn. (à Nr. 1½ Bog.) gr. 4. Erlangen, Vereinsbuchh. (Karl Banf). * 1 50; Beiblatt allein * — 35
—— dass. — 1. Jahrg. April—Decbr. 1890. 39 Nrn. (Bog.) Ebd.
Nicht weiter erschienen. * 3 —; Beiblatt allein * 1 20

— evangelisches, für die Niederlausitz. Redact.: Leonhardt. 1.—5. Jahrg. 1875—1879. à Jahrg. 52 Nrn. (à ½ Bog.) hoch 4. Guben, (Berger.) à Jahrg. *

—— evangelisches, für die Niederlausitz. Redact.: Leonhardt. 6. Jahrg. 1880. 52 Nrn. (à Nr. ½ Bog.) hoch 4. Guben, (Berger.) *

—— dass. — 7.—10. Jahrg. 1881—1884. à Jahrg. 52 Nrn. (à Nr. ½ Bog.) hoch 4. (Ebendas.) à Jahrg. *

—— evangelisches, für die Niederlausitz. Jahrg. 1885 u. fg. à Jahrg. 52 Nrn. (à Nr. ½ Bog.) hoch 4. Guben, Exped. — —
Wird nicht mehr im Buchhandel vertrieben.

— evangelisches, für das Großherzogthum Oldenburg herausgeg. von Er. Gttfr. Ad. Böckel. 1. u. 2. Bd. 4 Hfte. gr. 8. Oldenburg. 845, 46, Stalling. à 1⅚ ℛ

Kirchenblatt, evangelisches, f. Schlesien. Red.: Schian. 3.—5. Jahrg. 1900—1902. à 52 Nrn. 4. (à ca. 8 S.) Breslau. Görlitz, R. Dülfer. à Jahrg. n.n. 5. 40

— evangelisches, für Schlesien. Red.: Schian. 6.—9. Jahrg. 1903—1906. à 52 Nrn. (IV, 462; IV, 464; VI, 468 u. IV, 464 S.) Lex.-8. Görlitz, R. Dülfer. à Jahrg. n.n. 5. 40

— evangelisches, f. Schlesien. Red.: Schian u. seit 1909: Otto Hoffmann. 10.—13. Jahrg. 1907—1910. à 52 Nrn. (à ca. 8 S.) Lex. 8. Görlitz, Hoffmann u. Reiber. à Jahrg. nn 5. 40

Kirchen- und Schulblatt

—— —— evangelisches. Zunächst f. Schlesien u. d. benachbarten Provinzen. Redakt.: Gaupp. (1. Jahrg.) 1846. 52 Nrn. (Bog.) gr. 4. Breslau, Max u. Comp.. *
Bildet die Fortsetzung des: Kirchlichen Anzeigers.

Kirchen- und Schulblatt, evangelisches. Zunächst für Schlesien und die benachbarten Provinzen. Redig. von Wachler und Ruthardt. (2. und 3.) Jahrg. 1847 und 1848. à Jahrg. 52 Nrn. (Bog.) gr. 4. Breslau, Max und Comp. à Jahrg. Thlr. *
Der 2. Jahrg. wurde von Gaupp und Ruthardt, der 3. Jahrg. von Letzterm und Wachler redigirt. — 1. Jahrg. Ebendas. 1846. * 2 Thlr.

—— —— evangelisches. Zunächst für Schlesien und das Großherzogth. Posen. Redakt.: Weiß im Verein mit Crüger. 11—15. Jahrg. 1852—56. à Jahrg. 52 Nrn. (à ½—1 Bog.) Breslau, (Dülfer's Buchh.) à Jahrg.
Jahrg. 1849—51. sind ebenfalls erschienen.

—— —— evangelisches. Zunächst für Schlesien und das Großherzogth. Posen. Redig. von Crüger. 16. Jahrg. 1857. 52 Nrn. (à ½—1 Bog.) gr. 4. Breslau, Dülfer. *

—— —— dass. — Redig. von Lang, in Verbindung mit Frühbuß, Wätzoldt und Wendel. 17—20. Jahrg. 1858—61. à Jahrg. 52 Nrn. (à ½—1 Bog.) gr. 4. Schreiberhau. Breslau, Dülfer. à Jahrg. *

—— —— evangelisches. Zunächst für Schlesien und das Großherzogth. Posen. Redact.: Lang in Verbindung mit Frühbuß, Wätzoldt und Wendel. 21.—26. Jahrg. 1862—67. à Jahrg. 52 Nrn. (à ½—1 Bog.) gr. 4. Schreiberhau. Breslau, Dülfer. à Jahrg. *

—— —— evangelisches, zunächst für Württemberg. Hrsg. von H. Hartmann. 8—13. Jahrg. 1847—52. à Jahrg. 52 Nrn. (Bog.) gr. 8. Stuttgart, [Krauß und Schärer.] à Jahrg. *
Bildet die Fortsetzung des früher erschienenen „Evangel. Kirchenblattes."

Evangelisches Kirchen- u. Schulblatt zunächst für Württemberg. Hrsg. von Heinr. Hartmann. Jg. 1848—52. Stuttgart: Metzler.

—— —— evangelisches, zunächst für Württemberg. Hrsgbr.: H. Hartmann. 14—17. Jahrg. 1853—56. à Jahrg. 52 Nrn. (à 1—1½ Bog.) gr. 8. Stuttgart, Metzler'sche Buchh. à Jahrg. *

—— —— evangelisches, zunächst für Württemberg. Hrsg. von Heigelin und Leibbrand. 18—22. Jahrg. 1857—61. à Jahrg. 52 Nrn. (à ½—1½ Bog.) gr. 8. Stuttgart, (Oetinger.) à Jahrg. * *

—— —— evangelisches, zunächst für Württemberg. Hrsgbr.: Heigelin und Leibbrand. 23. und 24. Jahrg. 1862 und 1863. à Jahrg. 52 Nrn. (à ½—1 Bog.) gr. 8. Stuttgart, (Oetinger.) à Jahrg. *

—— —— evangelisches. Unter Mitwirkung hervorragender evangel. Geistlicher und Schulmänner Oesterreichs redig. von Jul. Ergenzinger. 1. und 2. Jahrg. 1875 und 1876. à Jahrg. 24 Nrn. (à ¾—1 Bg.) gr. 8. Wien, C. A. Müller. à Jahrg. *
—— —— dass. — Begründet von Jul. Ergenzinger. Redact.: J. Glettner. 3.—5. Jahrg. 1877—1879. à Jahrg. 24 Nrn. (Bog.) gr. 8. Ebendas. à Jahrg. *

Kirchen-, Schul- u. Gemeindeblatt, evangelisches, f. die Fürstentümer Waldeck u. Pyrmont, s.a. Sonntagsbote.

Kirchen-, Schul- und Gemeindeblatt, evangelisches, für die Fürstentümer Waldeck und Pyrmont. Unter Mitwirkung vieler evangel. Männer hrsg. von Brandt. 1. Jahrg. 1888. 52 Nrn. (à Nr. ½—1 Bog.) gr. 4. Arolsen, Speyer.
1.—3. Vierteljahr à * 75 Pf.; 4. Vierteljahr * 50 Pf. *

Kirchen-, Schul- u. Gemeindeblatt, evangelisches, f. die Fürstentümer Waldeck u. Pyrmont. Unter Mitwirkg. vieler evangel. Männer hrsg. v. Brandt. 2. u. 3. Jahrg. 1889 u. 1890. à Jahrg. 52 Nrn. (à Nr. ½—1 Bog.) gr. 4. Arolsen, Speyer. à Jahrg. * 2 —
Folgend. Jahrgg. s. u. d. T.: Sonntagsbote, Waldeckscher.

—— —— evangelisches, für d. Großherzogth. Oldenburg, hrsg. v. Ernst Gottfr. Ad. Böckel. 1—3. Bd. à 4 Hfte. gr. 8. Oldenburg 845, Stalling. à Bd.

—— —— evangelisches, für das Großherzogth. Oldenburg, hrsg. von Ernst Gottfr. Adf. Böckel. 4. und 5. Bd. à 4 Hefte. gr. 8. Oldenburg 848—49, Stalling. à Bd. 1 Thlr. 25 Ngr.
1—3. Bd. Ebendas. 1845. à 1 Thlr. 25 Ngr.

—— —— evangelisches, für Posen und Westpreußen. Hrsg. von J. Wenzel und R. Reinhard. Jahrg. 1864. 52 Nrn. (½ Bog.) gr. 4. Bromberg, (Levit.)

—— —— evangelisches, für Württemberg. Redact.: O. Herrmann. 48. und 49. Jahrg. 1887 und 1888. à Jahrg. 52 Nrn. (Bog.) gr. 4. Stuttgart, Greiner und Pfeiffer. à Jahrg. * 9 —
Beilage dazu, s. Blätter für württembergische Kirchengeschichte.

—— —— evangelisches, f. Württemberg. Redact.: O. Herrmann. 50.—53. Jahrg. 1889—1892. à Jahrg. 52 Nrn. (Bog.) gr. 4. Stuttg., Greiner u. Pfeiffer. à Jahrg. * 9 —
—— dass. — Beiblatt, s. Blätter f. württemberg. Kirchengeschichte.

Kirchen- und Volksblatt, evangelisches, für das Großherzogth. Baden. Jahrg. 1860 und 1861. à Jahrg. 52 Nrn. (à ½—1 Bog.) gr. 4. Carlsruhe, Gutsch. à Jahrg. *

Kirchen- und Volksblatt, evangelisches, für das Großherzogth. Baden. Jahrg. 1874. 52 Nrn. (à ½ Bog.) Fol. Karlsruhe 874, Gutsch. * 3 50

—— und Volksblatt, evangelisches, für das Großherzogthum Baden. Jahrg. 1875—1879. à Jahrg. 52 Nrn. (à ½ Bog.) Fol. Karlsruhe, Reiff. à Jahrg. *

Kirchen- und Volksblatt, evangelisches, für das Großherzogth. Baden. Redig. von Reinmuth. Jahrg. 1880—1884. à Jahrg. 52 Nrn. (Bog.) Fol. Karlsruhe, Reiff. à Jahrg. *

Kirchen- und Volksblatt, evangelisches, für das Großherzogt. Baden. Redig. von Reinmuth. Jahrg. 1885 und 1886. à Jahrg. 52 Nrn. (Bog.) Fol. Karlsruhe, Reiff. à Jahrg. *

—— —— dass. — und Sonntagsblatt für Baden. Redig. von Reinmuth. 28. Jahrg. 1887. 52 Nrn. (Bog.) Fol. Karlsruhe, Evangelischer Schriften-Verein für Baden. *

—— —— dass. — Hrsg. von G. Hafner, C. Kayser und Joh. Reinmuth. 29. Jahrg. 1888. 52 Nrn. (Bog.) Fol. Ebendas. *

Kirchen- u. Volksblatt, evangelisches. Sonntagsblatt für Baden. Redact.: Reinmuth. 30.—33. Jahrg. 1889—1892. à Jahrg. 52 Nrn. (Bog.) Fol. Karlsr., Evangel. Schriften-Verein. à Jahrg. * 2 40

Kirchen- u. Volksblatt, evangelisches. Sonntagsblatt f. Baden. Red.: Reinmuth. 36.—39. Jahrg. 1895—1898. à 52 Nrn. (Bog.) gr. 4. Karlsruhe, Evangel. Schriften-Verein. à Jahrg. 2. 40

Kirchen- u. Volksblatt, evangelisches. Sonntagsblatt für Baden. Red.: Reinmuth. 40.—43. Jahrg. 1899—1902. à 52 Nrn. gr. 4. (à ca. 8 S.) Karlsruhe, Ev. Schriftenverein. à Jahrg. n. 2. 40

Kirchen- u. Volksblatt, evangelisches. Sonntagsblatt für Baden. Red.: Fr. Herrmann. 44.—47. Jahrg. 1903—1906. à 52 Nrn. (416, 416, 424 u. 416 S. m. 8, 8, 6 u. 7 Abbildgn.) gr. 4. Karlsruhe, Ev. Schriftenverein. à Jhrg. n. 2. 40

Kirchen- u. Volksblatt, evangelisches. Sonntagsblatt für Baden. Red.: Fr. Herrmann. 48.—51. Jahrg. 1907—1910. à 52 Nrn. (416, 322, 422 u. 422 S. m. Abb.) Lex. 8. Karlsruhe, Ev. Schriftenverein. à Jahrg. 2. 40

— evangelisches, f. Württemberg. Red.: W. Stahlecker. 54. u. 55. Jahrg. 1893. 1894. à 52 Nrn. (Bog.) gr. 4. Stuttgart, Greiner & Pfeiffer. à Jahrg. n. 9. —
s.: Kirchen- u. Schulblatt, evangelisches, f. Württemberg.

— evangelisches, f. Württemberg. Red.: W. Stahlecker. 56. Jahrg. 1895. 52 Nrn. (Bog.) gr. 4. Stuttgart, Greiner & Pfeiffer. n. 9. —

— dasselbe. Red.: Chr. Römer. 57.—59. Jahrg. 1896—1898. à 52 Nrn. (Bog.) gr. 4. Stuttgart, D. Gundert. à Jahrg. n. 6. —

— evangelisches, f. Württemberg. Red.: Chr. Römer. 60.—63. Jahrg. 1899—1902. à 52 Nrn. gr. 4. (à ca. 8 S.) Stuttgart, D. Gundert. à Jahrg. n. 6.—
Nicht mehr im Buchhandel.

Evangel.-lutherisches Kirchenblatt. Jg 1—27. – Lodz: Angerstein 1884—1910. 8° und 4°

Evangelisch-Lutherisches Kirchenblatt für Südamerika:
Jahrgang 1, no. 1, Nov 1, 1903 – to date?
Semi-monthly. Large quarto, each issue 8 pages; illustrated, including portraits; title page and contents issued with each Jahrgang. Sub-title: Herausgegeben vom Brasilianischen Distrikt der Evangelisch-Lutherischen Synode von Missouri, Ohio und anderen Staaten, 1906?–1935; 2) Herausgegeben von der Evangelisch-Lutherischen Synode von Brasilien, 1936. Editor: Prof. Paul Schelp (1929–1936) and others.
Porto Alegre

Ev.-Luth. Kirchenblatt für Süd-Amerika. Hrsg. vom Brasilianischen Distrikt der Ev.-Luth. Synode von Missouri, Ohio u. a. Staaten. (früher: Hrsg. von der „Ev.-Luth. Pastoral-Konferenz" im Staate Rio Grande do Sul). Jg 1 ff. Porto Alegre: (Casa Publicadora Concordia) 1904 ff. 4°

— evangelisch-lutherisches, f. Süd-Amerika. Hrsg. v. der „Evangelisch-luther. Pastoral-Konferenz" im Staate Rio Grande do Sul. 1.—3. Jahrg. 1904—1906. 28, 24 u. 24 Nrn. (IV, 224; IV, 192 u. IV, 192 S.) 4. Porto Alegre. (Zwickau, Schriftenverein.) à Jhrg. n. 4. —

— evangelisch-lutherisches, f. Süd-Amerika. Hrsg. v. der „Evangel.-luther. Pastoral-Konferenz" im Staate Rio Grande do Sul. Red.: W. Mahler. 4.—7. Jahrg. 1907—1910. à 24 Nrn. (à Jahrg. IV, 192 S.) 33,5×22,5 cm. Porto Alegre. (Zwickau, Schriftenverein.) à Jahrg. 4. —

— evangelisch-protestantisches. Organ der kirchlich-liberalen Vereinigg. in Baden. (34. u. 35. Jahrg. d. „Süddeutschen evangel.-prot. Wochenblattes".) Im Auftrage d. Landesausschusses hrsg. v. J. J. Kneucker. Jahrg. 1893. 1894. à 24 Nrn. (à ca. ½ Bog.) gr. 8. Heidelberg, J. Hörning. à Jahrg. n. 2. 50
s.: Wochenblatt, süddeutsches evangelisch-protestantisches.

— evangelisch-protestantisches. Organ d. kirchl.-liberalen Vereinigg. in Baden. (36.—39. Jahrg. des „Süddeutschen evang.-prot. Wochenblattes".) Im Auftr. d. Landesausschusses hrsg. v. J. J. Kneucker. Jahrg. 1895—1898. à 24 Nrn. (à ca. 8 S.) gr. 8. Heidelberg, J. Hörning. à Jahrg. n. 2. 90
Kann auch halbjährlich bezogen werden.

— evangelisch-protestantisches. Organ der kirchlich-liberalen Vereinigg. in Baden. (40.—43. Jahrg. des „Süddeutschen evangel.-prot. Wochenblattes".) Im Auftrage des Landesausschusses hrsg. v. J. J. Kneucker. 1899—1902. à 52 Nrn. gr. 8. (à ca. 8 S.) Heidelberg, Ev. Verlag. à Jahrg. n. 2. 90

— evangelisch-protestantisches. Organ der kirchlich-liberalen Vereinigung in Baden. (44.—47. Jahrg. des „Süddeutschen evangel.-prot. Wochenblattes".) Jahrg. 1903—1906. à 52 Nrn. (à ca. 8 S.) gr. 8. Heidelberg, Ev. Verlag. à Jhrg. n. 2. 90

— evangelisch-protestantisches. Organ der kirchlich-liberalen Vereinigg. in Baden. (48.—51. Jahrg. des „Süddeutschen evangel.-prot. Wochenblattes".) Verantwortlich: O. Rapp. Jahrg. 1907—1910. 52, 52, 26 u. 26 Nrn. (240, 172, 200 u. 184 S.) gr. 8. Heidelberg, Ev. Verlag. à Jahrg. 3. —

— frankfurter evangelisches. Redakt.: H. Finger. 1. Jahrg. Novbr. 1852 — Novbr. 1853. 52 Nrn. (½ Bog.) 4. Frankfurt a. M. 853, Brönner. *

— frankfurter katholisches. Sonntagsblatt der Zeitung „Deutschland." Jahrg. 1858. 52 Nrn. (Bog.) gr. 4. Frankfurt a. M. [Mainz, Kirchheim.] *
Ist nicht fortgesetzt worden.

— freiburger katholisches. Redig. von Joh. Alzog. 1. Jahrg. Juli 1857 bis Juni 1858. 52 Nrn. (Bog.) oder 12 Hefte. Mit: Literarische Beilage. 12 Nrn. (½ Bog.) und Anzeigeblatt für die Erzdiöcese Freiburg. 24 Nrn. (½ Bog.) gr. 4. Freiburg im Br., Herder'sche Verlagsbuchh. *

— dass. — Redig. von Steph. Braun. 2. und 3. Jahrg. 1858 und 1859. à Jahrg. 52 Nrn. (Bog.) oder 12 Hefte. Mit: Literarische Beilage. 12 Nrn. (½ Bog.) und Anzeigeblatt für die Erzdiöcese Freiburg. à Jahrg. 24 Nrn. (½ Bog.) gr. 4. Ebendas. à Jahrg. *

— Freiburger katholisches. Redact.: Steph. Braun. Jahrg. 1870—1874. à Jahrg. 52 Nrn. (à 1—1½ Bog.) gr. 4. Freiburg im Br., Herder'sche Verlagsh. Jahrg. 1870 und 1871 à *
Jahrg. 1872—1874 à *

— Freiburger katholisches. Redact. und Hrsgbr.: St. Braun. Jahrg. 1875—1877. à Jahrg. 52 Nrn. (à 1—1½ Bog.) gr. 4. Freiburg i. Br., (Herder'sche Verlagsh.) à Jahrg. *
— dass. — Jahrg. 1878. 52 Nrn. (à 1—1½ Bog.) Nebst Beilage: Christliche Kunstblätter. gr. 4. (Ebendas.) *
— dass. — Jahrg. 1879. 52 Nrn. (à 1—1½ Bog.) Nebst 2 Beilagen: Christliche Kunstblätter und Anzeigeblatt für die Erzdiöcese Freiburg. gr. 4. (Ebendas.) *

— Freiburger katholisches. Redact. und Hrsgbr.: St. Braun. Jahrg. 1880—1884. à Jahrg. 52 Nrn. (à Nr. 1—1½ Bog.) Nebst Anzeigeblatt für die Erzdiöcese Freiburg. gr. 4. Freiburg i. Br., (Herder'sche Verlagsh.) à Jahrg. *

— Freiburger katholisches. Redact. und Hrsgbr.: Steph. Braun. Jahrg. 1885. 52 Nrn. (à Nr. 1—1½ Bog.) Nebst: Christl. Kunstblätter. gr. 4. Freiburg i. Br., (Herder'sche Verlagsh.) * 5 50
— dass. — Jahrg. 1886 und 1887. à Jahrg. 52 Nrn. (à Nr. 1—1½ Bog.) gr. 4. (Ebendas.) à Jahrg. * 5 50
— dass. — Redact. und Hrsgbr.: H. Leo. Jahrg. 1888. 52 Nrn. (à Nr. 1—1½ Bog.) gr. 4. (Ebendas.) * 5 50

— Freiburger katholisches. Redact.: Leo. 33.—36. Jahrg. 1889—1892. à Jahrg. 52 Nrn. (Bog.) 4. Freib. i. Br., (Herder). à Jahrg. * 5 50

— dasselbe. 37. u. 38. Jahrg. 1893. 1894. à 52 Nrn. (Bog.) gr. 4. Ebd. à Jahrg. n. 6. —

— Freiburger katholisches. Red.: Engelbert Käser. 39.—42. Jahrg. 1895—1898. à 52 Nrn. (à ca. 16 Sp.) gr. 4. Freiburg i/B. (Herder.) à Jahrg. n. 6. —

— Freiburger, katholisches, Fortsetzg., s.: Pastoralblatt, oberrheinisches.

Kirchenblatt für die evangelisch-lutherische Gemeinde des Herzogth. Braunschweig. Redakt.: Brodkorb und Wolff. 1. Jahrg. Febr. — Decbr. 1850. 52 Nrn. und 2. Jahrg. 1851. 26 Nrn. (à ½ Bog.) gr. 4. Braunschweig, Vieweg und Sohn. à Jahrg. *

— für die evangelisch-lutherische Gemeinde des Herzogthums Braunschweig. Redakt.: L. Wolff. (3—7.) Jahrg. 1852—56. Jahrg. 1852 und 1853 à 26 Nrn. 1854—56 à 24 Nrn. (Bog.) gr. 4. Braunschweig, Leibrock. à Jahrg. *
Jahrg. 1850 und 1851. Ebendas. à Jahrg. * 1 Thlr. 5 Ngr.

Kirchenblatt für die evangelisch-lutherische Gemeinde des Herzogth. Braunschweig. Redig. von L. Wolff. (8—10.) Jahrg. 1857—59. à Jahrg. 24 Nrn. (Bog.) gr. 4. Braunschweig, (Leibrock.) à Jahrg. Thlr. *

— dass. — Redig. von C. Guthe. Jahrg. 1860 und 1861. à Jahrg. 12 Nrn. (Bog.) Mit Beilagen. gr. 4. (Ebendas.) à Jahrg. *

Kirchenblatt für die evangelisch-lutherische Gemeinde des Herzogth. Braunschweig. Redact.: C. Guthe. Jahrg. 1862—64. à Jahrg. 12 Nrn. (Bog.) Mit Beilagen. gr. 4. Braunschweig, (Leibrock. — Bruhn.) à Jahrg. *
Die Fortsetzung bildet:

— für die evangelische Gemeinde insbesond. der Provinz Preußen. Redig. von H. Thiel. Unter Mitwirkung der Geistlichen Larz, Aug. Müller, Schuur, Wiebe u. A. Novbr. 1861 bis Octbr. 1862. 52 Nrn. (Bog.) gr. 4. Danzig, Kafemann. *

— für die evangelischen Gemeinden der Provinz Sachsen. Hrsg. von Ed. Fabarius. Jahrg. 1867. Octbr. bis Dezbr. 6 Nrn. (Bog.) gr. 4. Halle, Buchh. des Waisenhauses. *

— für die evangelischen Gemeinden der Provinz Sachsen. Hrsg. von Ed. Fabarius. 2.—6. Jahrg. 1868—1872. à Jahrg. 26 Nrn. (Bog.) gr. 4. Halle, Pfeffer. à Jahrg. * 4 —

— für die evangelisch-luherischen Gemeinen in Preußen, hrsg. von Ludw. Otto Ehlers. Jahrg. 1850—52. à Jahrg. 12 Nrn. (à 1½ Bog.) gr. 8. Liegnitz. (Berlin, J. A. Wohlgemuth.) à Jahrg. **

— f. die evangel.-lutherischen Gemeinen in Preußen. Hrsg.: L. O. Ehlers. Jahrgang 1851 u. 1852. à 12 Nrn. gr. 8. (à ½—1½ Bog.) Liegnitz. (Berlin, W. Schultze. — J. A. Wohlgemuth.) à baar n. n. ½ ℳ

— für die evangelisch-lutherischen Gemeinen in Preußen. Hrsgbr.: L. O. Ehlers. Jahrg. 1853—56. à Jahrg. 12 Nrn. (à 1—1½ Bog.) gr. 8. Liegnitz. (Berlin, W. Schultze. — J. A. Wohlgemuth.) à Jahrg. **
Vgl. II. Bd. 1. Abthl. S. 506.

— für die evangelisch-lutherischen Gemeinen in Preußen. Hrsg. von L. O. Ehlers. Jahrg. 1857—61. à Jahrg. 12 Nrn. (à ½—1 Bog.) gr. 8. Liegnitz. (Berlin, W. Schultze.) à Jahrg. **

— für die evangelisch-lutherischen Gemeinen in Preußen. Hrsgbr. J. Nagel. Jahrg. 1862—67. à Jahrg. 12 Nrn. (à ½—1 Bog.) gr. 8. Breslau, (Dülfer.) à Jahrg. *

— für die evangelischen Gemeinen in Preußen. Hrsgbr.: J. Nagel. Jahrg. 1868—1872. à Jahrg. 12 Nrn. (à ½—1 Bog.) gr. 8. Breslau, (Dülfer.) 1868—1871 à * 1 25
1872 * 1 50
— dass. — Jahrg. 1873 und 1874. à Jahrg. 24 Nrn. (à ½—1 Bog.) gr. 8. Ebendas. à Jahrg. * 1 50

— für die evangelisch-lutherischen Gemeinden in Preußen. Hrsg. von J. Nagel. Jahrg. 1875—1879. à Jahrg. 24 Nrn. (à ½—1½ Bog.) gr. 8. Grünberg. (Leipzig, J. Naumann.) à Jahrg. *

— für die evangelisch-lutherischen Gemeinden in Preußen. Hrsg. von J. Nagel. Jahrg. 1880—1884. à Jahrg. 24 Nrn. (à Nr. ½—1½ Bog.) gr. 8. Grünberg. (Leipzig, J. Naumann.) à Jahrg. *

—— für die evangelisch-lutherischen Gemeinden in Preußen. Hrsgbr.: Das Ober-Kirchen-Kollegium der evangelisch-luther. Kirche in Preußen. Redact.: Greve. Jahrg. 1887. 24 Nrn. (Bog.) gr. 8. Kottbus, Gotthold-Expedition. * 2 —

—— dass. — Redact. in B.: Rocholl. Jahrg. 1888. 24 Nrn. (Bog.) gr. 8. Ebendas. * 2 —
Erscheint in gleicher Weise seit 1846, von 1889 ab im Verlag von G. Sallis in Guben.

—— f. d. evangelisch-lutherischen Gemeinden in Preußen. Hrsgbr.: Das Ober-Kirchen-Kollegium der ev.-luth. Kirche in Preußen. Redact.: Fr. Biehler. Jahrg. 1889—1892. 1. Halbj. à Halbj. 12 Nrn. (Bog.) gr. 8. Guben. (Lpz., J. Naumann). Halbjährlich * 1 —

—— dass. — Redact.: J. Nagel. Jahrg. 1892. 2. Halbj. 12 Nrn. (Bog.) gr. 8. Breslau, (Dülfer). * 1 —

— dasselbe. Jahrg. 1893. 1894. à 24 Nrn. (Bog.) gr. 8. Ebd. à Jahrg. n. 2. —

— f. d. evangel.-lutherischen Gemeinden in Preußen. Red.: J. Nagel. Jahrg. 1895 u. 1896. à 24 Nrn. (Bog.) gr. 8. Breslau (E. Dülfer). à Jahrg. n. 2. —
Der Jahrg. 1896 war von Hinz redigiert.

— dasselbe. Red.: Fröböß. Jahrg. 1897 u. 1898. à 52 Nrn. (Bog.) gr. 8. Ebd. à Jahrg. n. 4. —
Kann auch vierteljährlich bezogen werden.

— f. d. evangelisch-lutherischen Gemeinden in Preußen. Red.: Froböß. Jahrg. 1899—1902. à 52 Nrn. gr. 8. (à ca. 16 S.) Breslau (C. Dülfer.) à Jahrg. n. 4. —

— für die evangelisch-lutherischen Gemeinden in Preußen. Red.: Froböß. 58—61. Jahrg. 1903—1906. à 52 Nrn. (VIII, 832; VIII, 832; VIII, 856 u. VIII, 832 S.) 8. Breslau, (C. Dülfer). à Jahrg. n. 4. —

— für die evangelisch-lutherischen Gemeinden in Preußen. Red.: Froböß. 62.—65. Jahrg. 1907—1910. à 52 Nrn. (840, 832, 832 u. 840 S.) 8. Breslau, (C. Dülfer). à Jahrg. 4. —

— hamburgisches. In Verbindg. m. Pastoren u. Gemeindegliedern der hamburg. Landeskirche hrsg. v. Karl Reimers. 1. Jahrg. April—Dezbr. 1904. 39. Nrn. (IV, 338 S.) gr. 4. Hamburg, G. Schloeßmann. n. 3. —; geb. n. 4. —

Kirchenblatt, hamburgisches. In Verbindg. m. Pastoren u. Gemeindegliedern der hamburg. Landeskirche hrsg. v. Karl Reimers. 2. u. 3. Jahrg. 1905 u. 1906. à 52 Nrn. (IV, 432 u. IV, 440 S.) gr. 4. Hamburg, G. Schloeßmann. à Jhrg. n. 4. —; geb. n. 5. —

Kirchenblatt, hamburgisches. In Verbindg. m. Pastoren u. Gemeindegliedern der hamburg. Landeskirche hrsg. v. Karl Reimers. 4.—7. Jahrg. 1907—1910. à 52 Nrn. (à ca. 8 S.) Lex. 8. Hamburg, G. Schloeßmann. à Jahrg. 4. —

— für das Großherzogthum Hessen. 1. u. 2. Jahrg. 1854 u. 55. Red.: G. Krätzinger. — 3. Jahrg. 1856. Red.: G. Schlosser. à 24 Nrn. (à ½ Bgn.) Nebst Beilage: Weckstimmen. Darmstadt, Dietzsch. gr. 4. Jeder Jahrg. 1 ℛ.

— hessisches. 6—11. Jahrg. 1859—64. à 52 Nrn. (à ½ Bgn.) Darmstadt, Würtz in Comm. 4. Jeder Jahrg. n. 1 ℛ 5 ngr.

— hessisches. 12—16. Jahrg. 1865—69. à Jahrg. 52 Nrn. (½ Bgn.) Mit Beilagen. Darmstadt, (Würtz'sche Buchh.) gr. 4 Jeder Jahrg. n. 1 ℛ 5 ngr.

—— hessisches. 15.—21. Jahrg. 1868—1874. à Jahrg. 52 Nrn. (à ½ Bog.) Mit Beilagen. gr. 4. Darmstadt, (Würtz'sche Buchh.) 1868—1871 à *
1872—1874 à *

—— katholisches, zunächst für Sachsen. Im Verein mit mehreren Mitarbeitern hrsg. von Frz. Stolle. 4.—9. Jahrg. (Als Fortsetzung des „Katholischen Monatsblattes.") 1862—67. à Jahrg. 24 Nrn. (½ Bog.) gr. 8. Leipzig, (Jackowitz.) à Jahrg. *
Vgl. Monatsblatt, katholisches.

—— katholisches, zunächst für Sachsen. Im Verein mit mehreren Mitarbeitern hrsg. von Frz. Stolle. 10.—12. Jahrg. 1868—1870. à Jahrg. 24 Nrn. (à ½ Bog.) gr. 8. Leipzig, (Jackowitz.) à Jahrg. *

—— dass. — Hrsg. von Frz. Stolle. 13. und 14. Jahrg. 1871 und 1872. à Jahrg. 52 Nrn. (à ½ Bog.) gr. 8. Dresden. (Leipzig, Jackowitz.) à Jahrg. *

Kirchenblatt, katholisches, zunächst für Sachsen. Redact. und Hrsgbr.: Ludw. Wahl. 15. und 16. Jahrg. 1873—1874. à Jahrg. 52 Nrn. (à ½ Bog.) gr. 8. Dresden, Expedition. à Jahrg. * 4 —

— katholisches. St. Benno, bitte f. Sachsen. Red.: A. Rache. 34. Jahrg. (Neue Folge 7. Jahrg.) 1893. 52 Nrn. (à ca. 1 Bog.) gr. 4. Dresden, P. Schmidt. — Leipzig, H. Lorenz. n.n. 4. —
Früher u. d. T.: Bennoblatt. — Monatsblatt, katholisches. — Volksblatt, katholisches.

— katholisches. St. Benno, bitte f. Sachsen. Red.: A. Rache. 37. u. 38. Jahrg. (Neue Folge 10. u. 11. Jahrg.) 1895—1896. à 52 Nrn. (Bog.) gr. 4. Dresden. (Leipzig, X. Pflugmacher.) à Jahrg n.n. 4. —

— dasselbe. 39. u. 40. Jahrg. (Neue Folge 12. u. 13. Jahrg.) 1897—1898. à 52 Nrn. (Bog.) gr. 4. Ebd. à Jahrg. n.n. 3. 60; einz. Nrn. n. — 10
Kann auch vierteljährlich bezogen werden.

— katholisches. St. Benno, bitte f. Sachsen. Red.: A. Rache. 41.—43. Jahrg. (Neue Folge 14.—16. Jahrg.) 1899—1901. à 52 Nrn. gr. 4. (à ca. 8 S.) Dresden. (Leipzig, X. Pflugmacher.) à Jahrg. n. 4. —

— dasselbe. 44. Jahrg. (Neue Folge 17. Jahrg.) 1. Halbj. Jan.—Juni 1902. 26 Nrn. gr. 4. (à ca. 8 S.) Ebd. n. 2. —
Erscheint nicht mehr.

— katholisches, für Leser aller Stände, zunächst für die Diöcesen Culm u. Ermland. Unter Mitwirkung von Geistlichen u. Laien redig. von Redner. Neue Folge. 1—6. Jahrg. 1865—70. à Jahrg. 52 Nrn. (Bgn.) Danzig, Weber. 4. Jeder Jahrg. n. 1 ℛ 20 ngr.

— katholisches, für die nordischen Missionen. Herausg.: D. C. E. Basset. 1—4. Jahrg. 1861—64. à 52 Nrn. (à 1 Bgn.) Altona, Uflacker in Comm. 4. Jeder Jahrg. n. 1 ℛ 10 ngr.

— katholisches, für die nordischen Missionen. 5. Jahrg. 1865. 52 Nrn. (Bgn.) Altona, (Uflacker.) 4. n. 1 ℛ 10 ngr.

— katholisches, für die oberrheinische Kirchenprovinz. Jahrg. 1841. 12 Hefte. 8. Karlsruhe 841, Artist.-Institut. 3½ ℛ

Kirchen- und Schulblatt

—— —— katholisches. Wochenschrift für die Interessen der kathol. Kirche und Schule in Rheinland und Westfalen. Unter Mitwirkung mehrerer Geistlichen der Erzdiözese Köln und der Diözesen Münster, Paderborn und Trier hrsg. von zwei Geistlichen der Diözese Münster. 1. Jahrg. 1850. 52 Nrn. (Bog.) gr. 8. Münster, Grünewald. *

Kirchenblatt f. d. reform. Kirche der Schweiz, herausgeg. von K. R. Hagenbach, Jahrg. 1845—68. Zürich 15 Bde. 4.

—— aus Kurhessen. Hrsg. von Thdr. Groß. 1.—3. Jahrg. 1870—1872. à Jahrg. 52 Nrn. (à $\frac{1}{2}$ Bog.) 4. Leipzig, Luckhardt'sche Verlagsh. 1. und 2. Jahrg. à * 3 —
3. Jahrg. * 4 —

— Leipziger. Hrsg.: Hans v. Seydewitz. 1. Jahrg. Dezbr. 1891—Novbr. 1892. 52 Nrn. ($1\frac{1}{4}$ Bog.) gr. 4. Leipzig, Dürr'sche Buchh. n. 3. —

— dasselbe. Auf Veranlassg. der Diözesanversammlg. der Ephorie Leipzig I hrsg. unter Mitwirkg. von v. Criegern, Friedrich, Hartung &c. Red.: Hans v. Seydewitz u. Alfr. Jeremias. 2. u. 3. Jahrg. 1892/93. 1893/94. à 52 Nrn. ($1\frac{1}{4}$ Bog.) 4. Leipzig, Fr. Richter.
à Jahrg. n. 3. —

— Leipziger. Auf Veranlassg. d. Diözesanversammlg. d. Ephorie Leipzig I hrsg. unt. Mitwirkg. von v. Criegern, Dietrich, Eckardt &c. Red.: Hans v. Seydewitz u. Alfr. Jeremias. 5. Jahrg. Novbr. 1895—1896. 52 Nrn. (Bog.) 4. Leipzig, Fr. Richter. 3. —

— dasselbe, Fortsetzg., s.: Sonntagsblatt, Leipziger.

Lutherisches Kirchenblatt, n. d. New York, NY
MoSCHi: Microfilm set.

—— lutherisches. Redakt.: L. W. T. G. Bichmann, C. G. Anthes, G. C. Dieffenbach. 1. Jahrg. 1849. Octbr. — Decbr. 6 Nrn. (Bog.) gr. 4. Gießen, Ricker. *

Lutherisches Kirchenblatt: 1869–1910?
Weekly. Organ of the Lutheran Synod of Canada. Circulation: 1,300. Editor: P.W. Mueller. Published by the Evangelical Lutheran Synod of Canada. Has been cited as Kirchenblatt. Place varies: New Hamburg, Toronto.
Conestogo, Ont.

Lutherisches Kirchenblatt : 1880–? Philadelphia, PA
Edited by F. Wischan. Weekly.

Lutherisches Kirchenblatt : Jahrgang 1–26, Jan. 5, 1884–Dec. 25, 1909.
Weekly. Sub-title: Herausgegeben von einer Anzahl Pastoren des General-Konzils der Evangelisch-Lutherischen Kirche in Nord-Amerika. Place of publication varies: Philadelphia, Jan. 5–Dec. 27, 1884. Dated also at Philadelphia, 1885? Merged with LUTHERISCHER HEROLD. Small folio, each issue 8 pages, paged continuously; some illustration. Circulation: 1885, 3600; 1900, 3000, 1908, 2250. Edited by the Rev. F. Wischan, Jan. 5, 1884–June 17, 1905; by the Rev. H. Offermann, July 1, 1905–Dec. 25, 1909. Other editors: C. G. Fischer; Edward Frederick Moldehnke.
Reading, PA

— märkisches. Jahrg. 1858—60. à Jahrg. 52 Nrn. (Bog.) 4. Berlin, (Jansen.) à Jahrg. *
Jahrg. 1857 erschien unter dem Titel: Anzeiger, kirchlicher, für Katholiken.

— dass. — Redig. von E. Müller. Jahrg. 1861. 52 Nrn. (Bog.) 4. Berlin, (Th. Grieben.) *

—— märkisches. Redact.: E. Müller. Jahrg. 1862—67. à Jahrg. 52 Nrn. (Bog.) 4. Berlin, Jansen. à Jahrg. *

—— märkisches. Jahrg. 1868—1874. à Jahrg. 52 Nrn. (Bog.) gr. 4. Berlin, Jansen. [Verlag der „Germania".] à Jahrg. * 4 —

— märkisches. Jahrg. 1875. 52 Nrn. (Bog.) gr. 4. Berlin, Verlag der „Germania". *
— dass. — Redact.: In Vertretung Otto Jaenich. Jahrg. 1876. 52 Nrn. (Bog.) gr. 4. Ebendas. *
— dass. — Zum Besten kirchl. Zwecke der Delegatur. Redact.: In Vertretung Otto Jaenich. Jahrg. 1877—1879. à Jahrg. 52 Nrn. (Bog.) gr. 4. Ebendas. à Jahrg. *

—— märkisches. Zum Besten kirchl. Zwecke der Delegatur. Redact.: In Vertretung Otto Jaenich. Jahrg. 1880—1884. à Jahrg. 52 Nrn. (Bog.) gr. 4. Berlin, Germania.
Jahrg. 1880 und 1881 à *
Jahrg. 1882—1884 à *

—— märkisches. Redact.: O. Jaenich. Jahrg. 1885—1888. à Jahrg. 52 Nrn. (Bog.) gr. 4. Berlin, Germania.
à Jahrg. * 4 —

—— märkisches. Mit den amtl. Nachrichten der Delegatur. Jahrg. 1889—1892. à Jahrg. 52 Nrn. (Bog.) 4. Berl., Germania.
à Jahrg. * 4 —

— märkisches. Mit den amtl. Nachrichten der Delegatur. Jahrg. 1891—1894. à 52 Nrn. (Bog.) 4. Berlin, Germania.
à Jahrg. n. 4. —

— märkisches. M. d. amtl. Nachrichten d. Delegatur. 38.—41. Jahrg. 18[illegible]—1898. à 52 Nrn. (Bog.) 4. Berlin, Germania. à Jahrg. n. 4. —
Kann auch vierteljährlich bezogen werden.

— märkisches. Religiöse Wochenschrift. Hrsg. u. Red.: Andr. Schmitt, O. Dom. 42.—45. Jahrg. (1899—1902.) à 52 Nrn. 4. (à ca. 8 S.) Berlin, Germania. à Jahrg. 2.40
Der 42. Jahrg. ist v. E. Eirund redigiert.

— märkisches. Religiöse Wochenschrift. Hrsg. u. Red.: Liborius v. Fürstenberg, O. P. 46.—49. Jahrg. 1903—1906. à 52 Nrn. (47.—49. Jahrg.: 424, 416. u. 416 S.) Lex.-8. Berlin, (B. Poetschki). à Jhrg. n. 2.40

— märkisches. Religiöse Wochenschrift. Hrsg. u. Red.: Bonifaz Maria, Schulte-Hubbert, O. P. 50.—53. Jahrg. 1907—1910. à 52 Nrn. (576, 832, 626 u. 624 S.) Lex. 8. Berlin, B. Poetschki. à Jahrg. 2. 40

—— für Mecklenburg. Eine Zeitschr., hrsg. v. G. C. W. Ackermann. 1. Bd. 4 Hfte. (Jahrg. 1832.) 8. Parchim, Hinstorff.

—— dass., fortges. v. H. Karsten u. E. Schmidt. 2. Bd. 4 Hfte. (Jahrg. 1833.) gr. 8. Ebds.

—— dass., (3. Bd. Jahrg. 1834.) in 2 Abthln. — Abthl. I. Das Kirchenblatt, hrsg. v. H. Karsten u. E. Schmidt. 4 Hfte. — II. Das Schulblatt, hrsg. v. Johs. Zehlicke. 4 Hfte. gr. 8. Ebds.

—— für Mecklenburg. Eine Zeitschr., begründet durch G. C. W. Ackermann; fortges. v. H. Karsten u. E. Schmidt. 4—6. Bd. à 4 Hfte. 8. Parchim u. Ludwigslust 835—39, Hinstorff'sche Hofbuchh. [4. * $2\frac{2}{3}$ Thlr., 5. u. 6. à * $1\frac{1}{3}$ Thlr.] *
Vgl. 3. Bd.: Kirchen- u. Schulblatt. — Forts., s. Kirchen- u. Schulblatt.

— Mecklenburgisches. Herausgeg. von Dr. Hofmann, Diakonus Karsten u. Dr. Krabbe. I. Jahrg. (In 4 Heften. 1844, 1845.) gr. 8. Rostock, Leopold. n. $1\frac{1}{2}$ ℛ

— dass. 2. Jahrg. 1846, 1847. 4 Hefte, von Karsten, Dr. Kliefoth u. Dr. Krabbe. gr. 8. Ebend. n. $1\frac{2}{3}$ ℛ

—— mecklenburgisches. Hrsg. v. Karsten, Kliefoth u. Krabbe. 1. u. 2. Jahrg. 1845 u. 46. à 4 Hfte. gr. 8. Rostock, Leopold. [1. Jahrg. * 1 Thlr. $13\frac{1}{2}$ Ngr., 2. * 1 Thlr. 20 Ngr.] *
Vergl. Abhandlungen u. Kritiken.

— mecklenburgisches. Redig. von H. F. Kliefoth. Jahrg. 1858. Juli bis Decbr. 26 Nrn. ($\frac{1}{2}$ Bog.) gr. 8. Ludwigslust, Hinstorff'sche Hofbuchh. *

— dass. — 2. und 3. Jahrg. 1859 und 1860. à Jahrg. 52 Nrn. (1/2 Bog.) gr. 8. Ebendas. à Jahrg. *

Kirchen- und Zeitblatt, mecklenburgisches. Redact.: Philippi. Jahrg. 1873 und 1874. à Jahrg. 26 Nrn. (Bog.) gr. 8. Wismar, Hinstorff'sche Hofbuchh. à Jahrg. * 4 50

—— und Zeitblatt, mecklenburgisches. Redact.: Philippi. Jahrg. 1875—1879. à Jahrg. 26 Nrn. (Bog.) gr. 8. Wismar, Hinstorff'sche Hofbuchh. à Jahrg. *

Kirchen- und Zeitblatt, mecklenburgisches. Redact.: Philippi. Jahrg. 1880—1884. à Jahrg. 26 Nrn. (Bog.) gr. 8. Wismar, Hinstorff'sche Hofbuchh. à Jahrg. *

Kirchen- und Zeitblatt, mecklenburgisches. Redact.: Philippi. Jahrg. 1885—1888. à Jahrg. 24 Nrn. (Bog.) gr. 8. Wismar, (Hinstorff'sche Hofbuchh.) à Jahrg. *

Kirchen- u. Zeitblatt, mecklenburgisches. Jahrg. 1889—1892. Jahrg. 1889—1891 à 24 Nrn.; Jahrg. 1892 36 Nrn. (Bog.) gr. 8. Wismar, (Hinstorff's Verlag). Jahrg. 1889—1891 à 1 15; Jahrg. 1892 1 50

— dasselbe. Red.: Reinmuth. 33.—35. Jahrg. 1892—1894. à 52 Nrn. (Bog.) Fol. Ebd. à Jahrg. n. 2. 40

Kirchen- u. Zeitblatt, mecklenburgisches. Red.: A. Meyer u. M. Kliefoth. Jahrg. 1895—1898. à 36 Nrn. (Bog.) gr. 8. Wismar (Hinstorff's Verl.). à Jahrg. n. 3. —
Kann auch vierteljährlich bezogen werden.

Kirchen- u. Zeitblatt, mecklenburgisches. Red.: M. Kliefoth. 27.—30. Jahrg. 1899—1902. à 36 Nrn. gr. 8. (à 16 S.) Wismar (Hinstorff's Verl.). à Jahrg. n. 6. —

Kirchen- u. Zeitblatt, mecklenburgisches. Red.: M. Kliefoth. 31.—34. Jahrg. 1903—1906. à 36 Nrn. (III, 792; III, 768; III, 780 u. III, 780 S.) 8. Wismar (Hinstorff's Verl.) à Jhrg. n. 6. —

Kirchen- u. Zeitblatt, mecklenburgisches. Red.: M. Kliefoth u. seit 1910: Wilbrandt. 35.—38. Jahrg. 1907—1910. à 36 Nrn. (IV, 772; IV, 788; IV, 772 u. IV, 772 S.) 8. Wismar, (Hinstorff's Verl.). à Jahrg. 6. —

Kirchen- u. Zeitblatt, mecklenburgisches. Jetzt: Wismar, Eberhardt'sche Hof- u. Rats-Buchdr. (Nur direkt.)

— für die Großherzogthümer Mecklenburg-Schwerin und Mecklenburg-Strelitz. Herausg. von H. Karsten. 2. Jahrg. 1841. 12 Hefte. gr. 8. Rostock, Oeberg. n. 2 Thlr.

— das neue mecklenburgische, und der Dethloff'sche Antrag wider den Oberkirchenrath. Eine Anti-Kritik. gr. 8. (24 S.) Leipzig 861, [Hennings'sche Buchh.]

—— —— neues evangelisches. Begründet und hrsg. von Jul. Ergenzinger. Redact.: J. Glettner. 1. Jahrg. 1880. 24 Nrn. (à Nr. 1/2—1 Bog.) gr. 4. Wien, Sallmayer'sche Buchh. *
Nicht weiter erschienen.

— neues mecklenburgisches. Redig. von Polstorff und Karsten. Jahrg. 1860. Juli bis Decbr. 26 Nrn. (1/2 Bog.) gr. 8. Güstrow, Opitz und Comp. *

— dass. — Jahrg. 1861. 52 Nrn. (1/2 Bog.) gr. 8. Ebendas. *
Ist eine Fortsetzung des vorstehenden „Mecklenburgischen Kirchenblattes":

—— neues Mecklenburgisches. Redact.: Polstorff und Karsten. Jahrg. 1862 und 1863. à Jahrg. 52 Nrn. (1/2 Bog.) gr. 8. Güstrow, Opitz und Comp. à Jahrg. *

Kirchenblatt, neues Mecklenburgisches. Redact.: Schubart. Jahrg. 1864—67. à Jahrg. 26 Nrn. (Bog.) gr. 8. Schwerin, Stiller'sche Hofbuchh. à Jahrg. *

—— neues Mecklenburgisches. Redact.: Schubart. Jahrg. 1868—1871. à Jahrg. 26 Nrn. (Bog.) gr. 8. Schwerin, Stiller'sche Hofbuchh. à Jahrg. * 4 —
—— dass. — Redact.: Walter und Thomälen. Jahrg. 1872. 24 Nrn. (Bog.) gr. 8. Ebendas. * 4 —

— neues sächsisches. Hrsg.: M. Kröber. 1. Jahrg. Oktbr.—Dezbr. 1894. 13 Nrn. (à ca. 1 1/2 Bog.) gr. 4. Leipzig, G. Wigand. n. 1. 50

— neues sächsisches. Hrsg.: M. Kröber. 2. u. 3. Jahrg. 1895—1896. à 52 Nrn. (Bog.) gr. 4. Leipzig, G. Wigand. à Jahrg. n. 6. —

— dasselbe. 4. u. 5. Jahrg. 1897—1898. à 52 Nrn. (Bog.) gr. 4. Ebd. à Jahrg. n. 8. —
Kann auch vierteljährlich bezogen werden.

— neues sächsisches. Hrsg.: Klotz. 6.—9. Jahrg. 1899—1902. à 52 Nrn. gr. 4. (à ca. 16 Sp.) Leipzig, G. Wigand. à Jahrg. n. 8. —
Die Jahrgge. 6—8 sind v. M. Kröber hrsg.

— neues sächsisches. Hrsg.: Klotz. 10.—13. Jahrg. 1903—1906. à 52 Nrn. (à Jahrg. XII u. 832 Sp.) 4. Leipzig, G. Wigand. à Jhrg. n. 8. —

— neues sächsisches. Hrsg.: Klotz. 14.—17. Jahrg. 1907—1910. à 52 Nrn. (VII S. u. 832 Sp.; VII S. u. 832 Sp.; VII S. u. 844 Sp. u. VII S. u. 848 Sp.) 32,5 × 23,5 cm. Leipzig, G. Wigand. à Jahrg. 8. —

—— neues schlesisches. Hrsg. und redig. von Frz. Lorinser. 1. Jahrg. 1864. April bis Decbr. 39 Nrn. (Bog.) gr. 4. Breslau, Maruschke und Berendt. Vierteljährlich *

— Oldenburgisches. Stimmen aus der Kirche u. über die Kirche zur Erweckung u. Förderung d. christl. u. kirchl. Lebens. Red.: A. Roth. 1. Jahrg. Octbr.—Decbr. 1852. 13 Nrn. gr. 4. (1/2 B.) Oldenburg, Stalling. n. 1/3 Thlr.

Kirchenblatt, oldenburgisches. Stimmen aus der Kirche und über die Kirche zur Erweckung und Förderung des christl. und kirchl. Lebens. Redakt.: A. Roth. 2—5. Jahrg. 1853—56. à Jahrg. 52 Nrn. (1/2—1 Bog.) gr. 4. Ebds. [2. und 3. Jahrg. à * 1 Thlr. 10 Ngr., 4. und 5. Jahrg. à * 1 Thlr. 20 Ngr.] *

— Paderborner Evangelisches. Red.: Lorzing. 1. Jahrg. Septbr. 1852—Aug. 1853. 10 Nrn. gr. 4. (1/2 B.) Hörter, Wiehe. n. 1/6 Thlr.

— Paderborner evangelisches. Redact.: Lorzing. Neue Folge. 3. Jahrg. 1867. 24 Nrn. (1/2 Bgn.) Minden, (Volkening.) gr. 4. n. 12 1/2 ngr.

— protestantisches, für das Elsaß. 1r—4r Jahrg. 1834—1837, à 12 Hefte. gr. 8. Straßb. 834—37. Levrault. (à J. 2 Thlr.) 8 Thlr.

— protestantisches, für das Elsaß. Neue Folge. 1845 u. 1846, à 12 Hefte. gr. 8. Straßburg 845, 46, Schmidt u. Grucker. n. 1 5/6 Thlr.

—— protestantisches, für die Pfalz. Hrsg. von Fr. Th. Frantz. Jahrg. 1850. 26 Nrn. (1/2 Bog.) gr. 4. Landau, (Kaußler.)

—— dass. — Hrsg. von Dems. Jahrg. 1851. 52 Nrn. (1/2 Bog.) gr. 4. Ebds. *

—— protestantisches, für die Pfalz. Hrsg. von Fr. Th. Frantz. Jahrg. 1852. 26 Nrn. (1/2 Bog.) gr. 4. Mit: Sonntagsblatt für Beförderung vernünftigen Glaubens und Lebens. Jahrg. 1852. 52 Nrn. (1/2 Bog.) 4. Landau, (Kaußler.) *

Das Sonntagsblatt allein. *

Jahrg. 1850 und 1851. Ebendas. 1 Thlr. 18 Ngr.

— protestantisches, für die bayerische Pfalz. Herausgeg. von Fr. Th. Frantz. 1844 u. 1845. 1. u. 2. Jahrg. à 4 Hfte. gr. 8. Landau 844, 45. (Kaußler.) à n. 5/6 ℛ

— dass. für 1846, s. Morgenröthe.

Kirchen- u. Schulblatt, protestant., f. d. Elsaß. 1. u. 2. Jahrg. 1834 u. 35. à 12 Hfte. (à 2—3 Bog.) gr. 8. Straßburg, Levrault. à J.

—— —— protestantisches, f. d. Elsaß. Neue Folge. 1845 u. 1846. à 12 Hfte. gr. 8. Straßburg, Schmidt u. Grucker. à J. *

—— —— protestantisches, für das Elsaß. Neue Folge. Jahrg. 1847 und 1848. à 12 Hefte. (à 2 Bog.) gr. 8. Straßburg, [Schmidt.] à Jahrg. *

Jahrg. 1845 und 1846. Ebendas. à Jahrg. * 1 Thlr. 25 Ngr.

—— rheinisches. Eine katholische Zeitschrift z. Belehrung u. Erbauung. Redig. unter Mitwirk. viel. Geistlichen unter Verantwortl. d. Verlagsh. 1—4. Jahrg. 1844—47. à 12 Hfte. gr. 4. Neuß, Schwann. 1. Jahrg. 2 Thlr., 2—4. J. à Thlr.

Mit den kathol. Blättern (vergl. diese) zusammen à 2 Thlr.

Der 1. u. 2. Jahrg. erschienen in Düsseldorf u. wurden v. G. Bayerle redig.

—— rheinisches. Eine kathol. Zeitschrift zur Belehrung und Erbauung. (Redig. von Kolping.) 5—9. Jahrg. 1848—52. à Jahrg. 52 Nrn. gr. 4. Cöln und Neuß, Schwann'sche Vrlgsh. [5. Jahrg. * 1 Thlr. 15 Ngr., 6. Jahrg. * 2 Thlr., 7. Jahrg. * 10 Ngr., 8. und 9. Jahrg. à * 1 Thlr. 10 Ngr.] *

Vgl. 10. Bd. 1. Abthl. S. 437. und: Blätter, katholische.

—— rheinisches. Eine katholische Zeitschrift zur Belehrung und Erbauung. Redakt.: A. Kolping. (10. und 11.) Jahrg. 1853 und 1854. à Jahrg. 52 Nrn. (1/2 Bog.) Imp.-4. Mit: Feierstunde. Beilage zum rhein. Kirchenblatt. Jahrg. 1853 und 1854. 52 Nrn. (1/4 Bog.) Lex.-8. Köln und Neuß, Schwann'sche Vrlgsh. à Jahrg. *

— — Eine katholische Zeitschrift zur Belehrung u. Erbauung. 12—15. Jahrg. 1855—58. à 52 Nrn. (à 1 Bgn.) Ebend. 4. Jeder Jahrg. n. 1 ℛ. 4 ngr.

— rheinisches. Eine kathol. Zeitschrift zur Belehrung und Erbauung. 14. Jahrg. 1857. 52 Nrn. (Bog.) 4. Köln und Neuß, Schwann'sche Verlagsh. *

Ist nicht fortgesetzt worden.

— rheinisches. Eine katholische Zeitschrift zur Belehrung u. Erbauung. 16. Jahrg. 1859. 52 Nrn. (à 1 Bgn.) Köln, Schwann. 8. n. 1 ℛ 4 ngr.

—— Rigasches. Redact.: Berkholz. 5. und 6. Jahrg. Septbr. 1868—Aug. 1870. à Jahrg. 52 Nrn. (Bog.) hoch 4. Riga, Brutzer und Comp.
5. Jahrg. * 7 50
6. Jahrg. ** 9 —

— Rigasches. Redact.: v. Berkholz. Jahrg. 1871—1879. à Jahrg. 52 Nrn. (Bog.) hoch 4. Riga, Stieda. à Jahrg. *

—— Rigasches. Redact.: v. Berkholz. Jahrg. 1880—1884. à Jahrg. 52 Nrn. (Bog.) hoch 4. Riga, Stieda. à Jahrg. *

—— Rigasches. Hrsgbr.: J. Lütkens. Redact.: Zinck. Jahrg. 1885—1889. à Jahrg. 52 Nrn. (Bog.) hoch 4. Riga, Expedition des Rigaschen Kirchenblattes. (Stahl'sche Buchdr.) à Jahrg. * 5 —

— rottenburger katholisches. Für kirchl. Recht und Leben. Sammt einem monatl. Literaturblatte. Redig. von A. Pfister. 1. und 2. Jahrg. 1857 und 1858. à Jahrg. 52 Nrn. (à 1/2—1 Bog. gr. 4. Spaichingen, Kupferschmid. à Jahrg. *

— dass. — Mit den monatl. Beilagen: „Literaturblatt" und „Kunst-, Natur- und Völkerschau." Redig. von Demselben. 3. Jahrg. 1859. 52 Nrn. (à 1/2—1 Bog.) gr. 4. Spaichingen, Kupferschmid. (Stuttgart, Lindemann.) *

Ist nicht fortgesetzt worden.

—— für die Provinz Sachsen. Redact. und Hrsgbr.: Lünnemann. Jahrg. 1867. 52 Nrn. (1/2 Bog.) Lex.-8. Magdeburg, (Berger.) *

—— für die Provinz Sachsen. Redact. und Hrsgbr.: Lünnemann. 2. Jahrg. 1868. 52 Nrn. (à 1/2 Bog.) Lex.-8. Magdeburg, (Berger.) 3 —

— sachsen-meiningisches. Red.: v. A. Human. 1.—4. Jahrg. 1907—1910. à 12 Nrn. (à Jahrg. 48 S.) gr. 8. Hildburghausen, F. W. Gadow & Sohn. à Jahrg. nn 1. 20

Kirchen- und Schulblatt

—— —— sächsisches. Redig. von Hölemann. 1. Jahrg. Juli—Decbr. 1851. 52 Nrn. und 2. Jahrg. 1852. 104 Nrn. (1/2 Bog.) gr. 4. Leipzig, Dörffling und Franke. Halbjährl. *

Kirchen- und Schulblatt, sächsisches. Redakt.: (Gust.) Hölemann. (3—5.) Jahrg. 1853—55. à Jahrg. 104 Nrn. (1/2 Bog.) gr. 4. Leipzig, Dörffling und Franke. à Jahrg. Thlr. *

—— dass. — Redig. von Kahnis. (6.) Jahrg. 1856. 104 Nrn. (1/2 Bog.) gr. 4. Ebds. *

1. und 2. Jahrg. 1851 und 1852. Ebendas. * 4 Thlr. 15 Ngr.

—— —— sächsisches. (7—11.) Jahrg. 1857—61. à Jahrg. 52 Nrn. (1/2 Bog.) gr. 4. Leipzig, Dörffling und Franke. à Jahrg. *

Der 7. Jahrg. wurde von Kahnis, der 8—10. von Luthardt, der 11. von Meurer redigirt.

—— —— sächsisches. Redact.: Meurer. (12.—17.) Jahrg. 1862—67. à Jahrg. 52 Nrn. (1/2 Bog.) gr. 4. Leipzig, Dörffling und Franke. à Jahrg. *

—— —— sächsisches. Redact.: Meurer. 18.—23. Jahrg. 1868—1873. à Jahrg. 52 Nrn. (à 1/2 Bog.) Mit Beilagen. hoch 4. Leipzig, Dörffling und Franke.
1868—1872 à * 4 50
1873 * 6 —

—— —— dass. — Redact.: Anacker. Jahrg. 1874. 52 Nrn. (à 1/2 Bog.) hoch 4. Ebendas. * 6 —

—— —— sächsisches. Redact.: Anacker. Jahrg. 1875—1877. à Jahrg. 52 Nrn. (à 1/2 Bog.) hoch 4. Leipzig, Dörffling und Franke. à Jahrg. *

—— —— dass. — Redact.: Schenkel. Jahrg. 1878 und 1879. à Jahrg. 52 Nrn. (à 1/2 Bog.) gr. 4. Ebendas. à Jahrg. *

—— —— sächsisches. Redact.: Schenkel. Jahrg. 1880—1884. à Jahrg. 52 Nrn. (à Nr. 1/2 Bog.) gr. 4. Leipzig, Dörffling und Franke. à Jahrg. *

—— —— sächsisches. Redact.: Schenkel. Jahrg. 1885—1888. (à Jahrg. 52 Nrn. (à Nr. ½ Bog.) gr. 4. Leipzig, Dörffling und Franke. à Jahrg. * 6 —

Kirchen- u. Schulblatt, sächsisches. Redact.: Schenkel. Jahrg. 1889—1892. à Jahrg. 52 Nrn. (à Nr. ½—¾ Bog.) gr. 4. Lpz., Dörffling u. Franke. à Jahrg. * 6 —

— — sächsisches. Red.: Schenkel. Jahrg. 1891—1894. à 52 Nrn. (à ½—¾ Bog.) gr. 4. Leipzig, Dörffling & Franke. à Jahrg. n. 6. —

Kirchen- u. Schulblatt, sächsisches. Red.: Schenkel. Jahrg. 1895—1898. à 52 Nrn. (à 12 Sp.) gr. 4. Leipzig, Dörffling & Franke. à Jahrg. n. 6. —
Kann auch halbjährlich bezogen werden.

Kirchen- u. Schulblatt, sächsisches. Red.: Schenkel. Jahrg. 1899. 52 Nrn. gr. 4. (à ca. 12 Sp.) Leipzig, Dörffling & Franke. n. 6. —

— — dasselbe. Jahrg. 1900—1902. à 52 Nrn. gr. 4. (à ca. 16 Sp.) Ebd. à Jahrg. n. 8. —

Kirchen- u. Schulblatt, sächsisches. Red.: Schenkel u. seit 1905: Richter. Jahrg. 1903—1906. à 52 Nrn. (684, 684, 684, u. 768 Sp.) Lex.-8. Leipzig, Dörffling & Franke à Jhrg. n. 8. —

Kirchen- u. Schulblatt, sächsisches. Red.: Richter. Jahrg. 1907—1910. à 52 Nrn. (à Jahrg. IV S. u. 832 Sp.) Lex. 8. Leipzig, Dörffling & Franke. à Jahrg. 8. —

Kirchenblatt, Salzburger —. Red. und Herausg. E. David. Druck Oberer (Endl. und Penker.) 2. Jahrg. 4. 2spaltig. Wöchentlich 1mal. 2 fl. 34 kr. jährlich. 1853

Salzburger Kirchenblatt. (3. Jahrgang.) Redakteur und Herausgeber E. David. Schnellpressendruck der Oberer'schen (Endl und Penker) Buchdruckerei. 4. 2spaltig. Jeden Donnerstag. 1 fl. vierteljährig. 1854

Salzburger Kirchenblatt. IV. Jahrgang. Verantwortlicher Redakteur und Herausgeber: E. David. Druck von Oberer (Endl und Penker). 4. 2spaltig. Jeden Donnerstag. 5 fl. jährlich. 1855

Salzburger Kirchenblatt. (V. Jahrg.) Verantwortlicher Redakteur und Herausgeber: E. David. Schnellpressendruck der Oberer'schen (Endl u Penker) Buchdruckerei. 4. 2spaltig. Erscheint jeden Donnerstag. 1856

Salzburger Kirchenblatt. 6. Jahrg. Erscheint 2spaltig, bogenweise 4. jeden Donnerstag. Verantwortl. Redakteur und Herausgeber: Ed. David. Schnellpressendruck der Obererschen Buchdruckerei. 1857

—— Salzburger. Neue Folge. 2. Jahrg. 1862. Verantwortl. Redact.: A. Gaßner. 52 Nrn. (Bog.) gr. 4. Salzburg, Oberer sel. Wwe. *

Kirchenblatt, Salzburger. N. F. 4. Jahrgang 1864. 52 Nrn. gr. 4. (à 1 Bgn.) Salzburg, Oberer'sche Buchh. 1864 4 fl. 80 kr.

—— Salzburger. Redact. A. Gaßner. Neue Folge. 20.—24. Jahrg. 1880—1884. à Jahrg. 52 Nrn. (Bog.) gr. 4. Salzburg, Oberer'sche Buchh. à Jahrg. **

—— schlesisches, e. Zeitschr. f. Katholiken aller Stände, z. Beförder. d. religiösen Sinnes. Hrsg. im Vereine mit mehr. kathol. Geistlichen v. Jos. Sauer u. Matthäus Thiel. 1—8. Jahrg. 1835—42. à 52 Nrn. (Bog.) Nebst literar. Anzeiger. gr. 4. Breslau, Aderholz. à J. *
Der 6—8. J. wurde v. Sauer allein herausg.

Kirchenblatt, schlesisches, Zeitschrift f. Katholiken z. Beförderung des religiösen Sinnes, hrsg. v. Jos. Sauer. 9—13. Jahrg. 1843—47. à 52 Nrn. (Bog.) gr. 4. Breslau, G. P. Aderholz. [9—11. J. à * 2 Thlr., 12. u. 13. à * 2 Thlr. 10 Ngr.] *
1—8. Jahrg. 1835—42. Ebendas. à J. * 2 Thlr.

—— schlesisches. 14—18. Jahrg. 1848—52. à Jahrg. 52 Nrn. (Bog.) Mit Beilagen. gr. 4. Breslau, G. P. Aderholz, Vrlgsh. à Jahrg. *
Der 14. Jahrg. wurde von Jos. Sauer, die folgenden von Herm. Welz herausgegeben. — Vgl. 10. Bd. 1. Abthl. S. 437.

—— schlesisches. Eine Zeitschrift für Katholiken aller Stände. Hrsg. von Frz. Lorinser. 19—22. Jahrg. 1853—56. à Jahrg. 52 Nrn. (Bog.) Mit Beilagen. gr. 4. Breslau, Aderholz. [19. Jahrg. * 2 Thlr. 10 Ngr., 20. und 21. Jahrg. à * 2 Thlr. 20 Ngr.] *
Vgl. 11. Bd. 1. Abthl. S. 506.

—— schlesisches. Eine Zeitschrift für Katholiken aller Stände. Hrsg. von Frz. Lorinser. 23—27. Jahrg. 1857—61. à Jahrg. 52 Nrn. (Bog.) Mit Beilagen. gr. 4. Breslau, Aderholz. à Jahrg. *

—— schlesisches. Eine Zeitschrift für Katholiken aller Stände. Hrsgbr.: Frz. Lorinser. 28. und 29. Jahrg. 1862 und 1863. à Jahrg. 52 Nrn. (Bog.) Mit Beilagen. gr. 4. Breslau, Aderholz' Buchh. à Jahrg. *

—— dass. — Redact.: Paul Storch. 30.—33. Jahrg. 1864—67. à Jahrg. 52 Nrn. (Bog.) Mit Beilagen. gr. 4. Ebendas. à Jahrg. *

—— schlesisches. Redact.: Paul Storch. 34.—39. Jahrg. 1868—1873. à Jahrg. 52 Nrn. (à 1½ Bog.) 4. Breslau, Aderholz' Buchh. 34. und 35. Jahrg. à * 8 —
36.—39. Jahrg. à * 7 —
—— dass. — Redact.: Adf. Franz. 40. Jahrg. 1874. 52 Nrn. (à 1½ Bog.) 4. Ebendas. * 7 —

—— schlesisches. Redact.: Adph. Franz. 41.—43. Jahrg. 1875—1877. à Jahrg. 52 Nrn. (à 1½ Bog.) gr. 4. Breslau, Aderholz' Buchh. à Jahrg. *
—— dass. — Redact.: Aug. Meer. 44. und 45. Jahrg. 1878 und 1879. à Jahrg. 52 Nrn. (à 1½ Bog.) gr. 4. Ebendas. à Jahrg. *

—— schlesisches. Redact.: Aug. Meer. 46. und 47. Jahrg. 1880 und 1881. à Jahrg. 52 Nrn. (à Nr. 1½ Bog.) gr. 4. Breslau, Aderholz' Buchh. Jahrg. 1880 *
Jahrg. 1881 *

—— dass. — Wochenblatt für Katholiken aller Stände. Redact.: Aug. Meer. 48.—50. Jahrg. 1882—1884. à Jahrg. 52 Nrn. (Bog.) gr. 4. Ebendas. à Jahrg. *

—— schlesisches. Wochenschrift für Katholiken aller Stände. Redact.: Aug. Meer. 51. Jahrg. 1885. 52 Nrn. (Bog.) gr. 4. Breslau, Aderholz. * 4 —
Nicht weiter erschienen.

— für die Herzogthümer Schleswig, Holstein und Lauenburg. Redaction: Archidiac. Th. Jeß. Diak. E. Versmann. 1844—1846, à 52 Numm. (½ Bog.) gr. 4. Itzehoe. (Kiel, Schwers'sche Buchh.) à n. 2 ₰

*Schleswig-Holsteinisches Kirchenblatt. Schriftleiter: Pastor Zillen in Schlichting und Pastor Jansen in St. Annen. Lunden. 1902 ff. 4°.

— schleswig-holsteinisches. Schriftleiter: Karl Schröder. 6. u. 7. Jahrg. 1905 u. 1906. à 52 Nrn. (à ca. 12 Sp.) 4. Lunden (Holst.), (H. Timm). (Nur direkt.) à Jhrg. n. 6.—

— schleswig-holsteinisches. Schriftleiter: Th. Riewerts. Jahrg. 1910. 52 Nrn. (à ca. 12 Sp.) 32,5×24 cm. Lunden (Holst.), H. Timm. (Nur direkt.) 6.—

Kirchen- und Schulblatt

—— —— Schleswig-Holsteinisches. Hrsg. von Rendtorff. Jahrg. 1866 und 1867. à Jahrg. 52 Nrn. (½ Bog.) gr. 4. Kiel, (Schwers'sche Buchh.) à Jahrg. *

—— —— schleswig-holsteinisches. Hrsg. von Th. Jeß. Jahrg. 1868—1870. à Jahrg. 52 Nrn. (à ½ Bog.) gr. 4. Kiel, Schwers'sche Buchh. à Jahrg. * 5 20

Schleswig-Holsteinisches Kirchen- und Schulblatt. Hrgg. v. Theodor Jeß. 1869—71. Kiel. 4°.
—— Hrgg. v. J. H. Ziese. Jg. 1872—73. Schleswig. 1872—73. 4°.

Schleswig-Holstein-Lauenburgisches Kirchen- und Schulblatt. 4° Jg. 8, 1851. Itzehoe. 1867. 1868. Preetz. 1874—76. 1878. 1881—83. Flensburg. 1892. Pinneberg.

*Schleswig-Holstein-Lauenburgisches Kirchen- und Schulblatt. Hrgg. v. Andersen in Flensburg. Jg. 1893 ff. Flensburg. 1893 ff. Fol.

— — schleswig-holstein-lauenburgisches. Im Auftrage hrsg. v. H. Knuth. 65. Jahrg. 1909. 52 Nrn. (à ca. 12 Sp.) Lex. 8. Schleswig, Expedition. (Nur direkt.) nnn 6.—

Kirchen- u. Schulblatt für Mecklenburg. Eine Zeitschrift, herausg. vom Oberhofprediger rc. Dr. G. C. B. Ackermann. 1r Bd., 4 Hfte. Jahrg. 1832. 8. Parchim 832. Hinstorff. (Hamb., Herold). 2 ₰ 8 ℊ

Kirchen- u. Schulblatt für d. Großhrzgthr. Mecklenb.-Schwerin u. Strelitz. Hrsg. v. H. Karsten. Neue Folge. — 1. Jahrg. 1840. 12 Hfte. 8. Rostock, Oeberg. Thlr. *
Vgl. Kirchenblatt f. d. Großh. Mecklenb.-Schwerin.

— — für die Oberlausitz. Red.: Herrm. Alex. Gühler. 1. Jahrg. 1848. Juni—Decbr. 30 Nrn. hoch 4. (½ Bog.) Neusalza, Oeser. n. 23 ℊ

—— —— f. die Herzogthümer Schleswig, Holstein u. Lauenburg. Redact.: Th. Jeß, E. Versmann. 1844—46. à 52 Nrn. (½ B.) gr. 4. Itzehoe. (Kiel, Schwers'sche Buchh.) à J. *

—— —— für das Herzogth. Schleswig, Holstein und Lauenburg. Redig. von E. Versmann. Jahrg. 1847—51. à 104 Nrn. (½ Bog.) gr. 4. Itzehoe. (Kiel, Schwers'sche Buchh.) à Jahrg. *
Jahrg. 1844—46. Ebendas. à Jahrg. * 2 Thlr.

Kirchen- und Schulblatt in Verbindung. Hrsg. von C. F. G. Teuscher und J. G. Hanschmann. 1—4. Jahrg. 1853—56. à Jahrg. 24 Hefte. gr. 8. Weimar, [Böhlau.] à Jahrg. *

Kirchen- und Schulblatt in Verbindung. Hrsg. von C. F. G. Teuscher und C. F. Lauckhard. 6—10. Jahrg. 1857—61. à Jahrg. 24 Hefte. (Bog.) gr. 8. Weimar, Böhlau. à Jahrg. *

Kirchen- und Schulblatt in Verbindung. Hrsg. von C. F. G. Teuscher und K. F. Lauckhard. 11.—14. Jahrg. 1862—65. à Jahrg. 24 Hefte. (Bog.) gr. 8. Weimar, Böhlau. à Jahrg. *

—— —— dass. — Hrsg. von J. C. E. Schwarz und K. F. Lauckhard. 15. und 16. Jahrg. 1866 und 1867. à Jahrg. 24 Hefte. (Bog.) gr. 8. Ebendas. à Jahrg. *

Kirchen- und Schulblatt in Verbindung. Hrsg. von J. C. E. Schwarz und K. F. Lauckhard. 17. und 18. Jahrg. 1868 und 1869. à Jahrg. 24 Hefte. (Bog.) gr. 8. Weimar, Böhlau. à Jahrg. * 4 —
—— —— dass. — Hrsg. von O. Schmid und K. F. Lauckhard. 19.—23. Jahrg. 1870—1874. à Jahrg. 24 Nrn. (Bog.) gr. 8. Ebendas. à Jahrg. * 4 —

Kirchen- und Schulblatt in Verbindung. Hrsg. von O. Schmid und K. F. Lauckhard. 24. Jahrg. 1875. 24 Nrn. (Bog.) gr. 8. Weimar, Böhlau. *
—— —— dass. — 25. Jahrg. 1876. Hrsg. von E. B. Hesse und K. F. Lauckhard. 24 Nrn. (Bog.) gr. 8. Ebendas. *
—— —— dass. — 26. Jahrg. 1877. Hrsg. von E. B. Hesse und O. Schmid. 24 Nrn. (Bog.) gr. 8. Ebendas. *
—— —— dass. — 27. Jahrg. 1878. Hrsg. von E. B. Hesse, O. Schmid und F. H. Ranitzsch. 24 Nrn. (Bog.) gr. 8. Ebendas. *
—— —— dass. — 28. Jahrg. 1879. Hrsg. von E. B. Hesse, F. H. Ranitzsch und Th. Leidenfrost. 24 Nrn. (Bog.) gr. 8. Ebendas. *

Kirchen- und Schulblatt in Verbindung. Hrsg. von E. B. Hesse und Th. Leidenfrost. 29.—33. Jahrg. 1880—1884. à Jahrg. 24 Nrn. (Bog.) gr. 8. Weimar, Böhlau. à Jahrg. *

Kirchen- und Schulblatt in Verbindung. Hrsg. von E. B. Hesse und Th. Leidenfrost. 34.—37. Jahrg. 1885—1888. à Jahrg. 24 Nrn. (Bog.) gr. 8. Weimar, Böhlau. à Jahrg. * 4 —

—— —— in Verbindung. Hrsg. v. E. B. Hesse u. Th. Leidenfrost. 38.—41. Jahrg. 1889—1892. à Jahrg. 24 Nrn. (Bog.) gr. 8. Weimar, Böhlau. à Jahrg. * 4 —

— — in Verbindung. Hrsg. v. E. B. Hesse u. Th. Leidenfrost. 40.—43 Jahrg. 1891—1894. à 24 Nrn. (Bog.) gr. 8. Weimar, H. Böhlau. à Jahrg. n. 4.—

— — in Verbindung. Hrsg. v. E. B. Hesse u. Th. Leidenfrost. 44. u. 45. Jahrg. 1895—1896. à 24 Nrn. (Bog.) gr. 8. Weimar, H. Böhlau Nachf. à Jahrg. n. 4.—

— — dasselbe. Hrsg. v. A. Bogenhard u. F. Urtel. 46. u. 47. Jahrg. 1897—1898. à 24 Nrn. (Bog.) gr. 8. Ebd. à Jahrg. n. 4.—

— — in Verbindung. Hrsg. v. A. Bogenhard u. H. Ranitzsch. 48.—51. Jahrg. 1899—1902. à 24 Nrn. gr. 8. (à ca. 16 S.) Weimar, H. Böhlau's Nachf. à Jahrg. n. 4.—
Der 48. Jahrg. ist v. Bogenhard & Urtel hrsg.

— — in Verbindung. Hrsg. v. A. Bogenhard u. H. Mantzsch. 52.—55. Jahrg. 1903—1906 à 24 Nrn. (IV, 404, IV, 392; IV, 400 u. IV, 404 S.) 8. Weimar, H. Böhlau's Nachf. à Jahrg. n. 4. —

— — in Verbindung. Hrsg. v. A. Bogenhard u. Karl Muthesius. 56.—59. Jahrg. 1907—1910. à 24 Nrn. (IV, 392; IV, 392; IV, 412 u. IV, 392 S.) gr. 8. Weimar, H. Böhlau's Nachf. à Jahrg. 4. —

Kirchenblatt der katholischen Schweiz

(5) 24. 12. 1862—31. 12. 1863 (6) 4° (7) wöchentlich 2× (8) Luzern: Franz Josef Schiffmann (9) Sammlung kirchenamtlicher Aktenstücke besonders aus der Schweiz (10) Kommission für die Gründung und Sicherung eines «Kirchenblatt der katholischen Schweiz» (11) der Drucker (13) Warum und wozu. «Kirchenblatt der katholischen Schweiz», 24. 12. 1862. Nr. 1; BGSZ: 1028 (14) Be: L (15) Eingestellt auf Wunsch der schweizerischen Bischöfe.

Kirchenblatt für die reformierte Schweiz

(5) Dezember 1844 (zugleich Probenummer)—24. 12. 1868 (6) 4° (7) alle 14 Tage (8) Zürich: J. J. Ulrich (Dezember 1844—20. 12. 1855), E. Kiesling (3. 1. 1856—2. 7. 1863), Kiesling & Herzog (16. 7. 1863—17. 12. 1863), J. Herzog (1864—1868) (11) Prof. Dr. K. Rudolf Hagenbach. Basel (12) politisch neutral, Organ der «Vermittungstheologie», nach Hagenbach «ein möglichst parteilos und objektiv gehaltenes Organ unserer schweizerischen Landeskirche und die damit verbundene regelmäßige historisch-statistische Berichterstattung über alles was letztere berührt». (13) Rud. Hagenbach: Abschiedswort an unsere Leser. «Kirchenblatt für die reformierte Schweiz» Nr. 26 v. 24. 12. 1868; Gottlob Werner: Zum hundertsten Jahrgang. «Kirchenblatt für die reformierte Schweiz» Nr. 1 v. 13. 1. 1944. Jubiläumsnummer zur Feier des 100jährigen Bestehens ... «Kirchenblatt für die reformierte Schweiz» Nr. 19 v. 24. 9. 1944; Max Ruetschi: Die Theologie des 19. Jahrhunderts in der Hörweite des Kirchenblatts. «Kirchenblatt für die reformierte Schweiz» 1944, p. 386—389. 406—409 (14) Be: L (15) Fortsetzungen (nicht aufgenommen): Volksblatt (1869—1871). Volksblatt für die reformirte Kirche (1872—1885), Kirchenblatt für die reformi[e]rte Schweiz (1886 cont.).

—— f. die reformirte Schweiz. Hrsg. von K. R. Hagenbach unter Mitwirkung mehr. anderer schweizerischer Theologen u. Geistlichen. 1—3. Jahrg. 1845—47. à 25 Nrn. (Bog.) gr. 4. Zürich, Meyer u. Zeller. [1. J. * 1 Thlr. 15 Ngr., 2. u. 3. à * 1 Thlr. 20 Ngr.] *

—— für die reformirte Schweiz. Redakt: K. R. Hagenbach. 4—8. Jahrg. 1848—52. à Jahrg. 26 Nrn. (Bog.) gr. 4. Zürich, Meyer und Zeller. à Jahrg. *
1—5. Jahrg. 1845—47. Ebendas. * 4 Thlr. 25 Ngr.

—— für die reformirte Schweiz. Redakt.: C. R. Hagenbach. 9—12. Jahrg. 1853—56. à Jahrg. 26 Nrn. (Bog.) gr. 4. Zürich, Meyer und Zeller. à Jahrg. *
1—8. Jahrg. 1845—52. Ebendas. * 13 Thlr. 5 Ngr.

—— für die reformirte Schweiz. Redig. von C. R. Hagenbach. 13—15. Jahrg. 1857—59. à Jahrg. 26 Nrn. (Bog.) gr. 4. Zürich, Meyer und Zeller's Verlag. à Jahrg. *

—— dass. — 16. und 17. Jahrg. Redig. von C. R. Hagenbach und G. Finsler. à Jahrg. 26 Nrn. (à 1—1½ Bog.) gr. 4. Ebendas. à Jahrg. *

—— für die reformirte Schweiz. Redact.: K. R. Hagenbach und G. Finsler. 18.—23. Jahrg. 1862—67. à Jahrg. 26 Nrn. (à 1—1½ Bog.) gr. 4. Zürich, Meyer und Zeller's Verlag. à Jahrg. *

—— für die reformirte Schweiz. Redact.: K. R. Hagenbach. 24. Jahrg. 1868. 26 Nrn. (à 1—1½ Bog.) gr. 4. Zürich, Meyer und Zeller's Verlag. * 6 —

— für die reformirte Schweiz. 1. Jahrg. Des „Volksblatts f. die reformirte Schweiz" 18. Jahrg. Red.: R. Rüetschi u. K. Stockmeyer. 1886. 52 Nrn. (½ B.) gr. 4. Bern, (Huber & Co.). n. 5. 35

Kirchenblatt für die reformirte Schweiz. Organ der schweizerischen kirchlichen Gesellschaft. Redigirt von Lic. *R. Rüetschi* u. Pfr. *K. Stockmeyer*. 19. Jahrgang, 1887. 52 Nummern in-8°. Bern, Stämpfli'sche Buchdr. Jährlich 4 20
*** Die Jahrgänge 1—17 (1869—85) erschienen unter dem Titel: „Volksblatt für die reformirte Kirche der Schweiz".

— für die reformirte Schweiz. Red.: K. Stockmeyer u. Emil Güder. 2.—5. Jahrg. Des „Volksblatts f. die reformirte Kirche der Schweiz" 19.—22. Jahrg. 1887—1890. à 52 Nrn. (½ B.) gr. 4. Bern, (Huber & Co.). à Jahrg. n. 5. 35

— für die reformierte Schweiz. Red.: K. Stockmeyer, E. Güder u. Rud. Finsler. 6.—9. Jahrg. des „Volksblatts f. die reformierte Kirche der Schweiz". 23.—26. Jahrg. 1891—1894. à 52 Nrn. (à ca. 1 Bog.) gr. 4. Bern, (H. Körber). à Jahrg. n. 5. 35

— f. d. reform. Schweiz. Red.: K. Stockmeyer, E. Güder u. Rud. Finsler. 10. u. 11. Jahrg. Des „Volksblatts f. d. reform. Kirche d. Schweiz" 27. u. 28. Jahrg. 1895—1896. à 52 Nrn. (à ca. 4 S.) gr. 4. Bern (H. Körber). à Jahrg. n. 5. 35

— dasselbe. Mithrsg.: Eberh. Vischer, Albr. Rytz. 12 u. 13. Jahrg. Des „Volksblattes f. d. reform. Kirche d Schweiz" 29. u. 30. Jahrg 1897—1898. à 52 Nrn (à 4 S.) gr. 4. Ebd. à Jahrg. n. 5. 4

— für die reformierte Schweiz. Red.: Emil Güder. Mithrsg.: Eberh. Vischer, Albr. Rytz, C. Stuckert. 14.—17. Jahrg. Des „Volksblattes f. die reformierte Kirche der Schweiz" 31.—34. Jahrg. 1899—1902. à 52 Nrn. gr. 4. (à 4 S.) Bern (H. Körber). à Jahrg. n. 5. 40

Kirchenblatt für die reformierte Schweiz. Red.: *E. Güder*, *R. Finsler*. Mithrsg.: *E. Vischer*, *A. Rytz*. 14. Jahrg. Des Volksblattes f. d. reform. Kirche der Schweiz 31. Jahrg. 1899. 52 Nrn. Gr. 4°. No. 1, 4 S. Bern, Stämpfli & Cie. 1899 jährlich 5 —

— für die reformierte Schweiz. Red.: Rud. Liechtenhan. Mithrsg.: Carl Stuckert u. Ernst Schweizer. 18.—21. Jahrg. Des „Volksblattes f. die reformierte Kirche der Schweiz". 35.—38. Jahrg. 1903—1906. à 52 Nrn. (à ca. 4 S.) 4. Bern, (H. Körber). à Jhrg. n. 5. 40

— für die reformierte Schweiz. Hrsg. v. der schweizerisch-kirchl. Gesellschaft, unter Mitwirkg. v. W. Grütter, R. Handmann, J. Hauri u. a. Red.: Max Rüetschi. Mithrsg.: Rud. Schwarz u. Paul Schweizer. 22.—25. Jahrg. Des „Volksblattes f. die reformierte Kirche der Schweiz" 39.—42. Jahrg. 1907—1910. à 52 Nrn. (à ca. 4 S.) 33,5×25 cm. Bern, Raillard & Co. à Jahrg. 5. 40

Kirchenblatt. – Süddeutsches Katholisches Kirchenblatt. –
Freiburg. – 17.IV.1841 – 4.IV.1845.
Fortges. u.d.T.: Süddeutsche Zeitung.

—— süddeutsches katholisches, 1. u. 2. Jahrg. 1841 u. 42. à 12 Hfte. gr. 4. Freiburg, Herder'sche Vrlsh. à J. *

—— süddeutsches katholisches. 3—5. J. 1843—45. à 12 Hfte. gr. 4. Freiburg, Herder'sche Verlagsbuchh. à J. *
1. u. 2. Jahrg. 1841, 42. Ebendas. à J. * 2 Thlr. 10 Ngr.

Kirchenblatt der ev. luth. Synode: 1855 -? Chicago, IL
A religious journal devoted to interests of Lutherans in America.

Kirchen-Blatt der Evangelisch-Lutherischen Synode von Iowa: Jahrgang 1—98, Jan. 1858—Dec. 1955 | .

Monthly, Jan. 1858—Dec. 1867; semi-monthly, Jan. 1868—Dec. 1888; fortnightly, Jan.—Dec.?, 1889; weekly, 1889—1915?; semi-monthly, 1915?—32; weekly, 1933—54. Organ of Deutsche Evangelisch-Lutherische Synode von Iowa. Place of publication varies: New York, 1858; Madison, Wis., 1858—59; Galena, Ill., 1860; Dubuque, Iowa, 1861—62; Madison, Wis., 1862 [no. 7]—Apr. 1870; Toledo, Ohio, May 1870—Nov. 1871; Davenport, Iowa, Nov.—Dec. 1871; Reading, Pa., Jan. 1872—Sept. 1873; St. Louis, Oct. 1873—Mar. 1878; Defiance, Ohio, Apr. 1878—June 1886; St. Louis, July—Dec. 1886; Waverly, Iowa, Dec. 1886—1923; Chicago, 1924—31; Columbus, 1932—54. Title varies: KIRCHENBLATT; Quarto, each issue 4—16 pages; illustrated, including portraits. Circulation: 1857, 500; 1864, 375; 1865, 500; 1868, 800; 1880, 1800; 1885, 2800; 1890, 4000; 1918, *15,600*; 1928, 8400; 1932, 11,100; 1935, 8125; 1940, 7200; 1948, 9000; 1954, 4622.

Edited by the Rev. Gottfried Fritschel, Jan. 1858—1879; by Johannes Deindörfer [editor-in-chief], with S. Fritschel & P. Bredow as assistant editors], 1878—86; by Georg Grossmann & Gottfried Fritschel [in 1864]; by D. Klindworth [in Galena, Ill.]; by J. C. Hörlein [in Davenport], Feb.—Oct. 1873; by J. A. List [in St. Sebald, Iowa]; by Chr. Prottengeier [in Toledo, Ohio]; by Johannes Deindörfer [with F. Zimmermann as assistant editor, Oct. 1899—Sept. 6, 1902], Jan. 1894—Sept. 10, 1902; by F. Richter, Sept. 20, 1902—Dec. 1906; by A. Pilger, 1929—30; by F. Richter, 1921?—28; by J. Bodensieck & P. H. Bühring [as assistant], 1931—41; by M. L. Steuer, 1942—54. Published by Publishers of HEROLD, New York; by Wartburg Seminary, Madison, Wis.; by A. Wiebusch & Sohn, St. Louis; by Wartburg Publishing House.

Columbus, OH

— der evangelisch-lutherischen Synode von Jowa. Redig. von Geo. Großmann und Gfried. Fritschel. 1. und 2. Jahrg. 1858 und 1859. à Jahrg. 12 Nrn. (Bog.) gr. 4. Madison. (Philadelphia, Schäfer und Koradi.) à Jahrg. *

—— der evangelisch-lutherischen Synode von Jowa. Redig. von Geo. Großmann und Gfried. Fritschel. 3.—6. Jahrg. 1860—1863. à Jahrg. 12 Nrn. (Bog.) gr. 4. Wartburg. (Philadelphia, Schäfer und Koradi.) à Jahrg. *

—— der evangelisch-lutherischen Synode von Jowa. Redig. von Gfried. Fritschel. 11. und 12. Jahrg. 1868 und 1869. à Jahrg. 26 Nrn. (Bog.) gr. 4. Wartburg. (Nürnberg, Löhe.) à Jahrg. *

— d. evangelisch-lutherischen Synode v. Jowa u. a. St. Red.: J. Deindörfer u. F. Zimmermann. 43.—45. Jahrg. 1899—1902. à 26 Nrn. Fol. (à ca. 12 S.) Waverly, Jowa. Chicago, Wartburg Publishing House. à Jahrg. n. 6.—

— der evangelisch-lutherischen Synode v. Jowa u. a. St. Red. v. F. Richter. 46.—49. Jahrg. 1903—1906. à 26 Nrn. (à ca. 16 S. m. Abbildgn.) 4. Waverly, Jowa. Chicago, Wartburg Publishing House. à Jhrg. n. 6.—

— der evangelisch-lutherischen Synode v. Jowa u. a. St. Red.: F. Richter. 50.—52. Jahrg. 1907—1909. à 26 Nrn. (à ca. 16 S. m. Abbildgn.) 31,5×24,5 cm. Waverly, Jowa. Chicago, Wartburg Publishing House. à Jahrg. nn 6.—

—— thüringer. 1. Jahrg. Juli—Decbr. 1849. 26 Nrn. (½ Bog.) und 2. und 3. Jahrg. 1850 und 1851. à Jahrg. 52 Nrn. (½ Bog.) gr. 4. Jena, Frommann. [Jahrg. 1849. * 10 Ngr., 1850 und 1851. à Jahrg. * 20 Ngr.] *

—— waldeckisches. Hrsgbr.: U. Scipio. 1. Jahrg. Octbr.—Decbr. 1853. 3 Nrn. und 2. und 3. Jahrg. 1854. und 1855. à Jahrg. 12 Nrn. (à ⅓—1 Bog.) Lex.-8. Arolsen, (Speyer.) [1. Jahrg. * 8 Ngr., 2. und 3. Jahrg. à * 1 Thlr. 2 Ngr.] *

—— westphälisches, für Katholiken. Redig. von F. Schöningh. 1. Jahrg. 1848. Aug.—Decbr. 26 Nrn. (Bog.) gr. 4. Paderborn, Schöningh. *

—— dass. — Redig. von Dems. 2—4. Jahrg. 1849—51. à Jahrg. 52 Nrn. (Bog.) gr. 4. Mit dem Beiblatte: Westphälisches Volksblatt. Redig. von Dems. à Jahrg. 52 Nrn. (½ Bog.) gr. 4. und Lex.-8. Ebds. à Jahrg. *
Das Volksblatt allein à Jahrg. *

—— dass. — Redig. von Dems. 5. Jahrg. 1852. 52 Nrn. (Bog.) Lex.-8. Mit den Beiblättern: Westphälisches Volks-Blatt. 4. Jahrg. 1852. 52 Nrn. (½ Bog.) und: Katholisches Literaturblatt. Jahrg. 1852. 12 Nrn. (½ Bog.) Lex.-8. Ebds. *
Das Volksblatt allein *
Das Literaturblatt allein *

—— westfälisches, für Katholiken. Redakt.: Ferd Schöningh. 6. und 7. Jahrg. 1853 und 1854 à 52 Nrn. (Bog.) Lex.-8. Mit dem Beiblatt: Westfälisches Volks-Blatt. 5. und 6. Jahrg. 1853 und 1854. à Jahrg 52 Nr. (½ Bog.) Lex.-8. Paderborn, Schöningh. à Jahrg. *
Das Volksblatt allein à Jahrg. **

—— dass. — Hrsg. und redig. von Dems. 8. und 9. Jahrg. 1855 und 1856. à Jahrg. 52 Nrn. (Bog.) Mit Beilagen. Lex.-8. Ebds. à Jahrg. *
Vgl. II. Bd. 1. Abthl. S. 506.

—— westfälisches, für Katholiken. Hrsg. und redig. von Ferd. Schöningh. 10—18. Jahrg. 1857—60. à Jahrg. 52 Nrn. (Bog.) Mit Beilagen. Lex.-8. Paderborn, Schöningh. à Jahrg. *

—— dass. — Unter Mitwirkung von Geistlichen und Laien der Diöcesen Paderborn, Münster, Osnabrück rc. redig. von J. Honcamp. 14. Jahrg. 1861. 52 Nrn. (Bog.) Mit Beilagen. Lex.-8. Ebendas. *

—— westfälisches, für Katholiken. Unter Mitwirkung von Geistlichen und Laien der Diöcesen Paderborn, Münster, Osnabrück rc. redig. von J. Honcamp. 15.—20. Jahrg. 1862—67. à Jahrg. 52 Nrn. (Bog.) Mit Beilagen. Lex.-8. Paderborn, Schöningh. 15. Jahrg. * 2 Thlr. 4 Ngr.; 16.—20. Jahrg. à *

—— westfälisches, für Katholiken. Unter Mitwirkung von Geistlichen und Laien der Diöcesen Paderborn, Münster, Osnabrück rc. redig. und hrsg. von J. Honcamp. 21.—27. Jahrg. 1868—1874. à Jahrg. 52 Nrn. (Bog.) gr. 8. Paderborn, Schöningh. à Jahrg. * 4 40

—— westfälisches, für Katholiken. Unter Mitwirkung von Geistlichen und Laien der Diöcesen Paderborn, Münster, Osnabrück rc. redig. und hrsg. von J. Honcamp. 28.—32. Jahrg. 1875—1879. à Jahrg. 52 Nrn. (Bog.) gr. 8. Paderborn, F. Schöningh. à Jahrg. *

—— westfälisches, für Katholiken. Unter Mitwirkung von Geistlichen und Laien der Diöcesen Paderborn, Münster, Osnabrück rc. redig. und hrsg. von J. Honcamp. 33. und 34. Jahrg. 1880 und 1881. à Jahrg. 52 Nrn. (Bog.) gr. 8. Paderborn, F. Schöningh. à Jahrg. *
Nicht weiter erschienen.

Kirchen-Blätter als Beilage zum Jugend-Freund und Christen-Boten. Redakt.: Brobst. (7. Bd. oder) Jahrg. 1853. 12 Nrn. (Bog.) Allentown. (Philadelphia, Schäfer und Koradi.) *

Kirchenblätter f. d. Bisthum Rottenburg. Eine Zeitschr. in Monathftn., unt. Mitwirkung d. würdigen Diöcesan-Klerus Würtembergs hrsg. v. Lor. Lang. 1. Jahrg. 1830. 12 Hfte. gr. 8. Rottenburg. (Stuttgart, Neff.)

—— dies. (mit d. Zusatz:) zunächst f. d. Bisthum Rottenburg, dann auch f. d. Ausland. Unter d. Mitwirk. e. großen Männer-Vereins d. In- u. Auslandes hrsg. v. Lor. Lang. 2—4. Jahrg. 1831—33. (831, 32. à 12 Hfte., 33. 6 Hfte.) gr. 8. Tübingen, Fues. à J.

Kirchenbote, der, e. pur. histor. Journal auf 1782—85. zu 6 Stücken. 8. Dessau, Gel. Buchh. 5 ℔ 16 K

Der Kirchenbote: 1881—present?
Herausgegeben von der Generalkonferenz der Deutschen Ev. Kongregational-Gemeinden von Amerika. Religious and historical. 16 pp. Published in Redfield and Yankton, S.D.
Yankton, SD

Der Kirchenbote: 1882—1937.
Monthly, 1882—92; semi-monthly, 1893—97; weekly, 1898—1937. Organ of Die Allgemeine Evangelische Kirchenversammlung der Deutschen Kongregationalisten. Title varies: Der Congregationale Kirchenbote. Place of publication varies: Chicago, 1882—94; Evanston, Ill., 1895; Michigan City, Ind., 1896—1909; Chicago, 1910—37. Circulation: 1885, 600; 1895, 1100; 1905, 1300; 1910, 1700; 1919, 3310. Edited & published by the Rev. Henry Hess, 1882—87; edited by G. A. Zimmermann, 1888—91; by the Rev. H. Zumstein, 1891—93; by J. E. Hermann, 1893—94; by Anton Huelster, 1895—1915; by the Rev. J. D. Gross, 1915—18; by the Rev. Karl L. Stahl, 1919—37; published by Congregational Publication Society, 1888—1904; by German Congregational Publication Society, 1905—11; by German Pilgrim Press, 1912—37. Assistant editors: J. D. Gross, J. Hopp, J. Hoelzer, H. Obenhaus, G. J. Schmidt, O. J. Tiede, J. L. Hening, H. Schulz, C. A. Lippenberger, Georg M. Wendling.
Chicago, IL

Der Kirchenbote: 1882—? **New Hampton, IA**
Weekly. Edited by H. Hess.

Der Kirchenbote: 1882—1954.
Weekly. Organ of the General Conference of the German Congregational Churches of America. Circulation: 1950, 2598; 1954, 2420. Edited by the Rev. R. Knerr, & published by Pioneer Press, 1948—54. Title varies: Der Congregational Kirchenbote: Jg. 1, no. 1—11, Nov. 1882—Sept. 1883; Der Kirchenbote: Jg. 1, no. 12—Jg. 73, no. 9, Oct. 1883—Dec. 30, 1954. Place varies.
Yankton, SD

Kirchen-Bote: Jahrgang 1, Jan. 1883—?
Monthly. Organ of Pastoren der Deutschen Vereinigten Evangelisch-Protestantischen Gemeinden. Published by the Prediger-Conferenz zu Pittsburg. Large quarto, each issue 8 pages.
Pittsburgh, PA

Der Kirchenbote: 1884—1888. **Newark, NJ**
Monthly. Published by German Church Society.

Der Kirchenbote: 1884?—1885?
Monthly. Small folio, each issue 8 pages. Published by the Deutsche Kirchengesellschaft.
New York, NY

Kirchenbote, altkatholischer, f. Steiermark, hrsg. vom Seelsorgeamte Graz der Pfarre Wien. Schriftleiter: L. Haring. 4. u. 5. Jahrg. 1905 u. 1906. à 12 Nrn. (à ca. 10 S.) gr. 8. Graz (Schulgasse 1) Altkathol. Pfarrkanzlei. à Jhrg. n.n. 1. 50

Kirchenbote, altkatholischer, f. Steiermark u. Mähren, hrsg. von Ferk. 6.—9. Jahrg. 1907—1910. à 12 Nrn. (à ca. 10 S.) gr. 8. Graz (Schulgasse 1), Altkathol. Pfarrkanzlei. Postfrei à Jahrg. nn 2. —

Kirchenbote, altkatholischer. Jetzt: M.-Schöneberg, Pfarrer Ferk.

Kirchen-Bote, Bremer, e. Zeitschr. Hrsg. v. Friedr. Mallet. 1—4. Jahrg. 1832—35. à 2 Bde. od. 12 Hfte. 8. Bremen, Kaiser. à J.

Kirchenbote, bremer, e. Zeitschr. Hrsg. v. Friedr. Mallet. 5—11. Jahrg. 1836—42. à 52 Nrn. (½ Bog.) gr. 4. Bremen, Kaiser. à J. *
Vgl. 8. Bd. 1. Abthl. S. 419.

Kirchenbote, bremer. 12—16. Jahrg. 1843—47. à 52 Nrn. (½ B.) Herausgeg. v. F. Mallet. 4. Bremen, Kaiser. à J. *
Vgl. 9. Bd. 1. Abthl. S. 485.

—— der christliche, hrsg. v. Just. Christianus. 1. Heft. Der Kampf der Parteien. Die Lage der Protestanten. Der heil. Rock in Trier. 16. (2 B.) Leipzig 845, R. Hartmann. *

—— der danziger f. Stadt u. Land. Red.: Kniewel. 1846 u. 47. 1. u. 2. Jahrg. à 52 Nrn. (½ B.) 4. Danzig, Homann. à *

—— evangelischer, e. Monatsblatt z. Erbauung u. Verständig. Hrsg. v. J. Carl. 2. Jahrg. 1840. 12 Hfte., 1841. Hft. 1—6. 8. Hanau, Edler'sche Buchh. [1. * 1⅓ Thlr., 2. * ¾ Thlr.] *

— evangelischer, ein Monatsblatt zur Erbauung und Verständigung. Herausgeg. von J. Carl. 3. Jahrg. 12 Hefte. kl. 8. Hanau 841, Edler'sche Buchh. n. 1½ ₰

Der Evangelische Kirchenbote: 1846?—1847?
Weekly. Organ of Evangelische Protestantische Kirche von Nord-Amerika. Edited & published by the Rev. Martin Schaad.
Cincinnati, OH

Kirchenbote, evangelischer, für die Pfalz. Hrsgbr.: H. W. Caselmann. Jahrg. 1850—52. à Jahrg. 52 Nrn. (½ Bog.) gr. 4. Landau, Kaußler. à Jahrg. *

Kirchenbote, evangelischer, für die Pfalz. Hrsgbr.: H. W. Caselmann. Jahrg. 1853. 52 Nrn. (½ Bog.) gr. 4. Landau, Kaußler. *
Jahrg. 1850—52. Ebendas. à Jahrg. 24 Ngr.

— — Jahrg. 1854—58. Herausgbr.: Stempel u. Helffenstein. à 52 Nrn. (à ½ Bgn.) Neustadt a. H., Gottschick in Comm. gr. 4. Jeder Jahrg. n. 24 ngr.

Kirchenbote, evangelischer, für die Pfalz. Hrsg. von Stempel und Helffenstein. Jahrg. 1857—61. à Jahrg. 52 Nrn. (½ Bog.) gr. 4. Neustadt a/H., (Gottschick.) à Jahrg. *

Kirchenbote, evangelischer, für die Pfalz. Hrsgbr.: Scherer und Helffenstein. Jahrg. 1867. 52 Nrn. (Bog.) Fol. Landau, (Kaußler.)

Kirchenbote, evangelischer, für die Pfalz. Hrsgbr.: Scherer und Helffenstein. Jahrg. 1868—1870. à Jahrg. 52 Nrn. (Bog.) Fol. Landau, (Kaußler.) à Jahrg. * 3 —
—— dass. — Hrsgbr.: Scherer und Helffenstein. Jahrg. 1871—1874. à Jahrg. 52 Nrn. (Bog.) Fol. Speier, (Neidhard.) à Jahrg. * 3 —

—— evangelisch-protestantischer, für Elsaß-Lothringen. Hrsg. von einigen elsäss. Geistlichen. Jahrg. 1872—1874. à Jahrg. 52 Nrn. (à ½ Bog.) gr. 4. Straßburg, Schmidt. à Jahrg. * 4 50

Kirchenbote, evangelisch-protestantischer, für Elsaß-Lothringen. 4.—7. Jahrg. 1875—1878. à Jahrg. 52 Nrn. (à ½ Bog.) gr. 4. Straßburg, (Schmidt's Universitäts-Buchh.) à Jahrg. *
—— dass. — Redact.: Tubach. 8. Jahrg. 1879. 52 Nrn. (à ½—¾ Bog.) gr. 4. (Ebendas.) *

Kirchenbote, evangelisch-protestantischer, für Elsaß-Lothringen. Redact.: Tubach. 9.—13. Jahrg. 1880—1884. à Jahrg. 52 Nrn. (à Nr. ½—¾ Bog.) gr. 4. Straßburg, (Schmidt's Universitäts-Buchh.) Jahrg. 1880—1882 à *
Jahrg. 1883 und 1884 à *

Kirchenbote, evangelisch-protestantischer, für Elsaß-Lothringen. Redact.: Tubach. 14. Jahrg. 1885. 52 Nrn. (à Nr. ½—¾ Bog.) gr. 4. Straßburg, (Heitz.) *

—— dass. — Redact.: Tubach. 15. und 16. Jahrg. 1886 und 1887. à Jahrg. 52 Nrn. (à Nr. ½—¾ Bog.) gr. 4. Straßburg, (Schmidt's Universitäts-Buchh.) à Jahrg. **

—— dass. — 17. Jahrg. 1888 52 Nrn. (à Nr. ½—¾ Bog.) gr. 4. Straßburg, (Heitz.) **

Kirchenbote, evangelisch-protestantischer, f. Elsaß-Lothringen. Redact.: C. Tubach. 18.—21. Jahrg. 1889—1892. à Jahrg. 52 Nrn. (à Nr. ½—¾ Bog.) gr. 4. Straßb. i. E., (Heitz). à Jahrg. * 4 —

Kirchenbote, evangelisch-protestantischer, f. Elsaß-Lothringen. Red.: C. Tubach. 20.—23. Jahrg. 1891—1894. à 52 Nrn. (à ½-¾ Bog.) gr. 4. Straßburg i/E., (J. H. E. Heitz). à Jahrg. n. 4. —

Kirchenbote, evangelisch-protestantischer, f. Elsaß-Lothringen. Red.: C. Tubach. 24.—27. Jahrg. 1895—1898. à 52 Nrn. (Bog.) gr. 4. Straßburg (J. H. E. Heitz). à Jahrg. n.n. 4.—

Kirchenbote, evangelisch-protestantischer f. Elsaß-Lothringen. Red.: Aug. Ernst, R. Will. 28.—31. Jahrg. 1899—1902. à 52 Nrn. gr. 4. (à ca. 8 S.) Straßburg (J. H. E. Heitz). à Jahrg. n.n. 4.—
Nicht mehr im Buchhandel.

Der Kirchenbote für Deutsche Evangelisch-Lutherische Gemeinden: Jahrgang 1—9, no. 4, Mar. 31, 1900 – Nov. 29, 1908.
Fortnightly. Large quarto, each issue 4 pages. Edited by Carl Goedel, Mar. 31, 1900 -July 1906; by A. Spaeth, Aug. 4, 1906 – Nov. 29, 1908. Published by the Deutsche Lutherische Philadelphia Pastoral Conferenz.
Philadelphia, PA

— hanauer, e. Monatsblatt z. Erbauung u. Verständigung. Hrsg. v. J. Carl. 1. Jahrg. 1839. 1—6. Hft. Jan.—Juni. 8. (13½ B.) Hanau, König.

Illustrierter Kirchenbote [Kalender: 1897–1938
Organ of the „Allgemeine Evangelische Kirchenversammlung der Deutschen Kongregationalisten." Editor: Anton Huelster & published by Congregational Pub. Society.
Chicago, IL

Lutherische Kirchenbote: 1852–1861 Gettysburg, PA

Der Lutherische Kirchenbote: 1861–1866 Selinsgrove, PA

— der lutherische, aus den Rheinlanden. Hrsg. von L. Feldner. Jahrg. 1860 und 1861. à Jahrg. 12 Nrn. (Bog.) gr. 8. Elberfeld. (Halle, Petersen.) à Jahrg. **—

— der lutherische, aus den Rheinlanden. Hrsgbr.: L. Feldner. 4. und 5. Jahrg. 1862 und 1863. à Jahrg. 12 Nrn. (Bog.) gr. 8. Elberfeld. Halle, Petersen. à Jahrg. **—

— dass. — 6. Jahrg. 1864. 12 Nrn. (Bog.) gr. 8. Elberfeld. Berlin, W. Schultze. **—
Vgl.: Schul- und Kirchen-Bote.

Lutherischer Kirchenbote: July 1, 1847—1866?
Semi-monthly. Der Deutsche Kirchenfreund, Oct. 1848, states that this journal was not an official organ of any Lutheran group. Continued from Lutherische Hirtenstimme. Place of publication varies: Baltimore, July 1, 1847—?; Gettysburg; Selinsgrove, 1861—66. Edited & published by the Rev. C. G. Weyl; by the Rev. Peter Anstädt.
Baltimore, MD

Kirchenbote, lutherischer. Hrsg. von einem Verein evangel.-luther. Prediger. Editor: C. G. Weyl. (9—11.) Jahrg. 1850—52. à Jahrg. 26 Nrn. (Bog.) Imp.-Fol. Baltimore. (Philadelphia, E. Schäfer und Koradi.) à Jahrg. Thlr. *

— lutherischer. Hrsg. von P. Anstädt. 12. und 13. Jahrg. 1853 und 1854. à Jahrg. 26 Nrn. (Bog.) Imp.-Fol. Gettysburg 854—55. (Philadelphia, Schäfer und Koradi.) à Jahrg. *

— lutherischer. Hrsg. von P. Anstädt. 14—19. Jahrg. 1855—60. à Jahrg. 26 Nrn. (Bog.) Imp.-Fol. Gettysburg. (Philadelphia, Schäfer und Koradi.) à Jahrg. *

— lutherischer. Hrsg. von P. Anstädt. 20.—22. Jahrg. 1861—1863. à Jahrg. 26 Nrn. (Bog.) Imp.-Fol. Selinsgrove, Pa. (Philadelphia, Schäfer und Koradi.) à Jahrg. *

Pittsburgher Kirchen- und Waisenbote: 1873–1921?
Monthly. Organ of Die Deutsche Evangelisch-Lutherische Synode von Missouri, Ohio und anderen Staaten. Dated also at Erie, Pa. Edited by L. Müller.
Pittsburgh, PA

— Stuttgarter. Redact.: Held. Jahrg. 1868—1874. à Jahrg. 60 Nrn. 4. Stuttgart, Belser's Verlag. à Jahrg. ** 2 5

— Stuttgarter. Redact.: F. Held. Jahrg. 1875—1879. à Jahrg. 52 Nrn. (à ½ Bog.) gr. 4. Stuttgart, Belser'sche Verlagsh. à Jahrg.

— Stuttgarter. Redact.: F. Held. Jahrg. 1880—1884. à Jahrg. 52 Nrn. (à Nr. ½ Bog.) gr. 4. Stuttgart, Belser'sche Verlagsh. à Jahrg.

— Stuttgarter. Redact.: F. Held. Jahrg. 1885—1888. à Jahrg. 52 Nrn. (à Nr. ½ Bog.) gr. 4. Stuttgart, Belser'sche Verlagsh. à Jahrg.

— Stuttgarter. Hrsgbr.: F. Held u. P. Dorsch. Leiter: Held. Jahrg. 1889—1892. à Jahrg. 52 Nrn. (à Nr. ½ Bog.) gr. 4. Stuttg., Belser. à Jahrg. 2 10

— Stuttgarter. Hrsg.: F. Held u. P. Dorsch. Red.: P. Dorsch. Jahrg. 1891—1894. à 52 Nrn. (½ Bog.) gr. 4. Stuttgart, Ch. Belser. à Jahrg. n. 2. 10

— Stuttgarter. Hrsg.: F. Held u. P. Dorsch. Red.: P. Dorsch. Jahrg. 1895—1898. à 52 Nrn. (à 4 S.) gr. 4. Stuttgart, Ch. Belser. à Jahrg. 2. 10

— Stuttgarter. Begründet v. F. Held, fortgeführt u. red. v. P. Dorsch. Jahrg. 1899—1902. à 52 Nrn. gr. 4. (à 4 S.) Stuttgart, Ch. Belser. à Jahrg. 2. 10

— Stuttgarter. Begründet v. F. Held, fortgeführt u. red. v. P. Dorsch. Jahrg. 1903 u. 1904. à 52 Nrn. (à Jahrg. 208 S.) gr. 4. Stuttgart, Ch. Belser. à Jhrg. 2. 10
Erscheint nicht mehr.

Kirchen- und Volksbote, der, zunächst für die Diöcesen Osnabrück, Hildesheim und Münster (Oldenb. Theils), wie auch für die Nordischen Missionen. Jahrg 1854. 52 Nrn. (à ½ Bgn.) Osnabrück, Fredewest. (Overwetter.) Lex.-8. n. 1 ₰.

Kirchen- und Volksbote. Jahrg. 1864—66. à Jahrg. 52 Nrn. (Bog.) gr. 8. Osnabrück, Richard. à Jahrg. *

— — dass. — Redact.: B. Overwetter. Jahrg. 1867. 52 Nrn. (Bog.) gr. 8. Osnabrück, Overwetter. *

Kirchen- und Volksbote. Redact.: B. Overwetter. Jahrg. 1868—1874. à Jahrg. 52 Nrn. (Bog.) gr. 8. Osnabrück, Overwetter. à Jahrg. * 4 40

— der wahre evangelische, für die Pfalz. Hrsgbr. Stempel. Jahrg. 1854—56. à Jahrg. 52 Nrn. (½ Bog.) gr. 4. Neustadt a. H., (Gottschick.) *

Kirchenbote-Kalender: 1903–1954 Yankton, SD
Place varies: Michigan City, Inianapolis, Chicago, Refield, S.D., Yankton, S.D.

Kirchenbuch u. Agenden des Herzogth. Altenburg. 4. Altenb. 769. (Acad. B. in Jena). 2 ₰

Kirchenbuch, altpreußisches, enthaltend die Repetitio corporis doctrinae ecclesiasticae vom J. 1567, die sogenannte „Bischofswahl" oder: Von Erwählung der beiden Bischöfe in Samland und Pomesanien vom J. 1568, die Kirchenordnung vom J. 1568 und die preuß. Kirchenagende vom J. 1780, nebst einer histor. Einleitung über den Entwickelungsgang der preuß. Kirchenordnung. gr. 4. (XXXI, 272 und 12 lithogr. S.) Königsberg 861, (Gräfe und Unzer.) *

Kirchenbuch für evangelische Christen. Anhang zu dem Gesangbuch für evangel. Gemeinen. 16. (72 S.) Berlin 854, Deckersche geheime Ober-Hofbuchdr. Thlr.
weiß Pap. *
Vlnp.

—— dass. — gr. 8. (72 S.) Ebds. 854. *
weiß Pap. *
Vlnp.

Kirchenbuch, Evangelisches. Auf Grund der älteren Weimarischen und anderen Agenden bearbeitet . . . Weimar 1860—63. H: *Dittenberger, Theophor Wilhelm.* (ZU)

—— evangelisches. Auf Grund der älteren weimarischen und anderen Agenden bearb. (In 2 Thln.) 1. Thl.: Intonationen, Collecten und Gebete. 4. (IV und 198 S.) Weimar 860, Böhlau. *

Kirchenbuch, evangelisches. Auf Grund der älteren Weimarischen und anderer Agenden bearb. 2. Thl.: Die heil. Handlungen. 4. (132 S.) Weimar 863, Böhlau. *
1. Thl. Ebendas. 1860. * 1 Thlr. 10 Ngr.

— das, der französischen reformierten Gemeinde zu Heidelberg 1569—1577 u. Frankenthal in d. Pfalz 1577—1596. Hrsg. von A. v. den Velden. (XII, 110 S.) Lex.8. Weimar 908. (Leipzig, H. A. L. Degener.) 8. —

Das Kirchenbuch der französischen reformierten Gemeinde zu Heidelberg 1569–1577 u. Frankenthal in der Pfalz 1577–1596. Hrsg. von A(dolf) v. den Velden. Weimar 1908: Hof-Buchdr. XII, 110 S. 4°(8°)
[illegible] 2050

Kirchenbuch f. evangelische Gemeinden, zunächst f. die in Elsaß-Lothringen. (Hrsg. v. Jul. Smend.) 1. Bd. Gottesdienste. (LII, 274 S.) gr. 8. Straßburg 906. E. van Hauten. Geb. in Leinw. n. 10. —; in Ldr. n. 12. —;
m. Goldschn. n. 12. 50

Kirchenbuch f. evangelische Gemeinden, zunächst f. die in Elsaß-Lothringen. (Hrsg. v. Jul. Smend.) 2 Bde. gr. 8. Straßburg, E. v. Hauten. Geb. in Leinw. 19.—;
in Ldr. m. Goldschn. n 24. —
1. Gottesdienste. 2. bereicherte u. verb. Aufl. (LVI, 283 S.) 910. Geb. in Leinw. 10.—; in Ldr. m. Goldschn. 12. 50
2. Handlungen. (XLIII, 248 S.) 908. Geb. in Leinw. 9.—; in Ldr. m. Goldschn. 11. 50

Kirchenbuch für evangelisch-lutherische Gemeinden. Hrsg. von der Allgemeinen Versammlung der evangelisch-luther. Kirche in Nordamerika. 8. (X, 709 S.) Philadelphia 877, (Schäfer und Koradi.) geb. *

Kirchenbuch für die evangelisch-reformirten Gemeinden des Kantons Basel-Stadt. Basel 860. Schneider. gr. 8. (VIII, 380 S.) n. 1 Thlr 6 ngr

Kirchenbuch für den evangelischen Gottesdienst der Königlich Sächsischen Lande . . . Dresden 1812—13. H: *Tittmann, Carl Christian.* (MGT) (KY)

— für den evangel. Gottesdienst d. königl. sächs. Lande, auf allerhöchsten Befehl herausg. (v. K. Chr. Tittmann). 1r u. 2r Thl. 4. Dresd. 812, 13. Meinhold. 3 Thlr 8 Gr (2r Thl. Auch u. dem T.: Neue Sächs. Kirchenagende.)

—— für das königl. preuß. Heer. 16. (XLIV und 148 S.) Berlin 850, G. Reimer. **

—— dass. — (Ausg. mit größerem Druck.) gr. 16. (XLIV und 148 S.) Ebds. 850. **

— nebst e. Katechismus u. e. Samml. bibl. Sprüche u. Gebete für d. preuß. Armee. 12. Potsd. 823. Horvath. 3 Gr

Kirchenbuch nebst einem Catechismus und einer Sammlung biblischer Sprüche und Gebete zur häusl. Andacht und Erbauung für die k. preuß. Armee. Neue verb. Aufl. 16. (XII und 120 S.) Berlin 849, G. Reimer. **

— f. die evangel. Kirche des Großherzogt. Hessen. 2 Bde. Lex.-8. Darmstadt 904. (C. F. Winter'sche Buchdr.)
n. 16. —; geb. in Halbfrz. n. 20. —;
m. Goldschn. n. 21. —
1. Die Gemeindegottesdienste. (XLIV, 282 S.)
2. Gottesdienstliche Handlungen. (XXXII, 160 S.)

Kirchenbuch für die evangelische Kirche in Württemberg. 3 Theile. Gebete. — Handlungen. — Leidensgeschichte, Evangelien und Episteln, Augsburg. Confession u. Anhang. gr. 8. Stuttgart 843, Belser. $2^1/_8$ Thlr

— für die evangelische Kirche in Württemberg. 2 Thle. Gebete u. Handlungen. 2. Aufl. gr. 8. (XII u. 613 S.) Stuttgart 850, Belser. n. 1 Thlr 14 ngr

—— für die evangelische Kirche in Württemberg. 2 Thle. (in 1 Bde.) Gebete und Handlungen. 3. Aufl. gr. 8. (XII und 678 S.) Stuttgart 858, Belser'sche Verlagsh. *

—— für die evangelische Kirche in Württemberg. 2 Thle. 4. Aufl. gr. 8. (709 S.) Stuttgart 868, Belser's Verlag. *

—— dass. — 3. Thl.: Leidensgeschichte, Evangelien und Episteln, augsburgische Confession und Anh. 2. Aufl. gr. 8. (495 S.) Ebendas. 868. *

Kirchenbuch für die evangelische Kirche in Württemberg. 3 Tle. gr. 8. Stuttgart, Belser'sche Verlagsh. *
Inhalt:
Tl. 1. Gebete. 6. Aufl. (420 S) 887. * M 4.20.; geb. ** M 6.60.
" 2. Handlungen. 6. Aufl. (IV, 301 S.) 887. * M 3.20.; geb. ** M 5.60. 1. und 2. Bd. zusammen * M 6.80.; geb. in 1 Bd. ** M 10.—.; geb. in 2 Bde. ** M 11.80.
" 3. Leidensgeschichte, Evangelien und Episteln, Augsburgische Konfession und Anhang. Neue Ausg. (III, 492 S.) 888. * M 5.40.; geb. ** M 8.—.

— f. d. evang. Kirche f. Württemberg. 1. u. 2. Tl. 7. Aufl. gr. 8. Stuttgart 898. Ch. Belser's Verl. n. 7. 20; geb. in Schafldr. m. Goldschn. n.n. 12. 80; in Saffian n. 16. —; in 1 Bd geb. n.n. 10. 60;
bezw. n. 12. 20
1. Gebete. (420 S.) n. 4. 60; geb. n.n. 7. 20 u. n. 8. 80
2. Handlungen. (IV, 300 S.) n. 3. 60; geb. n.n. 6. 20 u. n. 7. 80
Aus d. 2. Tle. allein:
Formulare f. d. hl. Taufe. (48 S.) n. —40;
geb. in Leinw. m. Goldschn. n. 1. 50
Formulare f. Konfirmation u. Trauung. (87 S.) n. 1. —;
geb. in Leinw. m. Goldschn. n. 2. —

— dasselbe. Anh. z. 3. Tl., enth.: d. 3. Jahrg. sonn- u. festtägl. Evangelien u. Episteln. gr. 8. (III, 124 S.) Ebd. 894. Geb. in Leinw. n. 2. —

— f. die evangelische Kirche in Württemberg. Ausg. v. 1908. 2 Tle. gr. 8. Stuttgart 908. Ch. Belser.
Geb. in Saff. m. Goldschn. nn 20.—; für Württemberg nn 11. 60
1. Gebete. (VIII, 392 S.) nn 10.—; f. Württemberg nn 6. 20
2. Handlungen. (IV, 288 S.) nn 10.— ; f. Württemberg nn 5. 40
Hieraus einzeln:
Begräbnis samt Leichengebeten. (III, 54 S.) Geb. in Saff. m. Goldschn. nn 4.50; f. Württemberg nnn 3. —
Konfirmation u. Trauung. (III, 78 S.) Geb. in Saff. m. Goldschn. nn 4.50; f. Württemberg nnn 3. 10
Taufe, die hl. (47 S.) Geb. in Saff. m. Goldschn. nn 4.50; f. Württemberg nnn 2. 90

—— für die evangelisch-protestantische Kirche im Großherzogth. Baden. 4. (XX und 291 S.) Carlsruhe 858, (Braun'sche Hofbuchh.) *

—— dass. — gr. 8. (75 S.) Darmstadt 859, Zernin. *
Aus: Allgemeine Kirchenzeitung, besonders abgedruckt.

Kirchenbuch, kleines christkatholisches — oder kurze Erklärung der in der heiligen Kirche beim Gottesdienste vorkommenden Gebräuche. Von einem Katecheten. Wien, 1856. Druck und Verlag von Leopold Grund. (142 S. 8. geb.)

—— für die evangelische Landeskirche im Großherzogt. Sachsen. 2 Bde. 4. Weimar 885, Böhlau. *
Inhalt:
Bd. 1. Intonationen, Kollekten und Gebete. (VIII, 295 S. **M 5.60.
" 2. Die heiligen Handlungen. (IV, 220 S.) *M 4.—.

Kirchenbuch f. die evangelische Landeskirche im Großherzogt. Sachsen. III. Bd. 1. u. 3. Tl. gr. 4. Weimar (901). H. Böhlau's Nachf. n. 3. —; (I—III, 1. u. 3. n. 12. 60)
1. Ordnung d. Haupt- u. Nebengottesdienste. (III, 80 S.) n. 2.—
3. Dritter Jahrgang evangelischer Texte. (32 S.) n. 1.—

Kirchenbuch, das neue, für die evangelische Kirche Badens und seine Gegner. br. 8. (19 S.) Pforzheim 858, Flammer. Thlr. *

— das neue, für die evangelisch-protestantische Kirche des Großherzogthums Baden. (Aus der „Allgemeinen Kirchenzeitung" abgedr.) Darmstadt 859. Zernin. gr. 8. (75 S.) n. 10 ngr.

Kupfertitel: das Sleswig: vnd Holsteinische Kirchenbuch. (Unvollständiges Exemplar. Titel fehlt.) 4° k.
Das Schleswigische und Holsteinische **Kirchen Buch,** in welchem verfasse::
(2.) Die gewöhnlichen Sonn- und Festtages EPisteln und Evangelia, Mit kurtzen Suspiriis oder Collecten, und Verzeichnisse der Gesänge, so an denselbigen können gebrauchet werden. Schlesswig. 1665.
(3.) Historia der Passion Oder des Leidens und Sterbens unseres HErrn und Heylandes Jesu Christi, Nach den vier Evangelisten, in sechs Hauptstücke abgetheilet. ebd. 1665.
(4.) Der Kleine Catechismus Doct. Mart. Lutheri, Mit der Aussleguug. — Die Lehre des Heiligen Catechismi Ohne Ausslegung: Mit angehengter gemeiner Beicht und Fragstücken für die Einfätigen, so zum Hochwürdigen Abendmahl gehen wollen. (ebd.) 1665.
(5.) GEbet-Buch, Darinnen Etliche andächtige Geistreiche Kirchen- und andere Gebete auff eines jeden Stand und Anliegen gerichtet. Item die sieben Buss Psalmen. ebd. 1665.
(6.) Extract Etlicher Puncten Das Predigerampt und Kirchenhandelung betreffende. Aus der für die Fürstenthumer (!) Schlesswig und Holstein im Jahr Christi 1542 publicirter Kirchen-Ordnung und anderen hernachmals beschehenen sonderbaren Verordnungen. (ebd.) 1665. 4° k.
Der Haupttitel ist nach Bibliotheca Danica, 1, col. 563 gegeben, die übrigen Titel nach den vorhandenen Bruchstücken. Nach Mollers Cimbria literata ist Adam Olearius der Herausgeber dieses Kirchenbuches.

Kirchenbuch, Vollständiges, auf gnädigste Verordnung . . . für die Kirchen und Pfarrer im Fürstenthum Coburg . . . abgefasset . . . O. O. 1743. V: *Fischer, Erdmann Rudolph.* (ML)

— vollständ., für die Kirchen im Fürstenthum Coburg. 2 Thle. 4. Coburg, Ahl. 743.

— vollständ., für d. kursächs. Lande, nach den Kirchenagenden. 4. Leipz. 771. Junius. 1 ℛ︁ 12 K

Kirchenbuch, vollst., f. d. evang. Landeskirche im Großherzogt. Sachsen, enth. d. Ordng d. Haupt- u. Nebengottesdienste, Intonationen, Kollekten u. Gebete, Formulare f. d. hl. Handlgn. Kleine Handausg. gr. 8. (VI, 306 S.) Weimar 897. H. Böhlau's Nachf.
Geb. in Leinw. n.n.n. 2. —

Kirchenbücher, die, der Mark Brandenburg. II. Abtlg. 1. Heft. Die Kirchenbücher der vor 1874 aufgenommenen u. konzessionierten Kirchengemeinschaften im Bezirke der General-Superintendentur Berlin (Stadtkreise Berlin, Charlottenburg, Rixdorf, Schöneberg u. Teile der Kreise Nieder-Barnim, Ost-Havelland u. Teltow) u. in den Kreisen Lebus u. Stadt Frankfurt a. O. (General-Superintendentur der Neumark), bearb. v. Geo. Vorberg. (Veröffentlichungen des Vereins f. Geschichte der Mark Brandenburg.) (VII, 272 S.) gr. 8. Leipzig 905. Duncker & Humblot. n. 7. —
Abt. I. (Schriften des Vereins für Geschichte der Neumark, 9. Heft.) Landsberg a/W. 900. n. 3. —.

Kirchenbücher, Die, Schlesiens beider Konfessionen. Breslau 1902. V: *Jungnitz, Joseph & Gerhard Eberlein.* (Mitt. a. d. histor. Lit. 31, 1903. S. 227.) (Nent)

Die Kirchenbücher Schlesiens beider Confessionen. Hrsg. vom Ver. f. Gesch. u. Alterthum Schlesiens. *Breslau: E. Wohlfarth 1902.* (XV, 79 S.) 8° [ß.]
[02. 4711 6

Kirchenbuch-Frage, Die deutsche, im Grossherzogthum Baden. Von einem Laien. F. M. Geschrieben im Januar 1859. Heidelb. 1859. V: *Meyer, F.* (zu)

Kirchenbuch-Frage, die deutsche, im Großherzogth. Baden. Von einem Laien F. M. Geschrieben im Jan. 1859. gr. 8. (72 S.) Heidelberg 859, J. C. B. Mohr. *

Kirchenbüchlein, lutherisches, mit steter Hinweis. auf d. Wort Gottes, ausgearb. v. H. A. F. C. Volquardts u. C. C. J. Aeschenfeldt. 2., völlig umgearb. Ausg. 8. ($6\frac{1}{2}$ B.) Schleswig 841, Taubstummen-Institut. (Leipzig, Hermann.) Thlr.

Kirchenchor, der. Eine gemeinverständl. Zeitschrift für Kirchenmusik. Zugleich Organ. der Cäcilien-Vereine der Diöcese Brixen. Hrsg. von dem Vorarlberg. Cäcilien-Verein. Redact.: Fr. Jos. Battlogg. 10.—14. Jahrg. 1880—1884. à Jahrg. 12 Nrn. (à Nr. $\frac{1}{2}$—$\frac{3}{4}$ Bog.) gr. 8. Gaschurn. (Curtis, Selbstverlag des Redacteurs.) à Jahrg. *

Kirchenchor, der. Eine gemeinverständliche Zeitschrift für Kirchenmusik. Zugleich Organ der Cäcilien-Vereine der Diöcese Brixen. Hrsg. von dem Vorarlberg-Cäcilien-Verein. Red.: Fr. Jos. Battlogg. 11. u. 12. Jahrg. 1881 u. 1882. à 12 Nrn. (à $\frac{1}{2}$—$\frac{3}{4}$ B.) gr. 8. Gaschurn. (Regensburg, Coppenrath.) à Jahrg. n. 1. 50

Kirchenchor, der. Eine gemeinverständl. Zeitschrift f. Kirchenmusik. Zugleich Organ der Cäcilien-Vereine der Diöcese Brixen. Hrsg. vom Vorarlberg. Cäcilien-Verein. Red.: Fr. Jos. Battlogg. 13. u. 14. Jahrg. 1883 u. 1884. à 12 Nrn. (à 1/2—3/4 B.) gr. 8. Gurtis. (Regensburg, Coppenrath.) à Jahrg. n. 1. 50

Kirchenchor, der. Eine gemeinverständl. Zeitschrift f. Kirchenmusik. Zugleich Organ der Cäcilia-Vereine Vorarlbergs u. der Diöcese Gurk. Hrsg. vom vorarlberg. Cäcilia-Verein. Redact.: Fr. Jos. Battlogg. 19.—22. Jahrg. 1889—1892. à Jahrg. 12 Nrn. (à Nr. 1/2 Bog.) Lex.-8. Gurtis. (Bregenz, Teutsch.) à Jahrg. ** 1 50

Kirchenchor, der. Eine gemeinverständl. Zeitschrift f. Kirchenmusik. Zugleich Organ der Cäcilia-Vereine Vorarlbergs u. der Diöcese Gurk. Hrsg. vom vorarlberg. Cäcilia-Verein. Red.: Fr. Jos. Battlogg. 21.—23. Jahrg. 1891—1893. à 12 Nrn. (1/2 Bog.) Lex.-8. Gurtis. (Bregenz, J. N. Teutsch.) à Jahrg. n.n. 2 —

— dasselbe. 24. Jahrg. 1894. 12 Nrn. (1/2 Bog.) Lex.-8. Ebd. n. 1. 50

Kirchenchor, der. E. gemeinverständl. Zeitschrift f. Kirchenmusik. Zunächst f. Cäcilia-Vereine Vorarlbergs u. d Diöcese Gurk. Red.: Fr. Jos. Battlogg. 25.—28. Jahrg. 1895—1898. à 12 Nrn. (à ca. 8 S.) Lex.-8. Bregenz (J. N. Teutsch). à Jahrg. n.n. 1. 50; m. Musikbeil. n.n. 2. 70

Kirchenchor, der. Eine gemeinverständl. Zeitschrift f. kathol. Kirchenmusik. Mit e. Musik- u. Anzeigen-Beilage. Red.: Ferd. Reichart. 29.—32. Jahrg. 1899—1902. à 12 Nrn. Lex.-8. (à ca. 8 S.) Bregenz, J. N. Teutsch. à Jahrg. n.n. 1. 50; m. Beilage à Jahrg. n.n. 2. 70

Kirchenchor, der. Eine gemeinverständl. Zeitschrift f. kathol. Kirchenmusik. Mit e. Musik- u. Anzeigen-Beilage. Red.: Ferd. Reichart. 33.—36. Jahrg. 1903—1906. à 12 Nrn. (104, 108, 96 u. 102 S.) Lex.-8. Bregenz, J. N. Teutsch. à Jhrg. n.n. 2. 70; ohne Beilage n.n. 1. 50

Kirchenchor, der. Eine gemeinverständl. Zeitschrift f. kathol. Kirchenmusik. Mit e. Musik- u. Anzeigen-Beilage. Red.: Ferd. Reichart. 37.—40. Jahrg. 1907—1910. à 12 Nrn. (110, 112, 102 u. 102 S.) Lex. 8. Bregenz, J. N. Teutsch. à Jahrg. nn 2.70; ohne Beilage nn 1. 50

Der Kirchenchor: Band 1—33, no. 12, June 1897—May 1930.
Monthly. Sub-title: 1) Dem Deutsch-Amerikanischen Kirchen Chor gewidmet. Wenigstens ein Chorlied für jeden Sonntag im Jahr, June 1897—May 1915; 2) Eine Monatliche Zeitschrift dem Deutsch-Amerikanischen Kirchenchor gewidmet. Articles published in German through Band 22, June 1918—May 1919; then, usually in English; but librettos in both English and German throughout, 1897—1930. Quarto, each issue 20—24 pages; with music. Circulation: 1910, 3000. Edited by Edmund Simon Lorenz, June 1897—1923; by Herman von Berge, 1924—30.
Published by Lorenz Publishing Co., 1897—1930. Dayton, OH

Kirchen-Chorbuch. Eine Sammlung von Motetten und liturgischen Chören, Orig.-Compositionen für Sopran, Alt und eine Männerstimme zu gottesdienstl. Gebrauch, nach den Festzeiten geordnet und hrsg. vom evangel. Verein für geistl. und Kirchenmusik der Provinzen Ost- und Westpreußen. 3 Hefte. 8. Hildburghausen, Gadow und Sohn. [1. Heft. (IV, 104 S.) 886. * 65 Pf.; 2. Heft. (IV, 164 S.) 886. * *M*. 1.—; 3. Heft. (IV, 150 S.) 888. * *M* 1.—.] *

Kirchenchronik, oder geistl. Vademekum. 8. Kempt. 784. Typ. Soc. 8 K

Kirchen-Chronik, evangelische. Fortlaufende Uebersicht der bemerkenswerthen kirchl. Ereignisse. 1.—7. Jahrg. à 6 Hefte. (à 2 Bog.) gr. 8. Leipzig 868—74, J. Naumann.
1.—4. Jahrg. à (* *M* 3.) * 4 —
5.—7. Jahrg. à * 4 —
geb. à Jahrg. * 5 —

Kirchen-Chronik, evangelische. Fortlaufende Uebersicht der bemerkenswerthen kirchl. Ereignisse. 8. Jahrg. 1875. 6 Hefte. (à 2 Bog.) gr. 8. Leipzig, J. Naumann. *
Nicht weiter erschienen.

Kirchen-Chronik, Kleine, der evangelischen Pfarrgemeinde Ober-Utzwyl. Trogau [1866]. V: *Juchler, J. J.* (Cat. d. Stadtbibl. Zürich. Zürich 1864—97.)

Königl. dänische Kirchen-Constitutio fürs Amt Flensburg. Vol. 1. o. O. u. J. 8° [Rückent.]

Moderne Kirchen-Decorationen. Ein Vorlagewerk für ornamentale Kirchenmalerei. Nach den Originalen herausgegeben von Ferd. Ritter von Feldegg. Neue Folge. Wien. 1899. Schroll & Co. Folio. erscheint in 5 Lieferungen zu 8 Blättern à fl. 6.—

Kirchen-Denkmal, Lobensteinisches. Lobenstein 1717. V: *Koerber, Christian.* (Myl)

Kirchendiener, Der, in Feuchtwang . . . Onolzbach 1748. V: *Oeder, Georg Ludwig.* (ML)

Kirchendienst, der niedere, nach den Kirchengesetzen. gr. 8. (32 S.) Passau 862, (Elsässer und Waldbauer.)

Kirchendienstordnung und Gesangbuch der Stadt Riga nach den ältesten Ausg. von 1530 flgg. kritisch bearb. und mit einer geschichtl. Einleitung hrsg. von Johs. Geffcken. 8. (LVIII und 339 S.) Hannover 862, Rümpler. *

Kirchener, W. Die wichtigsten in Preußen stattgehabten Dampfkesselexplosionen aus dem Jahre 1877. Verhandlungen des Vereins zur Beförderung des Gewerbefleißes in Preußen. Berlin 1878.

Kirchen-Etat des schweizerischen Standes St. Gallen, s. Civil-, Militär- und Kirchen-Etat.

Kirchen-, Civil- und Militär-Etat, des schweizer. Standes St. Gallen, s. Civil-, Militär- und Kirchen-Etat.

Kirchenfackel. Ein Sonntagsblatt für die Aufgeklärten aller Kirchenpartheien. Redig. von F. Albrecht. Jahrg. 1853—55. à Jahrg. 52 Nrn. (Bog.) Fol. Ulm, (Gebr. Nübling.) à Jahrg. *

—— dass. — Redig. von Dems. Jahrg. 1856. 52 Nrn. (Bog.) Fol. Ebds. *

Kirchenfackel. Ein Sonntagsblatt für die Aufgeklärten aller Kirchenpartheien. Redig. von Friedr. Albrecht. 6—10. Jahrg. 1857—61. à Jahrg. 52 Nrn. (Bog.) Fol. Ulm, (Gebr. Nübling.) [6. Jahrg. * 24 Ngr., 7—10. à * 1 Thlr. 2 Ngr.] *

Kirchenfackel. Ein Sonntagsblatt für die Aufgeklärten aller Kirchenpartheien. Redig. und hrsg. von Fr. Albrecht. 11. und 12. Jahrg. 1862 und 1863. à Jahrg. 52 Nrn. (Bog.) Fol. Ulm, (Gebr. Nübling.) à Jahrg. *

—— dass. — 13.—16. Jahrg. 1864—67. à Jahrg. 52 Nrn. (Bog.) Fol. (Ebendas.) à Jahrg. *

Kirchenfackel. Ein Sonntagsblatt für die Aufgeklärten aller Kirchenpartheien. Redig. und hrsg. von Fr. Albrecht. 17. Jahrg. 1868. 52 Nrn. (Bog.) Fol. Ulm, Gebr. Nübling. * 3 20

Kirchenfeld News, the. 24. September 1933. Fol. (4 S. mit Illustr.) Bern 883, B. F. Haller. *

Kirchenfeld News, the. 24. Septembre 1933. Fol. (4 S. m. Illustr.) Bern 883. Nydegger & Baumgart. n. — 20

Kirchenfenster-Zeichnungen aus der Fabrik von Heinr. Oidtmann & Comp. in (Linnich 1862.) Fol.

Kirchenfrage. – Die griech.-oriental. Kirchenfrage in der Bukowina u. d. Jungruthenen. – s. a. Găina, Vasile.

Kirchenfrage, die gr.-or., in der Bukowina u. die Jungruthenen. Von e. gr.-or. rumän. Priester. (127 S.) 8. Czernowitz 906. (H. Pardini.) n.n. 1.50

Kirchenfrage, die, in der württembergischen Kammer. 8. (39 S.) Mainz 861, Kirchheim.

Kirchenfrage, die, vor der preußischen Volksvertretung. Sep.-Abdr. der Verhandlungen des Abgeordnetenhauses über die Organisation der Hessischen Kirche [6. und 7. Febr. 1871]. Mit sämmtl. Aktenstücken. gr. 8. (IV, 220 S.) Berlin 871, W. Schultze. * 2 —

Kirchenfreund, der, Monatsschr. z. Verständigung üb. Angelegenheiten d. Kirche u. z. Förderung christl. Sinnes u. kirchl. Lebens, hrsg. v. Friedr. Köhler u. Alb. Lührs. 1. Jahrg. Oct. 1835 — Sept. 1836. gr. 8. Lüneburg, Herold u. Wahlstab. *

—— dass. — Hrsg. v. denselben. 2. Jahrg. 1836. Oct. — Dec. gr. 8. Osnabrück, Rackhorst. *

— der, Sonntagsblätter zur Verständigung üb. Angelegenheiten der Kirche u. zur Förderung christl. Sinnes u. kirchl. Lebens, herausg. von Fr. Köhler u. Aug. Lührs. 1s—12s Heft. Oct. 1835 — Sept. 1836. Mit Titelvign. gr. 8. Lüneburg 836, Herold u. Wahlstab. (à 1 ₰) n. 2 ₰ — 2r Jahrg. 1838. 1s—3s Heft, oder Octbr. — Decbr. gr. 8. Osnabrück, Rackhorst. 1/2 ₰

Kirchenfreund, der. Eine Wochenschrift zur Förderung des kirchl. Lebens. Herausgeg. von Dr. Bernhardi. (1. Jahrg.) März—December 1845. 44 Numm. (1/2 Bog.) 4. Kassel 845, Bohné. n. 1 ₰ — Ders. 2. Jahrg. 1846. 52 Numm. Ebend. 846. n. 1 ₰ 6 ngl

Der Kirchenfreund. Blätter für die evangelische Kirche lutherischen Bekenntnisses in der Provinz Sachsen. Hrsgeber Stöckert. Wittenberg. Probenummer vom 10. Nov. 1849. 4.

Kirchenfreund, der, Blätter für die evangel. Kirche luther. Bekenntnisses in der Provinz Sachsen. Hrsgbr.: Stöckert. 1. und 2. Jahrg. 1850 und 1851. à Jahrg. 52 Nrn. (1/2 Bog.) 4. Wittenberg, (Kölling.) à Jahrg. *

—— der. Zeitschrift für die Interessen der evangel. Kirche, für bibl. Wissenschaft und religiöses Leben. Neue Folge. 1. und 2. Bd. Jahrg. 1860 und 1861. à Jahrg. 12 Nrn. (à 2 Bog.) gr. 4. Philadelphia, Schäfer und Koradi. à Jahrg. *

—— der. Zeitschrift für die Interessen der evangel. Kirche, für bibl. Wissenschaften und religiöses Leben. Neue Folge. 3. Bd. Jahrg. 1862. 12 Nrn. (Nr. 25—36.) (à 2 Bog.) gr. 4. Philadelphia, Schäfer und Koradi. *

—— dass. — Monatsblätter aus der deutschen evangel. Kirche. Neue Folge. 4. und 5. Jahrg. 1863 und 1864. à Jahrg. 12 Nrn. (Nr. 37—60.) (à 2 Bog.) gr. 4. Ebendas. à Jahrg. *

—— der. Zeitschrift für Pflege der kirchl. Kunst. Hrsg. von der Vorstehung des christl. Kunstvereines in Bozen. 1. Jahrg. 1866. 12 Nrn. (Bog.) gr. 8. Brixen, Theologische Verlags-Anstalt. *

—— dass. — 2. Jahrg. 1867. 4 Hefte. gr. 8. (1. Heft 50 S.) Ebendas. *

—— der. Zeitschrift für Pflege der christl. Kunst. Hrsg. von Karl Atz. 3. und 4. Jahrg. 1868—1869. à Jahrg. 6 Hefte. (à 1—2 Bog.) Mit Stnt. gr. 8. Brixen, Weger's Buchh. à Jahrg. * 3 —

Kirchenfreund, der. Blätter für evangelische Wahrheit und Leben. Redact.: Ed. Güder, J. Heer und C. J. Riggenbach. 1. Jahrg. 1867. 26 Nrn. (à 1—1 1/2 Bog.) gr. 8. Basel, Bahnmaier's Verlag. *

Kirchenfreund, der. Blätter für evangel. Wahrheit und Leben. Redact.: E. Güder, J. Heer und C. J. Riggenbach. 1.—8. Jahrg. 1868—1874. à Jahrg. 26 Nrn. (à 1—1 1/2 Bog.) gr. 8. Basel, Bahnmaier's Verlag. à Jahrg. * 4 —

Kirchenfreund, der. Blätter für evangel. Wahrheit und christl. Leben. Redact.: Ed. Güder, J. Heer, C. v. Orelli und C. J. Riggenbach. 9.—13. Jahrg. 1875—1879. à Jahrg. 26 Nrn. (Bog.) gr. 8. Basel, Bahnmaier's Verlag. à Jahrg. *

Kirchenfreund, Der. Blätter für evangel. Wahrheit u. christliches Leben. 13. Jahrg. 1879. In-8°. Basel, Bahnmaier's Verlag. Per Jahr 5 —

Kirchenfreund, der. Blätter für evangel. Wahrheit u. christliches Leben. 13. Jahrg. 1880. In-8°. Basel, Bahnmaier's Verlag. Per Jahr 5 —

Kirchenfreund, der. Blätter für evangel. Wahrheit und christl. Leben. Redact.: Ed. Güder, C. J. Riggenbach, J. Heer und C. v. Orelli. 14. Jahrg. 1880. 26 Nrn. (Bog.) gr. 8. Basel, Bahnmaier's Verlag. *

—— dass. — Redact.: Ed. Güder, J. C. Riggenbach, J. Heer und C. v. Orelli. 15. und 16. Jahrg. 1881 und 1882. à Jahrg. 26 Nrn. (Bog.) gr. 8. Ebendas. à Jahrg. *

—— dass. — Redact.: C. J. Riggenbach, J. Heer, S. Oettli und C. v. Orelli. 17. und 18. Jahrg. 1883 und 1884. à Jahrg. 26 Nrn. (Bog.) gr. 8. Basel, Detloff's Buchh. à Jahrg. *

Kirchenfreund, der. Blätter für evangel. Wahrheit und kirchl. Leben. Redact.: C. J. Riggenbach, J. Heer, S. Öttli und C. v. Orelli. 19. und 20. Jahrg. 1885 und 1886. à Jahrg. 26 Nrn. (Bog.) gr. 8. Basel, Detloff's Verlag. à Jahrg. *

Kirchenfreund, der. Blätter für evangelische Wahrheit und kirchliches Leben. Redaktoren: *C. J. Riggenbach, S. Oettli* u. *C. von Orelli.* 21. Jahrg., 1887. 26 Nrn. gr. in 8°. Basel, C. Detloff's Buchhandlung. Jährlich 5 —

Kirchenfreund, der. Blätter für evangelische Wahrheit und kirchliches Leben. Redaktoren: *C. J. Riggenbach, S. Oettli* u. *C. von Orelli.* 22. Jahrg. 1888. 26 Nrn. gr. in-4°. Basel, C. Detloffs Buchhandlung. Jährlich 5 —

Kirchenfreund, der. Blätter f. evangel. Wahrheit u. kirchl. Leben. Redact.: S. Öttli, L. Pestalozzi u. C. v. Orelli. 23.—26. Jahrg. 1889—1892. à Jahrg. 26 Nrn. (Bog.) gr. 8. Basel, Reich. à Jahrg. * 4 —

Der Kirchenfreund. Blätter für evangel. Wahrheit u. kirchliches Leben. 24. Jahrg. 1890. (26 N°). Hrsg. von *C. J. Riggenbach*, *S. Oettli* u. *C. von Orelli*. N° 1. Gr. in-8°. 16 S. Basel, C. Detloff's Buchhandl. Jährlich 5 —

Der Kirchenfreund. Blätter für evangelische Wahrheit und kirchliches Leben. 25. Jahrg. 1891. (26 N°). Red. von *S. Oettli*, *L. Pestalozzi* und *C. von Orelli*. N° 1. Gr. in-8°. 16 S. Basel, R. Reich vorm. C. Detloff's Buchh. Jährlich 5 —

Der Kirchenfreund. Blätter für evangelische Wahrheit und kirchliches Leben. 26. Jahrg. 1892. (26 N°). Red. von *S. Oettli*, *L. Pestalozzi* u. *C. von Orelli*. N° 1. Gr. in-8°. 16 S. Basel, R. Reich, vorm. C. Detloff's Buchh. Jährlich 5 —

Der Kirchenfreund. Blätter für evangel. Wahrheit und kirchliches Leben. 27. Jahrg. 1893. Red. von *C. von Orelli*, *S. Oettli* u. *L. Pestalozzi*. N° 1. Gr. in-8°. 16 S. Basel, R. Reich, vorm. C. Detloff's Buchh. Jährlich 5 —

Der Kirchenfreund. Blätter für evangel. Wahrheit und kirchliches Leben. 28. Jahrg. 1894. Red. von *C. von Orelli*, *S. Oettli* u. *L. Pestalozzi*. (26 N°s.) N° 1. Gr. in-8°. 16 S. Basel, R. Reich. Jährlich 5 —

Kirchenfreund, der. Blätter f. evang. Wahrheit u. kirchl. Leben. Hrsg.: C. v. Orelli. Mitred.: S. Öttli u. L. Pestalozzi. 29.—32. Jahrg. 1895—1898. à 26 Nrn. (Bog.) gr. 8. Basel, R. Reich. à Jahrg. n. 4. —
Mitredakteure seit 1896: L. Pestalozzi u. H. Hugendubel.

Kirchenfreund, der. Blätter f. evangel. Wahrheit u. kirchl. Leben. Hrsg.: C. v. Orelli. Mitred.: L. Pestalozzi, H. Hugendubel u. W. Hadorn. 33.—36. Jahrg. 1899—1902. à 26 Nrn. gr. 8. (à ca. 16 S.) Basel, Helbing & Lichtenhahn. à Jahrg. n. 4.—

Kirchenfreund, der. Blätter f. evangel. Wahrheit u. kirchl. Leben. Hrsg. v. C. v. Orelli. Mitred.: L. Pestalozzi u. W. Hadorn. 37.—40. Jahrg. 1903—1906. à 26 Nrn. (à ca. 16 S.) gr. 8. Basel, Helbing & Lichtenhahn. à Jhrg. n. 4. —

Kirchenfreund, der. Blätter f. evangel. Wahrheit u. kirchl. Leben. Hrsg. von C. v. Orelli. Mitred.: W. Hadorn, A. Rüegg u. H. Schlatter. 41.—44. Jahrg. 1907—1910. à 26 Nrn. (VII, 420; VI, 416; VI, 416 u. VII, 416 S.) gr. 8. Basel, Helbing & Lichtenhahn. à Jahrg. 4. —

Der Deutsche Kirchenfreund: Jahrgang 1—12, Jan. 1848 - Dec. 1859; neue Folge, Band I, Jan 1860—?

Monthly. Sub-title: 1) Organ für die gemeinsamen Interessen der amerikanisch-deutschen Kirche, Jan. 1848—1855?; 2) Organ für die Interessen der evangelische Kirche, für biblische Wissenschaft und religiöses Leben, Jan. 1860—?; 3) Monatsblätter aus der Deutschen Evangelischen Kirche [in 1864]. Title varies: DER KIRCHENFREUND: Jan. 1860—?. Place of publication varies: Richmond, Ind. Philadelphia, Jan. 1860—?. Octavo, each issue 48 pages, Jan. 1848 - Dec. 1859; large quarto, each issue 16 pages, Jan. 1860—?; title-page and contents, 4 pages. Subscription held by Harmony Society, 1859—61. Edited & published by Dr. Philipp Schaff, Jan. 1848—Dec. 1852; Edited by the Rev. William J. Mann, Jan. 1854—Dec. 1859; Published by Schäfer & Koradi, Jan. 1854—?. Printed by Heinrich August Misch, Jan. 1848—?; Printed by P. A. Rice, ?—Dec. 1853; by B. G. Stephan, Jan. 1854—Dec. 1859.
Mercersburg, PA

— der Deutsche. Organ f. die gemeinsamen Interessen der amerikanisch-deutschen Kirche. Hrsg. von Phil. Schaff. 1—5. Jahrg. 1848—1852. à 12 Hfte. gr. 8. (à 40 S.) Mercersburg. (Philadelphia, Schäfer & Koradi.) à Jahrg. n. $3^1/_3$ ₰

Kirchenfreund, der deutsche. Organ für die gemeinsamen Interessen der amerikanisch-deutschen Kirchen. Hrsg. von Phil. Schaff. 6. Jahrg. 1853. 12 Hefte. gr. 8. Mercersburg. (Philadelphia, Schäfer und Koradi.) *

—— dass. — Hrsg. von einem Vereine deutscher Theologen. 7—9. Jahrg. 1854—56. à Jahrg. 12 Hefte. gr. 8. Philadelphia. Leipzig, Schäfer. à Jahrg. *
1—5. Jahrg. 1848—52. Ebendas. à Jahrg. * 3 Thlr. 10 Ngr.

Kirchenfreund, der deutsche. Organ für die gemeinsamen Interessen der amerikanisch-deutschen Kirchen. Hrsg. von einem Verein deutscher Theologen. 10—12. Jahrg. 1857—59. à Jahrg. 12 Hefte. (à ca. 35 S.) gr. 8. Philadelphia, Schäfer und Koradi. à Jahrg. *

Kirchenfreund, der, für das nördliche Deutschland. 1r—3r J. 1837—1839. (1r—6r Bd.) Redigirt v. W. Jacobi, A. Lührs, A. W. Möller. 52 Numm. gr. 4. Osnabrück, Rackhorst. (à n. 3 ₰) 9 ₰

— der evangelische, ein Buch für den Landmann in Schlesien. Verfaßt von e. Verein evangel. Geistlichen. Herausgeber: R. Schultz u. S. Frosch. 1r u. 2r Jahrg. 1839 u. 1840. à 52 Numm. 4. Brieg, Schwartz. (à n. $1^1/_3$ ₰) $2^2/_3$ ₰

—— der evangelische, e. Sonntagsbl. z. Förderung d. Reiches Gottes. 1 — 3. Jahrg. 1839 — 41. à 12 Lfgn. (à 4 Bgn.) 4. Brieg, Schwartz. à J. *
1. u. 2. J. hrsg. v. S. Schultz u. R. Frosch, 3. J. v. letzterm allein. — Jahrg. 1841 m. d. Zusatz: Predigtbuch üb. d. Fest- u. Sonntags-Evangelien.

Der Lutherische Kirchenfreund: Jan. 1869—1903?

Weekly, 1869—75; semi-monthly, 1876—80; weekly, 1881—98; semi-monthly, 1899—1903. Organ of the General-Synode der Evangelisch-Lutherischen Kirchen in den Vereinigten Staaten. Place of publication varies: Oswego, N.Y., 1869—73; Baltimore, Md., 1874—75; Chicago, 1876—1903. Edited by J. D. Severinghaus, 1869—73, 1893?—1903; by F. Ph. Henninghausen & the Rev. B. Sickel, 1874; by the Rev. R. C. Beer, 1875; by F. F. Giese, 1884—?; by Johann Dietrich, published by the General-Synode, 1869—73; by the Rev. R. C. Beer, 1875; by J. D. Severinghaus & Co., 1876—83; by the Lutheran Publishing Co., 1884, by the Rev. R. A. Schiele, 1885; by the German Publication Board of the General-Synode, 1886—1903. Circulation: 1875, 2000; 1880, 2100; 1900, 2000.
Chicago, IL

Lutherischer Kirchenfreund: 1870?—? **Baltimore, MD**

Kirchen- und Staatsfreund, Der, an alle gute deutsche Christen .. Jena 1819. V: *Paulus, Heinrich Eberhard Gottlieb.* (AarK) (Ky) »1818« (Th)

Kirchen- u. Staatsfreund, der, an alle gute deutsche Christen. Vorläufige Nachrichten von d. Frankfurter Berathungen mehrerer deutschen Bundesstaaten über d. Angelegenheiten d. deutschen kathol. Kirche, von K. N. (H. E. G. Paulus). gr. 8. Jena 819. Frommann. 16 ₰

Kirchenfreund-Kalender: No. 1, 1876?—?
Subtitle: Ein Jahrbuch des „Lutherischen Kirchenfreundes" für das deutsche Christenvolk. Ed. by J. D. Severinghaus and published by Severinghaus & Co.
Chicago, IL

Kirchenfrieden, über den, in den rhein. Bundesstaaten, geäußerte Wünsche Karl d. Metropoliten. 8. Cobl., Pauli u. C. 3 ₰

Kirchenfürsten, die, von Böhmen, Mähren und Schlesien und die neue Aera; s.: Stimmen, katholische, aus Oesterreich.

— — von Görz und Laibach und die neue Aera; s.: Stimmen, katholische, aus Oesterreich.

Kirchenfürsten, die, von Salzburg, Seckau, Gurk, Görz, Laibach rc., s. Stimmen, katholische.

— — Tiroler; s.: Stimmen, katholische, aus Oesterreich.

Kirchengalerie der Prov. **Sachsen.** Sammlung v. Chroniken niedersächs. Kirchdörfer. I. Bd. Die Diöcese Eilsleben. 1. Heft. I. Hälfte. gr. 8. Leipzig, A. Strauch. n. 1. 50
Geschichte der Kirchgemeinde Badeleben von der Gründung des Ortes bis zur Reformation. Von M. Riemer. A. u. d. T.: Aus der Vergangenheit meiner Heimat. Geschichte e. niedersächs. Dorfes. I. Hälfte. (59 S.) (903.)

Kirchengalerie, neue sächsische. Unter Mitwirkg. der sächs. Geistlichen hrsg. v. Geo Buchwald. I. Bd. Die Ephorie Leisnig. hoch 4. (III S. u. 948 Sp. m. Abbildgn. u. 6 Taf.) Leipzig (899. 900). A. Strauch. n. 10.—; geb. n. 12. 50; m. Goldschn. n. 13. 50
Hieraus einzelne Parochien:
Döbeln. Bearb. v. Keller. (54 Sp.) (900.) n. — 80
Leisnig. Bearb. v. Nobbe u. Joh. Rudolph. (74 Sp.) (899.) 1.—; kart. n. 1. 50

— dasselbe. Die Ephorie Freiberg I. 17 Lfgn. hoch 4. (III S., 556 Sp. u. IX S. m. Abbildgn. u. 6 Taf.) Ebd. 901. Subskr.-Pr. à n. — 40

— dasselbe II. Die königl. amtshauptmannschaftl. Delegation Sayda. 1.—8. Lfg. hoch 4. (Sp. 1—296 m. Abbildgn. u. 1 Taf.) Ebd. (900). Subskr.-Pr. à n. — 40

— dasselbe. Die Ephorie Oschatz. 28 Lfgn. hoch 4. (III S. u. XX, 776 Sp. m. Abbildgn. u. 2 Taf.) Ebd. 901. Subskr.-Pr. à n. — 40; (kplt. n. 9. 20; geb. n. 11. 50)

— dasselbe. Die Ephorie Schneeberg. 20 Lfgn. hoch 4. (III S. u. 616 Sp. m. Abbildgn. u. 8 Taf.) Ebd. 901. 902. Subskr.-Pr. à n. — 40; (kplt. n. 8.—; geb. in Leinw. n. 10. 50)

— dasselbe. Die Ephorie Zwickau. Unter red. Leitg. v. H. Klotz bearb. v. den Geistlichen der Ephorie. 30 Lfgn. hoch 4. (V S. u. 1008 Sp. m. Abbildgn. u. 11 Taf.) Ebd. 901. 902. Subskr.-Pr. à n. — 40; (kplt. n. 12.—; geb. in Leinw. n. 14. 50)

— dasselbe. Die Ephorie Meißen. Unter red. Leitg. v. Hickmann bearb. v. den Geistlichen der Ephorie. 38. Lfgn. hoch 4. (VI S. u. 1298 Sp. m. Abbildgn. u. 3 Taf.) Ebd. (902.) Subskr.-Pr. à n. — 40; geb. n. 20.—

— dasselbe. Die Ephorien Chemnitz I. II. (In 15—20 Lfgn.) 1.—4. Lfg. hoch 4. (XXIV S. u. Sp. 1—216 m. Abbildgn. u. 1 Taf.) Ebd. (902). Subskr.-Pr. à n. — 40

— dasselbe, hrsg. v. Buchwald. Die Ephorien Chemnitz I u. II. 5.—38. Lfg. (VI S. u. Sp. 217—1500 m. Abbildgn. u. 5 Taf.) 4. Ebd. (903). Subskr.-Pr. à n. — 40 (Kplt. geb. in Leinw. n. 20.—)

— dasselbe. Die Ephorie Pirna, bearb. u. hrsg. v. Geistlichen der Ephorie. 35 Lfgn. (VI S. u. 1164 Sp. m. Abbildgn. u. 2 Taf.) 4. Ebd. (903. 904.) Subskr.-Pr. à n. — 40; geb. in Leinw. n. 18.—

— dasselbe. Die Diöcese Zittau. Unter red. Leitg. v. M. O. Sauppe bearb. v. den Geistlichen der Diöcese. 23 Lfgn. (IV S. u. 760 Sp. m. Abbildgn.) 4. Ebd. (904). n. 9. 20; geb. in Leinw. n. 12.—

— dasselbe. Die Diöcesen Bautzen-Kamenz, bearb. v. den Geistlichen beider Diöcesen. 44 Lfgn. (III S. u. 604 Sp. u. III S. u. 452 Sp. m. Abbildgn. u. 3 Taf.) 4. Ebd. (904. 905.) n. 17. 60; geb. in Leinw. n. 20.—

— dasselbe. Die Ephorie Werdau, bearb v. den Geistlichen d. Ephorie. 20 Lfgn. (III S. u. 498 Sp. m. Abb. u. 5 Taf.) 4. Ebd. (904. 905). n. 8.—; geb. in Leinw. n. 9. 50

— dasselbe. Unter Mitwirkg. der sächs. Geistlichen hrsg. Die Ephorie Borna, hrsg. von den Geistlichen der Ephorie. (VI S. u. 1330 Sp. m. Abbildgn. u. 8 Taf.) 4. Ebd. (905. 906). n. 22. 40; geb. in Leinw. n. 25.—
Erschien auch in 50 Lfgn. z. Sbsk. Pr. v. à n. — 40.

— neue sächsische. Die Ephorie Auerbach, bearb. v. den Geistlichen der Ephorie unter der Red. v. Naumann. Nebst e. Bericht über die Schulverhältnisse im Inspektionsbez. Auerbach. 12 Lfgn. (249 Sp. m. Abbildgn. u. 1 Taf.) 4. Ebd. (906). n. 4. 80; geb. in Leinw. n. 7.—

— dasselbe. Unter Mitwirkung der sächs. Geistlichen hrsg. Die Ephorie Dresden I. Hrsg. v. P. Flade. 38 Lfgn. (XII S. u. 896 Sp. m. Abbildgn. u. 8 Taf.) 4. Ebd. (906). n. 15. 20; geb. in Leinw. n. 20.—

— dasselbe. Die Ephorie Marienberg. (In ca. 15 Doppellfgn.) 1.—10. Lfg. (Sp. 1—240 m. Abbildgn. u. 1 Taf.) 4. Ebd. (906). Subskr.-Pr. à n. — 40

— dasselbe. Die Ephorie Marienberg, hrsg. v. den Geistlichen der Ephorie. 11.—38. Lfg. (V S. u. Sp. 241—904 m. Abbildgn. u. 2 Taf.) 30×22,5 cm. Ebd. (907). Subskr.-Pr. à — 40 (Kplt. geb. 18. 50)

Kirchengalerie, neue sächsische. Die Diöcese Löbau, bearb. v. den Geistlichen der Diöcese. (III S. u. 762 Sp. m. Abbildgn. u. 1 Taf.) 30×22,5 cm. Leipzig (907. 08.) A. Strauch. 12.80; geb. in Leinw. 16.—; auch in 32 Lfgn. à — 40

— dasselbe. Unter Mitwirkg. der sächs. Geistlichen hrsg. Die Ephorie Glauchau, bearb. v. den Geistlichen der Ephorie unter Leitg. v. Naumann. (V S. u. 1194 Sp. m. Abbildgn. u. 2 Taf.) 30,5×22,5 cm. Ebd. (908—10). 22.50; geb. in Leinw. 25.—; auch in 25 Lfgn. à — 90

— dasselbe. Die Ephorie Grimma (links der Mulde). (In ca. 18 Doppellfgn.) 1.—12. Doppellfg. (Sp. 1—544 m. Abbildgn. u. 3 Taf.) 31×22,5 cm. Ebd. (908—10.) Subskr.-Pr. à — 90

Kirchengänger, der. Katholisches Gebetbuch für die Jugend und die Erwachsenen. Mit Gebeten auf die Sonn- und Festtage und mit Betrachtungen auf die Missionszeit. Aus dem Französ. von Jos. Lutz. gr. 16. (367 S. mit 1 Titkpfr.) Wiesensteig 855, Schmid'sche Buchh.

Allgemeines **Kirchengebet** für die Herzogthümer Schleswig, Holstein, nebst der Herrschaft Pinneberg . . ., welches daselbst alle Sonn- und Festtage . . . nach geendigter Hauptpredigt von der Canzel abgelesen werden soll. o. O. 1775. 8°

Kirchengebet der Franken zum Gegengewicht des Preuszisch allergn. verordneten Kriegsgebets. Aus der konfiscirten Trenckischen Wahrheitsfabrike. Altona im Febr. 1793. P.

Kirchengebet zum hl. Korbinian. (Lateinisch u. deutsch.) qu. 16. (1 Bl. m. Bild.) Freising 890, Datterer. ** — 5

Kirchengebet, Missverstandenes. [Halberstadt 1789.] V: *Winterfeld, Levin Moritz Adolph von.* (MGT)

Kirchengebet, das neue, welches von dem Priester nach jeder heil. Messe knieend zu verrichten ist. Lateinischer Text. qu. 8. (1 Bl. auf Carton.) Salzburg 886, Pustet.
Für 12 Exemplare **
Lateinisch mit deutschem Text auf der Rückseite, für 12 Exemplare **

KIRCHEN-GEBET- UND LIEDERBUCH zu Ehren der heiligsten Jungfrau Maria und der heiligen Katharina für jeden Christgläubigen aus vielen Büchern herausgesucht, in eines gefaßt und herausgegeben in deutsch, dalmatinisch und etwas wenigem in ungarischer Sprache. Auf Verlangen der katholischen Gemeinde und mit Bewilligung des Herrn Pfarrers von St. Endre (St. Andrä). (Knjiga Crkvenih molitvah i pisamah na poštenje Blaž. Div. Marie i Sv. Katarine za svakog pravovernog kerstjanina iz mnogih knjigah izvadjene, u jednu sabrane i u nemačkom, Dalmatinskom i nešto malog u ugarskom jeziku izdate, nach zahtevanje kathol. občine. S dozvoljenjem mlogo poštovanog Gosp. Župnika u Sv. Andriji). Ofen 1868: Martin Bagó. Deutsch S. 176, 3. Kroat. 179, 4. Ungar. 5, 4, 2. - 160 mm

Kirchengebet- u. Psalmbuch, deutsch u. latein. katholisches. gr. 8. Wien 826. (Wimmer). 1 ß 12 gr Schrbp. 1 ß 16 gr Dass. blos deutsch. Ebd. 20 gr

Kirchen- und Hausgebetbuch, Schmalkaldisches, neu eingerichtet . . . Schmalkalden 1783. V: *Holtzapfel*, *Johann Gottlob*. · (stri)

Kirchengebete, allgemeine, zum Gebrauch auf der Kanzel. 4. (V, 128 S.) Leipzig 881, Pöschel und Trepte. geb. mit Goldschn. *
Aus: Agende für die evangelisch-lutherische Landeskirche des Königr. Sachsen, besonders abgedruckt.

Kirchengebete, allgemeine, an Sonntagen u. in Betstunden. 4. Dresd. 813. (Leipz., Tauchnitz). 3 gr

—— Beicht- und Communion-Gebete für die Schuljugend. Hrsg. vom Unterstützungs- und Pensions-Verein für Lehrer der Kommunal-Volksschulen in Wien. 2. verm. und verb. Aufl. 32. (96 S.) Wien 869, (Herzfeld und Bauer.) [Brüder Winter.] * — 30

Kirchengebete für die evangelisch lutherische Gemeinde der freien Stadt Frankfurt. Frankfurt a. M. 854. Sauerländer's Verlag. 8. (2 Bl., 220 S.) n. 10 ngr

Kirchengebete, katholische, lateinisch u. deutsch, nach dem röm. Missale u. Brevier, sammt den gewöhnlichen Andachtsübungen. Zum Gebrauche beim häusl. u. öffentl. Gottesdienste. Einsiedeln 869. Gebr. Benziger. 32. (237 S. mit 1 Steintaf.) 3 ngr

Kirchengebete, katholische, lateinisch und deutsch, nach dem röm. Missale und Brevier, sammt den gewöhnlichen Andachtsübungen. Zum Gebrauche beim häusl. und öffentl. Gottesdienste. 32. (237 S. mit 1 Stnt.) Einsiedeln 871, Gebr. Benziger. — 25

Katholische **Kirchengebete**, lat. u. deutsch nach d. röm. Missale u. Brevier sammt d. gewöhnl. Andachtsübungen. Neue rev. Ausg. 21. Aufl. *Einsiedeln, Köln: Benziger & Co. (1902).* (237 S.) 8° [F.] (v3. 13790

—— lateinische, mit wörtlich deutscher Uebersetzung. Ein Anhang zu jedem kathol. Katechismus und Gebetbuch. gr. 16. (16 S.) Freiburg 869, Herder'sche Verlagsh. * — 10

Kirchengebete, sämtliche, die vom kathol. Priester am Altare verrichtet werden. gr. 8. (10 S. auf Pappe.) Würzburg (902). Göbel & Scherer. Geb. in Leinw. n. 1.20

Kirchengebete, Veränderte alte, der Kurländischen Gemeinde. Mitau 1790. H: *Ockel*, *Ernst Frdr.* (MGT)

— zur Zeit e. Ungewitters. Augsb. ... Bolling. 6 gr

Kirchengebot, viertes und fünftes, s. Broschüren-Cyclus für das kathol. Deutschland.

Kirchengebot, Das uralte, von Heiligung der Sonn- und Feyertäge ... O. O. 1774. V: *Ruef*, *Ant. Seb.* (MGT) (ML)

Kirchengebühren, die (Stola-Tax-Ordnung), s. Böhmen (lt. Pat. v. 30. Mai 1750), Mähren u. Schlesien (lt. Pat. v. 15. Apr. 1749), s. Niederösterreich u. Wien. M. e. Anh.: Will d. Socialdemokratie d. Glauben vernichten? 12. (15 S.) Wien 896. Wiener Volksbuchh. n. — 08

— dasselbe für Böhmen (laut Pat. v. 30. Mai 1750), Mähren u. Schlesien (laut Pat. v. 15. Apr. 1749), s. Niederösterreich (laut Pat. v. 27. Jänner 1781), Wien (laut Pat. vom 25. Jänner 1782), s. Steiermark (laut Pat. v. 13. Decbr. 1774), Kärnten (laut Pat. v. 6. Juni 1799), Oberösterreich (laut Pat. vom 20. Jänner 1783) u. Tirol (laut Hofdecret v. 28. Mai 1820), welche durch Gesetz v. 7. Mai 1874 als z. Recht bestehend erklärt wurden. M. e. Einleitg.: Taxüberschreitgn. v. Wiener Pfarrern u. e. Belehrg. v. Ferd. Kronawetter üb. d. Rückerstattungspflicht d. Pfarrer f. zu viel erhobene Kirchengebühren. 3. Ausg. M. e. Anh.: Religion u. Socialdemokratie. gr. 8. (19 S.) Ebd. 896. n. — 10

Kirchengebühren, die, (Stolataxordnung) s. Böhmen (laut Pat. v. 30. V. 1750), Mähren u. Schlesien (laut Pat. v. 15. IV. 1749), s. Niederösterreich (laut Pat. v. 27. I. 1781), s. Wien (laut Pat. v. 25. I. 1782), s. Steiermark (laut Pat. v. 13. XII. 1774), Kärnten (laut Pat. v. 6. VI. 1799), Oberösterreich (laut Pat. v. 20. I. 1783), Tirol (laut Hofdekret v. 28. V. 1820), welche durch Gesetz vom 7. V. 1874 als zu Recht bestehend erklärt wurden, u. Salzburg (laut Verordng. v. J. 1903). Mit e. Einleitg.: Taxüberschreitungen v. Wiener Pfarrern u. e. Belehrung v. Ferd. Kronawetter. (16 S.) gr. 8. Wien (906). Wiener Volksbuchh. n.n. — 10

Kirchengeläute. Das K. der Stadt Zürich. Zürich 1865, s. o. St[ierlin]. L[eonhard].

Kirchengeläute, Das, der Stadt Zürich; nebst Vorschlägen zur Verbesserung desselben. Zürich 1865. V: *Stierlin*, *Leonhard*. (Cat. d. Stadtbibl. Zürich. Zürich 1864—97.)

Kirchengeläute, das, der Stadt Zürich, nebst Vorschlägen zur Verbesserung desselben. Von L. St. Zürich 865. Schultheß. gr. 8. (15 S.) n. 4 ngr

Kirchengemeinden der Evangelischen, Karte der, beider Bekenntnisse und Unitarier in den zur ungar. Krone gehörigen Ländern. Nach Superintendenzen und Tracte oder Seniorate mit der politischen Eintheilung nach amtlichen Daten zusammengestellt, gez. u. herausg. v. Ignaz Hátsek. 4 Bl. Q. Folio. Farbendruck. Wien, Artaria & Comp. in Comm. 1870 4 fl. 50 kr.

Kirchengemeinde-Ordnung, evangel., im Großherzogth. Baden. gr. 8. Heidelb. 822. (Groos). 3 gr

Kirchen-Gemeinde-Ordnung, die neue preußische, wie sie lebt. gr. 8. (22 S.) Hannover 874, Brandes. * — 40

Kirchengemeinde- u. Synodalordnung. Hrsg. v. Richter. Kl. Ausg. 6. Aufl. Berlin 882.

Kirchengemeinde- und Synodal-Ordnung, die, vom 10. Septbr. 1873 mit den dazu ergangenen Instructionen und erläut. Erlassen und Verfügungen. Aus amtl. Quellen. gr. 8. (141 S.) Berlin 875, Hertz. *

—— —— vom 10. Septbr. 1873. 2. Nachtrags-Instruction des evangel. Ober-Kirchenraths vom 23. Decbr. 1874. 8. (24 S.) Ebendas. 874. — 25

Kirchengemeinde- und Synodal-**Ordnung** vom 10. Sept. 1873 u. Generalsynodal-Ordnung v. 20. Jan. 1876. Erl. von Dr. F[riedrich] Gebser, Konsist.R. Berlin: C. Heymann 1906. (XI, 516 S.) 8° [F.]
— **Taschen-Gesetzsammlung**. No 64. [07. 344

Kirchengemeinde- u Synodal-Ordnung, die, f. d. Herzogth Anhalt m. d. einschläg. Gesetzen. 8. (VII, 65 S.) Dessau 879. C. Dünnhaupt Kart. n. — 60

Kirchengemeinde- u. Synodalordnung, evangel. f. d. preuss. alt. Provinzen. Berlin 876. Text.

Mit Erläuterungen von:

Bethge. Halle 877.	2	40	**Lilge.** 3. Aufl. Berlin 887.
Hiersemenzel. Berlin 877.	2	—	**Richter.** 6. Aufl. Berlin 887.
Höinghaus. Berlin 876.	1	80	

—— evangelische, f. d. Provinzen Preußen, Brandenburg, Pommern, Posen, Schlesien u. Sachsen. Verordnung üb. die Berufg. e. außerordentl. Generalsynode f. d. acht altländ. Provinzen nebst dem allerhöchsten Erlaß vom 10. Sept. 1873, betr. die Einführg. der Kirchengemeinde- u. Synodal-Ordng.; sowie die Berufg. der außerordentl. Generalsynode. Nach amtl. Quellen. gr. 8. (32 S.) Berlin 873. C. Heymann's Verl. n. — 50

—— —— dass. — Verordnung über die Berufung einer außerordentl. Generalsynode für die acht altländ. Provinzen nebst dem allerhöchsten Erlaß vom 10. Septbr. 1873, betr. die Einführung der Kirchengemeinde- und Synodal-Ordnung; sowie die Berufung der außerordentl. Generalsynode. Nach amtl. Quellen. gr. 8. (32 S.) Berlin 873, C. Heymann's Verlag. *

—— —— dass. — gr. 4. (20 S.) Breslau 873, Mälzer. **

—— —— evangelische, für die Provinzen Preußen, Pommern, Brandenburg, Posen, Schlesien und Sachsen 2c. Allerh. Erlaß vom 10. Septbr. 1873. Mit den Instruktionen des evangel. Ober-Kirchenraths und erläut. Anmerkungen. 1.—3. Aufl. 8. (VIII, 32 S.) Berlin 874, Kortkampf. *

Kirchengemeinde und Synodal-Ordnung, Die Evangelische, für die Provinzen Preussen, Brandenburg, Pommern, Posen, Schlesien und Sachsen . . . 4. Aufl. Berlin 1875. V: *Richter*, *Ferdinand.* (Kat. d. Bibl. d. dtsch. Reichstages. Berl. 1882.)

—— —— dass. — für den praktischen Gebrauch erläutert von einem Mitgliede des Abgeordnetenhauses. 4. Aufl. 8. (XIV, 96 S.) Ebendas. 875. cart. *

Kirchengemeinde- und Synodal-Ordnung für die evangelischen Gemeinden im Amtsbezirke des Consistoriums zu Wiesbaden vom 4. Juli 1877 und die Ausführungsbestimmungen dazu vom 28. Aug. 1877. gr. 8. (35 S.) Wiesbaden 877, Bechtold und Comp. *

Kirchengemeinde- und Synodalordnung für die evangelisch-lutherische Kirche der Provinz Schleswig-Holstein, mit Ausschluß des Kreises Herzogthum Lauenburg, vom 4. Nov. 1876. Kiel. 1876. 8°

Kirchengemeinde- und Synodalordnung für die evangelisch-lutherische Kirche der Provinz Schleswig-Holstein, mit Ausschluß des Kreises: Herzogthum Lauenburg, vom 4. Novbr. 1876. 1. und 2. Aufl. (32 S.) 1877; 3. Aufl. 4. (74 S.) Kiel 879, Homann. *

Kirchengemeinde- u. Synodalordnung f. die evangelisch-lutherische Kirche der Prov. Schleswig-Holstein m. Einschluß d. Kreises Herzogth. Lauenburg. 4., verm. Aufl. 8. (IV, 79 S.) Kiel 893. H. Eckardt's Verl. n. — 60

[F.] Kirchengemeinde- und Synodalordnung für die evangelisch-lutherische Kirche der Provinz Schleswig-Holstein mit Einschluss des Kreises Herzogthum Lauenburg. 5., verm. Aufl. *Schleswig: J. Bergas 1899.* (VIII, 134 S.) 1 Bd 8. [99. 6161

Kirchengemeinde- u. Synodalordnung f. die evangelisch-lutherische Kirche der Prov. Schleswig-Holstein u. andere wichtigere Gesetzesbestimmungen. 6., verm. Aufl. (VII, 128 S.) kl. 8. Schleswig 910. J. Bergas Verl. Geb. 1. 20

Kirchengemeinde- und Synodal-Ordnung für die Provinzen Preußen, Brandenburg, Pommern, Posen, Schlesien und Sachsen. gr. 8. (52 S.) Berlin 873, v. Decker'sche Geh. Ober-Hofbuchdr. — 60

—— für die Provinzen Preußen, Brandenburg, Pommern Posen, Schlesien u. Sachsen. gr. 4. (20 S.) Breslau 873 Mälzer. n. n. — 50

Die Kirchengemeinde- und Synodalordnung für Schleswig-Holstein. Mit Kommentar hrsg. v. Friedrich Mommsen, Konsistorialpräsident, u. Heinrich Franz Chalybäus, Konsistorialr. [Nebst] Nachtr. *Kiel: E. Homann* (Nachtr.: *Schleswig: J. Bergas) 1878–99.* 2 Bde. 8° [F.]
Kirchengemeinde- u. Synodalordng. 1878.
Nachtr. Enth. d. Gesetze u. Verordngn v. 1878 bis 1898. 1899. [99. 2158

—— f. Schleswig-Holstein. Nachtrag. (8. Kommentar-Ausg. v. F. Mommsen u. H. F. Chalybäus.) Enth. d. Gesetze u. Verordngn. v. 1878—1898. gr. 8. (IV, 44 S.) Ebd. 899. n. — 80

Kirchgemeinderat. Der K' von bernisch Kerzers über den Pfarreikonflikt von Kerzers. (Wyleroltigen, den 29. Januar 1907.) 12 S. 8. [Bern, Stalder & Sieber.]

Kirchen-Gemeinde- und Synodalwesen, das evangelische, in den acht älteren Provinzen Preußens. Dargestellt durch den allerhöchsten Erlaß vom 10. Septbr. 1873, die Kirchengemeinde- und Synodalordnung, die Verordnung über die Berufung einer außerordentl. Generalsynode, die Instruction des Oberkirchenraths vom 31. Octbr. 1873, das Gesetz vom 25. Mai 1874, die Nachtrags-Instruction vom 20. Juni 1874 und den allerhöchsten Erlaß, resp. die General-Synodalordnung vom 20. Jan. 1876, sowie mit ausführl. Sachregister versehen. 8. (120 S.) Berlin 876, Grosser.

Kirchgenossen. An die Titl. K' von Zug. [Protest gegen die beabsichtigte Niederlegung des Glockenturmes von St. Michael.] (Zug, den 18. November 1898. Namens der Petenten: Das engere Komitee.) 8. *o. O.*

Kirchengeräthe. Hrsg. vom berliner Vereine für religiöse Kunst in der evangel. Kirche. (1. Hälfte.) Imp.-Fol. (6 Stnt. in Tondr. mit 1 Blatt Text.) Berlin 860, (Ernst und Korn.) *

Kirchengesang bei dem katholischen Hochamt an den Festtagen des Herrn . . . Marburg 1826. V: *Multer*, *Joh. Christian.* (NN)

Kirchengesang, Der zürcherische, seit der Reformation. Zürich [1855.] V: *Stierlin, Bernhard.* (Cat. d. Stadtbibl. Zürich. Zürich 1864—97.)

Kirchengesangbuch

— d. allgem. deutsch-lutherische, s. Sarnighausen.

—— das allgemeine deutsch-lutherische. Vorschlag zur Herstellung desselben aus der hannoverschen Landeskirche von J. D. Sarnighausen. Mit einer Vergleichung des s. g. eisenacher Entwurfes. gr. 8. (XX und 613 S.) Hannover 855, Rümpler. *

Kirchen- und Haus-Gesangbuch, christliches, s. A. Crome.

Kirchen- und Haus-Gesangbuch, christliches. Für luther. Gemeinen. Nebst einem Gebetbuch, einem Lectionarium, enthaltend die sonn- und festtägl. Episteln und Evangelien, die Passions-Historie, die Beschreibung der Zerstörung Jerusalems, die drei Haupt-Symbola und die augsburg. Confession, und den kleinen Katechismus Dr. Mart. Luthers. Hrsg. von Carl Petrus Thdr. Crome. 8. (579 S.) Köln 856. Elberfeld, (Bädeker'sche Buchh.) *

Kirchen-Gesangbuch, deutsches evangelisches. In 150 Kernliedern. (Hrsg. von der deutschen evangelischen Kirchen-Conferenz in Eisenach.) (Petit-Ausg.) 8. (VIII und 150 S. mit Melodien.) Stuttgart 854, Cotta'sche Buchh.

—— dass. — (Garmond-Ausg.) gr. 8. (VIII und 130 S. mit Melodien.) Ebds. 854.

Kirchen-Gesangbuch, Evangelisches, oder Sammlung der vorzüglichsten Kirchenlieder, theils in altkirchlicher Gestalt mit den Varianten von Bunsen, Stier, Knapp, dem Berliner Liederschatz, dem Hallischen Stadtgesangbuche und dem Württemberger Gesangsbuchs-Entwurf, theils in abgekürzter und überarbeiteter Form . . . Halle a. S. 1842. H: *Daniel, Hermann Adalbert.* (Russell V, 204) (Hauptkat. d. Univ.-Bibl. Tübingen. G. S. 410.)

Kirchen-Gesangbuch, evangelisches, oder Sammlung der vorzügl. Kirchenlieder theils in alt-kirchlicher Gestalt mit den Varianten von Bunsen, Stier, Knapp, dem Berliner Liederschatz, dem Hallischen Stadtgesangbuche u. dem Würtemberg. Gesangbuchs-Entwurf, theils in abgekürzter u. überarbeiteter Form. Mit einleit. Abhandlung u. einem biograph. Register d. Lieder-Verf. Lex.-8. Halle 842, Lippert. 1 3/4 ₰

Kirchen-Gesangbuch, evangelisches, od. Sammlung d. vorzügl. Kirchenlieder theils in alt-kirchl. Gestalt mit d. Varianten v. Bunsen, Stier, Knapp, dem berliner Liederschatz, dem hallischen Stadtgesangbuche u. dem würtemberg. Gesangbuchs-Entwurf, theils in abgekürzter u. überarbeiteter Form. Mit einleit. Abhandlung u. ein. biograph. Register der Lieder-Verfasser. Lex.-8. (28 1/2 B.) Halle 842. [Schmidt's Verl.]

Kirchen- und Haus-Gesang-Buch, Evangelisches. O. O. 1767. H: *Müller, Burchard Georg & Joh. Böttger.* (BrMm)

Kirchen- und Haus-Gesangbuch, evangelisches, für die königl. preuß. schles. Lande. Nebst einem Lectionarium und Gebetbuch. 8. (XVII und 622 S. mit Anhang 272 S. und 1 Holzschnt.) Breslau 858, Korn. *

Kirchen- und Haus-Gesangbuch, evangelisches, für die königl preuß. schles. Lande. Nebst einem Lectionarium und Gebetbuch. 4., sorgfältig durchgeseh. und verb. Aufl. gr. 8. (XII und 804 S. mit 1 Holzschntaf.) Breslau 867, Korn. *

Kirchen- und Haus-Gesangbuch, evangelisches, für die königl. preuß. schlesischen Lande. Nebst Lectionarium und Gebetbuch. 5., sorgfältig durchges. und verb. Aufl. gr. 8. (812 S. und Anhang 12 S. mit 1 Holzschntaf.) Breslau 868, Korn. *

Kirchen- und Haus-Gesangbuch, evangelisches, für die königl. preußischen schlesischen Lande. (Schlesisches Gesangbuch.) Nebst einem Lectionarium und Gebetbuch. Mit Genehmigung des Landes- und im Auftrage der Provinzial-Kirchen-Behörde. 6. und 7. Aufl. gr. 8. (XII, 806 S. mit 1 Holzschntaf.) Breslau 876, Korn. * ℳ 2,40.; geb. in Halbleinw. * * geb. in Halbldr. * ℳ 4,50.; in Leinw. * geb. in Ldr. mit Goldschn. * ℳ 6.; in Chagrin mit Goldschn. * * geb. in Sammet mit Goldschn. *

Kirchen- und Haus-Gesangbuch, evangelisches, für die königl. preußisch-schlesischen Lande. (Schlesisches Gesangbuch.) Nebst einem Lectionarium und Gebetbuch. Mit Genehmigung der Landes- und im Auftrage der Provinzal-Kirchen-Behörde. 8.—12. Aufl. gr. 8. (XII, 806 S. mit 1 Holzschntaf.) Breslau 877—83, Korn. *
geb. in Halbleinw. * * ℳ 3,40.; in Halbldr. *
geb. in Leinw. * ℳ 5,30.; in Ldr. mit Goldschn. *
geb. in Chagrin mit Goldschn. * *
geb. in Sammet mit Goldschn. *

Kirchen- und Haus-Gesangbuch, evangelisches, für die königl. preußisch-schlesischen Lande. (Schlesisches Gesangbuch.) Nebst einem Lectionarium und Gebetbuch. Mit Genehmigung der Landes- und im Auftrage der Provinzial-Kirchen-Behörde. 13. und 14. Aufl. gr. 8. (XII, 806 S. mit 1 Holzschntaf.) Breslau 885,87, Korn. *
geb. in Halbleinw. * * ℳ 3.40.; in Halbleder *
geb. in Leinw. * ℳ 5.30.; in Leder mit Goldschn. *
geb. in Chagrin mit Goldschn. * *
geb. in Samt mit Goldschn. *

Kirchen- u. Haus-Gesangbuch, evangel., f. d. kgl. preuß. schles. Lande. Nebst e. Lectionarium u. Gebetbuch. M. Genehmigg. d. Landes- u. im Auftr. d. Prov.-Kirchen-Behörde. (16. Aufl.) gr. 8. (X, 804 S. m. 1 Titelbild.) Breslau 892. W. G. Korn. n. 2, 60

Kirchen- u. Haus-Gesangbuch, evangel., f. die königl. preuß. schlesischen Lande. Nebst e. Lectionarium u. Gebetbuch. Mit Genehmigg. der Landes- u. im Auftrage der Prov.-Kirchen-Behörde. Ausg. 1900. gr. 8. (V, 806 S. m. Titelbild.) Breslau, W. G. Korn. n.n. 1.80; geb. von n.n. 2.90 bis n.n. 11.—

Evangelisches Kirchen- und Haus-Gesangbuch für die Königl. Preuß. Schlesischen Lande. Nebst e. Lectionarium u. Gebetbuch. Breslau: W. G. Korn 1904. (XII, 806 S.) 8° [F.] [illegible] 2

— evangelisches, für die Königl. Preuß. Schlesischen Lande. Nebst einem Lectionarium u. Gebetbuch. Breslau (857.) Korn. 8. (XVII, 622 S., Anh. 272 S. u. 1 Holzschn.) n. 16 ngr.

Kirchen-Gesang-Buch für evangelisch-lutherische Gemeinden ungeänderter augsburgischer Confession darin des sel. Dr. Mart. Luthers und anderer geistreichen Lehrer gebräuchlichste Kirchen-Lieder enthalten sind. gr. 12. (XI und 574 S.) New-York 851. (Philadelphia, E. Schäfer und Koradi.) *

Kirchen-Gesangbuch für evangelisch-lutherische Gemeinden ungeänderter Augsburgischer Confession, darin des sel. Dr. Martin Luthers und anderer geistreichen Lehrer gebräuchlichste Kirchen-Lieder enthalten sind. 45. Aufl. gr. 16. (XIX, 481 S.) St. Louis, Mo. 1875. (Dresden, H. J. Naumann.) *

Kirchen-Gesangbuch für evangelisch-lutherische Gemeinden ungeänderter Augsburgischer Confession, darin des sel. Dr. Martin Luthers und anderer geistreichen Lehrer gebräuchlichste Kirchen-Lieder enthalten sind. 46.—52. Aufl. 12. (XIX, 481 S.) St. Louis, Mo. 877—84. (Dresden, H. J. Naumann.) *
—— dass. — 17. Aufl. 16. (XX, 468 S.) St. Louis, Mo. 881. (Ebendas.) *

Kirchen-Gesangbuch für evangelisch-lutherische Gemeinden ungeänderter Augsburger Confession, darin des sel. Dr. Mart. Luthers und anderer geistreichen Lehrer gebräuchlichste Kirchen-Lieder enthalten sind. 53. und 54. Aufl. 12. (XIX, 481 S.) St. Louis, Mo. 885,87. (Dresden, H. J. Naumann.) *

—— dass. — (Große Ausg.) 31. Aufl. 8. (XXII, 378, 154 S.) (Ebendas.) 885. *

—— dass. — (Kleine Ausg.) 23. Aufl. 16. (XX, 468 S.) (Ebendas.) 886. *

Kirchen-Gesangbuch f. evangelisch-lutherische Gemeinden ungeänderter Augsburgischer Confession, darin d. sel. Dr. Martin Luther's u. anderer geistreichen Lehrer gebräuchlichste Kirchenlieder enthalten sind. (Mittlere Ausg.) 54. Aufl. 12. (XIX, 481 S.) St. Louis, Mo. 887. (Dresden, H. J. Naumann.) n. 1. 50; kleine Ausg. 23. Aufl. 16. (XX, 468 S.) 886. n. 1. 30

Kirchen-Gesangbuch f. d. Harz. Neue, unveränd. Aufl. Mit 3 Anhängen. 1) Anh. z. Harz-Gesangb. 2) Episteln u. Evangelien auf alle Sonn- u. Fest-Tage, nebst d. festl. Vorlesn.; so wie d. aus d. vier Evangelisten zusammengezog. Gesch. v. d. Leiden, Sterben u. Aufersteh. 2c. Jes. Chr., u. d. Beschr. d. Zerstör. Jerusalems. 3) Gebetbuch. 8. (46 B.) Clausthal 834, 35, Schweiger.

Kirchen-Gesang-Buch für das Herzogthum Lauenburg nebst einem Gebet-Buche. Neue verb. Aufl. Lauenburg. 1777. 8°.

Unter der Vorerinnerung: Geschrieben Ratzeburg, 18ten Junius. 1776. Anton Gottfridt Alberti.

Kirchen-Gesangbuch für das Herzogthum Lauenburg. Ratzeburg. 1833.

Kirchen- und Haus-Gesangbuch, Neu eingerichtetes, welches den Kern alter und neuer Lieder in sich fasset . . . Copenh. 1745. 49. 55. 62. 66. H: *Giese, Adam Ludw.* (Bruun, Bibl. Danica. I, 380.)

Neueingerichtetes Ost Frisisches Kirchen-Gesang Buch .... Aurich, 1784. Lang-12°.
Sehr schönes Ex.

Kirchen-Gesang-Buch. Schlesisches // Kirchen- //Gesang-Buch /// Worin // diejenigen Lieder zusam- //men getragen sind / welche bey öf- //fentlichen Gottesdienste/und Be-//gräbnüssen /// Der Evangelischen Gemei- //nen in Schlesien / bißher // üblich gewesen /// Nebst unterschiedenen Registern /// über // Die fremden Worte / die in etlichen// Gesängen zu finden sind: und über die // Autores der Lieder // und anderer // zum Gebrauch nöthigen // Dinge mehr / // Samt einem doppelten // Anhang: // I. Eines lateinischen Gesang-Büch- //leins / von den bekantesten alten Hymnis, // II. Eines kleinen Gebet-Büchleins /// aus den so genanten Kirchen-Col- //lecten zusammen gesetzet. // Breßlau und Lignitz /// Verlegts Michael Rohrlachs seel. // Wittib. und Erben / 1704. -
Ist Benjamin Schmolck der Herausgeber ?
24 Blatt (nicht paginiert) Titelblett, Vorrede, Register und Titel. - 586 S. und noch 7 Blatt (nicht paginiert) Register. Die Vorrede ist von Caspar Neumann verfaßt.
Dann folgen:
Gebet-Büchlein // in dem Hause des HErrn // GOTT // für seine Wohltaten zu preisen / Und um alles das / was uns an Seel // und Leib gut und selig ist /// demüthig anzuruffen /// Aus den alten Kirchen-Gebe- //ten / die man vor Zeiten Collecten ge- //nennet / kürtzlich zusammen getra- // gen / und ordentlich // eingerichtet. - 2o S.
und:
CANTIONALE // LATINUM, // VETERUM PARITER // ET RECENTIORUM CARMINA // QUAEDAM SACRA & HYMNOS // alios // in Ecclesiis Evangelicorum non // ignotos continens: 132 S. und noch 5 Blatt (nicht paginiert) Register.
D. S. T. 12°.146.

Kirchen-Gesangbuch für Studierende. Salzburg 1857. Druck und Verlag der Duyle'schen Hofbuchdruckerei. (147 S. IV. 8.)

Kirchengesangbuch, Verbessertes Erbachisches. Heidelberg 1797. H: *Schneider, Franz Hnr.* (winer)

Kirchen-Gesangbuch, verbessertes Erbachisches, herausg. von F. H. Schneider. 8. Heidelb. 797.

Kirchen-Gesang-Buch, das Wittenbergische, worin die Lieder Dr. M. Luthers u. anderer gottsel. Liederdichter enthalten u. zum Gebrauch für die kirchl. u. häusl. Andacht geordnet sind. Mit einem Anh. von 127 alten u. neuen Liedern u. mit einer Sammlung von Gebeten versehen u. neu herdg. Wiesbaden 866. Niedner. 8. (XVI, 836 S.) n. 18 ngr.

KIRCHENGESÄNGE. Pressburg o. J.: Druck v. A. Schreiber. 11 S. - 160 mm

KIRCHENGESÄNGE und Andachtsübungen für die Gymnasial- und Normalschüler zu Kremsier. Skalitz 1838: Mit Franz Xav. Skarnitzl'schen Schriften. 63 S. - kl. 8°
- Dass. o. O. o. J.

KIRCHEN-GESÄNGE für kath. Christen, insbesondere für die Schuljugend und die Glieder der Marienvereine. Groß Becskerek o. J. Im Verlage der Buch- und Steindruckerei des Fr. P. Pleitz. 132 S. - 32°

KIRCHENGESÄNGE für katholische Christen der Gemeinde Deutsch-St.-Peter. Arad 1877: Ungerleider, Hantos. 92, (2) S. - 8°

— christkathol., zum Gebrauch beim öffentl. Gottesdienst in den k. k. österr. Staaten. 18. Grätz, Ferstl. 8 Kr in Dutz. 7 Kr

CHRIST-katholische Kirchen-Gesänge. Tyrnau 1801. Gedr. bey Wenzel Jelinek. 6 l. - 120 mm

CHRISTKATHOLISCHE Kirchengesänge, nebst Meß-, Beicht-, Communion- und Rosen-Gebeten. Oedenburg 1847: Buchbinder K. Kilian u. J. Pinz. 142 S. - 200 mm

Kirchengesänge, deutsche, nebst einigen Gebeten. Zum Gebr. der an d. Studir-Anstalt zu Kempten studirenden Jugend. 4e Aufl., mit Musik. 8. Kempten 822. Kösel. 3 Kr

Kirchengesänge, deutsche und lateinische, sammt deren Melodien für kathol. Gymnasien. Voran: 1. Gute Meinung. 2. Gebete beim heil. Meßopfer. 8. (399 S.) Paderborn 849, Wesener. *

Kirchen-Gesänge, deutsche und lateinische, sammt deren Melodieen für kathol. Gymnasien. 2., verm. und verb. Aufl. 12. (423 S.) Paderborn 862, Wesener. *

— funfzig zweistimmige, für die kathol. Schuljugend. Gesammelt von Th. Birk. 3e verb. Aufl. gr. 8. Cöln 837. Du Mont-Schauberg. 5 Kr

—— u. Gebete f. die katholische Jugend d. deutschen Volks- u. Bürgerschulen in Pilsen. Hrsg. v. den Lehrkörpern obgenannter Anstalten. 8. (IV, 144 S.) Pilsen 891, (Maasch). ** — 52; geb. ** — 72

Kirchengesänge und Gebete für die katholischen Studierenden des k. k. Obergymnasiums in Iglau. 12. (IV, 52 S.) Iglau 888, Bäuerle. geb. *

— sammt Gebeten u. Litaneien, zum Gebrauche beim öffentl. Gottesdienste. Mit Holzschn. 8. Wien 837. Armbruster. 1/12 ℔

KIRCHENGESÄNGE / zum Gebrauche / beim öffentlichen Gottesdienste / in der Klosterkirche / der ehrwürdigen P. P. Kapuziner / in / Essek. Essek 1859. Gedr. bei Carl Lehmann &Co. 58, 1 S. - 8°

— zum Gebrauche der Schuljugend, s. Auswahl von Schulgesängen.

Kirchengesänge zum Gebrauche für die katholische Schuljugend am Böhmer-Walde. 1857. Prag, 1857. Druck von Friedrich Rohlíček im erzbischöfl. Seminar. (32 S. 8.)

Kirchengesänge für kathol. Gymnasien, ins Besondere zum Gebrauche des Theodorianum zu Paderborn. gr. 12. Paderborn 835. Wesener. 3/4 ℔ Velinp. 1 ℔

Kirchengesänge f. d. kathol. studir. Jugend. 8. (2½ B.) Regensburg 825, (Manz.)

—— für die katholische studirende Jugend. 10. Aufl. gr. 8. (40 S.) Regensburg 864, Manz. *

Kirchengesänge für die katholische studirende Jugend. 11. Aufl. 8. (40 S.) Regensburg 869, Manz. *

Kirchengesänge für die Jugend der Oberrealschulen in Preßburg. Preßburg, 1857. Druck von Alois Schreiber. (68 S. 8.)

KIRCHENGESÄNGE für die Jugend der Ober-Realschulen in Preßburg. Preßburg 1857. Druck v. Alois Schreiber. 58 S. - 120 mm
- Dass. Preßburg 1862: Schreiber. 58 S. - 120 mm

Kirchengesänge für die Jugend der frommen Schulen. 8. Abdr. 12. (89 S.) Olmütz 860, Slavik.

Kirchengesänge für die studirende Jugend. kl. 8. (60 S.) Leitomischl. Druck von A. Augusta. Verlag von J. G. Wesselik. 1854.

Kirchengesänge für Katholiken, insbesondere f. die kathol. Jugend. 2 Thle. Korneuburg 891, Kühkopf. * 1 50
1. Melodien u. Texte. 5. Aufl. 8. (73 S.) * — 30.
2. Orgelbegleitung. qu. gr. 4. (IV, 36 S.) * 1 20.

Kirchengesänge f. Katholiken, insbesondere f. die kathol. Jugend. 2 Tle. Korneuburg, J. Kühkopf. n. 2. 30
1. Melodien u. Texte. 6. Aufl. (IV, 73 S.) 16. (902.) — 30
2. Orgelbegleitung. (IV, 34 S.) qu. 8. 900. 2. —

—— katholische, s. a. Lieder-Sammlung für die Schuljugend.

— kathol., in d. Deutsche übertragen mit d. latein. Text zur Seite, v. J. Chr. v. Zabuesnig. 3 Bde. Neue Ausg., mit e. Vorrede v. C. Egger. gr. 8. Augsb. 830. Wolff. 2 ℔

—— 28 katholische, meistens bearb. für Sopran, Alt und Baß. gr. 16. (56 S.) Einsiedeln 873, Gebr. Benziger.

Kirchengesänge, katholische, ausgewählt und mit den Melodien versehen zum Gebrauche für das katholische Volk, insbesondere für die kathol. Jugend. 12. (68 S.) Korneuburg 880, Kühkopf's Buchh. *

—— katholische, ausgewählt u. m. Melodien versehen zum Gebrauche f. das katholische Volk, insbesondere f. die katholische Jugend. 4. Aufl. 12. (68 S.) Ebd. 891. * — 40

— katholische. Zum Gebrauche in Schule u. Kirche. 8. (64 S.) Breslau 894. E. Morgenstern, Verl. n. — 20

Kirchengesänge, katholische. Zum Gebrauche in Schule u. Kirche. 4. Aufl. 8. (72 S.) Breslau 898. E. Morgenstern, Verl. n. — 20

— dasselbe. Mit Genehmigg. d. kirchl. Behörde hrsg. v. Breslauer Lehrern. Ausg. f. d. Orgel. qu. 4. (39 S.) Ebd. 898. n. 2. —

Katholische Kirchengesänge z. Gebr. in Schule u. Kirche. 7., durchges. Aufl. In d. neuesten amtl. Rechtschreibung. *Breslau: E. Morgenstern 1903.* (72 S.) 8° [F.] [03. 9138 2

— dasselbe. Hrsg. v. Breslauer Lehrern. Ausg. f. die Orgel. 2. verb. Aufl. (39 S.) qu. gr. 8. Ebd. (906).

Katholische Kirchengesänge zum Gebr. in Schule u. Kirche. 8., durchges. Aufl. Breslau: E. Morgenstern 1907. (72 S.) 8° [F.] [08. 3336

Kirchengesänge, katholische, zum Gebrauche in Schule u. Kirche. 9., durchgeseh. Aufl. (72 S.) 8. Breslau 909. E. Morgenstern, Verl. — 25

Katholische Kirchengesänge und Gebete. Gesammelt u. hrsg. im Auftr. d. Fürstbischöfl. Delegatur zu Berlin. *Berlin: Germania 1902.* (VIII, 639, XVI S.) 8° [F.] [03. 14076 11

Kirchengesänge u. Gebete, katholische, zum Schulgebrauch zusammengestellt v. der fürstbischöfl. Delegatur in Berlin. (52 u. II S.) kl. 8. Berlin 903. Germania. Geb. n. — 20

Katholische Kirchengesänge und Gebete. Zum Schulgebr. zsgest. von d. Fürstbischöfl. Delegatur in Berlin. Berlin: Germania [1905]. (52, II S.) 8° [F.] [06. 3038

[F. u. Ant.] Katholische Kirchengesänge für Schule u. Kirche. M. Genehm. d. kirchl. Behörde hrsg. v. Breslauer Lehrern. Ausg. f. d. Orgel. *Breslau: E. Morgenstern [1898].* (39 S.) 1 Bd quer-4. [98. 8010 II

Katholische Kirchengesänge für Schule und Kirche ... hrsg. von Breslauer Lehrern. Ausg. f. d. Orgel. 2. verb. Aufl. Breslau: E. Morgenstern [1906]. (39 S.) quer-8° [F. u. Ant.] [06. 5578

Kirchen- und Schulgesänge, katholische — für die Jugend. Gratz. Dr. und Papier von Josef A. Kienreich. Leibnitz, 1857. Bei Johann Kortschak. (140 S. 8.)

Kirchengesänge nebst einem biblischen Kindergespräch . . . Bair. 1789. V: *Künneth, Johann Theodor.* (Fiker)

Kirchengesänge, Alter Kirchenlehrer, zuförderst aber D. Luthers sämtliche, nach reiner Mundart . . . entworfen. Jena u. Rudolstadt 1784. H: *Albrecht, J. C.* (MGT)

Kirchen- und Meßgesänge zum Gebrauche für die Schuljugend an der k. k. Haupt- und Realschule zu Krumau. Dritte Auflage. Im Selbstverlage des Reallehrers Franz Knapp. Prag, 1853. Druck von Kath. Gerzabek. (100 S 1 Bl. 8.)

— Psalmen u. geistl. Lieder Dr. M. Luthers u. andrer frommen Christen, siehe: Schatz des evangel. Kirchengesangs.

Kirchengesänge auf das am 1. Mai 1791 von den Protestanten in Ungarn zu feiernde Religionsfest . . . O. O. 1791. V: *Werthes, Frdr. August Clemens.* (Herold, Werthes. Münster i. W. 1898 S. 178.)

Kirchengesänge für die Schuljugend an der k. k. Hauptschule im Benediktiner Stifte Admont. 8. (46 S.) Grätz, Druck von den A. Leykam'schen Erben 1853.

Kirchengesänge für die Pfarrgemeinde Staab und Umgebung. Pilsen 1894. V: *Hübner, Casimir Jos.* (Goovaerts, Ecrivains de l'ordre de Prémontré. I. Bruxelles 1899.)

KIRCHENGESÄNGE für die Studierenden zu Kremsier. Skalitz o. J.: Mit Franz Xav. Skarnitzl u. Söhne Schriften. 15 S. - 8°

KIRCHENGESÄNGE der röm.-kath. landwirtschaftlichen Bevölkerung Südungarn's nebst Morgen-, Abend-, Meß-, Vesper-, Beicht- und Communiongebete. Gebete zu der allerheiligsten Dreieinigkeit, zu dem Leiden Christi, der allerseligsten Jungfrau Maria und dem heiligen Kreuzwege. Gebete um Regen, gute Ernte, beim Gewitter, Litaneien u.s.w. Perjámos (Perjamosch) o. J. Druck u. Verl. v. Alois Pirkmayer. 209, 2 S. - 174 mm

—— 12, in ihrer ursprünglichen Gestalt. Weihnachtsgabe. 4. (14 lithogr. S.) Schwerin 851, (Stiller'sche Hofbuchh.) *

FÜNF schöne auserlesene Kirchen-Gesänger. Ave Maria klare, du lichter Morgenstern. Der Tag, der ist so freudenreich allen Kreaturen. Christus ist erstanden vor seine Marter allen. Komm, heiliger Geist mit deiner Gnad, mit deiner Hilf. Christi Mutter stund voll Schmerzen bey dem Kreuz. Oedenburg 1790: Joh. Jos. Sieß.

Kirchen-Gesangstücke, 30 ältere mehrstimmige, ohne Begleitung von Palaestrina, Orl. de Lasso, Fux, J. Handl und anderen bedeutenden Meistern, übertragen zunächst für Harmonium-Orgel (Orchestrion) und hrsg. von Wilh. Wortmann. qu. gr. 4. (IV und 52 S.) Düsseldorf 855, (Kampmann.) *

Kirchengesang-Vereinstag, der erste deutsch-evangelische, zu Stuttgart am 3. und 4. Octbr. 1882. gr. 8. (80 S.) Stuttgart 882, Metzler'sche Buchh. *

Kirchengesang-Vereinstag, der zweite deutsch-evangelische. zu Frankfurt a. M. am 26. und 27. Septbr. 1883. gr. 8. (64 S.) Stuttgart 883, Metzler'sche Buchh. *

—— der dritte deutsch-evangelische, zu Halle a/S. am 16. und 17. Septbr. 1884. gr. 8. (71 S.) Ebendas. 884. *

Kirchengesang-Vereinstag, der 4. deutsch-evangelische, zu Nürnberg am 15. und 16. Septbr. 1885. 8. (80 S.) Hildburghausen 886, Gadow und Sohn. *

Kirchengesang-Vereinstag, der 6. deutsch-evangelische, zu Berlin am 11. bis 13. Oktbr. 1887. gr. 8. (60 S.) Darmstadt 887. (Waitz.) n. — 50

Kirchengesang-Vereinstag, d. 7. deutsch-evangelische, zu Breslau am 2. u. 3. Oktbr. 1888. gr. 8 (48 S.) Darmstadt 888. (J. Waitz.) n. 1. —

Der neunte deutsch-evangelische Kirchengesang-Vereinstag zu Kiel am 22. und 23. September 1890. Darmstadt. 1890. 8°

Kirchengesang-Vereinstag, der 10. deutsch-evangelische, zu Darmstadt am 29. u. 30. Septbr. 1891. gr. 8. (II, 66 S.) Darmst. 891, (Waitz). * 1 —

— dasselbe. 11. Vere[illegible] zu Ulm am 26. u. 27. Septbr. 1893. gr. 8. (II, [illegible] S.) Ebd. 893. n. 1, —

— dasselbe. 12. Vereinstag zu Hannover am 25. u. 26. Septbr. 1894. gr. 8. (66 S.) Ebd. 894. n. 1. —

— dasselbe, d. 13. Vereinstag zu Wiesbaden am 29. u. 30. Septbr. 1896. gr. 8. (63 S.) Ebd. 896. n. 1. —

Kirchengesangvereinstag, der 18. deutsche evangelische, zu Rothenburg o. T. am 17. u. 18. VII. 1905. (77 S.) 8. Leipzig 905. Breitkopf & Härtel. n. — 60

Kirchengesangvereinstag, der 20.—22. deutsche evangelische. 8. Leipzig, Breitkopf & Härtel. nn 1. 50
20. Zu Stuttgart am 8. u. 9. X. 1907. (84 S.) 907. — 60; erm. Pr. nn — 30
21. Zu Berlin vom 5. bis 7. X. 1908. (46 S.) 908. — 60
22. Zu Dessau am 18. u. 19. X. 1909. (61 S.) 909. — 60

Kirchengeschichte [Sachliches OW]

Kirchen- und Weltgeschichte, Allgemeine, von der Schöpfung an bis auf unsere Zeiten. Nach dem Französischen des Hrn. Augusti Calmets . . . Augsburg 1776—80. Ü (I/1. 2. II/1. 2. III/1.): *Kleinsorg, Raphael.* (MGT) Ü: *Fischer, Gfr. Aug., Georg Socher & Raph. Kleinsorg.* (Ky)

Kirchengeschichte, Christliche, für Schulen und Familien . . . 5. Aufl. Calw 1838. V: *Barth, Chn Glob.* (Winer)

Kirchengeschichte, christliche, f. Schulen u. Familien. Mit Abbildn. Hrsg. v. d. Calwer Verlags-Verein. 1—8., unveränd. Aufl. gr. 12. (à 11½ B.) Calw 835—42. (Stuttgart, J. F. Steinkopf.) à *

Kirchengeschichte, christliche, für Schulen u. Familien. Mit Abbild. Hrsg. v. d. Calwer Verlagsverein. 8. Aufl. 842 u. 9., unveränd. Aufl. gr. 12. (à 11½ B.) Calw. Stuttgart. (J. F. Steinkopf.) * 6¼ Ngr.; — in Partien *

Kirchengeschichte, christliche, für Schulen und Familien. Mit (eingedr. Holzschn.-)Abbild. Hrsg. von dem Calwer Verlagsverein. 19. Aufl. (260 S.) 1871; 20. verb. Aufl. 8. (IV, 257 S. mit eingedr. Holzschn.) Calw 876. (Stuttgart, J. F. Steinkopf.)

—— christliche, für Schulen und Familien. Hrsg. von dem Calwer Verlagsverein. 21. verm. Aufl. 8. (308 S. mit eingedr. Holzschn.) Ebendas. 882. *ℳ 1.; geb. *

Kirchengeschichte, christliche. 21. verm. Aufl. 8. (IV, 304 S. mit eingedr. Holzschn.-Abbild.) Calw 882, Vereinsbuchhandlung. *

Kirchengeschichte, christliche. Hrsg. von dem Calwer Verlagsverein. 22. verm. Aufl. 8, (IV, 316 S. mit 73 Holzschn.) Calw 887, Vereinsbuchhandlung. *ℳ 1.—; geb. *

Kirchengeschichte, christliche. Hrsg. v. dem Calwer Verlagsverein. 23. verb. Aufl. 12. (IV, 315 S. m. 81 Abbildgn.) Calw 892, Vereinsbuchh. * 1 —

Kirchengeschichte, christliche. Hrsg. vom Calwer Verlagsverein. 24. verb. Aufl. (IV, 304 S. m. 66 Abbildgn.) kl. 8. Calw u. Stuttgart 905. Vereinsbuchh. n. 1. —; geb. in Leinw. n.n. 1. 70

Kirchengeschichte, christliche. Mit (eingedr. Holzschn.-) Abbildgn. 21., verm. Aufl. 8. (IV, 304 S.) Calw 882. Vereinsbuchh. n. 1. —

Kirchengeschichte, kleine. Ein kathol. Lehrbüchlein für die kathol. Jugend. Bearbeitet von e. kathol. Pfarrgeistlichen Cöln's. (Auf Veranlassung der jüngst erschienenen kleinen Kirchengeschichte von F. W. Krummacher.) 8. Regensburg 845, Manz. 1/3 ℔

Kirchengeschichte, kleine, mit Bildern (in eingedr. Holzschn.) für katholische Volksschulen. 8. (91 S.) München 875, Stahl. *

Kirchengeschichte, kleine illustrirte, für katholische Volksschulen. Bearbeitet von geistlichen Schulmännern. In-8⁰, 64 S. Mit 20 Illustrationen. Einsiedeln, Gebr. K. & N. Benziger. 1881 — 40

—— kleine, für die lernbegierige Jugend des Luxemburger Landes. gr. 8. (III, 52 S.) Luxemburg 880, Breisdorff. *

— kleine, f. städtische Volksschulen, Mittelschulen u. höh. Mädchen- u. Knaben-Schulen. Von einem Schulmanne. (119 S.) 8. Limburg 908. A. Hötte. n.n. — 50; geb. n.n. — 70

Kirchengeschichte, kurze, in Einzelbildern f. die Oberklassen kathol. Volksschulen. 8. (42 S.) Cöln (902). J. P. Bachem. n. — 25

—— kurzgefaßte, nach Didon. 12. (22 B.) Aachen 840, 41, Cremer'sche Buchh.
Aus: Kleine wohlf. kathol. Bibliothek, besond. abgedruckt.

Kirchengeschichte in Lebensbildern für Schule und Haus. 1867. gr. 8. (IV und 125 S.) Cöln, (Roemke und Comp.) * geb. *

Kirchengeschichte in Lebensbildern für Schule und Haus. 3. Aufl. Herborn 1875. V: *Wilhelmi, F. C.* (RUSSELL IX, 567.)

—— in Lebensbildern f. Schule u. Haus. 5. Aufl. 8. (152 S.) Herborn 890, Buchh. d. Nassauischen Colportagevereins. geb. * — 60

— in Lebensbildern f. Schule u. Haus. (Von F. Ch. Wilhelmi.) 6. verb. u. verm. Aufl. (Von Herm. Grünewald.) (164 S.) 8. Herborn 904. Buchh. des nass. Colportagevereins. Geb. n. — 60; in Leinw. n. — 80

—— märkische. Zusammengestellt aus 6 Vorträgen, geh. von Nagel, Biehler, Seidel, Schöne, Plenz u. Burgdorf, v. Alb. Burgdorf. 8. (V, 138 S. m. 6 Bildnissen.) Cottbus 891. Fürstenwalde, Christophorus-Verlag. cart. * 1 —
1. Schöne, Paul. Die Einführung des Christenthums in d. Mark Brandenburg. — 2. Biehler, Friedr. Die Einführung der Reformation in der Mark Brandenburg. — 3. Burgdorf, Alb. Simon Musäus, der erste lutherische Pastor in Fürstenwalde [1544]. — 4. Plenz, Rhold. Kurfürst Johann Sigismund. — 5. Nagel, Johs. Paulus Gerhardt. — 6. Seidel, C. Die Erhaltung d. lutherischen Kirche.

Kirchen-Prediger- u. Schulgeschichte d. Herrsch. Sorau und Triebel a. J. F. Conradi Handschr., herausg. von J. G. Worbs. 8. Lpz. Comt. f. Lit. 803.

Kirchengeschichte in Quellen u. Texten. I. Tl. Altertum u. Mittelalter. In deutscher Übersetzg. hrsg. v. Greg. Schwamborn. (XVI, 147 S.) 8. Neuss 908. L. Rutz. 1. 80

Kirchengeschichte von den Reformirten in Frankfurt a. M. 8. Frankf. a. M. 751. Brönner. 12 gr.

Kirchen-, Religions- und Reformationsgeschichte des Nürnbergischen Städtlein Lauf. [Nürnberg 1780.] V: *Zahn, Benedict Wilhelm.* (will)

Kirchengeschichte. Aargaus Kirchen- und Sittengeschichte bis auf Rudolf von Habsburg s. [Schuler, Johann Melchior].

Kirchen- und Sittengeschichte, Aargaus, bis auf Rudolf von Habsburg. (Aarau 1827—28.) V: *Schuler, Melchior.* (Cat. d. Stadtbibl. Zürich. Zürich 1864—97.)

— d. N. Testament bis auf diese Zeit, in 27 Tabellen. Fol. Mannh. Löffler. 777.

— d. neuen Testaments bis auf diese Zeit, in 27 Tabellen. Fol. Stuttg. 777. Steinkopf. 1 ℔

Kirchengeschichte, Versuch einer, s. Versuch.

-- württembergische. Hrsg. vom Calwer Verlagsverein. Lex.-8. (VIII, 756 S.) Calw 893. Vereinsbuchh. n. 10. —; geb. in Halbfrz. n. 12. —

Kirchengeschichte [Schlagwort]

Kirchengeschichte. Heussi, Karl, u. Herm. Mulert, Atlas zur Kirchengeschichte. 66 Karten auf 12 (farb.) Blättern. (18 S. Text.) Lex.-8. Tübingen 905. J. C. B. Mohr. Kart. n. 4. —

Kirchengeschichten, christliche, für Schulen u. Familien. Mit Abbildd. Herausg. von dem Calwer Verlags-Verein. gr. 12. Stuttgart 835. (Steinkopf.) 1/4 ℔ — 2e verb. Aufl. gr. 12. Calw 835. (Ebd.) 1/4 ℔ — 4e verb. Aufl. gr. 12. Stuttgart 837. Ebd. n. 5 gr — 7e verb. Aufl. 8. Ebd. 840. n. 5 gr

Kirchengesetz

—— betr. die Wahlen der Pfarrer in der evangelisch-luther. Kirche der Prov. Hannover, vom 22. Decbr. 1870, nebst Bekanntmachung des königl. Landes-Consistoriums vom 21. Decbr. 1874 zur Ausführung des Kirchengesetzes vom 22. Decbr. 1870, betr. die Wahlen der Pfarrer in der evangelisch-luther. Kirche der Provinz Hannover. gr. 8. (23 S.) Hannover 875, Meyer. *

Kirchengesetz vom 26. V. 1905 (K. G.- u. V.-Bl. S. 31) u. Staatsgesetz vom 14. VII. 1905 (G.-S. S. 277) betr. die Erhebung v. Kirchensteuern in den Kirchengemeinden u. Parochialverbänden der evangelischen Landeskirche der älteren Provinzen der Monarchie, nebst den zu den beiden Gesetzen ergangenen Ausführungs-Anweisungen u. der allerhöchsten Verordng. vom 23. III. 1906 üb. die Ausübg. der Rechte des Staates gegenüber der evangel. Landeskirche der älteren Provinzen der Monarchie (G.-S. S. 53). (Umschlag: Die Kirchensteuergesetze f. die älteren preuss. Provinzen nebst Ausführungsanweisgn.) (76 S.) 8. Berlin, G. Nauck. 1906 1. —

Kirchengesetz über die Fürsorge für die Wittwen und Waisen der Geistlichen vom 20. Mai 1909 nebst d. dazugehörigen Satzungen d. Pfarr-Witwen- u. Waisenfonds u. d. Staatsgesetze v. 20. Mai 1909. Aus d. Begründung u. and. Quellen erl. von Dr. Werner Werther, Rektor a. D. Berlin: Reichsbote 1909. 30 S. 8° (09. 1118

Kirchengesetz, das hannoversche, vom J. 1864, die Abrenuntiationsfragen bei der heil. Taufe betr. nach der heil. Taufe beurtheilt von einem Diener der luther. Kirche im Hannoverschen. gr. 8. (43 S.) Hannover 869, Brandes. *

Kirchen-Gesetz und Kirchen-Gewalt in der bayerischen Pfalz. Eine übersichtliche, historisch-kritische Darstellung des Kampfes der vereinigten protestantischen Kirche der bayerischen Pfalz mit der Hierarchie. 1—3. unveränd. Abdr. München 860. Franz. gr. 8. (81 S.) n. 10 ngr

Kirchengesetz über die Pfarrbesoldung vom 20. Mai 1909 nebst d. dazugehörigen Satzungen d. Alterszulagekasse u. d. Staatsgesetze v. 20. Mai 1909. Aus d. Begründung u. and. Quellen kurz erl. von Dr. Werner Werther, Rektor a. D. Berlin: Reichsbote 1909. 67 S. 8° (09. 1118)

Kirchengesetz über die Ruhegehaltsordnung für die Geistlichen vom 20. Mai 1909 nebst d. dazugehörigen Satzungen d. Ruhegehaltskasse u. d. Staatsgesetze v. 20. Mai 1909. Aus d. Begründung u. and. Quellen erl. von Dr. Werner Werther, Rektor a. D. Berlin: Reichsbote 1909. 37 S. 8° (09. 1119)

Kirchengesetze vom 5. April, 11. 12. 13. und 14. Mai 1873. gr. 8. (32 S.) Berlin 873, v. Decker'sche Geh. Ober-Hofbuchdr. *

—— 1874. Gesetz über die Verwaltung erled. kathol. Bisthümer. Vom 20. Mai 1874. Gesetz wegen Declaration und Ergänzung des Gesetzes vom 11. Mai 1873, über die Vorbildung und Anstellung der Geistlichen. [Gesetz-Sammlung 1873. S. 191.] Vom 21. Mai 1874. gr. 8. (16 S.) Berlin 874, v. Decker'sche Geh. Ober-Hofbuchdr.

—— 1875. Gesetz, betr. die Einstellung der Leistungen aus Staatsmitteln für die römisch-kathol. Bisthümer und Geistlichen. Vom 22. April 1875. Gesetz, betr. die geistl. Orden und ordensähnl. Kongregationen der kathol. Kirche. Vom 31. Mai 1875. Gesetz über die Vermögensverwaltung in den kathol. Kirchengemeinden. Vom 20. Juni 1875. Gesetz, betr. die Rechte der altkathol. Kirchengemeinschaften an dem kirchl. Vermögen. Vom 4. Juli 1875. gr. 8. (40 S.) Berlin 875, v. Decker's Verlag.

Kirchengesetze. Die kirchl. polit. Gesetzgebung d. Jahre 1873–75 erläut. Berlin 875.

Mit Erläuterungen von:

Gneist. Lpzg. 873.	1	60
Herrfurth. 2. Aufl. 2 Thle. Berlin 876.	4	80
Hinschius. 3 Thle. Berl. 874 bis 81.	12	10
Hölnghaus. Berlin 886.	1	50
v. Kleinsorgen. 2. Ausg. Berlin 887.		
Rintelen. 2. Abdr. Paderb. 887. (M. Abänder.-Ges. v. 29./7. 87.)		
Steinitz. Berlin 875.		

Die **Kirchengesetze** betreffend die Fürsorge für die Wittwen und Waisen, das Diensteinkommen u. die Ruhegehalts-Ordnung d. Geistlichen d. ev. Kirchengemeinschaften d. Konsistorialbezirks Cassel. Auf Veranl. d. Gesammtsynode zsgest. vom Kgl. Consist. zu Cassel. *Cassel 1901: Weber & Weidemeyer.* (XII, 152 S.) 8° [F.] (02. 10256 4

—— die neuen. Elf Leitartikel der Kreuzzeitung. gr. 8. (41 S.) Berlin 873, Puttkammer und Mühlbrecht. *

—— die neuen, und ihre Folgen für die evangelische Kirche. Conferenzvortrag in Brandenburg a. d. H. gehalten. 8. (43 S.) Berlin 873, Rauh.

—— die vier politischen. gr. 8. (22 S.) Berlin 873, Kortkampf. *

Kirchengesetze, die königl. sächsischen. Enthaltend die Kirchenvorstands- und Synodalordnung vom 30. März 1868, die Kirchengesetze vom 15. April 1873 und die damit in Verbindung stehenden Verordnungen. Nebst der Consistorialverordnung vom 30. Novbr. 1875 und einem Anhang, die die Kirche betr. Reichsgesetze. Mit ausführl. Sachregister. 2. Aufl. 8. (IV, 96 S.) Leipzig 876, Roßberg'sche Buchh. *

Die 1. Aufl. erschien 1873 u. d. T.: Das königl. sächs. Volksschulgesetz und die Kirchengesetze. Vgl. XV. Bd. 2. Abthl. S. 801.

Kirchengesetze d. Königr. Würtemberg v. 1793—1808, herausg. von J. Fr. Reuchlin. gr. 8. Stuttg. 809. Metzler. 1 ₰ 6 ℋ

Kirchengesetzentwürfe, die hessischen, in ihrem Verhältniß zur Verfassungs-Urkunde. Zur Widerlegung der Schrift: „Die Verfassungs-Urkunde des Großherzogthums Hessen und die neuen Kirchengesetzentwürfe, von einem rhein. Juristen". gr. 8. (28 S.) Darmstadt 875, Jonghaus'sche Hofbuchh. *

Kirchengesetzgebung, die preußisch-deutsche, seit 1871. Vollständige Sammlung der auf den Kirchenconflict in Preußen und Deutschland bezügl. Staatsgesetze und wichtigeren ministeriellen Erlasse. 8. (IV, 124 S.) Münster 876, Aschendorff'sche Buchh. *

Kirchenglaube und Erfahrung. Ergebnisse der Alterthumskunde, der Sittengeschichte, der Astronomie, Geologie und Naturgeschichte. Stuttgart 1854. V: *Rumpf, Johann Wilhelm.* (zu)

Kirchenglaube und Erfahrung. Ergebnisse der Alterthumskunde, der Sittengeschichte, der Astronomie, Geologie und Naturgeschichte. gr. 8. (XII und 216 S.) Stuttgart 854, Göpel.

Evangelisch-Lutherische Kirchenglocke: 1897–1921
Monthly. Organ of Allgemeine Deutsche Evangelisch-Lutherische Synode von Wisconsin und anderen Staaten. Edited by B. P. Nommensen.
Milwaukee, WI

Kirchengüter, üb. protestant. überhaupt. 4. Frankfurt, Möhr.

Kirchengüter, über protestant., überhaupt, (v. Ribstein). 4. (Manh.) 799. Schwan u. G. 10 ℋ

— über protestant., überhaupt, u. d. Ansprüche d. evangel.-luther. Kirche auf diejenigen in d. Pfalz insbesondere, (v. D. L. Wundt). gr. 8. o. O. (Manh.) 801. Kaufmann. 1 ₰

— auch etwas über die, u. über d. Verhältnisse geistl. Personen u. Sachen im Staate überhaupt u. in d. schweizer. Eidgenossenschaft insbesondere. Gegen Geiger u. Görres. gr. 8. Zürich 828. Geßner. 6 ℋ

Kirchenhandbuch, Lübeckisches. gr. 8. Lübeck, Bohn. 754.

Kirchen-Handbuch, lutherisches, zunächst zum Gebrauch in den Herzogth. Bremen und Verden, Königreichs Hannover. gr. 8. (IV, 22 und 8 lithogr. S.) Verden 856, Tressan. *

Kirchenhandbuch, worin festgesetzt ist wie der Gottesdienst in den schwedischen Gemeinden verrichtet werden soll ... Lübeck 1825. Ü: *Dunkel, Marcus.* (winer)

Kirchenhandbuch, worin festgesetzt ist, wie d. Gottesdienst in d. schwed. Gemeinen verrichtet werden soll. Uebersetzung. 8. Lübeck 825. v. Rohden. 12 ₰

Kirchenhaner, G. H. (Hrsg.), s. Zeitschrift, Hamburgische, für Politik, Handel und Handelsrecht.

Kirchen-Harfe, die. Eine Sammlung geistreicher Lieder, zum Gebrauch des öffentl. und Privatgottesdienstes der vereinigten Brüder in Christo. 3., verb. Aufl. 32. (IV und 284 S.) Dayton, Oh. 858. (Philadelphia, Schäfer und Koradi.) geb. *

Kirchenhein, Arthur von

Kirchenheim, A. v., Einführung in das Verwaltungsrecht. Nebst Grundriß. gr. 8. (X, 174 S.) Stuttgart 885, Enke. *

— s.: Handbibliothek des öffentl. Rechts.

— Kirchenrecht, s.a. Sammlung theolog. Handbücher.

Kirchenrecht. Für deutsche Theologen u. Juristen von A[rthur] v. Kirchenheim, Prof. in Heidelberg. *Bonn: A. Marcus & E. Weber 1900.* (xv, 407 S.) 8°
= Sammlung theologischer Lehrbücher. T. 6. [00. 7301 5

Kirchenheim, A. v., Lehrbuch d. deutschen Staatsrechts, s.a. Handbibliothek d. öffentlichen Rechts.

Kirchenheim, Arthur v.: Lehrbuch des deutschen Staatsrechts. Stuttgart 1887.

Lehrbuch des Kirchenrechts von A[rthur] v. Kirchenheim, Prof. 2. neubearb. Aufl. Heidelberg: Winter 1910. XII, 344 S. 8° [11. 1681

— d. Litteratur d. Strafrechts u. d. Kriminalpolitik 1884—1894, s.a. Litteraturbericht, juristischer, 1884—1894.

Die Litteratur des Staatsrechts und des Verwaltungsrechts 1884 bis 1894 v. Arthur v. Kirchenheim, Prof. in Heidelberg. *Leipzig: J. C. Hinrichs 1896.* (1 Bl., 42 S.) 8.
= Litteraturbericht, Juristischer, 1884—1894. H. 8.
= Centralblatt f. Rechtswissenschaft. Ergänzgsbd. [96. 8405

Die Litteratur des Strafrechts und der Kriminalpolitik 1884 bis 1894 v. Arthur v. Kirchenheim, Prof. in Heidelberg. *Leipzig: J. C. Hinrichs 1896.* (1 Bl., 35 S.) 8.
= Litteraturbericht, Juristischer, 1884—1894. H. 6.
= Centralblatt f. Rechtswissenschaft. Ergänzgsbd. [96. 8405

— s.: Litteraturbericht, jurist., 1884—1894.

Kirchenheim, Arth. v., die rechtliche Natur der Antragsdelicte. gr. 8. (V, 91 S.) [Tübingen 877, Laupp'sche Buchh.] Freiburg i. Br., Mohr. *

Kirchenheim, rechtl. Natur d. Antragdelikte. Thübingen 878.

— s.: Prozeß Kirchenheim.

— u. Reinartz, z. Reform d. Irrenrechts. 11 Leitsätze z. Besserg. d. Irrenfürsorge u. Beseitigg. d. Entmündigungsunfugs, im Auftr. e. am 21. Novbr. 1894 in Göttingen zusammengetret. Vereinigg. mit Begründung hrsg. 8. (64 S.) Barmen 895. D. B. Wiemann. n. 1. —

—— zur Reformation des Rechtsunterrichts. 8. (46 S.) Leipzig 887, Böhme Nachf. *

Kirchenheim, Arth. v., die Regentschaft. gr. 8. (VII, 164 S.) Leipzig 880, Duncker und Humblot. *

[F.] Schlaraffia politica. Geschichte d. Dichtgn v. besten Staate. [Vf.: Arthur v. Kirchenheim.] *Leipzig: F. W. Grunow 1892.* (3 Bl., 318 S., 1 Bl.) 1 Bd 8. [97. 4433

— der Ultramontanismus u. die deutsche Reichsgesetzgebung, insbesond. das bürgerl. Gesetzbuch. Vortrag bei der XIII. Generalversammlg. des Evangel. Bundes zu Halberstadt. 2. X. 1900. gr. 8. (22 S.) Leipzig 900. Buchh. des ev. Bundes v. C. Braun. n.n. — 10

—— die Universitätsbotenanstalten des Mittelalters, s. Festschrift zur fünfhundertjährigen Stiftungsfeier der Universität Heidelberg.

—— Verwaltungsrechtspraktikum. Fälle und Fragen aus dem Gebiete des öffentl. Rechts zum akadem. Gebrauche und zum Selbststudium für Juristen und Verwaltungsbeamte gesammelt und bearb. gr. 8. (XVI, 118 S.) Stuttgart 883, Enke. *

Kirchenheim, Arth. v., s.: Centralblatt f. Rechtswissenschaft.

Grosz-Wilckauer Kirchen-Himmel. 1729. Schweidnitz, bey Joh. Christian Müllern. *Schliesst mit dem Liede:* „Es woll uns Gott genädig sein" etc. 8 *Ll.*

Kirchenhistoria. Durch etliche Gottfürchtige Menner zu Magdeburg. Aus dem Lateinischen Exemplar durch die Authores vleissig verdeudscht vnd trewlich vbersehen. Wortgetreuer Nachdruck, mit dienlichen Anmerkungen. Wollen solche historien helffen auff die nachkommen bringen. — Geschichte des nachapostolischen Zeitalters der Apostolischen Kirchenlehrer. (Herausg. von Chrf. Graf Münnich.) A. u. d. T.: Kirchen Historia. Die anndere hundert Jar oder Centurien, Darinnen ordentlich vnd mit hohem vleis beschrieben wird der gantze stand vnd das Wesen der Kirchen Christi rc. Aus dem Latein. Exemplar rc. Gedruckt zu Jhena, durch Thomam Rebart. 1560. Hamburg 855. (Agentur des Rauhen Hauses.) gr. 8. (10 Bl., 416 S.) n. 2 ₰.

Kirchen- und Bibel-Historie. Oder Kurtze und einfältige Unterweisung der Schul-Jugend von der Christlichen Religion nach Gottes Wort. [Bern] 1750. V: *Kyburz, Abraham.* (BSchwI.k V, 10c)

Kirchen-Historie, die anndern hundert Jar oder Centurien. Darinnen ordentlich vnd mit hohem vleis beschrieben wird, der gantze stand vnd das Wesen der Kirchen Christi. A. d. Latein. . . . Hamburg 1855. H: *Münnich, Chph Graf.* (ZU)

Kirchenhistorie, Holbergische. Dritter bis sechster Theil, oder Fortsetzung 1ster bis 4ter Theil, von der Reformation bis 1700. Ulm 1762—77. V: *Köhler, Johann Ludwig.* (MGT) (ML)

Kirchenhistorie, kurzgefaßte, d. böhmischen Brüder. 8 Schwab. 739.

Kirchenhistorie durch etliche Gottfürchtige Menner zu Magdeburg. A. d. Latein. . . . Hamburg 1855. H: *Münnich, Christoph Graf.* (ZU) (KY)

Kirchen-Historie, Schlesische, worinnen der Schlesier unterschiedliche Religionen vorgestellet wird. Frankf. 1708–9. V: *Sinold gen. v. Schütz, Philipp Balthasar* [?]. (ADB) »Freyst. 1715«. V: *Zschackwitz, Joh. Ehrenfried.* (Myl)

Kirchenjahr, das. Eine Sammlung von Predigten ausgezeichneter Kanzelredner auf alle Sonn- u. Festtage nach der Ordnung des Kirchenjahres redig. von Fr. Hoffmann. 1.—7. Hft. gr. 8. Berlin 845, 46. (Wohlgemuth.) à n. 1/6 ß

Kirchenjahr, das, ein Andachtsbuch für katholische Christen. Vom Verf. des Lebens Jesu. 2., verb. und stark verm. Aufl. gr. 12. (XIV und 490 S. mit lithogr. Titel und 1 Titelkpfr.) Innsbruck 862, C. Rauch's Buchh.

Kirchenjahr, Das. Leitfaden für den katechetischen Unterricht der römisch-katholischen Jugend Solothurns. Solothurn 1878. 2. Aufl. 1880. 3. Aufl. 1881. V: *Walter, Arnold.* (BSchwLk V, 10 e)

Kirchenjahr, das. Leitfaden für den katechet. Unterricht der röm.-kathol. Jugend Solothurns. 1. und 2. Aufl. 16. (16 S.) Solothurn 878,84, Schwendimann. *

Kirchenjahr, das. Kurze Erklärg. d. hl. Zeiten d. kathol. Kirche. E. Handbüchlein f. d. Volksschule. 8. (40 S. m. Abb.) Regensburg 895. J. Habbel. n. — 20

Kirchenjahr, das, des kathol. Christen, geheil. durch Gebete, Andachtsübungen u. Litaneyen. Nebst e. kurzen Anweis. z. geistl. Vollkommenheit aus d. Schriften d. heil. Theresia. 8. (28 B. u. 5 Kpfrt.) Augsburg 835. (Regensburg, Manz; Wien, Mechitaristen-Congreg.-Buchh.)

Kirchenjahr, das christliche. Predigten über die Sonn- und Festtags-Evangelien des ganzen Kirchenjahres, unter Redact. von Wilh. Stöber und unter Mitwirkung von Kanzelrednern der meisten evangel. Landeskirchen Deutschlands hrsg. zum Besten hilfsbedürftiger evangel. Gemeinden. 20 Lfgn. Lex.-8. (530 S.) Regensburg 887,88, Bößenecker. à Lfg. 40 Pf.
geb. * ℳ 9.50.; mit Goldschn. *

— das christliche. Beigabe zum Diözesankatechismus im Anschlusse an das 8. Gebot Gottes oder das 1. Kirchengebot. (7 S.) kl. 8. Bühl (903). Unitas. — 03

Kirchenjahr, das christliche. Seine Einteilg. u. Erklärg. (12 S) kl. 8. Karlsruhe (905.) J. J. Reiff. n. — 10

Kirchen-Jahr, das geheiligte. ꝛc.

Bdchn. 3. Alleluja! Oster-, Pfingst- und Frohnleichnams-Andachten. Für die Zeit vom Osterfeste bis zum Feste Aller-Heiligen. Enthaltend: 8 vollständige Meßandachten, 12 Betstunden für die heil. Oster-, Pfingst- und Frohnleichnamszeit und die gewöhnlichen Andachten eines kathol. Christen. (VIII und 424 S. mit lithogr. Titel und 4 Stahlst.) 15 Ngr.

" 4. Lobet Gott in seinen Heiligen. Andachten zur Verehrung der Heiligen und zur Heiligung des tägl. Lebens. Enthaltend: 7 vollständige Meßandachten, Andachten an den Festtagen des Herrn, der allerseligsten Jungfrau Maria ꝛc. (VIII und 423 S. mit lithogr. Titel und 4 Stahlst.) 15 Ngr.

—— das geheiligte. Vollständigstes Gebet- und Erbauungsbuch zur würdigen Feier des Gottesdienstes bei den heil. Zeiten und Festen des kathol. Kirchenjahres. Aus den besten, kirchlich approbirten Andachtsbüchern gesammelt und bearb. von H. W. und nach seinem Ableben zum Druck befördert von Jos. Heinr. Suter. 4 Bdchn. 12. Einsiedeln 859, Gebr. Benziger.

Inhalt:

Bdchn. 1. Ehre sei Gott in der Höhe und Friede den Menschen auf Erden. Advents- und Weihnachtsandachten. Für die Zeit vom 1. Adventssonntag bis zum Aschermittwoch. Enthaltend: 8 vollständige Meßandachten, 5 Betstunden für die heil. Advents- und Weihnachtszeit ꝛc. (284 S. mit lithogr. Titel und 4 Stahlst.) 12 Ngr.

" 2. Thut Buße, das Himmelreich ist nahe. Fastenandachten. Für die Zeit von Aschermittwoch bis zum Osterfeste. Enthaltend: 4 vollständige Meßandachten, die Leidensgeschichte unsers Herrn Jesu Christi, 9 Betstunden für die heil. Fastenzeit ꝛc. (VIII und 324 S. mit lithogr. Titel und 4 Stahlst.) 12 Ngr.

Kirchenjahr, das katholische, 6. Aufl., s.: **Boll, J.**

Kirchenjahr, das katholische. Lesungen zur Belehrung und Erbauung für alle Sonn- und Festtage des Jahres. gr. 8. (258 S.) Wien 871, Mayer und Comp. *

—— das katholische. Anhang zu Schusters bibl. Geschichte mit 114 Abbild. In neuer Orthographie. 8. (48 S.) Freiburg i. Br. 881, Herder'sche Verlagsh. *

— d. katholische. Eine kurze Erklärg. d. kirchl. Zeiten, Feste, Ceremonien, Weihgn. ꝛc. ꝛc. Nebst religiösen Belehrgn. u. Unterweisgn. üb. d. Gottesdienst, d. wichtigsten hl. Gebräuche u. Segngn., d. hl. Orte, Geräte, d. religiösen Bilder, d. Novenen, Prozessionen, Wallfahrten, Bruderschaften, Vereine u. d. ewige Gebet. Zum Gebrauche in Schule u. Haus. 8. (38 S.) Breslau 898. G. P. Aderholz. n. — 20

— **das katholische.** Anh. zu Schuster's biblischer Geschichte m. 114 Abbildgn. (48 S.) 8. Freiburg i/B. (903). Herder. — 10; kart. — 18

— **das katholische.** (Eine schematisch-symbol. Darstellung als Anschauungsmittel f. den Unterricht.) 5. Aufl. (2 farb. S. auf Karton.) kl. 8. Donaueschingen (906). O. Mory. n. — 10

Kirchenjahr, das katholische, gefeiert in Gebet und Gesang. Ein Gebet- und Gesangbuch hrsg. von einem kathol. Priester der Diözese Würzburg. gr. 8. (XI und 568 S. mit 1 Ttlkpfr.) Würzburg 853, (Kellner.) *

—— das katholische, in 200 geistlichen Liedern. Ausgewählt aus approbirten Büchern von einem Priester der Diöcese Regensburg. gr. 16. (128 S.) Regensburg 869, Pustet. cart.

—— marianisches. Fromme Uebungen, Gebete und Betrachtungen für 31 verschiedene Mutter-Gottes-Feste. Von einem Mitglied des Kapuzinerordens. 12. (XXVIII, 724 S. mit 1 Stahlst.) Mainz 883, Kirchheim. *
geb. *

Kirchenjahr, marianisches. Fromme Uebgn., Gebete u. Betrachtgn. f. 31 verschiedene Mutter-Gottes-Feste. Von e. Mitglied d. Kapuzinerordens. 2. Aufl. 12. (XXVIII, 724 S. m. 1 Stahlst.) Mainz 892, Kirchheim. * 3 —; geb. in Leinw. * 4 20

Kirchen-Jahr, das, in einer Reihe von Litaneien mit den betreffenden Gebeten, nebst den gewöhnl. Andachtsübungen und andern Gebeten eines kathol. Christen. Mit 1 Titelkpfr. gr. 16. (VIII und 252 S. mit lithogr. Titel.) Innsbruck 858, C. Rauch.

Das **Kirchenjahr** in Sang und Klang. Allerlei Musikbedarf f. kirchl. Feste u. Gelegenheiten. [Jg. 1.] Buslar: P. Warnstorf [1905]. 4° [F.]
[illegible]

Kirchen-Jahrbuch, praktisch-homiletisches, für katholische Prediger. 1834. Vom ersten Adventsonntage (1. Decbr. 1833) bis zum letzten Sonntage nach Pfingsten (23. Novbr. 1834). Herausg. mit Begutachtung des Fürstbischöfl. Ordinariats von einem Vereine kathol. Prediger aus der Diözese Seckau. gr. 8. Grätz 834. Ferstl. 1 1/3 ß

Kirchen-Jahrbuch, Protestantisches, für das Königreich Bayern. Sulzbach 1812. H (Jg. 1): *Hänlein, Hnr. Carl Alexander.* (MGT) (Ky)

Kirchenjahrbuch, protestantisches, für d. Königr. Baiern, (von H. K. A. Hänlein). 1r Jahrg. gr. 8. Sulzb. 812. (v. Seidel).

Kirchen-Inventar für die Kirche zu Westensee. Bordesholm. 1905. Fol.

Kirchenjournal, Römisches; a. d. Ital. Augsburg 1785. Ü: *Schneider, Eulogius.* (BB) »A. d. Lat.« (Ky)

Kirchenjournal, römisches. Aus d. Latein. (v. Eul. Schneider). 1r Jahrg. 4 Thle. 8. Augsb. 780. Doll. 1 ₰ 16 ℊ

Kirchen-Kalender, der, mit besonderer Berücksichtigung des Osterfestes. Ein Beitrag zum richtigen Verständnisse des röm. Missales, Breviers und Martyrologiums. Von einem Priester der Linzer Diöcese. gr. 8. (IV und 118 S.) Linz 862, (Haslinger.) *

Kirchen-Kalender, Aachen-Burtscheider, für das J. 1874. Hrsg. unter Mitwirkung der hochwürd. Geistlichkeit. 16. (81 S.) Aachen 874, Jacobi und Comp. **

Kirchen-Kalender, Aachen-Burtscheider, f. d. J. 1897. Hrsg. unt. Mitwirkg. d. hochw. Geistlichkeit. gr. 16. (156 S.) Aachen, A. Jacobi & Co. n. — 50

Kirchenkalender, Aachener, f. d. J. 1910. Hrsg. vom „Pius-Blatt". (68 u. 4 S.) kl. 8. Aachen, A. Jacobi & Co. — 40

Kirchen-Kalender, allgemeiner katholischer, als Anhang zu allen kathol. Gebet- u. Erbauungsbüchern. Mit 9 Kpfr. 12. Wien 835. Pfautsch. ²/₃ ₰

—— Calwer. Theologisches Handwörterbuch, illustriert. Unter Mitwirkg. v. F. Braun, J. Gitle, Th. Hermann rc. redig. v. P. Zeller u. hrsg. v. dem Calwer Verlagsverein. 16 Lfgn. od. 2 Bde. Lex.-8. (IV, 1008; IV, 996 S.) Calw u. Stuttg. 893, Vereinsbuchh. à Lfg. * 1 —; * 16 —; geb. in Hlbfrz. * * 20 —

Kirchen-Kalender, evangelischer, für das gemeine J. 1877. 1. Jahrg. Nebst Verzeichniß der evangel. Geistlichkeit des Deutschen Reiches, nach amtl. Quellen hrsg. von Osc. Berend. 2 Thle. gr. 16. und gr. 8. (XX, 236; 187 S.) Berlin, Mahlo. geb. und geh. *
Nicht weiter erschienen.

EVANGELISCHER KIRCHENKALENDER FÜR ELSASS-LOTHRINGEN.
Herausgegeben im Auftrag der Elsässischen Pastoral-Conferenz.
1875–1880. Strassburg. J. H. Ed. Heitz. 8°.
Herausgegeben im Auftrag der Strassburger Pastoral-Conferenz:
1880—1883. ib. -
1884—1886. ib. 1883. C. F. Schmidt's Universitäts-Buchhandlung Friedrich Bull.
Im Auftrag der Strassburger Pastoral-Conferenz herausgegeben von C. FR. BOEGNER.
1887. ib. C. F. Schmidt's Universitäts-Buchhandlung Friedrich Bull.

Kirchenkalender, evangelischer, für Elsass-Lothringen. 1884—1886. Hrsg. im Auftrage der Strassburger Pastoral-Conferenz. 12. (39 S.) Strassburg, Schmidt's Universitäts-Buchh. *

Kirchenkalender, evangelischer, für Elsass-Lothringen. 1887. Im Auftrag der Strassburger Pastoral-Conferenz hrsg. von C. Fr. Boegner. 8. (39 S.) Strassburg, Schmidt's Universitäts-Buchh. *
Nicht weiter erschienen.

Kirchenkalender, evangelischer, f. Elsass-Lothringen. 1890 u. 1892. Im Auftrag der Strassburger Pastoral-Conferenz hrsg. v. C. Fr. Boegner. 12. (à Jahrg. 40 S.) Strassb. i. E., Schmidt. à Jahrg. * — 60
Erscheint nur alle 2 bis 4 Jahr.

Kirchenkalender, evangelischer, f. Elsass-Lothringen. 1894. Im Auftrag der Strassburger Pastoral-Conferenz hrsg. v. C. Fr. Boegner. 8. (43 S.) Strassburg, F. Bull. n.n. — 70

— evang., f. Elsass-Lothringen. 1898. 1899. Im Auftr. d. Strassburger Pastoral-Conferenz hrsg. v. E. Küss. 8. (43 S.) Strassburg, F. Bull. n.n. — 70

Kirchenkalender, evangelischer, für Elsass-Lothringen. 1902. 1903. Im Auftrag der Strassburger Pastoral-Conferenz hrsg. v. E. Küss. 8. (45 S.) Strassburg, F. Bull. n.n. — 70

— evangelischer, f. Elsass-Lothringen. 1907. Im Auftrag der Strassburger Pastoral-Konferenz hrsg. v. E. Küss. (48 S.) 8. Strassburg, Buchh. der evangel. Gesellschaft. n.n. — 70

— evangelischer, f. Elsass-Lothringen 1910. Im Auftrag der Strassburger Pastoral-Konferenz hrsg. v. L. Huck. (48 S.) 8. Strassburg, Buchh. der ev. Gesellschaft. nn — 70

— evangelischer, der Stadtdiöcese Karlsruhe f. d. J. 1876. Auf Veranlaßg. d. Diöcesansynode hrsg. vom Diöcesanausschuß. 5. Jahrg. gr. 8. (46 S.) Karlsruhe, Braun. n. — 30

— evangelischer, der Stadtdiöcese Karlsruhe f. d. J. 1877. Auf Veranlassung der Diöcesansynode hrsg. vom Diöcesanausschuß. 6. Jahrg. gr. 8. (52 S.) Karlsruhe, Braun. — 30

Kirchen- u. Schulkalender, evangelischer, f. die Gemeinden d. Synodalbezirks Osterwieck auf d. J. 1890, im Auftrage der Kreissynode hrsg. v. A. Reinecke. 8. (VIII, 53 S.) Osterwieck, Zickfeldt. n. — 20

— Frankfurter 1907, f. die evangelischen Stadt- u. Landgemeinden des Konsistorialbez. Frankfurt a. M. (19. Jahrg.) (97 S. m. Abbildgn. u. 1 Taf.) gr. 8. Frankfurt a/M. (R. Scheffel). n. — 40.

— Frankfurter evangelisch-lutherischer, auf d. J. 1895. Hrsg. v. dem evang.-luth. Prediger-Ministerium. 7. Jahrg. gr. 8. (52 S. m. Abbildgn.) Frankfurt a/M., (Evangel. Buchh.). n. — 35

— Frankfurter evang.-lutherischer, 1899. Hrsg. v. d. evang.-luther. Prediger-Ministerium. 11. Jahrg. gr. 8. (52 S. m. Abb.) Frankfurt a/M. (Ev. Buchh.) n. — 35

— Frankfurter evangelisch-lutherischer, 1900. Hrsg. v. dem evangelisch-luther. Prediger-Ministerium. 12. Jahrg. gr. 8. (56 S. m. Abb.) Frankfurt a/M. (Ev. Buchh.) n.n. — 35
Nicht mehr im Buchhandel.

—— für die evangelisch-lutherische Gemeinde Frankfurt a. M. und die evangelisch-lutherischen frankfurter Landgemeinden auf das J. 1889. Hrsg. von dem evangelisch-luther. Prediger-Ministerium. 1. Jahrg. 1889. gr. 8. (48 S.) Frankfurt a. M., (Detloff's Verlag.) *

—— f. die evangelisch-lutherische Gemeinde Frankfurt am Main u. die evangelisch-lutherischen Frankfurter Landgemeinden auf d. J. 1890—1893. Hrsg. v. dem evangelisch-luther. Prediger-Ministerium. 2.—5. Jahrg. gr. 8. (à Jahrg. ca. 50 S. m. Text-Bildern u. 1 Taf.) Frankf. a. M., (Evangel. Buchh. Elsteyen u. Lange). à Jahrg. * — 35

Kirchen-Kalender f. d. evangel. Geistlichen ꝛc., f. Bährens, E. Fr. W.

— für d. evangel. Geistlichen u. Kirchenvorsteher in d. kön preuß. Rheinland-Westphalen für d. J. 1830, 31. 1r, 2r Jahrg, herausg. von E. F. W. Bährens. gr. 8. Essen, Bädeker. à J. 20 gγ

Kirchen- u. Hauskalender f. das katholische Elsass auf d. J. 1896. 9. Jahrg. Hrsg. v. J. Chr. Joder. 12. (32 S.) Strassburg, F. X. Le Roux & Co. n.n. — 10

Kirchen- u. Hauskalender f. d. kathol. Elsass auf d. J. 1898. 12. Jahrg. Hrsg. v. J. Chr. Joder. 12. (34 S.) Strassburg, F. X. Le Roux & Co. n.n. — 10

Kirchen- u. Hauskalender f. das kathol. Elsass auf d. J. 1903. 17. Jahrg. Hrsg. v. J. Chr. Joder. 12. (32 S.) Strassburg (F. X. Le Roux & Co.). n. — 10

Kirchen- u. Hauskalender f. das kathol. Elsass auf d. J. 1906. 20. Jahrg. Hrsg. v. J. Wendling. (32 S.) kl. 8. Strassburg (F. X. Le Roux & Co.). — 10

Kirchen- u. Hauskalender f. das katholische Elsass auf d. J. 1910. 24. Jahrg. Hrsg. v. J. Wendling. (40 S.) kl. 8. Strassburg, F. X. Le Roux & Co. — 10

Kirchencalender aller Heiligen, die unter der Regel des heil. Benedikt gelebt haben. Pappenheim 1786. V: *Stocker, Bernhard.* (MGT) (Ky) (Winer) (AarK)

Kirchenkalender aller Heiligen, die unter d. Regel d. heil. Benedict gelebt haben, (von B. Stocker). 2 Thle. 4. Pappenh. 786. 1 ₰ 8 gγ

Kirchenkalender, Hof- u., Hochfürstl.-freysingischer, a. d. J. . . . . . 1796. M. 1 Portr. Freysing.

Kirchen-Kalender der evang. reform. Johannisgemeinde zu Lissa i. P. [1–3.] Auf d. J. 1900–02. *Lissa in P. 1900–02: A. Schmädicke.* 3 Bde 8° [J.]
Forts. s. u. d. T.: Jahr-Büchlein der ev.-ref. Johannisgemeinde.

— der evang. reform. Johannisgemeinde zu Lissa, Fortsetzg., s. Jahr-Büchlein der evang.-reform. Johannisgemeinde.

— katholischer, auf die Jahre 1840 bis 1869. (Enthält die Fest-, Fast- u. Heiligentage der kathol. Kirche. Mit einer Zeittafel d. beweglichen Feste.) 8. Leipzig 840. Hunger. 1/6 ₰

—— katholischer, f. die Stadt Freiburg auf d. J. 1889 u. 1890. Hrsg vom St.-Johann-Ludwig-Verein. 12. (156; 136 S.) Freib. i. Br., (Herder). Jahrg. 1889 * 1 —; Jahrg. 1890 * — 75
Nicht weiter erschienen.

Kirchen- und Volks-Kalender, katholischer, zunächst für Sachsen auf das Jahr 1851—59. 1—9. Jahrg. Leipzig. (Jackowitz.) gr. 4. Jeder Jahrg. n. 4 ngr.

Kirchen- und Volks-Kalender, katholischer, zunächst für Sachsen auf die Jahre 1860—1864. 10—14. Jahrg. Leipzig, (Jackowitz.) gr. 4. 10—12. Jahrg.: à n. 4 ngr.; 13. u. 14.: à n. 5 ngr.

Cölner Kirchen-Kalender. [Jg. 1.] Für d. J. 1905. Hrsg. von Dr. Arnold Steffens, Domcapitular. Cöln: H. Theissing (1904). 8° [J.]

Kirchen-Kalender, Cölner, f. d. J. 1906. 117. Jahrg. Hrsg. v. Arnold Steffens. (VIII, 171 S.) 8. Cöln, H. Theissing. n. — 60

— Cölner, f. d. J. 1910. 121. Jahrg. Hrsg. v. Arnold Steffens. (IX, 190 S. m. Titelbild.) kl. 8. Cöln, H. Theissing. — 75

Kirchenkalender, Mannheimer katholischer, (8. Jahrg.) 1891—1894 v. Frz. Winterroth. gr. 8. (161 S.) Mannheim 894. Gremm & Lorenz. n.n. — 60

— der Erzdiözese München-Freising f. d. J. 1907. 34. Jahrg. (96 S. m. 1 Stahlst.) kl. 8. München, J. J. Lentner. n. — 50

— der Erzdiözese München-Freising f. d. J. 1911. 38. Jahrg. (102 S. m. 1 Stahlst.) kl. 8. München, J. J. Lentner. — 50

— der evangelischen Gemeinde Münster f. d. J. 1910. 20. Jahrg. (67 S.) 8. Münster, J. Bredt. nn — 30

—— reformirter, f. Deutschland. Im Auftrage d. reformirten Bundes zusammengestellt v. Friedr. Braydes. 16. (VI, 186 S.) Elberf. 889, Expedition d. reformirten Schriftenvereins. * — 50

Kirchenkarte [Schlagwort]

Kirchenkarte. Übersichtskarte der evangelischen Kirche augsb. u. helv. Bekenntnisses in Österreich. Hrsg. vom k. k. evang. Oberkirchenrate augsb. u. helv. Bek. 1908. 1 : 1,000,000. 2 Blatt à 74×66 cm. Farbdr. Mit Text am Fusse. Wien (909). G. Freytag & Berndt. Auf Leinw. m. Stäben 8. 50

Kirchenkatechesen, christkathol., zum Gebrauch für d. k. k. Staaten eingerichtet. 2 Bde. 8. Augsb. 791. Merz. 1 ₰ 4 Bde. 8. Wien 790. v. Mösle. 1 ₰ 12 gγ

Kirchen-Kommissions-Ordn. m. Erläuterungen f. d. Grossherz. Baden, hrsg. v. Seng. *Freiburg*, Wagner. 831. gr. 8. (1 Thl. 15 Gr.)

Kirchen-Kommissions-Ordnung, kathol., mit Erläutern. f. d. Großhrzgth. Baden, hrsg. v. Seng. gr. 8. ... Freiburg 831, Wagner. Thlr.

(F) Das mährische Kirchenkonkurrenzgesetz vom 2. April 1864, LGB. Nr. 11. 8°. (133 S.) K 2.—
Brünn: Winkler 1906.

Kirchen-Concurrenz-Gesetze bezüglich der katholischen Kirche in Kärnten. gr. 8. (8 S.) Klagenfurt 882, (Heyn.) *

Kirchen-Correspondent, Leipziger, unpartheiischer, redig. von K. Ed. Goldmann. 1s Quart. gr. 8. Leipz. 826. — 2s Quart. unt. d. T.: Literatur- u. Kirchen-Correspondent, katholischer. gr. 8. Ebd. 826. (Leich). 1 ß

Kirchenkunde

— d. evangel. Auslandes, s. a. Studien z. prakt. Theologie. IV, 2.

Kirchenkunde des evangelischen Auslandes. 1. Gießen: Töpelmann 1910. 8°
(Studien zur praktischen Theologie. Bd 4, H. 2.) [10. 10464

Kirchenkunde, evangelische. Das kirchl. Leben der deutschen evangel. Landeskirchen. Hrsg. v. Paul Drews. 1. u. 2. Tl. gr. 8. Tübingen, J. C. B. Mohr. n. 13. —; geb. n.n. 15. —
1. Das kirchliche Leben der evangelisch-luther. Landeskirche des Königr. Sachsen. Von Paul Drews. (XVI, 410 S.) 902. n. 7. —; geb. n.n. 8. —
2. Das kirchliche Leben der evangel. Kirche der Prov. Schlesien. Von Mart. Schian. (XII, 310 S.) 903. n. 6.—; geb. n.n. 7.—

Kirchenkunde, evangelische. Das kirchl. Leben der deutschen evangel. Landeskirchen. Hrsg. v. Paul Drews. 3.—5. Tl. gr. 8. Tübingen, J. C. B. Mohr. 19.40; geb. 22.70
Beck, Herm., das kirchliche Leben der evangelisch-lutherischen Kirche in Bayern. (VIII, 300 S.) 909. (4. Tl.) 6.40; geb. 7.50
Glaue, P., das kirchliche Leben der evangelischen Kirchen in Thüringen. Dargestellt m. Unterstützg. v. Joh. Füßlein. Mit 1 (farb.) Karte der thüring. Staaten. (XVI, 413 S.) 910. (5. Tl.) 8.—; geb. 9.20
Ludwig, A., das kirchliche Leben der evangelisch-protestantischen Kirche des Großherzogt. Baden. (XII, 250 S.) 907. (3. Tl.) 5.—; geb. 6. —
1. u. 2. Tl. Ebd. 902. 03. 13.—; geb. 15. —

Kirchenlehre, die, und die kirchliche Praxis. In Anlaß der Ritschl'schen Theologie und der Katechismusfrage in der hannoverschen Landeskirche von Theophilos. 1. und 2. Heft. gr. 8. (III, 236 S.) Hannover 888, (Wolff und Hohorst.) à Heft *M 1.—. *

Kirchenlexikon, s. a. Wetzer u. Welte.

—— od. Encyklopädie d. kathol. Theologie u. ihrer Hülfswissenschaften. Hrsg. unter Mitwirkung d. ausgezeichn. kathol. Gelehrten Teutschlands v. Joh. Heinr. Wetzer u. Bened. Welte. 1—15. Hft. Lex.-8. (à 5 B.) (A—China.) Freiburg 846, 47, Herder'sche Vrlgsh. [1. Bd. (59½ B.) 2. (Bog. 1—30.)] à Hft. 5 Ngr.

—— oder Encyklopädie der kathol. Theologie und ihrer Hülfswissenschaften. Hrsg. von Heinr. Jos. Wetzer und Bened. Welte. 16—109. Heft. (China — Simon.) gr. 8. Freiburg im Br. 848—52, Herder'sche Vrlgsh. [Bd. 2. (S. 481—818.) 3. (940 S.) 4. (935 S.) 5. (953 S.) 6. (955 S.) 7. (920 S.) 8. (903 S.) 9. (925 S.) 10. (S. 1—160.) à Heft 5 Ngr.]
1—15. Heft. Ebendas. 1846—47. 2 Thlr. 15 Ngr.

Kirchen-Lexikon oder Encyklopädie der kathol. Theologie und ihrer Hilfswissenschaften. Hrsg. von Heinr. Jos. Wetzer und Bened. Welte. 110—153. Heft. (Simon — Zwingli und Ergänzungsband (Aachen — Zurzach.) gr. 8. Freiburg im Br., Herder'sche Vrlgsh. [10. Bd. (S. 161—960.) 11. Bd. (VIII und 1328 S.) Ergänzungsband (12. Bd.) (S. 1 — 1328.) 853—56. à Heft 5 Ngr.]
Heft 1—109. Ebendas. 1846—52. 18 Thlr. 5 Ngr.

Kirchen-Lexikon oder Encyklopädie der katholischen Theologie und ihrer Hilfswissenschaften. Hrsg. von Heinr. Jos. Wetzer und Bened. Welte. 154—156. (Schluß-)Heft. gr. 8. (Generalregisterbd. 226 S.) Freiburg im Br. 860, Herder'sche Verlagsh. à Heft 9 Ngr.
1—153. Heft. Ebendas. 1846—56. 23 Thlr. 15 Ngr.

Allgemeines Kirchenlexikon oder alphabetisch geordnete Darstellung des Wissenswürdigsten aus der gesamten Theologie und ihren Hilfswissenschaften. Bearbeitet von einer Anzahl katholischer Gelehrten. Herausgegeben von Joseph Aschbach. Frankfurt a. M., Andreä, Bd. 1—2, Mainz, Kirchheim, Bd. 3—4, 1846—1850, kl. 4°, 4 Bde., 952, 956, 958 u. 1202 S., 26 Mk. (Vergriffen.)

Kirchen-Lexicon, allgemeines, od. alphabet. geordnete Darstellung des Wissenswürdigsten aus der gesammten Theologie u. ihren Hülfswissenschaften. Bearb. v. ein. Anzahl kath. Gelehrten. Hrsg. v. Aschbach. 1—23. Lfg. gr. 8. Frankfurt a. M. 846, 47, Andreä'sche Bh. [1. Bd. (59½ B.) 2. (Bog. 1—55.)] à Hft. 5 Ngr.

Kirchenlexikon, allgemeines. Hrsg. von Jos. Aschbach. 24—51. (letztes) Heft. (Gebetbücher — Zwingli.) gr. 8. Frankfurt a. M. und Mainz 847—50, Expedition. [2. Bd. (S. 881—952.) 3. (958 S.) 4. (1202 S.)] à Heft
Vlnp. à Heft
1—23. Heft. 1846—47. jetzt ebendas. Vollständ. auf Druckpap. 8 Thlr. 15 Ngr., Vlnp. 12 Thlr. 22½ Ngr.

Kirchenlexikon, Calwer. Theologisches Handwörterbuch, illustriert. Unter Mitwirkg. v. F. Braun, J. Eitle, Th. Hermann rc. red. v. P. Zeller u. hrsg. v. dem Calwer Verlagsvereine. 9.—16. Lfg. Lex.-8. (2. Bd. IV, 996 S.) Calw u. Stuttgart 891—893. Vereinsbuchh. à n. 1. — (kplt.: n. 16. —; geb. in Halbfrz. n.n. 20. —)

Calwer Kirchenlexikon. Theol. Handwörterbuch ill. Unter Mitw. von ... red. von Dekan Lic. th. P[aul] Zeller. Mit Ill. Neue m. e. Suppl. vers. Ausg. Bd 1. 2. Calw & Stuttgart: Vereinsbuchh. 1905. 4°(8°) [10. 18400 2

Kirchen- und Ketzer-Lexicon, s. A. Ch. von Einem.

Kirchen- und Ketzer-Lexicon, Konpendiöses. Herausg. von J. G. H. 3. Aufl. Schneeberg 1744. V: *Hering, Johann Gottfried.* (Mitth. Fr. Müller-Kiel.)

— compendiöses, in welchem alle Ketzereyen erklärt werden. 8. Schneeberg. (Academ. Bchhdl. in Jena) 756.

Kirchen- u. Ketzer-Lexikon, kurzgefaßtes, von J. G. H., größtentheils umgearb. u. verm. herausg. von J. A. Ch. v. Einem. 8. Stendal 789. Franzen u. Gr. 2 ß 12 K

Kirchenlexicon. Wetzer und Welte's Kirchenlexikon oder Encyklopädie der katholischen Theologie und ihrer Hülfswissenschaften. 2. Aufl., in neuer Bearbeitung, unter Mitwirkung vieler katholischen Gelehrten, begonnen von Joseph Cardinal Hergenröther, fortgesetzt von Dr. Franz Kaulen.... 12 Bände. 8. Freiburg im Breisgau, Herder, 1882—1901. [pro Band br. M. 11. —, geb. M. 13. 40]
Bände 1—11: Aachen... bis Trient. 1882—1899.
Band 12: Trier bis Zwingli. VIII S. + 2106 Spalten. 1901.

[Heinrich Josef] Wetzer und [Benedikt] Welte's Kirchenlexikon oder Encyklopädie d. kath. Theol. u. ihrer Hülfswissenschaften. 2. Aufl., in neuer Bearb., unter Mitw. vieler kath. Gelehrten begonnen von Joseph Cardinal Hergenröther, fortges. von Dr. Franz Kaulen, Prof. zu Bonn. Bd 1—12. (In 132 H.) *Freiburg i. Br.: Herder 1882—1901.* 12 Bde 4°(8°) [J.]
1. Aachen bis Basemath. 1882. 2. Basilianer bis Censuren. 1883.
3. Census bis Duguet. 1884. 4. Duisburger Univ. bis Fusswaschung. 1886.
5. Gaal bis Himmel. 1888. 6. Himmelfahrt Christi bis Juvencus. 1889.
7. Kaaba bis Litanei. 1891. 8. Literae apostolicae bis Mythologie. 1893.
9. Naama bis Pignatelli. 1895. 10. Pilatus bis Scrutinium. 1897.
11. Sculptur bis Trient. 1899. 12. Trier bis Zwingli. 1901. [01. 870]

Kirchenlexicon. Wetzer und Welte's Kirchenlexikon.... 2. Aufl., ... begonnen von Joseph Cardinal Hergenröther, fortgesetzt von Dr. Franz Kaulen.... 8. Freiburg im Breisgau, Herder, 1882—1903.
12 Bände. 1882—1901. *s. Bulletin 1901, S. 180.*
Namen- und Sachregister zu allen zwölf Bänden. Von Hermann Joseph Kamp.... Mit einer Einleitung: Zur Benutzung des Kirchenlexikons. Von Dr. Melchior Abfalter.... XL + 604 S. 1903. [M. 9.—, geb. M. 11.—]

Kirchenlicht, das, e. Erbauungsschrift für die Freunde u. Feinde Roms. Schriftleitung: A. Aschenbrenner. Nr. 1. Fol. (10 S. m. Abbildgn.) München (899). J. Kutschera & Co. — 20

— dasselbe. Beilage zum „Odin". Schriftleitung: Hans Kordon u. (verantwortlich) Wilh. Fluhrer. April 1900 —März 1901. 26 Nrn. Fol. (à ca. 8 S. m. 1 Abbildg.) Ebd. n. 2. —

Kirchenlied, Das deutsche, von den ältesten Zeiten bis zu Anfang des 17. Jhdts. Leipzig 1862. V: *Wackernagel, Carl Eduard Philipp.* (Cat. d. Stadtbibl. Zürich. Zürich 1864—97.)

Kirchenlied, das deutsche, im katholischen Gottesdienste. Von e. Cäcilianer d. südl. Oberlausitz. gr. 16. (22 S.) Fulda 891, Fuldaer Actiendruckerei. * — 10

Kirchenlied, Einfältiges. O. O. 17??. V: *Lavater, Joh. Casp.* (Cat. d. Stadtbibl. Zürich. Zürich 1864—97.)

Kirchenlied, das protestantische. Ein Gang durch das neue Gesangbuch. Lex.-8. (28 S.) Frauenfeld 868, (Huber.)

Kirchenlied für die Studierenden. Straubing [1800]. V: *Hölzl, Johann Peter.* (GGr)

KIRCHEN-LIED welches zur Verehrung des heiligen Stephans, ersten Königs von Ungarn, bei der feyerlichen Procession und den Octav-Andachten in der königl. Schloßkirche, nach der Melodie des Lobgesanges zu Ehren des heiligen Florian. Laßt uns mit dem Munde preisen & abgesungen wird. o. O. o. J. o. Dr. 4 S. - 176 mm

Kirchenlieder, nebst einem Anhange von Gebeten, zum Gebrauche beim öffentlichen Gottesdienste zunächst für die kathol. Jugend an Volks- und Bürgerschulen. 8. (134 S.) Saaz 887, Ippoldt. cart. *

Kirchenlieder, nebst e. Anh. v. Gebeten, zum Gebrauche bei'm öffentlichen Gottesdienste, zunächst f. die kathol. Jugend an Volks- u. Bürgerschulen. 6. Aufl. (134 S.) kl. 8. Saaz 902. A. Ippoldt's Nachf. Kart. n.n. — 56

Kirchenlieder, nebst. e. Anh. v. Gebeten, z. Gebrauche beim öffentl. Gottesdienste, zunächst f. die kathol. Jugend an Volks- u. Bürgerschulen. 7. unveränd. Abdr. (134 S.) kl. 8. Saaz 908. A. Ippoldt's Nachf. Kart. nn — 60

(F) Kirchenlieder. Herausgegeben von Siegmund Konst. Nentwig. 2. Auflage. Wien. 1900. Manz. 8°. 54 S. K —.60

Kirchenlieder, Achtzig. Dresden o. J. H: *Gaber, August.* (EB)

Kirchenlieder, 80. br. 8. (156 S. mit eingedr. Holzschn. in Tondr. und Titel in Holzschn.) Dresden 864, Gaber. geb. mit Goldschn.

—— 80, nebst einem Anhang: Lieder neueren Ursprungs und Auswahl von Psalmen. Ausg. A. In der allgemein verbreiteten Fassung. 8. (48 S.) Merseburg 882, Stollberg. *

Kirchenlieder, 80, nebst einem Anhang: Lieder neueren Ursprungs und Auswahl von Psalmen. Ausg. B, unter Zugrundelegung des Textes der Lieder im Merseburgischen Gesangbuch. 8. (48 S.) Merseburg 882, Stollberg. *

—— 80, nebst einem Anhang: Lieder neueren Ursprungs und Auswahl von Psalmen. Ausg. A—C. 8. (à 48 S.) Merseburg 887, Stollberg. à Ausg. * 10 Pf. * — 30

Inhalt:

A. In der allgemein verbreiteten Fassung. Neudruck. — B. Unter Zugrundelegung des Textes der Lieder im Merseburgischen Gesangbuch. Neudruck. — C. Unter Zugrundelegung des Textes der Lieder im Provinzial-Gesangbuch.

—— 80. 69. Aufl. Neue Orthographie. Ster.-Ausg. 8. (40 S.) Gütersloh 881, Bertelsmann. *

—— 80. 70.—79. Aufl. Neue Orthographie. Ster.-Ausg. 8. (40 S.) Gütersloh 882—88, Bertelsmann. * — 12

Kirchenlieder, nebst e. Anh. von Gebeten, zum Gebrauche beim öffentl. Gottesdienste zunächst f. die kathol. Jugend an Volks- u. Bürgerschulen. 8. (134 S.) Saaz 888. Ippoldt. cart. n. — 50

—— 80. Luther's kleiner Katechismus, Sprüche, Psalmen und Gebete. 8. (78 S.) Wilhelmshaven 888, Lohse's Buchh. geb. ** — 55

—— 80, [nach dem Urtext] mit genauer Angabe der biblischen Grundlagen. Nebst einem Anhang, enthaltend einige neuere Kirchenlieder, Luther's kleinen Katechismus, Haus- und Schulgebete, Erläuterungen über das Kirchenjahr und biograph. Notizen über die Kirchenliederdichter. In neuer Orthographie. 8. (64 S.) Leipzig 881, Merseburger. *

—— 80, aus dem neuen evangelischen Gesangbuche für Ost- und Westpreußen. gr. 8. (32 S.) Danzig 886, Homann. * — 15

—— 80, aus dem neuen evangelischen Gesangbuche f. Ost- u. Westpreußen, nebst 24 Texten zu Choralmelodien u. 12 geistl. Volksliedern. 40. Tausend. 4. verm. u. verb. Aufl. gr. 8. (63 S.) Danzig 891, Homann. * — 15

— 80, aus d. neuen evang. Gesangbuche f. Ost- u. Westpreußen, nebst e. Anh., enth. Texte z. Choralmelodien, geistl. Volkslieder, Gesänge, b. Beginn u. Schluß d. Schule, Luthers Katechismus u. e. Zeittafel. 5., verm. u. verb. Aufl. 50. Taus. gr. 8. (68 S.) Danzig (893). L. G. Homann. n. — 15

[F.] 80 Kirchenlieder aus dem neuen evangelischen Gesangbuche f. Ost- u. Westpreussen nebst e. Anh. enth. Texte zu Choralmelod. . . . 6. verm. u. verb. Aufl. 60. Taus. *Danzig: L. G. Homann 1896.* (68 S.) 1 Bd 8. [96. 7717 10

80 **Kirchenlieder** aus dem neuen evangelischen **Gesangbuche** für Ost- und Westpreussen nebst e. Anh. enth. Texte zu Choralmelodien, Geistl. Volkslieder, Gesänge beim Beginn u. Schluss d. Schule, Luthers Katechismus u. e. Zeittafel. 7. verm. u. verb. Aufl. *Danzig: L. G. Homann & F. A. Weber 1899.* (68 S.) 8° [F.] [00. 6429 10

80 **Kirchenlieder** aus dem neuen evangelischen Gesangbuche für Ost- und Westpreußen, nebst e. Anh. enth. Texte zu Choralmelodien ... Luthers Katechismus u. e. Zeittafel. 8. verm., verb. u. nach d. neuen Rechtschreibung geänd. Aufl. *Danzig: L. G. Homann & F. A. Weber 1903.* (68 S.) 8° [F.]. [04. 1476

Kirchenlieder, die achtzig, der Regulative. Nebst einem Anhang enthaltend den Katechismus Luthers und einige Gebete. 8. (52 S.) Berlin 856(60), Mittler und Sohn.

—— die 80, der Regulative, s. Anders, Friedr.

Kirchenlieder, die achtzig, der „Regulative“ in Anordnung und Text genau nach den „Geistlichen Liedern für Kirche, Schule und Haus, hrsg. von F. Anders und W. Stolzenburg“ abgedruckt. Nebst Dr. M. Luthers kleinem Katechismus und angehängten Schul-, Haus- und Kirchengebeten. 1. und 2., unveränd. Aufl. 1855. und 3. und 4., unveränd. Aufl. 8. (65 S.) Breslau 856, Dülfer's Buchh.

—— die achtzig, der „Regulative“ in Anordnung und Text genau nach den „Geistlichen Liedern für Kirche, Schule und Haus, hrsg. von Friedr. Anders und W. Stolzenburg“ abgedruckt. Nebst den feststehenden Theilen des liturg. Gottesdienstes. 5—11. Aufl. 8. (60 S.) Breslau 857—60, Dülfer. *
Mit Luthers kleinem Katechismus (16 S.) *
Mit 26 Psalmen und dem Katechismus (32 S.) *

—— die 80, der „Regulative“ in Anordnung und Text genau nach den „Geistl. Liedern für Kirche, Schule und Haus hrsg. von Friedr. Anders und W. Stolzenburg“ abgedr. Nebst den feststeh. Theilen des liturg. Gottesdienstes. 12.—16. Aufl. Ausg. mit 26 Psalmen und Luther's kleinem Katechismus. 8. (92 S.) Breslau 862—66, Dülfer. * 1½ Ngr.; geb. *

Kirchenlieder, die 80, der „Regulative“ in Anordnung und Text nach den „geistl. Liedern für Kirche, Schule und Haus, hrsg. von Friedr. Anders und W. Stolzenburg“. Nebst 26 Psalmen und den feststeh. Theilen des liturg. Gottesdienstes. 17.—38. [Ster.-]Aufl. 8. (96 S.) Breslau 867—73, Dülfer's Verlag. * 18 Pf.; geb. **

—— 80, in Anordnung und Text nach den: „geistlichen Liedern für Kirche, Schule und Haus. Hrsg. von Friedr. Anders und W. Stolzenburg.“ Nebst 26 Psalmen und dem feststeh. Theile des liturg. Gottesdienstes. Mit Luther's kleinem Katechismus. 39.—41. [Ster.-]Aufl. 8. (96 S.) Ebendas. 873—75. *
geb. *

Kirchenlieder, 80, in Anordnung und Text nach den „Geistlichen Liedern für Kirche, Schule und Haus, hrsg. von Friedr. Anders und W. Stolzenburg“. Nebst 26 Psalmen und den feststehenden Theilen des liturg. Gottesdienstes. Mit Luther's kleinem Katechismus [aus: „Wendel's luther. Katechismus“]. 42.—48. [Ster.-]Aufl. 8. (96 S.) Breslau 876—79, Dülfer's Verlag. *
geb. *

—— 80, in Anordnung und Text nach den „Geistlichen Liedern für Kirche, Schule und Haus, hrsg. von Friedr. Anders und W. Stolzenburg“. Nebst 26 Psalmen und den feststehenden Theilen des liturg. Gottesdienstes. Mit Luther's kleinem Katechismus. 49. [Ster.-]Aufl. 8. (96 S.) Breslau 880, Dülfer's Verlag. * 20 Pf. geb. *

—— dass. — Nebst 18 Psalmen, Luthers kleinem Katechismus und den feststehenden Teilen des liturg. Gottesdienstes. 50.—56. Ster.-Aufl. [Der neu geordneten Ausg. 1.—7. Aufl.] 8. (93 S.) Ebendas. 881—84. *
geb. *

Aus: Wendel's lutherischem Katechismus, besonders abgedruckt.

—— 80, in Anordnung und Text nach den „Geistlichen Liedern für Kirche, Schule und Haus, hrsg. von Friedr. Anders und W. Stolzenburg“. Nebst 26 Psalmen und den feststehenden Theilen des liturg. Gottesdienstes. Mit Luther's kleinem Katechismus. 50.—64. [Ster.-]Aufl. 8. (96 S.) Breslau 881—88, Dülfer's Verlag. * 20 Pf.; geb. * — 30

—— dass. — Nebst 18 Psalmen, Luthers kleinem Katechismus [aus: „Wendel's lutherischem Katechismus“] und den feststehenden Teilen des liturg. Gottesdienstes. 57.—59. Ster.-Aufl. [Der neu geordneten Ausg. 8.—10. Aufl. und 60.—63. Ster.-Aufl.] 8. (93 S.) Ebendas. 885—88. * 15 Pf.; geb. * — 17
geb. * — 30

— 80, in Anordnung u. Text nach den „Geistlichen Liedern f. Kirche, Schule u. Haus, hrsg. v. F. Anders u. W. Stolzenburg“. Nebst 18 Psalmen, Luther's kleinem Katechismus u. den feststeh. Teilen d. liturg. Gottesdienstes. 65. u. 66. (Ster.-)Aufl. 8. (93 S.) Breslau 890. Dülfer.
n. — 17; geb. n.n. — 28

—— 80, in Anordnung u. Text nach den „Geistlichen Liedern f. Kirche, Schule u. Haus, hrsg. v. F. Anders u. W. Stolzenburg“. Nebst 18 Psalmen, Luthers kleinem Katechismus [Abdr. aus Wendels Ausg. d. luth. Katechismus] u. den feststeh. Teilen d. liturg. Gottesdienstes. 68. [Ster.-]Aufl. 8. (77; 16 S.) Bresl. 891, Dülfer.
* — 15 —; geb. * — 17; geb. * * — 28

Kirchenlieder, 80, in Anordnung u. Text nach den „Geistlichen Liedern f. Kirche, Schule u. Haus, hrsg. von F. Anders u. W. Stolzenburg“. Nebst 18 Psalmen, Luthers kleinem Katechismus [Abdr. aus Wendels Ausg. d. luth. Katechismus] u. den feststeh. Teilen d. liturg. Gottesdienstes. 71. Aufl. 8. (94 S.) Breslau 895. C. Dülfer. n. — 15; geb. n.n. — 28

Kirchenlieder, 80, in Anordng. u. Text nach d. „Geistlichen Liedern f. Kirche, Schule u. Haus, hrsg. v. F. Anders u. W. Stolzenburg“. Nebst 18 Psalmen, Luthers kleinem Katechismus (Abdr. aus Wendels Ausg. d. luth. Katechismus) u. d. feststeh. Teilen d. liturg. Gottesdienstes. 74. (Ster.-)Aufl. 8. (94 S.) Breslau 898. C. Dülfer. n. — 15; steif brosch. n. — 20; geb. in Halbleinw. n.n. — 28

Kirchenlieder, 80, in Anordnung u. Text nach den „Geistlichen Liedern f. Kirche, Schule u. Haus, hrsg. von F. Anders u. W. Stolzenburg“. Nebst 18 Psalmen, Luthers kleinem Katechismus (Abdr. aus Wendels Ausg. des luth. Katechismus) u. den feststeh. Theilen des liturg. Gottesdienstes. 77. (Ster.-)Aufl. 8. (94 S.) Breslau 901. C. Dülfer's Verl. n. — 15, steif brosch. n. — 20; geb. in Halbleinw. n.n. — 28

— 80, in Anordnung u. Text nach den geistlichen Liedern f. Kirche, Schule u. Haus, hrsg. v. F. Anders u. W. Stolzenburg. Nebst 18 Psalmen, Luthers kleinem Katechismus u. den feststeh. Teilen des liturg. Gottesdienstes. 79. (Ster.-)Aufl. (603.—607. Taus.) In neuer Rechtschreibg. (96 S.) 8. Breslau 905. C. Dülfer. n. — 15; steif brosch. — 20; geb. in Halbleinw. n.n. — 28

Kirchenlieder, 80, in Anordnung u. Text nach d. geistl. Liedern f. Kirche, Schule u. Haus, hrsg. v. F. Anders u. W. Stolzenburg. Nebst 18 Psalmen, Luthers kleinem Katechismus u. den feststeh. Teilen d. liturg. Gottesdienstes. 80. (Ster.-)Aufl. (608.—612. Taus.) In neuer Rechtschreibg. (96 S.) 8. Breslau 907. C. Dülfer.
— 15; kart. — 20; geb. in Halbleinw. n — 30

Kirchenlieder, Die achtzig, der drei preussischen Regulative vom 1., 2. u. 3. Oktober 1854 im Urtext . . . Gütersloh 1855. H: *Vormbaum, Friedrich.* (zu) (Ky)

—— die achtzig, der drei preußischen Regulative vom 1., 2. und 3. Octbr. 1854 im Urtext. Zum Druck befördert durch den Hrsgbr. des Hauschoralbuchs rc. 8. (48 S.) Gütersloh 855, Bertelsmann. **

— die 80, der drei preußischen Regulative vom 1., 2. und 3. Octbr. 1854 im Urtext. Nach der verb. u. verm. Ausg. des Porstschen Gesangbuchs. Berlin 856. Jonas' Verlag. 12. (1 Bl., 49 S.) n. 1 ngr.; mit Luther's kleinem Katechismus 1½ ngr.

—— dass. — im Urtext. Ausg. B. Mit Melodieen in ihren ursprünglichen Tönen (zweistimmig) und Rhythmen. 1. Aufl., mit Ster. 8. (72 S.) Gütersloh 856, Bertelsmann. *

—— dass. — Ausg. C. Mit Melodien in ihrer späteren Form (zweistimmig.) 1. Aufl., mit Ster. 8. (72 S.) Ebds. 856. *

—— dass. — (Ausg. D.) Nach dem Text des evangel. Gesangbuches, hrsg. nach den Beschlüssen der Synoden von Jülich, Cleve, Berg und von der Grafschaft Mark. 8. (70 S.) Gütersloh 856, Bertelsmann. *

— die 80, der drei Preußischen Regulative vom 1., 2. und 3. Oktbr. 1854. 1. u. 2. Aufl. Dramburg (856.) (Cöslin, Volger.) gr. 8. (1 Bl., 46 S.) n. 1 ngr.

—— dass. — im Urtext. Nach der verb. und verm. Ausg. des Porstschen Gesangbuchs. gr. 12. (49 S.) Berlin 856, Jonas' Verlag. *

mit Luthers kleinem Katechismus ·

— die 80, der drei preußischen Regulative in ihren Originaltexten. Nebst Dr. M. Luther's kleinem Katechismus mit Schul-, Haus- u. Kirchen-Gebeten und den 18 Psalmen der Regulative. Hoyerswerda 858. Erbe. 8. (IV, 76 S.) 1½ ngr.

Kirchenlieder, die 80, der drei preußischen Regulative vom 1., 2. und 3. Oktbr. 1854 im Urtext. 8. (40 S.) Kolberg 877, Post'sche Buchh. *

—— die achtzig, der preußischen Regulative. Nebst einem Anhang enthaltend: die 18 Psalmen der Regulative, den kleinen Katechismus Dr. Luthers und einige Gebete. 8. (78, S.) Eilenburg 858, Offenhauer. *

Mit Anhang *

Vgl.: Notizen, kurze, aus der Geschichte des evangel. Kirchenliedes rc.

—— die 80, der preußischen Regulative. Mit einem Anh. 8. (48 S.) Stade 862, Steudel. *

—— achtzig schöne, nebst Dr. Martin Luther's kleinem Katechismus und etlichen Psalmen. 1—4. Aufl. 8. (78 S.) Hoyerswerda 858—61, Erbe. *

—— 80, schöne, nebst Dr. Martin Luther's kleinem Katechismus und etlichen Psalmen. 5.—7. Aufl. 8. (78 S.) Spremberg 863—67, Erbe. * *

—— 80 schöne, nebst Dr. Martin Luther's kleinem Katechismus und etl. Psalmen. Die Auswahl der Kirchenlieder und der Psalmen ist nach den preuß. Regulativen bestimmt. 8.—11. Aufl. 1868—73. * 15 Pf., und 12. Aufl. 8. (86 S.) Spremberg 875, Erbe. *

Kirchenlieder, achtzig, für die Schule, ausgewählt vom königl. Provinzial-Schul-Kollegium im Einverständniß mit dem königl. Konsistorium u. den königl. Regierungen der Provinz Preußen nebst Liturgie. Königsberg 869. Hartung. 8. (72 S.) geb. n. 2 ngr.

—— 80, für die Schule, ausgewählt vom Königl. Prov.-Schul-Kollegium im Einverständnis mit dem Königl. Konsistorium und den Königl. Regierungen der Provinzen Ost- und Westpreußen, nebst der Liturgie. Revid. und durch Takteinteilung verb. Aufl. (Text mit dem neuen „Evangelischen Gesangbuch für die Provinzen Ost- und Westpreußen" in Uebereinstimmung.) 8. (69 S.) Königsberg i. Pr. 887, Hartung'sche Verlagsdr. * — 15
cart. * — 25

—— 80, für die Schule, ausgewählt vom Königl. Prov.-Schul-Kollegium im Einverständnis mit dem Königl. Konsistorium und den Königl. Regierungen der Provinzen Ost- und Westpreußen, nebst Gebeten, der Ordnung des Gottesdienstes, der Liturgie und dem christl. Kirchenjahr. Revid. und durch Ordnung der Lieder nach dem neuen „Evangelischen Gesangbuch für Ost- und Westpreußen", wie durch erweit. Anhang verb. und verm. Aufl. 8. (72 S.) Ebendas. 888. * — 15
cart. * — 25

—— dass. — Ausg. B. mit den Melodieen in Noten. 8. (88 S.) Ebendas. 888. * 20 Pf.; cart. * — 30

Kirchenlieder, 80, f. d. Schule, ausgew. v. kgl. Prov.-Schul-Kollegium im Einverständnis m. d. kgl. Konsistorium u. d. kgl. Regiergn. d. Prov. Ost- u. Westpreußen, nebst Gebeten, d. Ordng. d. Gottesdienstes, d. Liturgie u. d. christl. Kirchenjahr. Rev. u. durch Ordng. d. Lieder nach d. neuen „Evang. Gesangbuch f. Ost- u. Westpreußen", wie durch erweit. Anh. verb. u. verm. Aufl. Ausg. A m. d. Melodieen in Zahlen. 12. (72 S.) Königsberg 890. Hartung. — 15; kart. — 25

— 80, f. die Schule ausgewählt vom königl. Provinzial-Schul-Kollegium im Einverständnis m. dem königl. Konsistorium u. den königl. Regiergn. zu Königsberg i/Pr. u. Gumbinnen, nebst 12 geistl. Volksliedern u. e. Anh. 12. (72 S.) Königsberg i/Pr. 891. Gräfe & Unzer. Geb. in Pappbd. n.n. — 25

—— dass. — (Ausgabe ohne Zahlen u. ohne Noten.) 8. (72 S.) Königsb. i. Pr. 891, Hartung. cart. * * — 25

Vgl.: Choralmelodien-Buch zu d. 80 Kirchenliedern.

— dasselbe. Ausg. B m. d. Melodieen in Noten. 12. (88 S.) Ebd. 895. — 15; kart. — 25

— dasselbe, nebst 12 geistl. Volksliedern u. e. Anh. (Neue) Ausg. B m. d. Melodieen in Noten. 8. (100 S.) Ebd. 895. Kart. — 25

— dasselbe. (Neue Ausg. ohne Noten u. Zahlen.) 12. (72 S.) Ebd. 895. — 15; kart. — 25

— 80, f. d. Schule, ausgew. v. kgl. Prov.-Schul-Kollegium im Einverständnis m. d. kgl. Konsistorium u. d. kgl. Regiergn. zu Königsberg i/Pr. u. Gumbinnen, nebst 12 geistl. Liedern u. e. Anh. 8. (72 S.) Stettin 895. R. Graßmann. — 25

—— die achtzig, der Schul-Regulative in Text und Ordnung des evangel. Kirchen- und Haus-Gesangbuchs für die königl. preuß. schles. Lande. Nebst den 18 Psalmen der Regulative. 8. (58 S.) Breslau 858. Korn. *

—— die 80, der Schul-Regulative nebst den 18 Psalmen der Regulative, Luthers kleinem Katechismus und täglichen Gebeten. 8. (64 S.) Breslau 871, Korn. *

Vgl.: Kolde, K. A.

—— die 80, der Schulregulative, nebst den 18 Psalmen der Regulative, Luthers kleinem Katechismus und tägl. Gebeten. 2.—58. Aufl. 8. (64 S.) Breslau 872—84, Korn. **

—— die 80, der Schulregulative, nebst den 18 Psalmen der Regulative, Luthers kleinem Katechismus und tägl. Gebeten. 60. Aufl. 8. (64 S.) Breslau 886, Korn. ** — 12

—— die 80, der Schulregulative nebst den 18 Psalmen der Regulative, Luthers kleinem Katechismus u. täglichen Gebeten. 70. Aufl. 8. (64 S.) Bresl. 892, Korn. * — 10

— die 80, der Schulregulative, nebst den 18 Psalmen der Regulative, Luthers kleinem Katechismus u. tägl. Gebeten. Ausgew. Sprüche. 73. Aufl. 8. (80 S.) Breslau 894. W. G. Korn. n.n. — 15

— dasselbe, nebst e. Anh., d. 18 Psalmen, d. Regulative, Luthers kleinem Katechismus u. tägl. Gebeten. Ausg. A (im Urtext). 12. (64 S.) Stettin (895). R. Graßmann. n. — 10

— dasselbe, nebst e. Anh., Luthers kleinem Katechismus, d. christl. Haustafel u. tägl. Gebeten. Ausg. B (nach d. in Pommern gebräuchl. Vollhagen'schen Gesangbuch). gr. 16. (85 S.) Cöd. (895). — 10

— die 80, d. Schulregulative, nebst d. 18 Psalmen d. Regulative, Luthers kleinem Katechismus u. tägl. Gebeten. 73. Aufl. 12. (64 u. 2 S.) Breslau 896 W. G. Korn. n.n. — 12

— die 80, der Schulregulative, nebst den 18 Psalmen der Regulative, Luthers kleinem Katechismus u. täglichen Gebeten. 74. u. 75. Aufl. 12. (à 64 u. 2 S.) Breslau 898. 900. W. G. Korn. n.n. — 12

— die 80, der Schulregulative, nebst den 18 Psalmen der Regulative, Luthers kleinem Katechismus u. täglichen Gebeten. 77. Aufl. (64 S.) 8. Breslau 906. W. G. Korn. n.n. — 12

— die 80, der Schulregulative, nebst d. 18 Psalmen der Regulative, Luthers kleinem Katechismus u. täglichen Gebeten. 78. Aufl. (64 S.) 8. Breslau 909. W. G. Korn. nn — 12

—— 80, 8 geistliche Volkslieder, 20 Melodieentexte, für den Schulgebrauch ausgewählt aus dem evangel. Gesangbuch für Ost- und Westpreußen. 8. (48 S.) Mohrungen 887, Harich. * — 20
Vergriffen.

—— dass. — mit Wochensprüchen nach dem Kirchenjahre geordnet von C. A. Kolde. 8. (IV und 54 S.) Breslau 856, [Trewendt.] *
Mit einer tabellar. Uebersicht des gesammten Religions-Unterrichtsstoffes in der Volksschule. (in gr. Fol.) *

—— die achtzig, mit Wochensprüchen und liturg. Anhange, hrsg. von C. A. Kolde. (Schul-Ausg.) 2. Aufl. 8. (54 S.) Breslau 857, E. Trewendt. *

— 80, im Urtext. 84. Aufl. Neue Orthographie. Ster.-Ausg. (40 S.) kl. 8. Gütersloh (908). C. Bertelsmann. — 12

Kirchenlieder, Alte, in die heutige Mundart übertragen. Leipzig 1772—73. Ü: *Anton, Conrad Glob.* (Ky)

— alte, in d. heutige Mundart übertragen (v. Konr. Glo. Anton). 12 Stücke. 8. Leipz. 772, 73.

—— die alten lutherischen, des neuen braunschweigischen Gesangbuches in unveränderter Form, nebst einem Anhang, hrsg. zum Privatgebrauche für Pastoren, Lehrer und Gemeindeglieder der braunschweig. Landeskirche. Neue (Titel-)Aufl. 8. (VIII, 324 S.) Braunschweig 882, [Grüneberg'sche Buchh.] Wollermann. geb. *

—— ausgewählte, [zweistimmig] zur Verherrlichung des römisch-katholischen Gottesdienstes. Für die allgemeinen Volksschulen und die Bürgerschulen. 3. Aufl. 8. (23 S.) Wien 888, Pichler's Wwe. und Sohn. *

— ausgewählte, (zweistimmig) zur Verherrlichung des römisch-katholischen Gottesdienstes. Für die allgemeinen Volksschulen u. die Bürgerschulen. 6. Aufl. 8. (23 S.) Wien 902. A. Pichler's Wwe. & Sohn. n. — 24

— zur Beförderung d. deutschen Gesanges bei Pfarrgottesdiensten. 17. Augsb. 804. Kranzfelder. 2 ℛ

— Beicht- u. Communion-Gebete f. die Schuljugend. Hrsg. vom Unterstützungs- u. Pensions-Verein f. Lehrer der Kommunal-Volksschulen in Wien. 2. verm. u. verb. Aufl. 32. (96 S.) Wien 869. Brüder Winter. n. — 30

Kirchenlieder, die für den Schulunterricht bestimmten 20, nebst 6 Psalmen. 8. (16 S.) Viersen 881, Hoster. *

— die f. den Schulunterricht bestimmten 20, nebst 6 Psalmen. 8. (16 S.) Viersen 884. Hoster. n. — 20

Kirchen-Lieder, christkatholische — für die Schuljugend und Erwachsene. Prag, 1856. Druck der k. k. Hofbuchdruckerei von Gottlieb Haase Söhne. (143 S. 16.)

Kirchenlieder, Christliche, für die reformierte Kirche des Cantons Aargau. Aargau 1835 [1834]. H: *Fröhlich, Albert Emanuel.* (ABJP)

— 30, f. d. Schulen in Rheinland u. Westfalen, vorgeschrieben durch den Lehrplan f. d. evangel. Religionsunterricht. 12. (59 S.) Coblenz 895. Buchh. d. evang. Stifts. — 10; in Aktendeckel geh. — 15

— 81. Eine Auswahl aus d. evangelisch-luther. Gesangb. d. hannoverschen Landeskirche. 4. Aufl. (42 S.) kl. 8. Harburg (909). G. Elkan. — 15

Kirchenlieder, erklärte, in d. evangel. Kirche. 4. Hamb. 763. Herold. 12 ℛ

—— evangelische, nach alter Lesart und Singweise. Freunden und Vereinen kirchl. Gesangs dargeboten zur Belebung des öffentl. und zur Wiedererweckung des häusl. Gottesdienstes und des christlichen Hausgesanges. Mit Beicht- und Communionbüchlein. 2., verm. Aufl. 8. (131 S.) Darmstadt 852, (Dietsch.) *

—— 35, für den katholischen Schul- und Gemeindegesang der Grafschaft Glatz. Mit in den Text gedr. Melodieen. Nebst den Responsorien und einer Auswahl der gebräuchlichsten Gebete. gr. 16. (52 S.) Leipzig 873, C. Peter's Verlag. *

Fünfundfünfzig **Kirchen-Lieder** zum Gebrauch der Schüler... Küstrin 1897
s.q. **Tschiersch,** Otto [Vf.]

Fünfundfünfzig Kirchen-Lieder zum Gebrauch der Schüler des Königlichen Gymnasiums zu Küstrin. 8 (35 S., 1 Bl.). Progr. Kgl. G. *Küstrin* 1897.
Nicht im Tauschverkehr.

Kirchenlieder, 75. Eine Auswahl aus dem evangelisch-luther. Gesangbuche der hannov. Landeskirche. 8. (40 S.) Harburg 886, Elkan. * — 10

— 75. Eine Auswahl aus dem evangelisch-luther. Gesangbuche der hannoverschen Landeskirche. 2 Aufl. 8. (40 S.) Harburg 894. G. Elkan. n. — 10

KIRCHENLIEDER und einige Gebete zum Gebrauche für die Schuljugend an der Normal-Hauptschule zu Güns. Oedenburg 1858. Druck v. Adolf Reichard. 48 S. - 16°

— u. Gebete f. evang. Volksschulen. 5. Aufl. 8. (48 S.) Wesel (894). Fincke & Mallinckrodt. n. — 25

— u. Gebete f. evangel. Volksschulen. 6. Aufl. (48 S.) kl. 8. Wesel (906). Fincke & Mallinckrodt. — 30

KIRCHENLIEDER zum Gebrauche katholischer Christen. Ungarisch Altenburg 1857: Alexander Czéh. 120 S. 1 t. - 8°
- Dass. Fünfte Aufl. Ungarisch Altenburg 1882: Alexander Czéh. 208 S. - 135 mm

Kirchenlieder zum Gebrauche der katholischen Gemeinde in Berlin. O. O. [179?]. H: *Schmedding, Hnr.* (Rass) (Kn)

Kirchenlieder zum Gebrauche für die Schuljugend an der Normal-Hauptschule zu Güns. Oedenburg, 1856. Gedruckt bei Adolph Reichard. (32 S. 8.)

—— für den katholischen Gottesdienst. 8. (32 S.) Habelschwerdt 868, Franke. *

— für den katholischen Gottesdienst. Habelschwerdt 870. Franke. 8. (32 S.) n. 1¼ ngr.

KIRCHENLIEDER für die Gymnasial-Jugend. Oedenburg 1850: Samuel Lenck. 40 S. - 160 mm
- Dass. Oedenburg 1859: Lenck. 39 S. - 150 mm

—— 100, älteren u. neueren Ursprungs, nebst e. Anh.: Kurze Lebensbeschreibgn. der hervorragendsten Liederdichter, einige Bilder aus der alten Kirchengeschichte, sowie verschiedene Gebete. Unter Zugrundelegg. d. Textes der Lieder im Provinzial-Gesangbuch. 2. Aufl. 8. (48 S.) Merseb. 891, Stollberg. ** — 15

— 100, älteren u. neueren Ursprungs, nebst e. Anh.: Kurze Lebensbeschreibgn. der hervorragendsten Liederdichter, einige Bilder aus der alten Kirchengeschichte, sowie verschiedene Gebete. Unter Zugrundelegg. d. Textes der Lieder im Provinzial-Gesangbuch. 9. Aufl. gr. 8. (48 S.) Merseburg 894. F. Stollberg. n. — 15

— 100, älteren u. neueren Ursprungs, nebst e. Anh.: Kurze Lebensbeschreibgn. d. hervorragendsten Liederdichter, ein. Bilder aus d. alten Kirchengeschichte, sowie verschied. Gebete. Unter Zugrundelegg. d. Textes d. Lieder im Prov.-Gesangbuch. 23. Aufl. 8. (II, 49 S.) Merseburg 898. F. Stollberg. n. — 15

Kirchenlieder, Katholische, nach Ordnung des Kirchenjahres nebst Litaneien und Psalmen . . . Münster 1857. H: *Kalthoff, Bernhard.* (Rass)

—— katholische, nach Ordnung des Kirchenjahres nebst Litaneien und Psalmen für mehrstimm. Männerchor. Von einem Priester des Bisthums Münster. 8. (222 S.) Münster 856(57,) Aschendorff'sche Buchh.

—— katholische. Zum kirchl. Gebrauche für Schulen und dreistimmige Sängerchöre. 2. Aufl. 8. (96 S.) Bonn 871, Henry. geb. *

Kirchenlieder, Katholische — zum Gebrauche der Schuljugend. Neusatz. 1855. Verlag der Ignaz Fuchs'schen Buchhandlung. Semlin. Gedruckt bei J. C. Soppron. (120 S. 8.)

(F) Katholische Kirchenlieder für die Jugend zweistimmig gesetzt von Rudolf Bibl. 5. Auflage. Wiener-Neustadt. 1900. Folk. 8°. 58 S. fl. -.24

Kirchenlieder und Litaneien, Katholische. 2. Aufl. Oppeln 1866. V: *Kothe, Bernhard.* (Ky)

—— katholische, und Litaneien. 2. Aufl. (Von B. Kothe.) 16 (VIII und 280 S.) Oppeln 866. Leobschütz, Bauer. *
Aus: Oppelner Gebet- und Gesangbuch, besonders abgedruckt.

KATHOLISCHE Kirchen-Lieder zu Mai-Andacht vom Rosenkranzverein in Rohonc (Rechnitz). Oberwarth 1903. Druck v. Ludwig Schodisch. 21 S. - 160 mm

—— katholische, des Kirchensprengels Neustadtl. 16. (56 S.) Friedland 865, Jannasch.

Die an der Anstalt zu lernenden **Kirchenlieder** und Psalmen nach der Ordnung des Kirchenjahrs. Berlin, Hofbuchdr. Gebr. Radetzki, *1893;* 1 Doppelbl. 4.
Gross-Lichterfelde, PG, P 1803 (78)

Kirchen- und religiöse Lieder aus dem 12. bis 15. Jahrhundert. Theils Uebersetzungen latein. Kirchenhymnen (mit latein. Text), theils Originallieder, aus Handschriften der k. k. Hofbibliothek zu Wien zum ersten Male hrsg. von Jos. Kehrein. gr. 8. (XX und 283 S.) Paderborn 853, Schöningh. *

KIRCHENLIEDER, Litaneyen und Gebethe für den jährlichen Vor- und Nachmittags-Gottesdienst in der St. Salvatorkirche. Pressburg 1861: Heinrich Sieber. 104 S. - 180 mm

—— für Mähr. Trübau, Kunzendorf und Reichenau. 8. (96 S.) Mähr. Trübau 885, Nowotny. * — 40

— samt Meßandacht f. d. Jugendgottesdienst. 16. (82 S.) Luzern 898. Räber & Co. n. — 20

—— und Meßgesänge, s. Meßgesänge.

— s.: Meyer's Volksbücher.

— neueste, aus den besten Dichtern. 8. Lemgo 774. Meyer. 4 gr.

— 90, f. die Schule im Anschluß an das evangelische Gesangbuch f. Ost- u. Westpreußen. 2., verb. Aufl. 8. (62 S.) Danzig 890. Saunier. geb. n.n. — 25

— 90, f. die Schule im Anschluß an das evangelische Gesangbuch f. Ost- u. Westpreußen. 3. verb. Aufl. gr. 8. (62 S.) Danzig (899). A. W. Kafemann. n. — 25; kart. n. — 35

Neunzig **Kirchenlieder** für die Schule im Anschluß an das Evangelische Gesangbuch für Ost- und Westpreußen. 5. Aufl. *Danzig: A. W. Kafemann 1904.* (62 S.) 8° [F.]

— 90, f. die Schule im Anschluß an das evangelische Gesangbuch f. Ost- u. Westpreußen. 5. Aufl. (62 S.) 8. Danzig (904). A. W. Kafemann. Kart. n.n. — 35

KIRCHENLIEDER zum Pfarrgottesdienst nebst einem kurzen Anhang von Gebeten. Güns o. J.: Friedrich Feigl. 160, 4 S. - 8°

— unter d. Pfarrmesse auf d. Lande 2c. 8. Münster 787. Aschendorf. 4 gr.

Kirchenlieder für katholische Schulen in dem Bistum Kulm. Ausgew. aus d. Diöcesan-Gesangbuch. *Danzig: H. F. Boenig 1902.* (88 S.) 8° [F.]

— die, f. die Schulen in Rheinland u. Westfalen. (Hrsg. v. Johs. Jüngst.) 7. Aufl. 8. (20 S.) Barmen 894. D. B. Wiemann. — 10; in Aktendeckel geb. — 15

Kirchenlieder, Die, für die Schulen in Rheinland und Westphalen. 12. Aufl. Barmen 1898. H: *Jüngst, Johs.* (Ky)

– die, f. die Schulen in Rheinland u. Westfalen. (Hrsg. v. Johs. Jüngst.) 12. Aufl. 8. (20 S.) Barmen 898. D. B. Wiemann. n. — 10; in Aktendeckel geh. — 15

Die Kirchenlieder für die Schulen in Rheinland und Westfalen. 14. Aufl. *Barmen: D. B. Wiemann [1899].* (20 S.) 8° [Z.] [... ...] 5

— die, f. die Schulen in Rheinland u. Westfalen. (Hrsg. v. Johs. Jüngst.) 16. Aufl. 8. (20 S.) Barmen (902). D. B. Wiemann. n. — 10: in Aktendeckel — 15

— die, f. die Schulen in Rheinland u. Westfalen. (Von Johs. Jüngst.) 19. Aufl. (20 S.) kl. 8. Barmen (906). D. B. Wiemann. — 10; in Aktendeckel — 14

— die, f. d. Schulen in Rheinland u. Westfalen. 21. verb. Aufl. (24 S.) 8. Barmen (910). D. B. Wiemann. — 15; in Umschlag kl. 8. — 20

— f. d. Schüler d. allgem. Volks- u. Bürgerschulen. 16. (85 S) Zwettl 893. O. Neugebauer. n. — 20

Kirchenlieder zum Schulgebrauch. Nach der für die Schulen d. Stadt Köln getroffenen Auswahl. Genehmigter Abdr. aus d. Gesangbuch f. d. Erzdiöcese Köln. 2. Aufl. 16. (16 S.) Köln 892, Bachem. ** — 10

Kirchenlieder für die Schul-Jugend. Klgft., Leon, (1872). 22 S.

Kirchenlieder für die katholische Schuljugend. Herausgegeben vom St. Stephans-Verein. Pesth 1856. H: *Szabóky, Adolph.* (Pk)

Kirchenlieder für die kathol. Schuljugend. Herausgegeben vom St. Stephan-Verein. Pesth, 1856. Gedruckt von J. Beimel und Basil Kozma. (83 S. 8.)

— für die katholische Schuljugend. 3. veränd. Aufl. 12. (48 S.) Niemes 899. A. Bienert. Kart. n. — 20
A. u. d. T.: Kirchen-Lieder f. die Niemeser Schuljugend.

KIRCHENLIEDER für die kroatisch-deutsche Schuljugend. Deutsche (S. 1-36) u. kroat. Texte (S. 37-66). Karlstadt o. J.: Joh. Nep. Prettner. (66 S.) - 110 mm

— für die Niemeser Schuljugend. 2., verm. Aufl. gr. 16. (48 S.) Niemes 893. A. A. Bienert. Kart. n. — 20

(F) Kirchen-Lieder für die Niemeser Schuljugend. 3. veränderte Auflage. Niemes. [1899.] Bienert. 16°. 48 S. Cart. * fl. —.10
Diese Schrift ist mit Nr. 706 bis auf das Titelblatt identisch.

Kirchen-Lieder für die Schuljugend der Pfarre St. Josef in der Leopoldstadt. Wien, 1856. Gedr. bei Josef Stöckholzer v. Hirschfeld. (16 S. 8.)

Kirchen- und Schul-Lieder. Zum Gebrauche der Schulkinder zu St. Florian. 8. (20 S.) Linz. Gedruckt bei Joseph Wimmer. 1854.

KIRCHENLIEDER zum Schulunterrichte. Eperies (Preschau) 1863: A. Staudy. 12 S. - gr. 8°

— 26, f. dreistimmigen Männerchor, insbesondere zum Gebrauch bei Predigerversammlungen, hrsg. durch die asket. Gesellschaft Zürich (Predigergesellschaft). Mit e. Anh. vaterländ. Lieder. (VIII, 52 S.) 8. Zürich 903. (Buchh. der ev. Gesellschaft). Geb. n.n. — 75

— 26, f. dreistimm. Männerchor, 2. Aufl., s.: Choräle, dreistimm., f. Männerchor.

Kirchenlieder, Verschiedene christkatholische, welche außer den allgemein gebräuchlichen in der Dominikanerkirche zu Oedenburg im Verlaufe des Jahres gesungen werden. Nebst einem Anhange: Von der Art und Weise, wie der hl. Rosenkranz in den Kirchen der P. P. Dominikaner gebetet wird. Oedenburg 1887. H: *Hahnenkamp, Joseph.* (Russell XII, 2, 1474)

Kirchenlieder, Vier, für die Hauskapelle des Franz X. Duyle. [Salzburg 1802.] V: *Thanner, Ignaz.* (Hr)

—— vier katholische. Zum Gebrauche als Volksgesang und für gemischten Chor mit oder ohne Orgelbegleitung. qu. 4. (8 S.) Passau 866, Deiters. *

—— die vierzig, der erläuternden Bestimmungen vom 2. Jan. 1855 im Urtexte nach dem Kirchenjahre geordnet, mit Bezeichnung der Betonung versehen von D. M. C. 1. Aufl. (36 S.) 1857. und 2. Aufl. 8. (31 S.) Leipzig 859, Dürr'sche Buchh. *

—— vierzig, und die Hauptstücke des Katechismus von Luther. Für den Schulgebrauch mit Rücksicht auf sinngemäße Betonung besonders abgedr. 1—3. Aufl. Mit Ein mal Eins. 8. (44 S.) Halle 857—61, Anton. **

—— 40, und die Hauptstücke des Katechismus von Luther. Für den Schulgebrauch mit Rücksicht auf sinngemäße Betonung. 4. Aufl. 1864. und 5. Aufl. 8. (44 S.) Halle 866, Anton. **

—— 40, und die Hauptstücke des Katechismus von Luther. Für den Schulgebrauch mit Rücksicht auf sinngemäße Betonung besonders abgedruckt. 8. Aufl. 1871, und 9. Aufl. Mit Ein mal Eins. 8. (44 S.) Halle 873, Anton. **

—— 40, und die Hauptstücke des Katechismus von Luther. Für den Schulgebrauch mit Rücksicht auf sinngemäße Betonung besonders abgedruckt. 10.—12. Aufl. Mit Ein mal Eins. 8. (44 S.) Halle 875—77, Anton. **

—— 40, und die Hauptstücke des Katechismus von Luther. Für den Schulgebrauch mit Rücksicht auf sinngemäße Betonung besonders abgedruckt. 13.—17. Aufl. Mit Ein mal Eins. 8. (44 S.) Halle 880—84, Anton. **

—— 40, und die Hauptstücke des Katechismus von Luther. Für den Schulgebrauch mit Rücksicht auf sinngemäße Betonung besonders abgedruckt. 18. Aufl. Mit Ein mal Eins. 8. (44 S.) Halle 886, Anton. **

Kirchenlieder, welche in d. fürst-bischöfl. Seckauer- u. Leobner-Diöcese d. ganze Jahr hindurch gesungen u. mit d. Orgel begleitet werden. Gesammelt u. f. d. Orgel mit leichten einfachen Zwischenspielen eingerichtet, wie auch mit mehr. Cadenzen u. Vorspielen, dann vier Präludien, welche während d. heil. Wandlung gespielt werden können, u. vier and. leichten Präludien verseh. u. hrsg. v. Aug. Duk. Imp.-4. (6¹/₄ B.) Grätz 835, (Kienreich.)

KIRCHEN-LIEDER, welche in der Török-Bálinter (Großturwall) Pfarrkirche gesungen werden. Budapest o. J. (1898): Martin Bagó u. Söhne. 143, 4 S. - 8°

—— 22, sowie 35 Choralmelodien. 8. (24 S.) Meißen 879, Schlimpert.

—— 22, sowie 35 Choralmelodien nach dem neuen Landesgesang- resp. Choralbuche. 8. (24 S.) Meißen 883, Schlimpert.

—— 22 auserwählte, nach dem Dresdner Gesangbuche. Anhang zum religiösen Memorirstoff. 8. (15 S.) Dresden 879, Huhle.

Kirchenlieder-Buch —. Enthaltend: Meß- und Segenlieder, Advents-, Weihnachts-, Fasten- und Osterlieder, nebst Liedern zu besonderen Gelegenheiten u. a. m. 8. (114 S.) Trautenau. Druck und Verlag von Lad. Pospisill. 1854.

Kirchenliederdichter, unsere. Bilder u. Bildnisse aus der Geschichte des evangel. Kirchenliedes. 1.—10. Hft. gr. 8. (à ca. 16 S. m. Abbildgn.) Berlin (901). [Buchh. des ostdeutschen Jünglingsbundes.] Hamburg, G. Schloeßmann. à n.n. — 10
1. Martin Luther, d. Wittenberg. Nachtigall. Von Wilh. Nelle.
2. Paul Speratus u. Johann Graumann, zwei Sänger aus Luthers Dichterkreis. Von M. Anders.
3. Paul Gerhardt's Leben u. Lieder. Von Ad. Gründler.
4. Gottfried Arnold, e. hl. Sänger u. Kämpfer. Von Osk. Brüssau.
5. Benjamin Schmolck, Schlesiens geistlicher Volksdichter. Von Thdr. Schmidt-Ruhland.
6. Gerhard Tersteegen, der Menschenfreund u. Kirchenliederdichter. Von Ad. Gründler.
7. Christian Fürchtegott Gellert. Von Geo. Buchwald.
8. Philipp Friedrich Hiller, der Sänger des „Geistlichen Liederkästleins". Von Wurster.
9. Arndt, Schenkendorf u. Rückert. Drei Freiheitssänger u. Kirchenlieder-Dichter. Von Wagner.
10. Philipp Spitta, der Sänger v. „Psalter u. Harfe". Von Wilh. Nelle.

— dasselbe. 11.—20. Hft. gr. 8. (à 16 S. m. Abbildgn.) Hamburg (902). G. Schloeßmann. à n.n. — 10
11. Paul Eber. Von Geo. Buchwald.
12. Philipp Nicolai, der Dichter des Wächter- u. Morgensternliedes (Anna 1598). Von Wilh. Nelle.
13. Johann Heermann. Der Kreuz- u. Trostsänger der evangel. Kirche. Von Adf. Brüssau.
14. Johann Rist, der Pfarrer v. Wedel. Von H. A. Fick.
15. Lampertus Gedicke. Ein Gottesstreiter unter den streitbaren Männern. Von G. Goens.
16. Erdmann Neumeister. Von H. A. Fick.
17. Johann Menper, Knorr v. Rosenroth, Appelles v. Löwenstern. Drei schles. geistl. Liederdichter. Von Mart. Ulbrich.
18. Novalis (Friedrich v. Hardenberg). Wie e. großer Geist das Kreuz auf Golgatha singen lernte.
19. Albert Knapp, der Vater des neueren geistlichen Liedes. Von Osk. Brüssau.
20. Luise Hensel u. Julie v. Hausmann, zwei Dichterinnen geistlicher Lieder. Von Herm. Barth.

Unsere Kirchenliederdichter. Bilder u. Bildnisse aus d. Geschichte d. evang. Kirchenliedes. 2. Aufl. Bd 1. *Berlin: Ostdeutscher Jünglingsbund [1901].* 8° [F.] [04. 86 11]

Kirchenliederdichter, unsere. Bilder u. Bildnisse aus der Geschichte des evangel. Kirchenliedes. 1. Bd. 2. u. 3. Aufl. u. 2. Bd. gr. 8. (à III, 160 S. m. Abb.) Hamburg (902). G. Schloeßmann. Geb. in Leinw. à n 1.50

Kirchenliederdichter, unsere. Bilder aus der Geschichte des evangel. Kirchenliedes. 3. u. 21.—40. Heft. (à 16 S. m. Abbildgn.) 8. Hamburg, G. Schloeßmann. à n.n. —10; Hft. 21—30 u. 31—40 in je 1 Leinw.-Bd. [3. u. 4. Bd.] à n. 1.50

Brüssau, Adf., Matthias Claudius, der Wandsbecker Bote. (903.) (Hft. 29.)
— Ernst Gottlieb Woltersdorf, der schles. Assaph. (904.) (Hft. 36.)
Brüssau, Osk., Gustav Knak. (903.) (Hft. 30.)
— Johann Caspar Lavater. (904.) (Hft. 38.)
— Nikolaus Ludwig Graf v. Zinzendorf, der Friedenssänger. (903.) (Hft. 27.)
Buchwald, G., Valerius Herberger, der Pfarrherr vom „Kripplein Jesu". (903.) (Hft. 23.)
— Georg Neumark, der Sänger v.: „Wer nur den lieben Gott läßt walten". (903.) (Hft. 26.)
— Nikolaus Selnecker. (904.) (Hft. 32.)
Fick, H. A., Nikolaus Herm. u. Joh. Mathesius. (903.) (Hft. 22.)
— Johann Jakob Rambach. (904.) (Hft. 37.)
Gründler, Ad., Paul Gerhardt's Leben u. Lieder. 8.—15. Tauf. (16 S.) (906.) (Hft. 3.)
Josephson, Herm., Paul Flemming, e. liederreicher Pilgersmann. (903. (Hft. 24.)
— Friedrich Adolf Krummacher, der „Aetti". (904.) (Hft. 40.)
Nelle, Wilh., Nikolaus Decius, Hermann Bonnus u. andere evangelische Sänger plattdeutscher Zunge. (903.) (Hft. 21.)
— Friedrich Gottlieb Klopstock. (903.) (Hft. 28.)
— Joachim Neander, der Dichter der „Bundeslieder u. Dankpsalmen". (903.) (Hft. 25.)
— Martin Rinckart, der Dichter v. „Nun danket alle Gott". (904.) (Hft. 33.)
— fürstliche Sängerinnen. (904.) (Hft. 39.)
— Johann Scheffler, der Dichter des „Cherubinischen Wandersmannes", er Sänger der „Heil. Seelenlust". (904). (Hft. 35.)
Spitta, Frdr., die Konstanzer Liederdichter. (904.) (Hft. 31.)
Suderow, Simon Dach u. der Königsberger Dichterkreis. (904.) (Hft. 34.)

Unsere **Kirchenliederdichter.** Lebens- u. Charakterbilder. Mit e. Einführung von Wilhelm Nelle. Hamburg: G. Schloessmann 1905. (XX, 653 S.) 8° [F.] [06. 1508 9]

— dasselbe. 1. u. 2. Bd. 8. Ebd. 906. Geb. in Leinw. à n. 1.50
I. 5. Aufl. (III, 160 S.) — II. 3. Aufl. (III, 160 S.)

Kirchenliederdichter, unsere. 3. u. 14. Heft. 8. Hamburg, G. Schloeßmann. à nn — 10
Fick, H. A., Johann Rist, der Pfarrer v. Wedel. 4.—6. Tauf. (16 S. m. Abb.) (907.) (14. Heft.)
Gründler, Ad., Paul Gerhardts Leben u. Lieder. 26.—35. Tauf. (16 S. m. Abb.) (907.) (3. Heft.)

Kirchenlitaneien, d. gewöhnl. drei, mit Erläuterr. zur Beförderung d. Kirchen- u. Hausandacht. 8. Prag 812. Haase S. 3 ⅟₄

Moderne Kirchen-Malerei. Ein Vorlage-Werk für figurale Compositionen religiösen Inhaltes. Lichtdrucke nach photograph. Aufnahmen in Kirchen, Kapellen etc. und nach den Original-Cartons und Skizzen hervorragender Künstler, wie Joh. N. Endor, Ed. von Engerth etc. Wien. 1898. Schroll & Co. Folio. erscheint in 5 Lieferungen zu 12 Tafeln. Compl. fl. 17.50

Kirchen-Malerei, moderne. Ein Vorlage-Werk f. figurale Compositionen religiösen Inhaltes. Lichtdr. nach photograph. Aufnahmen in Kirchen, Kapellen etc. u. nach den Orig.-Cartons u. Skizzen hervorrag. Künstler, wie Joh. N. Ender, Ed. v. Engerth, Jos. v. Führich u. a. 5 Lfgn. (62 Taf.) Fol. Wien (900—902). A. Schroll & Co. à n. 12.—

Kirchenmann, der. Eine Schrift zur Vertheidigung der Lehren und Gebräuche der evangelisch-luther. Kirche und zur Warnung vor falschen Lehren und gefährl. Irrthümern. Hrsg. von C. C. Brobst. Jahrg. 1861. 12 Nrn. (⅟₄ Bog.) gr. 8. Allentown, Pa. (Philadelphia, Schäfer und Koradi.) *

Kirchen- und Prediger-Matrikel, Livländische. Riga 1843.
H: *Napiersky, Carl Eduard.* (zu)

Kirchen-Melodieen, die evangelischen, zu sämmtlichen Liedern des unter Genehmigung des königl. Konsistoriums der Provinz Sachsen revidirten merseburgischen Gesangbuchs. 8. (64 S.) Merseburg 860, (Stollberg.) **

Kirchenmöbel aus alter u. neuer Zeit. (In 6 Lfgn.) 1. Lfg. Fol. (10 Lichtdr.-Taf. m. 5 S. Text.) Berlin 893. E. Wasmuth In Mappe. n. 10. –

Kirchenmoebel aus alter u. neuer Zeit. 2. u. 3. Lfg. Fol. (à 10 Bl. in Lichtdr. m. 6 S. Text.) Berlin 896. 97. E. Wasmuth. In Mappe à n. 10.—

Kirchenmoebel aus alter u. neuer Zeit. Sammlung v. Altären, Kanzeln, Taufbecken, Beicht- u. Kirchenstühlen, Orgeln u. s. w. 4.—6. (Schluss-) Lfg. gr. Fol. (30 Lichtdr.-Taf. m. 5 u. VI S. Text.) Berlin (899. 900). E. Wasmuth. à n. 10.—

Kirchenmusik, die. Zugleich Mitteilgn. d. Diöcesan-Cäcilienvereins Paderborn. Hrsg. v. Vorstande d. D.-C. V. 10. u. 11. Jahrg. 1907 u. 1910. à 10 Nrn. (1909. 184 S.) Lex. 8. Paderborn (Junfermann). à Jahrg. 3. —
Erscheint nicht mehr.

Sammlung 'Kirchenmusik' hrsg. von Dr. Karl Weinmann. Bdch. 1. Regensburg [usw.]: Pustet 1909. 8°

Kirchenmusik, die, in der katholischen Hofkirche zu Dresden. Von C. N. 8. (39 S.) Wien 865, Czermak. *
Aus: Recensionen und Mittheilungen über Theater und Musik, besonders abgedruckt.

— die, u. ihre Pflege, Schriften, hrsg. v. Organisten- u. Kantorenverein der Prov. Sachsen. 1. u. 2. Heft. gr. 8. Göttingen, Vandenhoeck & Ruprecht. à — 50
Busse, Herm., üb. kirchl. Chorgesang u. Kirchenchöre. Vortrag, geh. in d. öffentl. Hauptversammlg. d. Organisten- u. Kantorenvereins d. Prov. Sachsen am 29. XII. 1908 zu Wittenberg a. E. (32 S.) 909. (2. Heft.)
— Wodurch wird der kirchl. Gemeindegesang gefördert? Vortrag, geh. in der öffentl. Hauptversammlg. zu dem gemeinsamen Jahresfeste d. Organisten- u. Kantorenvereins d. Prov. Sachsen u. des evang.-kirchl. Chorverbandes der Prov. Sachsen u. der thüring. Lande am 5. X. 1908 zu Magdeburg. (32 S.) 909. (1. Heft.)

Kirchenmusik, Die, in Rücksicht auf ihr Missverhältniss zum Hörer der Gegenwart. Ein offenes Wort an Alle, Künstler wie Laien, denen es Ernst um die Kirche ist, von einem jungen Componisten. Leipzig 1853. V: *Wolf von Ehrenstein, Joh.* (ZU)

Kirchenmusik, die, in Rücksicht auf ihr Missverhältniss zum Hörer der Gegenwart. Ein offenes Wort an Alle, Künstler wie Laien, denen es Ernst um die Kirche ist, von einem jungen Componisten. gr. 8. (VIII und 48 S.) Leipzig 853, Weber. *

Kirchenmusik, Unsere katholische, von heute. Eine kritische Studie. Wien 1896. V: *Twardowski, Julius von.* (EB)

Unsere katholische Kirchenmusik von heute. E. krit. Studie v. ***. *Wien: 'St. Norbertus'-Buchdr. 1896.* (3 Bl., 48 S.) 1 Bd 8.

Kirchenmusik, die, d. alten u. neuen Zeit. Eine Abhandl. v. prakt. Standpunkte. 8. (3¼ B.) Belle-Vue 846, Vrlgsbh.

Kirchenmusikerlässe, Die jüngsten Linzer. [Linz 1907.] V: *Schnerich, Alfred.* (EB)

Kirchenmusik-Ordnung, erklärendes Handbuch des musikalischen Gottesdienstes, für Kapellmeister, Regenschori ... Wien 1828. V: *Glöggl, Franz Xaver.* (KY)

Kirchenmusik-Ordnung. Erklär. Handbuch d. musikal. Gottesdienstes, f. Kapellmeister, Regenschori, Sänger u. Tonkünstler. Anleit., wie d. Kirchenmusik nach Vorschrift d. Kirche u. d. Staats gehalten werden soll. 3 Abthln. (Von Fr. Glöggl.) 12. (7 B.) Wien 828, (Wallishausser.)

Kirchennot, die, Berlins muß aufhören! Dargelegt von e. Hoffnungsvollen. 8. (82 S.) Gütersloh 889. Bertelsmann. n. — 40

Kirchennoth, die, der evangel. Gemeinde zu Bautzen. Allen evangel. Bürgern dieser Stadt dringend ans Herz gelegt von ein. Kirchenfreunde. gr. 8. (2 B.) Leipzig 845, Otto Wigand.

Kirchennoth ist Volksnoth. Glockenzeichen des kathol. Central-Kirchenbau-Vereines f. Nordböhmen, gegeben von e. Mitgliede des Canisius-Preß-Vereines. (47 S.) gr. 8. Dux 901. (Leitmeritz, Buchdr. „Austria".) n.n. — 20

— die, der Katholiken in Berlin. Ein Beitrag zur Lösg. dieser Frage v. Winfridus. 12. (70 S.) Paderborn 889. Bonifacius-Druckerei. n. — 25

Kirchen-Ordnung, Allergnaedigste, Ihro kaiserl. Majestät Catharina II ... für alle Römisch-kathol. Gemeinen des Russischen Reiches. Moskau 1774. H: *Dilthey, Philipp Heinrich.* (ML)

Kirchenordnung, Braunschweig-Lüneburg. 2 Thle. 4. Braunschw. 769. Schulbuchh. 20 ℛ

Braunschw.-Lüneburgische Kirchenordn. 2 Thle. *Braunschweig* 769. (Vieweg.) 4. (20 Gr.)

Kirchenordnung der evangelischen Brüder-Unität in Deutschland vom J. 1894. 8. (VIII, 126 S.) Gnadau 894. Unitäts-Buchh. n. — 60

[F.] Kirchenordnung der evangelischen Brüder-Unität in Deutschland v. Jahre 1897. *Gnadau: Unitäts-Buchh. (1891).* (196 S.) 1 Bd 8.

Kirchenordnung d. evang. Brüder-Unität in Deutschland v. J. 1897. 8. (196 S.) Gnadau 898. Unitäts-Buchh. Kart. n. — 90; geb. n. 1. 40

Kirchenordnung der Evangelischen Brüder-Unität in Deutschland vom Jahre 1901. *Gnadau: Unitäts-Buchh. (1901).* (195 S.) 8° [F.]

— Coburg. Fol. Cob. Ahl. 713.

—— u. Disciplin, die, der alten Hussitischen Brüderkirche in Böhmen, Mähren u. Polen, ein ehrwürdiges beherzigenswerthes Denkmal evang. Reformation vor Luther, unserer evang. Kirche verdeutscht dargereicht v. Alb. Köppen. gr. 8. (7½ B.) Leipzig 845, Wilh. Engelmann.

Kirchen-Ordnung, erneuerte, unser von Gottes Gnaden Anthon Ulrichs Herzogen zu Braunschweig und Lüneburg. 2 Thle. (Braunschweig 1709.) Auf höchsten Befehl vom herzogl. Consistorio veranstalteter Abdr. 4. (365 S. und Evangelien und Episteln auf alle Sonntage und führnehmste Feste durchs ganze Jahr. 216 S.) Braunschweig 862, Leibrock. *

Kirchenordnung, evangel., f. d. Kanton St. Gallen. gr. 8. St. Gallen 835, Scheitlin u. Zollikofer.

—— des weil. durchlaucht. und hochgebornen Fürsten und Herrn, Herrn Frantzen, Hertzogen zu Sachsen, Engern und Westphalen, wie es in dero Landen mit christl. Lehre, Außspendung der heil. hochwürd. Sacramenten, Vocation, Ordination etc. hinfüro gehalten werden soll. Von dem königl. Consistorio des Herzogth. Lauenburg veranstalt. unveränd. Abdr. 4. (VIII und 419 S.) Ratzeburg 862, Linsen. * 2 Thlr.; Schreibp. *

Kirchen-Ordnung des weiland Herrn Frantzen, Hertzogen zu Sachsen, Engern vnd Westfalen, wie es in dero Landen, mit Christlicher Lehre, Ausspendung der Sacramenten, Vocation etc. hinfüro gehalten soll werden. Zum Ersten mahle Anno 1651 gedruckt. Von dem Königlichen Consistorio des Herzogthums Lauenburg veranstalteter unveränderter Abdruck. Ratzeburg. 1862. = Lauenburgische Verordnungen-Sammlung. Bd. 2. Ratzeburg. 1866. 4°.

— des Durchlauchtigsten Hochwürdigen, und Hochgebornen Fürsten und Herrn, Herrn Friederichen, Hertzogen zu Braunschweig und Lüneburg, Postulirten Coadjutorn des Stiffts Ratzeburg, Erwehlten Thumb Probsten des Ertzstiffts Bremen, rc. Wie es mit Lehr und Ceremonien, auch andern geistlichen Sachen u. Verrichtungen in beyden Sr. Fürstl. Gn. Fürstenthümern Braunschweig-Lüneburg, Cellischen und Grubenhagischen Theils, auch angehörigen Graff- u. Herrschafften gehalten werden soll. Auf Sr. Fürstl. Gnaden Befehl und Anordnung im Druck gegeben Anno MDCXLIII. Mit Genehmigung des K. Ministerii der geistl. u. Unterrichts-Angelegenheiten vom K. Consistorio veranstalteter unveränd. Abdruck. Hannover 853. Rümpler. 4. (VIII, 440 S.) n. 2 ℛ. 20 ngr.

Kirchen-Ordnung des Durchleuchtigen, Hochwürdigen, und Hochgebornen Fürsten und Herrn, Herrn Friederichen, Hertzogen zu Braunschweig und Lüneburg, postulirten Coadjutorn des Stifts Ratzeburg, Erwehlten Thumb Probsten des Ertzstiffts Bremen rc. Wie es mit Lehr und Ceremonien, auch andern geistl. Sachen und Verrichtungen in beiden Sr. Fürstl. Gn. Fürstenthümern Braunschweig-Lüneburg, Cellischen und Grubenhagischen Theils, auch angehör. Graff- und Herrschafften gehalten werden sol. Auf Sr. Fürstl. Gnaden Befehl und Anordnung im Druck gegeben Anno MDCXLIII. Von dem königl. Consistorio genehmigter Auszug für das Hermannsburger Missions-Gebiet. 4. (212 S.) Hermannsburg 873, Missionshausdruckerei. *

Kirchen-Ordnung für die evangelischen Gemeinen der Provinz Westphalen und der Rhein-Provinzen. gr. 8. Paderborn 835. (Crüwell u. Rempel.) 1/6 ℛ

— dies. gr. 12. Koblenz 835. Bädeker. 1/8 ℛ

— dies. gr. 8. Neuwied 835. Lichtfers. 1/12 ℛ

Kirchen-Ordnung, Gemein,

wie die diser Zeit allenthalb im Fürstenthum Würtemberg gehalten soll werden. [Tübingen] 1836. H: *Ulrich Herzog von Würtemberg* [?]. (Heyd)

Kirchen-Ordnungen der christl. reformirten Gemeinden in den Ländern Gülich, Cleve, Berge und Marck; wie auch Religions-Vergleiche und Neben-Recessen, welche . . . in den Jahren 1666, 1672 u. 1673 aufgerichtet worden. Duisburg a. Rh. 1754.

Kirchen-Ordnung für die evangelischen Gemeinden der Provinz Westphalen und der Rhein-Provinz. [Dat.:] Berlin den 5. März 1835. Koblenz 1835

Kirchenordnung für die evangelischen Gemeinden der Provinz Westphalen und der Rhein-Provinz vom 5. März 1835 nebst den Verhandlungen mit den ständigen Deputirten über das Provinzial-Kirchenrecht im Bezirke des Oberlandesgerichts zu Hamm. Berlin 1841.

— für die evangel. Gemeinen der Provinz Westphalen und der Rhein-Provinz mit dem seit ihrer Publication für die evang. Gemeinen der Provinz Westphalen erlass. Declarationen, zusätzl. Bestimmungen rc. Zusammengestellt v. dem Steuer-Rathe Delius. gr. 4. Münster 844. (Leipzig, Engelmann.) n. 5/6 ℛ

— für die evangel. Gemeinden der Provinz Westphalen u. der Rhein-Provinz. 2. Aufl. 8. (60 S.) Koblenz 847, Bädeker. 1/6 ℛ

—— für die evangelischen Gemeinden der Provinz Westphalen und der Rheinprovinz vom 5. März 1835. Mit den Zusätzen vom 25. Aug. 1853. 16. (103 S.) Iserlohn 853, Bädeker.

—— für die evangelischen Gemeinden der Provinz Westphalen und der Rheinprovinz vom 5. März 1835. In der aus späteren Ergänzungen und Abänderungen, besonders vom 25. Aug. 1853, sich ergebenden Fassung auf Veranlassung der 8. rhein. Provinzialsynode hrsg. von Friedr. Blume. gr. 12. (VI und 66 S.) Bonn 854, Marcus. *

—— für die evangelischen Gemeinden der Provinz Westfalen und der Rhein-Provinz mit den seit ihrer Publication für die evangel. Gemeinden der Provinz Westfalen erlassenen Declarationen, zusätzl. Bestimmungen rc. In amtl. Auftrage auf Grundlage der früher durch den Consist.-Secr. Delius gemachten Zusammenstellung und mit Benutzung der betreff. Akten von Neuem hrsg. von Hagens. gr. 8. (IX und 196 S.) Bielefeld 856, Velhagen und Klasing. *

Kirchen-Ordnung für die evangelischen Gemeinden der Provinz Westphalen und der Rheinprovinz vom 5. März 1835. In der aus späteren Ergänzungen und Abänderungen besonders vom 22. Aug. 1847, vom 25. Aug. 1853, und vom 25. Novbr. 1855 sich ergebenden Fassung hrsg. von Friedr. Bluhme. 2., verm. und verb. Ausg. 12. (VIII und 76 S.) Bonn 859, Marcus. Thlr. *

Kirchenordnung f. die evangelischen Gemeinden der Provinz Westfalen u. der Rheinprovinz vom 5. März 1835. In der aus den späteren Ergänzgn. u. Abändergn. sich ergeb. Fassg. hrsg. v. Bluhme-Hälschner. In 5. Aufl. neu bearb. v. Wilh. Kahl. 8. (XII, 254 S.) Bonn 891, Marcus. geb. in Leinw. * 3 —

Kirchenordnung für die evangelischen Gemeinden der Provinz Westfalen und der Rheinprovinz vom 5. März 1835 in d. Fassung d. Kirchengesetzes v. 5. Jan. 1908 nebst d. einschläg. Kirchen- u. Staatsgesetzen. Unter Mitw. von R. Hildebrandt, Oberkonsist.R., Stettin, f. d. prakt. Gebr. bearb. u. hrsg. von A(lfred) Richter, Konsist.R., Münster. Münster i. W.: E. Obertüschen 1908. (XIII, 811 S.) 8° [illegible] 7

—— der evangelisch-lutherischen Gemeinen zu Langmeil, Lightspaß, Hahndorf rc. in Süd-Australien nebst einigen Erläuterungen von A. Kavel. gr. 8. (16 S.) Berlin 855, J. A. Wohlgemuth.

— Henneberg. 4. 713.

Kirchen-Ordnung, Fürstl. Holstein-Ploenische,

zum Nuzen der in den Holstein-Plönischen Antheils belegenen Kirchen . . . verfasset . . . Ploen 1732. V: *Hansen, Peter.* (ML)

— die hugenottische, s.: Geschichtsblätter d. deutschen Hugenotten-Vereins.

Kirchen-Ordnung Vnnser von Gottes Gnaden, Julii, Hertzogen zu Braunschweig vnd Lüneburg ꝛc. Wie es mit Lehr und Ceremonien vnsers Fürstenthumbs Braunschweig, wolffenbüttelschen Theils, Auch derselben Kirchen anhangenden Sachen vnd Verrichtungen hinfort (vermittelst göttlicher Gnaden) gehalten werden soll. publicirt 1569. vnd 1615 revidirt. Mit Genehmigung des königl. Ministerii der geistl. und Unterrichts-Angelegenheiten vom königl. Consistorio veranstalteter unveränd. Abdr. 4. (X und 407 S.) Hannover 853, Rümpler. *

Kirchenordnung, die, der evangel.-lutherischen Kirche Deutschlands in ihrem ersten Jahrhundert. *Berlin*, Reimer. 824. gr. 8. (1 Thl. 10 Gr.)

Kirchenordnung f. d. Kirche augsburgischer Konfess. in Elsass-Lothringen. Nach dem Beschlusse d. Oberkonsistoriums v. 14. X. 1909. (35 S.) gr. 8. Strassburg 909. J. H. E. Heitz. — 50

Kirchen-Ordnung, die, für die Kirchen in dem Fürstenthum Hessen. Aus der Apostel, ihrer Nachfolger u. anderer alten, christlichen, reinen Lehrer Schriften gestellet. Gedruckt zu Marburg 1566. Jetziger Mundart entsprechend aufs neue hrsg. v. Phil. Heber. gr. 8. (VIII u. 299 S.) Frankfurt a. M. 847, Brönner. n. 7/12 ₰

Kirchen-Ordnung im Churfurstenthum der Marcken zu Brandemburg, wie man sich beide mit der Leer und Ceremonien halten sol. Berlin 1540. (Berlin: Frensdorff [1910].) 3 Bl. 8°
Faks. von 4 Seiten d. ersten in Berlin gedr. Buches. (10. 1100)

— kurpfälzische. 4. Frankf. a. M. 763. (Schäfer). 1 ₰

— churpfälzische. 4. Frft. Eßlinger. 765.

Kirchen-Ordnung im Lande zu Pommern durch Hn. Barnim und Hn. Philippen ... Hertzogen zu Stettin, Pommern ... anfänglich auf dem Land-Tage zu Treptow, Anno 1535 geschlossen; und ferner durch Barnim den Aeltern, Johann Friederichen, Bugslaffen ... erneuert u. verm. Gedr. Anno 1690. Stralsund u. Gripswolde 1731.

[Nebentit.:] Kercken-Ordeninge im Lande tho Pamern.

[1.] Kirchen-Agenda, das ist: Ordnung ... für die Kirchen in Pommern auf Befehl der Fürsten Barnim den Aeltern, Johann Friederichen, Bugslaffen ... Hertzogen zu Stettin, Pommern ... Anno 1568. Stralsund u. Greiffswald 1731.
[Nebentit.:] Agenda, dat is, Ordninge ...

[2.] Leges praepositis ecclesiarum ejus partis Pomeraniae, quae a ... domino Bogislao XIV. duce Stetini, Pomeranorum regitur, praescriptae et publicatae ... Satzungen den Praepositis des Fürstenthumbs zu Pommern ... fürgeschriebenen ... [Text latein. u. deutsch.] Greiffswalde u. Leipzig 1731.

[3.] Statuta synodica in ecclesiis Pomeraniae promulgata in synodo Gryphenhagia anno 1574, 18. et 19. die Junii. Satzungen der Synoden in Kirchen. [Text latein. u. deutsch.] Greiffswalde u. Leipzig 1731.

[4.] Leges praepositis ecclesiarum in ducatu Pomeraniae regiae et principatu Rugiae a sacrae regiae majestatis Sueciae publicatae anno 1666. Gryphiswaldiae [um 1731].

[5.] Statuta synodalia für Ihro Königl. Maytt. zu Schweden Vor-Pommerscher Lande und Fürstenthumb Rügen Pfarr-Herren, Prediger und Kirchendiener, confirmiret und publiciret Anno 1666. Greifswald 1666.

— f. d. lübeckische Landgebiet, f. die Stadt Möllen u. f. Travemünde, von 1531. Neu hrsg. u. m. Anmerk. v. H. Carstens. gr. 4. (5 B.) Lübeck 843, v. Rohden'sche Buchh. *

Kirchenordnung, Marburger, von 1527. Hrsg. von C. W. H. Hochhuth. gr. 16. (32 S.) Kassel 878, [Scheel.] Voigt.

— Oettingische. 2e Aufl. von G. A. Michel. 2 Thle. 4. Oetting. 773, 74.

— und Agenda, die pommersche, nebst den Legibus Praepositorum, Statutis synodicis und der Visitations-Ordnung von 1736. Hrsg. von Otto. gr. 8. (XVI und 744 S.) Greifswald 854, (Koch's Vrlgsb.) *

— für d. Protestanten im russ. Reiche, s. G. Fr. Sahlfeldt.

— revidirte, Wie es mit christlicher Lehre, Reichung der Sacramenten, Ordination der Diener des Evangelii, ordentl. Ceremonien in der Kirchen, Visitation, Consistorio und Schulen: im Hertzogthumb Mecklenburg ꝛc. gehalten wirdt. gr. 4. (XVI und 487 S.) Schwerin 855, (Stiller'sche Hofbuchh.) *

Kirchen-Ordnung, revidirte magdeburgische vom J. 1739. Kirchen-Agenda des Herzogth. Magdeburg vom J. 1740. Rescript vom 24. Jan. 1685 wegen Bestellung der Kirchen- und Schul-Inspectoren im Herzogth. Magdeburg nebst Instruction. Neu hrsg. von dem königl. Consistorio der Provinz Sachsen. gr. 8. (XII und 860 S.) Magdeburg 857, Heinrichshofen'sche Buchh. *

Revidirte und nach denen neuern Königlichen Edicten, Mandaten und Rescripten eingerichtete und vermehrte Kirchen-Ordnung im Hertzogthum Magdeburg wie auch in der Grafschafft Manßfeld Magdeburgischer Hoheit, sammt e. vollst. Anh. Magdeburg 1739.

— die rheinisch-westphälische, und die lutherisch gesinnten Pastoren in Westphalen und Elberfeld. Ein Zeugniß der Wahrheit. gr. 8. (11 S.) Elberfeld 856, Bädeker'sche Buchh. *

Die Schleswig-Holsteinische Kirchenordnung von 1542 mit e. ausführl. hist. Einl. hrsg. von Ernst Michelsen, Pastor. H. 1. Kiel: Cordes in Komm. 1909. 8°
(Schriften d. Vereins f. schlesw.-holst. Kirchengeschichte. Reihe 1. H. 5.)

Kirchenordnung der ehemaligen Stiftskirche St. Martin zu Colmar während des Mittelalters. (59 S.) gr. 8. Rixheim 904. (Colmar, H. Hüffel.) n.n. — 60

Kirchenordnung, die, der Grafschaft Tecklenburg vom 24. August 1543. Hersg. von Ernst Friedländer. Münster 870. Obertüschen. gr. 8. (16 S.) n. 4 ngr.

Kirchen-Ordnung, Ulmische. Ulm 1747. II: *Frick, Elias.* (ML)

Kirchenordnungen, die evangelischen, s.o. Richter.

Kirchenordnungen, die evangelischen, des XVI. Jahrh. Hrsg. von Emil Sehling. I. Abth. 1. Hälfte. gr. 4. Leipzig 902. O. R. Reisland. n. 36.—; geb. n.n. 40.—
Sachsen u. Thüringen, nebst angrenz. Gebieten. 1. Hälfte. Die Ordngn. Luthers. Die ernestin. u. albertin. Gebiete. (XXIII, 746 S.)

Kirchenordnungen, die evangelischen, des 16. Jahrh. Hrsg. v. Emil Sehling. I. Abth. 2. Hälfte. gr. 4. Leipzig 904. O. R. Reisland. n. 30.—
Sachsen u. Thüringen, nebst angrenzenden Gebieten. 2. Hälfte. Die vier geistl. Gebiete (Merseburg, Meissen, Naumburg-Zeitz, Wurzen), Amt Stolpen m. Stadt Bischofswerda, Herrsch. u. Stadt Plauen, die Herrsch. Ronneburg, die schwarzburg. Herrschaften, die reuss. Herrschaften, die schönburg. Herrschaften, die vier Harzgrafschaften: Mansfeld, Stolberg, Hohenstein, Regenstein, u. Stift u. Stadt Quedlinburg, die Grafsch. Henneberg; die mainzischen Besitzgn. (Eichsfeld, Erfurt), die Reichsstädte Mühlhausen u. Nordhausen, das Erzbisth. Magdeburg u. das Bisth. Halberstadt, das Fürstenth. Anhalt. (VII, 614 S.)
I. Hälfte Ebd. 902. n. 36.—.

Kirchenordnungen, die evang., d. XVI. Jahrh. Hrsg. v. Emil Sehling. III. Bd. Die Mark Brandenburg. — Die Markgrafenthümer Oberlausitz u. Nieder-Lausitz. — Schlesien. (XIV, 501 S.) Lex. 8. Leipzig 909. O. R. Reisland. 26.—; geb. n 31.—
Abt. I. 2 Bde. Ebd. 902. 04. 66.—

Kirchen-Ornamentik, evangelische. Berlin 864. Amsler & Rudhardt. gr. 4. (16 Chromolith., 2 lith. S. Text u. chromolith. Titel.) In Mappe. n. 2 ₰ 20 ngr.

Kirchenpaß. (18 S.) 12. Gotha (904). Arnstadt, Verlagsbureau. — 20

Kirchenpaß. (4 S.) 16. Schlesw. (908). J. Bergas Verl. Kart. — 10

Kirchenpatronatsrecht, das. E. Sammlg. d. auf dasselbe Bezug hab., in Oesterreich erfloss. Gesetze, Verordngn., Normalerlässe u. d. Entscheidgn. d. k. k. Verwaltungs-Gerichtshofes unt. Anschluß d. Vorschriften üb. d. Steuer- u. Gebührenpflicht d. Kirchenvermögens, sow. d. Entscheidgn. d. k. k. obersten Gerichtshofes. M. e. alphabet. u. chronolog. Sachregister. 8. (IV, 379 S.) Prag 895. Höfer & Klouček. n. 6. —

Kirchenpauer, Gustav Heinrich. Ein Lebens- u. Charakterbild, s. Samson, H. v.

Kirchenpauer, Gustav Heinr., ein Zeit- und Lebensbild, s. Melle, Werner v.

Kirchenpauer, G. H.: Über die Bryozoen-Gattung Adeona, s. Abhandlungen aus dem Gebiete der Naturwissenschaften.

Kirchenpauer, G. H.: „Die alte Börse, ihre Gründer und ihre Vorsteher. Ein Beitrag zur hamburgischen Handelsgeschichte. Programm zur Einweihungsfeier der neuen Börse in Hamburg, am Donnerstage d. 2. December 1841", Hamburg 1841 (Im Auftrage der Commerz-Deputation gedruckt; mit einer Kupfertafel). — Vorh.: Com. Bibl. Hamburg.

(Kirchenpauer, ...): „Das Differenzial-Zollsystem nach den Vorschlägen zur Errichtung eines deutschen Schiffahrts- und Handelsvereins", Hamburg 1847. — Vorh.: Preuß. Staatsbibliothek Berlin.

– Nordische Gattungen und Arten der Sertulariden, s. Abhandlungen aus dem Gebiete der Naturwissenschaften.

(Kirchenpauer, G. H.): „Der Handelstractat vom 21. Januar 1839 und der deutsche Nordseehandel", Hamburg 1839. — Vorh.: Com. Bibl. Hamburg.

Kirchenpauer, G. H., über die Hydroidenfamilie Plumularidae, s. Abhandlungen aus dem Gebiete der Naturwissenschaften.

Kirchenpauer, G. H., Programm zur Einweihungsfeier der neuen Börse in Hamburg, am Donnerstag d. 2. December 1841. — A. u. d. T.: Die alte Börse, ihre Gründer u. ihre Vorsteher. Ein Beitrag z. hamburgischen Handelsgeschichte. (Mit 8 lith. Vignetten auf 1 Blatt.) gr. 4. Hamburg 841. (Perthes-Besser u. Mauke.) n. 1 ₰

Kirchenpauer, die Seetonnen der Elbmündung, s. Abhandlungen aus dem Gebiete der Naturwissenschaften.

Kirchenpauer, Die Seetonnen der Elbmündung. Ein Beitrag zur Thier- u. Pflanzen-Topographie. Mit eingedr. Holzschnitten u. 1 lithogr. Karte in qu. gr. Fol.) Hamburg 18..
Ist: Abh. a. d. Geb. d. Naturw. Bd. 4. Abt. 3.

—— neue Sertulariden aus den verschiedenen hamburgischen Sammlungen, nebst allgemeinen Bemerkungen über Lamouroux's Gattung Dynamena. gr. 4. (16 S. mit 1 Stnt. in qu. Fol.) Dresden 864. (Jena, Fr. Frommann.) *
Aus: Verhandlungen der K. Leop.-Carol. d. Akad., besonders abgedruckt.

Kirchenpauer, G. H. (Hrsg.), s. Zeitschrift, Hamburgische, für Politik, Handel und Handelsrecht.

Kirchenpflegschaft zu Wallenstadt. Kassa-Rechnung v. 1. Juli 1871 bis 31. Juli 1872. 8 Stn. 8. Wallenstadt, Druck v. Linder. 1873

Kirchenpoesie, frühbyzantinische, hrsg. v. Paul Maas, s.: Texte, kleine, f. theolog. u. philolog. Vorlesgn. u. Übungn.

Die Kirchenpolitik der Hohenzollern von e. Deutschen. Frankfurt a.M.: Neuer Frankf. Verl. 1906. (365 S.) 8° [illegible]

Kirchenrath. Der K' des Cantons Bern. an die Gesetzgeber des helvetischen Volks. Bern, den 20. Juny 1800. 8. [Bern.]

Kirchenrathgeber, der evangel. mit Vorbereit. z. Juk. v. Arepsarep Aredisda. 2 Bde. 8. Lpz. Rein. 803.

Kirchenrathsordnung und Instruction, Markgräflich Badische. Karlsruhe 1797. H: *Brauer, Joh. Nicolaus Frdr.* (MGT) (HS)

Kirchenraths-Ordnung, Kurpfälzische, Kurfürsts Friedrich des Dritten ... O. O. 1790. V: *Scheid, Peter.* (MGT)

Kirchenrathsinstruktion, Badische. 8. Karlsr. 804. (Braun). 1 ₰ 8 ℊ. Schrbp. 1 ₰ 16 ℊ.

Der | Kirchen-Räuber | und | seine unglückliche Tochter | Margarethe, | oder: | Gott suchet die Sünde der Väter heim an den Kindern | bis ins dritte und vierte Glied. | Eine traurige Begebenheit, | geschehen im Canton Bern in der Schweiz. Eigenthum von J. F. B. | *(Text).*
Kol.: Druck von Büttner & Winter in Oldenburg.
o. J. (1854), 4 Bl. n. n., 168 × 104.
LBO Jahrmarktslit. R. c. 3, 94.
Ein anderer Druck (ebenda R. c. 3, 88 und Bänkelsängerlit. I, 22) hat weder einen Eigentums- noch einen Druckvermerk.

Kirchen-Rechnung der evangelischen Gemeinde zu Lemberg für das Jahr 1852. Vom Vorstande dieser Gemeinde. 4. (16 S.) Lemberg. Gedruckt bei Peter Piller und Sohn. 1853.

Kirchen-Rechnung der evangelischen Gemeinde zu Lemberg für das Jahr 1853. Vom Vorstande der evangelischen Gemeinde. 4. (7 Blätt.) Lemberg. Gedruckt in der Ossol. Buchdruckerei. 1854.

Kirchenrechnung der evangelischen Gemeinde zu Lemberg, für das Jahr 1855. Vom Vorstande der evangelischen Gemeinde. 5. Jahrg. Lemberg, 1856. Buchdr. von E. Winiarz. (8 Bl. 4.)

Kirchenrecht, Allgemeines, beyder Evangelischer Confessionen in Pohlen und Litthauen ... Warschau 1780. V: *Scheidemantel, Hnr. Gottfried.* (Ky) (ML)

Kirchenrecht, allgem., beider evangel. Confessionen in Polen u. Litthauen, d. Kirchenverfassung, gute Ordnung, Polizei u. rechtl. Thätigkeit d. Consistorien betreff., (v. H. G. Scheidemantel). 8. Warschau 780.

Kirchenrecht, Allgemeines, für die preussischen Staaten ... Hann. 1798. V: *Bädeker, Friedrich.* (EngJ) (Wa)

Kirchenrecht, Allgemeines Preussisches; ein systematisch geordneter Auszug ... Neue ... Ausg. Dortmund 1798. V: *Bädeker, Friedrich.* (Ky) (MGT) (Winer)

— allgem. preuß., e. Auszug aus d. Landrecht, (herausg. von Fr. Bädeker). gr. 8. Dortm. 798. Mallinkrodt. 1 ℔ 4 gl, 2e, mit den bisher ergang. Erläuterr. verm. Aufl. von e. preuß. Rechtsgelehrten. gr. 8. Hamm 825. Schulz. 1 ℔

Kirchen- und Eherecht der Katholiken und Evangelischen in den königl. preußischen Staaten. Für Justiz- und Regierungsbehörden, Geistliche und Kirchenpatrone. Hrsg. von Polycarp Jos. Vogt. 2 Thle. (Kirchenrecht. — Eherecht.) Lex.-8. (IV und 992 S.) Breslau 857, Kern. *

Kirchenrecht, das heutige, s. a. Miniatur-Bibliothek.

Kirchenrecht, d. heutige. 32. (56 S.) Leipzig, Verlag f. Kunst u. Wissenschaft. 1900 —. 10.
Miniatur-Bibliothek No. 242.

Kirchenreform, die katholische. Monatsschrift, hrsg. v. Ant. Maur. Müller, unter Mitwirk. der Hrn. Czerski u. Ronge ꝛc. 1—6. Bd. (à 36 B.) 4. Berlin 845—47, Hermes. à Bd. *

Kirchenrecht, das katholische, in Preußen. Ein Handbuch für den kathol. Pfarrer. gr. 8. (VIII und 167 S.) Münster 861, Coppenrath'sche Buchh

Natürl. Kirchenrecht aus d. Natur d. Begriffs d. Kirche entwickelt. *Berl.*, Fröhlich. 799. 8° 18 gl

Zum Preussischen Kirchenrecht. Eine zeitgemässe Monographie. *Schaffhausen*, Hurter. 838. gr. 8. (16 Gr.)

Kirchenrecht, Protestantisches, Eine längst entschiedene Frage über den obersten Episkopalrechte der protestantischen Kirche. Nürnberg 1823. V: *Feuerbach, Paul Johann Anselm von.* (LS)

Das Wenceslaische u. das Casparische Kirchenrecht, nebst d. Declaratoria d. Erzherzog Carl üb. d. 3. Art. d. Wenceslaischen Kirchenrechts. *Breslau*, Schletter. 835. 8. (8 Gr.)

Die partikulären **Kirchenrechtsquellen** in Deutschland u. Oesterreich. Gesammelt u. m. erläut. Bemerkgn vers. v. Dr. Philipp Schneider, o. Prof. ... zu Regensburg. *Regensburg: A. Coppenrath 1898.* (XXVI, 598 S., 1 Bl.) 1 Bd 8. 98. III

Kirchenreformation der letzten Tage des 18. Jahrhunderts geschildert in dem Briefe des Erzbischofs v. Florenz. 8. Augsburg 789. M. Rieger. 1 gl

Kirchenreformen, über d. neuesten, im Bisthume Constanz. 8. Augsb. 811. Doll. 6 kr

Kirchenregiment

— vom, ein Wort zu seiner Zeit, (v. G. F. X. Bröhm). 8. (Landsh.) 807. Weber in Münch. 6 kr

Kirchenregiment und Kirchenzucht in der hessischen Renitenz. Eine Schutzschrift, hrsg. von dem Presbyterium der renitenten Gemeinde zu Kassel. gr. 8. (96 S.) Kassel 881, Kleimenhagen. *

Kirchenregiment, das neue protestantische, Mecklenburgs u. die kirchlichen Gemeinden. Von K. gr. 8. (31 S.) Hamburg 849, Perthes-Besser & Mauke in Comm. n. 4 ngl

Kirchenregiment, üb. d., d. reformirten Theils in d. neuen Kanton Appenzell. 8. Leipz. 802. Suprian. (Huber u. Comp. in St. Gallen). 3 kr

Kirchen-Reglement der evang.-luth. St. Petri-Gemeinde zu St. Petersburg. 193 S. St. Petersburg 1864

Kirchensänger, Der katholische. Monatschrift des Cäcilien-Vereins der Erzdiöcese Freiburg. Herausgegeben von dessen Vorständen. Freiburg i. Br. 1888 ff. H: *Bürgenmaier, Sylv. & Joseph Schulz.* (Kat. Herder 1801—95.)

Kirchensänger, der katholische. Monatsschrift d. Cäcilien-Vereins der Erzdiöcese Freiburg. Hrsg. v. dessen Vorständen. Red.: J. Schulz u. S. Bürgenmaier. 1.—3. Jahrg. 1888—1890. à 12 Nrn. (1/2 B.) Lex.-8. Freiburg i/Br., (Herder). à Jahrg. n. 2.—

Kirchensänger, der katholische. Monatschrift d. Cäcilien-Vereins der Erzdiöcese Freiburg. Hrsg. v. dessen Vorständen. Red.: Sylv. Bürgenmaier u. Jos. Schulz. 4—7. Jahrg. 1891—1894. à 12 Nrn. (1/2 Bog.) Lex.-8. Freiburg i/B., (Herder). à Jahrg. n. 2.—

Kirchensänger, der katholische. Monatsschrift d. Cäcilien-Vereins d. Erzdiöcese Freiburg. Hrsg. v. dessen Vorständen. Red.: Jos. Schulz u. Sylv. Bürgenmaier. 8.—10. Jahrg. 1895—1897. à 12 Nrn. (à ca. 8 S.) Lex.-8. Freiburg i/B. (Herder.) à Jahrg. n. 2.—

Kirchensänger, der katholische. Monatsschrift d. Cäcilien-Vereins d. Erzdiöcese Freiburg. Hrsg. v. dessen Vorständen. Red.: Jos. Schulz. 11. Jahrg. 1898. 12 Nrn. (à ca. 12 S.) Lex.-8. Freiburg i/B. (Herder.) n. 2. 40

Kirchensänger, der katholische. Organ des Cäcilien-Vereins der Erzdiözese Freiburg. Hrsg. v. S. Bürgenmaier u. J. Schulz. Red.: S. Bürgenmaier. 12. Jahrg. 1899. 12 Nrn. Lex.-8. (à ca. 10 S.) Freiburg i/B., J. Dilger, Buchdruckerei. (Nur direkt.) n.n. 2. 40

Kirchenschätze von Disentis und Umgebung; St. Agatha. Chur 1897. V: *Hardegger, Aug.* (Zuwachsverz. d. Bibliotheken in Zürich 1898 ff.)

Kirchen- u. Staats-Schematismus, Römischer, f. d. Jahr 1843. Lex.-8. Wien 843, Mechitar.-Congr.-Buchh. 1 fl

Kirchenschmuck, ein Archiv fur weibliche Handarbeit. [Von Bd. V an:] Ein Archiv fur kirchliche Kunstschopfungen und christliche Alterthumskunde.] Herausgegeben unter der Leitung des christlichen Kunstvereins der Diocese Rottenburg. Redigirt von Florian Rieß, Laib und Schwarz. [Von Bd. III an:] Redigirt von Laib und Schwarz . . . Druck und Verlag der J. B. Metzler'schen Buchhandlung . . . in Stuttgart [Register-Band: Ellwangen, Verlag der J. Hess'schen Buchhandlung] 1857—1874.
27 Bde. nebst Registerbd. 8°.
Die Tafeln meist Lithographien.

Kirchenschmuck; ein Archiv für weibliche Handarbeit. Hrsg. unter der Leitung des christl. Kunstvereins der Diöcese Rottenburg. Redig. von Florian Rieß, Laib und Schwarz. 1. und 2. Jahrg. 1857 und 1858. à Jahrg. 24 Hefte. (à 2 Bog. mit 1 chromolithogr. Taf. und 1 lithogr. Musterbog. in gr. Fol.) 4. Stuttgart, Verlag der Frauen-Zeitung. à Jahrg. *
Die Fortsetzung erschien unter folgendem Titel:

—— dass. — Ein Archiv für kirchl. Kunstschöpfungen und christl. Alterthumskunde. Hrsg. unter der Leitung des christl. Kunstvereins der Diöcese Rottenburg. Redig. von Denselben. (5—10. Bd.) 3—5. Jahrg. 1859—61. à Jahrg. 12 Hefte. (à 2 Bog. mit 2 lithogr. Mustertaf. und Farbendrucken.) hoch 4. Ebendas. à Jahrg. *

Kirchenschmuck. Ein Archiv für kirchl. Kunstschöpfungen und christl. Alterthumskunde. Hrsg. unter Leitung des christlichen Kunstvereins der Diöcese Rottenburg. Redig. von Laib und Schwarz. (11.—18. Bd.) 6.—9. Jahrg. 1862—65. à Jahrg. 4 Hefte. (Mit 24 lithogr. Mustertaf. und Farbendr.) hoch 4. Stuttgart, Verlag der Frauen-Zeitung. à Jahrg. *

—— dass. — (19.—22. Bd.) 10. und 11. Jahrg. 1866 und 1867. à 4 Hefte. Mit je 24 lithogr. Mustertaf. und Farbendr. hoch 4. Stuttgart, Erhard. à Jahrg. *

Kirchenschmuck. Ein Archiv für kirchl. Kunstschöpfungen und christliche Alterthumskunde. Hrsg. unter der Leitung des christlichen Kunstvereins der Diöcese Rottenburg. Redig. von Laib und Schwarz. [23.—27. Bd.] 12.—14. Jahrg. 1868—1870. à Jahrg. 4 Hefte. (à 4 Bog.) Mit je 24 (lithogr.) Zeichnungstaf. und Farbdr. hoch 4. Stuttgart, Erhard. [Ellwangen, Heß.] à Bd. (*ℳ 6.) *
27 Bde. 1855—70. *ℳ 200.; geb. **ℳ 250.

Kirchenschmuck. Ein Archiv für kirchl. Kunstschöpfungen und christl. Alterthumskunde. Hrsg. von Laib und Schwarz. Register-Band. 4. (32 S.) Ellwangen 874, Heß. 1 50

—— Neue Folge. Sammlung von Vorlagen für kirchl. Stickereien, Holz- und Metallarbeiten und Glasmalereien. Hrsg. von Geo. Dengler. 1.—6. Heft. qu. Fol. (à Heft 12—15 S. mit Stnt.) Amberg 873—75, Habbel. à Heft *ℳ 3. * 18 —

Kirchenschmuck. Neue Folge. Sammlung von Vorlagen für kirchl. Stickereien, Holz- und Metallarbeiten und Glasmalereien. Hrsg. von Geo. Dengler. 2. Bd. 1.—5. Heft. [Der neuen Folge 7.—11. Heft.] qu. Fol. (29 S. mit 30 lithogr. und chromolithogr. Taf. in Fol., gr. Fol. und Imp.-Fol.) Amberg 877—79, Habbel. à Heft *ℳ 4.; *

Kirchenschmuck. Neue Folge. Sammlung von Vorlagen für kirchl. Stickereien, Holz- und Metallarbeiten und Glasmalereien. Hrsg. von Geo. Dengler. 2. Bd. 6. Heft. [Der neuen Folge 12. Heft.] qu. Fol. (8 S. mit 7 Stnt. in gr. Fol. und Imp.-Fol.) Amberg 880, Habbel. *

—— dass. — Hrsg. von Geo. Dengler. 3. Bd. 1.—4. Heft. [Der neuen Folge 13.—16. Heft.] qu. Fol. (16 S. mit 15 Stnt. in gr. Fol. und Imp.-Fol.) Ebendas. 881—84. à Heft *ℳ 4. *

Kirchenschmuck. Neue Folge. Sammlung von Vorlagen für kirchl. Stickereien, Holz- und Metallarbeiten und Glasmalereien. Hrsg. von Geo. Dengler. 3. Bd. 5. und 6. Heft. [Der neuen Folge 17. und 18. Heft.] qu. Fol. (14 S. mit 14 Stnt. in gr. Fol. und Imp.-Fol.) [Amberg 885,86.] Regensburg, Habbel. à Heft *ℳ 4.—. * 8 —

Kirchenschmuck. Neue Folge. Sammlung v. Vorlagen f. kirchl. Stickereien, Holz- u. Metallarbeiten u. Glasmalereien. Hrsg. v. G. Dengler. 4. Bd. 1. u. 2. Hft. [Der neuen Folge 19. u. 20. Hft.] qu. Fol. (15 S. m. 14 Steintaf. in gr. Fol. u. Imp.-Fol.) Regensburg 888. 889. Habbel. à Hft. n. 4.—

Kirchenschmuck. Neue Folge. Sammlung v. Vorlagen f. kirchl. Stickereien, Holz- u. Metallarbeiten u. Glasmalereien. Hrsg. v. Geo. Dengler. 4. Bd. 3.—5. Hft. [Der neuen Folge 21.—23. Hft.] qu. Fol. (à 8 S. m. je 7 Steintaf.) Regensburg 891—894. J. Habbel. à n. 4.—

Kirchenschmuck. Neue Folge. Sammlg. v. Vorlagen f. kirchl. Stickereien, Holz- u. Metallarbeiten u. Glasmalereien. Hrsg. v. Geo. Dengler. 4. Bd. 6. Hft. [Der neuen Folge 24. Hft.] qu. Fol. (14 S. m. 9 Steintaf.) Regensburg 895. J. Habbel. n. 4.—

—— Blätter des christl. Kunstvereins der Diözese Seckau. Redact.: Joh. Karlon. 1. Jahrg. 1870. 12 Nrn. (à ½ Bog. mit lithogr. Beilagen.) Lex.-8. Graz, (Leuschner und Lubensky.) * 3 20

—— der. Blätter des christlichen Kunstvereines der Diöcese Seckau. 11.—15. Jahrg. 1880—1884. à Jahrg. 12 Nrn. (Bog.) 8. Graz, Verlagsh. „Styria". à Jahrg. **

— der. Blätter des christl. Kunstvereines der Diöcese Seckau. Hrsg.: Der Vereins-Obmann. Red.: J. Graus. 16.—21. Jahrg. 1885—1890. à 12 Nrn. (B. m. Illustr.) Lex.-8. Graz, (Styria). à Jahrg. n. 4.—

— der. Blättor d. christl. Kunstvereines der Diöcese Seckau. Hrsg.: Der Vereins-Obmann. Red.: Joh. Graus. 22.—25. Jahrg. 1891—1894. à 12 Nrn. (Bog. m. Illustr.) Lex.-8. Graz, (Styria) à Jahrg. n. 4.—

Kirchen-Schmuck, der. Blätter d. christl. Kunstvereines d. Diöcese Seckau. Hrsg.: D. Vereins-Obmann. Red.: Joh. Graus. 26.—29. Jahrg. 1895—1898. à 12 Nrn. (à ca. 1 Bog. m. Abb.) Lex.-8. Graz (Styria). à Jahrg. n. 4.—

Kirchen-Schmuck, Der. Blätter des christl. Kunstvereines der Diöcese Seckau. Hrsg.: Der Vereins-Obmann. Red.: Joh. Graus. 26. Jahrg. 1895. 12 Nrn. Lex.-8. (B. mit Illustr.) In Comm. 2.—

Kirchen-Schmuck, Der. Blätter des christl. Kunstvereines der Diöcese Seckau. Hrsg.: Der Vereins-Obmann. Red.: Joh. Graus. 27. Jahrg. 1896. 12 Nrn. Lex.-8. (B. mit Illustr.) In Comm. 2.—

Kirchen-Schmuck, Der. Blätter des christlichen Kunstvereines der Diöcese Seckau. Herausgeber: Der Vereins-Obmann. Redacteur: Joh. Graus. 28. Jahrg. 1897. 12 Nrn. Lex.-8. (B. m. Illustr.) In Comm. 2.—

Kirchenschmuck, Der, Blätter des christlichen Kunstvereines der Diöcese Seckau. Redigirt von Joh. Graus. XXIX. Jahrgang. 1898. 12 Nrn. Gr.-8. 2.—

Kirchen-Schmuck, der. Blätter des christl. Kunstvereines der Diöcese Seckau. Hrsg.: Der Vereins-Obmann. Red.: Joh. Graus. 30.—33. Jahrg. 1899—1902. à 12 Nrn. Lex.-8. (à Jahrg. 180—200 S. m. Abbildgn. u. 12 Taf.) Graz (Styria). à Jahrg. n. 4.—

Der Kirchen-Schmuck. Blätter des christlichen Kunstvereines der Diöcese Seckau. Redigirt von Joh. Graus. XXX. Jahrgang. 1899. Graz. 1899. In Comm. Styria. Gr.-8°. erscheint in 12 Nrn. Einzelne Nrn. * fl. —.20, halbj.* fl. 1.—

Der Kirchen-Schmuck. Blätter des christlichen Kunstvereines der Diöcese Seckau. Redigirt von Joh. Graus. XXXI. Jahrgang. 1900. Graz. 1900. In Comm. Styria. Gr.-8°. erscheint in 12 Nrn. Einzelne Nrn. * K —.40, halbj. * K 2.—

Der Kirchen-Schmuck. Blätter des christlichen Kunstvereines der Diöcese Seckau. Redigirt von Joh. Graus. XXXII. Jahrgang. 1901. Graz. 1901. In Comm. Styria. Gr.-8°. erscheint in 12 Nrn. Einzelne Nrn. K —.40, comp. K 4.—

Der Kirchenschmuck. Blätter des christlichen Kunstvereines der Diöcese Seckau. 34. Jahrg. 1903. Gr.-8°. erscheint in 12 Nrn. † kompl. K 4.

Kirchen-Schmuck, der. Monatsschrift f. christl. Kunst u. Kunstgeschichte. Neue Folge. Schriftleiter: Joh. Graus. 34.—36. Jahrg. 1903—1905. à 12 Nrn. (à ca. 20 S. m. Abbildgn.) Lex.-8. Graz, Styria. à Jhrg. n. 3.60

Kirchenspaltung, die, d. 16. Jahrhunderts, s. Beleuchtung.

Kirchen- und Schulsprache, die deutsche. Ein theures Kleinod der Nordfriesen im Herzogthum Schleswig. Ein Beitrag zur nähern Kunde der schleswigschen Sprach- und Nationalitätsverhältnisse. Von einem Friesen. Weimar 862. Böhlau. (Schleswig, Heiberg.) gr. 8. (60 S.) 7½ ngr.

Kirchenstaat [Sachliches OW]

Kirchenstaat, der, s. Lord's Zeithefte.

Kirchen-Staat, Der, oder die Christkirchliche Verfassung . . . der drey ersten Jahrhunderte . . . Nürnberg 1814. V: *Ernesti, Johann Heinrich Martin.* (Ky) (MGT) (NN)

Kirchenstaat, d., oder d. christkirchl. Verfassung u. Gemeinschaft d. 3 ersten Jahrhunderte, (von J. H. M. Ernesti). Mit e. Kernauszuge der dahin gehör. Urschrift als Anh. v. berühmt. Rechtsgelehrten (Fronteau). 8. Nürnb. 814. 2e verm. Aufl. 830. Riegel u. W. 18 gr.

Kirchenstaat, der, od. d. christkirchl. Verfassnng u. Gemeinschaft d. 3 ersten Jahrh. Zur bessern Begründ. u. Erklärung d. heutig. Kirchenrechts. Nebst Beiträgen zu einem Kernauszuge der dahin gehör. Urschrift v. d. berühmten Rechtsgelehrten *Fronteau* z. Paris, als Anh. v. *J. H. M. Ernesti.* 2e verm. Aufl. *Nürnb.* Riegel u. Wiessner. (814.) 830. 8. (18 Gr.)

Kirchenstaat, der. Eine Beleuchtung der Schrift Joh. Jos. Ign. v. Döllinger's: „Kirche und Kirchen, Papstthum und Kirchenstaat." gr. 8. (80 S.) Mainz 862, Kirchheim. *
Aus: Katholik, besonders abgedruckt.

— Hildesheim. evang. 4. Hannover, Helwing. 730.

Kirchenstaat d. ersten christl. Kirche. 4. Bremen. 728.

Kirchen- und Polizeystaat d. Alt. Test. 8. Nordh. 729.

— d. Röm. Reichs, oder Nachr. v. den drey Hauptrelig. im Röm. Reiche. 8. Frft. und Lpz. 722.

Kirchenstaat [Schlagwort]

Kirchenstaates und des Grossherzogthums Toscana (Mittel-Italien). — Topographische Karte des — etc., bearb. u. auf Stein gest. zu Wien im K. K. Milit.-Geogr. Institute, herausg. im J. 1851 (—56). 86,400. 52 Bl.

Kirchenstaatsrecht, Das allgemeine. Göttingen 1786. V: *Pütter, Johann Stephan.* (Adel) (MGT)

Kirchenstatistik, Geographisch-historische, der katholischen Schweiz . . . Schaffhausen 1845. V: *Ammann, Franz Sebastian* [?]. (Th)

Kirchen-Statistik, geogr.-historische, d. kath. Schweiz. Von e. kathol. Geistlichen. 1. u. 2. Abthl. gr. 8. (35⅝ B.) Schaffhausen 844, 46, Brodtmann'sche Buchh.

Kirchensteuer, die, in Hamburg. Ein freimüth. Gutachten. gr. 8. (31 S.) Hamburg 886, Seippel. * — 50

Kirchensteuergesetze, die, f. die älteren preußischen Provinzen, s. a. Kirchengesetz vom 26. V. 1905 usw.

Die Kirchensteuergesetze für die älteren preussischen Provinzen nebst Ausführungsanweisungen. Berlin 1906. 8°.
[Enth.: Kirchengesetz vom 26. Mai 1905 (K. G. u. V.-Bl. S. 31) und Staatsgesetz vom 14. Juli 1905 (G.-S. S. 277) betr. d. Erheb. von Kirchensteuern in d. Kirchengemeinden u. Parochialverbänden der evang. Landeskirche d. ält. Prov. d. Monarchie nebst den zu d. beiden Gesetzen ergang. Ausführungs-Anweis. u. d. Allerhöchsten Verordn. vom 23. März 1906 üb. d. Ausüb. d. Rechte d. Staates gegenüber d. evang. Landeskirche d. ält. Prov. d. Monarchie (G.-S. S. 53).]

Kirchensteuergesetzgebung, die neue, f. die kathol. Kirchengemeinden u. Gesamtverbände in Preußen u. f. die Kirchengemeinden u. Parochialverbände der evangelischen Landeskirche der ält. Provinzen der preuß. Monarchie. Entstehungsgeschichte der bezügl. Gesetze, deren Wortlaut, die Ausführungsanweisgn. u. die in Betracht komm. Bestimmgn. des Einkommensteuer- u. Kommunalabgabengesetzes, nebst e. Anh., enth. die Gesetze üb. die Kirchensteuererhebg. in den evangel. Gemeinden der Provv Hannover, Schleswig-Holstein u. Hessen-Nassau. (IV, 97 S.) gr. 8. Düsseldorf 906. L. Schwann. Kart. n. 1.60

J.. E..: Ueber die wichtigste Kirchenstrafe, d. Excommunication. *Prag,* Widtmann. 785. 8. (5 Gr.)

Der Kirchenstreit der dreissiger Jahre. Barmen. o. J. 8°.

Kirchenstreit, der Oberrheinische, in der II. badischen Kammer. Ein Sendschreiben an dieselbe von einem Alt-Constitutionellen. Regensburg 854. Pustet. 8. (83 S.) 7½ ngr.

Kirchenstreit, der, nebst Ursache und Wirkung oder die Kreuzigung der Lehre Christi. gr. 8. (42 S.) Mannheim 875. (Berlin, Meidinger.)

Kirchenstreit, der, und die baierische Volksschule. Von einem Verwaltungsbeamten. gr. 8. (IV, 77 S.) München 872, Oldenbourg. * 1 20

[F.] Zum Kirchenstreit in Witten. Notgedrungene Antwort auf neue Angriffe. Hrsg. v. Presbyterium d. evang. Gemeinde in Witten. *Essen: Dr. c. G. D. Baedeker 1896.* (1 Bl., 18 S.) 1 Bd 8. [96. 4777

Kirchenstuhlhandel, Der Spiezer. Dokumentierter Spezialbericht... Zürich 1901. V: *Angst, H.* (Berl) (Zuwachsverz. d. Bibliotheken in Zürich 1898 ff.)

Kirchenstuhlordnung für alle Kirchen d. Cob. Landes. 4. Cob. Ahl.

Kirchenstuhlsachen. [Halle 1806.] V: *Schlegel, Gottlieb.* (MGT)

Kirchenthum, Besonnenes. Eine Liebesbitte an die evangelische Kirchengemeinde des Augsburger Bekenntnisses in Hermannstadt drei Jahre nach der festlichen Wiedereröffnung ihrer neuhergestellten Pfarrkirche am Pfingstfeste u. 23. Maitage 1858 von jenem ihrer Getreuen, der vor drei Jahren »Wiedergeburt« gerufen. Hermannstadt 1858. V: *Müller, Gottfr.* (KU)

Kirchenthum, Theokratische, und autokratische Justiz; ein Gotteslästerungs-Process ... Zürich 1877. V: *Pfau, Ludwig.* (Cat. d. Stadtbibl. Zürich. Zürich 1864—97.)

Kirchenthum, theokratisches, und autokratische Justiz. Ein Gotteslästerungs-Prozeß vor dem Schwurgericht in Eßlingen. 8. (47 S.) Zürich 877, Verlags-Magazin.

Kirchenväter, über, oder Kirchenvorsteher u. deren Dienstverwaltung, besonders in Beziehung auf Oberlausitzische. 8. Ronneb u. Leipz. 801. (Gebr. Schumann in Zwickau). 2 gr

Kirchenverbesserung. Die K' zu Bern 1528. Njbl. Bern 1845 s. Stierlin. Emanuel].

Kirchenverbesserung, die, zu Bern 1528. Neujahrs-Blatt. Der bernischen Jugend gewidmet f. d. J. 1845. 4. (3 B. u. 1 Abbild.) Bern 845, Huber u. Comp. * –

Kirchenverbesserung, Die, im 19ten Jahrhundert nach Llorente frey übersetzt. Aarau 1822. Ü: *Troxler, Ignaz Paul Vital.* (Ky) (MGT)

Kirchenverbesserung, die, im 19ten Jahrh., nach Llorente, Projet d'une constitution religieuse frei bearb. gr. 8. Aarau 822. Sauerländer. 22 gr

Kirchenverbesserung, die, durch Synodalverfassung. Ein schlichtes Wort ans schlichte Volk. gr. 8. (62 S.) Darmstadt 863 (Würz'sche Buchh.) *

Kirchenvereinigung, evangel., im Großherzogth. Baden, nach ihren Haupturkunden u. Dokumenten. gr. 8. Heidelb. 822. Groos. 8 gr Schrbp. 12 gr Velinp. 16 gr

Kirchenvereinigung, evangelische, im Großherzogth. Baden nach ihren Haupturkunden und Dokumenten. 2. Abdr. gr. 8. (60 S.) Heidelberg 860, K. Groos. *

Kirchenverfassung, evangelische, in den älteren Provinzen der Monarchie. Gesetze u. Instruktionen 2c. m. e. die neueren Kirchengesetze enth. Anh. Mit Anmerkgn. u. ausführl. Sachregister. Nach amtl. Quellen. 2. Aufl. 12. (XIV, 324 S.) Berlin 894. R. v. Decker. Kart. n. 3.—

Kirchenverfassung, die, im Herzogth. Gotha. gr. 8. (III und 31 S.) Gotha 864, F. A. Perthes.

Kirchenverfassung, die neue, des Großherzogth. Hessen vor dem Forum der Geschichte, des Rechts und der Vernunft. Ein Beitrag zur Culturgeschichte der Gegenwart. gr. 8. (50 S.) Frankfurt a. M. 874, Zimmer'sche Buchh. — 60

— die neue Hessen-Darmstädtische, im Lichte d. göttl. Wortes u. der reformator. Principien betrachtet v. e. bisher. Mitglied der Friedberger Conferenz. gr. 8. (44 S.) Frankfurt a/M. 874. Alt. — 90

—— die, der Presbyterianer in den Vereinigten Staaten von Nord-Amerika, nach der Feststellung im Mai 1821. Uebersetzung. 8. (56 S.) Wittenberg [Leipzig] 862, Reichenbach'sche Buchh.

Kirchen-Vermögen, das, und die Staatskuratel mit besond. Rücksicht auf die in Bayern hierüber bestehenden Gesetze und Verordnungen betrachtet vom Standpunkte der Geschichte und des Rechtes von einem kathol. Geistlichen. gr. 8. (60 S.) Landshut 862, Thomann'sche Buchh.

Von der allgemeinen Kirchenversammlung zu Rom u. von dem unfehlbaren Lehramte des Papstes. Ein Wort an das kath. Volk von einem Priester der Diöcese Regensburg. Daj., Pustet, 16°, 40 S., 10 Pf.

Kirchenversammlung, die allgemeine vatikanische, v. Austriacus, s.: Sammlung zeitgemäßer Broschüren. Nr. 88.

Kirchenversammlung. Die K' zu Basel. 1431–1448. (Njbl.) s. [Hagenbach, Carl Rudolf].

Kirchenversammlung, die erste allgemeine, der deutsch-kathol. Kirche. Abgehalt. zu Leipzig, Ostern 1845. Authent. Bericht. Im Auftrage der Kirchenversammlung herausgeg. von Rob. Blum u. Frz. Wigard. Der Reinertrag ist für die deutsch-kathol. Kirche bestimmt. gr. 8. Leipzig 845, Friese. n. 1/2 ß

Von der Kirchenverwaltung der Evangel. Gemeine augsburgischer Confession in Warschau von 1778—1782. — Warschau 1783: Gröll. 206, 6 S.

Kirchenvisitation, Die, ein komisches Gedicht ... Leipzig 1781. V: *Weppen, Joh. August.* (Ky) (MD)

Kirchenvisitation, ein komisches Gedicht in 12 Gesängen, (von J. A. Weppen). 8. Leipz. 781. Weidmann. 14 gr

Kirchenvisitation, die. Ein Wort der Belehrung dargeboten den evangel. Gemeinden Sachsens. gr. 8. (16 S.) Leipzig 857, Dörffling und Franke.

Kirchenvisitation, die, zu Magdeburg im Juni 1854. 1. und 2., unveränd. Abdr. gr. 8. (16 S.) Leipzig 851. [Kaiserslautern, Meuth.] *

[Ƒ.] Die reformatorischen **Kirchenvisitationen** in den welfischen Landen 1542—1544. Instruktionen, Protokolle, Abschiede u. Berichte der Reformatoren hrsg. u. m. zahlr. Anm. vers. v. Karl Kayser, Superint. in Göttingen. *Göttingen: Vandenhoeck & Ruprecht 1897.* (XI, 657 S.) 1 Bd 8. [97. 954

Kirchen- u. Schul-Visitations-Ordnung f. d. Provinz Schlesien u. d. Lausitz. 4. Bresl. 827. Graß, B. u. C. 2 ℳ

Kirchenvorsteherschaften, Die Evangelisch-reformierten, an die gemein-Helvetische Tagsatzung. O. O. u. J. V: *Schulthess, Joh. Gg.* (Cat. d. Stadtbibl. Zürich. Zürich 1864—97.)

Kirchenvorstands- und Synodalordnung

— — u. das Gesetz, die Vertretung der evangelisch-luther. Kirchengemeinden betr., nebst Verordnung, die Einsetzung der Kirchenvorstände, sowie die Einrichtung u. Abnahme der Kirchenrechnungen betr. 1—3. Aufl. Leipzig 868. Roßberg. 8. (IV, 36 S.) 2½ ngr.

Kirchenvorstands- und Sydonalordnung, die, für die evangelisch-lutherische Kirche des Königr. Hannover. Nach den Beschlüssen der Vorsynode zusammengestellt und mit einleit. Bemerkungen versehen. gr. 8. (60 S.) Hannover 864, Meyer.

—— dass. — vom 9. Octbr. 1864 nebst Ausführungs-Bekanntmachung des königl. Cultus-Ministeriums vom 20. Octbr. 1864 gr. 8. (48 S.) Hannover 864, Hahn'sche Hofbuchh.

Kirchenvorstands- und Synodal-Ordnung für die evangelisch-lutherische Kirche des Königr. Sachsen und Verordnung der Einsetzung der Kirchenvorstände, sowie die Einrichtung und Abnahme der Kirchenrechnungen betr., nebst vorausgeh. Gesetz die Publication dieser Kirchenvorstands- und Synodal-Ordnung ɾc. betr. 8. (40 S.) Dresden 868, Naumann. — 30

—— dass. — und das Gesetz, die Vertretung der evangelisch-luther. Kirchengemeinden betr., nebst Verordnung, die Einsetzung der Kirchenvorstände, sowie die Einrichtung und Abnahme der Kirchenrechnungen betr. 1.—3. Aufl. 8. (IV, 36 S.) Leipzig 868,69, Roßberg'sche Buchh. — 25

Kirchen- u. Schulwesen, über christl. 3 Hefte, (von Fr. W. v. Schubert). gr. 8. Berl. 816—18. Maurers B. 2 ℳ 8 ℳ

Das evangelische **Kirchen- Gemeinde- und Synodalwesen** in den acht älteren Provinzen Preußens. Dargest. durch den allerh. Erlaß vom 10. 9. 1873, die Kirchengemeinde- u. Synodalordnung [usw.]. Berlin 1876.

Kirchenwesen, Das evangelisch-reformirte, in Gross-Glogau. Glogau 1751. V: *Döbell, Joh. Mich.* (LVS)

Kirchenwesen, das kathol., im Großhrzgth. Baden. Eine Samml. d. großhrzgl. badischen Gesetze u. Verordnn., welche auf kathol. Kirche u. Geistliche Bezug haben. Aus d. Großhrzgl. Regierungs- u. Anzeigeblättern u. geschrieb. Erlassen zusammengestellt. gr. 8. (7½ B.) Freiburg 838. [Karlsruhe, Groos.] *

Kirchenzeitung: Jahrgang 1 115, 1827 1945
Appeared originally in Philadelphia. Irregular, 1827 1830, a few numbers each year. First complete yearly volume in 1831. Place of publication varies. Philadelphia, Pa.; Chambersburg, Pa.; Cleveland, Ohio.
Cleveland, OH

Kirchenzeitung: 1827 1945 **Philadelphia, PA**

Kirchenzeitung: Jahrgang 1—115, no. 26, July 1, 1875—Dec. 18, 1945.
Weekly; then bi-weekly; then weekly to 1945. Sub-title: Organ und Eigenthum der deutschen und deutsch-englischen Synoden der Reformierten Kirche in den Vereinigten Staaten. Offizielles deutsches Organ der Evangelischen und Reformierten Kirche. Title varies: 1) Die Reformirte Kirchenzeitung und Evangelist, 1875—79; 2) Reformirte Kirchenzeitung, 1880—92; Kirchenzeitung, 1893—1945. Continued from Kirchenzeitung (Philadelphia, Pa.). Absorbed Der Evangelist. Large quarto, each issue 8—20 pages. Edited by Hermann Julius Ruetenik, & John Kuelling, 1875—81; by L. Praikschatis, 1881—96; by G. Dolch, 1896—1923; by J. H. Stepler, pro tem, 1923; by the Rev. Dr. Carl F. Heyl, 1923—45. Published by Central Publishing House, 1875—1945. Jubiläumsnummer in No. 30, 1930.
Cleveland, OH

Kirchenzeitung: 1881? 1924?
Semi-monthly. Organ of Pastors of the Deutsche Vereinigte Evangelisch-Protestantische Synode von Amerika. Edited by the Rev. G. Schmidt, ?—1924.
Pittsburgh, PA

Kirchenzeitung: 1899?—1904?
Weekly. Sub-title: Organ der Unabhängigen Evangelischen Protestantischen Gemeinde von Nord-Amerika. Large quarto, each issue 8 pages. Circulation: 1900, 5000. Edited by the Rev. Henry Höfner & Associates, & published by C. G. Wagner, 1899—1904.
Cincinnati, OH

Kirchenzeitung: 1903 ? **Reading, PA**

Kirchenzeitung. Organ u. Eigentum der deutschen Synoden der reformierten Kirche in den Vereinigten Staaten. Red.: G. Dolch. 73 u. 74. Jahrg. 1903 u. 1904. à 52 Nrn. (à ca. 16 S.) Fol. Cleveland, O. (1134—1138 Pearl Street), Central Publishing House. à Jhrg. n.n. 8.40

Kirchenzeitung, Allgemeine, ein Archiv für die neueste Geschichte und Statistik der christlichen Kirche, ... Herausg. von E. Zimmermann. Fortges. von K. G. Bretschneider u. Geo. Zimmermann. Jhg. 1—25. 1822—46. — Begr. von E. Zimmermann. Fortges. von H. Palmer, u. Mitw. von K. Zimmermann. Jhg. 26—29. 1847—50. — Fortges. ... u. Verantw. von A. Schnittspahn. Jhg. 30—31. 1851—52. März. — Red. von H. Palmer u. D. Schenkel. Jhg. 31—37. 1852 April—1858. — Fortges. von G. V. Lechler u. K. Zimmermann. Jhg. 38—45. 1859—66. — Fortges. von G. Fricke u. K. Zimmermann. Jhg. 46—48. 1867—69. — Fortges. von K. Zimmermann. Jhg. 49—51. 1870—72. Darmstadt. 4.

Kirchenzeitung, allgem., Ein Archiv f. d. neueste Gesch. u. Statistik d. christl. Kirche, nebst einer kirchenhistor. u. kirchenrechtl. Urkundensamml. Mit e. theolog. Literaturblatte. Herausg. v. D. E. Zimmermann. 1r Jahrg. 1822. 9 Hefte. 2 Rthlr. 15 gr. Jahrg. 1823. 3 Rthlr. 12 gr. Jahrg. 1824 u. 25. 1s Semester. Mit e. Literaturblatte à 4 Rthlr. 16 gr. ohne Literaturblatt à 3 Rthlr. 4 gr. Jahrg. 1825 2s u. 1826 1s Semester. Mit Liter. Bl. à 4 Rthlr. 8 gr. ohne Liter. Bl. à 3 Rthlr. Jahrg. 1826 2s u. 27 1s u. 2s Semest. Mit Liter. Bl. à 4 Rthlr. 16 gr. ohne Lit. Bl. à 3 Rthlr. gr. 4. Darmstadt, Leske. 38 Rthlr. 7 gr. ohne Liter. Bl.
(NB. Das Literaturblatt wird auch apart gegeben, s. Literaturblatt.)

Kirchen-Zeitung, allgemeine, e. Archiv f. d. neueste Geschichte u. Statistik d. christl. Kirche, nebst e. kirchenhistor. u. kirchenrechtl. Urkundensamml. Begründet v. Ernst Zimmermann. Fortges. v. Karl Gtli. Bretschneider u. Geo. Zimmermann. 7—14. Jahrg. 1828—35. Mit Ttlvign. Nebst e. theolog. Literaturbl. à 12 Hfte. gr. 4. Darmstadt, Leske. [828—30. à J. 8 Thlr. 16 Gr., 31—35. à J. 10 Thlr. — Ohne Literaturbl. à J. 6 Thlr.] 76 Thlr. — Ohne Literaturbl.
1. Jahrg. 1822. 1—9. Hft. (April—Dec.) 2 Thlr. 15 Gr. — 2. J. 1823. 3 Thlr. 12 Gr. — 3. J. 1824, mit theol. Lit.-Bl. 6 Thlr. 8 Gr., ohne Lit.-Bl. 4 Thlr. 16 Gr. — 4. J. 1825, mit theol. Lit.-Bl. 7 Thlr. 12 Gr., ohne Lit.-Bl. 5 Thlr. 8 Gr. — 5. u. 6. J. 1826, 27, mit theol. Lit.-Bl. à 8 Thlr. 16 Gr., ohne Lit.-Bl. à 6 Thlr. Ebendas. — Von 1822—31 gab der Begründer diese Zeitschrift allein heraus, Jahrg. 1832 erschien in Verbindung mit seinem Sohne Geo. Zimmermann, u. Jahrg. 1833—35 wurden nach Ernst Z's. Tode (†24. Juni 1832) von den oben Genannten besorgt.
Vgl. Literaturblatt, theolog.

Kirchen-Zeitung, allgemeine, e. Archiv f. d. neueste Gesch. u. Statistik d. christl. Kirche, nebst e. kirchenhistor. u. kirchenrechtl. Urkundensamml. Begründet v. Ernst Zimmermann. Fortges. v. Karl Gtli. Bretschneider u. Karl Zimmermann. 15—21. Jahrg. 1836—42. Mit Ttlvign. Nebst e. theolog. Literaturblatte. à 12 Hfte. gr. 4. Darmstadt, Leske. à J. *
Ohne Literaturblatt à J. *

Kirchen-Zeitung, allgemeine, ein Archiv f. d. neueste Geschichte u. Statistik der christl. Kirche. Begründet von Ernst Zimmermann. Fortges. v. G. Bretschneider u. Karl Zimmermann. 22—26. Jahrg. 1843—47. à 208 Nrn. (½ B.) Nebst e. theolog. Literaturblatte. 156 Nrn. (½ B.) gr. 4. Darmstadt, Leske. à J. * 10 Thlr. — Ohne Literaturblatt à * 6 Thlr.
— Das Literaturblatt allein à *

Kirchen-Zeitung, allgemeine. Ein Archiv für die neueste Geschichte und Statistik der christl. Kirche nebst einer kirchenhistor. und kirchenrechtl. Urkundensammlung. Begründet von Ernst Zimmermann. Fortgesetzt von Heinr. Palmer, unter Mitwirkung von Carl Zimmermann. 27—31. Jahrg. 1848—52. à Jahrg. 12 Hefte oder 208 Nrn. (½ Bog. gr. 4. Darmstadt, Leske. à Jahrg. *
Mit dem „theologischen Literaturblatt" zusammen à Jahrg. *
Vgl. : Literaturblatt, theologisches.

Kirchen-Zeitung, allgemeine, zugleich ein Archiv für die neueste Geschichte und Statistik der christl. Kirche nebst einer kirchenhistor. und kirchenrechtl. Urkundensammlung. Begründet von Ernst Zimmermann. Redig. von H. Palmer und D. Schenkel, unter Verantwortlichkeit von Aug. Schnittspahn und G. Göhrs. 32—35. Jahrg. 1853—56. à Jahrg. 208 Nrn. (½ Bog.) oder 12 Hefte. gr. 4. Darmstadt, Leske. à Jahrg. *
Mit dem „theolog. Literaturblatt" à Jahrg. *
Vgl. : Literaturblatt, theologisches.

Kirchen-Zeitung, allgemeine, zugleich ein Archiv für die neueste Geschichte und Statistik der christl. Kirche nebst einer kirchenhistor. und kirchenrechtl. Urkundensammlung. Begründet von Ernst Zimmermann. Redig. von H. Palmer und D. Schenkel. 36—38. Jahrg. 1857—59. à Jahrg. 52 Nrn. (à 2 Bog.) oder 2 Bde. à 6 Hefte. gr. 4. Darmstadt, Zernin. à Jahrg. *
Mit dem theolog. Literaturblatt à Jahrg. *
Bei dem Jahrg. 1857 ist G. Göhrs als verantwortlicher Redacteur mit genannt.

—— dass. — Fortgesetzt unter besond. Mitwirkung von C. Zimmermann, G. V. Lechler und H. Palmer unter Verantwortlichkeit von C. Strack. 39. und 40. Jahrg. 1860 und 1861. à Jahrg. 104 Nrn. (Bog.) oder 2 Bde. à 6 Hefte. gr. 4. Ebendas. à Jahrg. *
Mit dem theolog. Literaturblatt à Jahrg. *
Vgl.: Literaturblatt, theologisches.

Kirchen-Zeitung, allgemeine, zugleich ein Archiv für die neueste Geschichte und Statistik der christl. Kirche, nebst einer kirchenhistor. und kirchenrechtl. Urkundensammlung. Begründet von Ernst Zimmermann. Fortgesetzt unter besond. Mitwirkung von K. Zimmermann, von G. V. Lechler und H. Palmer unter Verantwortlichkeit von C. Strack. 41.—42. Jahrg. 1862—63. à Jahrg. 104 Nrn. (Bog.) oder 2 Bde. à 6 Hefte. gr. 4. Darmstadt, Zernin. à Jahrg. *
Mit dem Theolog. Literaturblatt à Jahrg. *

— dass. — Fortgesetzt von G. V. Lechler und K. Zimmermann. 43.—45. Jahrg. 1864—66. à Jahrg. 104 Nrn. (Bog.) oder 2 Bde. à 6 Hefte. Ebendas. à Jahrg. *
Mit dem Theolog. Literaturblatt à Jahrg. *

—— dass. — Fortgesetzt von G. Fricke und K. Zimmermann. 46. Jahrg. 1867. 104 Nrn. (Bog.) oder 2 Bde. à 6 Hefte. Ebendas. *
Mit dem Theolog. Literaturblatt *
Vgl.: Literaturblatt, theologisches.

Kirchenzeitung, allgemeine, zugleich ein Archiv für die neueste Geschichte und Statistik der christl. Kirche, nebst einer kirchenhistor. und kirchenrechtl. Urkundensammlung. Begründet von Ernst Zimmermann. Fortgesetzt von G. Fricke und K. Zimmermann. 47. und 48. Jahrg. 1868 und 1869. à Jahrg. 104 Nrn. (Bog.) oder 2 Bde. à 6 Hefte. gr. 4. Darmstadt, Zernin. à Jahrg. * 18 —
Mit Theolog. Literaturblatt à Jahrg. * 30 —

—— dass. — Fortgesetzt von Karl Zimmermann. 49.—51. Jahrg. 1870—1872. à Jahrg. 104 Nrn. (Bog.) oder 2 Bde. à 6 Hefte. gr. 4. Ebendas. à Jahrg. * 12 —
Mit Theolog. Literaturblatt à Jahrg. * 23 —
Vgl.: Literaturblatt, theologisches.

— allgemeine, für das katholische Deutschland. Redigirt von J. E. Eros. 1r Jahrg. 1834. Jan.—Dec. u. 2r Jahrg. 1835. Jan.—März. gr. 4. München 834, 35. Fleischmann. (1r J. 3½ ℳ 2r J. ⅞ ℳ) 4⅜ ℳ

Kirchen-Zeitung: Allgemeine Kirchen-Zeitung für Deutschland und die Schweiz
① Herausgegeben von einigen katholischen Geistlichen und Laien (6. 1. 1837) ② ... Kirchenzeitung ... (1838) ③ Allgemeine Kirchen-Zeitung für das katholische Deutschland (1834 gegründet, bis 31. 3. 1835 in München bei E. A. Fleischmann) ④ Katholische Blätter (Lu) ⑤ 4. 4. 1835 (= Nr. 27)—29. 12. 1838 ⑥ 4° ⑦ Wochenblatt ⑧ Luzern: Buchdruckerei Berichthaus (4. 4. 1835—26. 3. 1836), Xaver Meyer (2. 4. 1836—30. 12. 1837), Buchdruckerei des Vereins für christliche Volksbildung (1838, ab 24. 3. 1838 mit dem Nachsatz: Jos. Huwyler) ⑨ Literatur-Blatt (monatlich, dann monatlich 2×) ⑩ katholische Geistliche und Laien ⑪ Redaktoren und Mitarbeiter, genannt in Nr. 1 v. 6. 1. 1837: Elmiger, Pfarrhelfer, Luzern; Dr. Fischer, Prof. Theol., Luzern; Frick, Pfarrer aus Württemberg; Ch. Fuchs, Prof. theol., Luzern; Hafen, Schloßkaplan und Hofmeister, aus Württemberg; Kälin, katholischer Pfarrer, Zürich; Kartier (auch Cartier), Theologe und Oberlehrer, Therwil; Kotz, Stadtkooperator, Konstanz; Leu, Prof. theol., Luzern; Tanner, Religionslehrer am Gymnasium, Luzern ⑫ freisinnig-kirchliche Richtung ⑬ BGSZ: 1028 ⑭ Lu: Z: Be: L (1836—1837) ⑮ Geplanter Titel (November 1836): Allgemeine Kirchenzeitung für die Schweiz und Deutschland.

— allgemeine, für Deutschland u. die Schweiz, Herausg. v. einigen kathol. Geistlichen. 1r u. 2r Jahrg. ... 3r u. 4r Jahrg. 1836 u. 1837. à 12 Hefte. gr. 4. Luzern 836, 37. Meyer. (München, Fleischmann.) à J. 3½ ℳ — dies. 6r Jahrg., s. Blätter, katholische. NB. 1r u. 2r Jahrg., s. weiter unten; Redig. von Eros.

—— allgemeine, f. Deutschland u. d. Schweiz. Hrsg. v. einigen kathol. Geistlichen. 3—5. Jahrg. 1836—38. à 12 Hfte. gr. 4. Luzern, Meyer. à J. *
Fortsetz., s. Blätter, katholische. — 1. u. 2. Jahrg., vgl. 8. Bd.: Kirchenzeitung, allgem., f. d. kathol. Deutschland.

—— Allgemeine evangelisch-lutherische. Herausg. von C. E. Luthardt. Jhg. (1—3), 1868—76.; Red.: C. E. Luthardt u. F. Th. Franke. Jhg. 1877—82.; Red.: Frdr. Otto Goetze. Jhg. 1883—95. Leipzig. 4.

— allgemeine, evangelisch-lutherische. Hersg. von C. E. Luthardt. 1. Jahrg. Oktober—Dezember 1868. 13. Nrn. (B.) Leipzig 868. Dörffling & Franke. hoch 4. n. 1 ℳ

— — 2. u. 3. Jahrg. 1869 u. 1870. à Jahrg. 52 Nrn. (B.) Ebend. hoch 4. Jeder Jahrg. n. 4 ℳ

— allgemeine evangelisch-lutherische. Red.: C. E. Luthardt. Jahrg. 1871—1873 à 52 Nrn. (B.) hoch 4. Leipzig, Dörffling & Franke. à Jahrg. n. 12. —

-- dasselbe. Jahrg. 1874—1876. à 52 Nrn. (B.) hoch 4. Ebend. à Jahrg. 13. —

— allgemeine evangelisch-lutherische. Red.: C. E. Luthardt u. F. Th. Franke. Jahrg. 1877—1882. à 52 Nrn. (à 1—1½ B.) hoch 4. Leipzig, Dörffling & Franke. à Jahrg. n. 13. —

— dasselbe, zum 10. Novbr. 1883. hoch 4. (22 S.) Ebend. 883. n.n. — 60

— allgemeine evangelisch-lutherische. Red.: Frdr. Otto Goetze. Jahrg. 1883—1886. à 52 Nrn. (à 1—1½ B.) gr. 4. Leipzig, Dörffling & Franke. à Jahrg. 6. 50

— allgem. evangelisch-lutherische. Red.: F. O. Goetze Jahrg. 1887—1890. à 52 Nrn. (à 1—1½ B.) gr. 4. Leipzig, Dörffling & Franke. à Jahrg. n.n. 13. —

— allgemeine evangelisch-lutherische. Red.: Frdr. Otto Goetze. Jahrg. 1891—1894. à 52 Nrn. (à 1—1½ Bog.) gr. 4. Leipzig, Dörffling & Franke. à Jahrg. n. 13. —

— allgem. evangelisch-lutherische. Red.: Frdr. Otto Goetze. Jahrg. 1895—1898. à 52 Nrn. (à ca. 12 S.) gr. 4. Leipzig, Dörffling & Franke. à Jahrg. n.n. 13. —
Kann auch halbjährlich bezogen werden.

— allgemeine evangelisch-lutherische. Begründet von Chr. E. Luthardt. Red.: Hölscher. Jahrg. 1899—1902. à 52 Nrn. gr. 4. (à ca. 24 Sp.) Leipzig, Dörffling & Franke. à Jahrg. n.n. 13. —
Jahrg. 1899—1901 sind v. F. O. Goetze redigiert.

— allgemeine evangelisch-lutherische. Begründet v. Chr. E. Luthardt. Hrsg.: Hölscher. Red.: W. Laible. 37. bis 40. Jahrg. 1903—1906. à 52 Nrn. (1264, 1288, 1256 u. 1272 Sp.) 4. Leipzig, Dörffling & Franke. à Jhrg. n.n. 13.—

— allgemeine evangelisch-lutherische. Begründet v. Chr. E. Luthardt. Hrsg.: Hölscher. Red.: W. Laible. 40.—43. Jahrg. 1907—1910. à 52 Nrn. (à Jahrg. XI S. u. 1248 Sp.) 34,5×25 cm. Leipzig, Dörffling & Franke. à Jahrg. nn 13.—

Kirchenzeitung, über d. allgem., d. Dr. Zimmermann in Darmstadt, wohlgemeinte Bemerkk., von e. kathol. Theologen. gr. 8. Augsb. 823. Wolff. 7 gr

—— Berliner allgemeine, red. vom Prof. Rheinwald. Jhg. 1—5. 1839—43. — Red.: Th. Bruns. Jhg. 6—15. 1844—53. Berlin. gr. 4.

—— berliner allgem., redig. v. Rheinwald. 1—3. Jahrg. 1839—41. à 104 Nrn. (½ Bog.) Mit Beilagen. gr. 4. Berlin, Thome. [839, 40. à * 3 Thlr., 41. * 3½ Thlr.] *

—— dies. — redig. v. dems. 4. Jahrg. 1842. 104 Nrn. (½ Bog.) Mit Beilagen. gr. 4. Berlin, Schultze. *

—— berliner allgemeine, redig. v. Rheinwald. 5—9. Jahrg. 1843—47. à 104 Nrn. (½ Bog.) M. Beilagen. gr. 4. Berlin, Herm. Schultze. [5—7. J. à * 3 Thlr. 15 Ngr., 8. u. 9. J. à * 4 Thlr.] *

—— berliner allgemeine. Redig. von Bruns. 10—14. Jahrg. 1848—52. à Jahrg. 104 Nrn. (½ Bog.) Mit Beilagen. gr. 4. Berlin, Herm. Schultze. à Jahrg. *
Vgl. 10. Bd. 1. Abthl. S. 438.

—— berliner allgemeine. Hrsgbr.: (Th.) Bruns. 15. Jahrg. 1853. 104 Nrn. (½ Bog.) Mit Beilagen. gr. 4. Berlin, J. A. Wohlgemuth. *
Vgl. 11. Bd. 1. Abthl. S. 507.

—— darmstädter evangelische. Redig. von Wörißhoffer. 1. Jahrg. Octbr.—Decbr. 1850. 13 Nrn. (½ Bog.) gr. 4. Darmstadt, Kern. *

—— dass. — Redig. von Dems. Jahrg. 1851. 52 Nrn. (½ Bog.) gr. 4. Ebds. *

Deutsche Evangelische Kirchenzeitung. Wochenschrift z. Pflege ev. Gemeindelebens u. z. Förderung Kirchl. Selbständigkeit. Hrsg. von Adolf Stöcker, Hofpred. in Berlin. Jg. 1—16, No 1—13. [Mehr nicht erschienen.] *Berlin: Buchh. d. Berliner Stadtmiss. (6: Vaterländ. Verlagsanstalt; 7 ff.: Buchh. d. Berl. Stadtmiss. in Komm.) 1887—1902.* 16 Bde 4° [J.]

Kirchen-Zeitung, deutsche evangelische. Wochenschrift zur Pflege evang. Gemeindelebens u. zur Förderung kirchl. Selbständigkeit. In Verbindg. m. Cremer, Ebel, Eichler 2c. hrsg. v. A. Stöcker. Red.: O. Pohl. 1.—4. Jahrg. 1887—1890. à 52 Nrn. (à 1—1½ B.) Mit 12 literar. Beilagen. gr. 4. Berlin, Buchhandlg. d. Berliner Stadtmission. à Jahrg. n. 10.—

— deutsche evangelische. Wochenschrift zur Pflege evangel. Gemeindelebens u. zur Förderg. kirchl. Selbständigkeit. Hrsg. v. Adf. Stöcker. 5.—8. Jahrg. 1891—1894. à 52 Nrn. (à 1—1½ Bog.) Mit 12 literar. Beilagen. gr. 4. Berlin, (Buchh. der Berliner Stadtmission). à Jahrg. n. 10.—

— deutsche evangelische. Wochenschrift z. Pflege evang. Gemeindelebens u. z. Förderung kirchl. Selbständigkeit. Hrsg v. Adf. Stöcker. 9.—12. Jahrg. 1895—1898. à 52 Nrn. (Bog.) Mit 12 literar. Beilagen. gr. 4. Berlin (Buchh. d. Berliner Stadtmission). à Jahrg. n. 10.—
Kann auch vierteljährlich bezogen werden.

— deutsche evangelische. Wochenschrift zur Pflege evangel. Gemeindelebens u. zur Förderg. kirchl. Selbständigkeit. Hrsg. u. red. v. Adf. Stöcker. 13.—15. Jahrg. 1899—1901. à 52 Nrn. Mit 12 literar. Beilagen. gr. 4. (à ca. 8 S.) Berlin (Vaterl. Verl.- u. Kunstanst.) à Jahrg. n. 10.—

— dasselbe. 16. Jahrg. 1. Viertelj. Jan.—März 1902. 13 Nrn. Mit 3 literar. Beilagen u. Kirchlich-soziale Blätter. gr. 4. (à ca. 8 S.) Ebd. n. 2. 50
Fortsetzung s.: Reformation, die.

—— deutschkatholische. Hrsg. von Eduin Bauer. (1. Jahrg.) 1848. 52 Nrn. (Bog.) gr. 4. Dresden, Adler und Dietze.

— für d. kathol. Deutschland, herausg. im Verein mit mehrern Gelehrten von J. Sengler. 1r Jahrg. 1830. Juli—Dec. Mit Vign. gr. 4. Münch., Franckh. 2 ₰ 12 gr 2r J. 1831. Ebd. (Marb., Elwert). 5 ₰ 3r Jahrg. 1832. Ebd. 2 ₰ 18 gr

—— für d. kathol. Deutschland, hrsg. im Verein mit mehr. kathol. Gelehrten v. J. Sengler. 1—3. Jahrg. 1830. Juli—Dec., u. J. 1831 u. 32. Jan.—Juni. à J. 208 Nrn. (½ B.) Mit Vign. gr. 4. München, [Franz.] [830. 2 Thlr. 12 Gr., 31. 5 Thlr., 32. 2 Thlr. 12 Gr.]

—— dies., hrsg. v. dems. 3. Jahrg. 1832. Juli—Dec. 104 Nrn. (½ B.) Mit Sengler's Bildn. u. Vign. gr. 4. Marburg, Elwert.

Kirchen-Zeitung f. d. kath. Deutschland, herausg. v. e. Gesellsch. Gelehrten. Mit Literatur- u. Ergänzungsblättern. 1r Jahrg. 1833. 12 Hfte. gr. 4. Augsburg 833. (Schlosser.) 3 ₰

—— für das katholische Deutschland, herausg. von einer Gesellschaft Gelehrten. Jhg. 1. 1833. Augsburg. gr. 4.
Mit Literatur- und Ergänzungsblättern.

— für das katholische Deutschland. Hrsg. v. d. „Deutschen Literatur-Gesellschaft" in München. Red.: F. Hetzel. 1. Jahrg. April—Dezbr. 1900. 39 Nrn. gr. 4. (à ca. 16 S.) München [R. Abt]. G. Schuh & Co. 6.—

— Evangelische, herausg. von E. W. Hengstenberg. Bd. 1—85. Jhg. 1827—69. — Red.: Tauscher. Jhg. 1870—81. — Herausg. von O. Zöckler. Jhg. 1882—92. — Herausg. von Holtzhouer. Jhg. 1893—95. Berlin. 4.

— d. evangel., herausgeg. v. E. W. Hengstenberg. 1r Jahrg. 1827. Juli—Dec. 4. Berlin 827, Oehmigke.

—— evangelische, hrsg. v. E. W. Hengstenberg. (2—9.) Jahrg. 1828—35. à 12 Hfte. gr. 4. Berlin, Oehmigke. à J.
1. Jahrg. 1827. (Juli—Dec.) Ebendas. 2 Thlr.

—— evangelische hrsg. v. E. W. Hengstenberg. Jahrg. 1836—42. à 12 Hfte. gr. 4. Berlin, L. Oehmigke. à J. *
Vgl. 8. Bd. 1. Abthl. S. 419.

—— evangelische, hrsg. v. E. W. Hengstenberg. 32—41. Bd. J. 1843—47. à 12 Hfte. gr. 4. Berlin, L. Oehmigke, Vrlgsh. à J. *

—— evangelische. Hrsg. von E. W. Hengstenberg. Jahrg. 1848—52. à Jahrg. 104 Nrn. (½ Bog.) oder 42—51. Bd. à 6 Hefte. Mit Beilagen. gr. 4. Berlin, L. Oehmigke. à Jahrg. *
Vgl. 10. Bd. 1. Abthl. S. 438.

—— evangelische. Hrsg. von E. W. Hengstenberg. Jahrg. 1853—56. à Jahrg. 104 Nrn. (½ Bog.) oder 52—59. Bd. à 6 Hefte. gr. 4. Berlin, L. Oehmigke. à Bd. *
Vgl. 11. Bd. 1. Abthl. S. 507.

—— evangelische. Redig. von (E. W.) Hengstenberg. Jahrg. 1857—61. à Jahrg. 104 Nrn. (½ Bog.) oder 60—69. Bd. à 6 Hefte. gr. 4. Berlin, Schlawitz. à Bd. * 2 Thlr. à Jahrg. *

Kirchen-Zeitung, evangelische. Redact.: E. W. Hengstenberg. Jahrg. 1862—67. à Jahrg. 104 Nrn. (½ Bog.) oder 70.—81. Bd. à 6 Hefte. Mit Beilagen. gr. 4. Berlin, Schlawitz. à Bd. * 2 Thlr. à Jahrg. *

—— evangelische. Hrsg. von E. W. Hengstenberg. Jahrg. 1868 und 1869. à Jahrg. 104 Nrn. (à ½ Bog.) oder 82.—85. Bd. à 6 Hefte. Mit Beilagen. gr. 4. Berlin, Schlawitz. à Bd. * M. 6.; à Jahrg. * 12 —

—— dass. — Begründet von E. W. Hengstenberg. Hrsgbr. und Redact.: Tauscher. Jahrg. 1870—1874. à Jahrg. 104 Nrn. (à ½ Bog.) Mit Beilagen. gr. 4. Berlin, Trowitzsch und Sohn. à Jahrg. 12 —

Kirchen-Zeitung, evangelische. Begründet von E. W. Hengstenberg. Hrsg. von T. H. Tauscher. Jahrg. 1875 und 1876. à Jahrg. 104 Nrn. (à ½—1 Bog.) gr. 4. Berlin, Trowitzsch und Sohn. à Jahrg. *

—— dass. — Jahrg. 1877—1879. à Jahrg. 52 Nrn. (à 1½ Bog.) gr. 4. Ebendas. à Jahrg. *

Kirchenzeitung, evangelische. Begründet von E. W. Hengstenberg. Redact. und Hrsgbr.: T. H. Tauscher. Jahrg. 1880 und 1881. à Jahrg. 52 Nrn. (à Nr. 1½ Bog.) gr. 4. Berlin, (Trowitzsch und Sohn.) à Jahrg. *

—— dass. — Unter Mitwirkung von Fürer, Grau, Hahn rc. hrsg. von O. Zöckler. Jahrg. 1882—1884. à Jahrg. 52 Nrn. (à Nr. 1½ Bog.) gr. 4. Greifswald, (Abel.) à Jahrg. *

—— evangelische, unter Mitwirkung von Fürer, Grau, Hahn rc. hrsg. von O. Zöckler. Jahrg. 1885 und 1886. à Jahrg. 52 Nrn. (à Nr. 1½ Bog.) gr. 4. Greifswald, (Abel.) à Jahrg. * 12 —

—— dass. — unter Mitwirkung von Fürer, Gensichen, Grau rc. hrsg. von O. Zöckler. Jahrg. 1887. 52 Nrn. (à Nr. 1½ Bog.) gr. 4. Greifswald. (Berlin, Wiegandt und Grieben.) * 12 —

—— dass. — unter Mitwirkung von Gensichen, Grau, Hahn rc. hrsg. von O. Zöckler. Jahrg. 1888. 52 Nrn. (à Nr. 1½ Bog.) gr. 4. (Ebendas.) * 12 —

Kirchen-Zeitung, evangelische. Unter Mitwirkg. von Gensichen, Grau, Hahn rc. hrsg. v. O. Zöckler. Jahrg. 1889—1892. à Jahrg. 52 Nrn. (à Nr. 1½ Bog.) gr. 4. Greifswald. (Berl., Wiegandt u. Grieben.) à Jahrg. * 12 —

— dasselbe. Hrsg. v. Holtzheuer. Jahrg. 1893. 1894. à 52 Nrn. (1½ Bog.) gr. 4. Weferlingen. Ebd. à Jahrg. n. 12. —

Kirchenzeitung, evangelische, begründet v. E. W. Hengstenberg, hrsg. v. Holtzheuer. Jahrg. 1895—1898. à 52 Nrn. (Bog.) gr. 4. Weferlingen. (Berlin, Wiegandt & Grieben.) à Jahrg. n. 12. —
Kann auch halbjährlich bezogen werden.

— evangelische. Begründet v. E. W. Hengstenberg. Red.: P. Wolff. 77.—80. Jahrg. 1903—1906. à 52 Nrn. (1238, 1248, 1264 u. 1256 Sp.) 4. Helmstedt. (Berlin, Wiegandt & Grieben.) à Jhrg. n. 12. —

Kirchen-Zeitung, evangelische. Organ d. Vereinigg. der Evangel.-Lutherischen innerh. der preuß. Landeskirche (konfessionelle Gruppe), begründet v. E. W. Hengstenberg. Schriftleiter: Severin Gemmel u. seit 1910: Matthes. 81.—84. Jahrg. 1907—1910. à 52 Nrn. (1132, 1040, 1048 u. 1044 Sp.) 32×23,5 cm. Helmstedt. Berlin, Wiegandt & Grieben. à Jahrg. 12. —

—— evangelische, für Oesterreich. Hrsg. und redig. von Herm. Fritsche und Ferd. Schur. 1. Jahrg. Novbr. 1884—Decbr. 1885. 27 Nrn. (à Nr. 1½—2 Bog.) gr. 4. Bielitz, Fröhlich. (Leipzig, Matthies.) *

—— evangelische, für Oesterreich. Hrsg. und redig. von Herm. Fritsche und Ferd. Schur. 2. und 3. Jahrg. 1885 und 1886. à Jahrg. 24 Nrn. (à Nr. 1—2 Bog.) gr. 4. Bielitz, Fröhlich. (Leipzig, Matthies.) à Jahrg. * 6 —

—— dass. — Hrsg. und redig. von Ferd. Schur. 4. und 5. Jahrg. 1887 und 1888. à Jahrg. 24 Nrn. (à Nr. ½—2 Bog.) gr. 4. Ebendas. (Berlin, Oehmigke's Buchh.) à Jahrg. * 6 —

—— evangelische, f. Oesterreich. Hrsg. u. redig. v. Ferd. Schur. 6.—9. Jahrg. 1889—1892. à Jahrg. 24 Nrn. (Bog.) gr. 4. Bielitz, Fröhlich. (Berl., Oehmigke's Buchh.) à Jahrg. * 6 —

— evangelische, f. Oesterreich. Hrsg. u. red. v. Ferd. Schur. 8.—11. Jahrg. 1891—1894. à 24 Nrn. (à ½ bis 2 Bog.) gr. 4. Bielitz, (W. Fröhlich. — Berlin, Oehmigke's Sort.). à Jahrg. n. 6. —

— evangelische, f. Oesterreich. Hrsg.: Arth. Schmidt. 12.—15. Jahrg. 1895—1898. à 24 Nrn. (à ca. 16 S.) gr. 4. Bielitz, W. Fröhlich. (Berlin, Oehmigke's Sort.) à Jahrg. n. 6. —

— evangelische, f. Oesterreich. Hrsg.: Arth. Schmidt. 16.—19. Jahrg. 1899—1902. à 24 Nrn. gr. 4. (à ca. 16 S.) Bielitz (W. Fröhlich). à Jahrg. n. 6. —

— evangelische, f. Oesterreich. Organ des evangel. Pfarrervereines f. Oesterreich. Hrsg.: Arth. Schmidt. 20.—23. Jahrg. 1903—1906. à 24 Nrn. (388, 388, 388 u. 404 S.) Lex.-8. Bielitz (W. Fröhlich). à Jhrg. n. 6. —

— evangelische, f. Oesterreich. Organ d. evang. Pfarrervereins f. Oesterreich. Hrsg.: Arth. Schmidt. Schriftleiter: Alex. Ducommun. 24.—27. Jahrg. 1907—1910. à 24 Nrn. (408, 388, 384 u. 396 S.) Lex. 8. Bielitz, W. Fröhlich. à Jahrg. 6. —

— evangelisch-lutherische, in Bayern. Herausgbr.: G. A. Wiener. (1.) Jahrg. April—Decbr. 1854. 39 Nrn. (à ½ Bgn.). Nürnberg, Raw. gr. 4. n. 1 ℛ. 15 ngr.

— — (2. u. 3.) Jahrg. 1855 u. 56. à 52 Nrn. (à ½—1 Bgn.) Ebend. gr. 4. Jeder Jahrg. n. 2 ℛ.

Evangelisch-reformirte, herausg. von ... [wie oben]. Jhg. (4—5). 1857—58.; herausg. von Frdr. Birkner u. E. Stähelin. Jhg. (5—8). 1859—62.; herausg. von O. Thelemann u. E. Stähelin. Jhg. 9—26. 1863—76.; herausg. von O. Thelemann. Jhg. 27. 1877. Erlangen. gr. 8.

— evangelisch-reformirte, herausg. von K. Goebel, in Verbindung mit E. Stähelin. (4. u. 5.) Jahrg. 1857 u. 58. à 52 Nrn. (à ½ Bgn.). Ebend. gr. 8. Jeder Jahrg. n. 1 ℛ. 10 ngr.

— evangelisch-reformirte, herausg. von Fried. Birkner u. Ernst Stähelin. Jahrg. 1859—62. à 52 Nrn. (à ½ Bgn.) Erlangen, Deichert. gr. 8. Jeder Jahrg. n. 1 ℛ 10 ngr.

— — herausg. von Otto Thelemann u. Ernst Stähelin. Jahrg. 1863 u. 64. à 52 Nrn. (à ½ Bgn.) Ebend. gr. 8. Jeder Jahrg. n. 1 ℛ 10 ngr.

— evangelisch-reformirte, herausg. von Otto Thelemann u. Ernst Stähelin. 15—20. Jahrg. 1865—70. à Jahrg. 52 Nr. (½ Bgn.) Erlangen, Deichert. gr. 8. Jeder Jahrg. n. 1 ℛ 10 ngr.

— evangelisch-reformirte, hrsg. v. Otto Thelemann u. Ernst Stähelin. 21. u. 22. Jahrg. 1871 u. 1872 à 12 Hfte. (à 2 B.) gr. 8. Detmold, Meyer. à Jahrg. n. 4. —

— dasselbe. 23—26. Jahrg. 1873—1876 à 12 Hfte. (2 B.) gr. 8. Ebend. à Jahrg. n. 6. —

— evangelisch=reformirte, hrsg. von Otto Thelemann. 27. Jahrg. 1877. 26 Nrn. (à 1/2—1 B.) gr. 8. Detmold, Schenk. n. 6. —

—— freie allgemeine. Organ für die demokrat. Entwicklung des religiös=kirchl. Gedankens und Lebens in Deutschland. Hrsg. von Ludw. Noack. 1. Jahrg. 1848. Octbr. — Decbr. 13 Nrn. (à 2 Bog.) gr. 4. Stuttgart, Expedition. (Hofbuchdruckerei Zu=Guttenberg.) *

—— dass. — (2. Jahrg.) 1849. 104 Nrn. (Bog.) gr. 4. (Ebds.) *

—— Katholische, herausg. von H. J. Schmitt. Jhg. 1—9. 1829—31. Offenburg 1829. — Aschaffenburg 1837. gr. 4.

—— katholische, 1—7. Jahrg. 1829. April—Dec. u. 1830—35. (829. 9 Hfte., 30—33. à 12 Hfte., 34 u. 35. à 156 Nrn. [1/2 B.]) gr. 4. Aschaffenburg, Pergay. [829. 1 Thlr. 20 Gr., 30—32. à 3 Thlr., 33—35. à 4 Thlr.]
Der 1. Jahrg. wurde von H. J. Schmitt, der 2. J. von J. M. Göschl besorgt, die Hrsgebr. der übrigen Jahrge. sind unbekannt. J. 1—3. erschienen in Offenbach, sind aber jezt von der genannten Handlung zu beziehen.

—— katholische, hrsg. von e. Verein v. Katholiken. Jahrg. 1836 u. 37. à 156 Nrn. (1/2 Bog.) gr. 4. Aschaffenburg, Pergay. à J. *
Hieran schließt sich: Herold d. Glaubens, vgl. dies.

——, — rod. von J. V. von Paula Höninghaus. Jhg. 1—7. 1838—44. — Red. von Frick. Jhg. 8. 1845. Frankfurt. Roy-4.

—— katholische, redig. v. Jul. Vincenz v. Paula Hoeninghaus. 1—5. Jahrg. 1838—42. à 104 Nrn. (1/2 Bog.) Imp.=4. Frankfurt a. M., [Varrentrapp's Verl.] à J. *

—— katholische. Redig. v. Frick. 6—8. Jahrg. 1843—45. à 104 Nrn. (1/2 Bog.) Nebst Beilagen u. 24 Literatur=Blätt. Imp.=4. Frankfurt a. M., Varrentrapp's Verl. à J. *
1—5. Jahrg. 1838—42. Ebendas. à J. * 5 Thlr.

Katholische Kirchenzeitung: 1846—? Baltimore, MD

Katholische Kirchenzeitung: 1846—1851. Baltimore, MD
Edited by Maximilian Oertel. Weekly.

Katholische Kirchenzeitung: Jahrgang 1—37, July 23, 1846—Aug.? 1882.
Roman Catholic weekly. Place of publication varies: Baltimore, 1846—51; NYC, 1851—59; Jamaica, L. I. (dated also NYC), 1859—62. Was it also published in Cincinnati? Circulation: 1870, 1800; 1877, 3500; 1880, 2500. Edited & published by James Maximilian Oertel, 1846—82.
New York, NY

—— katholische. Redig. und hrsg. von Max Oertel. 7. Jahrg. Mai 1852 — Juni 1853. 52 Nrn. (à 2 Bog.) Fol. New=York 854. (Philadelphia, Schäfer und Koradi.) *

—— dass. — 8. und 9. Jahrg. Juli 1853 — Juni 1855. à Jahrg. 52 Nrn. (à 2 Bog.) gr. Fol. Ebds. 855. à Jahrg. *

— katholische, vormals „Salzburger Kirchenblatt". Hrsg. u. Red.: Ant. Markl. 36.—37. Jahrg. 1896—1897. à 104 Nrn. (Bog.) gr. 4. Salzburg (A. Pustet). à Jahrg. n. 13.50

— dasselbe. 38. Jahrg. 1898. 104 Nrn. (Bog.) gr. 4. Ebd. n.n. 12. —

— katholische, vormals „Salzburger Kirchenblatt". Hrsg. u. Red.: Ant. Markl. 39.—41. Jahrg. 1899—1901. à 104 Nrn. gr. 4. (à ca. 8 S.) Salzburg (A. Pustet). Postfrei à Jahrg. n.n. 12. —

— dasselbe. 42. Jahrg. 1902. 104 Nrn. gr. 4. (à ca. 8 S.) Ebd. Postfrei n.n. 11. —

— katholische, vormals Salzburger Kirchenblatt. Hrsg. u. Red.: Frz. Schmitz. 43.—46. Jahrg. 1903—1906. à 104 Nrn. (840, 848, 848 u. 844 S.) Fol. Salzburg (A. Pustet). Postfrei à Jhrg. n.n. 11. —

Kirchenzeitung: Katholische Kirchenzeitung der Schweiz
s. a. **Kirchenzeitung** für die katholische Schweiz.

—— katholische, der Schweiz. Hrsg. von einem Vereine katholischer Geistlichen. 6. und 7. Jahrg. 1853 und 1854. à Jahrg. 12 Hefte oder 52 Nrn. (Bog.) gr. 4. Solothurn, Scherer'sche Buchh. à Jahrg. *
Vgl. 11. Bd. 1. Abthl. S. 507.

— für die schweizerische evangelische Kirche. 1r Jahrg. 1834. April — Decbr. 39 Numm. gr. 4. Zürich 834. Schultheß. 1 1/3 rß — 2r Jahrg. 1835. 52 Numm. gr. 4. Ebd. 835. 1 3/4 rß

— dies. 1r u. 2r Jahrg. 1836 u. 1837. à 52 Numm. gr. 4. Zürich 836, 37. Schultheß. (Basel, Spittler.) à 2 1/4 rß

—— konstitutionelle, aus Bayern, f. kathol. Geistliche. Hrsg. v. Al. Lerchenmüller. 1. Jahrg. 1830. Juli — Dec., u. 2. J. 1831. gr. 4. Kempten, Kösel. [830. 6 Hfte. 1 Thlr. 12 Gr., 31. 12 Hfte. 3 Thlr.]
Fortsezung hiervon ist die:

Kirchen= und Schulzeitung, Kurhessische. Redact.: Heinr. Heppe. Jahrg. 1863. April bis Decbr. 39 Nrn. (Bog.) gr. 8. Cassel, Krieger'sche Buchh. *

—— dass. — Jahrg. 1864 — 67. à Jahrg. 52 Nrn. (Bog.) gr. 8. Ebendas. à Jahrg. *

—— für Lutheraner. Herausg.: C. Röthjen. Jhg. (1)—6. 1861—65. Berlin 1862 ff. Neu-Ruppin.

—— für Lutheraner. Hrsg. von C. Röthjen. 1. Jahrg. 1860. April bis Decbr. 9 Nrn. (à 2 Bog.) gr. 4. Berlin, (W. Schultze.) Vierteljährlich * *

Kirchen=Zeitung für Lutheraner. Hrsg. von C. Röthjen. 2. Jahrg. 1861. 12 Nrn. (Bog.) gr. 4. Neu=Ruppin, Oehmigke's Verlag. Thlr. *

—— für Lutheraner. Hrsgbr.: C. Röthjen. 3. — 6. Jahrg. 1862 — 65. à Jahrg. 12 Nrn. (Bog.) gr. 4. Neu=Ruppin, (Oehmigke. — Berlin, Beck.) à Jahrg. *

Lutherische Kirchen-Zeitung: Jahrgang 1—68, Jan. 1860—Dec. 31, 1927?
Semi-monthly, Jan. 1860—Dec. 1890; weekly, Jan. 1891—Dec. 1927. Sub-title: Organ der Allgemeinen Evangelisch-Lutherischen Synode von Ohio und anderen Staaten und redigirt von einer Committee. Large quarto, with slight variations; each issue 8—16 pages; Jahrgang 1—4 paged continuously; Jahrgang 1—22, 24—31 issued with collective titlepages and indexes for every other two volumes. Circulation: 1870, 2000; 1900, 6500; 1910, 5500; 1921, 6236; 1930, 5600. Edited by Wilhelm Friedrich Lehmann, Jan. 1860—Nov. 1880 (Committee: Pastoren, W. F. Lehmann, E. Schmid, J. A. Schulze); by C. A. Frank, Jan.—May 1881; by Frederick Wilhelm Stellhorn, June 1881—Dec. 1890; by Carl H. Rohe, Jan. 1891—May 1892; by Frederick Wilhelm Stellhorn, June 1892—Dec. 1898; by Carl A. Böhme, Jan. 1899—Sept. 1904; by Richard Charles Henry Lenski, Oct. 1904—1914?; by Emmanuel Poppen, 1914?—1927. Other editors: Theo. Bühring, Peter Henry William Schmidt, J. H. Schneider. Associate editors: A. Werder, 1892—93; E. A. Bohne, 1892—Oct. 1894; K. Hemminghaus, Feb. 1893—Aug. 1906; H. J. Schuh, Oct. 1894—Dec. 1906; C. C. Hein, Sept. 1906—1914?; J. H. Schneider, Jan. 1898—?
Published by the Synod, Jan. 1860—Feb. 1, 1882; by the Fakultät der Capital University zu Columbus, Feb. 15, 1882—Dec. 15, 1890; by The Lutheran Book Concern, 1891—1927.
Columbus, OH

—— lutherische. Organ der allgemeinen evangelisch=luther. Synode von Ohio und andern Staaten, und redig. von einem Committee. 1. und 2. Jahrg. 1860 und 1861. à Jahrg. 24 Nrn. (à 2 Bog.) Fol. Columbus, Ohio. (Philadelphia, Schäfer und Koradi.) [1860. * 2 Thlr., 1861. * 2 Thlr. 10 Ngr.] *

—— lutherische. Organ der allgemeinen, evangel.=luther. Synode von Ohio und andern Staaten und redig. von einem Comittee. 3. und 4. Jahrg. 1862 und 1863. à Jahrg. 24 Nrn. (à 2 Bog.) Fol. Columbus, Ohio. (Philadelphia, Schäfer und Koradi.) à Jahrg. *

—— lutherische. Organ der Allgemeinen, evangelisch-luther. Synode von Ohio und andern Staaten. Redig. von einem Committee. 16.—20. Jahrg. 1875—1879. à Jahrg. 24 Nrn. (Bog.) Imp.-4. Columbus, O. (Dresden, H. J. Naumann.) à Jahrg. *

—— lutherische. Organ der Allgemeinen, evangelisch-luther. Synode von Ohio und anderen Staaten. Redig. von einem Committee. 21.—25. Jahrg. 1880—1884. à Jahrg. 24 Nrn. (Bog.) Imp.-4. Columbus, O., Expedition. à Jahrg. *

—— Lutherische. Jhg. 1—2. 1869—70. Berlin. 4.

Kirchenzeitung, lutherische, unter Mitwirkung von Carl Scheele und anderer namhafter luther. Theologen hrsg. 1. und 2. Jahrg. 1870 und 1871. à Jahrg. 104 Nrn. (à ½ Bog.) 4. Mit Beilagen. Berlin, Schlawitz. à Jahrg. von 2 Bdn. * 12 —

Lutherische Kirchenzeitung und Allgemeines Schulblatt: 1838 1845
Bi-weekly. Vol. I, No. 1 (Aug. 2, 1838) to Vol. VII, No. 26 (Jan. 25, 1845). Its editor was Friedrich Schmidt. It ran until Vol. II, No. 5 in Easton, Pa. and was moved for the next volumes to Pittsburgh, Pa.
Easton, PA

Lutherische Kirchenzeitung, und Allgemeines Schulblatt: Band 1—7, Aug. 2, 1838 Jan. 20, 1847.
Fortnightly. Organ of Deutsches Evangelisch-Lutherisches Ministerium von Pennsylvanien und den benachbarten Staaten. Place of publication varies: Easton, Pa., Aug. 2, 1838 Nov. 25, 1840. Large quarto [slight variations]; each issue 8 pages, paged continuously. Circulation: 1839, 1600; 1840, 1400. Edited & published by the Rev. Friederich Schmidt, 1838—47 [Schmidt's name appears as "Herausgeber und Eigenthumer;" the Synod gave only official sanction and some degree of financial support].
Pittsburgh, PA

Lutherische Kirchenzeitung und Allgemeines Schulblatt: 1838 49
Bi-weekly. Vol. II, No. 6 to Vol. VII, No. 26 (25 Jan. 1845) were published in Pittsburgh, after being originally published in Easton, Pa. It was edited by Friedrich Schmidt.
Pittsburgh, PA

Lutherische Kirchenzeitung: 1860 1930
Bi-monthly and weekly. Organ der Allgemeinen ev.-Luth. Synode von Ohio und andern Staaten. Vol. I, No. 1 (Jan. 1860) to Vol. 71, No. 52 (Dec. 27, 1930). It was edited by Committee from Jan. 1860 to Feb. 1, 1882 and the Faculty of Capital U. from Feb. 15, 1882 to Dec. 15, 1890 on a bi-monthly basis. It became a weekly publication shortly thereafter and was edited by C. H. Rohe from Jan. 3, 1891 to May 21, 1892, F. W. Stellhorn from May 28, 1892 to Dec. 31, 1898, F. A. Boehme from Jan. 7, 1899 to Sept. 24, 1904, R. C. H. Lenski from Oct. 1, 1904 to Dec. 27, 1924, and Em. Poppen from Jan. 3, 1925 to Dec. 27, 1930.
Columbus, OH

—— mitteldeutsche. Eine kirchl. Wochenschrift für die evangel. Gemeinden und Geistlichen, insbesondere ein Organ für die Angelegenheiten und Interessen der protestant. Kirchen Thüringens und der übrigen mitteldeutschen Staaten. Unter Mitwirkung von Geistlichen und Laien hrsg. von Billig und Wendel. Jahrg. 1872 und 1873. à Jahrg. 36 Nrn. (Bog.) gr. 4. Leipzig, Zechel. à Jahrg. * 6 —

— neue allgem., zum Ausbaue d. Kirche Christi. Herausg. v. H. Stephani, G. M. Weber. 1r u. 2r Jahrg. 1831, 32. gr. 4. Nürnb. 831, 32. Stein. à 3 ₰ 12 ⅔ 7 ₰

—— Neue evangelische. Auf Veranstaltung des deutschen Zweiges des Evangelischen Bundes herausg. von H. Messner. Jhg. 1—28. 1859—86. Berlin. gr. 4.

—— neue evangelische. Auf Veranstaltung des deutschen Zweiges des evangel. Bundes hrsg. von H. Meßner. 1—3. Jahrg. 1859—61. à Jahrg. 52 Nrn. (Bog.) gr. 4. Berlin, Fr. Schulze's Buchh. à Jahrg. *

—— neue evangelische. Auf Veranstaltung des deutschen Zweiges des Evangel. Bundes hrsg. von H. Meßner. 4.—9. Jahrg. 1862—67. à Jahrg. 52 Nrn. (Bog.) gr. 4. Berlin, F. Schulze's Buchh. à Jahrg. *

—— neue evangelische. Auf Veranstaltung des deutschen Zweiges des evangel. Bundes hrsg. von Herm. Meßner. 10.—16. Jahrg. 1868—1874. à Jahrg. 52 Nrn. (Bog.) hoch 4. Berlin, F. Schulze's Verlag. à Jahrg. * 12 —

—— neue evangelische. Auf Veranstaltung des deutschen Zweiges des evangel. Bundes hrsg. und redig. von Herm. Meßner. 17.—19. Jahrg. 1875—1877. à Jahrg. 52 Nrn. (Bog.) hoch 4. Berlin, F. Schulze's Verlag. à Jahrg. *

—— dass. — 20. und 21. Jahrg. 1878 und 1879. à Jahrg. 52 Nrn. (Bog.) gr. 4. Berlin. (Leipzig, Matthies.) à Jahrg. *

—— neue evangelische. Hrsg. von H. Meßner. 22.—26. Jahrg. 1880—1884. à Jahrg. 52 Nrn. (Bog.) gr. 4. Berlin. (Leipzig, Matthies.) à Jahrg. *

—— neue evangelische. Hrsg. von H. Meßner. 27. und 28. Jahrg. 1885 und 1886. à Jahrg. 52 Nrn. (Bog.) gr. 4. Berlin. (Ebendas.) à Jahrg. * 12 —
Nicht weiter erschienen.

Kirchenzeitung, Neue constitutionelle, oder der Sions-Wächter. Eine Stimme aus der Zeit an das katholische Deutschland. Herausg. von einer Gesellschaft Katholiken. Jhg. 1. Bd. 1. 1832—35. Augsburg. gr. 4.

— neue constitutionelle, oder d. Sions-Wächter. Eine Stimme aus d. Zeit an d. kathol. Deutschland. Herausg. von e. Gesellschaft Katholiken. 1r Jahrg. 1832. 1r Bd., 6 Hefte. Juli—Dec. gr. 4. Augsb. 832. (Schlosser). 1 ₰

— neue konstitutionelle, oder der Sionswächter. Eine Stimme aus d. Zeit an das kathol. Deutschland. Herausg. von e. Gesellschaft Katholiken. 6 Hefte. 4. Augsburg 835. Schlosser. ½ ₰

—— Neue Lutherische. Red.: J. v. Barm. Jhg. (1—7.) 1889—95. Kropp. gr. 4.

—— neue lutherische. Redact.: J. v. Barm. [1.—4.] Jahrg. 1889—1892. à Jahrg. 52 Nrn. (à Nr. ½ Bog.) gr. 4. Kropp, Buchh. „Eben-Ezer". à Jahrg. * 6 —

— neue lutherische. Red.: J. v. Barm. 3.—6. Jahrg. 1891—1894. à 52 Nrn. (à ca. ½ Bog.) gr. 4. Kropp, Buchh. „Eben-Ezer". à Jahrg. n. 6. —

— neue lutherische. Red.: J. v. Barm. 7.—9. Jahrg. 1895—1897. à 52 Nrn. (Bog.) gr. 4. Kropp, Buchh. „Eben-Ezer". à Jahrg. n. 6. —

— dasselbe. Red.: Schall. 10. Jahrg. Jan.—Oktbr. 1898. 39 Nrn. (Bog.) gr. 4. Ebd. n. 4. 50

— neue lutherische. Hrsg. v. Dienern u. Gliedern d. evang.-luther. Kirche unt. Verantwortlichkeit v. Greve. Jahrg. 1899. 24 Nrn. (Bog.) gr. 4. Cottbus, Gotthold-Expedition. n. 4. 80
Kann auch vierteljährlich bezogen werden. — Bildet die Fortsetzg. d. am 1. Oktober 1898 eingegangenen vorhergehenden Zeitschrift.

— neue lutherische. Hrsg. v. Dienern u. Gliedern der evang.-luther. Kirche unter Verantwortlichkeit v. Greve. Jahrg. 1900—1902. à 24 Nrn. gr. 4. (à ca. 16 Sp.) Sagan, Gotthold-Expedition. à Jahrg. n. 4. 80

— neue lutherische. Hrsg. v. Dienern u. Gliedern der evang.-luther. Kirche unter Verantwortlichkeit v. Greve. Jahrg. 1903—1905. à 24 Nrn. (à Jhrg. 384 Sp.) 4. Sagan, Gotthold-Expedition. à Jhrg. n. 4. 80

— dasselbe. 8. Jahrg. April—Dezbr. 1906. 18 Nrn. (288 Sp.) 4. Ebd. n. 3. 60
Ist im 1. Vierteljahr 1906 nicht erschienen.

— neue lutherische. Hrsg. v. Dienern u. Gliedern der evang.-luther. Kirche unter Verantwortg. v. Greve. 9. u. 10. Jahrg. 1907 u. 1908. à 24 Nrn. (à ca. 16 Sp.) 32 × 23,5 cm. Sagan, Gotthold-Expedition. à Jahrg. 4. 80
Vergriffen. Erscheint nicht mehr.

—— neue reformirte, hrsg. von Carl Goebel in Verbindung mit Ernst Stähelin. 1—3. Jahrg. 1854—56. à Jahrg. 26 Nrn. (½ Bog.) gr. 8. Erlangen, Deichert. à Jahrg. *

Neue Reformierte Kirchenzeitung. Jg. 9, No 12ff. *Berlin: Selbstverl. Pastor Hapke 1893.* 4° [Kopft. F.]
Anf. s. u. d. T.: Berliner Monatsblatt. [03. 5073

—— neue, f. d. reformirte Schweiz. Hrsg. v. J. Füßli, Alex. Schweizer, J. Heinr. Vögeli u. J. Heinr. Zimmermann. 1. Jahrg. 1836. 52 Nrn. (½ Bog.) Roy.-4. Zürich, Orell, Füßli u. Cp. *

—— dies. — 2—5. Jahrg. 1837—40. à 52 Nrn. (½ Bog.) gr. 4. Zürich, Höhr. à J. *

—— nürnberger, für geistliche und weltliche Angelegenheiten wissenschaftlicher Richtung. Hrsg. von Carl Widmann. Jahrg. 1861. Oktbr. bis Decbr. 13 Nrn. (½ Bog.) gr. 8. Nürnberg, (Korn'sche Buchh.) *

—— passauer kathol., 1. u. 2. Jahrg. 1841 u. 42. à 104 Nrn. (½ Bog.) Mit Titvign. gr. 4. (Paßau, Ambrosi. [841. Mit Literaturbl. * 3⅙ Thlr., 42. M. Litbl. Jan.—Jun. * 3 Thlr.] *
1. Jahrg. redig. v. Karl Greg. Müglich, 2. J. redig. v. J. Anzenberger. An den 2. J. schließt sich:
Literaturblatt. Redig. v. Heinr. Nußwurm. 2. Jahrg. 1842. Juli — Dec. 64 Nrn. (½ Bog.) gr. 4. Ebendas. * 1 Thlr. 12 Gr.

Kirchen-Zeitung, passauer, katholische, redig. v. J. Anzenberger. 3. u. 4. Jahrg. 1843—44. à 104 Nrn. (½ Bog.) gr. 4. Passau, Ambrosi's Buchh. à Thlr. *

—— dass. Hrsg. von J. Anzenberger u. J. A. Westermayer. 5. Jahrg. 1845. 24 Hfte. gr. 4. Landshut, Krüll'sche Univ.-Buchh. *
1. u. 2. Jahrg. 1841, 42. Passau, Ambrosi's Buchh. * 6 Thlr. 5 Ngr.

—— pfälzer. Sonntagsblatt für evangel. Wahrheit, christl. Liebe und protestant. Freiheit. Hrsg. von Hofer. 1. Jahrg. 1848. April — Decbr. 39 Nrn. (½ Bog.) hoch 4. Neustadt a. d. Haardt, Gottschick's Buchh. Thlr.

Preußische Kirchenzeitung. Kirchenpolit. Wochenschrift. Jg. 1, No 1. Halle: Gebauer-Schwetschke 1905. 4° [F.] [05. 15601 8

— preußische. Kirchenpolitische Wochenschrift. Hrsg.: Mart. Schian. 1. Jahrg. Novbr. u. Dezbr. 1905. 9 Nrn. (à ca. 12 Sp.) 4. Halle [Gebauer-Schwetschke]. Berlin, A. Duncker. n. 1. —

— dasselbe. 2. Jahrg. 1906. 52 Nrn. (à ca. 16 Sp.) 4. Ebd. n. 6. —

Kirchen-Zeitung, preußische. Kirchenpolitische Wochenschrift. Hrsg. u. Red.: Mart. Schian u. seit 1909: E. Burggaller. 3.—6. Jahrg. 1907—1910. à 52 Nrn. (à Jahrg. VI S. u. 824 Sp.) 34,5×25 cm. Berlin, A. Glaue. 1907 u. 08 à 6. —; 1909 u. 10 à Jahrg. 8. —
Erscheint jetzt im Verlage v. L. Fernbach, Bunzlau.

—— Protestantische, für das evangelische Deutschland. Red.: H. Krause. Jhg. 1—16. 1854—69.; herausg. u. red. von Paul Wilh. Schmidt. Jhg. (17—23). 1870—76.; herausg. u. red. von Juls Ernst Websky. Jhg. 24—42. 1877—95. Berlin. gr. 4.

— protestantische, für das evangelische Deutschland. Red.: H. Krause. 1—5. Jahrg. 1854—58. à 52 Nrn. (à 1—1½ Bgn.). Berlin, G. Reimer. gr. 4. Jeder Jahrg. n. 3 Thlr.

— protestantische, für das evangelische Deutschland. Unter Mitwirkung von Dittenberger, H. Eltester, Jonas, Carl Schwarz, A. Schweizer, Sydow, Weiße, K. Zittel. Herausg. u. red. von H. Krause. 6—11. Jahrg. 1859—64. à 52 Nrn. (à 1½ Bgn.) Berlin, G. Reimer. gr. 4. 6. Jahrg. n. 3 Thlr; 7—11. Jahrg. à n. 4 Thlr

— protestantische, für das evangelische Deutschland. Unter Mitwirkung von Dittenberger, H. Eltester, Carl Schwarz x. Hersg. u. redig. von H. Krause. 12—16. Jahrg. 1865—69. à Jahrg. 52 Nrn. (à 1½ Bgn.) Berlin, G. Reimer. gr. 4. Jeder Jahrg. n. 4 Thlr

— — Unter Mitwirkung von Baumgarten, Dittenberger, Gaß x. hersg. u. red. von Paul Wilh. Schmidt. (17.) Jahrg. 1870. 52 Nrn. (B.) Ebend. 870. gr. 4. n. 4 Thlr

— protestantische, f. das evangelische Deutschland. Unter Mitwirkg. v. Baumgarten, Dillenberger, Gaß x. hrsg. u. red. v. Paul Wilh. Schmidt. (18—23.) Jahrg. 1871—1876 à 52 Nrn. (B.) gr. 4. Berlin, G. Reimer. à Jahrg. n. 12. —

— protestantische, für das evangelische Deutschland. Unter Mitwirkung v. Baumgarten, Hanne, Holtzmann x. hrsg. u. red. v. J. E. Websky. 24—29. Jahrg. 1877—1882. à 52 Nrn. (B.) gr. 4. Berlin, G. Reimer. à Jahrg. n. 12. —

— protestantische, f. das evangelische Deutschland Unter Mitwirkg. v. Biedermann, Hanne, Hausrath x. hrsg. u. red. v. Jul. Ernst Websky. 30—33. Jahrg. 1883—1886. à 52 Nrn. (à 1—2 B.) gr. 4. Berlin, G. Reimer. à Jahrg. n. 12. —

— protestantische, für das evangelische Deutschland. Unter Mitwirkg. v. Dreyer, Hanne, Hausrath x. hrsg. u. red. v. J. E. Websky. (34.—37.) Jahrg. 1887—1890. à 52 Nrn. (à 1—2 B.) gr. 4. Berlin, G. Reimer. à Jahrg. n. 12. —

— protestantische, f. das evangelische Deutschland. Unter Mitwirkg. v. Arndt, Dreyer, Ehlers x. hrsg. u. red. v. Jul. Ernst Websky. Jahrg. 1891—1894. à 52 Nrn. (à 1—2 Bog.) gr. 4. Berlin, G. Reimer. à Jahrg. n. 12.

— protestantische, f. d. evangel. Deutschland. Unt. Mitwirkg. v. Arndt, Dreyer, Ehlers x. hrsg. u. red. v. Jul. Ernst Websky. Jahrg. 1895 u. 1896. à 52 Nrn. (Bog.) gr. 4. Berlin, G. Reimer. à Jahrg. n. 12. —

— dasselbe, neue Folge, s.: Monatshefte, protestantische.

Die Reformirte Kirchen-Zeitung: Jahrgang 1—28, 1848—1864.
Monthly; then, semi-monthly. Sub-title: Unter der Aufsicht der Publikations-Behoerde der Deutsch-Reformirten Kirche in den Vereinigten Staaten. Continued from Die Christliche Zeitschrift. Continued as Die Reformirte Kirchen-Zeitung (Philadelphia). Large quarto, each issue 8 pages, paged continuously. Edited by the Benjamin S. Schneck, 1848—52; by Dr. N. Gehr, 1852—53; by Samuel Miller, 1853—58; by the Rev. Benjamin S. Schneck, 1859—64. Other editors: J. G. S. Wittmann. Published by W. Kieffer & Co., 1848—62; by Central Publishing House, 1862—64.
Chambersburg, PA

Kirchen-Zeitung, reformirte, hrsg. von (Aug.) Ebrard in Verbindung mit Ball und Treviranus. Jahrg. 1851 und 1852. à Jahrg. 52 Nrn. (½ Bog.) Imp.-4. Erlangen, Enke's Vrlgsh. à Jahrg. *

—— reformirte, hrsg. von (Aug.) Ebrard in Verbindung mit Ball und Treviranus. (3.) Jahrg. 1853. 52 Nrn. (½ Bog.) Imp.-4. Erlangen, Enke's Vrlgsh. *
1. und 2. Jahrg. 1851 und 1852. Ebendas. à Jahrg.* 1 Thlr.

—— die reformirte. Hrsgbr.: B. S. Schneck und N. Gehr. 16. Jahrg. 1852. 26 Nrn. (à 2 Bog.) Fol. Chambersburg. (Philadelphia, Schäfer und Koradi.) *

—— dass. — Unter der Aufsicht der Publikations-Behörde der deutsch-reformirten Kirche. Hrsgbr.: N. Gehr und S. Miller. 17. Jahrg. 1853. 26 Nrn. (à 2 Bog.) Fol. Ebds. *

—— die reformirte. Unter Aufsicht der Publikations-Behörde der deutsch-reformirten Kirche in den Vereinigten Staaten. Hrsg. von Sam. Miller. 18—21. Jahrg. 1854—57. à Jahrg. 24 Nrn. (à 2 Bog.) Fol. Chambersburg. (Philadelphia, Schäfer und Koradi.) à Jahrg. *

—— dass. — Hrsg. von B. S. Schneck. 22—25. Jahrg. 1858—61. à Jahrg. 24 Nrn. (à 2 Bog.) Fol. Ebendas. à Jahrg. *

--- die reformirte. Unter der Aufsicht der Publikations-Behörde der deutsch-reformirten Kirche in den Vereinigten Staaten. Hrsgbr.: B. S. Schneck. 26.—31. Jahrg. 1862—67. à Jahrg. 24 Nrn. (à 2 Bog.) Fol. Chambersburg, Penn. (Philadelphia, Schäfer und Koradi.) à Jahrg. *

—— reformirte. Unter der Aufsicht der östl. Publikations-Behoerde der deutsch-reformirten Kirche in den Vereinigten Staaten. 32. Jahrg. 1868. 52 Nrn. (Bog.) Fol. Philadelphia, Schäfer und Koradi. * 7 —

Die Reformirte Kirchenzeitung: 1864–1875.

Weekly; then, semi-weekly. Organ of the Deutsch-Reformirte Kirche in den Vereinigten Staaten. Continued from Die Reformirte Kirchenzeitung (Chambersburg, Pa.). Continued as Kirchenzeitung (Cleveland, Ohio). Circulation: 1869, 3000 (est.); 1874, 1600 (est.). Edited by N. Gehr, 1864–75; by J. G. Wittman. Published by Samuel R. Fisher; by Central Publishing House, Cleveland.

Philadelphia, PA

-- --— Red.: H. Calaminus. Jhg. 1—16. 1878—93. Elberfeld. gr. 8.

— reformirte. Redact.: H. Calaminus. Jahrg. 1875—1879. à Jahrg. 52 Nrn. (Bog.) gr. 8. Elberfeld. (Barmen, Klein.) à Jahrg. *

—— reformirte. Redact.: H. Calaminus. Jahrg. 1880—1884. à Jahrg. 52 Nrn. (Bog.) gr. 8. Elberfeld. (Barmen, Klein.) à Jahrg. **

—— reformirte. Redact.: H. Calaminus. Jahrg. 1885. 52 Nrn. (Bog.) gr. 8. Elberfeld. (Barmen, Klein.) * 6 60

—— dass. — Jahrg. 1886. 52 Nrn. (Bog.) gr. 8. (Ebendas.) ** 6 —

—— dass. — Jahrg. 1887. 52 Nrn. (Bog.) gr. 8. Barmen, Verlag des Reformirten Schriftenvereins. ** 6 —

—— dass. — Jahrg. 1888. 52 Nrn. (Bog.) gr. 8. Barmen, (Klein.) * 6 60

— dasselbe. Jahrg. 1890. 52 Nrn. (B.) gr. 4. Elberfeld, Exped. d. reformirten Schriftenvereins. n. 5. —

— reformirte. Red.: Calaminus. 14.-16. Jahrg. 1891—1893. à 52 Nrn. (Bog.) gr. 4. Elberfeld, Reformirter Schriftenverein. à Jahrg. n. 5. —

— dasselbe. Begründet v. Calaminus, hrsg. in Verbindg. m. Bartels, Brandes, Calaminus u. A. v. Karl Müller. 17. Jahrg. 1894. 52 Nrn. (Bog.) gr. 4. Berlin, Verl. der Reformirten Kirchenzeitung. n. 8. —

— reformirte. Organ d. Reform. Bundes f. Deutschland. Begr. v. Calaminus, hrsg. in Verbindg. m. Bartels, Brandes, Calaminus u. A. v. Karl Müller. 18. u. 19. Jahrg. 1895—1896. à 52 Nrn. (Bog.) gr. 4. (Erlangen, F. Junge.) à Jahrg. n. 8. —

— dasselbe. Red.: K. Müller u. J. Stursberg. 20. u. 21. Jahrg. 1897—1898. à 52 Nrn. (Bog.) gr. 4. Ebd. à Jahrg. n. 8. —
Kann auch vierteljährlich bezogen werden.

Kirchenzeitung, reformirte. Organ d. reformirten Bundes f. Deutschland. Red.: Joh. Stursberg. 22.—25. Jahrg. 1899—1902. à 52 Nrn. gr. 4. (à ca. 8 S.) Erlangen (F. Junge). à Jahrg. n. 8. —

— reformirte. Organ des reformirten Bundes f. Deutschland. Red.: J. Stursberg. 26.—29. Jahrg. 1903—1906. (à 52 Nrn.) (à Jhrg. 416 S.) gr. 4. Freudenberg, W. R. Siebel. à Jhrg. n. 8. —
Erschien bis Septbr. 1904 noch in Erlangen.

— reformirte. Organ d. reformirten Bundes f. Deutschl. Hrsg.: Th. Lang. 33. Jahrg. 1910. 52 Nrn. (à Jahrg. IV, 416 S.) 32×24 cm. Nürnberg [Druckereigenossenschaft Noris]. Elberfeld, Verl. d. Reformierten Schriftenvereins. à Jahrg. 8. —

Kirchenzeitung, Sächsische,

für protestantische Geistliche ... Grimma 1839–40. H: *Carl, Sigm. Wilh. Fürchtegott.* (Ky)

— sächsische, für protestantische Geistliche und Kirchenfreunde. Herausg. (v. Pastor Carl). 1r u. 2r Jahrg. 1839 u. 1840. à 104 Numm. gr. 4. Grimma, Verl.-Cpt. (à n. 2 2/3 Thlr) 5 1/3 Thlr

— Sächsische, für protestantische Geistliche und Kirchenfreunde. 3.—6. Jahrg. 1841—1844. Redigirt von S. W. F. Carl. à 104 Numm. (1/2 Bog.) gr. 4. Grimma, Verlags-Comptoir. à n. 2 2/3 Thlr

— dies. 7. u. 8. Jahrg. 1845 u. 1846. à 104 Numm. Verantwortl. Redact.: Hnr. Scheuffler. gr. 4. Ebend. 845, 46. à n. 2 2/3 Thlr

— Sächsische. Red.: (Karl Frdr.) Fischer. (9. u. 10. Jahrg.) 1847 u. 1848. à 52 Nrn. gr. 4. (Bog.) Grimma, Verlags-Comptoir. à n. 2 2/3 Thlr

— schlesische. Neue Folge d. schles. Protestantenblattes u. d. kirchl. Anzeigers f. die evangel. Gemeinden Schlesiens. Hrsg.: Lorenz u. Decke. 1. Jahrg. 1876. (à 1/2—3/4 B.) gr. 4. Breslau, Trewendt & Granier in Comm. n. 3. —

— schlesische. Neue Folge des schles. Protestantenblattes und des kirchl. Anzeigers für die evangel. Gemeinden Schlesiens. Hrsgbr.: Lorenz und Decke. 6.—8. Jahrg. 1876—1878. à Jahrg. 52 Nrn. (à 1/2—3/4 Bog.) gr. 4. Breslau, (Trewendt und Granier.) à Jahrg. *

— dass. — Hrsgbr.: Decke, Lorenz, Treblin. 9. Jahrg. 1879. 52 Nrn. (à 1/2 Bog.) gr. 4. (Ebendas.) *

— schlesische. Neue Folge des schles. Protestantenblattes u. des kirchl. Anzeigers für die evangel. Gemeinden Schlesiens. Hrsg.: Lorenz u. Decke. 8—10. Jahrg. 1878—1880. à 52 Nrn. (à 3/4—1 B.) gr. 4. Breslau, Woywod in Comm. à Jahrg. n. 3. —

Kirchenzeitung, schlesische. Hrsgbr.: Decke, Lorenz, Treblin. 11. Jahrg. 1880. 52 Nrn. (à Nr. 1/2—1 Bog.) gr. 4. Breslau, (Trewendt und Granier.) *

—— dass. — Redact.: Treblin. Mithrsgbr.: Decke und Just. 12. und 13. Jahrg. 1881 und 1882. à Jahrg. 52 Nrn. (à Nr. 1/2—1 Bog.) gr. 4. (Ebendas.) à Jahrg. *

—— dass. — 14. und 15. Jahrg. 1883 und 1884. à Jahrg. 52 Nrn. (à Nr. 1/2—1 Bog.) gr. 4. Breslau, Woywod. à Jahrg. *

—— schlesische. Redact.: Diak. Just. 16.—18. Jahrg. 1885—1887. à Jahrg. 52 Nrn. (à Nr. 1/2—1 Bog.) gr. 4. Breslau, (Woywod). à Jahrg. * 3 —

Kirchenzeitung, schlesische. Redact.: Diak. Weis. 19. Jahrg. 1888. 52 Nrn. (1/2 Bog.) Imp.-4. Breslau, (Woywod.) *

—— schlesische. Redact.: Weis. 20. u. 21. Jahrg. 1889 u. 1890. à Jahrg. 52 Nrn. (à Nr. 1/2 Bog.) Imp.-4. Breslau, (Woywod). à Jahrg. * 3 —
Nicht weiter erschienen.

Kirchenzeitung für die katholische Schweiz.

Solothurn 1849. H: *Scherer, Theod.* [?] (Th)

– s.a. Kirchenzeitung, Katholische der Schweiz.

— für die katholische Schweiz. Hrsg. v. einem Vereine kathol. Geistlichen. (1—4.) Jahrg. 1849—1852. à 12 Hfte. od. 52 Nrn. gr. 4. (Bog.) Solothurn, Scherer. à n. 2½ ℛ︎

Kirchenzeitung für die katholische Schweiz
① Organ im Dienste der katholischen Kirche (1883—1899) ② Katholische Kirchenzeitung der Schweiz (1853). Schweizerische Kirchenzeitung (1855). Schweizerische Kirchenzeitung samt Pastoralblatt (bis Dezember 1895) ③ Schweizerische Kirchenzeitung ⑤ 4. 11. 1848 (cont.) ⑥ 4° ⑦ Wochenblatt ⑧ Solothurn: Josef Tschan, Frz. Xav. Zepfel (ab 24. 1. 1852), B. Schwendimann (ab 1. 1. 1853), Burkard & Frölicher (ab 17. 7. 1886), Buchdruckerei Union (ab 1. 8. 1891); Luzern: Räber & Cie. (ab 1. 1. 1900) ⑨ Pastoralblatt (Monatsbeilage, 1883—1895) ⑩ mehrere Geistliche des Bistums Basel (9 Nummern 1848); Verein katholischer Geistlicher (1849—1854); Katholische Gesellschaft (1855 ff = Piusverein) ⑪ Peter Hänggi, Stadtbibliothekar, Solothurn, Theodor Scherer-Boccard, Solothurn (1855—1872), Dr. Karl Kaspar Keiser, Solothurn (1872—1878), Lukas Kaspar Businger, Solothurn (1879—1887), Gottfried Gisiger, Zuchwil (1887—1894), Dr. Hermann Kyburz, Bettlach (1896—1899), Prof. Albert Meyenberg, Luzern (1900—1923), Prof. Viktor v. Ernst ⑫ kirchlich-politisch ⑬ BGSZ: 1028; Schweiz. Kirchen-Zeitung 1932, Nr. 52 ⑭ Lu: Z; SO: St. Z ⑮ Die Jahreszählung springt von 3 (1851) auf 5 (1852).

— für die reformirte Schweiz. Zürich 1836—40. 8.

Kirchenzeitung: Schweizerische Kirchenzeitung (So—Lu)
s. a. Kirchenzeitung für die katholische Schweiz.

Kirchenzeitung: Schweizerische Kirchenzeitung (Lu)
④ Kirchenzeitung für die katholische Schweiz ⑤ 30. 6. 1832—13. 11. 1847 (Sonderbundskrieg) ⑥ 4° ⑦ Wochenblatt ⑧ Luzern: Gebr. Räber (1832—1836, 1840—1847), Ignaz Thüring (1838—1839) ⑩ ein katholischer Verein ⑪ Melchior Schlumpf, Luzern (bis 1835), Maximilian Zürcher, Luzern (1836—1847) ⑫ kirchlich-katholisch-konservativ ⑬ BGSZ: 1028; Schweiz. Kirchen-Zeitung 1932, Nr. 52 ⑮ Lu: Z.

— schweizerische. Herausg. von einem kathol. Vereine, 1r—10r Jahrg. 1832—1841. 4. (Augsburg, Kollmann.) (à J. n. $2^2/_3$ ℛ︎) n. $26^2/_3$ ℛ︎

— schweizerische. Hrsg. v. ein. kathol. Vereine. 1—10. Jahrg. 1832—41. à 12 Hfte. 4. Luzern, Gebr. Räber. à J. *

Kirchenzeitung, schweizerische. Mit monatl. Beilage: Schweizerisches Pastoralblatt. 1880. 52 Nrn. in-4°. Solothurn, B. Schwendimann. 1880
Pro Halbjahr für die Schweiz 5 —
Für das Ausland 6 30

— schweizerische. Jahrg. 1885—1887. à Jahrg. 52 Nrn. (Bog.) Mit Beilage: Schweizerisches Pastoralblatt. à Jahrg. 12 Nrn. (½ Bog.) gr. 4. Solothurn, Burkard und Frölicher. à Jahrg. *

— dass. — 56. Jahrg. 1888. 52 Nrn. (Bog.) Mit Beilage: Schweizerisches Pastoralblatt. 12 Nrn. gr. 4. Ebendas. *

— schweizerische. 57.—59. Jahrg. 1889—1891. à Jahrg. 52 Nrn. (Bog.) Mit Beilage: Schweiz. Pastoralblatt. à Jahrg. 12 Nrn. gr. 4. Solothurn, [Burkard u. Fröhlicher.] Union.
57. u. 58. Jahrg. à * 6 40; 59. Jahrg. * 9 —
Nicht mehr im Buchhandel.

— schweizerische. Jahrg. 1895. 52 Nrn. (Bog.) gr. 4. Solothurn, Union. n.n. 8. —

— schweizerische. Red.: A. Meyenberg. Jahrg. 1903—1906. à 52 Nrn. (472, 472, 464 u. 456 S.) Fol. Luzern, Räber & Co. à Jhrg. n. 7. 20

— schweizerische. Red.: A. Meyenberg. Jahrg. 1907 bis 1910. à 52 Nrn. (à ca. 12 S.) 32,5×24 cm. Luzern, Räber & Co. à Jahrg. nn 5.20; postfrei nn 7. 20

— schweizerische evangel., 1—9. Jahrg. 1834. April—Dec. 39 Nrn. (½ Bog.) u. 1835—42. à 52 Nrn. ½ Bog.) gr. 4. Zürich, (Hanke.) à J. *

— schweizerische evangelische. 10. u. 11. Jahrg. 1843 u. 44. à 52 Nrn. (½ Bog.) gr. 4. Zürich, Hanke. à J. *
1—9. Jahrg. 1834—42. Ebendas. à J. * 1 Thlr.

Kirchenzeitung. Die Schweizerische evangelische K' dem Jubelgreise... Georg Gessner, Pfarrer am Grossmünster... und gewesenem Antistes der Züricherischen Kirche, am Tage seines fünfzigjährigen Amtsjubiläums den 21. Weinmonat 1841. [S.A.] fol. (Zürich.)

Kirchenzeitung, schweizer. katholische. Red.: *Kyburg*. 1899 52 Nrn. Nr. 1. Gr. 8°. 8 S. Solothurn, Druckerei Union. 1899 Jährlich 6 —

— Wiener, auf d. J. 1784—89, à 12 Stücke. 4. Wien, Kurzböck. (à J. 2 ℛ︎ 16 𝒦) 16 ℛ︎

Wiener Kirchenzeitung. Red. u. Eigenth. Dr. Phil. & Theol. *Brunner*. Verleg. *J. F. Gress*.
Erscheint in **Wien**, jed. Mittwoch, 2 Bog. in 4°. 2-spalt. Prän.-Pr. ¼-jähr. 2 fl. 12 kr. — pr. Post 2 fl. 42 kr.

— Wiener. Red.: (Sebast.) Brunner. Jahrg. 1850—1852. à 156 Nrn. Mit Beilagen. gr. 4. (à ½—1 B.) Wien, Mayer & Co. à n. 5⅓ ℛ︎

— Wiener. Red.: Sebast. Brunner. (4—9.) Jahrg. 1853—58. à 104 Nrn. (à 1 Bgn.). Wien, Greß. gr. 4. Jeder Jahrg. n. 5 ℛ︎. 26 ngr.

Kirchenzeitung, Wiener —. Redakteur und Eigenthümer Dr. Brunner. Verleger J. F. Greß. Schnellpressendruck von A. Pichler's Witwe und Sohn. 4. 2spaltig. Dinstag und Freitag. 2 fl. und 2 fl. 30 kr. vierteljährig. 1854

Wiener Kirchenzeitung. Redacteur und Eigenthümer: Dr. der Philosophie und Theologie, Brunner. Verleger: J. F. Greß. Schnellpressendruck von Leop. Grund. 4. 2spaltig. Erscheint Dienstag und Freitag. 1856

Wiener Kirchenzeitung. Erscheint jeden Dienstag und Freitag bogenweise. 4. 2spaltig. Redakteur u. Eigenthümer: Dr. Brunner. Verleger: J. F. Greß. Schnellpressendruck von Leopold Grund in Wien. 1857

— Wiener. Red.: Brunner. Jahrg. 1859—61. à 52 Nrn. (à 2 Bgn.) Wien, Greß. gr. 4. Jeder Jahrg. n. 5 ℛ︎ 26 ngr.

Kirchenzeitung, Wiener, für 1860. 13. Jahrg. Redact. Dr. S. Brunner. 52 Nrn. (à 2 Bog.) Wien, Greß. 9 fl.

Kirchenzeitung. Wiener. 1861. 14. Jahrg. Redact.: Dr. S. Brunner. 52 Nrn. 4. (à 2 Bg.) Wien, Greß. 9 fl.

— — Für die Red.: Alb. Wiesinger. Jahrg. 1862—64. à 52 Nrn. (à 2 Bgn.) Wien, Mayer & Co. gr. 4. Jeder Jahrg. nn. 6 ℛ︎

(2.) Kirchenzeitung. Wiener. 1862. 15. Jahrg. Eigenth. u. Redakteur: Dr. Sebastian Brunner. 52 Nrn. 4. (à 2 Bg.) Wien, Greß. 9 fl.

(3.) Kirchenzeitung, Wiener. Redacteur: Alb. Wiesinger. 16. Jahrg. 1863. 52 Nrn. gr. 4. (à 2 Bg.) Wien, Greß. 9 fl.

(4.) Kirchenzeitung, Wiener. Redacteur: Albert Wiesinger. 17. Jahrg. 1864. 52 Nrn. gr. 4. (à 2 Bg.) Wien, Greß. 9 fl.

— Wiener. Für Glauben, Wissen, Freiheit u. Gesetz in der kathol. Kirche. Redact.: Alb. Wiesinger. Jahrg. 1865—70. à Jahrg. 52 Nrn. (à 2 Bgn.) Wien, Mayer & Co. gr. 4. Jeder Jahrg. n.n. 6 ℛ︎

Kirchenzeitung, Wiener. Eigenthümer und Herausgeber: Dr. Phil. et Theol. Brunner. Verantw. Redakteur: Albert Wiesinger. 1866. 52 Nrn. gr. 4. (à 2 Bg. u. Beilage.) Wien, Mayer & Comp. 9 fl. (Nur baar.)

(7.) Kirchenzeitung, Wiener. Herausgeber und verantwortlicher Redacteur Dr. d. Theol. Albert Wiesinger. 1867. 52 Nrn. gr. 4. (à 2 Bg.) Wien, Mayer & Comp. 9 fl., mit Postzusendung 11 fl.

(8.) Kirchenzeitung, Wiener. 1868. 52 Nrn. 4. (à 2 Bgn.) Wien, Mayer & Comp. 9 fl.

(9.) Kirchenzeitung, Wiener. Herausgeber und verantwortlicher Redacteur: Dr. A. Wiesinger. 1869. 52 Nr. 4. (à 2 Bg.) Wien, Mayer & Comp. Halbjährig 4 fl. 50 kr. Mit Postzusendung 5 fl. 50 kr.

(10.) Kirchenzeitung, Wiener. Herausgeber und verantwortlicher Redacteur: Dr. Albert Wiesinger. 23. Jahrgang 1870. 52 Nrn. 4. (à 2 Bgn.) Wien, Mayer & Comp. 9 fl. Nur baar! (Wird auch Quartal- und Semesterweise abgegeben.)

— Wiener. Hrsg. u. Red.: Alb. Wiesinger. 24—26. Jahrg. 1871—1873. à 52 Nrn. (2 B.) gr. 4. Wien, Mayer & Co. à Jahrg. n.n. 18. —

— dasselbe. 27. Jahrg. 1874. 52 Nrn. (B.) gr. 4. Ebend. n. 12. —

Kirchencensurordnung, Markgraeflich Badische erneuerte. Karlsruhe 1798. H: *Brauer, Joh. Nicolaus Friedrich.* (MGT) (HS)

Kirchenzettel
v. Tägliches Fremden- und Anzeigeblatt der Stadt Basel.

Kirchenzucht, Die, Oder: Was wollen sie für ein Kirchenregiment einführen? und Was haben wir von ihnen als evangelische Christen zu fürchten? Dem Volke zur Belehrung und Warnung dargestellt von einem hochbetagten evangelischen Theologen. 2. verb. Aufl. Neckarsulm 1859. V: *Wörle, Joh. Gg Chn.* (zu)

Kirchenzucht, die. Oder: Was wollen sie für ein Kirchenregiment einführen? und Was haben wir von ihnen als evangelische Christen zu fürchten? Dem Volke zur Belehrung u. Warnung dargestellt von einem hochbetagten evangelischen Theologen. 2. verb. Aufl. Neckarsulm 859. (Heilbronn, Claß.) gr. 8. (32 S.) n. 4 *ngr.*

Kirchenzucht u. Lehrzucht. Ein Rückblick auf die 2. sächs. Landessynode. gr. 8. (62 S.) Dresden 877. Burdach. n. — 50

Kirchen- u. Schulzustände, katholische, in Nassau u. die Proclamation vom 5. März 1848. gr. 8. (40 S.) Mainz 849, Kirchheim & Schott. 4 *ngr.*

Kirchenzwang, der, in Elsass-Lothringen, v. e. elsäss. Freidenker. (24 S.) 8. Frankfurt a/M. 909. Neuer Frankfurter Verl. — 40

Kirchenzwist, der, der Pohlen, hist. krit. beleuchtet, a. d. Franz. des Herrn Bourbillon. 8. München, Erdz. 781.

Kircher, Alex, uns. Kriegsflotte, s.: Koudelka, Alfr., Frhr. v.

— Der Kriegshafen v. Pola, s.: Charakterbilder, geograph., aus Österreich-Ungarn. 21.

Kircher (A.), Mundus subterraneus. Siehe: Naturw. Allgemeines.

— Die österr. Nordpolexpedition 1872—1874. Das Schiff ,Tegetthoff' im Eise, s.: Wandbilder, neue, f. d. Geschichtsunterr.

— Die hervorragendsten Schiffstypen d. bedeutendsten Kriegs-Flotten. 24 Farbendr. nach Originalen v. K. 4 Lfgn. (Je 6 Bl.) 16,5×21,5 cm. Laibach 908. I. v. Kleinmayr & F. Bamberg. à 1. 50

— Die Seeschlacht bei Lissa 1866, s.: Wandbilder, neue, f. d. Geschichtsunterricht.

Kircher, Athanasius: Scrutinium pestis physico-medicum publico commodo recusum. 240 S., gbd.

Graecii: (1740)

JB 4.865

Kircher, Athanasius: Scrutinium physico-medicum contagiosae luis, quae dicitur pestis, quo origo, caussae, signa, prognostica pestis,..una cum appropriatis remediorum antidotis nova doctrina in lucem eruuntur... Annexoque tractatus D.Christiani Lange de thermis Carolinis.(fehlt!) 176 S., gbd.

Lipsiae: Schürer & Fritzsche 1771

JB 4.983

Selbstbiographie [Vita a semetipso conscripta] des P. Athanasius Kircher aus d. Ges. Jesu. Aus d. Lat. übers. von Dr. Nikolaus Seng, Militärpfarrer a. D. *Fulda: Fuldaer Actiendr. 1901.* (68 S.) 8° [F.] (vi. 1970 4

Kircher, Carl, s. Kircher, Karl

Kircher, Emil

Kircher, *Georg Emil* Ein Beitrag zur Bewegung unveränderlicher ebenen Systeme, dargestellt nach den Principien der Grassmannschen Ausdehnungslehre. 4 (S. 3—36, 2 Taf.). Rg. *Meiningen* 1887 (652). **Progr.**

Kircher, E[mil]: Messungen der Elektrizitätszerstreuung in Saalfeld im Jahre 1907 und Ergebnisse der Untersuchungen über Radioaktivität der Bodenarten in der Umgebung des Beobachtungsortes. Saalfeld 1908: Wiedemann. 60 S. 4°
Saalfeld, herz. RG P 1908 (922) [S 08. 225

Kircher, *Georg Emil* [Dir. Prof. Dr.]: Messungen des normalen Potentialgefälles der atmosphärischen Elektricität in absolutem Masse. Saalfeld, Wiedemannsche Hofbuchdr., 1895; 3—50 S. 4.
Saalfeld, herz. RG, OP 1895 (734)

Kircher, Er. Wlh. Gli., Anweis. zur Buchdruckerkunst, mit Kpf. 8. Braunschw. 793. Schulbuchh. 16 *K*

Kircher, E. W. G., Anweisung z. richtigen Gebrauch d. Correcturzeichen. 2te. Aufl. 4. Goslar, Lohmann. 810.

— Gebrauch d. üblichen Zeichen zum Corrigiren im Druck. 4. Goslar... 2e A. 4. Braunschw. 794. 3e A. 800. Schulbuchhandl. 6 *K*

Erwin **Kircher.** Philosophie der Romantik. Aus d. Nachlaß hrsg. (von Margarete Susman [&] Dr. Heinrich Simon). Jena: E. Diederichs 1906. (294 S.) 8° [F.] 106. 13/47

Kircher, Erwin, aus Karlsruhe: **Volkslied und Volkspoesie in der Sturm- und Drangzeit.** *Straßburg: K. J. Trübner 1902.* (57 S.) 8° [F.] ¶ (Aus: Zeitschr. f. deutsche Wortforschung, [Bd 4.])
Freiburg i. B., Phil. Diss. v. 1902

Reisekosten und Tagegelder der Beamten der Provinzial-, Kreis- und Communal-Verbände bei ihrem Erscheinen vor Gericht als Zeugen u. Sachverständige. Von G. **Kircher,** Polizei-Insp. d. Stadt Solingen. *(Solingen: A. Pfeiffer in Comm. 1899.)* (18 S.) 8° [00. 8760

Kircher, G., **Reisekosten u. Tagegelder der Beamten der Provinzial-, Kreis- u. Communal-Verbände bei ihrem Erscheinen vor Gericht als Zeugen u. Sachverständige.** gr.8. (18 S.) Solingen 899. (A. Plutte.) n. — 40

Kircher, G. C., **Münz-, Maas- u. Gewichts-Reductions-Tabelle d. Handelsplätze in u. ausser Europa, f. d. Königr. Baiern u. Preussen.** qu. ½ Roy.-Fol. Frankfurt a. M. 837. (Cleve, Cohen.) *

— dies. f. Preussen allein. qu. ½ Roy.-Fol. Frankfurt a. M. 837. (Cleve, Cohen.) *

— **Wechsel-Rechnung in Aachen—Köln—Elberfeld.** Dargestellt durch förml. Calculationen u. Arbitragen nach Kettensatz, u. verkürzt durch General-Regeln, nebst e. Münz-etc. Tabelle f. Rheinland-Westphalen. qu. gr. 4. (2½ B.) Frankfurt a. M. 838. (Cleve, Cohen.) *

Kircher, G. C., **Wechsel-Rechnung in Augsburg.** Dargest. durch förml. Calculationen u. Arbitragen nach Kettensatz, u. verkürzt durch General-Regeln, nebst e. Münz-, Maas- u. Gewichts-Reductions-Tab. f. d. Königr. Baiern, u. e. beschränkten Auszuge d. bair., preuss. u. sächs. Wechsel-Rechts. qu. gr. 4. (2½ B.) Frankfurt a. M. 837. (Cleve, Cohen.) Thlr. *

KIRCHER, GEORG. Ueber Tetrachlorphtalsäure. (Bern) München, 1885.

Kircher, Gust., **Heimatkunde f. d. Oberamts-Bez. Welzheim** (f. Schule u. Haus). (64 S. m. Abb. u. 1 farb. Karte.) 8. Stuttgart-Cannstatt (909). G. Hopf. — 50

Kircher, Gust., **Uebungsstoffe f. den Schönschreibunterricht.** Methodisch geordnet. (IV, 82 S.) 8. Eßlingen 906. W. Langguth. Kart. n. — 75

Kircher, Herm., **ein Vortr. üb. „Graf Zeppelin u. sein Luftschiff".** (14 S.) 8. Nürnberg 908. Ogurek & Josten. (Nur direkt.) — 50

Kircher, Karl, die sakrale Bedeutung d. Weines im Altertum, s. Versuche u. Vorarbeiten, religionsgesch. IX. Bd. 2. Heft.

Kircher, Karl: Die sakrale **Bedeutung** des **Weines im Altertum** in seiner Beziehung zur Gottheit. Gießen: [Töpelmann] 1910. 47 S. 8° ¶ (Ersch. vollst. als: Religionsgeschichtl. Versuche u. Vorarbeiten. Bd 9, H. 2.)
Gießen, Phil. Diss. v. 30. Juni 1910, Ref. Körte
[Geb. 21. Jan. 83 Schlitz; Wohnort: Gießen; Staatsangeh.: Hessen; Vorbildung: Gymn. Laubach Reife O. 02; Studium: Göttingen 4, München 1, Gießen 3 S.; Rig. 3 Aug. 08.] [U 10. 1289

Die sakrale Bedeutung des Weines im Altertum. Von Karl **Kircher.** Gießen: Töpelmann 1910. VIII, 102 S. 8°
(Religionsgeschichtliche Versuche u. Vorarbeiten. Bd. 9, H. 2.) [10, 10981

Kircher, Carl, a. Meisenheim a. Glan: **Zur Kenntnis der Benzallävulinsäuren und der Oxydation der β-Benzallävulinsäure mit Ozon.** Kiel 1907: Lüdtke & Martens. (45 S.) 8°
Kiel, Phil. Fak., Ref. Harries, Diss. v. 12. Nov. 1907
[Geb. 18. Okt. 84 Meisenheim; Wohnort: Meisenheim; Staatsangeh.: Preußen; Vorbildung: Oberrealsch. Wiesbaden Reife O. 03; Studium: München 2, Marburg 2, Kiel 5 S.; Rig. 3. Aug. 07.]

Kircher, Phpp., **Maurerarbeiten.** Vorlagen f. den gewerbl. Fachunterricht an techn. Lehranstalten, insbesondere an Gewerbeschulen. Im Auftrag u. m. Unterstützg. d. grossherzogl. bad. Oberschulrats hrsg. unter Mitwirkg. v. Herm. Schlüter, Freimund Henneberg, Thdr. Krauth. [Aus: „Vorlagen f. d. gewerbl. Fachunterricht".] gr. Fol. (10 farb. Taf.) Karlsruhe 891. J. Bielefeld's Verl. In Mappe. n. 8. —

Kircher, Phpp., Vorlagen f. den gewerblichen Fachunterricht an technischen Lehranstalten, insbesondere an Gewerbeschulen. Eine bürgerl. Gebäudeanlage nebst Einrichtg. in bautechn. Entwicklg. m. einschläg. Aufgaben auf dem Gebiete d. Maschinenfaches. Im Auftrag u. m. Unterstützg. d. grossherzogl. bad. Oberschulrats hrsg., unter Mitwirkg. v. Herm. Schlüter, Freimund Henneberg, Thdr. Krauth. 100 Taf. in Farbendr. (In 7 Lfgn.) 1. u. 2. Lfg. gr. Fol. (à 15 Taf.) Karlsruhe 886. J. Bielefeld's Verl. In Mappe. à n. 15. —

Kircher, Ph., Vorlagen für den gewerblichen Fachunterricht an technischen Lehranstalten, insbesondere an Gewerbeschulen. Eine bürgerliche Gebäudeanlage nebst Einrichtg. in bautechn. Entwicklg. m. einschläg. Aufgaben aus dem Gebiete d. Maschinenfaches. Im Auftrage und mit Unterstützung d. grossherzogl. bad. Oberschulrats hrsg., unter Mitwirkg. v. H. Schlüter, Fr. Henneberg, Th. Krauth. 101 Taf. in Farbendr. 3.—7. (Schluss-)Lfg. gr. Fol. (71 Taf.) Karlsruhe 887—889. J. Bielefeld's Verl. In Mappe. n. 71. —
(cplt.: n. 100. —)
3.—5. Lfg. (à 15 Taf.) à n. 15. —. — 6. 7. Lfg. (26 Taf.) n. 26. —.

— **Vorlagen** f. den gewerbl. Fachunterricht an techn. Lehranstalten, insbesondere an Gewerbe- u. gewerbl. Fortbildungsschulen. Eine bürgerl. Gebäudeanlage nebst Einrichtg. in bautechn. Entwicklg. m. einschläg. Aufgaben aus dem Gebiete des Maschinenfaches. Im Auftrag u. m. Unterstützg des Grossherzogl. bad. Oberschulrats hrsg. unter Mitwirkg. v. Herm. Schlüter, Freimund Henneberg, Thdr. Krauth. 2. Aufl. (In 10 Lfgn.) 1. Lfg. gr. Fol. (10 farb. Taf.) Fulda u. Leipzig 893. J. J. Arnd. In Mappe. n. 6. —

Kircher, Phpp., **Vorlagen f. d. gewerbl. Fachunterricht an techn. Lehranstalten, insbes. an Gewerbe- u. gewerbl. Fortbildungsschulen.** Im Auftr. u. m. Unterstützg. d. grossherzogl. bad. Oberschulrats hrsg., unt. Mitwirkg. v. Herm. Schlüter, Freimund Henneberg, Thdr. Krauth. **Bauschreinerarbeiten.** 2. Aufl. gr. Fol. (12 farb. Steintaf.) Leipzig 895. J. J. Arnd. In Mappe n. 10. —

Kircher, Phpp., **Vorlagen f. d. gewerbl. Fachunterricht an techn. Lehranstalten, insbes. an Gewerbe- u. gewerbl. Fortbildungsschulen.** Im Auftr. u. m. Unterstützg. d. grossherzogl. bad. Oberschulrats hrsg., unt. Mitwirkg. v. Herm. Schlüter, Freimund Henneberg, Thdr. Krauth. **Möbelschreinerarbeiten.** 2. Aufl. gr. Fol. (8 farb. Steintaf.) Ebd. 895. In Mappe n. 7. —

— dasselbe. **Schlosserarbeiten.** 2. Aufl. gr. Fol. (9 farb. Steintaf.) Ebd. 895. In Mappe n. 8. —

— **Zimmerarbeiten.** Vorlagen f. den gewerbl. Fachunterricht an techn. Lehranstalten, insbesondere an Gewerbeschulen. Im Auftrag u. m. Unterstützg. d. grossherzogl. bad. Oberschulrats hrsg. unter Mitwirkg. v. Herm. Schlüter, Freimund Henneberg, Thdr. Krauth. [Aus: „Vorlagen f. d. gewerbl. Fachunterricht".] gr. Fol. (10 farb. Taf.) Karlsruhe 891. J. Bielefeld's Verl. In Mappe. n. 9. —

Kircher, Rudolf: Das Recht zur Beschwerde in Vormundschaftssachen. Borna-Leipzig 1909: Noske. VI, 93 S. 8°
Heidelberg, Jur. Diss. v. 1909, Ref. Endemann
[Geb. 5 Juni 85 Karlsruhe i. B.; Wohnort: Karlsruhe; Staatsangeh.: Baden; Vorbildung Gymn. Karlsruhe Reife M. 03; Studium: Heidelberg 4, Berlin 1, Freiburg i. B. 2 S.; Rig. 8. März 09.] [U 09. 1824

Kircher, W., das Staatsrecht des Herzogthums Sachsen-Meiningen, s. a. Handbuch des öffentlichen Rechts der Gegenwart.

Das Staatsrecht des Herzogthums Sachsen-Meiningen. Bearb. von **W. Kircher.** Freiburg i. B. und Tübingen. 1884. in: Handbuch des Oeffentlichen Rechts. Hrgg. v. H. Marquardsen. Bd. 3. Halbbd. 2. Abth. 2. 8° m.

Kircher-Mossohn, E. K., den Oesterreichern! 8. (14 S) Brünn 848, Wimmer. n. 2 ngl.

Kirchert, Ferdinand: Praktisches Schnellschönschreiben, s. Grothe, Adolf.

Kirchert, Frdr., Jahrb. d. mittleren Schulen Preußens, s.: Schroedel.

-- s.: Mittelschule u. höhere Mädchenschule, die.

Kirchgang, der, eines Gottesleugners und seine seligen Folgen. 1.—4. Aufl. 8. (16 S.) Stuttgart 866—81, Buchh. der Evangel. Gesellschaft. *

Kirchgaesser, Versuch inquisitorischer Verfolgung d. medicinischen Praxis. gr. 8. (4¼ B.) Coblenz 845. (Hergt.)

Kirchgaesser, (Laurentius) Edmund. (geb. Oberwesel 12. 1. 1829): De tumoribus mammae. Berolini (1852). (31 S.) 8°
Berlin, Med. Diss. v. 7. Aug. 1852

Kirchgässner, Franz: Walter von Schwarzenberg, ein Frankfurter Gesandter des 15. Jahrhunderts. Marburg 1910: (Ludwig, Bonn). 95 S. 8°
Marburg, Phil. Diss. v. 14. Juli 1910, Ref. v. der Ropp
[Geb. 31. Mai 79 Frankfurt a. M.; Wohnort: Frankfurt; Staatsangeh.: Preußen; Vorbildung: Lessing-Gymn. Frankfurt Reife O. 00; Studium: Theol. Freiburg i. B. 2, Phil. München 1, Berlin 3, Marburg 4, Frankfurt Akad. f. Soz.- u. Handelswiss. 2, Marburg 2 S.; Rig. 21 Juli 09.] [U 10. 3307

Kirchgaesser, Franciscus Carolus (geb. am 7 März 1802 in Oberwesel): Blennorrhoeae renum et vesicae urinariae adumbratio pathologica et therapeutica ... Bonnae, typ. Thormannianis (1825). 2 Bl., 26 S., 1 Bl. 4.
Bonn, Med. Fak., Diss. v. 28 Mai 1825

Kirchgaesser, Gisebertus (geb. [Coblenz] 7. 3. 1833): De febri epidemia et gravidae et parturientis et puerperae. Berolini (1857). (32 S.) 8°
Berlin, Med. Diss. v. 7. Aug. 1857

Kirchgaesser, *Franz Karl Joseph* Gisbert [II. Assistenzarzt d. Provinzialirrenanst. Merzig]: Ueber epidemisch auftretende Krämpfe ... Bonn, Buchdr. J. Bach Wwe., 1892; 76 S., 1 Bl. 8.
Bonn, Med. Fak., Inaug.-Diss. v. [16. Juli] 1892

Kirchgemeinde-Ordnung f. das Großherzogth. Sachsen-Weimar u. Eisenach nebst den Erläuterungen des Großherzogl. Kirchenraths u. der Ausführungsverordnung. [Abdr. aus dem Thüringer Kirchenblatt.] 12. (36 S.) Jena 851, Frommann. n. 2 ngl.

Kirchgellersen [Schlagwort]

Kirchgellersen, s.: Preussen, Messtischblätter.

Kirchgeorg, Otto: Der Kaufmannsbegriff im alten und im neuen Handelsgesetzbuch. *Göttingen 1898: Dieterich.* (32 S.) 8°
Göttingen, Jur. Diss. v. [6. Apr.] 1898

Kirchgeorg, Otto Hermann: Die dichterische Entwicklung J. F. W. Zachariäs. *Greifswald 1904: J. Abel.* (52 S.) 8°
Greifswald, Phil. Diss. v. 15. Juli 1904

Kirchgesner, J. Val., s. Kirchgeßner, J. Val.

Kirchgeßner der gute Kamerad, s.: Klaß, v

Kirchgeßner, Aug., Repertorium zu den derzeit im Königr. Bayern geltenden Landes-, Reichs- und Bundesgesetzen sammt den hierzu ergangenen Verordnungen und Ministerialerlassen, in alphabet. Bearbeitung. 4 Lfgn. gr. 8. (IV, VII, 710 S.) Bamberg 881, Buchner'sche Buchh. à Lfg. * ℳ 3. *

Kirchgeßner, Ferdinand

Kirchgeßner, F., Beobachtt. über d. Heilkraft d. Mineralquellen des Ludwigsbades bei Wipfeld, nebst e. kurzen Beschreibung des dort neu erbauten Kurhauses. 8. Münch. 830. Finsterlin. 4 gl.

Kirchgeßner, Ferd., der Kurort Bocklet mit sein. Heilquellen u. Bädern. Ein Taschenb. f. Kurgäste u. Aerzte. gr. 16. (22½ B. u. Titlbild.) Würzburg 838, (Stahel'sche Buchh.) *

Kirchgessner, Ferd., das Stahlbad Bocklet bei Kissingen. Ein Taschenbuch für Kurgäste und Aerzte. 2., verb. Aufl. 8. (XV und 287 S. mit 1 lithogr. Ansicht des Kurhauses.) Würzburg 859, Stahel'sche Buchh. *

KIRCHGESSNER, J. Val.: Tribunal Nemesis juste judicantis, od. Richter-Stuhl der rechtrichtenden Gerechtigkeit, d. i. ausführl. gründl Bericht v. denen peinl. Gerichten. *Nürnb.* 706. 4. — 720, 4.

Kirchgessner, Philipp, aus Würzburg: Ueber mehrfache Tubargraviditaet. *Würzburg 1902: A. Borst.* (40 S.) 8°
Würzburg, Med. Diss. v. 1902

Kirchgraber, Franz, approb. Arzt aus Aalen: Ueber die Haftung von Salzen an der Haut. *München 1903: C. Wolf & Sohn.* (21 S.) 8°
München, Med. Diss. v. 1903

Kirchhain [Schlagwort]

Kirchhain, Kreis, s.: Marburg.

Kirchhain in Hessen-Nassau, s.: Preussen. Messtischblätter.

Kirchhammer, Alexander (k. u. k. FML. d. R.) Aspern. Zur offiziellen „Relazion" über die Schlacht von Aspern 1809. Etwas mehr Licht über die Schlacht von Aspern. (Aus:) „Beilage des Fremden Blatt" Nr. 148—347 ex 1902 und Nr. 3 ex 1903.
gr. 8. Wien 1902—1903.

Kirchhammer, Alexander, Oberst und Reg.-Commandant. Zur Enthüllungsfeier des Liebenberg-Denkmals (12. September 1890). Sonder-Abdruck aus dem „Organ der milit.-wissenschaftl. Vereine".
8. Wien 1890.

— Prinz Eugen v. Savoyen u. John Churchill Herzog v. Marlborough. Fragmente einer Parallele. 2 Vorträge, geh. im militär-wissenschaftl. Vereine zu Wien am 7. u. 14. Jänner 1881. [Aus: „Organ d. militär-wissenschaftl. Vereine".] gr. 8. (89 S.) Wien 882. (Seidel & Sohn.) n. — 80

Kirchhammer, A., s. Feldzüge des Prinzen Eugen von Savoyen.

Das Gefecht in der Schwarzen Lacken-Au am 13. Mai 1809. Von Alexander Kirchhammer, k. u. k. Feldmarschall-Lt. i. R. Mit 1 Kärtchen u. 3 Ill. *Wien: L. W. Seidel & Sohn 1903.* (19 S.) 8° [F.]
Erw. S.-A. aus Danzer's Armee-Zeitung v. 28. 5. 1903.

— die Grundlinien der Wehrfrage und Henry Thomas Buckle's Anschauung vom Kriege. Vortrag, gehalten im „wissenschaftl. Club" zu Wien am 18. Decbr. 1879. gr. 8. (23 S.) (Ebendas.) 880. *
Aus: Streffleur's österreichische militärische Zeitschrift, besonders abgedruckt.

Kirchhammer, Alexander, k. k. Oberst. Klein-Döttingen und Dietikon 1799. Vorträge, gehalten im December 1888 und im Jänner 1889 vor dem Officiers-Corps des 4. Bataillons des Inft.-Reg. Feldmarschall Reichsgraf Josef Browne Nr. 36. Hiezu 2 Taf. und 1 Skizze im Text. (Sonder-Abdruck aus dem „Organ der militärwissenschaftlichen Vereine".) 8. Wien 1889.

— der englisch-afghanische Krieg. Zwei Vorträge. Mit 8 Skizzen [1 (lith.) Taf.]. [Aus: „Oesterr. militär. Zeitschr."] gr. 8. (34 S.) Ebend. 879. n. 1. —

Kirchhammer, Alex., Deutschlands Nordost-Grenze. Eine militär-geograph. Skizze. gr. 8. (11 S.) Wien 879, (Seidel und Sohn.) *
Aus: Streffleur's österreichische militärische Zeitschrift, besonders abgedruckt.

— — Regensburg 1809. (Separatabdruck aus: „Danzers Armee-Zeitung." Jhrg. 1903, Nr. 50 und 51.) 8. Wien 1903.

Kirchhammer, A. Span. Successionskrieg. Feldzug 1708. (Mit) Atl. Wien. 1885. 8° u. 2°. (Oe 40—10)

Zur militärischen Tagesfrage. (Von A. Kirchhammer.) Wien 1905. 36 S.

Kirchhammer, Alexander, Oberst. Unmöglich? (Erstürmung der Tamega-Brücke 1809.) Vortrag, gehalten am 9. Jänner 1890 vor dem Officiers-Corps des Inft.-Reg. Graf v. Abensperg und Traun Nr. 21. Mit 1 Tafel. Sonder-Abdruck aus dem „Organ der militär-wissenschaftlichen Vereine". 8. Wien 1890.

— zur Wahl u. Stellung Franz v. Weyrother's als Generalquartiermeister des verbündeten Heeres 1805. Ein Beitrag zur Geschichte der Hauptquartiere. (21 S.) gr. 8. Ebd. 906. n. 1. —
2 erweit. Sonderdr. aus: „Danzer's Armee-Zeitg."

(Kirchhammer, Alexander, k. k. Hauptm. des Generalstabs-Corps.) Grossbritannien's Wehrmacht und ihre politische Bedeutung. Eine Studie. (Separat-Abdruck aus dem „Organ der militär-wissenschaftlichen Vereine".) 8. Wien 1879.

Kirchhammer's Wort- und Sachregister zum Dienst-Reglement für das k. k. Heer. 2. Aufl. 1. Th. (2. Aufl. des Reglements vom Jahre 1873.) 1887. 2. Th. 2. Aufl. des Reglements vom Jahre 1874) (Felddienst). 1888. (2 Bde.) 8. Wien, Prag 1887—1888.

Kirchhammer, Alexander, k. k. Hauptm. im Generalstabe. Asiens Zukunfts-Bahnen, politisch und militärisch betrachtet. Vortrag, gehalten im Club österreichischer Eisenbahnbeamten am 2. März 1880. (Separat-Abdruck aus der „Oesterr. Eisenbahn-Zeitung".) 8. Wien 1880.

Kirchhammer, Paul, der Reichenberger Feldzug gegen die Faulmann'sche Stenographie und gegen die Wahrheit. Antwort auf die Broschüre: „Eine Niederlage der Faulmann'schen Stenographie, nach stenograph. Niederschrift hergestellt durch den Ausschuß des Gabelsberger-Stenographen-Vereines zu Reichenberg und hrsg. vom Deutschen Gabelsberger-Stenographenbund. Berlin 1887." Nebst einer kurzen Darstellung des Faulmann'schen Systems vom Centralverein für Faulmann'sche Stenographie in Wien. gr. 8. (25 S.) Wien 888, (Bermann und Altmann.) *
Vgl.: Niederlage, eine, der Faulmann'schen Stenographie.

Kirchhatten [Schlagwort]

Kirchhatten, s.: Preussen. Messtischblätter.

Kirchheim [Schlagwort]

Kirchheim, s.: Albverein.

Kirchheim, s.: Deutschland. Kürschner-Pelp.

Kirchheim, s.: Geognost. Karten (Württemberg). — Tourenkärtchen.

Kirchheim u. Teck, s.: Württemberg. Höhenkurvenkarte.

Kirchheim [Verfasser]

Kirchheim, Augustus Theodorus: De febri typhosa. Halis Saxonum (1866): Orphanotropheum. 30 S. 8°
Halle-Wittenberg, Med. Diss. v. 20. Jan. 1866
Geb. Kobbel (Kr. Wolmirstedt) 13. 6. 1839. V.

Kirchheim, Johann (Mainz), De potestate patria circa religionem liberorum. Disquis. jur. publ. Rector D. Friedrich Carl Joseph Frh. v. Ehrthal. Präs. D. Johann Michael Dahm. Mainz (Haeffner's Erb.) 12. XI. 1755. 52 S. (6.50) 18069

Kirchheim, Karl [Verlagsbuchhändler aus Mainz (Hessen)]: Zur Lehre vom Verlagsrecht ... Mainz, F. Kirchheim, 1895; 69 S. 8.
Freiburg i. B., Jur. Fak., Inaug.-Diss. v. 1895

Kirchheim, Ludovicus: De ictero. Halae (1821): Hendel. 34 S. 8°
Halle-Wittenberg, Med. Diss. v. 10. Jan. 1821
Geb. Kollo [wohl Koló?] (Polen) 3. 1. 1797. V. vorh. Marburg UB

Kirchheim, Ludwig, approb. Arzt aus Minden: Aus d. chirurg. Universitäts-Poliklinik zu Leipzig. (Leiter: Prof. Dr. Friedrich.) Ueber die sogenannte diffuse, wahre Mammahypertrophie (Billroth) und ihr Verhältniss zum Fibrom. *Berlin 1902: L. Schumacher.* (45 S.) 8° ¶(Aus: Archiv f. klin. Chirurgie, Bd 68.)
Leipzig, Med. Diss. v. (29. Apr.) 1902

Kirchheim, Raph. die neue Exegetenschule. Eine krit. Dornenlese aus Dr. Hirsch's Uebersetzung u. Erklärung der Genesis. Breslau 867. Schletter'sche Buchh. gr. 8. (40 S.) n. 10 *ngr.*

Kirchheim, Theodor, appr. Arzt, Assistenzarzt im Inf.-Reg. Nr. 140: Über Verletzungen des N. medianus bei Fractura radii an klassischer Stelle. Berlin 1910: G. Schade. 30 S. 8°
Berlin, Med. Diss. v. 1. Juli 1910, Ref. Hildebrand
[Geb. 4. Juli 85 Gr.-Salze; Wohnort: Friedenau-Berlin; Staatsangeh.: Preußen; Vorbildung: Domgymn. Magdeburg Reife O. 03; Studium: Berlin K. W. A. 10 S.; Coll. 1. Juli 10; Approb. 1. Juli 10.] [U 10. 55

Kirchheimer, Franz Sali [aus Heilbronn (Württemb.)]: Zur operativen Behandlung der Myome der Gebärmutter in der Schwangerschaft und Geburt ... Halle a. S., Hofbuchdr. v. C. A. Kaemmerer & C., 1895; 115 S., 1 Bl. 8.
Halle, Med. Fak., Inaug.-Diss. v. 9. Febr. 1895

Kirchheimbolanden [Schlagwort]

Kirchheimbolanden, s.: Deutschland. Kürschner-Pelp.

Kirchheimbolanden, bez., s.: Pfalz.

Kirchheim-Teck [Schlagwort]

Kirchheim-Teck. Karte v. Kirchheim-Teck u. Umgebung. 1:200,000. Lith. qu. Fol. Tübingen 890. Fues. n. 1. —; auf Leinw. n. 1. 60

Kirchhof. Der alte K' und der neue Friedhof zu Schwyz. [Mit 1 Vignette.] 8. Zürich 1851.

Kirchhof

— s. a. Kirchoff.

Kirchhof, s. Mennoniten

Kirchhof, Untersuchungen über das Sonnenspectrum. Theil 1. Berlin 1866. 4.

Kirchhof, Dr., ..., Worte am Grabe des Schuldirektors Ruhkopf. 8. Hannov. 821. Helwing. 3 gr

Kirchhof, Albr.: Bücher-Catalog. Verzeichniß der in der zweiten Hälfte des 19. Jahrh. im deutschen Buchhandel ersch. Bücher u. Landkarten. Bd 1. 2. 1851—60. Leipzig 1856. 61. 1 Bd [Fortges. u. d. Tit.:]
Hinrich's: Fünfjähriger Katalog. (Bd 9 ff.:) Fünfjahrs-Katalog. Bd 3—12. 1861—1909. [Nebst] Sachreg. Leipzig 1866—1911. 14 Bde

Kirchhof, Bruno: Beiträge zur Kenntniss der Pulegensäure. *Hannover 1897: A. Weichelt.* (47 S.) 8°
Göttingen, Phil. Diss. v. [25. Aug.] 1897

Kirchhof, Chr. Aug. Ldw., († d. 3. Juni 1795.) moral. Aufsätze zur Verbesserung d. menschl. Einsichten u. Erkenntnisse. 8. Altona 790. (Wienbrack in Leipz.) 6 gr

Kirchhof, C. A. L., moral. Aufsätze z. Verbess. menschl. Einsicht und Erkenntn. 8. Altona, Kaven. (Gräff in Leipz.) 790.

— Beantw. der Frage: Was läßt sich vom Teufel glauben? 8. Braunschw. Schröder. 790.

— vollständ. Beantwort. d. Frage: Was läßt sich nach Vernunft u. Schrift vom Teufel glauben? 8. Braunschw. 790. Schröder. 8 gr

— philosoph.-theolog. Betrachtungen über wichtige Gegenstände d. Christusreligion. 2 Bde. 8. Altona 790, 91. Kaven. 14 gr

— Geschichte d. christl. Religionsverbesserung ꝛc. 8. Berl. 794. Franke. (Barth in Leipz.) 3 gr

— über d. Gewißheit, mit welcher Jesus d. jüd. Schicksale vorhergesehen. 8. Berl. 794. Franke. (Barth in Leipz.) 2 gr

— über d. Nutzen d. Philosophie in Hinsicht auf Religion. 8. Berl. 792. Lange. 3 gr

— Uebersicht d. Geschichte d. christl. Religionsverbesserung, vom Ursprunge u. Fortgange derselben bis zur Uebergabe d. Augsb. Glaubensbekenntniß. 8. Berl. 794. Franke. (Barth in Leipz.) 3 gr
populäre histor. Uebersicht d. Entstehung u. Fortpflanzung des Christenthums auf Erden. 8. Berl. 792. Lange. 3 gr

— Vergnügen u. Freuden, über.

— worauf muß ein Reich gegründet seyn, wenn innere Unruhen u. Rebellionen vermieden werden sollen? 8. Altona 791. Kaven. 2 gr

Kirchhof, Emil, Anleitung zur Abhaltung und Vertilgung der Unkräuter auf Aeckern und Wiesen. 3. Aufl. 2. (Titel-)Ausg. 8. (VIII, 318 S. mit 22 eingedr. Holzschn.) Leipzig (866)69, Reichenbach'sche Buchh. 1 80

Kirchhof, Emil, praktische Anweisung zur Aussaat-, Ernte- und Reinertragsberechnung behufs Einrichtung, Bewirthschaftung, Werthschätzung und Veranschlagung der Güter. Zum Gebrauch für Wirthschaftsbeamte, Verwalter, Güterdirectoren ꝛc. Mit einer Reductionstabelle der Quadratruthen bis zu 1 sächs. Acker auf Mäßchen, Metzen, Viertel, Scheffel Aussaat. 8. (VI und 122 S.) Leipzig 851(52,) Spamer. *-

Kirchhof, Emil [Pet. Pflugeisen], statistische Daten üb. Hagelvorkommen u. rationelle Praxis der Hagelversicherung. Lex.-8. (23 S. m. 1 Tab.) Wien 890. (Frick.) n. — 80

Kirchhof, Emil: Das G a n z e der Mengedünger- oder Compostbereitung, s.a. B i b l i o t h e k , Landwirthschaftliche.

— das Ganze der Mengedünger- oder Compostbereitung. Praktische Anleitung zur sorgfältigen u. zweckmäßigen Benutzung aller in jeder Wirthschaft vorkommenden, oft vernachlässigten u. geringgeschätzten Düngerstoffe durch Mengedünger- oder Composthaufen [Erdhaufen, Mengehaufen]. 8. (VI u. 127 S.) Leipzig 852, Reichenbach. 18 ngr

– Die J u n g v i e h z u c h t ,
s.a. B i b l i o t h e k , Landwirthschaftliche.

—— die Jungviehzucht. Anleitung zu einem naturgemäßen Betriebe derselben, um einen nutzbaren Rindviehstand zu erzielen und zu erhalten. 8. (VI und 112 S.) Leipzig 853, Reichenbach'sche Buchh.

—— die Lehre vom Dünger mit besond. Rücksicht auf die Gewinnung, Anwendung und Werthschätzung der Neben- und Hilfsdüngemittel. Nach den neuesten Erfahrungen. 2., mit einem einleit. Vorworte verseh. Ausg. gr. 8. (X und 336 S.) Wien 862, Braumüller. *

— der Maisbau, s. Bibliothek, landwirthschaftliche.

Kirchhof, Emil — Die Mais- oder Kukuruz-Brennerei. Praktische Anleitung zur Gewinnung des reichlichsten Spiritus-Ertrages aus Mais oder Kukuruz bei bedeutender Malz-Ersparniß. Mit besonderer Berücksichtigung der zweckmäßigsten Anwendung des Sacharometers und Alkoholometers. Von — —. Pesth, 1856. Gedr. bei Landerer und Heckenast. Verlag von Gustav Heckenast. (44 S. 8.)

Kirchhof, Emil — Die Neben- oder Hilfsdüngmittel, deren Gewinnung, Anwendung und Werthschätzung. Beiträge zum Fortschritte der heutigen Landwirthschaft durch das Düngerwesen. Nach den neuesten Erfahrungen von — —. Pest, 1857. Gedr. bei Landerer und Heckenast. Verlag von Gust. Heckenast. (VI. 336 S. 8.)

Kirchhof, E. Die Notwendigkeit der Hagelversicherung für Landwirte. 4. Auflage. Wien 1886.

— das Unkraut, s. Bibliothek, landwirthschaftliche.

—— das Unkraut. Praktische Anleitung zur gänzlichen Vertilgung der Aecker- und Wiesen-Unkräuter mit Angabe und Abbildungen der zu ihrer Vertilgung erforderl. Werkzeuge, nebst Beschreibung der am häufigsten vorkommenden der Cultur hinderlichen Pflanzen. 8. (IV und 278 S. mit 12 Holzschn.) Leipzig 831, [Reichenbach'sche Buchh.]

Kirchhof, Fr. Chr., u. G. Ch. Crusius, Anleitung zum Uebersetzen, s. Crusius.

Kirchhof, F. C., die Formenlehre d. franz. Sprache, s. G. Chr. Crusius

— . Mureti orationes.

Kirchhof, F. C., französische Sprachlehre f. Schulen. gr. 8. Halle, Waisenh. 804.

— kleine französ. Sprachlehre für d. untern Klassen. 8. Halle 805. 2e A. 828. Waisenh.-B. 5 Gr.

Kirchhof, Fr. Chr., kleine französ. Sprachlehre für Schulen. gr. 8. Halle 804. 2e A. 819. 3e A. 825. 4e A. 831. Waisenh.-Buchh. 12 Gr.

Kirchhof, Friedrich C.

Kirchhof, Fr. (C.), die deutsche Ackerbauschule. Ein Lehrbuch f. werdende Landwirthe, den Unterricht in d. gesammten Land- u. Hauswirthschaft wie in den nothwend. Sachkenntnissen umfassend. 1—3. Hft. 8. (352 S.) Leipzig 851, Barth. (à 1/4 ℛ) 3/4 ℛ

—— die Ackerbausysteme mit ihren verschiedenen Fruchtfolgen. Nach rationellen Grundsätzen beleuchtet und vielen eigenen prakt. Versuchen zur Einrichtung von Landwirthschaften dargestellt. gr. 8. (XIV und 258 S.) Leipzig 848, W. Engelmann.

— Anweisung, nicht allein aus Weintrauben, sondern auch aus Obst rc. Wein darzustellen, s.a. Ganze, das, der Landwirthschaft. 19s Heft.

Kirchhof, F., Anweis., nicht allein aus d. Weintrauben, sond. auch aus Obst, Beeren, Blüthen, Säften etc. e. vortreffl. d. Traubenweine mehr od. weniger ähnl. Wein darzustellen, nebst Angabe e. zweckmäss. Pflege u. Behandl. d. Weines überhaupt. (D. Ganze d. Landwirthschaft Hft 19.) gr. 8. Leipzig, 1836. Wienbrack. — 20

Kirchhof, F., die Bierbrauerei, oder die Kunst, die vorzüglichsten in- u. ausländischen Biere, nach den besten chemischen Grundsätzen u. den neuest. bewährten Erfahrungen zu brauen. Leicht u. allgemein verständlich dargestellt, für Landwirthe als Bierbrauereibesitzer, Braupächter rc. gr. 8. Leipzig u. Torgau 830. Wienbrack. 2/3 ℛ — s. auch Ganze, das, der Landwirthschaft. 15s Heft.

Kirchhof, F.: Die Branntweinbrennerei, s.a. Ganze, Das, d. Landwirthschaft. 16. Hft.

— die Branntweinbrennerei nach rein chemisch. Grundsätzen und den neuesten darin gemachten Erfahrungen, nebst Angabe der neuen zweckmäß. Brennapparate, so wie dreier bisher geheim gehaltener, sehr vortheilhafter Einmaischverfahren u. Anweisung zur Verfertigung der Preßhefe. gr. 8. Leipzig u. Torgau 836. Wienbrack. 2/3 ℛ

KIRCHHOF, F.: Allgemein fassliche Darstellung der Ziegel-, Kalk- und Gypsbrennerei ... Vollständige Belehrung, wie Pottasche zu gewinnen ... ist. Zweckmässige Anleitung, wie Steinkohlen und Torf als Brennmaterialien am sichersten zu entdecken ... sind. - Leipzig, Torgau 1836. 168 S.

— Darstellung der Ziegel-, Kalk- u. Gypsbrennerei, s. Ganze, das, d. Landwirthschaft. 20s Heft.

—— die Essig- u. Schnellessig-Fabrikation, s. Ganze, das, d. Landwirthschaft, 17. Hft.

Kirchhof, F., das Ganze der Landwirthschaft, s. Ganze, das.

Kirchhof, F.: „Das Ganze der Landwirthschaft, theoretisch und praktisch dargestellt von einem ökonomischen Vereine", 20 Hefte, Torgau 1834—1836 (Wienbrack).

— die wichtigsten Gesetze u. Grundregeln des Ackerbaues, Aus der Natur und ihren Wirkungen entlehnt u. für prakt. Landwirthe zu einem naturgemäßen Betriebe d. Landwirthschaft allgemein verständlich dargestellt. gr. 8. Leipzig 836, Engelmann. 1 1/3 ℛ

— die Getraidepreise, oder die sichersten Mittel, diese zu heben u. auf einer gewissen Höhe dauernd zu erhalten. Zeitgemäß bearbeitet. gr. 8. Leipzig 835. Wienbrack. 2/3 ℛ

— die Gründüngung in ihrem ganzen Umfange, oder vollständige Anweisung, wie man mittelst einer ausgedehntern und zweckmäßig eingeführten Gründüngung, bei eingeschränkter od. auch ohne alle Viehzucht, nach einem ganz neuen Ackerbausysteme, mit dem lohnendsten Erfolge, Landwirthschaft betreiben kann. gr. 8. Leipzig 837. Engelmann. 3/4 ℛ

Kirchhof, Friedr., Handbuch der landwirthschaftlichen Betriebslehre. Ein Leitfaden für prakt. Landwirthe zur zweckmäßigen Einrichtung und Verwaltung der Landgüter. gr. 8. (VII und 334 S.) Dessau 852, Gebr. Katz.

— land- u. hauswirthschafl. Jahrbüchlein, s. Rothe, A., Aehrenlese aus d. Gebiete d. Land- u. Hauswirthschaft.

Kirchhoff, Friedr. C., der Kartoffelbau mit seinen zeitgemäßen Sorgen, letztere gemildert durch natürl. Beweismittel u. eine anpassende Cultur zur Zeit des gegenwärtigen unsicheren Gedeihens, als ein Rathgeber f. Jedermann, unter Hinweisung auf mehre Culturmethoden. gr. 8. (3 1/4 B.) Plauen 813, Schmidt. *

—— Conversat.-Lexikon d. gesammt. Land- u. Hauswirthschaft, s. Conversations-Lexikon.

—— die Kultur d. Runkelrüben u. Kartoffeln f. d. Bearbeit. ders. auf Zucker u. Syrup, nebst den bei e. ausgedehn. u. fortgesetzten Anbaue am zweckmäß. zu beacht. Fruchtfolgen; ganz zeitgemäß u. allgem. faßl. sowohl f. größere u. kl. Landwirthe, als auch f. Zuckerfabrikanten bearb. u. dargest. Nebst e. leicht ausführb. Vorschlage, wie d. Landwirthe d. Saft aus d. Rüben selbst gewinnen u. bei Erhaltung d. Futters u. Ersparung bedeut. Fuhrkosten denselben an d. Fabriken abliefern können. gr. 8. (13 B.) Magdeburg 836, [Berlin,] Rubach.

— der deutsche Landwirth. Ein vollständ. Hand- u. Lehrbuch der gesammten Landwirthschaft. Nach eigenen prakt. Erfahrungen bearb. u. mit vielen eingedruckten Abbild. erläutert. (In 10 Liefg.) hoch 4. Leipzig 845, 46, G. Wigand. (à n. 1/3 ℛ) 3 1/3 ℛ

—— der deutsche Landwirth. Ein vollständ. Hand- u. Lehrbuch der gesammten Landwirthschaft. Nach eigenen prakt. Erfahrungen bearb. u. m. viel. eingedruckten Abbildungen erläutert. 10 Lfgn. hoch 4. (106 1/2 B.) Leipzig 845, 46, Geo. Wigand. à L. * 10 Ngr. *

—— der deutsche Landwirth. Ein vollständ. Hand- und Lehrbuch der gesammten Landwirthschaft. Mit vielen eingedr. Abbildungen. Neue (unveränd.) Ausg. hoch 4. (818 S. mit 8 lithogr. Bildn.) Leipzig 847, [Schlicke.] *

— der deutsche Landwirth. Ein vollständiges Hand- u. Lehrbuch der gesammten Landwirthschaft. Für größere u. kleinere Gutsbesitzer rc. Nach eigenen prakt. Erfahrungen bearb. u. m. vielen Abbild. (eingedr. Holzschn.) erläutert. Neue unveränd. Ausg. m. 8 (lith.) Bildnissen. 4 Lfgn. hoch 4. (818 S.) Leipzig 847, O. Wigand. (à n. 1 ℛ) n. 4 ℛ

Kirchhof, Friedr., der deutsche Landwirth. Ein vollständ. Hand- und Lehrbuch der gesammten Landwirthschaft. Für Gutsbesitzer, Pächter, Verwalter und Alle, die sich der Landwirthschaft widmen wollen. Nach eigenen prakt. Erfahrungen bearb. 2 Bde. 3., vielfach umgearb. Aufl. gr. Lex.-8. (X und 987 S. mit zahlreichen Abbild. in eingedr. Holzschn.) Leipzig 864, Baumgärtner's Buchh.

— der erfahrne Landwirth, welcher Theorie mit Praxis wohl verbindet, oder die Beschreibung meiner Wirthschaft zu Liemehna. Nebst e. Anhange über Fruchtwechselwirthschaft, den Uebergang in dieselbe u. über Brache. gr. 12. Halle 840, Schwetschke u. Sohn. $1/2$ ℳ

—— die Selbsterhitzung der Futterstoffe als einziges Mittel in den Jahren, wo Futtermangel ist, seine Viehbestände durchzubringen, u. besonders als Mittel zur Aufhülfe d. Landwirthschaft. Nebst e. Anh. m. Rathschlägen in Betreff d. Düngerproduktion. gr. 8. ($3\frac{1}{2}$ B. u. 1 Stnt.) Plauen 843, Schmidt.

—— Trauben-, Obst- u. Beerenweinbereitung, s.a. Ganze, das, d. Landwirthschaft, 19. Hft.

Kirchhof, Friedrich: Die Trauben-, Obst- und Beerenweinbereitung. Leipzig & Torgau: Wienbrack 1836. IV, 128 S. (Das Ganze der Landwirthschaft theoretisch und praktisch dargest. von einem ökonomischen Vereine. Hrsg. von Friedrich Kirchhof. H.19.) -- 8°

– (Hrsg.), s. Vierteljahresschrift, Landwirtschaftliche.

—— Volks- u. Jahrbüchlein d. Land- u. Hauswirthschaft, s. Volks- u. Jahrbüchlein.

Kirchhof, Fr., Volks- u. Jahrbüchlein d. Land- u. Hauswirthschaft. Ein Magazin d. neuen, wichtigen u. bereits bewährten Erfahrr. im Gebiete d. Land- u. Hauswirthschaft. 1r Jahrg. 8. Glogau 838. Flemming. n. $1/3$ ℳ — 2r Jahrg. 1839. 8. Ebd. 839. n. $1/3$ ℳ — 3r Jahrg. 1840. Von A. Rothe. A. u. d. T.: Aehrenlese aus d. Gebiete d. Land- u. Hauswirthschaft. 1r Bd. Mit 1 Steintaf. 8. Ebd. n. $1/3$ ℳ

– Ziegel-, Kalk- u. Gyps brennerei, Pottaschsieden, . . . s. Ganze, Das, d. Landwirthschaft, 20. Hft.

– Die Zucker- u. Syrup fabrikation aus Runkelrüben u. Kartoffeln, s.a. Ganze, Das, d. Landwirthschaft, 18. Hft.

KIRCHHOF.
Zucker- und Syrupfabrikation aus Runkelrüben und Kartoffeln. Leipzig, 1836.

Kirchhof, Georg Heinrich

Kirchhof und Brandenburg I., das 3. Brandenburgische Infanterie-Regiment Nr. 20 in den Feldzügen 1866 und 1870—71. gr. 8. (VIII, 411 S. mit 1 Titelbild in Stahlst. und 2 Abbild. in Holzschn.) Berlin 881, Mittler und Sohn. *

Kirchhof, u. Brandenburg I., das Infanterie-Regt. Graf Tauentzien v. Wittenberg (3. Brandenburg.) Nr. 20. (Feldzug 1870/71 bearb. v. K., Feldzug 1866 bearb. v. B.) 2. Aufl. gr. 8. (VI, 436 S. m. 2 Holzschn.-Taf.) Berlin 895. E. S. Mittler & Sohn. n. 7. 50

Das Infanterie-Regiment Graf Tauentzien von Wittenberg (3. Brandenburgisches) Nr. 20. Bearb. von [Georg Heinrich] Kirchhof, s. Zt. Major, (Feldzug 1870/71), u. [Robert] Brandenburg I, weil. Oberlt. (Feldzug 1866). In 3. Aufl. durchgesehen u. erweitert von [Friedrich] v. Basedow, Hauptm. Mit 2 Abb. Berlin: E. S. Mittler & Sohn 1904. (V, 438 S.) 8° [F.]

Kirchhof, (Gottfried): In vier Tractaten heraus gegebene gründliche Nachricht von der Anno 1713 (in Wien) Grassirten Pest und einer schädlichen Pest-Medicin. 118 S., gbd.

Hamburg: Felginer (1714)
in: Mead, R.: Vernünftiger Rath-Schluß... (A short Discourse... Dt.)

JB 4.997

Kirchhof, Hans Wilh., Wendunmuth, s. Bibliothek des litterar. Vereins in Stuttgart, Bd. 95—99.

Kirchhof, Hans Wilhelm (Hrsg.), s. Wendunmuth.

Kirchhof, J. Ch., s. Kirchhoff, Johann Heinrich

Kirchhof, J. G. A., u. J. A. W. Schröder, holländ.-deutsches Handwörterbuch für Unstudirte. 8. Oldenb. 810. Schulze. 1 ℳ 6 ℊ

Kirchhof, Johann Heinrich, s. Kirchhoff, Johann Heinrich

Kirchhof, Joseph, approb. Arzt aus Osnabrück: Zur Lehre vom Schichtstaar. *Bonn 1901: C. Georgi.* (41 S.) 8°
Bonn, Med. Diss. v. [27.] Apr. 1901

Kirchhof, Nikolaus Anton Johann

Kirchhof, N. A. J., Die Astronomie nach Newton's Grundsätzen erklärt; fasslich für die, so nicht Mathematik studiren. 3. Auflage.
Berlin und Stettin 1793.

Kirchhof, N. Ant. J., Auszug aus Cooks and Kings Reise 1776-80. 8. Berlin, Nicolai. 794.

Auszug aus Kork und Kings Reise in den Jahren 1776—1780, nebst einem Verzeichnisse ihrer beobachteten Breiten und Längen. Ingleichen Bemerkungen über die Abweichung der Magnetnadel, zum Beweise, dass die Länge der Oerter dadurch mit Gewissheit nicht bestimmt werden könne, von *N. A. J. Kirchhof.* Berlin und Stettin bei Friedr. Nicolai. 8. 62 S. 1794

Kirchhof, N. A. J. Beschreibung einer Zurüstung, welche die anziehende Kraft der Erde gegen die Gewitterwolke u. die Nützlichkeit der Blitzableiter sinnlich beweiset u. einer Beschreibung versch. nützl. Maschinen aus Ferguson's Vorlesung. Hamburg u. Berlin 1781. 8.

— s. a. Beschreib. e. Zurüstung.

— Beschreibung einer Zurüstung, welche d. anzieh. Kraft d. Erde gegen die Gewitterwolke rc. beweiset. 8. Berlin, Nicolai. 781.

—— s. Cook, Reise im Ausz.

—— s. Ferguson, Astronomie.

Kirchhof, Nik. Ant. Jh., († d. 10. Sept. 1800.) d. Gesetze des Fallens d. Körper u. d. daraus hergeleit. Lehrsätze Newtons auf eine faßl. Art erklärt. 4. Hamb. 792. (A. Campe). 4 ℊ

Kirchhof, die Gesetze des Falles d. Körper und d. dar. hergeleit. Lehrsätze Newtons. m. K. 4. Hamburg, Hoffmann. 792.

Kirchhof, W., s. Th. Davies Vorlesungen.

Kirchhofer, Dr. Johannes, Dekan und Pfarrer in Schaffhausen. gr. 8. (43 S.) Schaffhausen 871, Schoch. — 60

Kirchhofer, zur Geschichte der Frauenkirche, s.: Buchwald.

Kirchhofer, wie wurde Görlitz evangelisch? Vortrag. 12. (27 S.) Görlitz 887. (Tzschaschel.) n.n. — 25

*Kirchhofer, E. Die Stellung der Hypothekargläubiger bei der Immobiliar-Feuerversicherung nach schweizerischem Recht. D. Schaffhausen 1895.

Kirchhofer, Frdr., auch ich! Gedichte. (96 S.) 8. Graz 902. (Leykam.) n. 1. 80

[F.] Predigt am Reformationsfeste, d. 3. Nov. 1895 geh. u. auf Verlangen z. Besten des Gustav-Adolf-Ver. in Dr. gegeben v. H[einr.] Kirchhofer, Diac. . . . zu Görlitz. *Görlitz: H. Tzschaschel 1895.* (8 S.) 1 Bd 8. [98. 4805

Kirchhöfer, Joach., d. Gnadenberuf. Gott. v. d. Sündfluth v. Adam b. a. Noah. 8. Frft. u. Lpz. Cramer. 738.

— Gnadenordn. Gottes in d. Bekehr. d. Menschen. 8. Brem. Cramer. 737.

Kirchhofer, Joh., Helvetiens Naturschönheiten, s. Helvetiens.

Kirchhofer, Johannes *I* [1748–1824]. Denkmahl der Freundschaft auf Herrn Daniel Maurer (geb. 1743), Preceptor IV. Class. Gymnasii [in Schaffhausen] . . . . 8. Schafhausen 1794.

Kirchhofer, Johannes *I.* Etwas zum Andenken des den 21. Julii 1798 im Rhein verunglükten Johann Jacob Maurer, Studiosus Theologiae. Von J' K' . . . . Mit einer Beylage von Johann Georg Müller. 8. Schafhausen 1798.

Kirchhofer, Johs., über den heidelberger Katechismus und das Memoriren desselben in der Schule. Ein Vortrag, gehalten in der Bezirks-Lehrerconferenz von Schaffhausen. 8. (32 S.) Schaffhausen 853, Schalch.

Kirchhofer, Johs., Leitfaden zur Bibelkunde, nebst Berichtigung der Luther'schen Bibelübersetzung. Für Bürgerschulen, Elementarschullehrer-Seminarien 2c. gr. 8. (XIV u. 394 S.) Stuttgart 849, J. F. Steinkopf. 1 ℛ

Kirchhofer, Johs., Leitfaden zur Bibelkunde, nebst einigen Berichtigungen der lutherischen Uebersetzung. Für Bürgerschulen, Elementarschullehrer-Seminarien 2c. 2., durchaus verm. und verb. Aufl. gr. 8. (XVI und 406 S.) Stuttgart 860, J. F. Steinkopf.

Kirchhofer, Prof. J., d. Missionswerk, betrachtet nach seiner Wichtigkeit u. Nothwendigkeit, nach d. Verpflichtung daran Theil zu nehmen, u. nach d. Art u. Weise dieser Theilnahme. Eine Rede. gr. 8. Schaffhaus. 832. (Hurter). 4 g

— s. Dr. Jh. Geo. Müller, Blicke in d. Bibel.

— s. Quellensammlung zur Geschichte des neutestamentl. Canons.

Kirchhofer, Johannes *I.* Rede bei der gläklichen Rükkunft des grössern Theils unsrer Kontingents-Truppen. Vorgetragen . . . [zu Schaffhausen] den 4. August 1815. Von Johanes K' . . . . 8. Schaffhausen 1815.

Kirchhofer, Johs., was hat d. protestant. Kirche in d. Schweiz von dem in uns. Zeit wieder fester auftret. Katholicismus zu besorgen, u. wie hat sie sich ihm gegenüber zu verhalten? Ein Referat, d. schweizer. Predigergesellschaft am 19. Aug. 1840 in Bern mitgetheilt 2c. Lex.-8. ($1\frac{3}{4}$ B.) Bern 841, Jenni Sohn.

Kirchhofer. Joh[annes] *II* [1800–1869]. Was hat die göttliche Vorsehung an Schaffhausen gethan? und welche Vorfahren hatten wir? Rede, gehalten am Jugendfeste in Schaffhausen, den 25. May 1835. Auf Verlangen dem Druk übergeben. 8. Schaffhausen.

Kirchhofer. J[ohannes] *II.* Züge aus dem Leben des seligen Joh[ann] Ludwig Pfister (1802–1833), Religionslehrers am Gymnasium zu Schaffhausen. Nebst Auszügen aus seinen hinterlassenen Briefen, Tagebüchern. Aufsäzen und Gedichten. Hrg. von J. K' . . . . 8.

Ausg. A. Schaffhausen 1833.

Ausg. B. Basel 1835.

—— Züge aus d. Leben d. sel. Joh. Ludwig Pfister, Religionslehrers am Gymnasium zu Schaffhausen. Nebst Auszügen aus sein. hinterlass. Briefen, Tagebüchern, Aufsätzen u. Gedichten. 8. ($16\frac{1}{4}$ B.) Basel 835, [Bahnmaier's Buchh.]

Kirchhofer, Leo. aus St. Gallen: Beiträge zum Schweizerischen Genossenschaftsrecht. Winterthur Geschw. Ziegler Dr. 1888. 60 S., 1 Bl. Thesen. 8°.

Zürich. Jur. Diss. [v. 2. März 1888].

Kirchhofer, Pfarrer Melch., Bertold Haller, oder d. Reformation von Bern. gr. 8. Zürich 828. Orell. 1 ℛ 4 g

—— Bertold Haller, od. d. Reformation v. Bern. gr. 8. (17 B.) Zürich 828, Orell, Füßli u. Comp.

Kirchhofer, Melchior. Schafhauserische Jahrbücher von 1519–1529 (2. *Ausg.:* oder Geschichte der Reformation der Stadt und Landschaft Schafhausen). 8.

[1. Ausg.] Schafhausen 1819.

2. vermehrte Ausg. Frauenfeld 1838.

Kirchhofer, J. M., Schafhauserische Jahrbücher von 1519 bis 1529. gr. 8. Schafhausen. (Leipzig, Schlegg.) 819.

Kirchhofer, Melch., schafhauserische Jahrbücher v. 1519—1529, od. Gesch. d. Reformation d. Stadt u. Landschaft Schafhausen. 2., verm. Ausg. 8. ($10\frac{1}{4}$ B.) Frauenfeld [u. Zürich,] 838, Beyel.

— s. a. Kern d. Schweizer. Reform.-Geschichte 2c.

(Kirchhofer, Melchior.) Kern der Schweizerischen Reformationsgeschichte hrg. auf die Dritte Jubelfeier. 8. Schafhausen 1819.

Kirchhofer, Melch., das Leben Wilh. Farels, aus d. Quellen bearb. 2 Bde. gr. 8. Zürich, Orell, Füßli u. Comp. [1. ($16\frac{1}{2}$ B.) 831. 1 Thlr. 4 Gr., 2. ($12\frac{3}{4}$ B.) 833. 1 Thlr.]

— Leben Oswald Myconius, Reformator u. Antistes d. Baselerschen Kirche, ein wichtiger Beitrag zur Kirchengeschichte. gr. 8. Zürich 814. Orell. 1 ℛ 16 g Schrbp. 2 ℛ

Kirchhofer, Melchior. Oswald Myconius (1488–1552), Antistes der Baslerischen Kirche. [Biographie.] 8. Zürich 1813.

*Kirchhofer, Myconius der Zwingli'sche Reformator der Basler Kirche. Zürich 1818.

Kirchhofer, Melchior. Neujahrs-Geschenk für die Jugend des Kantons Schaffhausen oder: Geschichte der Stadt Schaffhausen von ihrem Ursprunge bis zu ihrer Aufnahme in den eidgenössischen Bund. (22 [Hefte. *je* Mit 1 Tafel]. Neujahrsgeschenk Schaffhausen. 1822–1843.) kl.-4. *o. O.* (*Heft 22:* Schaffhausen) 1822–1843.

Kirchhofer. Melchior. Predigt. über Mathäus 2. Vers 17 und 18., gehalten . . . den 15. August [1813]. Nach dem den 13. August auf dem Rhein sich ereigneten grossen Unglük, nebst der Geschichte des Unglüks und den Leichabdankungen der ertrunkenen Kinder. Den betrübten Hinterlassenen geweiht. 8. (Schaffhausen.)

Kirchhofer. Melchior. Wernher Steiner, Bürger von Zug und Zürich (1492–1543). Eine Einladung zur Jubelfeyer der schweizerischen Reformation. 8. Winterthur 1818.

Kirchhofer, Melchior. Die ältesten Vergabungen an das Kloster Aller Heiligen in Schaffhausen. Hrg. von M' K' . . . . [SA.] 8. [Zürich 1851.]

Kirchhofer. Melchior. Sebastian Wagner, genannt Hofmeister (1476—1533). Ein Beytrag zur schweizerischen Reformationsgeschichte: nebst einem Wort über den Geist der Reformatoren. 8. Zürich 1808.

— Sebastian Wagner, genannt Hofmeister, ein Beitr. zur Schweizer-Reformationsgeschichte. 8. Zürich 809. Orell 20 K

— Wahrheit u. Dichtung. Samml. schweiz. Sprüchwörter. Ein Buch für d. Weisen u. d. Volk. gr. 12. Zürich 824. Orell. 1 uß

Kirchhofer, Melchior s. Wirz, Ludwig. Helvetische Kirchengeschichte. Theil 5. Zürich 1819.

Kirchhofer, Paul, Bericht üb. die Abtheilung der Baumwollengewebe u. Garne an der allgem. Industrieausstellung in London im J. 1851. gr. 8. (27 S.) St. Gallen 852, Scheitlin & Zollikofer. n. 2 ngl

Kirchhofer, Thdr., die Legende vom 12jährigen Mönchlein. Inaugural-Dissertation. Schaffhausen 866. (Brodtmann'sche Buchh. gr. 8. (46 S.) n. 5 ngr.

Kirchhöfer, Reinhold [aus Seydewitz, Kr. Torgau]: Untersuchungen zur Frage der Entstehung des Kurcollegiums ... [Erschien vollst. 1893 im gl. Verl.] Halle a. S., Hofbuchdr. v. C. A. Kaemmerer & C., 1893; 34 S., 1 Bl. 8.
Halle, Phil. Fak., Inaug.-Diss. v. [6. Juli] 1893

Kirchhoff, Gust. Rob., Rede über ihn, s.: Boltzmann, L.

— Rede zum Gedächtniss v. demselben, s.: Voigt, W.

* **KIRCHHOFF,** Der neu-aufgerichtete, mit seinen Lustigen (poet.) Grab-Schrifften. (43 an der Zahl). „Am Schluß heißt es: Und hiemit ist denn nun der Allmanach zu Ende" etc. Von diesem lag nur ein Fragment vor: Bogen F und G oder S. 41—56 eines Buches aus d. Anf. d. 18. Jahrh., in 4-to. (In Berlin: Yp 5022, no. 9.)
Die Grabschriften sind zum Theil pikant und derb. Sie umfassen die Seiten 45—56.

Kirchhoff, Vetter, wie er leibte, lebte, liebte und sich lustig machte. Für Freunde des Humors zusammengestellt von ***r. St. Pauli (Nagel) 1861. Neudruck. Hamb. 1910. V: *Lyser, Johann Peter.* (Hirsch, Fr., Lustiges und Trauriges aus Alt-Hamburg. Hamburger Nachrichten. 118. Jahrg., 16. Dezember 1909.)

KIRCHHOFF, Vetter, wie er leibte, lebte, liebte und sich lustig machte. Für Freunde des Humors zusammengestellt von ***r (d. i. *Joh. Peter Lyser*). St. Pauli, Nagel, 1861.

Kirchhoff, Vetter, wie er leibte, lebte, liebte u. sich lustig machte. Für Freunde des Humors zusammengestellt, v. ***r. (Neudrucke seltener Hamburgensien.) (56 S. m. 2 Vollbildern.) 8. Hamburg 910. F. Dörling.
Geb. 2.—; Liebh.-Ausg. auf echt Bütten 3.—

— — Dasselbe. (Neudruck.) Hamburg 1910.
Anon.-Lex. VI, p. 233—34 (nach Hirsch, Fr., Lustiges und Trauriges aus Alt-Hamburg. In: Hamburger Nachrichten. 118. Jahrg., 16. Dezbr. 1909).

Kirchhoff's technische Blätter. Organ f. populäre Darstellg. der Fortschritte auf dem gesammten Gebiet der Technik. Unter Mitwirkg. hervorrag. Fachmänner hrsg. v. Arth. Kirchhoff. Red.: Alb. Michaelis, Paul Steenbock u. Arth. Kirchhoff. 1. Jahrg. Mai 1901—April 1902. 52 Nrn. gr. 4. (à ca. 8 S. m. Abbildgn.) Berlin (A. Dochow). n. 4.—

— dasselbe. Unter Mitwirkg. hervorrag. Fachmänner hrsg. v. Alb. Michaelis. 2. Jahrg. Mai 1902—April 1903. 52 Nrn. gr. 4. (à ca. 8 S. m. Abb.) Ebd. n. 5.—

Kirchhoff's, technische Blätter. Illustrierte techn. Wochenschrift für die Fortschritte auf dem Gebiete des Maschinenbaues u. der Elektrotechnik, hrsg. v. Werner Heffter. Schriftleitung: Alb. Michaelis. 3. u. 4. Jahrg. 1903 u. 1904. à 52 Nrn. (à ca. 8 S.) 4. Berlin [Technisch-gewerbl. Verlag]. Leipzig, C. A. Fischer.
à Jhrg. n. 5.—

— dasselbe. Illustrierte techn. Wochenschrift. Hauptschriftleiter: Werner Heffter. 5. Jahrg. 1905. 52 Nrn. (à ca. 8 S.) 8. Ebd. n. 5.—

— dasselbe. Illustrierte techn. Wochenschrift. Schriftleitung: Fritz Eoke. 6. Jahrg. 1906. 1. Halbj. 26 Nrn. (à ca. 8 S.) 4. Ebd. n. 2.50

— dasselbe. Illustrierte techn. Halbmonatsschrift. Hrsg. unter Mitwirkg. hervorrag. Fachleute. 6. Jhrg. 2. Halbj. 1906. Mit der Beilage: Technisch-gewerbl. Zeitschrift. Red.: W. Ritter. 5. Jahrg. 1906. 12 Nrn. (à ca. 4 u. 4 S.) 4. Leipzig, C. A. Fischer. n. 2.50

Kirchhoff u. Moock, Steuer-Erklärung u. Vermögensanzeige, Muster; Entwurfsformulare zu Deklarationen, Aufnahme u. Beantwortg. eventuell. Beanstandgn., Entwurf d. Berufungsschrift, je f. 5 Jahre; nebst Sammlg. wicht. Bestimmgn. u. Anleitgn. z. Aufstellg. d. Deklarationen; Ermäßigg. d. Steuern u. s. w. Fol. (90 S.) Wiesbaden 896. P. Plaum. n. 1.50

— dasselbe. Anzeige, Berufg. u. Ermäßigg. Prakt. Ratgeber f. Steuerpflichtige. 2., verm. u. verb. Aufl. Fol. (82 S.) Ebd. 897. n. 2.—

Kirchhoff u. Moock, Steuer-Erklärung u. Vermögens-Anzeige, Berufung u. Ermässigung. Praktischer Ratgeber f. Steuerpflichtige. 2. Aufl. Wiesbaden 898.

Hannoversches Recht. Erörterungen prakt. Rechtsfragen auf d. Gebiete d. Justiz u. Verwaltung von A. Kirchhoff. Th. 1. [Mehr nicht ersch.] Celle: Ströher [auf d. Umschlag aufgestempelt: A. Schulze] 1901. 125 S. 8°

Kirchhoff, A. Jul. Theod., auch einige Gedanken über die Wiederherstellung der protestantischen Kirche. 8. Berlin, Flittner, 817.

Kirchhoff, A. Jul. Thdr., auch einige Gedanken über d. Wiederherstellung d. protestant. Kirche. 8. Berl. 817. (Sander). 8 K

Kirchhoff, Adolf

Kirchhoff, A., über die Abfassungszeit des Herodotischen Geschichtswerkes. [Aus den Abh. der k. Akad. der Wiss.] Berlin 868. Dümmler's Verlag in Comm. gr. 8. (30 S.) n. 10 ngr

Kirchhoff, Adf., über die Abfassungszeit der Schrift vom Staate der Athener. 4. (25 S.) Berlin 878, (Dümmler's Verlagsh.) *
Aus: Abhandlungen der k. Akademie der Wissenschaften zu Berlin, besonders abgedruckt.

Kirchhoff, A., Bemerkungen zu Euripides Andromache 1173 ff. Akad. 1889. 6 S. 4°. 1.—

— Nachträgliche Bemerkungen zu d. Abhandlg. üb. d. Abfassungszeit d. Herodotischen Geschichtswerkes. S.-A. 1871. 21 S. 4°. 5.—

—— nachträgliche Bemerkungen zu der Abhandlung über die Abfassungszeit des Herodotischen Geschichtswerkes. Imp.-4. (21 S.) (Ebendas.) 872. * 1 20
aus: Abhandlungen der k. Akademie der Wissenschaften zu Berlin, besonders abgedruckt.

— Bemerkungen zu Thucyd. V 21—24. S.-A. 1890. 18 S.

Kirchhoff, Adph., Bemerkungen zu den Urkunden der Schatzmeister „der anderen Götter“ (ταμίαι τῶν ἄλλων ϑεῶν.) gr. 4. (56 S. mit 2 Tab. in Fol.) Berlin 864, (Dümmler's Verlag.) cart. *

Kirchhoff, Adph., über die Chronologie der attischen Volksbeschlüsse für Methone. gr. 4. (52 S. mit 2 Tab. in Fol. und qu. Fol.) Berlin 862, (Dümmler's Verlag.) cart. *

— über die Entstehungszeit der Herodotischen Geschichtswerke. Zwei akadem. Abhandlungen. 2. Aufl. [Mit einem Anhang: Ueber die Zeit von Herodot's Aufenthalt in Sparta.] gr. 8. (IV, 56 S.) (Ebendas.) 878. *
Die 1. Aufl. erschien 1868 u. d. T.: Ueber die Abfassungszeit der Herodotischen Geschichtswerke.

— Gedächtnissrede auf Moriz Haupt. Gelesen am Leibniz'schen Jahrestage, den 1. Juli 1875. gr. 4. (21 S.) (Ebendas.) 875. *

Kirchhoff, A. Zur Geschichte des Athenischen Staatsschatzes im 5. Jahrhundert. (Aus „Abhandlg. der k. Akad. d. Wissensch. zu Berlin“.) gr. 8°. Berlin, Dümmler's Verl. in Comm., 1876.

— zur Geschichte des Athenischen Staatsschatzes im 5. Jahrh. gr. 4. (47 S.) (Ebendas.) 877. *
aus: Abhandlungen der k. Akademie der Wissenschaften zu Berlin, besonders abgedruckt.

Kirchhoff, A., Die Getreidesperre bei Byzantion in den ersten Jahren des peloponnesischen Krieges. Gel. 18-8. 10 S. 1.—

Kirchhoff, Adph., über ein altattisches Grabdenkmal. Mit einem Nachtrage von E. Curtius. 4. (10 S. mit 2 lithogr. Taf.) Berlin 874, (Dümmler's Verlag.) * 1 —

Kirchhoff, A., Inschriften aus Samos. Gel. 1862. 9 S.

— die Composition der Odysee. Gesammelte Aufsätze. gr. 8. (VIII, 210 S.) Berlin 869, Hertz. * 3 60

Kirchhoff, A., Hesiodos' Mahnlieder an Perses. gr. 8. (VIII, 84 S.) Berlin 889. Hertz. n. 2. 40

— die homerische Odyssee. 2. umgearb. Aufl. von „Die homer. Odyssee und ihre Entstehung“ und „Die Composition der Odyssee“. gr. 8. (XII, 599 S.) Berlin 879, Hertz. *

Kirchhoff, A(dolph), die homerische Odyssee und ihre Entstehung. Text und Erläuterungen. gr. 8. (XIX und 317 S.) Berlin 859, Hertz. *

Kirchhoff, A. Ueber den Ort der Ungarnschlacht von 933.

Kirchhoff, (Joh. Guil.) Adolph. (geb. Berlin 6. 1. 1826): Quaestionum Homericarum particula. Berolini (1846). (30 S.) 8°
Berlin, Phil. Diss. v. 4. Febr. 1846

— über die Reduction der Demosthenischen Kranzrede. gr. 4. (41 S.) Berlin 876, (Dümmler's Verlagsh.) *
Aus: Abhandlungen der k. Akademie der Wissenschaften zu Berlin, besonders abgedruckt.

Rede bei Antritt des Rectorats gehalten in der Aula der Königl. Friedrich-Wilhelms-Universität am 15. Oct. 1883 von Adolf Kirchhoff. [Luther, die Gelehrtenschule und die classische Philologie.] Berlin 1883. (24 S.) 4°

Rede zur Feier des 3. Aug. 1884 in der Aula der Königl. Friedrich-Wilhelms-Universität gehalten von Adolf Kirchhoff. [Über das athenische Unterrichtswesen.] Berlin 1884. (31 S.) 4°

Rede zur Feier des Geburtstages Seiner Maj. des Königs am 22. März 1868 in der Aula der Friedrich-Wilhelms-Universität gehalten von A[dolf] Kirchhoff. [Über den Glauben an die siegreiche Vollendung der begonnenen Wiedergeburt unseres Volkes.] Berlin (1868). (24 S.) 4° ¶ Erschien auch Berlin: W. Hertz 1868. 8°

— Rede zur Feier des Geburtstages des Königs am 22. März 1868 in der Aula der Friedrich-Wilhelms-Universität. 1. und 2. Abdr. gr. 8. (27 S.) Ebendas. 868. * 1 —

Kirchhoff, A., Ueber die Rede vom Trierarchischen Kranze. S.-A. 1865. 44 S. 4°.

— über die Rede vom trierachischen Kranze. [Aus den Abh. der k. Akad. der Wiss.] Berlin 866. (Dümmler's Verlag.) gr. 8. (44 S.) cart. n. 16 ngr.

Kirchhoff, A., Ueb. die Reste einer aus Aegypten stammenden Handschrift d. Euripides. S.-A. 1881. 8 S. u. 1 Taf.

Kirchhoff: Das gothische Runenalphabet. 42 S. – Berlin Joach. G., Progr. 1851.

Kirchhoff, A(dph.), das gothische Runenalphabeth. Eine Abhandlung. 4. (42 S.) Berlin 851, Hertz. *

Kirchhoff, A(dolph), das gothische runenalphabet. Eine abhandlung. 2., durch ein vorwort „über die entstehung der runenzeichen“ verm. aufl. gr. 8. (63 S.) Berlin 854, Hertz. *

— über die Schrift vom Staate der Athener. 4. (51 S.) Berlin 874, Dümmler's Verlag. * 2 50

— und S. Th. Aufrecht, die umbrischen Sprachdenkmäler, s. Aufrecht.

— das Stadtrecht von Bantia. Ein Sendschreiben an Hrn. Thdr. Mommsen. gr. 8. (97 S.) Berlin 853, Hertz. *

Kirchhoff, A., Die Stellung des Horaz zur Philosophie. Pr. 1873. 24 S. 4°.

— Studien zur Geschichte des griechischen Alphabets. gr. 4. (137 S. mit 2 Tab. in gr. Fol.) Berlin 863, (Dümmler's Verlag.) cart. *
Vorstehende vier Schriften des Verf. wurden aus: Abhandlungen der k. Akademie der Wissenschaften zu Berlin, besonders abgedruckt.

— dass. — 2. Aufl. gr. 8. (III und 140 S. mit 2 Tab. in Fol.) Ebendas. 867. *

— Studien zur Geschichte des griechischen Alphabets. 3. umgearb. Aufl. gr. 8. (V, 168 S. mit 2 Schrifttaf. in gr. Fol. und 1 chromolithogr. Karte in qu. Fol.) Ebendas. 877. *

Kirchhoff, A., Studien zur Geschichte des griechischen Alphabets. 4. umgearb. Aufl. gr. 8. (VI, 180 S. mit 1 Karte und 2 Alphabettaf.) Gütersloh 887, Bertelsmann. *

Kirchhoff, A., Ueber das Studium der classischen Philologie. Gel. 1883. 24 S. 4°. 1.20

Kirchhoff: Thucydides Graecorum ingeniosus rerum gestarum scriptor atque inter omnes, qui similes exstiterunt, antiquitatis historicos princeps. 22 S. – Brilon, Progr. 1860.

— über die Tributpflichtigkeit der attischen Kleruchen. gr. 4. (35 S.) (Ebendas.) 873. * 1 25

— über die Tributlisten der Jahre Ol. 85, 2—87, 1. gr. 4. Mit 1 Taf. (in qu. Fol.). Ebendas. 870. * 2 —

— über die Tributlisten der Jahre Ol. 85, 2—87, 1. [Aus d. Abh. d. k. Akad. d. Wiss.] Mit 1 Taf. (in qu. Fol.) Ebend. 870. gr. 4. (44 S.) n. 20 ngr.

—— über die Uebergaburkunde der Schatzmeister der Athene vom J. Ol. 109, 1. gr. 4. (26 S. mit 2 Stnt. in 4. und Fol.) (Ebendas.) 868. * 1 40
aus: Abhandlungen der k. Akademie der Wissenschaften zu Berlin, besonders abgedruckt.

— Eine attische Urkunde aus dem Jahre der Schlacht bei Chaeronea. Gel. 1868. 10 S. u. 1 Beil. 1.20

Kirchhoff, A., Ueb. die von Thucydides benutzten Urkunden. I. S.-A. 1880. 21 S.
— — II. S.-A. 1882. 32 S.
— — III. S.-A. 1883. 40 S.

Kirchhoff, A., Thukydides u. s. Urkundenmaterial. Ein Beitr. z. Entstehungsgesch. s. Werkes. Ges. akadem. Abhandlgn. gr. 8. (III, 179 S. m. 1 Tab.) Berlin 895. Besser. n. 3. 60

— Volapük. Hilfsbuch zum schnellen u. leichten Erlernen der Anfangsgründe dieser Weltsprache. Nebst Schlüssel zu den Übungsbeispielen. 12. (43 u. Schlüssel 22 S.) Halle 887. Buchh. d. Waisenhauses. cart. n. — 80

— dasselbe. 2., verb. u. erweit. Aufl. Nebst Schlüssel. 12. (48 u. 25 S.) Ebd. 887. cart. n. — 90

Kirchhoff, Albrecht, die Anfänge kirchlicher Toleranz in Sachsen. August der Starke und die Reformirten. Zwei Vorträge. gr. 8. (47 S.) Leipzig 872, Leiner. * 1 —

Kirchhoff, Albr., Beiträge zur Geschichte des deutschen Buchhandels. 1. Bdchn.: Notizen über einige Buchhändler des 15. und 16. Jahrhunderts. gr. 12. (IV und 152 S.) Leipzig 851, Hinrichssche Buchh.

—— Beiträge zur Geschichte des deutschen Buchhandels. 2. Bdchn.: Das 17. und 18. Jahrhundert. A. u. d. T.: Versuch einer Geschichte des deutschen Buchhandels im 17. und. 18. Jahrh. bis zu Reich's Reformbestrebungen. 8. (VII und 263 S.) Leipzig 853, Hinrichs'sche Buchh. **
1. Bdchn. Ebendas. 1851. 20 Ngr.

Kirchhoff, Albr., weitere Beiträge zur Geschichte des Handschriftenhandels im Mittelalter. gr. 8. (35 S.) Halle 855, Schmidt. *
Aus: J. Petzoldt's Anzeiger für Bibliographie und Bibliothekwissenschaft Nov. und Dec. 1854, besonders abgedruckt.

Kirchhoff's, Albr., Bücher-Katalog, s.a. Hinrichs.

—— Bücher-Katalog. Verzeichniss der in der 2. Hälfte des 19. Jahrhunderts im deutschen Buchhandel erschienenen Bücher und Landkarten. 1. Bd.: 1851—1855. 1. Lfg. 4. (S. 1—120.) Leipzig 856, Kirchhoff und Wigand. **

Kirchhoff's, Albr., Bücher-Katalog. Verzeichniss der in der 2. Hälfte des 19. Jahrh. im deutschen Buchhandel erschienenen Bücher und Landkarten. 1. Bd.: 1851—55. 2. und 3. Lfg. 4. (S. 121—396.) Leipzig 857, Kirchhoff und Wigand. **
1. Lfg. Ebendas. 1856. ** 1 Thlr. 10 Ngr.

—— dass. — 2. Bd.: 1856—60. 4. (391 S.) Ebendas. 861. *

Kirchhoff, Albr., die Entwickelung des Buchhandels in Leipzig bis in das 2. Jahrzehnt nach Einführung der Reformation. Eine geschichtl. Skizze. gr. 8. (88 S.) Leipzig 885, Kirchhoff und Wigand. *

Kirchhoff, Albrecht, Geschichte der reformirten Gemeinde in Leipzig von ihrer Begründung bis zur Sicherung ihres Bestandes. 1700—1725. Nach archival. Quellen bearb. gr. 8. (438 S. mit 3 Stnt. in gr. 8. und qu. 4.) Leipzig 874, Kirchhoff und Wigand. geb. *

—— die Handschriftenhändler des Mittelalters. 2., neubearb. Ausg. 8. (IV und 189 S.) Leipzig 853, Kirchhoff's Selbstverlag. **

(A. KIRCHHOFF), Katalog der Bibliothek des Börsenvereins der deutschen Buchhändler. Leipzig 1869. Druck von B. G. Teubner. 8°. Dasselbe. 1. Nachtrag, die Zugänge aus der Zeit vom 1. Juli 1868 bis zum 31. März 1870 enthaltend. ib. 1870. —

— Versuch einer Geschichte des deutschen Buchhandels im 17. u. 18. Jahrhundert bis zu Reich's Reformbestrebungen. Leipzig 1853. 8.

Kirchhoff, Alfr., s. 4. Anleitung zur Deut. Landes- u. Volksforschung. 1889

— Anleitung zur Deutschen Landes- u. Volksforschung. Stuttgart 1889.

ALFRED KIRCHHOFF, Zur Anregung werkthätiger Teilnahme an der Erforschung des Thüringerwaldes und seiner Bewohner. Im Auftrag des Thüringerwald-Vereins herausgegeben. (Weimar 1882. Druck von B. F. Voigt. Ohne bes. Titelbl.) 8°.

Kirchhoff, Alfr., zur Anregung werkthätiger Teilnahme an der Erforschung des Thüringer Waldes und seiner Bewohner. Im Auftrage des Thüringerwald-Vereins hrsg. gr. 8. (16 S.) Halle 883, Schwetschke'scher Verlag.

Kirchhoff, Alfr., s.a. Archiv f. Landes- u. Volkskunde d. Prov. Sachsen.

Kirchhoff, Alfred, Archiv für Landes- und Volkskunde der Provinz Sachsen nebst angrenzenden Landestheilen. 1.—3. Jahrgang, 1891—93. Halle a. S. 1891—93.

Kirchhoff, Alfred, Archiv für Landes- und Volkskunde der Provinz Sachsen nebst angrenzenden Landestheilen. 4.—8. Jahrg. 1894—98. Halle a. S. 1894—98.

— Archiv für Landes- und Volkskunde der Provinz Sachsen. 9. Jahrg., 1899. Halle 1899. 8°.

Kirchhoff, Alfr., Beiträge zur Bevölkerungs-Statistik von Erfurt [besonders im 17. und 18. Jahrh.] gr. 8. (68 S. mit 3 Stnt. in 4.) Erfurt 871, Villaret. *
Aus: Mittheilungen des Vereins für die Geschichte und Alterthumskunde von Erfurt, besonders abgedruckt.

Kirchhoff, Alfr., Beiträge zur Namen-Verbesserung der Karten d. Deutschen Reichs, s.: Wessinger, A.

Kirchhoff, A. (Hrsg.), s. Beiträge zur Siedlungs- und Volkskunde der Siebenbürger Sachsen.

— s.a. Bericht üb. die neuere Literatur z. deutsch. Landeskunde.

— u. Kurt Hassert, Bericht üb. die neuere Litteratur zur deutschen Landeskunde. Hrsg. im Auftrage der Zentral-Kommission f. wissenschaftl. Landeskunde v. Deutschland. 1. Bd. (1896—1899.) hoch 4. (VI, 253 S.) Berlin 901. A. Schall. n. 5. 50

— u. Fritz Regel, Bericht über die neuere Literatur zur deutschen Landeskunde. II. Bd. (1900 u. 1901). Im Auftrage der Zentralkommission f. wissenschaftl. Landeskunde v. Deutschland hrsg. (VIII, 413 S.) gr. 4. Breslau 904. F. Hirt. 12. —
Bd. I (v. Kirchhoff u. Hassert). Berlin 901. n. 5. 50.

— Bericht der Zentral-Kommission für wissenschaftliche Landeskunde von Deutschland. Berlin 1887.

Kirchhoff, Alfred: Die Bewohner der Insel Formosa. ([S.-A.] Globus. Bd. 66. No. 11.) Braunschweig 1894. 4 S. 4°.

— s.a. Bibliothek der Länderkunde.

Bibliothek der Länderkunde hrg. von Dr. Alfred Kirchhoff... und Rudolf Fitzner.... Band 2.

Kirchhoff, Alfr., Bilder aus dem Völkerleben, s. Leutemann, H.

—— und Alex. Supan, Charakterbilder zur Länderkunde. 1. Lfg.: Nilthal Aegyptens, nach dem Orig.-Gemälde von E. Berninger. — Südamerikanischer Tropenwald in der Niederung, nach dem Orig.-Gemälde von A. Göring. Imp.-Fol. (2 Chromolithogr. à 4 Bl.) Mit Text. 4. (8 S. mit 2 lithogr. Konturenskizzen.) Kassel 884, Fischer.
à Bild *M 9. *
Für Aufziehen jedes Bildes auf Leinw. *
Text allein *

Kirchhoff, Alfredus, Brunsvicensis: De Apulei clausularum compositione et arte quaestiones criticae. *Lipsiae 1902: B. G. Teubner.* (32 S.) 8° ¶ (Erscheint vollst. in: Fleckeisens Jahrb., Suppl.Bd 28.)
Göttingen, Phil. Diss. v. [3. Apr.] 1902

Kirchhoff, Alfr., De Apulei clausularum compositione et arte quaestiones criticae. (56 S.) gr. 8. Leipzig 902. B. G. Teubner. n. 2. 40
Sonderabdr. aus: „Jahrbb. f. class. Philol., 28. Suppl.-Bd."

Kirchhoff, Alfred, s. Daniel, H. A., Lehrbuch der Geographie.
— Leitfaden für den Unterricht in der Geographie.

— Darwinismus, angewandt auf Völker u. Staaten, hrsg. von Willi Uhle, s.a. Geographie, angewandte. III, 12.

Darwinismus angewandt auf Völker und Staaten. Von Alfred **Kirchhoff**. Ein hinterlass. Ms., hrsg. u. m. e. Begleitwort vers. von Dr. Willi Ule, Prof. Halle a. S.: Gebauer-Schwetschke 1910. XVI, 89 S. 8°
(Angewandte Geographie. Ser. 3, H. 12.) [10. 12533

— Didaktik u. Methodik d. Geographie-Unterrichts, s.a. Günther, Siegm.

— dasselbe, s.a. Handbuch d. Erziehungs- u. Unterrichtslehre f. höh. Schulen.

— u. Siegm. Günther, Didaktik u. Methodik des Geographie-Unterrichts (Erdkunde u. mathemat. Geographie.) 2., durchgeseh. u. ergänzte Aufl. (VI, 47 S.) gr. 8. München 906. C. H. Beck. n. 3. —; geb. in Leinw. n. 4. —
Sonderabdruck aus: „A. Baumeisters Handbuch der Erziehungs- u. Unterrichtslehre f. höh. Schulen".

— allgem. Erdkunde, s.a. Hann, J.

— allgemeine Erdkunde. Leitfaden zur Vorlesung. (III, 58 S.) 8. Halle 902. (Leipzig, B. Liebisch.) n. 1. —

Kirchhoff, Alfr. Erdkunde f. Schulen nach den f. Preußen gültigen Lehrzielen. 1. Tl.: Unterstufe. gr. 8. (VII, 55 S. m. Abbildgn.) Halle a. S. 892, Buchh. d. Waisenhauses. * — 60; cart. * — 75

— Erdkunde f. Schulen nach den f. Preußen gültigen Lehrzielen. 2 Tle. 2., verb. Aufl. gr. 8. Halle 894. Buchh. d. Waisenhauses. n. 2. 85
1. Unterstufe. (VII, 58 S.) n. — 60; kart. n. — 75
2. Mittel- u. Oberstufe. (VIII, 304 S. m. 1 Tab.) n. 2. 25; geb. in Halbleinw. n.n. 2. 55

Kirchhoff. Alfred: Erdkunde für Schulen nach den für Preussen gültigen Lehrzielen. 3. verbesserte Auflage. Th. 1. Unterstufe. Th. 2. Mittel- und Oberstufe. Halle 1895. 1 Bd. 58: VII. 304 S. 8°.

[F.] Erdkunde für Schulen nach den für Preussen gültigen Lehrzielen v. Alfred **Kirchhoff**, Prof. . . . zu Halle. 4., verb. Aufl. Tl I. II. *Halle: Buchh. d. Waisenhauses 1896.* 2 Bde 8.
I. Unterstufe. (2 Bl., 58 S.)
II. Mittel- und Oberstufe. (VII, 319 S., 1 Taf.) [98. 4806

[F.] Erdkunde für Schulen nach den für Preussen gültigen Lehrzielen v. Alfred **Kirchhoff**, Prof. . . . zu Halle. 5., verb. Aufl. Tl I. II. *Halle: Buchh. d. Waisenh. 1898.* 2 Bde 8.
I. Unterstufe. (2 Bl., 58 S.) II. Mittel- u. Oberstufe. (VII, 319 S., 1 Tab.) [98. 3089

Erdkunde für Schulen nach den für Preussen gültigen Lehrzielen von Alfred **Kirchhoff**, Prof. zu Halle. 6., verb. Aufl. T. 1. 2. *Halle a. S.: Waisenhaus 1899–1900.* 2 Bde 8° [F.]
1. Unterstufe. 1899. 2. Mittel- u. Oberstufe. 1900. [00. 9619

Erdkunde für Schulen nach den für Preussen gültigen Lehrzielen von Alfred **Kirchhoff**. 7. verb. Aufl. T. 1. 2. *Halle a. S.: Waisenhaus 1900.* 2 Bde 8° [F.]
1. Unterstufe. 2. Mittel- u. Oberstufe. [00. 11936 3

Erdkunde für Schulen (2: nach den f. Preussen gült. Lehrzielen) von Alfred **Kirchhoff**. Mit Text-Fig. 8., verb. Aufl. T. 1. 2. *Halle a. S.: Waisenhaus 1901–02.* 2 Bde 8°
1. Unterstufe. 2. Mittel- u. Oberstufe. Mit 1 Anh. Taf. 1901. [02. 2745 3

Erdkunde für Schulen von Alfred **Kirchhoff**, Prof. zu Halle. Mit Text-Fig. T. 1. 2. *Halle a. S.: Waisenhaus 1902.* 2 Bde 8° [F.]
1. Unterstufe. 8. verb. Aufl.
2. Mittel- u. Oberstufe. 9. verb. Aufl. Mit 1 Anh.-Taf. [02. 14544

Erdkunde für Schulen von Alfred **Kirchhoff**. 9., verb. Aufl. T. 1. 2. Mit Text-Fig. *Halle a. S.: Waisenhaus 1903.* 2 Bde 8° [F.]
1. Unterstufe. 2. Mittel- u. Oberstufe. Mit 1 Anhangstaf. [03. 11855 3

Erdkunde für Schulen von Alfred **Kirchhoff**. 10., verb. Aufl. Mit Text-fig. T. 1. 2. *Halle a. S.: Waisenhaus 1903–04.* 2 Bde 8° [F.]
1. Unterstufe. 1904. 2. Mittel- u. Oberstufe. Mit 1 Anhangstaf. 1903 [04. 11030

— Erdkunde f. Schulen. II Tle. gr. 8. Halle, Buchh. des Waisenhauses. n. 3. 80
I. Unterstufe. 12. verb. Aufl. Mit 12 Text-Fig. (IV, 66 S.) 906. Kart. n. — 80
II. Mittel- u. Oberstufe. 10. verb. Aufl. Mit 36 Text-Fig. u. 1 Anhangstaf. (VIII, 349 S.) 903. Geb. in Leinw. n. 3. —

Erdkunde für Schulen von Alfred **Kirchhoff**, Prof., Halle. 11., verb. Aufl. T. 2. *Halle a. S.: Waisenhaus 1904.* 8° [F.] [04. 15166 3

Erdkunde für Schulen von Alfred **Kirchhoff**, Prof. 13. verb. Aufl. T. 1. 2. Mit Textfig. Halle a. S.: Waisenhaus 1906–07. 2 Bde 8° [F.]
1. Unterstufe. 1906. 2. Mittel- u. Oberstufe. Mit 1 Anhangstaf. 1907. [08. 15861

— Erdkunde f. Schulen. 2 Tle. 15. verb. Aufl. (71.—75. Taus.) Hrsg. v. Fel. Lampe. Halle 909. Buchh. d. Waisenhauses. 4. 20
I. Unterstufe. Mit 12 Text-Fig. (IV, 68 S.) 8. Kart. — 80
II. Mittel- u. Oberstufe. Mit 30 Text-Fig. u. 1 Anh.-Taf. (VIII, 411 S.) gr. 8. Geb. 3. 40

Kirchhoff. Alfred: Zur Erinnerung an Gustav Nachtigal. ([S.-A.] Westermanns Illustrierte Deutsche Monatshefte. Bd 58. Heft 348. 1885.) Braunschweig 1885. 16 S. 8°.

—— Erfurt im dreizehnten Jahrhundert. Ein Geschichtsbild. gr. 8. (V, 168 S.) Berlin 870, Mittler und Sohn. *

— u. H. Fischer, Erläuterungen zu den klimatologischen u. statist. Karten sowie zu den Typentafeln des Debes'schen Schulatlas f. die Oberklassen höh. Lehranstalten. (28 S.) Lex.-8. Leipzig (905). H. Wagner & E. Debes. — 50

— Europa m. Ausschluß v. Mitteleuropa. Leitfaden f. die Vorlesg. (III, 81 S.) 8. Halle 902. (Leipzig, B. Liebisch.) n. 1. 50

Kirchhoff, A., Europa, s.: Wissen, unser, von d. Erde.

— s: Forschungen z. deutsch. Landes- u. Volkskunde.

Geographie. Von Dr. Alfred **Kirchhoff**, o. Prof. . . . an d. Univ. Halle a/S. *(München: C. H. Beck 1895.)* (67 S., 2 Kt.) 8.
— Handbuch d. Erziehungs- u. Unterrichtslehre f. höh. Schulen. Bd 4. Abt. 2, (II.) [98. 2645

— Deutschlands natürl. Glieder. u. s. geschichtl. Grenzverengung, s.a. Sammlung geograph. u. kolonialpolit. Schriften.

[F.] Deutschlands natürliche Gliederung und seine geschichtliche Grenzverengung. Von Prof. Dr. Alfred **Kirchhoff.** SA. aus der geograph. Zeitschr. 'Aus allen Weltteilen'. *Berlin: H. Paetel 1896.* (14 S.) 1 Bd 8.
= Sammlung geographischer u. kolonialpolitischer Schriften. No 1.
[97. 3306

— **Gustav Adolf** u. Erfurt. [Aus: „Lutherfest-Almanach".] gr. 8. (S. 131—266.) Erfurt (883). Leipzig, Otto. 2.—

— s. a. **Halloren**, die, in ihrer alten Tracht.

Kirchhoff, Alfred. Die Halloren in ihrer alten Tracht, ein Bilderwerk in Farbendruck, nach Originalen gemalt, mit erläuternder Abhandlung. Halle 1888.
23 S.; 7 Taf. 8°.

— die **Idee** der Pflanzen-Metamorphose bei Wolff u. bei Göthe. Berlin 867. Gaertner. gr. 4. (35 S.) n. 12 *ngr.*

Kirchhoff, Alfred: Matthias Oders grosses Kartenwerk über Kursachsen aus der Zeit um 1600. (Neues Archiv für Sächsische Geschichte und Altertumskunde. Bd. 11. Heft 3 u. 4. S. 319—332.) Dresden (1890). 14 S. 8°.

— die Lagenverhältnisse v. **Erfurt.** Festvortrag, geh. in d. öffentl. Versammlg. d. Akademie am 20. Juni 1894 als am 90. Geburtstage ihres langjähr. Vicepräsidenten d. Hrn. Ob.-Reg.-R. Dr. Frhrn. v. Tettau. [Aus: „Jahrbb. d. k. Akad. gemeinnütz. Wissenschaften zu Erfurt".] gr. 8. (18 S.) Erfurt 895. C. Villaret. n. — 60

Kirchhoff, Alfred: s. Länderkunde der fünf Erdteile.

— Die deutsch. Landschaften u. Stämme, s. a. **Meyer's** Volksbücher.

Kirchhoff, Alfred: Die deutschen Landschaften und Stämme. ([S.-A.] Das deutsche Volkstum. Herausgegeben von Hans Meyer.) Leipzig 1898. 120 S. 8°.

— s. **Lentemann**, H.

— Mensch u. Erde, s. a. **Aus** Natur u. Geisteswelt.

Mensch und Erde. Skizzen von d. Wechselbeziehungen zwischen beiden. Von Alfred **Kirchhoff.** Leipzig: B. G. Teubner 1901. (127 S.) 8° [F.]
— Natur, Aus, u. Geisteswelt. Bdch. 31. [08. 18008 3

Mensch und Erde. Skizzen von d. Wechselbeziehungen zwischen beiden. Von Alfred **Kirchhoff.** 2., durchges. Aufl. Leipzig: B. G. Teubner 1905. (127 S.) 8° [F.]
— Natur, Aus, u. Geisteswelt. Bdch. 31. [05. 10379

Mensch und Erde. Skizzen von d. Wechselbeziehungen zwischen beiden. Von Alfred **Kirchhoff.** 3. durchges. Aufl. Leipzig: Teubner 1910. 100 S. 8°
(Aus Natur u. Geisteswelt. Bdch. 31.) [11. 18368 11

Kirchhoff, Alfr., s. **Missions-Vorträge**, acht.

Kirchhoff, Alfred [!] ⟨geb. am 23 Mai 1838 in Erfurt⟩: De Labiatarvm organis vegetativis ... Bonnae, form. F. Krvegeri (1861). 2 Bl. 31 S. 8. ¶ Erschien zugleich selbständig bei Keyser in Erfurt.
Bonn, Phil. Fak., Diss. v. 14 Mai 1861

Kirchhoff, Alfr., de Labiatarum organis vegetativis commentarium anatomico-morphologicum. gr. 8. (81 S. mit eingedr. Holzschn.) Erfurt 861, Keyser'sche Buchh.

Palästinakunde zur Erläuterung der bibl. Geschichte. Leitf. f. d. Vorlesgn v. A[lfred] **Kirchhoff.** *Halle a. S.: Buchh. d. Waisenh. 1898.* (2 Bl., 44 S.) 1 Bd 8. [98. 10930 Ha

Kirchhoff, Alfred, Dr., Pflanzengeographie nebst einer physiologischen Einleitung. Halle 1865.

— Pflanzen- u. Tierverbreitung, s. a. **Hann**, J., Hochstetter u. Pokorny, allgem. Erdkunde.

Kirchhoff, Alfred: Pflanzen- und Tierverbreitung. Mit 157 Abbildungen im Text und 3 Karten in Farbendruck. Prag-Leipzig 1899. XI, 327 S.
= Hann, Hochstetter, Pokorny: Allgemeine Erdkunde. 5. Aufl. Abth. 3. 8°.
[B 106

— **Rassenbilder** zum Gebrauch beim geographischen Unterricht. 4 Lfgn. 12 Taf. in Lithogr. Imp.-Fol. Mit Text. 4. (9 Bl.) Kassel 883, Fischer. à Lfg. *M 3,60. *
Einzeln à Taf. *
Inhalt:
1. Indianer. — 2. Neger. — 3. Papua. — 4. Hottentotte. — 5. Japaner. — 6. Polynesier. — 7. Chinese. — 8. Buschmann. — 9. Australier. — 10. Nubier. — 11. Araber. — 12. Eskimo.

— Schulbotanik in methodischen Cursen beurb. 3 Curse. gr. 8. Halle 865, Schmidt's Verlag. *
Inhalt:
Cursus 1. 2. Systematik und Morphologie. (VIII und 135 S.) * 10 Ngr
" 3. Pflanzengeographie nebst einer physiologischen Einleitung. (VIII und 84 S.) * 8 Ngr.

— **Schulgeographie.** (VIII, 248 S. mit eingedr. Holzschn.) 1882. *M 2.; 2. verb. Aufl. gr. 8. (VIII, 252 S. mit 2 Tab.) Halle 883, Buchh. des Waisenhauses. *

— dass. — 3. verb. Aufl. gr. 8. (VIII, 262 S. mit 2 Tab.) Ebendas. 884. *

— **Schulgeographie.** 4.—7. verb. Aufl. (VIII, 264 S. mit eingedr. Holzschn. und 2 Tab.) 885—87; 8. Aufl. (VIII, 264 S. mit 1 Tab.) Halle 888, Buchh. des Waisenhauses.
*M 2.—.; geb. **

— **Schulgeographie.** 10., verb. Aufl. gr. 8. (VIII, 264 S. m. eingedr. Abbildgn. u. 2 graph. Taf.) Halle 890. Buchhandlung des Waisenhauses. n. 2.—;
geb. n.n. 2.35

— **Schulgeographie.** 12. verb. Aufl. gr. 8. (VIII, 264 S. m. 2 Tab.) Ebd. 891. * 2 —; geb. ** 2 30

— **Schulgeographie.** 13., verb. Aufl. gr. 8. (VI, 264 S. m. Fig. u. 2 Tab.) Halle 893. Buchh. d. Waisenhauses.
n. 2.—; geb. in Halbldr. n. 2.35

[F.] Schulgeographie v. Alfred **Kirchhoff**, Prof. ... zu Halle. 15. verb. Aufl. *Halle a. S.: Buchh. des Waisenh. 1896.* (VII, 264 S., 1 Tab.) 1 Bd 8.
[96. 5208

[F.] Schulgeographie v. Alfred **Kirchhoff** ... 16. verb. u. verm. Aufl. *Halle a. S.: Buchh. d. Waisenhauses 1899.* (VIII, 273 S., 1 Tab.) 1 Bd 8.
[98. 10731 Ha

— **Schulgeographie.** 17. verb. Aufl. gr. 8. (VIII, 274 S. m. Fig. u. 1 Tab.) Halle 901. Buchh. d. Waisenhauses. n. 2.—

Schulgeographie von Alfred **Kirchhoff.** 18., verb. u. erw. Aufl. Mit 40 Text-Fig. u. 1 Anhangstaf. *Halle a. S.: Waisenhaus 1903.* (VII, 326 S.) 8° [F.]
[03 [illegible] 3

Schulgeographie von Alfred **Kirchhoff**, Prof. 19. verb. Aufl. Mit 40 Text-fig. u. 1 Taf. Halle a. S.: Waisenhaus 1905. (VII, 365 S.) 8° [F.] [05. 10813 3

— **Schulgeographie.** 20., verb. Aufl. (96.—100. Taus.) Hrsg. v. Fel. Lampe. Mit 40 Text-Fig. u. 1 Anh.-Taf. (VIII, 376 S.) 8. Halle 908. Buchh. d. Waisenh. Geb. 3.—

— dasselbe. Bearbeitg. f. höhere Mädchenschulen, s.: **Lampe**, Fel., Erdkunde f. höhere Mädchenschulen.

Kirchhoff, Alfred: Das deutsche Schutzgebiet an der Sklavenküste. Nach Hugo Zöllers Forschung dargestellt. ([S.-A.] Revue Coloniale Internationale. T. 2. 1886.) Amsterdam 1886. 16 S. 8°.

Kirchhoff, Alfred: Die Schutzgebiete des deutschen Reichs, zum Gebrauch beim Schulunterricht dargestellt. (Sonderabdruck aus des Verfassers „Erdkunde für Schulen," versehen mit zwei Karten.) Halle a. S. 1893. 21 S. 8°.

[F.] Die Schutzgebiete des Deutschen Reiches z. Gebr. beim Schulunterr. dargest. v. Alfred **Kirchhoff**, Prof. . . . zu Halle. 3., verb. u. erw. Aufl. M. 2 Kt. *Halle a. S.: Buchh. des Waisenh. 1896.* (25 S., 2 Kt.) 1 Bd 8. [96. 5003

Die Schutzgebiete des Deutschen Reichs zum Gebr. beim Schulunterr. dargest. von Alfred **Kirchhoff**. 4., verb. u. erw. Aufl. Mit 2 Karten *Halle a. S.: Waisenhaus 1902.* (31 S.) 8° [F.] [02. 2119 3

— **Die Schutzgebiete des Deutschen Reichs, zum Gebrauch beim Schulunterricht u. zur Selbstbelehrung dargestellt.** 5., verb. u. erweit. Aufl., hrsg. v. Fel. Lampe. (40 S. m. 2 farb. Karten.) 8. Halle 908. Buchh. des Waisenhauses. Kart. 1. —

—— **Stanley u. Emin nach Stanleys eigenem Werke.** Mit Emins Portr. gr. 8. (42 S.) Halle a. S. 890, Heudel. * — 50

Kirchhoff, Alfred: Zur Statistik der Körpergrösse in Halle, dem Saalkreise und dem Mansfelder Seekreise. (Archiv für Anthropologie. Bd. 21. S. 133—143.) Braunschweig 1892. 11 S., 1 Krt. 4°.

— **geschichtliche Stellung d. Unstrutthales u. Freyburgs.** — Freyburg u. das Unstrutthal in geologischer Beziehung v. Steinecke. gr. 8. (16 S.) Freyburg a. U. 892. J. Finke. — 25

—— **die Südseeinseln und der deutsche Südseehandel, s. a. Sammlung von Vorträgen.**

Kirchhoff, Alfred: Die Südseeinseln und der deutsche Südseehandel. (Sammlung von Vorträgen. III. 9.) Heidelberg 1880. 48 S. 8°.

—— **Thüringen doch Hermundurenland.** Ein Beitrag zur geschichtl. Völkerkunde. Nebst einer (lithogr.) Reconstruction der Ptolemäuskarte von Germanien. gr. 8. (VII, 60 S.) Leipzig 882, Duncker und Humblot. *

—— dass. — 2. verb. und erweit. Aufl. Nebst Schlüssel. (48, 25 S.) 887; 3. wesentlich verb. Aufl. (VII, 51, 26 S.) 887; 4. verb. Aufl. (IV, 48, 26 S.) 887; 5. verb. Aufl. 12. (IV, 50, 26 S.) 12. Ebendas. 888. cart. *

– (Bearb.), s. Peschel, Oskar: Völkerkunde.

Kirchhoff, Alfred: Ueber die Vorbereitung der Geographielehrer für ihren Beruf. Ein Vortrag, gehalten auf dem X. Deutschen Geographentag in Stuttgart im Jahr 1893. ([S.-A.] Verhandlungen des X. Deutschen Geographentages in Stuttgart 1893.) Berlin 1893. 7 S. 8°.

Zur Verständigung über die Begriffe Nation und Nationalität. Von Alfred **Kirchhoff**. Halle a. S.: Waisenhaus 1905. (64 S.) 8° [06. 1480 3

— **was ist national?, s. a. Funke, Alfr.**

— **was ist national?** Vortrag, geh. in der Sitzg. des thür.-sächs. Vereins f. Erdkunde zu Halle a. S. am 26. II. 1902. Zum Druck gebracht v. Alfr. Funke. gr. 8. (44 S.) Halle 902. Gebauer-Schwetschke. n. — 80

— die ältesten **Weisthümer** der Stadt Erfurt über ihre Stellung zum Erzstift Mainz aus den Handschriften hrsg., erklärt u. mit ausführ. Abhandlgn. versehen. Ein Beitrag zur Verfassungs- u. Culturgeschichte der deutschen Städte. Nebst e. (chromolith.) Plan der Stadt Erfurt um 1300 (in Fol.) u. e. (lith.) Uebersichtskarte von Mittelthüringen (in Imp.-4.) gez. von Böckner. Halle 870. Buchh. des Waisenhauses. gr. 8. (IX, 314 S.) n. 2 2/3

— **s. a. Wissen, unser, v. der Erde.**

— Unser Wissen von der Erde. Allgemeine Erdkunde und Länderkunde. Bd. I. Allgemeine Erdkunde. Bd. II. Länderkunde von Europa. Theil 1, 2. Wien, Prag, Leipzig 1886, 87, 89.

Kirchhoff, Alfr., Unser Wissen von der Erde. Allgemeine Erdkunde u. Länderkunde hrsg. unter fachmänn. Mitwirk. Mit Taf., Vollbildern u. Textabb. Bd 1—4. (Wien u.) Prag, Leipzig 1886—1907. 4° (8°).
4. Länderkunde von Europa, hrsg. . . . von Alfr. *Kirchhoff.* Tl 3. 1907.
3: Russland von Andr. v. *Krassnow* in Verbind. m. Alex. *Woeikow.* 1907.

— die **territoriale Zusammensetzung** der Prov. Sachsen. [Aus: „Archiv f. Landes- u. Volkskunde der Prov. Sachsen".] gr. 8. (20 S. m. 1 farb. Karte.) Halle a/S. 891. Tausch & Grosso. n. 1. -

Kirchhoff, Arth., die akademische Frau. Gutachten hervorrag. Universitätsprofessoren, Frauenlehrer u. Schriftsteller üb. d. Befähigg. d. Frau z. wissenschaftl. Studium u. Berufe, hrsg. v. K. gr. 8. (XVI, 376 S.) Berlin 897. H. Steinitz. n. 4. —

— **Die Erschließung des Luftmeers.** Luftschiffahrt u. Flugtechnik in ihrer Entwicklg. u. ihrem heut. Stande, gemeinverständlich dargestellt. (VII, 225 S. m. 138 Abb.) gr. 8. Leipzig 910. O. Spamer. 5. —; geb. in Leinw. 6. —

Kirchhoff, Arth., s. a. **Männer der Wissenschaft üb. d. Friedens-Konferenz.**

Männer der Wissenschaft über die Friedenskonferenz mit Vorw. von Rechtsanw. Dr. jur. [David] Halpert-Berlin. Gesamm. von d. Berliner Wiss. Korrespondenz. Hrsg.: Arthur **Kirchhoff**. *Berlin: P. Stankiewicz 1899.* (XXXII, 64 S.) 8° [00. 9434

– (Hrsg.), s. Universitätslehrer, Deutsche, über die Flottenvorlage.

— s.: **Weltausstellung, die Pariser.**

Kirchhoff, Aug., Anleitung zum Selbstunterricht in der Handschriften-Deutung. Ein Brief der Prinzessin Louise. (15 S.) gr. 8. Dresden (903). Wissenschaftlich-grapholog. Institut. n. — 30

Kirchhoff, Aug., casuistische Beiträge zur Lehre von der Paralysis spinalis spastica. Inaugural-Dissertation. 8. (30 S.) Göttingen 880, (Vandenhoeck und Ruprecht's Verlag.) *

Kirchhoff, Aug., Leben u. Lieben. Gedichte. (100 S. m. Bildnis.) 8. Straßburg 907. J. Singer. n. 2. —

— **Weltverbesserer.** Glaubenstragödie in 5 Akten. (124 S.) 8. Leipzig 906. Verlag f. Literatur, Kunst u. Musik. n. 2. —

Kirchhoff, Carl Gottlob, s. Kirchhoff, Karl Gottlob

Kirchhoff, Christian, s. Kirchhoff, Friedrich Christian

Kirchhoff, E., Anleitung zur Erteilung des Unterrichts in der Raumlehre. Nebst einem Anhang, enthaltend die Resultate zu dem Schülerheft. 8. (70 S. mit eingedr. Fig.) Leipzig 884, Hirt und Sohn. *

Kirchhoff, E., Anleitung zur Erteilung d. Unterrichts in der Raumlehre. Nebst e. Anh., enth. die Resultate zu den Schülerheften. 2., durchgeseh. Aufl. 8. (64 S. m. Fig.) Leipzig 893. F. Hirt & Sohn. n. — 60

Kirchhoff, E., Anleitg. zur Erteilg. d. Unterrichts in d. Raumlehre. Nebst e. Anh., enth. d. Resultate zu d. Schülerheften. 3. Aufl. 8. (II, 64 S.) Leipzig 897. F. Hirt & Sohn. n. — 60

Kirchhoff, E., Anleitung zur Erteilung des Unterrichts in der Raumlehre. Nebst e. Anh., enth. die Resultate zu den Schülerheften. 4. Aufl. 8. (64 S. m. 35 Fig.) Leipzig (902). F. Hirt & Sohn. n. — 60

Kirchhoff, E., Anleitung zur Erteilung des Unterrichts in der Raumlehre. 5., erweit. Aufl. (80 S. m. 35 Fig.) 8. Leipzig 910. F. Hirt & Sohn. — 70

Kirchhoff, E., Raumlehre für die Volksschule. Schülerheft, Ausg. A.: Für ein- und zweiklass. Volksschulen bearb. 8. (24 S. mit Fig.) Leipzig 888, Hirt und Sohn. **

—— dass. — Ausg. B.: Für mehrklass. Volksschulen und Präparanden-Anstalten. 2. Aufl. 8. (47 S. mit Fig.) Ebendas. 888. *

— Raumlehre f. die Volksschule. Schülerhft., Ausg. B. Für mehrklass. Volksschulen u. Präparanden-Anstalten bearb. 3. unveränd. Aufl. 8. (47 S. m. Abbildgn.) Ebd. 892. n. — 35

— Raumlehre f. d. Volksschule. Schülerhft. Ausg. A. Für 1- u. 2klass. Volksschulen bearb. 7.—11. Tausd. 8. (24 S. m. Fig.) Ebd. 896. n.n. — 15

— dasselbe. Ausg. B. Für mehrklass. Volksschulen u. Präparanden-Anst. 5., unveränd. Aufl. 8. (47 S. m. Fig.) Ebd. 897. n. — 35

— Raumlehre f. die Volksschule. Schülerheft. Ausg. A. Für 1- u. 2klass. Volksschulen bearb. 17.—19. Taus. 8. (24 S. m. Fig.) Ebd. (901). n.n. — 15

— dasselbe. Ausg. B. Für mehrklass. Volksschulen u. Präparanden-Anstalten. 7., unveränd. Aufl. 8. (47 S. m. Fig.) Ebd. (901). n. — 35

Kirchhoff, E., Raumlehre f. die Volksschule. Schülerheft, Ausg. A.: Für 1- u. 2klass. Volksschulen bearb. 24.—28. Taus. (24 S. m. Fig.) 8. Leipzig 904. F. Hirt & Sohn. n.n. — 15

— dasselbe. Ausg. B.: Für mehrklass. Volksschulen. 49.—55. Taus. (47 S. m. Fig.) 8. Ebd. 906. — 35

Kirchhoff, E., Raumlehre f. die Volksschule. Schülerheft, Ausg. A: Für ein- u. zweiklass. Volksschulen bearb. 34.—38. Taus. (24 S.) 8. Leipzig 909. F. Hirt & Sohn. nn — 15

— dasselbe. Ausg. B: Für mehrklass. Volksschulen bearb. 56.—62. Taus. (47 S. m. Fig.) 8. Ebd. 908. — 35

—— Raumlehreheft für Schüler ein- und mehrklassiger Volksschulen. 8. (45 S. mit eingedr. Fig.) Ebendas. 884. *

— Rechenaufgaben f. höh. Mädchenschulen, s.: Otto, F.

— Rechenaufgaben f. die mehrklassige Volksschule, s.: Büttner, A.

— Rechenbuch f. 7- u. 8klass. Schulen, s.: Büttner, A.

— Rechenheft f. die Oberklasse der Mittelschule, s.: Büttner, A.

— Rechenhefte, s.: Büttner, A.

— zur Verständigung über die Begriffe Nation u. Nationalität. (64 S.) gr. 8. Ebd. 905. n. 1. —

Kirchhoff, Ernst

Kirchhoff, E. (I.) Allgemeine u. specielle Chirurgie, s. Ruyter, G. de.

Kirchhoff, Ernst: Aus der chirurgischen Abteilung des städtischen Krankenhauses zu Dortmund ⟨Prof. Dr. A. Henle⟩. Ein Fall von Osteom der Stirnhöhle als Beitrag zur Röntgendiagnose der Stirnhöhlengeschwülste. Bonn 1907: E. Eisele. (24 S.) 8°
Bonn, Med. Fak., Ref. Bier, Diss. v. 26. April 1907
[Geb. 19. Aug. 77 Oespel (Westf.); Wohnort: Dortmund; Staatsangeh.: Preußen; Vorbildung: Gymn. Recklinghausen Reife O. 98; Studium: Bonn 9 S.; Coll. 26. April 07; Approb. 12. Sept. 03.]

— der menschliche Fuss, seine Bekleidung u. Pflege, s.: Beely, F.

Kirchhoff, E., Kompendium der speziellen Chirurgie, s.: Ruyter, G. de.

— zur Technik der modernen Wundbehandlung, s.: Klinik, Berliner.

Kirchhoff, Erwin, üb. das Glauben. 8. (IV, 160 S.) Berlin 893. H. Steinitz' Verl. n. 2. —

— dasselbe, s.: Sünden, moderne.

Kirchhoff, F. C., das Gebet u. seine Arten. Begrifflich entwickelt. gr. 8. Bonn 846, Marcus. n. 1/3 ℛ︎

Kirchhoff, F. C., Israel und die Völker. Ein christlicher Dithyrambus. Kiel 855. Akademische Buchhandlung. 8. (16 S.) n. 4 ngr.

Kirchhoff, Felix, prakt. Arzt zu Trebsen: Über die Behandlung des Brustkrebses. *Leipzig: G. Fock 1899.* (41 S.) 8°
Leipzig, Med. Diss. v. 10. Okt. 1899

Kirchhoff, Franz: Beiträge zur Bestimmung der Molekulargröße des Jods in seinen Lösungen. *Plauen i. V. 1902: E. Schäfer.* (58 S.) 8°
Leipzig, Phil. Diss. v. [15. Sept.] 1902

Kirchhoff, Friedrich C., s. Kirchhof, Friedrich C.

Kirchhoff, Friedrich Christian

—— und Thdr. **Kirchhoff,** Adelpha. Gedichte. 8. (XII, 352 S.) Altona 870, Lehmkuhl und Comp. *
geb. mit Goldschn. *

—— —— dass. — 2 Bde. Neue, unveränd. (Titel-)Ausg. 8. (XII, 352; IV, 275 S.) Altona (870)72, Schlüter.
à Bd. *ℳ 3. *
geb. à Bd. *ℳ 4. *

Kirchhoff, F. Ch.: Über die Begriffe des Nomens und Verbums. S. 11 - 13. 4°. – Altona Chr., Progr. 1870.

Kirchhoff, F. Ch.: Beiträge zu den Elementen der antiken Rhythmik. Ueber die Annahme von Bruchzeiten unter 1 in der antiken Rhythmik. 10 S. 4°. – Altona Chr., Progr. 1870

Kirchhoff, F. Chrn., Beiträge zu den Elementen der antiken Rhythmik und Grammatik. I. Ueber die Annahme von Bruchzeiten unter 1 in der antiken Rhythmik. II. Ueber den Begriff des Nomens und Verbums. gr. 4. (13 S.) Altona 870, (Sorge.) *

Kirchhoff, Friedr. Chrn., über die Betonung des heroischen Hexameters, mit Excursen. Eine Studie. gr. 4. (42 S.) Altona 866, Lehmkuhl und Comp. *

Kirchhoff, Chrn., das Burschenfest. 8. (IV, 221 S.) Altona 892. Schlüter. n. 2. —
Bildet zugleich den 2. Tl. v. Kirchhoff, Chrn., Friedrich. 882. n. 2. —

—— die orchestische Eurythmie der Griechen. 1. Thl. und 2. Thl. 1. und 2. Heft. gr. 4. Altona 873, Schlüter. *
Inhalt:
Thl. 1. Grundzüge der Theorie. (18 S. mit 3 Stnt. in qu. Fol.) *M 1.
" 2. Analyse der Praxis. 1. Heft: Die orchest. Diagramme zu Euripides Hippolyt. (19 S.) *M 1.
" 2. —— dass. — 2. Heft: Das erste Stasimon in der Antigone des Sophokles. Mit einem orchest. Diagramm und einer Erörterung des Begriffs Stasimon. (20 S. mit 3 Tab. in Fol.) *M 3.

⊙ Ueber einheitliche Gestaltung des Liedes durch den Reim v. [Friedrich] Christian **Kirchhoff.** Altona. [1870.] 8°

Kirchhoff, F. C., über die christliche Humanität. Rede gehalten in der Aula des Altonaer Gymnasiums bei seiner Introduction als fünfter Lehrer an demselben. Mit einer poetischen Beigabe. Altona 859. Wendeborn. gr. 8. (15 S.) n. 3 ngr.

Kirchhoff, Chrn. und Thdr., Lieder des Krieges und der Liebe aus Schleswig-Holstein. 16. (VIII und 64 S.) Dresden 864, Kuntze. *

Neue Messungen der Überreste vom Theater des Dionysos in Athen nebst einigen Bemerkungen. 7 S. u. 1 Taf. G. *Altona* 1883.
Progr.

Kirchhoff, Fr. Chr., neue Messungen der Überreste vom Theater des Dionysus zu Athen aus dem 5. Jahrh. vor Christi Geburt nebst einigen Bemerkungen. Neue Folge von: Vergleichung der Überreste 2c. 1882. gr. 4. (7 S. mit 1 Stnt.) Altona 883, Schlüter'sche Buchh. *

Dramatische Orchestik der Hellenen v. Christian **Kirchhoff**, weil. Prof. ... in Altona. M. 2 Taf. (Hrsg.: Theodor Kirchhoff, Dr. med.) *Leipzig: B. G. Teubner 1898.* (V, 511 S., 2 Taf.) 1 Bd 8. [99. 646

Die Parodos der Antigone des Sophokles, erklärt v. Friedrich Christian **Kirchhoff.** Altona. 1862. 4°. Gymn.-Progr.

—— die Parodos der Antigone des Sophokles erklärt. gr. 4. (56 S.) Altona 862, Wendeborn. *

Der Rhombus in der Orchestra des Dionysustheaters zu Athen, mit Steindrucktafel, v. Christian **Kirchhoff.** Altona. 1885. 4°. Altona, Gymn.-Progr.

Kirchhoff, Chrn., der Rhombus in der Orchestra des Dionysustheaters zu Athen. 1 dreifarb. Steindr.-Taf. Nebst einigen Bemerkungen. gr. 4. (1 S. Text.) Altona 885, Schlüter. *

Kirchhoff, Chr., Friedrich. Ein Studentenleben. (I.) Geist u. Herz. 8. (III, 212 S.) Altona 882. Schlüter'sche Buchhandlung. n. 2. —

Zur Theorie einer griechisch-römischen Phonik, mit Beispielen v. Friedrich Christian **Kirchhoff.** Altona. 1861. 4°. Gymn.-Progr.

—— zur Theorie einer griechisch-römischen Phonik, mit Beispielen. gr. 4. (32 S.) Altona 866, (Lehmkuhl und Comp.) *

Kirchhoff, Fr. Chr. Vergleichung der Überreste vom Theater des Dionysus zu Athen aus dem 5. Jahrh. v. Chr. G. mit den Regeln des Vitruv für die Erbauung griechischer Theater und mit meiner orchestischen Hypothese. 8 S. u. 1 Taf. G. *Altona* 1882.
Progr.

Kirchhoff, G. Greifswalds erste Besetzung durch die Preußen im siebenjährigen Kriege. Greifswald 1886. 8°.

— Georg Conrad (Weener), Analecta quaedam ad illustrandam parasitorum malignorum, inprimis fungi medullaris indolem. Diss. med. Götting. (Dieterich) 28. XI. 1836. 24 S. (5.50) 18071
Gew.: Conr. Jo. M. Langenbeck.

Kirchhoff, Gustav: A b h a n d l u n g üb. Emission u. Absorption, s.a. O s t w a l d ' s, W.: Klassiker d. exakt. Wissensch.

Abhandlungen über Emission und Absorption v. G[ustav] **Kirchhoff.** I. Ueber die Fraunhofer'schen Linien. '(1859)'. II. Ueber d. Zshang zwischen Emission u. Absorption v. Licht u. Wärme. '(1859.)' III. Ueber d. Verhältniss zw. d. Emissionsvermögen u. d. Absorptionsvermögen d. Körper f. Wärme u. Licht. '(1860—1862.)' Hrsg. v. Max Planck. M. d. Bildn. v. G. Kirchhoff u. 5 Fig. im Text. *Leipzig: W. Engelmann 1898.* (41 S., 1 Portr.) 1 Bd 8.
= **Klassiker,** Ostwald's, d. exakten Wissenschaften. No 100. [98. 12450

Kirchhoff, Gust., gesammelte Abhandlungen. 2 Abthlgn. gr. 8. Leipzig 882, Barth. [1. Abthl. (IV, S. 1—320.) *M 6.; 2. Abthl. (VIII, S. 321—641 mit Stahlst.-Portr. und 2 lithogr. Taf.) *M 9.] *

Kirchhoff, Gust., gesammelte Abhandlungen. Nachtrag. Hrsg. v. Ludw. Boltzmann. gr. 8. (VII, 137 S. m. 1 Taf.) Leipzig 891. J. A. Barth. n. 3. 60 (kplt. m. Nachtrag: n. 18. 60)

– A b h a n d l u n g üb. mechan. Wärmetheorie, s.a. O s t w a l d ' s, W.: Klassiker d. exakt. Wissensch.

Abhandlungen über mechanische Wärmetheorie von G[ust.] **Kirchhoff** ... '(1858.)' ... Hrsg. v. Max Planck. *Leipzig: W. Engelmann 1898.* (48 S.) 1 Bd 8.
= **Klassiker,** Ostwald's, d. exakt. Wissenschaften. No 101. [99. 35511

— u. R. Bunsen, chem. Analyse durch Spectralbeobachtgn., s.a. Ostwald's, W., Klassiker d. exakten Wissenschaften.

Kirchhoff, G. und **Bunsen,** R. Chemische Analyse durch Spektralbeobachtungen. Heidelberg, 1860.

Kirchhoff, G., und R. Bunsen, chemische Analyse durch Spectralbeobachtungen. gr. 8. (32 S. mit 1 Wandtaf. in Farbendr. in Imp.-Fol.) Wien 861. [Dresden, Schrag's Verlagsanstalt.] Thlr. *

— und R. **Bunsen,** chemische Analyse durch Spectralbeobachtungen. Mit 1 Wandtaf. in Farbendr. (in gr. Fol.) Wien 861. (Leipzig, Schrag.) gr. 8. (32 S.) n. 1 ₰ 20 ngr.

Chemische Analyse durch Spectralbeobachtungen von G[ustav] Kirchhoff und R[obert] [Wilhelm] Bunsen. ‹1860.› Hrsg. v. W[ilhelm] Ostwald. Mit 2 Taf. u. 7 Fig. im Text. *Leipzig: W. Engelmann 1895.* (74 S.) 8°
= Klassiker, Ostwald's, d. exakten Wissenschaften. No 66. [95. 8549

— — üb. Brechg. u. Reflexion d. Lichtes an d Grenze krystallin Mittel 1876 —

Kirchhoff, G., Ueber das Gleichgewicht und die Bewegung einer elastischen Scheibe. (Besonders abgedruckt aus Crelles Journ. für die reine und angewandte Mathematik, Bd. XL.)

— Ueber die Gleichungen des Gleichgewichtes eines elastischen Körpers bei nicht unendlich kleinen Verschiebungen seiner Theile. (Aus dem Nov.-Hefte des Jahrg. 1852 der Sitzber. der mathem.-naturw. Cl. der kais. Akad. der Wissensch. [IX. Bd., S. 762] besonders abgedr.)

Kirchhoff, G., Ueber den inducirten Magnetismus eines unbegrenzten Cylinders von weichem Eisen. (Aus „Crelle, Journ. für die Mathem.," Band XLVIII, Heft 1, besonders abgedruckt.) Breslau 1853.

Kirchhoff, Gust., über die Reflexion und Brechung des Lichts an der Grenze krystallinischer Mittel. gr. 4. (28 S.) Berlin 876, (Dümmler's Verlagsh.) *

Kirchhoff, Gust. Gesammelte Schriften. Leipzig 1882–91.

Kirchhoff, G., Untersuchungen über das Sonnenspectrum und die Spectren der chemischen Elemente. gr. 4. (35 S. mit 8 Taf., wovon 2 lithogr. und 1 in Kpfrst., in gr. 4. und qu. Fol.) Berlin 861, (Dümmler's Verlagsh.) *
Aus: Abhandlungen der k. Akad. der Wissenschaften zu Berlin, Jahrg. 1861, besonders abgedruckt.

Kirchhoff, G: Untersuchungen über das Sonnenspectrum und die Spectren der chemischen Elemente. 2. Ausg. Th. 1. 2. Berlin 1862—1863

Kirchhoff, G., Untersuchungen über das Sonnenspectrum u. die Spectren der chem. Elemente. Berlin 1863–66. 2 Thle. 4°.

Kirchhoff, G., Untersuchungen über das Sonnenspectrum und die Spectren der chemischen Elemente. 1. Thl. 2., durch einen Anh. verm. Ausg. 1862. und 3. Abdr. gr. 4. (III und 43 S. mit 1 Kpfr.- und 2 Stnt. in gr. 4. und qu. Fol.) Berlin 866, (Dümmler's Verlag.) cart. *

—— dass. — 2. Thl. gr. 4. (16 S. mit 2 chromolithogr. Taf. in qu. Fol.) Ebendas. 863. cart. *
Aus: Abhandlungen der k. Akademie der Wissenschaften zu Berlin, besonders abgedruckt.

— Untersuchungen über das Sonnenspectrum und die Spectren der chemischen Elemente. 2. Thl. 3. Abdr. gr. 4. (16 S. mit 2 Stnt. in qu. Fol.) (Ebendas.) 875. geb. *
1. Thl. Ebendas. 1866. *M 4.
Vorstehende zwei Schriften sind aus: Abhandlungen der k. Akademie der Wissenschaften zu Berlin, besonders abgedruckt.

Vorlesungen über Mechanik v. Gustav Kirchhoff. 4. Aufl. hrsg. v. Prof. Dr. W[ilhelm] Wien, Doc. ... in Aachen. M. 18 Fig. im Text. *Leipzig: B. G. Teubner 1897.* (X, 404 S.) 1 Bd. 8.
= Kirchhoff, G.: Vorlesungen üb. mathemat. Physik. Bd 1. [97. 1123]

Kirchhoff, Gust., Vorlesungen über mathematische Physik. Mechanik. 3 Lfgn. gr. 8. Leipzig 874—76, Teubner. [1. Lfg. (S. 1—124.) *M 4.; 2. Lfg. (S. 125—307.) *M 5.; 3. Lfg. (IX, S. 309—466.) *M 4.] *

— Vorlesungen über mathematische Physik. Mechanik. 2. Aufl. Lex.-8. (VIII, 466 S.) Leipzig 877, Teubner. *

—— Vorlesungen über mathematische Physik. Mechanik. 3. Aufl. gr. 8. (VIII, 465 S.) Leipzig 883, Teubner. *

— Vorlesungen üb. mathematische Physik. 2.—4. Bd. gr. 8. Leipzig 891. B. G. Teubner. n. 26. — (kplt.: n. 39. —)
2. Mathematische Optik. Hrsg. v. Kurt Hensel. (VIII, 272 S. m. Fig. u. Lichtdr.-Portr.) n. 10. —
3. Vorlesungen üb. Electricität u. Magnetismus. Hrsg. v. Max Planck. (X, 228 S. m. Fig.) n. 8. —
4. Vorlesungen üb. die Theorie der Wärme. Hrsg. v. Max Planck. (X, 210 S. m. 17 Fig.) 894. n. 8. —

— Vorlesgn. üb. mathemat. Physik. 1. Bd. Mechanik. 4. Aufl. Hrsg. v. W. Wien. gr. 8. (X, 464 S. m. 18 Fig.) Leipzig 897. B. G. Teubner. n. 13. —

Kirchhoff, G., s.: Vorreden u. Einleitungen zu klassischen Werken der Mechanik.

— Ueber d. Vertheilung d. Elektricität auf zwei leitenden Kugeln. 4°. Berlin. 1859.

Kirchhoff, H., der praktische Bienenzüchter. Anleitung zur rationellen Bienenzucht m. bewegl. u. unbewegl. Bau, unter besond. Berücksicht. der rheinisch-westfäl. Trachtverhältnisse. Nebst Anh.: Die Bienenzucht im Sauerlande. 2., neu bearb. Aufl. Mit 31 Abbildgn. 8. (VIII, 80 S.) Oranienburg 888. Freyhoff. n. 1. 50

(B) Kirchhoff, H., d. prakt. Bienenzüchter. 888. Jetzt: Leipzig, Leipziger Bienenzeitung.

Kirchhoff, Harry [aus Halberstadt]: Zur Kenntnis der Halogenadditionsprodukte der Fumarsäure und Maleïnsäure. . . . Halle a. S., S. Schlesinger's Buchdr.. 1889; 29 S. + 1 Bl. 8°
Halle, Phil. Fak., Inaug.-Diss. v. [31. Jan.] 1890

Kirchhoff, Hermann

Kirchhoff, Dienst an Bord. Zusammenstellung der Bestimmungen und Verfügungen für den Dienst der See-Offiziere an Bord S. M. Schiffe und Fahrzeuge, sowie Hinweisung auf die bezügl. Stellen der Instructionen und Reglements. gr. 8. (VI, 100 S.) Kiel 883, Universitäts-Buchhandlung. *

Kirchhoff, Herm., zur Neuordnung der preußischen Eisenbahn- u. Staatsfinanzen. Eine finanzwissenschaftl. Studie. Nebst e. Anh., enth. die auf die preuß. Eisenbahnfinanzen bezügl. Gesetze, Landtagsbeschlüsse u. statist. Daten. (III, 79 S.) 8. Münster (909). E. Obertüschen. 1. 50

Kirchhoff, Herm., Seehelden u. Admirale, s.a. Wissenschaft u. Bildung.

Seehelden und Admirale. Von Hermann Kirchhoff, Vize-Admiral. Leipzig: Quelle & Meyer 1910. 132 S. 8°
(Wissenschaft u. Bildung. 84.) [10. 10735]

— Seekriegsgeschichte, s.: Stenzel, Alfr.

Seemacht in der Ostsee. Von [Hermann] Kirchhoff, Vize-Admiral z. D. Mit Karten u. Pl. Bd [1.] 2. Kiel: R. Cordes 1907–08. 2 Bde 8° [F.]
[1.] Ihre Einwirkung auf d. Geschichte d. Ostseeländer im 17. u. 18. Jh.
2. Ihre Einwirkung ... im 19. Jh. Nebst e. Anh. über d. Vorgeschichte d. Ostsee. [08. 3143 8]

Kirchhoff, Seemacht in der Ostsee. Ihre Einwirkg. auf die Geschichte der Ostseeländer im 17. u. 18. Jahrh. Mit 4 Karten u. 18 Plänen. (XX, 481 S.) gr. 8. Kiel 907. R. Cordes. Geb. n. 14. —

— Seemacht in der Ostsee. II. Bd. Ihre Einwirkg. auf die Geschichte der Ostseeländer im 19. Jahrh. Nebst e. Anh. üb. die Vorgeschichte der Ostsee. Mit 6 Karten u. 10 Plänen. (XVI, 340 S.) gr. 8. Kiel 908. R. Cordes. Geb. in Leinw. 10.—; (Subskr.-Pr. bis 31. XII. 1907. 8.—)
Bd. I. Ebd. 907. Geb. 14.—.

Vorschläge für die Bildung und Zuständigkeit eines ständigen Bundesgerichts unter besonderer Berücksichtigung des von [Karl] Gerhardt verf. Entwurfs eines bezüglichen Gesetzes. (Entw. Gerhardt.) [Unterz.:] Hugo E. Kirchhoff. [Dat.:] Hamburg 1903. 11 S. 2° [Kopftit.]
in: Kreisschreiben d. deutsch. Grlogenbundes. 1903–1904 Nr 3 S. 19—24.

Kirchhoff, J., s. Lieder u. Fabeln f. d. Jugend.

Kirchhoff, J. B. L. von

— Denkschrift, übers. von Gall, s. Edw. Gall 11., menschenfreundl. Blätter.

— mémoire sur les colonies de bienfaisance de Frederiks-Oord et de Wortel. gr. 8. Brüssel 827. Frank. 12 ggr

v. Kirchhoff, (Kirkhoff), J. B. L., über d. Wohlthätigkeitskolonien zu Friedrichsoord u. Wortel, übertragen von F. A. Rüder. 8. Leipz. 828. Lehnhold. 8 ggr

Kirchhoff, J. H. W.

— de commodo repraesentationis et calculo ad computationem ejus adhibendo disseruit. 4. Stralsund 834. Hauschild. 1/2 rthl

Kirchhoff, J. H. W., Gesinde-Recht nach Grundsätzen des gemeinen u. Preuß. Rechts u. mit vorzügl. Berücksichtigung der Provinzial-Gesetze u. Statuten in Neu-Vorpommern u. Rügen. gr. 8. Stralsund 835. Hauschild. 7/12 rthl

Kirchhoff, Johann: Die Organisation des Osnabrücker Kirchenvermögens in der Zeit vom 12.—14. Jahrhundert. Dargestellt vorzugsweise auf Grund der Heberegister. Osnabrück 1910: Kisling. 74 S. 8°
Münster, Phil. Diss. v. 6. Aug. 1910, Ref. Spannagel
[Geb. 7. Okt. 87 Dünschede; Wohnort: Münster i. W.; Staatsangeh.: Preußen; Vorbildung: Gymn. Attendorn Reife O. 06; Studium: Paderborn Phil.-theol. Fak. 1, München 1, Freiburg i. B. 1, Münster 5 S.; Rig. 7. Mai 10.] [U 10. 3780

Kirchhoff, Johann Gotthilf

— — (Laub./Laus.), De praerogativis praxeos per simplicia prae medicina per composita praeparata pharmaceutica. Diss. med. Präs. D. Michael Alberti. Halle (Johann Montag) 13. III. 1720. 28 S. (6.50) 18073
Gew.: Joh. Adam Kirchhoff (Vater).

Kirchhoff, Johann Heinrich

KIRCHHOF, J. H.: Abh. v. d. Advocaten. u. ihren Pflichten, besond. in peinl. Fällen; nebst ein. Schutzschrr. b. wicht. Vorfällen. *Bützow* u. *Wismar*. Bödner. 765—70. 4 Thl. 8. (3 Thle. 4 Gr.)

KIRCHHOFF, JOH. HEINR., Juristische Abhandlung von dem was die Rechte bey Erziehung der Kinder erfordern. Auf Veranlassung des Tit. II Lib. XXVII. D. ubi pupillus educari abgefasset und mit juristischen, hist. und polit. Anmerkungen erläutert. Mit einer Vorrede von El. Casp. Reichard. Hamburg. 1745. — 3. über die Hälfte verm. und verbess. Aufl. Bützow und Weimar. 1771.

— Abhandlung von den Advocaten und ihren Pflichten besonders in peinlichen Fällen, nebst einigen Schutzschriften der wichtigsten Vorfälle. 1. Theil. Mit einer Vorrede Ern. Joh. Friedr. Manzels. Bützow und Wismar. 1765. — Schutzreden in peinlichen Fällen. Mit einer Vorrede Ernst Joh. Friedr. Manzels. 2. Theil. — 3—4. Theil. Sm. St. 1766—70.

[—], Patriotischer Wunsch für die siegreichen Ruszischen Waffen nach fruchtlos gehaltenem Friedens-Congresz. St. Petersburg. 1773.

Kirchhof, Jh. Hnr., († d. 14. Jan. 1788.) jurist. Abhandl. von dem, was d. Rechte bei Erziehung d. Kinder fordern. 8. Schwerin 745. 2e u. 3e A. 771. Bödner. 16 ggr

— Abhl. v. d., w. die Rechte bei Erziehung d. Kinder ford. 8. Schwerin, Bödner. 771.

KIRCHHOFF, J. Heinr.: Abhandl. v. d. Soldatenrechten, Vorzügen u. Freiheiten; v. der d. alten nord. Völkern eigenen Tapferkeit. Mit ein. Vorr. v. Gf. SCHÜTZE. (N. Tit.) *Hamb.* (A. Campe.) [762.] 771. gr. 8. (18 Gr.)

— von Soldatenrechten. gr. 8. Hamburg, Hoffmann. 771.

Kirchhof, Johann Heinrich: Abhandlung von den besonderen Soldatenrechten, Vorzügen und Freyheiten. Mit einer Vorrede Gottfried Schützens. 2. Aufl. Hamb. 1771

— Abhandl. von den Vorrechten d. Soldaten; von der den alten nord. Völkern eigenen Tapferkeit. Mit e. Vorr. v. Gf. Schütze. gr. 8. Hamb. 762. Mit neuem Titel 771. Hoffmann. 18 ggr

— Abhandl. von den Weihnachts- u. Neujahrsgeschenken. 8. Wismar 774. Bödner. 3 ggr

— von dem Weihnachts- und Neujahrsgeschenk. 8. Wism. Bödner. 775.

— Abhandlung von den Weynachts- und Neujahrsgeschenken. Wismar und Bützow. 1775.

— von den Advokaten u. ihren Pflichten, besonders in peinl. Fällen, nebst einigen Schutzreden 2c. Mit e. Vorrede von Er. Jh. Fr. Menzel. 4 Thle. 8. Schwerin 765—70. Bödner. 3 rthl 6 ggr

— von den Pflichten des Advocaten in peinlichen Fällen, m. einigen Schutzreden. 4 Thle. 8. Ebend. 765 – 70.

An dem auf hohe kgl. Anordnung den 16. Oct. d. 1760. Jahres feyerlich begangenen frohen Jubel-Feste wegen d. vor 100 Jahren Friedrich d. Dritten verliehenen unumschränkten Herrschungsrechts bezeigte seine Ehrfurcht ... Johann Heinrich Kirchhoff. — Hamburg (1760): Spiering. 30 S. 8° (4°)

— commentatio de coronatione poëtarum. 8. Gött. 773.

— Johann Heinrich, De eo quod justum est circa educationem liberorum occasione tit. II. lib. XXVII. D. ubi pupillus educari vel morari debeat, ex juris utriusque principiis composita. Comment. jurid. Lemgo (Johann Heinrich Meyer) 1741. 7 Bl., 150 S., 4 Bl. Index u. Tit.-Bild. (8.50) 18074
Gew.: Gerlach Adolph v. Münchhausen (Strausfurt).

— commentatio juridica de eo, quod justum est circa educationem liberorum. 8. Lemgo 741. Ed. II. 751.

— Erörterung der Frage: Ob das crimen Simoniæ oder die Erkaufung geistlicher Aemter kein Verbrechen mehr sey? Heyde. 1776. P.

— Erörterung d. Fr.: ob d. Crimen Simoniae oder d. Erkaufung geistl. Aemter kein Verbrechen mehr sey? 8. Heyde 777.

— d. Evangelia auf d. Sonn- u. Festtage in gebund. Rede. Mit Schütz'ns Vorrede. 8. Hamb. 763.

— s. u. d. Glückseligk.

— d. leidende Jesus. 8. Hamb. 762. 2e Aufl., mit J. H. Fehse's Vorrede 763.

Aus Mittelstadt und Mittelstand. Humorist. Dichtung von Werner **Kirchhoff.** Plön: Selbstverl. 1910. 61 S. 8° (11. 2333

Kirchhoff, Guil. Anton. (geb. Eversen in Westf. 1831): De angina membranacea. Berolini (1854). (25 S.) 8°
Berlin, Med. Diss. v. 19. Aug. 1854

Kirchhoff, Johann Hieronymus, und Friderich Christian Kirchhoff: Brüderliche Freude über die bei der Veränderung der Jahreszeit... [Hochzeitsgedicht auf Johann Friedrich Noht [**Noodt**], Pastor, und Meta Christina Kirchhoff, 3. Okt. 1742.] — Glückstadt (1742): Babst. 2 Bl. 4°

Kirchhoff, Joh. Nikolaus (Resp.): De Christo homine obligatione legum divinarum antecedente et externa soluto, s. Baumgarten, Siegm. Jakob

Kirchhoff, Johann Nikolaus Anton

Kirchhoff, Rede zur Eröffnung der Feier der Grundsteinlegung d. neuen Universitätsgebäudes. 4. (7 S.) Kiel 873. Universitäts-Buchh. n. — 30

Kirchhoff, Jul., Gesundheitslehre für Schulen, s. e Sammelmappe, pädagogische, Heft 87.

Kirchhoff, Jul., Gesundheitslehre f. Schulen. gr. 8. (122 S. m. eingedr. Holzschn.) Leipzig 885. Siegismund & Volkening. n. — 80; cart. n. 1. —

Kirchhoff, Jul., Wort u. Bild im ersten Schulunterrichte oder Vogels Elementarweise. Leipzig 869. liter. Museum. gr. 8. (IV, 16 S.) 2½ ngr.

—— wie steht der Leipziger Lehrerverein zu Pestalozzi? Festrede, gehalten im Lehrervereinshause des Leipziger Lehrervereins am 12. Jan. 1886. 8. (16 S.) Leipzig 886, (Siegismund und Volkening.) *

Kirchhoff, J., Grundlehren der Anthropologie. Ein Buch, den menschl. Körper kennen zu lernen, für Schule und Haus. Nebst Anhang: Prof. Bock und die Volksschule. Gedächtnißrede. 1. Aufl. (VI, 95 S.) 1876; 2. (Titel-)Aufl. gr. 8. (VII, 95 S. mit 2 Holzschntaf.) Leipzig 878, Wölfert's Buchh. *

—— Rede zur Vorfeier des 90. Geburtstages Sr. Maj. des Kaisers Wilhelm I., im Leipziger Lehrervereine gehalten am 17. März 1887. 8. (16 S.) Leipzig 887, (Kock.) *

Kirchhoff, K.: Merkbüchlein für Turner. 3. Aufl. Stralsund 1878. 44 S.

Kirchhoff, C., Merkbüchlein für Turner. 4. Aufl. 16. (45 S. mit 7 Stnt.) Stralsund 883, (Bremer.) *
1.—3. Aufl. erschienen im Selbstverlage des Verfassers.

Kirchhoff, C., Merkbüchlein für Turner. 5. Aufl. 32. (47 S. mit 7 Stnt.) Stralsund 888, Bergholz. *

Kirchhoff, C., Merkbüchlein f. Turner. 6. Aufl. 32. (47 S. m. 7 Taf.) Stralsund 891. W. Bergholz. n. — 40

Kirchhoff, Karl Gottlob

Kirchhoff, Carl Gottlob (Leipzig), Quaestion. contin.: Utrum testator inventarii confectionem aut juratam specificationem remittere possit. Exercit. jur. Präs. D. Fried. Gottlieb Zoller. Lpz. (Breitkopf) 22. III. 1768. 12 S. (4.50) 18070

Kirchhoff, Ludov. Joseph. Ferd. (geb. Paderborn 25. 2. 1843): De embolia et septicaenia. Berolini (1866). (32 S.) 8°
Berlin, Med. Diss. v. 13. Juni 1866

Kirchhoff, [Max] (Baurat): Beschreibung des Schulgebäudes. S. I—III, 2 Bl. Abb. 4.
Progr.

Kirchhoff, Max Clemens [aus Bergen auf **Rügen**]: Die Perineorrhaphie nach Lawson-Tait. . . . Greifswald, Druck v. F. W. Kunike (1889); 23 S. 8°
Greifswald, Med. Fak., Inaug.-Diss. v. 4. Okt. 1889

Kirchhoff, Nicol. Jac. Marcus, Welträtsellösung I oder Atomlehre, Gedanken u. Anreggn. (164 S.) 8. Itzehoe 906. (Leipzig, Fritzsche & Schmidt.) n. 10 —

Kirchhoff, Otto (Frid.) (geb. Heiligenbeil in Ostpr. 13. 3. 1822): De pathogenetico cerebri consensu cum organis aliis. Berolini (1843). (29 S.) 8°
Berlin, Med. Diss. v. 4. Sept. 1843

Kirchhoffer, Otto, a. Augsburg: Untersuchungen über die Augen pentamerer Käfer. ⟨T. 2 der Arbeit: Käfer ohne Kristallkegel.⟩ (Berlin 1907: G. Schade.) (41 S.) 8° ¶ (Erscheint vollst. in einer wissenschaftl. Zeitschrift.)
Berlin, Phil. Fak., Ref. Eilhard Schulze, Diss. v. 1. Juni 1907
[Geb. 2. Juli 63 Augsburg; Wohnort: Berlin; Staatsangeh.: Bayern; Vorbildung: Kgl. Bayer. Kadetten-Korps München Reife M. 83; Studium: Berlin 15 S.; Rig. 6. Mai 07.]

Kirchhoff, P., graphische Behandlung der Schiebersteuerungen nach Zeuner's Diagramm. gr. 8. (V, 42 S. m. 8 Taf.) Mittweida 889. [Schlüter.] Polytechn. Buchhandlung. n.n. 3. 60

KIRCHHOFF, PT. GOTTL., Die Glückseligkeit des Ruszischen Staats unter dem sanften Zepter Ihrer jetztregierenden Kais. Maj. Catharina II. Hamburg und Kiel. 1771.

Kirchhoff, Paul: Die Dortmunder Fehde von 1388/89. Marburg 1909. 70 S. 8° ¶(Ersch. auch in: Beiträge z. Gesch. Dortmunds u. d. Grafsch. Mark. H. 18.)
Marburg, Phil. Diss. v. 20. April 1909, Ref. v. der Ropp
[Geb. 24. Sept. 84 Lössel; Wohnort: Haspe; Staatsangeh.: Preußen; Vorbildung: Gymn. Barmen Reife O. 04; Studium: Göttingen 1, Berlin 3, Marburg 6 S.; Rig. 16. Dez. 08.] [U 09. 3187

Kirchhoff, Paul, Zick-Zack. Erzählungen. (251 S.) 8. Zürich 907. (Gebr. Leemann & Co.) 2. —

Kirchhoff, Richard [aus Halle]: Über einige synthetische disubstituierte Naphtalinderivate . . . . Halle a. S., S. Schlesinger's Buchdr., 1888; 27 S. + 2 Bl. 8°
Halle, Phil. Fak., Inaug.-Diss. v. 1. März 1888

Kirchhoff, Richard, über einige synthetische disubstituierte Naphtalinderivate. Diss. Halle 1888, Lippertsche Buchh. 8°. 27 S.

Kirchhoff, Rob., über das Verhältnis der Geschlechter in Indien, s. Abhandlungen, statistische u. national-ökonomische. 4. Heft.

Kirchhoff, Robert: Über das Verhältnis der Geschlechter in Indien. Bearb. nach amtl. Material. Erlangen 1909: Junge. VI, 118 S. 8° ¶(Ersch. auch als: Statist. u. nationalökon. Abhandlungen. H. 4.)
München, Staatswirtsch. Diss. v. 14. Dez. 1908, Ref. v. Mayr
[Geb. 4. April 85 Magdeburg; Wohnort: Hannover; Staatsangeh.: Preußen; Vorbildung: Realgymn. Hannover Reife O. 04; Studium: Allgem. Wissensch. Hannover Techn. Hochsch. 2, Staatsw. Freiburg i. B. 2, München 7 S.; Rig. 14. Dez. 08.] [U 09. 3265

Über das Verhältnis der Geschlechter in Indien. Bearb. nach amtl. Material. Von Robert **Kirchhoff**, Dr. d. Staatswiss. München: Reinhardt 1909. IV, 118 S. 4°(8°)
(Statist. u. nationalökon. Abhandlungen. H. 4.) [09. 6028

Kirchhoff, Rudolf, Einj. freiw. Arzt: Ueber Behandlung der Tuberkulose nach Bier. München 1906: Kastner & Callwey. (70 S.) 8°
München, Med. Fak., Ref. v. Angerer, Diss. v. 22. Nov. 1906
[Geb. 26. März 81 Lage in Lippe; Wohnort: München; Staatsangeh.: Lippe; Vorbildung: Gymn. Lemgo Reife O. 01; Studium: Göttingen 1, München 5, Heidelberg 2, München 1 S.; Coll. 22. Nov. 06; Approb. 9. März 06.]

Kirchhoff, R[udolf], Reg.-Baumeister: Der Zweigelenkbogen als statisch unbestimmtes Hauptsystem. Mit 84 Fig. im Text. Berlin: Ernst 1911. 62 S. 8° ¶ Auch als Buch.
Dresden, Dr.-Ing.-Diss. v. 15. 12. 1910

Kirchhoff, Thdr., allerhand Heiteres aus Californien. 2., unveränd. [Titel-]Aufl. gr. 8 (VII, 175 S. m. 1 Abb.) Leipzig [899.] 900. E. Avenarius. n. 2. 40

Allerhand Heiteres aus Californien v. Theodor **Kirchhoff** in San Francisco. Leipzig. 1899. 8°.

Kirchhoff, neuere Ansichten üb. d. örtlichen Grundlagen geist. Störgn., s. Sammlung zwangloser Abhandlgn. aus d. Gebiete d. Nerven- u. Geisteskrankheiten.

Neuere Ansichten über die örtlichen Grundlagen geistiger Störungen, entwickelt v. Privatd. Dr. [Theodor] **Kirchhoff**, ... Neustadt in Holstein ... *Halle a. S.: K. Marhold 1896.* (23 S.) 8.
= **Sammlung** zwangl. Abhandlungen a. d. Gebiete d. Nerven- u. Geisteskrankhtn. Bd I. H. 4. [97. 2057

Kirchhoff, Thdr. [in San Francisco], Balladen und neue Gedichte. 8. (XIV, 229 S.) Altona 883, Schlüter'sche Buchh. geb. mit Goldschn. *

Kirchhoff, Th., ein Beitrag zur Aphasie im Sinne der Localisation psychischer Functionen. Inauguraldissertation. 4. (24 S.) Kiel 877, (Schwers'sche Buchh.)

Kirchhoff, Der Gesichtsausdruck bei inneren Krankheiten. s. Sammlung klinischer Vorträge.

Der Gesichtsausdruck bei inneren Krankheiten. Von Prof. Dr. [Theodor] **Kirchhoff**, Schleswig. Leipzig: Barth 1900. 17 S. 8° [Umschlagt.]
(Sammlung klinischer Vorträge. N. F. Nr 316.) [00. 4105

Kirchhoff, Thdr. (I.). Grundriss e. Geschichte der deutschen Irrenpflege. Lex.-8. (IX, 192 S.) Berl. 890, Hirschwald. * 5 —

KIRCHHOFF, Theodor
Grundriss der Psychiatrie für Studierende und Ärzte von Dr. Theodor Kirchhoff. Leipzig und Wien. 1899. Deuticke. Gr.-8°. VI, 361 S. fl. 3.60

Ueberblicke über die Geschichte der deutschen Irrenpflege im Mittelalter. Von [Theodor] **Kirchhoff.** (Separatabdruck aus der „Zeitschrift für Psychiatrie etc." Bd. 12.) Berlin. 1886. 8°.

Kirchhoff, Thdr., Hermann. Ein Auswandererleben. Episch-lyr. Dichtg. gr. 8. (VII, 446 S.) Leipzig 898. E. Avenarius. Geb. in Leinw. n. 6. —; m. Goldschn. 7. 50

Kirchhoff, Thdr., californische Culturbilder. gr. 8. (VIII, 376 S.) Cassel 886, Fischer. *M 6.—; geb. **

Kirchhoff, Thdr., Lehrbuch der Psychiatrie f. Studirende u. Aerzte. gr. 8. (XX, 552 S. m. 11 Holzschn. u. 16 Taf.) Wien 892. F. Deuticke. n. 13. —; geb. n. 15. —

Kirchhoff [Dr.]: Die Localisation psychischer Störungen
Kiel, Druck v. Schmidt & Klaunig, 1888; 34 S. 8°
Kiel, Med. Fak., Hab.-Schr. v. 25. Jun. 1888

Kirchhoff, die Localisation psychischer Störungen. Hab.-Schr. Kiel 1888, Haeselersche Sort.-Buchh. 8°. 34 S.

— e. Reise nach Hawaii. Mit e. Karte der Sandwich-Inseln u. dem Bilde d. Königs Kalakaua. gr. 8. (XII, 197 S.) Altona 890. Schlüter. geb. n. 4. 50

Kirchhoff, Thdr., Reisebilder und Skizzen aus Amerika. 2 Bde. 8. (VIII, 440; VIII, 426 S.) Altona 875,76, Schlüter's Verlag. à Bd. * M 4,50. *

Kirchhoffer, Caspar, s. Kirchhoffer, Kaspar

Kirchhoffer, E. Die Stellung der Hypothekargläubiger bei der Immobiliarfeuerversicherung nach schweizer. Recht. In-8°. VII, 91 S. Bern. These. 1896

Kirchhoffer, Friedrich Ludwig (Kreuznach/Pfalz), Vera principia ratiocinandi. Präs. M. Heinr. Friedr. Reischauer (Bückeburg / Schaumburg). Jena (Croeker) Juli 1738. 36 S. mit Widm. v. Präs. (6.80) 18075

Kirchhoffer, Jul. Friedr., Beobachtungen und Erfahrungen auf dem Gebiete der Chirurgie, Medicin und Hygiene, während des Feldzuges von 1866. gr. 8. (75 S. mit 5 eingedr. Holzschn.) Zürich 867, Verlagsmagazin. *

Kirchhoffer, Jul., neueste chemisch-medizinische Erfahrungen über Anwendung u. Wirkung der Mineralquellen. St. Gallen 867. (Scheitlin & Zollikofer.) 8. (65 S.) n. 10 ngr.

Kirchhoffer, Jul. Friedr., über die venerischen Krankheiten bei den Alten. Ein Beitrag zur Geschichte der Syphilis etc. gr. 8. (44 S.) Zürich 868, Verlagsmagazin. *

—— der Mysticismus und seine Unhaltbarkeit in Leben und Wissenschaft. Eine psycholog. Meditation. gr. 8. (16 S.) Zürich 867, Verlagsmagazin. *

— über die Unfruchtbarkeit des weiblichen Geschlechts mit besond. Berücksicht. der Bleichsucht u. des weißen Flusses 2c. Für Aerzte u. Laien, vornehmlich die Frauenwelt. Ebend. 868. 8. (VII, 114 S.) n. 15 ngr.

—— über die Vergiftung durch Leuchtgas. Dargelegt durch Experimente mit besond. Berücksicht. der Mikroskopie und Spectralanalyse. gr. 8. (IV, 141 S.) Herisau 868, Meisel's Buchh. *

Kirchhoffer, Kaspar

Kirchhoffer, C[asp.], Hemiplegia et convulsiones epilepticæ Voltaismi ope sanatæ. Diss. inaug. Kiliæ. 1836. 4. P.

Kirchhoffer, Dr., natürliches System der Geburtshülfe. gr. 8. Kiel u. Eutin 838. Baurmeister u. Griem. n. 1/4 rℓ

—— natürliches System d. Geburtshülfe. gr. 8. (3 B.) Kiel 838. [Hamburg, Schuberth u. Comp.] *

Kirchhoffer, Dr., natürliches System der Geburtslehre. gr. 8. Hamburg 842, Schuberth u. Comp. 1/4 rℓ

Kirchhoffer, Stoff zu weitern Betrachtn. üb. d. Medicinal-Verfass. d. Hrzgthmr. Schleswig u. Holstein. gr. 8. (4 B.) Altona 839, [Dessau,] Aue. *

Kirchhoffer, Otto, Untersuchungen üb. die Augen pentamerer Käfer. (Aus dem zoolog. Institut der Universität Berlin.) (S. 235—287 m. 7 Taf.) Lex. 8. Berlin 908. R. Friedländer & Sohn. nn 9. —
Sonderabdruck aus: „Archiv f. Biontologie".

Kirchhoff's technische Blätter, s. Kirchhoff

Kirchhofsandacht od. 7 Besuche des Gottesackers zum Troste der Armen Seelen, sowie zur eigenen Erbaug. Von e. Priester der Diöcese Paderborn. 16. (48 S. m. 1 Bild.) Paderborn 894. Bonifacius-Druckerei. — 20

Kirchhofslieder der Zwecklosen Gesellschaft gewidmet. O. O. 1827. V: *Hoffmann gen. von Fallersleben, August Heinrich.* (GGr)

Kirchhofslieder, d. zwecklosen Gesellschaft gewidmet. 8. Bresl. 827. (Penz:). 2 gℓ

Kirchholtes, Johann, Referendar: Briefschutz und Briefgeheimnis nach geltendem Reichsrecht. Eine öffentlichrechtl. Studie. Borna-Leipzig 1908: Noske. IX, 66 S. 8°
Leipzig, Jur. Diss. v. 7. Nov. 1908
[Geb. 29. Juli 82 Wiesbaden; Wohnort: Frankfurt a. M.; Staatsangeh.: Preußen; Vorbildung: Gymn. Weilburg Reife O. 01; Studium: Genf 1, Bonn 6 S.; Rig. 1. Aug. 04.] [U 09. 2505

Kirchhöwell. Instruction über die marsch- und dienstfähige Einkleidung der Kavallerie. Liegnitz (1855). 8°.

Kirchhueber, Barnab., o. Franc., der Gnaden- u. Tugend-reiche Anger, d. i.: Die sonderbare grosse Gnaden, tugendsame Leben, vnd andere denck- vnd lob-würdige Begebenheiten. so in dem uhr-alten vnd hoch-berühmten *Gotts-Hauss, vnd jungfräul. Closter S. Claræ Ordens in München bey S. Jacob am Anger* bis in die 480. Jahr verschlossen, vnd verborgen gelegen, nunmehr angemerckt vnd eröffnet. Getruckt zu München, bey Maria Magdalena Rauchin, Wittib. Im Jahr Christi. 1701. 4°. Orig.-Ppb. mit seltenem Buntpap.-Ueberz.
Dem Kurfürsten Max Emanuel von Aebtissin u. Convent. gewidm. 7 Bll. Vorst., 120 S. (210 ist Druckf.) Mit grosser Ansicht d. Klosters in qu.-Fol., gest. v. Wening, u. 3 schönen (im Cat. Maillinger nicht erwähnten) Kpfrn. (B. Agnes, B. Barbara, B. Clara Hortulana), von A. M. Wolffgang u. C. G. v. Amling gest. — Kar'

Kirchhueber, Barnabas, Leben des heil. Vaters Johannes von Kapistran und des heil. Bruders Paschalis Baylon aus dem ersten seraph. Orden des heil. Franziskus von Assisi. Neu bearb. von Mich. Sintzel. gr. 12. (262 S. und 1 Stahlst.) Augsburg 817, Kollmann'sche Buchh.

Kirchl, Adf., Liederbuch f. österreich. Bürgerschulen, s.: Mair, Frz.

— Liederstrauß, s. Mair, Frz.

(F) **Kirchl, A.**, Franz Mairs Liederstrauß. 1. Heft. 7. Aufl. Gr.-8°. (39 S.) K —.20
Wien: Pichler 1903.

Kirchl, A., Franz Mairs Liederstrauß. 2. Heft. 9. Aufl. Gr.-8°. (62 S.) K —.30
Wien: Pichler 1903.

Kirchl, A., Franz Mairs Liederstrauß. 3. Heft. 8. Aufl. Gr.-8°. (63 S.) K —.30
Wien: Pichler 1903.

KIRCHLECHNER, Josef
(F) Die Jagd-, Fischerei- und Vogelschutz-Gesetze für Tirol sammt den einschlägigen Verordnungen, Erlässen und oberstbehördlichen Entscheidungen, zusammengestellt von Josef Kirchlechner. Ins Deutsche übersetzt und herausgegeben vom Tiroler Jagd- und Vogelschutz-Vereine. Innsbruck. 1900. Wagner. Gr.-8°. IV, 72 S. K 1.80

Kirchlechner, Jos., die Jagd-, Fischerei- u. Vogelschutz-Gesetze f. Tirol, samt den einschläg. Verordngn., Erlässen u. oberstbehördl. Entscheidgn. zusammengestellt. Hrs. vom tiroler Jagd- u. Vogelschutz-Vereine. 2. Aufl. (V, 72 S. m. 1 Bildnis.) gr. 8. Innsbruck 903. Wagner. n. 1.80

Kirchlechner, Karl

Kirchlechner, K.: Über Maximilian als Jäger u. insbes. über das Abenteuer des Kaisers auf der Martinswand. 37 S. – Linz, Progr. 1885.

Kirchlechner, Karl, über Maximilian als Jäger und im besonderen über das Abenteuer des Kaisers auf der Martinswand. gr. 8. (41 S.) Wien 885, (Pichler's Wwe. und Sohn.) *

Kirchlechner K.: Aus den Tagen des Herzogs Sigmund des Münzreichen und Kaiser Maximilians I. Ein Beitrag zur Culturgesch. Österr. mit bes. Rücksicht auf Tirol in der Übergangsperiode vom Mittelalter auf die Neuzeit. 53. Linz R. 84. Progr.

Kirchlechner, Karl, aus den Tagen Herzog Sigmunds des Münzreichen und Kaiser Maximilians I. Ein Beitrag zur Cultur-Geschichte Oesterreichs mit besond. Rücksicht auf Tirol in der Uebergangs-Periode vom Mittelalter auf die Neuzeit. [Nach Urkunden des Statthalterei-Archives und der Ferdinandeums-Bibliothek in Innsbruck.] Lex.-8. (57 S.) Linz 884, Fink. *

Kirchlein, Das, auf Bergeshöhen. Predigt gehalten bei der Einweihung des Kirchleins von Braunwald am 9. Oktober 1904 . . . [Glarus 1904]. V: *Heer, Gottfried.* (BBullSchw 5, 1905)

Kirchlich-positiv. Flugschriften zum Verständnis u. zur Förderg. kirchl. Arbeit in der Gegenwart. 1.—13. u. 15. Heft. Lex. 8. Berlin, Verlag der positiven Union. à p —10

Bornhäuser, die Aufgabe der gläubigen Gemeinde in der gegenwärtigen kirchlichen Krisis. A) Ihre grundsätzl. Bedeutg. B) Ihre Ausführg. Vortrag. (16 S.) 907. (Heft 3.)
Elert, G., wie ist die Ordinationsverpflichtung der evangelischen Prediger zu verstehen, u. was hat die Gemeinde auf Grund derselben zu erwarten? Vortrag. (16 S.) 907. (Heft 7.)
Fries, Arbeit u. Recht der Frau in der Kirche. Vortrag, geh. am 6. VII. 1908 auf der Jahresversammlg. des sächs. Prov.-Verbandes der Freunde der positiven Union. (10 S.) 908. (Heft 13.)
Lemme, Ludw., die weltgeschichtliche Aufgabe der evangelischen Kirche in den Wirren der Gegenwart. (16 S.) 908. (Heft 11.)
Nebe, die evangelische Landeskirche u. die religiöse Krisis der Gegenwart. (12 S.) 907. (Heft 1.)
— Die Pflichten der Freunde der positiven Union gegen die Landeskirche in der Gegenwart. Vortrag. (11 S.) 907. (Heft 9.)
Oettli, Sünde u. Gnade in Bibel u. Babel. Vortrag. (12 S.) 907. (Heft 5.)
Rathmann, das Gebet zu Jesu. — Wendlandt, weshalb bedarf die evangelische Kirche e. formulierten Bekenntnisses? (16 S.) 907. (Heft 2.)
Schaeder, Erich, unsere Aufgaben im Blick auf die drohende Krisis in unserer Kirche. (15 S.) 910. (Heft 15.)
Schulenburg-Wolpenburg, Graf v. der, die weltlichen Stände u. der Aufbau des Reiches Gottes. Vortrag. (11 S.) 907. (Heft 10.)
Sind f. den modernen Menschen die Sakramente noch nötig u. brauchbar? Von Z. (12 S.) 907. (Heft 6.)
Stuhrmann, welche Aufgaben erwachsen den positiven Kreisen unserer Landeskirche aus den religiösen Bewegungen der Gegenwart? Vortrag. (16 S.) 908. (Heft 4.)
Unbekannt, Osk., welchen Gewinn kann die gläubige Gemeinde v. den Ergebnissen der Ausgrabungen haben, auf welche der Bibel-Babel-Streit die allgemeine Aufmerksamkeit gelenkt hat? Vortrag. (19 S.) 907. (Heft 8.)
Wendlandt, weshalb bedarf die evangelische Kirche e. formulierten Bekenntnisses, s.: Rathmann, das Gebet zu Jesu.
Werner, Jul., die Erhaltung u. Erneuerung der Volkskirche in den Wirren der Gegenwart. (7 S.) 908. (Heft 12.)

Kirchlich-sozial nach Theorie u. Praxis, dargelegt v. Sam. Keller, Mumm u. D. v. Oertzen, s.a. Hefte der freien kirchlich-sozialen Konferenz. 38. Heft.

Kirchlich-sozial nach Theorie und Praxis dargelegt in e. Festpredigt z. 12. Hauptversammlung d. Freien kirchl.-soz. Konferenz zu Karlsruhe i. B. von Samuel Keller, d. Rückblick auf d. ersten 10 Jahre kirchl.-soz. Arbeit von Lic. Mumm ... Berlin: Vaterländ. Verl.- u. Kunstanst. 1907. 78 S. 8°
(Hefte d. Freien kirchlich-sozialen Konferenz. H. 38.) 107. 2236

Kirchmaier, Alexander: Über . . .

— — die Erziehung in Klosterschulen . . . . (von *Alexander Kirchmaier*). Riedlingen 1794.
Anon.-Lex. IV. p. 217 (nach Adelung, Kayser, Meusel).

Kirchmaier, Christoph Albrecht

Kirchmaier, C. A., facilis addiscendae linguae graec. method. II P. 8. München, Lentner. 795. (I. grammat. 12 gr. II. rhetor. 15 gr.)

***Kirchmayer*, Cph. Albr.,** facilis addiscendae linguae graec. method. II Prts. 8. Münch. 797. Lentner. (I. Grammat. 12 K II. Rhetor. 13 K) 1 ꝛ 1 K

— S. J. G. Sulzer, Theorie d. Beredsamkeit, u. dessen Theorie d. Dichtkunst.

Kirchmaier, Geo. G., de D. Mart. Lutheri oris et vultus habitu heroico, c. effigie. 4. Vitib. Ahlfeld. 740.

– Dasselbe, s.a. Kirchmaier, J. W.

Kirchmajer (Kirchmaier), Georg Kaspar

Kirchmaier. G. Casp., Disputationes zoologicae de basilisco, unicornu, phoenice, behemoth et leviathano, dracone ac aranea ad illustrand. varia scripturae sacrae loca. Jen. 733. 4.

Kirchmaieri, G. C. Disputationes zoologicae de Basilisco, Unicornu, Phoenice, Behemoth et Leviathan, Dracone. ac Aranea, ad illustrandum varia Scripturae sacrae loca. Jena. 17.36. 4.

Kirchmaier, Geo. Casp., de basilisco, unicornu etc. 4. Ionae, Ritter. 736.

Kirchmaier. G. K.,
— — Disp. von Behemoth und Leviathan. Wittenb. 669. 8. Jena 736. 8.

Kirchmaier, G. C., de calendis Januariis et votis ac muneribus tunc offerri solitis. Viteb. 1700. 4.

*Kirchmaier, G. G., et Gfr. **Hermannus,** diss. phil. de daimonizomenis. von Besessenen. Viteb. 738. 4.

Kirchmaier, Georg Kaspar [Praes.], s. Eberhard, Johann Christoph: De calendis, calendarioque Romanor. veter. pervulgato nostro ...

Kirchmaier, G. C., Clarissimorum virorum epistolae et poemata. Vitemb. 705. 8. 5 gr.

Kirchmaier, Ge. Casp.: Diss. de foenore unciario generatimque de usurariae pravitatis peste. Oder: Vom vermaledeyeten Wucher und Jüden-Zins. Ed. nov. Jenae 1737.

Kirchmaier, G. Kp.: Opuscc. sex rariss. de latinitate digestor. et institutt. *D. Justiniani* imp., coll. et praef. est G. Sm. Madihn. *Halle*, Curt. 772. 8. (9 Gr.)

***Kirchmaier*, Geo. Ksp.,** opuscula VI rariss. de latinitate digestor. et institut Justiniani, colleg. Madihn. 8. Halle 772. (Laue in Berl.) 9 K

— — Titulos aliquot honorum ex antiquitate erutorum exhibens. Lingua vernacula: Vom Ursprung derer Alten Amts=Titel. Comment. histor. Ed. nov. Jena (Heller) 1752. 16 Seiten. (5.50) 18080

— M. Georg Wilh. (Wittenbg.)

Kirchmaier, G. G., De antiquitate gentis Watzdorfiae. Vitebergae 1728. fol.

Kirchmaier, G.W.: De jurisprudentia Pauli. – Viteb.1730.

— — u. (Respond.) **Christian Theoph. Grützmann** (Bennungen / Thüringen), De numero oratorio. Wittbg. (Christian Schrödter) 10. VI. 1698. 12 Bl. mit Widm. a. d. Respond. v. Verf. (7.—) 18082

— — Oratio histor. max. solennis de D. Martini Lutheri veri cum Germaniae tum dei vatis oraculò ex comm. in Gen. c. 25 nos moriemur in pace antequam venitat malum et calamitas super Germaniam id est bellum Smalcaldicum et universae Germaniae in sacris pacis religiosae Augustanae secularibus secundis atque in aede OO. DD. academ. nomine ordinis philosoph. habita festo ritu cum dissertat. de latinitate Lutheri. Wittbg. (Tzschidrich) Okt. 1755. 32 S. tlws. dtsch. (4.—) 18085

— Georg Wilh., Ordinis philosophi Wittebergensis sacra solemnia in sapientiae ingenuarumq. artium 16. kal. Novemb. a. c. 1715 doctoribus rite creandis programmate invitante candidatos de admiranda academiae Wittebergensis origine oratione de singulari plane providentia divina in Augustum II. Sarmatarum regem et Saxonum principem el. gratulatione publica de laurea philosopha more institutoq. majorum celebrata. Wittbg. (Christian Schroeder) 17:6. 30 Bl., mit Namen. (7.—) 18083
Gew.: Johann Georg v. Ponicau (Pohla, Schoenbrunn, Taschendorf).

Kirchnaler, G. W., (Viteb. 1711.) Kortholt, C., (Kil. 1677.) Stolberg, B., (Viteb. 1685.) de pane ἐπιουσίῳ.

Kirchnaier, Geo. W. Panegyricus Friderico Augusto, regi Poloniarum, dictus. fol. Wittebergae 1727.

Kirchmaier, Ge. Wilh., (De quaestione quousque Romani in Germaniam transierint.) Wittebergae 1722. 2.
(Univ.-Progr.) . . . . (D.)

— — Recens creatis 32 sapientiae et ingenuarum artium doctoribus summa honorum ornamenta gratulatur simul et ob vindicatum a barbaria philosophiae decus D. Martini Lutheri divina sua eloquentia in vulgus ignota divum fere superatis Paullum memoriam carptim repraesentat. Wittbg. (Ephraim Gottlob Eichsfeld) 1746. 8 Bl., tlws. dtsch., mit Namen. (4.—) 18084

— responsio continuata ad epist. Quirini. 4. Wittenb. 754. Knoch. 3 gl

Kirchmaier, Geo. Wlh., († 1759.) responsio ad epist. Quirin. 4. Wittenb. 752. Knoch. 3 gl

Kirchnaier, G. W. Commentatio de Wittoberga. Wittebergae 1713.

Kirchnaier, J. G., N. F. defensio a soloecismis, barbarismis, hebraismis. Vitb. 1732. 4.

Kirchmaier, I. Sig., de justitia hominis propria post lapsum coram Deo. 4. Marb. Kessler. 749.

Kirchmaier, J. Wlh., disquisitio histor. de Dr. M. Lutheri oris et vultus habitu heroico, commentatio item auctior de Wittenberga Saxonum, c. fig. 4. Wittenb. 750. Kühne. 1 ß

– Daselbe, s.a. K i r c h m a i e r, Georg G.

Kirchnaier, J. W., Ex philologia Graecorum, Germanam pronuntiationem Graecae linguae vocalium et diphthongorum, moderatore. Gel. 1706. 40 S. 4°. —.90

Kirchnaier, Jo. Wilhelm [Praes.], s. L e d e r, David: Ex orthographia Graecorum.

— M. Johann Wilhelm (Veimersheim / Franken), Peccato adversus Spiritum S. Consideratio histor.-theol. Präs. Michael Foertsch. Ed. III. Jena (Christoph David Werther) 1719. 54 S. (7.—) 18086

Kirchmair's, G., Denkwürdigkeiten 1519—1553, s. Fontes rerum austriacarum.

Karl Valerius Kirchmair

Uralter Kuckus-Brunn. Anjetzo erneuerte uraltter Brunn-Quelle, dessen Ursprung, Gelegenheit, Alterthum, beylosse Mineralien ...in möglichster Kürtze beschrieben. Von Carl Valentin Kirchmayer (Karl Valerius Kirchmair).Vers.u.zum andernmal auffgelegt. Prag 1718:Wickhart. 91 S. 8°

Kirchmann Adolf: Apollodori libri, qui inscribitur Περὶ τοῦ νεῶν καταλόγου quae supersunt.
II. 1903 PN 1630 Diss.Wien, Univ.

Kirchmann, Albr. Aug., († ...) Anleit. zur Deich-, Schleußen- u. Stackbaukunst, worin d. gebräuchl. Kunstwörter erklärt 2c. angegeben sind. Mit 19 Kpfr. gr. 4. Lüneb. 786. 2e A. 789. (Herold u. W.) (a. Wienbrack in Leipz.) 3 ß

Kirchmann, Alb. Aug., Anleit. z. Deich- u. Schleusenbaukunst. m. K. gr. 4. Lüneburg, Lemke. (Herold u. Wahlstab.) 797.

Kirchmann, F. H. von, s. K i r c h m a n n, Julius Hermann von

Reuter, Maxim. Joachim: Rede in der Trauerloge zum Gedächtniss des seelig [!] vollendeten Brs Maxim. Joachim Reuter verf. und gesprochen von Ferd. **Kirchmann.** Am 17ten Dec. 1808. [Hildesheim 1808.] 8 S. 4°
Kl. 1432.

Kirchmann, I., Florilegium ethicum. 8. Magdeburg, Scheidhauer. 757.

— rudimenta rhoterica. 8. Lubec. Donat. 759.

Kirchmann, Josef: Wie weit lässt sich der Eiweisszerfall durch Leimzufuhr einschränken? *München 1900: R. Oldenbourg.* (43 S.) 8°
Giessen, Med. Diss. v. 1900

Kirchmann, Julius von, s.a. K i r c h m a n n, Julius Hermann von

Kirchmann, (Jul.) v., Bericht an die Urwähler und Wähler des niederunger Kreises. gr. 4. (8 S.) Berlin 818, Schneider und Comp. *

Kirchmann, (Jul.) v., die Grundrente in ihrer Beziehung zur sozialen Frage. gr. 8. (60 S.) Neugarten 850. Ratibor, (Jacobsohn.) Thlr. *

— Vide: Jacoby, Joh., u. Kirchmann, v.

— die Werthlosigkeit der Jurisprudenz als Wissenschaft. Ein Vortrag, gehalten in der jurist. Gesellsch. zu Berlin. (44 S.) Berlin 848, Springer. — 2. Aufl. gr. 8. Ebd. 848. — 3. Aufl. gr. 8. (32 S.) Ebd. 848. 1/4 ß

— das preußische Civil-Prozeß-Gesetz vom 21. Juli 1846 nach seinem Geiste u. seinen Einzelnheiten beurtheilt u. erläutert. gr. 8. (XX u. 208 S.) Berlin 847, C. Heymann. n. 1 ℳ

Kirchmann, Julius Hermann von, s.a. Kirchmann, Julius von

Kirchmann, J. H. v., üb. die Anwendbarkeit der mathematischen Methode auf die Philosophie, s.a. Vorträge, philosophische.

Ueber die Anwendbarkeit der mathematischen Methode auf die Philosophie. Ein Vortrag von Präs. a. D. [Julius Hermann] v. **Kirchmann**, nebst der dabei stattgehabten Diskussion. Halle a. S.: C. E. M. Pfeffer 1883. (70 S.) 8°
— **Vorträge**, Philosophische. N. F. II. 4. [07. 3101

Kirchmann, Julius Hermann v. (Bearb.), s. Aristoteles: Drei Bücher über die Seele.

Kirchmann, Julius Hermann v. (Bearb.), s. Aristoteles: Erste Analytiken, oder: Lehre vom Schluss.

Kirchmann, Julius Hermann v. (Bearb.), s. Aristoteles: Kategorien oder Lehre von den Grundbegriffen.

Kirchmann, Julius Hermann v. (Bearb.), s. Aristoteles: Das Organon.

Kirchmann, Julius Hermann v. (Bearb.), s. Aristoteles: Politik.

Kirchmann, Julius Hermann v. (Bearb.), s. Aristoteles: Die Topik.

Kirchmann, Julius Hermann v. (Bearb.), s. Aristoteles: Sophistische Widerlegungen.

Kirchmann, Jul. Herm. v., Aesthetik auf realistischer Grundlage. 2 Bde. Lex.-8. (XIV, 696 S.) Berlin 868, Springer's Verlag. *

Kirchmann, Jul. Herm. v., die Bedeutung der Philosophie. Ein Vortrag, gehalten in Berlin. gr. 8. (16 S.) Leipzig 876, Koschny. *
Aus: Philosophische Monatshefte, besonders abgedruckt.

—— s. Bibliothek, philosophische.

—— über parlamentarische Debatten. Ein Vortrag. gr. 8. (63 S.) Berlin 874, Springer's Verlag. *

Kirchmann, J. H. v., Erinnerungen aus Italien. 8. (III und 218 S.) Berlin 864, Springer's Verlag.

Erläuterungen zu Kant's Anthropologie in pragmatischer Hinsicht von J[ulius] H[ermann] v. Kirchmann. *Leipzig: Dürr 1893.* (VI, 92 S.) 8°
— Bibliothek, Philosophische. Bd 56. [04. 1008] 10

—— Erläuterungen zu Aristoteles s. Bibliothek, philosophische.

— Erläuterungen zu Benedict v. Spinoza's Ethik, s.a. Bibliothek. philos. 97.

Kirchmann, J. H. v., Erläuterungen zu *Benedict v. Spinoza's Ethik*. 2. Aufl. (Auch sub tit.: Philosoph. Bibliothek od. Sammlung der Hauptwerke der Philosophie alter u. neuer Zeit. Hrsg. von *J. H. v. Kirchmann*. Bd. 5.) Berlin 1871. 8°. Ppb.
VIII—258 S.

Erläuterungen zu Benedict von Spinoza's Ethik von J[ulius] H[ermann] v. **Kirchmann**. 3. Aufl. Leipzig: Dürr 1900. (V, 186 S.) 8°
— **Bibliothek**, Philosophische. [Neue Ausg.] Bd 97. [06. 9031 11

—— Erläuterungen zu Kant — John Locke — Spinoza, etc., s. Bibliothek, philosophische.

— Erläuterungen zu Kant's Kritik der Urtheilskraft. 2., durchgeseh. Aufl. 8. (VIII, 92 S.) Heidelberg 882. Weiss' Verl. n. — 50

Kirchmann, J. H. v., Erläuterungen zu Kant's Kritik der reinen Vernunft. 3. Aufl. 8. (VIII, 112 S.) Heidelberg 881, Weiss' Verlag. *

Erläuterungen zu Kant's Kritik der reinen Vernunft von J[ulius] H[ermann] v. Kirchmann. 4. Aufl. *Leipzig: Dürr 1893.* (VII, 112 S.) 8°
— Bibliothek, Philosophische. Bd 53. [04. 1007] 0

— Erläuterungen zu dem Organon d. Aristoteles. 5 Thle. in 1 Bd. gr. 8. (V, 114; VII, 260; VII, 190; VI, 130 u. VI, 64 S.) Heidelberg 883. Weiss' Verl. n 6 —

Kirchmann, J. H. v., Erläuterungen zu Kant's Religion innerhalb d. Grenzen d. blossen Vernunft, s.a. Bibliothek, philos. 57.

Erläuterungen zu Kant's Religion innerhalb der Grenzen der bloßen Vernunft von J[ulius] H[ermann] v. Kirchmann. 2. Aufl. *Leipzig: Dürr 1900.* (XIV, 66 S.) 8°
— Bibliothek, Philosophische. Bd 57. [04. 10-8] 10

— Erläuterungen zu Aristoteles' sophistischen Widerlegungen, s.: Bibliothek, philosophische.

—– die parlamentarischen Formen in der evangelischen Kirche. Ein Vortrag. gr. 8. (24 S.) Berlin 878, Springer. *

— die Gegenständlichkeit der in den Sinneswahrnehmungen enthaltenen Eigenschaften der Dinge, s.: Verhandlungen der philosophischen Gesellschaft zu Berlin.

– Die Grundbegriffe des Rechts . . . s.a. Bibliothek, Philosophische.

Kirchmann, J. H.: Die Grundbegriffe des Rechts und der Moral als Einleitung in das Studium rechtsphilosophischer Werke. Berlin 1869.
(Philosophische Bibliothek hrsg. von v. Kirchmann. Bd 11.)

– (Hrsg.), s. Kant, Immanuel: Prolegomena zu einer künftigen Metaphysik.

—— Katechismus der Philosophie s.a. Weber's, J. J., illustrirte Katechismen.

— Katechismus der Philosophie. 8. (XII, 247 S.) Leipzig 877. Weber. n. 2. —

— dasselbe. 2., durchgeseh. Aufl. 8. (XIV, 267 S.) Ebend. 881. geb. n. 2. 50

Kirchmann, J. H. v., Katechismus der Philosophie. 3., durchgeseh. Aufl. 8. (X, 266 S.) Leipzig 888. J. J. Weber. geb. n. 2. 50

—— über den Communismus der Natur. Ein Vortrag gehalten im Berliner Arbeiter-Verein im Febr. 1866. 2. Aufl. gr. 8. (31 S.) Berlin 872, Heimann. [Leipzig, Koschny.] *

—— über den Communismus der Natur. Ein Vortrag, gehalten in dem Berliner Arbeiter-Verein im Febr. 1866. 3. Aufl. Vermehrt durch einen Auszug aus der vom Verf. vor dem Disciplinar-Senat des Obertribunals zu Berlin gehaltenen Vertheidigungsrede. gr. 8. (III, 36 S.) Heidelberg 882, Weiß' Verlag. *

Kirchmann, J. H. v: Immanuel Kant's Kritik der praktischen Vernunft. 4. Aufl. Leipzig 1897

Kirchmann, J. H. v., der Culturkampf in Preußen und seine Bedenken. 1.—3. unveränd. Aufl. gr. 8. (47 S.) Leipzig 875, Bidder. *

– Die Lehre vom Wissen, s.a. Bibliothek, Philosophische.

—— die Lehre vom Wissen als Einleitung in das Studium philosophischer Werke. 3. verb. Aufl. 8. (X, 96 S.) Leipzig 878, Koschny. *

— die Lehre vom Wissen als Einleitung in das Studium philosophischer Werke. 3., verb. Aufl. 8. (X, 96 S.) Heidelberg 878. Weiss' Verl. n. — 75

— die Lehre vom Wissen als Einleitung in das Studium philosophischer Werke. 4. Aufl. 8. (X, 96 S.) Heidelberg 886. Weiss' Verl. n. — 75; geb. n. 1. 15

Kirchmann, J. H. v. — Imanuel Kant's Metaphysik der Sitten. Herausgegeben und erläutert. (Aus: „Philosophische Bibliothek" 29. Bd.) 8. Berlin 1870.

– Die besondere Natur des öffentlichen Rechts, s.a. Verhandlungen der philosophischen Gesellschaft zu Berlin.

Kirchmann, die besondere Natur d. öffentl. Rechts. Vortrag. Leipz. 881.

— u. J. Jacoby, Ob stehendes Soldatenheer? Ob Volkswehr?, s. Jacoby, J.

Kirchmann J H v, Philosophie. 3. Aufl. (Weber's illustr. Katechismen 84) Leipzig 1888

—— die Philosophie des Wissens. (In 2 Bdn.) 1. Bd. A. u. d. T.: Die Lehre vom Vorstellen als Einleitung in die Philosophie. Lex.-8. (XI und 583 S.) Berlin 863, Springer's Verlag. *

– (Bearb.), s. Plato: Staat

—— über das Prinzip des Realismus. Ein Vortrag gehalten in der philosoph. Gesellschaft zu Berlin. gr. 8. (60 S.) Ebendas. 875. *

—— die Reform der evangelischen Kirche in Lehre und Verfassung mit Bezug auf die preussische Synodalordnung vom 20. Jan. 1876. Ein Vortrag. gr. 8. (49 S.) Berlin 876, Springer. *

Kirchmann, v., s. Rodbertus-Jagetzow, Carl, z. Beleuchtung der socialen Frage.

—— über die neueste Schrift E. v. Hartmann's: Phänomenologie des sittlichen Bewusstseins, s. Verhandlungen der philosophischen Gesellschaft zu Berlin.

Kirchmann, Jul. Herm. v.,. Strafgesetzbuch für den norddeutschen Bund mit sachl., hauptsächlich aus der geschichtl. Entstehung desselben geschöpften Erläuterungen. Zum prakt. Gebrauche bearb. gr. 8. (XVI, 228 S.) Elberfeld 870, Lucas. *

—— dass. — für das deutsche Reich mit sachl., hauptsächlich auf die Südstaaten, so wie auf die schon jetzt veränd. Bedeutung des norddeutschen Strafgesetzbuches bezügl. Erläuterungen. Nachtrag, zugleich die seit dem 1. Jan. 1871 ergang. Entscheidungen der höchsten Gerichtshöfe enth. gr. 8. (50 S.) Ebendas. 871. *

— — Die Theodicee von G. W. Leibniz. Uebersetzt und erläutert von ...... (Aus: „Philosophische Bibliothek". 79. Bd.) Mit 1 Beilage. Erläuterungen zur Theodicee von Leibniz. (Aus: „Philosophische Bibliothek". 80. Bd.) (2 Bde.) 8. Leipzig 1879.

—— über die Unsterblichkeit. Ein philosoph. Versuch. gr. 8. (VIII und 222 S.) Berlin 865, Springer's Verlag. *

—— über die Wahrscheinlichkeit. Ein Vortrag. gr. 8. (60 S.) Leipzig 878, Koschny. *
Aus: Verhandlungen der philosophischen Gesellschaft zu Berlin, besonders abgedruckt.

— über die Wahrscheinlichkeit. Ein Vortrag. [Aus: „Verhandlungen d. philosoph. Gesellschaft zu Berlin".] gr. 8. (60 S.) Heidelberg 878. Weiss' Verl. n. 1. 20

—— Zeitfragen und Abenteuer. 8. (VI, 283 S.) Leipzig 881, Weber. *M 2.; geb. *

*Kirchmann, K. Fusionen von Versicherungsunternehmungen nach dem geltenden deutschen Rechte. Erl. D. Stuttgart 1911.

Kirchmann, Karl Fr., († ...) einige Schriften zur Beförder. d. Religion u. Tugend rc. 2e verb. Aufl., nach dem Tode d. Verf. herausg. von K. Chr. Gärtner. 8. Braunschw. 769. Schulbuchh. 6 gr

Kirchmann, Peter Friedrich

Kirchmann, P. F., politische Abende; ein Lesebuch f. das Volk zum Verständniß u. zur Würdigung der deutschen Volkserhebung des J. 1848. Eine vom „deutschen Club" in Hamburg gekrönte Preisschrift. 8. (VI u. 102 S.) Hamburg 849, Niemeyer. 9 ngl

Kirchmann. Geschichte der Arbeit.

Kirchmann, P. F., Geschichte der Arbeit und Cultur, dargestellt als Lehrgegenstand für Schulen und als Lesebuch für Jedermann. gr. 8°. Leipzig, G. Mayer, 1855. 2. Aufl. gr. 8°. Leipzig 1858.

Kirchmann, P. F., Geschichte der Arbeit und Cultur, dargestellt als Lehrgegenstand für Schulen und als Lesebuch für Jedermann. Leipzig 855. G. Mayer. gr. 8. (X, 230 S.) n. 20 ngl

Kirchmann, Geschichte d. Arbeit u. Kultur. Stuttgart 858.

Kirchmann, P. F., Geschichte u. Beschreibung des Fürstenthums Lübeck nach der neuesten Gränzbestimmung; mit Anhang u. Tabelle. Ein Buch für Schule u. Haus. 12. (Mit 1 Tab.) Eutin 843. (Lübeck, v. Rohden.) n. 5/12 ℛ

— Naturforderungen an Erziehung u. Unterricht f. Lehrer, Eltern u. denkende Schulfreunde in Briefen. Mit einem Vorwort v. Diesterweg in Berlin. gr. 8. (VIII u. 181 S.) Oldenburg 851, Schmidt. n. 2/3 ℛ

—— Naturforderungen an Erziehung und Unterricht für Lehrer, Eltern und denkende Schulfreunde in Briefen. Mit einem

Vorwort von Diesterweg. 2. (Titel-)Aufl. gr. 8. (VIII und 181 S.) Oldenburg 855(56,) Schmidt. Thlr.

– (Hrsg.), s. Schulblatt, Schleswig- u. Holsteinisches.

Kirchmann, P. F., Volks-Stenographie. Eine Engschrift für Jedermann und die natürlichste Grundlage für die Gabelsberger'sche Kunst-Stenographie, nebst Anleitung zum Fortbau auf dieser Grundlage ohne Hülfe eines Lehrers. gr. 8. (32 und 48 lithogr. S.) Kiel 862, Schröder und Comp. *

Kirchmayer, A. (Red.), s. Radfahrer-Zeitung, Illustrierte Allgemeine.

Kirchmayer, Christoph Albrecht, s. Kirchmaier, Christoph Albrecht

Kirchmayer, F., la Caduta della Republica aristocratica di Ragusa dopo quasi tredici secoli di esistenza e La lotta dei soldati di Napoleone I, colla flotta russa i Montenegri e Crivosciani pel possesso delle Bocche di Cattaro. Studia storico. — Das Ende des aristokratischen Freistaates Ragusa nach seinem fast 1300-jährigen Bestande u. der Kampf der Soldaten Napoleons I. m. der russ. Flotte, den Montenegrinern u. Crivoscianern um den Besitz der Bocche di Cattaro. Geschichtliche Studie. (Italiän. Orig.-Text u. deutsche Übersetzg.) gr. 8. (VIII, 219 S. m. 2 Taf.) Zara 900. (Internationale Buchh. [H. v. Schoenfeld].) n. 4.—

Kirchmayer, G. Veteranen-Huldigung oder Erinnerung an die Feldzugsjahre 1813, 1814 u. 1815. Mit 1 Abb. München 1846. 112 S.

Kirchmayr, A. G., Anweisung z. heilsamen Wassergebrauche, s. Oertel, E. F. Chr.

—— Aufruf an Menschlichkeit u. Vernunft zur Abwendung d. schreckl. Todes nach d. Tode. 8. (1½ B.) München 822, (Fleischmann.)

Kirchmayr, A. G., die wunderähnl. Heilkraft d. kalten Wassers. Mit 2 Anhn. u. e. zufäll. Nachtrage. 2. Ausg. 8. (11 B.) München 837, (Fleischmann.) *

— die ans Wunderbare gränzende Heilkraft d. kalten Wassers, nach den neuesten Erfahrungen dargestellt. 3. Ausg. 8. Ebend. 842. ½ ₰ — 4. veränd. Aufl. 8. Ebd. 843. ½ ₰

—— die bewährtetsten u. wohlfeilsten Mittel gesund u. lange zu leben. Eine Zeitbedürfnißschrift. 8. (20 B.) München 827, (Fleischmann.) hrbgs. Pr.

Kirchmayr, Al. G., d. bewährtesten u. wohlfeilsten Mittel, gesund u. lange zu leben. 8. Münch. 827. (Michaelis). 1 ₰ 8 K

—— die bewährtesten u. wohlfeilsten Mittel, gesund u. lange zu leben. Eine Zeitbedürfniß-Schrift. Allen seinen lieben Mitmenschen gewid. 2., verb. Aufl. gr. 12. (13 B. u. 1 Musikbeil., ½ Fol.) München 837, (Fleischmann.) *

Kirchmayr, A. G., die bewährtesten und wohlfeilsten Mittel gesund u. lange zu leben. Allen seinen lieben Mitmenschen gewidmet. 3. Ausg. gr. 12. München 842, Fleischmann. ⅝ ₰

Kirchmayr, A. G., die bewährtesten u. wohlfeilsten Mittel gesund u. lange zu leben. Allen seinen lieben Mitmenschen gewidmet. 4. unveränd. (Titel-) Ausg. 12. (X u. 300 S. m. 1 Musikbeilage in hoch 4.) München (842) 852, Fleischmann. ½ ₰

— s. Wasserheilkunde.

—— welche Gesundbrunnen sind d. heilsamsten u. wohlfeilsten? Beantwortet. M. 2 Anhn. u. e. zufäll. Nachtrage. 8. (11 B.) München 834, (Fleischmann.)

***Kirchmayr*, B.,** de cataracta ejusque per extractionem curandi methodo. 8maj. Landsh. 812. N. A. 819. Weber in Münch. 4 K

Kirchmayr, Geo., dreißig Jahre aus dem Leben eines bayerischen Post-Conducteurs, dessen interessanteste Jugend- u. Militär-Erlebnisse ꝛc. nebst einem Anh. origineller Wachstubenerzählungen. München 856. (Finsterlin.) 8. (IV, 255 S. u. 14 Lithogr.) n. 18 ngr.

Kirchmayr, Heinr., die analytische Berechnung regulärer Krystalle. Für Studierende der Krystallographie kurz u. leicht fasslich dargestellt. (48 S. m. 31 Fig.) gr. 8. Berlin 908. W. Junk. 1.50

Kirchmayr, Heinr., Besuch einer deutschen Sprachinsel in Mähren. gr. 8. (38 S.) Brünn 881, (Knauthe.) *
Aus: Moravia, besonders abgedruckt.

Kirchmayr, Heinr., Bildungsverhältnisse des altdeutschen Volksstammes der Quaden u. üb. deren theilweise Fortdauer in den alten Wohnsitzen. 2. Bd. Mit 12 Vollbildern nach Oelgemälden der Frl. Marie u. Sofie Görlich. 4. (VIII, 212 S.) Leipzig 893. (Breitkopf & Härtel.) Kart. n. 8. — (1. 2.: n. 16. —)

Kirchmayr, Heinr., die extrafloralen Nektarien v. Melampyrum v. physiologisch-anatomischen Standpunkt. (14 S. m. 1 Fig. u. 1 Taf.) gr. 8. Wien 908. (A. Hölder.) — 75
Sonderabdruck aus: „Sitzungsber. d. k. Akad. d. Wiss."

Kirchmayr, Heinr., üb. d. volksthümlich-künstl. Verwerthg. d. altdeutschen Geschichte m. bes. Rücksicht auf Mähren, s.: Vorträge, geh. im mähr. Gewerbe-Museum.

Kirchmayr, Heinr., der altdeutsche Volksstamm der Quaden. 4. (XV, 173 S. mit 13 Vollbildern nach Ölgemälden von den Fräulein Marie und Sofie Görlich.) Brünn 888. (Wien, Deuticke.) geb. *

Kirchmeier, J. C., de circumstantiis nativ. Chr. earumque mysteriis. Marb. 1734. 4; rep. in ejsd. exercitt. academ. p. 517 ss.

Kirchmeier, J. C., de festis Judaeorum anniversariis eorumque in fatis ecclesiae N. T. antitypo. Marb. 1724. 4.

Kirchmeier, J. C., de requie Pauli in Melite insula. Marb. 1731. 4.

Kirchmeier, J. C., de sabbatis Judaeorum eorumque in fatis ecclesiae N. T. antitypo. Herborn. 1702. 4; rep. in ejsd. sylloge exercitt. acad. p. 1 ss.

Kirchmeier, I. C., sylloge exercitationum academicar. 4. Marb. Hermann. (Brönner, Frkft.) 735.

Kirchmeier, I. F., de unico fidei principio etc. 4. ibid. 716.

Kirchmeier, Johann Sigismund [Praes.], s. Knobel, Joh. Christoph: De immortalitate mentis humanae.

Kirchmeier, Joh. Sigismund, Secundi jubilei religionis purioris instauratae ab Augustana confessione in comitiis imperii Caesari et statibus imperii oblata sacrae festivitatis memoria ab academia Marburgensi solenni oratione celebrata. Marburg (Philipp Casimir Müller) 26. VI. 1730. 58 S. (6.80) 18088

Kirchmeier, Thdr, Tractat von der Wünschelruthe. Dresden u. Leipzig 1702. 8. (D.)

Kirchner, Anton, Erinnerungen an denselben, s.: Steitz, G. E.

Kirchner's, Th., Lebensbild, s. Biographien schweizerischer Tonkünstler.

Kirchner. D. mediz.-polizeil. Bedeutg d. Rotzkrankheit. Berlin 1866.

Kirchner, das fürstl. schönburgische Lehrerseminar zu Waldenburg nach s. Begründg., Entwickelg. u. jüngsten baulichen Umgestaltg. Festschrift z. Doppelfeier d. 50jähr. Bestehens der Anstalt u. der Einweihg. ihrer neuen u. erneuerten Räume. gr. 8. (84 S.) Waldenburg 895. (Glauchau, A. Peschke.) n.n. 1. 25

Kirchner, der Tod ist der Sünden Sold, aber die Gabe Gottes das ewige Leben in Christo Jesu. Röm. 6, 23. Eine Predigt am 1. S. n. Tr. 1856 in Sorau nach der am 24. Mai c. erfolgten Hinrichtung der beiden Giftmischerinnen der Mühlenbesitzerin Müller von Biberteich u. der Schmiedemeisterin Lehmann aus Beutnitz gehalten. Sorau 856. Raedsch. 8. (15 S.) 2½ ngr.

Kirchner, Adam Friedr. (Ansbach), Dissertatio de veterum diis patriis qua loc. Act. XXIIII. 14. illustratur. Präs. Jo. Ernst Imman. Walch. Jena (Schill) 16. I. 1751. 58 S. (6.50) 18089
Widm. v.: Jo. Georg Walch, Präs.

Kirchner, Adolf [aus Worms]: Beiträge zur Kenntniss der in dem Farbstoff der Blüthen der Ringelblume '(Calendula officinalis)' vorkommenden Cholesterinester ... Worms, Druck v. A. K. Boeninger, 1862; 41 S. 8.
Erlangen, Phil. Fak., Inaug.-Diss. v. 1862

Kirchner, Alb., Gedanken über christliche Erziehung. Ansprachen an eine Kreislehrerconferenz. 16. (III, 67 S.) Barmen 873, Wiemann. *

— dasselbe. s. a. Vorträge, gemeinnützige.

Konfirmation und Kommunion. Eine Festgabe in geistl. Liedern f. die jungen Christen aus d. Nachlasse d. Oberkonsistorialr. Albert **Kirchner**. *Magdeburg: Creutz 1901.* (45 S.) 8° [F.] [01. 9196 3

Kirchner, (Friedr. Otto Adolf) Alfr. (geb. Nordhausen 23. 1. 1858): Ein Beitrag zur Operation der Echinococcen der Organe der Bauchhöhle. Berlin (1879). (35 S.) 8°
Berlin, Med. Diss. v. 4. Aug. 1879

Kirchner, A., die Frakturen des Mittelfusses, s. a. Klinik, Berliner.

Die Frakturen des Mittelfusses. Von Generaloberarzt a. D. Dr. A[lfred] **Kirchner**, Göttingen. Berlin: Fischer 1908. (24 S.) 8° [Umschlagt.]
= **Klinik**, Berliner. H. 236. [08. 17383

Kirchner, A., Truppen-Gesundheitspflege. Unter Zugrundelegg. der Bestimmngn. der Dienstvorschriften zum Gebrauch f. Truppenführer, Truppenärzte, Truppen- u. Verwaltungsbeamte bearb. 12. (VI, 92 S.) Berlin 894. R. Schoetz. n. 1. 60

Ueber das Wesen der sogenannten Fussgeschwulst. '(Bruch der Mittelfussknochen durch indirekte Gewalt.)' Von Dr. A[lfr.] **Kirchner**, Oberstabsarzt in Düsseldorf. M. 1 Röntgen-Bilde. *Wiesbaden: J. F. Bergmann 1898.* (VI, 73 S., 1 Taf.) 1 Bd 8. [98. 1608

Kirchner, Aloys, die babylonische Kosmogonie u. der biblische Schöpfungsbericht, s. a. Abhandlungen, alttestamentliche. III. Bd. 1. Heft.

Die babylonische Kosmogonie und der biblische Schöpfungsbericht. Ein Beitrag z. Apologie d. biblischen Gottesbegriffes. Von Aloys **Kirchner**. Münster i. W.: Aschendorff 1910. 70 S. 8°
(Alttestamentliche Abhandlungen. Bd 3, H. 1.) [10. 10211

Kirchner, Anton (Hrsg.), s. Actenstücke, Drei, die Weißfrauenschulen betreffend.

— s. a. Ansichten von Frankfurt a. M.

Kirchner, Ant., Ansichten von Frankfurt a. M., der umliegenden Gegend und den nahen Heilquellen. Mit 24 Kupf. und einem Plan von Frankfurt. gr. 8. Frankfurt a. M., Wilmans. 817. Schreibpap.

Velinpap.

— — ditto — die 24 Kupfer allein auf großes Papier abgedruckt.

— — Ansichten, Nachträge u. Berichtig. dieser Schrift, siehe Ansichten.

Kirchner, Ant., († d. 31. Dec. 1834.) Christenlehre für reifere Zöglinge d. evangel. Kirche, auch Erinnerungsbuch für Erwachsene. gr. 8. Frankf. a. M. 820. (Gebhard in Grimma). 16 gr

Ant. Kirchner über die Dämonologie der Hebräer vor dem babylonischen Exil. Inaug. Abhandl. Erlangen 1798. 8.

— Geschichte d. Stadt Frankfurt a. M. 2 Bde. gr. 8. Frankf. a. M. 807—10. Eichenberg. 7 ₰ (Jäger). 4 ₰ (Vergl. Ansichten, Nachträge rc. zu Kirchner's Geschichte rc.)

— Jesus, ein Freund gesetzl. Ordnung. Eine Predigt zur Feier d. 18. Oct. 1830. 8. Frankf. a. M. 830. Sauerländer. 3 gr

—— Jesus d. Freund d. Vaterlandes, aber auch e. Freund d. Menschheit. Eine Pred. z. Feier d. 18. Oct. 1832. 8. ... Frankfurt a. M., Sauerländer.

— s. Montagsblatt.

— Predigt am Jahresfeste d. Leipz. Rettungsschlacht, vor d. Besatzung d. Stadt Frankfurt gehalten. gr. 8. Frankf. a. M. 814. Brönner. 5 gr

— dieselbe, am 2ten Jahresfeste d. Leipziger Rettungsschlacht, vor d. Besatzung in Frankfurt gehalten. gr. 8. Ebd. 815. 5 gr

— Prüfung d. Ansichten, Nachträge u. Berichtigungen, oder d. vertr. Briefe e. Halbwissers rc. gr. 8. Frankf. a. M. 809. Eichenberg. 9 gr

— s. a. Streifereien im Gebiete d. Reichsstadt.

STREIFEREYEN, Humoristische, im Gebiete der Reichsstadt Frankfurt a. M. Aus dem Portefeuille eines französischen Offiziers ins Deutsche übersetzt. (Verfasst von *Anton Kirchner.*) Mit color. Karte. O. O. (Frankf. a. M.) 1802. 8°. 78 S. (1 Mk. Völcker, c. 1888; 2 Mk. Baer & Co., c. 1890; 7 Mk. 70 Pfg., unbeschn., aber ohne Karte u. etwas wasserfl., L. Rosenthal, 1911.)
Anon.-Lex. IV. p. 127 (nach Kayser u. Meusel).

Kirchner, Armin, Predigtamtskand.: Fichtes **Religionsbegriff** in der letzten Periode seines philosophischen Denkens. *Lichtenhain 1904: Fr. L. Seifert.* (77 S.) 8°
Jena, Phil. Diss. v. (17. Dez.) 1903

Kirchner, Aug., Fachzeichnen nach Masskizzen, Mustern u. Modellen f. Schneider, s.: Lehrhefte f. den Einzelunterricht an Gewerbe- u. Handwerkerschulen.

Kirchner, Aug., Fachzeichnen f. Schneider, s.: Lehrhefte f. den Einzelunterricht an Gewerbe- u. Handwerkerschulen. III. 6.

Kirchner A, Fachzeichnen für Schneider. (Lachner III, 6) 4° Leipzig 1888

Kirchner, Aug., Führer durch das untere Kamptal, s.: Enderes, Rud. Ritter v.

Kirchner, Bernhard: Die Geschichte der Abteischule und des Gelehrtenwesens zu Werden an der Ruhr bis zur Aufhebung der Abtei. Werden: Flügge 1910. S. 1—30. 4°
Werden a. R., PG P 1910 (647) [S 10. 217

Kirchner, C., s.a. Kirchner, Konrad Maximilian

Kirchner, C. Bericht über die Säcularfeier der Königlichen Landesschule Pforta den 20—23. Mai 1843. 46 S. .
Pforta, Progr. 1844

Kirchner, C. Carmen saeculare. 6 S. fol. . .
Pforta, Progr. 1843

Kirchner's, C., Hodegetik oder Wegweiser zur Universität für Studierende. Nebst einer systematischen Uebersicht der Wissenschaften u. Künste u. den Studienplanen fur die einzelnen Fächer des Gelehrtenberufs. gr. 8. (VIII u. 184 S.) Leipzig 852, Vogel. 24 ngl

— kurze Nachricht von der Königl. Landesschule Pforta. Zunächst für Eltern u. Vormünder, welche ihre Söhne oder Pflegebefohlenen der Schulpforta zu übergeben wünschen. Mit 1 Tabelle. gr. 8. Leipzig 839. Vogel. 1/4 ß

Kirchner, C. Die Landesschule Pforta in ihrer geschichtlichen Entwickelung seit dem Anfange des XIXten Jahrhunderts bis auf die Gegenwart. S. 151 u. Grundriß. . .
Pforta, Progr. 1843

Kirchner, C., die Landesschule Pforta in ihrer geschichtl. Entwickelung seit dem Anfange des XIX. Jahrh. bis auf d. Gegenwart. Einladungsschrift z. 3. Säcularfeier ihrer Stiftung d. 21. Mai 1843. gr. 4. (21 B. u. 1 Grundr. v. Pforta.) Naumburg 843. (Leipzig, Vogel.) *

Kirchner, C. Praefatio (zum Jubelprogramm). 6 S. . .
Pforta, Progr. 1843

—— akademische Propädeutik, od. Vorbereitungswissenschaft z. akadem. Studium. gr. 8. (38 B.) Leipzig 842, W. Vogel.

—— Säcularbericht über die Feier der 300jähr. Stiftung der königl. Landesschule Pforta den 20—22. Mai 1843. 2., mit der Fest-Cantate zur Vorfeier, der latein. Festrede des Rectors und dem Carmen saeculare verm. Ausg. Voranstehend ein Bericht über die Feier des Stiftungsfestes der Landesschule den 20—22. Mai 1853. Lex.-8. (XVIII und 102 S.) Naumburg 853, (Domrich.) *

Kirchner, C. H., principia accentuationis codicis. V Tom. 8. Ien. Cröcker. 747.

Kirchner, Carl ..., s. Kirchner, Karl ...

Kirchner, Chrph., Beiträge zur Lehre von der Myocarditis fibrosa. Inaugural-Dissertation. gr. 8. (40 S.) Göttingen 883, (Vandenhoeck und Ruprecht's Verlag.)

— Christoph Friedrich (Eilenburg), Thema juramentum in causis matrimonialibus recte, etiam negative deferri. Präs. Abraham Kaestner. Lpz. (Gabriel Trog) 8. IX. 1734. 5 Bl. (5.—) 18092

Kirchner, E., das Feenreich der Wissenschaft, s.: Buckley, Arabella B.

Kirchner, E., & Co.: Catalog über Holzbearbeitungs-Maschinen für allgemeine Zwecke. Leipzig (1882)

Kirchner, E: Katalog für Papier- und Stoff-Industrieen. Aschaffenburg (1884)

Kirchner, E., & Co.: Ill. Cataloge über Säge- und Holzbearbeitungs-Maschinen usw. Leipzig (1892?—1899)

Kirchner & Co. A.-G., Maschinenbauanstalt: 50 Jahre Holzbearbeitungsmaschinenbau 1878—1928. Leipzig-Sellerhausen 1928

— Sonne, Mond u. Sterne, s.: Giberne, Agnes.

Kirchner, Eduardo, Selbstunterrichtsbriefe zur Erlernung der spanischen Sprache, s.: Haeußer, E.

Kirchner, Emil

— Handbuch der allgemeinen Therapie, zunächst als Vorschule für den klinischen Unterricht zum Gebrauch der Studirenden. gr. 8. Kiel 842. (Academ. Buchh.) 2 ß

— die Lehre von den Unterleibsbrüchen, zunächst zum Gebrauch d. Studierenden im Umrisse dargestellt. Mit 5 lithogr. Tafeln. gr. 4. Kiel 839. Baurmeister u. Comp. n. 2 5/6 ß

Kirchner, Emil, die Lehre von d. Unterleibsbrüchen, zunächst z. Gebr. d. Studierenden im Umrisse dargest. gr. 4. (16 1/2 B. u. 5 Stnt.) Kiel 839, [Hamburg, Schuberth u. Comp.] *

Kirchner, Emil, die Lehre von den Unterleibs-Brüchen, zunächst zum Gebrauch der Studirenden im Umrisse dargestellt. Mit 5 lith. Taf. gr. 4. Hamb. 842, Schuberth u. Co. 2 5/6 ß

Kirchner, Emil, das Ludwigsbad bei Wipfeld im Untermainkreise des Königreichs Bayern, in naturhistor. u. medicin. Beziehung dargestellt. gr. 8, Würzburg 837, Strecker. 1/3 ß

— de via et methodo pharmacolog. excolendae. 4maj. Kiel 844, Academ. Buchh. 13 ngl

Kirchner, Ernst, Thor's Donnerkeil und die steinernen Opfergeräthe des nord-germanischen Heidenthums; zur Rechtfertigung der Volks-Ueberlieferung gegen neuere Ansichten. Mit 4 Steindrucktaf. Neu-Strelitz 853. Barnewitz. gr. 8. (100 S.)
22 1/2 ngr

Kirchner, Ernst, Geschichte d. Offenbarung Gottes im alt. Testam., in Verbind. mit d. Erklär. u. Anwend. derjen. Stellen d. A. T., welche unt. stetem Hinblicke auf d. N. T. mit d. Jugend gelesen werden können; zum Gebr. in Volksschulen, Seminarien u. Präparanden-Anstalten. (6 Lfgn.) gr. 8. (35 B.) Prenzlau 840, 41, Kalbersberg. à * 1/6 Thlr. *

Kirchner, Ernst, Geschichte der Offenbarung Gottes in d. heil. Schrift, in Verbindung m. d. Erklärung u. Anwendung derjenigen bibl. Abschnitte, aus welchen die Entwickelung d. Reiches Gottes insonderheit hervorleuchtet. 1. Thl. Altes Testament. 2., mit e. vollständ. Inhalte u. einigen Anhäng. verm. Ausg. gr. 8. (38½ B.) Berlin 845, G. W. F. Müller's Verl.*

Kirchner, Ernst, Geschichte der Offenbarung Gottes in d. heil. Schrift rc. 2. Thl. Neues Testament. gr. 8. (21 B.) Ebds. 846. Thlr. *

Kirchner, Ernst [aus Schneeberg]: Ueber kollaterale Hemiplegie ... Bonn, Univ.-Buchdr. v. C. Georgi, 1896; 38 S., 1 Bl. 8.

Bonn, Med. Fak., Inaug.-Diss. v. [15.] Febr. 1896

Karte der Papier-, Pappen- & Papierstoff-Fabriken Deutschlands. Grundkarten aus 'Debes' Neuem Handatlas'; Einträge d. Fabriken nach Güntter-Staib's Adressbuch v. Ernst **Kirchner.** *Biberach a. d. Riss: Güntter-Staib 1897.* (2 Ktnbl. ?, 2 Bl.) 1 Bd 4. (vgl. 349

Kirchner, E: Das Papier. Biberach
Bd 1. Die Geschichte der Papierindustrie und Allgemeines über Papier. 1897
Bd 2. Die Rohstofflehre der Papierindustrie. 1896
Bd 3. Die Halbstofflehre der Papierindustrie.
[Abschn.] A. Die Holzschliff- oder die Holzstoff-Fabrikation. 1898
Abschn. B. und C. Zellstoff. Die Strohstoff- und Holzzellstofffabrikation. 1907
Abschn. D. Die Lumpen- oder Hadern-Halbstoff-Fabrikation. 1910
Abschn. E. Altpapier, Papier-Abschnitte und Ausschuß. 1910
Bd 4. Die Ganzstoffe der Papierfabrikation. 1922

Kirchner, Ernst, das Papier. I. Tl. D. Geschichte d. Papierindustrie u. Allgemeines üb. Papier. II. Tl. Die Rohstofflehre d. Papierindustrie. Hrsg. v. Verleger d. Güntter-Staib'schen Wochenblattes f. Papierfabrikation in Biberach. Als Gratisbeilage d. Wochenblattes. Lex.-8. (IV, 62 u. VIII, 160 S. m. Abb.) Biberach 897. (Dorn.) In 1 Leinw.-Bd. n. 10. —; ermäss. Preis n. 8. —

Kirchner, Ernst, das Papier. III. Tl. Die Halbstofflehre der Papierindustrie. Einleitung in dieses Kapitel n. Abschn. A. Die Holzschliff- od. die Holzstoff-Fabrikation m. 100 Illustr. od. etwa 200 Einzeldarstellgn. Hrsg. v. Verleger des Güntter-Staib'schen Wochenblattes f. Papierfabrikation in Biberach. Als Gratisbeilage d. Wochenblattes. Lex.-8. (V, 248 S.) Biberach 899. (Dorn.) Geb. in Leinw. n. 8. —; f. Abonnenten des Wochenblattes f. Papierfabrikation n. 6. —

Kirchner, E(rnst), Prof.: Das Papier. Historisch-technologische Skizzen. *Chemnitz 1903: J. C. F. Pickenhahn & S.* (39 S.) 4° [F.]

Chemnitz, techn. Staatslehranstalten, OP 1903**

Kirchner, Ernst, das Papier. III. Tl. Die Halbstofflehre der Papierindustrie. Abschn. B. u. C. Zellstoff. Die Strohstoff- u. Holzzellstoff-Fabrikation, m. 293 Taf. od. Einzeldarstellgn. Hrsg. vom Verleger des Güntter-Staib'schen Wochenblattes f. Papierfabrikation in Biberach a. d. Riss. Als Gratisbeilage des Wochenblattes. Vollendet 1907. (XII, 652 S.) Lex. 8. Biberach (908). (Dorn.) Geb. in Leinw. 16. —; f. Abonnenten des Wochenblatt f. Papierfabrikation nn 14. —

Kirchner E, das Papier. III BCD in 2 Bänden. Biberach 1907-10

Kirchner, Ernst, die Papiere d. XIV. Jahrh. im Stadtarchive zu Frankfurt a. M. u. deren Wasserzeichen, technisch untersucht u. beschrieben. Mit 153 Abbildgn. v. Wasserzeichen. Hrsg. aus den Mitteln d. J. Fr. Böhmer'schen Nachlasses. Lex.-8. (35 S. m. 81 S. Abbildgn.) Frankfurt a/M. 893. C. Jügel's Verl. n. 2.50

Kirchner, Ernst D. M., Schul-Botanik, od. kurze Naturgesch. d. Pflanzen überh., u. derer insbesond., welche z. Erklär. d. Pflanzenlebens, ferner in d. Haushalt., Gesundheitslehre, in Künsten u. Gewerben rc. wichtig sind. M. 2 Kpfrt. gr. 12. (27 B.) Berlin 831, Nauck.

Kirchner, E. D. M., deutscher Sprachunterricht, angeknüpft an die Theorie d. Sätze. Zum Gebrauche in Stadtschulen u. in d. Schulklassen d. Gymnasien. 1r Curs., enth. d. unausgebildeten Nominativ- u. Vocativ-Sätze. 4. Berl. 830. (Nauck). 16 K

Kirchner, Ernst D. M., der Tempel der Juden zu Jerusalem; zur Beförderung des richtigen Verständnisses viel. Stellen der heiligen Schrift, nach den Urkunden beschrieben, erläutert und dargestellt. Mit 1 Ansicht des Salomonischen u. 1 Grundriß d. Herodianischen Tempels. gr. 4. Neustadt-Eberswalde 834. (Potsdam, Vogler.) 3/8 ß

— Uebersicht d. wissenschaftl. Pflanzenkunde; nebst e. Ortsanzeiger d. um Neustadt-Eberswalde wild wachsenden bemerkenswerthen Pflanzen. Eine Gelegenheitsschrift. gr. 12. Berl. 830. Nauck. 6 K

Kirchner, Ernst Dan. Mart., das Schloss Boytzenburg und seine Besitzer, insonderheit aus dem v. Arnimschen Geschlechte. Aus den Quellen bearb. Lex.-8. (XVI und 419 S. mit 10 lithogr. landschaftl., 1 genealog. in qu. gr. 4. und 2 lithogr. herald. Beilagen.) Berlin 860, A. Duncker. *

Kirchner, Ernst Dan. Mart., die Churfürstinnen und Königinnen auf dem Throne der Hohenzollern, im Zusammenhange mit ihren Familien- und Zeit-Verhältnissen; aus den Quellen bearb. (In 3 Thln.) 1. und 2. Thl. Lex.-8. Berlin 866,67, Wiegandt und Grieben. à Thl. * 1 Thlr. 25 Ngr. *

Inhalt:

Thl. 1. Die Churfürstinnen von der Kirchen-Versammlung zu Costnitz bis zur Durchführung der Reformation in der Mark Brandenburg mit deren Bildnissen. (VI und 348 S. mit 6 lithogr. Portr.)
» 2. Die letzten acht Churfürstinnen, mit deren Bildnissen (auf 6 Stnt.) (III und 343 S.)

Kirchner, Ernst Dan. Mart., die Churfürstinnen und Königinnen auf dem Throne der Hohenzollern, im Zusammenhange mit ihren Familien- und Zeit-Verhältnissen; aus den Quellen bearb. 3. Thl.: Die sechs ersten Königinnen, mit deren Bildnissen (auf 6 Stnt.). Lex.-8. (III, 383 S.) Berlin 870, Wiegandt und Grieben. *

1. und 2. Thl. Ebendas. 1866,67. * M 11.

Kirchner, Eug., Album f. brave Erwachsene. (6 farb. Bl.) 48×38,5 cm. München (909). F. Bruckmann. In Mappe 20. —

Kirchner, F., das Duell, s. Familien-Bibliothek.

Kirchner, Ferdinand, stud. rer. nat.: Untersuchungen über die optischen Eigenschaften entwickelter Lippmannscher Emulsionen. *Jena 1902: B. Vopelius.* (39 S.) 8°

Leipzig, Phil. Diss. v. [24. Juli] 1903

Kirchner, Fr. Wilh. [aus Nordhausen]: Über die perspectivische Lage ebener Dreiecke .... Halle a. S., C. Kirchner's Buchdr. (Inh.: F. C. Schmulling) Nordhausen, 1888; 30 S. + 1 Bl. u. 6 Taf. 8°

Halle, Phil. Fak., Inaug.-Diss. v. [31. Mai] 1888

Kirchner, Fr. Wilh., über die perspectivische Lage ebener Dreiecke. Diss. Halle 1888, Lippertsche Buchh. 8°. 30 S. mit 6 Taf.

Kirchner, Franz: Arbeitsteilung, Anpassung und Kampf ums Dasein im Pflanzenleben. '(Im Anschl. an d. Lehrstoff.)' Crefeld, Druck v. G. Kühler, *1892;* 3—36 S. 4.

Crefeld, RG, P 1892 (475)

Kirchner, Franz Arbeitsteilung, Anpassung und Kampf ums Dasein im Pflanzenleben. Im Anschluſs an den Lehrstoff. (Umschlagtitel: . . . Pflanzenleben). 4 (S. 3—36).
Progr. Rg. *Crefeld* 1892 (475).

Kirchner, Frid. (Albert. Aemil.) (geb. Glauzig in Anh. 22. 3. 1840): De Andocidea quae fertur tertia oratione. Berolini (1861). (80 S.) 8°
Berlin, Phil. Diss. v. 20. Aug. 1861

Kirchner, Fried., de Andocidea quae fertur tertia oratione. Dissertatio inauguralis. gr. 8. (III und 82 S.) Berlin 861, (Calvary und Comp.) *

—— f. Bauer, W., Geschichte der Philosophie.

Kirchner, Friedrich, Dir. Dr.: [Bericht über die feierliche Übergabe des von S. M. dem Kaiser für die Ritterakademie gestifteten Allerhöchsten Bildnisses.] *Liegnitz (1899): O. Heinze.* (S. 10—11.) 4° [F.]
Liegnitz, k. RAk, OP 1899 (205)

Kirchner, Friedr. Buch der Freundschaft. gr. 8. (VIII, 351 S. m. 53 Portr.) Halle 891, Schwetschke. * 3 —; geb. * 3 50

Kirchner, Fridericus: De deo omnipraesenti eodemque personali. Halis Saxonum (1873): Gebauer-Schwetschke. 74 S. 8°
Halle-Wittenberg, Phil. Diss. v. 8. Aug. 1873
Geb. Spandau 1. 5. 1848. V.
Im Buchhandel in Halle: Fricke 1873. 72 S.; auf dem Titel der Buchausg.: Friedrich Gotthold Kirchner.

Kirchner, Friedr. Ghold., de Deo omnipraesenti eodemque personali. gr. 8. (72 S.) Halle 873, Fricke. *

Kirchner, Friedr., Diätetik des Geistes. Eine Anleitung zur Selbsterziehung. 8. (VII, 382 S.) Berlin 884, [Guttentag.] Brachvogel und Boas. *M 5.; geb. *

Kirchner, Friedr., Diätetik des Geistes. Eine Anleitung zur Selbsterziehung. 2. verm. und verb. Aufl. 8. (VIII, 384 S.) Berlin 886, Brachvogel und Ranft. *M 5.—.; geb. *

—— Durch Kampf zum Sieg! Gedichte. 16. (245 S.) Berlin 875, Kamlah. *
geb. mit Goldschn. *

—— Ethik, s.a. Weber's, J. J., illustrirte Katechismen.

Kirchner, Frdr., Ethik. Katechismus der Sittenlehre. 8. (VII, 257 S.) Leipzig 881. Weber. n. 2. 50

Kirchner, Fr., ueb. Freiheit d. Willens. Vortrag geh. im Club der Deutschen zu Manchester am 17. Novbr. 1873. gr. 8. (42 S.) Halle 874. Fricke. n. 1. —

Kirchner, Friedrich [Oberl. Lic. Dr.]: Über das Gedächtnis. (Umschlagt.: ... E. psycholog.-pädagog. Studie.) Berlin, Druck v. A. W. Hayn's Erben, *1892*; 3—31 S. 4.
Berlin, k. RG, OP 1892 (92)

—— Über das Gedächtnis. Eine psychologisch-pädagog. Studie. Progr. gr. 4. (31 S.) Berl. 892, (Nauck). * — 60

Kirchner, Friedr., Gedichte. 1. Aufl. (245 S.) 1875. *M 3.; 2. verm. Aufl. 16. (339 S.) Köthen 877, Schettler's Verlag. *
geb. mit Goldschn. *

—— Englische Gedichte, stufenmässig geordnet, m. erläut. Anmerkgn. u. biograph. Notizen versehen. gr. 8. (VI, 97 S.) Lpz. 892, Teubner. geb. in Leinw. * 1 20

Englische Gedichte. Stufenmässig geordn. u. erl. von Lic. Dr. Friedrich **Kirchner**, Oberl. in Berlin. 2. verm. u. veränd. Aufl. Bearb. von Elisabeth Taubenspeck, Lehrerin. *Leipzig & Berlin: B. G. Teubner 1902.* (VI, 109 S.) 8°
[03. 6914]

[F.] Neue Gedichte v. Friedrich **Kirchner**. *Berlin: B. Paul 1895.* (VIII, 198 S.) 1 Bd 8.
[97. 2559]

—— über Gemüthsbildung, s.a. Zeit- und Streitfragen, deutsche.

Kirchner F, über Gemütsbildung. (Zeit- u Streitfragen NF 36) Hamburg 1888

– Geschichte d. Pädagogik,
s.a. Weber's illustr. Katechismen

Kirchner F, Geschichte d. Pädagogik. (221 S) (Weber's Katechismen 182) Leipzig 1899

Kirchner F, Geschichte der Philosophie. (Weber's illustr. Katechism. 78) Leipzig 1877

[F.] Geschichte der Philosophie von Thales bis zur Gegenwart. Von Lic. Dr. Friedr. **Kirchner**, Prof. . . . zu Berlin. 3., verm. u. verb. Aufl. *Leipzig: J. J. Weber 1896.* (VIII, 432 S.) 1 Bd 8.
— Katechismen, Webers illustrirte. No 78.
[96. 4669]

Kirchner, Friedr., Deutschlands Giftpflanzen. Ein Leitfaden zum Gebrauch für Schulen. Naturgetreu in Kupfer gest. und colorirte, zu einer Wandtafel (in Fol.) zusammengestellte Abbildungen und erklär. Text. 8. (19 S.) Jena 817, (Mauke.) *

— Gründeutschland. Ein Streifzug durch die jüngste deutsche Dichtg. 1. u. 2. unveränd. Aufl. gr. 8. (XX, 246 S.) Wien 893. Hamburg 894. Jürgensen & Becker. 5. —

Gründeutschland. Ein Streifzug durch d. jüngste deutsche Dichtung von Prof. Dr. Friedrich **Kirchner**. 2. unveränd. Aufl. *Wien & Leipzig: Kirchner & Schmidt [Hamburg: Jürgensen & Becker] 1893.* (XIX, 246 S.) 8° [F.]
[93. 3389 II]

—— über das Grundprincip des Weltprozesses mit besond. Berücksicht. J. Frohschammers. gr. 8. (VII, 295 S.) Köthen 882, Schettler's Verlag. *

—— die Hauptpunkte der Metaphysik. gr. 8. (VIII, 276 S.) Ebendas. 880. *

—— Helden d. Glaubens. Die Kirchengeschichte im Spiegel der Poesie. Gedichte, gesammelt u. m. Anmerkgn. versehen. gr. 8. (XII, 335 S.) Brem. 890, Heinsius Nachf. * 3 —; geb. * 4 —

—— Katechismus der Geschichte der Philosophie von Thales bis zur Gegenwart, s.a. Weber's, J. J., illustrirte Katechismen.

— **Katechismus der Geschichte der Philosophie von Thales bis zur Gegenwart. 8. (VIII, 356 S.) Leipzig 877. Weber. cart. n. 2. 50**

— **Katechismus der Geschichte der Philosophie. Von Thales bis zur Gegenwart. 2. Aufl. 8. (VIII, 428 S.) Leipzig 884. Weber. geb. n. 3. —**

– Katechismus der Kirchengeschichte,
s.a. Weber's, J. J.: Illustrirte Katechismen.

— **Katechismus der Kirchengeschichte. 8. (VIII, 314 S.) Ebend. 880. geb. n. 2. 50**

—— Katechismus der Logik; desgl. der Pädagogik, s.a. Weber's, J. J., illustr. Katechismen.

— **Katechismus der Logik. Mit 36 in den Text gedr. Abbildungen. 8. (VIII, 240 S.) Ebend. 881. geb. n. 2. 50**

— Katechismus der Logik. 2., verm. Aufl. Mit 36 in den Text gedr. Abbildgn. 12. (VIII, 245 S.) Leipzig 890. J. J. Weber. geb. n. 2. 50

Katechismus der Logik von Friedrich **Kirchner**. 3., verm. u. verb. Aufl. Mit 30 Abb. Leipzig: J. J. Weber 1900. VIII, 254 S. 8°
(Webers Illustrierte Katechismen. Nr 100.) [10. 5517 10

— Katechismus der Pädagogik. 8. (VII, 159 S.) Ebd. 890. geb. n. 2. —

– Katechismus der Psychologie, s.a. Weber's, J. J.: Illustrirte Katechismen.

Kirchner, F.: Katechismus der Psychologie. Leipzig 1883. 288 S.

— Katechismus d. Psychologie. 2., verm. u. verb. Aufl. 12. (VIII, 297 S.) Ebd. 895. Geb. in Leinw. n. 3. —

Kirchner F, Kirchengeschichte. (Weber's illustr. Katech. 94) Leipzig 1880

— Lebensweisheit aus Dichtermund. Für stille Stunden gesammelt. M. Illustr. v. Wilh. Schulz. 2. Aufl. 8. (XXXII, 398 S.) Stuttgart 897. Levy & Müller. n. 4. —; geb. in Leinw. m. Goldschn. n. 5. —

—— Lehrbuch der evangelischen Religion. Für den Unterricht auf höheren Schulen und zum Selbststudium. 2 Thle. gr. 8. (IV, 255; VIII, 215 S.) Köthen 878,79, Schettler's Verlag. à Thl. * ℳ 2,40. *

—— Gottfried Wilhelm Leibniz. Sein Leben und Denken. 8. (VII, 363 S.) Ebendas. 876. *

— Gottfried Wilhelm Leibniz. Sein Leben u. Denken. 8. (VII, 363 S.) Ebend. 877. n. 4. —

—— Lesebuch f. die mittleren Klassen höherer Lehranstalten im Anschluß an den deutschen Geschichtsunterricht. 1. Tl. gr. 8. (VIII, 176 S.) Lpz. 889, Jul. Baedeker. * 1 80; geb. * 2 —

—— der Mangel eines allgemeinen Moralprincips in unserer Zeit, s.a. Zeit- und Streit-Fragen, deutsche.

Kirchner, F.: Der Mangel eines allgemeinen Moralprinzips in unserer Zeit. Berlin 1877. 54 S. (Deutsche Zeit- u. Streitfragen. 6, 92.)

— die deutsche Nationallitteratur des 19. Jahrh. 7 Lfgn. gr. 8. (VIII, 686 S.) Heidelberg 893. 894. G. Weiß' Verl. Subskr.-Pr. à n. 1. — (kplt. Ladenpr.: n. 7. 50; geb. in Halbfrz. n.n. 10. —)

Die Deutsche Nationalliteratur des Neunzehnten Jahrhunderts. Von Lic. Dr. Friedrich **Kirchner**, Prof. am K. Realgymn. in Berlin. 2. Aufl. Ergänzt von Dr. Ludwig Bräutigam, Prof. an d. städt. Realsch., Bremen. *Kassel: G. Weiß 1903.* (VIII, 736 S.) 8° [F.] [03. 5004 4

Kirchner, Frdr. Über die Notwendigkeit einer metaphysischen Grundlage für die Ethik. 34 S. Progr. Kö. Rg. *Berlin* 1881.

— De vicesima Lysiae oratione. Pr. 1878. 18 S. 4°.

Kirchner F, Psychologie. (Weber's illustrierte Katechismen 108) Leipzig 1883

—— Leibniz's Psychologie. Ein Beitrag zur Geschichte der Philosophie und Naturwissenschaft. gr. 8. (VIII, 104 S.) Ebendas. 875. *

Kirchner, Fr. Quaestiones xenophonteae. 17 S. G. *Ratibor* 1879. Progr.

Kirchner, Friedr., zur Reform des Religions-Unterrichts, s.a. Zeit- und Streit-Fragen, deutsche.

Kirchner F, zur Reform des Religionsunterrichts. (Zeit- u Strtfr. 79) Berlin 1877

[F.] **Kirchner**, Friedrich [Dir. Dr.]: Rückblick auf fünf Jahre der Thätigkeit des bei der Ritter-Akademie in Liegnitz eingerichteten Seminars für Kandidaten des höheren Lehramts. Liegnitz, Druck v. O. Heinze, *1895;* 8 S. 4.
Liegnitz, k. RAk, OP 1895 (198)

—— Schematismus der Philosophie. Tabell. Übersicht der philosoph. Disciplinen. Als Hülfsmittel zu Vorlesungen und zur Repetition. Imp.-Fol. (5 Tab.) Halle 888, Schwetschke. à Tab. * 50 Pf. *
Inhalt:
1. Logik. — 2. Psychologie. — 3. Ethik. — 4. Aesthetik. — 5. Metaphysik.

Kirchner, Fr.: Quaestionum Lysiacarum specimen. 21 S. – Demmin G., Progr. 1869.

— der Spiritismus, die Narrheit unseres Zeitalters, s.a. Zeit- u. Streit-Fragen, deutsche.

Kirchner F, d. Spiritismus, d. Narrheit uns. Zeitalters. (Zeit- u Str. 186-87) Berlin 1883

—— Synchronismus zur deutschen National-Litteratur. [Von der frühesten Zeit bis 1884.] gr. 8. (IV, 129 S.) Berlin 885, Mayer und Müller. *

—— Leibnitz's Stellung zur kathol. Kirche. Mit besond. Berücksicht. seines sogenannten Systema theologicum. gr. 8. (86 S.) Berlin 874, C. Duncker's Verlag.

Kirchner, de temporibus orationum Antiphontearum. Frkf. a|O. 4. 20 p.
Schul-/Univ.-Schrift 1864

Kirchner, Frid.: Theses theologicae. Berolini (1873). (2 Bl.) 4°
Berlin, Theol. Thes. v. 29. Dez. 1873

—— Über die Thierseele, s.a. Vorträge, philosophische.

Ueber die Thierseele. Vortrag in d. Philos. Gesellsch. zu Berlin... 1886 geh. von Lic. Dr. Friedrich **Kirchner**. Halle a. S.: C. E. M. Pfeffer 1890. (28 S.) 8°
— **Vorträge**, Philosophische. N. F. H. 20, [2.] [07. 3117

Kirchner, üb. d. Soph. Leges ... Burg. 4. 16.
Schul-/Univ.-Schrift 1864

— der Weg z. Glück. E. Ratgeber u. Führer durch d. Leben. 3. Aufl. 8. (VIII, 288 S.) Ebd. 896. n. 3. 60; geb. n. 4. 50

—— Wörterbuch der philosophischen Grundbegriffe, s.a. Bibliothek, philosophische.

Kirchner, Frdr., Wörterbuch der philosoph. Grundbegriffe. 4. Aufl. v. Carl Michaëlis, s.a. Bibliothek, philosophische. 67. Bd.

—— Wörterbuch der philosophischen Grundbegriffe. 2. durchgeseh. Aufl. 3 Lfgn. 8. (VI, 500 S.) [Heidelb. 889,90, Weiss' Verlag]. Berl., Philosoph.-histor. Verlag. * 4 20; geb. * 5 40
Bildet d. 94. Bd. der philosoph. Bibliothek.

Wörterbuch der Philosophischen Grundbegriffe. Von Lic. Prof. Dr. Friedr. **Kirchner**. 4. neubearb. Aufl. von Dr. Carl Michaëlis. *Leipzig: Dürr 1903.* (VI, 587 S.) 8°
— **Bibliothek**, Philosophische. [N. Ausg.] Bd 67. [03. 9770

(Friedrich) **Kirchner's** Wörterbuch der Philosophischen Grundbegriffe. 5. Aufl. Neubearb. von Dr. Carl Michaëlis. Leipzig: Dürr 1907. (V, 708 S.) 8°
— **Bibliothek**, Philosophische. [Neue Ausg.] Bd 67. [07. 18593

—— Über den Zufall, s.aXVIII. Bd. 2. Abthl. S. 796, Vorträge, philosophische.

Ueber den Zufall. Vortrag von Lic. Dr. Friedrich **Kirchner**, nebst der dabei stattgehabten Diskussion. Halle a. S.: C. E. M. Pfeffer 1887. (50 S.) 8°
— **Vorträge**, Philosophische. N. F. H. 18. [07. 3114

– Der Zweck des Daseins im Hinblick auf die Mehrung des Selbstmordes, s.a. Zeit- und Streitfragen, Deutsche.

Kirchner F, der Zweck des Daseins im Hinblick auf die Mehrung des Selbstmordes. (Zeit- und Streitfragen 167-168) Berlin 1882

Kirchner, G., der letzte Antrag, s.: Dilettanten-Mappe.

Kirchner, G, und E. **Petzold**, Arboretum Muscaviense, s. Petzold, E.

Kirchner, G., e. entdeckter Betrug, s.a. Volkserzählungen, neue.

Ein entdeckter Betrug. Erzählung aus d. Ritterzeit von G. **Kirchner**. *Styrum: A. Spaarmann [1896].* (48 S.) 8° [F.]
= **Volkserzählungen**, Neue. No 45. [00. 1:]

Feindliche Mächte. Erzählung aus Köln's Vergangenheit. Von G. **Kirchner**. *Styrum: A. Spaarmann [1896].* (48 S.) 8° [F.]
= **Volkserzählungen**, Neue. No 48. [00. 1:]

Eines Weibes Rache. Erzählung aus Kölns Vorzeit. Von G. **Kirchner**. *Styrum: A. Spaarmann [1896].* (48 S.) 8° [F.]
— **Volkserzählungen**, Neue. No 47. [00. 1:]

Gerechte Vergeltung. Erzählung aus Kölns Vorzeit. Von G. **Kirchner**. *Styrum: A. Spaarmann [1896].* (48 S.) 8° [F.]
— **Volkserzählungen**, Neue. No 49. [00. 1:10]

Kirchner, G., s.: Volkserzählungen, neue.

Bericht über die Untersuchungen der Zähne von 9065 Knaben und Mädchen der Volksschulen in Königsberg i. Pr., erstattet von Zahnarzt Dr. Georg **Kirchner**. Königsberg 1908: Allg. Zeitung. (16 S.) 8° [F.] [08. 1147. 8

Kirchner, Geo., anschauliche Darstellung der Weissagung, den Vermessenen zum Zügel, den Unwissenden zum Spiegel, den Gerechten zum Siegel, für das Volk entworfen. 1 Bog. in Imp.-Fol. Hanau 862, (König's Sortiment.) *

Kirchner, G., s.: Kalender, zahnärztlicher, f. das Deutsche Reich.

Kirchner, Georg *August Christian* [pr. Zahnarzt in Königsberg i. Pr.]: Der Schädel des Hylobates concolor, sein Variationskreis und Zahnbau ... Berlin, 1895; 55 S., 3 Taf. 8.
Erlangen, Phil. Fak., Inaug.-Diss. v. 22. Mai 1895

Kirchner, Georg Fr.

— Anweis. gute u. schöne Wachslichter z. bereit. 8. Ffst. Eßlinger. 801.

— Anweis., gute u. schöne Wachslichter zu bereiten. 8. Frkf. 801. (Schäfer). 10 K

— Beschr. e. einfach. u. wohlfeil. Holzsparofens rc. m. K. gr. 8. Mainz. (Eßlinger, Frft.) 799.

— Beschreib. e. einfachen u. wohlfeilen Holzsparofens in Wohnhäusern. Mit 1 Kpf. gr. 8. Mainz 799. (Schäfer in Frkf.) 8 K

— Diss. de atrophiae infantum causis. 8. Erlang. 796.

Kirchner, G. F., üb. Frühstücke, einige Medicinalbemerkungen. 8. Mainz. (Eßlinger, Frft.) 797. Rthlr.

Kirchner, Geo. Fr., über Frühstücke, einige Medicinalbemerkungen. 8. Mainz 797. (Schäfer in Frankf.) 6 K

— Grundriß e. Gesetzbuchs für d. gesammte Natur. 8. Frankf. 803. Körner. 16 K

— **Georg Michael** (Seyda-Saxo), Utrum deus existat in spatio separato? Problema pneumaticum. Präs. M. Jo. Adam Calo (Belgern/Misn.). Wittenbg. (Martin Schulz) 10. IX. 1707. 8 Blatt. (6.20) 18093

Kirchner, Gustavus [Svarzburgo-Rudolstadtensis]:
Attica et Peloponnesiaca ... Gryphiswaldiae, Bonnae, typ. C. Georgi typogr. acad., 1890; 2 Bl., 68 S., 2 Bl. 8°
Greifswald, Phil. Fak., Inaug.-Diss. v. 8. Nov. 1890

Kirchner, Gust., **Attica et Peloponnesiaca. Diss.** gr. 8. (68 S.) Greifswald 890. (Leipzig, G. Fock.) n. 1.60

Kirchner, Hans [Oberl. Dr.]: Die verschiedenen Auffassungen des platonischen Dialoges Kratylus ... (Umschlagt.: ... I. D. Sprachphilosophie vor Plato.) *Brieg, Buchdr. E. Kirchner, 1892;* 3—18 S. 4.
Brieg, k. G, P 1892 (178)

Kirchner, Hans [Dr.]: Die verschiedenen Auffassungen des platonischen Dialogs Kratylus. (Umschlagt.: ... II. Inhaltsangabe d. Dialogs. III. Die verschiedenen Auffassungen d. Dialogs.) [Forts. d. P-Beil. 1892.] *Brieg, Buchdr. E. Kirchner, 1893;* 3—21 S. 4.
Brieg, k. G, P 1893 (181)

[Umschlagt.:] **Kirchner**, Hans [Prof. Dr.]: Die verschiedenen Auffassungen des platonischen Dialogs Kratylus. III. Die verschied. Auffassgn d. Dialogs '(Forts. u. Schluss [d. P-Beil. 1892. 93.])'. *Brieg, Buchdr.: Dr. A. Rühl, 1897;* 3—25 S. 4.
Brieg, k. G, P 1897 (186)

Kirchner, Hans, Prof. Dr.: Die verschiedenen Auffassungen des platonischen Dialogs Kratylus. 4: Gang u. Gliederung d. Dialogs. *(Brieg 1901: C. L. Albrecht.)* (S. 3—20.) 4°
¶ [Forts. d. P-Beil. 1892. 93. 97.]
Brieg, k. G, P 1901 (194)

Kirchner, Hans, Gerichtsassessor: Die **Herbeiführung einer Ueberschwemmung nach §§ 312 314 Reichsstrafgesetzbuchs.** *Breslau 1901: W. G. Korn.* (43 S.) 8°
Tübingen, Jur. Diss. v. 1901

Kirchner, Hans [aus Freising]: Epileptisches Irresein. Annuaerer Typus desselben u. seine Prognose ... Würzburg, Druck v. F. Fromme, 1895; 42 S. 8.
Erlangen, Med. Fak., Inaug.-Diss. v. 1895

Kirchner, Hans Über die grammatischen Quellen des Servius. II. Teil: Servius und Priscian. S. 19—37. **Progr.** G. *Brieg* 1883.

– Dasselbe, s.a. Kirchner, Johannes

Kirchner, Hans: De Servii, carminum Vergilianorum interpretis, commentario pleniore qui dicitur. Partic. I. 20 S. 4.
Progr. Kgl. Gymn. *Brieg* 1910 (263).

Kirchner, H., Servius und Priscian. 1883.

Kirchner, Hans, über die Verwendung des Aspirins bei Augenkrankheiten. gr. 8. (8 S.) Tübingen 901. F. Pietzcker. n.n. — 60
Sonderabdruck aus: „Ophthalmolog. Klinik".

Kirohnor, Heinrich [pr. Arzt]: Ein Fall von Sarcom der Tibia ... Würzburg, J. M. Richter's Buch- u. Kunstdr., 1894; 20 S. 8.
Würzburg, Med. Fak., Inaug.-Diss. v. 1894

Kirchner, Herm. (geb. Stralsund 17. 11. 1822): De Procli Neoplatonici metaphysica pars prima, principia universalia continens. Berolini (1846). (22 S.) 8°
Berlin, Phil. Diss. v. 31. März 1846

Kirchner, Herm. (Aemil.) (geb. Elberfeld 1. 9. 1819): De tetano traumatico. Berolini (1843). (31 S.) 8°
Berlin, Med. Diss. v. 9. März 1843

Kirchner, J.: Abhandlung über die verstellten Krankheiten. Für Aerzte und Nichtärzte. 80 S., gbd.

Salzburg: Duyle 1836

JB 3.615

Kirchner, J. C., philosophische Gedanken von allerhand Dingen. 8. Jena. 747.

Kirchner, J. D. R., Schul-Atlas für den ersten Unterricht in der Geographie. 2e verm. u. verb. Aufl. (19 lithogr. Karten auf 10 Bl.) qu. gr. 4. Berlin 833. (Stuhr.) n. 1/2 Thlr

Ansichten der Burg zu Nürnberg, gezeichnet und radirt von J. J. Kirchner. 6 Blatt. Nürnberg. Fol.

Kirchner, J. J., Bosnien in Bild und Wort. Zwanzig (chemityp.) Federzeichnungen mit erklär. Texte von Amand v. Schweiger-Lerchenfeld. gr. 8. (80 S.) Wien 879, Hartleben's Verlag.

Kirchner J. W. Ueber die perspectivische Lage ebener Dreiecke. 1888. 8.

— **M. Jo. Paul** (Sittendorf/Schwarzburg), De obligatione christianorum ad observationem legum divinarum de incestu fugiendo dissertatio I. Präs. D. Carl Gottlob Hofmann. Wittbg. (Ephraim Gottlob Eichsfeld) 14. V. 1743. 38 S. (6.50) 18096

Kirchner, Joh., die Doppeldatierungen in den attischen Dekreten. (S. 982—988.) Lex. 8. Berlin 910. G. Reimer. — 50
Sonderabdr. aus: „Sitzungsber. d. preuss. Akad. d. Wiss."

Kirchner, Jh. Andr., d. Alter d. Erde. Mit 1 Kpf. gr. 8. Leipz. 818. Baumgärtner. 1 Thlr

— Anweis. zur Verfertigung d. Getriebe. Mit Kpf. 12. Weimar 808. Hoffmann. 4 gr

— populäre Arithmetik oder Rechenkunst. gr. 8. Weimar 790. Hoffmann. 18 gr

— über d. Bahn d. Himmelskörper. Beantwortung d. Fragen: ob d. Himmelskörper sich in Ellipsen bewegen, u. ob dies streng bewiesen werden könne, oder blos Voraussetzung sey? Mit 1 Kpf. 8. Halle 820. Reinicke u. C. 10 gr

— — über die Bahn der Himmelskörper. Beantwortung der Fragen: Ob die Himmelskörper sich in Ellipsen bewegen, und ob dies streng bewiesen werden könne, oder blos Voraussetzung sey? Mit 1 Kupf. 8. Halle, Ruff. 820.

— Berichtigung u. Streitigkeit im Gebiete d. Mathematik u. Physik. Mit 1 Kpf. gr. 8. Weimar 817. Hoffmann. 8 gr

— Lehre über d. geometr. u. ökonom. Zertheilung d. Felder. Mit 8 Kpft. gr. 8. Weimar 798. Hoffmann. 16 gr Nachtrag dazu. Mit 1 Kpft. gr. 8. Ebd. 797. 3 gr

— d. Veränderung d. Dinge, oder d. Natur des Himmels u. d. Erde, mit 2 Kpf. gr. 8. Weimar 812. Hoffmann. 1 Thlr 12 gr

— über d. Verhältniß des Stoßes fester Körper. Abhandl. über d. Streitfrage: Verhält sich d. Stoß fester Körper wie d. Geschwindigkeit, wenn nämlich d. Masse einerlei ist? Mit 1 Kpf. gr. 8. Weimar 811. Ind.-Compt. 6 gr

Kirchner, Joh. Fr., prakt. Anweis. z. Gartenkunst, besond. v. Treibung d. Ananasse, Weintrauben, Pfirsiche, Melonen, Spargel etc. durchgesehen u. z. Druck beförd. u. mit e. Vorrede v. Erziehung d. Aloen versehen v. Fr. Karl Gottl. Hirsching. Mit 7 Kpf. gr. 8. Leipzig, 1796. (Vogel). 1. 5

Kirchner, Johann Georg

— d. gesegnete Andenken d. selig vollend. Frau Auguste Sophie Niemeyer, geb. Freilinghausen, verstorb. am 8. April 1763. 8. Halle 763. Waisenh.-B. 5 gr

Kirchner, Joh. George, Eines grossen Königes u. Siegeshelden Aufforderung zum freudevollen Gottesdienste an dem Allerhöchst-verordnet. Danck-Feste wegen des d. 5. Nov. 1757 erhaltenen Sieges bey Rossbach in der Nachmittagspred. über Ps. 100, 1—3 vorgestellet. (Mit Anmerkungen u Danckgebet.) Halle (1758). 4.

Kirchner, J. Geo., Nachr. v. Liederverfass. gr. 8. Halle, Waysenh. 771.

Kirchner, Jh. Geo., († 1772.) Nachr. von ältern u. neuern Liederverfassern, s. J. H. Grischow,

— kurze Passionsbetrachtt. über d. Lied: Wenn meine Sünd mich kränken. 8. Halle 751. Gebauer. 2 gr

— s. Testament. Vet.

— katechet. Unterricht von d. Religionsfrieden in Deutschland. 8. Halle 755.

Kirchner, Johann Gottlob

— s. Ihnen aufzuwarten.

Kirchner, Jh. Glo., († d. 21. Oct. 1829.) Worte d. Erbauung für Christen am Morgen auf alle Tage im Jahre. 2 Thle. 8. Delitzsch 796. (Wagner). 20 gr

Kirchner, Jh. Hnr., theoret.-prakt. Handbuch zu e. nöthigen musikal. Unterricht für künftige Landschulen. 8. Rudolst. 801. Klüger. (Hildebrandt in Arnst.) 12 gr

Kirchner, Johann Narzissus

Viro maximo colendo et doctissimo J. C. Held, Rectori Gymnasii Baruthini optime merito, muneris scholastici per quinque lustra prospere administrati ferias solemnes XXV. Maji. MDCCCXL rite celebrandas ex animo gratulantur collegae. — 1840. Ibid. — ½ Bog. — 20 lat. Distichen [v. P. Dr. Kirchner.]
Progr. Bayreuth

Kirchner, Joannes *(geb. [Nieder-]Schönau in Schles. 24. 6. 1848)*: Quaestionum Servianarum part. 1: De Servi auctoribus grammaticis, quos ipse laudavit. Lipsiae 1876. (32 S.) 8°
[Vollst. in: Jahrbücher f. class. Philol. Suppl. Bd 8. 1876, auch als Sonderabdr. bei Teubner in Leipzig.]
Breslau, Phil. Diss. v. 28. Apr. [vielmehr 2. Mai] 1876

Kirchner, Joa., de Servi auctoribus grammaticis, quos ipse laudavit. [Aus: „Jahrbb. f. class. Philol. 8. Suppl.-Bd."] gr. 8. (67 S.) Leipzig 876. Teubner. n. 1.60

Kirchner, Johs., Paul Eber, der Schüler Melanchthons, s. Beiträge zur Literaturgeschichte.

Paul Eber, der Schüler Melanchthons von Dr. J[ohannes] **Kirchner.** Leipzig: Verl. f. Lit., Kunst u. Musik 1907. (64 S.) 8° [F.]
— **Beiträge** z. Literaturgeschichte. H. 42. (o8. 3798

— Paul Gerhardt, s. Beiträge zur Literaturgeschichte.

Paul Gerhardt. Ein Bild s. Lebens u. Wirkens von Dr. Johannes **Kirchner.** Leipzig: Verl. f. Lit., Kunst u. Musik 1908. (120 S.) 8° [F.]
— **Beiträge** z. Literaturgeschichte. H. 51. (o8. 3807

Kirchner, Johannes: Die **Hauptweissagungen** des Buches Daniel erläutert und mit den Weissagungen der übrigen Propheten verglichen. *Treuenbrietzen 1898: M. Schulze in Alsleben a. S.* (47 S.) 8°
Erlangen, Phil. Diss. v. 14. März 1898

Kirchner, Johs., Index, s.: **Corpus inscriptionum atticarum.**

Kirchner, Johs., indices, s.: **Corpus inscriptionum atticarum.**

Kirchner, J., Kindheitsglaube u. Liebesglück. Ein Beitrag zur Lebensgeschichte des schles. Dichters J. Chr. Günther. (56 S.) 8. Leipzig 906. Modernes Verlagsbureau. n. 1.—

Kindheitsglaube und Liebesglück. Ein Beitrag z. Lebensgeschichte d. schles. Dichters J. Chr. Günther. Von J[ohannes] Kirchner. (Berlin.) Leipzig: Wigand 1906. (55 S.) 8° (o6. 1

— Philipp Nikolai, der Sänger des letzten Wächterliedes. Ein Bild seines Lebens u. Wirkens. (88 S. m. 1 Bildnis.) 8. Gütersloh 907. C. Bertelsmann. 1.20; geb. 1.60

Kirchner, Jo[h]annes: De Servii, carminum **Vergilianorum interpretis, commentario pleniore qui dicitur. P. 1.** Brieg 1910: **Albrecht.** 20 S. 4°
Brieg, k. G OP 1910 (263) [S 10. 218

– Dasselbe, s.a. Kirchner, Hans

Kirchner, Johannes Ernst

Kirchner, Johannes *Ernst*: Beiträge zur Geschichte attischer Familien. 4 (S. 81—93).
Festschrift z. 100jähr. Jubelfeier des Kgl. Friedrich-Wilhelms-G. *Berlin* 1897.

Progr.

Kirchner, J. E., Zur Datierung einiger athenischer Archonten. s. a. 13 S.

Kirchner, Ioannes Ernestus: De litis instrumentis quae exstant in Demosthenis quae fertur in Lacritum et priore adversus Stephanum orationibus. Halis Saxonum 1883: Hendel. 40 S. 8°
Halle-Wittenberg, Phil. Diss. v. 16. Aug. 1883
Geb. Reval (Esthland) 26. 10. 1859. V.
Verf. erlebte die Diplomerneuerung 1933 als Geheimer Studienrat, Gymnasial-Professor a. D. in Berlin, vgl. Anh. Nr. 761.

Kirchner, Ioa., s.a. Prosopographia attica.

Prosopographia attica. Ed. Iohannes **Kirchner.** Vol. 1. 2. *Berolini: G. Reimer 1901–03.* 2 Bde 4°(8°)
1. (A—K.) 1901.
2. (Λ—Ω. Conspectus demotarum. Archontum tabulae. Acc. index titulorum hoc in opere suppletorum.) 1903. (o3. 3783

Kirchner, Ioannes E. [Dr.]: Prosopographiae Atticae specimen. Berlin, Druck v. A. W. Hayns Erben (1890); S. 3—41; 4°
Berlin, k. Friedrich-Wilhelms-G u. k. VS, OP 1890

Kirchner, Joh. E. Prosographiae atticae specimen. gr. 4. (41 S.) Berl. 890. (Lpz., Fock.) • 1 20

Kirchner, J(oannes) L(udolphus) C(arolus) F(ridericus) G(uilelmus): Scarlatinae litteratura et historia. Halis Saxonum (1844): Semmler. 45 S. 8°
Halle-Wittenberg, Med. Diss. v. 13. [Diplom: 15.] Mai 1844
Geb. Wittenberge (Mark Brandenburg) 11. 7. 1820. V.
Verf. erlebte die Diplomerneuerung 1894 als Sanitätsrat in Osterburg, vgl. Anh. Nr. 393.

— Johann Ludolph Carl Friedrich Wilhelm (Wittenberge), Scarlatinae litteratura et historia. Diss. histor.-med. Halle (Semmler) 13. V. 1844. 48 S. mit Biogr. (M.: S. Meyer.) (6.20) 18095
Oppon.: Klotz, v. Baerensprung. — Gew.: P. Krukenberg.

Die Darstellung des ersten Menschenpaares in der bildenden Kunst von der ältesten Zeit bis auf unsere Tage. Von Josef **Kirchner.** Mit 105 Abb. *Stuttgart: F. Enke 1903.* (XVI, 284 S.) 8° (o3. 1119

Kirchner, Jos., zur Geschichte des „Münchener Volkstheater". (19 S. m. Abbildgn.) Lex. 8. München 910. M. Kellerer. —50
Sonderabdruck aus: „Münch. Rundschau".

KIRCHNER, JOSEPH: Banater Kirchen-Melodien. Eine Beigabe zu obigen Kirchen-Gesängern, gesammelt und zweistimmig für Sopran und Alt in Musik gesetzt von Joseph Kirchner, Lehrer zu Deutsch-Ecska. Im Verlag der Buch und Steindruckerei des Fr. P. Pleitz in Groß Becskerek erschienen und zu haben. (1861). - 8°

— Die Schönheit der Frauen, s.: **Hirth, Paul.**

Kirchner, Julius: Album der Ehstländischen Ritter- und Domschule zu Reval vom 2. März 1834 bis 2. März 1859. — Reval 1859: Lindfors. 58 S. 4°

Kirchner, K.

Kirchner, C., aerztlicher Bericht über das königl. preussische Feld-Lazareth im Palast zu Versailles während der Belagerung von Paris vom 19. Septbr. 1870 bis 5. März 1871 von seinem Chefarzte. gr. 8. (VII, 103 S. mit 9 Stnt. und 3 Photolithogr.) Erlangen [Stuttgart] 872, Enke.
(* ℳ 3.) *

Kirchner, K., Biographie Adam Siber's. [Aus: „Mitteilgn. d. Vereins f. Chemnitzer Geschichte".] gr. 8. (206 S.) Chemnitz 887. (May.) n.n. 2.50

—— Lehrbuch der Militair-Hygiene. gr. 8. (XII, 445 S. mit 75 eingedr. Holzschn., 6 lithogr. Taf. und 5 Tab. in qu. gr. 4.) Ebendas. 869. *

Kirchner, C., Lehrbuch der Militär-Hygiene. Mit 88 in den Text gedr. Holzschn. und 8 lithogr. Taf. 2. gänzlich umgearb. Aufl. gr. 8. Stuttgart 877, Enke. (1. Hälfte. (VIII, S. 1—296 mit 1 Tab. in qu. Fol.) * ℳ 7,60.; 2. Hälfte. (S. 297—568.) * ℳ 7,20.] *

Kirchner, K., De Propertii libro V capita sex. Diss. 1882. 85 S.

Kirchner, Karl

Kirchner, Carl, Referendar aus Halle a. S.: Die **Auslobung** nach dem Bürgerlichen Gesetzbuche für das Deutsche Reich. *Borna-Leipzig 1903: R. Noske.* (X, 184 S.) 8°
Leipzig, Jur. Diss. v. 1903

Kirchner, *Karl* Bemerkungen zu Prokops Darstellung der Perserkriege des Anastasios, Justin und Justinian von 502 bis 532. 4 (19 S.). **Progr.** Gr. Stadtsch. *Wismar* 1887 (605).

Kirchner, Bemerkungen über die Heere Justinians, s. Festschrift für Gymnas.-Dir. Dr. Nölting.

Kirchner, Karl Bemerkungen über die Heere Justinians. 8 (S. 115—138).
In: Festschrift zur Feier des 50 jähr. Dienst-Jubiläums des Direktors Nölting Gr. Stadtsch. *Wismar* 1886.
Progr.

Kirchner, Carl. Lustige Blüten aus dem Geschäfts-Reiseleben. Für die Jünger Merkurs u. Freunde d. Humors in Verse geschmiedet. gr. 16. (95 S.) Reutl. 889, Bardtenschlager. * — 50

Kirchner, Karl, appr. Arzt a. Heidelberg: Ein Fall von primärem Karzinom der prolabierten Vagina. Erlangen 1906: Junge & Sohn. (26 S.) 8°
Erlangen, Med. Fak., Ref. Hauser, Diss. v. 25. Aug. 1906
[Geb. 2. April 80 Heidelberg; Wohnort: Nürnberg; Staatsangeh.: Preußen; Vorbildung: Gymn. Heidelberg Reife 00; Studium: München 4, Erlangen 6 S.; Coll. 24. Juli 05; Approb. 8. Juni 05.]

Kirchner, K., Landeskunde der Großherzogtümer Mecklenburg-Schwerin u. Mecklenburg-Strelitz. Zunächst zur Ergänzg. der Ausgaben A. u. B. der Schulgeographie von E. v. Seydlitz hrsg. Mit e. Bilderanh. gr. 8. (32 S.) Breslau 890. F. Hirt. cart. n. — 30

Kirchner, K., Landeskunde der Großherzogtümer Mecklenburg-Schwerin u. Mecklenburg-Strelitz. Zunächst zur Ergänzg. der Schulgeographie von E. v. Seydlitz hrsg. 2., durchgeseh. Aufl. gr. 8. (32 S. m. Bildern.) Breslau 893. F. Hirt. Kart. n. — 80

Landeskunde der Grossherzogtümer Mecklenburg-Schwerin u. Mecklenburg-Strelitz. Zunächst z. Ergänzung d. Schulgeogr. von E. v. Seydlitz hrsg. von Dr. K[arl] **Kirchner**, Oberl. zu Wismar. Mit 1 Bilderanh. 3. durchges. Aufl. *Breslau: F. Hirt 1900.* (32 S.) 8° [Umschlagt. F.] [illegible]

Landeskunde der Großherzogtümer Mecklenburg-Schwerin und -Strelitz von Dr. K[arl] **Kirchner**, Oberl. zu Wismar. Mit 12 Abb. 4., durchges. Aufl. Breslau: F. Hirt [1905]. (40 S.) 8° [F.]
(Heimatkunden, zunächst z. Ergänzung d. Schulgeogr. von E. v. Seydlitz.) [illegible]

Kirchner, Karl, 20 Neujahrswünsche u. 88 Albumverse. Zur Verwendg. seitens der Lehrer, Eltern u. Erzieher verf. (32 S.) kl. 8. Dresden 909. A. Huhle. — 50

Kirchner, Karl: Über Sternbergs eigenartige unter dem Bilde der Pseudoleukämie verlaufende Tuberkulose des lymphatischen Apparates. Würzburg 1908: Stürtz. 38 S. 8°
Würzburg, Med. Diss. v. 1. April 1909, Ref. Borst
[Geb. 12. Jan. 82 Würzburg; Wohnort: Würzburg; Staatsangeh.: Bayern; Vorbildung: Gymn. Würzburg Reife Juli 02; Studium: Würzburg 10 S.; Coll. 29 April 08; Approb. 14. März 08.] [U 09. 4124

Kirchner, Carl A., der erste Zeichenunterricht. Eine Anleitung für Lehrer zum Schul- und Privatgebrauch. Mit einem Vorwort von Aug. Lüben. 8. (17 S. mit 33 Stnt. in qu. Fol., und einem Zeichenhefte 16 Stnt. in qu. 4.) Bremen 863, Geisler's Verlag. geh. und in Mappe.
Der Text einzeln.

Kirchner, Carl Herm., die Philosophie des Plotin. gr. 8. (VI und 220 S.) Halle 854, Schmidt. *

Kirchner, Carl Herm., die speculativen Systeme seit Kant und die philosophische Aufgabe der Gegenwart. gr. 8. (VII und 105 S.) Leipzig 860, Barth.

Kirchner, Carolus Hermannus (geb. am 17 Nov. 1822 in Stralsund): Theses controversae ... ad obtinendum licentiati S. theologiae gradum ... Bonnae, typ. C. Georgii 1845. VII S. 8.
Bonn. Ev.-theol. Fak., Thes. v. 15 Febr. 1845

Kirchner, Carolus Julius *(geb. Frankenstein in Schles. 28. 11. 1831)*: De amputatione penis ope galvanocaustica comparata cum ceteris hujus operationis methodis. Francosaxi (1856). (25 S.) 8°
Breslau, Med. Diss. v. 11. [vielmehr 12.] Aug. 1856

Kirchner, Carolus Leopoldus Albertus: • De Messia et aetate messiana quid doceat Iesaias propheta. Commentatio exegetico-historica. 25 Bl. 4° (2°)
Halle-Wittenberg, Phil. Diss. v. 11. Sept. 1840
Geb. [Treplin b. Frankfurt a. d. O. 20. 12. 1818]

Kirchner, Karl Paul Vict. Die Abstammung des Ulfilas. 26 S.
Progr. Rg. *Chemnitz* 1879.

Kirchner, Konr. Max., das heilige Abendmahl u. seine Beziehungen auf das Leben. Ein Beicht- u. Communionbuch für evangel. Christen. 2., verb. u. verm. Aufl. 12. (12 B. u. 1 Stahlst.) Frankfurt a. M. 844, Sauerländer's Verl. *

Kirchner, Konr. Max., das heilige Abendmahl und seine Beziehungen auf das Leben. Ein Beicht- und Communionbuch für evangel. Christen. 3. Ausg. 12. (VI und 282 S. mit 1 Stahlst.) Frankfurt a. M. 858, Sauerländer's Verlag. geb. *

Kirchner, Konr. Max., das heilige Abendmahl und seine Beziehungen auf das Leben. Ein Beicht- und Communionbuch für evangel. Christen. 4., verb. u. verm. Aufl. 8. (VIII und 301 S. mit 1 Stahlst.) Frankfurt a. M. 863, Sauerländer's Verlag. * 15 Ngr.; geb. mit Goldschn. und in Futteral *

Kirchner, K(onr.) M(ar.), Auferstehung thut Noth! Festpredigt am 2. heil. Ostertage den 1. April 1850 gehalten. (Nr. 15 der einzeln gedr. Predigten des Verf.) gr. 8. (15 S.) Frankfurt a. M. 850, [Völcker.]

—— bekümmert euch nicht! Predigt am Ernte-Dankfeste, Sonnt. den 5. Novbr. 1848 gehalten. gr. 8. (16 S.) Frankfurt a. M. 848, Hermannsche Buchh. *

—— Christus, des lebendigen Gottes Sohn. Predigt am Sonntag den 29. Mai in der Weißfrauenkirche gehalten. gr. 8. (14 S.) Frankfurt a. M. 864, Hermann's Verlag. *

—— Oratio de Augustana Confessione in imperii Germanici comitiis publice tradita magnoque ejus tum in illud, tum in omne posterum aevum momento. 4. (1½ B) Stralsundiae 830, Loeffler.

Kirchner, C., Horazens Damasippus Buch II 3. Sat. Lateinisch u. Deutsch. Pr. 1818. 40 S. 4°. 2.25

— Die Epistel an die Pisonen des Horatius Flaccus übers. Pr. 1890. 14 S. 4°. 1.20

—— es ist ein köstlich Ding, daß das Herz fest werde. Zeugniß und Andenken in Spruch und Lied. 8. (XI und 211 S.) Frankfurt a. M. 851, [Völcker.]
Fein Pap.
Velinp. *

Kirchner, C., Festrede zur and. Secularfeier d. Befreiung Stralsunds von d. Wallensteinischen Belagerung. gr. 4. (2½ B.) Stralsund 828, Löffler.

—— der wahre und der falsche Friede. Predigt gehalten am 1. Septbr. 1850. Eine Erinnerung an die Versammlung der Friedensfreunde vom 22. bis zum 24. Aug. (Nr. 16 der einzeln gedr. Predigten des Verf.) gr. 8. (16 S.) Frankfurt a. M. 850, Hermannsche Buchh. *

— C. (Director d. Stralsundischen Gymnasii), Die Gesetze der deutschen Zeitmessung. Stralsund (Löffler) 1828. 17 S. (4.—) 18090

— s. Horatius, le Satyre — Ofellus — Damasippus.

—— der Jahresabschied. Schlußbetrachtung am Abende des 31. Dezbr. 1857 gehalten. gr. 8. (14 S.) Frankfurt a. M. 858, Völcker. *

—— ich u. mein Haus wollen dem Herrn dienen. Ein Andachtsbuch f. christl. Familien. 2., verb. u. verm. Aufl. gr. 8. (32 B. u. 1 Stahlst.) Frankfurt a. M. 844, Sauerländer's Verl. *

—— Ich und Mein Haus wollen dem Herrn dienen. Ein Erbauungsbuch für christl. Familien. 3. Ausg. gr. 8. (VIII und 504 S. mit 1 Stahlst.) Frankfurt a. M. 858, Sauerländer's Verlag. geb. *

— Ich weiß, an wen ich glaube. Stimmen des Lebens in evangel. Liedern. Mit 1 Stahlst. gr. 12. Frankfurt a/M. 843, Hermann'sche Buchh. 3/4 ₰

—— Jesus ein Muster im Parteienkampfe seiner Zeit. Predigt. gr. 8. (1 B. u. Titvign.) Frankfurt a. M. 846, Varrentrapp's Sort.-Buchh. *

—— der Mensch lebt nicht vom Brod allein, sondern von einem jeglichen Wort, das durch den Mund Gottes geht. Predigt. gr. 8. (1 B.) Frankfurt a. M. 846, Brönner.

Kirchner, Conr. Max., de Montanistis Spec. I. Commentat. de eorum origine, prima conditione, sententiis ac disciplina continens. 8 maj. (2 B.) Jenae 832, Frommann.

— s. Musae Portenses sive analecta poetica etc.

Kirchner, C. De gymnastices in gymn. restituendae necessitate. 34 S. . . . .
Stralsund, Progr. 1830

—— Oratio de gymnastices in gymnasiis restituendae necessitate. 4. (2 B.) Stralsundiae 830, Loeffler.

Kirchner, K. M., das Opfern in heiligem Schmuck. Predigt, gehalten am Dank- und Friedensfest den 18. Juni d. J. in der Weißfrauenkirche. gr. 8. (12 S.) Frankfurt a. M. 871, Völcker's Verlag. **

— über d. Organismus des öffentl. Unterrichts an Gelehrtenschulen. Einladungsschrift. 4. Stralf. 821. (Löffler). 8 gGr

Kirchner, (C.,) üb. d. Organismus des öffentl. Unterr. an Gelehrtenschulen. Einladungsschrift. 4. Stralf. 822. (Löffler.)

Kirchner, Konr. Maxim., Predigten und geistliche Lieder. Aus dem Nachlaß gesammelt. 8. (VI, 157 S.) [Frankfurt a. M. 875, Zimmer'sche Buchh.] Heilbronn, Gebr. Henninger. geb. mit Goldschn. *

Kirchner, C. Quaestiones Horatianae. 1) De Bentlej. temporum, quib. Hor. poematum suor. libros scripserit, constitutione. 2) De utroque Tigellio. 3) De satirae l. I. 2 et 3 temporib. 4) De itinere Brundusino. Praemitt. vita Horatii adhuc ined. e cod. msto. Subjungitur tabula chronol. Horat. 62 S. . . . .
Schulpforte, Progr. 1834

—— Quaestiones Horatianae. I. De Bentleiana tempor., quibus Horatius poëmatum suor. libros scripserit, constitutione. II. De utroque Tigellio. III. De satyrae libri I. secundae et tertiae temporibus. IV. De itinere Brundisino. Praemittitur vita Horatii adhuc inedita e cod. Msto. subiungitur tabula chronologica Horatiana. (½ Fol.) 4 maj. (8 B.) Lipsiae 834, Vogel.

Kirchner, C. Novae quaestiones Horatianae. I. Quinquaginta codicum quibus usi sumus descriptio. II. De codicum Horatianorum stirpibus ac familiis. Adduntur tabulae lithographicae quattor, in quibus XXVI. exempla scripturae codicum a saec. IX. ad saeculum XVI. exhibentur. 66 S. mit 4 Lithogr. . . .
Pforta, Progr. 1847

Kirchneri, C., novae questiones Horatianae. I. Quinquaginta codicum quibus usi sumus descriptio. II. De codicum Horatianor. stirpibus ac familiis. Adduntur tabulae lith. IV, in quibus XXVI exempla scripturae codicum a Saec. IX. ad Saec. XVI. exhibentur. 4maj. (66 S.) Lipsiae 847, libr. Hahn.

Kirchner, C. Rede, geh. am Ottofeste, zur siebenten Säcularfeier der Einführung des Christenth. in Pommern, d. 16. Juni 1824.
Stralsung, Progr. 1828

Kirchner, C. Rede zur siebenten Säcularfeier der Einführ. des Christenth. in Pommern. S. oben S. 31. . . . .
Stralsund, Progr. 1828

Kirchner, C. Säcular-Feier der Befreiung von der Wallensteinschen Belagerung. Festrede. 18 S. 8. . . . .
Stralsund, Progr. 1828

Kirchner, K. M., der Schatz in irdischen Gefäßen. Predigt gehalten am Sonntag den 28. Aug. d. J. in der Weißfrauenkirche. Frankfurt a. M. 870. Völcker. 8. (12 S.) n.n. 2½ Ngr.

Kirchner, C., zwey Schulreden. s. Schulreden.

Kirchner, Konr. Max., Stunden d. Weihe u. d. Trostes. Ein Erbauungs- u. Communionb. f. gereifte Christen. gr. 16. (24⅛ B.) Frankfurt a. M. 836, Sauerländer.

(——) Tabula chronolog. Horatiana. Fol. maj. (½ B.) (Lipsiae 836, Vogel.) *

— der Tod u. das Jenseits. Zwei Predigten gehalten an den Sonntagen 25. Septbr. u. 2. Oktbr. d. J. in der Weißfrauenkirche. Ebend. 870. gr. 8. (26 S.) n. 4 Ngr.

— d. Verfassung u. Lehreinrichtung des Stralsund. Gymnasii. 4. Stralf. 827. Löffler. 9 gGr

— Vormals, Jetzt u. Einst, oder ist d. Reformation d. Kirche als beendigt anzusehen? 4. Stralf. 818. Löffler. 6 gGr

—— wachet; stehet im Glauben; seid männlich und seid stark! Predigt am Sonnt. nach der Ankunft des deutschen Reichsverwesers, 7. n. Trin., den 6. August gehalten. gr. 8. (15 S.) Frankfurt a. M. 848, Hermannsche Buchh. *

—— das Walten Gottes auch in dieser Zeit. Jahresschlußbetrachtung am Abende des 31. Decbr. 1845 in der St. Katharinenk. gehalt. gr. 8. (¾ B.) Frankfurt a. M. 846, Varrentrapp's Sort.-Buchh. *

—— wie der Christ in einer bösen Zeit sich zu verhalten habe. Predigt üb. die Textepistel Eph. 5, 15—21 geh. gr. 8. (1 B.) Frankfurt a. M. 845, Hermann'sche Buchh. *

— Weißfrauenkirche. gr. 8. (12 S.) Frankfurt a. M. 871. Völcker. n.n. — 25

Kirchner, Kurt, Zwiepflicht. Historisches Schauspiel. (119 S.) 8. Stuttgart 904. Strecker & Schröder. n. 2.—

Kirchner, Leopold, *in Kaplitz*. Die Bienen des Budweiser Kreises in Böhmen. *Prag* 1858. *Kath. Gerzabek*. 60 S. 8°. Mit 1 lithogr. Tafel.
Separatabdruck aus dem VII. Jhrg. der von Dr. W. R. Weitenweber redig. Zeitschr. »Lotos«.

Kirchner, Leop., Catalogus hymenopterorum Europae. (Hrsg. von der k. k. zool.-botan. Gesellschaft in Wien.) gr. 8. (IV und 285 S.) Vindobonae 867. (Leipzig, Brockhaus' Sortiment und Antiquarium.) *

Kirchner, Leopold — Die Ichneumonen der Umgegend von Kaplitz. Eine systematische Zusammenstellung der dort gezogenen Arten, mit kurzen Charakteristiken der Gattungen. Von — —. Mit einer lithogr. Tafel. (Separatabdruck aus dem 6. Jahrgange der von Dr. W. R. Weitenweber redigirten Zeitschrift Lotos.) Prag, 1856. Druck von Kath. Gerzabek. (63 S. 8.)

Kirchner, Leopold [aus Breslau]: Aus d. chem. Institut d. Univ. Breslau. Ueber die Phenyllutidindicarbonsäure und die Phenyllupetidindicarbonsäure ... Breslau, Druck v. G. Hoyer & C., 1893; 13 S., 2 Bl. 8.
Breslau, Phil. Fak., Inaug.-Diss. v. 22. Febr. 1893

Kirchner, Leop., üb. die Phenyllutidindicarbonsäure u. die Phenyllupetidindicarbonsäure. Diss gr. 8. (48 S.) Breslau 893. (L. Köhler.) n. 1. —

Kirchner, Ludwig von, k. u. k. Hauptmann. Die wichtigsten Daten über sämmtliche Waffen der österr.-ung. Kriegsmacht und Handfeuerwaffen der europäischen Staaten. Als Orientierungsbehelf zusammengestellt in 4 Tabellen (in 1 Schuber). 8. Triest 1901.

Kirchner, Edw., kurzer Entwurf e. prakt. Handbuchs d. Forstökonomie für d. westl. Provinzen d. russ. Reiches, besond. für Kur- u. Liefland. 8. Mitau 807. (74 S.)

Kirchner, Luise, in Odilienbergs Klostermauern z. Hohenstaufenzeit. Alte Bilder aus d. Wasgau. 8. (VII, 141 S.) Gotha 897. F. A. Perthes. n. 2. —; geb. n. 3. —

Kirchner, Mart., über die Anzeigepflicht bei Tuberkulose, s.: Festschrift zum 60. Geburtstage v. Rob. Koch.

Kirchner, Mart., die Bedeutung d. Bakteriologie f. die öffentl. Gesundheitspflege, s.: Klinik, Berliner.

Kirchner, Mart., die Bekämpfung der Tuberkulose u. die Fürsorge f. die Phthisiker. (Referat f. den XIV. internationalen Kongress f. Hygiene u. Demographie, Berlin 1907. (30 S.) gr. 8. Jena 908. G. Fischer. 1. —
Sonderabdruck aus: „Klin. Jahrbuch".

Kirchner, Mart., s.: Bericht üb. die vom Komitee f. Krebsforschg. am 15. X. 1900 erhobene Sammelforschg.

— die wesentlichen Bestimmungen der deutschen „Prüfungsordnung f. Aerzte" vom 28. V. 1901. gr. 8. (96 S.) Jena 901. G. Fischer. n. 2. 50

Kirchner, M., üb. d. Bissverletzungen v. Menschen durch tolle od. d. Tollwut verdächt. Tiere in Preussen während d. J. 1897. Mit geograph. Karte. [Aus: „Klin. Jahrb."] gr. 8. (16 S.) Jena 898. G. Fischer. n. 1. —

— über die Bissverletzungen v. Menschen durch tolle od. der Tollwut verdächtige Tiere in Preussen während des J. 1898. Mit geograph. Karte u. 1 Kurve im Text. gr. 8. (12 S.) Ebd. 899. n. — 75

— dasselbe, während des J. 1899. gr. 8. (10 S. m. 2 Kurven u. 1 Karte.) Ebd. 900. n. 1. 25
3 Sonderabdrucke aus: „Klin. Jahrbuch".

— über die Bissverletzungen von Menschen durch tolle oder der Tollwut verdächtige Tiere in Preussen während der J. 1900 u. 1901. (Aus den Akten des königl. preuss. Kultusministeriums.) Mit 2 geograph. Karten. — Beck, M., Berichte über die Thätigkeit der Wutschutz-Abteilung am königl. preussischen Institut f. Infektionskrankheiten zu Berlin in den J. 1900 u. 1901. Mit 4 geograph. Karten. (46 S.) gr. 8. Jena 902. G. Fischer. n. 2. 50
Sonderabdruck aus: „Klin. Jahrb."

— die Cholera, ihr Wesen, ihre Verbreitung, Verhütung u. Bekämpfung. Vortrag, geh. am 8. Septbr. 1892. gr. 8. (20 S.) Hannover 892. Schmorl & v. Seefeld Nachf. n. — 50

— üb. d. Einrichtungen f. d. Studium d. Zahnheilkunde an d. deutschen Universitäten. [Aus: „Klin. Jahrb."] gr. 8. (16 S.) Ebd. 898. n. — 50

Kirchner, Mart., die Entdeckung des Blutkreislaufs. Historisch-krit. Darstellung. gr. 8. (93 S.) Berlin 878. Hirschwald. n. 2. —

— Ernährung u. Trinkwasserversorgung im Felde, s.: Vorträge üb. ärztliche Kriegswissenschaft.

XIV. Internat. Kongreß f. Hygiene u. Demographie. Die gesetzlichen Grundlagen der Seuchenbekämpfung im Deutschen Reiche unter besond. Berücks. Preußens von Dr. Martin Kirchner, vortrag. R., Prof. Festschrift, dargeboten von d. Preuß. Minister d. geistl. Unterr.- u. Medizinalangelegenheiten. Jena: G. Fischer 1907. (XVI, 335 S.) 8° (07. 14023

— Grundriss der Militär-Gesundheitspflege. Mit zahlreichen Fig. im Text u. 3 Lichtdr.-Taf. 1.—9. Lfg. gr. 8. (720 S.) Braunschweig 891—894. H. Bruhn. à n. 2. —

— Grundriss der Militär-Gesundheitspflege. Mit 454 Fig. im Text u. 3 Lichtdr.-Taf. 10.—15. (Schluss-) Lfg. gr. 8. (XX u. S. 721—1180.) Braunschweig 894—896. H. Bruhn. à n. 2. — (kplt. geb. n. 32. 50)

Grundriss der Militär-Gesundheitspflege v. Dr. Martin Kirchner, k. preuss. Oberstabsarzt ... M. 454 Fig. im Text u. 3 Lichtdr.-Taf. *Braunschweig: H. Bruhn 1896*. (XX, 1180 S., 3 Taf.) 1 Bd 8. (96. 8;1)

Kirchner, Martin: Grundriß der Militärgesundheitspflege. 2. Aufl. 1910 s. Kirchner: Lehrbuch d. Militär-Gesundheitspflege. (10. 5539

— Hygiene u. Seuchenbekämpfung. Gesammelte Abhandlgn. (VIII, 658 S. m. 1 Taf.) gr. 8. Berlin 904. R. Schoetz. n. 18. —; geb. in Halbfrz. n. 20. —

— s.: Jahrbuch, klinisches.

Lehrbuch der Militärgesundheitspflege. Von Dr. Martin Kirchner, Prof. in Berlin 2. Aufl. des 'Grundriß der Militärgesundheitspflege'. Bd 1. Leipzig: Hirzel 1910. 8° (10. 5538

— u. Kübler, die Lepra in Russland. Ein Reisebericht. [Aus: „Klin. Jahrb."] gr. 8. (52 S. m. 14 Abb.) Jena 897. G. Fischer. n. 1. 80

— dasselbe, s.a. Jahrbuch, klinisches.

— die öffentliche Prophylaxe, s.: Cholera. Das Wesen der Cholera.

— u. W. H. Lindley, Schädlichkeit d. Canalgase u. Sicherg. uns. Wohnräume gegen dieselben. Referate v. K. u. L., sow. Discussion auf d. XX. Versammlg. d. deutschen Vereins f. öffentl. Gesundheitspflege zu Stuttgart am 13. Septbr. 1895. [Aus: „Deutsche Vierteljahrsschr. f. öffentl. Gesundheitspflege".] gr. 8. (60 S. m. Abb.) Braunschweig 896. F. Vieweg & Sohn. n. 1. —

— Die in Deutschland u. den deutschen Schutzgebieten seit 1897 ergriffenen Schutzmassregeln gegen die Lepra. Bericht, erstattet auf der 2. internationalen wissenschaftl. Leprakonferenz zu Bergen 1909. (28 S. m. 1 Abb.) gr. 8. Jena 909. G. Fischer. 1. —

— Über den heutigen Stand der Typhusbekämpfg. (34 S. m. 5 Diagr. u. 2 Karten.) Ebd. 907. 1. 60
2 Sonderabdrucke aus: „Klin. Jahrbuch".

Die Tuberkulose und die Schule. Von Prof. Dr. Martin Kirchner. Berlin: R. Schoetz 1906. (32 S.) 8° [ot. 1676]

— Die Tuberkulose in der Schule, ihre Verhütung u. Bekämpfung. Nach e. im deutschen Zentralkomitee zur Bekämpfg. der Tuberkulose geh. Vortrage. (16 S.) gr. 8. Berlin 909. R. Schoetz. — 60

— Martin (Spandau), William Harveys Verdienste um die Entdeckung des Blutkreislaufs. Diss. med.-chir. Bln. (Gustav Schade [Otto Francke]) 1. VIII. 1878. 95 S. mit Biogr. (M.: J. Sauerwald.) (6.80) 18097
Oppon.: F. Kirchner, O. Tubenthal, C. Behm. — Gew.: August Hirsch.

— die Verbreitung der Lepra in Deutschland u. den deutschen Schutzgebieten. Bericht, erstattet auf dem V. internationalen Dermatologen-Kongress zu Berlin 1904. (18 S.) gr. 8. Jena 905. G. Fischer. n. — 60
Sonderabdruck aus: „Klin. Jahrb."

Kirchner, Mart., s.: Verhandlungen des Comités f. Krebsforschung.

— s.: Veröffentlichungen des Komitee's f. Krebsforschung.

— s.: Volksseuchen.

— s. Zeitschrift für ärztliche Fortbildung.

— s.: Zeitschrift f. Krebsforschung.

Kirchner, Max, die deutschen Kaiserinnen in der Zeit von Konrad I. bis zum Tode Lothars v. Supplinburg, s.a Studien, historische. 29. Heft.

Kirchner, Max: Die deutschen Kaiserinnen in der Zeit von Konrad I. bis zum Tode Lothars von Supplinburg. Berlin 1910: Ebering. S. 57—113. 8° f. (Ersch. vollst. als: Historische Studien. H. 79.)
Königsberg, Phil. Diss. v. 28. Febr. 1910, Ref. Werminghoff
[Geb. 24. Sept. 85 Sinnen; Wohnort: Königsberg i. P.; Staatsangeh.: Preußen; Vorbildung: Kgl. Gymn. Danzig Reife O. 05; Studium: Königsberg 2, Berlin 1, Königsberg 5 S.; Rig. 30. Juli 09.] [U 10. 2608

Die deutschen Kaiserinnen in der Zeit von Konrad I. bis zum Tode Lothars von Supplinburg. Von Dr. Max Kirchner. Berlin: Ebering 1910. 198 S. 8°
(Historische Studien. H. 79.) 10. 932 2

Kirchner, Mor., Elsass im Jahre 1648. Ein Beitrag zur Territorialgeschichte. 4. (40 S.) Duisburg 878. Raske. n. 1. —; Mit einer Specialkarte 1 : 320,000 n. 5. —; Karte apart n. 4. —

Kirchner, M. Elsaſs im Jahre 1648. Ein Beitrag zur Territorialgeschichte. 40 S. Progr. Rg. Duisburg 1878.

— — Elsass im Jahre 1789. Historische Karte im Masstabe 1:320.000 nebst Nebenkarte, die 6 Districte des Elsass im Jahre 1787. (1 Blatt Text und 1 Karte im Schuber.)
Fol. Strassburg 1880.

Kirchner, Moritz: Das Reichsland Elsaß-Lothringen nach seiner territorialen Gestaltung von 1648—1789. Straßburg 1884: Trübner.
Vorarbeiten zu dieser Karte: die Abhandlung Das Elsaß i. J. 1648 (Programm Duisburg 1878); die Karte Elsaß i. J. 1648 (Duisburg 1878: in Komm. bei Raske); die Karte Elsaß i. J. 1789 (Straßburg 1880: Trübner); die Karte Das Reichsland Lothringen am 1. 11. 1766 (Straßburg 1882: Trübner).

Kirchner, Mor.: Die jüdische Passafeier und Jesu letztes Mahl. – Duisburg, G. & R., Progr. 1870.

Kirchner, Mor., die jüdische Passahfeier und Jesu letztes Mahl. gr. 8. (78 S.) Gotha 871. (Duisburg, Ewich.) *

Kirchner, Mauricius: *De Judaeorum sacrificiis pro peccato. 30 Bl. 4° (2°) Halle-Wittenberg, Phil. Diss. v. 7. März 1860
Geb. [Neustadt-Eberswalde 19. 3. 1831]

Kirchner, Mor., Duisburger Sonnentafel f. d. J. 1894. Auf- u. Untergangszeit der Sonne, sowie die Zeit des wahren Mittags zu Duisburg f. alle Tage d. J. 1894. gr. 8. (8 S.) Duisburg 893. (J. Ewich.) n. — 50

Kirchner, O., Grundrisse der Mythologie und Sagen-Geschichte der Griechen und Römer. 2. verb. und zum Theil umgearb. Aufl. gr. 8. (VII, 51 S.) Gera 872, Griesbach. *

—— dass. — 2. verb. und zum Theil umgearb. Aufl. gr. 8. (V, 51 S.) Leipzig 874, Siegismund und Volkening. *

Kirchner, O., Grundriss der Mythologie u. Sagengeschichte, 3. Aufl., s.: Weiske, Heinr. Adf., Grundriss d. Mythologie der Griechen u. Römer.

Kirchner, Oskar

[To Afhandlinger om K. W. Anstalt f. Pflanzenschutz in Hohenheim]. U. A. [Rostr. Saml.].
(K. W. Anstalt für Pflanzenschutz in Hohenheim. Flugblatt 1–2).

Kirchner, O., Algen, s. Kryptogamen-Flora von Schlesien.

Kirchner, Osk., die kgl. württ. Anstalt für Pflanzenschutz in Hohenheim, s.: Flugblatt, 1., der k. w. Anstalt f. Pflanzenschutz in Hohenheim.

— Oscar (Halle), Ueber die Aetiologie des Morbus Brightii. Diss. med. Halle (Wilhelm Plötz) 19. XI. 1868. 30 S. mit Biogr. (M.: Leiter.) (6.—)
Oppon.: G. Fraenkel, P. Riemer. 18098

Kirchner, O. [v.], und H. **Boltshauser**: Atlas der Krankheiten und Beschädigungen unserer landwirtschaftlichen Kulturpflanzen. (Tafeln mit erläuterndem Text) Stuttgart
Serie 1. Krankheiten und Beschädigungen der Getreidearten. 1896
Serie 2. Krankheiten und Beschädigungen der Hülsenfrüchte, Futtergräser und Futterkräuter. 1897
Serie 3. Krankheiten und Beschädigungen der Wurzelgewächse und Handelsgewächse. 1898
Serie 4. Krankheiten und Beschädigungen der Gemüse- und Küchenpflanzen. 1901
Serie 5. Krankheiten und Beschädigungen der Obstbäume. 1899
Serie 6. Krankheiten und Beschädigungen des Weinstockes und Beerenobstes. 1902

— u. H. **Boltshauser**, Atlas d. Krankheiten u. Beschädiggn. unserer landwirtschaftl. Kulturpflanzen. I.—III. Serie. gr. 8. Stuttgart, E. Ulmer. In Mappe n. 34. —
I. Krankheiten u. Beschädiggn. d. Getreidearten. 20 in feinstem Farbendr. ausgeführte Taf. m. kurzem erläut. Text. (III, 353 S.) 896. n. 10. —
II. Krankheiten u. Beschädiggn. d. Hülsenfrüchte, Futtergräser u. Futterkräuter. 22 in feinstem Farbendr. ausgef. Taf. m. kurzem erläut. Text. (III, 62 S.) 897. n. 12. —
III. Wurzelgewächse u. Handelsgewächse. 22 in feinstem Farbendr. ausgef. Taf.) M. erläut. Text. (III, 70 S.) 898. n. 12.—

Kirchner, O(scar), und Boltshauser, H[einrich]. Atlas der Krankheiten und Beschädigungen unserer landwirtschaftlichen Kulturpflanzen hrg. von Dr. O. Kirchner, Professor ... in Hohenheim, und H. Boltshauser, Sekundarlehrer in Amrisweil. Serie 4: Krankheiten und Beschädigungen der Gemüse- und Küchenpflanzen. 12 in feinstem Farbendruck ausgeführte Tafeln mit kurzem erläuterndem Text. [In Mappe; Text: 33 S.] gr.-8. Stuttgart, Eugen Ulmer, 1901. (M. 7. —)
(H. Boltshauser † 1. August 1899; für ihn *trat als Mithrgbr. ein* Chr Votteler in Stuttgart.)

— — dasselbe. V. Serie. Obstbäume. 30 in feinstem Farbendr. ausgeführte Taf. m. kurzem erläut. Text Lex.-8. (III, 93 S.) Ebd. 899. In Mappe n. 15. —; Wandtafel-Ausg. 3 Blatt à 74×88 cm. n. 15. —; auf Leinw. in Mappe n.n. 18. —

— — dasselbe. VI. Serie. Krankheiten u. Beschädiggn. des Weinstockes u. Beerenobstes. 20 in feinstem Farbendr. ausgeführte Taf. m. kurzem erläut. Text. Lex.-8. (III, 46 S.) Ebd. 902. In Mappe n. 12. —; Wandtafel-Ausg. 2 Blatt à 71×88 cm auf Leinw. in Mappe n.n. 15. —; (vollst. n. 68. —; bezw. n.n. 85. —)

Kirchner, Oskar, approb. Arzt aus Lütgendortmund, Westf.: **Ein Beitrag** zur Kenntnis vom Trichterbecken. *Greifswald 1903: F. W. Kunike.* (27 S.) 8°
Greifswald, Med. Diss. v. 3. Febr. 1903

— — Beiträge zur Biologie der Blüten. (Programm zur 72. Jahresfeier der landw. Akademie Hohenheim.) Stuttgart 1890. 8.

Kirchner, Osk. Beiträge zur Biologie der Blüten. gr. 8. (73 S.) Stuttg. 891, Ulmer. * 1 80

Kirchner, Osk. v., die Bekämpfung d. Feldmäuse, s.: Flugblatt, 8., der k. w. Anstalt f. Pflanzenschutz.

— **Bekanntmachung, betr. die Gebührenordnung u. Anweisung, betr. die Benützung der Anstalt f. Pflanzenschutz, s.: Flugblatt, 2., der k. w. Anstalt f. Pflanzenschutz in Hohenheim.**

— Neue Beobachtungen üb. die Bestäubungs-Einrichtungen einheimischer Pflanzen. gr. 8. (66 S.) Stuttg. 886, (Schickhardt u. Ebner). * 2 —

Kirchner, Oscar (Hrsg.).s.a. Die Coniferen und Gnetaceen Mitteleuropas ...

— **E. Loew u. C. Schröter, die Coniferen u. Gnetaceen Mitteleuropas in ihren gesamten Lebenserscheinungen, m. e. allgemeinen ökologischen Einführung. (Bd. I, Abt. 1 der Lebensgeschichte der Blütenpflanzen Mitteleuropas.) Unter Mitwirkung von M. Rikli hrsg. (IV, 343 S. m. 186 Abbildgn.) Lex.-8. Stuttgart 906. E. Ulmer. n. 15. —; geb. n. 16. —**

KIRCHNER, O.: Über die Empfindlichkeit der Wurzelspitze für die Einwirkung der Schwerkraft. Programm. - Stuttgart 1882. 53 S.

— u J Eichler, Exkursionsflora für Württembg u Hohenzollern. (440 S) Stuttgart 1900

— u. Jul. Eichler, Exkursionsflora f. Württemberg u. Hohenzollern. Anleitg. zum Bestimmen d. einheim. höheren Pflanzen nebst Angabe ihrer Verbreitg. 12. (XXX, 440 S.) Ebd. 900. Geb. in Leinw. n. 4. 80

Führer durch den botanischen Garten der Kgl. landwirtschaftl. Akademie Hohenheim. Von Dr. O[skar] **Kirchner**, Prof. Mit 1 Pl. Stuttgart: E. Ulmer 1901. (35 S.) 8° [07. 4524 2

— **Flora v. Stuttgart u. Umgebung (Ludwigsburg, Waiblingen, Esslingen, Nürtingen, Leonberg, ein Teil d. Schönbuches etc.], m. besond. Berücksicht. der pflanzenbiologischen Verhältnisse. 12. (XIV, 767 S.) Stuttgart 888. Ulmer. n. 7. —; geb. n.n. 7. 80**

— u. H. **Potonié, die Geheimnisse der Blumen. Eine populäre Jubiläumsschrift zum Andenken an Christian Conrad Sprengel. gr. 8. (81 S. m. 22 Illustr.) Berlin 893. F. Dümmler's Verl. n. 1. —**

Die Getreidefeinde, ihre Erkennung und Bekämpfung. Gemeinverständl. dargest. von Prof. Dr. O[skar] **Kirchner**, Hohenheim. Mit 80 Abb. auf 2 Taf. u. 4 Textfig. Stuttgart: E. Ulmer 1903. (33 S.) 8° [F.] [07. 4525 2

Kirchner, O., s.: Jahreshefte d. Vereins f. vaterländ. Naturkunde in Württemberg.

Kirchner O.: Die Krankheiten u. Beschädigungen unserer landwirthschaftlichen Kulturpflanzen. Eine Anleitung zu ihrer Erkennung u. Bekämpfung f. Landwirte, Gärtner etc. Stuttg. 1890. 637 S.

— die Krankheiten u. Beschädigungen unserer landwirtschaftlichen Kulturpflanzen. Eine Einleitg. zu ihrer Erkenng. u. Bekämpfg. f. Landwirte, Gärtner u. a. 2. vollständig umgearb. Aufl. (VIII, 675 S.) gr. 8. Ebd. 906. n. 14. —; geb. n. 15. 50
Erschien auch in 7 Lfgn. à n. 2. —.

Lebensgeschichte der Blütenpflanzen Mitteleuropas. Spezielle Ökologie d. Blütenpflanzen Deutschlands, Österreichs u. der Schweiz. Von Dr. O[skar] **Kirchner**, Prof., Hohenheim, Dr. E[rnst] Loew, Prof., Berlin, Dr. C[arl] Schröter, Prof., Zürich. Bd 1, Lfg 1. *Stuttgart: E. Ulmer 1904.* 4° (8°) [03. 15334

— — — **Lebensgeschichte der Blütenpflanzen Mitteleuropas. Spezielle Oekologie der Blütenpflanzen Deutschlands, Oesterreichs u. der Schweiz. I. Bd. 1.—6. Lfg. (IV u. S. 1—576.) Lex.-8. Ebd. 904—906. Subskr.-Pr. à n. 3. 60; Einzelpr. à n. 5 —**

— **E. Loew, C. Schröter,** Lebensgeschichte d. Blütenpflanzen Mitteleuropas. Spezielle Ökologie d. Blütenpflanzen Deutschlands, Österreichs u. der Schweiz. 7.—11. Lfg. (I. Bd. 1. Abtlg. S. 577—736; 2. Abtlg. S. 1—96 u. 3. Abtlg. S. 1—128 m. Abbildgn.) Lex. 8. Ebd. 907—09. Subskr.-Pr. à 3.60; Einzelpr. à 5. —

— — — dasselbe. I. Bd. 1. Abtlg. Allgemeines, Gymnospermae, Typhaceae, Sparganiaceae, Potamogetonaceae, Najadaceae, Juncaginaceae, Alismaceae, Butomaceae, Hydrocharitaceae. Bearb. v. Ch. Flahault, H. Glück, P. Graebner, O. Kirchner, E. Loew, M. Rikli, C. Schröter, T. W. Woodhead. Mit 1111 Einzelabbild. in 420 Fig. (VII, 736 S.) Lex. 8. Ebd. 908. 30.— ; geb. 33. —

Kirchner, Oskar *(geb. Breslau 5. 9. 1851)*: De Theophrasti Eresii libris phytologicis. Part. 1. Vratislaviae (1874). (51 S.) 8°
[Forts. in: Jahrbücher f. class. Philol. Suppl. Bd 7. 1873-75 unt. d. T.: „Die botanischen Schriften des Theophrast von Eresos".]
Breslau, Phil. Diss. v. 9. Febr. 1874

Die Obstbaumfeinde, ihre Erkennung und Bekämpfung. Gemeinverständl. dargest. von Prof. Dr. O[skar] **Kirchner**, Hohenheim. Mit über 100 Abb. auf 2 Taf. u. 13 Textfig. Stuttgart: E. Ulmer 1903. (37 S.) 8° [F.]
[07. 4326 2

Kirchner, Osk., die Obstbaumfeinde, ihre Erkennung u. Bekämpfung. Gemeinverständlich dargestellt. 2 verm. Aufl. Mit über 100 kolor. Abbildgn. auf 2 Taf. u. 16 Textfig. (IV, 40 S.) Lex.-8. Stuttgart 906. E. Ulmer.
Kart. n. 2. —

– Die Obstbaumfeinde, ihre Erkennung u. Bekämpfung ... 2. verm. Aufl. Stuttg. 1909. 37 S. Fig. 2 Tvl. 4°.

— die Obstbaumgespinstmotten, s.: Flugblatt, 7., der k. w. Anstalt f. Pflanzenschutz in Hohenheim.

—— und F. Blochmann, die mikroskopische Pflanzen- und Thierwelt des Süsswassers. Bevorwortet von O. Bütschli. 2 Thle. hoch 4. Braunschweig, Gebr. Haering. cart. *

Inhalt:
Thl. 1. Kirchner, Osc., die mikroskopische Pflanzenwelt des Süsswassers. (X, 56 S. mit 4 lithogr. Taf. Abbild. in Gravüren nach Zeichnungen des Verf.) 885. *ℳ 10.—.

Kirchner, O., und F. Blochmann, die mikroskopische Pflanzen- und Thierwelt des Süsswassers etc.
Thl. 2. Blochmann, Friedr., die mikroskopische Thierwelt des Süsswassers. (IV, 122 S. mit 7 lithogr. Taf. Abbild. in Gravüren.) 886. *ℳ 20.—.

—— u. F. Blochmann. Die mikroskopische Pflanzen- u. Thierwelt d. Süsswassers. Bevorwortet v. O. Bütschli. (2 Thle.) 1. Thl. gr. 4. [Braunschw. 891, Gebr. Haering.] Hamb., Gräfe u. Sillem.
geb. in Leinw. * 12 —
Die mikroskopische Pflanzenwelt d. Süsswassers v. Osc. Kirchner. 2. gänzl. umgearb. u. verm. Aufl. Mit 5 Taf. Gravüren. (XII, 60 S. m. 5 Bl. Erklärgn.) 2. Thl. Ebd. 1886. * 20 —.

Kirchner, O., u. Frdr. Blochmann, die mikroskop. Pflanzen- u. Thierwelt d. Süsswassers. (2 Thle.) 2. Thl. 1. Abth. gr. 4. Hamburg 895. L. Gräfe & Sillem. Kart. n. 26. — (I. u. II. 1.: n. 38. —)
D. mikroskop. Thierwelt d. Süsswassers. 1. Abth.: Protozoa v. Frdr. Blochmann. 2., gänzl. umgearb. u. verm. Aufl. (XV, 134 S. m. 8 Taf. u. 8 Bl. Erklärgn.)

Kirchner, O[skar] von: Die Rebenfeinde, ihre Erkennung und Bekämpfung. Mit 71 kolorierten Abb. auf 2 Taf. u. 22 Textfiguren. Stuttgart: Ulmer 1908. 41 S. -- 121°

— Die Rebenfeinde, ihre Erkennung u. Bekämpfung. Gemeinverständlich dargestellt. 2. Aufl. Mit 71 kolor. Abbild. auf 2 Taf. u. 22 Textfig.) (IV, 43 S.) Lex. 8. Stuttgart 909. E. Ulmer. Kart. p 2. —

— Schizophyceae, s.: Engler, A., u. K. Prantl, die natürlichen Pflanzenfamilien. I. Ia.

Kirchner, Oskar, die botanischen Schriften des Theophrast von Eresos. Vorarbeiten zu einer Untersuchung über Anlage, Glaubwürdigkeit und Quellen derselben. gr. 8. (89 S.) Leipzig 874, Teubner. *
Aus: Jahrbücher für classische Philologie, besonders abgedruckt.

— der Steinbrand u. seine Bekämpfung, s.: Flugblatt, 8., der k. w. Anstalt f. Pflanzenschutz in Hohenheim.

— die Vegetation des Bodensees, s.: Schröter, C.

Kirchner, Otto, die kaustische u. kohlensaure Verseifung in der modernen Seifenindustrie. Die Haushaltungsseife. Hrsg. unter Mitwirkg. v. Bela Lach u. C. Stiepel. (VIII, 157 S. m. 52 Abbildgn.) 8. Wien 910. A. Hartleben.
4.—; geb. 4. 80

Kirchner O, B Lach, C Stiepel, die kaustische und kohlensaure Verseifung in der modernen Seifenindustrie. (157 S) (Chem.-techn. Bibl. 326) Wien 1910

— — Wandtafeln üb. d. Krankheiten u. Beschädiggn. uns. landwirtschaftl. Kulturpflanzen. I.—III. Serie. à 2 Taf. Farbdr. M. Text. gr. 8. Ebd. n. 37. —; Aufzug auf Leinw. u. in Mappe à Serie n.n. 3. —
I. Getreidearten. 2 Taf. à 73,5×89 cm. (34 Bl. Text.) 897. n. 10. —
II. Hülsenfrüchte, Futtergräser u. Futterkräuter. 2 Tafeln. 71×105,5, resp. 71×87 cm. (42 Bl. Text.) 897. n. 12. —
III. Wurzelgewächse u. Handelsgewächse. 2 Taf. 74×106 u. 74×88 cm. 898. n.n. 15. —

Kirchner, Osw. Rob. Paroemiologische Studien. Kritische Beiträge. 22, 37 SS. Progr. Rg. *Zwickau* 1879. 1880.

Kirchner, *Alwin* Paul [app. Arzt aus Gross-Dehsa]: Beitrag zur Kenntnis der Papillen führenden Ovarialkystome ... Leipzig, Druck v. Bär & Hermann, 1895; 21 S., 1 Bl. 8.
Leipzig, Med. Fak., Inaug.-Diss. v. 29. März 1895

Kirchner, Paul Christian

Kirchner, P. Ch. Jüdisches Ceremoniel. Nürnberg 1724. H: *Jungendres, Seb. Jac.* (Hauptkat. d. Univ.-Bibl. Tübingen. F. S. 379.)

Kirchner, Paul Christian. Jüdisches Ceremoniel, oder Beschreibung dererjenigen Gebräuche, welche die Jüden so wol inn. als ausser dem Tempel, bey allen und jeden Fest-Tägen ... in acht zu nehmen pflegen ... bey dieser neuen Auflage mit accuraten Kupfern versehen ... vermehret und mit Anmerkungen erläutert von Sebastian Jacob Jungendres. Nürnberg verlegts Peter Conrad Monath 1726.
Titelkupfer, Tit., 5 Bl., 226 S., 11 Bl.; 28 Taf. in Kupferst. von J. G. Puschner. 8°.
Eine frühere (die erste?) Ausgabe Jauer 1716.

Kirchner, Paul Chrn., *jüdisches Ceremoniel*, od. Beschreibung derjenigen Gebräuche, welche die Juden sowol inn- als ausser dem Tempel .... in acht zu nehmen pflegen. Nunmehro aber bey dieser *neuen Aufl.* mit accuraten Kpfrn. (von *Puschner*) versehen .... u. vieles vermehret u. mit Anmerckungen erläutert von *Sebast. Jac. Jungendres.* Nürnberg, verlegts Pet. Conr. Monath, 1731. 4°. Eleg. Hpgmtb. Prachtexpl., wie neu.
7 Bll. Vorst. (incl. Kpftit., Tit. in Roth- u. Schwarzdr., u. 1 Kpf.), 226 S., 27 interess. Kpftaf. in qu.-Fol., 1 Bl. Inh., 12 Bll. Reg. u. Erklär. d. Kpfrn. — Ed. I. 1720.
Von demselben Verf. hat man noch: „Der zum Evangelio bekehrte Rabbiner. 1720."

Schlummernde Fähigkeiten und geheime Seelenkräfte. Anleitung z. Erweckung u. Benützung psych. Grenzfunktionen nebst zahlr. Beispielen u. Experimenten von Dr. Raphael Eugen **Kirchner**. Berlin: Modern-Paedag. u. Psycholog. Verl. [1906]. (110 S.) 8° [07. 1196

Schlummernde Fähigkeiten und geheime Seelenkräfte. Anleitung z. Erweckung u. Benützung psych. Grenzfunktionen nebst zahlreichen Beispielen u. Experimenten von Dr. Raphael Eugen **Kirchner**. Berlin: Modern-Paedag. u. Psychol. Verl. [1907]. (110 S.) 8° [07. 10809

— Mein Geheim-System! (Physical culture.) Ein Lehrbuch zur Erlangg. körperl. u. geist. Frische nebst e. Anh. üb. Vollgenuß d. Lebens m. zahlreichen vollständ. Abbildgn. (im Text u. auf 5 Taf.) des männl. u. weibl. Körpers. 2. umgearb. u. vergröß. Aufl. (123 S.) gr. 8. Dresden 906. Leipzig, M. Wendel. 3. —

Kirchner, Raph. Eug., der moderne Don Juan: Über die Kunst zu verführen. Mit Benutzg. e. span. Quellenschrift des Don Alcansar del Castelnouvo. (VII, 163 S.) gr. 8. Leipzig (908). (M. Wendel.) 5. —

KIRCHNER, Dr. Raph. Eugen (wohl pseud.), Der moderne Don Juan. Über die Kunst zu verführen. (c. 1908.) 8°. (5 Mk. Alfons Grünfeld, Berlin, 1908.)
Alberne Händler-Reklame: „Das Buch birgt das Geheimnis des Erfolges unserer Damenlieblinge. Wie man ein solcher wird, lehrt dieses Buch. Jeder Mann, der in der Liebe kein Glück hat, sollte es sich kaufen. Der Erfolg ist unbedingt sicher."

— Die Kraft des Geistes. Eine Anleitg. zur Erweckg. schlummernder Fähigkeiten, Übgn. zur Erreichg. v. Lebensglück u. Reichtum ꝛc. Nebst e. Gratisbeilage „Der Selbsthypnotiseur" u. 3 Suggestionstaf. 1.—10. Tauf. (31 S.) gr. 8. Wien. (Leipzig, M. Wendel.) 1.60

Geistiges Training von Dr. Raphael Eugen **Kirchner**. Berlin: Modern-Paedag. u. Psychol. Verl. [1905]. (162 S.) 8° [05. 11374 II]

— Der Verkehr m. den Geistern Verstorbener . . . Die Macht des Spiritismus. s.: Osiris-Bücher.

— Wirkung in die Ferne. Die Lehre v. der Telepathie, s.: Osiris-Bücher.

— Woran erkennt man Homosexuelle? Einige Worte der Aufklärg. an Chefs, Direktoren u. Männer in leit. Stellgn. (28 S.) 8. Wald 908. Vossen. —50

Kirchner, Reinhold: Aus d. Botan. Garten d. Universität Breslau. **Beiträge zur Kenntnis der Bruniaceen.** *Breslau 1904: Graß, Barth & Co.* (29 S.) 8°
Breslau, Phil. Diss. v. 23. Apr. 1904

Kirchner, R., Gesetz über den Verkehr m. Kraftfahrzeugen, s.a. Guttentag's Sammlung deutscher Reichsgesetze, Nr. 92.

Kirchner, Rud.: Gesetz über den Verkehr mit Kraftfahrzeugen vom 3. Mai 1909. Text-Ausg. mit Anm. u. Sachreg. Berlin 1909.
(Guttentag'sche Sammlung Dt. Reichsgesetze. Text-Ausg. mit Anm. Nr 92.)

Kirchner, Thdr., d. Glück, s.a. Procházka, Rud. Frh.

KIRCHNER, Theodor
Das Glück. Ein Tonmärchen. Dichtung von Dr. Theodor Kirchner. Nach des Autors Originalzeichnung das „Allerbeste" in Nr. 21 der „Jugend". Jahrgang 1897. Musik von Rudolph Frh. Procházka. Prag 1898. Neugebauer. 16°. 21 S. fl. —.20
Aus dem Verlag Dominicus in obigen Verlag durch Kauf übergegangen.

Kirchner, Traugott Wilhelm

— drei Predigten. gr. 8. Sorau u. Bunzlau 840. (Berlin, Wohlgemuth.) 1/4 ℛ

Kirchner, Traug. Wlh., de Petrefactis et Fossilibus, quae Soraviae et in vicinis agris reperiuntur commentatio. Cum imaginibus lithogr. 4maj. Sorau 834. (Jülien.) 1/4 ℛ

— die Versteinerungen und Fossilien, welche bei Sorau und in der Umgegend gefunden werden. Eine Deutsch geschriebene Abhandlung, mit getreuen Abbildd., zur Selbstbelehrung der Erwachsenen u. zum Leitfaden bei dem Unterrichte für die Jugend. Mit 1 Steindr. gr. 4. Sorau 834. (Julien.) 1/6 ℛ

Kirchner, Victor, Pastor, aus Sangerhausen: **Die religionsphilosophische, besonders christlich-evangelische Auffassung vom 'Lohn', zumal in ihrer doppelten Beziehung zum bürgerlich-rechtlichen und zum eudämonistischen Lohngedanken.** *Erlangen 1904: Junge & Sohn.* (VI, 97 S.) 8°
* (T. 2 in verkürzter Fassung gedruckt.)
Erlangen, Phil. Diss. v. 4. März 1904

Kirchner, Vict. G., wider die Himmelsbriefe. Ein Beitrag zur religiösen Volkskunde. (III, 81 S.) 8. Leipzig-Gohlis 908. B. Volger. 1.50

Der 'Lohn' in der alten Philosophie, im bürgerlichen Recht, besonders im Neuen Testament. Von Lic. Dr. Victor **Kirchner**. Gütersloh: C. Bertelsmann 1908. (X, 216 S.) 8° [08. 11477]

— s.: Rosa, Angelika.

Kirchner, Vikt. Ghilf., d. Vaterunser in d. religiösen Litteratur. Umdichtungen u. Umschreibungen d. Vaterunsers, gesammelt von K. 8. (32 S.) Kassel 901. E. Röttger. n. —50

Kirchner, W., s.a. **Fortschritte in d. Eisengiesserei-Praxis.**

Fortschritte in der Eisengiesserei-Praxis. Hrsg. v. W. **Kirchner**, Ing. ... Berlin-Friedenau. *(Berlin-Friedenau:) Verl. d. Eisen-Zeitg (1898).* (2 Bl., 140 S.) 1 Bd 8. [98. 11314]

Kirchner, W. (II.), s. **Handbuch, internationales, für die Eisenindustrie.**

Kirchner, W. **Die Kupolöfen f. Giessereien. Ihre geschichtl. Entwickelg., Construction u. Betriebsergebnisse. Zusammengestellt unter Benutzg. der gesammten techn. Literatur, insbesondere e. Studie v. M. A. Gouvoy fils. gr. 8. (96 S. m. Abbildgn.) Berl. 891, Polytechn. Buchh.** * 4 —

Kirchner W, die Photographie im Dienst der Werkstatt. Berlin

Kirchner, Wilhelm

Kirchner, W., üb. die gegenwärtigen Arten der Milchverwerthung m. besond. Berücksicht. der kranken u. gesunden Milch, s.a. Vorträge, thiermedizinische.

Ueber die gegenwärtigen Arten der Milchverwerthung, mit besond. Berücks. d. kranken u. gesunden Milch. Von Prof. Dr. [Wilhelm] **Kirchner** in Leipzig. Leipzig: A. Felix 1892. (33 S.) 8°
= **Vorträge**, Thiermedizinische. Bd 2, H. 8. [93. 1053]

Kirchner, Guilelmus: **Aufgaben des Landwirtes, besonders in Beziehung auf die Organisation des Betriebes.** *Lipsiae (1902): A. Edelmann.* (S. 1—32.) 4°
Leipzig, Verz. d. Promotionen in d. phil. Fak. 1901—1902

Kirchner, Wilh., Aufgaben des Landwirtes, besonders in Beziehg. auf d. Organisation des Betriebes. Progr. gr. 4. (32 S.) Leipzig (902). (A. Edelmann). n. 1.—

Kirchner, Wilh., Australien und seine Vortheile für Auswanderer. 1. Aufl. (IV und 60 S.) 1848. 8 Ngr. und 2., verm. Aufl. gr. 8. (VII und 168 S.) Frankfurt a. M. 850, Brönner. *

Kirchner, Wilh., **Automobil u. Automobilsport,** s.: Isendahl, Walth.

Kirchner, W. (I.), **Beitrag zur Topographie der äusseren Ohrtheile, mit Berücksicht. der hier einwirkenden Verletzungen. gr. 8. (43 S. mit 1 lithogr. Taf.) Würzburg 881, Stahel'sche Universitäts-Buchh.** *
Aus: Verhandlungen der physikalisch-medicinischen Gesellschaft zu Würzburg, besonders abgedruckt.

Kirchner, W., **Beiträge zur Kenntniss der Kuhmilch und ihrer Bestandtheile nach dem gegenwärtigen Standpunkte wissenschaftlicher Forschung. gr. 8. (VII, 92 S.) Dresden 877, Schönfeld's Verlag.** *

—— **Bericht über die internationale Molkerei-Ausstellung zu Hamburg vom 28. Febr. bis 5. März 1877, erstattet an Se. Exc. den königl. preuss. Staatsminister und Minister für die landwirthschaftl. Angelegenheiten, Hrn. Dr. Friedenthal. gr. 8. (93 S.) Ebendas. 877.** *

—— über **Divertikelbildung** in der Tuba Eustachii des Menschen, s.a. **Festschrift, A. v. Kölliker gewidmet.**

Kirchner, W., über Divertikelbildung in der Tuba Eustachii d. Menschen. Mit 1 Taf. [Aus: „Festschrift f. A. v. Kölliker".] gr. 4. (11 S.) Leipzig 887. Engelmann. n. 4. —

—— über die Einwirkung des Nervus Trigeminus, s. Festschrift zur dritten Saecularfeier der Alma Julia Maximiliana.

Rektoratswechsel an der Universität Leipzig am 31. October 1899. I. Rede des abtretenden Rektors D. Dr. Albert Hauck: Bericht über das Studienjahr 1898/99. II. Rede des antretenden Rektors Dr. Wilhelm Kirchner: Die Entwicklung der Landwirthschaft im 19. Jahrhundert. *Leipzig (1899): A. Edelmann.* (16, 31 S.) 4°

Kirchner, W., die neuesten Erfahrgn. auf d. Gebiete des Molkereiwesens. Vortrag, geh. in d. ökonom. Gesellschaft im Königr. Sachsen, Dresden, am 7. I. 1898. [Aus: „Mitteilgn. der ökonom. Gesellschaft im Königr. Sachsen".] gr. 8. (26 S.) Dresden 898. G. Schönfeld. n. — 60

— die zweckmäßige Ernährung des Milchviehes vom wirthschaftl. Standpunkte. Vortrag, geh. in der ökonom. Gesellschaft im Königr. Sachsen, Dresden am 18. I. 1901. gr. 8. (32 S.) Dresden 901. Leipzig, G. Schönfeld. n. — 60

Kirchner, W. (I.), die Fütterung des Rindviehes nach den neueren Forschungsergebnissen. Ein Vortrag. gr. 8. (23 S.) Dresden 888, Friese und v. Puttkamer. — 25
Aus: Dresdner landwirthschaftl. Presse, besonders abgedruckt.

Kirchner, W. (II.), Handbuch der Milchwirtschaft auf wissenschaftlicher und praktischer Grundlage. gr. 8. (VIII, 617 S. mit 197 in den Text gedr. Holzschn.) Berlin 882, Parey. * geb. *

—— Handbuch der Milchwirtschaft auf wissenschaftlicher und praktischer Grundlage. 2. neubearb. Aufl. gr. 8. (X, 578 S. mit 199 in den Text gedr. Holzschn.) Berlin 886, Parey. geb. * 12 —

—— Handbuch der Milchwirtschaft auf wissenschaftlicher u. praktischer Grundlage. 3. neubearb. Aufl. gr. 8. (XII, 618 S. m. 216 Holzschn.) Berl. 891. Parey. * 12 —

[F.] Handbuch der Milchwirtschaft auf wissenschaftlicher und praktischer Grundlage. Von Dr. W(ilh.) Kirchner, ... Dir. d. landw. Inst. d. Univ. Leipzig. 4., neu bearb. Aufl. M. 153 Textabb. u. 8 Farbendrucktaf. *Berlin: P. Parey 1898.* (IX S., 1 Bl., 654 S., 8 Taf.) 1 Bd 8. [98. 9311

Handbuch der Milchwirtschaft auf wissenschaftlicher und praktischer Grundlage. Von Dr. W(ilhelm) Kirchner, Prof., Leipzig. 5., neubearb. Aufl. Mit 75 Textabb. Berlin: P. Parey 1907. (X, 700 S.) 8° [F.] [06. 3337

Kirchner, Wilh., Handbuch der Ohrenheilkunde, s. a. Wreden's Sammlung medizin. Lehrbücher.

—— Handbuch der Ohrenheilkunde. Für Aerzte und Studirende. 1. Aufl. (VIII, 210 S. mit 39 Abbild. in Holzschn.) [Braunschweig.] 1885; 2. Aufl. gr. 8. (VIII, 218 S. mit 41 Abbild. in Holzschn.) Berlin 888, Wreden. * 4 60
geb. * 5 80

— dasselbe. 3. Aufl. gr. 8. (VIII, 226 S. m. 41 Holzschn.) Ebd. 890. n. 4. 60; geb. n. 5. 80

Handbuch der Ohrenheilkunde. F. Aerzte u. Studir. v. Dr. Wilhelm Kirchner, Prof. ... in Würzburg. 5. Aufl. M. 44 Abb. in Holzschn. *Berlin: F. Wreden 1896.* (VIII, 232 S.) 1 Bd 8.
— Sammlung, Wredens, medizin. Lehrbücher. Bd XI. [96. 4670

Handbuch der Ohrenheilkunde. Für Ärzte u. Studierende von Dr. Wilhelm Kirchner, Prof., Würzburg. 7. Aufl. Mit 70 Abb. *Leipzig: S. Hirzel 1904.* (VI, 272 S.) 8° [04. 4950 9

— dasselbe, s. a. Lehrbücher f. den prakt. Arzt. 34—36. Lfg.

Kirchner, Wilh., das landwirtschaftliche Institut der Universität Leipzig in seiner neuen Gestalt, seine Einrichtgn. u. seine Tätigkeit. Vortrag, geh. am 8. I. 1904 in der ökonom. Gesellschaft im Königr. Sachsen zu Dresden. (37 S. m. 5 Abbildgn.) gr. 8. Leipzig 904. Berlin, R. C. Schmidt & Co. n. — 60

Kirchner, Wilh., über Caries des Schläfenbeines. gr. 8. (5 S.) Würzburg 885, Stahel'sche Universitäts-Buchh. — 30
Aus: Sitzungsberichte der physikalisch-medicinischen Gesellschaft zu Würzburg, besonders abgedruckt.

Kirchner: Stadtische Milch-Versorgung auf genossenschaftlichem Wege. Dresden 1899.

— s.: Mitteilungen des landwirtschaftl. Institutes der Universität Leipzig.

—— über Ohrverletzungen (mit Demonstration). [Aus der otiatr. Universitäts-Poliklinik.] gr. 8. (6 S.) Würzburg 886, Stahel'sche Universitäts-Buchh. * — 40
Aus: Sitzungsberichte der physikalisch-medicinischen Gesellschaft zu Würzburg, besonders abgedruckt.

—— Über Paracentese d. Trommelfelles. [Mit Demonstration.] gr. 8. (3 S.) Würzb. 891, Stahel. * — 50

—— Rede zum Gedächtniss an den kgl. Hofr. u. Univ.-Prof. Hrn. Dr. Anton Friedrich Frhr. v. Tröltsch, gesprochen in der feierl. Sitzg. der physikal.-medicin Gesellschaft zu Würzburg am 10. Mai 1890. gr. 8. (12 S.) Ebd. 890. * — 20
aus: Sitzungsber. d. physikal.-medicin. Gesellschaft zu Würzburg, besonders abgedruckt.

Kirchner, s.: Studien, landwirtschaftliche.

Kirchner (W.). Unters. ueber den Pflanzenschleim. Goett. 1873. 8°.

Kirchner, Wilh., Untersuchungen über den Pflanzenschleim. Inaugural-Dissertation. 8. (38 S. mit 1 Stnt. in gr. 4.) Göttingen 874, (Vandenhoeck und Ruprecht's Verlag.) *

— die Verletzungen des Ohres, s.: Abhandlungen, Würzburger, a. d. Gesamtgebiet d. prakt. Medizin. I. 10.

—— Versuche über den Einfluß der Fütterung eingesäuerten Maises auf die Milchproduction bei Kühen, s. Berichte aus dem physiologischen Laboratorium und der Versuchsanstalt des landwirthschaftlichen Instituts der Universität Halle.

Kirchner, Wilh., ein Weihnachtstraum, s.: Sammlung lebender Bilder.

— Zeit- u. Streitfragen aus dem Gebiete der Düngerlehre. Vortrag, geh. am 9. Febr. 1894. gr. 8. (23 S.) Dresden 894. G. Schönfeld. n. — 50

—— Zweck u. Aufgabe der Landwirthschafts-Wissenschaft an der Universität. Oeffentl. Antritts-Vorlesg., geh. in der Aula der Univ. Leipzig am 30. April 1890. gr. 8. (24 S.) Dresd. 890, Schönfeld. * — 60

Kirchner, Willy, s.: Kalender, zahnärztl., f. das Deutsche Reich.

Kirchner, Wolfg., s. Gebetbüchlein, ein neues, des sel. Dr. Luther.

Kirchner v. Neukirchen, Ant. Gesetze u. Verordnungen üb. Straßen u. Wege, s. a. Gesetze, österreichische.

Kirchner v. Neukirchen, österreich. Gesetze über Strassen u. Wege erlaut. Wien 892.

Kirchner v. Neukirchen, Ant., spezielle Würdigung des Systems der Zeitpachte, mit besond. Rücksicht auf die ökonom. Verhältnisse Böhmens. 2., nach den neuen konstitutionellen Verhältnissen umgearb. Aufl. gr. 8. (56 S.) Prag 850, Credner und Kleinbub. *

Kirchoff

— s. a. Kirchhoff.

Kirchoff, Johann Hieronymus (Hamburg), De immunitatis a muneribus realibus, amissione. Diss. jur. Giessen (Wwe. Joh. Reinh. Vulpius) 15. IV. 1712. 36 S. (6.20) 18100
Widm. v.: Bernh.: Ludw Mollenbec, Simon Nicolaus Orth, Melch. Dethm. Grolman.

Kirchoff, Johann Hieronymus: Disp. jur. de separatione liberorum per elocationem et divisionem,
s. Grolmann, Melch. Dethm. (Präs.)

Kirchoff, Theodor, s. Kirchhoff, Theodor

Kirchrath, L., li romans de Durmart le Galois in seinem Verhältnisse zu Meraugis de Portlesguez und den Werken Chrestiens de Troies, s. a. Ausgaben und Abhandlungen aus dem Gebiete der romanischen Philologie.

Kirchrath, L. Li romans de Durmart le Galois in seinem Verhältnisse zu Meraugis de Portlesguez und den Werken Chrestiens de Troies. Diss. Marburg 1884. 42 S.

Kirchrath, Leon

Kirchrath, L. Do you speak english? od.: Sprechen Sie englisch? Ein Hilfsbuch zur leichten u. schnellen Erlerng. der engl. Sprache. f. Verkehr, Korrespondenz u. Reise. 12. (IV, 156 S.) Mülh. a. R. 889, Bagel. geb. 1 20

[Ant. u. F.] Parla Ella italiano? oder: Sprechen Sie italienisch? E. Hülfsbuch z. leichten u. schnellen Erlerng d. ital. Sprache f. Verkehr, Korrespondenz u. Reise v. Dr. Leon Kirchrath. *Mülheim a. d. R.: J. Bagel [1893].* (IV, 160 S.) 1 Bd 8. [96. 716

— Parlez-vous français? Sprechen Sie französisch? Ein Hülfsbuch zur leichten u. schnellen Erlerng. der französ. Sprache. 12. (IV, 160 S.) Ebd. 889. geb. 1. 20

Kirchrath, P., Anleitg. u. psycholog. Begründg. zu e. rationellen Gesangmethode. gr. 8. (38 S.) Coblenz 898. (J. Schuth.) n. — 60

Kirchrath, P., theoret.-prakt. Lehrgang f. den Gesangunterricht in der Volksschule, auf psycholog. Grundlage bearb. (II, 48 S.) gr. 8. Stuttgart (903). (Süddeutsche Verlagsbuchh.) n. 1. —

Kirchrath, P. Der Zahlennamen, die psychologische Einheit der Gesangmethode, od. das Singen m. bewußter Tonvorstellg., erzielt durch die Benenng. der Töne m. den Zahlennamen. Ein Vortrag. gr. 8. (16 S.) Mülh. a. R. 890, (Ziegenhirt Nachf.). * — 50

Kirchring

— Woldemar von (Holstein'scher Adel), De forma sive statu S. R. Imperii. Präs. Nic. Christoph Lyncker. Juni 1686. Jena (Werther) 1699. 60 Seiten. (7.—) 18103
Widm. v. Präs., Peter Müller, Sylvester Erhard (Wolfenbüttel), Stauber, Joh. Friedrich v. Ritter (equ. Sax.).

— — Dasselbe. Jena (Ritter) 1736. 48 S. (6.80) 18104

Kirchroth, Ludw. v., die Mumifizierung v. Vögeln u. kleinen Säugetieren ohne Abbalgen, samt natürlichem Körper. Eine v. jedermann leicht ausführbare Methode zur Anfertigg. v. Tierpräparaten u. zur Konservierg. der Bastgeweihe. (27 S.) 8. Mödling 906. (J. Thomas.) 2. —

Kirchspiele, die, Berlins zum Handgebrauch für Armen-Commissionen und Armenpfleger. gr. 8. (24 S.) Berlin 853(59), W. Schultze. *

Kirchstätten [Schlagwort]

Kirchstätten, s.: Wiener Ausflugskarten.

Kirchsteiger, Hans (Johann)

Kirchsteiger, Hans, das Beichtsiegel. Roman. 2 Bde. 1.—5. Tauf. (355 u. 279 S. m. Bildnis.) kl. 8. Wien 905. Wiener Verlag. 4. —; erm. Pr. n. 2. —; geb. n. 3. —

Kirchsteiger, Hans, das Beichtsiegel. Roman. 26.—30. Tauf. 2 Bde. (355 u. 279 S.) 8. Berlin (910). J. Singer & Co. 4.—; geb. 6. —

KIRCHSTEIGER, H., Das Beichtsiegel. Roman in 2 Bdn. Berlin 1910. 8º. (Kr. 4,80.) (3 Kr. 60 H. L. Rosner, Wien, 1911.)
Deutsche Zeitung, Berlin: „Das Buch ist ein Aufschrei und nichts weiter. Der Verfasser hat in seinem Stande Furchtbares erlebt, und es trieb ihn, der Welt zu sagen, wie es einem katholischen Priester geht, der nur Priester, nicht politischer Agitator sein will."

Kirchsteiger, Hans, der Beichtvater. Roman. (568 S.) 8. Berlin (910). J. Singer & Co. 3.50; geb. 5. —

— die Katakomben zu Salzburg. Roman. 2 Bde. (245 u. 251 S.) 8. Salzburg 906. (Kaserngasse 5), Kirchsteiger. n. 4. —; geb. n. 6. —

— Die Katakomben zu Salzburg. Roman. 2. [Titel-] Aufl. 2 Tle. in 1 Bde. (245 u. 251 S.) 8. Wien (908). C. Konegen. 4. —

— Der Primas v. Deutschland. Roman. (VI, 482 S.) 8. Ebd. 908. 4.—; geb. 5. —

— das Schulfest. Ein Schauspiel. (96 S.) 8. Ebd. 906. n. 1. —; geb. n. 2. —

Kirchsteiger, Joh., einen Tag bei Gott. Eucharistische Anmutgn. (90 S.) 16. Salzburg (Kaserngasse 5) 910. Weltpriester J. Kirchsteiger. —60; geb. 1. 10

— Weltpriester. Roman. 1.—5. Tauf. (309 S.) 8. Wien 906. [Wiener Verlag.] Berlin, J. Singer & Co. 2.—; geb. n 3. —

Kirchsteiger, Matth., Gemeinfaßliche Darstellung der im Briefe an die Römer enthaltenen Wahrheiten. Auch mit dem Umschlagstitel: Brief des heil. Paulus an die Römer. Linz, Haslinger, 1833. 8º, $3^1/_2$ Bg., 50 Pf.

— d. 4 Evangelisten, zusammengestellt mit d. Apostelgeschichte u. den apostol. Briefen. 1r Bd. 8. Linz 814.

Kirchsteiger, Matth., Grundsätze zur Errichtung u. Verwaltung einer unter allen Zeitumständen dauerhaften Armenanstalt. 8. Linz 815. Acad. B. (Leipz., Schmidt). 8 K

Kirchsteiger, Math., Prophezeiungen über die Zukunft des Antichristes und der nachfolgenden Zeit. Bloß allein gegründet auf die Aussprüche der heil. Schrift und der heil. Väter. Zur Beherzigung für alle Menschen. 1. Aufl. (XII und 168 S.) 1849. und 2. Aufl. 8. (XVI und 164 S.) Linz 850, Ebenhöch.

— die Eine, einzig wahre daher ewig unveränderliche und für alle Vernunft-Wesen nothwendige Religion der Vernunft u. Offenbarung. Ein Gebeth- u. Lehrbuch für alle Menschen. (Mit der Beilage: Gemeinfaßliche Darstellung der im Briefe an die Römer enthalt. Wahrheiten.) 8. Linz 835. (Haslinger.) 1½ fl

— dass. 2 Theile, oder: Der Schlüssel zum Himmelreich. — Das aufgeschlossene Himmelreich. Ein Gebeth- u. Lehrbuch für alle Menschen. 2e Aufl. 8. Linz 836, 37. (Quirin Haslinger.) 2 fl

— d. heil. Schrift, oder d. Handbibel d. N. Testaments, zur Erbauung eines jeden Christen. 2 Bde. 8. Linz 815. Haslinger.

Kirchstein, Anna. Herzenstöne, Gedichte. Chicago, 1910.

Kirchstein, Fr., Aerzte, Krankenkassen und Leipziger Verband. 8°. Berlin, H. Walter, 1905.

Kirchstein, H., Ueber Platon's Protagoras. Pr. 1871. 18 S. 4°.

Kirchstetter, Ludw. Ritter v., Commentar zum oesterreichischen allgemeinen bürgerlichen Gesetzbuche mit vorzügl. Berücksichtigung des gemeinen deutschen Privatrechts. Lex.-8. (IX und 676 S.) Leipzig 868, Brockhaus. * 3 Thlr.; geb. *

Kirchstetter, Ludw. Ritter v., Commentar zum österreichischen allgemeinen bürgerlichen Gesetzbuche mit vorzügl. Berücksicht. des gemeinen deutschen Privatrechts. 2. durchgeseh. und verb. Aufl. Lex.-8. (XI, 727 S.) Leipzig 872, Brockhaus. *ℳ 9.; geb. *

— dasselbe. 3. durchgeseh. u. verb. Aufl., hrsg. v. Ferd. Maitisch. gr. 8. (IX, 785 S.) Ebend. 876. n. 10. —

Kirchstetter, Ludw. Ritter v., Commentar zum österreichischen allgemeinen bürgerlichen Gesetzbuche, mit vorzügl. Berücksicht. des gemeinen deutschen Privatrechts. 4. durchges. und verb. Aufl., hrsg. von Ferd. Maitisch. gr. 8. (XII, 756 S.) Leipzig 882, Brockhaus. *ℳ 10.; geb. *

Commentar zum Oesterreichischen Allgemeinen bürgerlichen Gesetzbuche mit vorzügl. Berücks. d. gemeinen deutschen Privatrechts. Von Dr. Ludwig Rr v. Kirchstetter. 5. verm. u. umgearb. Aufl. hrsg. von Dr. Ferdinand Maitisch, Hof-Advocat in Wien. *Leipzig & Wien: F. A. Brockhaus 1891.* (XII, 756 S.) 4°(8°) [F.] [illegible]

Kirchtag, Der, in Petersdorf oder die zwei verrückten Nachtwächter . . . Wien [1900]. V: *Ullmeier, Franz.* (EB)

Kirchtag, der Tyroler. s. Tyroler-Kirchtag.

Kirchthaler, Ludwig, k. und k. Oberlieutenant. Geschichte des k. und k. Inft.-Reg. Nr. 2, für immerwährende Zeiten Alexander I. Kaiser v. Russland. (Mit 18 Abbildungen.) 8. Wien 1895.

Kirchtimke [Schlagwort]
Kirchtimke, s.: Preussen. Messtischblätter.

Kirchvogel, Andr. Bern., De actione electricitatis aëreae in corpus humanum. 36 pp. Vienn. 8°. *Weiz*, N. Ausz. VII, 496. *Haller*, Bibl. anat. II, 639.

1767

— Diss. physico-medica de actione electricitatis aereae in corpus humanum. 8maj. Wien 767. Trattner. 2 K

Kirchvogel, Andr. Bhrd., diarium med. pract. de febribus intermittent. epidem. grassant. 1770, 71 etc. 8maj. Wien 771. Trattner. 8 K Dass. deutsch. 2 Thle. Ebd. 773. 8 K

Kirchvogl, Andreas Bernhard: Diarium medico-practicum. 214 S., gbd.

Vindobonae: typ. de Trattnern 1771

JB 2.136

Kirchwald, Caroline, der Schulmeister. Ein Lebensbild, gewidmet den deutschen Lehrern. 16. (144 S.) Lahr 867, Geiger. *

Kirchwalsede [Schlagwort]

Kirchwalsede, s.: Preussen. Messtischblätter.

Kirchweger, Anton Josef: Aurea Catena Homeri, s. Catena, Aurea, Homeri.

KIRCHWEGER, ANT. JOSEPHUS DE FORCHENBRONN.
* Microscopium Basilii Valentini, sive commentariolum et cribrellum über den grossen Kreuzapfel der Welt ♁, ein Euphoriston der ganzen Medicin, ex Theoria et Praxi Gravinii, allen Philo-Medicis, Chymicis, Pharmacopaeis, Chirurgis et singulis Medicinæ Amatoribus Chymicaeque artis praeprimis Fautoribus, zu ihrem freundlichen Faveur und Benevolenz. Ein Compendium der ganzen chymischen Scienz und Physica Hermetica concentrata; ein Werk so noch nie gesehen worden, höchst nützlich zur Praxi und der jetzigen Welt höchst nöthig. Berlin, 1790. pp. x–172, 12mo.

Kirchweihbüchlein f. das Volk. (24 S.) 16. Rottenburg 905. W. Bader. n.n. — 15; geb. n.n. — 35

Die *Kirchweihe in Haidhausen* am 24. Aug. 1879. Spende von einem ehemal. Cooperator von Haidhausen. (München 1879.) 8°. 1 Bl. u. 23 S. Cart.

Kirchweihe, Die, ihre Ceremonien und Bedeutung . . . München 1818. V: *Haid, Irenäus.* (Schmal) (Th)

Kirchweihe, d., ihre Ceremonien u. ihre Bedeutung. Aus u. nach dem röm. Pontificate. 8. Münch. 818. Lentner. 9 K

Kirchweihnacht, Die, eines Wiener Studenten auf dem Johannisberg im Jahre 1834 . . . Bingen 1848. H: *Mackauer, Baptist.* (Ky)

Kirchweihnacht, die, eines Wiener Studenten auf dem Johannisberg im J. 1834. Oder: Metternich's Entschleierung in eigenen Geständnissen. (Herausg. v. Baptist Mackauer.) gr. 16. (62 S.) Bingen 848, Halenza in Comm. n. 9 ngl

Kirchweihpredigten u. Homilien fürs Landvolk. 8. Agram 794. (Haslinger in Linz). 12 gl

— u. Homilien f. Landvolk. 8. Agram. (Liebeskind in Lpz. u. Haslinger in Linz.) 794.

Kirchweihpredigten, siebzehn, f. Gelegenheitsreden f. L. 5.

Kirchweih-Predigten, zwölf. Herausgeg. von einem emeritirten Priester der Erzdiöcese München-Freysing. 1., 2. Liefg. 8. Augsburg 844, 45, Kollmann'sche Buchh. à 3/8 ₰ — 2. Aufl. 1. Liefg. 8. Ebend. 845. 3/8 ₰

Kirchweih-Predigten, zwölf. Hrsg. v. einem emerit. Priester der Erzdiöcese München-Freysing. 3. Lfg. 8. (IV u. 148 S.) Augsburg 847, Kollmann. 3/8 ₰ (1—3.: 1 1/8 ₰)

Kirchweih-Predigten, zwölf. Herausg. von e. emeritirten Priester der Erzdiöcese München-Freising. 4. Liefg. München 853. (Augsburg, Pilon u. Co.) 8. (163 S.) n. 15 ngr

Kirchweih-Suite, abentheuerl., dreier Studiosen. 8. Erlang. 831. Heyder. 6 gl

Kirchweih-Suite, Die ebenteuerliche, dreier Studiosen, in schöne Reimlein gebracht . . . Erlangen [1831]. V: *Hase, Carl.* (Erman & Horn, Bibliogr. d. dtsch. Universitäten. 1. Leipz. u. Berl. 1904.)

FÜRTH b. Nürnberg. — Förther Kerwa 1813, Die, oder: Der verregnete zweite Färther Kirchweih Sonntag. O. O. u. J. (Fürth 1813). 4°. 2 Bll.
Poetischer Dialog in Nürnberger Mundart. — So in Haydinger's Bibl. I. 2. Nr. 111.

Kirchwistedt [Schlagwort]

Kirchwistedt, s.: Preussen. Messtischblätter.

de Kirchhoff, J. B. L., s. a. Kirchhoff.

Kirckhoff, J. B. L. de, über d. Wohlthätigkeitskolonien zu Friedrichsoord u. Wortel, übertr. v. F. A. Rüder. 8. (4 B.) Leipzig 828, [Lehnhold.]
Vgl. Gall, Ludw., menschenfreundl. Blätter, 1. Hft.

Kirdgeali. II Tomes. gr. in-8. Paris et Leipzig 839. Brockhaus et Avenarius. n. 5 ₰

Kirdorf, E., das Verhältnis der Kartelle zum Staate, s.: Schmoller, Gust.

Festgrüsse, Prologe, Erinnerungsblätter, Gelegenheitsgedichte von Karl Kirdorf. (Aus d. Nachlass d. Dichters.) *Krefeld: Kramer & Baum (1902).* (VIII, 199 S.) 8° [F.]

Kirdorf, Karl, Gedichte. 2. Ausg. 16. (XIX und 294 S.) Crefeld 866, Kühler. * 1 Thlr.; geb. *

Gedichte von Karl Kirdorf. 3. Aufl. *Krefeld: Kramer & Baum 1900.* (XV, 328 S.) 8° [F.]

Kirdorf, Karl, Gedichte. 3. Aufl. 12. (XV, 328 S. m Bildnis.) Krefeld (901). Kramer & Baum. n. 3.—; geb. n. 4.50; m. Goldschn. n. 5.—

— zwölf Zeitgedichte. gr. 8. (29 S.) Crefeld 866, Kühler.

Kiréeff, Alex., de l'infaillibilité du Pape. Extraits d'une correspondance entre un savant catholique-romain et un général russe. Traduit de l'Allemand. gr. 8. (83 S.) Bern 893. (Schmid, Francke & Co.) n. 2.60

Kiréevsky, Histoire des législateurs chimistes. Lavoisier. Berthollet. Humphry Davy. gr. in-8. (10 1/8 B.) Francfort s. M. 845, Wilmans. *

Kirejew, A. A. Zur Unfehlbarkeit d. Papstes. Aus dem Briefwechsel e. kathol. Gelehrten m. e. russ. General. gr. 8. (XI, 71 S.) Lpz. 891, Slavische Buchh. * 1 50

KIRFEL, Heinrich: Die Mariologie des heiligen Augustinus mit Berücksichtigung der übrigen patristischen Literatur. — (1906) III, 202 Bl. 4° (Handschr.) Diss. 784
Diss. Wien, Univ.

Kirfel, Willibald: Beiträge zur Geschichte der Nominalkomposition in den Upaniṣads und im Epos. Bonn: Georgi 1908. IV, 98 S. 8°
Bonn, Phil. Diss. v. 8. Juli 1908, Ref. Jacobi
[Geb. 29. Jan. 85 Reifferscheid; Wohnort: Bonn; Staatsangeh.: Preußen; Vorbildung: Gymn. Münstereifel Reife O. 04; Studium: Bonn 9 S.; Rig. 12. Febr. 08.] [U 09. 403

Kirgisenraub, der, oder die jungen Greise, von Jul. v. Voß. 8. Berl. Voß. 812.

Kirgisen-Steppe [Schlagwort]

Kirgisen-Steppe, s.: Geolog. Karten, Mutschkotow, J.

Kirill, unter der Flagge der Revolution. Erlebnisse auf dem Meutererschiff „Knjas Potemkin". Tagebuchblätter. Mit Einleitg. u. Schilderg. des Dramas v. Tendra v. Christian Rakowsky. Ins Deutsche übertr. v. Jenny Herzmark. (Neue [Titel-]Ausg. v.: „Die Odyssee des Knjas Potemkin".) (298 S. m. 1 Taf.) 8. Wien [906] 908. Wiener Volksbuchh. 2.—

Die Odysee des 'Knjas Potemkin'. Tagebuchblätter von Kirill, Mitgl. d. revolut. Schiffscomités. Mit Einl. u. Schilderung d. Dramas von Tendra von Dr. Christian Rakowsky. Deutsche Originalausg. besorgt von Dr. Jenny Herzmark. Wien: J. Brand 1906. (298 S.) 8°

Kirill, die Odyssee des „Knjas Potemkin". Tagebuchblätter. Mit Einleitg. u. Schilderg. des Drama v. Tendra v. Christian Rakowsky. Deutsche Orig.-Ausg., besorgt v. Jenny Herzmark. (298 S.) 8. Wien 906. Wiener Volksbuchh n. 4.—

Kirillow, Peter, die Loniceren des russischen Reiches geschichtlich und kritisch behandelt. Eine Abhandlung zur Erlangung der Würde eines Magisters der Philosophie verfasst. gr. 8. (72 S.) Dorpat 849, (Glaeser.) *

Kirilowicz, L., Entgegnung auf das von St. Smal-Stocki und Th. Gartner in Angelegenheit der ruthenischen Orthographie verfasste „Minoritätsvotum", s. Bilinkiewicz, S.

Kirin [Schlagwort]

Kirin, s.: China. Karte.

Kiriny, Cornelius von —. Ein sicheres specifisches Heilmittel gegen die orientalische Cholera, anempfohlen von — —. Pest, 1855. Gedruckt bei Landerer und Heckenast. Verlag von Gustav Heckenast. (32 S. 8.)

Kiriz, Carl Edm. De Jure Fisci mero imperio haud cohaerente. 4°. Jenae 1722.

Kiriz, Carl Erdmann (Merseburg), Varia praejudicia, circa usucapionem et praescriptionem passim inolita. Diss. jur. Präs. Christian Wildvogel. Jena (Müller) März 1722. 40 S. (6.50) 18105
Widm. v.: Präs., Jo. Frid. u. P. L. Wildvogel, P. Duvernoy.

Kiriz, Karl Erdmann [Praes.], s. T h o n, Johann Heinrich Christian: Jus fisci mero imperio haud cohaerere.

Kirk, Alfred, Die feuerlose Locomotive, in ihrer Theorie u. Anwendung dargestellt. gr. 8. (47 S. mit 1 Taf. u. 15 Text-Abbild.) Wien, G. Ad. Ungar & Comp. 1 fl. 80 kr. 1883

Kirk, Dalmatii, theologia univ. dogmat. scholastica. V Tmi. 4. Augsb. Wolf. 765–68.

— revelation. Agredanarum defensio. 4. Augsb. Wolf. 750.

Kirkaldy, G. W., Catalogus Hemipterorum (Heteropterorum). E. s. t.: Catalogue of the Hemiptera (Heteroptera) with biological and anatomical references, lists of foodplants and parasites, etc. Prefaced by a discussion on nomenclature, and an analytical table of families. (In 7—8 vols.) Vol. I: Cimicidae. (XL, 392 S.) gr. 8. Berlin 909. F. L. Dames. Subskr.-Pr. nn 20.--

Kirkerup, Johann

Kirkerup, J., erbaul. Betr. a. alle Tage d. Jahres. 8. Flensb. (Christiani, Schleswig.) 786. — 8

Kirkerup, J., Betrachtungen auf alle Tage des Jahres. Flensburg. 786. Jezt Hammerich in Altona.

Kirkerup, Jh., († ...) erbaul. Gedanken auf alle Tage d. Jahres. 8. Flensb. 766. N. A. 783. (Hammerich in Alt.) 8 gr.

— Lebensgeschichte d. Weltheilandes Jesu Christi, aus d. Schriften d. vier Evangelisten. 8. Hamb. 763.

Kirkes, Guil. Senhouse (geb. Holker in England 1822): De tenotomia. Berolini (1840) (32 S.) 8°
Berlin, Med. Diss. v. 8. Apr. 1840

Kirkland, Mrs., aus dem Hinterwalde, s.: Bibliothek, Europäische, 517 u. 518. Bd.

Kirkland, J. H. A study of the Anglo-Saxon poem The Harrowing of Hell. (Grein's Höllenfahrt Christi.) Diss. Leipzig 1885. 50 S.

Kirkland, Thom., Abhandl. von Brandschäden. Aus d. Engl. v. G. L. Huth. Mit Kpf. gr. 8. Nürnb. 760. Campe. 8 gr. (NB. Bildet auch den 2ten Thl. d. Samml. verschied. d. Fieberrinde betreff. Abhandll.)

Kirkland, Thomas: Abhandlung von den Brandschäden... (A Treatise on gangrenes... Dt.) Nebst einer Untersuchung der wider den Gebrauch der Fieberrinde in Brandschäden gemachten Einwendungen. Übers. von Georg Leonhard Huth. 212 S., gbd., Abb.

Nürnberg: Seeligmann 1761
(Sammlung verschiedener die Fieberrinde betreffender Abhandlungen und Nachrichten... Th.2)

JB 1.537/2

— Bemerkk. über Potts Anmerkk. von den Beinbrüchen; aus d. Engl. gr. 8. Altenb. 771. (Hennings in Neisse). 6 gr.

Kirkland, Thomas: Commentar über den Schlagfluß und die Lähmung. Nebst einigen anderen damit verwandten Krankheiten. (A Commentary on apoplectic and paralytic affections. And on diseases connected with the subject. Dt.) 144 S., gbd.

Leipzig: Böhme 1794

JB 2.325

Kirkland, Thomas: Untersuchung über den gegenwärtigen Zustand der Medizinal-Chirurgie. (An Inquiry into the present state of medical surgery... Dt.) 295 S., gbd.

Leipzig: Schwickert 1785

JB 3.299

— Versuch über Kindbettfieber; nebst zwei andern Abhandll.; aus d. Engl. von J. C. F. Scherf. gr. 8. Gotha 777. Ettinger. 12 gr.

Thomas Kirkland

[Teils. Deutsch] Thomas Kirkland's Versuch über die Kindbettfieber. Nebst 2 vorläufigen Abhandlungen: Die 1. über das Gehirn und die Nerven; die andere über die Mitleidenschaft und Reizbarkeit. Aus d. Engl. übers. von Johann Christian Friedrich Scherff [Scherf]. Gotha: Ettinger 1775. 165 S. 8

Kirkman, F. B., the growth of Greater Britain, hrsg. von J. Klapperich, s. a. Schriftsteller, englische u. französische, der neueren Zeit 6. Bd

The growth of Greater Britain. A sketch of the history of the British colonies and dependencies. By F. B. **Kirkman**. Mit 1 Karte von Süd-Afrika. Ausgew. u. erl. von Dr. J[osef] Klapperich. [Nebst] Wörterbuch bearb. von Ludwig Hasberg, Barmen. *Glogau: C. Flemming 1901–02.* 2 Bde 8°
— Schriftsteller, Englische u. französische, d. neuer. Zeit. Bdch. 6.

The growth of greater Britain. A sketch of the history of the Brit. Colonies and Dependencies by F. B. **Kirkman**, Oxford. Ausgewählt u. erl. von Dr. J[osef] Klapperich. Rechtmäß. Ausg. (A). 2., verb. Aufl. [Text.] Glogau: C. Flemming [1907]. 8°
— Schriftsteller, Englische u. franz., d. neueren Zeit. Bdch. 6. [08. 4375

Kirkpatrick, (Colonel), Nachrichten von d. Königr. Nepaul. Aus d. Engl. gr. 8. Weim. 819. L.-Ind.-Compt. 1 ß (Vergl. Bibliothek d. Reisebeschreibb. 17r Bd.)

Grundlagen der Kinderforschung. [Fundamentals of child study.] Eine Abhandlung über d. Triebe u. andre Grundbedingungen d. menschl. Entwicklung von Edwin A[sbury] **Kirkpatrick**. Nach d. 2. durchges. Aufl. mit Genehm. d. Verf. übers. im Inst. f. experiment. Psychologie u. Pädag. d. Leipziger Lehrervereins. Leipzig: Hahn 1909. XII, 282 S. 8° [09. 9321

Kirkpatrick, J., English stumbling-blocks oder praktische Winke für Deutsche, welche richtig englisch sprechen wollen. Eine Zusammenstellung einiger Hauptschwierigkeiten der engl. Sprache. Coblenz 865. Bädeker. 16. (IV, 69 S.) n. 5 ngr.

James Kirkpatrick

J[ames] Kirkpatrik [Kirkpatrick: The Analysis of inoculation. Deutsch.] Erläuterung der Einpfropfung welche die Geschichte, Theorie u. Ausübung derselben nebst bei Gelegenheit gemachten Beobachtungen von den merkwürdigsten Erscheinungen der Kinderblattern in sich begreift. Aus d. Engl. ([Übers.:] P[hilipp] J[saak] Heinecken.) Zelle & Leipzig: Runge 1756. LXII, 404 S. 8

Beigeb.: Armstrong, George [†1781]: [An Essay on the diseases most fatal to infants. Deutsch] Versuch von den vorzüglichsten und gefährlichsten Kinder-Krankheiten. Zelle 1769.

Kirkpatrick, R., die Hexactinelliden der deutschen Südpolar-Expedition 1901—1903, s.: Südpolar-Expedition, deutsche. 1901—1903. (Schulze, Frz. Eilh.)

Kirkwood, James P., Filtration d. Flusswassers zur Versorgung der Städte. Bericht an den Board of Water-Commissioners der Stadt St. Louis. Aus dem Engl. m. Nachschrift v. Arn. Samuelson. Mit 30 lith. (zum Thl. farb.) Taf. (in gr. 8. u. qu. gr. 4.) gr. 8. (171 S) Hamburg 876. O. Meissner. n. 10. —

Kirmair, Frz. Jos., Fürstenbilder. Skizzen. 8. Straßb. 790. König. 6 gr

Kirmayer, Robert, a. Bamberg: Bau und Entwickelung der Mundteile bei Vespa vulgaris. Bamberg 1908: W. Gärtner. (42 S.) 8°

Erlangen, Phil. Fak., Ref. Fleischmann, Diss. v. 22. Febr. 1908

[Geb. 11. Juli 80 Bamberg; Wohnort: Bamberg; Staatsangeh.: Bayern; Vorbildung: Neues Gymn. Würzburg Reife Juli 06; Studium: Würzburg 9, Erlangen 3 S.; Rig. 13. Dez. 07.]

* **KIRMESBRUDER**, Der lustige, welcher durch lististe (sic!) Ränke auf den Kirmessen die Bauern und andere Personen unterhalten und vergnügt gemacht hat. Nebst einem Anhange von Räthseln. Gedruckt zur Kirmeszeit, da sich jeder freut (c. 1725). 8°. (In Berlin: Yt 4241.) Rar!

Am Schluss finden sich 42 Räthsel, eigentlich schlechte Witze („Kalauer").

KIRMESBRUDER, Der lustige. (Leipzig, Taubert, c. 1800?) 8°. (2 ggr.)

Seltene Jahrmarktsschrift.

Kirmesbüchlein, d., e. Auswahl d. besten Trinklieder rc. 2e A., mit Melod. 12. Leipz. ... (Brockhaus), 8 gr Mit Kpf. u. Mus. 16 gr

KIRMES-BÜCHLEIN, enthält eine Sammlung der besten teutschen Trinklieder, Sprüchwörter, gesellschaftliche Spiele u. s. w. Mit Titelkpf. u. Musikbeilagen. Frohburg (Leipzig, Brockhaus), o. J. (1804). 12°. (3 Mk. 50 Pfg., ohne Titelkpf. u. Musikbeil., Adolf Weigel, Lpz., 1908.)

Kirmeßfest, das, f. kleine Gäst'. 12. (8 farb. Taf. m. eingedr. u. 2 S. Text.) Leipzig 889. Fr. Pfau. n.n. — 10

Kirmis, Alfred, aus Oberhausen (Rheinpreussen): August Friedrich Wilhelm Crome. Ein Beitrag zur Geschichte der Deutschen Nationalökonomie. Bern 1908. 162 S. 8°. [2. VI. 08.]

Bern. Phil. Diss. 1907/08.

Kirmis, Alfred. August Friedrich Wilhelm Crome (1753—[1833]). Ein Beitrag zur Geschichte der deutschen Nationalökonomie. Diss. Phil. Bern. 162 S. 8. Bern, Gustav Grunau, 1908.

Neue Beiträge zur Geschichte des Amtes und des Fleckens Neumünster v. [Max] **Kirmis**. Besonders abgedruckt aus dem Holsteinischen Courier. Neumünster. 1899. Fol.

—— neue Beiträge zur Münzgeschichte der Stadt Fraustadt. gr. 8. (24 S.) Ebendas. 886. 1 50

aus: Berliner Münz-Blätter, besonders

Kirmis, M., das Buch der Sammlungen, s.: Klasing, Otto.

Kirmis, Max Flora von Neumünster. 40 S. **Progr.** *Neumünster* 1883.

Kirmis, Max, Handbuch der polnischen Münzkunde. [Erweit. u. verb. Sonderabdr. aus: „Zeitschr. d. histor. Gesellsch. f. d. Prov. Posen".] gr. 8. (XI, 268 S.) Posen 892. (J. Jolowicz.) n. 6. —

Münzen und Medaillen. Ein Hilfsbüchlein f. Freunde d. Münzkunde. Von Prof. Dr. M[ax] **Kirmis**. Bielefeld & Leipzig: Velhagen & Klasing 1906. (47 S.) 8° [J.]

Aus: Klasing, Das Buch d. Sammlungen. 6. Aufl. [06. 3636

Kirmis, M., Münzgeschichte der Stadt Fraustadt. gr. 8. (15 S.) Berlin 885, (Weyl.) 1 50

Neue Folge u. d. T.:

Kirmis, *Max* Die Numismatik in der Schule. Zugleich eine Einleitung in das Studium dieser Wissenschaft. 4 (30 S.). **Progr.** Prg. u. Rprg. *Neumünster* 1888 (269)

Kirmis, Max: Zur Wanderung der Jonen und eine neue Molecularwirkung des galvanischen Stromes. Halle a. S. (1876): Plötz. 28 S., 2 Taf. 8°

Halle-Wittenberg, Phil. Diss. v. 30. Okt. 1876

Geb. Wschoweu = Fraustadt (Posen) 5. 8. 1851. V.

Vom Verf. ersch. ferner: Zur Wanderung der Jonen. In: Annalen der Physik u. Chemie. Bd 4. Leipzig 1878. S. 503—508.

— chemische Winke f. Gold-, Silberarbeiter etc. Anleitung zur Kenntniss u. zur Behandlg. der Münzen. gr. 8. (18 S.) Berlin 894. A. Weyl. n. 1. —

Kirmis, M., chemische Winke f. Numismatiker. Anleitung zur Kenntniss u. zur Behandlg. der Münzen. gr. 8. (15 S.) Berlin 890. Weyl. n. 1. —

— chemische Winke f. Numismatiker. Anleitung zur Kenntniss u. zur Behandlg. der Münzen. 2. Aufl. gr. 8. (18 S.) Ebd. 894. n. 1. —

Kirmisson, E., Lehrbuch der chirurg. Krankheiten angeborenen Ursprungs. Autoris. Uebersetzg. v. Karl Deutschlaender. gr. 8. (XII, 624 S. m. 312 Abbildgn.) Stuttgart 899. F. Enke. n. 15. —

Kirmreuther, Heinrich: Beiträge zur Kenntnis der Halogen-Äthylene und Halogen-Acetylene. München 1909: Höfling. 61 S. 8°

München, Phil. Diss. v. 5. Juli 1909, Ref. v. Baeyer

[Geb. 5. Okt. 84 Hof a. S.; Wohnort: München; Staatsangeh.: Bayern; Vorbildung: Gymn. Hof Reife Juli 03; Studium: Erlangen 2, München 10 S.; Rig. 5. Juli 09.] [U 09. 3475

Kirms, Die, ein Schäferspiel in einem Aufzuge. 1746. V: *Scholze, Joh. Siegm.* (VLBS II, 65)

Kirms, Ferd., und Pancr. **Rampis**, kurze Vesper in D. Obligat: Sopran, Alt, Bass (steht auch in der Orgelstimme) Tenor ad libitum nebst ausgesetzter Orgel. Nicht obligat: 2 Violinen, Klarinetten, Hörner, Trompeten und Pauken. Hrsg. von Pancr. Rampis. Fol. (58 S. mit lithogr. Titel.) Nördlingen 857, Beck'sche Buchh.

Kirmse, die, Lstsp. in 3 A. 8. Waldenb. (Henning in Greiz.) 806.

Kirmse, Arno, Märztriebe. Gedichte. 8. (II, 73 S.) Berlin 886, [Parrisius.] * 1 50

Kirmse, Ernst: Die Reichspolitik Hermanns I., Landgrafen von Thüringen und Pfalzgrafen von Sachsen (1190—1217). T. 1. Jena: Fischer 1909. VIII, 33 S. 8° ¶ (Ersch. vollst. in: Zeitschr. d. Vereins f. Thüring. Geschichte u. Altertumsk. Bd 27.)

Jena, Phil. Diss. v. 12. März 1909, Ref. Cartellieri

[Geb. 25. Mai 84 Ronneburg; Wohnort: Ronneburg; Staatsangeh.: Sachsen-Altenburg; Vorbildung: Gymn. Eisenberg Reife O. 04; Studium: Jena 4, Straßburg 2, Jena 2 S.; Rig. 2. März 08.] [U 09. 2101

Kirmse, G., u. F. P. Hildebrand, Baumstudien. Federzeichnungen zum Vorstudium f. das Naturzeichnen. gr. 4. 10 Taf. m. erläut. Text (auf d. Umschlag). Dresden (901). G. Kühtmann. n. 2.—

Kirmse, Kurt, approb. Arzt aus Unterzetzscha: Ueber infantiles Myxoedem. *Leipzig 1903: B. Georgi.* (51 S.) 8°
Leipzig, Med. Diss. v. (9. Nov.) 1903

Kirmse, Oskar, a. Altenburg S.-A.: Die deutsche Kakao- und Schokolade-Industrie. Altenburg S.-A. 1907: Th. Unger. (119 S.) 8°
Leipzig, Phil. Fak., Ref. Stieda-Beckmann, Diss. v. 10. Dez. 1907
[Geb. 2. Sept. 81 Altenburg; Wohnort: Altenburg; Staatsangeh.: Sachsen-Altenburg; Vorbildung: Realgymn. Altenburg Reife O. 01; Studium: Leipzig 12 S.]

Die deutsche Kakao- und Schokolade-Industrie von Dr. Oskar Kirmse. Altenburg S.-A. 1908: Unger. 119 S. 8°
[Ersch. auch als Inaug.-Diss. Leipzig 1907.] [11. 160:

Kirmſe, Otto, ſ.: Chorgeſänge f. höhere Schulen.

Kirmſe, Otto, ſ.: Liederbuch f. höhere Schulen.

Kirmſen-Burſche, der fidele, od. Bruder Luſtig aus Fröhlichenthal. Eine Sammlung v. Anecdoten, Witzen u. Schnurren zum Todtlachen. Allen Freunden des geſelligen Vergnügens gewidmet v. Vivat Juchhe. (M. Bild.) 1. Aufl. 845 u. 2. Aufl. 12. (à 6 B.) Arnſtadt 846, Meinhardt. à *

Kirmſen-Burſche, der fidele, oder Bruder Luſtig aus Fröhlichenthal. Eine Sammlung von Anekdoten, Witzen und Schnurren zum Todtlachen. Von Vivat Juchhe. 3. Aufl. 12. (148 S. und 2 Stnt.) Arnſtadt 850, Meinhardt. *

Kirmß, gegen die Secularisation der Schule, ſ. Gegen.

Kirmss, Hnr. Gfr., comment. historico-critica exhibens descript. et censuram recentium de Danielis libro opinionum, praemio ornata a summe vener. ord. theol. 4. Jena 828. Bran. 18 *gr*

Kirmß, Paul

Kirmß, P., Abſchiedspredigt am Sonntag Quaſimodogeniti über Hebr. 13, 14, in der Stadtkirche zu Jena gehalten. gr. 8. (15 S.) Jena 880, Deiſtung's Buchh. *

Kirmß, P., das Chriſtenthum u. die Frauenfrage. gr. 8. (16 S.) Berlin 894. K. G. Wiegandt. n. —60

Kirmss, P.: Das Christenthum und die Frauenfrage. — Berlin: Wiegandt [1894]. 16 S. 8°

Kirmß, (Paul), Feſtpredigt zur Zweihundertjahrfeier der Neuen Kirche, am 1. Oſtertag 1908 geh. (8 S.) 8. Berlin (908). (K. F. Müller.) —25

Kirmß, P., die chriſtliche Freiheit. Eine religiöſe Rede, gehalten im Berliner Unionsverein am 6. Febr. 1885. 8. (23 S.) Berlin 885, Haack. —50

Die Geschichte der Neuen Kirche zu Berlin von 1708 bis 1908. Festschrift z. 200jähr. Jubiläum d. Neuen Kirche im Auftr. d. Gemeinde-Körperschaften hrsg. von D. Dr. Paul Kirmß, Pfarrer. Berlin 1908: R. Winckelmann. (151 S.) 4°(8°) [F.] [08. 6824

— Glaube u. Glaubensbekenntniß. Predigt, am 18. Sonntag nach Trinitatis geh. gr. 8. (11 S.) Berlin 892. A. Haack. n. —20

— Die chriſtlichen Hauptfeſte, ſ.a. Predigt-Bibliothek, mod. II, 3.

Die christlichen Hauptfeste. Predigten von Paul Kirmss. 2. unveränd. Aufl. Göttingen: Vandenhoeck & Ruprecht 1909. 101 S. 8°
(Moderne Predigt-Bibliothek. Ser. 2, H. 3.) [09. 1899 7

— Kampf u. Arbeit d. freien Chriſtentums in Deutſchland, ſ.: Kampf u. Arbeit d. freien Chriſtentums in Deutſchland. 1.

Die kirchliche Lage und der Protestantenverein von D. Paul Kirmß. Beigaben: Die letzten Kundgebungen d. kirchlichen Parteien u. Gruppen. Halle: Gebauer-Schwetschke 1905. (59 S.) 8° [F.]
— Kampf u. Arbeit d. freien Christentums in Deutschland. II. 1. [05. 6018 3

— Lebensbild des Geh. Kirchenrat Profeſſor Richard Adelbert Lipſius, ſ.: Flugſchrift des allgemeinen evang.-prot. Miſſionsvereins.

[F.] Predigten in der Neuen Kirche zu Berlin geh. v. Lic. Dr. P[aul] Kirmss, Pfarrer. *Berlin: G. Reimer 1898.* (VIII, 343 S.) 1 Bd 8. [98. 1319

— Predigten, in der Neuen Kirche zu Berlin geh. 1. Bd. 2. Aufl. u. 2. Bd. (VIII, 343 u. VI, 371 S.) gr. 8. Berlin 903. 904. G. Reimer. à n. 5.—; geb. à n. 5.80

— der chriſtliche Socialismus d Gegenwart. Vortrag, geh. auf dem XIX. deutſchen Proteſtantentage zu Berlin. gr. 8. (16 S.) Berlin 896. H. Friedrich. —25

[F.] Der christliche Socialismus der Gegenwart. Vortrag geh. auf d. XIX. Deutschen Protestantentage zu Berlin v. Lic. P[aul] Kirmss, Prediger...zu Berlin... *Berlin: K. G. Wiegandt 1896.* (16 S.) 1 Bd 8. [96. 2680

Kirmss, [Paul], [Karl] *Schrader* [und Franz] *Uttech*, Was haben wir von der Kirche zu fordern? 3 Reden. Berlin 1909. 8°.

— s.: Zeitschrift f. prakt. Theologie.

Kirmß, P., unſer Zeugniß von dem, was wir geſehen u. gehört haben. Predigt zur Eröffnung d. XVIII. Proteſtantentages zu Gotha. gr. 8. (21 S.) Berlin 890. Haack. —30

Kirmsse, Ernst: Beiträge zur chemischen und pharmakognostischen Kenntniss der Pasta Guarana. *Strassburg i. E. 1897: C. & J. Goeller.* (95 S. mit Taf.) 8°
Strassburg, Math.-naturw. Diss. v. 1897

Kirmße, Karl Ed., ein offener Brief an Hrn. Dr. Karl Bock, Prof. d. patholog. Anatomie zu Leipzig, ſein Votum in Angelegenheiten der Medicinalreform in Sachſen betreff. gr. 8. Altenburg 846, Helbig. 4 *ngl*

— das animaliſch-magnetiſche Leben und ſeine Myſterien. Für gebildete Stände. kl. 8. Ebend. 842. ½ *ngl*

— der thieriſche Magnetismus u. ſeine Geheimniſſe. 2., verm. Ausg. 8. (7 B.) Altenburg 842, Helbig.

Kirmße, Carl Ed., der thieriſche Magnetismus und ſeine Geheimniſſe. 3. (Titel-)Ausg. 8. (VI und 104 S.) Plauen 853, Schröter.

Kirmße, Karl Ed., der thieriſche Magnetismus und ſeine Geheimniſſe. 4. verm. (Titel-)Aufl. Plauen (842.) 853. Schröter. 8. (VI, 104 S.) 10 *ngr.*

Kirmsse, Carl Eduard (Ronneburg), De sarcocele. Diss. med.-chir. Jena (Bran) 21. I. 1835. 24 S. (6.—) 18107
Gew.: Ludwig Ramshorn (Altenburg).

—— kalt Wasser, die einfachste Gabe der Natur zur Heilung von Körper- u. Seelenkrankheiten. Für gebildete Stände. 8. (7¾ B.) Altenburg 842, Helbig.

— Kalt Wasser, die einfachste Gabe der Natur zur Heilung von Körper- und Seelenkrankheiten. Für gebildete Stände. 2. (Titel-)Aufl. Plauen (842.) 853. Schröter. 8. (VIII, 115 S.) 10 ngr.

Kirmße, Rich., Ansprache zum Gedächtnis des Oberlehrers Prof. Dr. Woldemar Grüner. Geh. am 20. XI. 1902 in der Aula der II. Realschule zu Leipzig-R. (8 S.) gr. 8. Leipzig (903). Serig. n. —20

Kirn [Schlagwort]

Kirn, s.: **Deutschland. Kürschner-Pelp.**

Kirn, s.: Preussen. Messtischblätter.

Kirn [Verfasser]

Kirn, v., Leitfaden für den Unterricht im Wasserbau an der königl. vereinigten Artillerie- und Ingenieurschule in Berlin. gr. 8. (VIII und 310 S. mit 11 Stnt. in qu. gr. 4.) Berlin 861, Decker'sche geheime Ober-Hofbuchdruckerei. *

Kirn, über die verschiedenen Methoden, Brennholz zur Glasofenfeuerung zu dörren; Anwendung gedörrten Holzes in Eisenhochöfen und Frischherden. Leipzig (1830)

Reuchlin, Joh.: „Reuchlin". Vortrag, gehalten anlässlich der Grosslogen-Versammlung in Pforzheim (16./5. 1903) von **Kirn.** [Bayreuth 1903: Mühl.] 16 S. 8° [Kopftit.]
(Beil. z. Bayr Bbl. 1903 Nr 1. 2.)
Üb. Reuchlin s. Allgem. Deutsche Biographie Bd 28 1889 S. 785—799 (Geiger); Herzog's Realencyclopaedie 3. Aufl. Bd 16 1905 S. 680 bis 688 (Kawerau).

(KIRN), Die Wahrheit in der Medicin. Eine populäre Darstellung der Allopathie und Homöopathie nach ihren Heilprincipien. Herausgegeben von der Hahnemannia (Verein von Freunden der Homöopathie) in Württemberg. Stuttgart. 1870. In Comm. der Chr. Belser'schen Sortiments-Buch- und Landkartenhandlung (Alb. Müller). 8°.

Kirn, Carl, s. Kirn, Karl

Kirn, Christoph., Confessio sacramentalis contra argutias Calvini, Chemnitzii, Dallaei etc. anno nupero Tubingae recoctas theologice vindicata. Heidelberg 1751, 8°, 140 S.

Kirn, G. M., die deutschen Helden im Siegesjahre 1870. Ein Soldatenbilderbuch für deutsche Knaben. qu. Fol. (8 color. Stnt.) Stuttgart 870, Nitzschke. geb. 2 50

Kirn, G. M., die nützlichen Vögel der Landwirthschaft. Nach Prof. Giebel's Vogelschutzbuch. 1 Bl. Lithogr. und color. Imp.-Fol. Stuttgart 883, Kunstverlag.
Auf Leinw. mit Stäben *

Kirn, Immanuel [approb. Arzt]: Ueber Lesestörungen bei paralytischen und nichtparalytischen Geisteskranken . . . . München, Akad. Buchdr. v. F. Straub, 1887; 21 S. 8°.
Würzburg, Med. Fak. Inaug.-Diss. v. 1887

Kirn, Immanuel, über Lesestörungen bei paralytischen und nichtparalytischen Geisteskranken. Diss. Würzburg 1887, Stahelsche Univ.-Buchh. 8°. 24 S.

Kirn, Karl: Katalog d. Bibl. d. Wetterauischen Ges. f. d. ges. Naturkunde, s. Eisenach, Heinrich

Kirn, Carl [app. Arzt aus Ludwigsburg]: Die Operation irreponibler traumatischer Hüftgelenks-Luxationen. . . . (Aus: Beiträge z. klin. Chirurgie. Bd. IV.) Tübingen, H. Laupp'sche Buchh., 1889; 30 S. 8°
Tübingen, Med. Fak., Inaug.-Diss. v. 1889

Kirn, Ludwig

Kirn, L., Geistesstörung u. Verbrechen. Vortrag, geh. in der akadem. Gesellschaft zu Freiburg den 4. Dezbr. 1891. [Aus: „Illenau. Festschrift z. 50jähr. Jubiläum".] Lex.-8. (24 S.) Heidelberg 892. C. Winter. n. —80

— dasselbe, s.a. Illenau. Festschrift etc.

Kirn, L., die gerichtliche Psychopathologie, s. Handbuch der gerichtlichen Medicin.

Kirn, Ludw., die periodischen Psychosen. Eine klin. Abhandlg. gr. 8. (115 S.) Stuttgart 878. Enke. n. 2. 40

— die nervösen u. psychischen Störungen der Influenza, s.: Sammlung klinischer Vorträge.

KIRN, Ludwig (Mannheim): De pulmonum phthisi tuberculosa ac emphysemate. (Titel nach der Urkunde) 5.8.1861 - Urk; F 70
Diss.Ingolst.-Landsh.-Mchn.

Kirn, Otto, Ausgangspunkt u. Ziel der evang. Dogmatik. Rede, geh. z. Antritt d. akadem. Lehramts an d. Universität Leipzig am 4. Juli 1896. gr. 8. (21 S) Leipzig 896. Dörffling & Franke. n. —50

Die Bedeutung der hl. Taufe. Vortrag geh. im positiven Gemeindeverein zu St. Theodor von Dr. Otto **Kirn**, Prof. Basel: R. Reich 1892. (20 S.) 8° [F.] [05. 6n 10

Beruf und Kraft der Kirche des Evangeliums. Vortrag geh. auf d. 17. Generalvers. d. Ev. Bundes in Dresden ... 1904 von Prof. D. [Otto] **Kirn** in Leipzig. *Leipzig: C. Braun 1904.* (30 S.) 8° [F.] [04. 14550 3

— Dein Wort ist d. Wahrheit! Predigt, am Jahresfest d. Leipziger Bibelgesellschaft 15. XI. 1896 in d. Kirche zu St. Petri geh. gr. 8. (16 S.) Leipzig 897. H. G. Wallmann. n. —25

Kirn, Otto, die Leipziger theol. Fakultät, s.a. Festschrift zur Feier des 500jähr. Bestehens der Universität Leipzig. I.

Die Leipziger theologische Fakultät in fünf Jahrhunderten. Von D. Otto **Kirn**. 1409. 1909. Leipzig: Hirzel 1909. 232 S. 4°
(Festschrift z. Feier d. 500jähr. Bestehens d. Univ. Leipzig. Bd 1.) [09. 11837 2

— Die sittlich. Forderungen Jesu, s.: Zeit- u. Streitfragen, bibl. VI. Serie. 4. Heft.

Kirn, Otto, D.: Glaube und Geschichte. *Leipzig 1900: A. Edelmann.* (83 S.) 4°
Leipzig, Progr. zum Reformationsfeste u. Rektoratswechsel 1900

Glaube und Geschichte. Eine dogmat. Untersuchung von D. Otto **Kirn**, Prof. in Leipzig. *Leipzig: Ch. H. Tauchnitz 1900.* (83 S.) 4° [01. 3094

Kirn, Otto, Dr.: Grenzfragen der christlichen Ethik. Leipzig 1906: A. Edelmann. (43 S.) 4°
Leipzig, Progr. zum Reformationsfeste u. Rektoratswechsel 1906

Grundriß der Evangelischen Dogmatik. Von D. Otto **Kirn**, Prof., Leipzig. Leipzig: A. Deichert Nachf. 1905. (VII, 126 S.) 8° [06. 1841 4

Grundriss der Evangelischen Dogmatik. Von D. Otto **Kirn**, Prof. 2., durchges. Aufl. Leipzig: A. Deichert Nachf. 1907. (XI, 131 S.) 8° [06. 11944

— Grundriss der evangel. Dogmatik. 3., durchgeseh. Aufl. (XII, 141 S.) gr. 8. Leipzig 910. A. Deichert Nachf. 2. 40

— **Grundriss der theologischen Ethik.** (III, 72 S.) gr. 8. Ebd. 906. n. 1.40; geb. n.n. 2.—

— Grundriss d. theolog. Ethik. 2., durchgeseh. Aufl. (IV, 81 S.) gr. 8. Ebd. 909. 1.50; geb. n 2. 10

— **neues Leben! Predigt, geh. üb. 2. Korinther 5, 17 in der Vereinskapelle zu Klein-Basel Sonntag den 8. März 1891. 12. (14 S.) Basel 891. Jaeger & Kober. n. — 20**

— Sittliche Lebensanschauungen der Gegenwart, s. a. Aus Natur u. Geisteswelt.

Sittliche Lebensanschauungen der Gegenwart. Von Dr. Otto **Kirn**, Prof. Leipzig: B. G. Teubner 1907. (IV, 122 S.) 8° [F.]
— **Natur**, Aus, u. Geisteswelt. Bdch. 177. [07. 17305

Goethe's Lebensweisheit in ihrem Verhältniss zum Christenthum. Ein Vortrag von D. Otto **Kirn**, Prof., Leipzig. *Leipzig: Dörffling & Franke 1900.* (23 S.) 8° [F.] [01. 3915

— **göttliche Offenbarung u. geschichtliche Entwicklung. Vortrag, geh im Saale des Bürgermuseums zu Stuttgart am 22. X. 1906. (30 S.) 8. Stuttgart 907. Buchh. der ev. Gesellschaft. n. — 30**

— Schleiermacher u. die Romantik. gr. 8. (40 S.) Basel 895. R. Reich. n. — 80

— Melanchthons Verdienst um d. Reformation. Rede, bei d. akadem. Gedächtnisfeier am 16. II. 1897 geh. in d. Paulinerkirche zu Leipzig. gr. 8. (31 S.) Ebd. 897. n. — 60

Kirn, Otto, die Versöhnung durch Christus. Ein Vortrag. gr. 8. (31 S.) Leipzig 902. Ch. H. Tauchnitz. n. 1.—

— **Vorsehungsglaube u. Naturwissenschaft, s. a. Hefte f. evangelische Weltanschauung u. christliche Erkenntnis. II, 4.**

Vorsehungsglaube und Naturwissenschaft. Ein Vortrag von D. Otto **Kirn**, Prof. in Leipzig. *Gr. Lichterfelde-Berlin (1903).* (27 S.) 8° [F.]
— **Hefte** f. evangel. Weltanschauung u. christl. Erkenntnis. Ser. 2, No 4. [04. 4469

— **materialistische u. christliche Weltanschauung. Vortrag, geh. auf dem III. sozialen Ausbildungskursus in Dresden. (33 S.) gr. 8. Dresden (906). C. Heinrich. n. — 60**

— Weltgeist u. Gottesgeist. Vortrag, geh. in d. Fraumünsterkirche zu Zürich am 10. Jan. 1896. 8. (32 S.) Zürich 896. Depot d. Evangel. Gesellschaft. n. — 50

Kirn, O., über Wesen u. Begründung der religiösen Gewissheit. Antrittsvorlesung, geh. in der Aula der Universität zu Basel am 22. Oktbr. 1889. gr. 8. (28 S.) Basel 890. [Detloff.] R. Reich. n. 1.—

Kirn, W., Lorch, sein Kloster u. seine Umgebung. Mit 16 Illustr., Gedichten u. e. Karte. Nach Quellen u. nach eigener Anschaug. geschildert. 5. verm. u. verb. Aufl. (124 S.) 12. Lorch 903. (K. Rohm.) n. 1.—

Kirn, W., Naturgeschichte für den Schulgebrauch, s. Obermeyer, W.

Kirnbauer v. Erzstätt, Joh. Evang., oberösterreichischer Adel, s.: Starkenfels, Alois Frhr. v.

Kirnberger, Carl, s. Kirnberger, Karl

Kirnberger, Johann Philipp

— Anleit. zur Singecompositien, mit Oden begleitet. gr. 4. Berl. 782. Rottmann. 2 ₰

Kirnberger, J. Phil., Anweis. z. Generalbaß. 4. Berl. Rottmann.

— Gedanken über die verschiedenen Lehrarten in der Komposition, als Vorbereitung zur Fugenkenntniss. Berlin 1782.

— **Gedanken über d. verschied. Lehrarten in d. Composition. 4. Berl. 784. Rottmann. 8 K**

— Grundsätze des Generalbasses. [Text und Notenbeispiele.] Berlin.

Kirnberger, Jh. Ph., († d. 26. Juli 1783.) Grundsätze des Generalbasses, als erste Linien zur Composition. 4. Berl. 781. (Rottmann). 3 ₰

— **d. wahren Grundsätze zum Gebrauch d. Harmonie — als e. Zusatz zu d. Kunst d. reinen Satzes rc. 4. Berl. 773.**

— **Construction e. gleichschwebenden Temperatur. 4. Berl. 764. 6 K**

— **d. Kunst des reinen Satzes in d. Musik, aus sichern Grundsätzen hergeleitet u. mit Beispielen erläutert. 5 Abthll. 4. Berl. 771. N. A. 774—79. Rottmann. 7 ₰ 12 K**

— Methode Sonaten aus 'm Ermel zu schüddeln. Berlin 1783.

— **d. allezeit fertige Polonoisen- u. Menuetten-Componist. gr. 4. Berl. 757. ... 12 K Dass. französ. 4. Ebd. 757. ... 12 K**

Kirnberger, Josef Theodor (Mainz)
Zur Kritik der Lehre von den Stellungsabweichungen im ersten Stadium der Coxalgie.
Giessen: W. Keller 1862. 42 S.
Diss. med. 20.5.1862. vorh. 26. 7.

Kirnberger, Karl

Kirnberger, Carl, Dr. med.: Über die Anlagerung von Blausäure an β-Phenyliminocarbonsäureester. *Bonn 1902: C. Georgi.* (57 S.) 8°
Bonn, Phil. Diss. v. 21. Juni 1902

Kirnberger, Karl, aus Mainz: Zur Casuistik der Jackson'schen Epilepsie. ⟨Zwei Fälle mit Sectionsbefund.⟩ *Freiburg i. B. 1898: Ch. Lehmann's Nachf.* (60 S.) 8°
Freiburg i. B., Med. Diss. v. 1898

Kirnberger, Rob., die mazedonische Frage. (III, 112 S.) 8. Berlin 908. Herm. Walther. 2. —

Kirnberger, Theodor (Ottersheim)
Historisch-kritische und pathologisch-therapeutische Abhandlung ueber die Phimosis und Paraphimosis, mit besonderer Würdigung der v. Walther'schen Lehre über Paraphimosis.
Mainz: Kunze 1831. X, 141 S. u. 1 Taf.
[Diss. med. Giessen 21.4.1831.] vorh. 36.

Kirnberger, Thdr., histor.-krit. und patholog.-therapeut. Abhandlung über die Phimosis u. Paraphimosis. 2r unveränd. Abdruck. Mit 1 Tafel lithogr. Instrumente. gr. 4. Mainz 840. Faber. n. 3/4 ℳ

Kirnberger, U. L., Handbuch für den römischen Choralgesang. Zum Gebrauche für Clerikal- und Schullehrer-Seminarien. Lex.-8. (VI und 110 S.) Landshut 858, Krüll'sche Universitäts-Buchh.

Kirnberger, U. L., Lehr- und Uebungsbuch des Gregorianischen Choralgesanges. Für Clerikal- und Schullehrer-Seminarien bearb. 2. gänzlich umgearb. Aufl. gr. 8. (V, 236 S. mit 18 lithogr. Taf.) Freising 878, Datterer. *
Die 1. Aufl. erschien im Selbstverlag.

Kirnberger, L., Lehr- und Uebungsbuch des Gregorianischen Choralgesanges. Für Clerikal- und Schullehrer-Seminarien bearb. 3. gänzlich umgearb. und verm. Aufl. gr. 8. (345 S. mit 18 Taf.) Freising 888, Datterer. * 3 —

Kirner, Josef

Kirner, J., die Hebezeuge, s.: Ernst, Ad.

Kirner, J., optischer Interferenzindikator, s. Mitteilungen üb. Forschungsarbeiten auf dem Gebiete des Ingenieurwesens. 88. Heft.

Kirner, J[osef]: Optischer Interferenzindikator. Untersuchung über das selbsttätige Aufzeichnen des zeitlichen Verlaufes sich sehr schnell ändernder und sehr hoch ansteigender Drucke, im besonderen des Gasdruckes beim Schuß. 1909. 55 S. 4°
¶ Auch als: Mitteilungen über Forschungsarbeiten auf d. Gebiete d. Ingenieurwesens. H. 88. 1910; Ausz. in: Zeitschrift d. Vereines deutscher Ingenieure. Bd 53, Halbj. 2.
Stuttgart, Dr.-Ing.-Diss. v. 20. 1. 1909

Kirner, Rud., Cola di Rienzi. Trauersp. 8. (10¼ B.) Leipzig 845, Brockhaus.

Kirnß, H. G., s. J. L. Burckhardt, arabische Sprüchwörter.

Kirpa, Alfred

— Üb. den Abbau des Chinolinsäure-β-Esters. S. 116. IIb. 174 . . . . vgr.
Separatabdruck

— Bestimmung der Struktur der Apophyllensäure. S. 112. IIb. 342 . . . . vgr.
Separatabdruck

— Das Betain der Chinolinsäure (mit 1 Textfigur). S. 110. IIb. 474 . . . . vgr.
Separatabdruck

— Üb. Betainbildung und sterische Hinderung. S. 119. IIb. 76 . . . . vgr.
Separatabdruck

— Über einige neue Betaine der Pyridinreihe. S. 117. IIb. 429 . . . . vgr.
Separatabdruck

— Über Cinchomeronsäure und deren Ester. S. 111. IIb. 749 . . . . vgr.
Separatabdruck

— Über Chinolinsäureester (mit 1 Textfigur). S. 115. IIb. 191 . . . . vgr.
Separatabdruck

— Über Cinchomeronsäureester und Apophyllensäure. S. 111. IIb. 549 . . . . . . vgr.
Separatabdruck

— Über einige Derivate der Chinolinsäure und Cinchomeronsäure. S. 109. IIb. 731 . vgr.
Separatabdruck

— Über die Ester der Chinolinsäure und Cinchomeronsäure. S. 108. IIb. 519 . . . vgr.
Separatabdruck

— Zur Kenntnis der α-Pyridintrikarbonsäure. S. 113. IIb. 923 . . . . vgr.
Separatabdruck

Kirpal Alfred: Zur Kenntnis der Hemipinsäure und der isomeren Estersäuren der Papaverinsäure. S. 106. IIb. 460 . . . . vgr.
Separatabdruck

Kirpal, Alfred [aus Prag]: I. Zur Kenntnis der ersten Reductionsproducte von Nitrokörpern durch Zinnchlorür. II. Ueber die Flüchtigkeit von Metallsalzen ... Zürich, Druck v. Zürcher & Furrer, 1894; 45 S. 8.
Heidelberg, Naturw.-math. Fak., Inaug.-Diss. v. [15. Dez.] 1894

— Leitfähigkeitsmessungen an den isomeren Estersäuren der Chinolin- und Cinchomeronsäure. S. 116. IIb. 337 . . . . vgr.
Separatabdruck

— Über β-Ester von o-Dicarbonsäuren (mit 3 Textfiguren). S. 123. IIb. 197 . . . vgr.
Separatabdruck

— Zur Struktur der β-Benzoylpikolinsäure. S. 115. IIb. 199 . . . . vgr.
Separatabdruck

— Über die Umlagerung von Cinchomeronmethylestersäure in Apophyllensäure und die Struktur beider. S. 111. IIb. 27 . . . . vgr.
Separatabdruck

Kirpal Alfred: Über den Verlauf der Friedel-Crafts-schen Reaktion bei unsymmetrischen Polykarbonsäuren. 1. Mitteilung. S. 118. IIb. 131 . . . . vgr.
— — 2. Mitteilung. S. 119. IIb. 191 . . . . vgr.
Separatabdruck

Kirpal, Jh., einige Aufschlüsse, betreff. d. kathol. Geistlichkeit Dresdens. 8. Dresd. 830. (Pilscher). 3 gr.

— Trauerrede bei d. Todesfeier des Königs von Sachsen, Friedrich August. gr. 8. Dresd. 827. Arnold. 3 gr.

Kirpal, Jos., die Ehrenerklärung. Schspl. 8. Prag ... N. A. 807 (W. Rauck in Leipz.) 8 gr.

Kirpal, Jos., († 1823.), s. Erstlinge unsrer einsamen Stunden.

— die Jugendfreunde. Schspl. 8. Prag 795. Herrl. (Leipz., Centr.-Compt.) 6 gr.

Kirpal, Josef: Die Wärmetheorie im Locomotivkessel. – 1902.
Diss. Wien, TH

Kirpicznik, Joseph, appr. Arzt: Ein Fall von tuberöser Sklerose und gleichzeitigen multiplen Nierengeschwülsten. Berlin 1910: G. Reimer. 22 S. 8° ¶ (Aus: Virchow's Archiv f. pathol. Anat. u. Physiol. Bd 202.)
Berlin, Med. Diss. v. 14. Juni 1910, Ref. Orth
[Geb. 5. Okt. 84 Berlin; Wohnort: Berlin; Staatsangeh.: Preußen; Vorbildung: Kölln. Gymn. Berlin Reife O. 04; Studium: Berlin 10 S.; Coll. 15. Mai 10; Approb. 8. Juli 10.] [U 11. 83

Kirsch, s.: **Bericht der XV. Kommission üb. den Entwurf e. Ausführungsgesetzes zum Handelsgesetzbuch.**

Kirsch, die Bewegung der Wärme in den Cylinderwandungen der Dampfmaschine. gr. 8. (IX, 100 S. mit 7 lithogr. Taf.) Leipzig 886, Felix. * 6 —

Kirsch, der Erstgeborene nach mosaisch-talmud. Recht. 1. Tl. Die Stellung, Rechte u. Pflichten des Erstgeborenen parallel zu der Primogenitur der antiken Völker dargestellt. gr. 8. (55 S.) Frankfurt a/M. 901. J. Kauffmann. n. 2. —

Kirsch, A., die Fabrikation der Portefeuilles, Etuis und Ledergalanteriewaaren, s. Schauplatz, neuer, der Künste rc. 202. Bd.

Kirsch, A: Die Fabrikation der Portefeuilles, Etuis und Ledergalanteriewaaren. Weimar 1853

Kirsch, A., Heimathskunde des Kreises Cottbus. Mit 1 (lithogr.) Karte des Kreises, gez. von L. Richter. 8. (13 S.) Cottbus 880, Differt's Buchh.

Kirsch, A., die Kunst selig sterben zu lernen, s. Kunst, nothwendigste.

Kirsch, A., Astronomisches Lexikon auf Grundlage der neuesten Forschungen. Gr.-8°. ill. erscheint in 20 Liefr. **A. Hartleben in Wien.** 1902

Kirsch, A., kleine Reise-Informations-Bibliothek. Nr. 1—3. 16. Cottbus 885, Differt. à Nr. — 25

Inhalt:
Nr. 1. Sechs Tage im Riesengebirge. (18 S.)
» 2. Fünf Tage in der sächsischen Schweiz und Dresden. (19 S.)
» 3. 12—14 Tage am Rhein. (32 S.)

Kirsch, A., Reise-Bibliothek. 1.—4. Bd. 12. Cottbus 889. 890. Kirsch & Groebe. n. 5. 55
1. Die Sächs.-Böhm. Schweiz in praktischen Touren u. Dresden. 3., erweit. u. vollständig neu bearb. Aufl., mit 1 Karte der Sächs.-Böhm. Schweiz, 6 Kartenskizzen u. Wegekärtchen u. 1 Plan v. Dresden. (X, 317 S.) n. 2. —
2. Das Riesengebirge, Iser- u. Lausitzer Gebirge nebst dem Bober-Katzbach-, Waldenburger u. Glatzer Gebirge in praktischen Touren. Vollständ. neue, erweit. Aufl. unter Mitwirkung v. R. G. V. Ortsgruppen bearb. v. Patschovsky u. Kirsch. (XVI, 458 S. m. Karten.) n. 2. —
3. Thüringen in praktischen Touren von A. Kirsch. Mit 7 Kartenbeilagen. (XIII, 157 S.) n. 1. 25
4. Spindelmühle [St. Peter], Friedrichsthal — Krausebauden u. Umgebung [im böhmischen Riesengebirge]. Führer f. Kurgäste u. Touristen. [Mit e. Wegekärtchen.] (32 S.) — 30

— dasselbe. 1. Bd. Kleine Ausg. 8., erweit. u. vollständig neu bearb. Aufl. (Gleichen Inhalts u. m. denselben Beigaben wie die grosse Ausg.) 12. (X, 198 S.) Ebd. 889. n. 1. 25

—— das Riesengebirge und angrenzende Gebiete in praktischen Touren. 2. verm. Aufl. 8. (172 S. mit Kartenbeilagen.) Ebendas. 888. * 2 —

Kirsch, das Riesengebirge, Iser- u. Lausitzer-Gebirge, s.: Patschovsky.

Kirsch, Adam, kurze, populäre Kanzelvorträge auf alle Sonn- u. Feiertage des Jahres. 2 Bdchn. gr. 8. (XIV u. 322 S.) Trier 852, Lintz. 1 ℔

Kirsch, Adam, fünf Kanzelvorträge auf die Hauptfeste der Allerseligsten Jungfrau mit Hinweisung auf das apostol. Schreiben Papst Pius IX., betr. die dogmatische Entscheidung über die unbefleckte Empfängniß der jungfräulichen Gottesgebärerin. Trier 856. Lintz. gr. 8. (2 Bl., 59 S.) 8 ngr

Kirsch, A., Der Pfarrer und sein Pfarrkind oder Gespräche über Religion und religiöse Gegenstände, für jeden, der die Wahrheit liebt. Regensburg, Manz (jetzt Verlagsanst.), 1854—55, 8°, 1. u. 2. Lieferung, IV, 171 u. 182 S., 2,80 Mk.

Kirsch, A., „Wenn der Herr das Haus nicht bauet, so arbeiten die Bauleute umsonst." Ps. 126, 1. Worte zur Beruhigung des wahren Katholiken in gegenwärt. Tagen relig. Verwirrung. Trier, Lintz, 1845, gr. 8°, 20 Pf.

Kirsch, Adam Friedrich

Kirschii, A. F., Cornu copiae linguae latinae et germanicae. Norib. 714. 8. oft hernach. Ratisb. 732. 8. 1 rthlr. 16 gr. Ed. nov. post varias varior. curas denuo retractavit F. G. Born. Lips. 790. 2 Tom. 8. 3 rthlr. 8 gr.

Kirsch, Adam Friedrich.

Abundantissimum cornu copiae linguae latinae et germanicae selectum. Norib. 1731. H: *Esper*, *Friedrich Lorenz*. (Fiker)

Kirsch, Adam. Frid.: Abundatissimum cornucopiae linguae Latinae et Germanicae selectum, in quo continentur vocabula Latina omnis aevi . . . deorum. gentium, regnorum . . . nomina. Ed. nov. Ratisbonae et Viennae 1764.

Kirsch, Ad. Fr., Cornu copiae linguae lat. et germ. ed I. G. Born. II Tmi. 8. maj. Lps. Schwickert. 790.

Kirsch, A. F., **Cornu Copiae ling. lat. et germ.** 8. maj. Augsb. Wolf. 796.

— dizionario ital. tedesco. 8. maj. Nrub. 718.

Kirsch, Adam Friederich: Neu-verfertigtes und in zwey Theil eingerichtetes Kunst- Hauß- Arzney- und Wunder-Buch / Oder Der zu vielen Wissenschafften dienstlich-anweisende / neu-eingerichtete / viel-vermehrte und zum viertenmahl wieder aufgelegte Curiose Künstler ... In dessen Continuation oder andern ... folget: ... III. Wie man auf das beste einen schönen fruchtbaren Baum- Blumen- Küchen- Kräuter- und Wein-Garten anrichten und guten Nutzen darvon erheben möge: ... an das Liecht gegeben Von Adam Friederich Kirschen. Th. 1. 2. Nürnberg: Buggel 1720. -- 12°

Kirsch, Alfred, approb. Arzt aus Meerane: **Die Behandlungsmethoden der Hämorrhoiden.** *Leipzig: A. Warnecke 1901.* (27 S.) 8°
Kiel, Med. Diss. v. [25. März] 1901

Kirsch, Alfr., das erste Schuljahr. Nach welchen pädagog. Grundsätzen u. in welcher Weise ist der Unterricht im ersten Schuljahre zu gestalten? Gekrönte Preisschrift d. Diesterweg-Stiftg. gr. 8. (IV, 47 S.) Gotha 899. E. F. Thienemann. n. 1. 20

Kirsch, Arnoldus [Aquisgranensis]: Quaestiones Vergilianae criticae .... Monasterii ex typ. Brunniana, 1886: 37 S. 8°.
Münster, Phil. Fak., Inaug.-Diss. v. 1886.

Kirsch, Arnoldus, quaestiones Vergilianae criticae. Diss. Münster 1886, H. Mitsdörffer. 8°. 37 S.

Kirsch, August (Hrsg.), s. Tierzüchter, Der.

Kirsch, Benno *(geb. Neustadtl in Böhm. [28. 1.] 1848)*: Ueber traumatische aneurysmen. Breslau (1875). (21 S.) 8°
Breslau, Med. Diss. v. 3. Mai 1875

Kirsch, Bernh., über das Anbinden der Mörtel nach verschiedenen Zeiten, s. a. Mitteilung, 5., aus dem mechanisch-technischen Laboratorium der k. k. technischen Hochschule in Wien.

Kirsch, B., Über das Anbinden der Mörtel nach verschiedenen Zeiten. Sonderabdruck a. d. „Österr. Wochenschrift für den öffentlichen Baudienst". Heft 5. Jahrg. 1909. [5. Mitteilung aus dem mechanisch-technischen Laboratorium der k. k. Technischen Hochschule in Wien.] Gr.-8°. (10 S.) K —.80
Wien: Lehmann & Wentzel 1909.

— Einfluß wiederholter Beanspruchung auf die Haftfestigkeit v. Beton an Eisen m. reiner u. verrosteter Oberfläche, s.a. Mitteilung, 7., aus dem mechanisch-technischen Laboratorium der k. k. technischen Hochschule in Wien.

Kirsch, B., Einfluß wiederholter Beanspruchung auf die Haftfestigkeit von Beton an Eisen mit reiner und verrosteter Oberfläche. [7. Mitteilung aus dem mechanisch-technischen Laboratorium der k. k. technischen Hochschule.] 8°. (9 S.) K —.60
Wien: Lehmann & Wentzel 1909.

— Über e. Spiegelapparat zur Messung elastischer Längenänderungen, s.a. Mitteilung, 2., aus dem mechanisch-technischen Laboratorium der k. k. technischen Hochschule in Wien.

Kirsch, B., Über einen Spiegelapparat zur Messung elastischer Längenänderungen. [2. Mitteilung aus dem mechanisch-technischen Laboratorium der k. k. Technischen Hochschule in Wien.] Gr.-8°. (11 S.) K —.80
Wien: Lehmann & Wentzel 1909.

— Experimentelle Untersuchungen zu dem Maxwellschen Satze v. der Gegenseitigkeit der Verschiebungen, s.a. Mitteilung, 9., aus dem mechanisch-technischen Laboratorium der k. k. technischen Hochschule in Wien.

Kirsch, B., Experimentelle Untersuchungen zu dem Maxwellschen Satze von der Gegenseitigkeit der Verschiebungen. [9. Mitteilung aus dem mechanisch-technischen Laboratorium der k. k. Technischen Hochschule in Wien.] Gr.-8°. (18 S.)
Wien: Lehmann & Wentzel 1909. K —.80

Kirsch, Bruno: Atlas zur Vorschule f. d. Maschinenzeichnen. s. Brahtz, E.

Lehr- und Übungsstoffe für den Unterricht im Rechnen an gewerblichen Lehranstalten von B[runo] **Kirsch** u. H[erm.] Seepe, Kgl. Maschinenbauschullehrern. H. 1. 2. *Dortmund: Ruhfus 1899.* 2 Bde 8° [F.]
1. Grundrechnungsarten. 2. Schluss-, Prozent- u. Zinsrechnung. [99. 7643

Lehr- und Übungsstoffe für den Unterricht im Rechnen an gewerblichen Lehranstalten von B[runo] **Kirsch** u. H[einrich] Seepe, Maschinenbauschullehrern. Ausg. A. (2 ff.: Ausg. AM.) ⟨Mit Resultaten.⟩ Für Metallarbeiter u. verwandte Berufe. 2. Aufl. Bearb. nach d. Vorschriften d. Minist. f. Handel u. Gewerbe. H. 1–4. *Dortmund: Ruhfus 1902–04.* 4 Bde 8° [F.] [04. 16785

— — dasselbe. Ausg. A M. (Mit Resultaten.) 2. Aufl. 2 Hfte. gr. 8. (46 u. 76 S.) Ebd. 902. à n.n.n. 1.—
Wird nur direkt an Lehrer geliefert.

— dasselbe. Ausg. A M. (Mit Resultaten.) 3. u. 4. Heft. (93 u. 111 S.) gr. 8. Ebd. 903. 904. à n. 1.40
Diese Ausg. wird nur direkt an Lehrer abgegeben.

— — dasselbe. Ausg. A O. Für Metallarbeiter u. verwandte Berufe. 2. Aufl. Bearb. nach den Vorschriften des Ministeriums f. Handel u. Gewerbe. 1. u. 2. Hft. gr. 8. Ebd. 902. à n. —50
1. Abschn. I: Die vier Grundrechnungsarten m. unbenannten u. einfach benannten Zahlen. — Abschn. II: Das deutsche Münz-, Maß- u. Gewichtssystem. (46 S.)
2. Abschn. I: Das Rechnen m. Dezimalzahlen u. mehrfach benannten Zahlen dezimaler Schreibung. Abschn. II: Das Rechnen m. mehrf. benannten Zahlen nichtdezimaler Schreibung. Abschn. III: Das Rechnen m. gemeinen Brüchen. Abschn. IV: Regeldetri. (76 S.)

— — Lehr- u. Uebungsstoffe f. den Unterricht im Rechnen an gewerblichen Lehranstalten. Ausg. A O. Für Metallarbeiter u. verwandte Berufe. 2. Aufl. Bearb. nach den Vorschriften des Ministeriums f. Handel u. Gewerbe. 3. u. 4. Heft. gr. 8. Ebd. à n.n. —50
III. Abschn. I: Prozentrechnung. Abschn. II: Zinsrechnung. Abschn. III: Aufgaben aus der Privatversicherung u. dem Steuerwesen. Abschn. IV: Verteilungsrechnung. Abschn. V: Flächen- u. Körperberechnung. (93 S.) 903.
IV. Abschn. I: Wiederholungs- u. Ergänzungsaufgaben. Abschn. II: Die Arbeiterversicherungsgesetze. Abschn. III: Diskontrechng. Abschn. IV: Flächen- u. Körperberechng. (45 Abbildgn.) Abschn. V: Kostenberechnungen. (111 S.) 904.

[F.] Lehr- und Übungsstoffe für den Unterricht in der deutschen Sprache an gewerbl. Lehranst. v. B[runo] **Kirsch** u. H[einr.] Seepe, Kgl. Maschinenbauschullehrern. H. I. II. *Dortmund: Ruhfus 1899.* 2 Bde 8.
I. Rechtschreibg u. Zeichensetzg. 3. Aufl. (60 S., 2 Bl.)
II. Sprachlehre. 2. verb. Aufl. (54 S.) [99. 336

Lehr- und Übungsstoffe für den Unterricht in der deutschen Sprache an gewerbl. Lehranstalten von B[runo] **Kirsch** u. H[einrich] Seepe, Maschinenbauschullehrern. H. 1. 2. Dortmund: Ruhfus 1902–04. 2 Bde 8° [F.]
1. Rechtschreibung u. Zeichensetzung. 5. Aufl. Bearb. nach den f. Deutschland, ... gültigen Beschlüssen d. 'Orthogr. Konferenz'. 1902.
2. Sprachlehre. 4. Aufl. 1904. [04. 5937 6

— u. H. Seepe, Lehr- u. Übungsstoffe f. den Unterricht in der deutschen Sprache an gewerbl. Lehranstalten. 1. u. 2. Hft. gr. 8. Ebd. à n. —60
1. Rechtschreibung u. Zeichensetzg. 5. Aufl. 11.—15. Tausend. Bearb. nach den f. Deutschland, Österreich u. die Schweiz gült. Beschlüssen der „Orthograph. Konferenz". (61 S.) 902.
2. Sprachlehre. 3. Aufl. (4.—7. Taus.) (53 S.) 900.

— u. H. Seepe, Lehr- u. Uebungsstoffe f. den Unterricht in der deutschen Sprache an gewerbl. Lehranstalten. 2. Heft. Sprachlehre. 4. Aufl. (7.—12. Taus.) (60 S.) gr. 8. Ebd. 904. n. —60

Grundlegendes **Maschinenzeichnen** von B[runo] **Kirsch**, Maschinenbauschullehrer, u. H[ermann] Kracht, Oberl. Schüler-Ausg. A. Für niedere gewerbl. Lehranst. H. 1. 2. *Dortmund: Ruhfus 1904.* 2 Bde 8° [04. 16440

Grundlegendes Maschinenzeichnen von B[runo] **Kirsch** u. H[ermann] Kracht, Oberl. Schüler-Ausg. B. Für mittlere gewerbl. Lehranst. H. 1. Zugleich H. 1 der Schülerausg. C f. höh. gewerbl. Lehranst. Dortmund: Ruhfuß 1904. 8° [05. 15062

Kirsch, Bruno: Vorschule f. d. Maschinenzeichnen. s.a. Brahtz, E.

Kirsch, B., u. H. Kracht, Vorschule f. d. Maschinenzeichnen. Schüler-Ausg. 1. Hft. Linearzeichnen u. Tuschübgn. gr. 8. (36 S. m. Fig. u. 5 Taf.) Dortmund 899. Ruhfus'sche Kunst- u. Buchh. Kart. n. 1.—

— u. H. **Kracht**, Vorschule f. das Maschinenzeichnen. Schüler-Ausg. 2. u. 3. Hft. gr. 8. Dortmund, Ruhfus'sche Kunst- u. Buchh. Kart. à n. 1.—
2. Projektionszeichnen I. (Körper, die senkrecht zu e. Risstafel stehen.) (65 S. m. 83 Fig. u. 1 Taf.) 899.
3. Projektionszeichnen II. (Körper, die geneigt zu den Risstafeln liegen.) (68 S. m. 52 Fig. u. 19 Taf.) 900.

Kirsch, Carl, s. Kirsch, Karl

Kirsch, Christian [pr. Arzt]: Bericht der mediz.-propaedeut. Klinik und der II. medizin. Abteilung des Oberarztes und Professors Dr. J. Bauer über Erkrankungen des Verdauungstractus, des Peritoneums und der Leber in den Jahren 1890—1895 incl. Beitrag z. Statistik d. internen Medizin ... *München*, G. Franz'sche h. b. Hofbuchdr., 1897; 26 S. 8.
München, Med. Fak., Inaug.-Diss. v. 1897

Kirsch, Christian Gotthülff (Scheibenberg), Casus de poena dupli ob hypothecam judicialem legatariis ab herede intra tres menses, a tempore aditae hereditatis non constitutam. Lpz. (Joh. Heinr. Koenig) Jan. 1728. 12 Bl. (6.—) 18108
Gew.: Finck, Roscher, Georgi (Zittau).

Kirsch, E. H., der Curort Marienbad in Böhmen. (*Braumüller's* Bade-Bibliothek. Nr. 35.) Wien 1870. 8°. Eleg. Hlwdb.
VI—233 S., 1 S. Orientirungs-Plan.

Kirsch E H, Mineralbrunnen und -Bäder. (Illustr. Gesundheitsb. 15) Leipzig 1897

Kirsch, Ed., Schullieder in der Tonbezeichnung von J. C. F. Thomascik hrsg. 1. Heft: Ein- und zweistimm. Lieder. 8. (34 S.) Grünberg 854, Levysohn. *

—— dass. — 2. Heft: Zwei- und dreistimm. Lieder. 8. (49 S.) Ebds. 854. *

— — 2. Heft. 2- und 3-stimmige Lieder. Ebend. (855.) 8. (34 S.) n. 3 ngr.

Kirsch, Ed., Schullieder in der Tonbezeichnung von J. C. F. Thomascik. 2. Heft: Zwei- und dreistimm. Lieder. 2. Aufl. 8. (48 S.) Grünberg 871, Levysohn. * — 30

Kirsch, Erwin [aus Schlesien]: Über acutes (angioneurotisches) Hautoedem. . . . Greifswald, Druck v. Julius Abel, 1889; 39 S. 8°
Greifswald. Med. Fak., Inaug.-Diss. v. 26. März 1889

KIRSCH, EUGEN. Beiträge zur Kenntniss des Bibromcymols (Stellung der Bromatome). Freiburg i. B., 1884.

Kirsch, F. W., das nördliche Deutschböhmen, s.: Meinhold's Routenführer. Nr. 2.

— Die sächsisch-böhm. Schweiz, s.: Meinhold's Routenführer. No. 1.

Kirsch, Ferdinandvs (geb. am 19 Dez. 1842 in Köln): De impvtationis negandae limite et diagnosi . . . Bonnae, typ. F. Krvegeri (1865). 23 S., 2 Bl. 8.
Bonn, Med. Fak., Diss. v. 22 Dez. 1865

Kirsch, Georg Friedrich, s.a. Anekdoten für Christen u. die es nicht sind.

ANECDOTEN für Christen und auch für solche, die es nicht sind (von *Georg Friedr. Kirsch*). Leipzig 1779—83.
Anon.-Lex. I. p. 57 (nach Kayser, Meusel, Otto).

Kirsch, Georg Friedrich, s.a. Anekdoten fürs Herz.

ANEKDOTEN für das Herz (von *Georg Friedr. Kirsch*). Altenburg 1782. (l. c., ebenso.)

Kirsch, Georg Friedrich, s. Anekdoten zur Unterhaltung für empfindsame Leser.

Kirsch, G. F., Beichtbuch. 12. Nrnb. Bauer. 773.

Kirsch, Geo. Fr., († d. 5. Febr. 1790.) lehrreiche Beispiele für junge Christen, zur Bildung e. edlen Herzens. 8. Leipz. 789. Hertel. 10 gr

— Beschäftigungen d. Gottseligkeit in Schriftbetrachtt. auf alle Tage des Jahres. 2 Thle, mit Kpf. gr. 8. Nürnb. 770, 73. (Winter). 2 rß

— Erholungen nach ernsthaften Stunden; e. Lesebuch zum angenehmen Zeitvertreib. 8. Leipz. 787. Schneider. 16 gr

— Exempelbuch für junge Christen. 8. Leipz. 786. (Cnobloch). 12 gr

— Communion-Andachten in Gebeten, Betrachtungen u. Liedern. (Mit Vorrede von J. W. Riederer.) 12. Nürnb. 770. N. A. 773. Schmidmer. 4 gr

— Miscellaneen für Christen u. für solche, die es werden wollen. 2 Thle. 8. Leipz. 784, 85. Kummer. 1 rß

— Unterhaltungen für Christen aus allen Ständen. 8. Leipz. 787. Schneider. 12 gr

Kirsch, Georg Friedrich, s.a. Unterhaltungen in einsamen . . . Stunden.

UNTERHALTUNGEN in einsamen allenfalls auch gesellschaftlichen Stunden (von *Georg Frdr. Kirsch*). Altenburg 1782.
Anon.-Lex. IV. p. 257 (nach Meusel, Otto, Kayser).

Kirsch, Georg Wilhelm

Kirsch, G. G., chrestomathia Syriaca, max. part. hist. argum. 8. Curiae Regn. (Boehme, Lps.) 789.

***Kirsch v. Kirschbaum*, Geo. Wlh., chrestomathia Syriaca, max. part. hist. argum. 8. Hof 789. Ed. II. 828. (Cnobloch in Leipz.) 1 rß 8 gr**

Kirsch, Geo. Guil., Chrestomathia syriaca c. Lexico. Denuo ed. Geo. Henr. Bernstein. Ps. I. Chrestomathia, Ps. II. Lexicon. Fasc. 1 et 2. Smaj. Lipsiae 832, 36, Cnobloch. *

Chrestomathia Syriaca, Georgii Guilielmi Kirschii, cum lexico. Denuo edidit Georgius Henricus Bernstein. Pars I. Chrestomathia . . . emendata et aucta. Lipsiae 1832.

Bernstein, Georgius Henricus. Lexicon Syriacum Chrestomathiae Kirschianae denuo editae accommodatum = Georgii Guilielmi Kirschii Chrestomathia Syriaca cum lexico denuo edidit Georgius Henricus Bernstein. Pars posterior. Lipsiae 1836.

— chronicon, vide Apulfaragius.

— Erklär. d. Traums, s. Erklärung.

Kirschii, G. G., Progr. de vera Africae figura secundum Pompon. Melam contra Reinoldum. Curiae 791. 4.

— M. Paul Dan. Longol, Lebensumstände, in einigen Schulschriften nach u. nach bekannt gemacht. 4. Hof 784.

— s. a. Pentateuchus, syriace.

— Pentateuchus, syriace e. polygottis anglicanis c. Ephr. Syri comment. collat. 4. Curiae Regn. (Boehme, Lps.) 787.

— **M. Georg Wilhelm** (Curianus) u. (Respond.) **Michael Weber** (Groeben/Misnic.), De facili linguam Hebraicam docendi discendique ratione. Diss. philos. Lpz. (Langenheim) 1. (4.) X. 1777. 40 S. (6.20) 18109

Kirsch, Gerhard [aus Aachen]: Ueber den Bakteriengehalt und die Desinfektion der gebrauchten Watte . . . Jena, Druck v. B. Engau, 1891; 49 S. 8.
Jena, Med. Fak., Inaug.-Diss. v. [17. Aug.] 1891

Kirsch, Gerh., üb. den Bakteriengehalt u. die Desinfektion der gebrauchten Watte. Diss. gr. 8. (49 S.) Jena 891. (Rudolstadt, H. Dabis.) n. — 80

Kirsch, H(einrich), aus Blatzheim b. Köln: **Aus d. kgl. Universitäts-Frauenklinik zu Bonn. Direktor: Prof. Dr. Fritsch.** Ueber die **Prognose** der Eklampsie. *Bonn 1904: E. Eisele.* (37 S.) 8°
Bonn, Med. Diss. v. 27. Apr. 1904

Kirsch, Heinrich

Kirsch, H., Ernstes u. Heiteres aus m. Leben u. Streben. 8. (162 S.) Freiburg i/B. 898. (J. Waibel.) n. 1, 20

Kirsch jun., Heinr., mein zweiter Schritt voll Streben! (30 S.) schmal 8. Wien 905. (H. Kirsch.) n. — 80

— **Heinrich Christoph** (Dresden), De limitibus quibus facultas domicilii mutandi circumscribitur dissertatio. Präs. D. Georg Stephan Wiesand. Wittbg. (Carl Christian Dürr) 16. IV. 1791. 16 S. (4.50) 18110
Gew.: Detlev Carl Graf v. Einsiedel (Wolkenburg, Ehrenberg, Mückenberg), Georg Reinhard Graf v. Wallwitz (Schweickershayn, Schmorka, Wisa).

— — Pro testamentis. Diss. jur. Wittbg. (Adam Christian Charisius) 26. IX. 1793. 24 S. (5.—) 18111

Kirsch, Herm. Wilh., Paulus Melchers, der Bekennerbischof. s.: Volksaufklärung. Nr. 77.78.

Kirsch J. B. A., die Correspondenz des Landwirthes. Erläutert und dargestellt in Beispielen aus dem landwirthschaftl. Geschäftsleben; namentlich in mehr als 100 Mustern von Briefen, Quittungen, Anweisungen ꝛc. sowie in den verschiedensten Eingaben ꝛc. an Behörden und höchstgestellte Personen. Ein Leitfaden für Landwirthe, Lehrer und Schüler an ländl. Elementar-, landwirthschaftl. Fortbildungs- und Fach-Schulen ꝛc. zur selbstständ. Anfertigung aller im landwirthschaftl. Geschäftsverkehr vorkomm. Geschäftsaufsätze. gr. 8. (VII, 168 S.) Plauen 873, Schröter's Verlag. 1 50

— der wichtige landwirthschaftliche Culturmittel. I. Düngung, Dünger, Dungmittel. II. Entwässerung, Bewässerung, Anlage und Cultur von Grasbauflächen. III. Die Tiefcultur. IV. Die Drillcultur. Ein Leitfaden für größere und kleine Landwirthe, Ackerbauschulen, landwirthschaftl. Vereine ꝛc. zur Erhöhung der Bodenerträge und Hebung der Wirthschaften. gr. 8. (VI, 130 S. mit 1 lithogr. Drainkarte in gr. Fol. und mehreren Illustr. in eingedr. Holzschn.) Ebendas. 873. 1 50

Kirsch, J. Glo, leichtfaßl. tabellar. Berechnung d. Getreidepreise jeder Art. Ein unentbehrl. Handbuch f. Landwirthe, Oekonomen ꝛc. gr. 8. Leipz. 807. Tauchnitz. 20 [illegible]

Kirsch Jacob [cand.med. aus Uehtelfangen]: Aus d. med. Klinik zu Jonn. Ein F a l l von kongenitaler Pulmonalostienstenose . . . Bom: Buchdr. Jos. Bach Wwe. 1889. 33 + 1 S. + 1 Bl. 8°
Boni, Med. Fak., Inaug.-Diss. v. [5. Aug.] 1889.

Kirsch Jean-Pierre
Psud.: Gregor Buchfild

Kirsch, Jean-Pierre, u. François-Xavier Ries: Praktische Aufsatzschule für Primärschulen. Genehmigt von der Königlich-Grossherzoglichen Unterrichts-Commission.
Luxemburg: V. Bück 1859. X,164,1 S. 12°

– Das. Zweite unveränderte Auflage. Ebd. 1860. X,164,1 S. 12°

– Dass. Dritte verbesserte und vermehrte Auflage. Ebd. 1863. 174,1 S. 12°

– – 4. Aufl., s. R i e s , François-Xavier

Kirsch, Jean-Pierre: Historische Notizen über den Zustand der Landwirthschaft im Grossherzogthum Luxemburg, von E. Fischer, Landwirth und Thierarzt . . . . . . Aus dem Französischen. Dritte durchgesehene, verbesserte und vermehrte Auflage. Luxemburg: V. Bück 1862. XII,8,268 S. 12°

Kirsch, Jean-Pierre: Rechenaufgaben-Sammlung für die Primärschulen des Grossherzogthums Luxemburg. Erster Theil. Genehmigt von der K.-G.-H. Unterrichts-Commission. Luxemburg: V. Bück 1855. 60 S. 12°

– Dass. Zweite Auflage. Ebd. 1856. 60 S. 12°

– Dass. Sechste Auflage. Ebd. 1862. 71 S. 12°

– Dass. Zwölfte Auflage. Ebd. 1870. 72 S. 12°

– Dass. Dreizehnte Auflage. Ebd. 1876. 12°

Kirsch, Jean-Pierre: Rechenaufgaben-Sammlung für die Primärschulen des Grossherzogthums Luxemburg. Zweiter Theil. Luxemburg: V. Bück 1855. 112 S. 12°

– Dass. Zweite gänzlich umgearbeitete Auflage. Ebd. 1860. 120 S. 12°

– Dass. Ebd. 1874. 12°

Kirsch, Jean-Pierre: Antwortenheft zu beiden Theilen der Rechenaufgabensammlung für die Primärschulen des Grossherzogthums Luxemburg. Genehmigt von der K.-G.-H. Unterrichts-Commission. Luxemburg: V. Bück 1855. 54,2 S. 12°

Kirsch, Jean-Pierre: Rigobert. Eine Erzählung aus der Schreckenszeit, von Gregor Buchfild.
Luxemburg: Gebr. Heintzé 1857. 166,1 S. 8°

Kirsch, Jean-Pierre: Das metrische oder Decimal-System. Praktisch-theoretische Darstellung desselben unter Berücksichtigung aller europäischen Münz-, Mass- und Gewichts-Verhältnisse, reducirt in preussische und metrische Geltung, mit sieben Reductions-Tabellen der nach dem Wiener Münzvertrage vom 24. Januar 1857 festgestellten deutschen Münzfüsse. Zum Gebrauch für Behörden und Beamte, wie zum Schul- und Selbst-Unterricht bearbeitet. Mit 4 Figuren im Text, dem Wiener Münzvertrag vom 24. Januar 1857, dem Gesetz über das neue preuss. Landesgewicht, einer Zinseszins-Tabelle und sehr vielen Aufgaben versehen.Berlin 1861. VII,134 S. 8°

Kirsch, J. P., das metrische oder Decimal-System. Praktisch-theoret. Darstellung desselben unter Berücksicht. aller europ. Münz-, Maß- und Gewichts-Verhältnisse, reducirt in preuß. und metr. Geltung, mit 7 Reductions-Tab. der nach dem wiener Münzvertrage vom 24. Jan. 1857 festgestellten deutschen Münzfüße. Zum Gebrauch für Behörden und Beamte wie zum Schul- und Selbstunterricht bearb. 8. (VI und 134 S. mit 4 Fig. im Text in Holzschn.) Berlin 861, C. Heymann.

— **Joh. Friedrich** (Scheibenberg/Misnicus), De artis pharmaceuticae ad studium medicum necessitate et utilitate. Diss. med. Präs. D. Hieronymus Ludolf. Erfurt (Joh. Christoph Hering) 18. VII. 1746. 28 S. (6.—) 18111a

[F.] Die Acclamationen und Gebete der altchristlichen Grabschriften. Von Dr. J[ohann] P[eter] Kirsch, Prof. . . . zu Freiburg '(Schw.)'. *Köln: Commr. u. Dr. v. J. P. Bachem 1897.* (4 Bl., 78 S., 1 Bl.) 1 Bd 8.
= Görres-Gesellschaft z. Pflege d. Wissensch. im kath. Deutschland. Vereinsschrift f. 1897. [No] 2. [97. 6119

Kirsch, Joh. Pet., s.: Annaten, die päpstlichen, in Deutschland.

Kirsch, Joh[ann] Peter. Die päpstlichen Annaten in Deutschland während des XIV. Jahrhunderts. Hrg. von Dr. Joh. Peter Kirsch, o. ö. Professor ... [zu] Freiburg i. d. Schweiz. Band 1: Von Johann XXII. bis Innocenz VI. LVI + 344 S. 8. Paderborn, Ferdinand Schöningh, 1903. [M. 13. —]

Quellen und Forschungen aus dem Gebiete der Geschichte. In Verbindung mit ihrem historischen Institut in Rom hrg. von der Görres-Gesellschaft. Band 9.

Kirsch, Jean-Pierre II.: Beiträge zur Biograpie des seligen Peter von Luxemburg. Luxemburg: Pet. Worré-Mertens [1897]. 7 S. 8°

Kirsch, Joh. Pet., die hl. Cäcilia in der römischen Kirche des Altertums, s.: Studien zur Geschichte u. Kultur des Altertums. IV. Bd. 2. Heft.

Die heilige Cäcilia in der römischen Kirche des Altertums. Von J[ohann] P[eter] Kirsch. Mit 1 Taf. Paderborn: Schöningh 1910. VI, 77 S. 8°
(Studien z. Geschichte u. Kultur d. Altertums. Bd 4, H. 2.) [10. 17312

Kirsch, Joh. Peter: Über die christliche Epigraphik und ihre Bedeutung für die kirchengeschichtliche Forschung. Rede beim Antritt des Rektorates der Universität Freiburg (Schweiz), gehalten am 15. November 1898. Freiburg (Schweiz) 1898. 37 p. 8°.
Freiburg. Univ.-Schr. 1898/99.

— die Finanzverwaltg. d. Kardinalkollegiums im XIII. u. XIV. Jahrh., s.: Studien, kirchengeschichtl.

Die Finanzverwaltung des Kardinalkollegiums im XIII. und XIV. Jahrhundert. Von Dr. Joh. Peter Kirsch, Prof. . . . zu Freiburg i. d. Schw. *Münster i. W.: H. Schöningh 1895.* (VI S., 1 Bl., 138 S.) 8.
= Studien, Kirchengeschichtliche. Bd II. H. IV. [95. 3170

— s.: Forschungen zur christlichen Literatur- u. Dogmengeschichte.

Illustrierte Geschichte der Katholischen Kirche. 1. Teil von Prof. Dr. J(ohann) P(eter) Kirsch, 2. Teil von Prof. Dr. V(incenz) Luksch. Mit 1 Titelbild, 3 Karten, 5 Doppel- u. 45 einfachen Tafelbild., nebst 983 Abb. Hrsg. von d. Leo-Gesellschaft. München: Allg. Verl.-Ges. [1903–05]. (VIII, 628 S.) 4° [07. 5450 11

— Handbuch der allgem. Kirchengeschichte, s.: Hergenröther, Jos.

Kirsch, J. P., die päpstlichen Kollektorien in Deutschland während des XIV. Jahrh., s.: Quellen u. Forschungen aus dem Gebiete der Geschichte.

Kirsch, J. P., die christlichen Cultusgebäude im Alterthum. (1. Vereinsschrift der Görres-Gesellschaft f. 1898.) gr. 8. (VII, 96 S. m. 17 Abbildgn.) Köln 898. (J. P. Bachem.) n. 1. 80

— die Lehre v. der Gemeinschaft d. Heiligen im christl. Alterthum, s.: Forschungen zur christl. Litteratur- u. Dogmengeschichte. I. 1.

Die Lehre von der Gemeinschaft der Heiligen im christl. Alterthum. Eine dogmengesch. Studie von J[ohann] P[eter] Kirsch. *Mainz: F. Kirchheim 1900.* (VI, 230 S.) 8°
= Forschungen z. christl. Litteratur- u. Dogmengeschichte. Bd 1, H. 1.
[00. 597

— s.: Quartalschrift, römische, f. christliche Altertumskunde u. f. Kirchengeschichte.

— d. Rückkehr d. Päpste Urban V. u. Gregor XI. von Avignon nach Rom, s.: Quellen u. Forschungen aus d. Gebiete d. Geschichte.

Die Rückkehr der Päbste Urban V. und Gregor XI. von Avignon nach Rom. Auszüge aus d. Kameralregistern des Vatikanischen Archivs. Hrsg. v. Dr. Joh. Peter Kirsch . . . *Paderborn: F. Schöningh 1898.* (LXI, 328 S., 1 Bl.) 1 Bd 4.(8.)
= Quellen u. Forschungen a. d. Gebiete d. Geschichte. Bd VI. [98. 7114 80

Kirsch, Joh. Pet. (Hrsg.), s. Studien, Freiburger historische.

Kirsch, J. P. (Hrsg.), s. Studien zur Geschichte und Kultur des Altertums.

Kirsch, Jean-Pierre II.: Ueber das Studium der christlichen Archäologie. Freiburg (Schweiz) 1898. 8°

— s.: Zeitschrift f. schweizerische Kirchengeschichte.

Kirsch, Johannes: Beiträge zur Geschichte des hl. Benno Bischofs von Meissen (1066–1106). München [1911]: Manz. (Auf d. Umschl.: Bamberg: Buchdr. Kirsch.) 93 S. 8°
München, Phil. Diss. v. 18. Juli 1904, Ref. v. Heigel
[Geb. 2. Mai 80 Upsprunge; Wohnort: Upsprunge; Staatsangeh.: Preußen; Vorbildung: Gymn. Paderborn Reife O. 00; Studium: Münster 1, München 8 S.; Rig. 18. Juli 04.] [U 11. 3806

Kirsch, Karl, die Aufsicht des Geistlichen üb. d. Volksschule, nach d. Grundsätzen d. deutschen Schulrechts. Ein Beitr. z. Pastoralklugheit. gr. 8. (30¼ B.) Leipzig 840, C. H. Reclam.

Kirsch, Carl, die Aufsicht des Geistlichen über die Volksschule, nach den Grundsätzen des deutschen Schulrechts und den Forderungen der Pädagogik. Ein Beitrag zur Pastoralklugheit. 2., völlig umgearb. Aufl. gr. 8. (VIII und 404 S.) Leipzig (861)62, C. H. Reclam sen.

—— Entwurf ein. Unterrichtsplanes f. Volksschulen. gr. 8. (9½ B.) Leipzig 840, C. H. Reclam.
Ist aus vorhergehendem Werke besond. abgedruckt.

Kirsch. (K.) d. Evangelium, s. Evangelium.

Kirsch, Carl, der Feierabend eines Greises. Ländl. Gemälde. gr. 16. (9 B., 1 Stahlst. u. Prachtttl.) Leipzig 841, Teubner. –

Kirsch, Karl, Sachsens Fürsten seit d. Zeit d. Reformation. Ein patriot. Gelegenheits-Gedicht. gr. 8. Leipz. 823.

Kirsch, Karl, bibl. Geschichten d. alten Testaments in Versen. 8. Leipz. 820. Baumgärtner. 12 gl.

Kirsch, Karl, Glockentöne oder der Feierabend eines Greises. Ländliches Gemälde. 2. (Titel-)Aufl. Leipzig (841.) 854. Teubner. 8. (3 Bl., 134 S. u. 1 Stahlst.) 27 ngr.

—— die Krone der Alten. Erbauungsbuch für das höhere Lebensalter. Gesammelt und hrsg. (1. Thl.) 4. (VIII und 166 S.) Leipzig 855, G. Mayer. –
Blnp. *

Kirsch, Carl, die Krone der Alten. Erbauungsbuch für das höhere Lebensalter. 2. (letzter) Thl. A. u. d. T.: Simeon und Hanna. Erbauliches und Beschauliches für das höhere Lebensalter gesammelt und hrsg. 4. (X und 221 S.) Leipzig 856, G. Mayer. Thlr.
Blnp. *

— Martin Luthers kurzgefaßte Lebensbeschreibung in gereimten Versen. Ein protestant. Volksbuch. Mit 10 Kpf. 4. Leipz. 825. Baumgärtner. 12 gl

— Lese- und Lehrbuch der gemeinnützigen Kenntnisse für evangelische Volksschulen. 1. Lehrgang. Für Mittelklassen. 2. verb. u. verm. Aufl. 8. Leipzig 842, Herbig. n. 6¼ ngl

—— Lese- und Lehrbuch der gemeinnütz. Kenntnisse für evangel. Volksschulen. 1. Lehrg., für Mittelklassen. 3. Aufl. 8. (VI und 177 S.) Leipzig 847, Herbig. *

—— Lese- und Lehrbuch der gemeinnützigen Kenntnisse für evangelische Volksschulen. 1. Lehrgang, für Mittelklassen. 4. Aufl. br. 8. (VII und 176 S.) Leipzig 857, [Grunow.] *

—— Lese- u. Lehrbuch d. gemeinnütz. Kenntnisse f. protestant. Volksschulen. 1. u. 2. Lehrgang. 8. Leipzig, Herbig. *
Lehrg. 1. Für Mittelclassen. 1. Aufl. 835. * 6 Gr., 2. A. (à 11½ B.) 842. * 5 Gr.
„ 2. Für Oberclassen. (18 B.) 836. * 8 Gr.

—— die populäre Predigt, nach ihren Erfordernissen dargestellt und durch Beispiele erläutert. Ein Beitrag zur Homiletik. gr. 8. (VIII und 176 S.) Leipzig 861, C. H. Reclam.

Kirsch, Carl: Schwammkunde, s. Büchner.

—— s. H. Siegel, Früchte d. Einsamkeit.

— d. Sonntagsfeier. Morgen- u. Abendopfer in Gesängen auf alle Sonntage des Jahres für gebildete Christen. gr. 12. Leipz. 831. Baumgärtner. 1 ₰

— Susanne, od. die Folgen des Aberglaubens. Erzählung für's Volk. 8. Zwickau 844. (Leipz., Klinkhardt.) n. 4 ngl

— über den Unterricht in der sächs. Geschichte. Bemerk. f. Volksschullehrer, als Beigabe zu obigem. gr. 8. Dresden 843, Adler u. Dietze. n. 1/12 ß

—— das deutsche Volksschulrecht. 2 Bde. gr. 8. Leipzig, G. Mayer. [1. (XII und 420 S.) 854., 2. (VIII und 512 S.) 855. à Bd. 2 Thlr.]

Kirsch, Karl, das deutsche Volksschulrecht. 3 Bde. gr. 8. Gotha 872, Haendcke und Lehmkuhl. * 11 —
Inhalt:
Bd. 1. Allgemeines Schulrecht. Geschichte der Schulgesetzgebung. Neue Ausg. (XII, 420 S.) * M. 3,50.
„ 2. Rechtsverhältnisse der Lehrer und dritter Personen gegenüber der Schule. Neue Ausg. (VIII, 511 S.) * M. 3,50.
„ 3. Die neue Schulgesetzgebung und die Forderungen der Zeit an dieselbe. (VII, 239 S.) * M. 4.

—— das Haus Wettin. Regenten-Tafel. Zeit-Tafel d. polit. Geschichte d. Königr. Sachsen. Zeit-Tafel der Cultur-Geschichte des Königr. Sachsen. (1 lith. Tabl. mit Randzeichnungen.) Dresden 843. [Adler u. Dietze.] * —

Kirsch, Karl Wilh., Achtzehnhundert sieben u. vierzig. Eine Dichtung. gr. 8. (10 S.) Leipzig 847, Dederich. 3 ngl

— allgemeine Betrachtung über die gegenwärtige Zeit [1848]. Aus dessen Manuskript, Blicke in die Politik: Polen u. vier Großmächte Europa's. Mit e. Beilage: die Schweiz, Europa's Vulkan, Dichtung. gr. 8. (22 S.) Wiesbaden 849. (Leipzig, Joachim.) 2 ngl

Kirsch, Karl Wilh., Richard Darlington. Schausp., s. Darlington.

Kirsch, Karl Wilh., moderne Streifzüge in Poesie u. Prosa. 8. (19½ B.) Leipzig 846, Otto Klemm. Thlr.

—— moderne Streifzüge in Poesie und Prosa. 2., verm. Aufl. (314 S.) Leipzig 847, O. Klemm.

Kirsch, Ludw., das neue Branntweinsteuergesetz vom 24. Juni 1887, eingeleitet und erläutert. gr. 8. (70 S.) Karlsruhe 887, Macklot. * 1 —

—— die Zoll- und Reichssteuerverwaltung im Großherzogthum Baden. Aus Anlaß des 50jähr. Bestehens der großherzogl. bad. Zolldirektion dargestellt. gr. 8. (XV, 327 S. mit 3 chromolithogr. Uniformbildern.) Karlsruhe 885, Braun'sche Hofbuchh. * 5 —

Kirsch, O. M., unsere gefiederten Freunde aus Wald u. Flur, s.: Singer's volkstümliche Bücherei, 2. Bd. (Neumann, E.)

Kirsch, Paul Berichtigungen zu Schillers Geschichte des 30jährigen Krieges. Erster Teil. 20 S. Progr. G. Neisse 1881

Kirsch, Paul, u. Ottokar Stoklaska, deutsches Dichterbuch aus Mähren. 12. (X, 202 S. m. 1 Bildnis.) Brünn 892. K. M. Rohrer. Geb 5. —

Kirsch, Paul (Paul Strzemcha), Brünner Elegien. (40 S.) kl. 8. Brünn 907. F. Irrgang. 1. —

Kirsch, Paul, Gretel. Gedicht. 16. (83 S.) Olmütz 878. (Brünn, Knauthe.)

Kirsch, Pet. Ant., altkathol. Angriffe gegen das röm.-kathol. Bußinstitut, s.: Broschüren-Sammlung der schweiz. Kirchenzeitung.

Kirsch, P[eter] A[nton]. Altkatholische Angriffe gegen das römisch-katholische Bussinstitut. Erwiderung an den christ-katholischen Bischof Dr. (Eduard) Herzog. IV + 47 S. 8. Luzern, Räber & Cie., 1903. [fr. —. 75]
(Broschüren-Sammlung der »Schweizerischen Kirchenzeitung«... Nr. 2.)

— die Beichte, ihr Recht u. ihre Geschichte, s.: Glauben u. Wissen.

Kirsch, P. A., die historischen Brevierlektionen. gr. 8. (81 S.) Würzburg 902. Göbel & Scherer. n. —60

— Melanchthon's Brief an Camerarius üb. Luther's Heirath vom 16. VI. 1525. gr. 8. (15 S. m. 2 Lichtdr.-Taf.) Mainz 900. F. Kirchheim. n. 1. —
Sonderabdruck aus: „Der Katholik".

— zur Geschichte der katholischen Beichte. gr. 8. (III, 221 S.) Ebd. 902. n. 2. 40

—— Nekrolog, s. Meyer, A. B.

— der Portiunkula-Ablaß. Eine kritisch-histor. Studie. (III, 95 S.) 8. Tübingen 906. H. Laupp jr. n. 1. 20
Sonderabdruck aus: „Theol. Quartalschr."

Kirsch, Philipp, appr. Arzt a. Baden-Baden: Über die Erfolge der Sterilitätsoperationen. Freiburg i. B.: Speyer & Kaerner 1907. (58 S.) 8°
Freiburg i. B., Med. Fak., Ref. Krönig, Diss. v. 1907
[Geb. 13. Juni 78 Baden-Baden; Wohnort: Frankfurt a. M.; Staatsangeh.: Baden; Vorbildung: Gymn. Bruchsal Reife M. 99; Studium: Heidelberg 1, Leipzig 2, Freiburg i. B. 8 S.; Coll. 19. Jan. 06.]

Kirsch, Rafael [aus Hamburg]: Der Erstgeborene nach Mosaisch-Talmud. Recht. 1. Teil. Die Stellung, Rechte und Pflichten des Erstgeborenen. Frankfurt a. M. 1901. 55 S. 8°.
Bern. Phil. Diss. 1901 1902.

KIRSCH, Robert (Chemnitz): Beitrag zur Statistik des Ulcus ventriculi rotundum.- München: Kestner & Callwey 1910. 21 S.- S.-Abdr. aus: Annalen der städtischen allgemeinen Krankenhäuser zu München. Bd.14.
4.1.1911 - Chr 1910/11,24; U 11.3666
Diss. Ingolst.-Landsh.-Mchn.

Kirsch, Th., Coleopteren, gesammelt in den J. 1868—1877 auf e. Reise durch Süd-Amerika v. Alph. Stübel, bearb. v. Th. K. Nebst Nekrolog auf Thdr. Kirsch v. A. B. Meyer. [Abhandlungen u. Berichte d. k. zoolog. u. anthropologisch-ethnograph. Museums zu Dresden 1888/89, Nr. 4 u. 5.] Imp.-4. (58 u. 7 S. m. 4 Farbendr.-Taf. u. 1 Portr. in Lichtdr.) Berlin 889. Friedländer & Sohn. n. 20. —

Kirsch, Th., die Vorherbestimmung d. Wetters. Wissenschaftlich sowie auf pract. Erfahrung begründet u. allgemein verständlich dargestellt. 12. (V, 86 S.) Breslau 889. Maruschke & Berendt. n. — 75

Kirsch, Th., die Vorherbestimmung des Wetters. Wissenschaftlich sowie auf pract. Erfahrg. begründet u. allgemein verständlich dargestellt f. Landwirthe, Offiziere, Jäger, Touristen rc. 2., verm. Aufl. 12. (III, 42 S.) Breslau 894. Maruschke & Berendt. n. — 80

Die Vorherbestimmung des Wetters. Wissenschaftlich sowie auf prakt. Erfahrung begründet u. allgem. verständlich dargest. f. Landwirte, Offiziere ... &c. von Th. Kirsch, Oberst z. D. 3. verb. u. verm. Aufl. Breslau: Maruschke & Berendt 1906. (45 S.) 8° [F.]

Kirsch, Wilhelm [aus Zuzenhausen]: Zur Geschichte des consonantischen Stammauslauts im Praesens und den davon abgeleiteten Zeiten im Altfranzösischen ... Darmstadt, G. Otto's Hof-Buchdr., 1897; 1 Bl., 86 S., 1 Bl. 8.
Heidelberg, Phil. Fak., Inaug.-Diss. v. [7. Aug.] 1897

Kirsch, Wilhelm, aus Poulheim b. Cöln: Zur Kenntnis des m-Azophenols. *Gießen 1903: Nitschkowski.* (33 S.) 8°
Gießen, Phil. Diss. v. 1903

König Saul. Schauspiel in 5 Aufz. von Wilhelm Kirsch, Rektor. *Breslau: O. Lessheim* (übergekl.: *H. Lesser*) *1901.* (96 S.) 8° [F.] (02. 8770 2

Kirsch von Kirschbaum, Georg Wilhelm. s. Kirsch, Georg Wilhelm

Kirschbaum, der jüdische Alexandrinismus e. Erfind. christl. Lehrer. Od.: Beiträge z. Kritik jüd. Gesch. u. Litteratur. 1. u. 2. Buch. 1. u. 2. Lfg. Lex.-8. Leipzig, (Fritzsche.) Thlr. *
Buch 1. Jüdisch-griech. Originale, vorzügl. Philo u. Sirach. (5⅛ B.) 841. * 9 Gr.
" 2. Jüdisch-hebrä. Originale u. jüdisch-griech. Uebersetzungen. 1. u. 2. Lfg. (à 1¾ B.) 841, 42. à * 4 Gr.
2. Lfg. enth. insbes.: Zeitbestimmung d. Rückkehr aus d. babylon. Gefangenschaft.

Kirschbaum, Aufsätze im Gebiete d. Religion u. des socialen Lebens. 1. Thl. — A. u. d. T.: Der jüdische Alexandrinismus eine Erfindung christlicher Lehrer rc. 1. Buch. Jüdisch-griechische Originale, vorzüglich Philo u. Sirach. gr. 8. (11¾ B.) Zürich 843. (Literar. Comptoir.) —

—— dass. 2. Thl. A. u. d. T.: Vorschläge zu den radicalsten socialen Reformen bei der größten Schonung des Bestehenden. gr. 8. (3¼ B.) Ebds. 843.

—— Erörterungen u. Nachträge zu den Vorschlägen, betreff. einige gesellschaftl. Institutionen. 8. (2 B.) Hirschberg 842, Lucas. *

—— Erwiederung an Hrn. Dr. Großmann, gefolgt von ein. Kritik zu d. Klageliedern. Als Supplem. zur Schrift: Der jüd. Alexandrinismus e. Erfind. christl. Lehrer. 8. (3¼ B.) Hirschberg 842, Lucas. *

Kirschbaum, ..., Confirmationsrede, gehalten von Moses Benj. Goldschmidt in Amorbach, d. 8. März 1828. 8. Heidelb. 828. Oswald. 2 K

Kirschbaum, Confirmations-Rede, gehalten v. Moses B. Goldschmidt in Amorbach d. 8. März 1828. 8. (1 B.) Amorbach 833. (Heidelberg, A. Oswald.)

Kirschbaum, *Dr.*, *Stürmer des jüdischen Alexandrinismus.* Es ist noch heute oder: Der Familie Apotheose als Mittel zur Förderung des häuslichen Glückes des Ehestandes, drei illuminirte Bilder aus dem Haus-Gottesdienste der Juden. *Krakau* 1858. Beim Verfasser. Gedruckt bei *Karl Budweiser.* 64 S. 8°. 1 fl. 30 kr.

— Vorschläge, betreffend einige gesellschaftliche Institutionen. Dem Wohle der Menschheit liebevoll gewidmet. gr. 8. Leipzig 842. (C. L. Fritzsche.) n. ⅙ ℳ

Kirschbaum, Vorschläge zu den radicalsten socialen Reformen bei der grössten Schonung des Bestehenden. 8°. Zürich 1843.

Kirschbaum, Ad. F., d. im Schlaf gemäßigte Morpheus od. Wahrsagertempel. 8, Nürnb. Schneider u. W. 727.

KIRSCHBAUM, A. F., Der im Schlaff geschäfftige Morpheus, oder neu-eröffneter Wahrsager-Tempel. Nürnberg 1728. 8°. (12 Mk. M. Edelmann, Nürnberg, c. 1900:)
Sehr seltenes, ganz verschollenes Traum- u. Wahrsagebuch, über 1100 Seiten umfassend, voller Curiositäten.

Kirschbaum, Alfred, Referendar aus Frankfurt a. M.: Das richterliche Veräusserungsverbot nach Gemeinem Recht und Bürgerlichem Gesetzbuch. *Wiesbaden 1902: C. Ritter.* (VII, 48 S.) 8°
Marburg, Jur. Diss. v. [14. Juli] 1902

C. L. KIRSCHBAUM, Die Athysanus-Arten der Gegend von Wiesbaden. Der Wetterauischen Gesellschaft für die gesammte Naturkunde zur Feier ihres fünfzigjährigen Bestehens am 11. August 1858 vom Verein für Naturkunde im Herzogthum Nassau. Wiesbaden: 1858. Kreidel und Niedner. (In Comm.) 4°.

Kirschbaum, C. L., die Athysanus-Arten der Gegend von Wiesbaden. gr. 4. (14 S.) Wiesbaden 858, (Kreidel's Verlag.) *

Kirschbaum, C. L., die Cicadinen der Gegend von Wiesbaden und Frankfurt a. M. nebst einer Anzahl neuer oder schwer zu unterscheid. Arten aus anderen Gegenden Europa's tabellarisch beschrieben. gr. 8. (203 S.) Wiesbaden 869, Niedner. * 2 —
Aus: Jahrbücher des nassauischen Vereins für Naturkunde, besonders abgedruckt.

C. L. KIRSCHBAUM, Ueber Hoplisus punctuosus Eversm. und Hoplisus punctatus n. sp. (Stett. ent. Zeit. 1853. S. 45.) Der Kaiserlichen Naturforschenden Gesellschaft zu Moskau zur Feier ihres fünfzigjährigen Bestehens vom Verein für Naturkunde im Herzogthum Nassau. Wiesbaden. 1855. Gedruckt bei Adolph Stein. 4°.

Kirschbaum: Die Gattung Idiocerus Lew u. ihre eur. Arten. 19 S. – Wiesbaden G., Progr. 1868.

Kirschbaum, C. L., die Reptilien und Fische des Herzogth. Nassau. Verzeichniß und Bestimmungstab. gr. 8. (46 S.) Wiesbaden 865, Niedner. *
Aus: Nassauische naturwissenschaftliche Jahrbücher, besonders abgedruckt.

Kirschbaum, C. L., die Rhynchoten der Gegend von Wiesbaden. 1. Heft: Die Capsinen. Verzeichniß, Bestimmungstabelle, ausführliche Beschreibung der neuen Arten. Aus den Jahrb. des Vereins für Naturkunde im Herzogth. Nassau. Wiesbaden 855. Kreidel u. Niedner in Comm. gr. 8. (189 S.) n. 20 ngr.

Kirschbaum, über den naturwissenschaftlichen Unterricht auf Gelehrtengymnasien. 4. (33 S.) (Wiesbaden 848, Kreidel.) *

Kirschbaum, Elieser Lazarus Sinai

— Maimonidis medici qui seculo florebat XII. Spec.

Elieser Lazarus Sinai Kirschbaum

Elies(er) Lazar(us) Sinai Kirschbaum: De Maimonidis medici, qui seculo florebat XII specimine diaetetico. ([Berlin] 1822:) Kraus. 26 S. 8°

Berlin, Med. Diss. v. 11. Mai 1822

Kirschbaum, E. L. S., Samml. einiger deutschen u. hebräischen Dichtungen. Berl. 820. Heinemann. 8 gr.

Kirschbaum, Eph., Predigten über Glauben u. Unglauben. 3 Thle. gr. 8. Mainz 799. (Streng in Frkf.) 1 rthl 12 gr.

Kirschbaum, Heinr. Jos., Quid Tacitus senserit de rebus publicis. Dissertatio philologica. gr. 8. (47 S.) Jena 857, (Doebereiner.) Thlr. *

Kirschbaum, J. C., Handbuch, oder erprobte Witterung u. Bauernregeln. 2 Thle. 12. Leipz. 794, 96. Göthe. 1 rthl 2 gr.

Kirschbaum, J. G., populärer Unterricht in der Schafzucht, sowie auch in der Kenntniß und Behandlung der Wolle. Für Schäfer und Schäfereibesitzer, für Wollhändler und Wollfabrikanten. 2., verb. Aufl. gr. 8. (X und 121 S. mit 25 in den Text gedr. Holzschn.) Stuttgart 862, Mäcken. –

Kirschbaum, Johann Gottl. (Wittenberg), De decretariis. Präs. Josia Ludwig Ernst Püttmann. Lpz. (Bueschel) 30. XI. 1784. 8 S. (4.50) 18113

Kirschbaum, Jh. Mich., d. gewerbsame Deutschland. — Neues Weberbild- u. Musterbuch, zur Beförderung der edlen Leinen- u. Weberbildkunst und zum Nutzen u. Vergnügen angehender Meister u. Gesellen, auch anderer Liebhaber der Weberkunst, auf 74 Kpfrtaf. herausg. u. mit dienlichen Anweisungen und deutl. Erklärungen versehen. 5e Orig.-Ausg. qu. Fol. Heilbronn 836. Claß. $2^{7}/_{12}$ rthl — 6e rechtm. Orig.-Aufl. Mit 74 Kpfrtaf. Fol. Ebd. 840. $2^{1}/_{2}$ rthl

Kirschbaum, Jh. Mich., Weber-Bild- u. Musterbuch, zur Beförderung d. Leinen-, Bild- u. Damastweberei. Mit 74 Kpft. 4. Heilbr. 793. N. A. 803. 4e A. 827. Claß. 2 rthl 12 gr.

Kirschbaum, Johann Michael. Neues Weberbild- und Musterbuch ... zur Beförderung der edlen Leinen- und Bildweberkunst / und zum Nutzen und Vergnügen angehender Meister und Gesellen, auch anderer Liebhaber der Weberkunst ... herausgegeben und mit ... Anweisunge und ... Erklärungen versehen von Johann Michael Kirschbaum .. Heilbronn und Rothenburg ob der Tauber, in der Eckebrechtischen Buchhandlung 1771.
Kupfertit., Tit., 1 Bl., 74 Taf. in Kupferst. m. 14 Bl. Text. 8°.

S. auch Justi, J. H. G. Vollständige Abhandlung von den Manufakturen und Fabriken. 1780

Kirsclbaum J M, neues Bild- und Musterbuch der Leinen- und Bildweberkunst in 74 Tafeln mit Erklärungen. qu 4° Heilbronn 1793

Kirschbaum, M., neues Weber-, Bild- u. Musterbuch z. Beförderung d. edlen Leinen- u. Bildweberkunst, m. 74 K. Kf. 4. Heilbr. Claß. 815.

Kirschbaum, Joh. Mich., neues Weberbild- u. Musterbuch, zur Beförderung der edlen Leinen- u. Bildweberkunst. 6. Orig.-Aufl. kl. Fol. (74 Kpfrt. u. 1½ B. Text.) Heilbronn 813, Claßische Buchh. 2

Kirschbaum, Joh. Mich., neues Weberbild- und Musterbuch zur Beförderung der edlen Leinen- und Bildweberkunst ꝛc. auf 74 neu rev. Kpfrt. (in qu. Fol.) hrsg. und mit dienl. Anweisungen und deutl. Erklärungen versehen. 7. Orig.-(Titel-)Aufl. qu. Fol. (6 S.) Heilbronn 854, Landherr. *

Kirschbaum, Julius: Über die Erfolge der chirurgischen Behandlung der Perityphlitis. *Bonn 1902: C. Georgi.* (42 S.) 8°
Bonn, Med. Diss. v. 17. Mai 1902

Kirschbaum, Kalév, aus Mitau (Russl.): **Poliomyelitis anterior.** *Berlin (1901): E. Ebering.* (40 S.) 8°
Berlin, Med. Diss. v. 26. Juli 1901

Kirschbaum, Max, Referendar a. Wülfrath (Rhld.): **Der Vertrag zugunsten Dritter von Todes wegen.** Borna-Leipzig 1906: R. Noske. (VIII, 53 S.) 8° [J.]
Heidelberg, Jur. Fak., Ref. Endemann, Diss. v. 15. Dez. 1906
[Geb. 23. Okt. 82 Wülfrath; Wohnort: Wülfrath; Staatsangeh.: Preußen; Vorbildung: Schulpforta Reife O. 02; Studium: Marburg 1, Münster 2, Berlin 1, Bonn 2 S.; Rig. 31. Okt. 06.]

Kirschberg, Manfred, von Zürich: Der Postscheck. Eine wirtschaftliche und juristische Studie mit Berücksichtigung der österreichischen, deutschen und schweizerischen Verhältnisse. Zürich 1906. X + 244 S. 8°. Erschien auch im Verlag von C. L. Hirschfeld, Leipzig. [19. X. 06.]
Zürich. Jur. Diss. 1906/1907.

Kirschberg, Manfred. Der Postscheck. Eine wirtschaftliche (*Ausg. B:* volkswirtsch') und juristische Studie, mit (*Ausg. B:* St'. Mit) Berücksichtigung der österreichischen, deutschen und schweizerischen Verhältnisse. X + 244 S. 8. (Druck E. Buchbinder in Neu-Ruppin.)
Ausg. A: Diss. Rechts- und Staatsw. Univ. Zürich ... von M' K' von Zürich. Zürich 1906.
Ausg. B: Von Dr. jur. M' K'. Leipzig, C. L. Hirschfeld, 1906 — *Aufdruck:* (L' 1906.) Seit 1907: J. C. B. Mohr, Tübingen —. [M. 5.40, geb. 6.40]

Kirschberg, Manfr., der Postscheck. Eine volkswirtschaftl. u. jurist. Studie. Mit Berücksicht. der österreich., deutschen u. schweizer. Verhältnisse. (VIII, 244 S.) gr. 8. Leipzig 906. Tübingen, J. C. B. Mohr. n. 5.40; geb. n. 6.40

Kirschberg, Paul, Kammergerichtsreferendar in Berlin: **Die Alternativobligation mit Gläubigerberechtigung und die Obligation mit facultas alternativa des Gläubigers nach bürgerlichem Recht.** Neu-Ruppin 1907: E. Buchbinder. (VIII, 57 S.) 8°
Heidelberg, Jur. Fak., Ref. Bekker, Diss. v. 12. Juni 1907
[Geb. 30. Apr. 83 Berlin; Wohnort: Berlin; Staatsangeh.: Preußen; Vorbildung: Sophien-Gymn. Berlin Reife O. 02; Studium: Berlin 7 S.; Rig. 3. Mai 07.]

Züchtungsmaßnahmen und Erfahrungen auf dem Saatzuchtgut Pfiffelbach-Apolda. Von A. **Kirsche.** Mit 16 Textabb. Berlin: P. Parey 1905. (31 S.) 8° [K.] [-6. 1903

Kirsche, Bruno, a. Pfiffelbach: Untersuchungen der Wachstumsvorgänge bei verschiedenen Runkelrübensorten. Apolda 1905: F. Gebhardt. (42 S.) 8°
Leipzig, Phil. Fak., Ref, Kirchner, Pfeffer, Diss. v. 11. Nov. 1905
[Geb. 22. Okt. 79 Pfiffelbach, Sachsen-Weimar; Wohnort: Apolda; Staatsangeh.: Sachsen-Weimar; Vorbildung: Gymn. Weimar Reife O. 99; Studium: Jena 3, Leipzig 3 S.; Rig. 2. März 05.]

Kirschen, Die. Berlin 1773.
Ü: *Heinse, Johann Jacob Wilhelm.* (GGr) (EE) (JL) «Quedlinb.» (Ky)

Kirschen, die, (v. W. Heinse). 8. Quedlinb. 773. (W. Nauck in Leipz.) 4 gr.

— die, Lucentem verba lasciva decent. 8. Eisenach 773. Wittekind. 3 gr.

Kirschen. Erzählungen v. Karl Stein. 16 Bdchen. 8. Berl. Hayn. 813.

Kirschen, Die; das Margarethablümchen . . . Neue Aufl. Landshut 1832. V: *Schmid, Joh. Christoph v.* (Ky)

Kirschen, Die, eine neue Erzählung . . . Landshut 1832. V: *Schmid, Joh. Christoph v.* (Ky)

Kirschen, die, e. neue Erzähl. f. Kinder u. Kinderfreunde. Von d. Verf. d. Ostereyer (Chrstph. Schmid). 12. (1½ B.) Landshut 832. [Regensburg, Manz.]
Vgl. Erzählungen, neue, f. Kinder u. Kinderfreunde, 2. Bdchn.

(F) **Die Kirschen. — Der Wasserkrug.** 9. Aufl. [Christoph von Schmids ausgewählte Erzählungen für die Jugend. 5. Bd.] 8°. (53 S.) K —.40
Wien: Pichler 1907.

Kirschenbauer, Karl, Referendar in Hannover: **Das negotium mixtum cum donatione nach dem Bürgerlichen Gesetzbuche.** Borna-Leipzig 1905: R. Noske. (x, 86 S.) 8° [J.]
Leipzig, Jur. Fak., Diss. v. 7. Juli 1905
[Geb. 16. Aug. 81 Hannover; Wohnort: Hannover; Staatsangeh.: Preußen; Vorbildung: Kais. Auguste-Viktoria-Gymn. ' inden Reife O. 00; Studium: Leipzig 1, Berlin 1, Bonn 1, Göttingen 3 S.: Rig. 4. Dez. 03.]

Kirschenblat, Duwid-Riwen, aus Stawropol im Kaukasus: **Aus d. pathol. Institut zu Berlin. Über das Verhalten der neutrophilen Granula in den farblosen Blutkörperchen des Eiters.** *Berlin (1903): G. Schade.* (28 S.) 8°
Berlin, Med. Diss. v. 9. Juli 1903

Kirschenfauth, Frdr., mein Freund. Gedanken über die Freundschaft. 12. (VII, 62 S.) Stuttgart 898. F. Kirschenfauth. n. — 80; geb. in Leinw. n. 1. 20

Kirschenfauth, Frdr., mein Freund. Gedanken üb. die Freundschaft nebst e. Anh.: Gedichte u. Sinnsprüche üb. die Freundschaft. 3. Aufl. (80 S.) kl. 8. Stuttgart (906). Christliches Verlagshaus. n. — 30

Kirschenfauth, Friedr., Geflügelkrankheiten, deren Heilg. und Vorbeugungsmittel. Stuttgart 1900. Kirschenfauth, M. —.25

Kirschenheuter, F., Pfälzische Musikanten. Ernstes u. Heiteres aus d. pfälz. Musikantenleben. (Neue [Umschlag-]Ausg.) gr. 8. (240 S.) Winnweiler (895) 898. Kaiserslautern (E. Crusius). n 2. —

Kirschen- u. Heidelbeerliedchen für heitere u. brave Kinder. Von e. Kinderfreund. 8. Elberf. ... Mannes. 1 K

Kirschfeld, S., Udda, ein Zauberroman. 8. Wien 816. Wimmer. 12 K

Kirschfest, das vaterländische. Scene d. Vorzeit. 8. Weißenf. 791. Severin. 5 K

Kirschfest, das, ist jetzt Verl. d. Weygandschen Buchh. in Leipzig.

Kirschfest-Liederbuch, Naumburger. Gesammelt u. der Naumburger Jugend gewidmet. 12. (16 S.) Naumburg a/S. 891. J. Domrich. n. — 15

Kirschfink, *Eduard* [cand. med. aus Aachen]: **Ueber Trepanation bei Gehirntumoren ... München, Buchdr. v. M. Ernst,** 1896; 37 S. 8.
München, Med. Fak., Inaug.-Diss. v. 1897

[J.] Ein Beitrag zur Geschichte von Burgwaldniel. Von Prof. Dr. J[akob] **Kirschkamp** in Bonn. *Paderborn: F. Schöningh 1896.* (IV S., 1 Bl., 49 S.) 1 Bd 8. [97. 3350

Blätter freudig-dankbarer Erinnerung an das akademische Leben in Würzburg in den bedeutsamen siebziger Jahren des verflossenen Jahrhunderts. Von Dr. J[akob] **Kirschkamp**, Prof. Bonn: Hanstein 1910. 54 S. 8° [10. 1129] 5

Kirschkamp, Jak., Der Geist des Katholicismus in der Lehre vom Glauben u. von der Liebe. Paderborn, Schöningh. 1895, 8°. VIII, 335 S., 4 Mk.

Kirschkamp, Jak., **Gnade und Glorie in ihrem innern Zusammenhang betrachtet. Eine dogmat. Studie.** gr. 8. (IV, 127 S.) **Würzburg 878, (Bucher.)** *

Kirschkamp, Jacobus: **Die Liebe in der natürlichen und in der übernatürlichen Ordnung.** *Bonnae (1900): C. Georgi.* (14 S.) 4°
Bonn, Progr. zur Gedächtnisfeier Friedrich Wilhelms III. 1900

Ein Wort von katholischer Seite zu dem Buche des Pastors P. Cirlis in Essen 'Die drei Brüder vom Brockhof.' Ein Wort z. Aufklärung u. z. Abwehr. Von Prof. Dr. J[akob] **Kirschkamp**. Bonn. Bonn: Hanstein 1908. 40 S. 8° [08. 4647 5

Kirschke, Alfr., die Gaskraftmaschinen, s.a. Sammlung Göschen.

Die Gaskraftmaschinen. Kurzgef. Darstellung d. wichtigsten Gasmaschinen-Bauarten von Alfred **Kirschke**. Mit 55 Fig. Leipzig: Göschen 1907. 138 S. 8°
(Sammlung Göschen. 316.) A12.1441

Reisesprüche von J[ul.] **Kirschke.** Hs. f. Brr. Berlin 1900: Mittler & S. VIII, 129 S. 8°
Recens: BZC. 29 (1900) S. 253—254 (F. Seckt).

Kirschleger, F., Prodrome de la Flore d'Alsace. gr. in-12. Strassburg 836. Scheurer. 1½ ℳ

Statistique de la viticulture dans le département du Bas-Rhin. Extrait d'un Rapport de M. le professeur KIRSCHLEGER à la Société des sciences, agriculture et arts de Strasbourg inséré dans l'Annuaire du Bas-Rhin de 1848. Strasbourg. 1848. Imprimerie de Veuve Berger-Levrault. 8°.

Kirschmann, A.

Kirschmann, ein photometrischer Apparat zu psychophysischen Zwecken, s. Studien, philosophische.

Kirschmann, A., die Dimensionen des Raumes. Eine krit. Studie. gr. 8. (112 S.) Leipzig 902. W. Engelmann. n. 2. —
Sonderabdr. a.: „Philosoph. Studien, Festschrift f. W. Wundt".

Kirschmann, Aug., Antiqua od. Fraktur? (Lateinische od. deutsche Schrift), s. Monographien des Buchgewerbes. I.

Antiqua oder Fraktur? (Lateinische oder deutsche Schrift.) Eine krit. Studie von Dr. August **Kirschmann**, Prof. Leipzig: Deutscher Buchgewerbeverein 1907. 75 S. 8°
(Monographien d. Buchgewerbes. Bd 1.) [11. 4644

Kirschmann, August [aus Oberstein]: **Ueber die quantitativen Verhältnisse des simultanen Helligkeits- und Farben-Contrastes. . . .** (Aus: Wundt, Philos. Studien, VI. Bd. 3. H.) Leipzig, W. Engelmann, 1890; 77 S. 8°
Leipzig, Phil. Fak., Inaug.-Diss. v. 23. Sept. 1890

Kirschmer, Präparation zu Lhommond, viri illustres. 1. Heft: Gruppe 1—4: Nr. 1—40. 3. Aufl. (32 S.) 8. Stuttgart 908. W. Kohlhammer. — 40

Kirschmer, Präparationen zu Lhomond, viri illustres, s. Schülerpräparationen zu latein. u. griech. Schriftstellern.

– latein. Übungsbuch f. d. 3. Lateinklasse, s.: Herzog, S.

Kirschmer, Karl, Leitfaden der allgemeinen Musiklehre, s.: Irgang, Wilh.

Kirschneck, Karl, in der Cholerazeit. Aerztliche Winke. 8. (24 S.) Wien 866, v. Waldheim. *

Kirschneck, Dr. Carl, In der Cholerazeit. Aerztliche Winke. (Sep.-Abdr. aus „Waldheim's illustr. Blätter".) 8. (24 S.) Wien, Waldheim. 10 kr.

Kirschnek Dr. Anton: Antike und christliche Weltanschauung. Eine Parallele. (19). Aussig 96.
Progr.

Kirschnek Dr. Anton: Bericht über eine Studienreise nach Innsbruck und München in den Hauptferien 1896. 9. Aussig 97.
Progr.

Kirschnek, Anton: Über die Aischines Namen tragenden Briefe.
Prag, Phil. Diss. von 1889/90.

Kirschnek Dr. Anton: Über die Aeschines Namen tragenden Briefe. (24). Arnau. 92.
Progr.

Kirschnek Dr. Ant.: Geschichte der Entstehung der Anstalt. 21. Gablonz 99.
Progr.

Kirschnek, Ed[uard] B[ertram]: Landschaften und Bergfahrten im Süden. (Reiseerinnerungen.) I. Teil. S. 3—21. 8.
K. k. Staats-Gymn. mit deutscher Unterrichtssprache *Prag-Neustadt*, Graben 1910.
Eine Nacht auf dem Pentelikon. Eine Ätnabesteigung.
Progr.

Kirschner, A. C., Vorschriften auf einzelne Vorlegeblätter gezogen in 3 Kapseln. Sondershausen, Voigt. à 6 Gr.

– – dessen Anhang zu den Vorschriften.
Auch unter dem Titel:
Kurzer methodischer Unterricht zur gründlichen und baldigen Erlernung der Schönschreibekunst für Kinder. gr. 4. Ebend. (in Comm.) 815.

Erinnerungen an Goethes Ulrike und an die Familie von Levetzow-Rauch. ⟨Mit mehreren Abb.⟩ Von Adolf Kirschner, Aussig. *Aussig: A. Grohmann in Komm. 1904.* (66 S.) 8° [F.]

Kirschner, Adf., Führer auf die Burgruine u. das Dorf Schreckenstein bei Aussig. Allen Touristen gewidmet. Hrsg. v. Max Heyßler. (18 S. m. Abb.) kl. 8. Bensen (908). (Aussig, A. Becker.) nn —25

Kirschner, Aegidius, s. Kirschner, J. Aegidius

Kirschner, Frl. Aloisia, s.: Schubin, Ossip.

Kirschner, Bruno: Alfabetische Akrosticha in der Syrischen Kirchenpoesie. Rom 1907: Tipografia poliglotta. (113 S.) 4°
¶ (Aus: Oriens christianus Jg. 6.)
Heidelberg, Phil. Fak., Ref. Bezold, Diss. v. 3. Jan. 1907
[Geb. 17. Aug. 84 Berlin; Wohnort: Berlin; Staatsangeh.: Preußen; Vorbildung: Friedrichs-Werdersches Gymn. Berlin Reife M. 02; Studium: München 2, Berlin 4, Heidelberg 1 S.; Rig. 12. Febr. 06.]

Kirschner, Carl Wilhelm Julius, s. Kirschner, Karl Wilhelm Julius

— Ferdinand Ludwig (Moritzburg/Misn.), De zostere. Disp. med.-chir. Präs. Christian Gotthold Eschenbach. Lpz. (Teubner) 24. V. 1816. 24 S. (5.50) 18116
Gew.: Johann Christian August Clarus

Kirschner, Frz. Ant., die katholische Familie in Geschichten und Sagen. Zur lehrreichen Unterhaltung für alle Stände gesammelt und bearb. 1. Bd. A. u. d. T.: Im häuslichen Kreise. Katholische Familien-Geschichten. gr. 8. (VII, 476 S.) Mainz 877, Kirchheim.

Kirschner, I. [pract. Arzt in Spandau]: Ueber Splenitis und den haemorrhagischen Milzinfarkt .... Berlin, Buchdr. v. Gustav Schade (Otto Francke) (1886); 33 + 2 S. 8°.
Berlin, Med. Fak., Inaug. Diss. v. 29. Jul. 1886.

Kirschner, J., über Splenitis und den haemorrhagischen Milzinfarkt. Diss. Berlin 1886, Mayer & Müller. 8°. 33 S.

Kirschner, J. Aegidius

Kirschner, Aegid., instruktive Anweisung z. gründl. Erlernung d. Schönschreibekunst f. d. Gebrauch in Schulen und beim Privatunterrichte. quer 4. Sondersh. Voigt. (in Comm.) 813 Schreibp. Velinp.

— Auszug aus obigem. 4.. Ebend.

— u. J. G. Huhn, instrukt. Anweis. zur gründl. Erlernung d. Schönschreibekunst, mit 16 Bl. Vorschriften. 4. 813. Cassel (821.) Luckhardt. 18 gr. Anhang, oder kurzer Unterricht zur gründl. Erlernung d. Schönschreibekunst für Kinder. gr. 4. Schmalk. 815. 8 gr.

Kirschner, (J. A. u. J. G. Huhn,) instrukt. Anweis. z. gründl. Erlernung d. Schönschreibekunst. 4. Kassel (824), Luckhardt.

— elementar. Gesangbildungslehre, oder d. Kunst, in möglichst kürzester Zeit Kinder singen u. treffen zu lehren nach Stephanischer Methode. Mit Kpf. gr. 8. Schmalkalden 817. (Luckhardt in Cassel). 10 gr.

Kirschner, J. Aeg., Clavierinstrumentalmaschine, nebst Anhang e. beweg. Singmaschine u. eingestreuten Winken eines elementar. Stufenganges. Mit 3 Portr. 4. Schmalkalden 818. (Voigt in Ilm.) 1 rf 8 gr.

— arithmetische Wandfibel zur Erleichterung d. Rechnens in Volksschulen. Mit 2 Tafeln auf Steindruck. 8. Schmalkalden 818. (Voigt in Ilmenau). 12 gr.

Kirschner, Joh. Jos., Gesetzgebungs-Organismus im Gleichgange mit den Organisationsstufen der Vollziehungsgewalt. gr. 8. (XII u. 44 S.) Schweinfurt 849, Ziegler in Comm. 1/6 rf

Kirschner, Johann Konrad

Kirschner, J. C., Bild des menschl. Herzens. 8. Bayr. 793. (Grau in Hof). 14 gr.

Kirschner, Jh. Konr., († d. ... Juli 1805.) Bildung d. menschl. Herzens nach Geschichte u. Erfahrung. 8. Bayr. 791. Mit n. Tit. 793. (Grau in Hof). 14 gr.

— Morgen- u. Abendgebete auf alle Tage in d. Woche, für Leidende u. Kranke. (Aus d. Unterhaltungen abgedr.) Mit 1 Vignette. gr. 8. Bayr. 801. (Grau in Hof). 4 K

— Morgen- u. Abendgebete a. alle Tage in d. Woche für Leidende u. Kranke. gr. 8. Bayr. Lübeck. 801.

— christl. Unterhaltungen für Leidende u. Kranke. 2 Thle, mit 1 Vign. gr. 8. Bayr. 787. 2e A. 801. (Grau in Hof). 20 K

Kirschner Josef: Erziehung zum künstlerischen Sehen und Fühlen im Rahmen der Mittelschule. 24. Böhm. Leipa R. 02.
Progr.

Kirschner J.: Das Ornament in seiner technischen Verwendung sowie in Bezug auf den Zeichenunterricht. 23 Trautenau R. 81. Progr

Kirschner, Jos., die künstlerische Vereinfachung der Natur im Bilde. Ein Vorlagenwerk f. den Gebrauch in den unteren Klassen der Mittelschulen u. an verwandten Lehranstalten. (19 farb. Taf. m. 2 Bl. Text.) 54,5×41 cm. Wien (IX/1, Kolingasse 3) 906. Österreich. Lehrmittelanstalt Dr. Raynoschek & Spadinger. In Mappe 25. —

Kirschner, Karl Wilhelm Julius

Kirschner, Carl Wilh. Julius (Friedland/Schles.), De maxillae inferioris divaricatione tetanoide. Diss. med. Bln. (Brüschck) 21. IV. 1825. 23 S. mit Biogr. (6.—) 18115
Oppon.: E. Lau, A. Berger, C. Geisler. — Gew.: Friedr. Schaeffer. — Krankengesch. d. Charlotte Lehmann.

Kirschner, Lola, s.: Schubin, Ossip.

Kirschner, Ludwig

Kirschner, L., Grundriß über Aufschluß, Ausrichtung, Vorrichtung und Abbau von Lagerstätten. Leipzig. 1909. 186 S. mit 168 Abb. u. einem Atlasband von 31 Taf.

Kirschner, Ludw., Grundriss üb. Aufschluss, Ausrichtung, Vorrichtung u. Abbau v. Lagerstätten. (VI, 180 S. m. 168 Abb.) gr. 8. Nebst 31 lith. Taf. 30,5×19,5 cm. Wien 909. F. Deuticke. Geh. u. geb. 15. —

Kirschner, Ludw., Grundriss der Erzaufbereitung. I. Thl. (Handscheidg., Zerkleinerg., Abläutern u. Übersicht d. Separation.) gr. 8. (VIII, 113 S. m. 5 Abb. u. 19 Taf.) Wien 898. F. Deuticke. n. 4. —

KIRSCHNER, Ludwig
Grundriss der Erzaufbereitung von Ludwig Kirschner. II. Theil. (Classierung, Separation der Classen, Sortierung, Separation der Sorten, Goldaufbereitung und magnetische Aufbereitung.) Mit 17 Tafeln und 10 Abbildungen im Text. Leipzig und Wien. 1899. Deuticke. Gr.-8°. IV, 159 S. fl. 5.40
I. u. II. Theil fl. 7.80.

Kirschner, Frl. Lula, s.: Schubin, Ossip.

Kirschner, O. von (Hrsg.), s. Zeitschrift für Pflanzenkrankheiten.

Bericht des Oberbürgermeisters [Martin] **Kirschner** an den Minister des Innern vom 3. Sept. 1906 [zur Frage 'Groß Berlin']. (Berlin 1906: Loewenthal.) 41 S. 8° [Umschlagt.] Ili. 17868 4

Kirschner, Martin, appr. Arzt a. Breslau: **Aus der Psychiatrischen Klinik der Universität Straßburg. Syringomyelie und Tabes dorsalis.** Straßburg i. E. 1904: C. Müh & Cie. (53 S.) 8°
Straßburg, Med. Fak., Ref. Fürstner, Diss. v. 20. Sept. 1904
[Geb. 28. Okt. 79 Breslau; Wohnort: Berlin; Staatsangeh.: Preußen; Vorbildung: Luisengymn. Berlin Reife O. 99; Studium: Freiburg i. B. 1, Straßburg 3, Zürich 1, Straßburg 1, München 1, Straßburg 4 S.; Coll. 21. Juli 04; Approb. 9. Juli 04.]

Kirschner, Moriz, a. Brünn: Derivate des α-Picolyl-und α-Picolylmethylalkins. Breslau 1905: H. Fleischmann. (70 S.) 8°
Breslau, Phil. Fak., Ref. Gadamer, Diss. v. 5. Aug. 1905
[Geb. 4. Okt. 78 Brünn in Mähren; Heimatsort: Brünn in Mähren; Staatsangeh.: Österreich; Vorbildung: Landes-Ober-Realschule Brünn Reife O. 96; Studium: T.H. Brünn 2, Breslau 4 S.; Rig. 26. Juli 05.]

Kirschner, Paul, die Bedeutung der Karitas f. das Heilwesen, s.a. Schriften üb. Wesen u. Bedeutung der Kurierfreiheit. 3. Heft.

Kirschner, Paul: Die Bedeutung der Karitas für das Heilwesen. Berlin 1910.

Kirschner, Paul, a. Berlin: Die Unzulänglichkeit des privat- und gemeinwirtschaftlichen Organisationsprinzips in der Volkswirtschaft. (Berlin: C. Heymann 1908.) (VI, 68 S.) 8° [J.]
Berlin, Phil. Fak., Ref. Wagner, Diss. v. 15. April 1908
[Geb. 17. Mai 77 Berlin; Wohnort: Berlin; Staatsangeh.: Preußen; Vorbildung: Viktoria-Gymn. Potsdam Reife O. 99; Studium: Berlin 7 S.; Rig. 27. Febr. 08.]

Kirschnick, Carl *Hugo:* Ueber Paratolenyldioxytetrazotsäure und ihre an Sauerstoff ärmeren Derivate ... Königsberg, Hartungsche Buchdr., *1892;* 27 S., 1 Bl. 8.
Königsberg, Phil. Fak., Inaug.-Diss. v. 6. Febr. 1892

Kirschstein, A. E. C., neuester Dampf-Destillations-Apparat, zur Bereitung der Liqueure, durch dessen Anwendung jede Feuer-Gefahr, wie jedes früher möglich gewesene Unglück beseitigt ist. Nebst e. Anhange, enthaltend neueste Reinigungsmethode, durch welche jeder Branntwein vom Fuselöl befreit wird, Anfertigung eines künstl. vorzügl. Weinspritts, beste geprüfte Liqueur-Vorschriften, wie eine Anweisung, nach welcher mehrere Fruchtsäfte wie Gilee's u. die zu den Liqueuren nöthigen Tincturen zu bereiten sind. Mit 4 Abbildd. 8. Breslau 837. Aderholz. 1/2 ℛ

Kirschstein, A. E. C., der künstlich bereitete Guano. Eine auf mehrjähr. Erfahrungen gegründete Anleitung zur Erzeugung dieses bis jetzt billigsten, kräftigsten Düngers, wie Angabe der davon zu verwendenden Menge bei jeder damit angebaut werdenden Frucht und Nachweis des dadurch erhaltenen Ertrages. br. 8. (VI und 33 S.) Glogau 857, Flemming's Verlag.

Kirschstein, Arminius *(geb. Koschmin in Pos 3. 12. 1828)*: De hypertrophia portionis vaginalis uteri ejusque operatione methodo galvanocaustica. Vratislaviae (1861). (19 S.) 8°
Breslau, Med. Diss. v. 25. Juni 1861

Kirschstein, Egon Fr., u. Valerian Tornius, wir Balten! Keine unzeitgemäße Betrachtgn. üb. das Deutschtum in den Ostseeprovinzen. (88 S.) 8. Leipzig 906. F. Rothbarth. n. 1. —

Kirschstein, F.

Kirschstein, kurzgefaßte Auslegung des Katechismus Lutheri, s. a. Auslegung, kurzgefaßte.

Kirschstein, F., kurzgefaßte Auslegung des kleinen Katechismus Luthers. 10. Aufl. 8. (64 S.) Barmen 894. E. Biermann. Geb. n.n. — 35

Kirschstein, F., kurzgefaßte Auslegg. des kleinen Katechismus Luthers. 11. Aufl. 8. (64 S.) Barmen 898. E. Biermann. Geb. n.n. — 35

Kirschstein, (Joan.) Frid. (Ludov.) (geb. Köslin 19. 2. 1824): De ano praeternaturali nonnulla. Berolini (1847). (31 S.) 8°
Berlin, Med. Diss. v. 26. Apr. 1847

Aerzte, Krankenkassen und Leipziger Verband. Von Dr. Fritz **Kirschstein.** Berlin: H. Walther 1905. (64 S.) 8° [F.] 06. 14715

Kirschstein, Fritz [pr. Arzt aus Bromberg]: Ueber die Thränendrüse des Neugeborenen und die Unterschiede derselben von der des Erwachsenen ... Berlin, Buchdr. v. G. Schade, *1894;* 30 S., 1 Bl. 8.
Berlin, Med. Fak., Inaug.-Diss. v. 20. März 1894

Kirschstein, H. Englische Gedichte ins Deutsche übertragen [Th. Moore, Laet. El. Landon, Sam. Rogers] und ein Essay: Gefangene von Chillon. 19 S. **Progr.** *Marienburg* 1881.

Kirschstein, H. [Oberl.]: Katalog der Lehrer-Bibliothek. Marienburg, Druck v. L. Giesow (1889); 126 S. 8°
Marienburg, k. G, OP 1889 (35)

Kirschstein, Hermann [Prof.]: Analyses des tragédies du Cid, d'Horace, et de Phèdre. Elbing, Buchdr. R. Kühn, 1896; 22 S. 8.
Elbing, k. G, OP 1896 (29)

Kirschstein, J., über Schutzpockenimpfung. Vortrag gehalten zu Anklam am 8. Jan. 1868. gr. 8. (14 S.) Anklam 868, Dietze's Verlag. [Wriezen, Riemschneider.] — 30

Kirschstein, Jac. Julius (geb. Friedland in Westpr. 28. 1. 1818): De venae sectione. Particula prima. Berolini (1843). (26 S.) 8°
Berlin, Med. Diss. v. 16. Dez. 1843

Kirschstein, Louis Ferdinand, Professor: Ergänzungsregeln zur Französischen Sprachlehre von Plötz & Kares. T. 1. Das Verb. Wehlau 1906: E. Holke. (44 S.) 8° [F.]
Wehlau, k. R OP 1906 (18)

Kirschstein, Louis Ferdinand: Ergänzungsregeln zur französischen Sprachlehre (von Ploetz & Kares). T. 2. Das Verb aller in d. gebräuchlichsten Verbindungen u. Konstruktionen. Wehlau 1908: Holke. 36 S. 8° ¶[Forts. d. P-Beil. 1906.]
Wehlau, k. R OP 1908 (29) [S 08. 226

[F. u. Ant.] **Kirschstein,** Louis: Grammatisches Repetitorium der französischen Sprache für Obersekundaner, enthaltend deutsche Sätze u. Übungsstücke m. nebenstehender französ. Übersetzung, (Consecutio temporum.) Wehlau, Druck v. M. Schlamm, 1891; 31 S. 8°
Wohlau, k. G, OP 1891 (18)

Kirschstein, Max, Gerhart Hauptmann, s. a. Männer, bedeutende. II/III.

Gerhart Hauptmann. Sein Leben u. s. Werke in e. kurzen Uebersicht dargest. von Max **Kirschstein.** *Berlin: H. Schildberger [1901].* (40 S.) 8° [F.]
— **Männer,** Bedeutende, aus Vergangenheit u. Gegenwart. 2, 3. 02. 4980

Lene. Liebeskomödie in 4 Akten von Max **Kirschstein.** *Berlin: Stuhr 1903.* (76 S.) 8° [F.] 04 697

Max **Kirschstein.** Merlin. Dramat. Gedicht in 2 Aufz. *Dresden & Leipzig: E. Pierson 1901.* (62 S.) 8° 01. 3916

Kirschstein, Mor., wissenschaftliche Abhandlungen. Vorträge u. Ansprachen. Aus dessen schriftl. Nachlasse hrsg. (IV, 174 S.) 8. Berlin 902. (M. Poppelauer.) n. 4. —

[Hebr. u. F.] A b n ē zikkārōn. Wissenschaftliche Abhandlungen, Vorträge und Ansprachen von Dr. Moritz **Kirschstein.** Aus dessen ... Nachlasse hrsg. Berlin 1902: Itzkowski. (174 S.) 8°

Kirschstein, M[auritius]: * De Polygamia apud Hebraeos. 75 S. 2°
Halle-Wittenberg, Phil. Diss. v. 12. Mai 1851
Geb. [Chodziesen (= Kolmar; Posen) 5. 1. 1826]

— Predigten. Aus dessen schriftl. Nachlasse hrsg. (IV, 215 S.) 8. Ebd. 902. n. 4. —

Noch ein Schreiben an den Herrn Bischof zu Trier wegen der Kreuznacher städtischen höheren Mädchenschule. Mit dem gesamten Schriftwechsel veröffentl. f. d. Leser d. Broschüre 'Unerbauliches aus d. Diözese Trier' von R[udolf] **Kirschstein,** Bürgermeister. *Kreuznach: R. Voigtländer 1903.* (14 S.) 8° [F.] 03. 3723 5

Kirschstein, Wilhelm [app. Arzt]: Über centrale und periphere Gesichtsfelddefekte. E. Beitr. z. Anatomie u. Pathologie d. nervus opticus ... Leipzig, Druck v. Sellmann & Henne, 1896; 28 S., 1 Bl., 1 Taf. 8.
Leipzig, Med. Fak., Inaug.-Diss. v. 21. Mai 1896

Kirschten, Percival v., Rolf Kirrenfels. Komödie in 5 Akten. (201 S.) 8. Leipzig 910. Modernes Verlagsbureau. 3. —

Rolf Kirrenfels. Komödie in 5 Akten von Percival v. **Kirschten.** Berlin-Leipzig: C. Wigand 1910. 201 S. 8° 10. 15700

[F.] **Kirschten,** Walther [Dr.]: Der französische Anfangsunterricht. E. Lehrprobe. Eisenberg, P. Kaltenbach, 1893; 23 S. 4.
Eisenberg, herz. Christians-G, OP 1893 (683)

Kirschten, *Erdmann Julius* Walther Der französische Anfangsunterricht. Eine Lehrprobe. 4 (23 S.).
Progr. Herz. Christians-G. *Eisenberg* 1893 (683).

[F.] **Kirschten,** Walther [Dir. Dr.]: Bericht über die Einweihung des neuen Realschulgebäudes am 31. Juli 1894. Blankenese, J. Krögers Buchdr., *1895;* 5—11 S. 4.
Blankenese, R, P 1895 (299)

Kirschten, W(alther): Bericht über den Erweiterungsbau der Anstalt. (Blankenese 1909: Kröger.) S. 13—28. 4°
Blankenese, R OP 1909 (393) [S 09. 245

[F.] **Kirschten,** Walther [Dir. Dr.]: Beschreibung des neuen Schulgebäudes. Blankenese, J. Krögers Buchdr., *1895;* 1—4 S. 4.
Blankenese, R, P 1895 (299)

Kirschten, *Erdmann Julius* Walther Beschreibung des neuen Schulgebäudes. 4 (S. 1—4). — Bericht über die Einweihung des neuen Realschulgebäudes am 31. Juli 1894. (Umschlagtitel: Bericht über die Einweihungsfeier.) 4 (S. 5—11). — Zur Geschichte der Schule. 4 (S. 21—23).
Progr. Rsch. *Blankenese* 1895 (299).

[F.] **Kirschten,** Walther [Dir. Dr.]: Zur Geschichte der Schule. Blankenese, J. Krögers Buchdr., *1895;* 21—23 S. 4.
Blankenese, R, P 1895 (299)

Kirschten, Walther [aus Eisenberg i. A.]: Ueberlieferung und Sprache der mittelenglischen Romanze The lyfe of Ipomedon .... Marburg, Univ.-Buchdr. (R. Friedrich), 1885: 47 S. 8°.
Marburg, Phil. Fak., Inaug.-Diss. v. 26. Aug. 1885.

Kirschten, Walther, Ueberlieferung und Sprache der mittel-englischen Romanze The lyfe of Ipomedon. Diss. Marburg 1885, N. G. Elwertsche Univ.-Buchh. 8°. 47 S.

Kirschwasser, das, und die Kirschwasser-Gesellschaft in Zug. Hsggb. vom Verwaltungsrath derselben. 26 Stn. 12. Zug, Druck v. J. Zürcher. 1873

Kirschwing, Otto: Qua ratione in Arnobii libris ars critica exercenda sit. Bornensis-Lipsiae 1911: Noske. 52 S. 8°
Straßburg, Phil. Diss. v. 17. Dez. 1910, Ref. Reitzenstein
[Geb. 31. Juli 81 Schweiz; Wohnort: Straßburg; Staatsangeh.: Elsaß-Lothringen; Vorbildung: Gymn. Montigny Reife Juli 02; Studium: Straßburg 3, Berlin 1, Straßburg 5 S.] [U 12. 4342

Geschichte der Zahlmeister-Aspiranten-Vereinigung Königsberg i/Pr. (Verf.: [Botho] **Kirseck**.) (Königsberg i. Pr.) 1905: (O. Kümmel). (14 S.) 8° [F.] [05. 3858 10

Kirsop, Rob., Nachrr. von Cochinchina, s. ... Rochon, Reise nach Madagascar.

Kirst, Adolf

— **Rückerts nationale u. pädagogische Bedeutung, s.a. Magazin, pädagogisches. 146. Heft.**

Rückerts nationale und pädagogische Bedeutung. Von A[dolf] Kirst. *Langensalza: H. Beyer & Söhne 1900.* (40 S.) 8°
= Magazin, Pädagogisches. H. 146. [00. 5553

Kirst, A., die Gewinnung des Kupfers u. Silbers im Mansfeldschen, s.a. Magazin, pädagogisches.

Die Gewinnung des Kupfers und Silbers im Mansfeldschen. Von A[dolf] **Kirst**, Halle a. S. *Langensalza: H. Beyer & Söhne 1900.* (45 S.) 8°
— **Magazin, Pädagogisches.** H. 154. [01. 11531

— **das Lebensbild Jesu auf der Oberstufe, s.a. Magazin, pädagogisches, in Bd. 30 d. Bücherlexicons.**

Das Lebensbild Jesu auf der Oberstufe. Konferenzvortr. v. A[dolf] **Kirst** in Halle a. S. *Langensalza: H. Beyer & Söhne 1897.* (1 Bl., 32 S.) 1 Bd 8.
= **Magazin**, Pädagogisches. H. 72. [97. 4766

Kirst, A., Präparationen zur Behandlung v. 20 Fabeln v. Hey auf der Unterstufe, s.a. Magazin, pädagogisches. 116. Heft.

Präparationen zur Behandlung von 20 Fabeln von Hey auf der Unterstufe. Von A[dolf] **Kirst**, Lehrer. 8. Aufl. Langensalza: Beyer 1910. 80 S. 8°
(Pädagogisches Magazin. H. 116.) [11. 9501

Präparationen zur Behandlung von 20 Fabeln von Hey auf der Unterstufe. Von A[dolf] **Kirst**, Lehrer. 4. Aufl. Langensalza: H. Beyer & Söhne 1904. (76 S.) 8°
— **Magazin**, Pädagogisches. H. 116. [07. 12923

— **Präparationen zur Behandlung v. 12 Fabeln v. Hey auf der Unterstufe, s.a. Magazin, pädagogisches.**

Präparationen zur Behandlung von 12 Fabeln von Hey auf der Unterstufe. Von A[dolf] Kirst, Lehrer in Halle a. S. *Langensalza: H. Beyer & Söhne 1899.* (52 S.) 8°
= Magazin, Pädagogisches. H. 116. [99. 9009

Präparationen zur Behandlung von 12 Fabeln von Hey auf d. Unterstufe. Von A[dolf] **Kirst**, Lehrer in Halle a. S. 2. Aufl. *Langensalza: H. Beyer & Söhne 1900.* (55 S.) 8°
— **Magazin**, Pädagogisches. H. 116. [00. 11593

Kirst, Joh. Ern. With., Worte d. Erinnerung, gesprochen zur 300jähr. Feier des 18. Febr. 1846 als des Todestages unsers sel. Dr. M. Luther. 8. (1 B.) Eisenberg 846, Schöne'sche Bh.* —

Kirst, Martin, appr. Arzt aus Neusitz (S.A.): **Amblyopia sympathica.** *Leipzig 1901: B. Georgi.* (23 S.) 8°
Leipzig, Med. Diss. v. (28. Sept.) 1901

Kirst, With., geistliche Liederklänge aus stillen Weihestunden eines alten Pfarrers. In 2 Abthlgn. 12. (171 S.) Eisenberg 881, Sölle. *

Kirstädter, Felix [Ingen. aus Friedenau]: Untersuchungen über die Verteilung der Magnetisierung im Eisen, ausgeführt an eisernen Voll- u. Hohlringen ... Berlin, Druck v. M. Driesner, 1896; 41 S., 1 Bl., 1 Taf. 8.
Leipzig, Phil. Fak., Inaug.-Diss. v. [11. März] 1897

Kirstaedter, Theodor, Kammergerichtsreferendar: **Rentenschuld und Rentenkauf, eine vergleichende Darstellung nach Bürgerlichem und Deutschem Recht. Greifswald** 1905: J. Abel. (60 S.) 8° [F.]
Greifswald, Jur. Fak., Ref. Frommhold, Diss. v. 20. Dez. 1905
[Geb. 19. Dez. 81 Schöneberg b. Berlin; Wohnort: Berlin; Staatsangeh.: Preußen; Vorbildung: Wilh.-Gymn. Berlin Reife M. 99; Studium: Bonn 1, Berlin 5 S.; Rig. 30. Okt. 05.]

Kirstaedter, Walter, prakt. Arzt aus Berlin: ⟨Aus d. Olshausenschen Kgl. Universitäts-Frauenklinik zu Berlin.⟩ **Beiträge zur Henkelschen Methode: Abklemmung der Aa. uterinae mittels Muzeuxscher Hakenzangen bei lebensbedrohenden Nachgeburtsblutungen.** *Berlin (1903): G. Schade.* (41 S.) 8°
Berlin, Med. Diss. v. 30. Juni 1903

Kirste, Ernst: Zur Statistik der Hausaufgaben. Altenburg 1910: Hauenstein. S. 8—16. 4°
Altenburg S.-A., Karolinen-S, st. ML m. Sm u. Frauen-S P 1910 [4] [S 10. 219

Kirste, Ernst: Drei geologische Wanderungen. Altenburg 1908: Unger. S. 10—25. 4°
Altenburg, Karolinen-S P 1908 [4] [S 08. 227

Kirste, H., die constitutionellen Verschiedenheiten der Verschlusslaute im Indogermanischen. gr. 8. (84 S.) Graz 881. Leuschner & Lubensky. n. 2. 60

Kirste, Johann

Kirste, J., die Aussprache des Visarga. [Aus: „Sitzungsber. d. k. Akad. d. Wiss."] Lex.-8. (22 S.) Wien 890. (Tempsky.) n. — 50

Kirste, J., die Bedeutung der orientalischen Philologie. Eine Antritts-Vorlesg., geh. an der Universität Graz am 5. Mai 1892. gr. 8. (16 S.) Wien 892. A. Hölder. n. — 40

Kirste, Joh., d. alphabet. Einordng. v. Anusvāra u. Visarga. [Aus: „Sitzungsber. d. k. Akad. d. Wiss."] gr. 8. (24 S.) Wien 895. (C. Gerold's Sohn.) n. — 60

— Epilegomena zu meiner Ausgabe v. Hemachandra's Uṇādigaṇasūtra. [Aus: „Sitzungsber. d. k. Akad. d. Wiss."] Lex.-8. (38 S.) Ebd. 895. n. 1 —

Kirste, J., jüdische u. jüdisch-indische Grabinschriften aus Aden, s.: Chajes, H. P.

— e. Grantha-Manuscript d. Hiraṇyakeśigṛihyasūtra. [Aus: „Sitzungsber. d. k. Akad. d. Wiss."] Lex.-8. (14 S.) Wien 891. (F. Tempsky.) n. — 40

— the Gṛihyasūtra of Hiraṇyakeśin, with extracts from the commentary of Mātṛidatta, edited by J. K. gr. 8. (XI, 177 u. 42 S.) Wien 889. Hölder. n. 10. —

Kirste, Joh., s.: Hemachandra, der Dhātupāṭha.

— s.: Hemachandra, das Uṇādigaṇasutra.

— Indian studies, s.a. Bühler, G.

— und Bühler Georg, Dr.: *Indian Studies. 2. Contributions to the History of the Mahābhārata.* S. 127/12 . . . . vgr.
Separatabdruck

Kirste Johann: Ueber die Palatallaute.
H. 1876 PN 47 **Diss.** Wien, Univ.

Kirste, J., die altindischen Platten, s.a. Mitteilung der Phonogramm-Archivs-Kommission. XIII.

Die altindischen Platten. Von J[ohann] **Kirste.** Wien: Hölder in Komm. 1908. 11 S. 8°
(Mitteilung d. Phonogramm-Archivs-Kommission. 13.)
(Sitzungsberichte d. Kais. Akademie d. Wiss. in Wien. Phil.-hist. Kl. Bd 160, Abh. 1.)
[10. 840

— The semitic verbs in Pehlevi. (14 S.) gr. 8. Wien 903. (A. Hölder.) n. — 50
Sonderabdruck aus: „Sitzungsber. d. k. Akad. d. Wiss."

Kirstein, Bischof Dr. Georgius Heinrich, der neue Mainzer Oberhirt. Festschrift zur Feier der Konsekration u. Inthronisation im hohen Dome zu Mainz am 19. III. 1904. (56 S. m. Abb. u. Bildnis.) 8. Mainz 904. Kirchheim & Co. n.n. — 35

Kirstein, das chemische Laboratorium der Universität Göttingen, s.: Breymann.

Kirstein, s.: Statistik d. evang. Rettungshäuser Deutschlands.

Kirstein, A., Geschichte der Kirche Jesu Christi von ihrer Stiftung bis zur Gegenwart für Mittelschulen, die unteren Klassen höherer Lehranstalten und zum Selbstunterrichte. 3 Lfgn. 8. Mainz, Frey. [1. Lfg. (S. 1—64.) 884. * 50 Pf.; 2. und 3. Lfg. (VIII, S. 65—240.) 885. *ℳ 1,10.] *

Kirstein, A., Geschichte der Kirche Jesu Christi von ihrer Stiftung bis zur Gegenwart f. Mittelschulen, die unteren Klassen höherer Lehranstalten u. zum Selbstunterrichte. Neue (Titel-)Ausg. 8. (VIII, 240 S.) Mainz 889. Kirchheim. n. 1. 60

Kirstein, A., Geschichte der Kirche Jesu Christi von ihrer Stiftung bis zur Gegenwart f. die Schule u. den Selbstunterricht. 3. Aufl. (XI, 266 S.) gr. 8. Mainz 905. Kirchheim & Co. n. 2. 40; geb. in Leinw. n. 3. —

Kirstein, Albert *Gotthard* [Assistenzarzt II. Cl.]: Historisch-kritische Untersuchungen über die Unterbindung der Arteria femoralis ... Königsberg i. Pr., Druck v. M. Liedtke, 1896; 2 Bl., 61 S., 1 Bl. 8.
Königsberg, Med. Fak., Inaug.-Diss. v. 26. Juni 1896

Kirstein, Alb., historisch-krit. Untersuchgn. üb. d. Unterbindg. d. Arteria femoralis. Diss. gr. 8. (61 S.) Königsberg 896. (W. Koch.) n. 1. —

Kirstein, Alfred (Berlin), **Über den Anteil der Tuberculose an der Aetiologie der chronischen eiterigen Katarrhe des harnleitenden Apparates.** Diss. med.-chir. Bln. (Gustav Schade [Otto Francke]) 28. I. 1886. 48 S. mit Biogr. (5.—) 18118
Oppon.: Paul Marcuse, Hans Burghart, Hugo Lohnstein.

Kirstein, Alfred, über den Antheil der Tuberkulose an der Aetiologie der chronischen eiterigen Katarrhe des harnleitenden Apparates. Diss. Berlin 1886, Mayer & Müller. 8⁰. 47 S.

Die Autoscopie des Kehlkopfes und der Luftröhre (Besichtigg ohne Spiegel) v. Dr. Alfred **Kirstein,** Berlin. *Berlin: O. Coblentz 1896.* (38 S., 2 Bl.) 1 Bd 8. [96. 3841

— Bemerkungen zur Autoscopie d. Luftwege. [Aus: „Allg. med Central-Zeitg."] gr. 8. (4 S. m. 1 Abb.) Ebd. 896. n. 1. —

Kirstein, Alfr., üb. perforirende Darmwunden vom gerichtsärztlichen Standpunkte. Eine Physikats-Arbeit. [Aus: „Allg. medicin. Central-Zeitg."] gr. 8. (26 S.) Berlin 892. O. Coblentz. n. 2. —

— üb. die Massnahmen zur Verhütung der Blennorrhoea neonatorum u. üb. die Frage der Zweckmässigkeit diesbezüglicher obligatorischer Vorschriften f. die preussischen Hebammen. [Aus: „Allg. medicin. Central-Zeitg."] gr. 8. (21 S.) Ebd. 892. n. 1. —

Kirstein, Ant, Entwurf e. Ästhetik d. Natur u. Kunst, s. a Handbibliothek, wissenschaftl.

[J.] Entwurf einer Ästhetik der Natur und Kunst. Von Dr. Anton **Kirstein,** Prof. ... in Mainz. *Paderborn: F. Schöningh 1896.* (VIII, 324 S.) 1 Bd 8.
— Handbibliothek, Wissenschaftliche. Reihe 3. [No] IV. [96. 8381

Kirstein, Augustus Fridericus Wilhelmus *(geb. Barten in Ostpr. 31. 7. 1784)*: Dissertatio ... exhibens aphorismos medicinam prophylacticam spectantes commentarioque subjuncto illustratos. Vratislaviae (1818). (20 S.) 4° *(Praeses: Wilhelm Hermann Georg Remer.)*
Breslau, Med. Diss. v. 9. Mai 1818

Kirstein, Chr. L. [Praes.], s. Kunckel, J. Fr.: De vera civitatis felicitate.

Kirstein, C., Anleitung zur einfachen Buchführung u. Selbsteinschätzung f. den Landwirth, s.: Eisbein, C. J.

Kirstein E.: Die Entwickelung d. Viehzucht u. die Viehnutzung im preussischen Staate v. 1816 bis 1883. Diss. (Leipzig). Berl. 1884. 50 S. 4°.

Kirstein, E., s.: Handbuch des Grundbesitzes im Deutschen Reiche.

— Tagebuch f. den Buch u. Rechnung führenden Landwirth, s.: Eisbein, C. J.

Kirstein, Eduard [pr. Arzt]: Ein Fall von akuter Leukämie bei einer Schwangern ... Königsberg i. Pr., Hartungsche Buchdr., *1893;* 38 S., 1 Bl. 8.
Königsberg, Med. Fak., Inaug.-Diss. v. 22. Juli 1893

Kirstein, Ed., e. Fall v. akuter Leukämie bei e. Schwangeren. Diss. gr. 8. (38 S.) Königsberg 893. (W. Koch.) n. – 80

[Kirstein, Emil.] Die Eheschliessung deutscher, österreich-ungarischer und schweizer Staatsangehöriger in England. Ein Führer durch die einschlägigen deutschen etc. und englischen Gesetze und Ratgeber für event. Eheschliessungs-Reflektanten von E. Krafft. 16 S. 8. London, Brock & Co.; Komm. F. E. Fischer, Leipzig, (1905). [M. 1. 50]

Kirstein, Friedrich, a. Templin (Uckermark): Aus dem städtischen Krankenhause zu Hildesheim. Über Ankylosis mandibulae vera. Mühlhausen i. Thür. [1906]: Th. Pecena. (35 S.) 8°
Rostock, Med. Fak., Ref. Müller, Diss. v. 5. Nov. 1906
[Geb. 20. März 80 Helsingfors, Finnland; Wohnort: Berlin; Staatsangeh.: Preußen; Vorbildung: Kgl. Gymn. Hirschberg i. Schl. Reife O. 00; Studium: Marburg 5, Berlin 1, Rostock 4 S.; Coll. 9. Juni 05; Approb. 14. Sept. 06.]

Kirstein, Fritz, die Durchführung d. Desinfektion bei Tuberkulose m. besond. Berücksicht. d. Wohnungsdesinfektion. (42 S.) gr. 8. Jena 909. G. Fischer. 1. 50
Sonderabdr. a.: „Klin. Jahrbuch".

Kirstein, Fritz, aus Mainz: Über einen Fall von Melanosarcom mit ausgedehnten Metastasen unter gleichzeitiger Berücksichtigung der Theorieen über die Naevi. *Mainz 1898: H. Prickarts.* (64 S.) 8°
Freiburg i. B., Med. Diss. v. 1898

Grundzüge für die Mitwirkung des Lehrers bei der Bekämpfung übertragbarer Krankheiten. Von Dr. Fritz **Kirstein,** Kreisarzt. Berlin: J. Springer 1907. (VI, 93 S.) 8° [J.] [07. 4961

Kirstein, Fritz, Leitfaden f. Desinfektoren in Frage u. Antwort. 12. (41 S. m. 14 Anlagen.) Berlin 901. J. Springer. Geb. in Leinw. n. 1. 20

Leitfaden für Desinfektoren in Frage und Antwort. Von Dr. Fritz **Kirstein**, Kreisarzt in Olpe. 2. verm. u. verb. Aufl. Berlin: J. Springer 1905. (51 S.) 8° [05. 1750

— Leitfaden f. Desinfektoren in Frage u. Antwort. 3., verb. Aufl. (55 S. u. 15 Anlagen.) kl. 8. Ebd. 906. Geb. in Leinw. n. 1. 40

2. Aufl (44 S. m. 15 Anl.) 905. Geb. n. 1. 40.

— Leitfaden f. Desinfektoren in Frage u. Antwort. 4., vollst. umgeänd. u. verm. Aufl. (62 Bl. u. S. u. Anlagen 3 Stück Bl. 57, 58, 6 Stück 63—66 u. 3 Stück 67—69.) kl. 8. Berlin 908. J. Springer. Geb. in Leinw. 1.40; durchsch. n 1. 60

Kirstein, Fritz: Leitfaden für Desinfektoren in Frage und Antwort. 5. Aufl. Berlin 1910

Kirstein, Fritz, prakt. Arzt aus Berlin: **Über das Pyramidon.** *Berlin (1900): G. Schade.* (37 S.) 8°
Berlin, Med. Diss. v. 13. März 1900

— Gustav Gerson (Danzig), Observationes quaedam de phthisi bronchiali seu de depositione tuberculorum in glandulis bronchialibus. Diss. med. Halle 12. IV. 1842. Druck: Lpz. (Ph. Reclam jun.) 27 S. mit Biogr. (M.: J. Meyer.) (6.—) 18119
Oppon.: Meyer, Naumann. — Gew.: Eduard Wilhelm Guentz (Leipzig), Davidson (Danzig).

— Max (Berlin), Beiträge zur Ätiologie der Tabes dorsalis. Diss. med.-chir. Bln. (Alb. Jacoby) 6. VIII. 1886. 29 S. mit Biogr. (4.50) 18120
Oppon.: Kalischer, Loewy, Cohn.

Kirstein, Maur. (geb. Filehne 17. 9. 1830): De diabete mellito nonnulla. Berolini (1854). (31 S.) 8°
Berlin, Med. Diss. v. 18. Aug. 1854

Kirstein, Otto

Kirstein, O., Elektrizität u. Landwirtschaft. (VII, 214 S. m. 128 Abbildgn.) 8. Berlin 904. G. Siemens. Geb. in Leinw. n. 5. —

— elektrische Hausanlagen, ihr Wesen u. ihre Behandlung. 7 Vorträge, geh. im Auftrage der Land- u. Städte-Feuersozietät der Prov. Brandenburg. (VIII, 185 S. m. 66 Abbildgn.) gr. 8. Ebd. 904. Geb. in Leinw. n. 2. —

Elektrische Hausanlagen, ihr Wesen u. ihre Behandlung. Von O[tto] **Kirstein**, Ziviling. 2. umgearb. u. verm. Aufl. Mit 100 Abb. Berlin: G. Siemens 1908. (VII, 211 S.) 8° [08. 11864

— dasselbe. 2. Tl.: Schwachstrom. (VIII, 121 S. m. 171 Abb.) 8. Ebd. 910. Geb. in Leinw. 2. 50

(**Kirstein,** Otto): **Konstruktion** eines räumlichen Polarsystems aus einem Polartetraeder und drei Paar konjugierten Punkten. *(Meseritz 1899: P. Matthias.)* (X S.) 4° [Kopft.]
Meseritz, k. G, OP 1899 (168)

Stein oder Deutschlands Befreiung. Nationaldrama in 5 Aufz. von Otto **Kirstein**. Bühnen-Ausg. Berlin: Selbstverl. 1909. 135 S. 8° [09. 16181

Kirstein, Paul A., s. a. Pauly, Aug.

Kirstein, Paul A., e. Bekanntschaft. Roman. 8. (225 S.) Dresden 896. E. Pierson. n. 3. 50

(G) **Kirstein,** Paul A., e. Bekanntschaft. 896. Jetzt: Berlin, Verlag Berlin-Wien.

Paul A. **Kirstein**. Die da leiden. Berlin: Concordia [1906]. (181 S.) 8° [F.] [07. 12000

Lustiges Durcheinander. Humoresken v. Paul A. **Kirstein**. *Berlin: H. Steinitz (1897).* (142 S.) 1 Bd 8. [97. 5051

[F.] Erkenntnis. Schauspiel in 4 Akten von Paul A. **Kirstein**. *Berlin: A. Deubner 1897.* (2 Bl., 135 S.) 1 Bd 8. [98. 7358

— Erkenntnis. Schauspiel in 4 Akten. 8. (III, 135 S.) Berlin 897. M. Simson. n. 2. —

— zerstörtes Glück. Ein dreiakt. Schausp. gr. 8. (IV, 140 S.) Berlin 894. Kühling & Güttner. n. 2. —

— Glückshandel, s. a. Kürschner's, Jos., Bücherschatz.

Glückshandel. Zeitroman von Paul A. **Kirstein**. Berlin, Eisenach, Leipzig: H. Hillger [1905]. (110 S.) 8° [F.]
— Bücherschatz, Kürschners. No 483. [07. 13301

— Die kleinen Götzen. Roman. (357 S.) 8. Berlin (909). Concordia. 4.—; geb. 5. —

— der Herr Klavierlehrer, s. a. Bloch's, Ludw., Damen-Bühne.

Der Herr Klavierlehrer. Schwank in 1 Aufz. von Paul A. **Kirstein**. *Berlin: E. Bloch (1897).* (24 S.) 8° [F.]
— Damen-Bühne, Ludwig Blochs. No 23. [00. 11194

— der Mann m. dem Pech u. andere Schnurren, s. a. Nagel's Bibliothek illustr. Humoresken.

Der Mann mit dem Pech und andere Schnurren. Von Paul A. **Kirstein**. Mit 22 Ill. von Rich. Coßmann, Otto Lagemann, O. Rödiger u. Arthur Thiele. Berlin-Schöneberg: G. E. Nagel [1906]. (64 S.) 8° [F.]
— Bibliothek, Nagel's, illustrierter Humoresken. Bd 17. [07. 13887

Kirstein, Paul A., sie wird Dame, s. a. Kühling's, A., Theater-Specialität.

[F.] Sie wird Dame! Lustsp. in 1 Aufz. v. Paul A. **Kirstein**. *Berlin: Kühling & Güttner [1893].* (20 S.) 1 Bd 8.
— Theater-Specialität, A. Kühling's. No 52. [94. 5551

— Sylvesterspuk, s. a. Album f. Liebhaber-Bühnen.

[F.] Sylvesterspuk. Scherz in 1 Aufz. v. Paul A. **Kirstein**. *Berlin: Kühling & Güttner [1893?].* (16 S.) 1 Bd 8.
— Album f. Liebhaber-Bühnen. No 200. [94. 6003

— der Tugendwächter u. and. Erzählgn., s. a. Eckstein's Reisebibliothek.

[F.] Der Tugendwächter und andere Erzählungen v. Paul A. **Kirstein**. *Berlin: R. Eckstein Nachf. [1896].* (127 S.) 1 Bd 8.
— Reisebibliothek, Ecksteins. No 155. [97. 4897

— Verlobung, s. a. Kühling, A., & Güttner's Theater-Mappe.

[F.] Verlobung! E. humorist. Akt v. Paul A. **Kirstein**. *Berlin: Kühling & Güttner [1894].* (25 S.) 1 Bd 8.
— Theater-Mappe, Kühling & Güttner's. [No] 75. [94. 5552

— fauler Zauber, s. a. Bloch's, Ludw., Herren-Bühne.

[F.] Fauler Zauber. Scherz in 1 Akt v. Paul A. **Kirstein**. *Berlin: E. Bloch (1892).* (15 S.) 1 Bd 8.
— Herren-Bühne, Ludwig Blochs. No 12. [94. 5553

Kirstein, W., das Wasgaubad Niederbronn und seine Umgebung, s.a. Streifzüge und Rastorte im Reichslande und den angrenzenden Gebieten.

Das Wasgaubad Niederbronn und seine Umgebung von W. Kirstein, kais. Rentmeister. Mit 11 Ill. u. 1 Karte. 2. Aufl. *Strassburg: J. H. E. Heitz [1902].* (76 S.) 8°
— Streifzüge u. Rastorte im Reichslande u. d. angrenz. Geb. II. 2. [?]

Kirsten. Ueber Ascham's Leben und Schriften. Gotha, G., 1857. 23 S. 4. Progr.

Kirsten, A., Abhandlungen aus dem Gebiete des Strafrechts. gr. 8. Leipzig 846, O. Wigand. 1 ß

Kirsten, A., Skizzen aus den Vereinigten Staaten von Nordamerika. 12. (XXII u. 347 S.) Leipzig 849, Brockhaus. 1 1/2 ß

Kirsten, A., Skizzen aus den vereinigten Staaten von Nordamerika. 12. (XXI und 347 S.) Leipzig 851, Brockhaus.

Kirsten, Adam Fr., s. Kirsten, Johann Friedrich Adam

Kirsten, Adolph (Göttingen), De coercitione arborum in fundum vicinalem propendentium. Diss. jur. Götting. (Heinrich Dieterich) 1820. 35 S. (4.50) 18121

Kirsten, Arthur [appr. Tierarzt aus Elbing]: Aus dem Institut zur Erforschung der Infektionskrankheiten. Bern. Direktor: Prof. Dr. Tavel. Die Varietäten des Bacillus oedematis maligni. (S.-A. a. d. Archiv f. wissensch. u. prakt. Tierheilk. Bd. 30. 1904.) Berlin 1904. 38 S. 8°. [26. II. 03.]
Bern. Phil. Diss. 1903/1904.

Kirsten, Arthur: Der Lehrkörper. *(Rawitsch 1903: R. F. Frank.)* (S. 37—55.) 4° [F.]
Rawitsch, k. G, Festschr. 1903**

Kirsten, Arthur. Die Varietäten des Bacillus oedematis maligni. Diss. Phil. Bern. (Sonder-Abdruck aus dem Archiv f. wissensch. u. prakt. Tierheilkunde. Bd. 30. 1904.) *Kopftitel:* Aus dem Institut zur Erforschung der Infektionskrankheiten, Bern. Direktor: Prof. Dr. [Ernest] Tavel. IV + 38 S. 8. Berlin, L. Schumacher, 1904.

Kirsten, Carl Heinrich, s. Kirsten, Karl Heinrich

Kirsten, Curtius, quaestiones Choricianae, s.a. Abhandlungen, Breslauer philologische.

Kirsten, Curtius [Hasso-Nassovius]: Quaestiones Choricianae. Pars prima et altera ... (Erscheint vollst. in: Bresl. philol. Abh., Bd VII.) Vratislaviae, G. Koebner, 1894; 2 Bl., 35 S., 1 Bl. 8.
Breslau, Phil. Fak., Inaug.-Diss. v. 12. Mai 1894

Kirsten, E., Naturheilkunde u. Volkserziehung, s.: Licht — Luft — Wasser!

Kirsten, E. A., praktischer Mahnbriefsteller. Oder 61 Mahn- u. Erinnerungsbriefe, nebst Angabe der Titulaturen für alle Stände. Neue (Titel-)Ausg. 12. (IV u. 164 S.) Quedlinburg (842) 852, Ernst. 1/4 ß

Kirsten, E. A., Universal-Briefsteller f. Gläubiger u. Schuldner. Oder: Mahn- und Entschuldigungsbriefe für alle nur erdenkl. Fälle des Lebens, in reichster Auswahl. Nebst Angabe der Titulaturen für alle Stände. 12. Quedlinburg 842, Ernst'sche Buchh. 5/12 ß

— **Ernst Theodor** (Leipzig), De corporibus alienis in vulneribus sclopetariis sine noxa relictis. Diss. med. Lpz. (Ernst Stange) 6. III. 1849. 24 Seiten mit Biogr. (M.: Krausch.) (5.50) 18125
Gew.: Friedrich Chop.

Kirsten, F. H., über die Forderung eines confessionslosen Religionsunterrichts. Vortrag zur Lehrerconferenz der Ephorie Radeberg. gr. 8. (16 S.) Dresden 871, Naumann. * — 30

Kirsten, F. W.

— Unterhalt. f. Leidende u. Kranke. 2 Thle. gr. 8. Ebend 801.

Kirsten, F. W., zwey katechet. Unterredung. 8. Torgau, 796.

Kirsten, Friedrich. Vergleichend-anatomische Untersuchungen über die Ohrmuskulatur verschiedener Säugetiere. Diss. Vet.-Med. Bern. Mit 3 Tafeln und 1 Textabbildung. *Kopftitel:* Aus dem Anatomischen Institut der Tierärztlichen Hochschule zu Dresden. (Prof. Dr. [Hermann] Baum.) VI + 56 S. 8. Langensalza, Hermann Beyer & Söhne, [1903].

— **Friedrich Gabriel**, De jure Quiritium ad Theophil. institut. L. I. T. II. §. II. et T. V. §. IV. Präs. Johann Heinrich Mylius. Lpz. (Barthel) 18. IV. 1732. 12 S. (5.50) 18126
Gew.: Johann Christoph v. Nostiz (Nieder-Neundorff), Carl Samuel Poenike (Merseburg).

Kirsten, G., politischer Katechismus für die Angehörigen des Großherzogth. Sachsen. Kurze, aber vollständ. Belehrung über die allgemeinen Rechte und Pflichten des Einzelnen in seinem Verhältniß zur Familie, zur bürgerl., schulischen und kirchl. Gemeinde, zum Staate und zum Deutschen Reiche. Auf Grund der Gesetze zusammengestellt. 8. (40 S.) [Eisenach 878, Bacmeister.] Dresden, Bleyl und Kaemmerer. *

Kirsten, G. Oratio, qua medicinae dignitas et praestantia a Platonis et Plinii calumniis vindicatur. (Stettin.) 4. O. J.

— das volksthümliche Rechnen, s.: Bräunlich, A.

Kirsten, Gl. E., sieben Worte Jesu am Kreuz in Betr. 8. Dresd. Gerlach. 73a.

Kirsten, Gtli., vollständ. u. deutl. Anweisung z. zweckmäßigsten u. einträglichsten Betreibung d. Bienenzucht. Begründet auf d. mehr als 30jähr. Beobachtn. u. Erfahrn. seines Vaters, Friedr. Kirsten, u. seine eignen. Nebst e. Anh. üb. d. verbess. Nutt'sche Lüftungsbienenzucht. Zum Nutzen aller Bienenfreunde hrsg. 8. (13 B. u. 11 Stnt.) Weimar 837, Voigt.

Kirsten, Glieb., vollständige und deutliche Anweisung zu Betreibung der Bienenzucht. Nebst einem Anhange. 2., verm. und verb. Aufl. 8. (VIII und 198 S. mit 12 Stnt. in 4.) Weimar 847, Voigt.

Kirsten, Glieb., vollständige und deutliche Anweisung zu einer sehr zweckmäßigen und einträglichen Betreibung der Bienenzucht, gegründet auf vieljähr. fremde und eigene Beobachtungen und Erfahrungen. Nebst einem Anhang. Zum Nutzen aller Bienenfreunde hrsg. 3. Aufl. 1858. und 4., bis auf die Gegenwart fortgeführte Aufl. 8. (VIII und 243 S. mit 13 Stnt. in 4.) Weimar (861)62, Voigt.

—— illustrirter neuester Bienenfreund, s. Beyer, M.,

Kirsten, Glieb., vollständiges Handbuch der Bienenzucht. Anweisung zu einer zweckmäß. und einträgl. Betreibung derselben, auf vieljähr. Beobachtungen und Erfahrungen begründet. 5. verb. und verm. Aufl. gr. 8. (VIII, 165 S. mit 45 in den Text gedr. Holzschn.) Weimar 880, B. F. Voigt.

Kirsten, G., Katechismus der Bienenkunde, s.a. Weber's, J. J., illustrierte Katechismen.

Kirsten, G., Katechismus der Bienenkunde und Bienenzucht. (XII und 156 S. mit 41 in den Text gedr. Abbildungen in Holzschn.) Leipzig 852, Weber. *

Kirsten G, Katechismus der Bienenkunde und Bienenzucht. 2. Auflage. (Webers Illustrierte Katechismen 9) Leipzig 1872

Kirsten, G., Katechismus der Bienenkunde u. Bienenzucht. 3., verm. Aufl., hrsg. v. J. Kirsten. Mit 51 in den Text gedr. Abbildgn. 8. (X, 180 S.) Leipzig 887. J. J. Weber. geb. n. 2 —

— vollständiges Wörterbuch der Bienenkunde und Bienenzucht. Nebst e. Anhange, enthaltend die Abbildung u. Beschreibung eines einfachen u. wohlfeilen Dampfapparates zur Gewinnung des reinen Honigs u. Wachses. Mit 1 Steintafel. 8. Weimar 840. Voigt. 5/6 ₰

— vollständiges Wörterbuch der Bienenkunde und Bienenzucht; ein Hand- und Hilfsbuch zur Belehrung in allen vorkommenden Fällen für Bienenwirthe und Bienenfreunde. Nebst einem Anhang, enthaltend die Abbildungen und Beschreibung eines einfachen und wohlfeilen Dampfapparates zur Gewinnung des reinen Honigs und Wachses. 2., bis auf die neueste Zeit ergänzte Aufl. 8. (VI und 298 S. mit 1 lithogr. Kpfrt. in gr. 4.) Weimar 858, Voigt.

Kirsten, Gust. Heinr., stenographisches Alphabet nach Gabelsberger's System. Hrsg. vom königl. stenograph. Institut in Dresden. Taf. I. (1 Bog. in Imp.-Fol.) Dresden 861, Meinhold und Söhne. *

Kirsten, Gust. Hnr., s. Turner, der.

Kirsten, Gust. Heinr., stenographische Wandtafeln. Taf. I—III. Dresden 861—63. Adler. gr. Fol. Jede Taf. n. 8 ngr.

Kirsten, Hermann, Gerichtsass.: Arten und rechtliche Stellung der gewerblichen Arbeiter. Kirchberg i. Sa. 1910: Riedel. 76 S. 8°

Leipzig, Jur. Diss. v. 3. Juni 1910

[Geb. 16. Okt. 78 Dresden-Striesen: Wohnort: Kirchberg i. S.; Staatsangeh.: Sachsen; Vorbildung. Kgl. Gymn. Dresden-N. Reife O. 99; Studium: Leipzig 9 S.; Rig. 23. Febr. 03.] [U 10. 2759

Kirsten, Hugo Beitrag zu den Untersuchungen im Gebiete des logarithmischen Potentials. 20 S. Progr. Meerane 1880.

Kirsten, J. F., de accommodatione Jesu et app. ad errores judaicos. Arnst. 1816. 4.

Kirsten, Jh. Adm. Gtthrd., s. Ferdinandine.

FERDINANDINE in Gibraltar bey der Belagerung unter Elliot (von *Joh. Adam Gotthart Kirsten*). Per saxa, per ignes fortiter et recte! Mit 2 Kpfrn. (nach Richter von Grünler gest.). Leipzig, in der Joh. Gfr. Müllerschen Buchhdlg. 1784. 8°. (Im British Museum.)
Tit. u. 206 S. — Verf. besonders durch den berüchtigten Roman „Lottchens (s. Flagell.) Reisen in's Zuchthaus" bekannt. — Anon.-Lex. II. p. 96.

— s. Lottchens Reise ins Zuchthaus.

LOTTCHENS Reisen ins Zuchthaus. (Roman mit flagell.-masochist. Anklängen von *Johann Adam Gotthart Kirsten.*) 3 Bde. Leipzig, J. G. Müller, 1778. 8°. (40 Mk., Hfrzbde. d. Zeit, Paul Graupe, Berlin, 1911.)
Erste sehr rare Ausgabe, ohne Kpfrn.
— — Dasselbe. 2. verbess. u. vermehrte Auflage. Mit 6 Kpfrn., gestoch. von Schönberg. Ebd. 1784. 8°. (16 Mk. W. H. Kühl, Berlin, c. 1883; jetzt noch theurer!)
I: 10 Bll. u. 340 S. II: 8 Bll. u. 424 S. III: 8 Bll. u. 416 S. — Beide Drucke sehr gesucht!

LOTTCHENS Reisen ins Zuchthaus. Von M. *J. A. G. K.* (Freier Roman von *Joh. Adam Gotthart Kirsten.*) 3 Bde. Leipzig, bei Joh. Gfr. Müllern. 1778. 8°.
Ausser Vorst. 304, 373 u. 398 SS., nebst 1 Bl. Err. Name des Verf. nur auf Tit. von Bd. 1.
— — Dasselbe. 3 Bde. 2. verbess. u. vermehrte Aufl. Mit 6 Kupfrn., gest. v. Schoenberg. Leipzig, in der J. G. Müller'schen Buchhandlg. 1784. 8°. (16 Mk. W. H. Kühl, Berlin, c. 1883; 15 Mk. Paul Neubner, Cöln, 1892; jetzt noch theurer!)
1: 10 Bll. Vorst. u. 340 S. 2: 8 Bll. u. 424 S. 3: 8 Bll. 416 S., nebst 2 Bll. Err.

Kirsten, Jh. Adm. Gtthrd., s. Versuch nützl. Spielereien.

Kirsten, Johann David

— — (Tennstad), Historiam legatorum. Präs. Gustav Heinr. Mylius. Lpz. (Breitkopf) 1. XI. 1731. 40 S. (6.50) 18128
Gew.: Christoph Thoellden (Gangloff-Soemmern).

— Johann David (Reinsdorff / Thüring.), De remissione obligationis et officii. Von Erlassung der Pflicht. Diss. jur. Präs. Carl Otto Rechenberg. Lpz. (Immanuel Titius) 16. IV. 1726. 32 Seiten. (6.20) 18127
Gew.: Christoph Thoeldten.

Kirsten, Joh. Ehrenfried: De Concubitu ..., s.a. Bauer, Joh. Gottfried (Präs.)

— Joh. Ehrenfried (Wurzen), De concubitu matrimonii perfectione ante copulam sacerdotalem. Diss. jur. Präs. Joh. Gottfried Bauer. Lpz. Immanuel Titius) 16. II. 1725. 66 S. (7.—) 18129
Gew. (v. Präs.): Abraham Kirsten (Vater d. Respond.).

— — Dasselbe, i. e. Wie der Beyschlaff vor der Trauung eine Ehe mache. 64 S., ohne Widm. (6.50) 18130

— — Dasselbe, i. e. Wie der Beyschlaf vor der Trauung eine Ehe mache. Lpz. (Joh. Christian Langenheim) 1747. 68 S. mit Widm. (6.50) 18131

— — De restricta liberorum dispositione in pecunia lustrica. Diss. jur. Rector Placido. Präs. Ernst Tenzel. Erfurt (Grosch) 21. VIII. 1727. 20 S. (5.50) 18132

Kirsten, Johann Friedrich Adam

— de disciplina scholastica, diss. 1. 2. 4. Leipz. 778.

— s. Abr. G. Kästner, d. Erinnerungen e. Kindes.

— Comment. de Lutheri in scholas minores meritis. 4maj. Götting. 817. Dieterich. 6 gr.

Kirsten, J. F., de Lutheri in scholas minores meritis Commentatio. Goetting. 817. 8. (60 S.)

— — (Director d. Gött. Gymnas.), De moribus, optimis legum adjutoribus et vicariis comment. I. ad locum Hor. lib. III. od. 24, 35, 36. Götting. (Heinrich Dieterich) 26. X. 1818. 24 S. (4.—) 18135

— — Dasselbe. II. ad locum Horatii lib. III. od. XXIV. Götting. (Heinrich Dieterich) 17. IV. 1820. 24 S. (4.—) 18136

— — Tentamen disciplinae scholasticae, quatenus explicandi rationem scribendique exercitationes complectitur. — Quo viro doct. Johanni Augusto Philippo Hennicke A. M. munus rectoris scholae Dondorpiensis societas amicorum gratul. Lpz. (Langenheim) Aug. 1779. 15 S. mit Namen d. Gratul. (5.50) 18134

— **Joh. Friedr. Ad.**, Viro praeclar. et excell. Georgio Guilielmo Kirschio . . . gymnasii Curiani rectori, . . . nuptias cum virgine generos. de Haacke viri generos. de Haacke dynastae Bilzingslebensis in Thuringia . . . filia mense Novembri celeb. societas philobiblica gratul. Lpz. (Langenheim's Erb. & Klauberth) o. J. [1799]. 12 S. (5.50) 18133

— **Johann Friedrich Ernst** u. **Johann Gottfried August Sparr** (Gotha), Discrimen inter philosophiam criticam et dogmaticam. Diss. philos. Jena (Mauk) 19. III. 1792. 16 S. (5.50) 18137

— — u. (Respond.) **Gottlob Oswald Loehlein** (Maehrenhaus./Coburg), De primis philosophiae elementis ejusque definitione. Specim. I. Diss. philos. Jena (Goepferdt) 20. I. 1795. 16 Seiten. (4.—) 18138

— Grundzüge des neuesten Skepticismus in d. theoret. Philosophie, zum Gebr. für Vorlesungen. gr. 8. Jena 802. Göpfert; (Schmid). 6 gl.

Kirsten, Jh. Fr. Er., († d. 27. Sept, 1820,) Journal für Menschenkenntniß, s. Journal.

— Seelenlehre für d. Jugend, nach Kant's Philosophie. 8. Gotha 809. Perthes. 12 gl.

— — De omnis veritatis philosophicae vana specie. Jena (Goepferdt) 18. VIII. 1800. 4 Blatt. (3.—) 18139

— s. Untersuchung, ob d. Bibel rc.

Kirsten, Johann Jakob

Jo. Jac. Kirsten commentatio in Virgilii versum: Alba ligustra cadunt, vaccinia nigra leguntur. Altorf. 1764. 4. (Ad V. eclog. II. 18.)

Johann Jakob Kirsten

Io[annes] Iacobus Kirstenius [Kirsten]: De Existentia liquoris gastrici inprimis contra D.D. Lieutaud. [Resp.:] Io(annes) David Villforth. Altorfii (1764:) Hessel. 16 S. 8°
Altdorf, Med. Disp. v. 16. Mai 1764

Jo. Jac. Kirsten de physiologiae ortu et progressu. Altorf. 1737. 4.

Jo. Jac. Kirsten (resp. Andr. Jac. Kirsten et Gust. Georg Zeltner) de Seneca medico, id est de quibusdam utriusque Senecae sententiis medicis. Altorf. 1738. 4.; II. ib. 1743. 4.; III. ib. 1744. 4.

Kirsten, Johann Jakob [Praes.], s. Villforth, Johann David: De existentia liquoris gastrici imprimis contra D. D. Lieutaud.

– [Praes.], s. Wibel, Georg Daniel: De tartaro emitico.

– [Praes.], s. Wiesner, Franz Kaspar: De inflatione ventriculi.

– [Praes.], s. Will, Georg Philipp: De styrace.

– [Praes.], s. Zeltner, Gustav Georg: De Seneca medico.

– [Praes.], s. Ziegler, Johann Paul: De emulsionibus.

— **Johann Traugott** (Leipzig), Quaestiones nonnullae de papillarum lactantium exulceratione ejusque curatione. Diss. med. Lpz. (Johann Friedrich Glueck) o. J. [ca. 1839]. 23 S. (5.—) 18140

Kirsten, Johannes: **Uebersendung u. Ablieferung im Sinne der Art. 347 bis 349 des Deutschen Handelsgesetzbuchs.** *Leipzig: G. Fock 1898.* (56 S.) 8°
Göttingen, Jur. Diss. v. [14. Juni] 1898

Kirsten, (Frid. Ludov. Paul.) Julius (geb. Müllrose 8. 6. 1839): De colica saturnina. Berolini (1862). (31 S.) 8°
Berlin, Med. Diss. v. 31. März 1862

Kirsten, Karl Heinrich

— — De bona fide actoris litigantis in foro Saxonico electorali. Diss. jur. Präs. Joh. Wilh. Engelbrecht. Helmstedt (Paul Dietrich Schnorr) 12. XII. 1727. 27 S. (6.50) 18123
Gew.: Carl Georg Pflugk (Ehrenhain), Heinrich v. Bünau (Kleinkorbetha, Oderwitz).

— **Carl Heinrich** (Lützen), Harmoniam juris civilis cum naturali aequitate ostensam in doctrina de quaestionibus per tormenta. Präs. M. Andreas Florens Rivinus (Leipzig). Lpz. (Immanuel Titius) 7. IV. 1723. 35 S. (6.50) 18122
Gew. (v. Präs.): Johann Florens Rivinus, Friedrich Heinrich Graff.

Kirsten, Lucas, Pferde an Bord. Erfahrungen, gesammelt auf dem Pferdetransport von China nach Deutschland vom 12. VII. bis 2. X. 1901. (76 S. m. 26 Abbildgn.) 8. Leipzig (904). (Giesecke & Devrient.) n. 2. —

Kirsten, M., Huldigungspredigt am 3. Aug. 1815 gehalten. gr. 8. Berl. 815. Mittler. 3 gl.

Kirsten, Paul, All Heil! Velociped-Geschichten für Sportsfreunde und Jedermann. 1. Aufl. (215 S.) und 2. Aufl. 8. (VII, 215 S.) Dresden 888, Pierson's Verlag.
*M 2.—.; geb. * 3 —

Kirsten, Paul, Anleitung zur Erlernung des Lagenspiels auf der Violine. gr. 8. (26 S.) Leipzig 902. Dürr'sche Buchh. n. — 40

Kirsten, Paul, Anleitung zur Erlernung des Lagenspiels auf der Violine. 2. Aufl. (31 S.) 8. Leipzig 906. Dürr'sche Buchh. n. — 50

Ⓢ Kirsten, Paul, Anleitung zur Erlernung des Lagenspiels auf der Violine. 906. Jetzt: Berlin, Union, Zweigniederlassg.

— **Dox! Humoristisches Ehebild. 8. (338 S.) Ebd. 889. n. 5. —; geb. n. 6. —**

— **die Elemente der Klaviertechnik. (24 S.) gr. 8. Leipzig (904). M. Hesse. n. — 60**

— die Morgenröthe d. 20. Jahrhunderts. Roman. 3 Bde. 8. (231, 230 u. 249 S.) Ebd. 890. n. 8. —; geb. n. 12. —

— die automatische Stimmbildung als Grundlage e. rationellen Gesangunterrichts. (42 S.) gr. 8 Leipzig 903. Dürr'sche Buchh. n. — 60

Kirsten, Paul, die automatische Stimmbildung als Grundlage e. rationellen Gesangsunterrichts. 2., verm. Aufl. (48 S.) gr. 8. Leipzig 907. [Dürr'sche Buchh.] Berlin, Union, Zweigniederlassg. — 80

— Zur Würdigung der Lehrpläne f. die kgl. preuß. Präparandenanstalten usw., s.: Gerstenhauer, Otto.

—— Zwirl-Dudenfing. Humorist. Roman. 1. und 2. Aufl. 8. (264 S.) Ebendas. 888. *ℳ 3.—.; geb. ** 4 —

Kirsten, Rich. Herm (geb. Marsdorf in d. Mark 23. 3. 1828): De typho abdominali. Berolini (1853). (20 S.) 8°
Berlin, Med. Diss. v. 7. März 1853

Kirsten, Rud., durch die Taufe ins Kreuz! Drei ernste Fragen an die getauften Verächter des Taufbundes. (XVII, 282 S.) 8. Gütersloh 908. C. Bertelsmann. 4.50; geb. 5. 25

— kleines französisches Lesebuch, s.: Enkel, H.

Kirsten, Rud., sorgen od. glauben? od. die Heilsnotwendigkeit der Wahrheitsgewißheit. Eine Handreichg. f. Gebildete, insbesondere f. Studenten u. Kandidaten der Theologie zur Warnung vor der modernen Religion. (1. Tl. Die Sorge um das verkannte Heil. Verkenng. u. Verleugng. der heilsamen Wahrheit.) (XVI, 337 S.) gr. 8. Leipzig 905. Dörffling & Franke. n. 5. —

Kirsten, Rudolf, aus Leipzig: **Studie über das Verhältnis von Cowley und Milton.** *Meiningen 1899: Keyssner.* (VIII, 125 S.) 8°
Leipzig, Phil. Diss. v. [1. Juli] 1899

Kirsten, Rudolf, Dr.: Streifzüge durch die musikalische Deklamation in Richard Wagners „Parsifal". (Leipzig. 1907: Breitkopf & Härtel.) (63 S.) 4°
Annaberg, k. RG OP 1907 (689)

Kirsten, Rudolf: Streifzüge durch die musikalische Deklamation in Richard Wagners „Parsival". 63 S. 4.
Progr. Kgl. Realgymn. *Annaberg* 1907 (689).
Einleitung. I. Der rhythmische Charakter der Verse u. seine musikalische Wiedergabe. II. Die Versmelodie und ihre mannigfaltigen Veränderungen. III. Der Wechsel zwischen sprachlichen u. musikalischen Teilen in seinem Zusammenhang mit den verschiedenen Deklamationsformen und dem Gebrauch des Endreims. Schlußbemerkung.

Kirsten, Rud., Streifzüge durch die musikalische Deklamation in Richard Wagners „Parsifal". Progr. (63 S.) Lex. 8. Annaberg 907. (Graser's Verlag.) nn 1.25

Kirsten, Rudolf: Wie ist die ausführliche Behandlung des Alten Testaments im christlichen Religionsunterricht zu rechtfertigen? Eine Skizze. Gütersloh (1910): Bertelsmann. 58 S. 4° [Umschlagt.]
Annaberg i. E., k. RG P 1910 (759) [S 10. 220

Kirsten, Thdr., wie lerne ich rudern. Mit 25 Zeichngn. v. Carl Moos. (IV, 44 S.) 8. München 910. G. Lammers. Geb. 1. —

— **Traugott Ferdinand** (Leipzig), Nonnulla de chloroformio. Diss. med. Präs. D. Christian Adolph Wendler. Lpz. (A. Edelmann) 27. III. 1858. 16 S. mit Biogr. (M.: A. C. Huhn.) (5.50) 18141

Kirsten, Willib., zurück zu Schopenhauer. Philosoph. Betrachtgn. (127 S.) 8. Leipzig 910. Modernes Verlagsbureau. 2. —

Zurück zu Schopenhauer! Philos. Betrachtungen von Willibald **Kirsten.** Berlin-Leipzig: Wigand 1910. 127 S. 8° [11. 4297

Kirstetter, J. C. G., das System des Privatrechts, aus der Natur der Sache entwickelt u. in seinen Grundzügen im Hinblicke auf das römische Civilrecht dargestellt. gr. 8. Würzburg 839. (Stahel.) n. 2/3 ℛ

Kirtland, Georg

Kirtland, G., s. Alter, d., des Pferdes.

Kirtland, Ge. u. Ign. Jos. Pessina, Das Alter d. Pferdes nach d. Zähnen zu bestimmen. Ill. Tfl. in R.-Fol. Weimar 22. Landes-Ind.-Comptoir. M. 2.25

Kirzinger, Xaverie, geb. Gräfin Vossl v. Löwenglau, u. K. v. Kesse, Unterhaltungen in d. Abendstunden. Vaterlandstöchtern geweiht. 8. Münch. 792, 93.

Kirwan, Richard. Anfangsgründe der Mineralogie; a. d. Engl. . . . Berlin u. Stettin 1784. Ü: *Wittekopff, Jacob Heinrich.* (Gatterer, Repert. d. mineral. Litt. Giessen 1798—99. I, 38.)

——— Anfangsgründe der Mineralogie. Aus dem Englischen von v. Crell. Berlin und Stettin 1785. 8.
Desgl. Nach der zweiten Ausgabe übersetzt. 3 Bände. Ebendas. 1796 bis 1799. 8.

— Angabe d. Temperatur von Breiten verschied. Länder u. Städte. Aus d. Engl. v. Crell. 8. Götting. 788. (Nicolai in Berl.) 8 gr.

KIRWAN, RICHARD. [Cont'd.]
Antiphlogistische Anmerkungen der Herren de Morveau, Lavoisier, de la Place, Monge, Bertbollet und Fourcroy zu Kirwan's Abhandlung über das Phlogiston. Nebst Kirwans Gegenerrinerungen und Adets Beantwortung derselben. Aus dem französischen und englischen übersetzt von Friedrich Wolff. Berlin, 1791. 8vo.

Kirwan, Rich., Beantwort. d. Fr.: Welches sind d. paßlichsten Düngmittel für d. verschied. Arten von Boden; aus d. Engl. v. A. G. L. Lentin. 8. Götting. 796. Vandenhöck u. R. 8 gr.

Kirwan, R. Elements of Mineralogy. London. 1781. 8.

— Erweis d. wahren Natur des brennbaren Wesens; aus d. Engl. v. Lor. v. Crell. 8. Berl. 783.

Kirwan, R. Physikalisch-chemische Schriften; a. d. Engl. . . . Berlin u. Stettin 1783—1801. Ü (Bd. 2): *Wittekop, Jac. Heinrich.* Ü (Bd. 3): *Meinecke, Adolph Heinrich.* (MGT) (Ky)

— phys.-chem. Schriften; aus d. Engl. u. mit Vorrede vers. von Lor. v. Crell. 5 Bde. (1r Bd. Versuch u. Beobachtt. über d. specifische Schwere u. d. Anziehungskraft verschied. Salzarten etc. 783. N. A. 788. 16 gr. 2r Bd., 1e—3e Abthl. Anfangsgründe d. Mineralogie, (übers. v. J. H. Wittekop). 785. 2e A. 796—99. 5 ℛ 12 gr. 3r, (v. Ad. H. Meinecke übers. u. herausg. v. L. Crell) u. 4r, 5r Bd. 788—801. ... 3 ℛ 4 gr. 5r Bd. A. u. d. T.: Versuch e. Zerlegung d. Mineralwasser. 1 ℛ 12 gr.) 8. Berl., Nicolai. 9 ℛ 8 gr.

— Versuch üb. d. Grade d. Wärme u. Kälte in verschied. geograph. Breiten unserer Erde. Aus d. Engl. v. J. K. Dollfuß. 8. Götting. 787.

— Vers. e. Zerlegung d. Mineralwas. ist dess. phys. chem. Schr. 5r.

Kirwan, Richard: Versuche und Beobachtungen über die specifische Schwere und die Anziehungskraft verschiedener Salzarten und über die wahre neuentdeckte Natur des Phlogiston's. (An Essay on phlogiston and the constitution of acids. Dt.) Übers.von Lorenz Crell. Bd 1, St.1 - 2, gbd.

Berlin u.Stettin: Nicolai 1783

JB 287

Versuche und Beobachtungen über die specifische Schwere und der Anziehungskraft verschiedener Salzarten, und über die wahre neuentdeckte Natur des Phlogistons. Uebersetzt und mit Vorrede versehen von Lorenz Crell. Berlin, 1783–85. 2 vols. in 1.

Kirwan, Rich., welch. s. d. nüzlichst. Düngmittel f. d. versch. Arten v. Boden. a. d. Engl. 8. Gött. Vandenhök. 796.

Kiryacoff, Dimitri. Kilifarevo, Bulgarie: Le sentiment de la nature selon Victor de Laprade. Berne, Scheitlin & Co., 1910. 96 p. 8°. [15. VII. 10.]
Bern. Phil. Diss. 1910 11.

Kirzer, H., Veritas christiana. 8. Augsb. Wolf. 745.

Kirzinger, G. G., Handbuch zum tägl. Gebrauch für Kaufleute u. jeden Geschäftsmann. 8. Nürnb. 807. Endter. 10 K

Kis, P., Ungarische Grammatik nach einer neuen leichtfaßl. Methode theoretisch und praktisch bearbeitet. 16. Wien 834. Gerold. 1/2 rf

Kis-Killay, O. v., der Malthefer. Roman. (205 S. m. Titelbild.) Leipzig (900). G. Müller-Mann. n. 3.—

Kisa Anton: Bischof Bernward von Hildesheim. Seine kunsthistorische Tätigkeit und künstlerische Stellung. 1880 PN 177 Diss.Wien, Univ.

Kisa, Anton (Hrsg.), s. D e n k s c h r i f t aus Anlaß d. 25jähr. Bestandes d. Suermondt-Museums.

— Das Glas im Altertume. Unter Mitwirkg. v. Ernst Bassermann-Jordan. Mit e. Beitrag üb. Funde antiker Gläser in Skandinavien v. Osk. Almgren, s.a. H i e r s e m a n n 's Handbücher. III.

Das Glas im Altertume von Anton Kisa. T. 1–3. Mit Taf. u. Abb. Leipzig: K. W. Hiersemann 1908. 3 Bde 8°
3. Unter Mitw. von Ernst B a s s e r m a n n - J o r d a n. Mit e. Beitr. über Funde antiker Gläser in Skandinavien von Oskar A l m g r e n. Mit Gesamtregister.
— Handbücher, Hiersemanns. Bd 3. [08. 10348

Kisa, Ant., die antiken Gläser d. Frau Maria v. Rath, geb. Stein, zu Köln. gr. 4. (IV, 159 S. m. 33 [17 farb.] Taf.) Bonn 899. (C. Georgi). Kart. n. 16.—; geb. n.n. 20.—

Die Kunst der Jahrhunderte. Bilder aus d. Kunstgeschichte von Dr. Anton Kisa, Dir. in Aachen. Berlin & Stuttgart: W. Spemann [1907]. (VIII, 820 S.) 8° [F.] [08. 8342

Kisa A. Kunst u Kunstgewerbe in Indien. (Slg kunstgew. Vorträge 11) Leipzig

Kisa, A., Kunst und Kunstindustrie in Indien, s. S a m m l u n g kunstgewerblicher und kunsthistorischer Vorträge.

— s.a. Kunstschatz, der.

Der Kunstschatz. Die Geschichte d. Kunst in ihren Meisterwerken. Ein Buch d. Erhebung u. d. Genusses. Mit erl. Text von Dr. A[nton] Kisa, Aachen, Dr. A[rthur] L i n d n e r in Köln u. Dr. E[dmund] R e n a r d in Bonn. Berlin & Stuttgart: W. Spemann [1905]. (392 S.) 2° [F.] [07.11340 11

Kisa, Ant. C., Aachen nebst Schwesterstadt Burtscheid u. Umgebung, s.: B e c k m a n n - F ü h r e r.

Kisa, Ant. C., Geschichte des Kunstgewerbes, s.a. H i l l g e r ' s illustr. Volksbücher 50. Bd.

Geschichte des Kunstgewerbes von seinen Anfängen bis zur neuesten Zeit von Dr. Anton C[arel] Kisa. Mit 61 Ill. Berlin, Leipzig: H. Hillger [1906]. (91 S.) 8° [F.]
— Volksbücher, Hillgers illustrierte. Bd 50. [07. 16101

— Köln a. Rh. m. Umgebung, s.: B e c k m a n n - F ü h r e r.

Kisch, Alex. (Dr., Rabbiner). Adolphe Crémieux. Gedächtnissrede gehalten bei dem öffentlichen Trauergottesdienste am 7. März 1880 in der Synagoge zu Basel. In-8°, 21 S. Basel u. Genf, H. Georg. 1880 — 50

Kisch, Alex., das mosaisch-talmud. Eherecht, s. L a n d a u, Ezechiel.

Kisch, Alex., Papst Gregor des Neunten Anklageartikel gegen den Talmud und dessen Vertheidigung durch Rabbi Jechiel ben Josef und Rabbi Juda ben David vor Ludwig dem Heiligen in Paris. Nach theilweise unedirtem, handschriftl. Material der Nationalbibliothek in Paris bearb. gr. 8. (45 S.) Leipzig 874, Leiner. * 2 —

Kisch, Alex., die Prager J u d e n s t a d t während der Schlacht am weißen Berge. gr. 8. (15 S.) Frankfurt a/M. 892. J. Kauffmann. n. — 75

Kisch, Alex[ander]: 3. Dezember [1909]: Professor Wenzel Konhäuser †. S. 51—52. 8.
K. k. Staats-Gymn. mit deutscher Unterrichtssprache *Prag, Neustadt*, Stephansgasse 1910.
Progr.

Kisch, Dr. A. Leben u. Wirken Hillel des Ersten. Vortrag. 14 S. 8°. Wien, Winter. 187x

Kisch, Alex. (Rabbiner in Zürich). Religion und Mysterie. Völkerpsycholog. Skizze. In-8°. Zürich. Exped. d. Neuen Israel. Zeitung. 1879 1 —

— das T e s t a m e n t Mardochai Meysels, mitgetheilt u. nach handschriftl. Quellen beleuchtet. Festschrift zum 300jähr. Jubiläum der Meyselsynagoge. [Aus: „Monatsschrift f. Geschichte u. Wissensch. d. Judenth."] gr. 8. (45 S.) Ebd. 893. n. 2. —

Kisch, Alex., Tischrede, bei dem zu Ehren der Synagogeneinweihung in St. Gallen am 22. Septbr. 1881 stattgehabten Festbankett gehalten. gr. 8. (12 S.) Zürich 881, Trüb'sche Buchh. *

Kisch, Alex. (Dr.) Tischrede bei der Einweihung der Synagoge in St. Gallen. In-8°. 16 S. Zürich, Trüb'sche Buchhdlg. 1882

Kisch, A., praktisches Uebungsbuch zum Uebersetzen aus der hebräischen Sprache. 8. Breslau 876, Preuß und Jünger.

Kisch, Alexander: Versuch einer neuen Erklärung der in der Alkuin-Handschrift (No. 795) der k. und k. Hofbibliothek in Wien enthaltenen gotischen Fragmente. S. 33—48. 8.
K. k. Staats-Gymn. mit deutscher Unterrichtssprache *Prag, Neustadt*, Stephansgasse 1902.
Progr.

– (Hrsg.), s. Zeitung, Neue israelitische.

Kisch, Egon Erwin, vom Blütenzweig der Jugend. Gedichte. (IV, 72 S.) 8. Dresden 905. E. Pierson. n. 1. 50; geb. n. 2. 50

Egon Erwin Kisch, Der freche Franz u. andere Geschichten. 2. Aufl. Berlin: H. Steinitz 1906. (120 S.) 8° 107. 5451

Kisch, Enoch Heinrich

Kisch, E. Heinr., das klimakterische Alter der Frauen in physiologischer und pathologischer Beziehung. Eine Monographie. gr. 8. (VIII, 197 S.) Erlangen [Stuttgart] 874, Enke. * 4 —

Kisch, E. H., Balneotherapie. [Aus: „Lehrb. d. allg. Therapie".] gr. 8. (III, 62 S.) Wien 898. Urban & Schwarzenberg. n. 1. 60

Kisch, E. Heinr., die Balneotherapie der chronischen Krankheiten. Ein Handbuch für prakt. Aerzte. 2 Abthlgn. Wien 866,67. Braumüller. gr. 8.
1. Abthl. Balneotherapie der chronischen Krankheiten der Digestions- u. Harnorgane. (IX, 204 S.) n. 1 *ℛ* 10 *ngr.*
2. Abthl. Balneotherapie der chronischen Krankheiten der Sexualorgane, der constitutionellen Krankheiten, der Krankheiten der Bewegungsorgane u. Haut etc. (VI, 399 S.) n. 2 *ℛ* 20 *ngr.*

— badeärztliche Briefe an die Kurgäste Marienbads gerichtet. Berlin 865. A. Hirschwald. gr. 16. (VI, 121 S.) n. 20 *ngr.*

— — Blätter der Erinnerung an Marienbad und seine Umgebung. Qu. kl. Fol. Mit 19 lithogr. Ansichten u. 59 S. Text. Marienbad, Gschihay. 1867 Eleg. cart. 3 fl. (Nur fest od. baar.)

Kisch, E. Heinr., Entfettungskuren, s.a. Sammlung Mejo.

Entfettungscuren. Von Prof. Dr. E[noch] Heinrich Kisch. *Berlin: H. Th. Hoffmann 1901.* (IV, 139 S.) 8° [illegible] 7

Kisch, E. Heinr., üb. Fettleibigkeit, s.a. Sonderabdrücke der deutschen Medicinal-Zeitung.

Kisch, E. Heinr., die Fettleibigkeit [Lipomatosis universalis]. Auf Grundlage zahlreicher Beobachtungen klinisch dargestellt. gr. 8. (IV, 314 S. mit 82 in den Text gedr. Abbild.) Stuttgart 888, Enke. * 10 —

– Fettleibigkeit u. Fettsucht, s.: Abhandlungen, Würzburger, aus dem Gesamtgebiet der prakt. Medizin. VIII, 6.

— die Fettleibigkeit der Frauen in ihrem Zusammenhange mit den Krankheiten der Sexualorgane. gr. 8. (IV, 61 S.) Prag 872, Dominicus. * 1 —

Kisch, E. Heinr., das Geschlechtsleben des Weibes in physiologischer, pathologischer u. hygienischer Beziehung. (VII, VIII, 716 S. m. Abbildgn.) gr. 8. Wien 904. Urban & Schwarzenberg. n. 18. —; geb. n. n. 20. —; auch in 3 Abtlgn. à n. 6. —

— Das Geschlechtsleben des Weibes in physiologischer, pathologischer u. hygienischer Beziehung. 2., verm. u. verb. Aufl. (VIII, 728 S. m. 122 z. Tl. farb. Abb.) Lex. 8. Wien 907. Urban & Schwarzenberg. 18.—; geb. n 20. —

— Grundriss der klinischen Balneotherapie einschliesslich der Hydrotherapie und Klimatotherapie für praktische Aerzte und Studirende. gr. 8. (VIII, 520 S.) Wien 883, Urban und Schwarzenberg. *

Kisch, E. Heinr., Handbuch der allgemeinen und speciellen Balneotherapie. 2., mit einem allgemeinen Thle. verm. Aufl. Nebst 1 lithogr. Karte der Heilquellen und Kurorte Mittel-Europa's (in qu. gr. Fol.). gr. 8. (CXI, 399 S.) Wien 875, Braumüller. * 12 —

— Marienbads Heilmittel f. Herzkranke. Auf Grundlage zahlreicher Erfahrgn. (55 S.) 8. Marienbad 904. Frz. Gschihay. n. 1. —

Kisch, E. Heinr., die Heilquellen und Curorte Böhmens in historischer, topographischer, physikalisch-chemischer und medicinischer Hinsicht. Unter Mitwirkung von Fachmännern geschildert. 8. (VI, 340 S. mit 1 lithogr. Karte.) Wien 879, Braumüller. *

— s. Jahrbuch für Balneologie, Hydrologie und Klimatologie.

— Klimatotherapie. [Aus: „Lehrb. d. allg. Therapie".] gr. 8. (III u. S. 641—688.) Wien 898. Urban & Schwarzenberg. n. 1. 20

— die Cur der Fettleibigkeit in Marienbad. Eine kurze Darlegung für Curgäste. 8. (32 S.) Marienbad 873, Götz. * — 50

— d. Cur d. Fettleibigkeit in Marienbad. 3., verm. Aufl. gr. 8. (48 S.) Marienbad 895. E. A. Götz. Franko n. — 70

— balneo-therapeut. Lexikon f. praktische Aerzte. 2., wesentl. verm. Aufl. des „Grundriss d. klin. Balneotherapie". M. 36 Holzschn. gr. 8. (IV, 771 S.) Ebd. 896. n. 18. —; geb. n. 20. —
Erschien auch in 15 Lfgn. à n. 1. 20.

Kisch, Dr. E. Heinrich, Balneo-therapeutisches Lexikon für praktische Aerzte. Zweite wesentlich vermehrte Auflage des „Grundriss der klinischen Balneotherapie". Mit Abbildungen im Texte. (Complet in circa 15 Lieferungen.) Gr.-8. 1. Lieferung. (S. 1 bis 48) —.72

Kisch, Dr. E. Heinrich, Balneo-therapeutisches Lexikon für praktische Aerzte. Zweite wesentlich vermehrte Auflage des „Grundriss der klinischen Balneotherapie". Mit Abbildungen im Texte. (Complet in circa 15 Lieferungen.) Gr.-8. 2. Lieferung. (S. 49 bis 96) —.72

Kisch, Dr. E. Heinrich, Balneo-therapeutisches Lexikon für praktische Aerzte. Zweite wesentlich vermehrte Auflage des „Grundriss der klinischen Balneotherapie". Mit Abbildungen im Texte. (Complet in circa 15 Lieferungen.) Gr.-8. 3.—6. Liefrg. (S. 97 bis 288) —.72

Kisch, Dr. E. Heinrich, Balneo-therapeutisches Lexikon für praktische Aerzte. Zweite wesentlich vermehrte Auflage des „Grundriss der klinischen Balneotherapie". Mit Abbildungen im Texte. (Complet in circa 15 Lieferungen.) Gr.-8. 7.—15. Liefrg. (S. 289 bis 771) à —.72

—— Marienbad and its natural healing agents. 8. (86 S.) Marienbad 879, Götz. *

—— Marienbad, ses environs et ses remèdes. 4e édit. Traduit par C. A. Saintonges. 8. (V, 180 S.) Ebendas. 872. 1 50

Kisch, E. Heinr. Marienbad u. seine Heilmittel. 14. Aufl. 12. (VI, 237 S. m. 1 Ansicht u. farb. Plan.) Marienbad 892, Götz. * 2 —

— der Curort Marienbad in Böhmen in topograph., histor., physikalisch-chem. Hinsicht u. seine physiolog. u. therapeut. Wirkgn. [Braumüller's Bade-Bibliothek.] Wien 870. W. Braumüller. 8. (VI, 233 S.) n. 1 ✓

Marienbad in der Saison 1898 nebst Bemerkungen über d. Differentialindication von Nauheim u. Marienbad bei Herzkranken. Von Dr. E[noch] Heinrich **Kisch**. Prag: A. Renn 1899. (12 S.) 8° [Umschlagt.] [97. 1674] 10

— Marienbad in der Sommersaison 1864, nebst einigen Bemerkungen zur Balneotherapie der chronischen Metritis (des chronischen Uterusinfarct). Marienbad 865. Selbstverlag. gr. 8. (16 S.)

Kisch, E. Heinr., Marienbad u. seine Umgebung. 14. Aufl. 12. (III, 105 S. m. farb. Plan.) Marienbad 892. E. A. Götz. n. 1.40

— Marienbad u. seine Umgebung. 17. Aufl. Mit Situationsplan u. Umgebungskarte v. Marienbad. (IV, 125 S.) kl. 8. Marienbad (909). E. A. Götz. 1.70

— Marienbad, seine Umgebung u. seine Heilmittel. Marienbad 868. Götz. 8. (III, 164 S. mit 1 Steintaf. in Tondr.) cart. 15 ngr.

—— Marienbad, seine Umgebung und seine Heilmittel. 4. Aufl. 8. (VII, 166 S.) Marienbad 872, Götz. 1 50

Das Mastfettherz. Eine klin. Studie von Dr. E[noch] Heinrich **Kisch**. 2. Aufl. Prag: Renn 1903. 20 S. 8° [Umschlagt.] [11. 3868] 11

—— Mineral-Brunnen und -Bäder. Ein Handbuch für Curgäste. 8. (VIII, 287 S.) Leipzig 879, Weber. * geb. **

— s.: Popper, Jul., die Heilquellen u. ihr Werth.

— die Prophylaxe der Sterilität, s.q. Handbuch der Prophylaxe. Suppl.

Die Prophylaxe der Sterilität von Dr E[noch] Heinrich Kisch, Prof. in Prag. *München: Seitz & Schauer 1900.* (24 S.) 8°
— Handbuch d. Prophylaxe. Suppl. 1. [00. 1755

— ärztlicher Rathgeber f. kranke Frauen in Marienbad. 2. Aufl. 8. (103 S.) Marienbad 884. Gschihay. cart. n. 1. 20

— ärztliche Rathschläge für den Gebrauch der Marienbader Kur. Ebend. 867. gr. 16. (35 S.) 5 ngr.

—— über den gegenwärtigen Standpunkt der Lehre von der Entstehung des Geschlechtes beim Menschen, s. Klinik, Wiener.

—— die Sterilität des Weibes, ihre Ursachen und ihre Behandlung. gr. 8. (V, 186 S. mit 43 in den Text gedr. Holzschn.) Wien 886, Urban und Schwarzenberg. * 4 —
geb. * 5 50

Die Sterilität des Weibes. Von Dr. E[noch] Heinrich **Kisch**, Prof. Mit 59 Holzschn. 2., wes. verm. Aufl. Wien & Leipzig: Urban & Schwarzenberg 1895. VI, 447 S. 8° [11. 438] 11

— Alois Strasser u. Ant. Bum, die physikalisch-diätet. Therapie der Fettleibigkeit. Referate, erstattet in der II. wissenschaftl. Versammlung des Centralverbandes der Balneologen Österreichs zu Ragusa am 31. III. 1900. gr. 8. (III, 40 S.) Wien 900. Urban & Schwarzenberg. n. 1. 20
Sonderabdruck aus: „Wiener Klinik".

— — — dasselbe, s. a Klinik, Wiener. 1900. Hft. 4.

— Tisch f. Fettleibige, s.: Wiel, Jos., diätetische Behandlung der Krankheiten d. Menschen.

Uterus und Herz in ihren Wechselbeziehungen '(Cardiopathia uterina)'. E. klinische Studie v. Dr. E. Heinrich **Kisch**, a. o. Universitätsprof. ... in Prag ... M. 17 Curven. *Leipzig: G. Thieme 1898.* (2 Bl., 119 S.) 1 Bd 8. [98. 3817

— s. Allgem. balneol. Zeitung

Kisch, Eugen: Traumatische Epitheleysten. Borna-Leipzig 1910: Noske. 26 S., 5 Taf. 8°
Leipzig, Med. Diss. v. 30. Nov. 1910, Ref. Trendelenburg
[Geb. 7. Mai 85 Gablonz, Böhmen; Wohnort: Berlin; Staatsangeh.: Österreich; Vorbildung: Sophien-Gymn. Berlin Reife O. 05; Studium: Freiburg i. B. 1, Berlin 9 S.; Coll. 9. Dez. 10.] [U 11. 3038

Kisch, Gustav

Kisch: Beitrag zur Meteorologie u. Klimatologie Siebenbürgens. 38 S. 8° und Tab.–Bistritz, Progr. 1866

Kisch, Gust., Bistritzer Familiennamen. [Sonderabdr. aus d. v. d. Stadt Bistritz d. Verein f. siebenbürg. Landeskunde aus Anlass s. 49. Generalversammlg gewidm. Festgabe.] gr. 8. (43 S.) Bistritz 897. (Leipzig, Buchhdlg. G. Fock.) n. 1.—

Kisch, Gustav: Nösner Wörter und Wendungen. Ein Beitr. z. siebenb.-sächs. Wörterbuch. Bistritz '00. 178 S. Bistritz, ev. Ob.-G. A. B., P. 1899/1900.

Kisch, Gust., Nösner Wörter u. Wendgn. Ein Beitrag zum siebenbürgisch-sächs. Wörterbuch. gr. 8. (178 S.) Bistritz 900. (Leipzig, Buchh. G. Fock.) n. 2. 50

Kisch, Gust., vergleich. Wörterbuch der Nösner (siebenbürg.) u. moselfränk.-luxemburg. Mundart nebst siebenbürg.-niederrhein. Orts- u. Familiennamenverzeichnis, s.q. Forschungen zur Volkskunde der Deutschen in Siebenbürgen. 1. Hft.

Vergleichendes Wörterbuch der Nösner (siebenbürg.) und moselfränkisch-luxemburgischen Mundart nebst siebenbürg.-niederrhein. Orts- u. Familiennamenverzeichnis sowie 1 Karte z. Orientierung über d. Urheimat d. Siebenbürger Deutschen von Dr. Gustav **Kisch**. Hermannstadt: W. Krafft 1905. (273 S.) 8°
— Forschungen z. Volkskunde d. Deutschen in Siebenbürgen. H. 1. [05. 4630

Kisch, Mathias (Red.), s. Post, Die.

Kisch, Math., „Vorhang-Purim". Histor. Erzählung aus dem Prager Ghetto. gr. 8. (39 S.) Wien 888, Lippe. * — 80
Aus: Oesterreichische Wochenschrift, besonders abgedruckt.

Die Hauptregeln der Sprosser-Pflege. Scherzreime von **Oskar M. Kisch.** *Magdeburg: Creutz [1902].* (32 S.) 8° [F.] [03. 1979 3

— praktische Vogelkunde u. Vogelpflege, s.a Miniatur-Bibliothek.

Kisch OM, Praktische Vogelkunde u Vogelpflege. (104 S) 32° Leipzig (1901).

Kisch, Wilh.(Hrsg.), s. Abhandlungen, zivilrechtliche u. prozessrechtliche.

Kisch, Wilhelm, Referendar zu Strassburg i. Elsass: **Begriff und Wirkungen der besonderen Streitgenossenschaft.** *Strassburg: K. J. Trübner 1899.* (123 S.) 8°
Strassburg, Rechts- u. staatswiss. Diss. v. 1899

Kisch, Wilh., Beiträge zur Urteilslehre. (VII, 192 S.) gr. 8. Leipzig 908. [C. L. Hirschfeld.] Tübingen, J. C. B. Mohr. n. 5. 60
Sonderabdruck aus: „Festschrift zu A. S. Schultzes 70. Geburtstag".

— Die bestimmte Bezeichnung der Eidestatsache, s.a. Festschrift, Paul Laband gewidmet.

Kisch, Wilh.: Die bestimmte Bezeichnung der Eidestatsache. Tübingen 1908.
(in: Festschrift d. rechts- u. staatswiss. Fak. d. Univ. Straßburg f. Laband.)

— Unsere Gerichte u. ihre Reform, s.a. Wissenschaft u. Bildung.

Unsere Gerichte und ihre Reform. Von Dr. Wilhelm **Kisch,** Univ.Prof. Leipzig: Quelle & Meyer 1908. (VI, 105 S.) 8° [F.]
— **Wissenschaft** u. Bildung. 36. [08. 8236

— elsaß-lothring. Landesprivatrecht, s.a. Dernburg, Heinr., das bürgerl. Recht des Deutschen Reichs u. Preußens. II. Erg.-Bd.

Elsaß-Lothringisches Landesprivatrecht. Von Dr. Wilhelm **Kisch.** Prof., Straßburg i. E. *Halle a. S.: Waisenhaus 1905.* (XVI, 1031 S.) 8° [F.]
— **Dernburg,** Heinrich: Das bürgerl. Recht d. Deutschen Reichs u. Preußens. Erg. Bd 2. [10. 1080

Praktikum des Zivilprozeßrechtes. Von Wilhelm **Kisch,** Prof. Leipzig: Göschen 1909. VII, 316 S. 8° [11. 14977 11

Kisch, Wilh., die alten Strassen u. Plätze Wien's u. ihre historisch interossanten Häuser. Ein Beitrag zur Culturgeschichte Wien's mit Rücksicht auf vaterländ. Kunst, Architoctur, Musik u. Literatur. (In ca. 20 Hftn.) 1—6. Hft. gr. 4. (S. 1—144 m. eingedr. Illustr.) Wien 882. Gottlieb. à 1. 50; Prachtausg. auf Velinpap. à 2. —

Kisch, Wilh., die alten Strassen u. Plätze Wiens u. ihre historisch interessanten Häuser. Ein Beitrag zur Culturgeschichte Wiens m. Rücksicht auf vaterländ. Kunst, Architektur, Musik u. Literatur. 7—29. (Schluss-) Hft. gr. 4. (XXVI u. S. 145—689 m. eingedr. Illustr.) Wien 883. Gottlieb. à 1. 50; Prachtausg. auf Velinpap. à 2. — (cplt.: n. 43. 50; geb. in Leinw. n. 50. —; in Kalbldr. n n. 58. —; Prachtausg. n. 58. —; geb. in Leinw. n.n. 66. —; in Kalbldr. n.n. 74. —; in Pergt. n.n. 76. —)

— die alten Strassen u. Plätze v. Wiens Vorstädtou u. ihre historisch interessanten Häuser. Ein Beitrag zur Culturgeschichte Wiens m. Rücksicht auf vaterländ. Kunst, Architektur, Musik u. Literatur. Mit zahlreichen Illustr. (In 50 Hftn.) 1—20. Hft. gr. 4. (IV, IV u. S. 1—288.) Wien 884—86. O. Frank. à 1. 50; Prachtausg. à 2. —

Kisch, W., die alten Strassen u. Plätze v. Wiens Vorstädten u. ihre historisch interessanten Häuser. Ein Beitrag zur Culturgeschichte Wiens, m. Rücksicht auf vaterländ. Kunst, Architectur, Musik u. Literatur. Mit zahlreichen Illustr. 21.—39. Hft. gr. 4. (à 3 B.) Wien 887—890. O. Frank Nachf. à 1. 50; Prachtausg. à 2. —

Kisch, Wilh., Die alten Straßen u. Plätze von Wiens Vorstädten u. ihre historisch-interessanten Häuser. Ein Beitrag zur Culturgeschichte Wiens mit Rücksicht auf vaterländ. Kunst, Architektur, Musik u. Literatur. Mit zahlreichen Illustr. 31. Heft. Gr.-4. (S. 145—168) à —.75, Prachtausg. à 1.—

Kisch, Wilh., Die alten Straßen und Plätze von Wiens Vorstädten und ihre historisch interessanten Häuser. Ein Beitrag zur Culturgeschichte Wiens mit Rücksicht auf vaterländische Kunst, Architektur, Musik und Literatur. Mit zahlreichen Illustrat. 32. Heft. Gr.-4. (à 3 B.) à —.75 Prachtausgabe à 1.—

Kisch, Wilh., Die alten Straßen und Plätze von Wiens Vorstädten und ihre historisch-interessanten Häuser. Ein Beitrag zur Culturgeschichte Wiens mit Rücksicht auf vaterländische Kunst, Architektur, Musik und Literatur. Mit zahlreichen Illustrat. 33. Heft. Gr. 4. (à 3 B.) —.75, Prachtausgabe 1.

Kisch, Wilh., Die alten Straßen und Plätze von Wiens Vorstädten und ihre historisch-interessanten Häuser. Mit zahlreichen Illustrationen. 34. Heft. Gr.-4. (S. 217—240) —.75, Prachtausg. 1.—

Kisch, Wilh., Die alten Straßen und Plätze von Wiens Vorstädten und ihre historisch-interessanten Häuser. Mit zahlreichen Illustrationen. 35. Heft. Gr.-4. (à 3 B.) —.75, Prachtausgabe 1.—

Kisch, Wilh., Die alten Straßen und Plätze von Wiens Vorstädten und ihre historisch-interessanten Häuser. Ein Beitrag zur Culturgeschichte Wiens mit Rücksicht auf vaterländische Kunst, Architektur, Musik und Literatur. Mit zahlreichen Illustrationen. 36. Heft. Gr. 4. (S. 265—288) à —.75 Prachtausgabe à 1.—

Kisch, Wilh., Die alten Straßen und Plätze von Wiens Vorstädten und ihre historisch-interessanten Häuser. Mit zahlreichen Illustrationen. 37. Heft. Gr.-4. (à 3 B.) à —.75 Prachtausgabe à 1.—

Kisch, Wilh., Die alten Straßen und Plätze von Wiens Vorstädten und ihre historisch-interessanten Häuser. Ein Beitrag zur Culturgeschichte Wiens mit Rücksicht auf vaterländische Kunst, Architektur, Musik und Literatur. Mit zahlreichen Illustrationen. 38. Heft. Gr.-4. (S. 313—336) à —.75 Prachtausgabe à 1.—

Kisch, Wilh., Die alten Straßen und Plätze von Wiens Vorstädten und ihre historisch-interessanten Häuser. Ein Beitrag zur Culturgeschichte Wiens mit Rücksicht auf vaterländische Kunst, Architektur, Musik und Literatur. Mit zahlreichen Illustrationen. 39. Heft. Gr.-4. (S. 337—360) à —.75
Prachtausgabe à 1.—

Kisch, Wilh., die alten Strassen u. Plätze v. Wien's Vorstädten u. ihre historisch interessanten Häuser. Ein Beitrag zur Kulturgeschichte Wien's m. Rücksicht auf vaterländ. Kunst, Architektur, Musik u. Literatur. Mit zahlreichen Illustr. 40.—49. Hft. gr. 4. (à 3 Bog.) Wien 891–894. O. Frank Nachf. à 1. 50; Prachtausg. à 2. —

Kisch, Wilh., Die alten Straßen und Plätze von Wiens Vorstädten und ihre historisch-interessanten Häuser. Ein Beitrag zur Culturgeschichte Wiens mit Rücksicht auf vaterländische Kunst, Architektur, Musik und Literatur. Mit zahlreichen Illustrationen. 40. Heft. Gr.-4. (S. 361—384) à —.75
Prachtausgabe à 1.—

Kisch, Wilh., Die alten Straßen und Pl[ätze vo]n Wiens Vorstädten und ihre historisch-inte[ressant]en Häuser. Mit zahlreichen Illustrationen. [41. He]ft. Gr.-4. (S. 385—408) à —.75
Prachtausgabe à 1.

Kisch, Wilh., Die alten Straßen und Plätze von Wiens Vorstädten und ihre historisch-interessanten Häuser. Ein Beitrag zur Culturgeschichte Wiens mit Rücksicht auf vaterländische Kunst, Architektur, Musik und Literatur. Mit zahlreichen Illustrationen. 42. Heft. Gr.-4. (S. 409—432) à —.75
Prachtausgabe à 1.—

Kisch, Wilh., Die alten Straßen und Plätze von Wiens Vorstädten und ihre historisch-interessanten Häuser. Mit zahlreichen Illustrationen. 43. Heft. Gr.-4. (S. 433—456) à —.75
Prachtausgabe à 1.—

Kisch, Wilh., Die alten Straßen und Plätze von Wiens Vorstädten und ihre historisch-interessanten Häuser. Ein Beitrag zur Culturgeschichte Wiens mit Rücksicht auf vaterländische Kunst, Architektur, Musik und Literatur. Mit zahlreichen Illustrationen 45. Heft. Gr.-4. (S. 481—504) à —.75
Prachtausgabe à 1.—

Kisch, Wilh., Die alten Straßen und Plätze von Wiens Vorstädten und ihre historisch-interessanten Häuser. Mit zahlreichen Illustrationen. 46. Heft. Gr.-4. (S. 505—528) à —.75
Prachtausgabe à 1.—

Kisch, Wilh., Die alten Straßen und Plätze von Wiens Vorstädten und ihre historisch-interessanten Häuser. Mit zahlreichen Illustrationen. 47. Heft. Gr.-4. (S. 529—552) à —.75
Prachtausgabe à 1.—

Kisch, Wilh., Die alten Straßen und Plätze von Wiens Vorstädten und ihre historisch-interessanten Häuser. Ein Beitrag zur Culturgeschichte Wiens, mit Rücksicht auf vaterländische Kunst, Architektur, Musik und Literatur. Mit zahlreichen Illustrationen. 49. Heft. Gr.-4. (S. 577—600) —.75
Prachtausgabe 1.—

Kisch, Wilh., die alten Strassen u. Plätze v. Wiens Vorstädten u. ihre histor. interessanten Häuser. Ein Beitr. z. Culturgesch. Wien's m. Rücksicht auf vaterländ Kunst, Architektur, Musik u. Literatur. M. zahlr. Illustr. 50. (Schluss-) Hft. gr. 4. (S. 601–638.) Wien 895. R. Friedländer. 1. 50; Prachtausg. 2. —

— die Wirkgn. der nachträglich eintret. Unmöglichkeit der Erfüllg. bei gegenseit. Verträgen, s. a. Abhandlungen z. Privatrecht u. Civilprozeß d. Deutschen Reiches. VII. 2.

Die Wirkungen der nachträglich eintretenden Unmöglichkeit der Erfüllung bei gegenseitigen Verträgen nach dem BGB. f. d. Deutsche Reich. Von Dr. Wilhelm Kisch. *Jena: G. Fischer 1900.* (XII, 272 S.) 8° [F.]
= Abhandlungen z. Privatrecht u. Civilprozess d. Dt. R. Bd 7, H. 2.
[00. 11399

— Deutsches Zivilprozeßrecht. s. a. Sammlung Göschen.

Deutsches Zivilprozeßrecht. Von Dr. Wilhelm Kisch. Bd 1–3. Leipzig: Göschen 1909. 8°
(Sammlung Göschen. 428–30.) A 12.1305 II

Kischa, Joh. Das Interesse und die wechselseitigen Beziehungen der griechischen, lateinischen und deutschen Sprache. 20 S. 8.
Progr. G. *Kremsier* 1879.

Kischka, die Abwässerfrage in ihrer rechtl. u. techn. Bedeutung unter spezieller Berücksicht. der Rawaregulierung. Vortrag, geh. in der Vereins-Versammlg. des oberschles. Bez.-Vereins deutscher Ingenieure am 22. IV. 1909 in Kattowitz. (66 S.) gr. 8. Kattowitz 909. Gebr. Böhm. 1. 50

Kischke, Geschichte d. Füsilier-Regiments Graf Roon, s.: Lehfeldt, R.

Kischke, Richard: Über Fehlerabschätzung bei unendlichen Produkten und deren Anwendungen. Königsberg i. Pr. 1908: Hartung. (83 S.) 8°
Königsberg, Phil. Fak., Ref. Meyer, Diss. v. 5. Febr. 1908
[Geb. 10. Okt. 81 Marienburg; Wohnort: Königsberg i. Pr.; Staatsangeh.: Preußen; Vorbildung: Realgymn. Elbing Reife O. 01; Studium: Berlin 3, Königsberg 10 S.; Rig. 19. Dez. 07.]

Kischtasp und Isphendiar, Könige von Persien. Kaschau 1794. V: *Gleich, Joseph Alois.* (WBL) (Ky) (MGT)

Kischtasp u. Isphendiar, Könige v. Persien. 2 Bde. 8. Kaschau, Scheibler. 794.

Kischtasch und Isphendyar, Könige von Persien, eine wahre Geschichte von Aloys Gleich, 2 Thle. 8. Leipzig, 796 (Hertel in Komm) 25 sgl.

Grundlagen einer Zahlentheorie eines speziellen Systems von komplexen Größen mit drei Einheiten von M. Kiseljak. Bonn: C. Georgi 1905. (29 S.) 8° [35. 5474 0

Kiser, Donald J., das Handels-, Wechsel-, Konkurs- u. Seerecht der Vereinigt. Staaten v. Amerika, s.: Handelsgesetze, die, des Erdballs (Clark, William Lawrence).

Kisery, W. L., d. Fabrikation d. Salmiaks, s. Chr. L. Rösling, Fabrikenschule.

Kisfaludi, Alex., s. Himfy.

(Kisfaludi, Alex.) auserlesene Liebelieder, s. †Himfy.

v. Kisfaludo, Karl, s. Aurora.

Kisfaludy, Alex., Gyulas Liebe. Gedicht in 10 Gesängen, aus dem Ung. v. Gebell-Ennsburg. 8. (212 S.) Dresden 893. E. Pierson. n. 2. 50; geb. in Leinw. n. 3. 50

Kisfaludy, Alex., Sagen aus der magyarischen Vorzeit. Deutsch von Jos. v. Machik. 8. (127 S. mit Portr. in Stahlst.) Pest 863, (Heckenast's Verlag.) *

KISFALUDY DE KISFALUD, Adalbertus Arpadus: Ratio relationis et influxus regni Aegyptiorum in populum electum A. F. eiusque religionem. — (1881) 69 S. 4° (Handschr.) Diss. 356
Diss. Wien, Univ.

Kisfaludy von Kisfalud, Karl von

Kisfaludy, Karl v., Irene, Trauerspiel in 5 Aufzügen aus dem Ungar. übersetzt von Jul. Hornyánszky. gr. 8. (68 S.) Kronstadt 868. (Pest, Lauffer's Verlag.) * 1 60

v. Kisfaludy, (C.,) Stibor, Schausp. in 4 A. Aus d. Ungrischen v. Graf C. A. Festetics. Mit 1 Kupf. gr. 8. Pesth. 823, (Berlin, Lüderitz.)

Kisfaludy, Karl; Szeget szeggel. Lustspiel in 1 Aufzuge. Mit einer biograph. Skizze des Verf., grammatikal. Anmerkungen, einem Anh. u. kleinem Wörterbuch versehen, zum Gebrauche f. Gymnasien hrsg. v. Jul. Glatz. gr. 8. (XVI u. 15 S.) Hermannstadt 852, v. Hochmeister. n. 8 ngr.

Kisfaludy, Carl, Szeget szeggel. Lustspiel in 1 Aufzuge. Mit einer biograph. Skizze des Verf., grammatikal. Anmerkungen, einem Anhang und kleinem Wörterbuch versehen, zum Gebrauche für Gymnasien hrsg. von Jul. Glatz. gr. 8. (XVI und 75 S.) Hermannstadt 852, [Steinhaussen.] *

v. Kisfaludy v. Kisfulad, C., Theater d. Magyaren, übersetzt u. herausg. von G. v. Gaal. 1r Bd. (Die Tartaren in Ungarn. — Ilka, oder d. Einnahme von Griech. Weißenburg. — Stibor). gr. 8. Brünn 820. Traßler. 2 ﬂ

Kisgen, Heinrich [aus Godesberg]: Aus d. med. Univ.-Klinik zu Bonn. Ueber eine Complikation von Myelitis dorsalis mit intermittirender nervöser Taubheit ... Bonn, Druck v. E. Heydorn, *1893*; 25 S., 1 Bl. 8.
Bonn, Med. Fak., Inaug.-Diss. v. [15. März] 1893

Kisgen, Philipp [aus Homberg a. Rh.]: Über Dupuytren'sche Fingerkontrakturen infolge spontaner narbiger Retraktion der Aponeurosis palmaris. . . . Würzburg, J. M. Richter's Buchdr., 1889; 30 S. + 1 Bl. 8°
Würzburg, Med. Fak., Inaug.-Diss. v. 1889

Kishi, Jchita, Ohrenarzt aus Okayamaken ⟨Japan⟩: Ueber den peripheren Verlauf und die Endigung des Nervus cochleae. Mit 1 Taf. *(Frankfurt a. M. 1901: A. Weisbrod.)* (36 S.) 8° ¶ Aus: Archiv f. mikrosk. Anat. u. Entwicklungsgesch., Bd 59.
Halle, Med. Diss. v. 14. Sept. 1901

Kishi, Kosaburo [aus Japan]: Das Erbrecht Japans insbesondere Kritik des Intestaterbrechtes der Codification vom Jahre 1890. . . . Göttingen, Druck d. Univ.-Buchdr. v. W. F. Kästner, 1891; 65 S. 8°
Göttingen, Jur. Fak., Inaug.-Diss. v. [4. Apr.] 1891

Kishi, Kosaburo, das Erbrecht Japans, insbesondere Kritik d. Intestaterbrechtes der Codification vom J. 1890. Diss. gr. 8. (65 S.) Göttingen 891. (Vandenhoeck & Ruprecht.) n. 1. 50

Karikaturen [Karykatury]. Ein Stück in 4 Aufz. von J. A. **Kisielewski**. Für d. deutsche Bühne bearb. von Pordes-Milo u. Oskar Ungnad. Einzig autor. Uebers. Berlin: Harmonie [1905]. (80 S.) 8° [F.]
(Theaterbibliothek 'Harmonie'.) [06. 839

Kisielinski, Eug., über die Einwirkung von Brom auf Succinimid u. eine neue Bildungsweise der Fumarsäure. [Aus: „Sitzungsber. d. k. Akad. d. Wiss."] Lex.-8. (10 S.) Wien 877. (Gerold's Sohn.) n.n. — 30

Kisielnicki, J., Schulgesangbuch m. Melodienoten, enth. 120 Kirchenlieder, geistl. Volkslieder u. liturg. Gesänge im Anschluß an das neue evangel. Gesangbuch f. Ost- u. Westpreußen, f. den Schulgebrauch hrsg. gr. 8. (VIII, 118 S.) Danzig 892. A. W. Kafemann. Kart. n. — 70

Kisielnicki, J., Schulgesangbuch m. Melodienoten, enth. 110 Kirchenlieder u. geistl. Volkslieder, im Anschluß an das neue evangel. Gesangbuch f. Ost- u. Westpreußen f. den Schulgebrauch hrsg. 3. Aufl. Ausg. A ohne Anh. gr. 8. (VIII, 107 S.) Danzig 898. A. W. Kafemann. Kart. n. — 70

— dasselbe. Ausg. B m. Anh. der Sprüche u. Luther's kl. Katechismus. gr. 8. (VIII, 120 S.) Ebd. 898. Kart. n. — 80

Kisielnicki, J., Schulgesangbuch mit Melodienoten, enth. Kirchenlieder u. geistl. Volkslieder, im Anschluß an das neue evangel. Gesangbuch f. Ost- u. Westpreußen f. den Schulgebrauch hrsg. 5. gänzlich neue Aufl. Ausg. A ohne Anh. (8 u. 108 S.) 8. Danzig 903. A. W. Kafemann. Kart. n. — 70

— dasselbe. Ausg. B m. Anh. der Sprüche u. Luther's kl. Katechismus. (8 u. 128 S.) 8. Ebd. 903. Kart. n. — 80

[Russ.] **Kišinev**. (Ežeměsjačnyj žurnal.) Pod red. M[ichaila Aleksandroviča] Sukennikova. No 1–3. Berlin-Charlottenburg: Russ. Verl. 1903–04. 8° [Umschlagt.]
1. 2. 1903. 3. 1904.
[Kišinev. Monatsschrift.] [11. 4915

Fragmentarische Nachrichten über die Burggrafen zu Stromberg. Von Fr[anz Josef] **Kiskemper**. 4. Aufl. Oelde 1909: Holterdorf; Zurkuhlen (in Stromberg). 48 S. 8° A 12. 12555 G

Fragmentarische Nachrichten über das berühmte Kruzifixbild und die Kreuzkirche zu Stromberg. Von F[ranz Josef] **Kiskemper**. o. Aufl. (Stromberg:) Zurkuhlen (1907). 48, 12 S. 8° A 12. 12556 G

Kisker, Heinrich Wilhelm (Halle/Westfal.), De articulorum vulneribus. Diss. chir.-therapeut. Bln. (Nietack) 31. I. 1835. 39 S. mit Biogr. (M.: L. Wallbaum.) (6.—) 18142
Oppon.: L. Rese, J. O. Werne, Fr. Mueser. — Gew.: I. L. Truestedt.

Kisky, Wilh., die Domkapitel der geistlichen Kurfürsten in ihrer persönl. Zusammensetzung im 14. u. 15. Jahrh., s. a. Quellen u. Studien zur Verfassungsgeschichte des Deutschen Reiches. I. 3.

Kisky, Wilhelm, a. Cöln: Die Domkapitel der geistlichen Kurfürsten in ihrer persönlichen Zusammensetzung im vierzehnten und fünfzehnten Jahrhundert. Gekrönte Preisschrift. § 1—13. Weimar 1906: Hof-Buchdr. (38 S.) 8° [F.] ¶ (Erscheint vollst. als Bd. 1, H. 3 der Quellen u. Studien zur Verfassungsgeschichte des deutschen Reiches, hrsg. von Karl Zeumer.)
Bonn, Phil. Fak., Ref. Schulte, Diss. v. 29. Jan. 1906
[Geb. 29. Nov. 81 Cöln; Wohnort: Cöln; Staatsangeh.: Preußen; Vorbildung: Friedr.-Wilh.-Gymn. Cöln Reife O. 01; Studium: Freiburg i. B. 3. Berlin 1, Bonn 5 S.; Rig. 20. Juni 05.]

Die Domkapitel der geistlichen Kurfürsten in ihrer persönlichen Zusammensetzung im vierzehnten und fünfzehnten Jahrhundert. Von Dr. Wilhelm **Kisky**. Weimar: H. Böhlaus Nachf. 1906. (X, 197 S.) 8° [F.]
[Ein T. erschien als Inaug.-Diss. Bonn 1906.]
— **Quellen** u. Studien z. Verfassungsgeschichte d. Deutschen Reiches in Mittelalter u. Neuzeit. Bd 1, H. 3. [06. 7604

Kisling

— s. a. **Kiesling, Kiessling.**

Taktisches Lehrbuch für einen jungen Soldaten, zum Unterrichte der Kadetten der k. k. Ingenieur-Akademie. (Von Kisling.) Bd 1—4. Mit Pl. Wien 1816.

Kisling, Carl Albert, s. Kisling, Karl Albert

— Christoph Ludwig (Lörrach/Durlach), Meletemata de testamentis et heredis institutione ad juris prov. March. Bado Durlac. p. V. tit. X. Präs. Gottfried Daniel Hoffmann. Tübing. (Erhard) Febr. 1758. 52 S. mit Widm. v. Präs. (6.50) 18145

Kisling F. J.: Freundschaftliches Gespräch zwischen einem Oberamtmann u. Burggraf üb. die Verwaltung eines Landguts. Wien 1783. 300 S.

Kisling's, J. G. Osnabrückischer Allgem. Kalender. Jahrg. 1890—1893. 16. (à Jahrg. 160 S.) Osnabr., (Rackhorst). à Jahrg. ** — 25

Kisling's, J. G., osnabrückischer allgemeiner Kalender auf d. J. 1894. gr. 16. (126 S. m. Illustr.) Osnabrück, (Rackhorst). n.n. — 25

Kisling, Karl Albert

Kisling, Carl Albert (Ulm), De rite formanda indicatione antasthenica. Diss. med. Präs. Gottfried Wilhelm Ploucquet. Tübing. (Fues) Sept. 1798. 20 S. (5.—) 18144

KISLINGER, Ludwig (Petershausen): Bürgschaft und Pfandrecht für die klaglosen Verbindlichkeiten im geltenden Recht.- Augsburg: Mieber 1911. II,84 S.
15.11.1911 - Chr 1911/12,23; U 12.3604
Diss.Ingolst.-Landsh.-Mchn.

v. Kismar, Karl, ob. Liebe ohne Genuß. 8. Erfurt 800. Keyser. 20 gr

Kismar, Carl v., od. Liebe ohne Genuß rc. 8. Wien, Wallishäußer. 800.

Kišpatić, M., die krystallinischen Gesteine der bosn. Serpentinzone, s.a.Mitteilungen, wissensch., aus Bosnien u. der Hercegovina. VII.

KIŠPATIĆ, M.
Die krystallinischen Gesteine der bosnischen Serpentinzone. Von Dr. M. Kišpatić. (Separat-Abdruck aus „Wissenschaftliche Mittheilungen aus Bosnien und der Hercegovina“, VII. Bd. 1900.) Wien. 1900. In Comm. Gerold's Sohn. Lex.-8°. 108 S. K 2.20

Kišpatić, M., d. Meerschaum aus d. Ljubić planina bei Prnjavor. [Aus: „Wissenschaftl. Mittheilg. aus Bosnien u. d. Hercegovina“, 3. Bd.] Lex.-8. (7 S.) Wien 895. (C. Gerold's Sohn.) n. — 40

Kišpatić, M., üb. Serpentine u. serpentin-ähnliche Gesteine aus der Fruška-Gora [Syrmien]. [Mittheilgn. aus dem Jahrb. d. k. ung. geolog. Anstalt, VIII, 7.] Lex.-8. (13 S.) Budapest 889. (Kilián.) n. — 80

Kispersky, Joh. Bapt., geschichtliche Denkwürdigkeiten aus dem Leben der katholischen Kirche. Für den Religionsunterricht in den Bürgerschulen. Achtes Schuljahr. gr. 8. (IV, 97 S.) Wien 883, Mayer und Comp. *

KISPERSKY, Johannes Baptista: De sectis manichaeicis. — (1880) 152 S. 4° (Handschr.)
Diss.Wien, Univ.

Kispert, Annette, s. a.: Nicki.

— Claires Liaison u. andere Geschichten. (164 S.) Leipzig (909). B. Elischer Nachf. 2.—; geb. in Leinw. 3. —

Kiss, commentarius in loca intellectu difficiliora quatuor evangeliorum. 8. Erlau 860, (Jentsch.)

Kiss, Aaron, Lesebuch, s.: Gyertyánffy, Stef.

Kiss, Frz. v., die Zahl- und Schmuck-Ringgelder. Eine der vorhistor. Geldsorten, durch mehr als 150 vorhandene Stücke, deren stufenweiser Uebergang in normirtes Geld, durch einschlägige Münzen erwiesen, zuerst systematisirt und aus dem Ungar. übersetzt. Lex.-8. (79 S. nebst 3 lithogr. Doppeltaf. in 4. und qu. 4. mit 53 Abbild. in Naturgrösse.) Pest 859, Lauffer und Stolp. *

Kiss, Jos., Gedichte. Aus dem Ungar. von Ladisl. Neugebauer. Vom Dichter einzig-autoris. Uebers. 8. (120 S.) Leipzig 887; O. Wigand. geb. mit Goldschn. 3 —
—— dass. — 1868—1871. Deutsch von Jos. Steinbach. 16. (XII, 195 S.) Wien 886, Szelinski. *M 3.60.; geb. * 4 80

Kiss, Jos., Lied von der Nähmaschine. Aus dem Ungar. von Ladisl. Neugebauer. Illustrirt von Otto v. Babitz. 8. (75 S.) Leipzig 884, O. Wigand. M 1,50.; geb. *

Kiss, Jul., das periodische System der Elemente u. die Giftwirkung. Beiträge zur physikal. Chemie d. Zelle. Von der kgl. Gesellschaft der Ärzte in Budapest gekrönte Preisschrift. (VI, 183 S. m. 6 Fig.) gr. 8. Wien 909. A. Hölder. 3. 60

KISS, Carolus: De morali independente demonstretur eam neque philosophice neque theologice admitti posse. — (1902) 91 S. 4° (Handschr.)
Diss.Wien, Univ.

Kiss, Mihaly, et Ign. Karady, Uj Franczia-Magyar és Magyar-Franczia zsebszótár. — Noveau dictionnaire de poche Français-Hongroise et Hongrois-Français. 2 tomes. gr. 16. T. I. Partie Française. Par Michel Kiss. (IV u. 483 S.) T. II. Partie Hongroise. (VI u. 366 S.) Pest 844. 48, Heckenast. Leipzig, G. Wigand. (I: n. 1⅓ ß II: n. 1 ß 2 gr) n. 2 ß 22 gr

Kisse-Khun, d. persische Erzähler. 16. Berl. u. Stettin 829. Nicolai. baar 12 gr

Kiss de Nagy-Sitke, Arpád, k. u. k. Major, d. k. im Korpsartillerieregiment Nr. 7, Lehrer an der Kriegsschule. Behelf zum Studium des Schiesswesens für die Artillerieoffiziere der k. u. k. Kriegsschule. Mit Textfiguren, 2 Tafeln und 19 Tabellen. 8. Wien 1904.

Kisseberth, Fr[iedrich]: Die pädagogischen Grundsätze des Comenius und ihre Bedeutung für die Gegenwart. (Eilenburg. 1908: Offenhauer.) S. 3—14. 4°
Eilenburg, st. RG OP 1908 (331) [S 08. 228

Kissel, Carl, s. Kissel, Karl

Kissel, Clemens, s. Kissel, Klemens

Kissel, Ferd., Kochrezepte der eßbaren Schwämme od. Pilze m. den nötigen wissenschaftlichen Erläuterungen. (24 S.) 8. Kaiserslautern 910. H. Kayser. —50

Kissel, Ferd., Rechenbuch. Lehrbuch m. Aufgabensammlg, f. Mittelschulen bearb. 1. u. 2. Tl. gr. 8. Bamberg 891 C. C. Buchner Verl. Geb. in Leinw. n.n. 3. 10
1. (VI, 152 S.) n.n. 1.40. — 2. (VI, 188 S.) n.n. 1.70.

Kissel, Ferdinand, Prof.: Zum Unterrichte in der Zins-, Zinseszins- und Renten-Rechnung an höheren Lehranstalten. Kaiserslautern (1907): Ph. Rohr. (69 S.) 8°
Kaiserslautern, k. G P 1907*

— Übersichtliche Zusammenstellung der wichtigsten Grundformen aus der niederen Mathematik. Für die Schüler höherer Lehranstalten zusammengestellt. 1.—3. Bdchn. 8. Kaiserslautern 907. Ph. Rohr. à 1.—
1. Algebra. (VII, 50 S.) — 2. Planimetrie. (VII, 31 S. m. Fig.) — 3. Stereometrie u. Trigonometrie. (42 S. m. Fig.)

Kissel, Friedrich Ludw. Carl (Daadena-Saynensis) [Auctor]
Dissertatio inauguralis medica de cholera.
Giessae 20. Aug. 1788: Braun. 16 S. 4°
pro gradu medicinae et chirurgiae doctoris ... rite obtin.

Kissel, Fritz, aus Elberfeld: Über die Einwirkung von α-Brompropionacetal auf einige Phenole und die Synthese einiger homologen α-methylierten Cumarone. *Rostock 1901: C. Boldt.* (44 S.) 8°
Rostock, Phil. Diss. v. [20. Dez.] 1900

Kissel, Hermann, aus List vor Hannover: I. Über Reaktionsfähigkeit und Salzbildung von Nitrokörpern. II. Beiträge zur Chemie des Quecksilbers. *Würzburg 1899: H. Stürtz.* (63 S.) 8°
Würzburg, Phil. Diss. v. 1899

Kissel, Johannes: Der Bau des Gramineenhalmes unter dem Einfluss verschiedener Düngung. Gießen 1906: v. Münchow. (47 S. u. 3 Taf.) 8°
Gießen, Phil. Fak., Ref. Gisevius, Diss. v. 18. Okt. 1906
[Geb. 19. Juni 84 Biblis i. H.; Wohnort: Gießen; Staatsangeh.: Hessen; Vorbildung: Gymn. Worms Reife O. 03; Studium: Gießen 4, Halle 2 S.; Rig. 23. Juli 06.]

[Umschlagt.:] Kissel, Julius: Das Sprichwort bei dem mittelschottischen Dichter Sir David Lyndesay. Zugl. e. Beitr. z. vergl. Sprichwörterkunde . . . Nürnberg, Druck v. F. Monninger, 1892; III, 42 S. 1 Bl. 8°
Erlangen, Phil. Fak., Inaug.-Diss. v. 1892.

Kissel, Karl, A. Cornelius Celsus. Eine historische Monographie. 1. Abtheil. Leben u. Wirken des Celsus im Allgemeinen. gr. 8. Gießen 844, Heyer's Verlag. n. 1 ℛ

Kissel, Carl (Westerburg)
A. Cornelius Celsus. Eine historische Monographie.
Giessen: Heyer 1844. 179 S.
[Handschriftlich zur Promotion eingereicht.]
Dr. phil. 1844. 19. 1. vorh. 4.

Kissel, Carl, Denkwürdigkeiten aus der ärztlichen Praxis. gr. 8. (XVIII, 793 S.) Berlin 872, Hirschwald. * 17 —

Kissel, Carl, Handbuch der physiologischen Arzneiwirkungslehre. Tübingen 856. Laupp. Lex.-8. (XX, 652 S.)
3 ℛ. 7½ ngr.

Kissel, Carl, Handbuch der speciellen Pathologie und Therapie. 2 Bde. Lex.-8. Erlangen 863, Enke's Verlag. [1. Bd. (807 S.) * 4 Thlr. 12 Ngr., 2. Bd. (XXIII und 872 S.) * 4 Thlr. 24 Ngr.] *

— Handbuch der naturwissenschaftlichen Therapie. Lex.-8. (XVI und 544 S.) Erlangen 853, Enke's Vrlgsh. *

Kissel, Carl, die Heilmittel Rademachers und der naturwissenschaftlichen Therapie. gr. 16. (IV und 269 S.) Giessen 859, Ferber'sche Universitäts-Buchh. *

Kissel, Carl, die direkte Kunstheilung der Pneumonieen. Eine Monographie. gr. 8. (XII u. 291 S.) Eilenburg 852, Schreiber. 1 ℛ 18 ngr

Kissel, Klemens

Kissel, Clem., alte historische Adelshöfe in Mainz. 2 Hftchn. 2. Aufl. gr. 8. Mainz 899. L. Wilckens. n. 1.30
1. Mit 25 Wappen-Abbildgn. (24 S.) n. — 50
2. Mit 16 Wappen-Abbildgn. u. 8 Illustr. (35 S.) n. — 80

Alte historische Adelshöfe in Mainz. Von Clemens **Kissel.** Mit Wappen-Abb. 2. Aufl. Heftchen 1. 2. Mainz: Wilckens 1899. 8°
2. Alte Mainzer Klosterhöfe u. Profan-Gebäude. Mit 8 Ill. [11. 1907]

Kissel, Clem., 25 Bücherzeichen. gr. 8. (8 S. Text.) Berlin 894. J. A. Stargardt. n. 4. —

Die alten Festungswerke von Mainz sowie kurze Geschichte der Kur-Mainzer Truppen. Von Clemens Kissel. Mit 15 authent. Ill. *Mainz: L. Wilckens 1899.* (35 S.) 8° [F.] [illegible]

Die Garnisonsbewegungen in Mainz von der Römerzeit an. Von Clemens **Kissel.** 2. verm. u. verb. Aufl. mit 90 Ill. (Vorr.: [Alfred] Zernin, Major.) Mainz: Druckerei Lehrlingshaus (1906.) (48 S.) 8° [F.] [07. 1906]

— Die Garnisonsbewegungen in Mainz v. der Römerzeit an. 2. verm. u. verb. Aufl. m. 90 Illustr. (IV, 48 S.) 8. Mainz (907). Druckerei Lehrlingshaus. 1.50; geb. in Leinw. 2. —

Kissel, Clem., unentbehrlich Handbuch der Schriftmalerei für Architecten, Maler, Graveure, Schildermaler, Lithographen und sonstige Kunsthandwerker etc. Gezeichnet und hrsg. von C. K. in Mainz, in dessen Anstalt auch die Stöcke geätzt wurden. 8. (32 S.) Mainz 887. (Leipzig, Hedeler.) * 1 —

Kissel, Clem., Alt-Mainzer Häuser. Mainzer Gebäulichkeiten, ihre Geschichte u. Eigenart. (VI, 140 S. m. Abb.) 8. Mainz 909. Kirchheim & Co. 1. —

— Aus dem alten Mainz. Bilder u. Erinnergn. aus der Vergangenheit. (8, 194 u. XXIII S.) 8. Mainz 908. Kirchheim & Co. 1.50

Kissel, Clem., mit den Hessen in Frankreich 1870—71. Nach tägl. Aufzeichnungen e. Mainzer Mitkämpfers. (IV, 75 S.) 8. Mainz 904. Kirchheim & Co. n. 1. —

Das Mainzer Rad historisch u. künstlerisch erl. mit vielen Abb. von Clemens **Kissel,** Mainz. ⟨Ausg. z. Gutenberg-Jubil.⟩ *Mainz: L. Wilckens 1900.* (IV, 62 S.) 8° [F.] [00. 1901]

Kissel, Clemens. Wappen-Buch d. deutschen Episcopates. Enthält sämtl. Diöcesan- u. Privatwappen der Hochw. Erzbischöfe u. Bischöfe des deutschen Reiches, sowie e. Anh. v. älteren u. neueren Klosterwappen u. Wappen geistl. Korporationen. 8. (VIII, 136 S. m. 1 Taf.) Frankf. a. M. 891, [Rommel]. Keller. * 4 50

— hessisches Wappenbuch. Städte- u. Ortswappen im Großherzogth. Hessen. gr. 8. (IV, 78 S. m. Abbildgn.) Gießen 893. C. v. Münchow. Kart. n. 8. —

Kissel, Ludwig [Arzt aus Alzey in Hessen]: Die Porrooperation bei osteomalakischem Becken. . . . Freiburg i. B., Buchdr. „Zum Gutenberg" v. F. Thiergarten, 1888; 36 S. u. 1 Tab. 8°
Freiburg i. B., Med. Fak., Inaug.-Diss. v. 1888

Kissel, Otto [Alzey]: Untersuchungen über den Glycogen-Umsatz in der Kaninchenleber ... Würzburg, Druck d. Köhl & Hecker'schen Buchdr., 1894; 26 S., 1 Bl. 8.
Würzburg, Med. Fak., Inaug.-Diss. v. 1894

Die Glycogenbildung in der Kaninchenleber zu verschiedener Jahreszeit. Von Dr. med. Otto Kissel ... *Würzburg: Stahel 1896.* (6 S.) 8.
= Verhandlungen d. physikal.-medic. Gesellschaft zu Würzburg. N. F. Bd 30. No 3. [97. 4607

Kisselbach [Schlagwort]

Kisselbach, s.: Preussen. Messtischblätter.

Kisselbach [Verfasser]

Kisselbach. Die sächsische Hypothekenversicherungs-Ges. 1861.

Kisselbach, J. G., de judicio possessorio. Amaj. Heidelb. 816. (Groos). 6 gr.

Kisselius, Ant., Specimen criticum cont. Auli Persii Flacci codicum mss. Leidensium collationem cum animadversionibus in satiram primam. (Dissertatio inaug.) gr. 8. (XIV u. 100 S.) Zalt-Boemeliae 848. (Trajecti ad Rh., Kemink & filius.) n. 24 ngr.

Kisselstein, Jh. Aemil., (†...) Magazin neuer Erfindungen für d. Jugend u. Jugendlehrer. 1s Bdchen. 8. Coburg 806. Sinner. 16 gr.

Kissemich im Seebade. Strandhumoresken. gr. 8. (80 S. mit 11 Illustr.) Borna 887, Noske. * 1 —

Kissemich im Seebade. Strandhumoresken. 5., verm. Aufl. gr. 8. (83 S. m. Illustr.) Borna 895. R. Noske. n. 1. —

Kissemich im Seebade. Strandhumoresken. (Borkumer Erlebnisse e. Seefensiedermeesters aus Blasewitz.) 6. Aufl. gr. 8. (83 S. m. Abb.) Borna 899. R. Noske. n. 1. —

— in Tirol. Illustrirt von Lothar Meggendorfer. gr. 8. (80 S.) Ebendas. 888. * 1 —

Kissemich in Tirol. Illustrirt v. Lothar Meggendorfer. 2. Aufl. 8. (80 S.) Borna 889, Noske. * 1 —

Kissenberth, Wilhelm, a. Landshut in Bayern: Antoine d'Hamilton. Sein Leben und seine Werke. Berlin 1907: G. Schade. (114 S.) 8°
Rostock, Phil. Fak., Ref. Zenker, Diss. v. 22. Dez. 1906
[Geb. 23. Apr. 78 Aschaffenburg; Wohnort: Charlottenburg; Staatsangeh.: Preußen; Vorbildung: Gymn. Landshut Reife Sommer 99; Studium: Univ. München 3, Grenoble 1, München 3, Handels-Hochsch. Frankfurt a. M. 1, Univ. Berlin 8 S.; Rig. 20. Dez. 06.]

Kisser, E. Untersuchungen über das Carvol. Uster 1887.

Kisser, Joh[ann]: Zuwachs in der Lehrerbibliothek vom Jahre 1903 bis Mai 1904, vom Jahre 1904 bis Juni 1905, vom Jahre 1905 bis Juni 1906, vom Jahre 1906 bis Juni 1907, vom Jahre 1907 bis Juni 1909. (Umschlagtitel: Nachtrag zum Kataloge der L. resp. Bibliothekskatalog.) S. 28—31. 8. S. 31—36. 8. S. 31 bis 35. 8. S. 27—30. 8. S. 23—27. 8.
K. k. Maximilians-Gymn. *Wien* 1901. 1903. 1904. 1905. 1906. 1907. 1909.
Progr.

KISSER, Johannes: De historia reformationis Lutheranae in terris Austriacis: im heutigen Sinne die Länder diesseitiger Reichshälfte — ab eius initiis usque ad medium saeculum 17.: a. 1657. — (1891) 167 S. 4° (Handschr.) Diss. 521
Diss.Wien, Univ.

KISSER, Josef: De inspiratione sacrarum litterarum. — (1841) 70 S. 8° (Handschr.) Diss. 55
Diss.Wien, Univ.

Kissewetter, Anton
Theses inaugurales juridicae.
Giessae 1800.

Kissewetter, Wilh. Vide: Volksfreund.

Kissin, Schmul-Juda: Zur Kenntnis der Phtaleïnoxime. 1909. 32 S. 8° ¶ Vgl. Berichte d. Deutschen Chem. Gesellschaft. Jg. 42. Braunschweig, Dr.-Ing.-Diss. v. 12. 3. 1909

Kissing, Fritz, approb. Arzt aus Bösperde i. Westf.: Die geburtshilflichen **Operationen** der Kgl. Württ. Universitäts-Frauen-Klinik zu Tübingen in der Zeit vom 1. Januar 1895 bis 1. Januar 1900. *Tübingen: F. Pietzcker 1900.* (67 S.) 8°
Tübingen, Med. Diss. v. 1899

Kissingen [Sachliches OW]

Kissingen. Vom K. St.-Kataster. 2,500. 1 Bl.

Kissingen, Bad. Praktischer Führer durch die Bäderstadt, ihre nähere u. weitere Umgebg. Mit Plan der Stadt u. Karte der Umgegend. 2. Aufl. 12. (III, 94 S. m. Titelbild.) Kissingen 902. F. Weinberger. n. — 50

Kissingen, Bad. Praktischer Führer durch die Bäderstadt, ihre nähere u. weitere Umgebung. 4. Aufl. (III. 95 S. m. Abb., 1 Plan u. 1 Karte.) kl. 8. Kissingen (904). F. Weinberger. n. — 50

(Deckeltit.: Führer durch) Bad **Kissingen** und Umgebungen. Prakt. Führer f. Kurgäste u. Vergnügungsreisende. 9. Aufl., neu bearb. v. [Christian] Fr. v. Lochner-Heusslein. M. d. Kt.: Die Umgebgn v. Bad Kissingen u. 1 neuen Stadtpl. '(v. Liebenow)'. *Berlin: A. Goldschmidt 1895.* (IV, 108, 8 S., 1 Kt., 1 Pl.) 1 Bd 8.
= Reisebücher, Griebens. Bd 71. [96. 2705

Bad **Kissingen** und Umgebungen. Prakt. Führer f. Kurgäste u. Vergnügungsreisende. 10. Aufl., neu bearb. von [Christian] Fr. v. Lochner-Heusslein. M. d. Kt.: D. Umgebgn v. Bad Kissingen u. Neuer Stadtpl. (v. Liebenow). *Berlin: A. Goldschmidt 1897.* (2 Bl., 96 S., 1 Kt., 1 Pl.) 1 Bd 8.
= Reisebücher, Griebens. Bd 71. [97. 4325

Bad Kissingen und Umgebungen. Prakt. Führer f. Kurgäste u. Vergnügsreisende. 11. Aufl., neu bearb. von [Christian] Fr. v. Lochner-Heusslein. M. 2 Kt.-Beil. *Berlin: A. Goldschmidt 1899.* (2 Bl., 97 S., 1 Bl., 2 Kt.) 1 Bd 8.
= Reisebücher, Griebens. Bd 71. [99. 6483

Bad Kissingen und Umgebungen. Prakt. Führer f. Kurgäste u. Vergnügungsreisende. 12. Aufl., neu bearb. von [Christian] Fr. v. Lochner-Heusslein. Mit 2 Karten. *Berlin: A. Goldschmidt 1901.* (IV, 99 S.) 8°
= Reisebücher, Griebens. Bd 71. [02. 12832

Bad **Kissingen** und Umgebung. Prakt. Führer f. Kurgäste u. Vergnügungsreisende. 13. Aufl., neu bearb. von Deichmann, vorm. Dir. Mit 2 Karten. Berlin: A. Goldschmidt 1905—06. (IV, 94 S.) 8° [J. u. Ant.]
= **Reiseführer,** Griebens. Bd 71. [06. 5657

Bad **Kissingen** und Umgebung. Prakt. Führer f. Kurgäste u. Vergnügungsreisende. 14. Aufl., neu bearb. von Deichmann, vorm. Dir. Mit 2 Karten. Berlin: A. Goldschmidt 1908—09. (VI, 93 S.) 8°
= **Reiseführer,** Griebens. Bd 71. [08. 15590

Bad **Kissingen** und Umgebung. Prakt. Führer f. Kurgäste u. Vergnügungsreisende. Mit 2 Kt. 15. Aufl., neu bearb. von Deichmann, vorm. Dir. d. Verwaltung d. Kgl. Mineralbäder. Berlin: Goldschmidt 1910—11. 85 S. 8°
(Griebens Reiseführer. Bd 71.) A 12. 5798

Kissingen, s. Balling, F. A.

Kissingen mit seiner Umgegend. Hrsg. von dem topographischen Bureau des Königlich Bayer. Generalquartiermeisterstabes. 1 : 25 000. München 1841. 1 Bl. L. Ff.

Kissingen [Schlagwort]

Kissingen, s.a. Bayern. Karte.

Kissingen, s.a. Europa. Liebenow.

Kissingen. Dietz, Ad., Karte v. Bad Kissingen m. Umgebung. 1 : 50,000. 54×65,5 cm. Aubeldr. Köln-Lindonhöhe (905). (Schweinfurt, E. Stoer.) n. 2. —; auf Leinw. n. 3. 20

Kissingen. Karte von Bad Kissingen u. Umgegend. [Rhönkarte.] 1 : 120,000. Chromolith. Imp.-4. Würzburg 889. Stuber's Verl. n. 1. —; auf Leinw.-Pap. gedr. 1. 50

Kissingen. Plan, neuester, v. Bad Kissingen. 1 : 5000. Farbendr. 31×22 cm. Würzburg 892. A. Stuber's Verl. n. — 50

Kissinger, Phpp., über die Beziehungen v. traumat. Einflüssen zur Entstehung v. Gelenkrheumatismus u. üb. den pyogenen Ursprung desselben, s.a. Sammlung klin. Vorträge.

Über die Beziehungen von traumatischen Einflüssen zur Entstehung von Gelenkrheumatismus und über den pyogenen Ursprung desselben von Philipp Kissinger (Königshütte). *Leipzig: Breitkopf & Härtel 1900.* (S. 178–194.) 8°
— Sammlung klinischer Vorträge. N. F. No 281.

Kissinger, Philipp [app. Arzt aus Selzen '(Hessen)']: Zur Prognose der Geburt bei engem Becken ... Mainz, Buchdr. v. H. Prickarts, 1897; 34 S. 8.
Würzburg, Med. Fak., Inaug.-Diss. v. 1897

Kisskalt, Karl, Dr., aus Würzburg: Beiträge zur Kenntnis der Ursachen des Rothwerdens des Fleisches beim Kochen, nebst einigen Versuchen über die Wirkung der schwefligen Säure auf die Fleischfarbe. (Aus d. hygien. Institut in Würzburg.) *Würzburg: F. Scheiner 1899.* (9 S.) 8°
Würzburg, Med. Diss. v. 1899

Kisskalt, Karl, Dr., Assist. am Hygien. Inst.: Beiträge zur Lehre von der natürlichen Immunität. 1. Die cutane Infection. *Leipzig: Veit & Co. 1903.* (62 S.) 8° (Aus: Zeitschrift f. Hygiene u. Infectionskrankh.)
Gießen, Med. Hab.-Schr. v. 1903

Praktikum der Bakteriologie und Protozoologie von Dr. Karl Kißkalt, Privatd., u. Dr. Max Hartmann, Privatd. in Berlin. Mit 80 Abb. Jena: G. Fischer 1907. (VI, 174 S.) 4°(8°)

Kisskalt u. M. Hartmann, Praktikum der Bakteriologie u. Protozoologie. 2., erweit. Aufl. 2 Tle. Lex. 8. Jena, G. Fischer. 5.70; geb. n 7. 50
1. Bakteriologie. Von K. (VI, 111 S. m. 40 Abbildgn.) 909. 2.50; geb. n 3. 50
2. Protozoologie. Von H. (VI, 106 S. m. 76 teils mehrfarb. Abb.) 910. 3.20; geb. n 4. —
1. Aufl. (in 1 Bd.) (VI, 174 S. m. 89 Abb.) 907. 4.50; geb. 5.50

Kisslegg [Schlagwort]

Kisslegg, s.: Württemberg. Höhenkurvenkarte.

Kissler, Hermann, Referendar in Bielefeld i. W.: Hat der Käufer eines Grundstücks nach der Besitzübertragung aber vor der Auflassung und Zahlung des nicht creditierten Kaufpreises gegen einen früheren Pächter, welcher Sachen auf dem Grundstück zurückgelassen hat, irgendwelche Rechtsbehelfe? Herford 1907: Gebr. Heidemann. (59 S.) 8° [F.]
Rostock, Jur. Fak., Ref. Bernhöft, Diss. v. 20. Okt. 1907
[Geb. 7. Nov. 82 Löhne (Westfalen); Wohnort: Bielefeld; Staatsangeh.: Preußen; Vorbildung: Friedrichs-Gymn. Herford Reife O. 02; Studium: Lausanne 1, München 3, Münster 2 S.; Rig. 27. Mai 07.]

Kissler, Otto: Haftet nach gemeinem Recht der ehemalige Besitzer einer fremden Sache, welcher sie gegen Entgelt veräussert hat, dem Eigenthümer derselben auf Herausgabe des Kaufpreises? *Herford 1898: Gebr. Heidemann.* (40 S.) 8° [Ant. u. F.]
Erlangen, Jur. Diss. v. 1898

(Kissling): Ueber d. Grünzlinien d. kaiserl. Reservaten u. Comitialrechte. *Wien.* (785.) 4.

Kissling A.: König Pyrrhus in seiner Stellung zu Rom u. Carthago. Nach Quellen dargestellt. 42. 42. Jägerndorf 84. 85. Prog.

Kissling, Adf. Ritter v., Beiträge zu einer Geschichte der Sanitätsverhältnisse Oberösterreichs. Mit besond. Berücksicht. der Pestinvasionen im 17. Jahrh. gr. 8. (105 S.) Linz 887, (Ebenhöch'sche Buchh.) ** 2 50
Aus: Jahresbericht des Museum Francisco-Carolinum in Linz, besonders abgedruckt.

—— Sanitäts-Bericht von Oberösterreich. [1819—1887.] Hrsg. vom k. k. oberösterreich. Landessanitätsrathe in Linz. gr. 4. (120 S. mit graph. Taf. und Karten.) (Ebendas.) 888. * 8 40

Kißling, Benedikt, O. S. B., Topographie u. Geschichte Kleinzells am Hallbach (Niederösterreich). (XIII, 306 S. m. Abb.) gr. 8. Wien 909. H. Kirsch. 6. —

Kißling, C. F., die geprellte Unterpfandsbehörde zu Dummkopfsheim und Schreienshausen. Aus dem Leben gegriffen. Tragische Posse in 2 Akten, in schwäb. Dialekte. 3. Aufl. 11. 8. Stuttgart 842, Griesinger. 1/6 ℔

Kißling, C. Fr., Collodium (Klebäther). Das heilkräftigste, unentbehrlichste und bequemste aller Hausmittel gegen äußere Entzündungen, Rosen, Wunden, Blutungen, Geschwüre, Verbrennungen, Frostbeulen ꝛc. Dem nichtärztl. Publikum gewidmet. 16. (32 S.) Tübingen 854. (Ulm, Gebr. Nübling.) *

—— Taschenbuch der äusserlichen Arzneimittel in der württembergischen Pharmakopoe. Mit vielen Magistralformeln. Für prakt. Chirurgen hrsg. 16. (XX und 220 S.) Tübingen 854. (Ulm, Gebr. Nübling.) *

Kißling, Carl ... (von), s. Kißling, Karl ... (von)

Kissling, Ernst

Kissling, E. Zur Biologie der Botrytis cinerea. Gr. in-8°. 32 S. (Bern, Huber & Co.). 1883

Kissling, E. Zur Biologie der Botrytis cinerea. Diss. gr. 8. (32 S.) Dresd. 889. (Bern, Körber.) * — 60

Kissling, E., siehe: *Excursionskarte.*

Die Fauna des Mittel-Oligocäns im Berner-Jura v. Dr. E[rnst] Kissling, Privatdoc. an d. Univ. Bern. '(Ostrakoden v. E. Lienenklaus in Osnabrück.)' M. 9 Taf. *Zürich: Dr. r. Zürcher & Furrer 1896.* (74 S., 9 Taf. m. je 1 Erl.-Bl.) 4.
— Abhandlungen d. Schweizerischen paläontolog. Gesellschaft. Vol. 22, [No] 3.

Kissling, E., die Fauna des Mittel-Oligocäns im Berner-Jura. (Ostrakoden v. E. Lienenklaus. [Aus: „Abhandlgn. d. schweiz. paläont. Gesellsch."] gr. 4. (74 S. m. 9 Taf. u. 9 Bl. Erklärgn.) Zürich 896. (Basel, Georg & Co. — Berlin, R. Friedländer & Sohn.) n.n. 12. 80

Kissling, Ernst s. Lötschbergtunnel. Lötschberg- und Wildstrubel-Tunnel. Geologische Expertise. Bern 1900.

Kissling, Ernst, die schweizer. Molassekohlen westlich der Reuss, s.a. Beiträge zur Geologie der Schweiz. 3.

Kissling, Ernst. Die schweizerischen Molassekohlen westlich der Reuss. Mit [16 Figuren und] drei Tafeln. Untersuchung ausgeführt auf Kosten des hinterlassenen Fondes der Schweizerischen Steinkohlenbohrgesellschaft, ausgegeben vom hohen Aargauischen Regierungsrat. VIII + 76 S. 4. Bern, Komm. A. Francke; Buchdr. Aschmann & Scheller, Zürich, 1903. (fr. 5. —)
Beiträge zur Geologie der Schweiz... Geotechnische Serie, Liefg. 2.

Kissling, E. Die versteinerten Thier- u. Pflanzen-Reste der Umgebung von Bern. Excursionsbüchlein für Studirende. Mit 8 lithograph. Taf. (in-4°). In-8°. 70 S. Bern, K. J. Wyss, 1890. 4 —

Kissling, Friedr. (eidg. Beamter). Locomotivpfiffe u. Bremsmelodien. In-8°, VIII u. 141 S. Bern, E. W. Krebs. 1880 2 —

Kißling, G., Sammlung dreistimmiger Gesänge, zum Gebrauche an höheren Schulen hrsg. 3. verm. u. verb. Aufl. gr. 8. (VIII, 116 S.) Bremen 892. Schweers & Haake. Geb. n. — 80

— Sammlung zweistimmiger Lieder, zum Gebrauche an höheren Schulen hrsg. gr. 8. (IV, 69 S.) Ebd. 893. Geb. n — 50

Kißling, Georg Matthias

Kißling, Geo., s. Becquerel, M., popul. Naturlehre. — Berquin, P., Blanchard, der Kinderfreund f. d. zartere Alter. — Bouchardat, A., die Chemie in ihrer Anwendung auf Künste rc. — Boucharlat, J. L., populäre Mechanik. — Bouilly, Contes à ma fille. — Elemente, die, der Naturlehre.

— s. Florian, Wilh. Tell, dessen Numa Pompilius u. dessen Fabeln.

— franz. u. deutsche Gespräche, s. C. G. Hölder.

—— Hand- u. Taschenbuch d. elegant. Gartenkunst, s. Hand- u. Taschenbuch.

— der Herzog v. Ormond, Schspl. in 1 Aufz. Zum Uebersetzen ins Französische bearbeitet, mit franz. Anmerkk. 8. Ulm 838. Nübling. 1/4 Thlr

— Jugend-Theater, enthaltend Brod und Wasser. — Herr Robert. — Geist und Herz oder die Kränze, für kleine Privattheater und zu Uebungen im Uebersetzen vom Deutschen ins Französische. 1s Heft. 8. Heilbronn 838. Drechsler. n. 5/12 Thlr

Kißling, Geo. Matth., Lesebuch zum Uebersetzen vom Deutschen ins Französische. Zum Unterricht u. zu eigener Uebung. 8. Heidelb. 830. Oßwald. 10 Kr

— Lesebuch zum Uebersetzen aus d. Deutsch. ins Französische; jetzt Bensheimer in Mannheim. 5/12 Thlr

— s. Marcet, J.: Die Experimentalphysik.

— s. Melpomene.

— s. Moliere: Le Misanthrope.

— s. Moliere: Le Sicilien.

— s. Moliere: Tartuffe.

— s. Racine: Phedre.

— Rechenbuch für Real- u. Gewerbeschulen u. zum Selbstunterrichte. 8. Mainz 830. Kupferberg. 15 Kr

Kißling, Geo., das Rechnen mit Decimalen, nebst Verwandlung aller Brüche, welche zwischen 1/2 u. 99/100 liegen, in Decimalzahlen. Für Rechnungsbeamte, Künstler rc. faßlich bearb. 2. (Titel-)Aufl. gr. 8. (72 S.) Stuttgart 849, Lubrecht & Co. n. 1/3 Thlr

— praktische französische Sprachlehre für Real-Schulen und zum Selbst-Unterrichte. gr. 8. München 833. Fleischmann. 7/12 Thlr.

Kißling, (G.,) theoret. prakt. französ. Sprachlehre f. d. ersten Unterr. bestimmt. gr. 8. Stuttg. 822, Steinkopf.

— Tabelle, welche d. Erlernen d. Conjugationen d. französ. Zeitwörter möglichst erleichtern soll. Roy.-Fol. Heilbr. 827. Drechsler. 3 Kr

— s. Théatre francais.

— erster praktischer Unterricht in der franz. Sprache; als Vorbereitung zum spätern grammatikal. Studium derselben. 8. Ulm 837. Ebner'sche Buchh. 3/8 Thlr

—— faßlicher Unterricht in d. Rechnen mit Dezimalen, nebst Verwandl. aller Brüche, welche zwischen 1/2 u. 99/100 liegen, in Dezimalzahlen. Für Künstler, Professionisten u. vorzügl. f. Maurer u. Zimmerleute. gr. 8. (4 3/4 B.) Heilbronn 838, Drechsler.

— s. Voltaire: Histoire de Charles XII.

Kißling, Geo. (Matth.), Vorschule der Geometrie. 2e Aufl. Mit 4 Steintaf. 8. Heilbronn 835. (Drechsler.) 2/3 Thlr

Kissling, Gustav

Kissling, G. Die Laute des Neuhochdeutschen. Eine phonetische Studie. 33 S. Progr. G. Bremen 1876.

Kissling, Gust., lautmalende Wurzeln in der indogerman. Sprache, s. a. Festschrift d. 45. Versamml. deutscher Philologen etc.

Kissling, *Justus* Gustav: Lautmalende Wurzeln der indogermanischen Sprache. 8 (S. 291—357).
Fest-Schrift der 45. Vers. d. Philol. u. Schulmänner dargeboten v. den öffentl. höh. Lehranstalten *Bremens* 1899.
Nicht im Tauschverkehr.
Progr.

Kissling, H. G., s. Kißling, Heinrich Konrad

Kißling, Heinrich Konrad

Kißling, H. K., der Führer auf den pfälzischen Eisenbahnen und ihren Umgebungen. 16. (67 S. mit 1 lithogr. Karte in Fol.) Kaiserslautern 872, Rohr. * — 80

Kissling, Heinr. Konr., Gewerbe- und Handels-Adressbuch des Königr. Württemberg, s. a. Gewerbe- und Handels-Adressbuch.

Kißling, Heinr. Konr., Gewerbe- und Handels-Adreßbuch des Königreichs Württemberg. Stuttgart 855. Hofbuchdruckerei Zu Guttenberg. gr. 8. (448 S.) n. 1 Thlr.

Kißling, Heinr. Konr., Jahrbuch nützlicher Erfindungen und Recepte für Fabrik, Gewerbe u. Hausindustrie. Aus den hervorragendsten technischen Zeitschriften gesammelt. 1. Jahrg. 1862. Reutlingen, Rupp & Baur. 8. (XVI, 225 S.) 18 Ngr

Kißling, H. K., Courstafeln der auf den deutschen Börsen notirten Goldmünzen für die gesammte Geschäftswelt. 8. (87 S.) Neu-Ulm 876, Stahl.

Kißling, H. K., Courstafeln der auf den deutschen Börsen notirten Goldmünzen für die gesammte Geschäftswelt. 4. Aufl. 8. (87 S.) Hildburghausen 886, Verlags-Bureau. cart. *

Kißling, Heinr. Konr., politisch-statistisch-topographisches Ortslexikon des Großherzogth. Baden, mit histor. u. volkswirthschaftl. Notizen u. steter Berücksichtigung des neuen Organisationsstatuts für die Beamten- u. Geschäftswelt bearb. Freiburg 865. Schmidt's Buchh. gr. 8. (IV, 305 S.) 1 ℛ 15 ngr

—— die Schwarzwaldbahn, ihre Umgebung und deren Industrie. Nach Quellen und eigener Anschauung geschildert. Mit einem Inseraten-Anhang. 8. (94 S.) Villingen 875. (Donaueschingen, Pinne's Hofbuchh.) *

Kißling, J., das Gesammtgebiet der Photokeramik od. sämmtl. photograph. Verfahren zur prakt. Darstellg. keram. Decorationen auf Porzellan, Fayence, Steingut u. Glas. 8. (VIII, 88 S. m. 12 Abbildgn.) Wien 893. A. Hartleben. n. 2. —; geb. n. 2. 80

. Kissling J. das Gesamtgebiet der Photokeramik. (Bibliothek, Chemisch-technische 203) Wien 1893

—— Reductions-Tabellen, s. Schober, C.

Kißling, J. B., Blätter der Erinnerung an D. Friedrich Schneider, apostol. Protonotar, Domkapitular, gestorben am 21. IX. 1907 in Mainz. (22 S. m. 1 Bildnis.) 8. Mainz 907. Kirchheim & Co. — 30
Sonderabdr. a.: „Der Katholik".

— Geschichte der kathol. Kirche im 19. Jahrh., s.: Brück, Heinr.

Kißling, J. B., die Culturkampfbewegung in Deutschland, s.: Brück, Heinr.

Kissling, J[ohann] B[aptist]: Lorenz Truchseß von Pommersfelden ⟨1473—1543⟩ Domdechant von Mainz. Ein Zeit- und Lebensbild aus der Frühzeit der Kirchenspaltung. Mainz: Kirchheim & Co. 1906. (94 S.) 8° ¶(Aus: Der Katholik 1906, I.)
Freiburg i. B., Theol. Fak., Ref. Pfeilschifter, Diss. v. 14. März 1906
(Nicht für den Austausch)
[Geb. 17. April 76 Gensingen; Wohnort: Mainz; Staatsangeh.: Hessen; Vorbildung: Ostergymn. Mainz Reife O. 95; Studium: Bischöfl. Seminar Mainz 8, Freiburg i. B. 4 S.; Rig. 17. u. 27 Juli 05, 5. Febr. u. 14. März 06.]

— Lorenz Truchseß v. Pommersfelden (1473—1543), Domdechant v. Mainz. Ein Zeit- u. Lebensbild aus der Frühzeit der Kirchenspaltg. Diss. (VII, 96 S.) gr. 8. Mainz 906. Kirchheim & Co. n. 1. 20
Sonderabdruck aus: „Der Katholik".

Kißling, Jh., Buß-, Beicht- u. Communionbuch. 12. Bresl. 752. W. G. Korn. 4 gr (Ragoczy in Prenzlau). 6 gr

Kißling, Karl (von)

—— s. Aus allen Gauen.

Kissling, Carl v., Beiträge zur Theorie des Verwaltungsrechtes. 2 Hefte: Formelles Verwaltungsrecht. [Verwaltungsgerichtsbarkeit.] gr. 8. (IV, 78 S.) Wien 876, Manz'sche Hofbuchh. à Heft * ℳ 1. *

Kißling, Karl v., s.: Bismarck-Ehrung?

Kissling, Karl, Volontärarzt an d. kgl. psychiatr. Klinik in Tübingen: Aus d. psychiatr. Klinik Tübingen. Kopftrauma und Psychosen. Casuist. Beiträge. *Tübingen: F. Pietzcker 1899.* (48 S.) 8°
Tübingen, Med. Diss. v. 1899

—— Reichsgericht und Verwaltungsgerichtshof im Zusammenhange mit den sonst. gesetzl. Einrichtungen zum Rechtsschutze gegen Rechtsverletzungen durch öffentl. Organe und zur Entscheidung der Competenz-Conflicte in Oesterreich dargestellt. gr. 8. (103 S.) Ebendas. 875.

Kissling, Karl [cand. med. aus Milwaukee Wisc.]: Ueber Retropharyngealtumoren .... München, K. Hof- u. Univ.-Buchdr. v. Dr. C. Wolf & Sohn, 1886; 20 S. 8°.
München, Med. Fak., Inaug.-Diss. v. 1887.

Kissling, Karl, über Retropharyngealtumoren. Diss. München 1887, A. Buchholz. 8°. 20 S.

Offenes Schreiben an den Hochwürdigen Herrn Johann Hauser, Redacteur des 'Linzer Volksblattes'. (Verf. Dr. Karl v. Kissling.) *Linz: K. v. Kissling 1893.* (18 S.) 8° [Umschlagt. A.]

Kißling, Carl v., die Unverantwortlichkeit der Abgeordneten und der Schutz gegen Mißbrauch derselben. gr. 8. (VIII, 51 S.) Wien 882, Rosner. *

Kißling, Carl v., die Unverantwortlichkeit der Abgeordneten und der Schutz gegen Mißbrauch derselben. 2. Aufl. gr. 8. (XVI, 51 S.) Wien 885, Manz'sche Hof-Verlags- und Universitäts-Buchh. *

—— über den Wert des Studiums der oberstgerichtlichen Entscheidungen für die Praxis. Eine Festgabe zum 50jähr. Doctorjubiläum Sr. Exc. des Hrn. Geh.-R. Präs. Dr. Ant. Ritter v. Schmerling. gr. 8. (15 S.) Wien 880. (Gerold's Sohn.) *

Kissling, Carl v. Über den Wert d. Studiums der oberstgerichtlichen Entscheidungen f. die Praxis. 2. Aufl. gr. 8. (V, 15 S.) Linz a. D. 889, Ebenhöch. * — 60

Kißling, Karl Emil Ritter von

—— Bemerkungen über Reform der Verwaltung. 8. (14 S.) Ebendas. 871. * — 50

Kißling, Carl Emil Ritter v., Grundzüge der künftigen Justizverfassung mit Motiven. Ein legislativer Versuch. gr. 8. (48 S.) Wien 862, Braumüller. *

Kißling, Carl Emil Ritter v., Handbuch der Gerichtsbarkeit außer Streitsachen nach österreichischen Rechten. Für die gerichtl. und notarielle Praxis systemat. dargestellt. Mit Formularien. gr. 8. (XVII und 614 S.) Wien 859, Braumüller's Verlags-Conto. *

Kißling, Carl Emil Ritter v., die österreichische Concurs-Ordnung mit Commentar und Formularien. gr. 8. (279 S.) Linz 870, (Danner'sche Buchh.) * 4 50

Kißling, Carl v., die österreichische Concursordnung mit Commentar u. Formularien. 2., durchgeseh. u. verm. Aufl. gr. 8. (VIII, 404 S.) Wien 877. Manz. n. 6. —

—— das Rechtsmittel dritter Instanz im mündlichen Civilprocesse. Ein krit. Beitrag zur Civilprocess-Reform. gr. 8. (40 S.) Linz 872, Ebenhöch'sche Buchh. * 1 —

—— der Rechtsschutz der Einzelnen gegenüber der Gesammtheit und deren Organen. gr. 8. (48 S.) Linz 871. (Wien, Perles.) * 1 60

—— die Regulirung der bestehenden Wasserbezugs-Rechte nach den Bestimmungen des Reichsgesetzes vom 30. Mai 1869, R. G. B. Nr. 93, und der Landesgesetze. gr. 8. (43 S.) Ebendas. 871. * 1 —

—— Religion und Rechtspflege. gr. 8. (19 S.) Linz 875, Danner'sche Buchh. * — 40

—— der Verwaltungs-Gerichtshof. Kritische Bemerkungen zur Regierungsvorlage über die Errichtung desselben. gr. 8. (28 S.) Wien 873, Perles. * — 80

—— dass. — 2. Aufl. gr. 8. (31 S.) Linz 874, Quirein's Verlag. * — 75

Kissling, Carl Gottfried (Zittau), De muneribus quae propter diem natalem servatoris nostri dari solent. Von Heil. Christ = Geschencken. Präs. Christian Specht. Wittbg. (Ephraim Gottlob Eichsfeld) 16. II. 1737. 36 S. (6.50) 18146

— — De observationibus quibusdam forensibus circa resignationem nominis, Aufkündigung des Capitals. Diss. jur. Präs. Conr. Wilh. Strecker. Erfurt (Hering) 3. II. 1744. 26 S. (6.20) 18147

Beiträge zur Kenntniss des Einflusses der chemischen Lichtintensität auf die Vegetation. Von P. B. **Kissling** O. S. B. in Schwarzenbach ... *Halle a. S.: W. Knapp 1895.* (2 Bl., 28 S., 1 Bl., 3 Tab.) 1 Bd 8. [96. 2706

Kißling, R. v., üb. das Pettenkofer'sche Cholera-Experiment. Vortrag. gr. 8. (18 S.) Linz 893. (F. J. Ebenhöch.) n. — 50

Kissling, Rich., das Erdöl, seine Verarbeitung u. Verwendung, s. a. Monographien üb. chemisch-techn. Fabrikationsmethoden.

Das Erdöl, seine Verarbeitung u. Verwendung. Eine gedrängte Schilderung d. Gesamtgebietes d. Erdöl-Industrie. Von Dr. Richard **Kißling**, Bremen. Mit 30 Abb. Halle: W. Knapp 1908. (X, 154 S.) 8°
= **Monographien** über chem.-techn. Fabrikationsmethoden. Bd 12. [08. 7383

Handbuch der Tabakkunde, des Tabakbaues und der Tabakfabrikation in kurzer Fassung. Von Dr. Richard **Kißling**. 2., wesentl. verm. Aufl. Mit 96 Textabb. Berlin: P. Parey 1905. (VII, 368 S.) 8° [F.] [06. 0309

— **Laboratoriumsbuch f. die Erdöl-Industrie, s. a. Laboratoriumsbücher f. die chem. u. verwandte Industrien. V.**

Laboratoriumsbuch für die Erdöl-Industrie. Eine gedrängte Schilderung d. wichtigeren ... Untersuchungsmethoden von Dr. Richard **Kißling**. Bremen. Mit 22 Abb. Halle a. S.: W. Knapp 1908. (X, 82 S.) 8°
= **Laboratoriumsbücher** f. d. chem. u. verwandte Industrien. Bd 5. [08. 13711 3

Kißling, Rich., der Tabak im Lichte der neuesten naturwissenschaftlichen Forschungen. Kurzgefaßtes Handbuch der Tabakkunde f. Tabakbauer, -Händler u. -Fabrikanten, sowie f. Ärzte u. Chemiker. gr. 8. (VII, 278 S. m. 86 Abbildgn.) Berlin 893. P. Parey. Geb. in Leinw. n. 6. —

Kißling, R., Eine vergleichende Untersuchung rumänischen und pennsylvanischen Erdöles. Berlin. 1907. 5 S.

Kissling, Rich., Untersuchungen über die Camphoronsäure. Ein Beitrag zur Feststellung der Campherformel. Inaugural-Dissertation. gr. 8. (33 S.) Tübingen 878. (Bremen, Kühtmann.) *

Kissling, Rich., üb. einheitl. Untersuchungsmethoden z. Werthbestimmg. d. Erdölproducte. [Aus: „Chem. Revue üb. die Fett- u. Harz-Industrie".] 4. (10 S.) Wien 896. (Leipzig, E. Baldamus.) n. — 50

Kißling, W., Hausmittel für Oesterreich, Arme reich, Reiche vermöglicher, u. den Staat glücklich zu machen. 8. Wien 791. Acad. B. in Linz. 3 K

Kißling-Valentin, E., das Leben ist unser! Entwicklungs-Roman. (341 S. m. Bildn.) 8. Dresden (907). E. Pierson. 4.—; geb. n 5. —

Kißlinger, Joh. Nep., Chronik der Pfarrei Egern am Tegernsee, s. Archiv, oberbayerisches, f. vaterländ. Geschichte. 52. III.

Chronik der Pfarrei Egern am Tegernsee. Von Joh. Nep. **Kißlinger.** — München: Verl. d. Hist. Ver. v. Oberbayern; Franz in Komm. 1907. X, 207 S. 8°
(Oberbayer. Archiv f. vaterländ. Geschichte. Bd. 52, H. 3.)

Kissner, Alfons

Kissner, A. Chaucer in seinen Beziehungen zur italienischen Literatur. Diss. Marburg 1867. 82 S.

Kissner, Alfons, Chaucer in seinen Beziehungen zur italienischen Literatur. Inaugural-Dissertation. gr. 8. (V und 82 S.) Bonn 867, Marcus. *

Kissner, A. Englisch oder Französisch? Königsberg i. Pr., Steindammer M. S., 1873. *Progr.*

Kissner, A. Philological and critical remarks concerning some passages of Shakespeare's plays. First part. Bartenstein, H. B., 1866. 7 S. 4. *Progr.*

Kissner, A. Der englische Unterricht in unserer Mittelschule. Königsberg i. Pr., Steindammor M. S., 1875. 6 S. 4. *Progr.*

Kissner, August [app. Arzt aus Giessen]: Aus d. patholog. Institut zu Giessen. Ueber die Strictur der Pulmonalarterienäste ... Giessen, grossh. Hof- u. Univ.-Dr. C. v. Münchow, 1895; 38 S. 8.
Giessen, Med. Fak., Inaug.-Diss. v. 1895

Kissner, C. August

Kissner, A. Abhandlung über die Gasterepoden. 30 S. . .
Lyk, Progr. 1850

Kissner, C. A. Commentatio de pleonasmo praepositionum Graecarum in compositione. 31 S. . . .
Lyk, Progr. 1846

Kissner, C. Aug.: De praeverbio ὑπό in compositis abundante. 43 S. – Lyck, Progr. 1854.

Kissner, Georg [(Dr. med.) aus Schotten '(Hessen)']: Über Baryum-Vergiftungen und deren Einfluss auf den Glykogengehalt der Leber ... Schotten, Druck v. W. Engel, 1896; 22 S., 1 Bl. 8.
Würzburg, Med. Fak., Inaug.-Diss. v. 1896

Kißner, L., s.: Märchen, deutsche, in Wort u. Bild.

Kist, C., christl. Ascetik oder Uebungslehre, worin d. Mittel, um als ein wahrer Jünger Jesu Christi heilig u. getrost zu leben rc., vorgetragen werden. Aus d. Holländ. von v. d. Kuhlen. 2 Thle. gr. 8. Wesel 827. (Becker). 1 ₰ 20 K

Kist, Fritz, Referendar: Der Begriff der zugesicherten Eigenschaften im Sinne des § 459 II des Bürgerlichen Gesetzbuches, seine Entwicklung und Abgrenzung. Rotenburg i. Hann. (1909): Temme. 59 S. 8°
Rostock, Jur. Diss. v. 20. Dez. 1909, Ref. Matthiaß
[Geb. 29. April 86 Cöln; Wohnort: Rotenburg, Hannover; Staatsangeh.: Preußen; Vorbildung: Lyz. II Hannover Reife O. 05; Studium: Freiburg i. B. 1, Berlin 1, Rostock 1, Berlin 1, Göttingen 2 S.; Rig. 6. Okt. 09.]
[U 10. 3852

[K.] **Kist**, Gustav: Ueber die wissenschaftlichen Grundlagen des Freihand-Zeichenunterrichts. Köln, Druck, Gebr. Brocker, 1892; 3—19 S., 3 Taf. 4.
Köln, OR u. VS sowie Fortbildg-S, P 1892 (471)

Kist, J., kurze Erklärg d. Prämien- u. Reserven-Berechnung in d. Lebensversicherg. gr. 8. (54 S. m. Kurven.) Wien 898. F. Deuticke. n. 1. 80

Kist, Leop., Amerikanisches. gr. 8. (XI, 820 S.) Mainz 871, Kirchheim. 5 25

Kist, L., die Augensprache, durch 75 Beispiele aus der menschl. Gesellschaft u. aus dem Thierreiche dargestellt u. erläutert. 12. (VII, 484 S.) Innsbruck 889. Vereinsbuchhandlg. u. Buchdruckerei. n. 3. —

Aufklärung, Fortschritt, Freiheit oder Die wahre Bekehrung. Vorgest. und mit vielen Geschichten und Erzählungen verflochten. Von Leop. Kist. Mainz: Kirchheim 1864. XVII, 412 S. 8°
(Hausapothek'. 3.)

Kist, Leopold, Aufklärung, Fortschritt, Freiheit, oder die wahre Bekehrung. Dargestellt u. mit vielen Geschichten u. Erzählungen verflochten. Mainz, Kirchheim, 1868, XXIV, 413 S., 2. Aufl., 2,40 Mk.
1. Aufl. 1864; 3. Teil der „Hausapothek".

[Dasselbe.] 2. Aufl. Ebendas. 1869. XXVII, 413 S. 8°
cf. Bh. 12 (1869) S. 31—32.
Verf., kathol. Pfarrer, greift auch die Frmr als gefährlich für Kultur und Kirche an.
[Kayser: Vollst. Bücher-Lexikon. 15 (1866) S. 522.]

—— Dänisches und Schwedisches. gr. 8. (VIII, 524 S.) Ebendas. 870. 3 75

— das ist der Tag des Herrn. Ebend. 868. gr. 8. (XV, 464 S.) 27 ngr.

Kist, Leop., Denkwürdigkeiten aus alter und neuer Zeit. 3 Bde. 8. (IX, 860; 881 u. 838 S.) Steyl 898. Missionsdruckerei. n. 13. 50

Kist, Leopold, Dienstbüchlein fürs Christentum, das nachweist, was die Welt war vor Christus, was sie ward durch Christus, u. was sie wird ohne Christus, u. das damit beweist, daß das Christentum kein überwundener Standpunkt ist. Mainz, Kirchheim, 1865, 8°, 199 S., 1,20 Mk.

Kist, Leop., Erlebnisse eines deutschen Feldpaters während des deutsch-französischen Krieges 1870/71. 8. (407 S.) Innsbruck 888, Vereins-Buchhandlung und Buchdr. *

Kist, Leop., Erlebnisse e. deutschen Feldpaters während des deutsch-französischen Krieges, 2. Aufl., s.: Keck, Ant., meine Erlebnisse.

Kist, Leop., Exempelbuch für Priester und Volk. 2 Bde. gr. 8. (VIII, 519; XVI, 494 S.) Mainz 884, Kirchheim. à Bd. ℳ 4,20.

Kist, Leop., ein edles Frauenherz. Erlebnisse auf zwei interessanten Alpentouren. gr. 8. (531 S.) Regensburg 897. Nationale Verlagsanstalt. n. 5. —; geb. n. 6. —

—— Hausapothek'. 3 Thle. gr. 8. Mainz, Kirchheim. *
Inhalt:
Thl. 1. Das Familienleben, gesund und krank, in Leib und Freud, mit 100 eingeflochtenen Geschichten und Erzählungen dargestellt. 1. Aufl. 1863. und 2., verb. und verm. Aufl. (XI und 362 S.) 865. 20 Ngr.
" 2. Die Familienkrankheiten oder neun Sargnägel, naturgetreu kopirt und modelirt. 1. Aufl. 1864. und 2., verb. und verm. Aufl. 2 Hefte. (XX und 630 S.) 867. * 1 Thlr. 5 Ngr.
" 3. Aufklärung, Fortschritt, Freiheit, oder die wahre Bekehrung. Dargestellt und mit vielen Geschichten und Erzählungen verflochten. 1. Aufl. 1864. und 2. Aufl. (XXIV und 413 S.) 868. 24 Ngr.

—— Hausapothek'. 1. Thl.: Das Familienleben in Leib und Freud, und mit vielen eingeflochtenen Geschichten und Erzählungen dargestellt. 3. Aufl. gr. 8. (XI, 364 S.) Ebendas. 871. 2 —

—— Hausapothek. 1. Thl.: Das Familienleben, in Leib und Freud und mit vielen eingeflochtenen Beispielen dargestellt. 4. verm. Aufl. 8. (XV, 539 S.) Mainz 885, Kirchheim.

— fortgesetzte Hausapothek' das ist: probate Rezepte gegen die gefährlichsten Sargnägel des großen Weltspitals, verfaßt und mit 250 Geschichten und Erzählungen gewürzt. Ebend. 864. gr. 8. (XV, 456 S.) 26 ngr.

Kist, Leop., Indisches, u. zwar Religion, Tempel u. Feste der Hindu, nebst all Dem, was Damit zusammenhängt, als: Charakter, Sitten u. Gebräuche der Hindu, Schul-, Zeitungs-, Kasten- u. Missionswesen, Wittwenverbrenng., Feuerbestattg., Stellg. des Weibes im sozialen Leben, Volksschriften u. Volkstheater, Arzneikunst, Tierspitäler u. s. w. Nach in Indien selbst genommenen Augenschein u. vielfach gemachten Erfahrgn. dortselbst geschildert. gr. 8. (XVI, 537 S.) Innsbruck 890. Vereins-Buchhandlung. n. 1. 80

—— das christliche Kirchenjahr erklärt, und dessen prakt. Einführung in's Leben. gr. 8. (III, 587 S.) Ebendas. 871. 3 75

—— Kreuz und Kreuzweg. Ein Betrachtungs- und Erbauungsbuch für das christl. Volk, besonders während der heil. Fastenzeit. 8. (XVIII, 699 S. mit 1 Stahlst.) Ebendas. 886. geb. *

—— Leuchtthurm in der Meerenge zwischen Diesseits und Jenseits das ist christlicher Volkskalender für das J. 1865. 4. (56 S. mit eingedr. Holzschn.) Mainz 864, Kirchheim. *

—— die lauretanische Litanei in 24 Vorträgen erklärt. Mit einem Vorworte von Aloys Weisenburger. 8. (VIII und 252 S.) Mainz 863, Kirchheim.

Kist, Leop., die Lauretanische Litanei in 31 Vorträgen erklärt. 2., umgearb. und zum Gebrauch bei der Maiandacht eingericht. Aufl. gr. 8. (VIII und 372 S. mit 1 Stahlst.) Mainz 867, Kirchheim.

—— die lauretanische Litanei. 31 Vorträge. Zunächst zum Gebrauche für die Maiandacht. 3. verm. Aufl. 8. (XI, 468 S. mit 1 Stahlst.) Ebendas. 885.

—— geistlicher Schazgräber oder die Angelegenheiten deiner Seel, diesseits und jenseits, unterhaltend besprochen. 2 Hefte. gr. 8. Mainz, Kirchheim.
Inhalt:
Heft 1. Unsterblichkeit, Zeit und Tod. (172 S.) 865. 10 Ngr.
" 2. Gericht, Himmel, Fegfeuer und Hölle. (280 S.) 866. 15 Ngr.

Drei Schosskinder des Zeitgeistes Wissenschaft, Schule und Loge. Von Leop. Kist. Mainz: Kirchheim 1886. XVI, 288 S. 8°
Greift auf S. 185—260 Wesen, Zweck, Tätigkeit der Frmrei an.

— Studium u. Studentenleben vor 40 bis 50 Jahren u. e. schwere Prüfung nach absolviertem Universitäts-Studium. Ein Beitrag zur Kulturgeschichte d. XIX. Jahrh. 12. (VII, 587 S.) Ebd. 891. n. 3. 60

Kiſt, Leop., Unterricht über die erſte heil. Kommunion der Kinder. 8. (36 S.) Freiburg im Br. 852, Wangler. *

Kist, N. C., Iets over de hier te Lande kortelings ontdeckte middeleeuwsche Muurschilderijen, bijzonder over die in de Pieters-Kerk te Leiden. Met 1 gekleurde Afbeelding (in 4.) gr. 8. (73 S.) Leiden 846. (Brill.) n. 1 1/3 ₰

Kist, Nikolaus Christian

— s. Annales Acad. Lugd. Batavae 1836.

Kist, Nic. Chrstn., Disput. inaug. de commutatione, quam, Constantino M. auctore, societas subiit christiana. 8 maj. (7½ B.) Trajecti ad Rhen. 818. (Lipsiae, Weigel.) Thlr.

Kiſt, N. C., die chriſtl. Kirche auf Erden nach d. Lehre d. heil. Schrift u. d. Geſchichte. Eine gekr. Preisſchr. Nach d. 2. verm. holländ. Originausg. ins Deutſche übertr. v. Ludw. Troß. gr. 8. (24 B.) Leipzig 838, Barth.

—— Memoriam Heusdii, c. discipulis recoluit, lectiones auspicans histor. et philosoph.-theologicas, an. 1839—1840 habendas. 8maj. (2 B.) Lugduni-Bat. 839, Luchtmans. (Lipsiae, T. O. Weigel.) *

Kist, Nicol. Chrn., Orationes, quae ecclesiae reique christianae spectant historiam, IV. 8maj. (III und 121 S.) Lugduni Bat. 853, Brill. **

— über den Urſprung der Biſchöfl. Würde in der chriſtl. Kirche, im Verbande mit der Entſtehung u. dem Zuſtande der früheſten Chriſtengemeinden. Ein Beweis für die Echtheit u. Wichtigkeit der Briefe des H. Ignatius. Aus d. Holländ. überſetzt von L. T. Moſeler. 8. Münſter. 833. Wundermannſche B. 1/4 ₰

Kistanje [Schlagwort]

Kistanje, s.: Geologische Karten. Spezialkarte.(Oesterr.-Ung.)

Kistemaecker, Hans [Pseud.], s.a. Panizza, Oskar [wirklicher Name]

Kiſtemaecker, Hans, la danse du ventre, ſ.: Diskußionen, Zürcher. Nr. 27.

KISTENMAECKER, H., La danse du ventre. Eine Pariser Studie. 8 S. in 4to. Vergriffen! (6 Mk. Edm. Meyer Berlin, c. 1905.)
Zürcher Diskußionen. Heft XXVII.

KISTENMAECKER, H., La danse du ventre. Eine Pariser Studie. Zürich 1899. 4⁰. (6 Mk. Edm. Meyer. Berlin 1909.)
(Züricher Discussionen, Heft XXVII.) Vergriffen und selten!

Kiſtenaecker, Hans, d. Kleidung d. Frau, e. erot. Problem, ſ.: Diskuſſionen, Zürcher.

KISTIMAECKER, Hans (im Haag), Die Kleidung der Frau, ein erotisches Problem. (Zürcher Diskussionen ....2 Jahrgg. 1897-99, No. VIII.) 8 Seiten. 4⁰. (8 Mk. Edm. Meyer, Berlin, Anz. XI [c. 1908]. no. 269.)
Völlig vergriffen!

Kistmaeckers, Henry, moderne Nomaden. Theater-Roman. Autoris. deutsche Ausg. v. Ludw. Neustadt. 2 Baus. 12. (302 S.) Neuwied 893. A. Schupp. n. 4.—

Kistemaker, Heinrich, Referendar: Die Geschäftsfähigkeit Minderjähriger und die Zustimmung des gesetzlichen Vertreters, §§ 107—113 BGB. Borna-Leipzig 1910: Noske. VIII, 42 S. 8⁰
Erlangen, Jur. Diss. v. 26. April 1910, Ref. Binder
[Geb. 24. Febr. 82 Nordhorn; Wohnort: Münster i. W.; Staatsangeh.: Preußen; Vorbildung: Gymn. Münster Reife M. 04; Studium: München 1, Freiburg i. B. 1, Berlin 1, Kiel 1, Münster 3 S.; Rig. 15. Nov. 09.] [U 10. 715

Kiſtemaker, Ritter Jh. Hyacinth, exeget. Abhandll. über Matth. XVI, 18. 19. u. XIX, 3—12, oder über den Primat Petri u. d. Eheband. 8. Münſt. 806. Theiſſing. 8 gr

— Anleit. zu e. heil. Lebebenswandel; aus d. Franzöſ. gr. 8. Münſt. 792. Theiſſing. 12 gr

– s. Biblia sacra vulgatae.

– canticum canticorum illustratum ex hieroglyphis orientalium. 8. Münst. 818. Theissing. 8 gr

— — die Evangelien. ſ. Evangelien.

Kiſtemaker, J. H., ſ.: Evangelium, das hl., Jeſu Chriſti nach Matthäus.

Kistemaker, Joann. Hyac., Commentatio de nova exegesi praecipue Vet. Test. ex collatis scriptoribus Graecis et Romanis scripta. Münſter, 1806, Theiſſing, 170 S., 8⁰. 1 Mk.

Kistemaker, Hyac., Exegesis critica in psalm. 67. et 109. et excursus in Daniel c. 3. de fornace ignis. Münſter, Theiſſing, 1809, 8⁰.

– s.a. Gesch. d. Apostel.

— — Geſchichte der Apoſtel, überſ. und mit Anmerkungen. gr. 8. Ebend. 821.
Schreibvav.

— Geſchichte d. Apoſtel, mit Anmerkk. gr. 8. Münſter 822, Theiſſing.

Kiſtemaker, J. H., Geſchichte der Apoſtel mit Anmerkungen. Münſter, Theiſſing, 1826, 8⁰, 2. Aufl., 425 S., 3,80 Mk.
Recenſ. Felder, Litt.-Ztg. 1826, Bd. 3, S. 102. 1. Aufl. 1821. Katholik 1822, Bd. 3, S. 189—202.

Kiſtemaker, Ritter Jh. Hyacinth, Kritik d. griech., latein. u. deutſchen Sprache. 8. Münſt. 793. 2e A. 794. Theiſſing. 12 gr

— latein. Leſebuch für Trivialſchulen. 8. Münſt. 798. Theiſſing. 3 gr

— notae in Thucydidem ed. Bipont. 8. Münst. 790. Theissing. 6 gr

— notae in Thucydidem ed. Bipont. 8. Münst. Theissing. 793.

— de origine ac vi verbor., ut voc., deponentium, mediorum graecae ling., praeuert. latinae. 8. Münst. 787. Coppenrath. 3 gr

– s. Ossian, Berrathon.

– s. Samml. latein. Wurzelwörter z. Gebrauch d. Schulen.

Kiſtemaker, J. H., die heil. Schriften des neuen Teſtaments, ſ. Schriften.

— griech. Schulgrammatik. Umgearb. v. Eberh. Wiens. gr. 8. Münſter 827, Theiſſing.

Kistemaker, griechische Schul-Grammatik. Durchaus umgearb. v. Eberh. Wiens. 2., verb. Ausg. d. Umarbeit., nebst ein. Abhandl. üb. d. Modi. gr. 8. (26½ B.) Münster 840, Theissingsche Buchh.

Kistemaker, (J. H.,) Sendschreiben d. Apostel, s. Sendschreiben.

— Sendschreiben d. Apostel, s. Testament, d. heil. Schriften d. Neuen.

— deutsche Sprachkunst für d. Trivialschulen. 8. Münst. 787. N. Aufl., s. unten deutsche Sprachlehre.

Kistemaker, J. H. Lateinische Sprachkunst . . . 4. Aufl. Münster 1823. H: *Wenzelo, Bernhard.* (Ky)

— latein. Sprachkunst für d. Trivialschulen. 8. Münst. 787. Coppenrath. 16 K 4e A., (v. Bh. Wenzelo) unt. d. Tit.: latein. Sprachlehre für Trivialschulen. 8. Ebd. 823. Theissing. 12 K

Kistemaker, Johann Hyacinth. Deutsche Sprachlehre . . . 4. Aufl. 1820. H: *König, Joseph.* (Ky)

— deutsche Sprachlehre f. d. Trivialschulen in Münster. 8. Münst. ... 2e A., herausg. von J. H. Schmülling 809. 4e A., (v. Jos. König) 820. Theissing. 6 K

— griech. Sprachlehre für Schulen. 8. Münst. 791. 8 K 2e A., herausg. v. H. Grauert, 816. 12 K 3e A., umgearb. v. Eberh. Wiens. gr. 8. Ebd. 827. Theissing. 18 K

— kleine latein. Sprachlehre. 8. Münst. 798. Neue umgearb. Aufl. v. J. H. Schmülling. 8. Ebd. 811. Theissing. 12 K

—— kleinere latein. Sprachlehre. 5., durchaus umgearb. Aufl. (v. G. Dieckhoff.) 8. (14½ B.) Münster 837, Theissingsche Bh. Uebungsbuch hierzu, s. Aufgaben zum Uebersetzen.

— lat. Sprachlehre ꝛc. 8. Münster, Aschendorff. 786.

— lat. Sprachlehre. 8. Ebend. 798.

— latein. u. deutsche Sprachlehre f. d. Trivialschul. 8. Münster, Coppenrath. 787.

—— lateinische Sprachlehre f. die unteren u. mittl. Kl. der Gymnasien, umgearb. v. Geo. Dieckhoff. Der Sprachlehre 6., der Umarb. 2., verb. u. verm. Aufl. 8. (16½ B.) Münster 845, Theissingsche Buchh.

Kistemaker's lateinische Sprachlehre für die unteren und mittleren Klassen der Gymnasien, durchaus umgearb. von Geo. Dieckhoff. Der Sprachlehre 7., der Umarbeitung 3., verb. und verm. Aufl. gr. 8. (VIII und 232 S.) Münster 852, Theissingsche Buchh.

Kistemaker, J. H. Lateinische Sprachlehre . . . Münster 1823. H: *Wenzelo, Bernhard.* (Ky)

— latein. Sprachlehre f. Trivialschulen ꝛc. 4te Aufl. 8. Münster 823, Theissing.

— neue latein. Sprachlehre, zum Gebrauch für Gymnasien u. Schulen. 8. Münst. 786. Aschendorff. 16 K

Kistemaker, Jo. Hyac., Thucydides editionis Bipontinae illustratus ac emendatus. Pars prima complectens quatuor libros priores. Münster (F. C. Theissing) 1791. VIII, 134 S. (6.80) 18148

Kistemaker, Joh. Hyac., Weissagung vom Emmanuel, Jsaias 7—12. Anhang: Helis Schwiegertochter 1 Kön. 4. Münster, Theissing, 1824, 8°, 90 S., 75 Pf.
Recens. Felder, Litt.-Ztg. 1825, Bd. 1, S. 228—240.

Kistemaker, J. H., Weissagung Jesu vom Gerichte über Judäa und die Welt, nebst Erklärung der Rede Mark. 9, 42—49 u. Prüfung der van Esschen Übersetzung des N. Test. Münster, 1816.

— Weissagung Jesu vom Gericht über Judäa u. die Welt. 8. Münster 816. Theissing. 12 K

Kistemaker, Johannes, Gerichtsassessor: Die deutschen Konsulargerichtsbezirke und ihre Natur im Strafrecht. Münster i. W. [1904]: Akt.-Ges. „Der Westfale". (35 S.) 8° [F.]
Greifswald, Jur. Fak., Ref. Stoerk, Diss. v. 19. Dez. 1904
[Geb. 15. Mai 75 Nordhorn b. Bentheim; Wohnort: Münster; Staatsangeh.: Preußen; Vorbildung: Paulin. Gymn. Münster i. W. Reife O. 96; Studium: Freiburg i. B. 1, Bonn 1, Kiel 1, Berlin 1, Göttingen 2 S.; Rig. 6. Juni 04.]

Kistener, Kunz. Hannover 1855. H: *Goedeke, Carl Frdr. Ludw.* (EB)

Kistener, Kunz, die Jakobsbrüder, s. a. **Abhandlungen,** germanistische. XVI.

Die Jakobsbrüder von Kunz Kistener hrsg. von Karl Euling. *Breslau: M. & H. Marcus 1899.* (VIII, 130 S.) 8°
= Abhandlungen, Germanistische, begr. v. K. Weinhold. H. 16.
[99. ...] 3

Kistenfeger, Edmund Heinrich, appr. Arzt: Die Kindersterblichkeit während der Geburt und deren Ursachen, nach den Ergebnissen der Kgl. Universitäts-Frauenklinik Würzburg vom Jahre 1889—1907. Würzburg 1908: P. Scheiner. 54 S. 8°
Würzburg, Med. Diss. v. 18. Sept. 1908, Ref. Hofmeier
[Geb. 28. März 71 Zweibrücken; Wohnort: Würzburg; Staatsangeh.: Bayern; Vorbildung: Gymn. München Reife Juli 91; Studium: Würzburg 12 S.; Coll. 29 Juli 02; Approb. 17. März 06.] [U 09. 4125

Kistenmacher, Friedrich (Templin/Mark), De erysipelate exanthematico. Specim. med. Präs. Curt Sprengel. Halle (Hendel) 25. III. 1826. 36 S. mit Biogr. (5.50) 18149
Gew.: Johann Carl Lohmeyer, Daniel Stüwe.

Erfahrungen und Gedanken eines Diabetikers über die Beziehungen zwischen Neurasthenie, Zuckerkrankheit und Gicht. Ein Beitrag z. Aufklärung f. Leidensgenossen. Auf Grund erfolgreicher Selbstbehandlung. Mit 3 Kurventaf. Von H. **Kistenmacher.** Berlin: F. Schirmer [1904]. (58 S.) 8° [05. 15469

Kistenmacher, H., die Zuckerkrankheit, ihre naturgemässe Auffassung u. Behandlung. Verm. 2. Aufl. v. Erfahrgn. u. Gedanken e. Diabetikers nach erfolgreicher Selbstbehandlg. 3.—6. Taus. (109 S. m. 3 Kurventaf.) gr. 8. Berlin 910. Verlag Lebenskunst — Heilkunst. 1.50

Kistenmacher, Richard: Die wörtlichen Wiederholungen im Beowulf. *Greifswald 1898: J. Abel.* (46 S.) 8°
Greifswald, Phil. Diss. v. 23. Febr. 1898

Kistenmaecker, Hans, s. K i s t e m a e c k e r , Hans

Kister, G., nouveau dictionnaire allemand-français et français-allemand du langage littéraire, scientifique et usuel contenant à leur ordre alphabétique. Tous les mots usités et nouveaux de ces deux langues, les noms propres de personnes, pays, villes, etc., ainsi que la solution des principales difficultés que présentent la grammaire et les idiotismes d'après K. Rotteck. Nouvelle éd. entièrement refondue. Conforme pour l'orthographe française à la dernière édition du dictionnaire de l'Académie. (VIII, 676 u. VII, 460 S.) kl. 8. Paris 907. Garnier frères.
Geb. in Leinw. 4. 80

Kister, Julius [app. Arzt aus Bremen]: Ueber U r a n o p l a s t i k bei kleinen Kindern . . . Kiel: Druck v. P. Peters 1894. 24 S. 1 Bl. 8°
Kiel, Med. Fak., Inaug.-Diss. v. [20. Dez.]1894

Kistermann, Karl [app. Arzt aus München]: Aus d. Laboratorium d. med.-klin. Instituts in München. Über den positiven Werth der Nylander'schen Wismuthprobe nebst Bemerkgn über d. Phenylhydrazin als Reagens auf Traubenzucker ... Leipzig, Druck v. J. B. Hirschfeld, 1892; 17 S. 8.
München, Med. Fak., Inaug.-Diss. v. 1893

Kistermann, Carl, wie soll e. Handwerker seine Bücher führen? Ein unentbehrl. Hülfsbuch f. jeden Handwerker, zur schnellen u. gründl. Erlerng. e. f. das Handwerk pass. Buchführg Bearb. auf Grund der im Laufe e. fast 30jähr. prakt. u. kaufmänn. Thätigkeit im Handwerk gesammelten Erfahrgn. gr. 8. (73 S.) Düsseldorf (899). F. Wolfrum.
n. 1. —

Kistermann, Wilh., 50 E n t w ü r f e zu Firmenschildern zum prakt. Gebrauch f. Schlosser u. f. Maler. gr. 4. (26 Taf. m. 2 S. Text.) Stuttgart 893. Glaser & Sulz.
n. 6. —

— populäre S c h l o s s e r a r b e i t e n. Eine Sammlg. einfacher, leicht ausführbarer Vorlagen. Unter Mitwirkg. bewährter Fachleute u. unter Benutzg. u. Quellenangabe der neuesten, fabrikmässig hergestellten schmiedeeisernen Gitterbestandtheile: Ornamente, Spitzen, Blumen u. Rosetten etc. hrsg. (In 4 Hftn.) 1. Hft. qu. gr. 4. (8 S. m. 2 S. Text.) Ebd. 894.
1. 80

Kistermann, Wilh, populäre S c h l o s s e r a r b e i t e n. E. Sammlg. einfacher, leicht ausführbarer Vorlagen. Unt. Mitwirkg. bewährter Fachleute u. unt. Benutzg. u. Quellenangabe d. neuesten, fabrikmässig hergestellten schmiedeeisernen Gitterbestandtheile: Ornamente, Spitzen, Blumen u. Rosetten etc. hrsg. 2.—4. (Schluss-) Hft. qu. gr. 4. (22 Taf. m. 3 S. Text.) Stuttgart 895—897. Glaser & Sulz.
à 1. 80

Kistiakowski, Theodor, ⟨aus Kiew in Russland⟩: G e s e l l - s c h a f t und Einzelwesen. Eine methodolog. Untersuchung. Berlin: O. Liebmann 1899. (55 S.) 8°
(Erscheint vollst. im gleichen Verlage.)
Strassburg, Phil. diss. v. 1898.

Gesellschaft und Einzelwesen. E. methodolog. Studie v. Dr. Th[eodor] Kistiakowski. *Berlin: O. Liebmann 1899.* (X, 205 S.) 1 Bd 8. [00. 6162

Kistiakowsky, Thdr., über die Wirkung des Constanten und Inductionsstromes auf die Flimmerbewegung. Aus dem physiolog. Institute der Gratzer Universität. Lex.-8. (17 S. mit 1 Stnt.) Wien 865, (Gerold's Sohn.)
* *
Aus: Sitzungsberichte der k. Akademie der Wissenschaften, besonders abgedruckt.

Kistler, A[Hugo]. Der propädeutisch geometrische Unterricht. Methodische Skizze. [Mit Figuren.] 13 S. 8.
Bericht über die Städtischen S c h u l e n, Aarau. Schuljahr 1907/08. Aarau, G. Keller, 1908. (Beilagen: [1].)

Kistler, Cyrill (Hrsg.), s. A u f s ä t z e über musikalische Tagesfragen.

Kistler, Cyrill, A u f s ä t z e über musikalische Tagesfragen in zwangloser Folge. 1. Bd. 10 Hefte. gr. 8. Augsburg und Bad Kissingen 881—84, Selbstverlag.
*
Einzelne Hefte à *
Vgl.: A u f s ä t z e über musikalische Tagesfragen.

Kistler, Cyrill, Aufsätze üb. musikalische Tagesfragen in zwangsloser Folge. II—VI gr. 8. Augsburg 881—84. Böhm & Sohn.
n. 3. — (I—VI.: n. 3. 60)
II. Der Gesang — beziehungsweise Musikunterricht an den deutschen Volksschulen. (II, 39 S.) n. — 90. — III. (16 S.) n. — 60. — IV—VI. (18 u. 29 S.) à n. — 50

Kistler, Cyrill, C h o r g e s a n g s c h u l e f. Frauen-, Knaben- u. Männerstimmen von den allerersten Anfangsgründen an zum Schulgebrauch u. f. Gesangvereine. Mit vielen in den Text gedr. Noten- u. Uebungsbeispielen. (IV, 71 S.) Lex.-8. Bad Kissingen 886. Heilbronn, C. F. Schmidt.
n. 1. —

Kistler, Cyrill, C h o r g e s a n g s c h u l e f. Frauen-, Knaben- u. Männerstimmen v. den allerersten Anfangsgründen an zum Schulgebrauch u. f. Gesangvereine verf. Mit vielen in den Text gedr. Noten- u. Übungsbeispielen. (Cefes-Edition.) 2. Aufl. (IV, 72 S.) Lex. 8. Heilbronn (908). C. F. Schmidt.
2. —

Kistler, Cyrill, musikalische E l e m e n t a r l e h r e. Op. 40. Lex.-8. (VIII, 58 S.) Chemnitz 880. Schmeitzner.
n. 2. 40

Kistler, Cyrill, arm Elfelein. Ein Bühnenfestspiel. Handlung frei nach Andersen. Musik v. K. Op. 17. Textbuch. 8. (10 S.) Kissingen 901. F. Weinberger.
— 50

Kistler, Cyrill, Harmonielehre für Lehrer und Lernende. Op. 44. Lex.-8. (IV, 78 S.) München 879, [W. Schmid.] Schmid und Janke.

Harmonielehre für Lehrende, Lernende und zum wirklichen Selbstunterrichte von Cyrill **Kistler**. Op. 44. 2., sehr verm. Aufl. Kissingen: C. Kistler 1898. (VI, 160 S.) 4°
— [**Kistler**: Musiktheoretische Schriften. Bd 1.] [08. 12244

Cyrill **Kistler**. Der doppelte Kontrapunkt und die Doppelfuge (die dreistimmige u. zweistimmige Fuge). (Heilbronn: C. F. Schmidt [1905].) (64 S.) 4° [Umschlagt. F.]
— **Kistler**: Musiktheoretische Schriften. Bd 3. [08. 12240

Cyrill **Kistler**. Der dreifache und mehrfache Kontrapunkt. Die dreifache u. mehrfache Fuge. Der Kanon. (Heilbronn: C. F. Schmidt [1908].) (64 S.) 4° [Umschlagt. F.]
— **Kistler**: Musiktheoretische Schriften. Bd 4. [08. 12247

Cyrill **Kistler**. Der einfache Kontrapunkt. (Der Dreisatz u. Zweisatz. Die einfache Fuge.) (Heilbronn: C. F. Schmidt [1904].) (87 S.) 4° [Umschlagt. F.]
— **Kistler**: Musiktheoretische Schriften. Bd 2. [08. 12245

Kunihild und der Brautritt auf Kynast. Musikdrama in 3 Aufz. Musik von Cyrill **Kistler**. ⟨Theaterausg.⟩ Bühnenms. Nach d. Revision d. Stuttgarter u. Münchener Aufführungen. Engl. Übers. von W[illia]m Ashton Ellis. Bad Kissingen: C. Kistler [1907?]. (64 S.) 8° [07. 13685

Über Originalität in der Musik. ⟨Gegen d. Wagnerfexerei.⟩ Zsgest. u. hrsg. von Cyrill **Kistler**. Bad Kissingen: C. Kistler [1904]. (33 S.) 8° [Umschlagt.] [07. 13686

— das P a s s i o n s s p i e l zu Oberammergau in musikalisch-dramat. Hinsicht beleuchtet. Mit 10 in den Text gedr. Notenbeispielen aus der Oberammergauer Passionsmusik. 2., sehr verm. Aufl. gr. 8. (33 S.) München 880. (Eichstätt, Stillkrauth.)
n.n. — 60

Röslein im Hag. Volksoper in 3 Akten. Dichtung von Th. A. K o l b e. Musik von C y r i l l **Kistler**. Klav.Ausz. u. Text. *Ravensburg: Dorn [1903].* (206 S.) 4° [04. 6570

Cyrill **Kistler's** musiktheoretische Schriften. Bd [1]–4. Bad Kissingen: C. Kistler (2–4: Heilbronn: C. F. Schmidt) 1898–[1908]. 4 Bde 4°
[1 u. d. T.:] Kistler: Harmonielehre. 2. Aufl. 1898.
2 — Der einfache Kontrapunkt ... [1903.]
3 — Der doppelte Kontrapunkt ... [1905.]
4 — Der drei-, vier- u. fünfstimmige Kontrapunkt ... [1908.] {o8. 12343

— **musik-theoretische Schriften. 1.—3. Bd. Lex.-8. Heilbronn, C. F. Schmidt** n. 9. 60
1. Harmonielehre f. Lehrende, Lernende u. zum wirklichen Selbstunterrichte. Op. 44. 2., sehr verm. Aufl. (VII, 160 S.) Lex.8. Bad Kissingen 898. n. 6. — ; erm. Pr. n. 3. 60
2. Der einfache Kontrapunkt u. die einfache Fuge nebst dem drei- u. zweistimmigen Satz (System: Rheinberger-Kistler). (87 S.) (904.) n. 3. —
3. Der doppelte Kontrapunkt, die Doppelfuge, die dreistimmige u. zweistimmige Fuge. (64 S.) (905.) n. 3. — ; geb. n. 4. —

— Musiktheoretische **Schriften**. IV. Bd. Lex. 8. Ebd. (908). 3.—; geb. 4. —
Der dreifache u. mehrfache Kontrapunkt. Die dreifache u. mehrfache Fuge. Der Kanon. System Rheinberger-Kistler. (64 S.)
1.—3. Bd. Ebd. 898—905. 9.60.

Cyrill **Kistler's** Musiktheoretische Schriften. Bd 1. Heilbronn a. N.: Schmidt [1910]. 4°(8°)
(Cefes Edition.) {10. 18520

Baldurs Tod. Musikdrama in 3 Akten. Dichtung von [Edgar] F^rh v. Sohlern. Musik von Cyrill **Kistler**. Bühnenms. 3. verb. Aufl. Bad Kissingen: C. Kistler [1907?]. (53 S.) 8° [F.] {o7. 13687

— **über das musikalische Urteil, s.: Aufsätze über musikalische Tagesfragen.**

Der Vogt auf Mühlstein. Oper in 3 Akten. Text nach Heinrich Hansjakob. Musik von Cyrill **Kistler**. [Textbuch.] Stuttgart: Feuchtinger [1907]. 40 S. 8° [illegible]

... Vorspiel zum 3ten Akte der Oper Kunihild v. Cyrill **Kistler**. ... F. gr. Orchester. Partitur ... *Berlin: C. Simon (1894).* (15 S.) 1 Bd 4. (96. 1707

Kistler, Cyrill. Dr. Franz Witt, e. grosser deutscher Meister. Eine musikalisch-biograph. Studie. 2. durchgeseh. Aufl. gr. 8. (26 S.) Kissingen 889, (Weinberger). * 1 —

Kistler, Cyrill, ernste Worte an d. komponierende Jugend. gr. 8. (21 S.) Bamberg 897. Handels-Druckerei u. Verlagsh. n. — 80

Kistler, Eugen, gew. Volontärarzt an der chirurgischen Poliklinik in Basel: Experimentelle Untersuchungen über ischaemische Muskellähmungen und Contracturen. [Mit zwei Figuren]. Sarnen 1910. 23 S. 8°.
Basel. Med. Diss. 1909/10.

Kistler, Fr. Jos., kurzgefaßte Anleit. zur mathemat. Geographie. 8. Rotweil 817. Herder. 4 K

— **Materialien zu e. Geschichte der Rotweil'schen Studienanstalt. 8. Ebd. 818.** 3 K

— **Unterricht z. Sakrament d. heil. Firmung. 12. Ebd. 818.** 1 K

Kistler, Hermann, Fürsprecher in Bern: Abgrenzung zwischen der Zivilprozesssache und der Verwaltungsstreitsache nach kantonalbernischem Rechte. Bern 1906. 88 S. 8°. S.-A. a. d. Monatsschrift für Bernisches Verwaltungsrecht und Notariatswesen. Heft 4, 5, 6 und 7, 1906.
Bern. Jur. Diss. 1906/1907.

Kistler, Herm., Abgrenzung zwischen der Zivilprozesssache u. der Verwaltungsstreitsache nach kantonalbernischem Rechte. (88 S.) 8. Bern 906. (A. Francke.) n. 1. 50
Sonderabdr. a.: „Monatsschr. f. bern. Verwaltungsrecht etc."

Kistler, Hermann. Abgrenzung zwischen der Zivilprozesssache und der Verwaltungsstreitsache nach kantonalbernischem Rechte. Diss. Jur. Bern. Separatabdruck aus der Monatsschrift für Bernisches Verwaltungsrecht und Notariatswesen [Band 4,] Heft Nr. 4, 5, 6 und 7, [April—Juli] 1906. II + 88 S. 8. Bern, Genossenschafts-Buchdr., 1906.

Kistler, Hugo, a. Bözen (Schweiz): Über Funktionen von mehreren komplexen Veränderlichen. Basel 1905: Basler Berichthaus. (43 S.) 8°
Göttingen, Phil. Fak., Ref. Hilbert, Diss. v. 16. März 1906
[Geb. 27. Juli 80 Vordemwald, Schweiz; Wohnort: Göttingen; Staatsangeh.: Schweiz; Vorbildung: Obere Realsch. Basel Reife M. 98; Studium: Basel 7, Leipzig 1, Göttingen 6 S.; Rig. 26. Juli 05.]

Kistler, J., kurzgef. Anleitung z. mathem. Geographie. 8. Rotweil, Herder. 817.

Kistler, J. Bodenwerth, Bodenvertheilung, Bodenverschuldung u. Bodenbesteuerung im Aargau. Eine steuerstatistische Studie. In-8°. 48 S. Aarau, Ph. Wirz-Christen. 1891 1 —

— — **Materialien z. einer Geschichte d. Rotweilschen Studienanstalt. 8. Ebend. 818.**

— — **Unterricht zum Sakrament d. heil. Firmung. 12. Ebend. 818.**

Kistler, J[acob]. Zur Jahrhundert-Feier des Wiedererstehens der Eidgenossenschaft und des Eintritts der Kantone Aargau, St. Gallen, Graubünden, Thurgau, Tessin und Waadt in den Eidgenossenbund. 1803 1903. (Festdrama.) II + 36 S. 8. Zofingen, Francke, Ringier & Cie. A.-G. fr. 1. —

Kistler, Ignaz, Bericht v. d. wunderbarl. hochwürdigen Gut b. d. heil. Kreutze in Augsb. 8. Augsb. J. Wolf. 738.

Kistler, Romanus (o. S. Ben., Custos bei St. Ulrich u. Afra), Basilica, dass (!) ist *herrliche Kirchen des Frey-Reichs Klosters St. Ulrich u. Afra* in Augspurg. Sambt den Heiligthumber, Altär-, u. silbern Bildnussen, so in selber noch aufbehalten werden, in Kupffer (von *Wolf Kilian, Frz. Jos. u. J. Casp. Gutwein* u. A.) vorgestellt; beschriben auss latein verteutsch (sic) vbersetzt u. vermehrt . . . . 1712. Mit erlaubnis (sic) der Obern. Gedr. vo' Johan' Michael Labhart, Hochfürstl. Bischöfliche' Buchdruckher zu Augspurg. Fol. Ldrb. Schönes Expl. mit Ex-libris (Jos. Ant. Comitis de Plaz). (21 fl. 50 kr. östr. Auct. Graf v. Mohr no. 711.)
Geschätztes Kupferwerk in reicher Ausstattung. — 3 Abthlgn.: I—II: 7 Bll. Vorst. (incl. Frontisp. von Wolf Kilian) u. 98 S. (Th. 2 beg. m. S. 45.) III: 2 Bll., 54 num. Bll., 5 nicht num. Bll. Reg.

Kistler, Rom., Recollectio Spiritus etc. 8. ibid. 739.

Kistler, William

--Die Kronik in d Gesch d Ohio-Tales u seiner Hauptstadt Cinci ... nach authentischen Quellen. Cincinnati, 1864.

Kistler's „Kunihild" epochemachend? Nein !!!
s.o. Bauer, Fritz

Kistler's „Kunihild" epochemachend? Nein!!! Eine krit. Studie m. nicht minder krit. Vorwort u. noch kritischerem Anh. v. — R. gr. 8. (29 S.) Würzburg 893. G. Dornauer. — 50

Kistmacher, Georg. Nath., ... Môtar ha-'ibrijah ... sive Ebraicae prae caeteris linguis omnibus praestantiam ... praeside — tuebitur respondens Jacob Gottlieb Proele. Ienae 1719.

Quod Genti Silesiacae auspicatissimum sit, De Principatum Silesiacorum Fortunis Sub Sceptro Prussico, proxime futuro die Mercurii, d. 22. Augusti A. R. S. 1742 Hora post Meridiem III. in Auditorio Gymnasii majori, Heroico Carmine Fausta Omnia dicturus, ut iisdem benevole audiendis Omnes omnium Ordinum Hospites intersint, ea, qua par est, observantia rogat Georgius Nathanael Kistmacher, Gymnas. Reg. Eloqu. et Poës. Prof. Publ. Ordin. Sedini, typis Johannis Friderici Spiegelii, Regii Regiminis et Gymnasii Typographi.

Kistmacher, Georg Raphael (Pyritz/Pomm.), De officio et potestate praesidis provinciae. Diss. jur. Präs. Hugo Franz Hunold. Erfurt (Johann Heinrich Grosch) Sept. 1720. 24 S. (6.—) 18149a
Gew.: Adrian Bernhard v. Borck (Stargardt, Moltzow, Zenow).

Kistner, A.

— Schicklichkeitsregeln f. das bürgerliche Leben. Ein A-B-C-Buch. 16. (VI, 105 S.) Guben 886. König. n. — 50

Kistner, A., Schicklichkeitsregeln f. das bürgerliche Leben. Ein A-B-C-Buch. 2. Aufl. 16. (VI, 105 S.) Guben 886. Koenig. n. — 50; geb. n. — 80

Kistner, A. Schicklichkeitsregeln f. das bürgerliche Leben. 3. Aufl. 16. (VI, 106 S.) Guben 889, Koenig. * — 50; geb. — 80

Kistner, A., Schicklichkeitsregeln f. das bürgerliche Leben. Ein A-B-C-Buch. 5. Aufl. (10. Taus.) (VI, 105 S.) 16. Guben 905. A. Koenig. n. — 50

Kistner, Alfred

Kistner, A., Geschichte der Physik, s. a. Sammlung Göschen.

Geschichte der Physik von A[lfred] **Kistner**. Mit Fig. 1. 2. Leipzig: Göschen 1906. 8°
1. Die Physik bis Newton. 2. Die Physik von Newton bis z. Gegenwart. (Sammlung Göschen. 293. 294.) [illegible]

Der Kalender der Juden. Vollst. Anleitung zu s. Berechnung f. alle Zeiten von A. **Kistner**, Prof. zu Sinsheim. Karlsruhe: F. Gutsch (1905). (VIII, 102 S.) 8° [F.] [05. 1546]

Kistner, A., deutsche Physiker u. Chemiker, s. a. Sammlung Kösel.

Kistner, A., Deutsche Physiker und Chemiker. Kempten und München 1908. 8°.
(Sammlung Kösel, 23.)

Kistner, Alfr., Schaltungsarten u. Betriebsvorschriften elektrischer Licht- u. Kraftanlagen unter Verwendung v. Akkumulatoren. Zum Gebrauche f. Maschinisten, Monteure u. Besitzer elektr. Anlagen, sowie f. Studierende der Elektrotechnik. gr. 8. (VIII, 210 S. m. 81 Abb.) Berlin 901. J. Springer. Geb. in Leinw. n. 4. —

Schaltungsarten und Betriebsvorschriften elektrischer Licht- und Kraftanlagen unter Verwendung von Akkumulatoren. Zum Gebrauch f. Maschinisten ... von Alfred **Kistner**. Mit 81 Fig. *Berlin: J. Springer; München: R. Oldenbourg 1901.* (VIII, 210 S.) 8° [illegible]

Kistner, Anna

Kistner, A., s. a. † Albert, Anny.

Kistner, A., Eine wie die Andere, s. Wallner's allgemeine Schaubühne.

[F.] Späte Heirat. E. Familiengeschichte v. A[nna] **Kistner**. *Berlin: F. Dümmler 1896.* (162 S.) 1 Bd 8. [illegible]

Kistner, A., keine Hochzeitsreise, s. a. Bloch's, Ed., Theater-Korrespondenz.

Keine Hochzeitsreise. Lustspiel in 1 Akt. Von A[nna] **Kistner**. 2. Aufl. *Berlin: E. Bloch (1902).* (51 S.) 8° [F.]
= Theater-Korrespondenz, Eduard Blochs. No 322. [illegible]

Kistner, A., Hut ab!, s. Wallner's allgemeine Schaubühne.

Kistner, A., ein Schatz fürs Haus, s.: Universal-Bibliothek.

—— eine eroberte Schwiegermutter, s. Kühling's, A., Album für Liebhaber-Bühnen.

— eine eroberte Schwiegermutter, s. a. Thalia.

Eine eroberte Schwiegermutter. Schwank in 1 Akt von A[nna] **Kistner**. *Mühlhausen i. Th.: G. Danner 1900.* (36 S.) 8° [F.]
— Thalia. 79. [illegible]

Kistner, Carl, s. Kistner, Karl

Verzeichniss der in der Bibliothek der gr. und v. Loge Carl zur gekrönten Säule in Braunschweig vorhandenen Bücher. Aufgest. i. J. 1894 von F[erd.] Kistner und K[arl] Ulrich. Braunschweig 1894: Vieweg. 108 S. 8° 25.

Kistner, Fr., Musikalienverlag: Verzeichnis. Leipzig 1894
Nachtrag 1894—1905. 1905
Nachtrag 1906—1907. 1907
Nachtrag 1907—1909. 1909
Nachtrag 1909—1911. 1911
Nachtrag 1911—1913. 1913

Kistner, Gustav (Leipzig), Quaedam de praevaricationis crimine capita. Diss. jur. Lpz. (Staritz) 21. XI. 1844. 24 S. (5.—) 18150
Gew.: D. Ludwig Puttrich, Carl Friedrich Rosenhagen (Nienburg/Cöthen).

Kistner, Karl

Kistner, Carl, Kammergerichtsref.: **Das rechtsgeschäftliche Veräußerungsverbot** (Verbot der Veräußerung eines veräußerlichen Rechts) nach gemeinem Recht und B.G.B. *Berlin 1903: C. Rosen.* (95 S.) 8°
Rostock, Jur. Diss. v. [25. Apr.] 1903

Kistner, Otto, s. Buddha and his Doctrines.

Kistner, Otto, phraseologisches Handbuch der kaufmännischen Correspondenz in deutscher, französischer, englischer und italienischer Sprache. Ein Hülfsbuch zur Erleichterung des schriftl. Verkehrs. gr. 8. (IV, 252 S.) Leipzig 878, Brockhaus. *
geb. *

Kistner, Otto, Wörterbuch der kaufmännischen Korrespondenz in deutscher, französ., engl., italien. u. span. Sprache, unter Berücksicht. der gebräuchl. Redewendungen. Mit e. Auswahl v. Briefen aus dem tägl. Geschäftsleben. 1. u. 2. unveränd. Aufl. (VI, 478 S.) gr. 8. Leipzig 903. F. A. Brockhaus. n. 5. —; geb. in Leinw. n. 6. —

Kistner, Otto, Wörterbuch der kaufmännischen Korrespondenz in deutscher, französ., englischer, italienischer u. spanischer Sprache, unter Berücksicht. der gebräuchlichsten Redewendungen. Mit e. Auswahl v. Briefen aus dem tägl. Geschäftsleben. 3. Aufl. (VI, 478 S.) gr. 8. Leipzig 910. F. A. Brockhaus. Geb. in Leinw. 6. —

Kiszel(y) de Benedekfalva, Paul

Kiszel, P. de Benedekfalva, de privilegiatis opificum contuberniis in Hungariae partibusque eidem adnexis. 8. Posonii, de Mösle. (Lipsiae, Kummer in Comm.) 812.

Kiszely de Benedekfalva, Paul. Summa prudentiae militaris Exemplis illustrata in usum sagatum praesertim nobilis insurrectionis hungaricae, ex vetustissimis et probatissimis scriptoribus opera. Ordine alphabetico congesta et elucubrata. 8. Lipsiae 1800.

Kiszewski, A., Nauka polskiego Pisania i Czytania. Za pozwoleniem świeckiéj i duhownej zwierzchności Kl. I. 8. (4⅝ B.) Züllichau 845, Sporleder. *

Kiszewski, A., nauka o świecie. Czesc I. Klassa II. Wydanie 1. (402 S.) 1847. * 15 Ngr.. Wydanie 2 poprawne. 8. (LXIV und 325 S.) Posen 851, Stefanski. *

Kiszewsky, A., nauka o świecie. Część I. Klassa II. 3. wyd. skrócone. Lissa 858. E. Günther. 12. (2 Bl., 276 S.) n. 7½ ngr.

—— XXXX Tablic ściennych do pisania i czytania dla szkól elementarnych polskich ułożył — podlug metody, idącéj od pisamia do czytania. — Fol. (40 lith. B.) Züllichau 846, Sporleder. *

Kiszynieu [Schlagwort]

Kiszyniew, s.: Europa. Generalkarte.

FSC
www.fsc.org
MIX
Papier | Fördert gute Waldnutzung
FSC® C083411

Kolibri 360 GmbH
Ferdinand-Jühlke-Straße 7
99095 Erfurt, Deutschland
produktsicherheit@kolibri360.de